# 建设工程

## 创新创效案例分析

河北省建筑业协会总工程师委员会 / 组织编写
高秋利 / 主编

中国建筑工业出版社

**图书在版编目（CIP）数据**

建设工程创新创效案例分析 / 河北省建筑业协会总工程师委员会组织编写；高秋利主编. -- 北京：中国建筑工业出版社, 2024. 9. -- ISBN 978-7-112-30313-7

Ⅰ. TU

中国国家版本馆 CIP 数据核字第 20245JB793 号

本书聚焦于建设工程创新创效的核心理念，深度契合当前建筑业的发展形势。在市场竞争日趋激烈、利润空间日益缩小的背景下，科技管理创新的重要性愈发凸显，而创效则是创新追求的最终目标与根本。

全书以成熟案例为依托，以过程背景描述、创新要点分析、关键控制措施、结果状态、问题分析改进为主线，注重代表性、新颖性、科学性、合理性和实用性，力求为读者展现一条清晰且实用的创新创效路径。

本书的主要受众群体为建筑工程施工企业、监理单位、咨询单位的工程技术人员，也可供项目管理、造价控制、设计院等专业人员以及高等院校相关专业师生参考。

责任编辑：姚丹宁

责任校对：张惠雯

**建设工程创新创效案例分析**

河北省建筑业协会总工程师委员会　组织编写

高秋利　主编

*

中国建筑工业出版社出版、发行（北京海淀三里河路 9 号）

各地新华书店、建筑书店经销

国排高科（北京）信息技术有限公司制版

北京中科印刷有限公司印刷

*

开本：787 毫米 × 1092 毫米　1/16　印张：40 ¾　字数：1014 千字

2024 年 8 月第一版　　2024 年 8 月第一次印刷

定价：**150.00** 元

ISBN 978-7-112-30313-7

（43498）

## 建设工程创新创效案例分析

# 编写委员会

**组织编写：**河北省建筑业协会总工程师委员会

**主　　编：**高秋利

**副 主 编：**李宝忠　安占法　甄志禄　刘永奇　郑培壮　高任清　李　波
高腾野　慈国强　周玉前　康俊峰　张　勇　吴　卓

**编写人员：**国　东　刘树立　袁琪钰　王军勇　李全锁　赵　才　黄　毅
孙倩倩　刘雪萍　陈宗学　杨永春　郭群录　石英杰　卢欣杰
曾凡明　薛军强　赵伟越　宋喜艳　王　强　郭　尧　赵宪策
郑新永　杨文龙　李广盼　李　智　董志洋　李卫锋　李　帅
周鹏飞　王　阳　顾　珺　安　泽　金志强　高伯雷　龙　飞
王砚君　高　路　龙学良　侯　洋　李　辉　齐建南　马　兴
关　钊　郑韶峰　韩建田　杨向东　穆永强　王　悦　高　博
高瑞国　张文焕　石　珍　李叶红　李可心　胡　冰　张浩波
王　鹏　马　宁　范永杰　赵秋收　焦浩杨　王　旭　陈述云
顾宝强　姚少坤　张　蕾　李　想　王玉梅　赵天亮　刘思楠
詹林山　景　然　张亚玲　夏广欢　安　蔚　陈　华　燕　燕
宋杰勇

**编写单位：**河北建设集团股份有限公司
河北建工集团有限责任公司
大元建业集团股份有限公司
中国二十二冶集团有限公司
河北省第四建筑工程有限公司
河北省第二建筑工程有限公司
河北省安装工程有限公司

中土城联工程建设有限公司
中建八局发展建设有限公司
中建三局第一建设工程有限责任公司
秦皇岛海三建设工程集团股份有限公司
秦皇岛市政建设集团有限公司
河北建设集团装饰工程有限公司
河北冶金建设集团有限公司
石家庄市建筑工程有限公司
河北建设集团生态环境有限公司
河北建设集团天辰建筑工程有限公司
河北建设集团安装工程有限公司
河北建设集团卓诚路桥工程有限公司

# 序 言

PREFACE

国家始终致力于鼓励和倡导科技创新，以推动建筑业迈向高质量发展的新时代。在当前建筑业面临总体形势严峻、市场竞争日趋激烈、利润空间日益缩小的背景下，科技管理创新的重要性愈发凸显。新质生产力必须以创新为主导，摒弃传统的经济增长模式，转向以高科技、高效能、高质量为特征的全新增长路径。创新驱动发展已成为企业高质量发展的核心动力。创新不仅是赢得市场的法宝，更是企业的生存之本。建设工程施工方案的优化创新既是保障项目质量、安全、进度与环境的关键措施，更是实现项目利益最大化的最佳途径。

《建设工程创新创效案例分析》一书由河北省建筑业协会总工程师委员会负责组织近20家央企、国企和民企的百名工程技术人员精心编写，甄选的案例主要是建筑工程、工业安装工程、市政园林工程、交通运输工程及特殊工艺工程，每个案例又都以过程背景描述、创新要点分析、关键控制措施、结果状态、问题分析改进等为主线，注重科学性、合理性、实用性，旨在倡导建筑业工程技术人员勇于开拓项目施工方案优化创新，引领行业与企业创造更大的利润，为社会、为顾客建造更好的房子，提供更好的产品。

工程案例凝聚着总工程师们的智慧，也是企业总工程师、项目总工程师们亲身实践经验的结晶。内容丰富，专业性和实用性较强，优化创新举措具有前瞻性，效益与效果显著。同时，还提供了改进提高与后评价的内容。不仅对从事技术管理、质量管理、施工管理的人员有重要的借鉴作用，对管理、业主、监督与咨询等相关人员也同样具有重要的参考价值。我们衷心希望这些经验能够与我国建筑业界同仁共享，并深入推进业内深度整合与协作，促进相互交流与学习，携手共进、共同书写建筑业高质量发展的崭新篇章。

**河北省建筑业协会会长** 

**2024年3月13日**

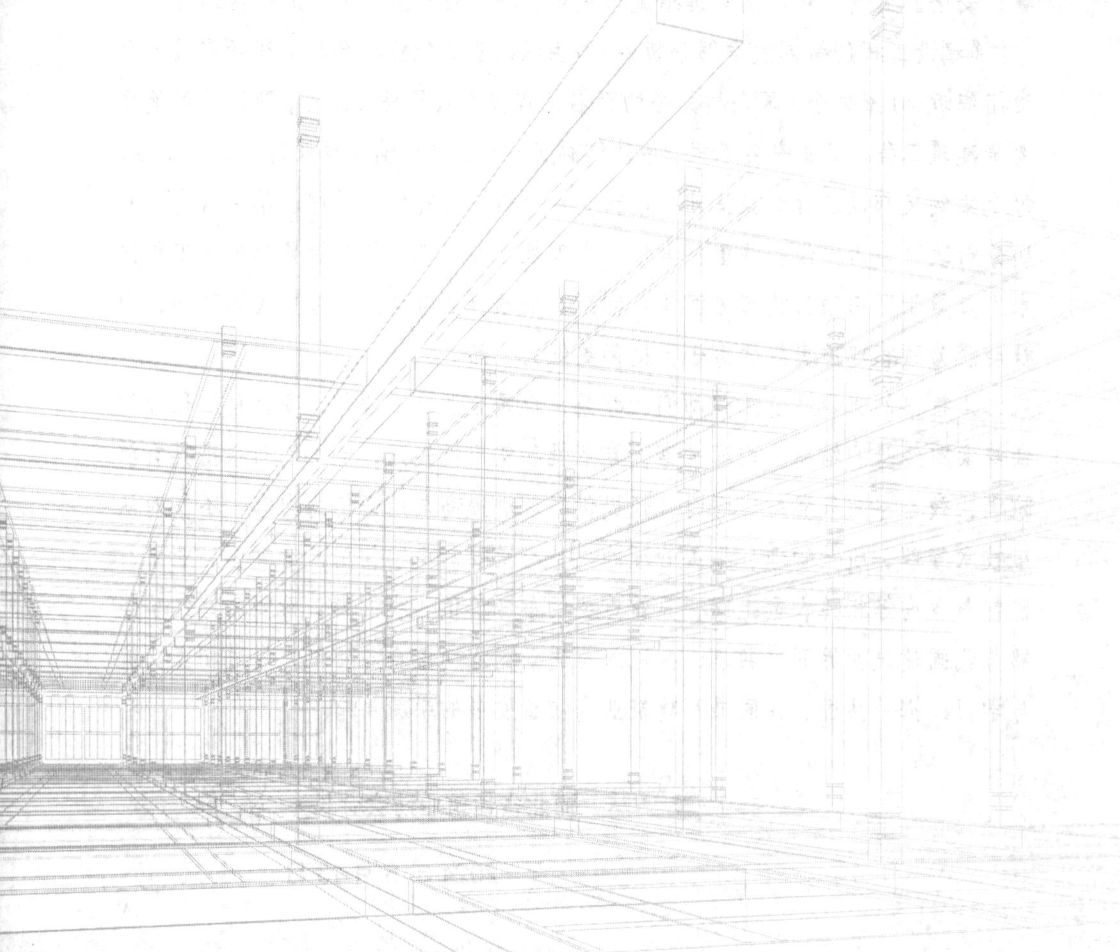

# 前 言

FOREWORD

建筑业市场形势正发生着变化，施工企业之间的竞争越来越激烈，中小企业、民营企业更面临着前所未有的生存挑战。如何能快速适应变化、适应环境、适应惨烈竞争，得到一方市场并创造较高的效率与效益，是摆在企业面前的头等大事。

创新是赢得市场的法宝，创效是企业的生存之本。创新创效的落脚点应重点放在项目方案优化创新、展现创新成果、促进创新共享共用、提高质量、保证安全、绿色环保、提高经营水平和营利能力，为客户、为社会提供优质服务和产品上。本书由河北省建筑业协会总工程师委员会联合河北建设集团、河北建工集团、中国二十二冶集团、大元建业集团、中建三局、中建八局等近20家企业，汇聚近百位行业精英共同编写而成。

全书主要收录了总工程师创新创效演讲竞赛的获奖案例，内容涵盖建筑工程、工业安装工程、市政园林工程、交通运输工程及特殊工艺工程。案例注重实用性，遵从切合实际、技术先进、经济合理的原则，主要从项目管理模式创新，建造方式的改变，工艺、工法、工装的改进，构配件、建筑材料的优选及替代，过程及设计的优化等方面，经过多方案对比分析，多专业联动，找到综合效率效益的平衡点，推进精准实施，并提出了问题及改进方向。总体为工程品质提升、工期缩短、成本降低、安全绿色环保等方面的有效控制提供了切实可行的路径。

本书在编写过程中，由于时间较短、工程实践受限，书中或有不足，希望同行、专家给予批评指正。

编者

2024年3月

# 目　录

CONTENTS

## 第1章 | 地基基础工程



## 第2章 | 钢筋混凝土结构工程



## 第3章 | 钢结构工程



## 第4章 | 屋面防排水工程



## 第5章 | 地面工程

# 第1章 地基基础工程

# 1.1 大型基础底板跳仓法施工创新

## 1.1.1 案例背景

雄安新区雄东片区A单元安置房及配套设施项目位于雄县组团中雄东片区北部，距离雄安高铁站仅约5.2公里。项目区域东起望驾台村，西至固雄线，南临小步村，北接新盖房分洪堤，地理位置得天独厚。

一标段总用地面积约66.3万$m^2$，总建筑面积约102.1万$m^2$。其中，地上建筑面积约63.6万$m^2$，地下建筑面积约38.5万$m^2$。项目包含88栋住宅楼、2所幼儿园、1所小学、1所高中及社区服务中心，构成了一个设施齐全、生活便利的居住社区。

一标段由A1和A3两个地块组成，共划分为5个施工区域，场地自然标高约7.0～7.3m（绝对标高）。建筑设计等级为一级，结构安全等级为二级，抗震设防烈度为8度，设计使用年限为50年。住宅建筑主体为钢筋混凝土剪力墙结构，地下2层，局部3层，地下车库为钢筋混凝土框架结构，地下1层，局部2层。配套设施为钢筋混凝土框架结构。主楼地基采用CFG桩，车库则采用天然地基，基础结构采用平板式筏形基础。在施工过程中，一标段被划分为五个工区，各工区之间平行施工，确保了工程的高效推进（图1.1-1、图1.1-2）。

图1.1-1　工区划分

地下室采用现浇钢筋混凝土框架—剪力墙结构体系，基础采用下反柱墩形式的筏板基础。在拟建场区，$②_1$层与粉土$②_2$层均为粉质黏性土，地基承载力标准值达到120kPa。车库基础筏板顶标高为−7.90m，筏板垫层底标高为−8.50m。主楼区域地基为CFG桩＋200mm厚级配碎石褥垫层。在建筑设计方面，该建筑的使用年限为50年，抗震设防类别为丙类，建筑结构安全等级为二级。新区基本抗震设防烈度为8度，地下防水等级为一级，建筑物耐火等级为一级，建筑结构设计的合理使用年限为50年，地基基础设计等级为丙级，充分满足了各项设计要求。

在基础底板结构平面设计上，住宅与地下车库间巧妙地采用了宽800mm的沉降后浇带，地下车库及人防区超长底板则选用了同样宽度的温度后浇带。沉降后浇带设置在住宅主楼四周，温度后浇带间距大致控制在40m，局部间距为50m，最大间距达54m，确保了结构在不同条件下的稳定性。

在混凝土使用方面，原设计充分考虑了不同部位的需求。基础底板、地下车库顶板、地库地下室外墙混凝土均采用了C35P8补偿收缩混凝土，并加入混凝土膨胀剂，混凝土强度等级地下部分（包括地下室顶板）达到60d强度设计值的要求。主楼地下室外墙则选用了标准更高的 C40P8 混凝土作为补偿收缩混凝土，同样加入混凝土膨胀剂，混凝土强度等级达到 60d 强度设计值的要求。

在本工程中，我们采用了跳仓法施工方案，以确保施工的高效与质量。关于混凝土的使用情况，我们严格遵循以下规范：基础底板采用 C35P8 混凝土，地下车库顶板采用 C35P8/C40P8 混凝土，地库地下室外墙采用 C35P8 混凝土，主楼地下室外墙采用 C40P8 混凝土。混凝土中不掺加膨胀剂，只添加聚羧酸高性能减水剂，从而确保了施工质量和工程安全。

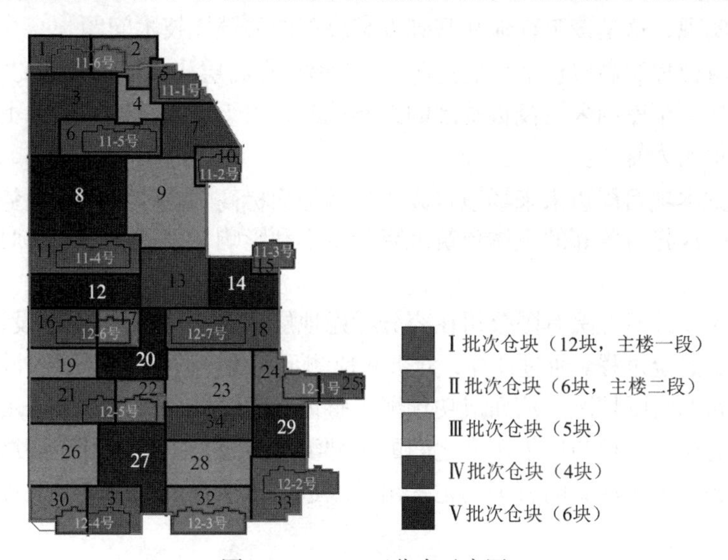


图 1.1-2　三工区分仓示意图

### 1.1.2　跳仓法在本工程的应用可行性分析

本工程的显著特点在于其超长超宽的混凝土结构，人防区底板厚度为 0.5m，非人防区为 0.45m，住宅楼主楼区域则为 0.67m。车库柱墩的厚度分别为 0.8m、1.1m、1.3m。

本工程车库为地下一层（局部为地下二层），住宅楼的车库设计为地下二层和局部地下三层。地基处理方面，住宅楼采用了 CFG 桩和 200mm 厚的褥垫层地基，地下车库则采用天然地基。基础垫层混凝土的强度等级为 C15，地下室底板、顶板、外墙采用 C35/C40 混凝土，抗渗等级为 P8。在施工阶段中，我们面临一个重要挑战：温度应力远大于混凝土材料的抗拉能力。单纯依赖“抗”的策略很难有效应对收缩应力。因此，我们采取了“抗放兼施”和“先放后抗”，并最终“以抗为主”的综合策略。这一策略不仅能够有效缓解温度应力带来的问题，更显示出地下工程环境条件与“跳仓法”施工的完美结合。

采用跳仓法施工，即把整体结构按施工缝进行分段，采用隔段浇筑的方式（即跳开一段浇一段），经过不少于 7d 时间再填浇成整体。用此方案施工既可避免一部分施工初期的激烈温差及干缩作用引起的问题，大量消减施工期间的温度伸缩应力，有效控制裂缝的产生，还能加快施工进度。

经过地基承载力协同性计算，沉降后浇带完全可以用分仓缝替代，从而进一步优化施工流程，提高工程质量。

地基基础工程问题分析

（1）根据本工程的特殊性，我们计划采用“跳仓法”进行地下结构施工。此方法的核心在于将地下车库的平面在纵向和横向上划分为小于40m的仓格。应用“跳仓法”技术时，应根据结构沉降发展规律控制差异沉降，包括绝对沉降和相对差异沉降，以便在条件成熟时取消沉降后浇带。然而，本工程高层住宅楼与周边地下车库位于同一整体的大面积基础上，两者的荷载差异显著，主楼与车库之间设置沉降后浇带是解决高低层差异沉降问题的关键手段。如果要取消沉降后浇带，应充分分析高低层之间的差异沉降，拟建建筑的地基沉降、差异沉降能否得到有效控制并满足工程设计要求，使大体积混凝土浇筑采用“跳仓法”施工得以实现，这是该工程地基基础方案决策的关键性技术问题。

（2）为了有效控制高层住宅楼的沉降，本工程拟在高层住宅部位采用CFG桩复合地基方案，周边纯地下车库则采用筏板基础的天然地基，由于地基基础方案各不相同，导致地基沉降预测变得尤为复杂。

（3）考虑到本项目周边未来场地将高于现状地面标高，主体建筑周边势必将会回填较厚的回填覆土，这将对紧邻的主体建筑沉降产生不利影响，因此我们需要对此进行充分的预测和防范。

北京市建筑设计研究院有限公司在充分考虑地层情况的基础上，通过设计条件的输入，模拟了工程施工的全过程。通过计算，分析并预测不同施工阶段、建筑物外围大面积填土、荷载情况下建筑的沉降情况，从而成功预测了整体沉降结果，为本工程采用“跳仓法”施工，从而取消高层住宅楼与地下车库之间的全部沉降后浇带提供了可靠依据，并根据计算结果对设计和施工中应注意的有关问题提出了改进措施及建议，以确保工程顺利进行并达到预期效果。

### 1.1.3 关键措施及实施

#### 1.1.3.1 搅拌站及机械设备的选择

（1）搅拌站的选择

在本施工区域内，我们经过深思熟虑，从与我公司长期合作的搅拌站中，综合考虑超长混凝土一次性浇筑量、浇筑时间、搅拌站生产及运输能力、运输路线等因素，在大体积混凝土施工中，特别是底板混凝土浇筑时，本项目选择了雄安集团合格名录内的搅拌站，以确保混凝土的浇筑质量达到最优。

（2）机械设备选择

为了确保大体积混凝土施工的顺利进行，我们决定采用机械化施工，以加快施工进度。在机械设备的选择上，针对底板混凝土输送泵的需求，经综合评估，最终选用了混凝土汽车泵进行浇筑。这一选择旨在确保混凝土的高效、精准浇筑，进一步提升施工质量和效率。

#### 1.1.3.2 现场劳动力组织

将劳动力分白班和夜班两大班，每班12h进行换班，每仓每班劳动力安排见表1.1-1。

劳动力安排表　　表1.1-1

| 序号 | 工种 | 人数 | 备注 |
|---|---|---|---|
| 1 | 混凝土工 | 20 | 包括下料、平仓、振捣 |
| 2 | 抹灰工 | 6 | 混凝土表面搓光 |
| 3 | 木工 | 2 | 看模 |

续表

| 序号 | 工种 | 人数 | 备注 |
|---|---|---|---|
| 4 | 钢筋工 | 2 | 混凝土浇筑时看筋 |
| 5 | 测量工 | 2 | 控制标高和核对尺寸 |
| 6 | 养护 | 2 | 养护、测量等 |
| 7 | 交通指挥 | 2 | 指挥车辆 |
| 8 | 下灰 | 4 | 混凝土泵处下灰 |
| 9 | 后勤 | 4 | |
| 10 | 其他 | 2 | 试验人员等 |
| 11 | 合计 | 46 | |

#### 1.1.3.3 技术准备

（1）在超长混凝土结构跳仓法施工前，我们先进行了深入的研讨论证，旨在提出施工阶段的综合抗裂措施，制订关键部位的施工作业指导书，对预拌混凝土厂家提出技术要求，并进行专项技术交底。

（2）超长混凝土结构跳仓法施工应在混凝土的模板和支架、钢筋工程、预埋管件等工作完成并验收合格后，方可进行混凝土施工。

（3）施工现场设施应按施工总平面布置图的要求按时完成并标明地泵或料车位置，场区内道路应坚实、平坦、畅通，并制定场外交通临时疏导方案。

（4）施工现场的供水、供电应满足混凝土连续施工的需要，当有断电发生时，应有双路供电或自备电源等措施。

（5）跳仓法施工混凝土的供应能力应满足连续浇筑的需要，制定预防“冷缝”出现的有效措施。

（6）用于超长大体积混凝土结构跳仓法施工的设备，在混凝土浇筑前应进行全面的检修和试运转，其性能和数量应满足大体积连续浇筑的需要。

（7）混凝土的测温监控设备标定和调试均应正常，保温保湿材料齐备，并派专人负责测温作业管理。

（8）在超长大体积混凝土结构跳仓法施工前，我们对工人进行了系统的专业培训，并逐级进行技术交底，同时建立严格的岗位责任制和交接班制度。

（9）工程现场设置标养室、实验室，试模、坍落度桶、温湿度计、振动平台、标养箱等配置齐全。

#### 1.1.3.4 机具、材料准备

机具准备表见表 1.1-2。

机具准备表　　表 1.1-2

| 序号 | 名称 | 数量 | 备注 |
|---|---|---|---|
| 1 | 混凝土泵车 | 20 台 | 含导管 |
| 2 | 混凝土运输车 | 120 辆 | |

续表

| 序号 | 名称 | 数量 | 备注 |
|---|---|---|---|
| 3 | 布料机 | 10 台 | |
| 4 | 振捣棒 | 40 个 | |
| 5 | 铁/木抹子、合金刮杠 | 各 60 把 | |
| 6 | 抹光机 | 50 台 | |
| 7 | 铁锹 | 40 把 | |
| 8 | 潜水泵 | 10 台 | 泌水抽排 |
| 9 | 料斗 | 12 个 | |
| 10 | 便携式建筑电子测温仪 | 10 台 | |
| 11 | 测量仪器 | 10 套 | 测量放线、过程控制 |
| 12 | 手持夜间交通导向标 | 20 个 | 现场内外交通疏导 |
| 13 | 塑料薄膜 | 60 万 $m^2$ | |
| 14 | 防火棉被 | 20 万 $m^2$ | |

1.1.3.5　现场准备

（1）清整现场道路，保证混凝土运输通畅。

（2）混凝土泵、泵管铺设、塔吊、吊斗已经准备（或调试）好，振捣设备、电箱等已就位并调试好，夜间施工要有足够的照明。浇筑混凝土用的架子及马道已支搭完毕，泵管已搭设完毕并检查合格，振捣器等机具经检验并试运转正常。

（3）检查安全设施、劳动力配备是否妥当，能否满足浇筑速度要求。土建工程师根据施工方案对操作班组进行全面施工技术交底，对模板及其支架、钢筋和预埋件进行仔细检查，并作好记录，符合设计要求后方可进行混凝土浇筑。

（4）为确保浇筑过程中的标高精准无误，我们在底板钢筋上焊接了立筋，在墙、柱插筋上标注+1.0m 线，通过拉线控制和刮杠找平严格控制标高，在找平的过程中随时用水平仪进行复测，确保板面标高的准确性。

（5）为保证墙、柱设备基础插筋的位置准确，要把墙、柱、设备基础边线定位，用红油漆标注在底板的钢筋上，柱根部套上定位箍筋固定，墙根部必须有一道定位水平筋和底板钢筋固定牢固。在浇筑混凝土的过程中，看筋人员要随时检查墙、柱插筋的位置，确保钢筋在浇筑过程中不发生偏位。

（6）浇筑前，钢筋内必须彻底清理干净，不得有渣土、杂物等残留，对模板内的杂物和钢筋上的油污等进行全面清理，对模板的缝隙和孔洞进行严密堵塞，对木模板进行浇水湿润处理，但不得有积水。

1.1.3.6　跳仓法分仓块划分

鉴于本工程涉及地下室筏板基础、车库顶板以及外墙，这些部位均属超长混凝土结构范畴。为确保工程质量的卓越性，提高经济效益，并加快工程进度，我们决定在施工中采用跳仓法工艺。跳仓法的原则是“隔一跳一”，即至少隔一仓块跳仓或封仓施工。分块尺寸不宜大于 40m，局部分块最大尺寸可调整到 60m，封仓间隔施工时间不少于 7d。

结合本工程的特点我们决定将基础底板、外墙、地下室顶板的后浇带做法均改为分仓缝节点做法。基础底板、外墙、地下室顶板统一按跳仓法工艺施工，并以后浇带作为仓块边界进行划分。不同地块跳仓法施工分仓平面示意图见图 1.1-3～图 1.1-7。

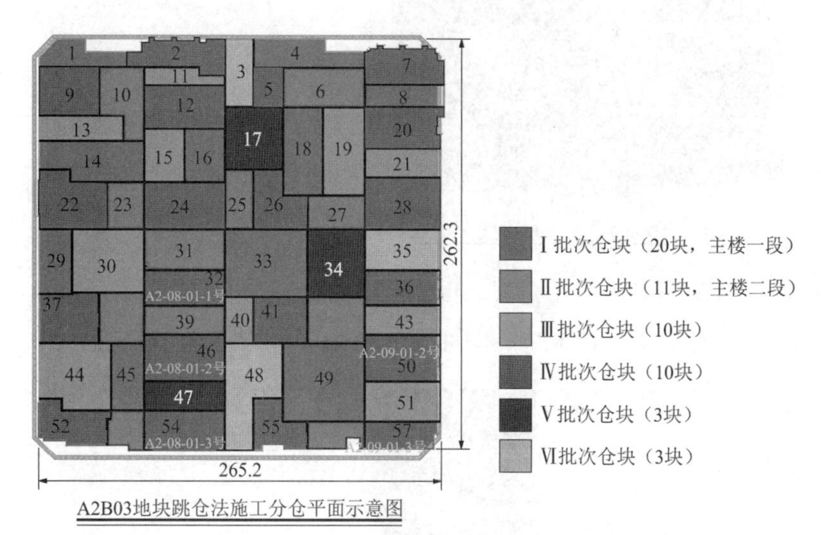


整体筏板面积约64699m²，混凝土约40000m³。相邻仓块混凝土浇筑间隔时间不少于7d。
仓块最大面积约2611m²，混凝土约1174m³。仓块最小面积约520m²，混凝土约260m³。

图 1.1-3　二标段分仓块 A2B03 地块

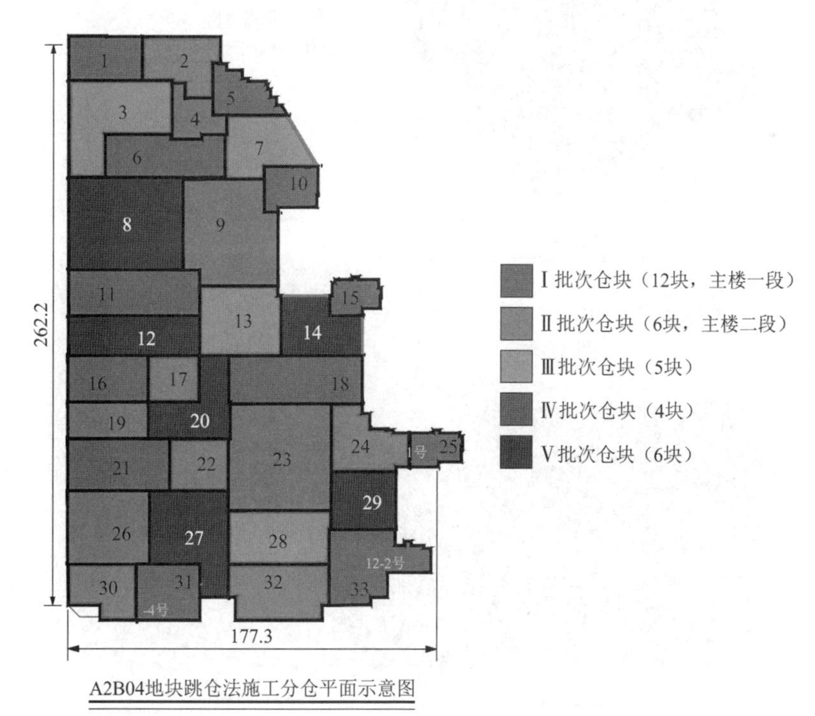


整体筏板面积约35000m²，混凝土约18000m³。相邻仓块混凝土浇筑间隔时间不少于7d。
仓块最大面积约2400m²，混凝土约1300m³。仓块最小面积约600m²，混凝土约300m³。

图 1.1-4　二标段分仓块 A2B04 地块

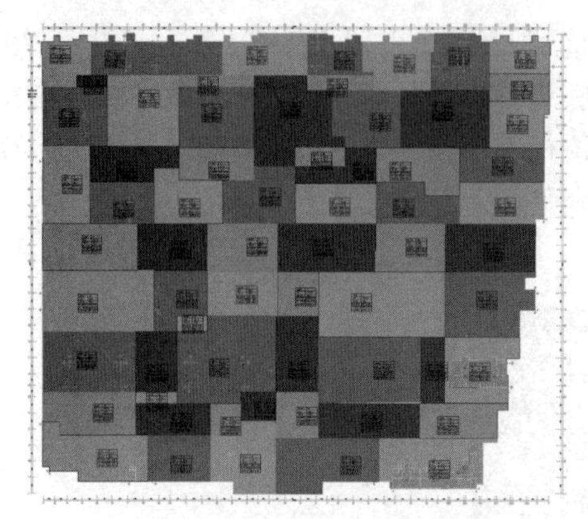


A4B01地块跳仓法施工分仓平面示意图

整体筏板面积约为56382m²，混凝土约为31882m³。相邻仓块混凝土浇筑间隔时间不少于7d。
仓块最大面积约为2157m²，混凝土约为1233.4m³。仓块最小面积约为100.6m²，混凝土约为62.1m³。

图 1.1-5　二标段分仓块 A4B01 地块

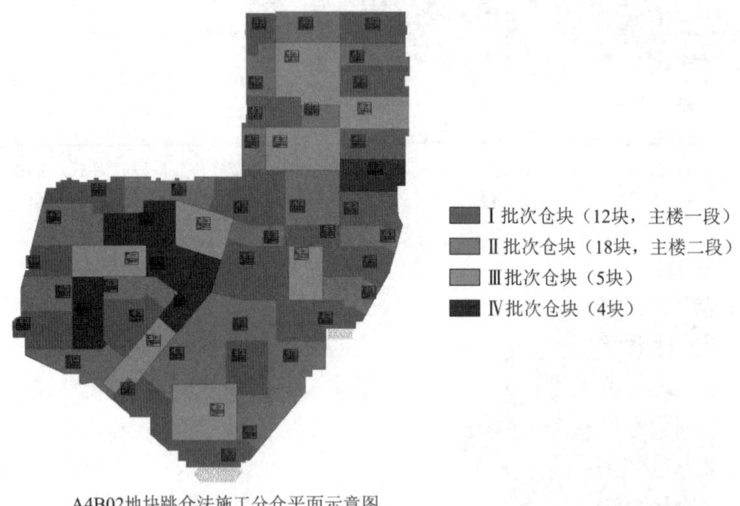


A4B02地块跳仓法施工分仓平面示意图

整体筏板面积约66882.4m²，混凝土约38579.5m³。相邻仓块混凝土浇筑间隔时间不少于7d。
仓块最大面积约2717m²，混凝土约1475.9m³。仓块最小面积约568m²，混凝土约356.7m³。

图 1.1-6　二标段分仓块 A4B02 地块

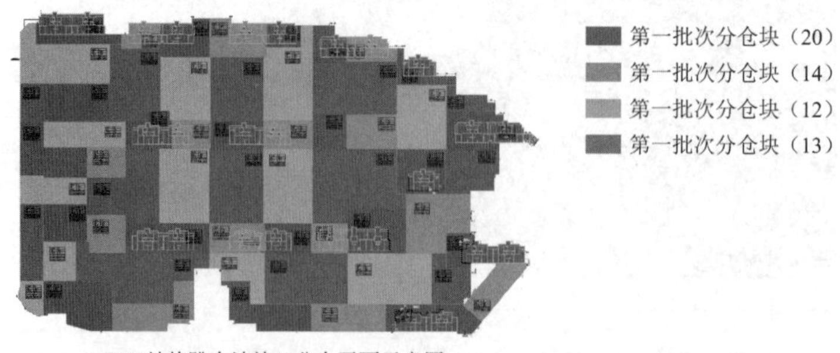


A4B03地块跳仓法施工分仓平面示意图

整体筏板面积约60362.4m²，混凝土总量36414.1m³。相邻仓块混凝土浇筑间隔时间不少于7d。
仓块最大面积约2453.5m²，混凝土约1432.9m³。仓块最小面积约328m²，混凝土约223.5m³。

图 1.1-7　二标段分仓块 A4B03 地块

1.1.3.7 跳仓法施工对混凝土原材料的要求：

（1）混凝土采用的水泥等级为 42.5 级，水泥的碱含量应小于 0.6%。混凝土的碱含量控制在 3.0kg/m$^3$ 以内，最大氯离子含量应小于 0.3%。

（2）细骨料宜采用水洗中砂，不得采用细砂，含泥量不应大于 1.5%，砂率宜控制在 38%～40%之间，泥块含量不应大于 1%，细度模数不应小于 2.6。

（3）粗骨料宜采用碎石或卵石，5～25mm 连续级配，针片状含量小于 3%，含泥量不应大于 1%，泥块含量不应大于 0.5%。

（4）掺合料可采用粉煤灰、矿渣粉，应分别符合现行国家标准《用于水泥和混凝土中的粉煤灰》GB/T 1596—2017 的要求。

（5）除减水剂、防冻剂外，不得添加其他外加剂，外加剂掺入品种掺量应经试验确定。

（6）混凝土首先要满足设计强度要求：混凝中掺加的粉煤灰质量等级不得低于二级，外加剂减水率不应低于 8%，每立方混凝土用水量不超过 180kg，水胶比控制在 0.45～0.55 之间。控制好混凝土的入模温度，使其浇筑温度满足冬期施工不低于 5℃的要求。

1.1.3.8 超长混凝土分析

根据超长混凝土热工计算结果可知，底板混凝土通过采取覆盖塑料薄膜、保温棉被（厚度按实际温升值铺设）保温保湿的方法可以控制混凝土内外温差不超过 25℃，因此对底板、顶板采用覆盖保温法即可满足工程要求。

为确保超长混凝土的施工质量，预防天气变化对混凝土内外温差的影响，我们在对底板采取覆盖法保温保湿的同时，还增设了混凝土内部温度监测系统，以便在发现温度异常时及时采取措施，确保混凝土质量的稳定与安全。

1.1.3.9 混凝土供应与保证

1）调度管理

（1）工程部、技术部紧密配合，根据生产计划提前与混凝土供应商联系，做好混凝土配合比的优化设计及试配工作，确定开盘时间，做好生产开盘的控制，尽可能合理安排生产任务。

（2）开盘前确定混凝土供应商的搅拌能力、运输能力、泵送供应能力，以及现场施工人员等生产要素是否满足生产需求，通知各部门做好浇筑的准备工作。

（3）在生产执行过程中，保持与混凝土搅拌站联系畅通，及时按浇筑进度合理平衡地调配生产用车，满足施工现场需要。

（4）与各个岗位保持紧密联系，对进度、质量、安全、材料供应消耗、设备状况进行了解，以便需要时立即通知相关部门参与生产服务。

2）设备资源保证

（1）根据混凝土订单计划，提前做好机械设备施工部署与应急保障措施。

（2）底板泵送环节采用两台汽车泵，并备用一台作为故障应急处理设备。根据道路里程及可能出现的道路异常情况，安排 8 部搅拌车作为该部位的供应车辆，再根据实际情况及时调整车辆，保证工程部位的泵送及运输需求。

（3）为确保生产服务的及时性与高效性，生产及调度、实验室配备了 2 部 24 小时值班的工具车，专门用于生产服务、负责维修人员的接送及工具泵送管件的运送，并直接由调度负责调派。

### 1.1.4 结果状态

应用跳仓法施工大幅度提高了混凝土结构构件的抗渗性能，同时使防水工程提前一个月介入，后浇带施工进度提升了 50%，后浇带附加钢筋的使用量减少了 30%以上，增效降本显著。

### 1.1.5 遇到的问题与建议

#### 1.1.5.1 冬季低温天气施工

在冬季低温天气施工时，主要需防止因温度骤降导致混凝土冻害的发生。冻害一旦发生，会引发一系列严重问题，包括混凝土强度降低、裂缝形成、混凝土中钢筋的锈蚀、混凝土耐久性能降低等。为防止产生这些不利的影响，在冬季低温天气施工时应采取相应措施来保证施工质量。

（1）冬期混凝土加入早强剂、防冻剂或复合型外加剂（人防区域混凝土根据图纸要求只添加防冻剂，不添加早强剂）。

（2）混凝土输送泵管和布料杆包裹保温材料（橡塑保温管套），以减少输送过程中混凝土热量的散失。

（3）在浇筑过程中，施工单位应随时观察混凝土拌合物的均匀性和稠度变化。当浇筑现场发现混凝土坍落度与要求发生变化时，应立即与搅拌站联系，以便及时进行调整。

（4）搅拌站实验室在试配过程中应考虑混凝土搅拌及运输过程中混凝土热量的散失，并在运输车辆上设置满足要求的保温材料包裹，保证出罐温度不低于 10℃，入模温度不低于 5℃。

（5）混凝土浇筑层外围开口部位采用保温棉被封堵，以减少热量损失。

（6）密切注意天气情况，避免雪天浇筑混凝土。

（7）在混凝土浇筑完毕后，采取覆盖保温，使混凝土的温度在降至 0℃前，其抗压强度不低于抗冻临界强度。

（8）不得随意拆除保温材料，保温材料的拆除必须由项目技术负责人同意后方可进行。

#### 1.1.5.2 超长混凝土的质量保证

由于底板混凝土体积庞大，给混凝土的供应和现场调度带来很大困难，又鉴于是超长混凝土，技术要求高，必须确保混凝土不产生施工冷缝，因此事关重大，务必引起高度重视。为了确保底板超长混凝土的顺利浇筑，保证超长混凝土的浇筑质量，项目部专门成立了超长混凝土专项领导小组，明确每一个小组成员在施工准备、混凝土场内外运输、混凝土布料、浇筑、养护、测温、试验等各阶段、各方面的职责，确保职责清晰，责任到人，力求每一个施工环节都能得到精心的管理与协调。

## 1.2 溶岩地质中“填塞法免注浆穿越溶洞”冲孔桩施工创新

### 1.2.1 案例背景

在我国南方多个地区，地下水位普遍较高，水夹砂、淤泥、强风化软弱夹层等地质问题频发，且深层有发育的溶洞、土洞，地质条件严重不良，在此条件下的冲孔桩施工中，泥浆护壁效果不易保证，溶洞、土洞较难处理。冲孔穿越软弱层及溶洞区域时，易出现塌孔、扩孔等质量问题，且采用灌注砂浆或混凝土的方法处理溶洞时需耗费大量成本，充盈系数过高，给建筑桩基施工带来了重重困难。

我公司承建的广州花都祈福 3、4 号地住宅楼项目工程为面积约 22 万 $m^2$ 的住宅小区，地下 3 层车库，地上 13 栋 27 层塔楼，塔楼区基础为冲孔灌注桩，共计 1253 根，桩径 800～1800mm。工程地处上述不良地质层，且桩位处溶洞见洞率达 70%以上。

针对周边类似工程的调查显示，在采用常规的施工工艺时，灌注充盈系数一般在 2.2 以上，且在施工中易出现塌孔、扩孔等问题，成桩后抽芯检测易出现三类桩。

基于以上实际情况，我们通过试桩开展了“溶岩地质中填塞法免注浆穿越溶洞施工技术”的研究，以“改善护壁泥浆品质”为突破口，以填塞黄土、毛石的方法处理溶洞、土洞，力求在实现“对溶洞不作注浆处理，从而节省成本及工期”的同时，保证成孔质量，从而取得较好的质量成果及经济效益。

### 1.2.2 创新技术的探索与实践

#### 1.2.2.1 技术原理与实施步骤

溶岩地质中“填塞法免注浆穿越溶洞”冲孔桩施工技术：先利用超前钻机对每根桩进行预钻孔，根据超前钻成果判定溶洞深度、分布范围。随后，采用“正循环”法进行泥浆护壁及排渣冲孔，可最大程度减小对不良地质层中孔内护壁的负压力。当冲孔接近溶洞洞顶标高 1～2m 后，暂停 1～2h，往泥浆中掺加少量普通硅酸盐水泥及盐碱类处理剂，增加泥浆稠度，软化水质，从而改善护壁效果，然后击穿溶洞顶，采用黄土、毛石填塞，重锤轻击，完成穿越溶洞成孔，此工艺可实现“对溶洞不作注浆等特殊处理情况下，成功一次或多次穿越溶洞”，成孔成桩。

#### 1.2.2.2 技术的适用范围与优势

本技术适用于穿越“溶洞、土洞及裂隙较发育且地下水较丰富”的不良地质层的冲孔灌注桩施工，可在不注浆的情况下，一次或多次穿越溶洞、土洞（尤其适于高度或直径小于 3m 的中型及以下溶洞），实现成孔成桩，有较好的质量成果及经济效益。此技术还可广泛适用于淤泥层、含水砂层、强风化软弱夹层等不良地质情况下的冲孔灌注桩施工。

#### 1.2.2.3 相比国内同类技术，本技术的先进性及新颖性

（1）根据超前钻成果资料，成孔遭遇含水砂层、软弱层、溶洞、土洞等地质现象时，提前分阶段向护壁泥浆中掺加特定量的水泥及盐碱类处理剂，从而达到提前改善泥浆护壁效果、防止出现塌孔扩孔的目的。较华南地区类似工程中常规的“遇不良地质层再作针对注浆处理”的事后补救方式，其前瞻性和规划性更强，可提前避免成孔质量问题的出现，真正做到科学有效地事前控制，在同行业类似工程实践中处于领先水平。

（2）通过“填塞黄土毛石、掺加水泥浆及盐碱等处理剂润滑扩散、固化”的方法，实现对溶洞、土洞的“不注浆处理”，从而成功一次或多次穿越溶洞、土洞。较行业类似工程常规的“遇溶洞后灌注混凝土、水泥浆”的方法，处理效果更好，不会出现注浆流失的问题，且显著节省了成本和工期。

### 1.2.3 关键措施及实施

#### 1.2.3.1 工艺流程

溶岩地质中“填塞法免注浆穿越溶洞”冲孔桩施工工艺流程如图 1.2-1。

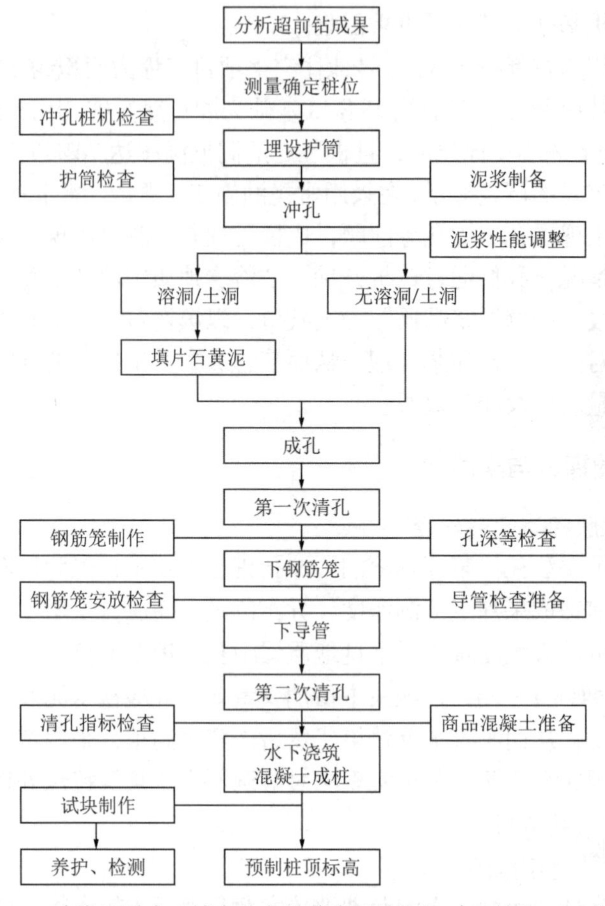


图 1.2-1　溶岩地质中“填塞法免注浆穿越溶洞”冲孔桩施工工艺流程

#### 1.2.3.2　操作要点

1）分析超前钻成果

施工前先用超前钻探明每根桩的竖向地质条件及溶洞、土洞的竖向分布状况，形成柱状图等成果资料（图 1.2-2）。根据该成果资料对每根桩所揭露的溶洞、土洞、斜岩面及发育不良的沟槽岩面等情况进行分析，对存在较大落差的溶洞、土洞进行位置标识。

图 1.2-2　超前钻探查

2）测量并确定桩位

根据测量控制点，按设计图纸要求，建立平面坐标系，计算每根桩的中心坐标，用全站仪定位，做好标识。

3）桩机就位

桩机就位时用方木垫平，桩头中心线对准桩孔中心，误差控制在20mm内（图1.2-3）。

图1.2-3 桩机就位

4）埋设护筒

（1）挖坑：孔口护筒采用4～8mm的钢板制作，内径比桩径大200mm，长度为1.8～2.5m，顶部高出施工面300mm，上部开设溢水孔，放置护筒后四周对称夯填黏土，保证护筒底部不漏水。以保持内水位高于孔外水位或地面，使孔内水压力增加，有利于保护孔壁不坍。基坑挖好后，安放护筒。护筒埋设应准确、稳定，护筒中心与桩设计中心偏差不大于20mm，护筒上部倾斜度不超过1%。

（2）回填：先在护筒外围底部垫厚约20cm的胶泥（把泥）并用脚踩紧，然后叠黄土草袋，草袋交错叠放，砌好一层草袋，又铺上一层胶泥，踩紧之后，叠砌第二层草袋，再铺一层胶泥，踩紧，如此更续填筑，使之略低于护筒口20cm为止。黄土草袋和胶泥必须做到层层密实，这样既可防止河水渗透，又能使护筒固定不动。

（3）准备护壁料：如地表为软土质，则在护筒里加片石、砂砾和黄土，其比例大致为3∶1∶1。如地表为砂砾卵石，则在护筒里只加小石子（小颗粒的砂砾石）和黄土，比例大致为1∶1。

5）成孔

（1）泥浆制备（图1.2-4）：在地表黏土层中冲孔，注入清水，以膨润土造浆。为了将锤底的粗颗粒及时清除并确保泥浆对孔壁的撑护作用，在成孔过程中，泥浆的相对密度为1.1。泥浆配比及技术指标为：

水、膨润土、黏性土的配比比例为100∶10∶5，泥浆的相对密度为1.1，黏度为19Pa·s，含砂率为0.4%，pH值为8，胶体率为95%，静切力为1.2Pa。

（2）冲击成孔（图1.2-5）

①开孔时低锤密击，反复冲击造壁，保证护筒稳定。

②保证泥浆供给，使孔内浆液面稳定，孔内水位必须高出孔外水位1.0m以上，防止塌孔。参照地质勘探资料控制落锤冲程，宜低锤密冲，每成孔50～100cm置换一次泥浆，将孔内粗颗粒排出。

图 1.2-4　泥浆制备

图 1.2-5　冲孔

③当桩孔穿越不同土层或岩层时，应及时调整冲程或频率，保证成孔效果及护壁的稳定。如发现落锤时不稳定，应向孔内抛填石块，填至孔底平缓方可继续冲击，这样能避免偏孔，并保证桩孔的垂直度。另外，进入基岩要检查锤头直径，如锤头磨损应及时补焊，保证桩孔不缩径。

④在冲孔过程中，应控制松绳长度，避免打空锤。

⑤在冲孔过程中，每 2m 检查一次垂直度。垂直度检查利用十字控制桩拉十字线进行桩心复核，同时从两个方向观测吊锤钢丝绳的摆动。

⑥机组人员必须及时、真实地填写《冲孔桩成孔施工记录》，原则上入岩前不超过 6h 记录一次进尺数，入岩后不超过 4h 记录一次进尺数。预计进入中风化岩层时，应及时捞取岩样，由当班施工员上报岩土工程师进行判定，并完成签字留样手续。

6）溶洞处理

在遭遇溶洞或土洞时，我们采取以下的处理步骤：

（1）当孔深接近溶洞洞顶标高 1～2m 时，暂停排渣，往泥浆中掺加一定量的水泥，增加泥浆稠度，改善泥浆护壁品质（实验表明水泥掺量为孔内泥浆体积的 0.5%～1.5%时护壁效果最佳）。（图 1.2-6）同时掺加烧碱（NaOH）或纯碱（$Na_2CO_3$）等软化水质，泥浆技术指标为：

水、膨润土、黏性土、水泥和烧碱的比例为 100∶10∶5∶1.2∶0.3，泥浆的相对密度为 1.3～1.4，黏度为 24Pa · s，含砂率为 0.4%，pH 值为 10，胶体率为 98%，静切力为 1.3Pa。

图 1.2-6　掺加水泥改善泥浆品质

（2）完成上述调整后，我们会击穿溶洞顶，并采用黄土毛石（毛石直径为 10～30cm）冲击填塞，同时补给泥浆，利用冲锤冲击压实毛石、黄泥，将其挤入溶洞孔壁及其裂缝中，待填塞超过洞顶标高后，再次对泥浆掺加水泥，并停止冲击 1～2h，待黄泥毛石稍稍固化后，继续冲孔。我们会采用分阶段向泥浆中投放水泥的方法，具体投放顺序如图 1.2-7 所示。

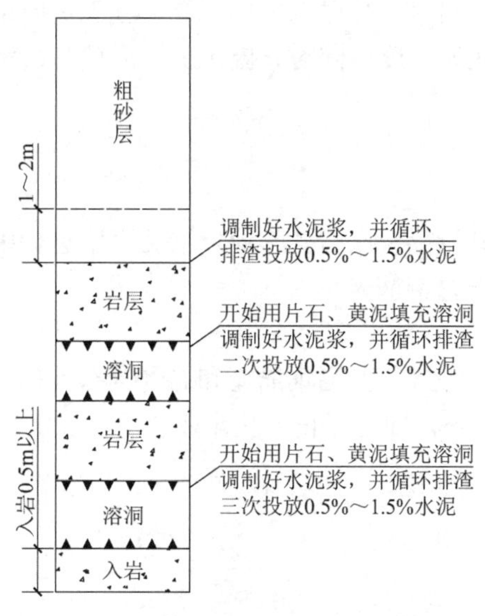


图 1.2-7　泥浆中分阶段投放水泥示意图

（3）在冲孔穿越溶洞顶板的过程中，我们采用小冲程冲进。成功穿越溶洞顶板后，我们使用钢筋笼验孔器检验顶板全高范围内的孔形。如验孔器不能顺利通过顶板，则需采用小冲程对顶板范围内的孔形进行重新修孔，直至验孔器能贯入溶洞中并顺利提升，方可继续冲孔。

（4）进入溶洞内部后，须谨慎提起锤头，根据溶洞的大小，将毛石、黄土抛填至溶洞顶面以上，并加投适量黏土，然后低锤冲击。如遇溶洞过大，需反复抛填毛石及黄土，直至孔内泥浆面不再下降、锤头不再晃动摇摆、打进速度恢复正常为止（图 1.2-8）。

图 1.2-8　填塞毛石黄土处理溶洞

（5）终孔作业完成后，我们随即下探孔器测量孔洞的倾斜度。由施工员复测孔深并报监理工程师和岩土工程师签字确认后，即可进行第一次清孔。当冲孔桩施工冲至岩层面时，要用线锤沿桩孔的四周进行吊挂检验，看是否都是同样的岩石，以确认是否全面入岩。这主要是根据吊锤时的手感和声音来判断。如果不能全面入岩，那么就要冲至全面入岩的位置，以此作为入岩的初始点，在这个位置再按设计要求的嵌岩深度冲下去。这种情况下，桩的实际终孔深度往往会超过原先设计的桩底深度。同样，终孔时也要使用线锤对周边进行检验，以确保岩石的一致性。

确定入岩深度后即可得出该桩孔底的准确标高，施工员向钢筋班组下发《钢筋笼加工单》以确定钢筋笼节数和底笼长度。同时，施工员还需填写《钢筋笼隐蔽申请单》并上报监理工程师验收。

7）清孔（图 1.2-9）

（1）第一次清孔

冲孔达到设计深度后进行第一次清孔作业。清孔完毕进行第一次检查，沉渣厚度不大于 50mm 即认为合格，可下置钢筋笼。

（2）第二次清孔

第二次清孔作业利用导管进行。当钢筋笼和导管全部入孔后，通过导管进行第二次清孔，总沉渣厚度不大于 50mm，即可停止清孔作业，准备浇筑混凝土。

图 1.2-9 清孔

8）钢筋笼制作安装（图 1.2-10）

（1）钢材进场时，每批都必须附带合格证，经监理代表签字认可后，送检测中心进行机械性能测试与焊接性能测试，合格后方可投入使用。

（2）钢筋笼在钢筋棚内采用一次性制作成型工艺，主筋与筋采用电焊方式连接。主筋接头连接部位需相互错开，同一截面内钢筋接头数量不得多于主筋总根数的 50%，两个接头间距不得小于 35 倍的钢筋直径。

（3）采用在钢筋笼上焊保护层限位钢筋的措施来保证钢筋保护层厚度的准确性。

（4）钢筋笼应分段制作并分段吊装，吊运时应采取有效措施防止其扭转、变形，安装钢筋笼时应对准孔位、吊直扶稳、缓慢下沉，避免碰撞孔壁。钢筋笼到达标高后，检查其中心偏位是否符合规范要求，检查合格后将对称焊在钢筋笼顶部主筋上的吊筋与孔口护筒焊接牢固，以防掉笼或浮笼。

（5）钢筋笼制作需确保顺直且结构牢固，焊接应符合规范标准(主筋间距偏差小于 10mm，筋间距或螺旋螺距小于 20mm，钢筋笼直径为 10mm，笼长度小于 50mm），Ⅰ级钢用 T-422 焊条，采用直流电焊机焊接，钢筋采用单面搭接焊，搭接长度为 10 倍的钢筋直径。

（6）钢筋笼焊接应规范，不同焊接面或焊接点应调整相应电流，避免咬筋或焊接不牢固，经监理验收合格的钢筋笼单独标识和堆放，未经过验收的钢筋笼不得进入施工现场。

图 1.2-10　钢筋笼制作安装

9）导管安放

（1）本工程采用直径为 250mm 的导管，壁厚为 4mm 的钢管，要求平直无变形，配备 2.5m 标准节及 1.5m、1.0m、0.5m 的短节。

（2）导管在使用前必须进行严格检查，管壁及接头丝扣完好无损，必须加密封胶圈并涂抹黄油密封。下入时，保持居中轻放。

10）水下浇筑混凝土

第二次清孔验收合格后，立即进行水下混凝浇筑。施工员必须全过程监督指挥，通知监理旁站，并由专人负责凝土灌注记录，及时用测绳测控混凝土面深度，及时提升、拆除导管。浇筑前提交《混凝土理论配合比报告》《混凝土浇筑通知单》报监理审批，现场测定混凝土坍落度，并及时填写《水下混凝土灌注记录》《混凝土坍落度检测记录表》。混凝土浇筑完毕后，需由专人负责确定新鲜混凝土是否达到护筒口。同时，需认真做好混凝土试块，填写好标记，并按要求进行养护和试压。

（1）本工程采用商品混凝土进行浇筑，混凝土浇筑前在安放好的导管上部放一支料斗，料斗与导管连接处放一个混凝土包，漏斗内放好隔水塞。第一次浇灌混凝土，导管下端离孔底距离为 0.4～0.5m 必须保证导管底端能埋入混凝土中 0.8～1.3m。因此，料斗中第一次储料应不少于 2～2.5m$^3$，利用冲力将管底泥浆及部分沉渣冲离孔底，随后连续浇灌混凝土，灌注必须在清孔停止后 20min 内进行。浇筑前，必须检查混凝土的和易性，确保坍落度控制在 180～220mm 方可灌注。

（2）初灌量

混凝土的初灌是保证桩质量的至关重要的环节，如果初灌控制不好，就会导致桩身混凝土中夹泥的情况发生，以及沉渣厚度达不到要求，使得桩不合格。要控制好首灌，首先是要计算初灌量。混凝土的初灌量必须计算确定，要保证将导管内的水全部压出，并能将导管初次埋入混凝土内 1～1.5m 深（图 1.2-11）。

混凝土初灌量计算公式为：$V = h_1 \times (\pi d^2/4) + h_c \times (\pi D^2/4)$

式或图中：$V$—初灌量，$d$—导管直径，$D$—孔直径，$h_1$—导管内混凝土与导管外水压力平衡所需高度，$h_2$—导管初次埋入混凝土深度，$h_3$—导管底距孔底距离。

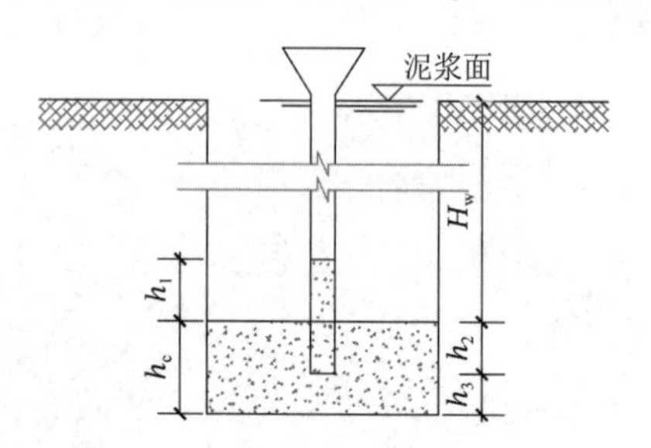


图 1.2-11　混凝土初灌量示意图

导管在混凝土面的埋置深度一般宜保持在 2～4m，不宜大于 5m 或小于 1m，严禁把导管提出混凝土面。计算出了初灌量，还得要有满足初灌量要求的装料斗，然后是初灌方法。初灌的关键就是要使初灌量的混凝土一下子冲到孔底，利用其冲击力将泥浆和孔底沉渣冲挤上来，而混凝土则整体性一下子占据孔底位置，就像弹性碰撞那样。通常的初灌方法是用铁丝绑住一个管塞，塞在装料斗的管口处，装好料后，将铁丝剪断，使混凝土和管塞一起冲到孔底。

只有在混凝土和管塞一起冲到孔底的情况下，混凝土才能保持较好的整体性，初灌效果才会好。有的施工队采用在管口放置钢板的方法，装好料后将钢板抽出，这种做法会导致混凝土的整体性不好，初灌效果不佳。管塞宜用预制柱状混凝土块，采用沙包作管塞的做法不宜采用。

（3）水下混凝土浇筑必须连续施工，浇筑过程中要经常探测混凝土面高度，适当拆卸导管，埋管深度以 3～6m 为宜。遇到溶洞等不良地质条件时，埋深应控制在 5m 左右。一次提管不得超过 5m，严禁将导管拔出混凝土面，施工时要随时掌握混凝土面的标高和导管的埋入深度。严禁在混凝土运输车内加水调整混凝土的坍落度，严禁在混凝土间断供应时拔提反插导管振捣混凝土。

（4）浇灌混凝土时，要严格防止塞管、脱节现象发生。拆导管时应注意每次拆管后导管在混凝土中的埋深不得小于 2m（埋管深度一般为 2～6m）。专人用测绳测量混凝土面深度及导管长度，以防导管提出混凝土面而造成断桩。混凝土灌注至设计标高后，应控制最后一次浇筑量，超灌高度为 500mm，保证设计桩顶的混凝土强度达到设计等级。混凝土充盈系数控制在 1.08～1.20。

（5）混凝土浇灌时间一般不超过 4h，应满足不超过初盘混凝土的初凝时间。

（6）灌注混凝土时，应不定时进行混凝坍落度试验并按要求留置试块。每根桩均留置标准养护试块及同条件试块，每 100m$^3$ 混凝土应留置两组试块。标准养护试块应放置在现场实验室的标养室内进行养护（图 1.2-12）。

图 1.2-12　浇筑混凝土

1.2.3.3　质量控制

（1）严格把好材料关，原材料进场后必须进行复检合格后方可使用。

（2）商品混凝土进场后必须检查其和易性，坍落度应控制在 180～220mm。

（3）混凝土浇筑实行旁站式管理，确保施工员对关键环节进行重点控制。

（4）注意预防突然塌孔形成废桩。

（5）注意泥浆突然下沉，说明溶洞、土洞被击穿（需继续浇捣桩芯混凝土）。

（6）导管的埋深与提拔操作应符合要求。

（7）桩芯浇捣完成后，要特别注意导管的上下拔动速度与最后导管拔出的速度，确保操作规范。

1.2.3.4　环保及安全措施

（1）对于即将进行施工的工程现场，必须进行细致的勘察和规划，了解周边环境、土层条件、地下管线分布等相关情况。

（2）施工时在现场四周设立明显的警戒、警示标志，根据超前钻成果，对有较大溶洞、可能造成坍孔的桩位进行特别标识，无关人员不得擅自进入施工现场。

（3）在现场内配备紧急救援车辆，并进行现场应急演练，确保在应急情况出现时能够及时处理。

（4）施工作业人员必须了解和掌握本工艺技术操作要领，特殊工种（电焊工、桩机操作员）应持证上岗。

（5）定期对机械设备进行检查，发现问题立即维修，确保施工机械安全正常运行。班前要认真检查各种钢丝绳等重要部位，发现隐患应及时排除，杜绝“带病”作业。

（6）施工现场内电线必须架空，严禁拖地，临时水、电的布置以不影响地面交通为控制原则，过路的临时管线要进行埋地保护。

（7）为保护环境，避免施工噪声、污染对公众造成伤害，工程施工编制了《环境保护实施细则》，要求污水全部实行沉淀后排放，泥浆封闭外运并尽量重复利用。所有的施工人员必须遵守职业道德，在任何时间、任何地点，都不能影响周围的居民和其他单位的正常生产和生活。

（8）工程现场用水，应尽量采用人工降水井的外排水，并尽量节约水资源。

（9）遇到不良天气时，必须立即停止施工，并做好现场的安全防护工作，直至天气转好方可继续作业。在恶劣的天气情况下，应当暂停作业，并根据实际情况及时调整施工计划。

## 1.2.4 结果状态

### 1.2.4.1 成果转化

本技术在我公司承建的广州花都新华祈福 3、4 号地住宅楼工程中得到了很好的应用，该工程塔楼区采用冲孔灌注桩基础，共计 1253 根，桩径范围在$\phi$800～1800mm。桩体穿过的土层多为较厚砂层、淤泥层、软塑流塑状粉质黏土层，且有大量溶洞、土洞及软弱风化夹层，采用本工法施工，保证了成桩质量，经检测全部合格，无三类桩出现，并节省成本 677.4 万元。该技术获得 2015 年度国家工法称号（工法编号：GJJGF046-2014）。

（1）经济效益分析

采用本工法通过在溶洞处填塞黄土、毛石和往泥浆中投放水泥，实现了对溶洞不作注浆等特殊处理，成功穿越溶洞成孔，节省了深层溶洞注浆的处理成本，使混凝土充盈系数从 2.2 降到 1.5 且保持稳定，大大节约了混凝土用量。具体分析如下：

本工程共有冲孔灌注桩 1253 根，桩径范围在$\phi$800～1800mm。按每根桩平均桩长 18m、直径 1200mm 计算，共节省混凝土约 17846.5m$^3$。

混凝土强度等级为 C30，每立方米人材机折合单价按 300 元计算，共计节省混凝土费用约 535.4 万元。

该工艺中，增加的毛石、黄土、水泥的费用约 198 万元，节省的溶洞注浆处理费用（按清单列项）约 340 万元。

综合以上各项因素，共计节省成本 677.4 万元。

（2）社会效益分析报告

采用本工法，成功实现了不良地质中穿越溶洞成孔的技术突破，保证了成桩质量，降低了工程成本。这一成就为我公司在广州市花都区树立了良好的企业形象，同时也为今后承接类似工程积累了宝贵经验。

### 1.2.4.2 推广应用前景

本技术适合应用于“溶洞、土洞及裂隙较发育，或淤泥层、含水砂层、软弱夹层、地下水较丰富”的不良地质层中冲孔灌注桩施工，可实现在不作注浆处理的情况下，成功一次或多次穿越溶洞，并有效改善成孔及灌注质量，节省工期及成本。在上述地质条件较普遍的华南等地区，具有较好的应用前景。

## 1.2.5 问题和建议

### 1.2.5.1 溶洞区桩底高程控制

溶洞的发育无规律可循，无论是水平方向还是垂直方向变化都很大，在桩基础施工前，无法准确判断岩溶发育形态、深度和范围，使施工风险极大。施工中遇到超前钻已提示未发现溶洞，但在桩基施工完成后进行抽心检测时，在有些桩的桩底以下又发现溶洞，有些溶洞规模还较大，使桩基承载力难以达到设计要求。由此可见溶洞分布非常复杂，因此，必须做好桩底高程控制，以避免桩底存在潜在隐患。

有时单纯靠加密勘察孔的方法还不足以指导桩基施工，在重要的工程中，还可动用地质雷达以及钻孔间电磁波层析 CT 探测方法配合，全面详细地了解桩孔孔位及周边岩溶发育情况。

1.2.5.2　漏浆、塌孔控制

岩溶地层中因溶洞的广泛存在，溶洞互相贯通，冲孔施工时泥浆漏失情况严重，使钻孔无法保持合理的水头高度，地下水涌入孔内产生由外向内的侧压力，泥浆难以保持孔壁的稳定，造成孔壁失稳坍塌。施工过程中注意观察孔口泥浆的变化，因为孔壁坍塌往往都有前兆，有时是排出的泥浆中不断出现气泡，有时护筒内的水位突然下降，这些都是坍孔的迹象，发现这些迹象时应立即停止施工，采取措施后方可继续施工。

在冲孔过程中可适当增加泥浆浓度，同时储备一定数量的泥浆，以便在漏浆时进行及时补浆。当桩间距离较小时，可在数根桩之间挖一较大的泥浆池，将多余的泥浆进行集中储存，既能用于漏浆时的补浆，又便于集中外运。若漏浆量过大，补浆不能达到止漏的目的，可先加入一些黏土和片石拌合物，回填至洞顶以上 1～2m 后，再放入钻头，小冲程高频率冲击穿过空洞，用冲桩机进行小冲程冲压，使黏土或片石挤入溶洞或裂隙中，填塞渗漏通道，使桩孔不再漏浆。

将孔口护筒加长，使护筒顶部高出地面，一般护筒顶要高出地面 30～50cm，且浆面高出地下水位 1.5m 以上。护筒埋入土中的深度以护筒底口位于地下水位以下不小于 1m 为原则，护筒四周用黏土填实，以免漏浆，使孔内泥浆面保持在护筒以内。

## 1.3 复杂地质条件下桩基工程创新

### 1.3.1　案例背景

华南地区地质复杂，沙质地基或淤泥质软基较多，建筑工程基础桩中主要采用的是预应力混凝土管桩和钢筋混凝土旋挖灌注桩基础，其中预应力管桩主要适用于多层和高层建筑物地基，特别是淤泥质和砂质等易坍孔和缩径的地基，采用钢筋混凝土灌注桩不易成孔，预应力管桩施工速度快，工程成本低，地基承载力效果好，是一般建筑地基的首选方案。一般预应力管桩桩径采用$\phi$400～800mm 的预应力管桩，有效桩长一般在 60m 内，且不超过 3 个桩接头。

但是如果地质复杂，地质层含石块或持力层起伏很大时，会造成静压桩或锤击桩施工困难。此外，当建筑需要较大承载力桩时，旋挖机成孔的钢筋混凝土灌注桩基础的适应性更广泛，尽管工程成本比预应力管桩略高，但可在地质更复杂或预应力管桩不适用的情况下采用。

旋挖钻机成孔钢筋混凝土灌注桩的原理为利用可伸缩的旋式钻杆在机具重量、油缸压力及动力扭矩的共同作用下，通过底部带有活门的桶式钻头破碎岩土，并将其直接装入钻斗内，然后再用卷扬提升装置和伸缩钻杆将钻斗提出孔外卸土，如此循环往复，不断地取土、卸土，直到钻至设计深度。同时，利用泥浆护壁原理穿越一般砂层，防止坍孔，并可通过更换入岩钻头实现入岩钻孔。成孔效率远超传统冲孔桩钻机，因其工艺先进、施工效率高得到了广泛应用。

在实际工程实践中，不能只从单一的预算成本上进行桩基选型，还要考虑实际地质情况和现场试桩结果，以规避潜在的质量与成本风险。只有选择与复杂地质相匹配的桩型，才能有效地节约工期和成本，并保证工程的施工质量。

### 1.3.2 事件过程分析描述

#### 1.3.2.1 项目基本信息

项目名称：松山湖（生态园）机器人智能装备制造产业加速器

建设地点：广东省东莞市松山湖生态园东坑片区 25 号路南侧（东莞松山湖高新技术产业开发区）

建设单位：东莞市松山湖智能装备产业园有限公司

施工单位：河北建设集团股份有限公司

监理单位：东莞市杰高建设工程监理有限公司

设计单位：湖南省建筑设计院有限公司

勘察单位：湖南有色工程勘察研究院有限公司

#### 1.3.2.2 项目概况

本项目占地面积约 94622.31m$^2$，总建筑面积约 362858.48m$^2$，其中，地上建筑面积约 318796.74m$^2$，地下建筑面积约 43080.26m$^2$。1～4 号厂房为地上 6 层，5 号厂房为地上 11 层，6～9 号宿舍为地上 17 层，并附设地下 1 层，10～12 号厂房为地上 7 层，13 号厂房为地上 8 层，14～16 号为地下车库，位于地下 1 层。最大单体建筑面积约 38286.85m$^2$，最大建筑高度约 59.3m。

#### 1.3.2.3 14 号地下室桩基础工程概况

14 号地下室长约 255.9m，宽约 212.5m，总占地面积 41194.64m$^2$，体量较大，地下室上部主体包含 1～9 号楼共 9 栋单体建筑，其中 1～5 号楼为工业厂房，6～9 号楼为宿舍楼。

原设计要求 14 号地下室塔楼部分桩基础采用预应力管桩基础（有效桩长不小于 8m），总桩数共计 3383 根，副楼部分采用钢筋混凝土旋挖灌注桩基础，总桩数 329 根。

对于预应力混凝土管桩的设计，建议采用锤击法进行沉桩。桩型选定为端承摩擦桩，主要以强风化泥质砂岩⑦作为桩端主要持力层，若打桩贯入度能满足要求亦可将桩置于全风化泥质砂岩中。为保证桩基础稳定性，桩端应进入持力层一定深度。桩径建议取 500mm，桩长预计 5～16m（设计图纸要求有效桩长不少于 8m），具体桩长应根据建筑荷载的大小、设计要求、收锤标准以及引孔深度综合确定。

考虑到地下室所在区域开挖后，强风化岩层埋深相对较浅，大部分桩长无法满足设计有效桩长的要求，可采用预钻孔进行引孔处理以达到有效桩长，提高承载力。

#### 1.3.2.4 预应力管桩试桩结果及问题分析

2019 年 11 月 7 日下午 16：10 由建设、监理、勘察、设计、施工单位参与的现场试桩，试桩部位为 7 号宿舍楼 7-4 轴 × 7-D 轴（试 2）、7-H 轴 × 7-2 轴（试 3）、7-4 轴 × 7-D 轴（试 2）。其中，有预引孔的桩打入有效桩长为 7.4m，接近设计要求的最短有效桩长为 8.0m，而无预引孔的桩打入有效桩长为 2.2m，远小于设计要求的最短有效桩长 8.0m。试桩结果验证了 14 号地下室塔楼部分的管桩需大面积采用预引孔打桩的方式施工。

#### 1.3.2.5 优化选择桩型及工艺对比

1）工程地质条件

根据勘察结果，勘察区域内特殊性岩土为素填土①，淤泥质土②、粉质黏土⑤、全风化、强风化及中风化泥质砂岩⑥、⑦、⑧。

素填土①：稍湿，结构松散，主要由黏性土组成，含部分碎石、植物根系等，硬杂质含量小于 10%，土质、密实度不均匀，属新堆填土，尚未完成自重固结。该层强度低，压缩性高，性质不均，稳定性较差，自固结周期长，附加沉降量大，当厚度较大时易引起地面开裂等不良现象。场地大部分区域分布有该层，属于一种工程性质不良的特殊性土。

淤泥质土②：呈湿、软塑状态，主要由淤泥质土组成，局部夹杂草木及砂土等成分，干强度及韧性中等偏低。该层含水量高且孔隙较大，天然状态下呈软塑状，土层力学性能差，具有触变性、流变性、高压缩性、低强度、低透水性等特性，如受大面积堆载，或受强烈振动等附加荷载或工程降水等作用时可能产生不均匀沉降或过量下沉，引起地面沉降或浅基础的沉陷失稳，软土自稳性能差，基础开挖时也容易滑落。软土对地基稳定性及地基变形均可产生不利影响。因此，应避免受外界附加荷载或工程降水导致软土层排水固结沉降，进而引起地面沉降、软土震陷、产生负摩阻力等对工程的不利影响。

粉质黏土⑤：稍湿，硬塑，系泥质粉砂岩风化残积而成，原岩结构基本破坏，局部见少量风化硬块，干强度及韧性中等，具有遇水软化性及失水易崩解的特性。当开挖后，容易软化和崩解，易造成坑壁坍塌，作为持力层及基坑施工时要特别引起注意。

全风化、强风化及中风化泥质砂岩⑥、⑦、⑧：勘察范围内均有分布，该风化岩具有软化性及崩解性，当开挖或遇到水后，容易软化并失水崩解。开挖暴露空气中后有进一步快速风化的特性（俗称“见风消”）。在进行基础、基坑及边坡施工时，要注意及时封闭暴露面，否则，强度会大幅降低，属于一类特殊的岩土。

特殊性岩土对桩基础的危害程度及防治措施：桩端持力层软化，应尽量避免采用强风化岩作为灌注桩的桩端持力层，如必须采用，应在成桩后及时浇灌混凝土，并在必要时采用后注浆加固土体。对于预制桩应对桩底进行密封，防止桩底持力层被软化。

2）地质资料综合评价

根据地勘报告的各个钻孔的土质情况，1～9 号塔楼的每栋塔楼范围内地下室基础板底的土质分布情况都很不均匀，基本是砂质黏性土、全风化泥质砂岩、强风化泥质砂岩各占一部分，砂质黏性土、全风化泥质砂岩、强风化泥质砂岩的压缩性和承载力差别很大，同一栋塔楼的筏板下出现多种土质对控制建筑物不均匀沉降十分不利，且砂质黏性土承载力过低、不满足作为筏板基础的持力层使用。因此部分塔楼采用筏板基础的方案不可行。勘察报告推荐采用预应力管桩＋预引孔及旋挖、钻（冲）孔灌注桩两种方案。

3）预制管桩施工难度与隐含风险分析

（1）分析地质勘察报告，整个场地 103 个钻孔中仅有 8 个钻孔采用管桩基础不需要引孔，其余勘探孔若采用管桩基础均需要引孔。并且，这 8 个孔分散在不同塔楼、不同区域下，并非集中在一块区域内。根据地质勘察报告及钻孔情况，若采用管桩基础，1～9 号楼每栋塔楼均需预引孔，这意味着，将部分塔楼基础保留为不引孔的管桩基础的方案并不可行。

（2）采用锤击预应力管桩＋预引孔方案，试桩采用长螺旋钻机进行预引孔，钻机配外径$\phi$480mm 钻杆引孔，钻杆如图 1.3-1。

经过实际试桩，即便采用“预引孔＋锤击桩”，由于强风化、中风化泥质砂岩的硬度较大，锤击桩贯入仍旧困难。试桩引孔深度超过 8m，但实际锤击深度有效桩长仅为 7.4m，未达到最短桩长 8m 的设计要求。如果强行锤击，则可能发生碎桩、断桩的情况。如果不再施打，又不能满足最小桩长的设计要求，存在废桩的可能性。如果桩位作废，重新补桩会带来更多的工艺风险和成本损失，并且给整个工期进度带来不可预估的风险。

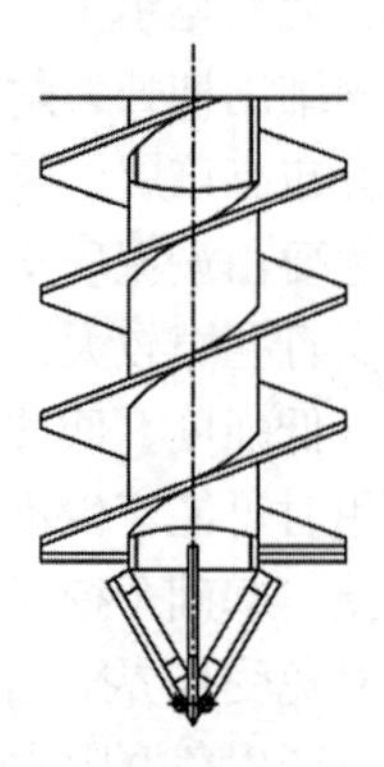

图 1.3-1 长螺旋钻机引孔钻头

（3）当引孔深度大于收桩桩长时，尽管收锤贯入度符合要求，但桩端存在引孔空腔，容易出现桩底“吊脚”的情况，从而产生结构安全隐患。尽管我们设定的引孔深度必须超过设计最小有效桩长 8m，但由于地质条件的复杂性，锤击桩的实际有效桩长能否达到 8m 仍存在不确定性。

（4）根据 2019 年 11 月 8 日松山湖建设工程安全监督组对本项目提出的检查意见及整改通知要求，本项目目前使用的柴油锤击桩机不能满足环保要求，需进行退场处理。而静压桩机对于全风化、强风化岩层的穿透力更加不足，压桩效果比柴油锤击桩还差，更无法在此类地质条件下满足设计桩长和持力层的要求。经分析对比，建议基础桩型统一改为钢筋混凝土旋挖灌注桩，这一工艺在当前的施工环境下更为可靠。

4）钢筋混凝土旋挖灌注桩与地质条件的匹配性及优势分析

（1）从地质条件来看，桩端持力层强风化泥质砂岩起伏过大，采用锤击预制桩工艺存在实际桩长小于最小有效桩长的风险，也可以判定锤击桩工艺成桩能力不足，存在断桩、碎桩、废桩的风险。而采用旋挖灌注桩工艺能有效应对这一挑战，目前的旋挖钻机可以钻入硬度很高的中微风化花岗岩岩层进行嵌岩桩施工，对于本工程地质构造中的中风化泥质砂岩可轻松钻入成孔，工艺成熟，且每台旋挖钻机每天可完成 2～3 根桩的成孔，钻孔能力完全满足工程进度的要求。

（2）旋挖钻孔桩施工前先进行超前钻，对桩端持力层每根桩进行精确钻探测量可确定准确的桩长，桩施工质量能够得到更好的保证。

（3）改为旋挖钻孔桩后，塔楼和地下室工程桩类型得到统一，简化了施工设备和施工工艺，便于安排统一施工流水。

（4）旋挖钻机成孔工艺的振动和噪声比柴油锤击桩小，施工能满足当地的环保要求。

## 1.3.3 关键措施及实施

### 1.3.3.1 方案优化结果

经与建设单位、监理单位、勘察单位、设计单位沟通，最终确定将原设计中 14 号地下室塔楼部分的桩基工程进行设计优化，由预应力管桩基础变更为钢筋混凝土旋挖灌注桩基础，副楼部分保持不变，仍为钢筋混凝土旋挖灌注桩基础。从而 14 号地下室由原设计塔楼部分 3383 根桩的预应力管桩基础和副楼部分 329 根桩的旋挖灌注桩基础，通过设计优化，变更为总桩数 1052 根的钢筋混凝土旋挖灌注桩基础（图 1.3-2）。

钢筋混凝土旋挖灌注桩的设计参数：桩径为 798mm 的基桩单桩承载力特征值为 4500kN，桩径 1000mm 的基桩单桩承载力特征值为 5500kN，承台标注后带 T 的桩表示为抗拔桩，桩径 798mm 的基桩单桩竖向抗拔承载力特征值为 2000kN，桩径 1000mm 的基桩单桩竖向抗拔承载力特征值为 2500kN，灌注桩混凝土强度标号为水下 C35，桩端持力层为中风化泥质砂岩，桩长不得小于 10m，为 10～23m，进入持力层不少于 5m。

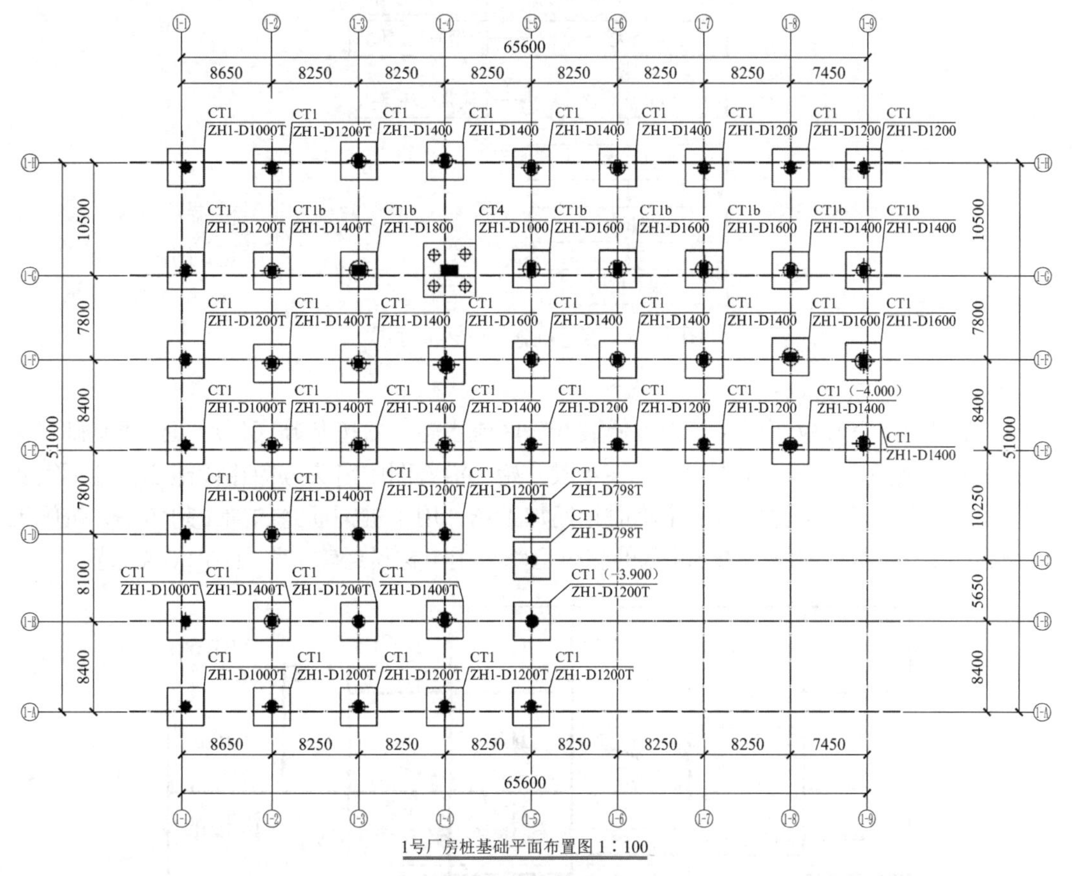


图 1.3-2　旋挖灌注桩优化图纸

### 1.3.3.2　旋挖桩工艺原理

旋挖钻机成孔利用可伸缩的旋式钻杆在机具重量、油缸压力及动力扭矩的共同作用下，通过底部带有活门的桶式钻头回转破碎岩土，并直接将其装入钻斗内，然后再用卷扬提升装置和伸缩钻杆将钻斗提出孔外卸土，如此循环往复，不断地取土、卸土，直到钻至设计深度。同时利用泥浆护壁原理可穿越一般砂层，防止坍孔。通过更换入岩钻头可以冲击研磨钻入中、微风化岩层。

旋挖钻孔主要适于砂土、黏性土、粉质土等土层施工，在灌注桩、连续墙、基础加固等多种地基基础施工中得到广泛应用，旋挖钻机的额定功率一般为 125～450kW，动力输出扭矩为 120～400kN · m，最大成孔直径可达 1.5～4m，最大成孔深度为 60～90m，可以满足各类大型基础施工的要求。

1.3.3.3　施工工艺流程（图 1.3-3）

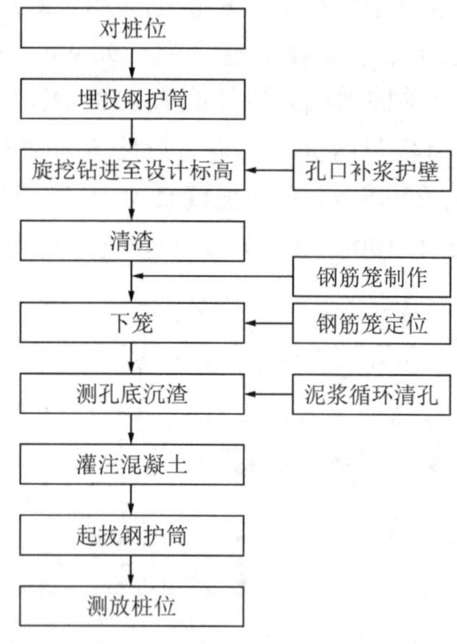


图 1.3-3　旋挖桩施工工艺流程图

1.3.3.4　施工段划分

本工程地下室底板面积大，为方便展开分区流水施工，按基础底板后浇带将基础底板划分为 35 个施工段，6 台旋挖机自 1～4 段开始，沿着图中箭头方向逐段施工，地下室底板范围内在地下车库位置预留 3 个临时钢筋加工场，用于桩钢筋笼的加工制作，并按施工次序逐个启用，基槽内修一条 6m 宽的临时道路，用于材料运输，详见图 1.3-4 布置。

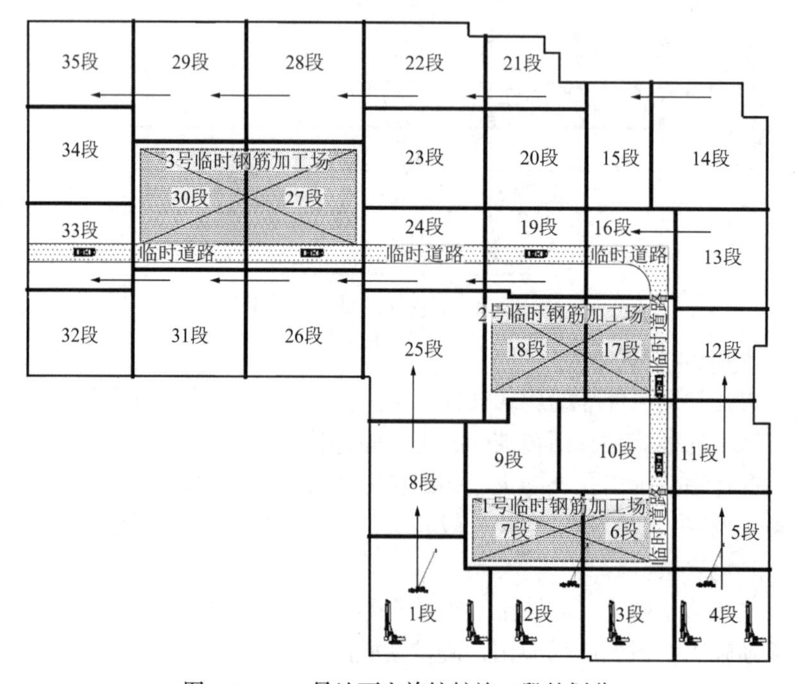


图 1.3-4　14 号地下室旋挖桩施工段的划分

1.3.3.5　提前超前钻探察地质分层

在建筑工程实践中，我们经常会遇到地质条件复杂的状况，尤其在不良地质现象频发，基岩面埋深不一，起伏较大且无规律性的情况下。而仅仅通过对场地进行详细勘察所获取的地质资料有限，设计单位难以确定桩基持力层的标高，施工单位亦无法取得精确数据。因此，在灌注桩基施工的处理过程中，超前钻已经成为现代建筑工程施工不可或缺的勘探手段。它对确定桩型、桩端持力层的性状及桩端位置(标高)、成孔工艺和确保工程质量等方面起着重要的作用（表 1.3-1）。

超前地质钻探施工作业流程：

施工准备→钻孔位放样(反馈孔口标高给设计院)→作业场地修整→设备安装→钻探→取样→影像资料及资料整理(监理确认)→报设计工作联系单→钢筋混凝土灌注桩深度确定。

超前钻的设备配置表　　表 1.3-1

| 序号 | 机械设备名称 | 型号规格 | 单位 | 数量 | 备注 |
|---|---|---|---|---|---|
| 1 | Topcon 全站仪 | Topcon335N | 套 | 1 | 测量放点 |
| 2 | Trimble GBS | 5800 | 台 | 1 | 测量放点 |
| 3 | 对讲面 | KENWOOD | 对 | 2 | 测量放点 |
| 4 | 岩芯钻机 | XY-A | 台 | 6 | 钻探 |
| 5 | 泥浆泵 | BW120QF | 台 | 3 | 钻探供水 |
| 6 | 水泵 | BW150 | 台 | 3 | 钻探抽水 |
| 7 | 数码相机 | 三星 S600 | 台 | 2 | 岩芯拍照 |

人员配置：每台钻机配 3 人，共计 18 人。

进度控制：本工程配备 6 台超前钻机，每天每机完成 4 根桩超前钻，1052 根桩预计 45d 钻探完成。开钻 3d 后需提供首批数据给设计院，开钻 5d 内设计院提供首批桩长给施工单位，以便开始旋挖桩作业。

1.3.3.6　旋挖桩施工要点

1）旋挖钻机成孔的特点及优点

（1）自动化程度高、成孔速度快、质量高。旋挖钻机为全液压驱动与电脑控制，能精确定位钻孔、自动校正钻孔垂直度和自动量测钻孔深度，最大限度地保证钻孔质量。桩成孔工效是循环钻机的 5～10 倍，使工程的质量和进度得到了充分的保证。

（2）伸缩钻杆不仅向钻头传递回转力矩和轴向压力，而且利用本身的伸缩性实现钻头的快速升降，快速卸土，大幅缩短钻孔辅助作业的时间，提高钻进效率。钻头更可深入硬质岩层。

（3）环保特点突出，施工现场干净。这是由于旋挖钻机通过钻头旋挖取土，再通过凯式伸缩钻杆将钻头提出孔内再卸土。旋挖钻机使用泥浆用来护壁，而不用于排渣，成孔所用泥浆基本上等于孔的体积，且泥浆经过沉淀和除砂还可以多次反复使用。目前很多城市在施工中的排污费用明显提高，使用旋挖钻机可以有效降低排污费用，并提高文明施工的水平。

（4）履带底盘承载接地压力小，适合于各种工况，在施工场地内行走移位方便，机动灵活，对桩孔的定位非常准确、方便。旋挖钻机的地层适应能力强，旋挖钻机可以适用于淤泥质土、黏土、砂土、卵石层等地层，在孔壁上形成较明显的螺旋线，有助于增强桩的摩阻力。

（5）吊放钢筋笼、灌注混凝土等施工场地较其他工艺容易布置。自带柴油动力，解决了施工现场电力不足的问题，并消除动力电缆造成的安全隐患。

2）旋挖钻机的数量配置

根据本工程数量、总工期和机械设备配置原则，拟投入本工程的主要施工机械和设备见表 1.3-2。

拟投入本工程的主要机械设备表　　表 1.3-2

| 序号 | 设备机具名称 | 规格型号 | 单位 | 数量 | 备注 |
|---|---|---|---|---|---|
| 1 | 旋挖钻机 | ZR360 | 台 | 6 | 桩成孔 |
| 2 | 汽车式起重机 | QY-25 | 台 | 2 | 吊运钢筋笼 |
| 3 | 电焊机 | BX-500 | 台 | 6 | 钢筋焊接 |
| 4 | 导管 | $\phi$250/300 | 根 | 各 15 | 浇水下混凝土 |
| 5 | 挖机 | PC200/260 | 台 | 3 | 修路埋护筒 |
| 6 | 泥浆泵 | 3PN | 台 | 6 | 泥浆循环 |
| 7 | 钢筋加工机械 | — | 套 | 2 | 钢筋笼制作 |

3）劳动力投入计划（表 1.3-3）

施工人员安排表　　表 1.3-3

| 工种 | 不同施工阶段劳动力投入情况 | | |
|---|---|---|---|
| | 准备阶段 | 施工阶段 | 完工阶段 |
| 项目经理 | 1 | 1 | 1 |
| 项目生产经理 | 1 | 1 | 1 |
| 项目技术负责人 | 1 | 1 | 1 |
| 商务经理 | 1 | 1 | 1 |
| 施工员 | 6 | 10 | 10 |
| 安全员 | 3 | 3 | 3 |
| 质检员 | 1 | 2 | 2 |
| 材料员 | 2 | 2 | 2 |
| 测量员 | 2 | 2 | 2 |
| 旋挖桩机工 | 24 | 24 | 24 |
| 电工 | 2 | 2 | 2 |
| 焊工 | 6 | 6 | 6 |
| 机修工 | 1 | 3 | 0 |
| 杂工 | 10 | 10 | 0 |

续表

| 工种 | 不同施工阶段劳动力投入情况 | | |
|---|---|---|---|
| | 准备阶段 | 施工阶段 | 完工阶段 |
| 混凝土灌注班 | 0 | 4 | 0 |
| 钢筋笼加工班 | 0 | 15 | 0 |
| 吊车司机 | 1 | 3 | 0 |
| 挖机司机 | 1 | 3 | 1 |
| 总计 | 63 | 93 | 56 |

4）泥浆制备

（1）泥浆的制备指标

根据地质勘察报告可知，填土层及淤泥较厚（填土层厚 0.9～5.5m，淤泥层厚 1.3～2.7m），若防止出现超径及避免坍孔切桩，必须用好泥浆，泥浆采用黏土造浆，泥浆性能指标为：

相对密度：1.05～1.15

黏度：25～30

含砂：< 8%

失水量：< 30ml/30min

本工程素填土层及淤泥质土层较厚，地下水充分，旋挖桩施工时为防止坍孔，可采用长护筒施工，护筒采用直径略大于桩径，壁厚 5mm，采用震动桩锤将钢护筒穿透至强风化泥岩面层的施工措施。

（2）泥浆定义

泥浆是钻孔施工中为防止桩孔侧壁土坍塌、使地基土稳定的一种液体。它以水为主体，并溶解有以黏土或膨润土为主要成分的多种原材料。

（3）泥浆作用

①防止桩孔侧壁土坍塌。

防止坍塌的三个必要条件：钻孔内充满泥浆；泥浆面标高比地下水标高，保持压力差；泥浆浸入孔壁形成水完全不能通过的薄而坚的泥膜。

②能抑制地基土层中的地下水压力。

③支撑土压力，对于有流动性的土基土层，用泥浆能抑制其流动。

④使孔壁表面从钻完孔到开始灌注混凝土能保持较长时间的稳定。

⑤泥浆渗入地基土层中，能增加地基土层的强度，可以防止地下水流入钻孔内。

⑥在砂土中的钻进时，泥浆可使其碎屑的沉降缓慢，清孔容易。

⑦泥浆应具有不与混凝土混合的基本特性，利用其不亲胶体性质最后能被混凝土所代替而排出。

（4）不同地质层对应的泥浆黏度指标

泥浆的性质应适合于地基土的状况、钻机以及工作条件等，一般要用多种材料配制而成（表 1.3-4）。

旋挖成孔法泥浆必要黏度参考值表　　表 1.3-4

| 土质 | 必要黏度 S（500/500cc） | 土质 | 必要黏度 S（500/500cc） |
|---|---|---|---|
| 黏土 | 20～23 | 砂质黏土 | 25～30 |
| 粗砂 | 30～35 | 砂质黏土 | 25～35 |
| 砂、圆砾 | 30～35 | 风化碎屑岩 | 25～30 |

出现以下情况时，必要黏度的取值要大于表中值：①砂层连续存在时。②地层中地下水较多时。③砂砾中混杂有黏性土时，必要黏度的取值可小于表中值。

（5）泥浆循环对给排水设备的要求

①水为泥浆的主体，为此要用杂质含量少的净水。

②为洗净机械设备，需准备管径为 25mm、流量为 50L/min 的给水设备。

③当给水量不能确保时，需另行准备 10～20m$^3$ 的稳定储水供水设备。

④当不得已用非自来水时，须事先对水质进行检查，以确保泥浆的质量。

⑤为将从钻孔中排出的泥浆送到储存池中以便重复使用，需准备抽水泵。为处理用于洗净机械器具的废水，需设置泥浆池。

⑥废泥浆需用罐车送到中间处理场进行处理，不得在施工现场就地排放。

5）成孔

旋挖机成孔法需在泥浆保护下钻进。当钻机结构决定钻头钻进时，每孔要多次上下往复作业。如果对护壁泥浆管理不善，就可能发生塌孔事故。可以说，泥浆的管理是钻进成孔工作中的关键（图 1.3-5）。

（1）钻进中的注意事项

①不管孔内有无地下水和表层土质情况，均需设置表层护筒，护筒至少需高出地面 30cm。

②在护筒插入到预定深度以前，均需使用钻头的铰刀。

③为防止钻斗内的砂土掉落到孔内而使稳定液性质变坏或沉淀到池底，斗底铁门在钻进过程中始终应保持关闭状态。

④必须控制钻斗在孔内的升降速度。如果快速向下移动钻斗，那么水流将以较快的速度由钻斗外侧和孔壁之间的空隙流过，导致冲刷孔壁。有时还会在上提钻斗时在其下方产生负压而导致孔壁坍塌，所以应按孔径的大小及土质情况来调整钻斗的升降速度，具体指标见表 1.3-5。

空钻斗升降时，因泥浆会流入钻斗内部，所以不会导致孔壁坍塌。空钻斗升降速度见表 1.3-6。

空钻斗提升速度表　　表 1.3-5

| 桩径（mm） | 升降速度（m/s） | 桩径（mm） | 升降速度（m/s） |
|---|---|---|---|
| 798 | 0.973 | 1000 | 0.748 |

空钻斗下降速度表　　表 1.3-6

| 桩径（mm） | 升降速度（m/s） | 桩径（mm） | 升降速度（m/s） |
|---|---|---|---|
| 798 | 1.210 | 1000 | 0.830 |

⑤按照钻孔阻力大小，考虑必要的扭矩，来决定钻斗的合适转数。

⑥在桩端持力层中钻进时，需考虑由于钻斗的吸引现象易使桩端持力层因扰动而松弛的情况，所以提钻斗时应缓慢。如果桩端持力层倾斜，应稍加压钻进。

⑦为防止孔壁坍塌，应确保孔内水位高出地下水位 2m 以上。

图 1.3-5　旋挖桩机成孔作业图

6）终孔

成孔达到设计标高后，对孔深、孔径、孔壁、垂直度等进行检查，不合格时应采取措施处理。成孔检查方法根据孔径的情况来定，孔内存在地下水，可采用先清孔，再采用水下灌注混凝土施工的测锤测量方法进行钻孔的测孔工作，经质量检查合格的桩孔，及时安放钢筋笼及灌注混凝土。

7）清孔

清孔是钻孔灌注桩施工保证成桩质量的重要一环，通过清孔确保桩孔的质量指标、孔底沉渣厚度、循环液中含钻渣量和孔壁泥垢等符合桩孔质量要求。

（1）钻孔终孔后应进行第一次清孔，即采用清孔专用钻头清孔。

（2）用 3PN 泵把孔底沉渣抽吸干净，用测绳准确测量孔深。

（3）混凝土灌注前的清孔。

混凝土灌注前，利用灌注导管进行清孔。应及时调整好泥浆性能，泥浆相对密度 ≤ 1.15，含砂率 ≤ 5%，黏度 ≤ 20s，孔底沉渣 ≤ 50mm。

8）钢筋笼制安

旋挖成孔的一个显著优点就是成孔快，且成孔后孔底沉渣很少。所以只要在钢筋笼制作、安装上采取合理措施，避免安装时钢筋笼刮伤孔壁，就可以大大地降低沉渣厚度，有效防止坍孔的发生（图 1.3-6）。

（1）钢材规格、材质、焊条型号符合设计和规范要求，进料要有材质单、合格证、复验报告。

（2）钢筋笼制作允许偏差：主筋间距±10mm，箍筋间距±20mm，直径±10mm，长度±100mm。

（3）主筋保护层 70mm，用钢筋耳控制，允许偏差±20mm，要确保钢筋笼居于钻孔中间；沿钢筋笼每隔 2m 放置一组，每组设置 4 个，按 90°均匀安放，既可避免笼体碰撞孔壁，又可保证混凝土保护层均匀及钢筋笼在桩体内的位置正确。

图 1.3-6　吊放灌注桩钢筋笼图

（4）钢筋笼存放、运输、吊装时，要谨防变形。

（5）通长钢筋笼采用一次吊放。钢筋笼起吊及运输过程中用吊车起吊，应保证整体、平直起吊。钢筋笼吊离地面后，利用重心偏移原理，通过起吊钢丝绳在吊车钩上的滑运并稍加人力控制，实现扶直，起吊转化为垂直起吊，以便入孔。用吊车吊放，入孔时应轻放慢放，入孔不得强行左右旋转，严禁高起猛落、碰撞和强压下放。钢筋笼安装完毕以后，必须立即固定，笼子到位（孔底）时要复核笼顶标高。

（6）本工程钢筋采用焊接，接口按规范要求错开，位于同一连接区段内的纵向受力钢筋机械连接接头面积百分率不应大于 50%。

9）桩混凝土灌注

（1）安装导管

安放前认真检查导管，保证它有良好的密封性。试验水压为 1MPa，不漏水的导管方可使用。导管要定期进行水密性试验，下导管前要检查是否漏气、漏水和变形，是否安放了“O”形密封圈并涂抹润滑油等。

利用吊车将导管放入，导管直径、长度应与孔深配套（距孔底 0.5m 左右）。全部下入孔内后，应放到孔底，以便核对导管长度及孔深，然后提起 30～50cm，进行二次清孔。初灌量应保证混凝土扩散后，导管埋入深度不小于 0.8m，为防止混凝土与稳定液混合，在灌注混凝土前，用充气球胆浮于管内。下放导管时，丝扣要对正、扭紧，不得碰撞钢筋笼，导管直径 250mm/300mm，标准节长 2.5m，调整长度 0.5m、1.5m、2.0m 各一节，底管不小于 4m。

（2）水下浇筑混凝土

水下混凝土浇筑是最后一道关键性的工序，施工质量将严重影响灌注桩的质量，所以在施工中必须注意。

①灌注前首先检查漏斗、测试仪器、量具、隔水塞等各项器械的完好情况。

②导管埋深：要保持在 2～6m，严禁导管提出混凝土面，设专职人员测量导管内外混凝土高差，确保灌注连续并填写水下混凝土灌注记录。

③在确认初存量备足后，即可开始灌注，借助混凝土重量排除导管内的泥浆，首次浇

筑时，初灌量应将导管底端一次埋入 0.8～1.2m，并且导管内存留的混凝土高度足以抵制钻孔内的泥浆侵入导管。

充盈系数按 1.2 计算如下：

$\phi$798mm 旋挖桩初灌量不小于 $3.14 \times 0.4 \times 0.4 \times (0.8 + 0.4) \times 1.2 = 0.72m^3$

$\phi$1000mm 旋挖桩初灌量不小于 $3.14 \times 0.7 \times 0.7 \times (0.8 + 0.4) \times 1.2 = 1.13m^3$

④在实际浇筑混凝土的过程中，需经常检查导管埋置深度。须连续浇筑混凝土，不得中断，导管埋置深度最小不得小于 2m，最大不得大于 6m，超过 6m 容易造成钢筋笼上浮、堵管、埋管、挂钢筋笼等现象发生，造成质量事故。起拔导管时，应先测量混凝土面高度，根据导管埋深，确定拔管节数。要勤检查，均匀拔管，保持埋深在 2～6m。

⑤混凝土灌注必须连续进行，中间不得间断。拆除后的导管放入管架中并及时清洗干净。混凝土升到钢筋笼下端时，为防止钢筋笼被混凝土顶托上升，应采取以下措施：在孔口吊筋固定钢筋笼上端。灌注混凝土的时间尽量加快，以防混凝土进入钢筋笼时其流动性减小。当孔内混凝土接近钢筋笼时，应保持埋管较深，并放慢灌注进度。孔内混凝土面进入钢筋笼 1～2m 后，应适当提升导管，减小导管埋置深度，增大钢筋笼在下层混凝土中的埋置深度。在灌注将近结束时，由于导管内混凝土柱高度减小，压力差降低，而导管外的泥浆及所含渣土的稠度和相对密度增大，如出现混凝土上升困难时，可在孔内加水稀释泥浆，用泥浆泵抽出部分沉淀物，使灌注工作顺利进行。

⑥混凝土灌注过程中，应始终保持导管位置居中，提升导管时应有专人指挥掌握，不使钢筋骨架倾斜、位移，如发现骨架上升时，应立即停止提升导管，使导管降落，并轻轻摇动使之与骨架脱开。混凝土灌注到桩孔上部 6.0m 以内时，可不再提升导管，直到灌注至设计标高后一次拔出。灌注至桩顶设计标高后，比桩顶设计标高高出 0.4～0.7m，以保证凿去浮浆后桩顶混凝土的强度。

⑦混凝土浇筑应做混凝土强度试块，来自同一搅拌站的混凝土，每浇筑 $50m^3$ 必须至少留置一组试件。当混凝土浇筑量不足 $50m^3$ 时，每连续浇筑 12h 必须至少留置 1 组试件。对单柱单桩，每根桩留设一组标养试块，试块应养护好，达到一定强度后立即拆模送往养护室标准养护。混凝土施工完毕后，及时收集混凝土出厂合格证和混凝土强度报告。

#### 1.3.3.7　旋挖灌注桩的质量控制

1）断桩的成因、防治措施及处理方法

（1）形成断桩的原因

①混凝土首批灌注时，导管下口与孔底之间的距离出现偏差，或混凝土中的导管埋置深度不够。

②检测已灌注的混凝土表面标高时出现错误，导致埋置导管深度过小，导管拔脱过程中出现遗漏，导致灌注桩出现夹层，造成断桩。

③埋置导管深度过大，延长了灌注时间，使得混凝土的流动性降低，从而增大了混凝土与导管壁之间的摩擦力。在施工时，施工设备相对比较落后，连接螺栓在提升时被拉断，致使导管出现破裂，产生断桩。

④卡管也是诱发断桩的重要原因之一。混凝土的坍落度波动比较大，混凝土混合料搅拌不均匀。混凝土坍落度过大就会出现离析现象，使粗骨料之间发生相互挤压进而阻塞导管，产生断桩。

⑤灌注混凝土的过程中，由于施工现场的地质结构比较恶劣，导致井壁发生严重坍塌，以及钻层中出现流砂、软塑状质等造成灌注桩断桩。

⑥另外，在施工过程中，导管发生漏水、机械出现故障或突然停电等造成施工被迫中断，以及钻井中的水位突然下降等都容易造成灌注桩发生断桩。

（2）断桩的防治措施及处理方法

①原位复桩。及时发现断桩，清理完毕断桩后，在断桩原位重新冲孔再浇筑混凝土灌注新桩，原位复桩能够比较彻底解决断桩问题。复桩效果好，但是该方案的难度系数大、周期比较长、费用比较高。原位复桩可根据施工现场的地质条件和工程的重要程度等选择使用。

②接桩。灌注桩成桩后出现断桩，在桩顶标高不足的条件下，通过接桩法对断桩进行处理。

③补桩法。补桩在桩基承台（梁）施工之前进行，如果灌注桩难以承受上部荷载时，补桩施工过程中，如钻孔桩之间距离过大，则考虑在桩与桩之间进行补桩。

2）导管堵塞的控制

（1）病因分析

导管堵塞容易发生在开始灌注时或灌注过程中。导管堵塞形成的主要原因为：导管底端与孔底之间的距离太小，进行初次灌注时，沉渣插入导管的低端发生导管堵塞；灌注的混凝土粗骨粒径过大直接堵塞导管；混凝土和易性、流动性差，在导管内混凝土初凝，将导管堵塞；拌合不均匀导致混凝土产生离析，出现堵管；灌注时出现中断，混凝土出现初凝，堵塞导管；导管的连接部位焊接不到位，在管内出现水塞；机械发生故障，导致导管内混凝土初凝，堵塞导管。

（2）导管堵塞的处理及防治措施

①堵管处理：初灌时发生堵塞，清理导管内的混凝土并清孔，重新灌注混凝土。

②预防措施：隔水塞与导管内径大小要匹配，保证顺利排出，在隔水塞的顶面安装隔水胶垫，为防止骨料卡住水塞，先储灌 0.2～0.3m$^3$ 水泥砂浆，再灌注混凝土；选用的粗骨料粒径小于 25mm，其最大粒径不超过导管内径和钢筋笼主筋最小净距的 1/4；混凝土配合比要符合设计要求，坍落度保持在 18～22cm。

3）桩孔缩颈、扩颈的控制

（1）病因分析

当钻头振动过大，出现偏位或者孔壁坍塌时容易造成扩孔，而缩孔是由于钻头磨损严重、未及时焊接或者地层存在遇水膨胀的软土、黏土泥岩造成的。灌注时由于泥浆性能不符合设计要求，直接影响灌注桩的成桩质量。相对密度和黏度是泥浆主要的性能指标，如果泥浆过稀，排渣能力不够，如果泥浆过稠，在孔壁形成泥皮，减少了桩径。土层经吸水后膨胀形成疏松蜂窝状厚层泥皮。

（2）防治措施

为了形成良好的孔径，避免出现扩径，钻机要保持固定和平稳，为防止钻头摆动或偏位，要求减压钻进，成孔时要求慢慢钻进，泥浆比重始终要适当，孔内的水位要保证泥浆对孔壁有足够的压力，为了减少孔壁在小比重泥浆中的浸泡时间，成孔或清孔后尽快灌注水下混凝土，避免出现缩径。

4）对孔壁坍塌的控制

（1）病因分析

孔壁出现坍塌，主要由以下原因造成：护筒埋设不到位，护筒内水位高度不够，混凝土的灌注时间过长或者等待灌注的时间较长。

（2）防治措施

首先研究分析工程现场的地质勘察报告，对施工现场地层结构进行详细了解；其次埋设护筒要到位，下放钢筋笼以及升降机具防止和孔壁发生碰撞；最后，成孔后，混凝土等待灌注的时间不超过3h，并缩短灌注时间，加快灌注速度。

#### 1.3.3.8 桩基检测

施工过程中，保留原始打桩记录，后期进行桩基检测，包含反射波法（低应变）桩身完整性检测、声波透射法桩身完整性检测、单桩竖向抗压静载试验、单桩竖向抗拔静载试验等检测方式。

1）单桩竖向抗压承载力静载试验进行检测，抽检数量不应少于总桩数的1%

2）桩身完整性检测

（1）柱下三桩或三桩以下的承台抽检桩数不得少于1根。

（2）设计等级为甲级，或地质条件复杂。成桩质量可靠性较低的灌注桩，抽检数量不应少于总桩数的30%，且不得少于20根。其他桩基工程的抽检数量不应少于总桩数的20%，且不得少于10根。

注：对端承型大直径灌注桩，应在上述两款规定的抽检桩数范围内，选用钻芯法或声波透射法对部分受检桩进行桩身完整性检测。抽检数量不应少于总桩数的10%。

本工程具体抽检数量：低应变检测765根桩，声波检测110根桩，静载检测抗压桩31根桩，抗拔检测22根桩，符合抽检比例要求。

### 1.3.4 结果状态

#### 1.3.4.1 旋挖桩质量实施效果

本地下室灌注桩基础低应变检测765根桩、超声波检测110根桩，桩身完整性均为一类、二类桩，没有三类、四类桩，检测结果显示桩身完整性为合格。静载抗压检测31根桩、抗拔检测22根桩，结果显示承载力全部满足设计要求（图1.3-7、图1.3-8）。

图1.3-7 抗压桩静载试验

图1.3-8 抗拔桩静载试验

1.3.4.2　旋挖桩工期实施效果

因原预应力管桩方案通过试桩可知不适用于本工程的复杂地质，柴油打桩机成桩能力不足，存在有效桩长不足，易出现碎桩、断桩、废桩、补桩等风险，造成整体打桩效率降低，原方案计划每桩机每天5～6根成桩进度，每天6台桩机成桩30根桩左右，共3383根桩，计划工期120d。考虑预制管桩方案存在上述不可控风险，预估施工效率下降约1/3，约延长工期60d。

14号地下室分为9栋塔楼和副楼部分，共计旋挖桩1052根，结合现场场地面积，安排6台旋挖桩机进场作业，6台超前钻机配合勘探桩位地质情况，以便确认旋挖桩长。按照先1～4段编号方向流水施工作业，平均每台桩机每天完成2根旋挖桩施工，按照正常施工进度计算，需要88d完成全部旋挖桩施工，但因前期桩基设计图纸变更、华南地区的多雨天气等因素，综合工期延误30d左右，桩基施工完成需120d。

实际工期为2019年11月15日～2020年4月12日（含桩检测），总工期150d，中间有1个月的春节假期，有效工期为120d。基本在4月初进入雨季前，完成了承台土方二次小开挖及垫层及砖胎模施工，达到了避免雨期施工承台土方的既定目标，有效避免了雨期进行大面积承台土方的施工造成的效率降低。

1.3.4.3　旋挖桩经济效益

原方案中，因预应力管桩预引孔，整个场地得以全部开工，容纳了6台引孔机和6台锤击桩机，增加了引孔机械台班费5417280元，为每台引孔机配备三人，增加了引孔劳务班组费用205200元。因预应力管桩需要大量短桩，共需短桩6360m，增加了短桩采购成本1590000元，共计7212480元。

从2019年11月15日开始桩基施工，在天气良好、材料和场地充足、施工机械配备齐全的前提下，原“预引孔＋锤击管桩”方案施工进度计划要在2020年3月30日左右完成全部工程桩施工。但是，经评估，在雨季前流水完成整个地下室底板承台土方开挖及垫层是完全不可能的。2020年4月份后，因华南地区进入雨季，给承台土方开挖和底板施工造成的工期延误是不可预见的，保守估计将延误工期 45d，合同中规定的延误工期需要支付甲方50000元/天的违约金，违约金共计2250000元。

然而，取消“预应力管桩＋预引孔”的桩基施工方法后不仅直接成本降低了7212480元，还缩短了因预应力管桩预引孔产生的工期延误105d，进而减少了因工期延误产生的违约金2250000元。可见，桩基工程设计优化后，直接成本减少了940多万元。而且，变更后的旋挖桩基础使合同总造价提高了460多万元，有利于施工单位产值效益增加。

1.3.4.4　环境效益

未使用柴油锤打桩机进行现场施工作业，减少了对环境的污染，满足了绿色施工要求。

1.3.4.5　社会效益

首先，通过桩基设计优化，规避了因地质复杂产生的施工难点问题，同时规避了市场上材料和机械器具不足，及因场地限制引起孔桩机数量不足的问题。因为施工难度降低，桩基工程施工质量得到保证，提升了顾客满意度。

工期和工程费用的节约，避免了索赔事件的发生，为合同双方共同规避了风险。良好的工程质量也为施工企业树立了良好形象。

### 1.3.5　问题和建议

（1）华南地区地质复杂，软、硬不均地质地基较多，工程桩中主要采用的是预应力管桩和旋挖灌注桩，其中预应力管桩主要适用于软基处理，特别是淤泥质和砂质等易坍孔和缩径的地基。旋挖桩基础适应性更广泛，但成本比预应力管桩略高，一般是在地质更复杂、预应力管桩不适用时采用。具体到某个工程，不能从单一的预算成本上进行桩基选型，还要考虑实际地质情况和试桩结果，规避潜在的质量与工期风险，选择与复杂地质相匹配的桩型，这样可以很好地节约工期和成本，并保证工程质量。

（2）本工程如果采用锤击预应力管桩＋引孔工艺，会产生断桩、碎桩、废桩、补桩等隐性费用，这些费用在正常预算中不会体现，甚至在预引桩孔费用清单中都不体现，因此在方案风险评估中，要多考虑隐含的成本风险、质量风险和工期风险，只有将风险考虑周到，才能选取最优的方案选型。

（3）在方案选型变更过程中，与建设单位、监理单位、勘察单位、设计单位的沟通是非常重要的工作。特别是在试桩过程中，一定要请各方的主要负责人参加。因为任何变更都会涉及成本和设计工作量的增加，只有各方都对工程可能遇到的困难有直观感受后，相应的变更推动才会顺利，所以重视方案选型过程中的各方沟通技巧是非常重要的。

# 第2章 钢筋混凝土结构工程

## 2.1 室外清水混凝土连廊施工创新

### 2.1.1 案例背景

廊坊临空经济区位于北京市大兴区与河北省廊坊市的交界地带，是区域城市对外开放的“核心门户”。中国工程院院士崔愷根据廊坊的地域特色，提出了“廊＋坊”的独特设计理念，致力于打造国际一流的绿色、开放、包容的城市客厅。其中“廊”采用清水混凝土结合钢桁架的新颖形式，感观要求高、施工空间受限，且目前尚无成熟经验可供参考，为此，我公司以临空服务中心项目为载体，研究了大跨度钢结构清水混凝土连廊关键施工技术，以形成独具特色的企业核心竞争力（图 2.1-1）。

图 2.1-1 项目效果图

“廊＋坊”的独特设计使项目面临着以下几大挑战：

（1）清水混凝土感观要求高：清水连廊环绕各主体建筑，共计 132 根清水混凝土柱，尺寸多达 7 种，最大尺寸为 3.3m × 1.2m，高度 18.7m。清水混凝土构件截面面积均较大，且对质量要求高。它们不仅需要展现出清水混凝土自身接近自然的庄重之美，还需要通过螺栓孔、蝉缝组合形成独具匠心的饰面效果。为了保持 132 根清水混凝土柱展示效果的高度统一，需要一种高精度的模板安装技术。

（2）施工空间受限：清水混凝土连廊围绕着各个主楼设置，东西大街与各主楼之间的间距较窄，其中主楼间可用间距仅 8m，东西大街因下沉庭院的存在导致施工区域仅仅为6m。清水连廊的钢桁架长度为 54～60m，质量为 65～90t，采用传统的起重机等方式施工，机械型号大，提升角度、回转半径严重受限，无施工空间，如何在受限空间完成钢结构的桁架的垂直运输，吊装工作成为清水连廊施工的重中之重。

（3）运输空间受限：清水混凝土廊道为悬挑现浇清水混凝土形式，如采用传统的模板架构方式和建造方式，满堂高大模板支撑架的搭设将严重制约现场的水平和垂直运输，减小现场的施工作业面积，阻碍各工序的科学流水施工，影响现场物资的周转和存放等施工便利性。免除架体的搭设，可以在减少大量措施费的同时，加快项目建造速度。因此，项目需要研制一种免架体的悬挑模板体系，同时符合清水混凝土的要求。

因此，本项目将重点研究以下三项技术：①一种高精度清水混凝土模板安装技术；②一种受限空间大跨度钢桁架提升施工技术；③一种高空超长清水连廊的护栏模板。随着国家建筑行业发展逐步加快，以及建筑理念的不断更新，建筑的美学要求和功能多样化引发了技术变革，这使得建筑业超越传统、向更高水平迈进。本项目旨在总结大跨度钢结构清水混凝土连廊施工的实践经验，为类似公建工程的建设提供有益的启示和借鉴。

### 2.1.2　事件过程分析描述

#### 2.1.2.1　施工过程创新描述

通过深入的调研和工程难点梳理，我们确定了大模板加固体系、液压提升、铝合金模板等核心技术的研究方向。经过专家咨询和现场试验分析，我们成功总结并形成了一系列关键技术。

（1）高精度清水混凝土模板安装技术

在清水混凝土建造过程中，螺栓孔、蝉缝等构造对感官效果影响较大，为保证展示效果，提高工程质量。我们研发了一套装配式大模板加固体系，通过现场预制、地面拼装和整体吊装的方式，有效解决了模板散拼精度低的问题。同时，我们还研究了大型几字梁模板加固技术，采用连接片加几字梁龙骨实现模板拼缝紧密加固。针对在空间受限条件下无法应用整拼模板的情况，研发了一种模板蝉缝加固工具，确保了蝉缝顺直平整、整齐匀称。

（2）受限空间大跨度钢桁架提升施工技术

清水混凝土连廊钢桁架的施工宽度一般较小（载体项目 6～8m），且桁架距离主体较近（2～4m），若采用传统提升方式，施工空间、提升角度都会受限，无法施工。因此，我们研发了一种提升平台的装置，实现了受限空间内大跨度钢桁架的整体提升。该技术的安装精度达到毫米级。

（3）高空超长清水连廊护栏模板技术

清水连廊围绕各个主楼设置，两侧为现浇悬挑护栏，传统模板体系需搭设满堂脚手架，由于施工成本较高，影响后续施工。鉴于此，我们研发了一种铝合金清水混凝土模板和钢结构边梁结合的加固方式，解决了运输空间受限的难题，降低了施工成本。在铝合金模板上设计了诱导缝和滴水槽，提升了护栏的耐久性和艺术性。

#### 2.1.2.2　设计过程创新描述

外围清水混凝土连廊面板面积为 13868m$^2$，连廊廊道板底部高度为 18.4m。按照原设计方案，廊道板将采用现浇清水混凝土形式，采用此方案需搭设满堂脚手架及外架，总面积将达到 17968m$^2$，混凝土量高达 330611m$^3$。而且，搭设满堂脚手架会严重阻碍其他工序的穿插及水平运输，施工工序间相互穿插严重，影响现场施工进度。

项目部前期以取消满堂脚手架为此双优化单项的核心技术工作，工作过程可以分为以下三个阶段：

第一阶段（2020 年 3 月～2020 年 5 月）：联合中建八局工程研究院及同济大学绿色建造研究中心等专家资源，考虑采用两种施工工艺进行替代：

（1）采用悬挑支模、滑动式支架体系代替满堂脚手架（图 2.1-2）。

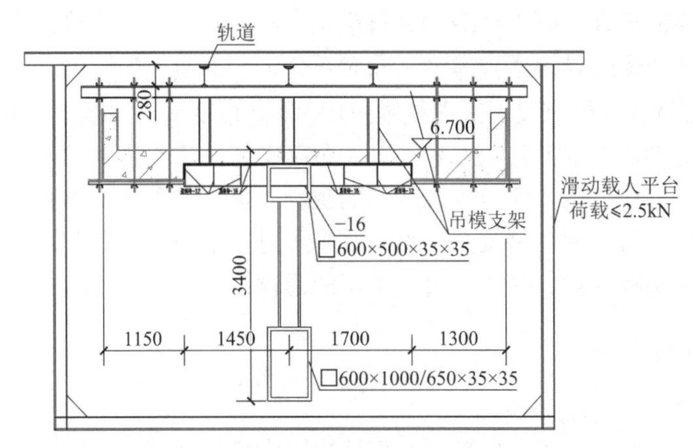


图 2.1-2　滑动操作平台

（2）预制清水混凝土廊道板代替现浇廊道板（图 2.1-3）。

图 2.1-3　预制清水混凝土板

经过多方深入讨论，我们发现两个优化方案都面临不小的实施困难：

方案一为滑动操作平台方案，此方案经过廊坊地区专家评审，专家认为此方案存在较大的危险性，对方案的认可度低。且此方案所需措施费用高昂，控制难度大。

方案二为预制清水混凝土代替现浇混凝土方案，此方案遭到崔愷大师的强烈反对。崔大师认为本项目重点突出“廊＋坊”的体系概念，贯穿项目的 2200m 连廊为项目的重中之重，需要体现的是材料的整体性，对预制廊道板产生的拼缝不予接受。

通过第一次的沟通，我们明确了优化的主要沟通方向。第一，要考虑建筑师的建筑思想，不得违背；第二，清水连廊的初步造价为 8 千万，而现工程造价已高达约 2 亿元，严重超出预算。后期的优化思路要以此为核心，力求在保证设计效果的同时，有效控制成本。

第二阶段（2020 年 5 月～2020 年 7 月）：联合中建八局设计管理总院及公司设计管理中心专家资源，考虑采用修改结构整体方案的形式，在取消满堂脚手架的同时，减少钢结构的整体造价。提出了两种结构方案：

（1）主桁架采用张弦梁形式结构布置方案代替原腹梁结构布置方案（图 2.1-4）。

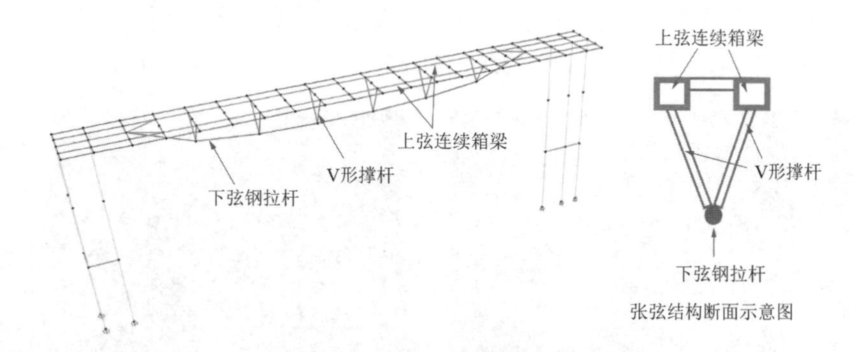


图 2.1-4　张弦梁形式结构

（2）清水混凝土廊道板采用全钢结构箱式板代替（图 2.1-5～图 2.1-8）。

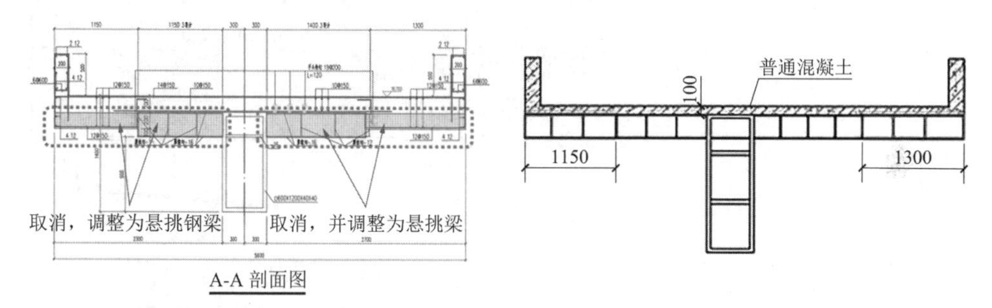


图 2.1-5　原设计方案　　图 2.1-6　修改后设计方案

图 2.1-7　原方案效果图

图 2.1-8　修改后效果图

经过深入的探讨与对比，我们发现：

方案一的结构形式合理，能大幅优化钢结构使用量。但由于该方案对建筑造型改变过大，中国建筑设计研究院有限公司不予同意。

方案二的廊道板底部采用箱式梁板代替，廊道底部整体性佳，钢结构含量增加导致造价上涨了 1490 万元。但由于取消了满堂脚手架，使得整体造价基本保持不变，且施工工期缩短。设计院对方案二表示了认可，并决定对此方案进行深化。

综上所述，此阶段我们暂定采用方案二作为原方案的替代方案。

第三阶段（2020 年 9 月～2020 年 11 月）：在第二阶段方案二的基础上，我们重点考虑了钢结构量的优化，并最终确定采用悬挑钢梁＋楼承板＋底部钢板装饰代替方案二。此方案在建筑效果上增加了细节的表现，得到了设计院及业主的一致认可。我们最终确定采用此方案作为最终方案，并进行施工图的深化及报审工作（图 2.1-9～图 2.1-11）。

图 2.1-9　原方案效果图

图 2.1-10　修改后效果图

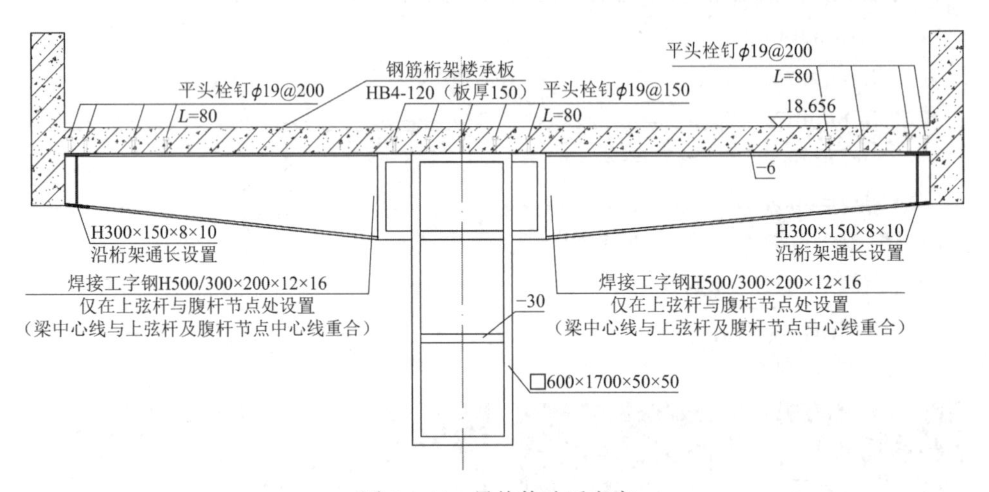


图 2.1-11　最终修改后方案

总结：经过三个阶段的优化策划，最终确定采用悬挑钢梁＋楼承板＋底部钢板装饰的建筑结构形式作为优化成果，并顺利实施。

2.1.2.3　创新点

（1）成本降低：底部支撑体系的优化取消了满堂脚手架支撑体系的搭设，大量减少了措施费用。整体的优化减少整体的钢结构重量，从而降低了造价。满堂架支设的取消减少了大量的劳动力，也减少了临时设施的建设投入。

（2）施工进度加快：将底部承重模式优化为钢结构承重模式，本身降低了施工的复杂性，减少了钢筋绑扎、模板加工支设的时间；钢结构的施工作业集中在地面，对其他专业的施工影响较小，且能够多作业面平行施工，有利于项目总工期控制；钢结构的附属次结构件等可在提升单元拼装或带上，可最大限度地减少高空吊装工作量，缩短安装施工周期；底部支撑体系的优化取消了满堂脚手架支撑体系的搭设，减少了施工工序；满堂架体的取消，很大程度上减少了对水平、垂直运输的影响，避免了现场施工作业面积的减少，使二次结构、幕墙等工序的可以顺利穿插，现场物资等周转、存放施工便利。

（3）安全隐患降低：满堂架的搭设属于超过一定规模的危险性较大的分部分项工程，满堂架搭设的取消，很大程度上减少了架体搭设和使用过程中的种种危险因素；采用悬挑钢梁＋楼承板＋底部钢板装饰的形式减少了高空模板支设等高空作业带来的危险；采用"超大型构件液压同步提升施工技术"吊装空中钢结构，技术成熟，有大量类似工程成功经验可供借鉴，吊装过程的安全性有保证。

（4）建筑效果提升：采用悬挑钢梁＋楼承板＋底部钢板装饰的形式，使得清水连廊不仅仅只体现清水混凝土本身的朴实无华、庄重素雅、亲近自然的建筑效果，还通过底部钢结构肋条等形状的修饰，增加了一丝随和、亲民的气息，更能体现"与民同乐"的思想。

## 2.1.3　关键施工措施实施

### 2.1.3.1　高精度清水混凝土模板安装技术

1）技术背景

（1）清水混凝土连廊作为项目的核心，其连廊柱采用型钢混凝土形式，高度为 18.7m，混凝土浇筑量约 24000m$^3$，共有 132 根连廊柱，7 种截面形式：

A 型：L 形 3300mm × 1200mm，总数 4 根；

B 型：2500mm × 1200mm 柱体 2500mm 有排水管，总数 64 根；

C 型：2500mm × 1200mm 柱体 2500mm 两边相同，总数 16 根；

D 型：2500mm × 1000mm 柱体 2500mm 两边相同，总数 20 根；

E 型：3300mm × 1200mm 柱体 3300mm 两边相同，总数 24 根；

F 型：3300mm × 1000mm 柱体 3300mm 两边相同，总数 4 根；

G 型：3000mm × 1000mm 柱体 3000mm 两边相同，总数 4 根。

混凝土采用清水工艺，施工时采用 20mm 厚高品质国产覆塑模板与高强度铝合金龙骨加固体系，表面涂刷原装进口清水混凝土专用透明保护剂，以混凝土本身的质感和精心设计的螺栓孔、蝉缝组合形成的自然状态作为饰面效果，表面平整光滑、色泽均匀、大气庄重（图 2.1-12）。

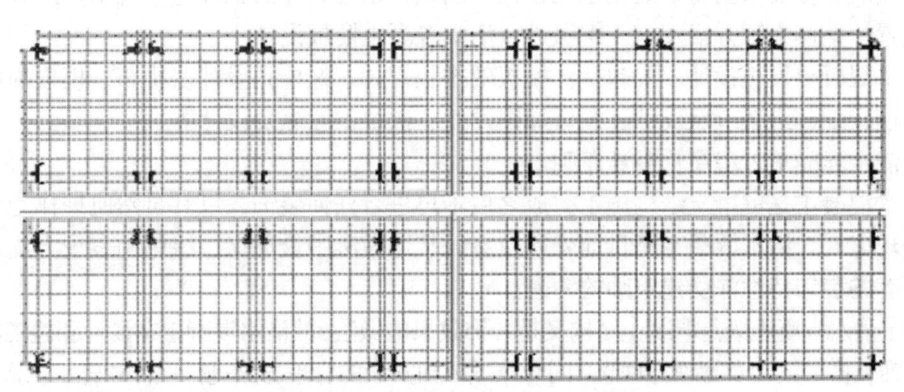

图 2.1-12　清水混凝土柱分布图

（2）清水混凝土技术重难点

设计标准及要求高：清水混凝土以蝉缝分格，成型后的混凝土表面不作任何修饰，以混凝土自然状态为饰面的混凝土，强调混凝土的自然表现机理。对混凝土质量的要求比较高。

清水混凝土造价高：要达到饰面清水混凝土的效果，必须采取相应的施工措施，比如模板的品质一定要保证，尤其是面板质量。本工程清水混凝土模板面板采用优质清水专用覆膜模板，还有采用高性能的混凝土以及在混凝土施工完成后采取特别的蒸养方法及成品保护措施。

质量与工期要求高：清水混凝土施工要求更为精细和严格，相较普通混凝土施工需要大量的前期策划及施工准备，工期安排上更为紧凑耗时。

本项目清水混凝土柱纵向高度最高为19.20m，水平方向无支撑体系，模板拼接及支撑体系设计具有一定难度。标高12.700m以上部位为箱型钢骨，水平浇筑截面仅200mm厚，对混凝土浇筑施工质量要求较高。

核心筒构件内存在大量的H形钢柱及箱型钢骨，对拉体系的加固形式复杂，对于不能对穿的构件，采用在箱型钢骨上进行直径50mm的开孔处理；对于L形型钢柱局部不能对穿的部位，采用焊接五节头止水螺杆的周转部分。

本项目清水混凝土柱的阳角部分采用R20mm的专业定制倒角条，雨水管预留槽（200mm×300mm）也要采用专业定制材质进行施工。

（3）临空服务中心项目清水混凝土柱规格较大，表观质量要求高，解决蝉缝问题主要存在以下难点：清水混凝土模板采用散拼，成型效果差；散拼模板拼缝不易控制性。

2）技术内容

（1）清水混凝土模板的深化设计技术

①清水混凝土工程设计

清水混凝土工程设计主要包括：清水混凝土实施范围（平面图、立面图、剖面图及三维效果图。其中，三维效果图通过BIM、犀牛或者草图大师等软件完成，清水混凝土与普通混凝土结构的关系及区别图，清水混凝土细部节点设计，清水混凝土工程各专业的预留预埋综合设计）。

②清水混凝土模板设计

清水模板工程直接决定着清水混凝土项目的最终效果，故施工单位在完成清水混凝土工程设计之后，要根据清水混凝土工程设计图纸，结合具体的工程施工流水段划分、施工缝的设置、整体施工方案及施工组织进行清水混凝土模板设计。

清水混凝土模板设计主要包括：模板的排版设计、螺栓孔设计及排布、模板加固体系设计、模板细部拼装节点设计、洞口加固设计、预留预埋综合设计等。

③清水混凝土工程深化设计原则

清水混凝土是混凝土结构施工完成之后不再进行任何装饰，以其自然肌理作为装饰效果的表现方式，清水混凝土是目前外墙及室外装饰做法中最环保、绿色的表现方法之一，以其独有的装饰特性深受建筑师的钟爱。

鉴于清水混凝土既是混凝土结构又是装饰效果的做法，故清水混凝土在设计和施工的环节要以装饰装修的设计及管理为理念，同时兼顾结构安全的管理思路进行设计和施工。既然清水混凝土包括结构与装饰，那么清水混凝土的深化设计就决定着清水混凝土施工的最终效果。

④清水混凝土模板设计原则

清水模板工程直接决定着清水混凝土项目的最终效果，故施工单位在完成清水混凝土工程设计之后，要根据清水混凝土工程设计图纸，结合具体的工程施工流水段划分、施工缝的设置、整体施工方案及施工组织进行清水混凝土模板设计。

清水混凝土模板设计主要包括：模板的排版设计、螺栓孔设计及排布、模板加固体系设计、模板细部拼装节点设计、洞口加固设计、预留预埋综合设计等。

明缝设计：明缝既是清水混凝土表面的装饰线条，又是施工流水段重要组成部分。水平明缝与清水混凝土柱施工缝结合考虑，每层设一道水平明缝与清水混凝土柱施工缝相吻合；竖向明缝根据伸缩缝、沉降缝、诱导缝分布状况协调确定。明缝设计（施工缝）根据清水混凝土柱标高综合进行确定。

蝉缝设计：蝉缝利用模板拼缝形成，是经过精心设计的有规律的装饰线。其设计必须根据建筑物的结构形式、模板的规格、施工安排、饰面效果综合进行考虑，保证建筑构件的水平交圈、竖向规律。模板蝉缝设计要求考虑结构梁柱位置进行综合确定。

螺栓孔设计：螺栓孔除满足模板受力要求外，还要满足排布要求。排布位置和直径大小都要满足设计要求。要求螺栓孔和模板蝉缝的关系必须明确且美观。

⑤模板分缝设计

模板分缝设计方面，我们要求模板拼缝等级满足设计要求。需事先进行详细地模板拼缝设计，采用模数与立面划分一致的大模板，由于柱子截面的尺寸特殊，故采用定制清水专用模板（1250mm × 2500mm × 18mm）；残留在清水混凝土构件表面细小的砂浆必须被及时清除；在施工阶段需对清晰的边缘（没有边角破口或者缺口）边线进行保护。

⑥清水混凝土柱模板分缝

横向排版：清水混凝土柱为竖向构件，从–0.800m 开始到最高点建筑标高 18.400m，根据建筑结构尺寸设计模板，尽量少裁切模板，模板统一按竖向拼接（按模板长度方向为高度），排版时由下至上充分利用整板高度（2400mm）。

竖向排版：在水平方向，考虑柱内的钢结构 H 型钢的关系，将螺杆眼尽量让开 50～100mm 的距离，同时，也要满足标高 6.400m 的连梁宽度要求，模板两侧采用 1200mm，再取中间值，考虑蝉缝对称、螺栓孔布置均匀。

排版实例：以四角上的 KZ1 为例，说明本工程的模板配置及螺栓孔布置的原则，如图 2.1-13、图 2.1-14。

图 2.1-13　KZ1 蝉缝布置三维模型图

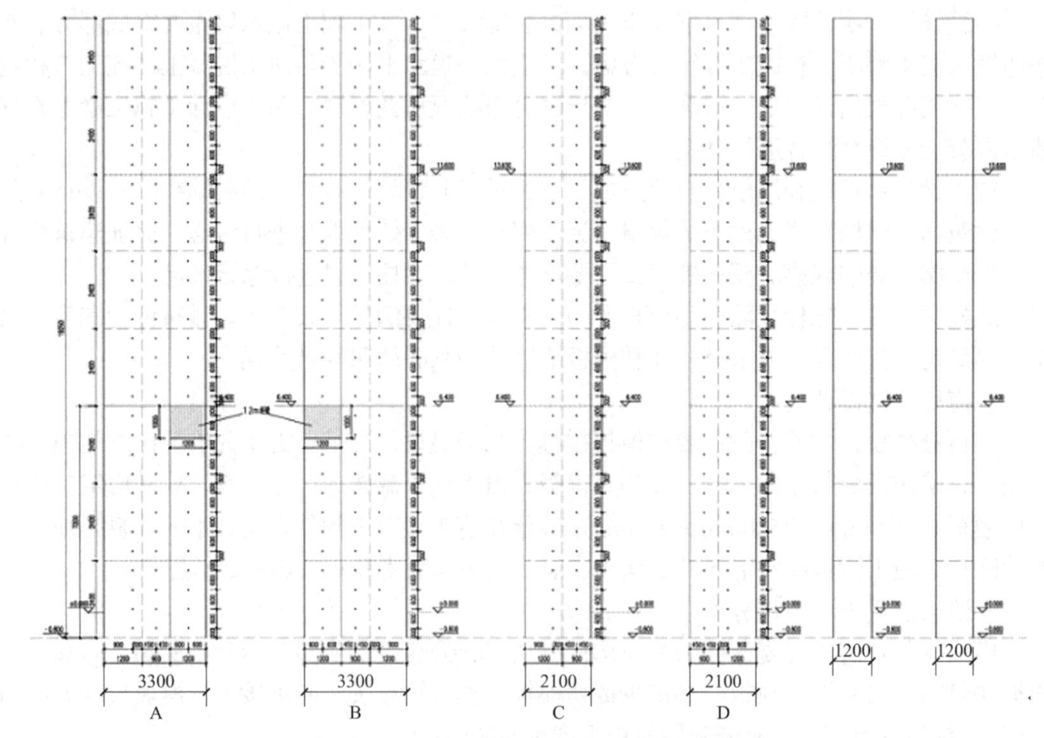


图 2.1-14 清水混凝土柱构件蝉缝布置立面图（KZ1 为例）

（2）模板体系选择

通过精度、清水效果、成本三方面，结合项目结构特点，对比钢模、铝模及新型几字梁木模三种体系，最终选择成本最低、清水效果最好、精度高档的几字梁木模。通过加工厂整体拼装，以及通过铝合金方框来形成整体进行装配式安装施工，虽然占用了一定的现场面积，但提高了模板体系的精度，加快了施工进度。清水混凝土模板体系材料表如表 2.1-1 所示。

模板体系材料表　　表 2.1-1

| 名称 | 常用规格 | 使用功能部位简介 |
| --- | --- | --- |
| 100 号双 C 型钢 | | 强度高、不易变形，<br>作为模板加固横向主龙骨，保证施工精度 |
| E 形梁 | | 重量轻，<br>紧贴模板作为轻型竖向次龙骨，规格平整 |
| 清水覆塑模板 | | 表面平整度以及质量属性满足清水混凝土施工 |

续表

| 名称 | 常用规格 | 使用功能部位简介 |
| --- | --- | --- |
| 端口卡 | 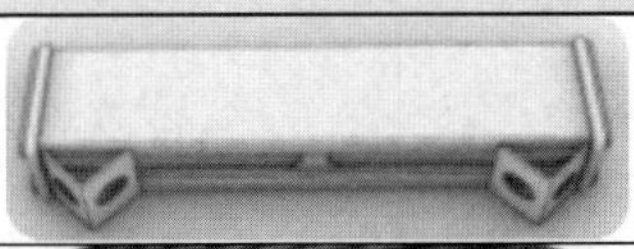 | 作为墙体端侧加固主龙骨 |
| 高强对拉通丝螺杆 | 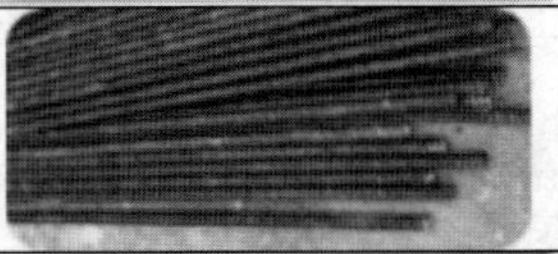 | 加固用螺杆，杆件可周转 |
| 五接头止水对拉螺杆 | 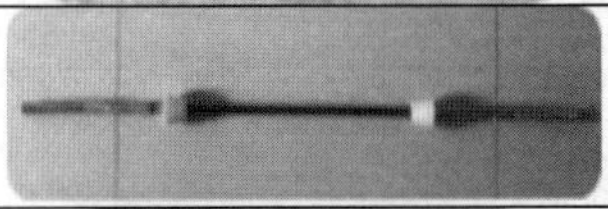 | 止水作用螺杆，内杆不可周转 |
| 钩头螺栓 | 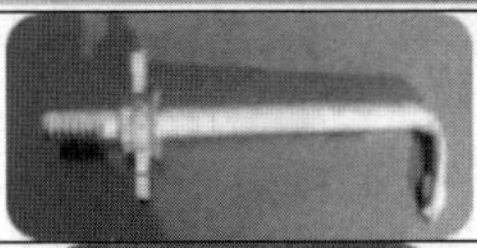 | 结合主龙骨对墙体门窗、洞口进行加固 |
| 阴角加固件 |  | 在阴角位置连接主龙骨，保证横向主龙骨的整体性，不胀模、不跑浆 |
| 端头斜拉座 |  | 墙端位置附着于主龙骨上，加固墙体端侧的端口卡 |
| 铸铁垫片 | 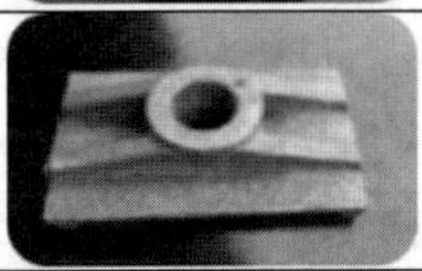 | 增大螺栓或螺母与零件表面的接触面积 |
| 插销 |  | 主龙骨需要搭接、连接断头加固件时，用插销固定 |
| 100 号双 C 型钢连接片 |  | 搭接延长主龙骨，用插销固定 |
| PVC 套管、堵头 | 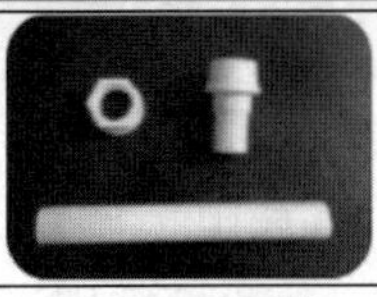 | PVC 套管直径 25mm，壁厚 2mm |
| 阴角十字片 |  | 保证构件阴角位置形状 |
| 防凸卡具 | 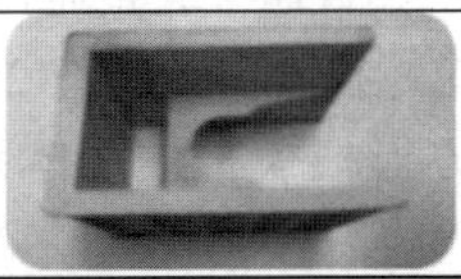 | 防止螺栓孔位置因加固凸出 |

续表

| 名称 | 常用规格 | 使用功能部位简介 |
|---|---|---|
| 专用自攻钉 | | 连接、加固铝合金型钢与清水模板 |
| 连接片 | | 连接、固定相邻模板 |
| 海绵胶条 | | 防止模板边缘失水和漏浆 |
| 阴角角铝 | | 保证阴角位置模板拼缝顺直 |

（3）模板高精度加工

面板：面板采用 18mm 厚优质清水专用覆膜模板，要求质地坚硬、表面光滑平整、色泽一致、厚薄均匀，并有足够的刚度；无裂纹和龟纹，表面覆膜层厚而均匀，平整光滑，耐磨性好；面板应具有均匀的透气性、吸水性，且重复利用次数高。

选料：为保证清水混凝土的饰面特征，加工时要注意清水专用面板是否平整、有无破损、表面是否有暗痕，夹板有无空隙、扭曲，边口是否整洁，厚度、形状等是否符合要求；

下料：墙模板的深化设计需根据模板周转使用部位和建筑设计要求出具完整的加工图、现场安装图。

裁切：模板的裁切采用精密锯进行套裁，保证裁切部位平直、不崩边。

封胶：所有在面板上新分割的地方都要进行封胶处理，以防止水的渗入而影响面板的平整度。下料成型的面板不允许出现破损现象，并摆放整齐，有利于下一步工序的进行。

研缝：为保证模板高度尺寸，防止漏浆，满足清水饰面分隔线的尺寸要求，切割后的模板需进行研缝精加工，加工高度比设计尺寸小 0.3mm，研缝成型后刷清漆防潮并堆放整齐。

（4）细部节点做法

①本工程清水混凝柱采用新型几字梁大模板体系：

模板组成：面板采用 18mm 厚优质清水专用覆膜模板作为面板，次龙骨使用 75mm × 70mm 新型铝合金几字型材间距 200mm，边框采用 50mm × 70mm 方钢管（需刷防锈漆），主龙骨使用双 C 型钢（100 号）和双 10 号槽钢间距 600mm，交替加固。

矩形柱模板加固体系采用端口卡 45°斜拉及直通型穿墙对拉螺栓，直通型穿墙对拉螺栓配套防凸卡具，阳角部位的处理同方形柱模板加固体系阳角部位处理方法，见图 1.3-6。

L 形柱模板加固体系采用端口卡 45°斜拉及直通型穿墙对拉螺栓，直通型穿墙对拉螺栓配套防凸卡具，正面对拉螺栓孔与侧面对拉螺栓孔高低错位 25mm，45°倒角阴角模板采用阴角通长角铁连接，阳角部位的处理同方形柱模板加固体系阳角部位处理方法。如图 2.1-15～图 2.1-19 所示。

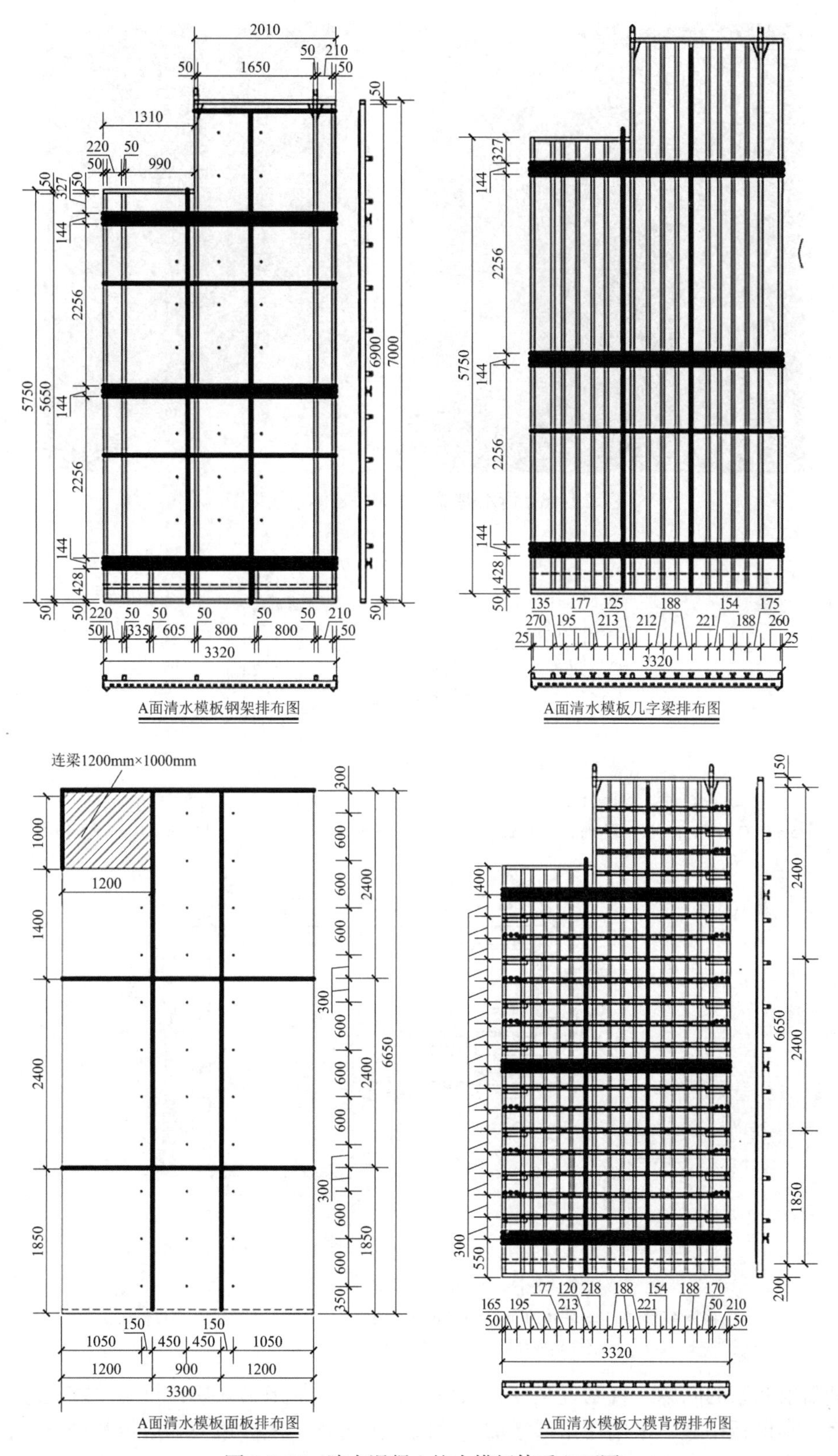


图 2.1-15　清水混凝土柱大模板体系立面图

图 2.1-16　清水混凝土柱大模板体系效果图

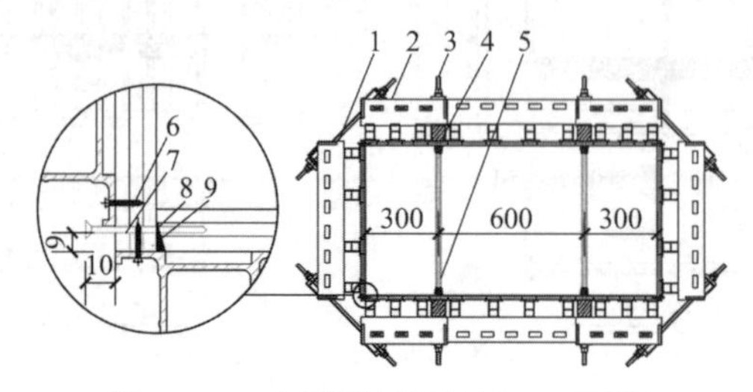


图 2.1-17　矩形柱子加固节点平面图

1—端口卡；2—端头斜拉座；2—插销；3—$\phi$16mm 高强度对拉螺栓；4—清水专用堵头；
5—PVC 套管；6—自攻螺丝；7—50mm 长钢钉；8—1.5mm 厚双面胶条；9—12mm 宽 1mm 斜倒角

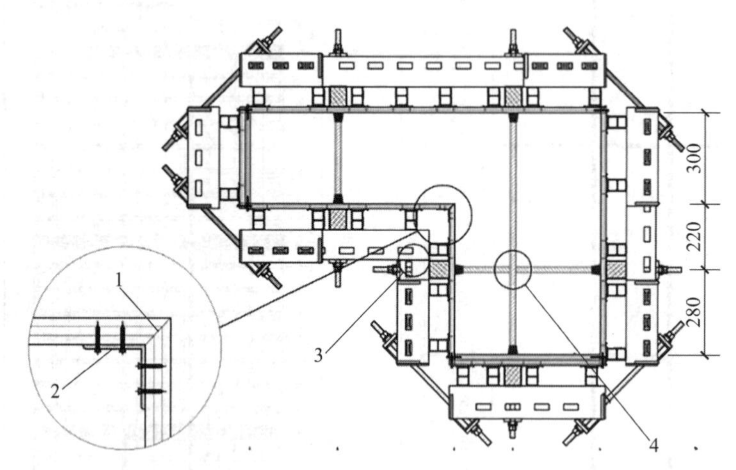


图 2.1-18　L 形柱子加固节点平面图

1—模板 45°倒角；2—阴角 40mm × 40mm 通长角铁；3—100 号双 C 型钢焊接处理；
4—横向螺栓孔与竖向螺栓孔上下错位 25mm

②阳角漏浆的问题一直困扰至今，项目部从加固模板来保证模板拼缝严密的思路转变为“堵”实模板拼缝，采用在角部增加一种阳角护角条，使护角条和模板紧密贴合，以这种更简洁高效的方法达到效果，进一步美化了清水混凝土柱的展示效果。如图 2.1-20 所示。

图 2.1-19　大模板柱阳角加固节点图

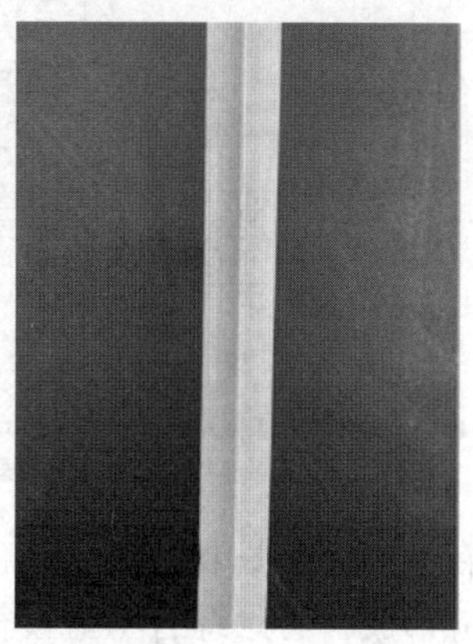

图 2.1-20　大模板柱阳角护角条节点图

③螺栓眼定制堵头

本工程因清水混凝土表观效果要求高，尤其是线、面、缝、洞等细部处理，为减少螺杆眼的失水率，采用了定制堵头（材质为 PVC + 尼龙），新设计的堵头改变丝杆尾部立角，将与模板接触端的末端丝纹增加成倒角，使得丝帽紧固模板时能达到更好的紧固效果，螺栓型堵头可保证螺母与模板形成夹紧式固定，避免其发生不同步变形，如图 2.1-21 所示。

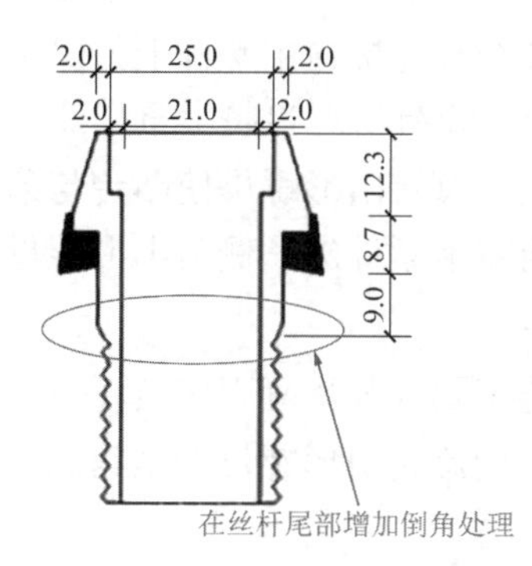

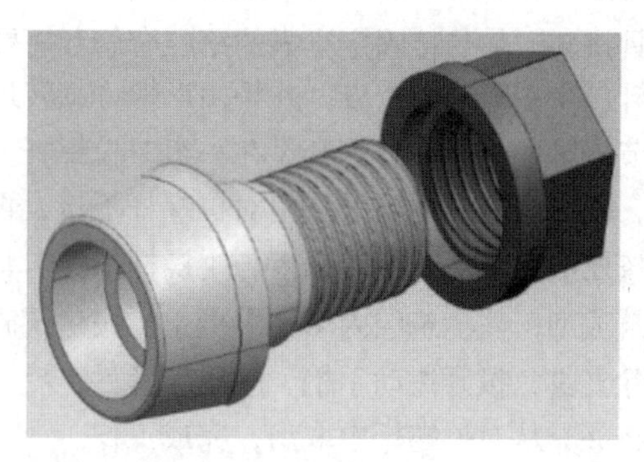

图 2.1-21　新式堵头剖面图定制堵头三维模型图

④蝉缝加固方式

每套对拉螺栓配防凸卡具，模板之间紧贴 1.5mm 双面胶条，双面胶条离模板内侧 1mm 并采用连接片竖向连接，竖缝与横缝交叉位置单独加设一连接片连接，连接片间距为 300mm，并通过几字梁和专用自攻螺钉的连接提高清水混凝土模板拼缝质量，如图 2.1-22、图 2.1-23。

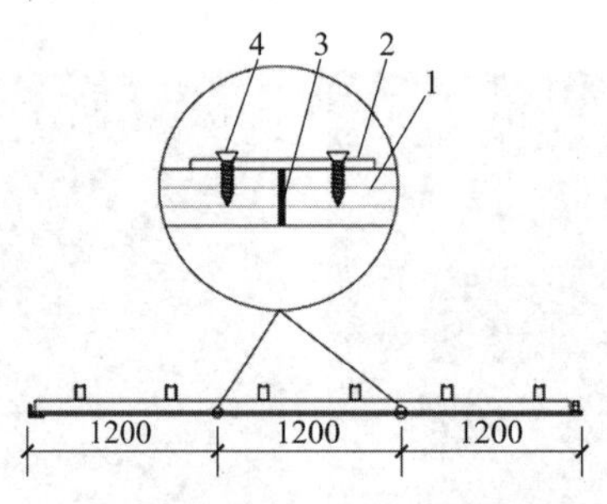


图 2.1-22　模板剖面详图

1—18mm 厚清水覆塑模板；2—连接片；3—1.5mm 双面胶条；4—16mm 自攻螺钉

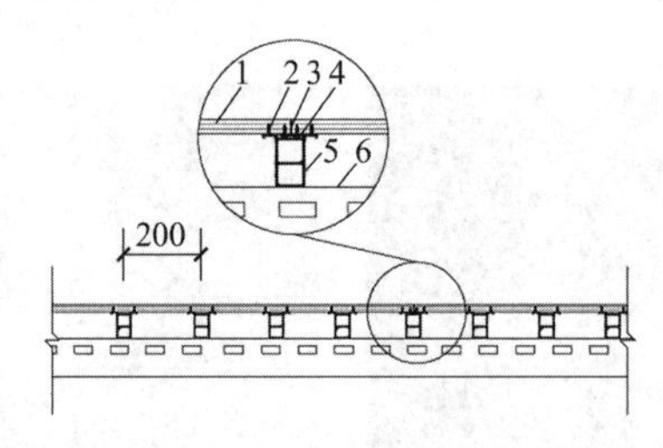


图 2.1-23　几字梁加固体系详图

1—18mm 厚清水覆塑模板；2—16mm 自攻螺钉；3—1.5mm 双面胶条；4—连接片；5—几字梁；6—100 号双 C 型钢

（5）一种蝉缝新型加固工具和办法

蝉缝由模板拼缝形成，必须综合考虑模板的规格、施工安排、饰面效果等。模板拼缝不严密、模板侧边不平整、相邻模板厚度不一致等问题都会造成拼接缝处漏浆或错台，影响蝉缝的观感质量。

对于梁底和上部空间受限的地方，需要进行散拼，仅靠人工进行后期整改修补，效果并不明显，根据项目清水混凝土柱蝉缝特点，存在两排螺栓眼中间，可以利用螺栓杆对模板拼缝进行加固。项目部积极翻阅相关文献，发明了一种清水模板蝉缝夹具及其方法。

①焊接成型，将第一套管与主螺杆焊接固定，将短臂螺杆与第二套管焊接固定。

②夹具拼装，将焊接固定牢靠的第二套管和短臂螺杆套接在主螺杆上，保持第一套管与短臂螺杆位于主螺杆的下方，并将山形螺母旋转进主螺杆上，再将卡紧件插入主螺杆。

③调节夹紧，将第一套管套设在一组对拉螺杆上，旋转山形螺母使凸台与第二套管的一端抵接，同时短臂螺杆与另一组对拉螺杆抵接，再将卡紧件的一侧与山形螺母抵接，从两侧向内按压拨动手柄，带动锯齿与主螺杆抵接卡紧。

④浇筑成型，往浇筑腔内填充混凝土，按建筑施工要求等待凝固成型。

⑤拆除夹具，拨开拨动手柄，脱出卡紧件，反方向旋转山形螺母直至第二套管失去作用力，再将夹具从对拉螺杆中取出，完成工作。

该清水模板蝉缝夹具包括浇筑腔和夹具，浇筑腔的外侧设置有清水模板，浇筑腔的内部设置有对拉螺杆，夹具套设安装于对拉螺杆上，该清水模板蝉缝夹具的工作方法包括焊接成型、夹具拼装、调节夹紧、浇筑成型和拆除夹具，提供一种可以快速、简单、省时、省力以及省人工的蝉缝夹具，可快速将相邻两块清水模板之间的拼缝调整到设计要求，仅需一人手拧或者利用简单工具即可快速调整模板拼缝间距，定位准确，拆卸简单，方便灵活，只需松动山形螺母即可将夹具取下，以便再次使用，在降低工期成本、人工成本的同时，提高施工质量，如图 2.1-24～图 2.1-26。

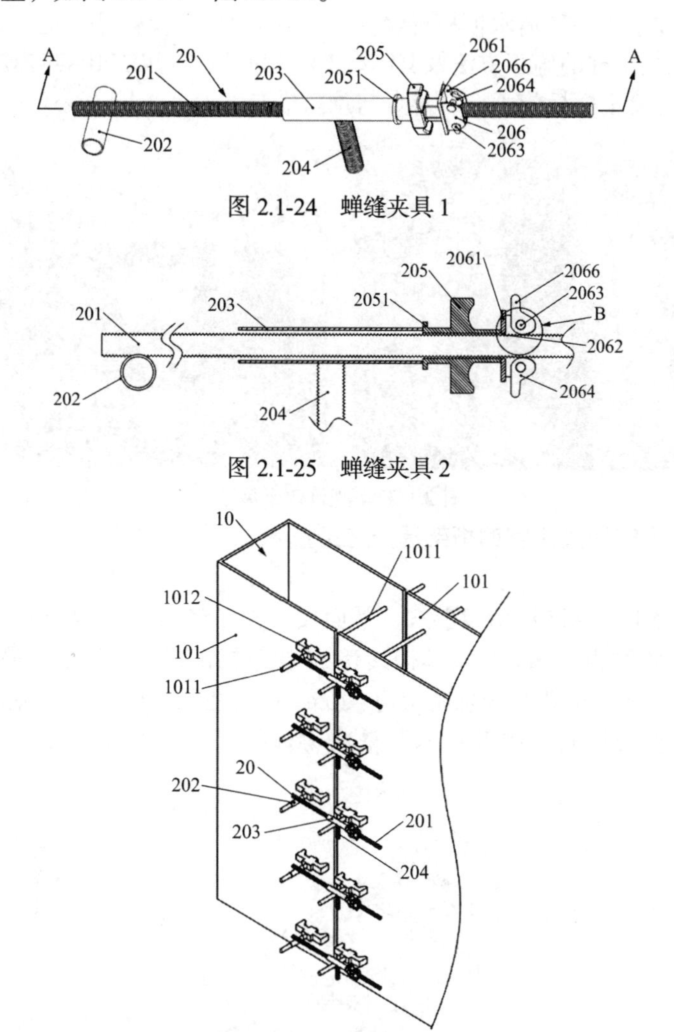


图 2.1-24　蝉缝夹具 1

图 2.1-25　蝉缝夹具 2

图 2.1-26　蝉缝夹具工作原理图

3）技术创新

（1）一种新型几字梁大模板体系

针对散拼清水混凝土模板成型效果差的问题，项目研究了一种新型几字梁大模板加固体系，通过整拼模板代替散拼模板，同时采用新型几字梁和专用自攻螺钉结合的形式加固模板拼缝，提高了对接的紧密性和模板整体抵抗外力的能力。

（2）一种蝉缝加固工具和办法

受空间限制的清水混凝土梁和柱需要采用散拼模板，研究了一种蝉缝加固工具和办法，在模板拼缝两侧对拉螺栓杆增加套管和短臂螺杆，通过对拉螺栓杆来进一步紧固模板拼缝，解决了散拼蝉缝成型效果差的难题。

4）实施效果

（1）本技术在项目成功应用，最终实现了模板拼缝处几乎无错台，实现清水混凝土柱蝉缝清晰、贯通、顺直的效果，实现了各清水混凝土柱蝉缝同一标高位置，均匀对称、横平竖直，形成了完美的对称造型（图 2.1-27）。最终清水混凝土柱整体展示效果得到了中国工程院院士、业主等各界人士的认可，成功达到项目的预期效果。

（2）总结形成了《一种清水模板蝉缝夹具及其方法》（专利号：ZL202110745751.6）、《用于连廊清水混凝土柱的施工方法及其结构》（专利号：ZL202110844782.7），发明专利 2 项，发表《清水混凝土模板施工控制难点与预防措施》论文 1 篇。

图 2.1-27 浇筑效果展示

2.1.3.2 受限空间大跨度钢桁架提升施工技术

1）技术背景

（1）连廊平台采用钢结构桁架形式，平面尺寸为 356.4m × 124.5m，最大安装高度为 18.5m，最大结构跨度为 60m。桁架结构共有 54 榀单榀桁架，桁架自身最大高度为 4.4m，单榀桁架最大质量 90t，桁架提升总质量约 4265t。项目在原位地坪以卧拼形式整体拼装后，采用“超大型构件液压同步提升技术”依次整体提升，工艺流程复杂、操作要求精准（图 2.1-28）。

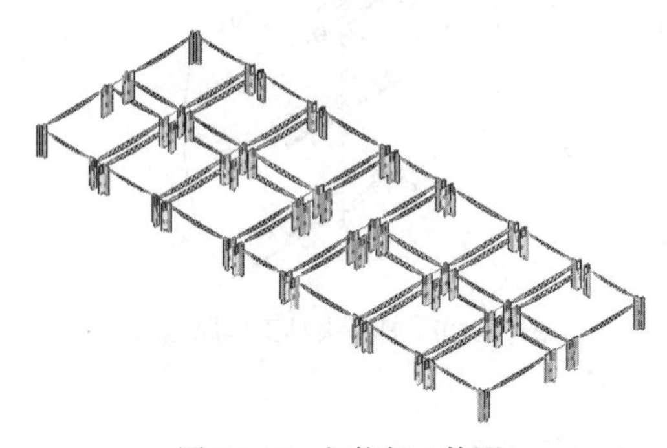

图 2.1-28 钢桁架立体图

针对受限空间下大跨度清水连廊的钢桁架提升，长度 54～58m 不等，质量 65～90t 不等，施工宽度有限仅 6～8m，采用汽车式起重机吊装方式，机械型号大，回转半径、提升角度严重受限，无法施工；大跨度钢桁架统一高度 18.7m，重量较大，无法采用传统提升方式。

（2）大跨度钢桁架技术重难点

①根据本工程设计概况和现场实际施工情况，钢结构桁架采用地面拼装，基础为回填土地面和车库顶板；钢桁架整体采用整体翻身工艺，在此工艺和情况下如何确保钢桁架过程整体稳定性不受损失或破坏，将是我们面临的主要技术挑战。

②本工程钢桁架重量在 65～90t 不等，重量较重，支撑吊点需要布置到两端的清水混凝土柱中的预制牛腿上，吊点提升平台根据现场实际进行设计，在不破坏清水混凝土柱的

前提下，满足提升工况需求的同时需具有足够的牵引力和稳定性，以保证施工的安全性。这一任务的技术难度极高。

③液压同步提升施工技术采用行程及位移传感监测和计算机控制等信息化技术，通过数据反馈和控制指令传递，来实现全自动同步动作、负载均衡、姿态矫正、应力控制、操作闭锁、过程显示和故障报警等多种功能。由于清水混凝土的平整规整性要求极高，所以最终调节精度须达到毫米级别，以确保钢桁架的安装精度。这一目标的实现无疑是一项极具挑战性的技术任务。

2）技术内容

（1）大跨度钢桁架整体拼装提升技术

①工艺流程

在其安装位置正下方标高±0.000m 的地面上采取卧拼的方式，将桁架精确拼装为整体提升单元；

利用钢框梁和钢柱设置 2 组提升平台（上吊点），每组配置 1 台 XY-TS-75 型液压提升器，共计 2 台；

在提升平台上安装液压同步提升系统设备，包括提升器、传感器等；

在提升单元与上吊点对应的位置安装提升下吊点，并配备临时吊具及加固杆件等临时措施；

在提升上下吊点之间安装专用底锚和专用钢绞线，同时在桁架下弦的两端各设置 1 组倒链与主楼框架柱牢固连接，作为辅助桁架翻身的重要支撑；

调试液压同步提升系统；

检查提升桁架 1 以及液压同步提升的所有临时措施是否满足设计要求；

确认无误后，开始试提升；

按照设计荷载的 20%、40%、60%、70%、80%、90%、95%、100%的顺序逐级加载，直至提升单元脱离拼装平台；

提升单元最低点脱离胎架约 100mm 后，暂停提升；

微调提升单元的各个吊点的标高，使其处于设计姿态，测量提升单元跨中最大变形并进行记录，并静置 2h；

再次检查钢梁提升单元以及液压同步提升临时措施有无异常，并将测量数据与离地时进行对比；

确认无异常情况后，开始正式提升；

提升单元整体提升至距离设计标高约 600mm 时，暂停提升；

测量各个吊点的实际标高，并与设计标高进行比对，做好记录，作为继续提升的依据；

降低液压同步提升的速度，利用液压同步提升计算机控制系统的“微调、点动”功能，使各提升吊点缓慢地依次到达设计标高，满足安装要求；

安装后装杆件等，使其形成完整的受力体系；

液压同步提升系统按照 95%、90%、80%、70%、60%、50%、40%、30%、20%的顺序分级卸载，直至钢绞线松弛，荷载全部转移至钢柱上；

拆除液压提升系统及临时措施等，完成桁架 1 的提升作业；

按照以上方法完成所有桁架提升。

②拼装施工工艺

场地找平硬化→三节柱测量放线→胎架定位→胎架制作安装→桁架拼装。

桁架拼装平台施工完毕后，首先进行第三节柱子预装段测量工作，在桁架拼装平台上进行测量放线，预定端部桁架拼装位置，再对挂耳位置进行定位，最终胎架位置确定，确保桁架拼装位置的精准性。详见图 2.1-29。

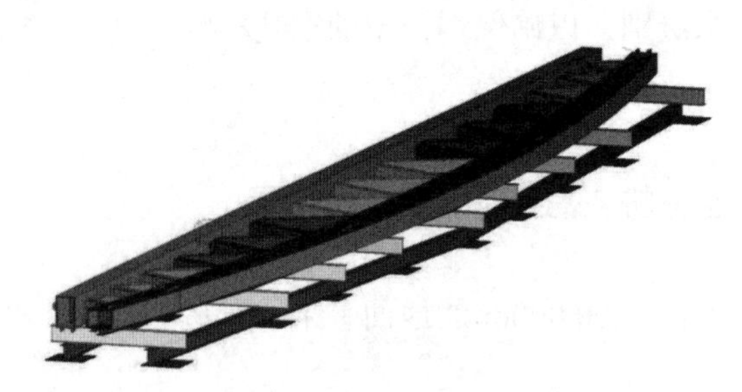

图 2.1-29　桁架拼装平台及桁架模型示意图

单榀桁架拼装根据运输及工艺要求整体分 5 段，端部 2 段在加工厂整体拼装好整体发现场，中间 3 段现场散拼。

桁架焊接工艺：端部桁架定位拼装→上弦杆拼装焊接→下弦杆拼装焊接→中间拼装焊接。

步骤一：端部桁架定位拼装

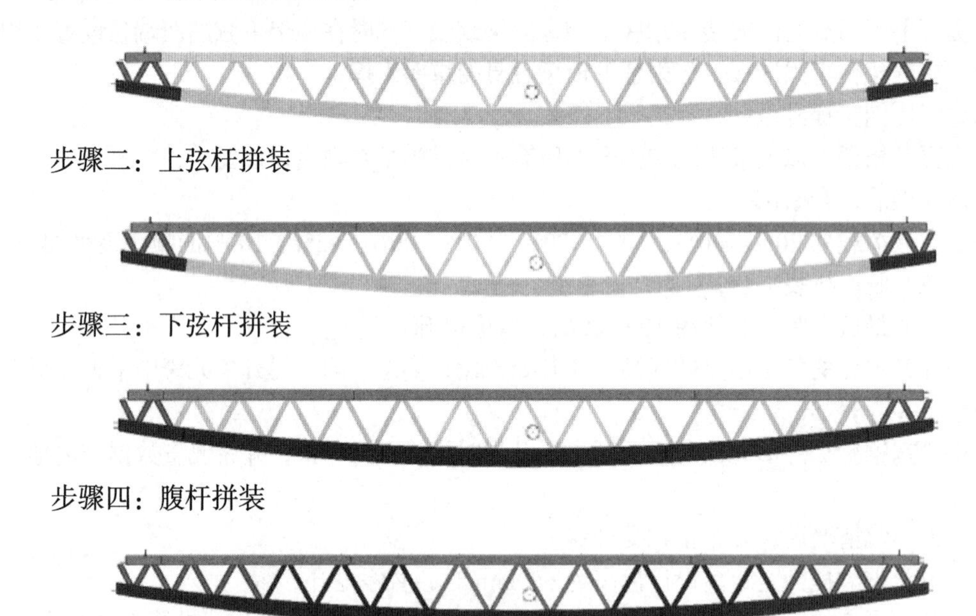

步骤二：上弦杆拼装

步骤三：下弦杆拼装

步骤四：腹杆拼装

步骤五：桁架焊接

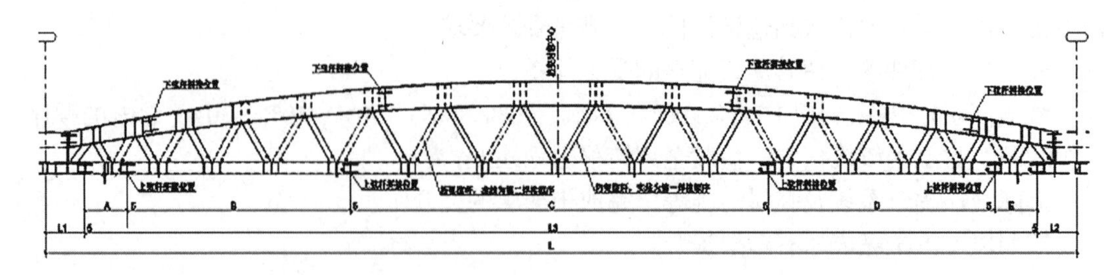

桁架焊接时为了避免焊接变形及应力集中，上下弦杆焊接完成后腹杆焊接从中间向两边对称施焊，且须隔一腹杆焊接，然后第二遍完成剩余腹杆焊接。焊接应先施焊实线腹杆，然后施焊虚线腹杆（图 2.1-30）。

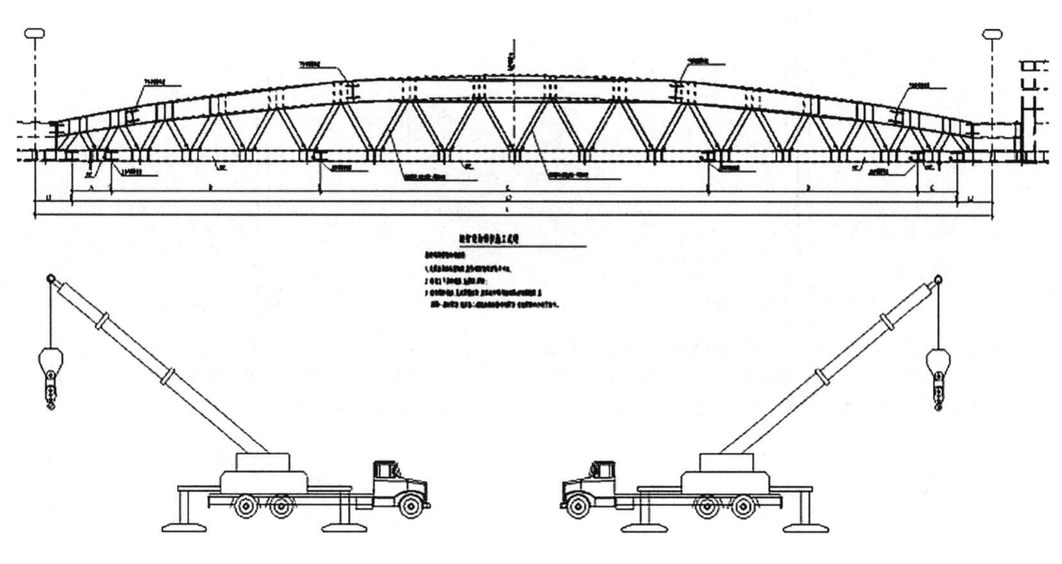

图 2.1-30　桁架拼装示意图

桁架拼装单支构件最大质量 17.46t，拼装采用汽车式起重机拼装。作业半径最大 6m，选用 50t 汽车式起重机进行拼装。

③提升施工工艺

以桁架 1 为例，钢结构提升流程如图 2.1-31 所示。

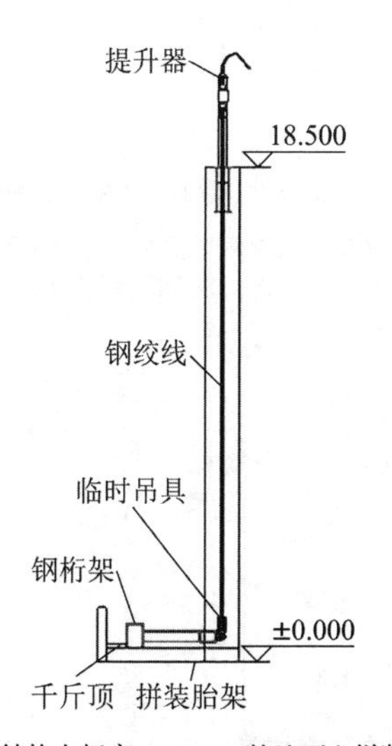


步骤 1：钢结构在标高±0.000m 的地面上拼装成整体提升单元，在桁架结构上弦层利用上弦杆和钢柱设置提升平台，在提升单元与上吊点对应的位置安装提升下吊点临时吊具和临时加固杆件，安装液压提升系统

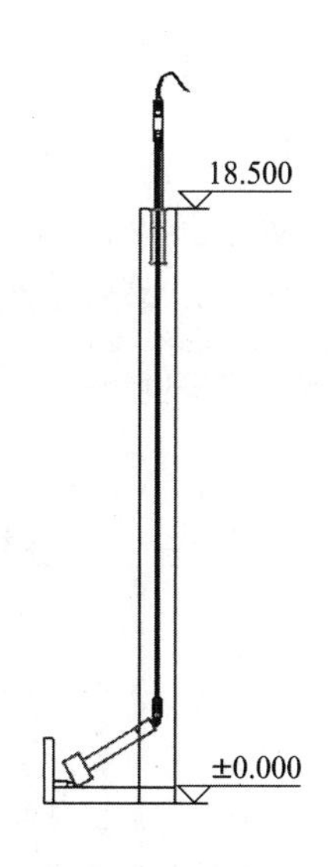


步骤 2：钢桁架提升过程中，千斤顶在胎架上顶推钢桁架往前移动，钢绞线始终保持竖直状态

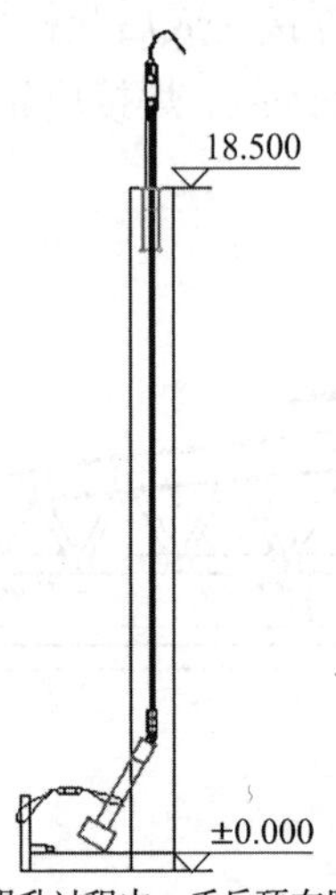


步骤 3：钢桁架提升过程中，千斤顶在胎架上顶推钢桁架往前移动，钢绞线始终保持竖直状态，同时在钢桁架要离地时，用倒链保护，使钢桁架缓慢往前移动

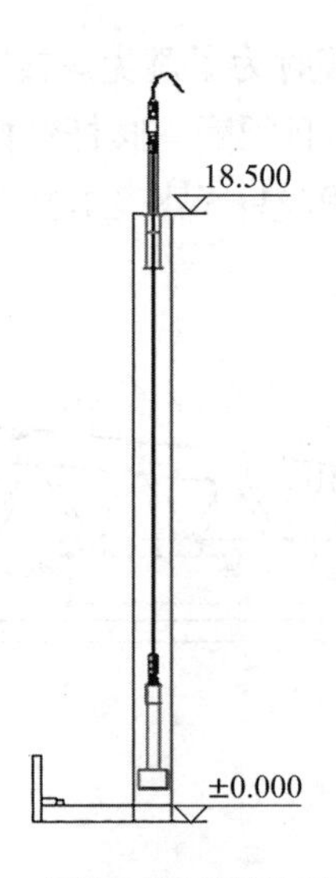


步骤 4：钢桁架提升旋转脱离胎架

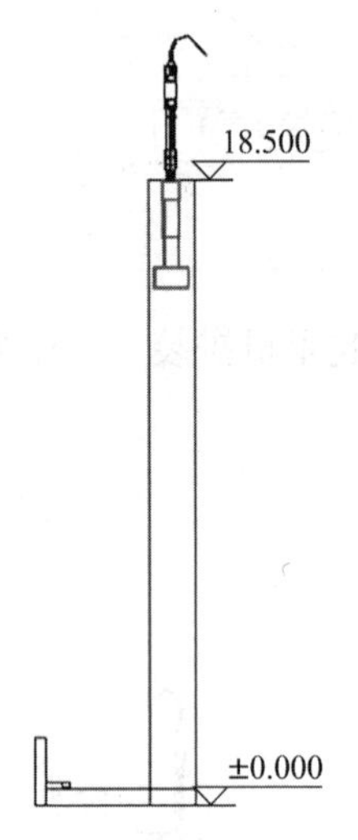


步骤 5：钢桁架提升到位

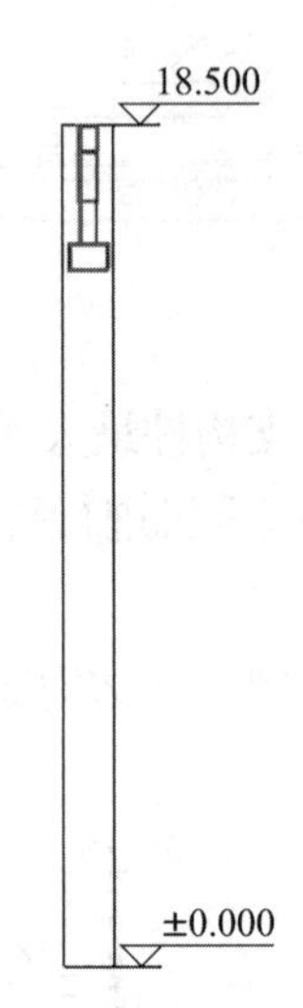


步骤 6：拆除液压提升设备等临时措施完成钢桁架提升作业

1. 桁架翻身过程内侧严禁站立人员，翻身采用千斤顶顶推或汽车式起重机辅助。桁架两端设置倒链、钢丝绳或麻绳
2. 翻身过程计算机控制钢绞线进尺，千斤顶保持同步。提升人员观察钢绞线垂直状态，发现偏差及时调整
3. 即将垂直状态时，倒链（钢丝绳）、麻绳以慢幅度松开，保证整个过程稳定可控

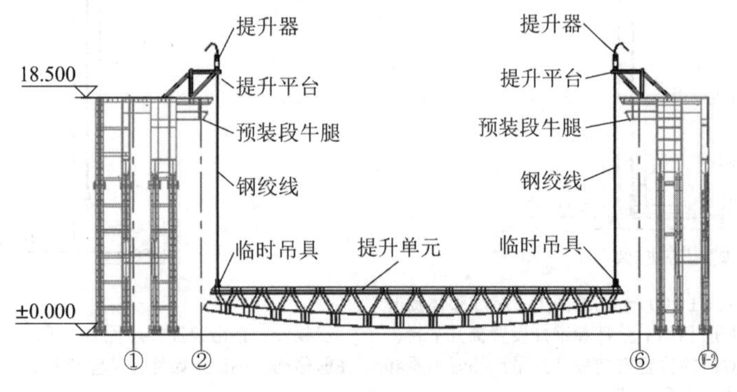


图 2.1-31　钢结构提升流程

（2）提升平台研究与设计

通过设计一种三角垂直平台，其中提升平台梁、斜撑、立柱、拉杆选用箱形截面钢，水平构造选用 H 形截面钢，临时措施材料材质为 Q355B。主传力构件间焊缝采用熔透焊缝，焊缝等级二级，所有加劲板厚度 16mm，加劲板与水平构造采用角焊缝焊接。与清水混凝土型钢柱形成紧密连接，用于提升装置的安装与固定，实现了大跨度钢桁架垂直运输的平稳性，确保在受限空间下完成大跨度钢桁架的提升（图 2.1-32、图 2.1-33）。

图 2.1-32　提升平台效果图

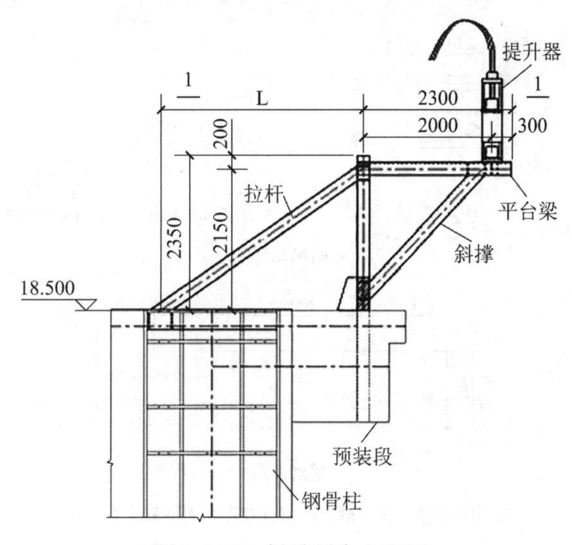


图 2.1-33　提升平台立面图

（3）其他细部节点设计

①临时吊具设计：根据结构布置及提升工艺的要求，下吊点采用临时吊具的形式。专用钢绞线连接在液压提升器和提升底锚之间，两端分别锚固，用于直接传递垂直提升反力。

临时吊具工程详图及应用如图 2.1-34 所示。

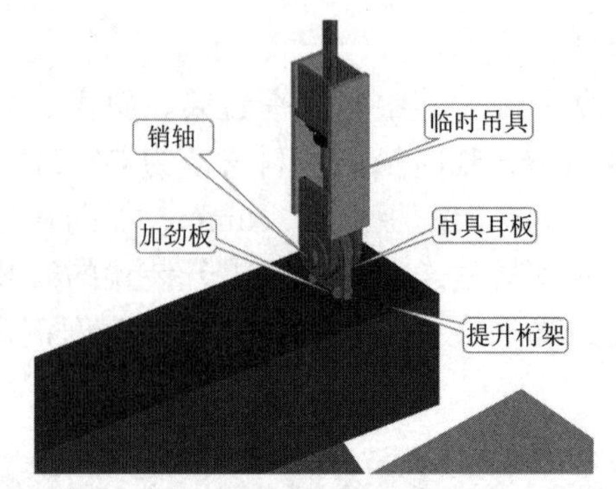


下吊点实体图

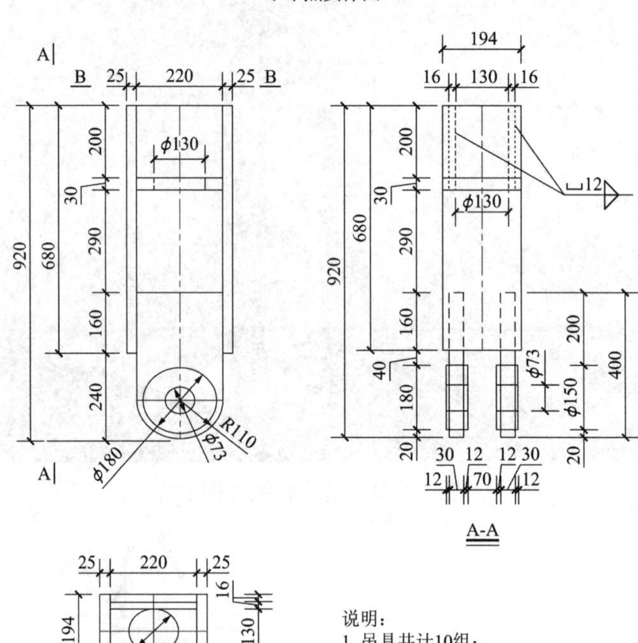


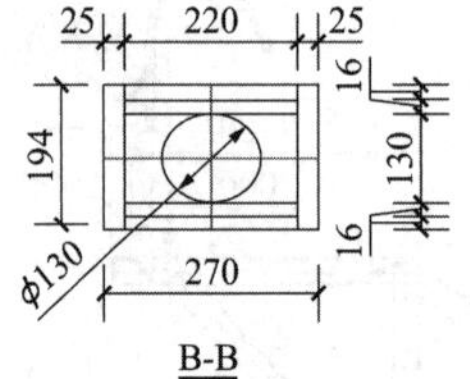


临时吊具详图

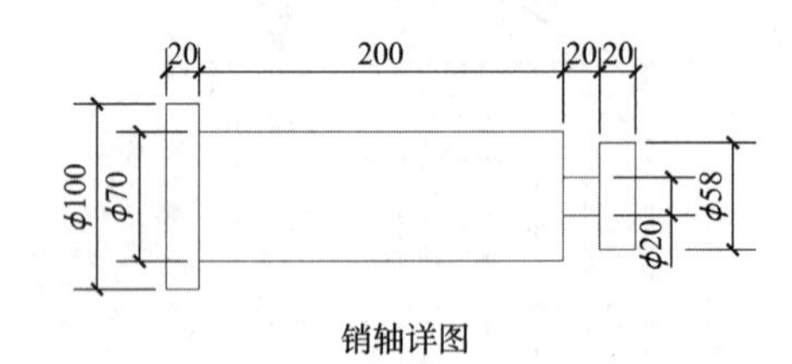

销轴详图

注：销轴材质 45 号钢，需调质处理，销轴数量 18 组。

图 2.1-34　临时吊具工程详图

②吊耳设计（图 2.1-35）

③提升器固定板

液压提升器安装到位后，应立即用临时固定板固定。每台液压提升器需要 4 块提升器临时固定板。A、B 面需平整，使之能卡住提升器底座；C 面同下部提升平台梁焊接固定，焊接采用双面角焊缝，焊接时不得接触提升器底座，焊缝高度不小于 10mm（图 2.1-36）。

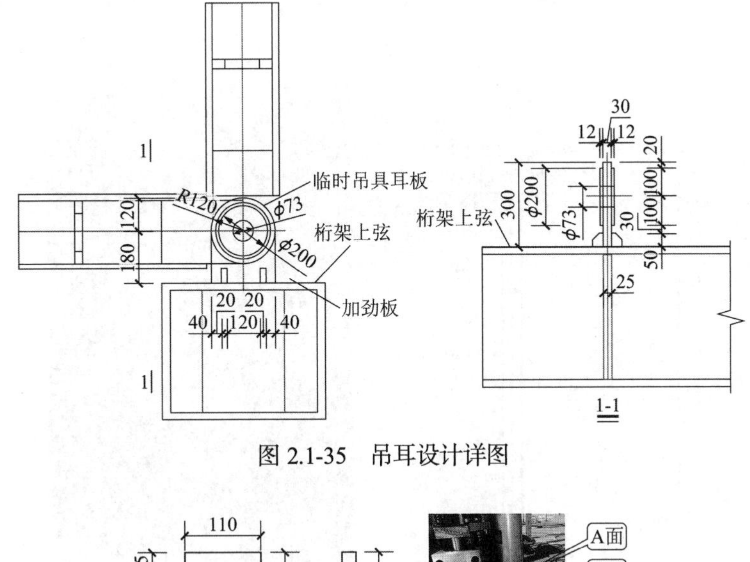


图 2.1-36　吊耳设计详图

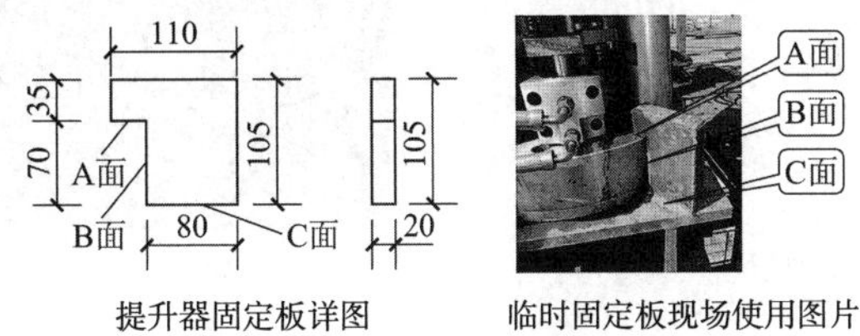


提升器固定板详图　　临时固定板现场使用图片

图 2.1-36　提升器固定板详图

④导向架设计

在液压提升器提升或下降的过程中，其顶部必须预留一定长度的钢绞线，如果预留的钢绞线过多，对于提升或下降过程中钢绞线的运行及液压提升器天锚、上锚的锁定及打开有较大影响。所以每台液压提升器必须事先配置好导向架，方便其顶部预留过多的钢绞线能够顺畅导出。多余的钢绞线可沿提升平台自由向后、向下疏导（图 2.1-37）。

（4）结构提升过程同步控制技术

通过液压同步提升施工技术的传感监测和计算机集中控制，以及数据反馈和控制指令传递，可实现全自动同步动作、负载均衡、姿态矫正、应力控制、操作闭锁、过程显示和故障报警等多种功能。

拟用于本工程的液压同步提升系统设备采用 CAN 总线控制，以及从主控制器到液压提升器的三级控制，实现了对系统中每一个液压提升器的独立实时监控和调整，从而使液压同步提升过程的同步控制精度更高，实时性更好。

操作人员可在中央控制室通过液压同步计算机控制系统人机界面进行液压提升过程及相关数据的观察和（或）控制指令的发布。

通过计算机人机界面的操作，可以实现自动控制、顺控（单行程动作）、手动控制以及单台提升器的点动操作，从而达到屋盖整体提升安装工艺中所需要的同步提升、空中姿态调整、单点毫米级微调等特殊要求（图 2.1-38）。

另外采用人工测量的方式进行辅助监控。提升前在每个吊点下方地面上设好测量点，提升过程中每提升一个层高，在楼层处设置水准仪，对每个吊点进行相对高度的测量，并进行高差比对。当相对最大高差大于预设数值时，立即通过手动控制的方式进行调整。

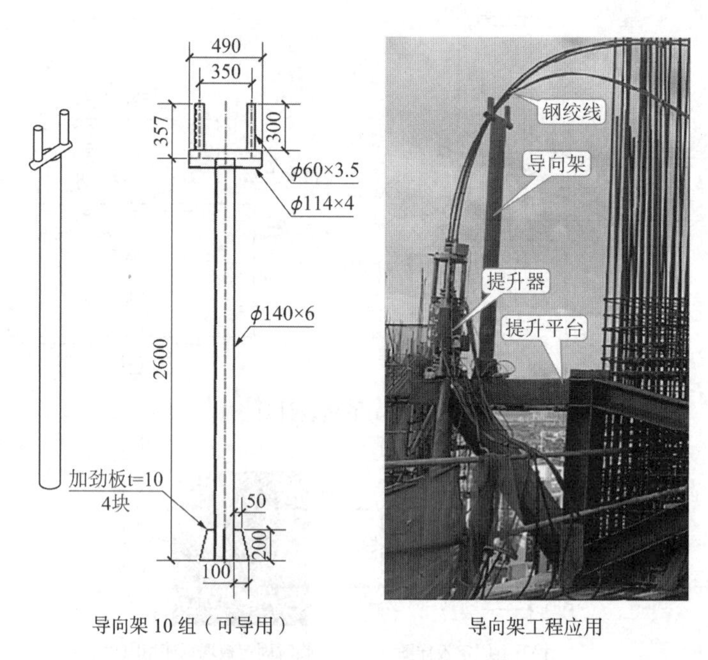


导向架 10 组（可导用）　　导向架工程应用

图 2.1-37　导向架设计图

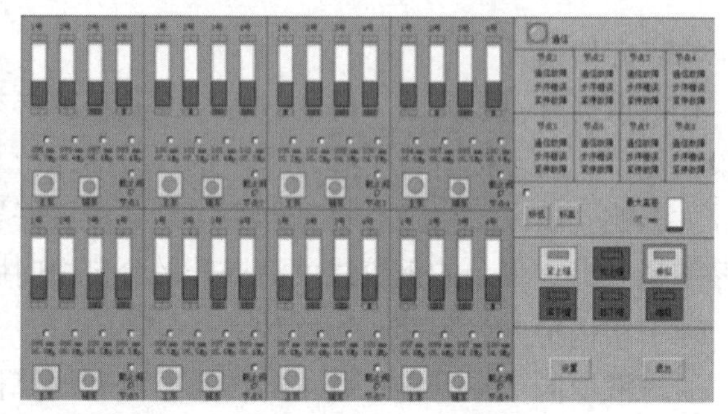

图 2.1-38　计算机控制系统人机界面

3）技术创新

（1）研究了一种提升平台装置，保证了在不破坏清水混凝土柱和狭窄空间的情况下提升装置和平台的稳定性。

（2）结合液压同步提升施工技术，提升过程中各吊点间的不同步最大高差值控制在20mm，提升到位以后调整可以达到毫米级别，实现了受限空间下的高精度安装。

4）实施效果

（1）通过以上技术共施工完成了 54 跨钢桁架的吊装施工，每跨钢桁架的吊装施工精度能够达到毫米级别，施工质量良好（图 2.1-39）。

（2）总结完成《一种室外桁架钢结构液压提升施工方法》（专利号：ZL202110846509.8）发明专利 1 项，发表《大跨度连廊钢桁架液压提升施工技术》论文 1 篇。

图 2.1-39　提升实施效果展示

#### 2.1.3.3　高空超长清水连廊护栏模板

1）技术背景

（1）清水廊道板清水混凝土廊道两侧为现浇清水混凝土护栏，南北侧长度达到 356m，东西侧长度达到 125m，截面尺寸 0.2m × 1.0m。这些护栏底部悬空，与钢桁架的边梁相结合。南北侧清水混凝土悬挂护栏板长度达 356m，采用现有传统模板支撑方式，需要搭设满堂脚手架，严重阻碍了其他工序的穿插及水平运输，超长混凝土产生裂纹的问题也难以得到解决（图 2.1-40）。

图 2.1-40　清水混凝土护栏效果图

（2）技术重难点

①清水护栏为悬挑挂板，需设计符合项目设计等要求的模板加固体系，确保刚度的同时也要确保浇筑效果美观，并达到免除架体的效果。

②清水护栏模板需要和钢桁架边梁精密牢固地连接。此外，还需要提前考虑钢桁架边梁的误差。

③对于清水护栏超长的尺寸和展示效果持久的特点，需对现有模板体系进行进一步创新与改进。

2）技术内容

挂板采用装配式铝合金清水模板，与钢结构边梁共同组成加固体系。清水混凝土挂板底部和钢结构边梁平齐，怎样确保底部和钢结构拼缝的严密性成为首先要解决的问题。清水护栏的长度较长，最长长度达到356m，仅仅依靠后浇带解决不了混凝土的开裂问题，如何采取有效的清水混凝土防裂措施是第二个需要解决的问题。清水混凝土与钢结构的交界处日积月累地受到雨水的腐蚀，会很大程度地影响清水混凝土和钢结构的耐久性，如何采取措施解决雨水的腐蚀是保证清水混凝土效果长久体现的主要因素，也是我们需要解决的第三个问题。

（1）对于底部的封堵，项目部设计了一种可调节钢板，和钢结构紧顶进行加固，可调节范围在1～4mm，因此钢结构悬挑梁和边梁的施工精度必须实时进行把控（图2.1-41）。

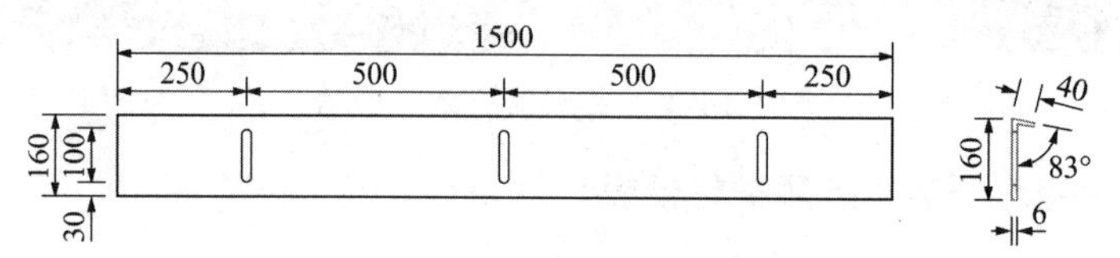


图2.1-41　铝合金底部可调节钢板图

（2）对于混凝土裂缝问题，除了常规手段如调整混凝土的材料配比、增加膨胀剂、后浇带、增加加强筋等方式，这些措施对于普通混凝土而言确实有效。但是，清水混凝土有其特殊的表观颜色等外观要求，混凝土原材和外加剂基本不可以变动。此外，由于护栏的结构形式而增加钢筋用量反而增大了产生混凝土裂缝的概率。

温度裂缝的走向通常没有一定的规律，大面积结构裂缝常纵横交错。梁板类长度尺寸较大的结构，裂缝多平行于短边。深入和贯穿性的温度裂缝一般与短边方向平行或接近平行，裂缝沿着长边分段出现，中间较密。所以项目通过设计一种诱导缝，每隔3m设置半径为10mm的半圆弧条，既增加了装饰效果，也通过适当减少钢筋对混凝土的约束等方法在混凝土结构中设置的易开裂的部位，使裂缝的产生面积和区域减小，减少裂缝的产生（图2.1-42）。

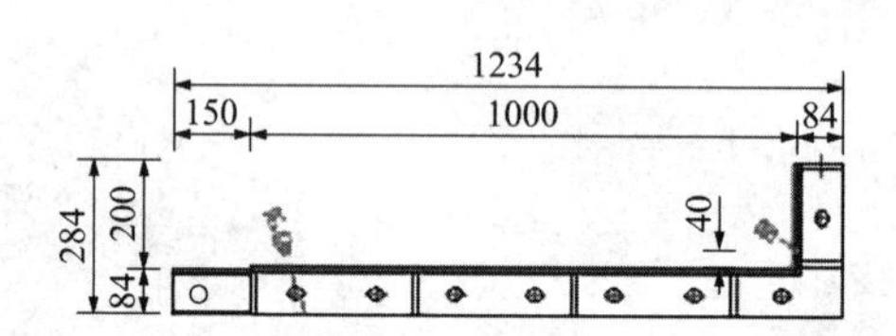


图2.1-42　铝合金外侧模可诱导缝效果图

（3）对于底部与钢结构接触处的防雨水措施，借鉴了屋檐等滴水槽的做法，在铝合金外侧模的底部增加半径为10mm的半圆弧钢条，形成滴水槽（图2.1-43）。

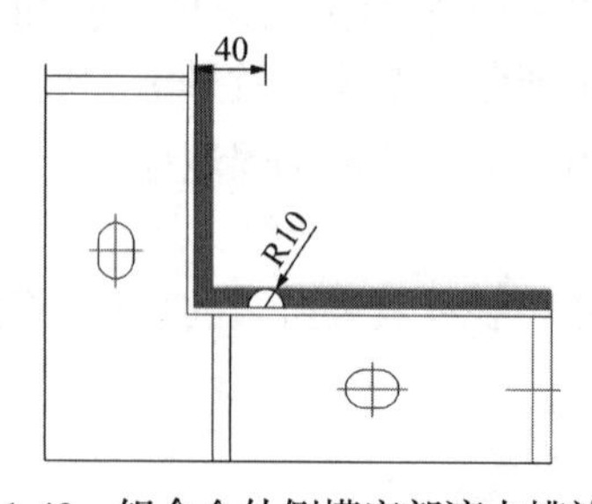


图2.1-43　铝合金外侧模底部滴水槽效果图

在铝合金模板体系增加了诱导缝和滴水槽，实现了减少混凝土裂缝，确保清水混凝土的观感和耐久性（图 2.1-44）。

图 2.1-44　两侧清水挂板效果展示

（4）施工工艺：铝合金内侧模板定位→M18mm × 50mm 螺栓固定→内侧模板与插筋固定→铝合金外侧模板与吊钩固定→调节挡板到合适位置→对拉螺栓加固。模板与模板之间提前预留孔洞并通过螺栓连接，拼缝处粘贴海绵条。

（5）模板组成：内侧模板、外侧模板、可调节钢板、调节扣环、可调节螺栓、固定角钢、锚地螺栓、对拉螺栓、滴水槽、引导缝。

根据项目现场实际情况，清水护栏采用铝合金模板体系。每 3m 为一模数，每 3m 做一条装饰槽，除与混凝土板面接触铝合金板为 2mm 厚度，其余材料均为 6mm 厚度，挂钩异型 L 形支撑采用 14 号槽钢，具体尺寸如图 2.1-45～图 2.1-47 所示。

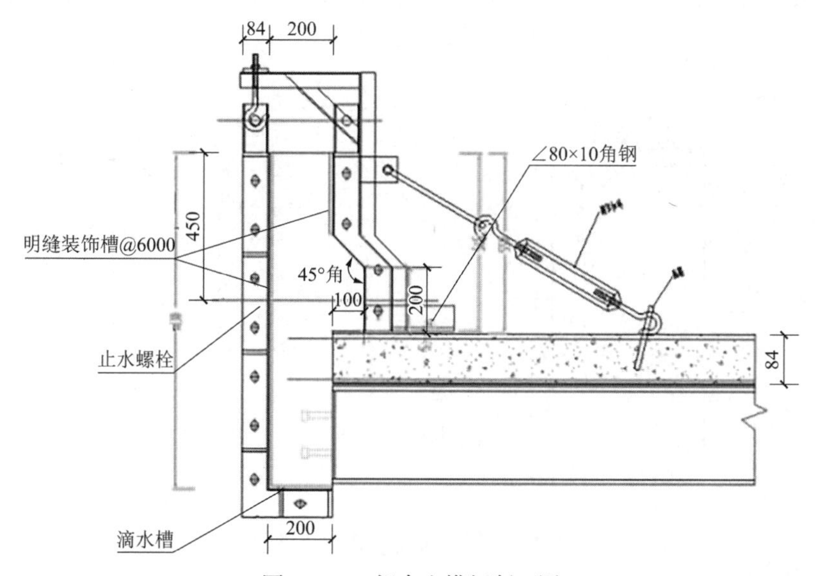


图 2.1-45　铝合金模板断面图

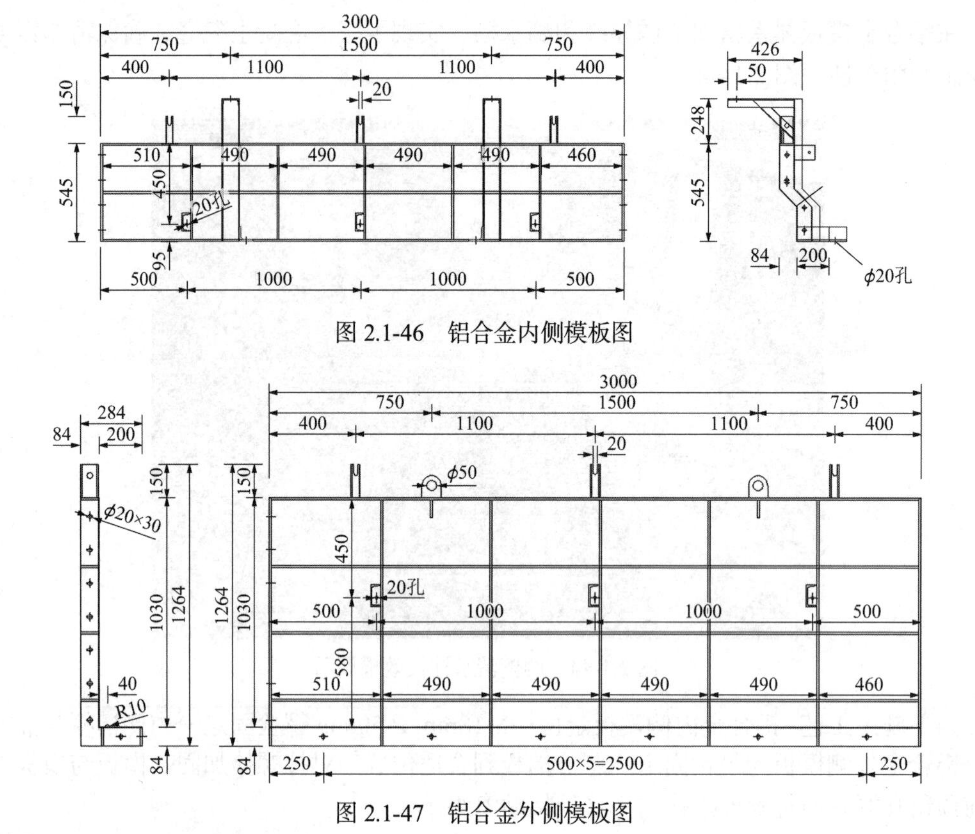


图 2.1-46　铝合金内侧模板图



图 2.1-47　铝合金外侧模板图

（6）清水护栏模板安装步骤：

浇筑楼板时预留插筋，用于调节扣环底部固定；

采用汽车式起重机将模板吊装到楼板指定位置；

楼板混凝土强度符合强度标准后，将内侧模板用地锚螺栓 M10mm × 10mm 和 80mm × 10mm 的角钢加固下端，上端的挂耳和调节扣环扣住，通过调节扣环到适当紧度；每块模板共加固角钢 2 处，扣环加固 2 处，间距 1.5m（图 2.1-48）。

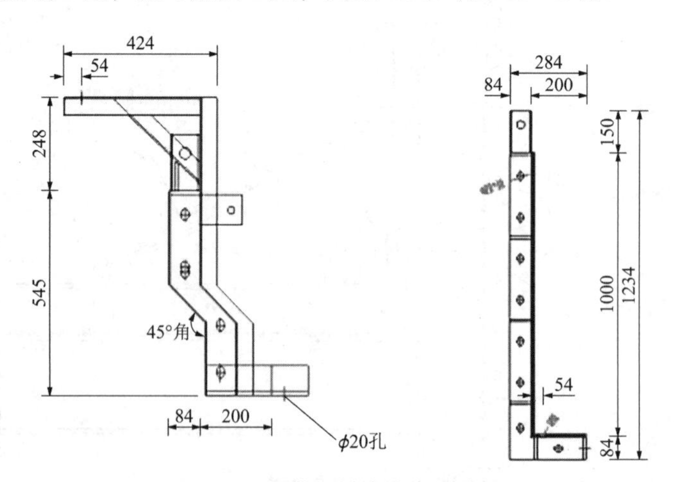


图 2.1-48　模板拼接孔位置详图

外侧模板可借助可调节悬臂车安装，上端通过吊钩挂住，通过升降机调整位置，然后通过 14 号对拉止水螺栓和可调节挡板固定，调节挡板高度，紧密贴合钢构或楼板底部（图 2.1-49）；

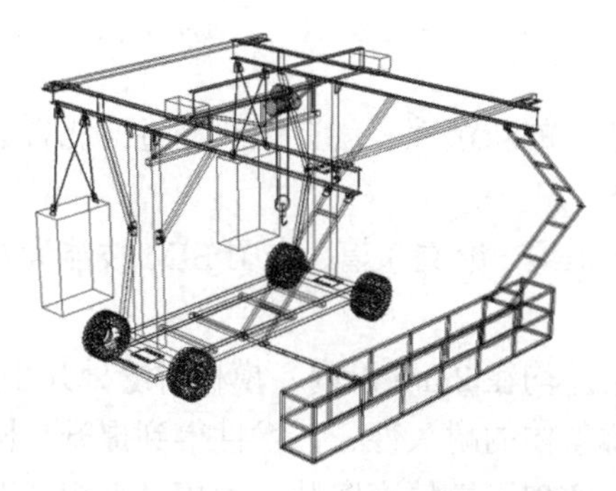

图 2.1-49　铝合金外侧模加固工具车

对拉止水螺栓紧固需要在对拉螺栓 14 号槽钢保护槽外侧添加 80mm × 80mm × 10mm 的垫片；

侧模的拼装通过螺栓（M18mm × 50mm)加固，两侧增加 50mm × 50mm × 5mm 的垫片，模板之间粘贴海绵条，拼装操作如图 2.1-50。

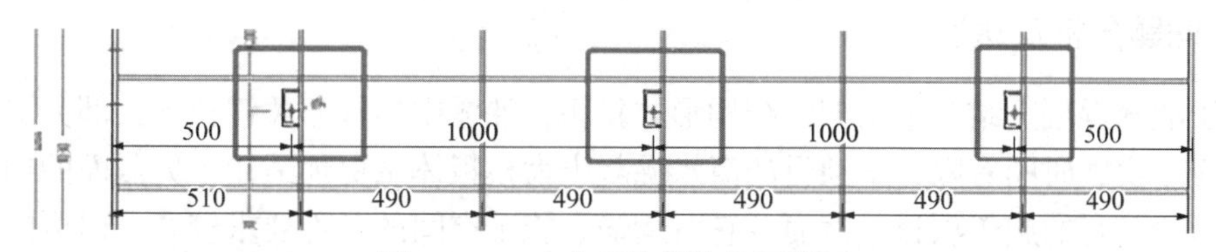


图 2.1-50　止水对拉螺栓位置详图

3）技术创新

（1）研究了一种铝合金清水混凝土挂板模板，避免了架体的支设，减少了施工成本，加快了施工速度。

（2）在装配式铝合金清水模板体系的创新上，通过增加诱导缝和滴水槽，确保了悬挑式清水混凝土的展示效果和耐久性。

4）实施效果

（1）通过应用此技术，项目施工完成了 3800m 清水连廊悬挑挂板，清水混凝土护栏表面基本无裂缝，平整度垂直度控制在 2mm 以内，通过诱导缝增加了清水混凝土护栏的展示效果（图 2.1-51）。

图 2.1-51　高空超长护栏浇筑效果展示

（2）本技术形成《高空清水连廊的护栏模板结构》（专利号：ZL202121922713.5）实用新型专利1项。

### 2.1.4 结果状态

成果关键技术进行了国内外查新，具有较强的新颖性、创造性。经过河北省建筑业协会科技成果评价，整体成果水平达到国内领先。

本成果荣获发明专利4项、实用新型专利1项、论文3篇、全国BIM技能大赛4项等诸多荣誉。

在实施后，清水混凝土垂直度、平整度偏差均在2mm以内，模板拼缝处几乎无错台，蝉缝清晰、顺直，清水护栏表面无裂缝，连廊整体的耐久性、艺术性得到提升。同时安全平稳地完成了大跨度钢桁架的液压同步提升，实现了高精度安装。大幅度缩短建造工期的同时取得了良好的经济及社会效益。

有效解决了现场施工难题，取得经济效益1800余万元，累计节约工期86d。成功举办了多次省市级现场观摩会，获得了各级领导的肯定。极大地提高了公司的地区影响力，增强了企业在建筑行业和相关行业的良好声誉。

### 2.1.5 问题分析及建议

由于清水混凝土结合钢桁架的结构形式新颖，课题中的核心关键技术大部分属于创新形式，应用实践时间有限，本项目的清水混凝土大模板体系更加适用于大截面的构件，和施工场地较充足的施工项目。然而，它对运输、施工空间的条件要求较高，但可以采用散拼模板的形式，并辅以蝉缝加固工具来提高模板拼缝效果。在大跨度钢桁架底部拼装到垂直起立状态的翻身过程中，存在钢结构受扭的情况，项目在此阶段施工搭配了倒链和吊车进行辅助，以确保翻身过程的平稳。高空模板搭设免除架体的同时，操作平台随之消失，改为通过采用移动式吊篮来充当操作平台。由于目前尚未形成完整的设计、加工、安装、监测全产业链条，部分知识产权尚处于实质审查阶段，仍需进一步完善和改进。为此，我们建议进一步加大研发人员的投入，引进先进设备，并追加资金支持，以推动该技术的优化与推广。

## 2.2 V形混凝土滤池施工创新

### 2.2.1 案例背景介绍

连云港市赣榆区莒城湖水厂项目位于江苏省连云港市赣榆区塔山镇莒城湖东侧，总投资4.158亿元，规划占地92亩，建设规模为16万$m^3/d$。水源取自塔山水库，备用水源为莒城湖，是赣榆区重大民生工程。项目包含配水井及预臭氧接触池、反应沉淀池、V形滤池、提升泵房及臭氧接触池、活性炭滤池、清水池、污泥浓缩池、综合楼及变配电间等26个单体工程。其中，构筑物为钢筋混凝土水池结构，建筑物为钢筋混凝土框架结构。水处理系统为“絮凝沉淀＋砂滤”的常规处理工艺和“絮凝沉淀＋砂滤＋炭滤”的深度处理工艺，通过预臭氧氧化、反应沉淀、过滤、臭氧活性炭、消毒处理后进入清水池。此工艺运行成本低，适用于当地水质。

随着社会的发展，人们对饮用水的要求也越来越高，对水源进行水处理技术尤为重要，莒城湖水厂水质满足国家 106 项饮用水标准。此水厂的建成实现农村与城市同水源、同管网、同水质、同服务的城乡一体化全覆盖供水目标，对于促进用水平衡，用水结构合理，保证水资源的可持续利用，对改善城镇居民生活、促进全区供水的可靠性具有重要意义。

滤池是净化水质的重要设施，其施工质量直接影响着自来水的水质和安全。然而，在传统的 V 形滤池施工工艺中，存在施工周期长、漏水、曝气不均匀、跑沙等施工质量问题。因此，为了提高滤池施工效率和质量，水厂对 V 形滤池的施工工艺作出了改善，通过新的施工工艺，大大节省了人力资源。

连云港市赣榆区莒城湖水厂建设项目中的 V 形滤池为钢筋混凝土水池/钢筋混凝土框架结构，结构复杂，基底标高不一，长 52.9m，宽 41.3m，地上 8m，地下 3.1m，分区域、分段浇筑接槎部位以止水钢板连接。V 形滤池是水厂净水工艺中的重要环节，它采用的滤料为滤径为 0.9～1.3mm 的石英砂，砂滤的作用是截留没有沉淀的微小杂质，进一步降低水的浊度，随着浊度的降低，一部分细菌微生物也会被去除，随着滤砂截留杂质的增多，过滤能力逐步下降，此时需要对滤砂进行冲洗来恢复过滤能力。反冲洗方式为气水混冲，能使滤层发生微膨胀，便于杂质从砂层脱落，冲洗效果好，还可以清扫水面杂质。气水反冲洗技术不仅可以节水、节能，还能提高水质，增大滤层的截污能力，延长工作周期，提高产水量，对于提升饮用水水质具有非常重要的作用。

针对其结构超长的特点，为防止混凝土裂缝的产生，对 V 形滤池采取分区域、分段浇筑，使施工质量可靠、施工速度快、工期短、施工效益高。由于 V 形滤池水处理工艺中，滤板安装质量对水厂的滤后水质、水量及运行具有重要影响，研究使用新型的滤板吊装施工工具进行滤板的安装施工，能够快速、方便地在倒运和安装滤板时进行吊装施工，从而提高效率和保证预制滤板质量。

通过对 V 形滤池施工技术难点、重点进行研究、应用和总结，确定了 V 形滤池施工关键技术要点，在提高工程质量、保证施工安全、缩短工期、降低施工成本、优化项目建设投资等方面均取得较好的效益。V 形滤池的创新设计，通过实际施工验证了其创新创效的可行性，对 V 形滤池施工进行了大胆的探索与实践。工程达到了设计及规范要求，本施工创新技术可靠、施工作业安全、工期质量有保证，充分取得了建设单位、监理单位及质量监督部门的认可，收到了很好的经济效益和社会效益。

### 2.2.2　事件过程描述

#### 2.2.2.1　总体思路

针对 V 形滤池的施工特点及施工的重点、难点进行了研究与应用，极大地降低了因结构复杂以及基底标高不一造成的工程施工难度，解决了混凝土开裂、收缩量大以及水化热过高等问题，避免因长时间的浇筑而造成混凝土初凝产生冷缝现象。

我们多次组织对 V 形滤池施工过程进行深入探讨和研究，并针对现有的和隐藏的问题进行了改进。通过采用三段浇筑分段施工、工厂预制构件安装等施工方法，我们实现了施工过程的模块化和工厂化，从而提高了施工效率和质量。

为了确保成功实施这种新的施工方法，我们采取了一系列关键措施。首先，我们进行了详细的施工方案设计，并制定了相应的操作规程。其次，对专业人员进行培训，确保施工人员熟悉并掌握这种新的施工方法，以提高施工效率和质量。

通过对V形滤池在土建施工和安装施工重点施工工序进行研究分析，确定在土建施工过程中进行分区域、分段施工，分段部位止水钢板的整体安装以及混凝土浇筑先后顺序为施工的重点、难点，滤板、滤头的安装则是重中之重。

通过对V形滤池施工重点、难点等问题进行研究分析，并对过程中施工技术进行总结、优化和创新，我们确定了具有先进性和创新价值的施工技术。这些技术将在未来的同类型工程中发挥重要作用，提升施工质量、节约工期、提高施工效益，实现结构复杂、超长结构的V形滤池施工，消除质量通病，在质量、进度及经济成本方面取得较好的效益。

2.2.2.2　课题实施的工作流程

分析工程结构形式、结构特性→确定施工关键点、施工难点→划分施工重点和控制点流程→研究不同类型施工方法和施工技术→确立最优施工方案和施工工艺→施工工艺的应用、创新、提升、总结→工艺技术总结、确定公司专有技术→在同类工程中推广应用。

严格按照施工方案和操作规程进行施工，并进行了必要的监控和检查。同时，在施工过程中与监理单位及时沟通，解决了一些潜在的问题，并对施工过程进行了必要的调整和改进。

### 2.2.3　关键措施

2.2.3.1　关键技术

（1）采用BIM建模技术预先对V形滤池进行分段模拟，确定最优浇筑方案。

（2）施工缝接槎部位的连接方式为止水钢板，对施工缝处混凝土进行凿毛处理，清理干净松动的石子和浮浆，在下一步混凝土浇筑时铺设50mm厚与混凝土同强度等级的砂浆。

（3）V形滤池为水池结构，结构要求比较严密，为减少施工缝留设，采用三步进行浇筑法。

（4）在混凝土中添加用于超长无缝结构的高效抗裂膨胀性添加剂以抵抗温度应力，避免超长结构混凝土开裂。

（5）滤板、滤头的安装质量。

2.2.3.2　创新点

（1）采用BIM技术预先对V形滤池进行分段模拟，确定最优方案。

（2）在混凝土中添加用于超长无缝结构的高效抗裂膨胀性添加剂以抵抗温度应力，避免超长结构混凝土开裂。

（3）V形滤池为水池结构，结构要求比较严密，采用三段浇筑法。

（4）一种滤板安装吊装工具、一种手动钢管较直装置、砌筑砂浆铺装装置获得了实用新型专利。

2.2.3.3　技术方案

通过对连云港市赣榆区莒城湖水厂项目施工技术进行研究和应用，形成了一套成熟、完整的超长水池结构混凝土分区域、分段浇筑施工技术，在安装施工方面发明了一项新型的滤板吊装施工工具。施工时进行详细规划和设计，明确每个施工阶段的工作内容和要求，严格按照设计图纸和要求进行施工，确保施工质量。同时，加强施工人员的培训和技能提升，确保技术操作的熟练和准确性。此外，本工程采用了先进的施工设备和工具，提高施工效率和质量。加强施工过程的监控和管理，确保施工进度和质量的控制。

（1）应用 BIM 技术对其进行分段模拟施工，在实施过程中，首先进行了 V 形滤池的设计和模拟验证。通过计算和模拟，确定了滤池的尺寸、倾斜角度、进水和出水管道的布局等关键参数。其次，进行了滤池的施工和装置。施工过程中，需要严格按照设计要求进行，保证滤池的结构和布置符合设计规范。最后，确定最优水池混凝土浇筑方案。

（2）在混凝土中添加用于超长无缝结构的高效抗裂膨胀性添加剂以抵抗温度应力，以避免超长结构水池混凝土开裂。

（3）V 形滤池为水池结构，结构要求比较严密，为尽量减少浇筑次数，采用三段浇筑法以及接槎部位采取止水钢板止水的施工方法。

（4）研究总结滤板安装施工工艺，发明新型滤板吊装施工工具解决预制滤板施工质量问题。

#### 2.2.3.4 施工工艺流程及操作要点

1）施工工艺流程

测量定位放线→土方开挖→垫层施工→钢筋施工→混凝土池体施工→设备、管道安装→滤梁施工→滤板及滤帽安装→石英砂施工→装饰装修施工。

2）关键技术操作要点

（1）测量定位放线

根据设计图纸施放拟施工水池的位置，确定土方开挖、钢筋绑扎位置、模板支设位置。因为池体标高结构复杂，采用三段浇筑法，要准确定位各段浇筑标高并应复核无误。

（2）土方开挖

根据现场场地，基坑四周均采用放坡，坡度为 1∶0.75，土方开挖采用机械大开挖，人工配合清除基底预留土层。

（3）垫层施工

基槽验收合格后，即可在其上进行垫层施工。浇垫层前，先将基槽内的浮土清除，每 $4m^2$ 设一标高临时控制点，以控制垫层的标高。垫层厚 100mm，其侧模板采用 50mm × 100mm 方木。垫层平面尺寸为底板结构尺寸周边增加 100mm，垫层混凝土强度等级为 C20，采用商品混凝土，采用平板振捣器拖平振实，混凝土随浇筑随压平抹光，转角处抹成圆角。

（4）钢筋施工

V 形滤池钢筋施工主要为底板钢筋、池壁钢筋、顶板钢筋、上部走道板及水堰钢筋，主要钢筋连接方式为机械连接，采用直螺纹连接。

（5）混凝土池体施工

①V 形滤池池体采用三段浇筑法

第一段：施工部位底板标高为−2.00m、−0.9m、−1.5m、−2.5m。

标高−2.0m 位置为水渠底板，水渠池壁浇筑至标高−1.5m，为防止水池渗漏，接槎部位提前预埋止水钢板；标高−0.9m 位置为水池底板，水池两侧池壁浇筑至标高−0.4m，水池底板提前预埋滤柱钢筋；标高–1.5m底板位置池壁一次浇筑至顶；标高–2.5m为水池底板，两侧池壁浇筑至–0.4m位置并预埋止水钢板留设积水坑以及排水沟。因标高不一，需在浇筑前严格检查各个部位标高。

第二段：V形滤池南北两侧水渠池壁浇筑至顶；水渠标高1.65m位置板浇筑，预留洞口方便进出物料、预留预埋池壁套管；两侧水池池壁浇筑至顶，池壁预留套管埋设；中跨板与池壁一起浇筑，板下0.27cm有预留洞口，故板顶预留洞口方便板下两侧池壁浇筑以及浇筑完成后的物料进出。

第三段：两侧水渠中池壁的浇筑，以及水池中滤梁滤柱以及斜板的浇筑。

此次创新实践取得了一系列的成果。首先，滤池的施工周期得以大大缩短，施工效率得到了显著提高。其次，通过使用V形滤池的安装施工方法，滤池设施安装更加快速准确，施工质量得到了有效的保证。

②保证分段浇筑BIM技术

应用BIM建模技术预先对V形滤池进行拆分绘制图形。

技术准备：

对图纸进行深化，确定分段位置；选择相应的施工材料；对分段节点进行大样设计（图2.2-1）。

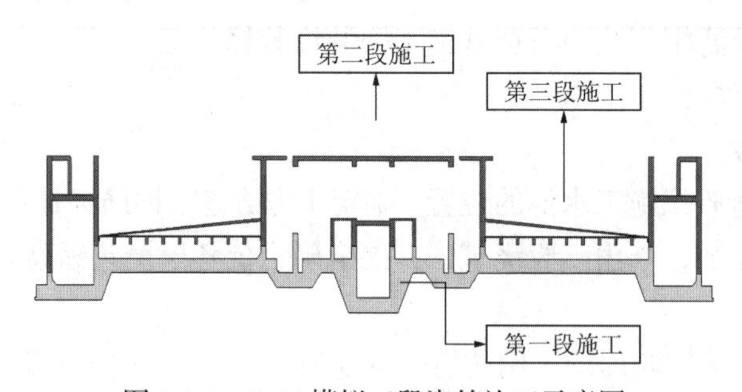

图2.2-1　BIM模拟三段浇筑施工示意图

施工顺序：

图纸深化完成后，确定浇筑先后顺序。第一段为图中黄色部分，由于基底标高不同，并且要留尽可能少的施工缝，混凝土接槎部位采用止水钢板连接，并对其进行凿毛清理。所以施工难度较大，选用合适标号的混凝土是这一阶段的重点。第二段为图中绿色部分，混凝土墙浇筑时要振捣密实，不能有缺振漏振的现象。第三段为图中的红色部分，浇筑时要严谨，过厚或者过薄都会影响后续滤板及滤头的安装工序（图2.2-1、图2.2-2）。

图 2.2-2　施工现场分段浇筑混凝土

③保证超长结构避免开裂技术

在混凝土中添加用于超长无缝结构的高效抗裂膨胀型添加剂以抵抗温度应力，避免超长结构混凝土开裂。

④水池无渗漏技术

施工段划分：V 形滤池为水池结构，对严密性要求较高，采用三段浇筑法，混凝土接槎部位采用止水钢板连接，并对其进行凿毛清理。

施工材料控制：对进场材料进行检查，对本工程使用的混凝土以及止水钢板均从合格的供应商名册中优先选择并要求提供产品合格证。在止水钢板进场前进行外观自检，要求材料完整无弯折、无空洞。混凝土浇筑前对其进行现场坍落度测试，严格把控混凝土浇筑质量，坍落度控制在 160～190mm，抗渗混凝土水胶比不大于 0.5，粗骨料粒径不大于 40mm，砂子含泥量不超过 3%。浇筑时进行现场监督，对不合要求者立即更换。

施工缝控制

在施工缝处加设 300mm × 3mm 镀锌钢板止水带，钢板止水带安装要交圈，钢板止水带搭接不小于 20mm，搭接处进行满焊处理。

施工缝处混凝土进行凿毛处理，除去松动的石子和浮浆，凿毛后用清水冲洗干净（图 2.2-3）。

图 2.2-3　施工缝处理

在浇筑下一步混凝土时，在施工缝处满铺与混凝土同强度等级的抗渗砂浆 50mm 并振捣密实。

养护

混凝土浇筑完成12h后进行养护，并覆盖塑料薄膜及棉毡，抗渗混凝土养护不少于14d。

为了保证施工质量，我公司实施了严格的质量控制措施。对每个段落的施工过程进行了多次检查和测试，并且及时纠正问题。

（6）设备管道安装

①阀门及工艺管道的安装

阀门在安装时要将阀门置于关闭位置。旋塞阀应置于开启位置。安装时要核定阀门进出口方向符合图纸所示方向。自动阀门安装时还应注意电气及气动管线的方向。

集群安装的阀门应按整齐、美观、便于操作的原则进行排列，阀门安装要牢固，必须按安装规范的要求施工，支座（支架）按实际制作并符合图纸或图集的要求。

各类阀门运输时，自动阀要对气（电）动头做好防护，要使用尼龙吊索平稳起吊和安放，不得扔、摔，已安装就位的要防止重物撞击。

安装阀门时，要按图配置法兰适配器或至少使一端管道法兰可轴向移动。不许将阀门两端管道法兰固定后再装阀门，靠收紧螺栓来强行消除阀门同管道法兰间的间隙。

气动闸板阀安装时要注意气动头与闸板间安装精度。

安装时应用标准扳手将法兰的螺栓对称交错拧紧，并应避免螺栓扭曲或过紧。不得用阀门手轮作为吊装的承重点。

自动阀门启闭装置的电气装置应接线正确，接地可靠，绝缘符合有关电力规程的要求。

钢管道的安装，包括焊接、支架制安、防腐等应符合相应的图纸及规范的要求。

②滤池内部装置的安装

反冲洗搅动管安装时注意图纸规定的高度差，各支管应水平，主管支架应可靠。现有支架无法满足该管牢固的定位时，增加支架。

配水堰安装进水堰应做到各池一致。单池水平度偏差2mm，安装并确认平整后，进行防渗漏处理。

空压机、水泵、压力气罐的安装按照图纸和相关技术资料进行安装。

③仪表安装

按图纸安装位置和安装方式进行安装。浊度计及液位计变送器的安装形式参考图纸进行安装。液位开关的安装位置应符合图纸的规定。浊度仪一般在滤后水位置安装，但由于滤后水位置水量太大，水流气泡对浊度传感器影响较大，可能会导致测量不准的情况，故可以将安装位置适当调整到滤后水的远端，不影响使用即可。

（7）滤梁施工

施工工艺流程：滤梁钢筋绑扎→滤梁模板施工→滤梁混凝土浇筑。

①滤梁钢筋绑扎

滤梁钢筋绑扎同底板钢筋绑扎工艺方法，钢筋网一律采用焊接接头，接头率不大于25%，所有的钢筋相交点均应全部绑扎牢固。绑扎钢筋骨架，然后将预埋座插入预留孔内，盖好施工保护盖，并固定牢固。

②滤梁模板安装

滤梁底模及侧模采用木模板，模板应具有足够满足滤板自重以及施工荷载的强度和刚度。

③滤梁混凝土浇筑

滤梁混凝土浇筑同混凝土池体施工方法，施工中注意混凝土的振捣，保证浇筑质量（图 2.2-4）。

图 2.2-4　混凝土滤梁

（8）滤板及滤帽安装

滤板的承载能力、滤头分布的均匀程度、滤板的密封性能和滤头布水布气的科学性是滤板质量的主要因素，直接影响滤池的正常运行和水处理效果和运行成本。

施工工艺流程：

滤板安装→填缝→滤杆安装→滤帽安装→注水超过滤帽 100mm→曝气试验。

①滤板安装

本工程滤池滤板采用成品滤板，滤板尺寸为 970mm × 860mm × 100mm，滤板尺寸制作误差不大于 1mm，滤板安装完成后水平误差不得大于 1mm；预埋 QS-1 型滤头套管，采用 QS-1 型长柄滤头，滤头间距 143mm；滤头套管必须垂直滤板，角度偏差小于 3°；滤板间及滤板与池壁间的接缝采用 903 聚合物水泥砂浆嵌缝填料。

②滤杆安装

打开施工盖，然后在滤头的滤座内插入可调节螺杆，其调节精度（最小调节量）为 0.4mm，并具有防松动自锁功能。

封堵住滤池所有进出孔后，在滤池布水区进水，检查封堵处是否渗水，然后根据静止水面来调节滤杆的上端平面在同一水平高度，从而保证进水孔在同一水平面。

③安装滤帽

将滤帽按照螺纹拧动固定在滤座上，滤帽顶面水平度的控制方法同滤杆。

④滤板及滤头的调试验收

对滤池布水系统的几何尺寸、平面、高程、水平度和滤头滤板按工艺设计逐项进行复核，满足设计要求。

滤板安装完毕后采用 903 聚合物水泥砂浆嵌缝填料，对滤池进行反冲洗曝气试验，要求滤池曝气均匀、无死角（图 2.2-5）。

图 2.2-5　滤池反冲洗曝气试验

（9）石英砂施工

①填充石英砂前须将 V 形滤池内部污物清扫干净。

②严格按照技术要求进行装填，在每袋石英砂填入后要进行及时平整，以使滤料均匀分布。

③石英砂的填装高度以 700mm 为标准。

④注意控制石英砂的反冲洗流量在合理范围。

⑤做好必要的准备工作，有备用应急照明、装卸用升降设备、铁锹、扫帚、架板等应提前备好，开工前应进行工作风险预控分析，配备安全带，防止人员高空坠落，保护好周围设备，并做好事故预防。

（10）装饰装修施工

根据图纸及规范要求，对 V 形滤池进行抹灰、粉刷、吊顶等装饰装修作业。为了节省施工时间，可以在内部脚手架拆除之前，进行顶棚部分的粉刷。

（11）吊车梁的安装

根据图纸及规范要求，尽量在粉刷顶棚之前安装吊车梁，避免由于粉刷造成的成品污染，且可以节省内部另外搭设施工脚手架的时间。

3）自控系统的施工

（1）工艺流程

工艺流程为：熟悉图纸（深化图纸）→预埋管→预留孔洞→安装线槽→放线→设备安装→调试系统→单机调试→系统联调

（2）预埋管

自控系统的滤池施工的重要工作，从工期安排上应有专门的施工时间，在土建结构施工阶段应做到深入了解施工图纸上需要预埋的盒、管等情况，尤其是结构板、柱、梁内部分，跟随土建结构施工从下到上提前预埋。与土建技术人员协调，保证预埋的管盒满足土建技术要求及保护层厚度。配合土建结构施工预埋好过墙洞。

（3）安装线槽

根据图纸和技术规范合理安装线槽。

（4）设备安装

①温、湿度传感器安装

温度湿度传感器不能安装在阳光直射的位置，远离有较强振动、电磁干扰的区域，其位置不能破坏建筑物外观的美观和完整性，室外型温度湿度传感器应有防风雨防护罩。尽可能远离门窗和出风口的位置，如实在无法避开则与之距离大于 2m。温度传感器至 PLC 之间的连接，应尽量减少因接线引起的误差，对于镍传感器的接线电阻要小于 3 欧姆。

②压力、压差传感器、压差开关的安装

传感器安装在温度湿度传感器的上游侧，便于调试、维修的位置，不在焊缝及其边缘附近，并在管道的防腐、吹扫和压力实验之前进行。

③流量传感器或涡轮式流量计传感器的安装

电磁流量计的安装应避免有较强交直流磁场或有剧烈振动的场所，电磁流量计、被测介质及工艺管道三者之间连成等电体，并接地。电磁流量计设置在流量调节阀的上游，流量计的上游应有长度为 10 倍管径长度的直管段，下游有长度为 5 倍管径长度的直管段。

涡轮式流量计传感器安装时应水平安装，流体的流动方向必须与传感器所示的流向一致。当可能产生逆流时，涡轮式流量计传感器后面应装设止回阀。涡轮式流量计传感器在侧压点的上游，距离测压点 3.5～5.5 倍管径长度的位置，测温设置在下游测，距流量传感器 6～8 倍管径长度的位置。

④电磁阀的安装

电磁阀一般安装在回水管口或气缸附近，阀体上箭头的指向与水流方向一致，电磁阀的口径与管道通径不一致时，采用渐缩管件，同时电磁阀口径一般不低于管道口径二个等级。执行机构固定牢固，操作手轮处于便于操作的位置，机械传动灵活，无松动或卡涩现象。有阀位指示装置的电磁阀，阀位指示装置面向便于操作的地方。电磁阀安装前应检查线圈与阀体间的电阻，并在条件允许的情况下进行模拟动作和试压实验。此外，电磁阀在管道冲洗前需完全打开。

⑤电动阀的安装

电动阀一般安装在回水管口或气缸附近，阀体上箭头的指向与水流方向一致，电动阀的口径与管道通径不一致时，应采用渐缩管件，且电动阀口径一般不低于管道口径两个等级。空调器的电动阀旁边一般装有旁通管道。执行机构固定牢固，操作手轮处于便于操作的位置，机械传动灵活，无松动或卡涩现象。有阀位指示装置的电磁阀，阀位指示装置应面向便于操作的地方。电磁阀安装前应检查线圈与阀体间的电阻，并在条件允许的情况下进行模拟动作和试压实验。此外，电磁阀在管道冲洗前需完全打开。

（5）PLC 自动化控制系统安装与调试

合理安排系统安装与调试程序，是确保高效优质完成安装与调试任务的关键。

①前期技术准备：系统安装调试前的技术准备工作越充分，安装与调试就会越顺利。前期技术准备工作包括下列内容：

熟悉 PC 随机技术资料、原文资料，深入理解其功能及各种操作要求，并据此制定操作流程。

深入了解设计资料、对系统工艺流程，特别是工艺对各生产设备的控制要求要有全面的了解，在此基础上，按子系统绘制工艺流程连锁图、系统功能图、系统运行逻辑框图，这将有助于对系统运行逻辑的深刻理解，是前期技术准备的重要环节。

熟悉各工艺设备的性能、设计和安装情况，特别是各设备的控制与动力接线图，并与实物相对照，及时发现错误并纠正。

在全面了解设计方案与PC技术资料的基础上，列出PC输入输出点号表（包括内部线圈一览表，I/O所在位置，对应设备及各I/O点功能）。

研读设计提供的程序，对逻辑复杂的部分输入输出点绘制时序图，一些设计中的逻辑错误，在绘制时序图时即可发现。

分子系统编制调试方案，然后在集体讨论的基础上综合成为全系统调试方案。

②PLC商检

商检应由甲乙双方共同进行，确认设备及备品、备件、技术资料、附件等的型号、数量、规格，其性能是否完好待实验室及现场调试时验证。对于商检的结果，双方应签署交换清单。

③实验室调试

PLC的实验室安装与开通制作金属支架：将各工作站的输入输出模块固定其上，按照安装要求以同轴电缆将各站与主机、编程器、打印机等相连接，检查接线正确，供电电源等级与PLC电压选择相符合后，按开机程序送电，观察PLC的响应情况，以验证程序的正确性和完整性。

④现场调试

安装前检查：在进行现场安装前，应对所有设备进行检查，确保设备完好，各连接线路正确接入，电源电压符合要求。

现场安装：根据设计方案和安装要求，对PLC进行现场安装，包括安装支架、固定模块、接线、调整等操作。

现场调试：在PLC安装完成后，进行现场调试，包括输入输出信号的检查、程序的上传和下载、逻辑的验证等操作，以确保系统的正常运行和稳定性。

⑤联调

在系统各部分安装调试完成后，进行系统联调，即将各子系统连接起来，进行整体调试和验证，以确保系统的一致性和协调性。

⑥调试记录

在调试过程中，应及时记录各项操作、试验和结果，以便及时发现问题和解决问题。

⑦调试验收

在调试完成后，进行系统的验收，包括系统性能测试、操作人员培训和技术文档编制等工作，以确保系统的质量和可靠性。

⑧系统维护

在系统调试验收完成后，应建立系统维护计划和维护手册，定期对系统进行维护和检修，以确保系统的长期稳定运行。

后期维护时设计一块调试板，可以使用钮子开关模拟输入节点，使用小型继电器模拟生产工艺设备的继电器与接触器，并使用辅助节点模拟设备运行时的返回信号节点，这种方法的优点是具有模拟的真实性，可以反映出差异很大的现场情况。

（6）运行期间的基本原理、操作流程和注意事项

①基本原理

滤池是水厂净水工艺中的重要环节，它通过采用V形设计并配备均匀颗粒的石英砂滤层，使得进水由上而下通过滤层，从而将杂质有效截留下来。滤池的过滤能力再生是保证

滤池稳定高效运行的关键。而采用优质的反冲洗技术，则可以使滤池经常处于最佳工作状态，这不仅有助于节约水资源和能源，还能提高水质的净化效果，增强滤层的截污能力，延长滤池的使用寿命，并提高产水量。

莒城湖水厂选择了先进的气水反冲洗技术，这一技术相较于仅采用水进行冲洗的滤池，具有显著的优势。反冲洗的水耗量比单纯用水冲洗的滤池可减少 40%以上。这意味着通过改善反冲洗流程，水厂可以实现更加节约用水的运营，减少对淡水资源的需求。滤池在气冲洗时，由于用鼓风机将压缩空气压入滤层，因而从以下几个方面改善了滤池的过滤性能：

压缩空气的加入增大了滤料表面的剪力，从而使得通常水冲洗时不易剥落的污物在气泡急剧上升的高剪力下得以剥落，提高了反冲洗的效果。

气泡在滤层中运动产生混合后，可使滤料的颗粒不断漩涡扩散，促进了滤层颗粒循环混合，由此可以得到一个级配比较均匀的混合滤层，其孔隙率高于级配滤料的分级滤层，改善了过滤性能，提高了滤层的截污能力。

气冲洗可以产生较大的气泡，通过在滤层中的上升和扩散过程中产生剧烈的液体搅动和颗粒碰撞，气泡在颗粒滤料中爆破，使滤料颗粒间的碰撞摩擦加剧，使附着在滤层颗粒上的污物和杂质充分脱落。这种剧烈搅动和碰撞的作用有助于有效地清除堵塞在滤层间隙中的污物，提高滤池的过滤效果。在水冲洗时，对滤料颗粒表面的水冲洗作用也得以充分发挥，加强了水冲清污的效能。

气泡在滤层中运动，减少了水冲洗时，滤料颗粒间的相互摩擦的阻力，使水冲洗强度大大降低，从而节省了冲洗的能耗。

去除生物膜和异味：滤池在长期运行中容易产生生物膜和异味物质，这些物质附着在滤层颗粒上，影响水质和水味。气冲洗可以通过剧烈的液体搅动和颗粒碰撞作用，有效地清除生物膜和异味物质，提高水体的清洁度和口感。

延长滤池工作周期：定期进行气冲洗可以有效地清除滤层中的污物和杂质，防止滤层堵塞和失效。可以延长滤池的工作周期，减少维护和清洗的频率，提高滤池的稳定性和可靠性。

V 形滤池为室内结构，这种结构设计可以有效防止阳光照射，从而减少藻类的光合作用抑制藻类生长。滤料是 V 形滤池的关键部分，其有效粒径$d_{10}$为 0.95mm。滤料层的厚度为 1.2m，单池过滤面积达到 70m$^2$，这意味着每个池子都有较大的过滤面积，可以处理大量的水流。设计滤速为 7.94m/h，而强制滤速为 8.66m/h，根据设计要求来调整滤速可以有效控制滤料的负荷和达到理想的过滤效果。

②主要设备

进水闸门（手电两用）：进水闸门是用来控制水流进入滤池的设备，它具有手动和电动两种操作方式。通过调整闸门的开启程度，可以控制水流的流量和进入滤池的速度。手动操作方便简单，而电动操作可以实现远程控制和自动化管理。

清水出水阀（气动）：清水出水阀是用来控制处理后的水流从滤池中出口排出的设备。采用气动操作的出水阀可以实现稳定的开启和关闭过程，确保出水管道的正常通畅，同时可以调整出水阀的开度来控制出水流量。

反冲洗进水阀（气动）：反冲洗进水阀用于向滤池供应冲洗水，以清除滤料中的污物和颗粒。通过气动操作，可以精确控制反冲洗进水阀的开启和关闭时间，以及冲洗水的流量和压力，以实现有效的冲洗效果。

反冲洗排水闸门（手电两用）：反冲洗排水闸门用于控制反冲洗过程中排放废水的设备。具备手动和电动两种操作方式，便于根据需要调整排水闸门的开启程度和排水速度。

气洗阀（气动）：气洗阀是在反冲洗过程中使用的设备，通过供气操作，将压缩空气注入滤池中，产生冲击波以清除滤料表面的污物和颗粒。气洗阀的控制可以根据冲洗需求进行调整，以实现有效的清洗效果。

排气阀（气动）：排气阀用于排放滤池内部积累的空气，以保持滤池内部的正常工作压力和通畅的气流。通过气动操作，排气阀可以快速排放内部的空气，并调整排气量和排气时间，以确保滤池的正常运行。

放空阀：放空阀主要用于排放滤池内的废水和残留的气体，以便进行维护和清洁。通过调节放空阀的开启程度，可以控制废水和气体的排放速度和排放量。

每格滤池均配备了上述设备，以保证滤池单元的独立运行和维护工作的顺利进行。这些设备的合理配置和操作使得V形滤池能够高效地处理水流，并确保滤池的稳定运行和长寿命（图2.2-6）。

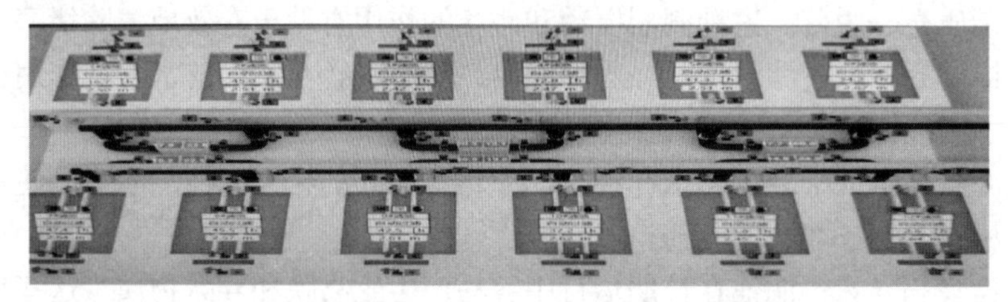

图2.2-6　V形滤池控制阀

③操作流程

为了保持滤料的良好状态和滤池的正常运行，V形滤池设置了反冲洗系统。反冲洗分为气洗、气水混冲和水洗三阶段，各阶段冲洗强度和时长视冲洗效果而定。

反冲洗程序启动前，需严格遵循以下步骤：

在图2.2-7中点击显示的红色方框，以进入手动模式。当状态显示为停池中时，需要确保所有的阀门都处于关闭状态。这是为了避免在操作过程中发生误操作或水流泄漏（图2.2-8）。

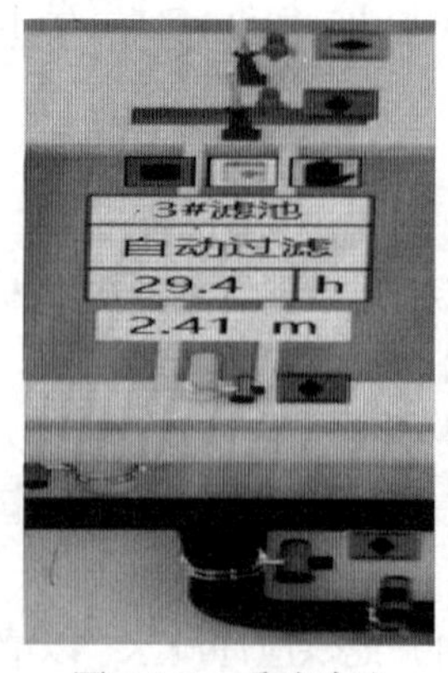


图2.2-7　手动冲洗

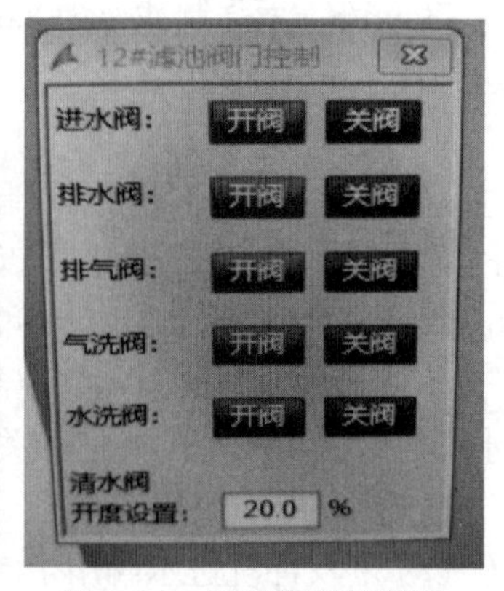


图2.2-8　滤池阀门控制器

打开清水阀，但需要注意的是，开度设置应该逐步上升，最终调至 100%。通过逐渐增加开度，可以避免大量的水流突然进入滤池，造成压力的突变和滤料的受损，确保清水阀的开度平稳增加，并且无异常情况发生。

当清水阀完全打开后，需要等待液位降至事先设置的冲洗液位。这是为了使滤池达到正确的操作状态，以便开始进行冲洗过程。冲洗液位的设定应该根据具体需求和系统要求进行合理的规划。

当进入冲洗液位后，需要将清水阀的开度调至 0，即完全关闭。这样可以避免冲洗液流进入滤池中，保持清水与冲洗液的分隔，确保冲洗过程的有效性和稳定性。然而，需要注意的是，在进行下一步骤之前，必须确保清水阀的开度反馈显示为 0，以确认阀门已经完全关闭。

气洗阶段中，首先，按照指示打开进水阀、排水阀，以及气洗阀。确保这些阀门完全打开后，方可进行下一步操作。阀门的全开状态可以根据显示仪表或指示灯来确认。

（注意：需在阀门显示全开的状态下进行下一步）

进入冲洗泵房（砂）界面，并确保处于手动状态。在该界面中，要按照特定的顺序来启动风机。首先开启一台风机，并等待图标显示风机完全开启后，再启动第二台风机。通过逐个启动风机，我们可以确保每台风机都能够稳定运行，以达到冲洗所需的气洗效果。

气洗时长根据每个砂滤池的冲洗效果来确定，并且不宜过长。较长的气洗时间可能会吹跑砂滤池表层的石英砂，并对风机造成损害。一般而言，1～2min 的气洗时间已足够。根据实际情况和系统要求，可以在此范围内进行调整。

a. 混洗步骤

打开水洗阀。在打开水洗阀之后，需要等待阀门反馈显示全开的状态才能进行下一步。确保阀门完全打开是为了确保足够的水流通过滤池，以便进行有效的混洗操作。

在完成气洗步骤后，需要关闭其中一台风机，而另一台保持开启状态。同时，开启一台水泵。通过关闭一台风机和开启水泵，改变了冲洗方式，从气洗切换到混洗。

混洗的时间应根据实际情况来确定。尽管混洗时间可以比气洗时间稍长一些，一般设定为 3～5min。这段时间允许水流和压力对过滤介质进行彻底的搅动和冲刷，以将污染物从滤料中彻底清除。

b. 水洗步骤

水洗步骤开始时，需要关闭另一台风机。关闭风机可以避免气洗过程中产生的风速对滤池内的滤料造成干扰。确保两台风机都关闭后，方可进行下一步操作。

打开排气阀。排气阀的打开可以帮助释放滤池内的气体，减少气泡的存在，并确保混洗操作的有效性。通常只需要打开排气阀并持续 2min 左右，之后即可关闭。

在关闭排气阀后，需要关闭气洗阀。这样可以阻止气体进入滤池，确保后续的水洗操作正常进行。

另开启一台水泵，共开启两台通过开启两台水泵，可以提供足够的水流和压力，以确保有效的混洗和冲洗滤料。

水洗的时间应根据具体情况设定，一般为 5～8min。在这段时间内，水流会通过滤料，将污染物冲刷并带走，从而保证滤料的清洁程度和滤池的性能。

c. 自动过滤步骤

点击自动过滤按钮，进入自动过滤状态；

将冲洗泵房恢复自动状态；

启用自动冲洗。

注：一般情况使用自动冲洗模式即可，有自动故障等特殊情况时则使用手动冲洗。

d. 自动冲洗

数值设定：数值可根据该滤池冲洗效果来测定，具体测定方法同手动冲洗。

进入反冲洗的条件：

人工请求；

设置反冲洗周期；

当滤池处于自动过滤达到所设周期，冲洗机房自动冲洗条件具备时，则可使用自动冲洗，如未到冲洗时间但需要冲洗时，则可点击停用自动冲洗（图 2.2-9），再点击一键冲洗即可。

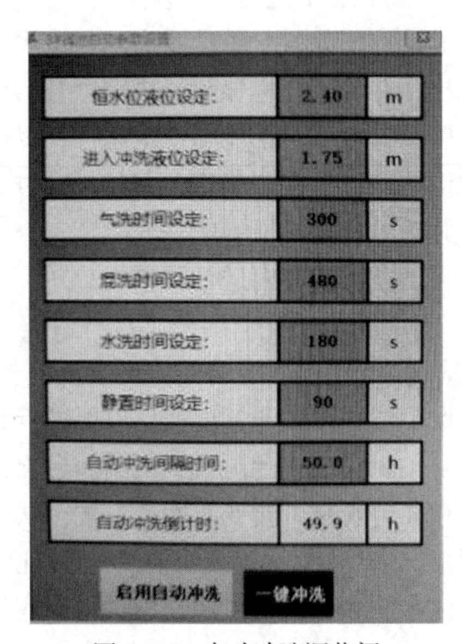


图 2.2-9　自动冲洗调节阀

④巡视注意事项

定期巡查：设定一个合理的巡查计划，定期对 V 形滤池进行巡查和检查。此频率应根据工作负荷和水质特点来确定，确保及时发现问题。

外观检查：检查滤池的外观是否完好无损，包括滤池本体、进水管道、出水管道、排泥管道等。注意观察是否存在泄漏、开裂、破损等问题，工作台的工作状态是否正常。

水位检查：检查滤池的水位是否正常，确保水位在设计范围内，并关注异常的水位变化。每格过滤液位高度是否正常，每格滤池进水水量是否正常，池面是否有漂浮物，如有大块藻片或其他悬浮物及时清除。

滤料检查：检查石英砂滤料层的状态。观察滤料是否均匀、结实，是否有明显的堆积、漏水或漏砂情况。

反冲洗检查：观察滤池反冲洗时布水布气是否均匀，反冲洗效果是否良好；反冲洗时是否有跑砂现象；检查反冲洗系统的工作情况，包括鼓风机、冲洗管道和阀门，确保反冲洗设备正常运行。

观察各种闸阀动作是否灵敏，是否有漏气点。

观察廊道地面上是否有漏水，查清原因并及时排除。

视水流情况及时开关污水泵。

及时开闭窗户。

记录维护：巡查时应详细记录巡查结果，包括发现的问题、执行的维护和修复措施等。这有助于及时追踪和解决问题，并提供参考资料以优化巡查工作。

气水反冲洗技术可以显著改善滤池的过滤性能，提高水质净化效果，节约水资源，降低能耗，并延长滤池的使用寿命。这对于水厂的净水工艺来说至关重要，确保水质安全和供水的可持续性运营。

### 2.2.4　结果状态

结合本课题项目研究和实施工作，通过在连云港市赣榆区莒城湖水厂项目中对 V 形滤池施工综合技术的研究与应用，我们成功降低了施工难度，减少了混凝土开裂现象，减小了收缩量，确保了滤板安装的高质量，进而提升了水处理效果，实现了项目的全面成功。V 形滤池施工创新创效案例成功解决了传统滤池存在的排污不彻底、维护困难、清洗耗时等问题。通过设计创新、施工流程优化、自动清洗系统和数据监控平台的引入，提升了水质处理效果，降低了运维成本，同时提高了施工效率。该案例可为其他类似工程提供借鉴和参考，推动行业的创新和发展。

#### 2.2.4.1　经济效益

通过对 V 形滤池施工需要解决的难点和重点进行研究，应用了三段式混凝土浇筑施工技术以及滤板吊装施工技术，取得了较好的效果，为施工方和投资方带来了可观的经济效益。

#### 2.2.4.2　社会效益

通过在实际工程中的应用，V 形滤池施工技术已经比较成熟，实现结构复杂、超长池体混凝土浇筑，保证了结构的整体性，有效减少了裂缝和渗漏现象，消除了质量通病，缩短了工期，节约了施工成本。该技术的应用受到了建设单位和监理单位的高度评价，提升了公司的声誉。

通过该技术的技术创新，保持了施工技术先进性，提高了现场管理效能，降低了施工成本，提升了企业竞争力，从而进一步扩大市场范围，创造了良好的经济效益和社会效益。同时，这一成功案例为国内建设水池施工树立了一个典范，随着国内水处理工程的不断增加，相信本施工技术会发挥更加广泛的示范作用并拥有更广阔的应用前景。

### 2.2.5　问题分析和建议

该技术在本工程施工中的应用显著缩短了施工工期、提高了工程质量、确保了施工安全、节约了施工成本，充分说明了本课题技术先进可靠、施工作业安全、工期质量有保证，取得建设单位、监理单位及质量监督部门的广泛认可。

#### 2.2.5.1　设计合理性问题

在实施预制滤池的施工方法中，可能会出现设计不合理的情况，导致后续施工出现困难。建议在设计阶段加强与设计单位的沟通，确保设计方案的可行性。

2.2.5.2　施工质量控制问题

尽管我公司成立了质量控制小组，但仍可能有一些质量控制盲区的存在。建议加强对施工过程中各个关键环节的监督和检查。

2.2.5.3　项目管理问题

施工过程中需要进行全面的项目管理，包括进度管理、质量管理及成本管理等方面。建议业主单位加强与施工单位的协作，优化项目管理流程，确保施工顺利进行。

通过以上措施和建议的实施，可以帮助施工单位在滤池施工过程中实现创新和提升，提高施工效率和施工质量，进一步提供优质的施工技术服务。

2.2.5.4　本施工技术应用分析如下

（1）V 形滤池分段浇筑技术整体效果良好，施工工艺简单，极大地降低了工程施工难度，在确保工程质量的同时大大缩短了工期。

（2）BIM 建模技术预先模拟，确定最优浇筑方案，减少材料浪费约 30 万元，提高机械利用率，减少人工费用约 17 万元。混凝土分段浇筑，极大地降低了施工难度，缩短了工期，防止了混凝土裂缝、伸缩量大以及水化热过高等问题。

（3）V 形滤池施工综合技术研究应用后，解决了超长结构混凝土裂缝问题、水池渗漏问题，保证了滤池的反冲洗效果。现场监理及业主非常满意，公司将此成果技术标准化，编制成《V 形滤池施工综合技术作业指导书》，以便为以后的同类工程推广应用提供指导。

（4）V 形滤池施工综合技术研究应用效果良好，不仅保证了施工质量和施工工期，也保证了滤池的过滤效果，使滤前水及滤后水浊度指标由 1.46NTU 降至 0.27NTU，优于国家水质浊度 1.0NTU 标准。

尽管创新的施工过程可以提高施工质量，但仍需要进行质量监控。我们建议建立健全的质量监控体系，严格按照标准要求进行质量检查，确保施工质量符合要求。通过创新的滤池施工过程，成功提高了施工效率，降低了施工成本，并改善了施工质量。希望本案例可以为其他项目的滤池施工提供一些借鉴和参考。

本课题成果在推广应用中，整体效果良好，经济效益和社会效益明显，本成果的技术达到了国内领先水平，本项技术的应用使得该项工程以优良的工程质量和理想的运行效果为国内同类工程建设树立了典范，同时积累了经验，提供了依据，丰富了同类工程的施工方法，具有广泛的示范作用和推广前景。

## 2.3　装配式混凝土施工创新

### 2.3.1　案例背景

多年来，我国的传统建筑业一直采用“人海战术”的建筑生产组织方式。这种方式过度依赖人工劳动，简单重复劳动多，且科技含量低，导致作业效率低下、原材料消耗大、环境污染严重等问题，极大地影响了建筑企业的营利能力，在用工荒导致的用工成本不断攀升的情况下，使建筑行业成为微利行业。

装配式建筑是指在工厂化生产的部品部件，在施工现场通过组装和连接而成的建筑。

发展装配式建筑具有多重优势：第一，节约资源和能源；第二，减少污染；第三，提高劳动生产效率；第四，对提高工程质量有非常积极的作用；第五，可以促进信息化、工业化深度融合；第六，能够催生一些新的产业，使经济发展产生一些新的动能；第七，对化解产能有积极的促进作用。

然而，预制装配式建筑也面临着一些常见的施工问题：第一，转角板折断；第二，叠合板断裂；第三，外墙保温层断裂；第四，灌浆不饱满；第五，套筒连接错位等。如何解决装配式结构灌浆不饱满问题，找准缺陷位置是关键。装配式结构灌浆不饱满的问题包括：预制墙板在纵向连接时灌浆饱满程度难以确定和预制构件灌浆孔堵塞。一般认为，从下部灌注的混凝土从上部孔洞流出即为灌浆完成，但实际上灌浆管内部情况难以检验，灌浆饱满度难以把握。另外，由于构件厂进行构件生产时操作不细心，现场的工人对灌浆孔的清洗不干净等原因都会造成灌浆孔堵塞。如果钢筋套筒连接，以及浆锚搭接连接的灌浆不密实会直接影响建筑结构的承载力。

在装配式建筑上，日本进行规模化推进，美国进行市场化社会化，英国通过集成化高效促进。

为了有效解决建筑行业劳动力不足，提高工程效率缩短工期，提高建筑物的质量和性能，保证房地产企业更好地可持续发展等问题，建筑工程的产业化已经成为行业未来的趋势。

保定市安悦佳苑小区保障性住房项目一期工程共 7 栋住宅楼，总建筑面积 73750.03m$^2$，结构类型为装配整体式混凝土剪力墙结构。其中 1 号、2 号楼地上共有 27 层，地下 1 层至地上 4 层均为混凝土现浇剪力墙结构，地上 5～27 层为预制混凝土构件装配层；3 号、4 号、5 号楼地上共有 18 层，地下 1 层至地上 3 层均为混凝土现浇剪力墙结构，地上 4～18 层为预制混凝土构件装配层；6 号楼地上共有 19 层，地下 1 层至地上 3 层均为混凝土现浇剪力墙结构，地上 4～19 层为预制混凝土构件装配层；7 号楼地上共有 22 层，地下 1 层至地上 4 层均为混凝土现浇剪力墙结构，地上 5～22 层为预制混凝土构件装配层。结构类型为 PC 预制装配整体式混凝土剪力墙结构，预制率达 61%，是保定市第一个大型的预制装配式建筑。

### 2.3.2 事件过程分析描述

本工程由 7 栋住宅楼组成，结构形式为 PC 预制装配整体式混凝土剪力墙结构，预制率达 61%，住宅建筑用的预制构件如内外墙板、叠合板、阳台板等均需要在现场存放。由于住宅预制构件是混凝土制品，对构件的现场存放有较高要求。而预制内外墙板自身的尺寸大、质量重，对其存放条件的要求更高，如何保证内外墙板存放的安全性和吊装方便，尤其是存放稳定性，并提高其吊装效率，是亟需解决的技术难题；

本工程 1 号、2 号、7 号楼地下 1 层至地上 4 层均为混凝土现浇结构，4 层以上为预制混凝土构件装配层，3 号、4 号、5 号、6 号楼地下 1 层至地上 3 层均为混凝土现浇结构，3 层以上为预制混凝土构件装配层，现浇混凝土结构层与预制混凝土构件装配层存在转换层。装配式建筑中，装配式剪力墙安装尤为关键，节点及接缝处的纵向钢筋连接多采用套筒灌浆连接。标准层和顶层采用预留套筒、插筋的结构进行安装，由于标准层和顶层的剪力墙都是预制的，套筒插筋的位置好固定，所以在安装的过程中，可以准确地通过上层剪力墙预留的套筒、下层剪力墙预留的插筋来进行安装，而基础层为现场浇筑，在混凝土浇筑过程中钢筋易产生变形或者连接端位移的情况，导致标准层无法顺利安装，在预制层的转换层上预留插筋的施工过程中技术要求高，施工难度大，如何保证转换层墙体预留插筋准确定位是本工程的一个研究点。

本工程预制墙体连接采用灌浆套筒连接，预制墙板在纵向连接时灌浆饱满程度难以确定和预制构件灌浆孔堵塞。一般认为，从下部灌注的混凝土从上部孔洞流出即为灌浆完成，但实际上灌浆管内部情况难以检验，灌浆饱满度难以把握。另外，由于构件厂进行构件生产时操作不细心，现场的工人对灌浆孔的清洗不干净等原因都会造成灌浆孔堵塞。如果钢筋套筒连接，以及浆锚搭接连接的灌浆不密实会直接影响建筑结构的承载力，如何保证灌浆的饱满度及灌浆的质量是本工程的重点。

装配整体式现浇混凝土结构作为一种新型结构体系，其由预制构件与现浇相结合结构体系。预制构件与现浇结构的连接尤为重要，其中预制墙体与楼层底板的连接通过灌浆实现，而预制墙体，叠合板等与现浇结构的连接通过后浇混凝土实现。根据施工进度安排，项目冬季仍需施工，而灌浆施工温度不得低于10℃，保证施工灌浆以及后浇混凝土施工温度尤为关键，如何保证在低温环境下套筒的灌浆质量是本工程的重点。

装配式的预制构件、部品在工厂集中加工，标准化生产，自身质量稳定性高。但现场拼装的构配件之间会留下大量的拼装接缝，这些接缝不易形成竖直竖缝影响美观，并且很容易成为渗漏水的通道。同时，复合保温外墙板的不易修复性大大增加了装配式建筑渗漏治理的难度。因此，装配式建筑防水的关键是外墙拼接缝的密封防水及美观。装配式建筑外墙可能出现竖向缝拼接宽度上下不一致，竖向缝处有渗水现象，整体感官不美观等问题，预制外墙板拼接缝宽度的控制、精准度及缝密封胶的施工是一项重点和难点。

### 2.3.3 关键措施及实施

#### 2.3.3.1 预制构件堆放

为了保证预制内、外墙的存放安全，摆放有序，同时也节省存放空间，项目研制了一种装配式建筑预制构件堆放架。

该堆放架把底托用膨胀螺栓固定在混凝土地面上，再将立柱用焊接的方式固定在底托上，下横担梁采用方管和垫板焊接，然后用螺栓固定在立柱底部起500mm处；上横担梁采用方管固定在距离下横梁1450mm处，同样用下横担梁固定方法固定，横担梁方管用激光钻孔打眼，孔洞大小同常规脚手架粗细。孔洞用来脚手架管配合木楔固定预制墙板；用槽钢作为剪刀撑增加堆放架整体性和刚度。

堆放支撑体系由一个或多个单体组合而成的，其中每单体堆放架长 4m，具体由立柱（150mm × 150mm × 5mm 方管）、底托（250mm × 250mm × 12mm 钢板）、横担梁（80mm × 80mm × 3mm、100mm × 100mm × 5mm 方管）、剪刀撑（10 号槽钢）、螺栓等材料组成。通过焊接与螺栓固定方式将其制作成架体。

每个单体堆放架制作方法：把底托用 4 个 M16mm × 150mm 膨胀螺栓固定在混凝土地面上，再将 2m 高的立柱用焊接的方式固定在底托上，同样的方法间隔 4m 固定另一个立柱；下横担梁长 4m 采用 80mm × 80mm × 3mm 方管和垫板（160mm × 120mm × 8mm 钢板）焊接，然后用 M12mm × 200 螺栓固定在 2 个立柱底部起 500mm 处；上横担梁长 4m

采用 100mm × 100mm × 5mm 方管固定在距离下横梁 1450mm 处，同样用下横担梁固定方法固定，其中上横担梁方管用激光钻孔打眼，间距 140mm，孔洞大小同常规脚手架粗细，其中第一个孔洞距离顶端 100mm。孔洞用来与脚手架管配合木楔固定预制墙板；用 10 号槽钢作为剪刀撑，以增加堆放架整体性和刚度（图 2.3-1、图 2.3-2）。

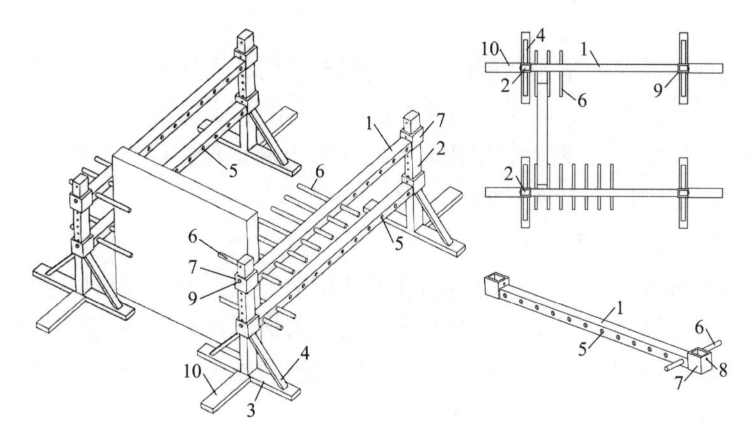

图 2.3-1　堆放架示意图

1—横担梁；2—立柱；3—底托梁；4—斜撑加固杆；5—插孔；6—防倒杆；7—安装套；8—销轴插孔；9—销轴；10—倾杆

图 2.3-2　堆放架实景图

### 2.3.3.2　转换层墙体预留插筋准确定位

1）工艺特点

装配式建筑转换层预留插筋的定位是决定装配式建筑能否顺利进行的关键技术，针对装配式建筑的特点，制定了两种加固方案。

（1）采用两层固定，下部通过附加筋连接点焊加固定位、上部采用可周转使用的定型钢板固定，保证了预留插筋的垂直度和定位准确。

（2）采用三层固定，底部和上部定位钢筋点焊加固、中部采用定位扁铁固定，通过三层固定，实现三维空间精准定位。

2）工艺原理

针对转换层两种不同的插筋排布方式，采用两种不同的加固定位措施并制定相应施工顺序：

双排对称的预留插筋：采用两层固定，下部通过附加筋连接点焊加固定位、上部采用可周转使用的定型钢板固定，保证了预留插筋的垂直度和定位准确。

“之”字形的预留插筋：采用三层固定，底部和上部定位钢筋点焊加固、中部采用定位扁铁固定，通过三层固定，实现三维空间精准定位。

3）工艺流程及操作要点

（1）墙体钢筋绑扎完毕后，对预留插筋根部精准定位，调整预留插筋位置，满足锚固长度且外漏长度满足灌浆连接要求；设置附加筋，对根部进行焊接或绑扎连接，形成有效稳固连接。待顶板钢筋绑扎完毕以后，将控制线测绘到模板上，利用控制线测量预留插筋顶部位置，分别校正所有预留钢筋位置。

（2）针对转换层两种不同的插筋排布方式，采用两种不同的加固定位措施：

①双排对称的预留插筋：采用两层固定，下部通过附加筋连接点焊加固定位、上部采用可周转使用的定型钢板固定件，保证了预留插筋的垂直度和定位准确。

工艺流程为：定位钢筋及定位钢板加工制作→墙体钢筋绑扎→初步确定预制墙体位置→墙体预埋插筋定位筋设置→墙体预埋钢筋绑扎→墙体合模→顶板模板支设→顶板钢筋绑扎→利用经纬仪将控制线上反到顶板→调节校正墙体预埋插筋→放置定位钢板→加固（如需要焊接，须采用图纸要求焊条，不得伤及主筋）（图 2.3-3、图 2.3-4）。

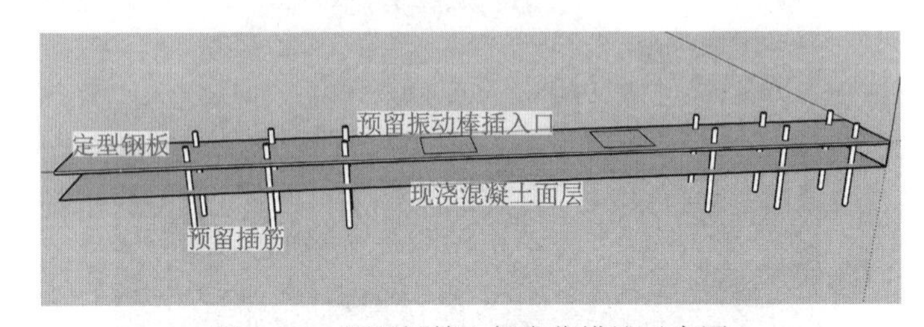


图 2.3-3　预留插筋上部定位措施示意图

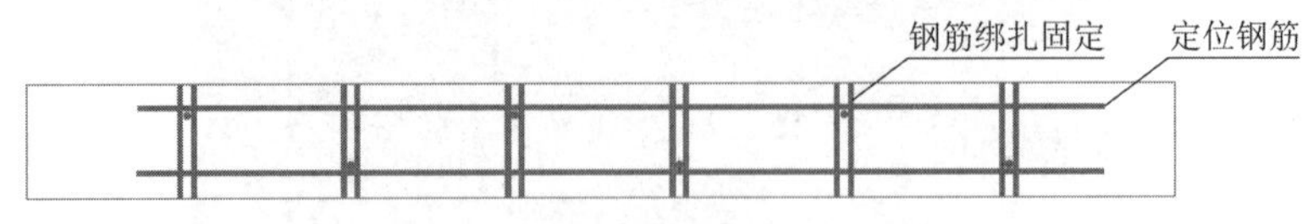


图 2.3-4　墙体预埋钢筋下部加固措施示意图

②“之”字形的预留插筋：采用三层固定，下端与墙体水平筋及梁筋进行绑扎搭接，中间采用定位扁铁固定根部位置（下设同板厚高度的钢筋马镫），上端采用$\phi$12mm 钢筋将所有预埋钢筋进行连接。

工艺流程为：定位钢筋及定位扁铁加工制作→墙体钢筋绑扎→初步确定预制墙体位置→墙体预埋插筋定位筋设置→墙体预埋钢筋绑扎→墙体合模→顶板模板支设→顶板钢筋绑扎→利用经纬仪将控制线上反到顶板→调节墙体预埋插筋→安装定位钢筋马镫→放置定位

扁铁→定位扁铁与马镫连接→上端固定水平筋绑扎（图 2.3-5、图 2.3-6）。

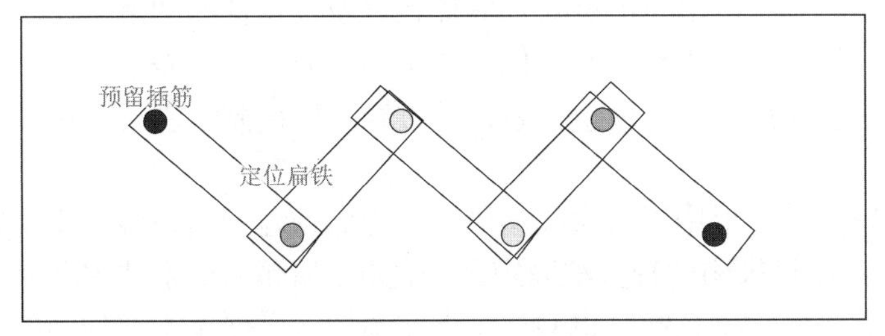


图 2.3-5　预留插筋中部定位措施示意图

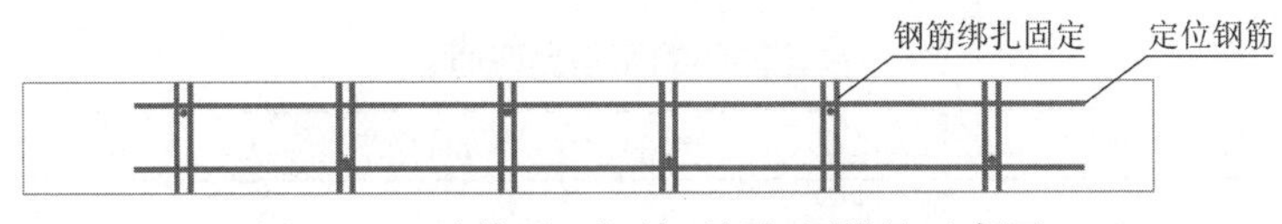


图 2.3-6　墙体预埋钢筋下部加固措施示意图

（3）材料准备

①根据图纸以及钢筋要求，选取$\phi$12mm 与$\phi$16mm 的 HRB400E 钢筋，附加钢筋选取相同直径的钢筋，而对于扁铁定位措施上部选用$\phi$12mm 的 HRB400E 钢筋。钢筋下料长度需满足锚固长度要求以及套筒灌浆连接钢筋外漏长度要求，钢筋锚固长度满足规范要求。

②定型钢板选用 3mm 厚钢板，根据图纸结合预制构件套筒预留位置，利用激光打孔精确定位钢板打孔位置，孔径大小略大于钢筋直径。为保证钢板的刚度满足要求，钢板长向设置 20～30mm 下翻沿。

③定位扁铁选用 5mm 钢板，宽度 20mm，长度依据现场钢筋排布所需进行加工并根据图纸结合预制构件套筒预留位置，确定预留孔位置电焊扩孔，孔径大小略大于钢筋直径，长度方向宽出预留孔 10mm。

（4）主要技术要点

①墙体钢筋绑扎完毕后，对预留插筋根部精准定位，调整预留插筋上下位置，满足锚固长度且外漏长度满足灌浆连接要求。设置附加筋，对根部进行焊接或绑扎连接，形成有效稳固连接。待顶板钢筋绑扎完毕以后，将控制线测绘到模板上，利用控制线测量预留插筋顶部位置，分别校正所有预留钢筋位置。

②预留插筋顶部位置校正完成后，分别利用选定方案以及钢筋排布的特点，对预留插筋进行加固。

钢板设置在混凝土结构面层的上部，根据不同钢筋的外露长度，钢板位置应使外露钢筋长度 30mm，且用 E55 焊条对定型钢板与现浇板底层钢筋进行有效连接。下部增加附加钢筋，采用绑扎连接或 E55 焊条点焊与墙筋形成整体，形成双层固定体系。

浇筑完成后，拆除定型钢板，达到可周转使用，用于校正装配式标准层预制墙板预留钢筋的位置。

定位扁铁固定在预留插筋根部，低于现浇混凝土面层，与上部钢筋处于同一平面，利用马镫筋以及板顶附加筋与板底钢筋与定位扁铁用 E55 焊条焊接进行有效连接。上部与下部采用附加筋形式以及绑扎或 E55 焊条点焊，与板筋和墙筋进行有效连接，形成三层固定体系。

混凝土浇筑完毕后，拆除上部固定定位钢筋，周转使用；而定位扁铁留置在板顶混凝土内。

③混凝土浇筑过程中，尽量减少对加固体系以及预留插筋的触碰。待混凝土浇筑完毕后，测量放线，利用控制线进行精确定位，测量预留插筋的偏差。

④混凝土浇筑完成后，对转换层预留插筋位置利用控制线进行测定。

4）质量控制

对转换层预留筋采取上中下三层控制措施，确保预埋钢筋在混凝土浇筑过程中位置的准确性（表 2.3-1），而且采用此种方法固定预埋钢筋，相邻两块扁铁中间有 250mm 的缝隙，不会影响混凝土进入墙、梁，同时也避免了下端墙柱、梁振捣不便的问题，极大程度上保证了下端混凝土构件的密实度及成型质量。

预留插筋的偏差允许值　　表 2.3-1

| 项目 | 检查位置 | 允许偏差 | 检查方式 |
|---|---|---|---|
| 预留插筋 | 中心位置 | 3 | 尺量检查 |
| | 外露长度 | +5，−5 | |

5）安全措施

在施工中，始终贯彻“安全第一、预防为主”的安全生产工作方针，把安全生产工作纳入施工组织设计和施工管理计划，使安全生产工作与生产任务紧密结合，保证职工在生产过程中的安全与健康，严防各类事故发生，以安全促生产。

（1）施工过程中的安全、职业健康和环境保护等要求应按照《建筑施工安全检查标准》JGJ 59—2024 和《建筑施工现场环境与卫生标准》JGJ 146—2023 的有关规定执行。

（2）进入现场施工作业人员必须按照规定佩戴安全帽等安全防护措施，对不按要求穿戴安全帽的人员进行罚金并再次进行安全教育，如有屡教不改者作开除处理。

（3）进入现场的作业人员要看上顾下，看上面是否有易坠物和有人作业，要做到及时躲开；看下面是否有料物绊脚或扎脚。

（4）在高空进行钢筋定位时，必须遵守《建筑施工高处作业安全技术规范》JGJ 80—2016 的规定。

（5）施工现场用电必须遵守《施工现场临时用电安全技术规范》JGJ 46—2024 的规定。

（6）环保措施

在建筑工程物资采购过程中，应选择绿色、环保、节能的产品。确保进场的建筑工程物资如原材料、成品、半成品、构配件、器具、设备等均进行有害物含量检测，只有符合标准的物资方可在工程中使用。在施工过程中，采用科学环保的施工方法和工艺，力求从源头上减少对环境的有害影响，从始至终充分考虑环保及人文要求，实现绿色、节能的目标。

①施工用机具使用完毕须入库，摆放整齐，不得随意乱放。

②施工过程中，应采取防尘、降尘措施，控制作业区扬尘。

③对施工过程中产生的污水，应采取沉淀、措施进行处理，不得直接排放。

④施工过程中，对施工设备和机具维修、运行、存储时的漏油，应采取有效的隔离措施，不得直接污染土壤、建筑地面。

⑤对不可循环使用的建筑垃圾，应收集到现场封闭式垃圾站，并应及时清运至有关部门指定的地点。对可循环使用的建筑垃圾，应加强回收利用，并应做好记录。

⑥施工期间，应严格控制噪声和遵守《建筑施工场界噪声排放标准》GB 12523—2011

的规定。

2.3.3.3　预制墙体灌浆及套筒连接

1）工艺特点

（1）此次采用的技术为半灌浆连接。

（2）灌浆过程中需采用分仓法进行注浆。

（3）灌浆过程需把控好浆液灌注时间的长短。

（4）每班灌浆连接施工前进行需检验灌浆料初始流动度。

（5）灌浆同仓过程需要一次性注完，中途不得停顿。

2）工艺原理

半灌浆连接通常是上端钢筋采用直螺纹、下端钢筋通过灌浆料与灌浆套筒进行连接。一般用于预制剪力墙、框架柱主筋连接，所用套筒为灌浆直螺纹连接套筒，简称灌浆套筒。

3）施工工艺流程及操作要点

（1）工艺流程

连接部位检查→构件吊装固定→分仓与接缝封堵→灌浆料制备→灌浆料检验→灌浆连接→灌浆后节点保护。

（2）操作要点

①连接部位检查

检验下方结构伸出的连接钢筋的位置和长度，应符合设计要求。长度偏差在 0～15mm；钢筋表面干净，无严重锈蚀，无粘贴物。

下层混凝土浇筑完毕后粗糙面处理须符合要求，粗糙面积达 80%，深度控制在 4～6mm。

②构件吊装固定

在安装基础面放置可调垫铁（约 20mm 厚，金属制品）并调平，构件吊装到位。安装时，下方构件伸出的连接钢筋均应插入上方预制构件的连接套筒内，然后放下构件，校准构件位置和垂直度后支撑固定。

③分仓

预制墙体就位前需将接缝按照 1m 长度使用灌浆料进行分仓，分仓隔墙宽度应不小于 20mm，距离连接钢筋外缘应不小于 10cm。灌浆料的拌制量以一次能够施工至分仓处为宜（图 2.3-7、图 2.3-8）。

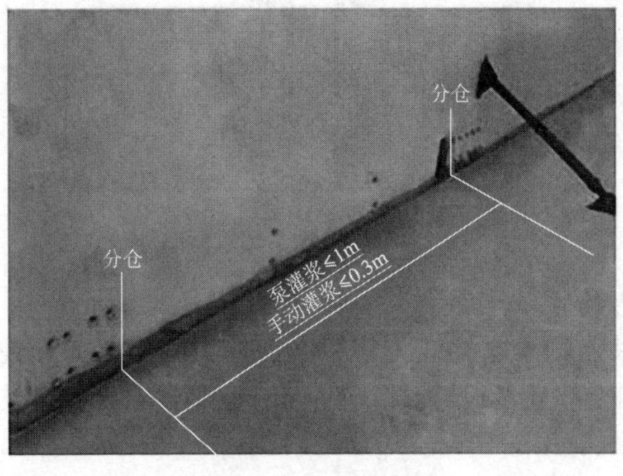


图 2.3-7　分仓示意图

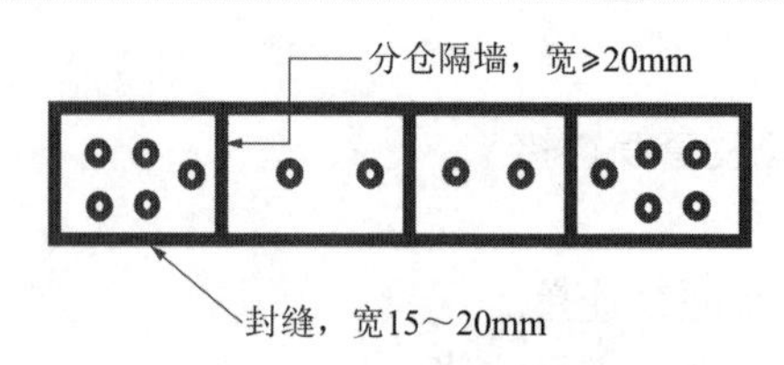


图 2.3-8　分仓示意图

④封堵

外墙体就位前在外侧粘贴与设计保温厚度相同宽度橡胶条，厚度 30mm。外墙内侧及内墙两侧填塞 30mm 的泡沫棒，封堵预制墙体下侧的缝隙（图 2.3-9、图 2.3-10）。

用座浆料采用自制手持“之”字形工具进行分仓和封堵，将墙体缝隙填塞密实，外侧抹出“八”字。

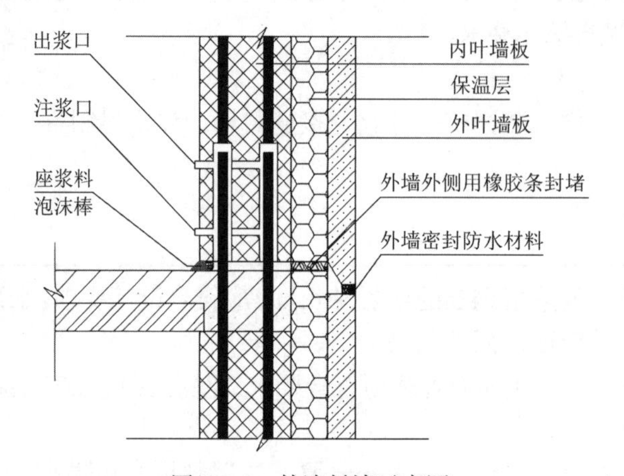


图 2.3-9　外墙封堵示意图

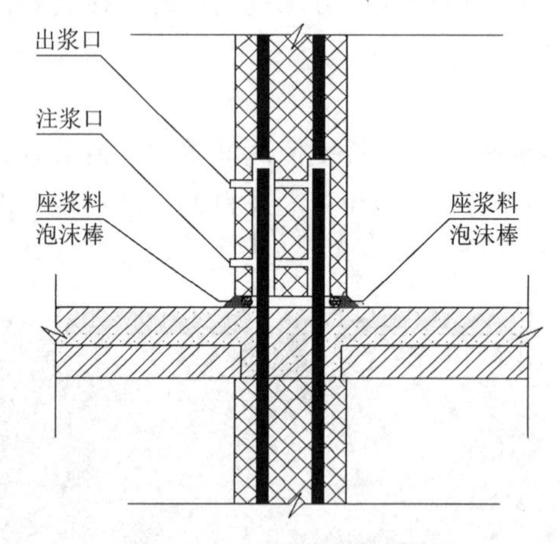


图 2.3-10　内墙封堵示意图

⑤灌浆料的制备及检验

按指导书要求先将水倒入搅拌桶，然后加入约 70%料，用专用搅拌机搅拌 1～2min 大致均匀后，再将剩余料全部加入，再搅拌 3～4min 至彻底均匀。搅拌均匀后，静置 2～3min，使浆内气泡自然排出后再使用。

每班灌浆连接施工前进行灌浆料初始流动度检验。

a. 流动度检验

每班灌浆连接施工前进行灌浆料初始流动度检验，记录有关参数，流动度合格方可使用。环境温度超过产品使用温度上限（35℃）时，根据现场实际温度，采取避开高温期灌浆，并对现场材料及设备进行遮光，设备施工前用冷水冲洗。

b. 现场强度检验

根据需要进行现场抗压强度检验。制作试件前浆料也需要静置约 2～3min，使浆内气泡自然排出。送至标准养护室进行养护 28d。每工作班取样不得少于 1 次，每楼层取样不得少于 3 次，每次抽取 1 组 40mm × 40mm × 160mm 的试件（图 2.3-11）。

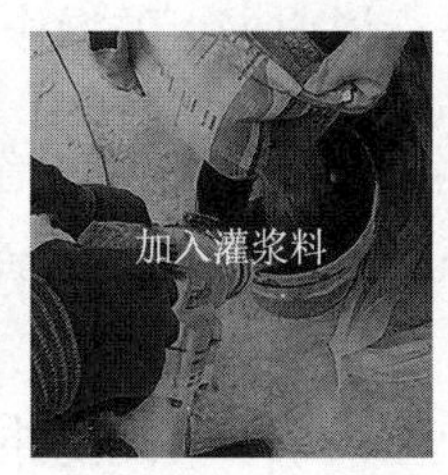

图 2.3-11　灌浆料制备流程图

⑥灌浆

a. 灌浆孔、出浆孔检查

在正式灌浆前，逐个检查各接头的灌浆孔和出浆孔内有无影响浆料流动的杂物，确保孔路畅通。

b. 灌浆

灌浆浆料自加水搅拌开始 20～30min 内灌完，以尽量保留一定的操作应急时间。同一仓只能在一个灌浆孔灌浆，不能同时选择两个以上孔灌浆；同一仓应连续灌浆，不得中途停顿。如果中途停顿，再次灌浆时，应保证已灌入的浆料有足够的流动性后，还需要将已经封堵的出浆孔打开，待灌浆料再次呈柱状均匀流出后逐个封堵出浆孔。

接头灌浆时，待接头上方的排浆孔的浆料呈柱状均匀流出后，及时用专用橡胶塞封堵。所有灌浆套筒的出浆孔均呈柱状均匀流出浆液并封堵后，继续加压 0.5～0.7MPa，开始保压，稳压 1～2min，保压期间随机拔掉少数出浆孔橡胶塞。观察到灌浆料从出浆孔喷涌出时，要迅速再次封堵。经保压后拔除灌浆管。拔除灌浆管到封堵橡胶塞时间，间隔不得超过 1s，避免经过保压的浆体溢出灌浆口，造成灌浆不实。

c. 灌浆饱满度检查

灌浆料凝固后，取下灌排浆孔封堵胶塞，检查孔内凝固的灌浆料是否充满孔洞。

d. 灌浆施工记录

灌浆过程中全程录像，保留灌浆视频；灌浆完成后，填写灌浆作业记录表。

e. 漏浆、无法出浆处理

灌浆时若出现漏浆现象，则停止灌浆并处理漏浆部位；漏浆严重，则提起预制墙板重新封仓；当灌浆完成后发现渗漏，必须进行二次补浆，二次补浆压力应比注浆时压力稍低，补浆时需打开靠近漏浆部位的出浆孔，选择距漏浆部位最近的灌浆孔进行注浆，然后打开最近的出浆孔，待浆液呈柱状均匀流出，且无气泡后用橡胶塞封堵，依次进行；当灌浆施工发生无法出浆的情况时，在灌浆料加水拌合 30min 内应首选在灌浆孔补灌，当灌浆料拌合物已无法流动时，可从出浆孔补灌，并应采用手动设备结合细管压力灌浆。

⑦灌浆后节点保护

灌浆后灌浆料同条件试块强度达到35MPa后方可进入下后续施工（扰动）。通常，环境温度在：15℃以上，24h内构件不得受扰动；5℃～15℃，48h内构件不得受扰动。如对构件接头部位采取加热保温措施，要保持加热5℃以上至少48h，其间构件不得受扰动。拆支撑要根据设计荷载情况确定，同现浇结构拆模要求。

4）材料与设备

（1）材料

①预制墙体：现场实际施工用的墙体。

②灌浆料：取施工中的灌浆料，对其进行说明书上的操作。

③水：自来水即可。

④座浆料：具有出厂合格证、检测报告。

⑤塞缝用泡沫棒、橡胶塞、聚硅氧烷建筑耐候胶、橡胶保温条等。

（2）机具设备

①主要机具：塔式起重机、施工电梯、注浆泵、手提搅拌机、镜子、抹子、橡皮锤、墙板标高调整螺栓等。

②主要仪器：经纬仪、水准仪、靠尺、电子秤、量筒、盒尺、试模等。

5）质量控制

（1）质量检验标准

①灌浆料进场时，应对灌浆料拌合物30min流动度、泌水率及1d抗压强度、28d抗压强度、3h竖向膨胀率、24h与3h竖向膨胀率差值进行检验。钢筋套筒连接用灌浆料的检验结果应符合《钢筋套筒连接用灌浆料》JG/T 408—2019的相关规定。

检查数量：同一成分、同一批号的灌浆料，不超过50t一个批次，制作40mm×40mm×160mm的试件不应少于一组。

检验方法：检查质量证明文件和抽样检验报告。

②灌浆施工中，钢筋套筒连接用灌浆料的28d抗压强度检验结果应符合《钢筋套筒连接用灌浆料》JG/T 408—2019的相关规定，用于检验抗压强度的灌浆料试件应在施工现场制作。

检查数量：每工作班组取样不得少于1次，每楼层取样不得少于3次。每次抽取1组40mm×40mm×160mm的试件，标准养护28d后进行抗压强度试验。

检验方法：检查灌浆施工记录及抗压强度试验报告。

③装配式剪力墙结构底部接缝座浆强度应满足设计要求。

检查数量：按批检验，以每层为一检验批；每工作班应制作一组且每层应不少于3组边长为70.7mm的立方体试件，标准养护28d后进行抗压强度试验。

检查方法：检查座浆材料强度试验报告及评定记录。

④钢筋套筒灌浆连接的灌浆料应密实饱满。

检查数量：全数检查

检查方法：检查灌浆记录

（2）质量控制措施

①作业人员的培训：挑选工作细心、责任心强的作业人员进行相关知识培训。对经过培训的作业人员进行考核，合格后才能上岗作业。包括构件吊装人员、分仓注浆人员、支

撑安装人员。

②预埋钢筋定位：

钢筋绑扎完成后，顶部设置一道水平梯子定位筋，防止混凝土浇筑产生位移。

混凝土浇筑后，弹出预制墙体边线、控制线，再用钢筋定位装置对连接位置精确定位、找正。

③塞缝：灌浆作业前的关键步骤，塞缝质量好坏直接影响灌浆作业。预制墙体底部缝隙封堵前，需将缝隙清理干净，用水湿润混凝土表面，表面无积水。封堵座浆料待初凝后喷水湿润养护，正常气温下养护 12h 后达到设计强度后才能灌浆。灌浆前不要扰动已抹好的座浆料。

④灌浆：

灌浆开始后，必须连续进行，不能间断，并尽可能缩短灌浆时间。每搅拌一罐灌浆料均应用水将容器冲洗干净，防止老料在新料中凝结成块。

跑浆：座浆料封堵不严出现跑浆现象。首先停止灌浆，对分仓位置采用快硬性水泥进行封堵，再次灌浆。若封堵时间过长导致已灌好的灌浆料无法流动，可从出浆孔处补灌。

灌浆料使用时间超出规定要求：当搅拌好的灌浆料在规定时间未使用完时，不能向其加水重新搅拌使用，应将灌浆料排出清洗注浆机及注浆管，保证灌浆料的强度要求。

灌浆施工过程为特殊过程，为了保证高质量完成灌浆工作，除了对操作人员进行培训学习外，在施工过程必须有专职质量检查人员并有监理旁站监督现场全程跟踪，发现问题及时处理。

6）安全措施

（1）入场前对工人进行安全教育。

（2）进入施工现场必须戴好安全帽并扣好帽带。

（3）高空作业人员必须系好安全带和工具袋工具放在袋内防止坠落伤人。

（4）对于用电设备严格按照安全交底执行。

（5）施工过程中的安全、职业健康和环境保护等要求应按照《建筑施工安全检查标准》JGJ 59—2024 和《建筑施工现场环境与卫生标准》JGJ 146—2024 的有关规定执行。

（6）进入现场施工作业人员必须按照规定佩戴安全帽等安全防护措施，对不按要求穿戴安全帽的人员进行罚金并再次进行安全教育，如有屡教不改者作开除处理。

（7）进入现场的作业人员要看上顾下，看上面是否有易坠物和有人作业，要做到及时躲开；顾下面是否有料物绊脚或扎脚。

（8）在高空进行封仓作业和灌浆作业，必须遵守《建筑施工高处作业安全技术规范》JGJ 80—2016 规定。

（9）施工现场用电必须遵守《施工现场临时用电安全技术规范》JGJ 46—2023 规定。

7）环保措施

（1）严格监控噪声污染，降低污染程度。

（2）对工程中产生的垃圾进行统一处理，及时清除。

（3）对可回收的废弃物做到再回收利用。

2.3.3.4　低温环境下施工

1）工艺特点

（1）根据灌浆施工对温度的要求对施工工序进行调整，灌浆施工前先进行顶板及墙体现浇部分混凝土浇筑，利用带有保温板的外墙以及对窗口用塑料布、棉毡对窗口进行封闭，形成封闭空间，通过加热提供可灌浆施工的温度，保障了灌浆的质量。

（2）借鉴传统现浇结构的冬期施工措施，并利用综合蓄热法对现浇结构进行保温。

（3）使用−10℃钢筋用套筒灌浆料进行灌浆，灌浆过程中使用工业暖风机进行升温，并对楼层进行整体封闭。

（4）在调整工艺后，混凝土浇筑过程中，结构体系的受力状态由支撑架体和预制墙板共同受力状态转变为支撑架体单独受力状态，经验算，满足受力要求。

2）工艺原理

（1）调整施工工序，先行进行顶板及墙体现浇部分混凝土浇筑，并带有保温板的外墙以及对窗口用塑料布、棉毡对窗口进行封闭，形成封闭空间。

（2）顶板及墙体现浇部分混凝土浇筑完成后，采用综合蓄热法对混凝土进行养护。

（3）灌浆过程中，利用工业暖风机进行升温，保证灌浆时温度，并使用−10℃钢筋用套筒灌浆料进行灌浆，保证灌浆质量。

3）操作要点

（1）改变施工工序

装配式建筑施工过程在常温环境下是先行进行灌浆，后浇筑混凝土，而冬期施工过程中，改变施工顺序，先行进行混凝土浇筑，最后进行灌浆，保证灌浆的施工质量。

原工序：内外墙吊装→灌浆→墙柱合模→叠合板吊装→钢筋绑扎→浇筑混凝土→养护

调整后工序：内外墙吊装→墙柱合模→叠合板吊装→钢筋绑扎→浇筑混凝土→综合蓄热→灌浆→保温养护 3d。

（2）混凝土浇筑时，混凝土中加入抗冻剂，在浇筑过程中严格控制出罐温度（大于10℃）以及入模温度（大于 5℃），并在混凝土顶板布置测温孔，监测混凝土养护温度。混凝土浇筑完毕后利用工业暖风机保温 3d，并采用综合蓄热法对混凝土进行养护。

（3）灌浆施工前，将施工作业面构件窗口、门洞口全数用彩条布加棉毡封挡，窗口上下两侧用胀栓固定木板条，两侧各 1 个胀栓，确保彩条布及棉毡封闭牢固严密。外墙板进行封闭保温的同时应注意现场的防火安全，将消防器材，放置在通道和作业层的明显部位。设专人对以及进行测试，灌浆作业层温度达到 15℃以及灌浆套筒内温度达到 10℃时方可进行灌浆施工，灌浆过程中利用工业暖风机进行升温，保证灌浆时质量。

（4）灌浆料使用−10℃钢筋用套筒灌浆料进行灌浆，且在浆料拌制过程中全部搅拌用温水（不高于 35℃），灌浆过程中设专人对每次出浆温度进行测试，温度不得低于 15℃，保证灌浆质量。

（5）施工过程监测以及控制措施

①检测合格的灌浆料经灌浆泵输送至连接套筒及接缝处，每个墙板应控制在 20min 内完成，灌浆料灌入套筒的温度应控制在 15℃～20℃。

②灌浆完成 24h 内不能对灌浆的构件进行扰动。

③灌浆料预留同条件灌浆试块，同条件灌浆料试块达到 35MPa 后方可进行上部墙板吊装，同时继续保温养护。灌浆加养护暖风机保温时间不少于 3d。

④低温施工的测温范围：大气温度、灌浆料搅拌成温度、入模及成型温度、养护温度、冬期测温由专人负责。大气温度分早 8:00 午 2:00、傍晚 8:00、凌晨 2:00。大气测温由专人

负责，确保测温数据的准确性。

⑤灌浆料出罐温度、出浆温度、入套筒每灌浆一次测一次。出罐温度不得低于 15℃。如出现温度低于以上数值必须立即现场升温，调整其灌浆料的现场温度。

4）材料

材料计划表见表 2.3-2。

材料计划表　　表 2.3-2

| 序号 | 材料、物资 | 单位 | 备注 |
| --- | --- | --- | --- |
| 1 | 彩条布 | $200m^2$ | 封闭窗口、电梯井口、阳台洞口 |
| 2 | 塑料薄膜 | $1000m^2$ | 现浇顶板覆盖 |
| 3 | 棉毡 | $1200m^2$ | 窗口封闭，现浇顶板覆盖 |
| 4 | 温度计 | 5 个 | 测温 |
| 5 | 防潮照明灯 | 10 个 | 配备相应电缆 |
| 6 | 钢筋用套筒灌浆料（−10℃） | 2t | 专用冬期施工 |

5）质量控制

（1）混凝土质量控制应符合《混凝土质量控制标准》GB 50164—2021 中有关冬期施工的相关要求。

（2）套筒灌浆料灌浆施工应满足《混凝土结构工程施工质量验收规范》GB 50204—2015 等相关规范要求，且在施工中灌浆料的制备满足灌浆料设计要求参数。

6）安全措施

（1）施工应符合《建设工程施工现场消防安全技术规范》GB 50720—2011、《施工现场临时用电验收规范》JGJ 46—2023、《建设安装工人安全技术操作规程》等有关规定。

（2）进入施工现场人员必须戴好安全帽，高于 2m 作业应系好安全带。

7）环保措施

（1）作业场所的杂物应及时清理。施工废弃物应采用编织袋及时装运。

（2）注重施工过程中对包装材料的收集与回收，实施资源再生利用，降低资源消耗。

#### 2.3.3.5　装配式建筑外墙竖缝施工

1）工艺特点

（1）使用柔软闭孔的圆形或扁平的聚乙烯条作为背衬材料，控制密封胶的施胶深度和形状。

（2）控制背衬材料入墙距离，保证打胶的质量。

（3）打胶部位的墙板要用底涂处理增强胶与混凝土墙板之间的粘结力。

2）工艺原理

（1）混凝土预制件具有一定的热胀冷缩性，其接缝是典型的大位移伸缩缝，其位移量受环境温度因素影响。

（2）控制接缝宽度在 20mm 左右。

（3）控制底衬（聚乙烯条）的进缝距离，保证打胶的质量。

（4）粘贴美纹纸避免打胶施工造成污染。

3）工艺流程及操作要点

（1）工艺流程

基层清理→基层修复→填塞背衬材料→贴美纹纸→涂刷底涂→填充密封胶→胶面修复→清理美纹纸。

（2）操作要点

①通过 BIM 技术建立模型，提前对装配式外墙安装、打胶等工序进行模拟施工指导现场施工。

②精准弹设控制线：安装墙板的连接平面应清理干净，在作业层混凝土顶板上，精准弹设控制线以便安装墙体就位，保证上下拼接缝的顺直、宽度一致，包括：墙体及洞口边线；墙体 30cm 水平位置控制线；作业层 50cm 标高控制线（混凝土楼板插筋上）；套筒中心位置线，如图 2.3-12 所示。

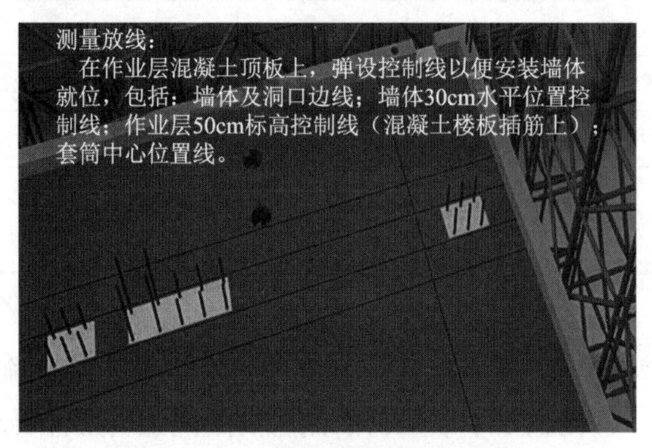


图 2.3-12　BIM 精确定位示意图

③每块预制外墙板下部在四个角的位置加设直径 3cm，高度为 1.5cm 螺母，同时配合 2mm、3mm 钢制垫片来调整墙体的水平，保证水平缝的宽度。

④在相邻的外墙板端放置橡胶垫块（20mm × 20mm × 50mm），控制竖缝的宽度保持在 20mm 左右，预制外墙安装完毕后取出垫块，如图 2.3-13 所示。

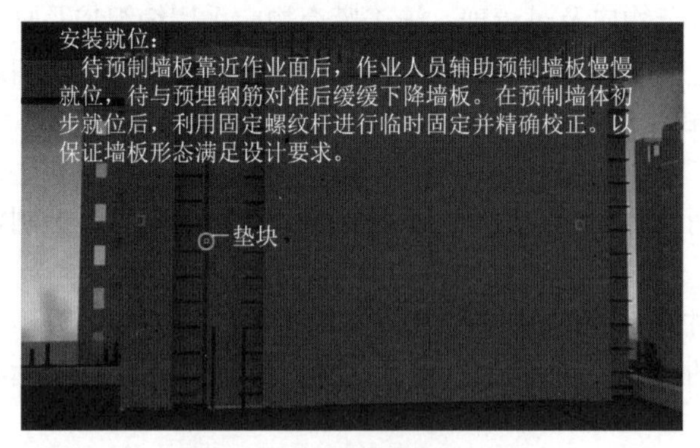


图 2.3-13　垫块位置示意图

⑤使用柔软闭孔的圆形或扁平的聚乙烯条作为背衬材料，控制密封胶的施胶深度和形状；用背衬材料控制密封胶的厚度，确保深度：宽度 = 1：2（通常情况下，背衬材料应大于接缝宽度的 5%），现使用深度控制棒精准控制填充圆形聚乙烯泡沫棒的进缝距离，泡沫棒直径为 25mm，保证竖缝的密实度。如图 2.3-14、图 2.3-15 所示。

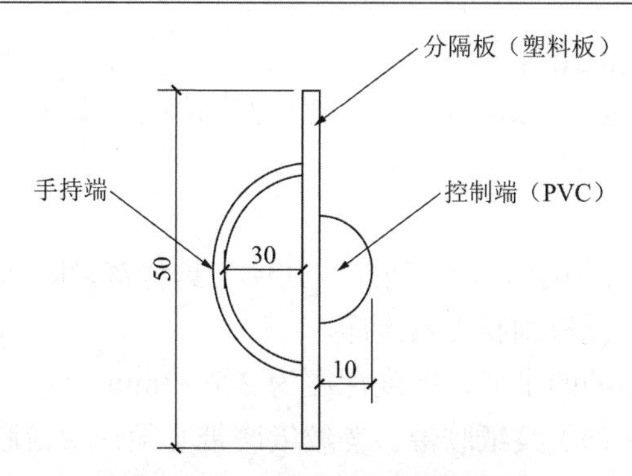


图 2.3-14　深度控制装置示意图

图 2.3-15　圆形聚乙烯泡沫棒施工

⑥拼接缝边缘贴美纹纸，美纹纸胶带应遮盖住边缘，要注意美纹纸胶带本身的顺直美观。

⑦涂刷底涂

为确保粘接效果，打胶前必须在施胶面涂刷底涂液，施工步骤如下：

涂刷底涂前要确保背衬材料已放置好，美纹纸胶带已粘贴好。

使用毛刷刷一薄层底涂，底涂液只涂刷一次，避免漏刷以及来回反复刷涂。

底涂液晾置完全干燥后才能填充密封胶。

⑧填充密封胶

a. 施工装配式建筑专用硅烷改性聚醚胶需注意：

背衬材料放置完毕，并控制深度：宽度 = 1：2（胶缝凹进 2.5～3mm）。

PC 板接缝 20mm 宽美纹纸胶带必须粘贴牢固，避免密封胶施工时对混凝土表面造成污染。

底涂施工完毕，且完全干燥。

b. 根据填缝的宽度，45°角切割胶嘴至合适的口径，将已经搅拌均匀的装配式建筑专用硅烷改性聚醚胶吸入胶枪中，尽量将胶嘴探至接缝底部，保持匀速连续打足够的密封胶并有少许外溢，避免胶体和胶条下产生空腔。

c. 确保密封胶与粘接面结合良好。

d. 当接缝大于30mm或为弧形缝底时，建议两部施工，即打一半之后用刮刀或者刮片下压密封胶，然后再打另一半。

⑨胶面修整

a. 密封胶施工完成后，用压舌棒、刮片或其他工具将密封胶刮平压实，加强密封效果，禁止来回反复刮胶动作，保持刮胶工具干净。

b. 用刮刀修饰出平整的凹平缝，凹度深度为2.5～3mm。

⑩密封胶修整完后清理美纹纸胶带，美纹纸胶带必须在密封胶干之前揭下。

4）材料与设备

（1）材料

装配式建筑专用硅烷改性聚醚胶防水砂浆、PE棒、美纹纸、底涂液、钢丝刷、软毛刷、刮刀。

（2）设备

打胶枪、角磨机、吊篮等。

5）质量控制

（1）墙板接缝外侧打胶要严格按照设计流程来进行，基底层和预留空腔内必须使用高压空气清理干净。

（2）打胶前背衬深度要认真检查，打胶厚度必须符合设计要求，打胶部位的墙板要用底涂处理增强胶与混凝土墙板之间的粘结力，打胶中断时要留好施工缝，施工缝内高外低，互相搭接不能少于5cm。

（3）使用打胶枪或打胶机以连续操作的方式打胶。应使用足够的正压力使胶注满整个接口空隙，可以用枪嘴“推压”密封胶来完成施打竖缝时，一般从下往上施工，保证密封胶填满缝隙。

（4）现场施工密封胶的周围环境要求，包括温度、湿度等。温度过低，会使密封胶的表面润湿性降低，基材表面会形成霜和薄冰，降低密封胶的粘结性；温度过高，抗下垂性会变差，固化时间加快，修整时间会缩短。若环境湿度过低，胶的固化速度变慢；湿度过高，在基材表面容易形成冷凝水膜，影响粘结性。所以，一般打胶时温度在5℃～40℃、环境湿度40%～80%为宜。

（5）墙板防水施工完毕后应及时进行淋水试验以检验防水的有效性，淋水的重点是墙板十字接缝处、预制墙板与现浇结构连接处以及窗框部位，淋水时宜使用消防水龙带对试验部位进行喷淋，外部检查打胶部位是否有脱胶现象，排水管是否排水顺畅，内侧仔细观察是否有水印，水迹。发现有局部渗漏部位必须认真做好记录查找原因及时处理，必要时可在墙板内侧加设一道聚氨酯防水提高防渗漏安全系数。

6）安全措施

（1）现场操作的安全措施及注意事项

①现场操作人员首次上机操作前必须经过学习，对操作规范、安全注意事项熟悉了解，并在安全技术交底书上签字。

②有关施工安全技术，现场操作安全措施规定，劳动保护及安全用电、消防等要求，应按国家及地方颁发的有关规范、规程、规定为准，严格执行。电源必须接地配备漏电开关。

（2）操作规定

①吊篮应有专人操作、保养、维护。

②吊篮至少有两人操作，应在互相配合下进行安全操作并应系扣安全带，戴好安全帽。

③在现场使用中，距离整机10m范围内不得有高压电线。

④平载重量不得超过额定载荷（包括载员重量）。

⑤吊篮使用应符合有关高空作业规定，在雷雨、大雾天气及六级以上大风时不准使用。

⑥吊篮使用结束后，关闭控制箱及总电源，并将提升机、安全锁用塑料纸包扎，防止雨水渗入。

⑦吊篮不适用于酸碱液体、气体下使用，不得不用吊篮时应将提升机，安全锁与腐蚀性气体、液体隔离，并小心使用。

⑧提升机的钢丝绳严禁有油污砂浆、杂物粘附，如发现开裂、乱丝、变形等现象必须立即更换，如提升机发现异常噪声，应立即停止使用。

⑨操作人员不准酒后作业，严禁赤膊、赤脚进入篮内，并不得在篮内打闹、嬉戏。

7）环保措施

（1）对墙体进行破坏等工序时，严格监控噪声污染，降低污染程度。

（2）对工程中产生的垃圾进行统一处理，及时清除。

（3）对可回收的废弃物做到再回收利用。

（4）机械冲洗时应节约用水，节约水资源。

（5）带油棉纱、手套应作处理后弃置垃圾堆，以免污染土壤。

### 2.3.4　结果状态

#### 2.3.4.1　经济效益

一栋楼装配式结构共23层，采用预制构件堆放技术，每层吊装施工提高0.5d，人工费200元/台班，用工人数3人，合计$200\times0.5\times3\times23=6900$元。

华北地区混凝土装配式建筑在转换层施工时间长达20d，经过转换层钢筋加固措施后，使转换层施工缩短2～3d，按每天劳务用工人数42人，每天节约成本：$250\times42=10500$元。

对施工工序进行调整，采用装配式建筑低温环境施工技术，相较于传统的施工方法每层能够提升2d，按每天劳务用工17人（250元/d），可节省8500元。购买暖风机费用单价为3360元，每层需要2台暖风机，总节约费用为1780元。

通过采用装配式建筑外墙竖缝施工技术，可缩短外墙拼接缝打胶施工约2d，本工程每天劳务用工人数40人，劳务用工费用每天均250元，总计节约成本：$250\times40\times2=20000$元。现场运用此技术保证了施工质量，减少了返修率，预计可节约返修费用20000元。综合分析，应用装配式建筑外墙竖缝施工技术后，可节约费用约4万元。

经统计，一栋装配式结构23层的住宅楼可节约59180元。

#### 2.3.4.2　社会效益

对预制外墙板有序排放，便于预制墙板外观检查。用此种堆放架能够节约场地、在施工吊装过程中快捷、方便，从而加快施工进度，并规范竖向预制墙板堆放。

通过对施工工序进行调整以及各项保温措施的制定，确保了后浇混凝土以及灌浆的质量，对建筑行业中装配式建筑冬期施工有一定的指导意义。

保证了外墙拼接缝打胶的施工质量，响应了国家装配式建筑的号召，提升了项目的整体形象。

### 2.3.5 问题和建议

#### 2.3.5.1 问题

低温环境下采用后灌浆技术，灌浆过程中，预制板以及模板支设的架体妨碍灌浆施工，使得灌浆时间加长。

#### 2.3.5.2 建议

优化模板支撑体系，譬如采用快拆模板体系；规划灌浆机的灌浆路线，并对灌浆所用橡胶管进一步加长，减少对灌浆机的移动。

## 2.4 拱形结构清水混凝土施工创新

### 2.4.1 案例背景

石家庄市规划馆工程位于河北省石家庄市正定新区隆兴路以南，弘文路以东，是石家庄市重点民生工程。工程分为 A、B 两个区域，总占地面积 40501m$^2$，总建筑面积 44928.7m$^2$（地上 29936.03m$^2$、地下 14992.67m$^2$），地下 1 层，地上 3 层（局部 4 层），最大建筑高度 23.8m。该工程由“梁思成建筑奖”获得者——周恺大师主持设计，采用赵州桥拱形设计元素，以极富韵律的“拱”形单元组成开敞的大空间，并应用先进的清水混凝土施工工艺和薄壳技术，是兼具结构合理性与艺术特色的大型清水混凝土结构。

石家庄市规划馆工程大量采用清水混凝土元素，清水混凝土总面积约 4 万 m$^2$，主要部位为拱顶结构和墙体结构，四个区中，三个区为清水混凝土拱形结构屋顶。清水混凝土厚度以 400mm 为主，部分 200mm、520mm、100mm 厚。拱顶上有大量曲面和平面天窗洞口，节点复杂。A1 区单拱最大高度 17.45m，跨度 29.8m；A2 区异形拱的最大跨度 17.8m。A1 区中心岛区域最长清水混凝土墙达 87.1m，B1 区二层北侧连续清水混凝土墙长 99m，A1 区连续清水混凝土拱长 114.475m（图 2.4-1）。

图 2.4-1　石家庄市规划馆效果图

本工程在立项阶段被预控为 2021 年度鲁班奖申报工程。石家庄市建筑工程有限公司针对该工程异型构件造型复杂、清水混凝土外观效果要求高等特点，成立“清水混凝土拱形结构模板施工技术研究”课题小组，该课题针对拱顶、拱形部位半圆天窗、超长清水墙、超长拱顶、锥形天窗、工字柱、清水楼梯、挂梁等清水混凝土异型构件，在模板、清水混凝土浇筑、振捣施工工艺等方面进行创新，研发出解决异型构件清水混凝土外观效果的复杂工艺专利、工法等主导技术，增加本工程的技术含量；解决建筑业发展中的重点、难点和关键问题等，该课题被列为“2018 年河北省建设科技研究指导性计划项目”。

石家庄市建筑工程有限公司高度重视该课题研究，成立以公司总工、公司内专家、优秀青年骨干组成的科研团队。课题小组成员通过调查和学习异型构件清水混凝土的相关资料，了解当前清水混凝土施工技术的行业背景及发展情况，总结当前清水混凝土的施工工艺和方法，组织人员到北京、上海等多地实地考察，了解相关施工工艺，实地查看清水混凝土的施工效果，总结出各种工艺的优缺点。根据本工程拱形结构清水混凝土特点，对几种常用的清水混凝土模板体系进行比较，最终确定了直墙、大型圆弧墙、工字柱、清水楼梯等使用钢框木模体系，锥形天窗、异形拱和半径较小弧形墙等使用全钢模板的课题方向。

课题组通过调查分析、头脑风暴确定了拱形结构清水混凝土施工的基本思想，确定了各个异型构件清水混凝土模板支撑体系、施工质量控制措施等。运用 BIM 技术和 SketchUp 软件等将清水混凝土拱顶明、蝉缝、螺栓孔、天窗洞口、预留预埋等进行深化设计，对模板图纸进行优化。通过专家论证分析会议对模板支撑体系、预留预埋件方法进行论证优化。通过对当地拌合站、砂石料场等实地考察，优化配合比，制作小型试块、大型试块、样板墙、小品样板清水墙等进行现场检验和完善，最终确定了拱形结构清水混凝土的最佳配合比和施工过程相关措施方案，效果得到各方的认可。

### 2.4.2　事件过程分析描述

“清水混凝土拱形结构模板施工技术研究”课题组在充分了解和掌握饰面清水混凝土的特征的基础上，针对清水混凝土拱形结构模板施工技术难题进行攻关，首先总结分析目前常用的几种清水混凝土模板体系的施工方法以及各方法之间的差异和存在的问题，提出研究的目的，进而选择施工方法并分析存在的问题，仔细分析问题的原因并开展研究，初步建立模板体系框架，借助计算机软件建立模型体系，通过专家方案论证，分阶段样板建设进行现场试验验证，最终确定了钢框木模板体系用于直墙和大型圆弧墙，全钢模板体系用于异形拱和半径较小弧形墙的施工方法，研究总结形成拱形结构钢模板换撑拆除、垂直模板支撑、清水混凝土电气预埋盒等一系列施工方法，通过石家庄市规划馆工程、石家庄市图书馆工程的应用，对科技成果进行实践验证和总结推广。

2018 年 1 月 5 日～2018 年 4 月 30 日，研究小组主要查阅当前清水混凝土施工技术的行业背景和发展状况等相关文献、对目前正在施工清水混凝土的工地进行实地考察并进行调研。2018 年 5 月 1 日～2018 年 6 月 10 日，研究小组进行了头脑风暴分析，确定了清水混凝土拱形结构模板施工技术的基本思路，并通过理论模拟分析、归纳总结和专家论证对相关技术进行完善。2018 年 6 月 11 日～2018 年 8 月 20 日，研究小组按照难易程度开展墙体、拱顶清水混凝土样板施工，先后进行了四次试验，运用 PDCA 循环法，完善相关施工方法。2018 年 8 月 21 日～2018 年 8 月 31 日，经过前期初步设计、理论模拟、样板验证，并对过程各工序进行了细致梳理，经研究小组讨论，整体技术已具备雏形。2018年8月28日，整理编制完成了清水混凝土拱形结构模板的施工技术方案，经公司审批后，开始进行大面积实施。2018年9月1日～2019年6月30日，开始在石家庄市规划馆和图书馆工程进行大面积推广使用该技术，并取得成功。2019年7月1日～2019年8月20日，对成果进行总结整理。经过两个项目实践应用，清水混凝土拱形结构模板施工技术碰到的各类问题已经全部得到解决，且实施效果得到业主的认可。公司将清水混凝土拱形结构模板施工实施过程中的技术进行汇总整理，经有关专家评审，形成了清水混凝土拱形结构模板施工技术科技成果。

### 2.4.3 关键措施及实施

为解决拱形结构清水混凝土外观效果的难题，小组从钢框木模板和钢模板等模板选材、制造加工、室内拱形结构模板安装和拆除、预埋件设置、清水混凝土配合比、浇筑方式、振捣工艺等多方面开展研究，形成了模板换撑拆除技术、垂直模板支撑技术、饰面清水混凝土电气预埋盒施工技术、清水混凝土拱形结构模板施工技术等4项关键技术。

#### 2.4.3.1 关键技术一：拱形结构钢模板换撑拆除技术

根据总体考察论证后确定异形拱清水混凝土结构采用钢模板体系的施工方案。为确保墙体、拱顶等部位的清水混凝土明缝、蝉缝等协调统一，钢模板面积大小须参照墙模板明缝、蝉缝设置，不得随意设置。然而，这种设置方式导致钢模板面积较大，重量较重，且室内拱顶高度约17m，属于高大模板，危险性较大，由于空间限制，无法进行机械作业，人工作业的难度也很大。

现有钢模板或钢框木模在建筑工程领域，常应用于现浇混凝土墙、柱等竖向构件施工。在隧道工程中有使用钢模台车进行水平构件施工的情况，但在房屋建筑施工领域，因在楼板下方起重吊装施工不方便，较少应用钢模板进行水平现浇楼板施工。当现浇楼板底面设计为清水混凝土效果，且底面形状为不规则或多曲面时，使用传统木模板安装方式难以实现清水混凝土的效果，需要使用钢模板进行现浇楼板施工。混凝土浇筑完毕后，钢模板被模板支撑架支撑在高位，紧贴现浇楼板下方，楼板下侧无法使用塔式起重机或汽车起重机，移动升降机与满堂架的空间交叉也无法施工。同时，钢模板自重较大，钢模板整块拆除容易失稳，安全隐患较大。目前常用的施工方式是破坏性拆除，将整块钢模板切割成若干小块，质量变小之后，人工或用绳子下落。这种方式钢模板无法周转使用，施工效率低，施工安全性差。

为解决上述施工问题，课题组成员展开研究，发明了一种钢模板换撑拆除装置，并形成实用新型专利——《钢模板换撑拆除装置》。本实用新型专利通过支座与伸缩支撑杆代替原有钢管支撑架作为受力构件，移除原有支撑构件后，利用上述伸缩支撑杆沿垂直方向降落钢模板、利用铰支座平行旋转降落钢模板，辅以手拉葫芦确保整个过程的安全平稳。这一创新技术实现了在无起重设备作业的情况下，拱顶钢模板完整拆除，使得钢模板具备周转性，提高了拆模效率，提高了整体拆模施工过程中的操作安全性。

1）钢模板换撑拆除装置构造

钢模板换撑拆除装置包括支座和伸缩支撑杆。支座由8号槽钢制作，长度根据工程实际调整，可拆卸人工挪动。槽钢凹槽内间距30cm设置铰接支座，铰接支座由半圆形10mm厚钢板焊接而成，中央开直径 2cm 孔，用于连接伸缩支撑杆。当支座在高支模架上使用时，可通过 U 形插销固定在钢管上。两个铰接支座中间冲长圆形孔，每组两个，净距 3cm，当支座在高支模架上使用时，可通过 U 形插销固定在钢管上（图 2.4-2）。

伸缩支撑杆由套筒、上下丝杆、铰接头和转动把手组成。套筒采用$\phi$50mm 钢套筒，套筒两端设置 150mm 长与配套的螺纹丝杆，丝杆通过和螺纹咬合与套筒连接成整体，套筒中央设置转动把手，根据杠杆原理，通过转动把手可以较省力的转动套筒，使套筒与丝杆发生相对位移，丝杆可以退缩至套筒内，使得整体伸缩支撑杆长度在 0.6～1 倍范围内变化。伸缩支撑杆底部丝杆端头为铰接头，中间为直径 2cm 孔，用于和上述支座铰接。顶部丝杆端头也为铰接头，直径 1.5cm 孔用于和钢模板铰接（图 2.4-3～图 2.4-5）。

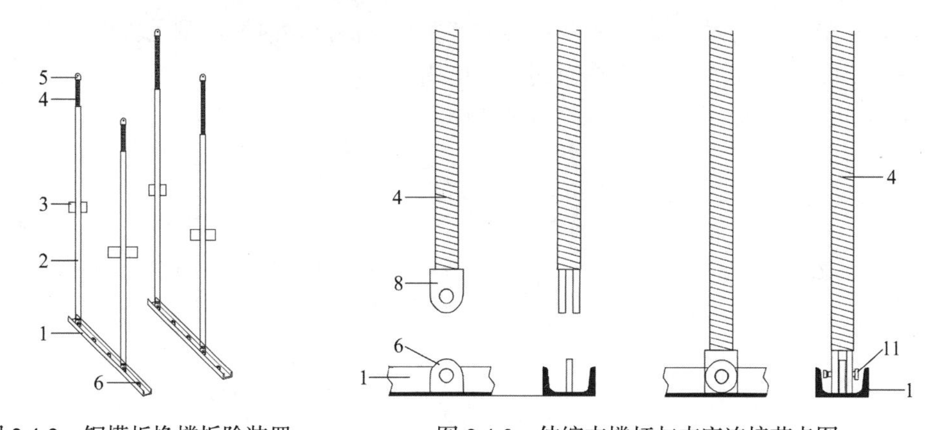


图 2.4-2　钢模板换撑拆除装置立体结构示意图

1—支座；2—套筒；3—转动把手；4—丝杆；5—顶部铰接头；6—铰接座

图 2.4-3　伸缩支撑杆与支座连接节点图

1—支座；4—丝杆；6—铰接座；8—底部铰接头；11—铰接用螺栓

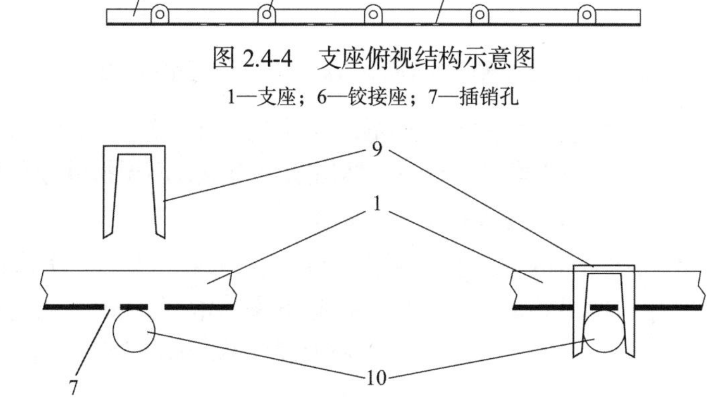


图 2.4-4　支座俯视结构示意图

1—支座；6—铰接座；7—插销孔

图 2.4-5　支座与钢管支撑架加固节点图

1—支座；7—插销孔；9—U 形插销；10—钢管

2）拱形结构钢模板换撑拆除技术

（1）拱形结构模板拆除条件

拱外侧模板：当混凝土强度能保证其表面及棱角不受损伤时，方可拆除侧模。

拱内侧模板：拱跨度不大于 8m 时，混凝土强度须达到设计强度的 75%；拱跨度大于 8m 时，混凝土强度须达到 100%。

（2）拱形结构模板拆除顺序

拱外侧模板拆除时，先移除对拉体系，再拆除模板间连接螺栓，然后按照先支的后拆、后支的先拆的顺序，从上而下进行逐层拆除。

拱内侧模板拆除时，首先拆除拱形结构支撑架，再拆除模板。拆除支撑架时先拆除至预留操作平台位置，操作平台所在位置横杆不拆除，搭设模板拆除平台，再对钢模板进行回撑，立杆间距可适当放大，防止顶部模板意外失稳。待模板全部拆除后再拆除剩余支撑架和施工平台。拱形结构模板拆除整体顺序按照从端头向内方向逐圈拆除，单个拱圈内先拆除对拉螺杆，然后利用钢模板换撑拆除装置从一侧拱脚向另一侧逐块拆除，并对拆除模板进行二次编号标识，方便钢模板的周转使用。

（3）拱形结构钢模板换撑拆除技术（图 2.4-6）

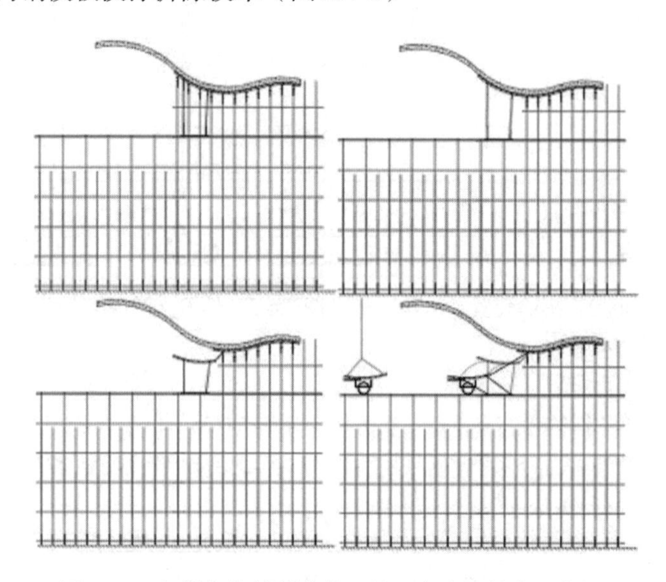

图 2.4-6　钢模板换撑拆除装置施工各步骤简化示意图

①拆除拱形结构外侧模板：当拱形结构混凝土达到 2MPa 后，可拆除拱部外侧模板。拱形结构外侧模板拆除时，先移除对拉体系，然后从上至下，逐层拆除模板间的连接螺栓，拆完一层，将该层大模板吊出，再进行下一层拆除。

②搭设卸料平台：卸料平台与支模架预留平台高度一致，尺寸一般不小于 4m × 4m，具体根据项目模板尺寸、材料数量确定，作为拆除下来的钢管、扣件、顶托等材料外运周转平台。卸料平台一般位于拱端头，当拱顶有较大洞口的时候，可以在洞口位置搭设卸料平台。

③拆除部分支撑架：当拱形结构混凝土达到模板拆除条件时，领取拆模通知单后方可拆除支撑架。支撑架拆除前，将拱部外侧部分对拉螺栓临时固定，整个拱形模板通过模板与模板间的连接螺栓连接成一个完整的拱壳，被对拉螺栓固定在混凝土拱顶上，且拱脚处有连续托架支撑，撑住整个拱壳。此时可以移除拱顶下方的内支模架，由拱脚托架连续支撑、混凝土拱顶对拉螺栓、混凝土与模板之间的黏结力支持住整个拱内侧模板的自重。支

模架拆除时，拆除至预留操作平台位置。若使用工具式脚手架，则拆除成一个完整的平台。若使用钢管脚手架，则拆除至平台，保留一半立杆形成操作平台，操作平台所在位置的横杆不拆除。

④铺设施工平台：内支模架拆除完毕后，对平台拆下来的材料进行清理，使用脚手板或木枋，废旧模板，使得操作平台成为操作人员行走和小推车运输便捷的可靠平台。

⑤支撑杆临时回撑：为保证施工安全，采用支撑杆对钢模板进行回撑，立杆间距可适当放大，防止顶部模板意外失稳。

⑥拱内侧模板拆除

a. 拆除顺序：拱内侧模板拆除时，整体顺序按照从端头向内逐圈拆除，单个拱圈内先拆除对拉螺杆，然后从一侧拱脚向另一侧逐块拆除。

b. 安装换撑拆除装置：每个单个拱圈模板拆除前，先拆除回撑支撑杆，然后安装钢模板换撑拆除装置，卸除此拱圈模板的对拉螺栓。

c. 拆除根部模板：拆除根部模板连接螺栓和对拉螺栓，采用特制小车、手拉葫芦、液压千斤顶等装置将根部模板拆除，拆除时注意不得碰撞混凝土表面，拆除后模板采用特制小车运出施工平台。

d. 拆除拱顶模板:拆除拱顶模板的对拉螺栓和连接螺栓，采用两个手拉葫芦将此块模板对角临时牵引固定，作为紧急制动与保险措施。手拉葫芦固定点位于未拆支撑架的顶部上，与拟拆除钢模板边框上的加固孔相连，保证整体拆模过程不发生失稳的情况。同时旋转支撑此块模板的所有伸缩支撑杆的转动把手，使所有支撑杆均匀回缩，同步放松手拉葫芦，将钢模慢慢脱离混凝土表面，缓缓下落，采用特制小车将模板托运至卸料平台。

⑦二次编号标识：为了防止施工中编号损毁，保证拱形模板周转使用时安装快速高效，对拆除模板进行二次编号标识，以确保拆模后模板编号清晰可辨认。

⑧堆放及转运：拆除下来的模板按编号顺序堆放，为后续吊运至平台以及二次周转使用提供方便。钢模堆放时将拱形模板侧面即平面一侧堆放着地，避免弯弧侧长时间受力变形。从操作平台转运至其他场地时，注意按顺序吊运，避免编号错乱，吊装过程中注意避免损坏面板边角等。需要二次周转使用的模板，运送至拼装场地，首先进行清理，将表面残留混凝土及其他污染物清洗干净，以便下次周转使用。

#### 2.4.3.2　关键技术二：垂直模板支撑技术

根据工程造型和施工工艺，拱形结构顶部混凝土与墙体混凝土必须分两次安装模板、两次浇筑。室外清水混凝土由于采用大模板，与楼板一同浇筑则内侧大模板难以拆除吊装，也必须分两次安装模板、两次浇筑。

在建筑工程的清水混凝土施工中，大模板对清水混凝土质量有较好保障。在外墙模板施工或垂直方向多次支模浇筑等无结构梁楼板时，此类大模板由于重量较大，无落位放置的地方，施工困难。现有模板工程中，常见的是将施工操作平台加固在已经浇筑完毕混凝土的老墙上，例如爬模施工技术，这在剪力墙体系、筒体体系、桥墩等高耸结构中十分有效。但是，在整体结构高度不高的情况下，爬模或搭设大型操作平台则不够经济合理。同时，由于清水混凝土构件上的螺栓孔一般按规律排布，最底部螺栓孔距模板底口有一定高度，施工过程中的模板根部存在较大的胀模、漏浆风险。

为解决上述施工问题，课题组成员展开研究，发明了一种建筑工程用垂直支撑架，并形成实用新型专利——《建筑工程用垂直支撑架》。

本实用新型装置包含若干个支架，支架下部通过穿孔螺栓与混凝土墙体相连，穿孔螺栓位置、间距与已浇筑墙体模板的穿孔螺栓位置、间距相同。若干个支架沿垂直模板的水平长度方向间隔设置，可有效支撑上部墙体的模板重量；支架的顶部设有限位加固结构，用于对垂直模板的外侧限位并夹紧固定，避免在施工过程中出现胀模、漏浆现象。

（1）建筑工程用垂直支撑架

垂直支撑架包括L形固定支架和限位插销。若干个垂直支撑架沿浇筑墙体水平方向间隔设置形成上部墙体模板的支撑紧固装置。L形固定支架包括垂直部和用于与垂直模板底部接触的水平部，垂直部通过紧固件与混凝土墙体相连，水平部设置于垂直部的顶部，用于支撑墙体模板，水平部设置限位加固结构。水平部由两个开口向下的槽钢并列焊接而成，垂直部由两个开口向外的槽钢并列组成，两个开口向外的槽钢之间设有限位块，垂直部的槽钢顶部焊接固定于水平部的槽钢开口槽内。限位加固结构包括限位板和L形固定支架水平部配合限位板的长条孔，限位板为与垂直模板外侧接触的楔形，一侧为直边，另一侧为斜边，上端尺寸大于长条孔的尺寸，下端尺寸小于长条孔的尺寸，上部设有拉环（图2.4-7～图2.4-8）。

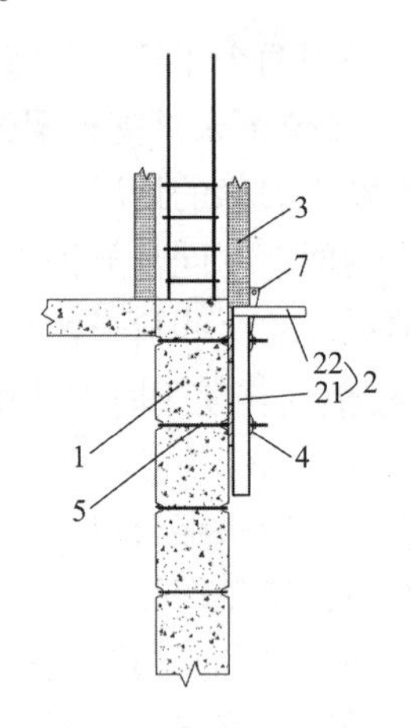


图2.4-7 建筑工程用垂直支撑架的使用状态图

1—混凝土墙体；2—支架；3—垂直模板；4—紧固件；5—螺栓；7—限位板；21—垂直部；22—水平部

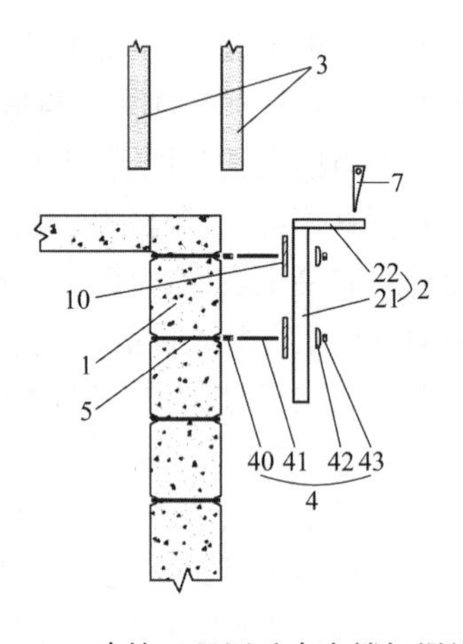


图2.4-8 建筑工程用垂直支撑架爆炸图

1—混凝土墙体；2—支架；3—垂直模板；4—紧固件；5—螺栓；7—限位板；10—保护模板；21—垂直部；22—水平部

（2）垂直模板支撑架应用实例

垂直支撑架包括L形固定支架和限位板，L形固定支架采用槽钢加工而成，垂直部采用2个两个开口向两外侧的8号槽钢并列焊接，两槽钢的腹板之间设有限位块中间，两槽钢限位块处可安装穿墙螺杆固定支架；水平部由两个开口向下的8号槽钢并列焊接而成，两槽钢均根据安装墙模板的厚度开设长条孔，将限位板安装于长条孔内可对墙模板进行水平限位。限位板采用30mm厚钢板切割而成，下窄上宽，一侧为直边，另一侧为斜边，上端尺寸大于长条孔的尺寸，下端尺寸小于长条孔的尺寸，通过调整在支撑架上不同位置的长孔，调整限位板不同安装高度可实现加固任何厚度尺寸的大模板。限位板上方开设$\phi$22mm圆孔，方便拆除模板时限位板向上抽拔。为减少垂直模板支撑架对清水混凝土墙体外观影响，在靠墙体侧支撑架粘贴海绵条，既可减少对墙体的磕碰，又可减少支撑架对墙体的压痕、锈蚀痕迹等（图 2.4-9～图 2.4-11）。

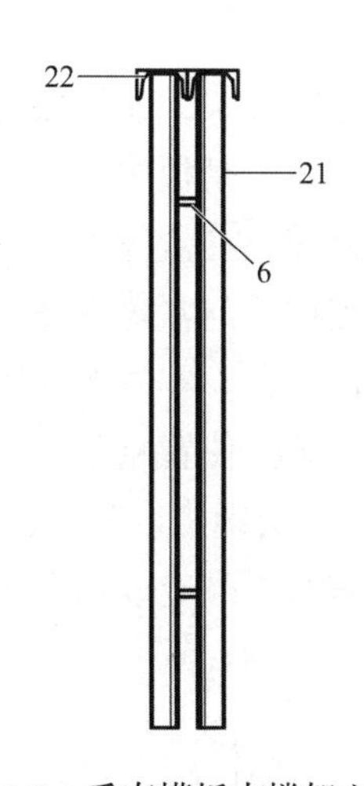


图 2.4-9　垂直模板支撑架立面图
6—限位块；21—垂直部；22—水平部

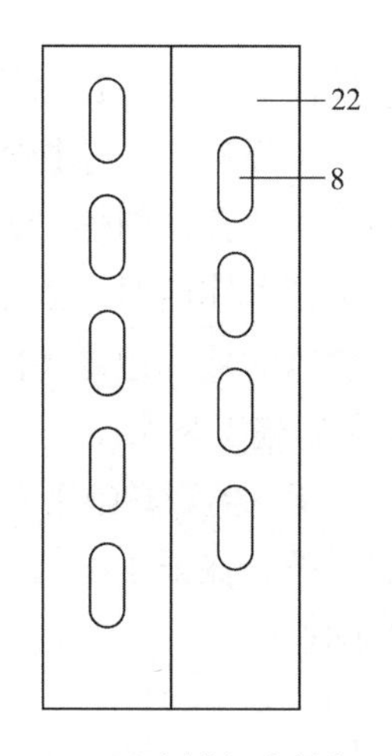


图 2.4-10　垂直模板支撑架平面图
8—长条孔；22—水平部

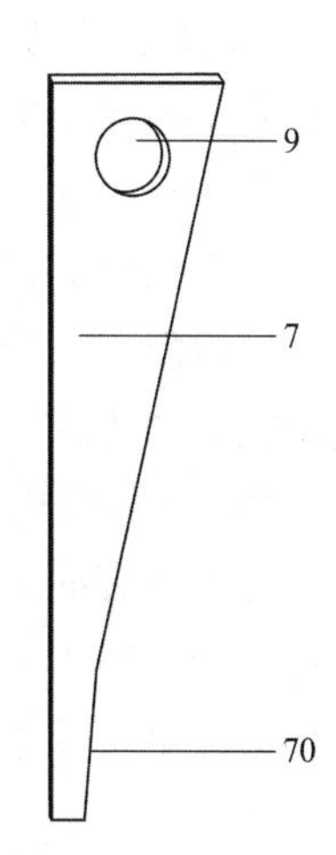


图 2.4-11　限位板结构示意图
7—限位板；9—拉环；70—导向段

石家庄市规划馆采用清水混凝土墙体，墙体高度分段施工，大模板的使用有效保证了清水效果的实现。二次墙体模板安装时，垂直模板无放置点。模板安装前，根据墙体模板穿孔螺栓位置，外墙模板厚度加工制作多个垂直模板支撑架。利用混凝土墙上对拉螺栓孔中固定在混凝土墙内的螺栓，通过套筒、螺杆、垫片、螺母将支撑架固定在混凝土墙上，支撑架与已经浇筑完毕的混凝土墙之间使用模板或其他材料进行隔离保护。根据大模板厚度，选择合适的长孔，将插销提前放置好，大模板吊装时防止大模板滑落。大模板整体加固完成后，调整限位板高度位置，通过向下锤击限位板，可确保限位板抵住模板下口，辅助大模板根部加固。在模板拆除时，从下侧敲打限位板，然后将限位板拔出，放置在靠后闲置的长条孔中。在石家庄市规划馆清水混凝土墙体的二次施工过程中，有效杜绝了模板根部胀模、漏浆现象发生，保证了墙体的清水效果。

#### 2.4.3.3　关键技术三：饰面清水混凝土电气预埋盒施工技术

饰面清水混凝土是指表面颜色基本一致，由有规律排列的对拉螺栓眼、明缝、蝉缝、假眼等组合形成的，以自然质感为饰面效果的清水混凝土。在清水混凝土结构施工中一次成型，不需要装饰，舍去了涂料、饰面等施工做法，降低了工程造价。不剔凿、修补、抹灰，减少了大量建筑垃圾，减少了施工对环境的影响，消除了诸多施工质量的通病。传统技术在电气预埋盒在进行墙体浇筑后，需要进行边缘的返修和剔凿，为了保证预埋盒在浇筑过程中不发生形变，需要在预埋盒内加入填充物，在浇筑之后需要对填充物进行清理，拆模后需对边缘漏浆、蜂窝麻面、预埋盒内填充物等问题进行剔除、抹灰修理，不仅耗费工时，而且容易对饰面清水混凝土造成污染，难以达到清水效果。

为解决传统施工电气预埋盒浇筑过程中变形、拆模后边缘漏浆、蜂窝麻面，人工清理预埋盒内填充物等问题，课题组成员研究出一种饰面清水混凝土电气预埋盒及其施工方法，并形成发明专利——《一种饰面清水混凝土电气预埋盒及其施工方法》，有效解决了上述施工问题，节省了后期清理人工费用。

1）饰面清水混凝土电气预埋盒

饰面清水混凝土电气预埋盒包括盒体和模板，盒体上设置有导管接头，盒体底部设置有第一通孔，模板底面对称设置两个支撑板，支撑板底部设置有缺口，模板中心设置有第二通孔，固定螺栓穿过第二通孔和第一通孔后与螺母连接，将模板固定在盒体上，固定螺栓与缺口过盈配合，当固定螺栓插接在盒体内时，固定螺栓推动支撑板与盒体内壁相互压接，模板底面的边缘设置有凹槽，盒体的顶部边缘与凹槽相互插接配合。本发明能够改进现有技术的不足，简化了电气预埋盒的施工复杂度，达到了预埋盒（箱）位置精准，盒（箱）与清水混凝土的表面结合更自然、协调、美观，施工一次成型，无二次剔凿、返工、返修，提高了对于饰面清水混凝土墙面的保护，保证了电气盒（箱）在清水混凝土表面产生的整体装饰视觉效果（图 2.4-12～图 2.4-16）。

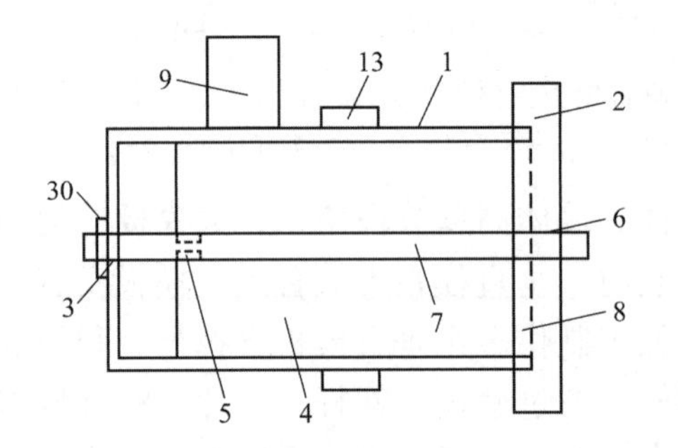


图 2.4-12　饰面清水混凝土电气预埋盒结构图

1—盒体；2—模板；3—第一通孔；4—支撑板；5—缺口；6—第二通孔；7—固定螺栓；8—凹槽；9—导管接头；13—固定插孔；30—螺母

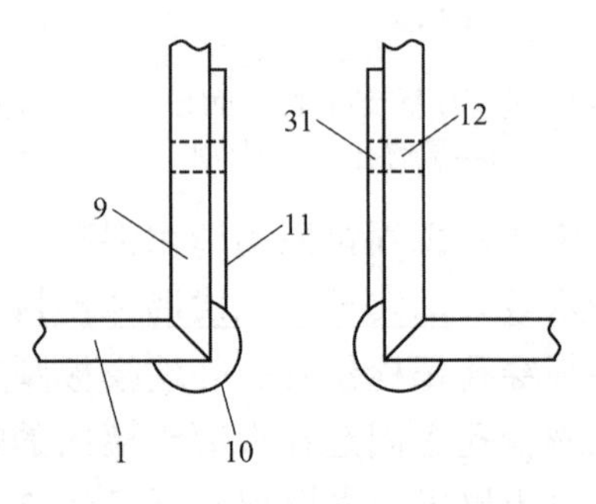


图 2.4-13　导管接头结构图

1—盒体；9—导管接头；10—金属护板；11—内衬板；12—第三通孔；31—第五通孔

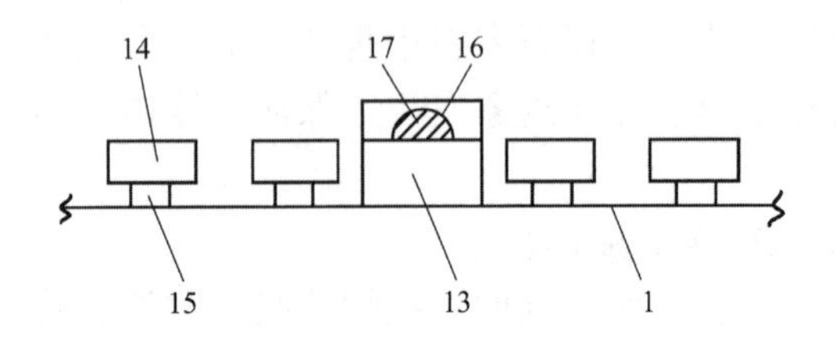


图 2.4-14　固定插孔结构图

1—盒体；13—固定插孔；14—托架；15—第一弹簧体；16—凹槽；17—橡胶垫

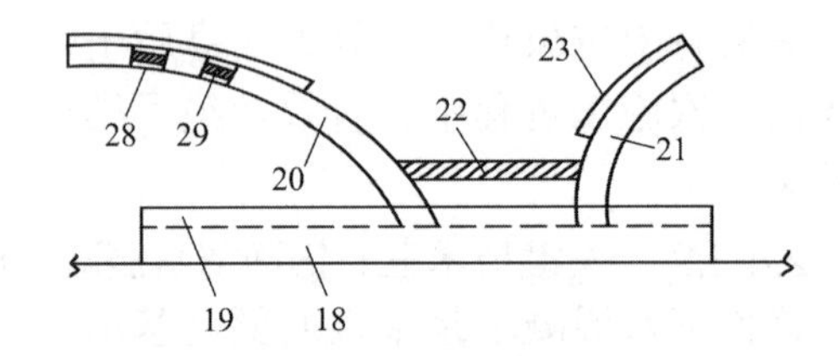


图 2.4-15　弹线支撑架结构图

18—基板；19—滑槽；20—第一支撑片；21—第二支撑片；22—第二弹簧体；23—橡胶层；28—橡胶套；29—第四弹簧体

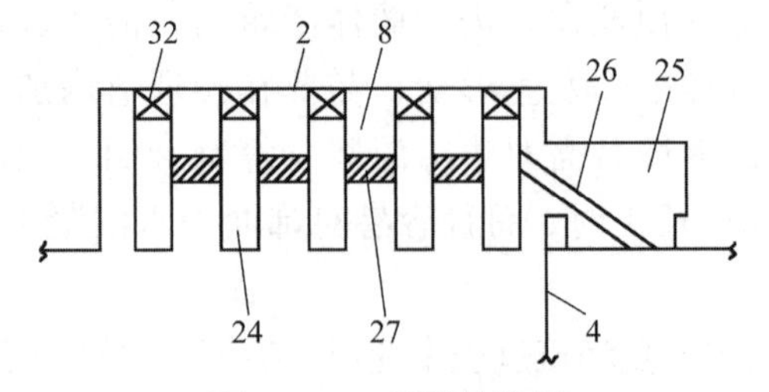


图 2.4-16　凹槽结构图

2—模板；4—支撑板；8—凹槽；24—夹板；25—第四通孔；26—连杆；27—第三弹簧体；32—橡胶底座

2）饰面清水混凝土电气预埋盒施工方法

（1）制作盒体，盒体内部涂刷防锈漆。

（2）土建钢筋绑扎完毕后，按图纸利用水准仪定位出预埋电气接线盒位置。

（3）使用钢筋对盒体进行预固定，电气导管插接在导管接头上之后沿钢筋内侧敷设且与钢筋绑扎在一起，扎丝头朝向墙内。对电气导管进行绑扎时，相邻绑扎点的距离随着绑扎点与导管接头的距离逐渐增大。通过优化绑扎点的位置关系，可以优化钢筋自身形变应力的分布情况，避免钢筋局部应力过大。

（4）使用固定螺栓将模板固定在盒体上。

（5）清水混凝土浇筑完毕 24h 后，拆除模板，完成电气预埋盒的施工作业（图 2.4-17）。

图 2.4-17　清水混凝土电气预埋盒节点示意图

#### 2.4.3.4　关键技术四：清水混凝土拱形结构模板施工技术

“清水混凝土拱形结构模板施工技术研究”科技计划项目于 2018 年在河北省住房和城乡建设厅立项，2019 年 9 月通过验收委员会验收，课题组在此关键技术上进一步完善，形成省级工法“清水混凝土拱形结构模板施工工法”。

1）技术特点

清水混凝土拱形结构模板施工工法主要采用了单元块设计的思路，“整体设计、单块加工、整体组拼支模、单个拆模、重复可逆”的技术原理。模板设计时按整体拱设计、加工、加固、拆模全过程考虑。模板加工时，将其划分为单元，对单个模板进行加工。支模时，采用单个模板组成大模，再将大模拼接成体系，并通过一系列技术措施保障了模板由单个到整体的过程形态准确、尺寸精确、施工安装便利。拆模时，我们采用了化整为零的策略，提高了拆模效率、作业安全性和材料周转利用率，既吸取了大模板整体支模成型效果好的优点，又吸取了散支、散拆速度快、安全性高的优势，实现了施工效率与安全性的双赢。

为便于拱形结构模板与支撑杆件传力转化，我们在模板肋板上设计了三角平台，通过三角平台实现模板与立杆、横杆之间的平稳传力，确保了高支模拱形结构模板的稳定。

清水混凝土拱形结构模板施工工法利用 BIM 技术对清水混凝土的明缝、蝉缝，对拉螺栓眼、假眼进行深化，通过 SketchUp 软件对天窗洞口、预留预埋等进行细化，通过综合考虑，保证了清水混凝土拱顶整体效果更加和谐。利用 BIM 技术进行模板加工图绘制，通过犀牛软件将清水混凝土拱形结构斜端头、圆形天窗洞口等尺寸进行精确绘制，保证了清水混凝土拱顶形态与设计形态一致。

模板加工图绘制时，将模板加工、支模、拆除、周转等各环节可能产生的质量和安全风险提前预判，并在加工中采取措施或预留好解决方法，通过边框确保拱形态的精确，通过三角平台实现模板与立杆传力，通过轻量化设计、预留拆模孔等措施提高拆模安全性，通过事前控制的方式提高拱形模板施工质量及安全性，通过车间加工钢框或钢模板，数控下料、焊接、校形、加工车间的系统管理、预拼装验收程序提高模板加工精密程度，提升拱形清水混凝土质量，缩短了施工工期，减少了对环境污染。

清水混凝土拱形结构模板施工工法提出拱形模板安装操作平台，后台加工为半成品，使得自主研发的拱型钢框木模板安装更加便捷，提高工效。利用实用新型专利一种模板支撑架可提高混凝土接缝处成型质量，提高了清水混凝土整体质量。利用实用新型专利《一种模板换撑拆除装置》，大大提高了模板施工安全性。巧妙利用对拉螺栓，提高了拱形模板安装、拆除施工的安全性。通过计算排布立杆高度，预留拆模运输平台，提高模板拆除工效，提高工人作业的安全性。

2）工艺流程

施工准备→施工培训交底→（内支撑架搭设→设置托架）拱形模板加工→模板覆模、拼装→模板吊装加固→对拉体系加固→外模吊装加固→拱混凝土浇筑养护→外模拆除→支撑架拆除→模板拆除。

3）工艺操作要点

（1）拱形清水混凝土结构模板深化设计

①清水元素深化设计

为了拱形清水混凝土的美感，拱形清水混凝土构件施工前需要结合施工条件对清水元素进行深化设计，一般涉及模板分割、施工段划分、螺栓孔排布、滴水线设置等。清水元素深化设计要结合拱形构件形态，拱形构件上天窗洞口、预留预埋、市场常用材料规格进行深化，要兼顾美观、经济和可实施性。考虑到拱形结构及特殊节点较为复杂，影响最终效果因素较多，采用了 BIM 技术通过计算机辅助软件对拱形构件进行深化，将最终效果直观表达，以达到最优深化效果。

a. 蝉缝深化设计

模板分割缝即为拱形清水混凝土实施成型后的蝉缝，蝉缝深化设计要综合考虑：沿拱长度方向的蝉缝，与拱长度方向平行，分缝尺寸结合市场常用模板尺寸规格，拱半径，均匀排布，尽量提高模板利用率，提高经济效益；沿拱截面平面模板缝分割，垂直于拱拉伸轴线，均匀一致，与拱下方老墙模板缝对应相接，同时应考虑模板利用率；考虑拱顶上天窗等特殊构件或洞口尺寸，尽量保证洞口边缘为蝉缝起始和终止线，以保证规律和谐之美。

b. 明缝深化设计

明缝一般为装饰性线条，除美观功能外，当拱长度较长时，需要分段施工，一般选在明缝处进行划分，对两次施工缝成型有较好保障。拱端头位置，一般情况下设置明缝作为滴水线。

c. 螺栓孔深化设计

拱顶模板施工时，螺栓孔有三种作用：一是拱形屋顶外侧 65°范围，按照墙体考虑，设置外侧拱顶模板，螺栓孔作为对拉系统使用；二是拱顶内侧模板施工完毕后，开始进行钢筋绑扎，因拱倾斜度较大，不适合站立，利用螺栓孔及对拉系统作为钢筋操作人员施工站位用；三是拱顶内侧模板拆除时，对拉螺栓将拱内侧模板固定在已经成型的混凝土拱顶上，将拱顶下侧支模架拆除，腾出施工操作空间。

螺栓孔间距设置可根据受力计算，按照一个模数内均匀设置。后期不需要螺栓孔，可将螺栓孔进行封堵。

d. 具体实例

标准分隔缝：横向间距 900mm，竖向间距 1800mm。其他非标准分隔缝横向间距有 857mm、901mm、1750mm、875mm，竖向间距有 900mm、2700mm。

螺栓孔标准间距：横向间距 450mm，竖向间距 600mm。其他非标准间距根据非标准分隔缝均匀分布。

②模板体系深化设计

a. 模板体系选型

标准拱、直墙、大型圆弧墙、工字柱、清水楼梯等使用钢框木模体系，锥形天窗、拱形部位天窗、异形拱和半径较小弧形墙等使用全钢模板。

b. 拱顶模板设计

拱顶式结构的拱顶内侧面为清水混凝土面，为保证模板支设的合理以及混凝土浇筑时的可操作性，对于拱顶下部坡度较陡部分按混凝土墙进行设计考虑，采用双面模板并用对拉螺栓加固，该弧形模板所受到的竖向荷载转换得到的垂直模板方向的法向力通过模板背后设置斜撑进行支承；拱顶上部坡度较缓区域按结构板进行设计计算。通过模板工程受力计算软件，计算出拱顶模板所选用的面板厚度，背楞间距，立杆间距，边框及背楞尺寸规格等信息。

c. 轻量化设计

考虑到拱顶内侧模板拆除时无起重设施，模板设计注意适当减少每块模板内部的面板数量，优化背楞尺寸，以减少单块大模总重量，方便拆除施工。如按照图 2.4-18 中线条位置划分钢框左侧单块模板重量可比右侧单块重量减小一半，更加方便工人拆除施工。

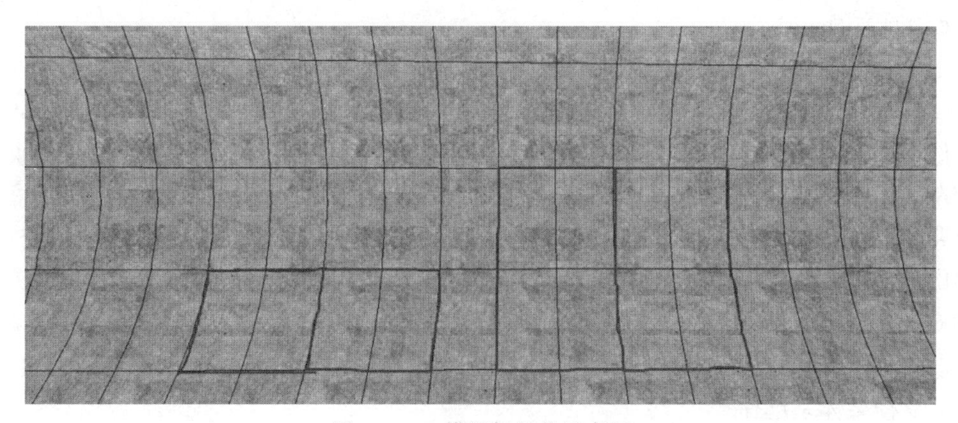

图 2.4-18　模板轻量化示意图

d. 优化拱部模板受力

模板后侧背楞设置三角平台，保证支模架立杆能垂直传力至拱顶模板上，方便加固以及优化拱形模板受力。三角平台位置要结合内模架立杆搭设间距，在立杆相应位置设置三角平台（图 2.4-19）。

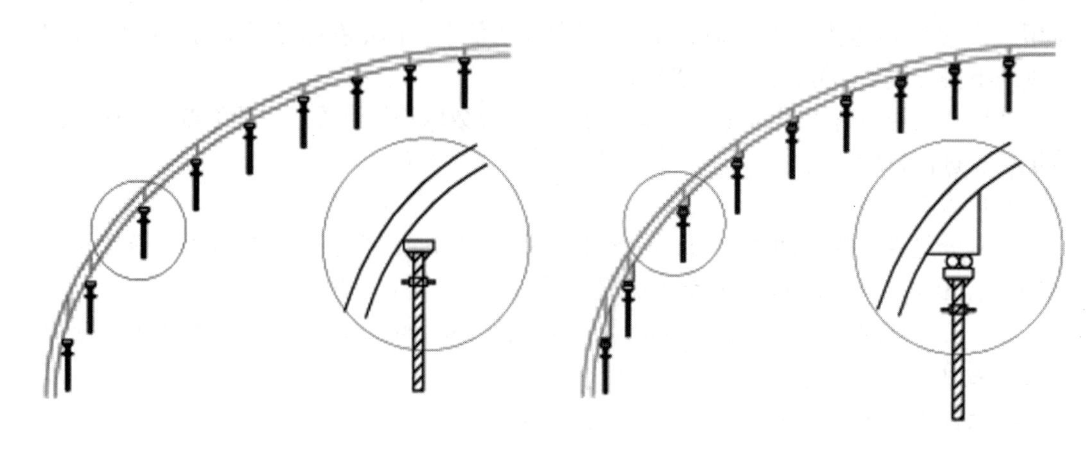

图 2.4-19　右侧加设三角平台

e. 安装拆除设计

每块钢框上设置吊装孔方便吊装，边框上应设置长圆孔方便相邻钢框使用连接螺栓连接。非边框背楞上设置拆模加固孔方便拆模时临时回撑固定。

模板定位图表达清晰，编码规律，具有可索引性，使得操作人员能够轻松理解并快速上手。对于特殊部位还需要标注好上下、正反，使得工人按照定位图可直接安装（图 2.4-20）。

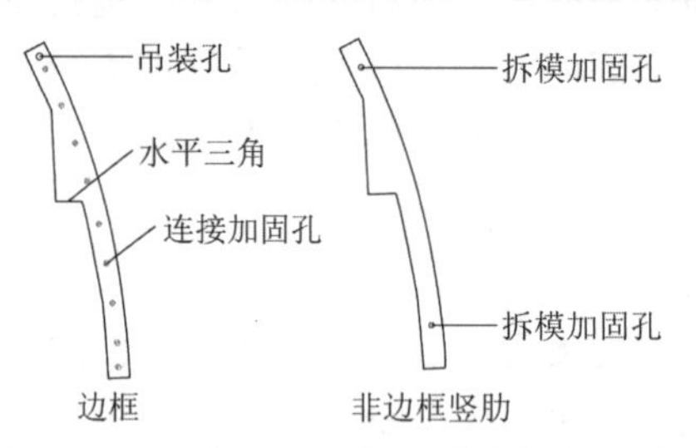


图 2.4-20　边框及非边框竖肋内部构造说明

f. 具体设计

本工程面板使用 15mm 厚优质覆膜木模板，此厚度清水面板沿钢框弯曲时不容易发生折断、表面裂纹的情况。当拱半径较小时，可在面板后侧进行切槽处理，切槽深度不超过面板厚度的三分之一，宽度可根据弯曲半径调整，以控制面板弯曲不发生折断、表面裂纹的情况。小梁的规格为 100mm × 6mm 的钢板，主梁的规格为$\phi$48mm × 3mm 钢管 2 根，立柱纵距 600mm，立柱横距 600mm，水平步距 1200mm。剪刀撑按要求设置，由弧形拱顶所产生的向圆心内侧挤压的法向力另设置斜向支撑杆件进行受力。该斜撑沿拱顶屋脊方向间距 900mm、沿圆环两侧高度方向共设置 3 道（图 2.4-21）。

③支模架深化设计

a. 支模架体系选择

拱顶支模架顶部高度随拱高度的变化而变化，需要采用不同高度尺寸的立杆搭配使用，综合考虑采用钢管架进行搭设。

b. 内模架参数计算

拱顶模板所受到的竖向荷载（包括混凝土及模板自重、施工荷载等）转换得到的垂直模板方向的法向力通过模板背后设置斜撑进行支承。拱顶上部坡度较缓区域按结构板进行设计计算操作平台预留。

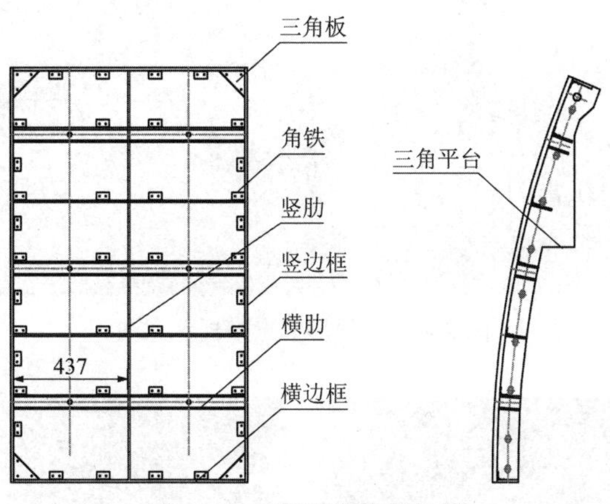


图 2.4-21　钢框木模板构造

c. 操作平台预留

由于拱结构深度大，拱形构件支模、模板拆除后需要在支模架上外运，此时在模架上铺设操作平台，作为人员施工及大模板运输、存放通道。将架子拆除至一个水平位置，铺设跳板及模板作为操作平台使用。内架立杆高度须经过计算设计，确保内支撑架能够拆除到适当的高度位置。

操作平台位置距离顶部高度为 1.8～3m。具体高度根据以下原则确定：施工人员操作时操作空间高度约 1.8m；为了保证安全，操作平台距离顶部最高高度不超过 3m；操作平台结合已有立杆高度进行，避免切钢管，产生较多废料。考虑到运输便利性，同一个拱内平台高度保持一致，当跨度较大且拱高度变化较大时，可设置多阶（图 2.4-22）。

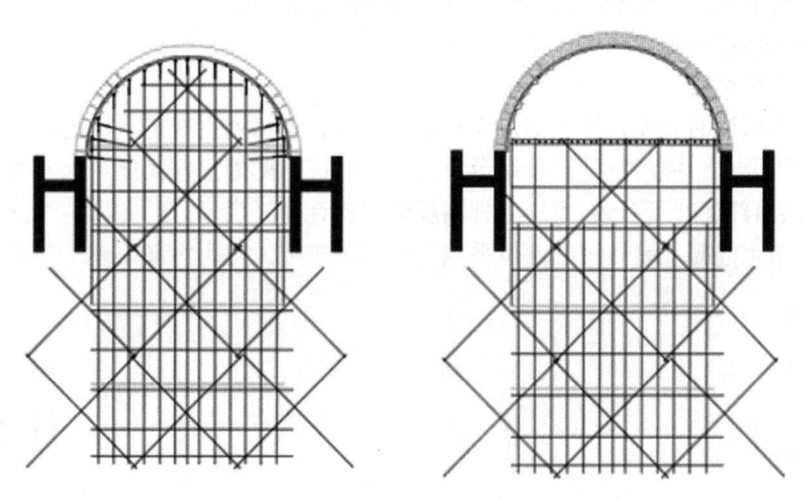

图 2.4-22　扣件脚手架预留操作平台示意图

④预留预埋及特殊节点深化设计

拱顶上较小的机电末端预留预埋，在拱内侧模板施工完毕后固定在拱内侧模板上；较大的天窗、洞口、斜边拱头等异形节点，加工异形钢框，生产异形挡头板，直接将洞口浇筑成型。异形节点通过 BIM 软件放样，加工异形模板（图 2.4-23、图 2.4-24）。

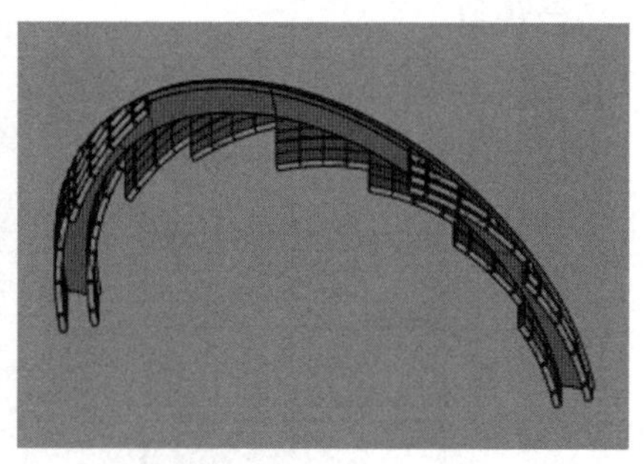

图 2.4-23　异形节点模板示意图

图 2.4-24　预留预埋安装完成效果

（2）施工培训、交底

工程实施前，我们组织项目管理人员、施工人员进行方案学习交底，明确人员职责、施工流程、质量标准、验收程序、安全注意事项等；对工人进行详细的清水施工认知、清水操作规程、清水实践手册等多方面及理论、实践、考试等多种形式的培训，并为考试合格的工人办理上岗证，清水混凝土作业统一要求持证上岗。

（3）内架搭设及垂直模板支撑架设置

①内支模架搭设

内支模架搭设时首先根据方案对立杆定位放线，将每列立杆定点确定位置，保证立杆间距符合图纸要求，能与拱顶三角平台位置一一对应，调配立杆高度。因要考虑预留平台位置，以及拱顶部高度不一致，每排立杆高度要提前计算好高度，相同高度立杆梅花形布置。

架体与清水混凝土墙体拉结部位采用支垫隔离措施，防止污染墙体（图 2.4-25）。

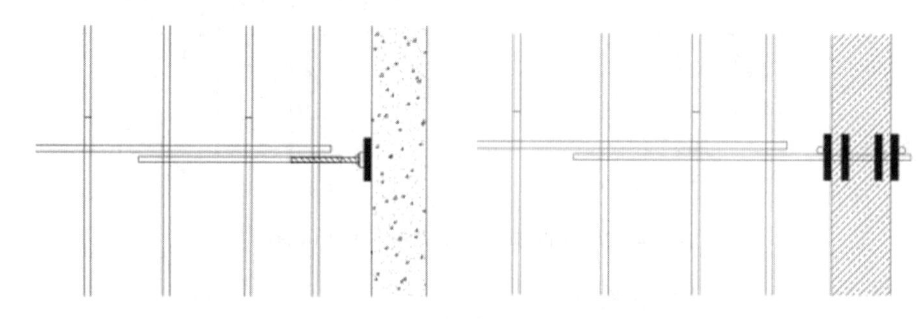

图 2.4-25　支模架与清水混凝土墙拉结方式

②垂直模板支撑架设置

在起拱点老墙上设置模板支撑架形成拱形模板的连续支撑点，利用该托架作为拱形模板自重承重点。通过支撑架可加固模板根部，减少根部错台、漏浆风险（图 2.4-26）。

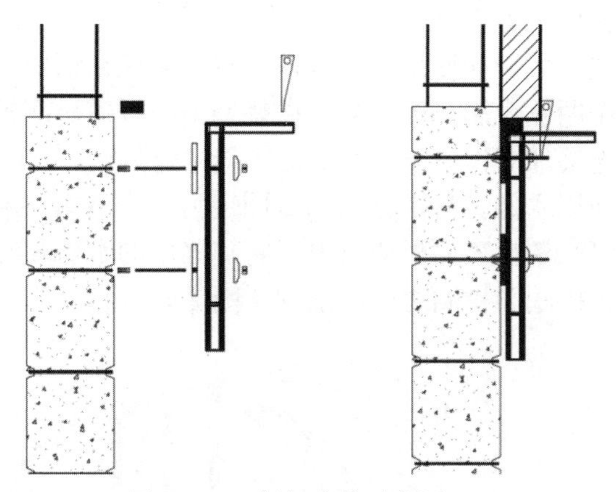

图 2.4-26　托架安装示意图

托架安装步骤：

a. 在钢筋上放线定位标高，用于控制托架顶部高度。

b. 使用套筒将对拉螺通过套筒接长。

c. 套上防护模板，贴近清水混凝土墙，防止清水墙体污染。

d. 将托架架体放在对拉螺栓上，上下调整托架高度，然后固定牢固，将托架上下两个螺栓拧紧。

（4）拱顶模板加工、拼装、加固

①模板加工

模板采用 BIM 技术绘制各模板构件大样图，采用数控等离子切割机切割下料，自动焊接设备组焊，模板加工完毕后要进行初步检测，测量各边尺寸、对角度、面板平整度，然后进行修整，直至边长、对角度、平整度达到加工图要求。初步检测完毕后进行预拼装验收。验收合格后运输到现场备用。

②模板拼装

钢框木模需要安装面板，考虑到拱形模板面板侧躺着安装困难，课题组设计了一种拱形模板面板安装操作架。拱形操作架由钢管搭设，模拟内支模架形态，操作架两侧安装限位及固定措施，以及标记好控制刻度（图 2.4-27）。

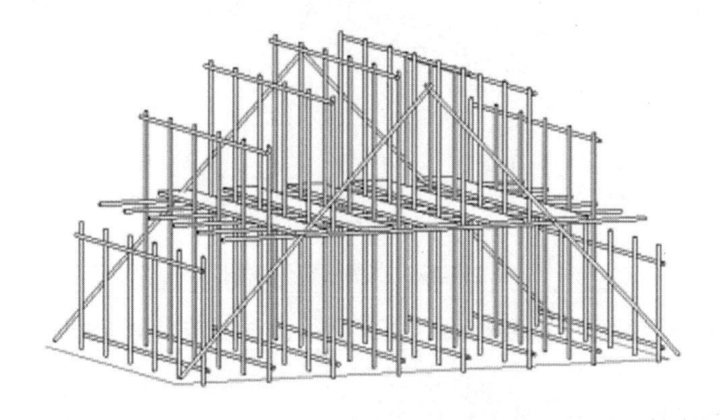

图 2.4-27　拱形模板面板安装操作架示意图

将组拼好的钢框吊放至操作架之后，首先通过限位及固定措施，轻度校正拱钢框形态，将摆放形成的形态误差校正方正。

从拱顶至拱脚逐块拼装，先使用木枋及螺栓将面板压在钢框上，使面板与钢框紧密贴合，通过测量与操作架两侧控制刻度距离，微幅调整面板使得面板一侧在一个平面上，为后续拱圈与拱圈之间连接加固作好准备，拱圈蝉缝才能拼接严密。

最后在拱圈下方使用木螺钉将钢框与面板固定为一个整体。木螺钉选用注意不得超过面板厚度，避免木螺钉在模板表面形成钉痕。将加固用的木枋和螺栓拆除后，即可将此拱圈吊放至支模架上进行拱圈与拱圈之间的加固（图 2.4-28）。

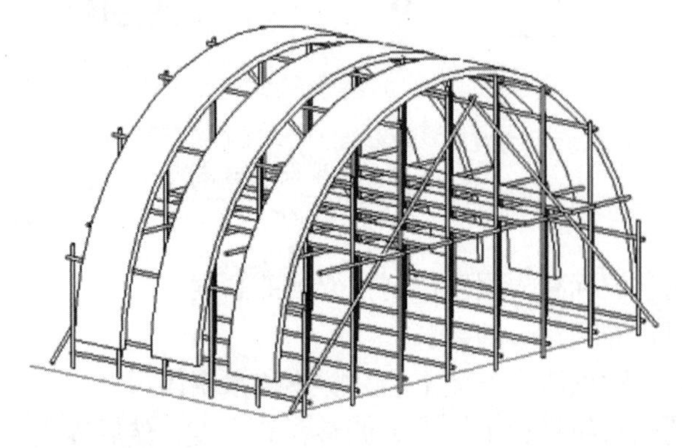

图 2.4-28　三个拱圈同时安装面板示意图

③吊装

拼装后的完整拱圈使用塔吊吊装至内架上备用。吊装时每个拱圈至少 4 个吊点，保证拱圈受力均匀；吊装前在两个拱脚处系上牵引绳子，方便拱圈落钩时可以方便稳妥地“骑”在内架上。拱圈吊装时避开大风及其他恶劣天气施工。

拱圈吊装到位后，进行临时固定。两个拱脚处平稳放置在设置好的托架找平木枋上，然后将内架上的顶托向上旋转，顶住拱圈。拱圈与拱圈间隔约 30cm 放置，方便后期加固人员内外观测控制（图 2.4-29）。

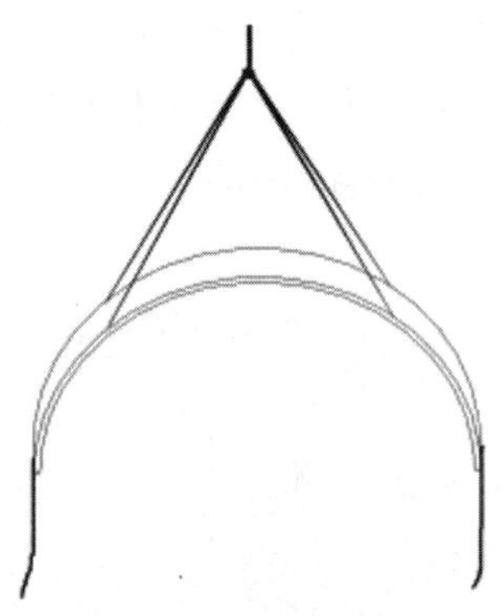

图 2.4-29　拱圈吊装示意图

若塔式起重机吊装过程中需要转吊一次，则须设置周转场地支撑架。

④模板加固

a. 拱圈与拱圈拼接

拱圈与拱圈之间通过螺栓连接。拼接时，从最端头拱圈开始。第一块拱圈要进行三点放线控制，保证侧面在一个平面上。然后在底部将第一个拱圈固定牢固，并逐圈推进（图 2.4-30）。

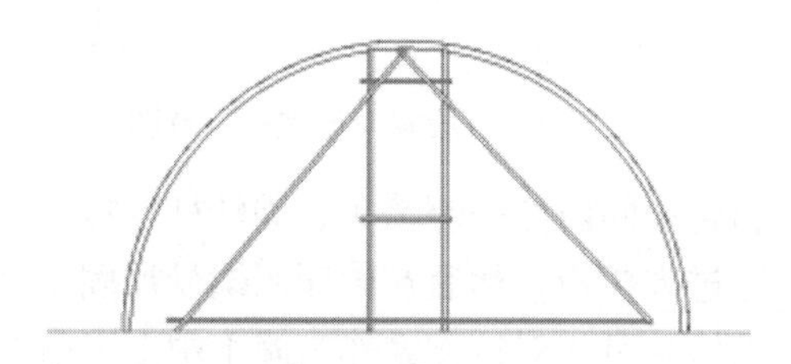

图 2.4-30　拱圈周转吊装存放架示意图

拱圈与拱圈连接时，从拱顶部开始加固连接螺栓，保证拱顶部蝉缝笔直对齐，然后逐块向下加固，加固过程中要保证两圈面板之间无错台，确保实现完美的清水混凝土效果（图 2.4-31）。

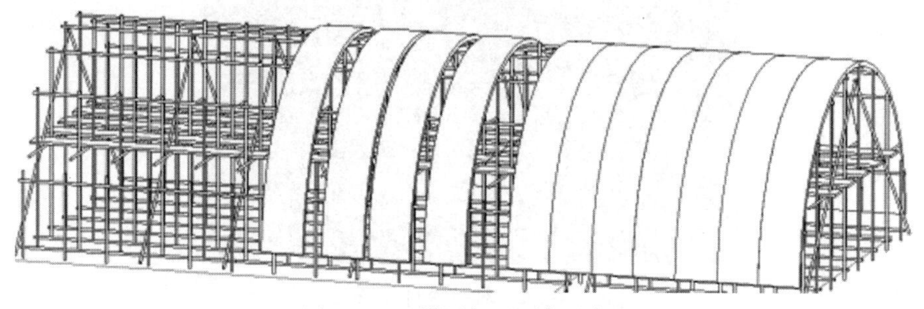

图 2.4-31　拱圈加固顺序示意图

b. 立杆与斜撑加固

拱圈与拱圈加固完毕后，进行底部立杆加固。将立杆顶部顶托旋转上升至钢管与三角平台接触紧密，旋转上升过程中注意避免上升幅度过大，将拱钢框整体撑高。

立杆支撑完成后，进行斜撑加固。斜撑加固在拱圈与拱圈接缝位置，在拱剖面内侧呈放射状分布，间距根据拱半径决定，一般不小于 1m。沿拱长方向间距即为拱圈模板宽度（图 2.4-32）。

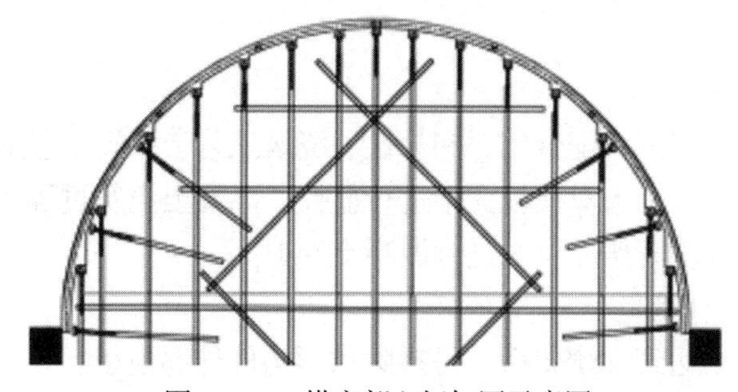

图 2.4-32　拱底部立杆加固示意图

拱内侧模板设置完毕后进行一次验收，验收支模架、内模平整度、尺寸等要素。

⑤设置对拉螺杆

拱两侧较陡部分按墙施工，设置外模，模板之间设置五段式对拉螺杆（图 2.4-33）。

图 2.4-33　五段式对拉螺杆示意图

对拉螺杆设置时，提前将中间段与一侧堵头、周转杆连接为一整体。拱内外两个人配合，在拱外侧将对拉体系穿过大模板，然后在内侧用螺母加固牢固。使得对拉体系成为一端固定、一端悬挑的受力结构。可将对拉体系作为施工中上下落脚支点，方便人员上下，以及钢筋绑扎作业（图 2.4-34）。

图 2.4-34　对拉螺杆设置图

（5）钢筋绑扎过程模板保护措施

拱形模板上材料堆放、钢筋绑扎时采取隔离措施；吊装物品时必须缓缓起吊、下落，严禁碰撞模板；施工人员鞋底无污物方可进入模板上施工；钢筋采用混凝土垫块，避免表面色差。

（6）拱外侧模板吊装

钢筋绑扎完毕组织隐蔽验收，合格后进行外侧模板安装。拱外侧模板逐层逐块吊装，外侧模板与外侧模板之间通过连接螺栓加固。注意保证对拉螺杆与外侧螺杆孔对正，对拉体系不偏斜。

（7）清水混凝土浇筑

清水混凝土浇筑过程中对配合比、和易性、浇筑工艺、振捣工艺加强控制，拱部浇筑时要两侧均匀布料，安排专人对模板支架进行监控。混凝土浇筑过程制作工艺试块，为拆模作为依据。混凝土浇筑完毕后及时进行混凝土养护。

（8）拱形构件模板拆除

当拱形结构混凝土达到 2MPa 后，可拆除拱形构件外部模板。在洞口位置搭设卸料平台。当拱形结构混凝土达到模板拆除条件，拆除部分支撑架，铺设模板拆除施工平台。为保证施工安全，采用支撑杆对钢模板进行回撑。利用模板换撑拆除装置，从端头向内方向逐圈拆除拱部模板，为方便模板周转使用时安装快速高效，对拆除模板进行二次编号标识，以确保拆模后模板编号清晰可辨认。

## 2.4.4　结果状态

### 2.4.4.1　成果评价

2019 年 9 月 5 日，由河北省住房和城乡建设厅邀请相关专家组成验收委员会，在石家庄对石家庄市建筑工程有限公司承担的河北省建设科技研究计划项目“清水混凝土拱形结构模板施工技术研究”进行验收，验收委员会听取了课题组的汇报，审阅了有关资料，经质疑答辩，认真评议，形成验收意见如下：①提供的资料齐全、完整，符合验收要求。②研制一种由套筒和丝杆组成的可伸缩支撑杆，用以支撑清水混凝土拱形模板体系，满足拱形结构成型要求。③研制的 L 形模板支撑架，辅助根部大模板加固，有效防止根部漏浆。综上所述，该项目具有创新性，应用效果良好，成果达到国内领先水平。

### 2.4.4.2　取得成果

该成果获得专利情况：发明专利 1 项《一种饰面清水混凝土电气预埋盒及其施工方法》，实用新型专利 2 项《建筑工程用垂直模板支撑架》《钢模板换撑拆除装置》。

“联拱屋面清水混凝土施工模板技术创新”荣获中国建筑业协会全国工程建设质量管理小组活动成果交流会Ⅲ类成果。

“清水混凝土拱形结构模板施工工法”荣获河北省省级工程建设工法。

2019 年 9 月由河北省住房和城乡建设厅组织的专家验收委员会对“清水混凝土拱形结构模板施工技术研究”进行评定，成果达到国内领先水平并获得河北省建设行业科学技术进步奖二等奖。

2020 年“石家庄市规划馆清水混凝土施工技术”荣获河北省建筑业科学技术进步奖一等奖。

### 2.4.4.3　实施效果

通过清水混凝土拱形结构模板施工技术研究与应用，完美实现了清水混凝土的设计要求，施工质量精美，做到了技术先进、经济合理、安全适用（图 2.4-35）。

项目实现了饰面清水混凝土表面颜色完全一致，规律排列的对拉螺栓孔、明缝、蝉缝整齐划一，提升了清水混凝土拱形结构施工成型质量，达到了以自然质感为饰面的清水混凝土整体视觉效果。

该项目获得河北省结构优质工程奖、河北省优安济杯奖和国家优质工程奖（图 2.4-36）。

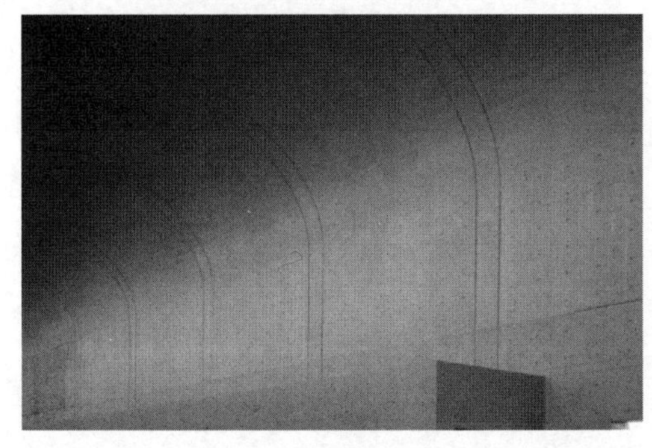

图 2.4-35　拱形结构清水混凝土施工效果

图 2.4-36　石家庄市规划馆

### 2.4.5 问题和建议

在此次清水混凝土拱形结构模板施工技术攻关过程中，内外模板对拉螺栓作为支模作业时上下受力点及拆模作业时安全保险措施，起到关键作用。但实际应用中，后期对孔眼的处理、封堵总有痕迹，对清水整体效果会有影响，下一步计划对体系中对拉螺栓孔的设置进行改进，进行无需对拉螺栓的清水混凝土拱顶模板施工技术研究。

# 第3章 钢结构工程

# 3.1 河北北方学院体育馆弦支穹顶结构施工创新

## 3.1.1 案例背景

空间结构是一种三维空间形体，在荷载作用下呈三维空间受力特性，具有杆件受力合理、结构自重轻、造价低和造型多样等特点，因此，空间结构在体育场馆、候机楼、会展中心、影剧院等需要大跨度空间的建筑中得到广泛应用。随着大跨度空间结构的发展，预应力技术被引入其中，张弦梁、张弦桁架和弦支穹顶结构逐步得到推广和应用。

弦支穹顶结构由上部单层网壳、下部的竖向撑杆、径向拉杆或者拉索和环向拉索组成，其中各环撑杆的上端与单层网壳对应的各环节点铰接，撑杆下端由径向拉索与单层网壳的下一环节点连接，同一环的撑杆下端由环向拉索连接在一起，使整个结构形成一个完整的体系。

在正常使用的荷载作用下，内力通过上部的单层网壳传到下部的撑杆上，再通过撑杆传给索，索受力后，产生对支座的反向推力，使整个结构对下端约束环梁的横向推力大大减小。同时，由于撑杆的作用，大大减小了上部单层网壳各环节点的竖向位移和变形。弦支穹顶结构传力路径明确，水平推力较小，结构造型美观，经济效益显著。

河北北方学院体育馆建筑面积26352.4m$^2$，占地面积11390m$^2$，地下一层，主体一层，局部四层，主体建筑高度 27.5m，耐火等级为二级，体育建筑等级为甲级，建筑规模为大型，观众席位6213席。

主体结构采用全现浇钢筋混凝土框架结构，楼盖采用全现浇梁板结构承重，钢屋盖采用弦支穹顶结构，弦支穹顶的最外圈环形钢梁通过 32 个铸钢球铰支座支承在钢筋混凝土框架柱顶上（图3.1-1）。

图3.1-1 主体结构模型图

弦支穹顶由上部单层网壳结构和下部张拉索杆体系构成，是索穹顶与空间网壳结构的混合体。单层网壳为类椭圆形，平面投影尺寸为89.9m×82.7m，由内部8圈凯威特型网壳和外部3～4圈联方型网壳组合而成，网壳杆件为圆钢管，节点为焊接球节点。下部张拉索杆体系为 Levy 体系，共设置 5 道环向拉索、6 道径向钢拉杆和 128 根钢管撑杆，最内圈径向钢拉杆与中心撑杆连接，撑杆、环索和径向钢拉杆相交的相关节点采用铸钢节点，材质为 G20Mn5QT（图 3.1-2）。

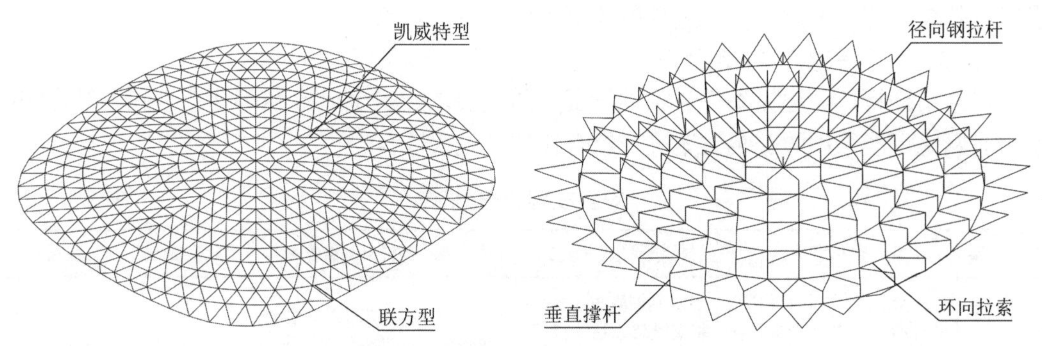


图 3.1-2　网壳和索杆体系轴测图

5 道环向拉索分别为$\phi$63mm、$\phi$63mm、$\phi$77mm、$\phi$77mm 和$\phi$105mm 的高钒索，抗拉强度为 1670MPa，径向钢拉杆分别为$\phi$40mm、$\phi$40mm、$\phi$40mm、$\phi$60mm、$\phi$60mm 和$\phi$80mm 的 U 型钢拉杆，强度级别为 550 级，撑杆采用圆钢管，上端与网壳焊接球节点铰接，下端与索夹焊接。

## 3.1.2　事件过程分析描述

### 3.1.2.1　施工重点难点分析

（1）钢屋盖造型复杂，各构件空间关系复杂

钢屋盖为双曲线马鞍形造型，焊接球节点位置需三维空间参数确定，各构件位置相互影响，网壳的精度直接影响到拉索、钢拉杆和撑杆的尺寸，各杆件的位置和尺寸需要严格保证。

（2）屋盖网壳为双曲面椭球造型，结构安装精度要求高

钢屋盖网壳结构为双曲面椭球造型，中部为凯威特型、外部为联方型网壳，32 个铸钢球铰支座采用周边支承的形式位于屋盖四周，但位于不同的标高位置，安装精度要求较高。

（3）5 道拉索相互干涉，拉索张拉方法复杂

本工程中拉索、钢拉杆和撑杆数量较多，共有 5 道环向拉索、113 根撑杆和 256 根径向钢拉杆，撑杆、径向钢向拉杆和环向拉索成为有机整体，互为依托，互相影响，如何选择合适的张拉方法是重点内容。

（4）索夹铸钢节点需进行强度分析

本工程中铸钢节点数量较多且相同的节点较少，材质为采用德国 DIN 17182 标准的 G20Mn5QT，索夹呈空间受力状态，造型和受力复杂，需要进行索夹体强度分析，满足索的受力要求。

（5）施工过程模拟分析复杂

预应力钢结构施工从结构的拼装到预应力张拉完成以及最后支撑架的拆除，经历多种受力状态，为保证工程质量符合设计要求，需进行大量的施工模拟分析，以保证施工过程中结构受力均衡，变形协调，稳定可靠，施工完成后结构的强度、变形和稳定性满足施工

规范和设计要求，索力满足设计要求的数值。

（6）施工过程监测需进行索力和杆件应力监测

在施工每一阶段，结构都经历一个自适应的过程，结构会经过自平衡而使内力重分布，形状也随之改变，因此，施工过程的监测是施工中的重点内容。

3.1.2.2　网壳安装方案比选

根据结构特点、边界条件、场地情况、质量要求、安全风险和后续拉索施工等影响因素，对网壳可能采用的安装方案进行综合比选，见表 3.1-1。

安装方案比选分析表　　表 3.1-1

| 可选方案 | 整体提升/顶升法 | 拼装平台高空散装法 | 高空散装与提升综合安装法 | 满堂红支撑架高空散装法 |
|---|---|---|---|---|
| 操作流程 | 1. 在地面和看台处搭设拼装胎架，对网壳进行拼装，三层、屋顶层框架梁影响部分网壳提升，拼装时暂不拼装该部分的网壳；<br>2. 用提升设备把拼装完成的这部分网壳提升至设计标高；<br>3. 把未拼装的部分杆件和球补装齐全 | 1. 在网壳投影面下安装支撑架，在支撑架上安装贝雷架，形成拼装平台；<br>2. 在拼装平台上用支撑架搭设网壳拼装胎架；<br>3. 在拼装胎架上由中心向四周逐步扩散安装屋面网壳的球和杆件 | 1. 在网壳外四圈联方型投影面下搭设拼装脚手架，安装此部分网壳；<br>2. 在地面搭设拼装胎架拼装内八圈凯威特型网壳；<br>3. 利用提升设备提升内八圈网壳到设计标高，补装此部分网壳与外四圈网壳之间的杆件 | 1. 在网壳投影面的地面和看台搭设满堂红支撑架；<br>2. 在网壳球节点处放置可调式支承台座；<br>3. 在两球之间安装杆件；<br>4. 由中心向四周逐步扩散安装屋面网壳杆件 |
| 方案优点 | 1. 地面拼装，质量、精度容易保证；<br>2. 施工操作条件较好；<br>3. 高空焊接作业少；<br>4. 高空作业少，安全风险小 | 1. 施工工艺简单，无特殊工艺要求；<br>2. 不需要大吨位的吊装设备，利用土建施工的塔吊即可满足要求；<br>3. 不需要复杂的施工计算；<br>4. 方案成熟，施工安全，可靠性高；<br>5. 在部分此类工程中得到应用 | 1. 网壳内八环凯威特型在地面拼装，高空作业少；<br>2. 内八环拼装不需要大量的支撑架，只需要搭设拼装支架；<br>3. 拼装作业条件较好；<br>4. 施工工期较短，措施费用较低 | 1. 施工工艺简单，无特殊工艺要求；<br>2. 不需要大吨位的吊装设备，利用土建施工的塔吊即可满足要求；<br>3. 不需要复杂的施工计算；<br>4. 方案成熟，施工安全，可靠性高；<br>5. 已建成的此类结构大部分用此方法施工 |
| 方案缺点 | 1. 需要占用建筑物场内用地，影响其他工序在地面进行施工；<br>2. 需对提升工况进行较全面的受力分析；<br>3. 对建筑物内部场地要求较高 | 1. 需要部分支撑架和支撑架、贝雷架等；<br>2. 高空作业多，施工周期较长；<br>3. 需要占用建筑物场内用地，影响其他工序施工。<br>4. 网壳安装后支撑架拆卸、外移比较困难 | 1. 需要搭设外四环联方型安装支撑架；<br>2. 提升设备较复杂；<br>3. 需要对提升工况进行较全面的受力分析；<br>4. 仅一例工程用此方法安装，且外部结构为刚度较大的桁架结构 | 1. 需要搭设拼装支撑架，支撑架搭设时间长或较多的工人；<br>2. 需要占用建筑物场内用地，影响其他工序施工 |
| 是否适合本工程 | 本工程在三层、屋顶层设有局部混凝土结构框架成为整体提升的障碍，屋盖网壳结构无法整体提升，需要在空中进行补杆安装 | 此安装方法适合于本工程，支撑平台搭设时间也较长，支撑架和贝雷架租赁费用较高 | 此安装方法适用于本工程，但内八环凯威特型网壳需要与外四环联方型在空中补杆对接，精度要求高，此方法可作为备用方案 | 此安装方法适合于本工程，但支撑架搭设时间较长，可搭设一半后开始安装网壳 |
| 机械设备 | 需要提升（顶升）设备，设备较复杂 | 无需专业施工设备 | 需要提升（顶升）设备，设备较复杂 | 无需专业施工设备 |
| 结论 | 根据以上四种施工方案，综合工期、成本、质量及安全要求，结合现场实际的情况，确定采用方案四即满堂红支撑架高空散装法进行网壳安装 | | | |

## 3.1.3　关键措施及实施

### 3.1.3.1　关键措施

（1）采用有限元软件 ANSYS9.0 对索夹进行构件设计和深化设计，对索夹受力进行详尽的有限元分析，满足受力要求；对每个索夹进行准确编号，保证安装位置正确。

（2）采用三维实体建模进行深化设计，保证杆件尺寸精度；在每个球节点下设置支承点，保证其准确位置；施工过程中精确定位焊接球三维坐标，定期进行网格尺寸和标高检查，及时对误差进行调整。

（3）根据网壳三维实体模型导出每个焊接球节点的三维坐标值，安装时以焊接球为定位基准，采用全站仪根据三维坐标值确定焊接球节点的位置，进行精度定位安装，保证网壳的安装精度。

（4）结合本工程的结构特点，采用拉索分级、分批张拉的方法进行预应力的建立，利用有限元软件 ANSYS9.0 对张拉过程进行模拟分析，保证在满足结构要求的预应力的基础上施工方便、易于控制误差和环索找形。

（5）利用有限元分析软件 ANSYS9.0 对实际工程施工过程中的每一个工况，如安装、张拉、卸载等进行施工仿真分析，保证每个工况都在设计要求的应力及变形控制范围之内。

（6）施工中采用计算实时监测系统，对屋盖结构的变形和预应力钢索的受力进行实时监测，及时与施工模拟数据进行核比对，如有异常及时采取措施，确保结构施工期安全，保证结构与原设计相符。

### 3.1.3.2　关键措施实施

1）对索夹节点进行构件设计和深化设计

铸钢索夹是本工程深化设计的重点，按照构造要求进行索夹的初步设计，建立铸钢索夹的三维模型作为有限元分析模型，采用有限元分析软件 ANSYS9.0 进行模拟分析，以分析结果得出的应力和应变云图为依据对索夹的结构尺寸进行合理调整，最终得出铸钢索夹的加工图纸。

根据索夹初步设计的形状和尺寸，建立索夹的空间三维模型作为计算模型，在建模过程中，索夹各边、各相交部位的倒角圆角建模时不考虑，适当简化可以保证计算精度，也可减小计算工作量（图 3.1-3）。

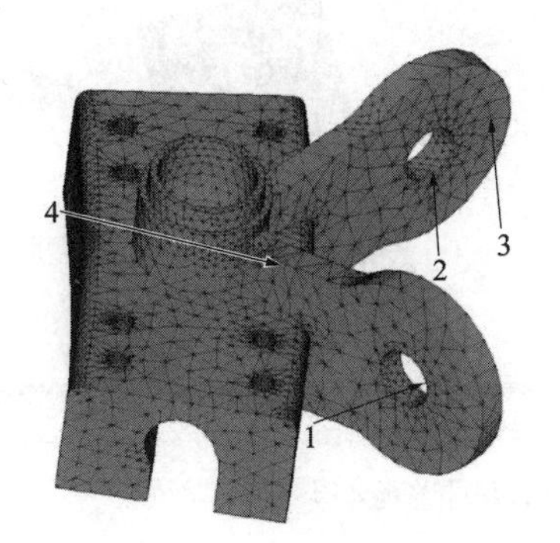

图 3.1-3　索夹有限元分析模型

1—销孔内壁承受均布荷载位置；2—耳板前端位置；3—销孔内壁受力方向的侧面位置；
4—耳板与索夹连接处中部位置；5—索夹索孔道内顶面中部位置

根据最不利荷载作用状态下受力情况撑杆内力、钢拉杆内力和拉索拉力，在铸钢节点承受撑杆压力处，通过有限元节点施加竖直向下的荷载；拉索荷载施加在耳板销轴孔受力方向半柱面内的各节点上；拉索荷载分解为$x$、$y$、$z$三个分力直接施加到模型节点上；约束直接施加在实体模型的底面。

材料本构关系采用理想弹性模型，屈服准则 Von Mises 准则。材料弹性模量$E = 2.06 \times 105\text{N/mm}^2$，泊松比$\mu = 0.3$，计算时设计强度取 240N/mm²。

考虑到计算精度要求和计算工作量的大小，按照 Smart size 尺寸等级 6 智能划分实体单元，对拉索耳板部分再予以细分（图 3.1-4）。

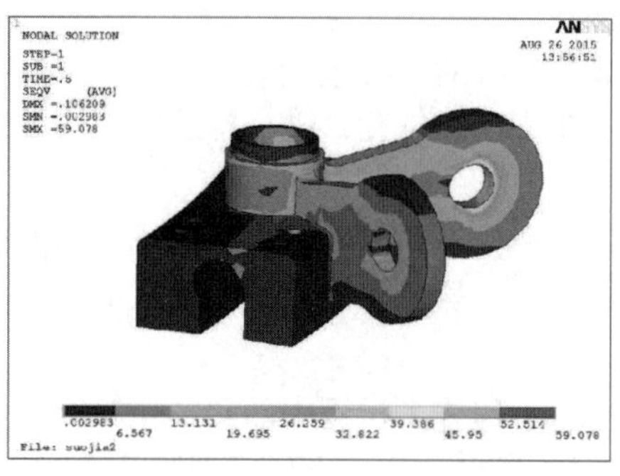

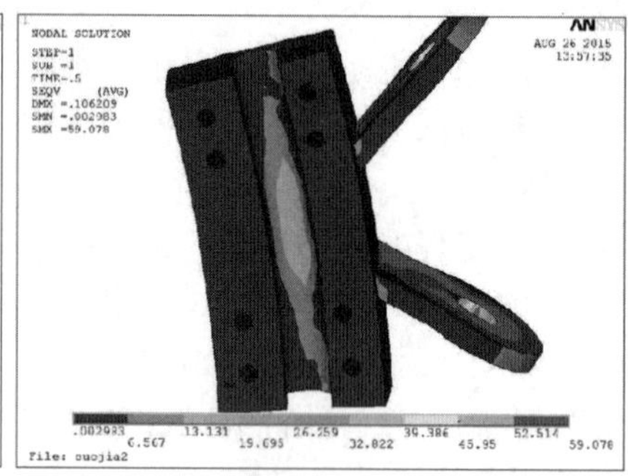

(a) 1 倍设计荷载时索夹的应力和变形云图

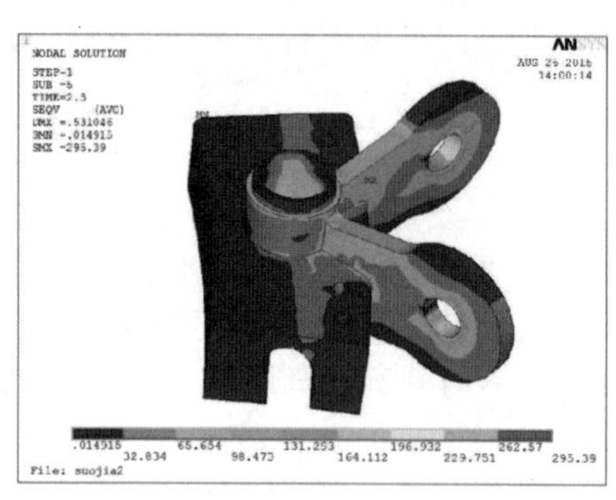

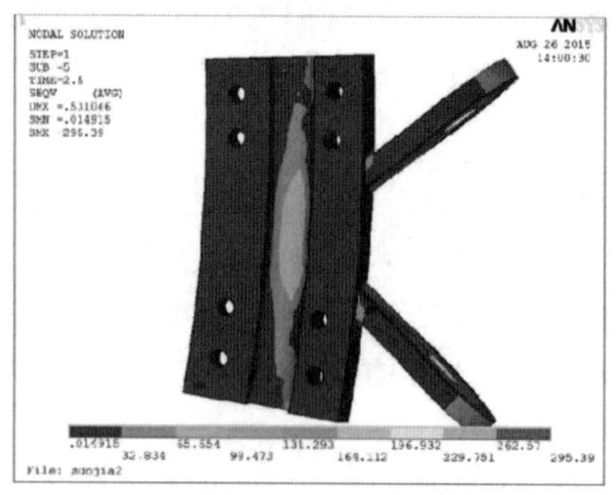

(b) 2.5 倍设计荷载时索夹的应力和变形云图

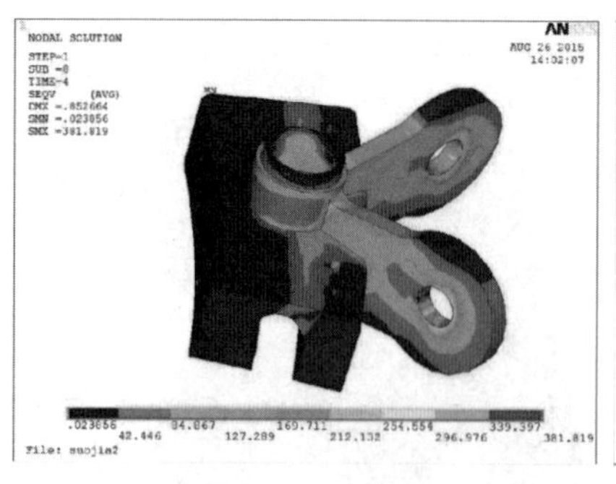

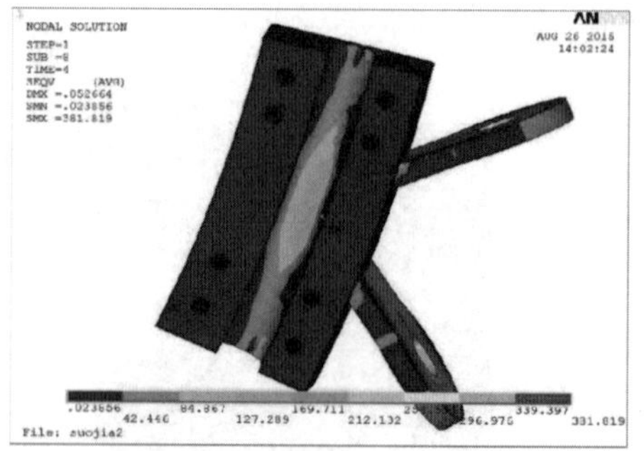

(c) 4 倍设计荷载时索夹的应力和变形云图

图 3.1-4　索夹的应力和变形云图

从分析结果可以看出：①在 1 倍设计荷载时，索夹的最大应力为 59.1MPa，最大位移为 0.106mm，处于弹性应力状态；②在 2.5 倍设计荷载时，索夹的最大应力为 295.4MPa，最大位移为 0.531mm；③在 4 倍设计荷载时，索夹的最大应力为 381.8MPa，最大位移为

0.853mm（位于销孔内壁）。分析结果表明，索夹整体承载力不低于 4 倍设计荷载，满足 3 倍设计荷载的安全系数要求。

2）深化设计和优化设计

采用 AutoCAD 软件根据结构施工图并结合找形分析的结果，按 1：1 比例建立网壳、钢拉杆、撑杆、拉索、索夹、连接耳板和马道等所有结构的三维实体模型。本工程的弦支穹顶结构为双曲面类椭球结构，造型较复杂，导致构件的种类和规格较多，位置关系和构件精度要求较高，建立模型时应严格控制建模精度和相对位置关系（图 3.1-5、图 3.1-6）。

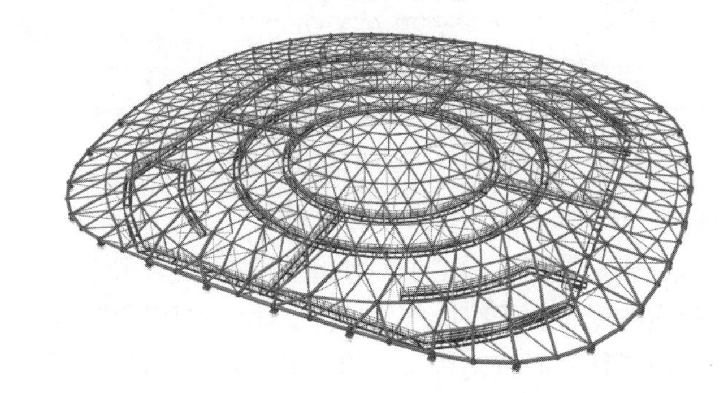

图 3.1-5　弦支穹顶三维实体模型渲染图

图 3.1-6　索夹三维实体模型渲染图

在深化设计时对焊接球直径进行了优化，避免单个节点多根杆件交叉，有效保证了焊接质量，球杆连接焊缝经超声波检测，全部满足设计和规范的要求。焊接球节点采用全站仪三维坐标定位，安装精度满足规范和索杆体系精度要求（图 3.1-7）。

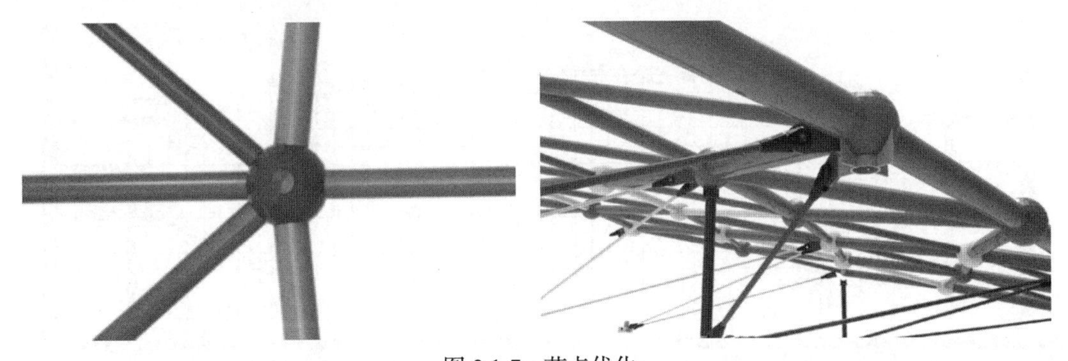

图 3.1-7　节点优化

三维实体模型建立完成后，对模型进行调整和检查，检查无误后，以三维实体模型为基础进行深化设计，绘制各零部件的加工详图（图 3.1-8）。

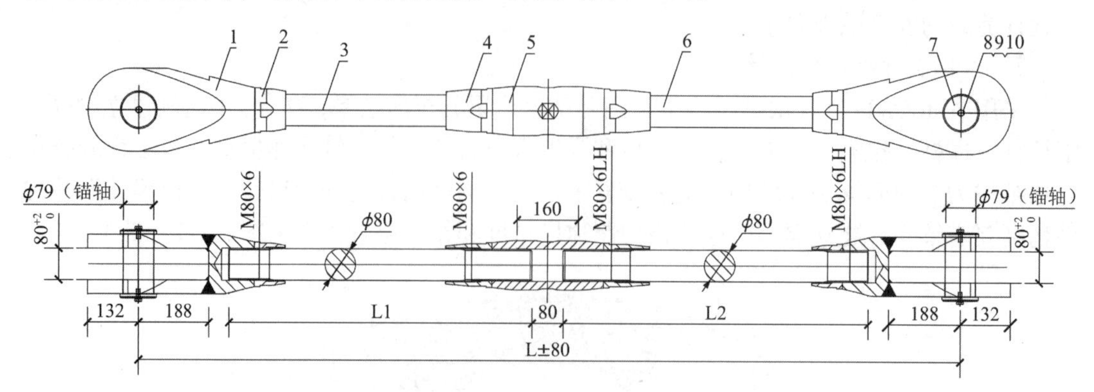


图 3.1-8　钢拉杆加工详图

3）满堂支撑架搭设

综合考虑结构安全、质量控制、施工工期和施工成本等各项因素，并结合网壳安装完成后钢拉杆、撑杆和拉索的安装和张拉操作便捷性，确定采用满堂支撑架高空散装法安装屋面网壳，满堂支撑架用于钢屋面弦支穹顶结构的单层网壳杆件和焊接球的安装、焊接，预应力体系中撑杆、径向钢拉杆和拉索的安装及拉索的张拉。

（1）支撑架钢管及扣件

满堂支撑架钢管采用现行国家标准《直缝电焊钢管》GB/T 13793—2008 中规定的 Q235 普通钢管，钢管的钢材质量应符合现行国家标准《碳素结构钢》GB/T 700—2024 中 Q235 级钢的规定，钢管规格选用外径 48.3mm、壁厚 3.2mm 的 48.3mm × 3.2mm 的焊接钢管。

扣件采用铸钢扣件，其质量和性能应符合现行国家标准《钢管脚手架扣件》GB 15831—2022 的规定，扣件在螺栓拧紧扭矩达到 65N · m 时，不得发生破坏。

（2）满堂支撑架布置

根据工程结构外形特点，并结合现场实际情况，满堂支撑架在平面上除局部框架结构外，按照屋面网壳结构的投影面全部布置，满堂支撑架部分直接落地于体育馆中部的混凝土垫层上，部分支撑在混凝土看台上。因钢屋盖为椭球面，在立面上满堂支撑架顶部呈阶梯形搭设（图 3.1-9）。

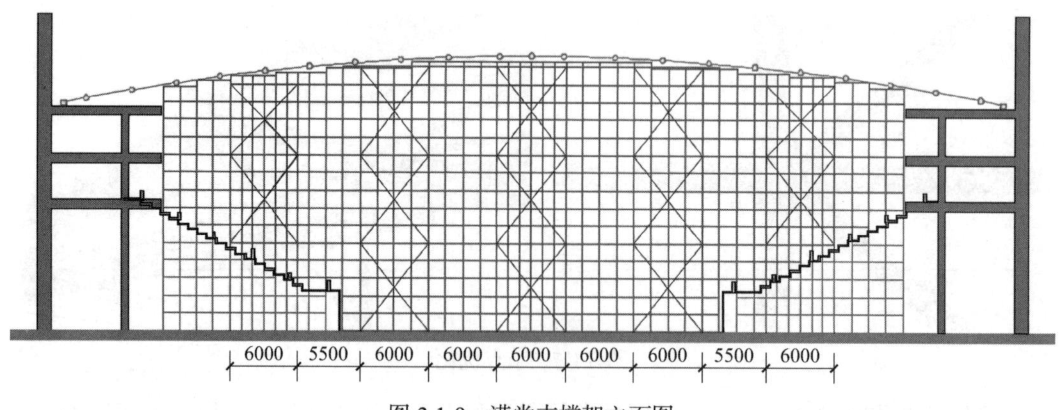


图 3.1-9　满堂支撑架立面图

（3）满堂支撑架搭设和验收

根据架体结构自重、网壳材料和结构自重、作业层上人员和设备自重及风荷载对支撑架体进行计算，严格按照计算结果和《建筑施工扣件式脚手架安全技术规范》JGJ 130—2011 的要求搭设满堂支撑架。支撑架体搭设完成后进行验收，验收合格后方可利用架体进行网壳安装。

部分支撑架搭设于看台上，在计算看台混凝土模板支撑时提前考虑支撑架的反力作用，对模板支撑进行加密，经计算，采用立杆横向间距 900mm、纵向间距 1000mm、横杆间距 1200mm 的脚手架可以满足要求。看台混凝土到达强度后，支撑暂不拆除，待弦支穹顶结构安装完成并卸载后，再拆除看台混凝土支撑。

4）网壳安装

（1）网壳焊接球和杆件定位

网壳为双曲面马鞍形造型，无法通过平面尺寸安装，需通过三维空间坐标确定焊接球的位置。根据结构模型导出每个焊接球节点的三维坐标数值，安装时采用全站仪定出每个球的三维空间位置进行精确定位。

为减少拼装过程中的累积误差和焊接变形，屋面网壳拼装时从网壳中心位置逐步扩散、逐个节点从外圈进行拼装。首先根据坐标值确定网壳中心焊接球的位置，然后确定与之相邻的焊接球的位置，连接两个焊接球之间的杆件，组成封闭三角形网格，控制好尺寸后，由中心向外扩散安装焊接球和杆件，安装过程中调整精度并控制累积误差（图 3.1-10）。

图 3.1-10　网壳安装

（2）网壳焊接

根据结构特点和现场情况，采用 $CO_2$ 气体保护焊焊接网壳杆件。$CO_2$ 气体保护焊接速度快，其熔焊速度为手工电弧焊的 2～3 倍，熔焊效率达 90%以上；$CO_2$ 气体保护焊电弧稳定，飞溅少，易脱渣，焊缝成型美观；$CO_2$ 气体保护焊对电流、电压适应范围广，焊接条件易于满足，适应施工现场电压不稳定的特点。

本工程中屋面网壳结构的焊接主要以钢管和焊接球节点焊接为主，采用钢管开单边 V 形坡口的形式，焊接球上设置衬管，钢管杆件根部间隙 3～5mm，坡口角度 30°～35°。部分杆件在球节点处相贯，在焊接时应保证截面大的杆件全截面焊接在球上，另一杆件焊接在相汇交的杆上，并保证有 3/4 截面焊在焊接球上（图 3.1-11）。

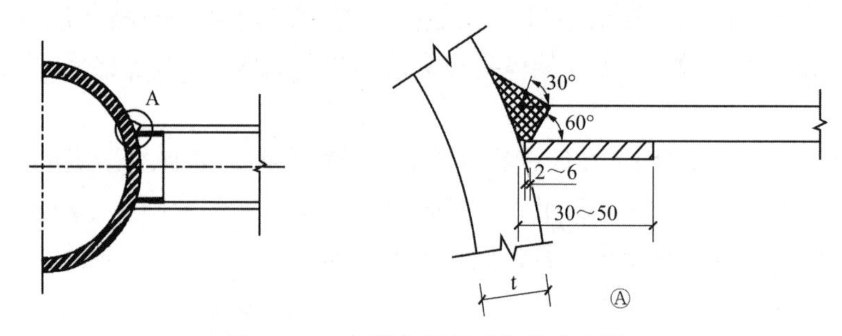


图 3.1-11　杆件与焊接球焊接节点图

本工程焊接变形主要是焊缝接头焊接收缩引起的纵向和横向的结构收缩变形，在焊接过程中严格控制焊接顺序、焊接工艺参数，采用从中心向外呈“米”字形焊接，焊接出六道“主肋”，然后再焊接“米”字形各条“主肋”之间的节点，焊接工艺参数保持一致，通过合理的焊接顺序控制焊接变形（图 3.1-12）。

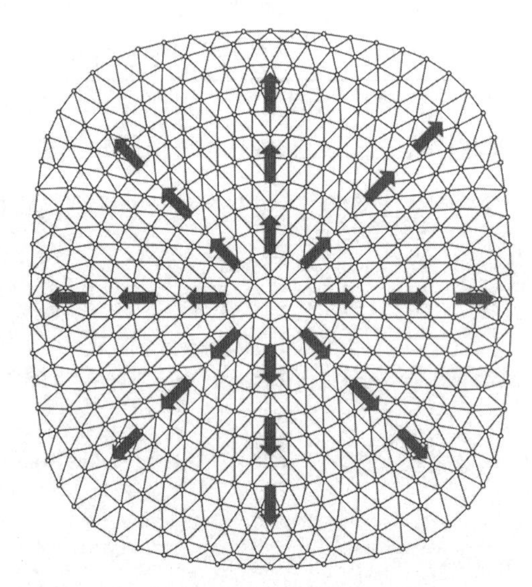

图 3.1-12　网壳焊接顺序示意图

5）索杆体系安装

拉索张拉前整个体育馆屋盖钢结构应全部安装完成，合拢为一整体。直接和径向钢拉杆、撑杆相连的网壳节点，其空间坐标精度需严格控制。焊接球节点上与钢拉杆相连的耳板方向应严格控制，以免影响拉索施工和结构受力。

（1）撑杆安装

撑杆依次从内环向外环安装，径向钢拉杆安装前须在撑杆竖直状态下测定撑杆上、下节点与径向索上节点的安装误差，并根据径向钢拉杆的实际生产长度误差，调节钢拉杆长度，然后安装，以确保同环撑杆的偏摆方向和偏摆量与理论分析值的一致性，以及同环的均匀性。径向钢拉杆长度比较短，重量比较小，采用手动葫芦吊装和人工搬运相结合的方式安装就位。

用手动葫芦将地面编好号的撑杆逐根吊起安装上端节点，然后在撑杆下端安装铸钢索夹节点，螺母位置应尽量往上靠（图 3.1-13）。

图 3.1-13　拉杆和拉索安装图

（2）拉索安装

拉索正式安装前，首先对环索、径向钢拉杆、环索索夹进行编号，精确确定各个构件的初始无应力长度，对环索还应确定好索夹位置和各索段的长度，并作好标记。

利用塔吊将拉索吊至安装位置的脚手架上，在脚手板上设置滚轴并测量定位，确定拉索位置，然后开盘放索。放索过程中，采用卷扬机牵引拉索索头，4～10 个倒链牵引已放索体，将钢索在脚手架架板上慢慢放开，为防止索体在移动过程中与地面接触，拉索的索头用布包裹，在沿放索方向铺设一些滚杠，最后将拉索慢慢沿对应撑杆下方放开（图 3.1-14）。

图 3.1-14　开盘放索

因拉索盘绕产生的弹性和牵引产生的偏心力，拉索开盘时产生加速，导致拉索弹开、散盘，易危及工人安全，因此开盘时应注意防止崩盘。

因拉索直径较大，重量较重，采用牵引法进行放索，让拉索尽量水平平铺在脚手架架板上，再安装连接螺杆。然后用多台手动葫芦提升拉索，将拉索与撑杆下端的索夹相连。根据拉索表面的索夹标记，初步确定索夹与拉索相连的位置，并安装好索夹，此时索夹不应拧紧。

在拉索开盘展开过程中外包的防护层不除去，仅剥去索夹处的防护层，在牵引拉索、张拉拉索的各道工序中，注意避免碰伤、刮伤索体。

（3）撑杆、钢拉杆和拉索安装注意事项

撑杆下料时严格控制精度，安装前按实际位置对每根撑杆编号。

拉索加工时应在工厂对拉索进行严格编号和精确标记。按照初始预张力和各索索段的长度，在索上标记索夹的位置以及索头螺杆的位置。根据这些标记，在现场进行拉索及索夹的安装，并调节索长，以方便确定撑杆下节点索夹的精确位置和拉索初始态的索长。

拉索安装前，需对径向钢拉杆的调节套筒、拉索的调节段螺纹等处涂适量黄油润滑，以便于螺纹转动。

径向钢拉杆安装前应测定钢拉杆长的生产误差以及撑杆上节点的安装误差，根据这些误差值，调整拉杆长，确保撑杆下节点位置的准确。

索夹安装时严格按拉索索体表面的标识位置初步定位，然后通过预紧来调整位置。

6）确定初步张拉方案

根据本工程特点，经结构分析和方案比对，确定采用张拉环索的方法建立预应力，即拉索张拉采用主动张拉环索的方式完成。

张拉施工采用分阶段、分级别的张拉方式。第一阶段在有支架的条件下由外圈向内圈进行张拉，从预紧力 10%→25%→50%→75%→90%的初始预张力；第二阶段张拉前，将支架主动脱离，结构在拆除支撑的条件下由内圈向外圈进行张拉，从 90%→100%的初始预张力（图 3.1-15）。

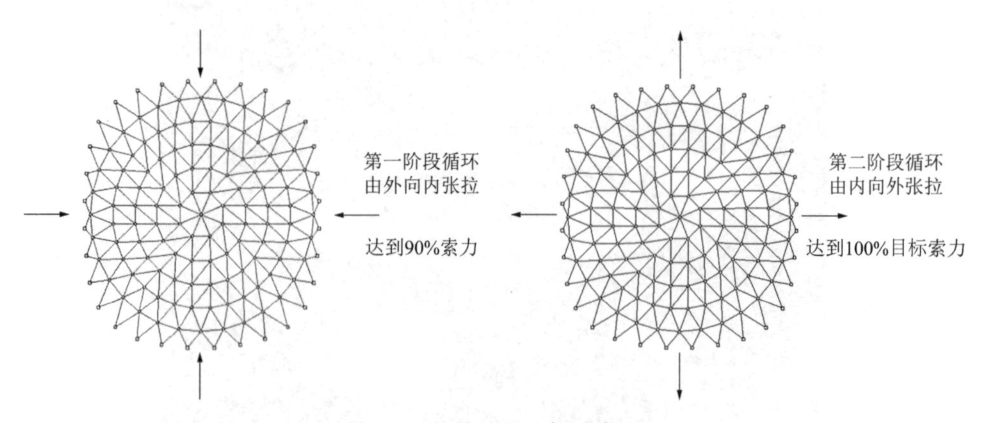


图 3.1-15　分阶段张拉示意图

为保证张拉过程中索力保持均匀，每道环索均采用多点进行同步张拉。根据结构特点和环索索长，确定各环环索的张拉点数量。

每个张拉点需 2 台千斤顶，则单次同步张拉最多需要 16 台千斤顶。各环环索张拉点的数量分别为 8、8、6、4、4（图 3.1-16）。

图 3.1-16 张拉点数量和位置示意图

7）张拉施工模拟分析

拉索张拉过程中对结构的形状和内力、其他拉索的索力、相邻构件都有较大影响，需对张拉施工进行模拟分析，验证张拉方案是否合理，张拉过程中结构受力、应力和变形是否满足规范要求，张拉完成后索力是否满足设计要求。

本工程采用通用有限元分析软件 ANSYS9.0 建立结构模型，对张拉过程和张拉完成后结构的应力、变形和索力进行模拟分析。

单元类型：网壳杆件采用梁单元，撑杆和钢拉杆采用只受拉压的杆单元，拉索采用只受拉、不受压和弯的索单元，支架采用不受拉、只受压的压杆单元。

节点形式：单层网壳各节点固接，撑杆与环向拉索采用耦合连接的方式，撑杆下节点与环向拉索对应节点在竖向和径向耦合，环向拉索在环向可以自由滑动。

边界条件：第一阶段张拉时，最外环钢环梁在 32 个支承节点处采用竖向约束，$X$、$Y$ 方向弹性约束（$K = 3000\text{kN/m}$）的约束方式，同时在网壳各个节点处设置竖向支撑；第二阶段张拉时，在第一阶段的基础上拆除网壳各节点竖向支撑，同时最外环钢环梁在 32 个支承节点处继续采用竖向约束，$X$、$Y$ 方向弹性约束（$K = 3000\text{kN/m}$）的约束方式（图 3.1-17）。

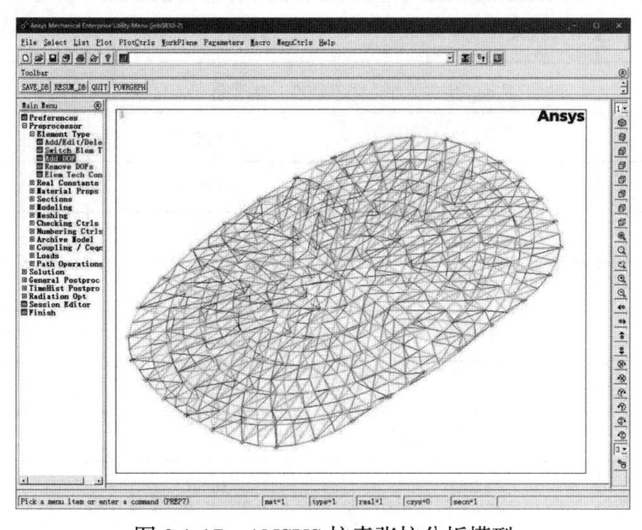


图 3.1-17 ANSYS 拉索张拉分析模型

采用几何非线性和材料非线性分析，牛顿-拉斐逊迭代求解，考虑应力刚化效应，分析过程荷载仅包括材料的自重荷载以及施加给环向拉索的等效预张力，分析结果见表 3.1-2、表 3.1-3。

第一阶段张拉过程中索力变化表（单位：kN）　　表 3.1-2

| 索杆构件 | 预紧 | 第 1 阶段张拉，张拉顺序：外环向内环 | | | | | 主动落架 |
|---|---|---|---|---|---|---|---|
| | | HS-5 | HS-4 | HS-3 | HS-2 | HS-1 | |
| HS-5 | 210.8 | 1809.9 | 1821.5 | 1889.3 | 1896.0 | 1897.0 | 1951.6 |
| HS-4 | 65.7 | | 548.7 | 573.3 | 590.0 | 591.3 | 573.2 |
| HS-3 | 40.4 | | | 343.4 | 353.5 | 364.0 | 331.4 |
| HS-2 | 13.6 | | | | 118.6 | 122.0 | 111.3 |
| HS-1 | 4.6 | | | | | 40.9 | 37.4 |

第二阶段张拉过程中索力变化表（单位：kN）　　表 3.1-3

| 索杆构件 | 第 2 阶段张拉，张拉顺序：内环向外环 | | | | | 目标索力 |
|---|---|---|---|---|---|---|
| | HS-1 | HS-2 | HS-3 | HS-4 | HS-5 | |
| HS-1 | 36.2 | 36.5 | 42.6 | 44.1 | 45.8 | 45.8 |
| HS-2 | 111.5 | 122.8 | 123.7 | 130.8 | 135.7 | 135.7 |
| HS-3 | 332.4 | 332.6 | 386.6 | 387.2 | 404.1 | 404.1 |
| HS-4 | 570.0 | 579.2 | 579.7 | 658.5 | 657.0 | 657.0 |
| HS-5 | 1963.9 | 1964.9 | 1977.3 | 1976.1 | 2107.7 | 2107.7 |

施工模拟分析中各阶段结构最大竖向位移和单层网壳杆件最大等效应力值见表 3.1-4。

施工模拟分析中各阶段结构最大竖向位移和网壳最大等效应力表　　表 3.1-4

| 施工步骤 | 上挠最大位移（mm） | 下挠最大位移（mm） | 单层网壳钢构最大等效应力（MPa） |
|---|---|---|---|
| 第一阶段（由外向内张拉环索） | | | |
| 张拉 HS-5 | 87.23 | −0.00 | 128.26 |
| 张拉 HS-4 | 116.41 | −0.01 | 122.33 |
| 张拉 HS-3 | 88.37 | −0.01 | 109.69 |
| 张拉 HS-2 | 79.76 | −0.01 | 110.90 |
| 张拉 HS-1 | 111.01 | −0.09 | 111.01 |
| 主动落架 | 82.60 | −36.87 | 115.82 |
| 第二阶段（由内向外张拉环索） | | | |
| 张拉 HS-1 | 82.63 | −36.85 | 115.81 |
| 张拉 HS-2 | 81.94 | −41.28 | 115.96 |

续表

| 施工步骤 | 上挠最大位移（mm） | 下挠最大位移（mm） | 单层网壳钢构最大等效应力（MPa） |
| --- | --- | --- | --- |
| 第二阶段（由内向外张拉环索） | | | |
| 张拉 HS-3 | 77.40 | −36.51 | 115.82 |
| 张拉 HS-4 | 81.80 | −41.92 | 113.18 |
| 张拉 HS-5 | 92.22 | −34.94 | 123.72 |

张拉施工模拟分析结果表明：

（1）拉索在施工过程中各环环索的索力变化较均匀，同时由于索夹在环索张拉至目标索力前不拧紧，环向拉索在张拉时处于滑动状态，同环环向拉索的索力较均匀。

（2）在各环环索张拉过程中，相邻环向拉索的索力相互影响较小，且最内环钢拉杆拉力较小，预紧即可满足要求。

（3）结构在施工过程中最大为竖向位移为+116.41mm 和−41.92mm，最大挠跨比为 1/712，满足设计和规范的要求。

（4）施工过程中网壳杆件的最大等效应力不超过 128.2MPa，处于弹性应力状态。

（5）脱架后，结构竖向位移下移，+111.01mm→+82.60mm、−0.09mm→−36.87mm；单层网壳杆件最大应力基本未变；环向拉索的应力均有不同程度的变化，最外环索 HS-5 的索力增大 3%，其余索的索力均有所下降，下降幅度均不超过 9%。

（6）张拉过程中，支座处于径向滑移状态。张拉成型之后，支座径向位移为 4.42～12.67mm，位移方向均为径向向内。为便于张拉完成之后支座居中，支座反向预偏安装。

综上所述，初步确定的拉索张拉方案符合要求，结构在施工过程中变形较小，受力较为均匀且合理。

8）张拉施工

（1）张拉前准备

单层网壳、钢拉杆、撑杆和拉索安装完成后，对施工现场钢结构主要节点位置进行实测，根据实际安装偏差对拉索索长及索夹位置进行微调，待所有预应力拉索索系的各个构件安装调整完毕后再实施张拉。

张拉前对拉索张拉设备进行配套标定。千斤顶和油压表须每半年配套标定一次，且配套使用，标定须在有资质的试验单位进行。根据标定记录和施工张拉力，计算出相应的油压表值，现场按照油压表读数精确控制张拉力。

方便工人张拉操作，拉索张拉前搭设好安全可靠的操作平台。

（2）施工张拉力

根据设计要求，各环环索等效预应力分别为：HS-1：200kN、HS-2：400kN、HS-3：600kN、HS-4：1600kN、HS-5：2700kN，根据预应力拉索施工总体原则和施工方案，对整个施工过程进行张拉模拟分析，得出张拉全过程的拉索施工张拉力数值见表 3.1-5。

为减少索夹摩擦引起的环索预应力损失，各环索张拉点的施工张拉力可在理论施工张拉力的基础上超张拉 10%。

各施工阶段拉索的施工张拉力值（单位：kN） 表 3.1-5

| 环索编号 | 第一阶段（由外向内张拉） | | | | | 第二阶段（由内向外张拉） | | | | |
|---|---|---|---|---|---|---|---|---|---|---|
| | HS-5 | HS-4 | HS-3 | HS-2 | HS-1 | HS-1 | HS-2 | HS-3 | HS-4 | HS-5 |
| 理论张拉力 | 1809.9 | 548.7 | 343.4 | 118.6 | 40.9 | 36.2 | 122.8 | 386.6 | 658.5 | 2107.7 |
| 实际张拉力 | 1990.9 | 603.6 | 377.7 | 130.5 | 45.0 | 39.8 | 135.1 | 425.3 | 724.4 | 2318.5 |

（3）张拉设备

根据结构特点、荷载情况、设计预应力、边界条件进行施工模拟仿真计算，得到环向索最大张拉力，根据张拉力选择张拉设备。张拉设备由预应力钢结构专用穿心千斤顶、配套液压油泵、油压传感器、读数仪和张拉工装卡具等组成。

本工程采用张拉环索的方式进行张拉，根据张拉力和张拉方式的需要，每个张拉点采用两台千斤顶并联，另配置张拉工装、张拉螺杆、油泵系统等，张拉机具安装见图 3.1-18。

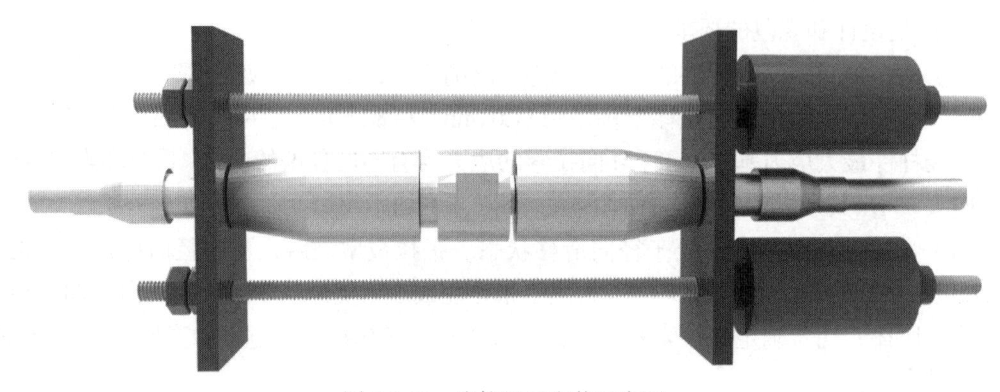

图 3.1-18 张拉机具安装示意图

根据张拉方式、张拉力和张拉机具的需要，张拉施工所需设备见表 3.1-6。

张拉设备表 表 3.1-6

| 索系 | 同批张拉点 | 千斤顶 | | | 工装 | 油泵 |
|---|---|---|---|---|---|---|
| | | 台/张拉点 | 规格 | 总台数 | 套 | 台 |
| HS-1 | 4 | 2 | 150t | 8 | 4 | 4 |
| HS-2 | 4 | 2 | 150t | 8 | 4 | 4 |
| HS-3 | 6 | 2 | 150t | 12 | 6 | 6 |
| HS-4 | 8 | 2 | 150t | 16 | 8 | 8 |
| HS-5 | 8 | 2 | 150t | 16 | 8 | 8 |

单根拉索最大施工张拉力约为 200t，选用 YCW150B 型千斤顶进行张拉（一个张拉点的两台千斤顶的张拉力能达到 300t），考虑到设备可能发生故障或辅助工作需要，需备用 4 台 YCW150B 型千斤顶和 4 台 YCW100B 型千斤顶及配套的张拉工装设备（表 3.1-7）。

千斤顶主要技术参数　　表 3.1-7

| 型号 | 公称张拉力（kN） | 公称油压（MPa） | 穿心孔径（mm） | 张拉行程（mm） | 主机质量（kg） | 外形尺寸（mm） | 使用阶段 |
|---|---|---|---|---|---|---|---|
| YCW150B | 1492 | 50 | $\phi$120 | 200 | 108 | $\phi$285 × 370 | 拉索张拉 |
| YCW100B | 973 | 51 | $\phi$78 | 200 | 65 | $\phi$214 × 370 | 施工辅助 |

（4）拉索张拉

张拉前根据设计和预应力工艺要求的实际施工张拉力对油压传感器及读数仪进行标定。结构和张拉设备安装并检查合格后，开启油泵根据标定的数据进行张拉（图 3.1-19）。

图 3.1-19　拉索张拉施工

为控制环索的线形，保证撑杆垂直度和环索索力的均匀性，同环环索各张拉点同步分级张拉，对拉索张拉控制采用双控原则，即控制撑杆垂直度和张拉力。

张拉分两个阶段，从预紧（约 10%）→25%→50%→70%→90%为第一阶段，第一阶段张拉以控制撑杆垂直度为主；从 90%→100%为第二阶段，第二阶段张拉以控制索力为主。

9）张拉施工要点及注意事项

为保证张拉施工顺利实施，确保拉索施工质量，需采取以下几点措施：

（1）张拉施工中结构实际状态应与设计状态相吻合，为避免张拉过程中支座约束影响，屋盖结构的支座在张拉过程中应设置为可滑动状态。

（2）张拉设备张拉前须全面检查，保证张拉过程中设备的可靠性。在一切准备工作做完，且经过系统、全面的检查确认无误，现场安装总指挥检查并发令后，才能正式进行预应力索张拉作业。

（3）第一阶段张拉前，网壳和索杆体系必须安装完成并验收合格。第一阶段张拉在满堂脚手架支撑条件下由外圈向内圈进行张拉；第二阶段张拉前，将满堂脚手架主动脱离结构（但不拆除脚手架），在结构无脚手架支撑的条件下由内圈向外圈进行第二阶段张拉，以避免支架对最终张拉的影响。

（4）为保证同环环向拉索的同步性，避免同环拉索由于先后张拉的影响，同环的环向拉索各张拉点同步张拉。为保证索力均匀，同步张拉应分级进行。

（5）外环索对结构重要性优于内部其他环环索，在第二级张拉顺序为从内环向外环，以保证最外环索力不受相邻环拉索张拉的影响。

（6）张拉过程中，油压应缓慢、平稳，并且边张拉边旋转连接螺杆。

（7）千斤顶与油压表需配套校验。标定数据的有效期在6个月以内。严格按照标定记录，计算与径向钢拉杆张拉力一致的油压表读数，并依此读数控制千斤顶实际张拉力。油压表采用精密压力表。

（8）张拉过程中如油缸发生漏油、损坏等故障，在现场配备三名专门修理张拉设备的维修工，在现场备好密封圈、油管，随时修理，同时在现场配置2套备用设备，如果不能修理立即更换千斤顶。

（9）如果张拉过程中突然停电，应立即停止索张拉施工。关闭总电源，查明停电原因，防止来电时张拉设备的突然启动，对屋盖结构产生不利影响。同时把锁紧螺母拧紧，保证索力变化与张拉过程同步。

10）张拉施工监测

弦支穹顶结构施工过程复杂，施工方法和施工工艺繁琐，结构呈现出几何非线性特征，并且不同拉索间的索力相互影响。对施工过程中网壳结构中重要杆件的应力和应变、结构的整体变形及索力进行监测，是保证施工安全和施工质量的重要手段。

（1）监测设备

采用BGK-4000型振弦式应变仪监测张拉过程中网壳杆件的应力和应变，BGK-4000型振弦式应变仪性能参数见表3.1-8。

BGK-4000型振弦式应变仪性能参数表　　表3.1-8

| 标准量程 | 精度 | 非线性度 | 灵敏度 | 温度范围 | 长度 | 安装方式 |
|---|---|---|---|---|---|---|
| 3000με | ±0.1%F.S | ＜0.5%F.S | 1.0με | −20～+80℃ | 150mm | 表面安装 |

采用GTS-332N型全站仪监测结构的整体变形，GTS-332N型全站仪性能参数见表3.1-9。

GTS-332N型全站仪性能参数表　　表3.1-9

| 测角精度 | 测量精度 | 测程 | 高速测距 | | | 分辨率 |
|---|---|---|---|---|---|---|
| | | | 精测 | 粗测 | 跟踪 | |
| ±2″/5″ | ±（2mm＋2ppm×$D$） | 3km/单棱镜 | 1.2″ | 0.7″ | 0.4″ | 2.5″ |

（2）监测点布置

根据施工阶段有限元模拟计算结果，监测测点主要布置在结构受力不利的位置。总监测点数量为225个，其中索力监测测点数为16个，撑杆处测点为32个，拉杆处测点为68

个，网壳杆件应变测点为 32 个，网壳节点竖向位移测点为 33 个，加速度测点为 44 个，网壳上的各监测点位置见图 3.1-20，索杆体系的各监测点位置见图 3.1-21。

为测量张拉点处环向拉索的拉力，在每个张拉点的节点处设置振弦传感器，在每个钢拉杆处各布置 2 个传感器，取 2 个传感器读数的平均值，以消除节点构造引起的钢拉杆端部弯矩的影响。传感器布置在距离节点约 30cm 处，以消除钢拉杆在自重或者初始压力下非线性弯曲过大造成的应变失真。同时，在撑杆的内、外两侧各布置 1 个传感器，取其平均值计算轴压力，以消除撑杆的端弯矩的影响。

网壳的内力监测时，选取了构件内力较大的位置布置了振弦式传感器。传感器布置在圆钢管与球节点的连接处，上、下表面各设置 1 个传感器，以测得构件的端弯矩和轴力。传感器要求距离球节点外表面约 10cm，以避免球节点处焊缝的影响（图 3.1-22）。

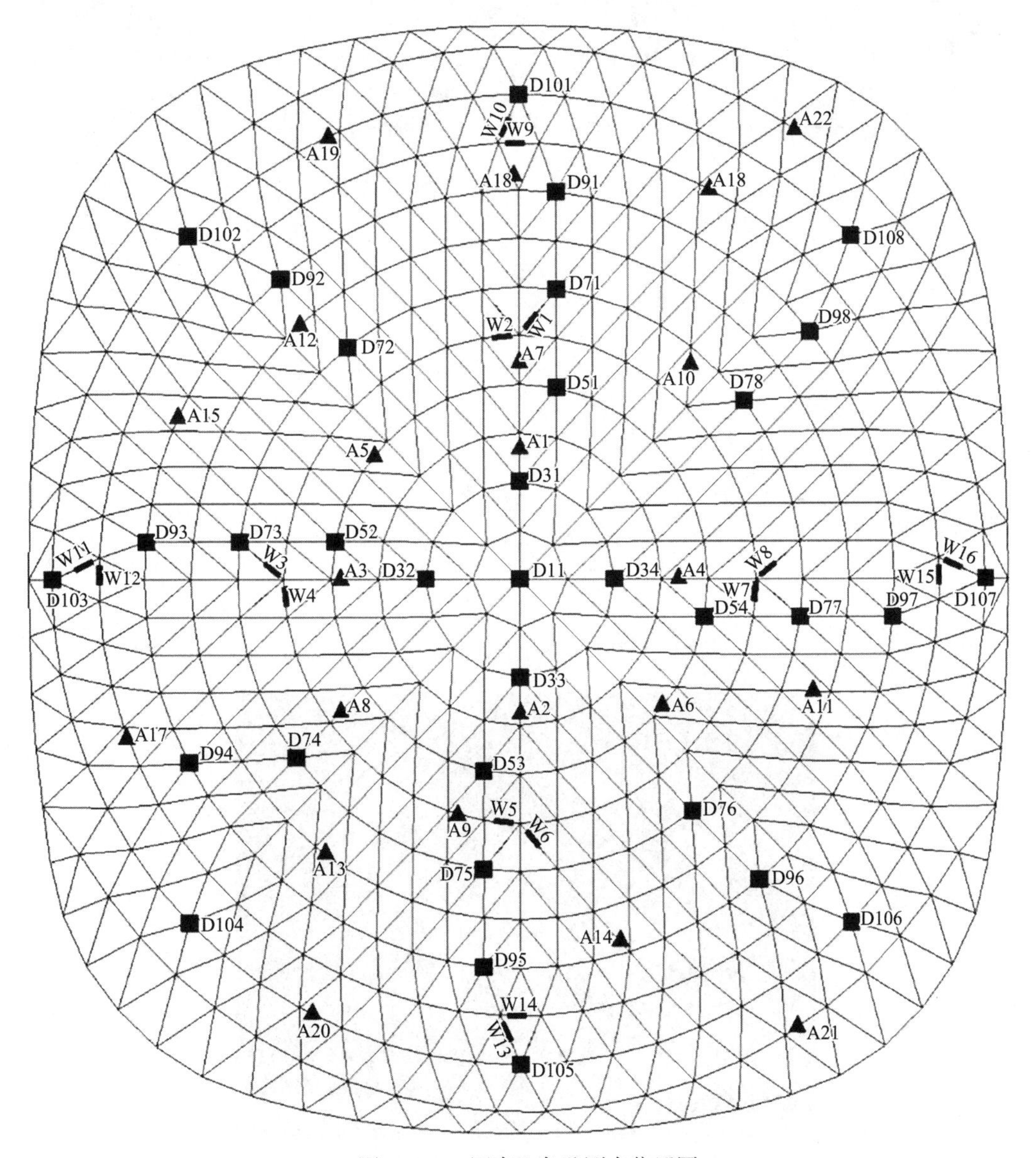


图 3.1-20　网壳上各监测点位置图

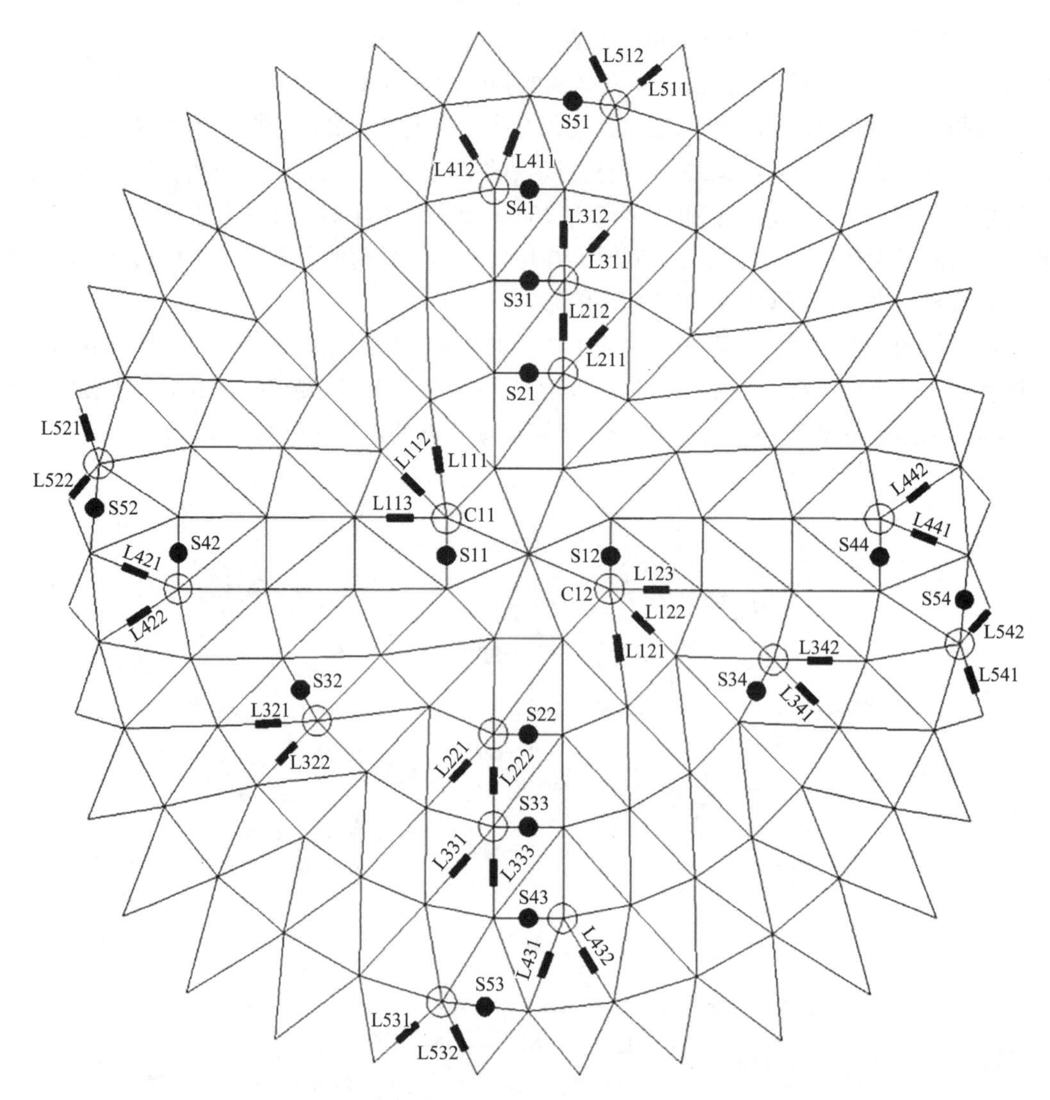


图 3.1-21　索杆上各监测点位置图

图 3.1-22　应力和变形数据监测

（3）监测结果

监测结果表明，结构杆件应力和变形满足设计要求，索力误差在 5%以内，满足设计要求。

## 3.1.4　结果状态

弦支穹顶结构施工工艺复杂，技术难度较高，构件位置关系复杂，安装精度要求高，在施工过程中以创新和创效为指导思想，通过创新的方式和精心的管理圆满完成了施工任务，工程质量优良，先后获得中国钢结构金奖和国家优质工程奖。

河北北方学院体育馆是河北省第一项申奥资金项目，也是河北省首个采用穹顶结构钢屋盖的体育馆，随着项目的竣工，结束了张家口市区无室内体育场馆的历史，为推动冰雪运动的发展创造了有利的条件（图 3.1-23、图 3.1-24）。

图 3.1-23　河北北方学院体育馆外部实景

图 3.1-24　河北北方学院体育馆内部实景

### 3.1.4.1　质量效果

本工程在施工中始终把质量放在首要位置，严格保证构件的加工精度和安装精度，所有构件尺寸精确，安装位置准确无误，焊接球节点安装位置误差小于 10mm，焊缝质量全部合格，结构变形远小于规范要求。施工过程中对结构的应力、变形和索力进行监测，监测结果与施工模拟分析结果误差小于6%。施工完成后进行检测，施工质量满足设计和规范要求。工程验收后，建设单位聘请国内知名检测机构对弦支穹顶结构进行为期三年的健康监测，在监测期内，网壳、撑杆以及拉杆应力变化均在20MPa以内，变化值较小，可认为网壳钢结构处于稳定状态。索力最大变化值约为10MPa，变化值较小，结构拉索应力松弛现象不明显。屋盖第一振动周期约为0.33s，变化较小，与设计值相近，可认为结构刚度满足要求，且监测期间变化较小，结构处于稳定状态。监测结果表明：钢结构屋盖结构安全系数较高，处于稳定状态。

3.1.4.2 经济效益

大跨度空间结构因跨度大、结构复杂，施工成本较高，本工程在施工前综合考虑网壳安装和索杆体系施工的施工便捷性，以及对质量和安全的影响，采用满堂支撑架高空散装法进行安装，虽然搭设和拆除支撑架费用较高，但有效保证了网壳安装精度，便于索杆体系安装和张拉，也避免了质量缺陷导致返工的费用和工期损失，综合经济效益显著。

3.1.4.3 技术价值

弦支穹顶结构施工工艺复杂，技术难度大，可选择的施工方案也较多，通过综合比选合理的施工方案，对索夹铸钢节点进行优化和强度分析，并对张拉方案进行施工阶段模拟分析，对张拉施工过程中结构的应力和变形有效预判，保证了施工安全和施工质量。通过本工程的施工，掌握了弦支穹顶结构的施工技术，提高了施工技术水平，为类似工程的施工提供了可借鉴的经验，对提升钢结构工程施工水平起到积极的促进作用。

### 3.1.5 问题和建议

弦支穹顶结构钢屋盖造型美观，结构轻盈通透，用钢量低，但安装精度要求高，技术难度大。弦支穹顶由单层网壳与索杆体系组成，网壳与索杆体系位置关系和安装误差相互影响，安装时不能分别按照规范要求的误差施工，应充分考虑互相影响的连接节点的精度要求。

本工程共有5道环索，拉索张拉时各道环索的索力互相影响，应采用分级分批张拉的方式建立索力，并应对张拉过程进行施工模拟分析，根据分析的结果验证方案的可行性。

工程完工后对施工过程进行总结，工程质量和进度总体效果良好。但在施工前和施工过程中仅限于对保证施工质量和施工安全的内容开展研究，未对弦支穹顶结构进行更深入的研究，建议在类似工程施工中，开展更深入的研究工作。

## 3.2 钢结构住宅工程施工创新

### 3.2.1 案例背景

住宅是人类赖以生存和发展的最基本的物质生活资料之一，伴随我国国民经济的迅速发展、城市现代化建设进程的加快以及国家产业结构政策的调整，人们对住房需求的内涵也在不断地增加和变化，对居住条件的功能及品质要求也越来越高，新变化、新需求、新形势为我国房地产业可持续优质发展提供了良好基础与空间，相信今后房地产业仍将成为我国国民经济发展的重要产业支柱之一，必将重塑新时代房地产业的再次辉煌。

当前我国经济发展模式已经步入从追求“量”到追求“质”的转换阶段，产业结构调整以及产业升级是重中之重，房地产业面临同样课题，特别是住房建筑建造领域，目前传统的砖瓦灰砂石建造方式仍占比较大，现场施工作业条件差、工人劳动强度高、施工工法复杂落后、重湿作业占比高、水电辅材高耗能、建筑废弃物产出大、环境污染资源耗费、建筑品质及性能差等诸多问题从根本上尚未得以彻底改变和解决，考虑到我国人口结构已经步入老龄化，劳动力骤减，建造成本激增，以及节能减排、“双碳”目标的新要求的提出，这一切对我国建筑业未来如何发展提出了全新的要求。实现建筑行业产业创新升级，创立并实现更加节能环保、更加快速便捷、性能品质更加可控的现代工业化建造模式是我国建筑业目前所面临的，也是必须重点解决的课题和任务。摒弃传统的建筑施工现场劳动密集型建造模式，向工厂化、工业化、标准化、产业化、装配化的产品集合装配式建造模式的转变是必然选择和必由之路，实现从传统建造的“砌、浇、筑”向新型建造的“架、拼、装”转变升级。

钢结构建筑作为一种新型的建筑体系，具有自重轻、安装容易、施工周期短、抗震性能好、装配化建造程度高、投资回收快、环境污染少、材料可循环等诸多优势，因而被誉为21世纪的“绿色建筑”之一。在国家倡导绿色建筑、节能环保、资源循环利用等政策的影响下，钢结构逐渐被广泛应用在装配式建筑建设中，钢结构行业规模不断扩大。美国70%以上的高档住宅都采用了钢结构，主要构件如柱梁墙板都是工厂制作现场吊装组合。而我国由于20世纪90年代以前钢产量低，受国家政策的限制，钢材主要用在一些公共建筑上，在住宅上应用得很少，这是我国钢结构住宅发展的主要制约因素。2010年我国钢材产量已达到6亿吨，2020年我国钢材产量已达到10亿吨，2021年的10.3亿吨，是世界上钢铁产量最大的国家，给钢结构住宅产业化的发展创造了良好的物质基础。目前，钢结构住宅的方案探索和技术的可行性已有比较明确的结论，但经济效益是建筑企业担心的问题。大量研究表明七层以下钢结构住宅造价与混凝土持平，十层以上钢结构住宅的造价可以降低30%以上。

随着生活质量的提高，人们对住宅的质量、性能、环境、舒适度的要求也在不断提高，居住条件不断改善。随着住宅市场的活跃，房地产业作为国民经济的经济增长点，已经在国家经济中占据重要的地位，住宅已经成为关系国计民生的重要问题。近年来随着房价的不断攀高，很多城市的房价超出居民的承担能力，为此国家采取了一系列限制房价的政策，各地相继推动廉租房的建设，推行住宅产业化，降低房价。我国出台的“节能减排”的政策，住宅是重点，这对于钢结构住宅这种节能环保型住房来说是一个很大发展的机遇，积极推广钢结构住宅建筑，有利于提高建筑物的耐久寿命，提升建筑品质，减少环境污染和生态破坏，促进建筑业绿色低碳长效发展，具有极其重要的生态、经济和社会意义。据住房和城乡建设部最新数据显示，目前我国每年竣工建筑面积约20亿$m^2$，如果按照30%采用钢结构，不但可以完成我们的“节能减排”任务，而且由此带动的一大批新型建材企业及相应的加工制造产业的协同发展及社会综合效益，是十分引人注目的。

在大力发展建筑工业化背景下，结合沧州市福康家园公共租赁住房住宅项目，介绍了一种方钢管混凝土组合异形柱钢结构体系及施工管理经验，经工程实践证明，该结构体系可以实现模块式设计、绿色环保建造、缩短工期及节约造价的目标，具有较大的推广价值，对其他类似工程具有一定的参考意义。

## 3.2.2 事件过程分析描述

### 3.2.2.1 项目基本信息

（1）项目名称：沧州市福康家园公共租赁住房住宅项目。

（2）项目地点：河北省沧州市，水安大道以西，向海路以南。

（3）建设单位：大元投资集团房地产开发有限公司。

（4）设计单位：天津大学建筑设计研究院、天津大学钢结构研究所。

（5）施工单位：大元建业集团股份有限公司。

（6）钢构件生产单位：山东中通钢构建筑股份有限公司。

### 3.2.2.2 项目概况

沧州市福康家园公共租赁住房住宅项目位于永安大道以西，向海路以南，共 8 栋楼，其中 24 层 1 栋，25 层 2 栋，18 层 5 栋，地下室层高 4.7m，一层层高 3.6m，二层层高 3.3m，标准层层高 2.9m，总建筑面积 13.02 万 $m^2$，总用钢量达 9000t，含钢量达 70kg/$m^2$，小区住宅总套数 1602 套，总投资 5.14 亿元。

### 3.2.2.3 工程承包模式

本工程采用施工总承包模式，由大元建业集团股份有限公司总承包施工。

### 3.2.2.4 装配式技术应用情况

1）建筑专业

本项目设计为建筑、结构、外围护、内装、设备与管线一体化设计，户型及方案设计时充分考虑钢结构特点，采用模块化、标准化、多样化的设计手法，通过不同模块的组合，形成多样的建筑户型。

（1）标准化设计

通过各专业协同设计，调整结构布置，外柱外偏，增强建筑外立面造型效果，中柱偏向次要空间，室内不露梁、柱，增加室内空间利用率。得房率提升 10%～12%。柱网横平竖直，简洁合理，减少构件数量种类，预制构件规格统一，提高标准化水平，降低用钢量，同时减少加工成本和安装成本。模型重复使用，使装配率达到 90%以上，打造安全、环保、舒适、经济适用的装配式钢结构住宅建筑产品。

2）结构专业

基础为筏板基础。设计使用年限为 50 年，结构的安全等级为二级。抗震设防类别为丙类，基础设计等级为二级，钢结构地下一层及上部抗震等级均为一级，地下室防水等级为一级。

3 号、5 号、6 号、7 号、8 号楼为 18 层住宅楼建筑，住宅楼地下室外墙为现浇混凝土墙体，其余均为钢管混凝土柱—钢支撑结构体系。柱采用方钢管混凝土组合异形柱，梁采用 H 型钢，斜撑采用人字型钢和十字交叉型钢两种钢支撑，楼板采用桁架楼承板，符合结构抗震的安全要求。

1 号、2 号楼为 25 层建筑，4 号楼为 24 层住宅楼建筑，住宅楼地下室外墙为现浇混凝土墙体，其余均为钢管混凝土柱—剪力墙结构体系，柱采用方钢管混凝土组合异形柱，梁采用 H 型钢，剪力墙采用现浇混凝土，楼板采用桁架楼承板，符合结构抗震安全要求。

支撑布置情况及剪力墙布置情况如图 3.2-1 和图 3.2-2 所示。

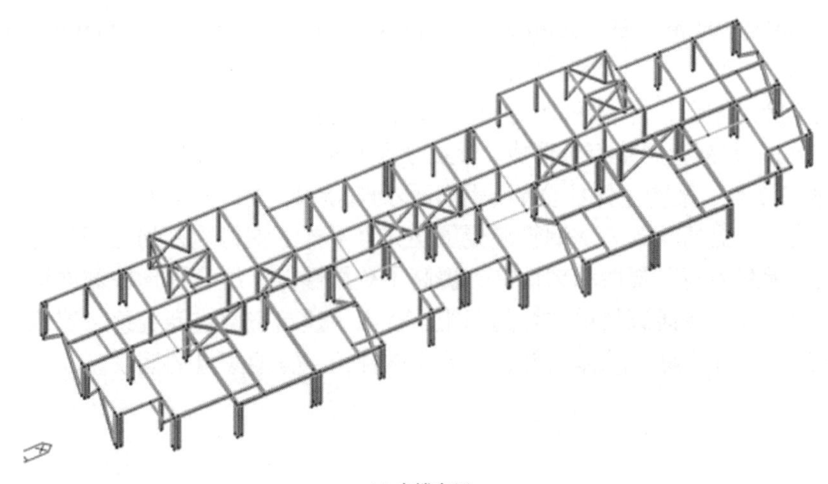

(a) 支撑布置

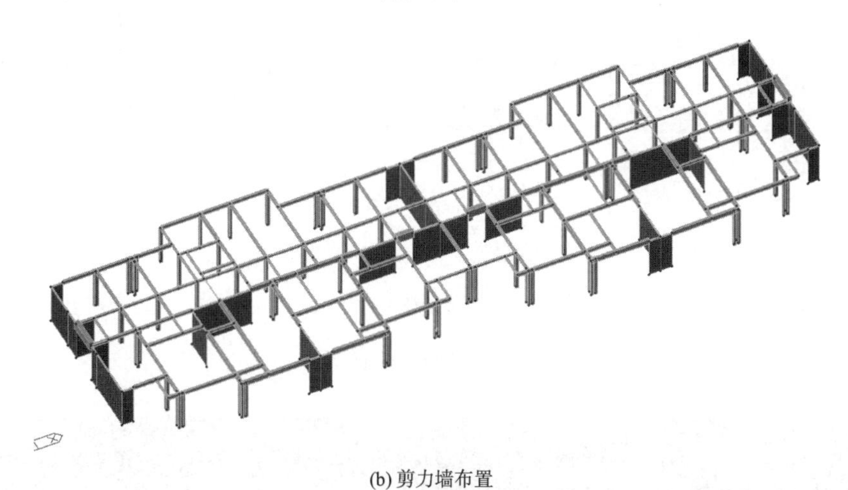

(b) 剪力墙布置

图 3.2-1　方钢管组合异形柱布置三维图

(a) 支撑结构体系

(b) 剪力墙结构体系

图 3.2-2　方钢管组合异形柱框架施工

（1）梁、柱

①梁采用 H 形型钢，钢梁规格有：H400mm × 150mm × 8mm × 12mm，H300mm ×

125mm × 8mm × 10mm，H250mm × 125mm × 6mm × 8mm，HN200mm × 100mm × 4.5mm × 6mm。

②钢柱分为异形组合柱和矩形钢管单柱，材质均为 Q355，异形组合柱使用 150mm × 150mm 方钢管焊接组合形成，形式分为 L 形异形柱、T 形异形柱和十字形异形柱（图 3.2-3、图 3.2-4）。结构主体柱全部采用矩形钢管混凝土柱，即矩形钢管内灌混凝土，可显著减小柱截面，提高承载力。钢管混凝土柱充分发挥了钢材受拉强度好和混凝土抗压性能高的特点，承载力高、塑性和韧性好，提高了抗震性能。组合异形柱截面形式灵活，可根据实际工程需求，灵活调整单肢柱的间距，提高了建筑室内空间美感。建筑效果好，同钢筋混凝土结构一样隐藏于墙体内部，室内不露柱角，方便家具的摆设。

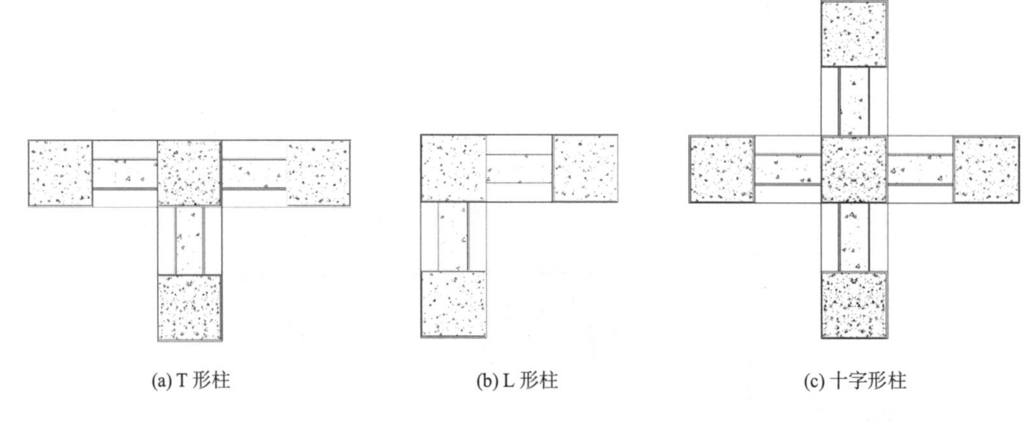

(a) T 形柱　(b) L 形柱　(c) 十字形柱

图 3.2-3　不同柱形横剖面

(a) T 形柱　(b) L 形柱　(c) 十字形柱

图 3.2-4　不同形状柱体施工

（2）梁柱连接节点

①组合异形柱与梁连接节点采用外肋环板节点技术，在外环板节点的基础上，将其另外两侧的加强环板改为平贴于柱侧的竖向肋板，加以适当构造形成了外肋环板节点。节点构造简单，加工安装方便，传力明确可靠，克服了外环板节点墙板安装、室内角部有凸角

现象等问题。单柱采用横隔板贯通节点，隔板上留置有直径为 80mm 的灌浆孔和直径为 20mm 的透气孔（图 3.2-5、图 3.2-6）。

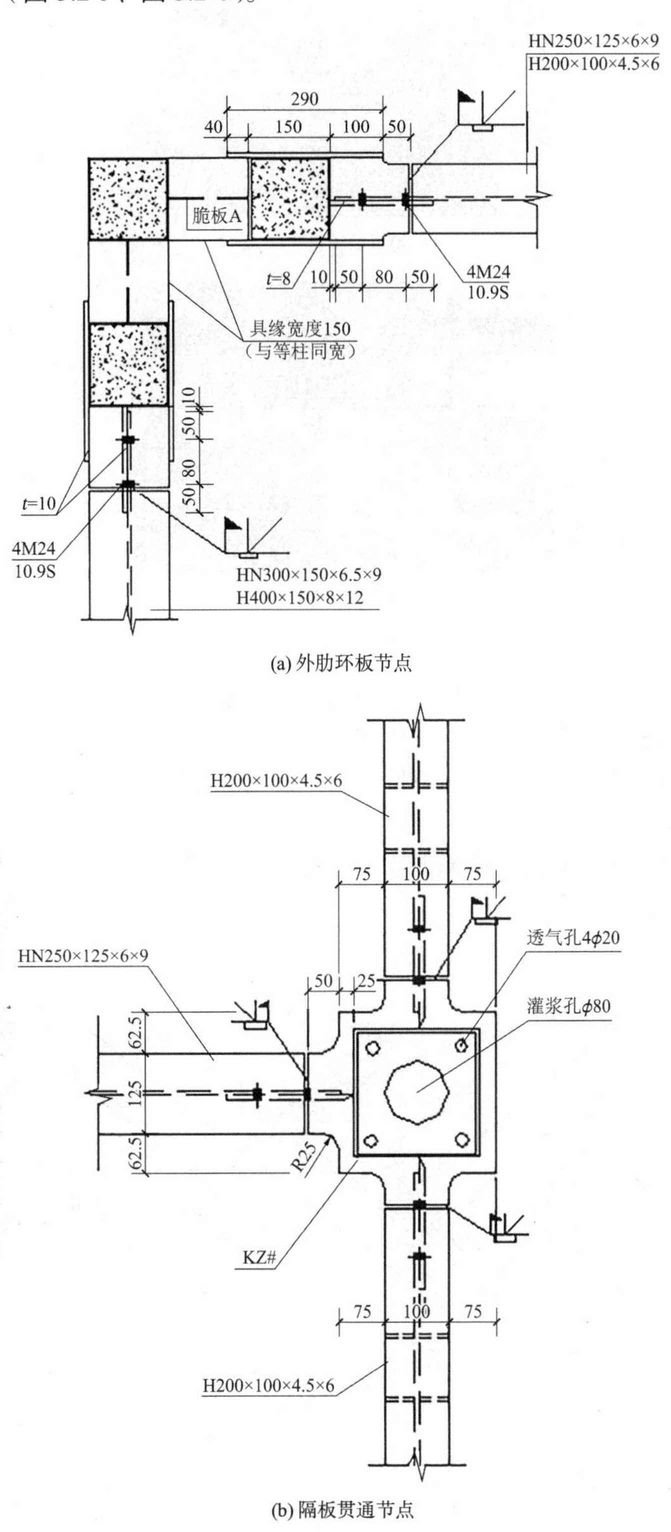


(a) 外肋环板节点

(b) 隔板贯通节点

图 3.2-5 柱梁节点横剖面

(a) 外肋环板节点

(b) 隔板贯通节点

图 3.2-6　柱梁节点施工

②梁柱节点采用高强螺栓与焊接相结合的方式，摩擦型连接的高强度螺栓强度级别为 10.9 级，在高强螺栓连接范围内，构件摩擦面采用喷丸处理，抗滑移系数不小于 0.45。此连接方式减少了高空焊接作业，施工方便、快捷，质量更容易得到保证。

③支撑

支撑采用人字和十字交叉两种形式，构件采用矩形截面方钢管，节点构造简单（图 3.2-7、图 3.2-8）。

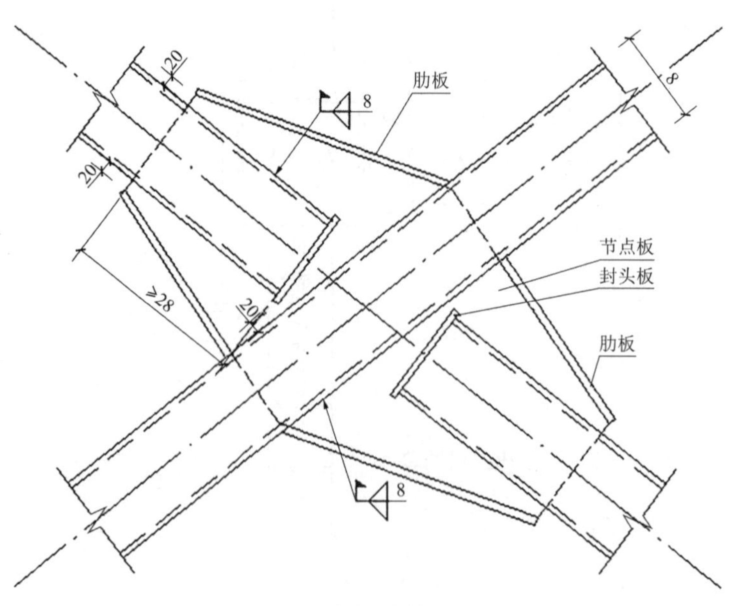


(a) 十字交叉支撑节点

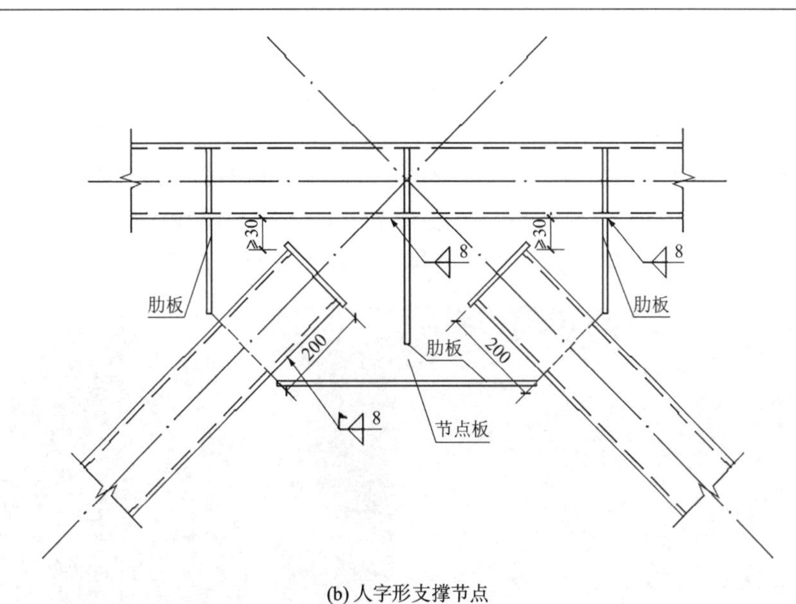


(b) 人字形支撑节点

图 3.2-7　支撑节点图

(a) 十字交叉支撑

(b) 人字形支撑

图 3.2-8　支撑节点施工

④楼板

楼板采用钢筋桁架楼承板，部分采用了混凝土现浇板。钢筋桁架楼承板工厂制作，产业化水平高，施工速度快，但是底部铁皮对住宅建筑处理稍显困难。现浇混凝土楼板，相比钢筋混凝土结构施工简单，可以利用 H 形梁下缘作为支撑，免去脚手架支撑，楼板配筋也比较简单，板底平整度高（图 3.2-9）。

(a) 钢筋桁架楼承板

(b) 现浇楼板

图 3.2-9　楼板施工

⑤墙板

外墙及内墙采用蒸压轻质砂加气混凝土墙板，蒸压轻质砂加气混凝土墙板强度 A3.5 级，密度为 B50。该墙板轻质高强、保温隔热、防水抗渗、安全耐久、隔声防火性能良好、绿色环保、经济适用、安装方便。表面平整程度高，无需抹灰可直接粉刷墙体涂料，该材料具有一定的承载能力，其立方体抗压强度大于 3.5MPa，抗震性能良好，具有较大变形能力，允许层间位移角达 1/150，是一种性能优越的新型建材（图 3.2-10）。

图 3.2-10　墙板施工

⑥防火板

钢柱钢梁防火采用 100mm 蒸压轻质砂加气混凝土防火板，强度 A3.5 级，密度为 B50。该防火板满足一级防火等级要求，安装方便，表面平整程度高，便于装修，免去现场防火涂料喷涂（图 3.2-11）。

图 3.2-11　防火板施工

3）设备管线、装修

厨卫、管线的布置遵循了传统建筑设计，利用 BIM 技术优化管线布置，墙体部位线管采用剔槽暗埋的方式敷设。

内墙装饰采用 2～3mm 厚的粉刷石膏面层，并进行了两遍压光处理，在板缝之间剔出 V 形槽，用 AAC 板专用胶粘剂勾靠，表面压入一层 100mm 宽的耐碱玻璃纤维网，防止裂缝的产生。

厨卫间墙体用 15mm 厚的 M10 混合砂分两遍找平，粘贴 300mm × 450mm 的面砖。

4）信息化技术应用

运用 BIM 技术制作钢结构信息模型，利用模型对钢结构图纸进行优化设计，有利于构件加工制作；利用 BIM 模型进行管线综合、碰撞检查、安装工序模拟、进度模拟，有助于控制施工质量和进度；利用 BIM 模型储存构件详细信息，生成构件信息记录文件，为后期运维可视化管理提供依据（图 3.2-12、图 3.2-13）。

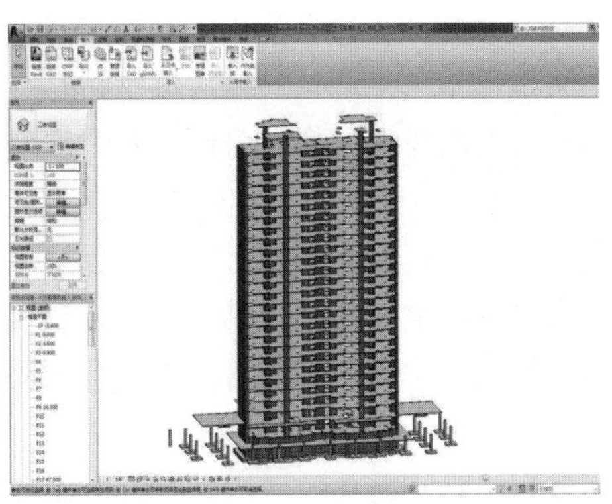

图 3.2-12　BIM 模型图

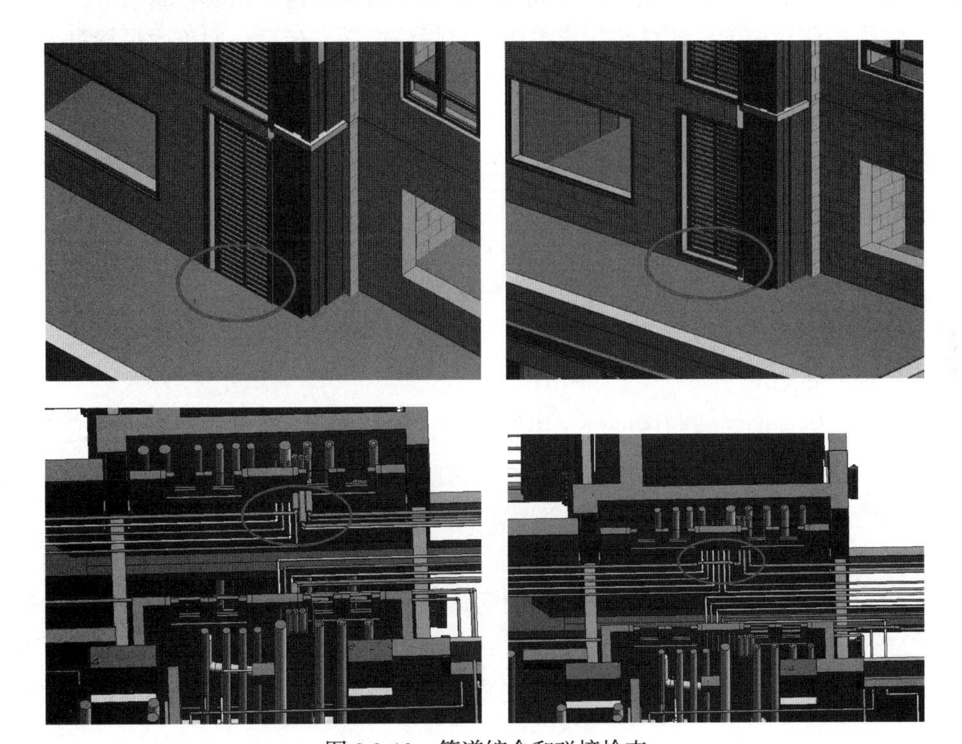

图 3.2-13　管道综合和碰撞检查

## 3.2.3　关键措施及实施

### 3.2.3.1　部品部件的装配式施工技术

1）钢柱（一柱四层）安装

（1）钢柱起吊安装

钢柱采用“旋转法”吊装，提升时应边起钩、边旋转，将钢柱垂直吊起，当钢柱吊离地面500mm时停止提升，人员上前将钢柱扶稳，再平稳将柱子吊至下节柱柱顶，待上下柱距离50mm时，用夹板穿在上节柱耳板上，然后缓慢落钩，待夹板螺栓孔与下节钢柱耳板螺栓孔重叠时，穿入紧固螺丝，将螺丝拧紧，撤去绳索，钢柱起吊就位后，应及时在柱顶搭设装配式操作平台，以便工人操作。

（2）钢柱校正

①柱身扭转微调：柱身的扭转调整通过上下的耳板在不同侧夹入垫板，在上连接板拧紧大六角头螺栓检测来调整。每次调整扭转在3mm以内，若偏差过大则可分成2～3次调整。当偏差较大时可通过在柱身侧面临时安装千斤顶对钢柱接头的扭转偏差进行校正。

②柱身垂直度调整：在柱的偏斜一侧打入钢楔或用顶升千斤顶，采用两台经纬仪在柱的两个方向同时进行观测控制方法。在保证单节柱垂直度不超标的前提下，注意预留焊缝收缩对垂直度的影响，将柱顶轴线偏移控制到规定范围内。最后拧紧临时连接耳板的大六角头高强度螺栓至额定扭矩并将钢楔与耳板固定。

（3）钢柱焊接

由两名焊工在相对称位置以逆时针方向在距柱角50mm处起焊。焊完一层后，第二层及以后各层均在离前一层起焊点30～50mm处起焊。每焊一遍应认真检查清渣，焊到柱角处要稍放慢焊条移动速度，使柱角焊成方角，且焊缝饱满。最后一遍盖面焊缝可采用直径较小的焊条和较小的电流进行焊接。

（4）焊缝检测

一级焊缝：动荷载或静荷载受压，要求与母材等强焊接。100%超声波探伤，评定等级Ⅱ，检验等级B级；

三级焊缝：动荷载或静荷载受压，要求与母材等强焊接。20%超声波探伤，评定等级Ⅱ，检验等级B级。

2）钢梁串吊（一吊四根）安装

（1）钢梁安装顺序

钢梁总体随钢柱的安装顺序进行，相邻钢柱安装完毕后，及时连接之间的钢梁使安装构件及时形成稳定的框架，并且每天安装完的钢柱必须用钢梁连接起来，不能及时连接的应拉设缆风绳进行临时稳固。先主梁后次梁，先下层后上层的安装顺序进行安装。

（2）钢梁起吊

在塔吊的起重能力范围内高层钢结构的钢梁吊装采用一机串吊的方式，来减少吊次，提高工效。凡串吊的梁在相邻的不同楼层时，梁与梁之间距离必须保证两楼层的距离再加上1.5m左右。安装柱和柱之间的主梁时，应根据焊缝收缩量预留焊缝变形值，并做好书面记录。

（3）钢梁连接

①按施工图进行就位，并要注意钢梁的轴线位置和正反方向。钢梁就位时，先用冲钉将梁两端孔对位，然后用安装螺栓拧紧。

对于同一层梁来讲，先拧主梁的高强度螺栓，后拧次梁的高强度螺栓。对于同一个节点的高强度螺栓，顺序为从中心向四周扩散逐个拧紧。高强度螺栓的施拧分为初拧和终拧，大型节点分为初拧、复拧、终拧，初拧扭矩取施工终拧扭矩的50%，复拧扭矩值等于初拧扭矩值。

②主梁高强度螺栓安装，是在主梁吊装就位之后，每端用 2 个冲钉将连接板栓孔与梁栓孔对正，装入安装螺栓，摘钩。随后由专职工人将其余孔穿入高强度螺栓，用扳手拧紧，再将安装螺栓换成高强度螺栓。

③次梁高强度螺栓在次梁安装到位后，用二冲钉将连接板栓孔与梁栓孔对正，一次性投放高强度螺栓，用扳手拧紧，摘钩后取出冲钉，安装剩余高强度螺栓。

④各楼层高强度螺栓竖直方向拧紧顺序为先上层梁，后下层梁。待三个节间全部终拧完成后方可进行焊接。高强度螺栓的初拧及终拧必须在 24h 内完成。

⑤当钢框架梁与柱接头为腹板栓接、翼缘焊接时，宜按先栓后焊的方式进行施工。梁柱接头的焊缝，应先焊梁的下翼缘板，再焊上翼缘板，先焊梁的一端，待其焊缝冷却至常温后，再焊另一端。

⑥梁与柱、梁与梁的连接形式及焊缝等级应满足设计要求。

3）钢结构住宅无支撑现浇楼板体系施工技术

该技术体系采用钢梁下翼缘作为支撑架体，方钢管作为龙骨，通过实验和计算能够满足楼板模板支撑架体的荷载需要。该技术能够保证钢结构住宅楼板模板架体的安全性和混凝土浇筑质量，又减少了现场租赁架管的使用量和人员的浪费，节约能源和材料，同时也可多层进行施工，增加施工进度，在钢结构绿色施工中具有良好的经济效益和推广价值（图 3.2-14）。

4）小管径矩形钢管内自密实混凝土浇筑施工技术

该技术主要是应用在钢结构住宅小管径矩形钢管内混凝土浇筑方面，它主要是通过塔吊安装定速开关，匀速提升混凝土布料斗和矩形钢管内输送管道进行自密实混凝土浇筑。采用该技术能够更好地保证混凝土浇筑质量，无须进行混凝土振捣，节约能源，减少噪声，同时能够严格的控制混凝土的浇筑量，避免混凝土垃圾产生，绿色环保，具有明显的社会效益和经济效益（图 3.2-15）。

图 3.2-14　无支撑现浇楼板专利与实践

图 3.2-15　小管径矩形钢管内自密实混凝土浇筑施工工法与实践

5）高空吊装钢柱梁的自动脱钩吊具施工技术

本技术使用电机、无线控制线路及蓄电池组，可以使操作人员地面控制吊钩脱落，操作方便，使用灵活，节约能源，可有效防止构件吊装中操作人员的人身伤害（图 3.2-16）。

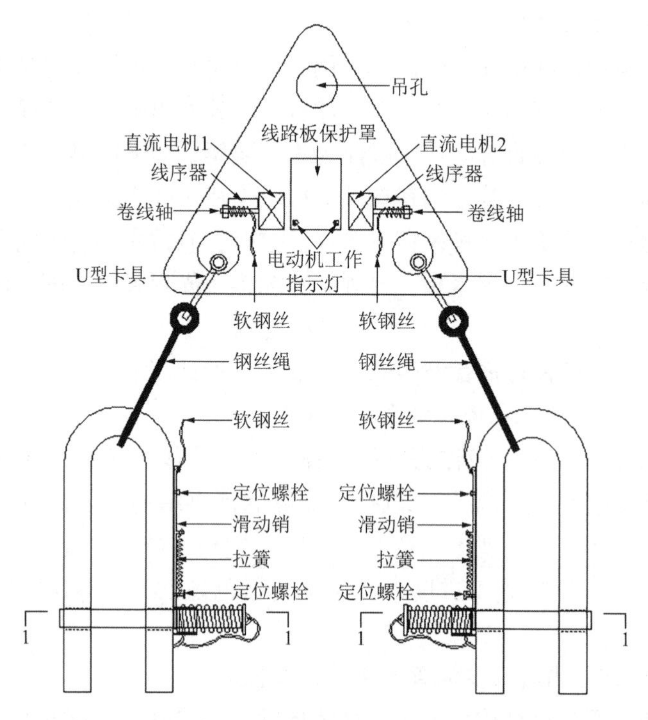


图 3.2-16　自动脱钩吊具应用技术原理

6）组合柱吊装对接卡具施工技术

钢柱上下对焊连接控制上采用了钢柱对接卡具使用 5mm 厚的钢板裁制，卡具的最大宽度为 100mm，在拐角处延伸长度为 120mm，各部分组件通过可调节的对拉螺栓连接，通过调节对拉螺栓实现卡具截面的变化。对接卡具有效地控制上节钢柱对接角度，使得对接时不发生扭向。

7）钢结构住宅墙板与钢梁螺栓连接施工技术

该技术主要通过螺栓与钢梁焊接连接，在进行墙板安装时进行螺栓连接，这样既能够交叉施工，提高施工速度，又能保证钢结构防腐质量，施工方便快捷，易于操作。

8）蒸压轻质砂加气混凝土墙板安装技术

（1）隔墙施工方法

①放线：根据施工图和排板图弹出 AAC 隔墙板就位墨线。

②AAC 隔墙板安装从一侧向另一侧进行，有门口的从门口开始安装。

③AAC 隔墙板安装就位：AAC 隔墙板底部用木楔临时固定，AAC 隔墙板顶与梁或楼板底保留 20mm 左右缝隙，用木楔垫缝。

④调整墙板垂直平整度：检查 AAC 隔墙板垂直平整度。

⑤安装直角钢件：相邻两块 AAC 隔墙板的垂直拼缝处，在墙板顶部设置直角钢件连接，并将直角钢件与楼板或梁进行可靠连接；墙体底部根据安装节点要求设置直角钢件或

直接座于楼面上，详见后面的节点做法。

⑥AAC隔墙板底用砂浆填实缝隙。

⑦将AAC隔墙板拼缝使用专用修补材进行修补，AAC隔墙板与梁或楼板底的缝隙处打PU发泡剂或填塞其他材料。

⑧墙体安装验收。

（2）外墙施工方法

①放线：根据施工图和排板图弹出AAC外墙板就位墨线。

②AAC外墙板安装从一侧向另一侧进行，有门窗洞口的从洞口开始安装。

③沿墙体放线安装并焊接或锚固上、下导向角钢。

④AAC外墙板安装就位：AAC外墙板的上下端紧靠上、下导向角钢，可预先在板材上打出钩头螺栓安装孔。

⑤安装钩头螺栓并拧紧，并将钩头部分与导向角钢进行焊接。

⑥AAC外墙板底用砂浆填实缝隙。

⑦将AAC外墙板拼缝及螺栓安装孔使用专用修补材进行修补，AAC外墙板与梁或楼板底的缝隙处打PU发泡剂或填塞其他材料。

⑧墙体安装验收。

（3）隔墙安装节点（图3.2-17～图3.2-24）

①直角钢件安装节点

②AAC隔墙板侧面与其他材料交接处可直接挤紧并修缝处理，也可预留10mm左右缝，打PU发泡剂或填塞其他材料；AAC板顶与楼板或梁的交接处可预留20mm左右缝，打PU发泡剂或填塞其他材料。

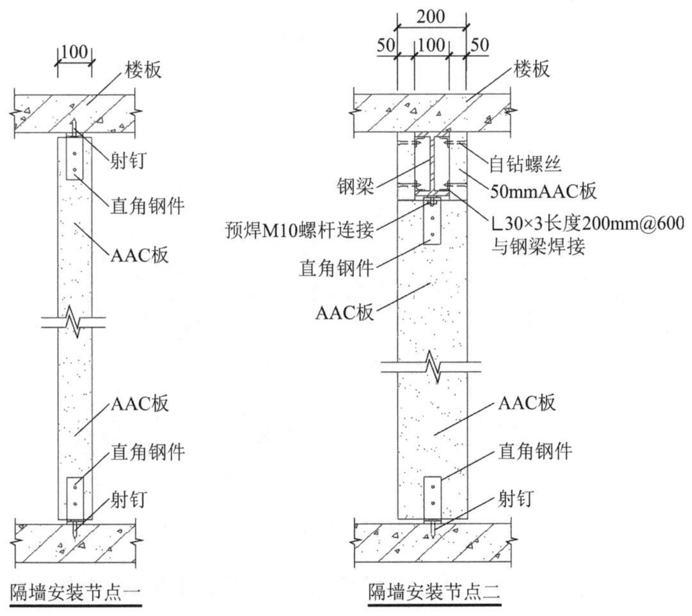


图3.2-17 隔墙安装节点

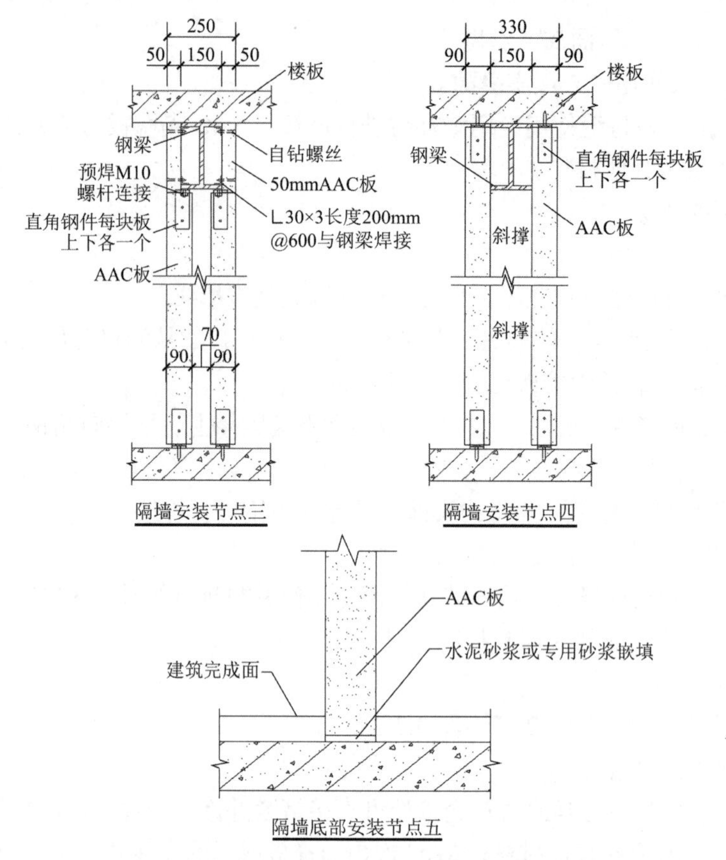


隔墙安装节点三

隔墙安装节点四

隔墙底部安装节点五

说明：当隔墙板底部的两边都处于建筑完成面标高以下时，板底部可不使用直角钢件等专用连接件，可直接座于楼板上。板材安装就位后，对底缝进行嵌填。

图 3.2-18　隔墙安装节点

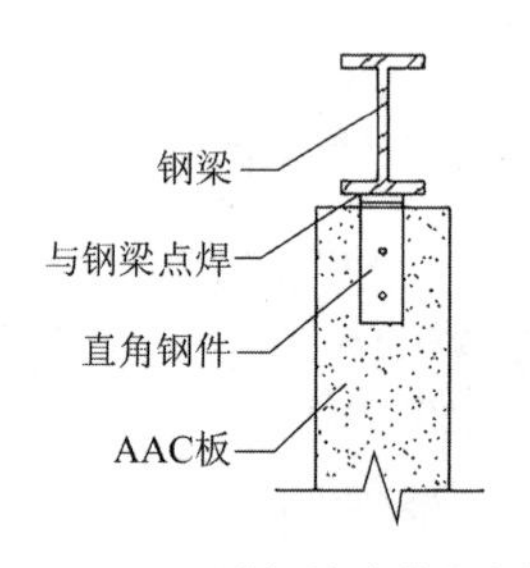


隔墙顶部安装节点六

说明：当隔墙板顶部与钢梁连接时，根据实际施工要求，可采用隔墙安装节点二、节点三中的预焊螺杆做法，也可采用直接点焊的做法，具体做法以设计确认为准。

图 3.2-19　隔墙安装节点

③隔墙门洞口按部位不同，分别采用局部钢加固或全钢加固安装方式，门洞上方板材根据实际情况可采用竖装，也可采用横装方式。

其中隔墙门洞加固节点（非防盗门）适用于门框直接包覆墙体或门框与墙体粘接包覆的情况，不适用于门框与墙体采用锚栓连接等点式连接的情况。

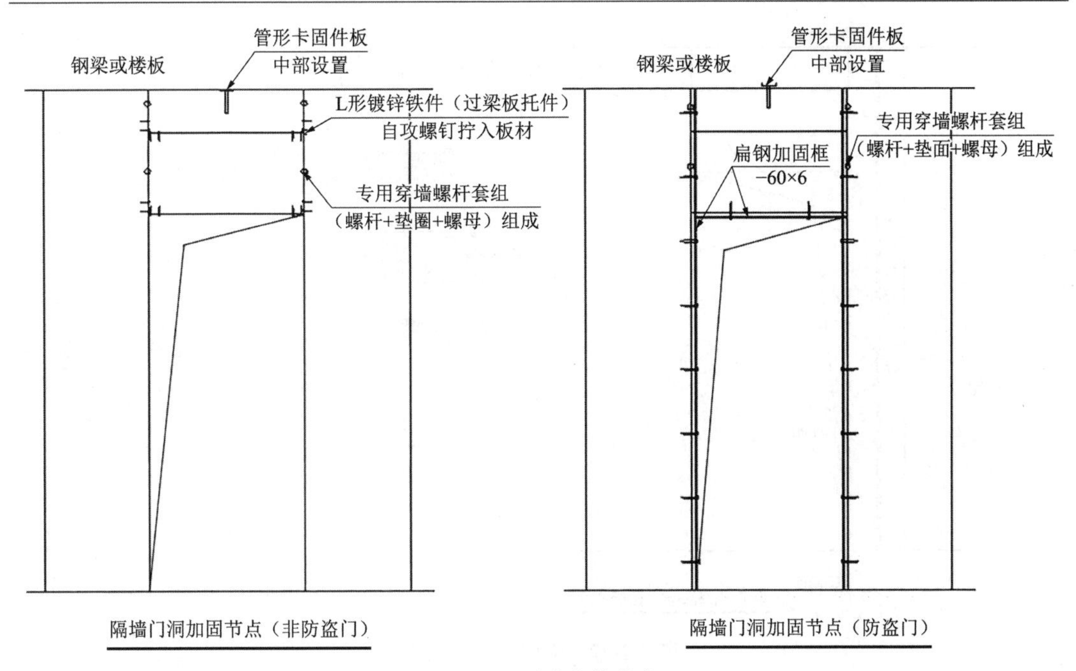


图 3.2-20　隔墙安装节点 1

④当隔墙门垛宽不大于 200mm 时，AAC 板门垛应与相邻柱或墙体有效连接，如图 3.2-21 所示。

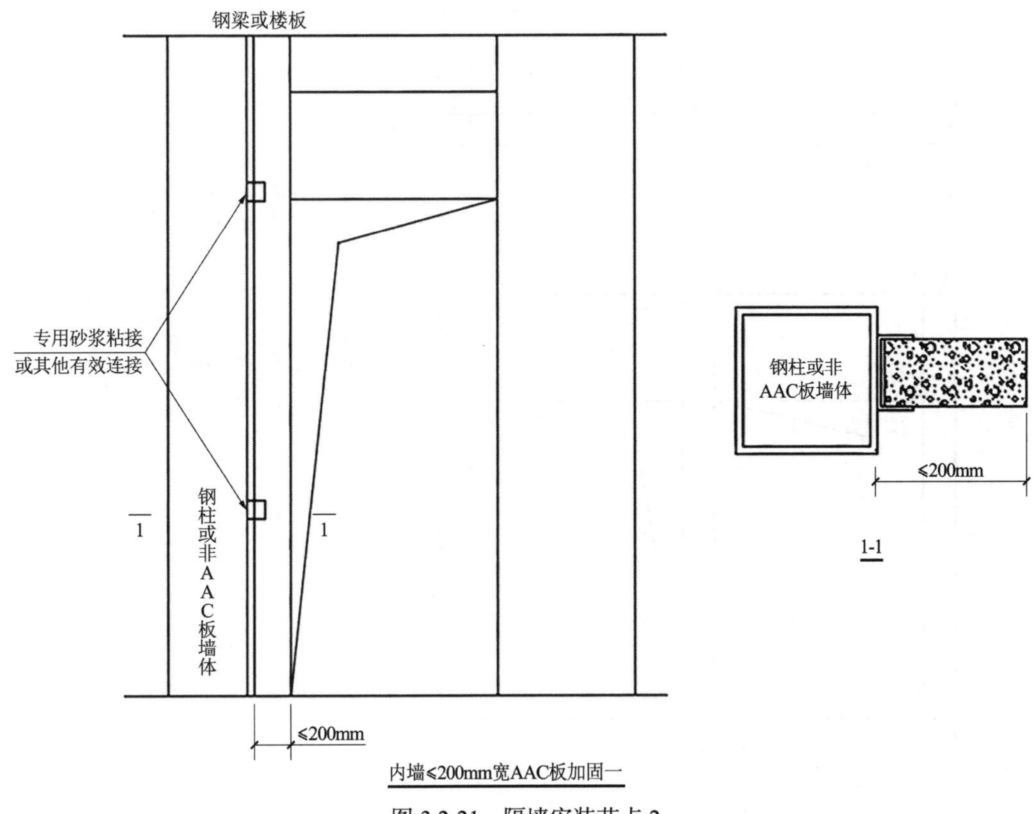


图 3.2-21　隔墙安装节点 2

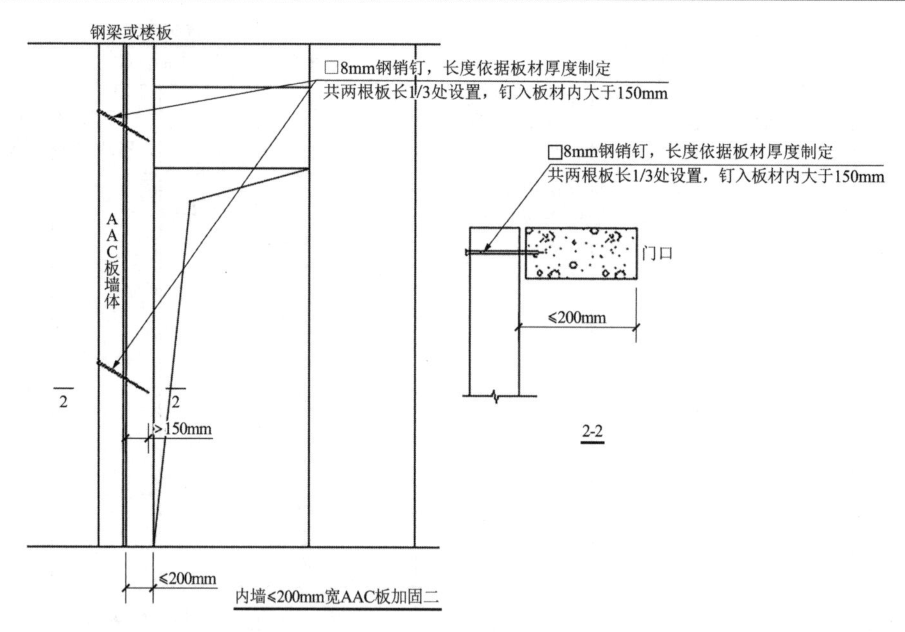


图 3.2-22　隔墙安装节点 3

⑤对管道井部位的双联门情况，其门头板或过梁可按图 3.2-23 的加固方式安装。

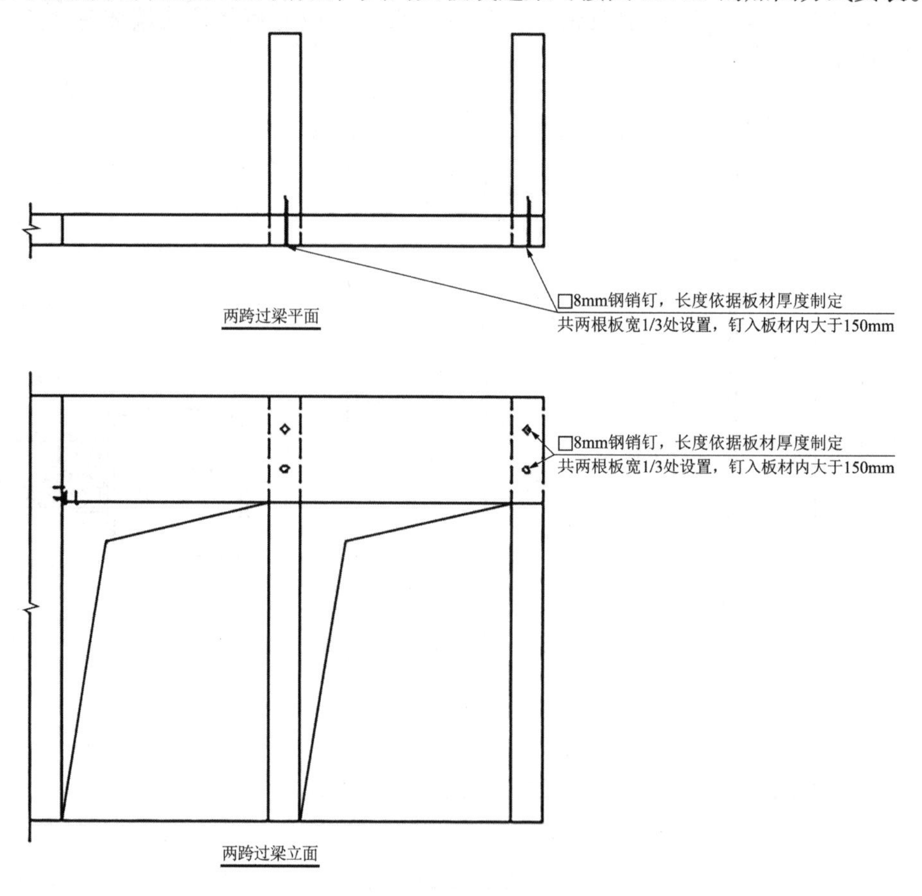


图 3.2-23　隔墙安装节点 4

⑥墙转角处、丁字墙，采用直径 6mm 或直径 8mm 的销钉加强，沿墙高共 2 根，分别位于距上下各 1/3 墙高处（见图 3.2-24 转角或丁字墙做法）。

⑦每道板材墙体端部第一块板材应采用管卡和直角钢件双重固定（图 3.2-24）。

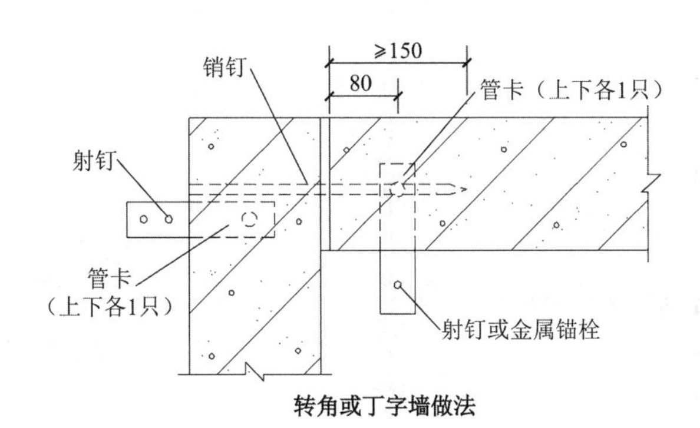


图 3.2-24　隔墙安装节点 5

（4）外墙节点做法

①外墙钩头螺栓法：见图 3.2-25。

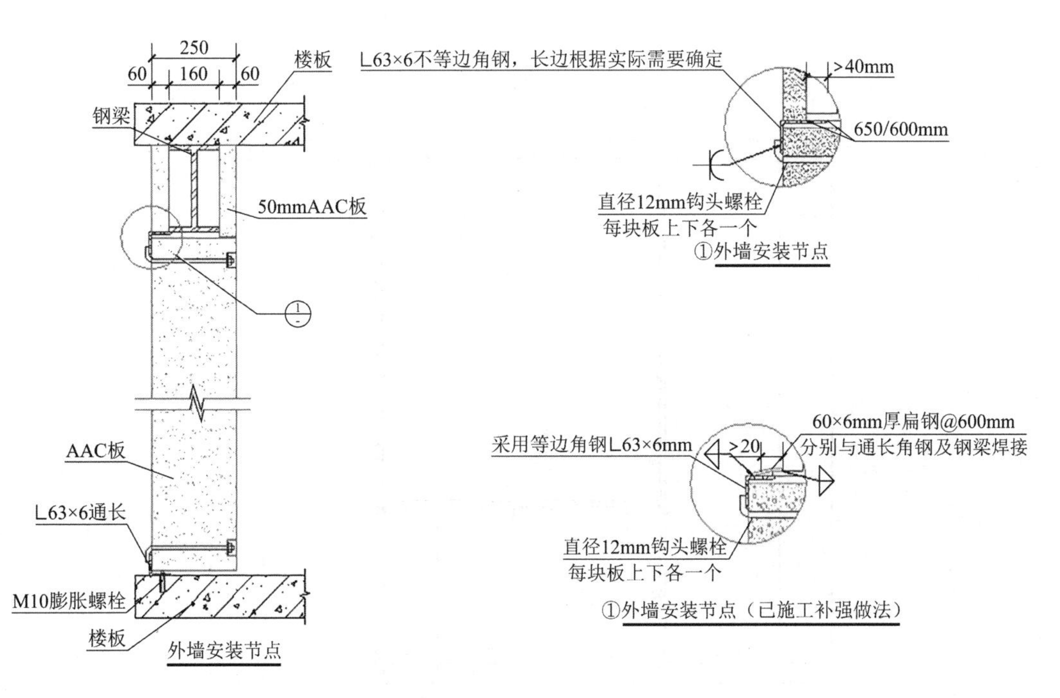


说明：1.外墙用角钢材料采用镀锌钢板。
2.角钢与钢梁焊接后，钩头螺栓与角钢之间焊接后，将焊缝清理干净，进行防腐处理。
3.外墙其他节点焊接后，将焊缝清理干净，进行防腐处理。

图 3.2-25　外墙安装节点 1

②外墙窗洞口采用钢加固安装方式。

窗口下的板根据实际情况，宜采用横装方式，也可采用竖装方式（图 3.2-26、图 3.2-27）。

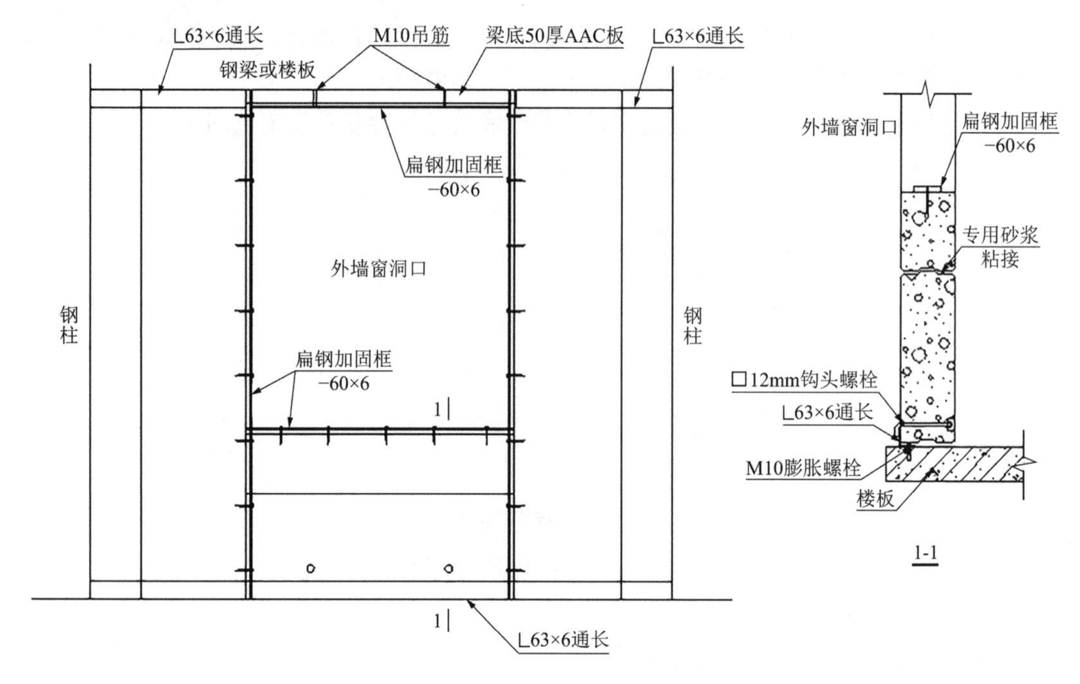


图 3.2-26　外墙安装节点 2

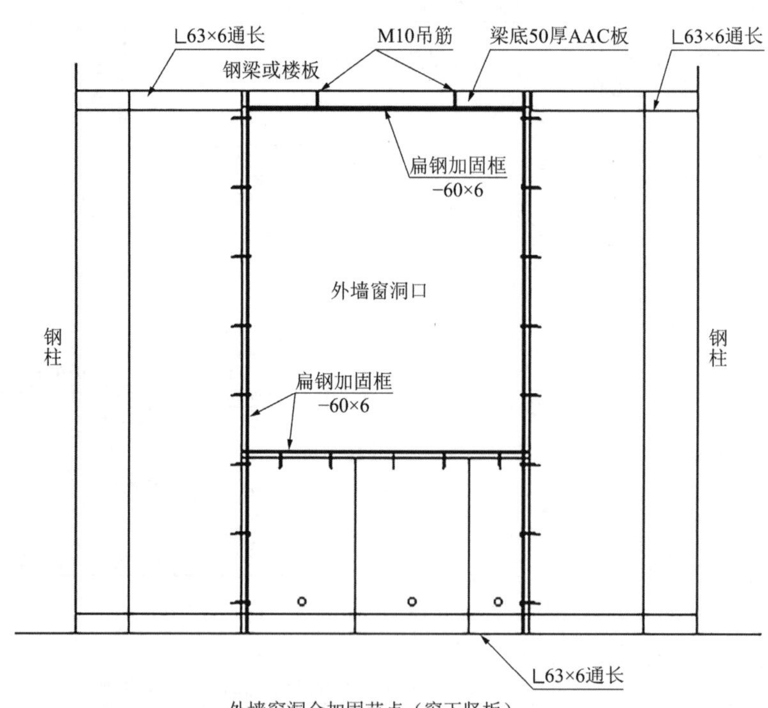


图 3.2-27　外墙安装节点 3

③当外墙窗垛宽不大于 300mm 时，AAC 板窗垛应与相邻柱或墙体有效连接，如

图 3.2-28 所示。

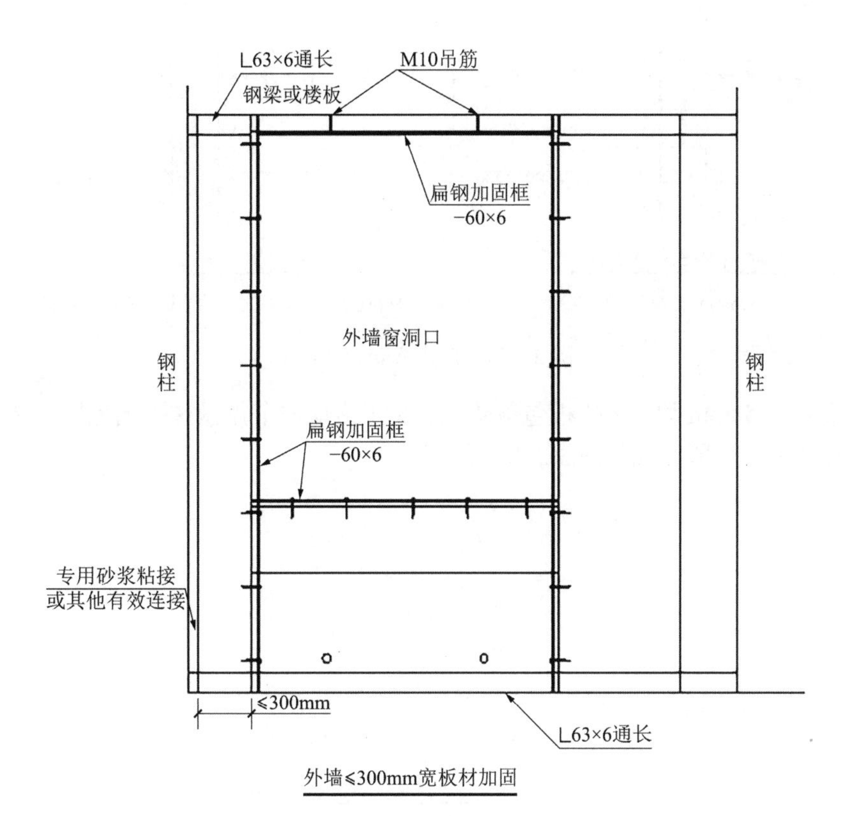


图 3.2-28　外墙安装节点 4

（5）隔墙、外墙 AAC 板间缝做法

板材 V 字缝修补工作按如下施工流程：板材安装——管线开槽——V 字缝修补。V 字缝修补时专用修补砂浆不宜直接与板面修平，宜修补成微凹于板面的弧形缝，在后续饰面处理时，再采用粉刷石膏等材料修平，并在板缝位置加贴网格布。

①槽口板板间缝采用自然靠拢（即不粘接），然后再修缝的做法，如图 3.2-29 所示。

②平口板板间缝采用专用砌筑砂浆粘接，然后再修缝的做法。如图 3.2-30 所示。

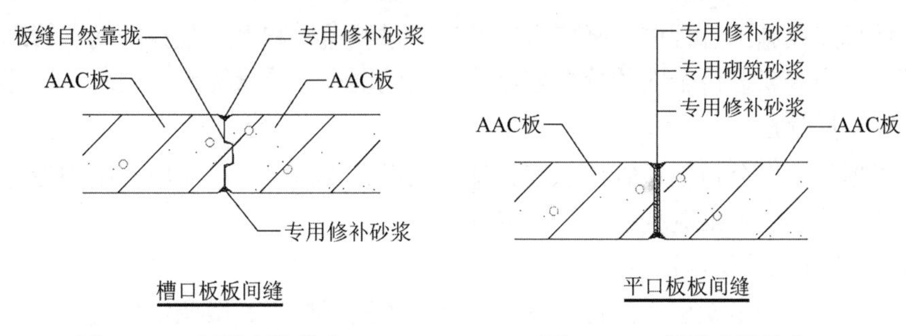


图 3.2-29　板缝安装节点 1　　图 3.2-30　板缝安装节点 2

（6）50mm 防火板节点做法

①钢柱采用 50mm 厚 AAC 板包覆防火，节点做法如图 3.2-31 所示。

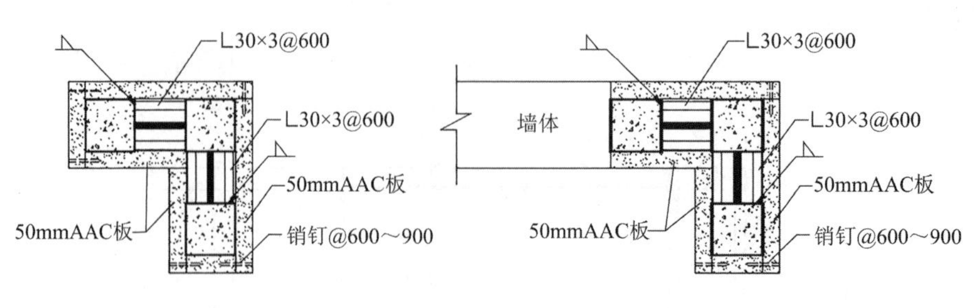


图 3.2-31　防火板安装节点 1

②钢梁采用 50mm 厚 AAC 板包覆防火，梁下有墙时节点做法见图隔墙安装节点二、节点三，其他钢梁包覆方式如图 3.2-32 所示。

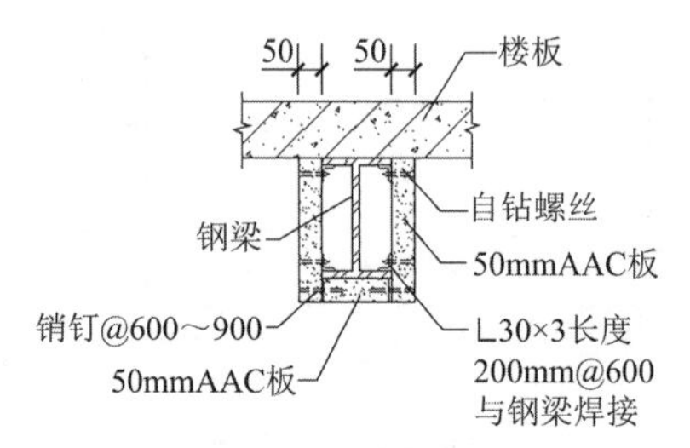


图 3.2-32　防火板安装节点 2

### 3.2.3.2　装配施工组织与质量控制

1）建立健全质量保证体系

（1）公司抽调精英力量组建项目经理部，项目部建立质量管理体系，制定项目岗位责任制，明确职责，并落实到每个管理人员。明确各级生产质量第一责任人，安排专职质量员，实行质量一票否决制。

（2）项目建设施工过程中，坚持事前预控、过程监控和事后验控的动态管理，对影响工程质量的各项因素进行全面的分析和监管，实施全过程质量管理。同时运用综合信息管理系统进行质量管控。

（3）根据集团、公司质量管理制度、施工图纸、规范等，编制施工组织设计和专项施工方案，并按照集团审批流程进行三级审批。

2）钢结构吊装质量保证措施

钢柱以旋转法起吊就位，两台经纬仪十字交叉进行校正，微调钢柱使中心线与基础轴线偏差不超过 1mm，垂直度偏差不超过 5mm，然后拧紧螺栓，安装就位。钢梁吊装到位后，注意梁的靠向，安装高强度螺栓临时固定，安装螺栓数量不得少于该节点螺栓总数的 1/3，并且不得少于 2 颗（图 3.2-33）。

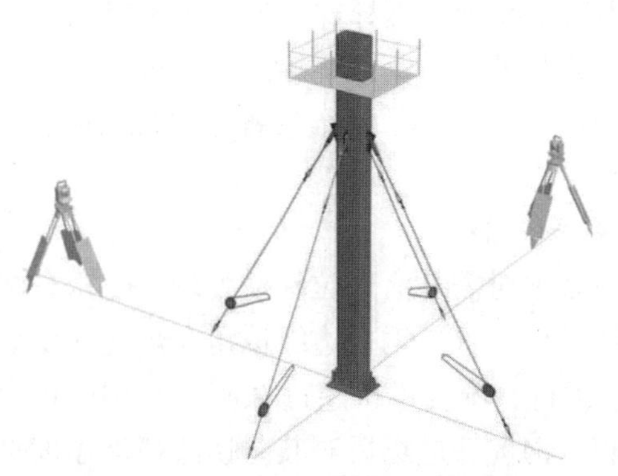

图 3.2-33　钢结构吊装质量保证措施

3）焊接质量保证措施

（1）根据图纸设计要求，现场焊缝均为二级焊缝，采用手弧焊和二氧化碳保护焊两种方式。采购合格的焊条、焊剂，有质量证明书。电焊机电源专线供给，并配备总开关箱，主要设备设置专用自动调压器，确保施焊过程中电压稳定。

（2）各类焊工必须经过焊工考试并取得国家机构认可部门颁发的资格等级证书，证书须在有效期之内，并定期对焊接工人进行考核、培训。焊接过程中要求每道焊缝需做好标记，责任到人。

（3）焊接前进行工艺评定试验，工艺评定试验必须能够覆盖所有焊缝的焊接需求。

（4）外观自检合格后的焊缝，根据要求，抽取 20%的焊缝进行超声波检测。第三方超声波探伤检测抽取其中的 3%进行检测（图 3.2-34）。

图 3.2-34　焊缝外观检查及超声波探伤检测

（5）焊接 H 型钢免清根全熔透埋弧焊技术在本项目中得到应用推广，并获得国家发明专利，埋弧焊采用单头双丝技术，工作效率比普通埋弧焊提高近 2 倍。

4）高强螺栓施工质量保证措施

（1）在钢构件安装前清除飞边、毛刺、焊接飞溅物。已产生的浮锈等杂质，用带钢丝刷的电动角磨机刷除干净。遇高强度螺栓不能自由穿入螺栓孔位时，用电动铣孔器修正扩孔，修扩后的螺栓孔最大直径不大于 1.2 倍螺栓公称直径，扩孔数量须取得设计单位的认可。

（2）高强螺栓在孔内不得受剪，螺栓穿入后必须及时拧紧。高强螺栓连接如施工有较大安装误差，通知设计人员处理，高强螺栓施工完成的构件，不得有物体冲击（如吊装卸料等）。无论何种原因，若拧紧后，螺栓或螺帽出现松脱，整个螺栓组合件不得继续使用。

5）防腐涂装施工质量保证措施

现场防腐涂料施工前必须对需补涂部位除锈处理，除锈方法采用电动钢丝刷或抛光机，除锈质量等级需达到设计要求。钢板边缘棱角及焊缝区要研磨圆滑。露天涂装作业应选在 5～35℃的环境中进行，湿度不得超过 85%。涂刷应均匀，完工的干膜厚度应及时用干膜测厚仪进行检测。钢构件进场后对其防锈漆喷涂厚度进行自检，填写漆膜厚度检验表。

6）钢结构防火涂料施工质量保证措施

当底涂层厚度符合设计要求，并基本干燥后，方可进行面层涂料涂装；面层涂料涂刷两遍，第一遍从左至右涂刷，第二遍从右至左涂刷，以确保全部覆盖住底涂层；面层涂装施工应保证各部分颜色均匀、一致，接槎平整。

7）钢结构防火板施工质量保证措施

在防火板安装前，对蒸压砂加气混凝土板进行二次排板设计、进行节点优化，排板设计需经原设计单位进行确认。防火板在工厂按优化图纸规格加工成型，减少现场切割，按优化设计后的节点要求进行板材与钢结构的可靠连接，保证安装质量和外观质量（图 3.2-35）。

图 3.2-35　防火板安装

8）柱芯混凝土质量保证措施

钢管柱内混凝土采用自密实混凝土，混凝土配合比经过了严格的优化设计，按设计要求在钢管柱节点位置设置排气孔，排气孔处采取了防止灰浆污染柱身的措施。

在施工中严格控制混凝土的浇筑速度，浇筑过程中，通过精确计量混凝土浇筑方量和敲击柱身相结合的方法进行柱内混凝土的密实度检查，浇筑完成后，全数构件采用超声波法进行自检，并抽取 25%构件委托第三方进行超声波检查，对不密实的部位，采用钻孔压浆法进行补强（图 3.2-36）。

图 3.2-36　构件超声波检查

## 3.2.4　结果及状态

### 3.2.4.1　成本分析

在该工程施工过程中，我们与同期施工的现浇钢筋混凝土剪力墙结构公租房进行了成本对比分析，如表 3.2-1 所示。

综合成本分析表　　表 3.2-1

| 项目名称 | 现浇剪力墙公租房 | 福康家园 2 号楼（钢框架剪力墙） | 福康家园 5 号楼（钢框架） |
| --- | --- | --- | --- |
| | 单方造价（元/$m^2$） | 单方造价（元/$m^2$） | 单方造价（元/$m^2$） |
| 工程概况（含建筑面积） | 短肢剪力墙结构，建筑面积 17790.59$m^2$，地下 2 层，地上 26 层 | 矩形钢管混凝土柱-H 型钢梁框架支撑剪力墙结构，24448$m^2$，地下 1 层，地上 25 层 | 矩形钢管混凝土柱-H 型钢梁框架支撑结构，8540.22$m^2$，地下 1 层，地上 18 层 |
| 钢材 | 313.51 | 554.00 | 649.00 |
| 混凝土工程 | 256.27 | 160.72 | 127.95 |
| 成本合计 | 1954.19 | 2183.79 | 2249.98 |

### 3.2.4.2　用工、用时分析

在施工过程中，对用工量和用时进行统计，与同期施工的钢筋混凝土剪力墙结构的公租房建筑进行了对比，对比分析如表 3.2-2、图 3.2-37、图 3.2-38 所示。

工程概况对比　　表 3.2-2

| 工程名称 | 结构类型 | 层数 | 建筑高度（m） | 建筑面积（$m^2$） | 基础形式 | 地下室层数 |
|---|---|---|---|---|---|---|
| 福康家园 3 号楼 | 钢管混凝土组合柱 | 18 | 52.1 | 7617 | 预制管桩 | 一层 |
| 滨河龙韵 10 号楼 | 钢筋混凝土剪力墙 | 18 | 56.5 | 7586 | 预制管桩 | 一层 |

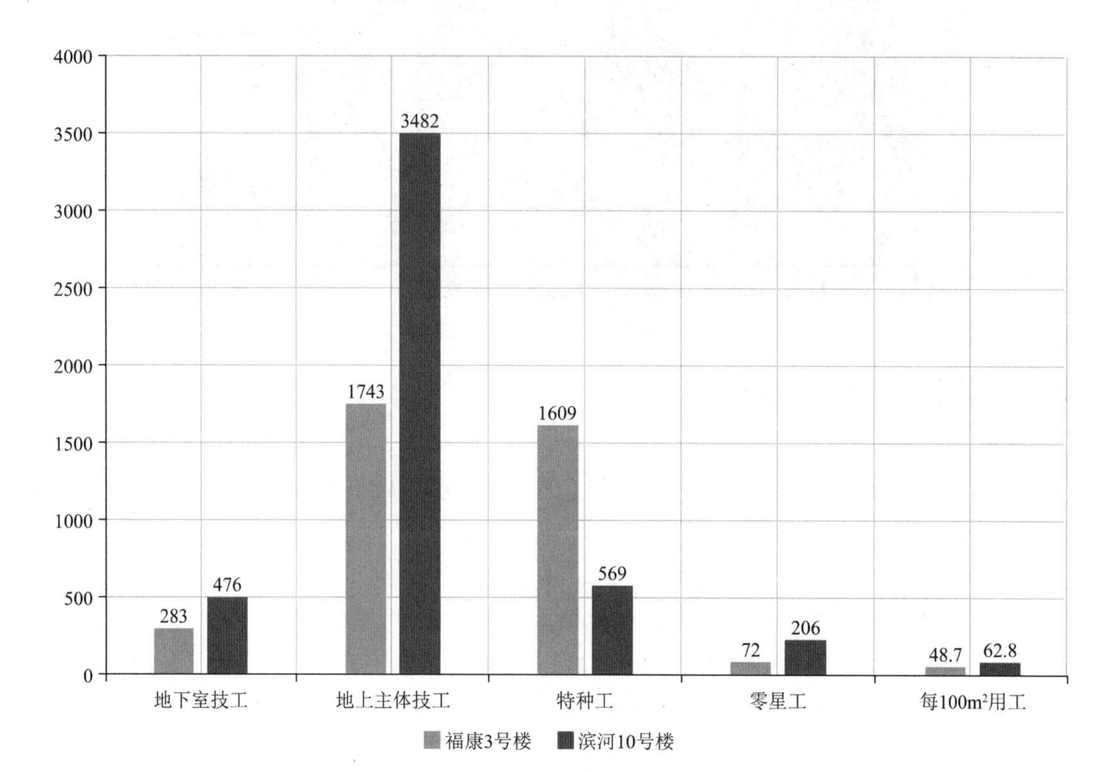


图 3.2-37　主体工程用工量对比

注：1. 技工包括：测量工、木工、钢筋工、混凝土工、水暖工。
2. 特种工包括：电焊工、电工、架子工、吊装、起重工。
3. 零星工包括环境卫生、清理、安防等零星用工。

主体施工综合用工量：地下室技工减少了 40.5%，地上主体技工减少了 49.9%，特种工增加了 182.8%，零星工减少了 65%，综合得出钢结构每 100$m^2$ 用工减少了 22.5%。

主体工程施工工期与同期施工的钢筋混凝土剪力墙结构的公租房建筑进行对比，对比分析如图 3.2-38 所示。

主体工程综合施工工期：桩基基础工期减少了 25%，地下室工期减少了 17.6%，主体工期减少了 23%，平均每层施工天数减少了 23.6%。

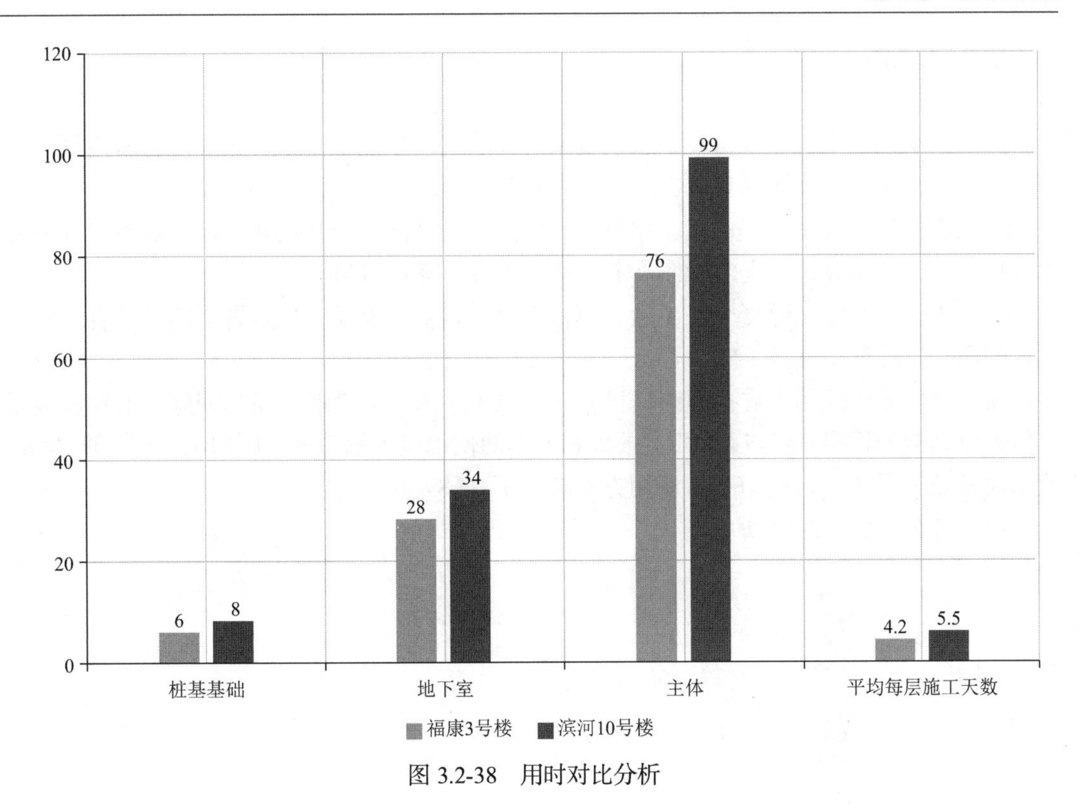


图 3.2-38　用时对比分析

### 3.2.4.3　四节一环保分析

1）节能、节地方面

（1）钢结构建筑采用高强钢构件承重，减少了混凝土的用量。经测算，本项目比同等面积的钢筋混凝土框架剪力墙结构减少混凝土用量 1.38 万 $m^3$，少消耗水泥 4830t，少开采砂、石近 2 万 $m^3$，保护了土地资源，降低了资源消耗。

（2）钢结构构件采用工厂批量流水方式加工制作，工人操作熟练，劳动生产率高，规模效应明显；工厂加工机械使用带变频技术的节能、高效的加工设备，能源利用效率高。

（3）钢构件吊装过程中，自主研发了高空吊装钢柱梁的自动脱钩吊具应用技术，使用电机、无线控制线路及蓄电池组，操作人员可以在地面控制吊钩自动脱钩，节省了吊装设备的能源能耗，加快了构件安装时间。

（4）根据施工进度，合理制定构件进场方案，构件进场即到即吊，减少堆场数量，节约了土地资源。

2）节水方面

（1）钢结构建筑由于混凝土用量少，拌合和养护用水量也少，特别是钢管柱内混凝土，浇筑完毕后不需要浇水养护，初步统计，本项目混凝土拌合和养护方面节省水资源 2.25 万 $m^3$，达到了节水的效果。

（2）钢结构主体施工阶段，施工速度快、施工工期短，过程中所需的基坑降水期也短，本项目主体施工较普通钢筋混凝土剪力墙结构工期提前了 35d，基坑降水也缩短了 35d，节省了地下水资源。

（3）办公区设置了雨水收集系统，将收集的雨水用于洗车、喷洒路面和绿化浇灌，达到了水资源的循环利用。

3）节材方面

（1）钢结构建筑整体重量较钢筋混凝土剪力墙结构降低了25%，减少了材料用量和地基处理费用，经测算，该项目减少使用地基管桩5600m。

（2）钢构件全部在工厂加工、制作，构件加工精度高，配合尺寸精度高的砂加气混凝土板材墙体，房间方正，室内墙体不需抹灰，节省了抹灰材料。

（3）钢管柱内灌注混凝土，免除了模板支设，避免了混凝土的跑冒漏滴，节省了模板木材的消耗，降低了混凝土的浪费。

（4）楼板支模采用无支撑现浇楼板方案，减少了木材的消耗，与同期施工的钢筋混凝土剪力墙结构公租房建筑进行对比，模板和方木的使用量大幅降低，主体施工阶段每100m$^2$使用模板减少了74%，每100m$^2$使用方木减少了94.8%。

对比分析如图3.2-39所示。

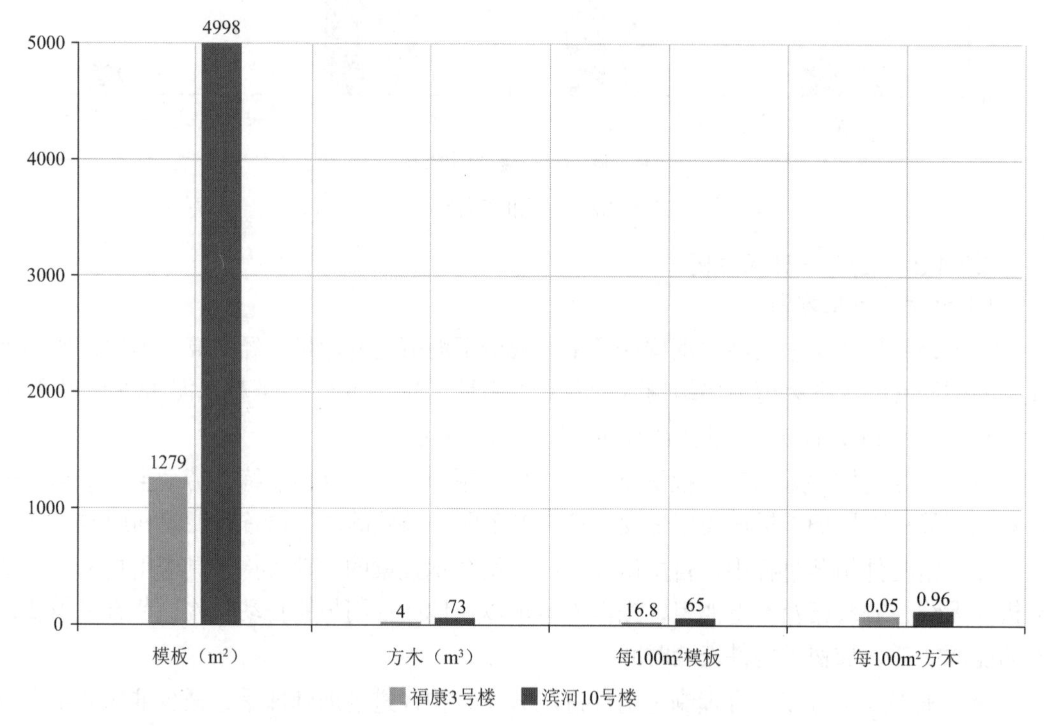


图3.2-39 模板和方木使用量对比分析

无支撑楼板方案还减少了支撑钢管使用量，经测算，本项目减少钢管租赁1045t。

4）环境保护方面

（1）钢结构建筑降低了混凝土的用量，减少了砂石的开采量，保护了生态环境。

（2）钢结构建筑施工占地面积小，现场可以进行大宗场地绿化，雨水通过绿植直接渗入地下，促进了雨水资源的利用，减少了雾霾。

（3）钢管柱内混凝土采用自密实混凝土，减少了振捣工序，降低了噪声。

（4）墙体采用预制构件，构件尺寸精确，免除了抹灰工序，现场施工垃圾减少，施工污染得到控制；现场用工量减少，工人临时设施少，生活垃圾少，促进了环境保护。

### 3.2.5　问题及建议

#### 3.2.5.1　技术特点

（1）组合柱具体截面形式分为 L 形、T 形以及十字形，分别作为建筑的角柱、边和中柱，组合柱截面形式灵活，可根据实际工程需求，灵活调整单股柱的间距，提高了建筑空间美感。建筑效果好，同钢筋混凝土结构一样隐藏于墙体内部，室内不露柱，方便家具的摆设。钢管一般为 150mm × 150mm，钢管内部混凝土采用自密实混凝土，这样配上 200mm 厚度的 ALC 板作为内嵌的外墙基层，可以实现室内无柱。

（2）该项目的梁柱节点采用了新型的外贴板式节点，这种节点方式比较适合这种柱翼缘同宽的结构形式，传力明确，并且外贴板对于梁端的抗弯承载力有加强的功能，实现了类似于《高层民用建筑钢结构技术规程》JGJ 99—2015 中加强型节点的构造效果。此外，工程在不影响使用的区域仍沿用了常规的冷弯箱形截面，并采用了贯通式隔板，消除了外板占用建筑使用空间的弊端。

（3）项目的楼板采用了现浇混凝土楼板，利用 H 形梁下缘作为支撑，可以快速完成支模作业。组合异形柱和梁的防火采用蒸压加气混凝土板进行包裹，单柱、支撑及细部结构则用了专业型防火涂料。

#### 3.2.5.2　问题及建议

该项目亦存在一些提升空间，在后期实践中，可逐步加以完善：

（1）在建筑户型方面，尽管新型体系的适应性更强，但仍缺少针对住宅建筑特点和结构优势的设计。

（2）150mm 厚钢结构柱采用外包防火板做法，柱截面加大，无法完全隐藏。

（3）在设计时，应将结构、外围护等结合内装设计一同考虑。

（4）组合异形柱构件焊接工作量很大，应进一步完善加工控制措施，确保构件拼装质量。

## 3.3　大跨度柱面网壳煤棚施工创新

### 3.3.1　案例背景

在电力、煤炭和水泥等行业建有大型的储煤场用于储存煤炭，以前的储煤场均采用露天或建有简易防尘围挡的储煤场，这种储煤场受风、雨等气候条件的影响，对周边环境造成较大影响，对煤炭的质量也构成潜在威胁。近年来，国家对环保要求不断提高，露天或建有围挡的储煤场已经不能满足环保要求，亟需进行封闭式改造以减少对环境的污染。

随着储煤量的不断增加，干煤棚的跨度和长度也在逐步增大。同时，干煤棚的内轮廓需要满足斗轮机作业半径的要求，高度也较高。因此，大部分干煤棚都有跨度大、高度高和长度长的特点。由于跨度的增大，门式刚架、平板网架结构已不能满足干煤棚的使用要求，三心柱面网壳结构因其良好的受力性能、满足斗轮机作业臂弧形工作包络线的要求、大跨度时用钢量较低等优势得到广泛应用。

以某煤电有限公司的煤场封闭工程为例，其干煤棚采用双连跨三心柱面网壳结构。该

工程建筑面积达 45668m²，长度为 279.4m，跨度达到了 98m + 98m，矢高 34.361m，网格尺寸为 4.5m × 4.3m，网壳厚度为 3.3m，中跨支座支承于钢筋混凝土柱柱顶，柱顶标高 18.81m（图 3.3-1、图 3.3-2）。

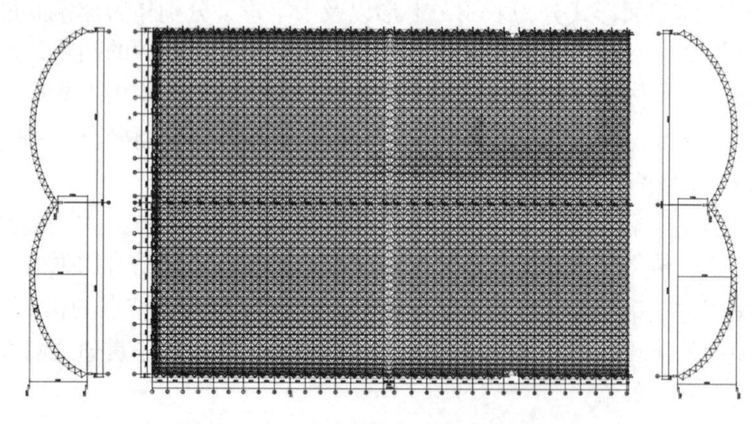

图 3.3-1　网壳投影图和东、西立面图

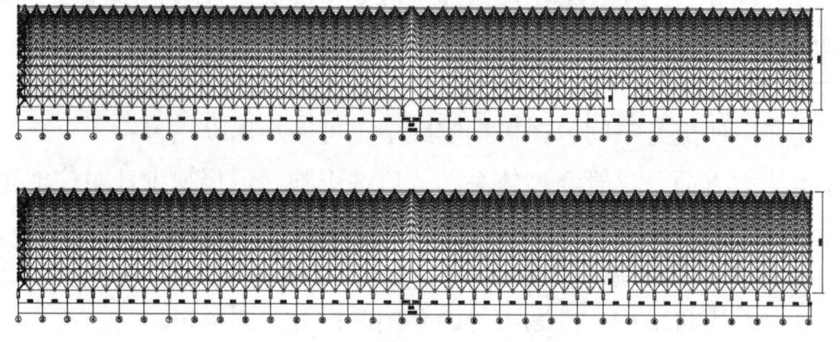

图 3.3-2　网壳南、北立面图

网壳节点形式为螺栓球节点，边跨支座形式为双向平板压力支座，中跨支座形式为平板压力支座。网壳共由 28522 根钢管杆件和 7287 个螺栓球及配件组成，最大钢管直径 $\phi245 \times 14$mm，最小钢管直径 $\phi75.5 \times 3.5$mm，最大螺栓球直径 $\phi300$mm，最小螺栓球直径 $\phi110$mm，直径小于 180mm 的钢管材质为 Q235B，直径大于等于 180mm 的钢管材质为 Q355B，螺栓球的材质为 45 号钢（图 3.3-3）。

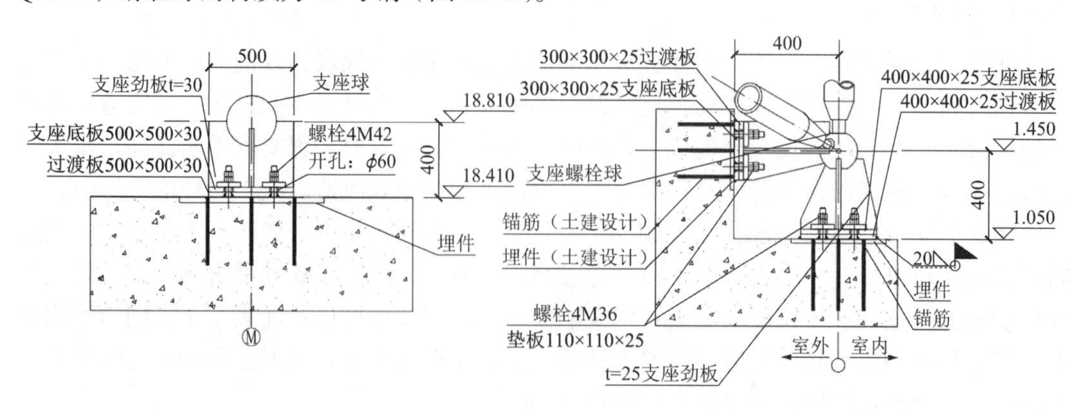


图 3.3-3　网壳中跨支座图和边跨支座图

## 3.3.2　事件过程分析描述

### 3.3.2.1　施工重点难点分析

（1）建筑高度高、跨度大

煤棚的结构采用螺栓球节点三心柱面网壳，断面由 3 段圆弧平滑连接而成，网壳的最大矢高为 35.845m，跨度为 98m 的双连跨，安装高度和结构跨度均较大，在保证施工安全和质量的前提下采用经济合理的安装方案是本工程的重点之一。

（2）网壳杆件和螺栓球的数量多

煤棚面积较大，网壳的杆件和螺栓球节点的零部件较多，整个网壳杆件共有 22818 根，螺栓球共有 5830 个，型号和规格众多，螺栓球最大直径$\phi$300mm，杆件最大直径为$\phi$219mm，安装时容易混淆，可能导致杆件安装错误，施工中应避免杆件安装错误，影响结构安全。

（3）施工场地复杂、狭小

施工现场为正在使用的煤场，场地内堆放有大量的煤炭，施工场地狭小，建设单位要求不能影响正常生产，生产和施工同时进行，需要在不影响生产的情况下进行网壳安装作业。

（4）安全风险较大

网壳跨度和高度均较大，安装过程中多数为高空作业，安装作业高度高，安全风险大，施工中必须保证结构稳定可靠、作业人员人身安全，安全管控难度大、安全措施要求高。

### 3.3.2.2　安装方案比选

根据结构特点、边界条件、场地情况、质量要求、安全风险和后续拉索施工等影响因素，对网壳可能采用的安装方案进行综合比选（表 3.3-1）。

安装方案综合比选表　　表 3.3-1

| 备选方案 | 满堂支撑架高空散装法 | 滑移法 | 支撑架散装起步段＋悬臂小单元散装法 | 分段吊装起步段＋悬臂小单元散装法 |
|---|---|---|---|---|
| 操作流程 | 1. 在网壳平面投影位置搭设满堂红支撑架；<br>2. 用较小的起重机吊装杆件至支撑架上；<br>3. 在支撑架上进行高空散装 | 1. 沿网壳跨度方向搭设一定长度的支撑架，在其上高空散装网壳；<br>2. 在纵向支座位置设置滑移轨道；<br>3. 采用滑移设备将已拼装完成的网壳向前滑移；<br>4. 继续在支撑架上散装网壳，然后滑移，如此循环直到网壳安装完成 | 1. 沿网壳跨度方向搭设一定长度的支撑架，在其上高空散装网壳作为起步段；<br>2. 在起步段上利用小单元悬臂散装法安装网壳杆件；<br>3. 继续利用已安装完成的网壳向前安装，直至安装完成 | 1. 在地面按网壳的弧度拼装网壳安装段，支座位置设置为可转动；<br>2. 将两侧两个安装段用起重机吊至安装高度的支撑架上；<br>3. 安装两个网壳安装段间的合拢段；<br>4. 利用小单元悬臂散装法继续安装网壳直至安装完成 |
| 方案优点 | 1. 施工人员在满堂支撑架上安装作业，安全风险小；<br>2. 网壳始终由满堂支撑架支撑，结构变形小；<br>3. 不需要大吨位的起重设备 | 1. 不需要大吨位的吊装设备；<br>2. 占用较小的施工场地，可不停产施工；<br>3. 施工人员在支撑架上作业，安全风险小 | 1. 占用施工现场的场地较少；<br>2. 不需要大吨位的起重设备；<br>3. 可不停产施工；<br>4. 施工工期较短，措施费用较低 | 1. 占用施工现场的场地较少，不需要搭设支撑架；<br>2. 不需要大吨位的起重设备；<br>3. 可不停产施工；<br>4. 施工工期较短，措施费用较低 |

续表

| 备选方案 | 满堂支撑架高空散装法 | 滑移法 | 支撑架散装起步段＋悬臂小单元散装法 | 分段吊装起步段＋悬臂小单元散装法 |
|---|---|---|---|---|
| 方案缺点 | 1. 需要占用建筑物场内用地，影响其他工序在地面进行施工；<br>2. 支撑架搭设和拆除费用很高 | 1. 施工工艺复杂，需要设置滑移轨道和滑移设备；<br>2. 施工计算分析复杂；<br>3. 支撑架搭设和拆除工期和费用较高 | 1. 支撑架搭设和拆除工期和费用较高；<br>2. 施工计算分析较复杂；<br>3. 施工过程需监测结构挠度 | 1. 施工计算分析较复杂；<br>2. 施工过程需监测结构挠度；<br>3. 需较大吨位起重设备 |
| 机具设备 | 需要大量支撑架 | 需专业滑移设备 | 需一定数量的支撑架 | 需较大吨位的起重设备 |
| 结论 | 根据以上四种施工方案，综合工期、成本、质量及安全要求，结合现场的实际情况，确定采用方案四即分段吊装起步段＋小单元悬臂散装法进行网壳安装 | | | |

### 3.3.3 关键措施及实施

3.3.3.1 关键措施

（1）在杆件一端的锥头平面打钢印号，保证每根杆件均有唯一的钢印号。组装时和焊接后根据钢印号与图纸复核尺寸，复核无误后进行涂装。涂装后根据钢印号用油性记号笔进行返号，保证杆件与编号一一对应，安装时根据编号进行安装，避免杆件位置错误。

（2）根据结构特点、场地情况、边界条件等因素综合考虑安装方法，采用分段吊装起步段、小单元悬臂高空散装法进行安装，除起步段吊装短时间占用施工区域内场地外，其余施工过程不用占用场地，保证建设单位的生产正常进行。

（3）建立结构有限元分析模型，对安装过程进行施工阶段模拟分析，根据模拟分析的结果优化安装顺序，保证结构在安装过程中无超应力杆件，网壳挠度小于 50mm（挠跨比 1/1960），确保结构稳定可靠。

（4）严格落实安全管控措施，高处作业人员采用双钩安全带，班前检查血压，将手机交项目管理人员保管，减少安全隐患。

3.3.3.2 关键措施实施

1）零部件检验

严格按照招标文件要求、公司作业指导书和相关规范进行检验，零部件加工时做到操作人员自检、工序间互检、专职检验人员专检，未经检验合格的半成品不得转到下一工序。对二级以上的焊缝、螺栓球应按规定进行超声波探伤检验。各主要过程检验内容和检验手段如下：

（1）钢管下料：主要检查其几何尺寸、形状位置、切割面等，采用钢卷尺、样板、游标卡尺、直尺、角尺等检验，检验后做好编号和标识。

（2）网壳杆件：主要检查外观、长度、曲率、坡口、焊缝等，采用样板、直尺、角度尺、探伤仪，整体预拼装时采用经纬仪和全站仪测量控制。

（3）螺栓球：主要检查材质、几何尺寸、螺纹质量、螺纹角度等。

（4）焊接：严格按焊接工艺文件执行，在焊接过程中做到检验员、探伤人员不能离岗，按照规范和工艺要求（环境、参数、质量标准、检验要求和内容）进行严格控制。

（5）试验：节点、焊缝等必要的试验（包括破坏性试验）由检测中心负责，严格按标准要求取样和检测。

（6）除锈、涂装：主要检查除锈等级、表面清理，涂装质量等，采用目测、漆膜测厚仪等检查。

2）总体安装思路

根据方案比选确定的安装方法，采用分段吊装和悬臂式小单元高空散装法进行安装。选择网壳两个端部的 1 轴-2 轴和 31 轴-32 轴间的网格作为悬臂式小单元高空散装的起步段，由于其跨度达 98m，每个起步段分成三个安装段，分别在地面拼装每个安装段，拼装完成并检验合格后，分别把安装段吊装就位。然后以起步段为基础由两端向中间逐步悬臂式散装，直至整个网壳安装完成（图 3.3-4）。

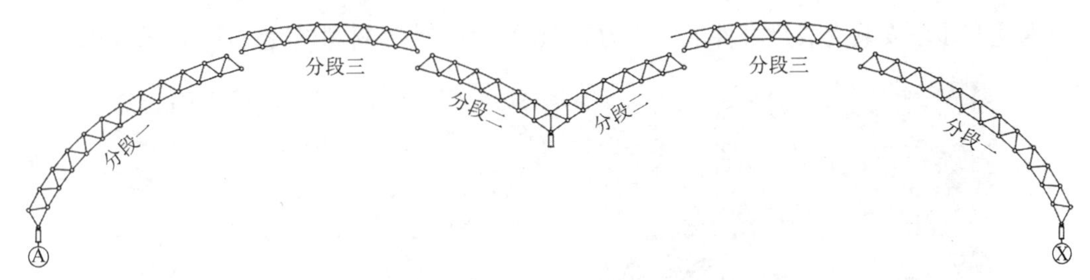


图 3.3-4　起步段分段示意图

3）网壳安装阶段模拟分析

悬臂法施工是借助已安装完成的结构作为后续结构安装的工作，结构处于开口的悬臂状态，因此，必须进行施工阶段的受力验算。

采用有限元分析软件 Midas Gen 建立网壳的分析模型，按照施工方案确定的安装顺序对安装工况下结构的应力和变形进行模拟分析。

网壳的杆件采用桁架单元，螺栓球节点采用铰接节点，支座采用铰接，荷载仅考虑结构自重和风荷载（图 3.3-5）。

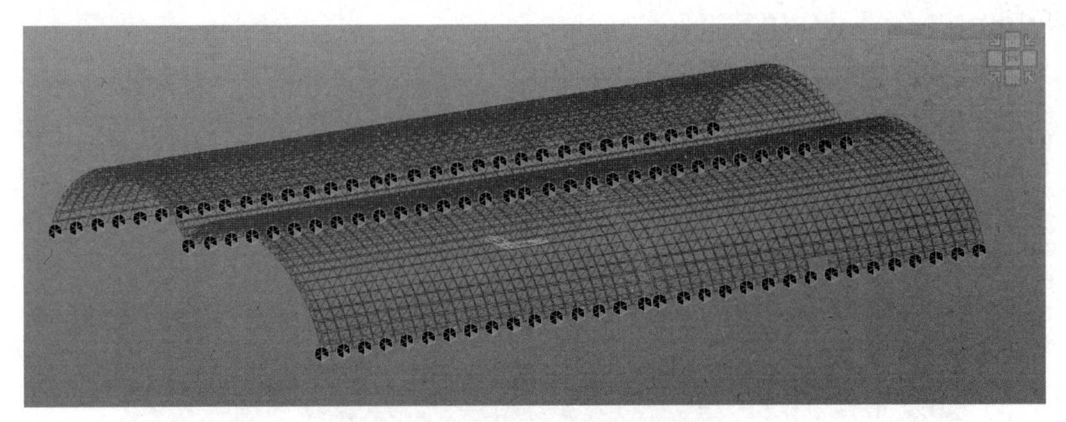

图 3.3-5　Midas Gen 有限元分析模型

利用已建立的 Midas Gen 有限元分析模型对网壳悬臂式散装法安装过程中最不利工况下和安装完成后的应力和变形进行模拟分析（图 3.3-6～图 3.3-11）。

图 3.3-6 起步段安装完成后网壳的应力云图

网壳起步段安装完成后杆件最大应力为 26.9MPa，小于材料的允许应力 235MPa。

图 3.3-7 起步段安装完成后网壳的变形云图

网壳起步段安装完成后结构最大变形为 25.6mm，远小于规范规定的 1/250 跨度的挠度允许值。

图 3.3-8 网壳在安装过程中最不利工况下的应力云图

网壳在安装过程中最不利工况下的杆件最大应力为 49.1MPa，小于材料的允许应力 235MPa。

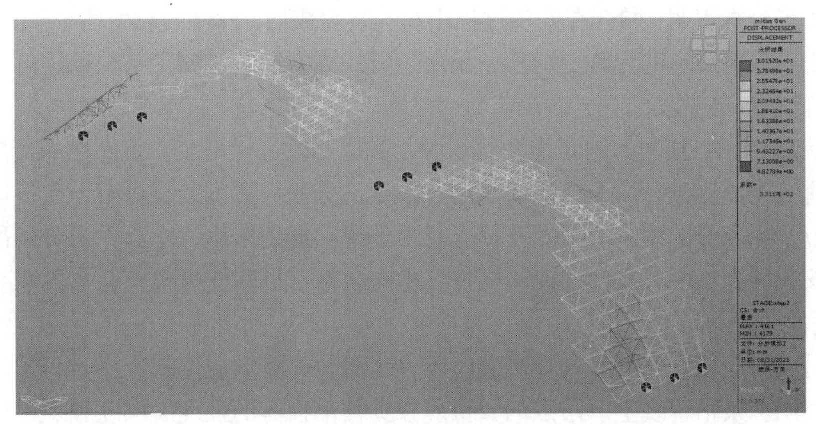

图 3.3-9　网壳安装过程中不利工况下的变形云图

网壳在安装过程中最不利工况下的结构最大变形为 30.2mm，远小于规范规定的 1/250 跨度的挠度允许值。

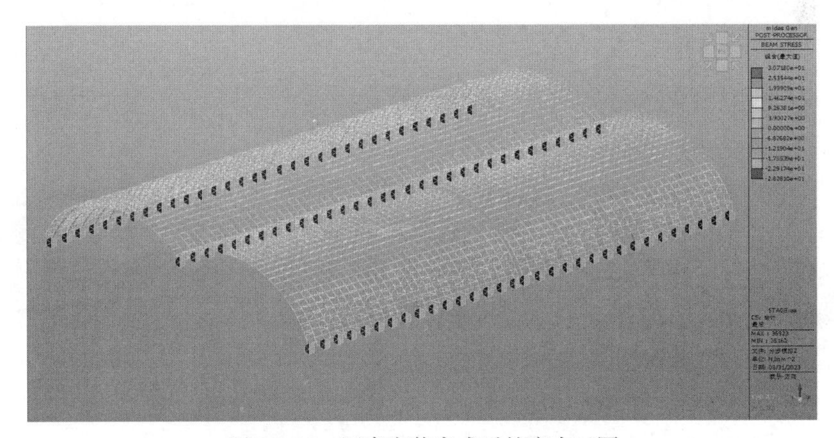

图 3.3-10　网壳安装完成后的应力云图

网壳安装完成后杆件的最大应力为 30.7MPa，小于材料的允许应力 235MPa。

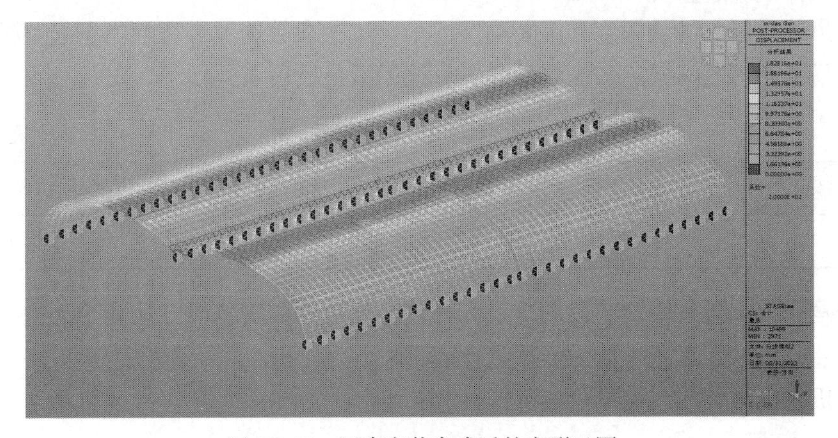

图 3.3-11　网壳安装完成后的变形云图

网壳安装完成后结构的最大变形为 18.28mm，远小于规范规定的 1/250 跨度的挠度允许值。

施工模拟分析表明：网壳在安装过程中和安装完成后，杆件的应力均小于其允许应力，变形均远小于规范规定的允许变形值，采用悬臂式高空散装法施工结构稳定可靠。

4）分段吊装起步段

选择端部 30-31 轴间的网壳作为起步段，分成三段进行吊装。首先在地面拼装网壳的安装段，拼装完成后进行质量检查。然后在设定的分段位置安装支撑架，支撑架可采用塔吊的标准节，标准节的型号应根据支撑点反力选择。最后采用汽车起重机分别吊装各网壳安装段，安装网壳安装段之间的连接杆件，检查合格后拆除支撑架，起步段安装完成。

（1）吊点选择

选择吊点时应使网壳安装段在吊装时不发生翻转、摆动或倾斜，吊点与被吊网壳安装段的重心在同一条铅垂线上。吊点的数量应根据被吊物体的强度、刚度和稳定性及吊索的许用拉力确定。

起步段网壳安装段三可选择四点吊装，吊索与网壳杆件的夹角为 45°，吊点至网壳距离 6385mm，吊点位置见图 3.3-12，其他安装段的吊点与之类似（图 3.3-12）。

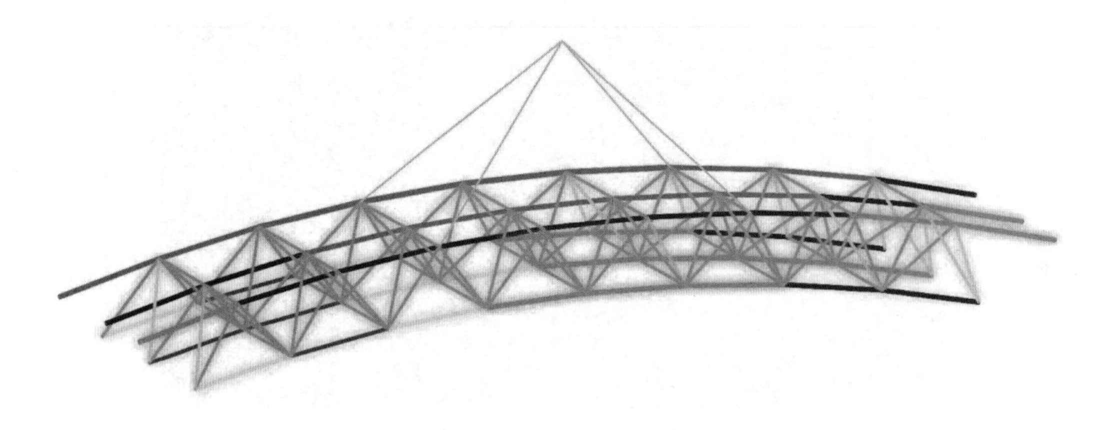

图 3.3-12　网壳起步段安装段三的吊点示意图

（2）选择汽车起重机

根据吊装重量、吊装幅度和吊装高度等吊装工艺参数选择合适的汽车起重机，利用汽车起重机吊装起步段网格的各安装段，各分段的重量见表 3.3-2。

**起步段及分段重量表**　　　　表 3.3-2

| 分段名称 | 起步段 | 安装段一 | 安装段二 | 安装段三 |
|---|---|---|---|---|
| 分段重量（kg） | 33118 | 15875 | 8160 | 9062 |

根据网壳起步段三个安装段的重量和吊装高度数据，安装段三吊装为起重机最不利工况，以安装段三吊装工艺参数为依据选择起重机。

起重机单机吊装的起重量可按下式计算：

$$Q \geqslant Q_1 + Q_2$$

式中：$Q$——起重机的起重量（t）；

$Q_1$——构件重量（t）；

$Q_2$——吊钩重量、吊装绑扎索具重量和构件加固及临时设施等重量，100t 汽车起重机吊钩重量约 0.2t，吊索具重量约 0.1t，故起重量$Q = Q_1 + Q_2 = 9.062 + 0.2 + 0.1 = 9.362$t。

起重高度可由下式计算：

$$H \geqslant h_1 + h_2 + h_3 + h_4$$

式中：$H$——起重高度（m）；

$h_1$——安装位置表面高度（m），本工程为网壳矢高 34.361m；

$h_2$——安装间隙，视具体情况而定，一般取 0.2～0.5m，本工程取 0.5m；

$h_3$——绑扎点至构件吊起后底面的距离（m），本工程为网壳厚度 3m；

$h_4$——吊索高度（m），自绑扎点至吊钩面的距离，本工程为 6.385m。

起重高度$H \geqslant h_1 + h_2 + h_3 + h_4 = 34.361 + 0.5 + 3 + 6.385 = 44.246$m

吊装幅度应根据安装位置、起重机的站位、建筑结构的阻碍等因素综合考虑并确定，结合本工程现场情况、网壳的安装位置，确定吊装幅度为 22m。

根据吊装重量 9.362t、吊装幅度 22m 和吊装高度 44.246m，查起重机起重性能表，100t 汽车起重机在使用 60.4m 臂长、吊装幅度 22m 时，起重量为 12.2t，可满足吊装要求（表 3.3-3）。

**100t 汽车起重机起重性能表**　　　　表 3.3-3

| 工作幅度（m） | 主臂 | | | | | | | | | 主臂仰角 | 主臂＋副臂 | | | |
|---|---|---|---|---|---|---|---|---|---|---|---|---|---|---|
| | 支腿全伸，侧方、后方作业 | | | | | | | | | | 50.4m＋10.8m | | 50.4m＋18.5m | |
| | 13.0 | 17.8 | 22.5 | 27.2 | 31.9 | 36.6 | 41.3 | 46.0 | 50.4 | | 0° | 30° | 0° | 30° |
| 3 | 100000 | 80000 | | | | | | | | 80° | 7000 | 4000 | 4000 | 2000 |
| 3.5 | 93000 | 77000 | 62000 | | | | | | | 78° | 7000 | 3900 | 3800 | 2000 |
| 4 | 88000 | 72000 | 62000 | | | | | | | 76° | 6800 | 3800 | 3600 | 1950 |
| 4.5 | 79000 | 67000 | 61000 | 42000 | | | | | | 74° | 6600 | 3700 | 3400 | 1900 |
| 5 | 72000 | 62000 | 60000 | 42000 | 40000 | | | | | 72° | 6400 | 3600 | 3200 | 1850 |
| 6 | 65000 | 58000 | 56000 | 42000 | 39000 | | | | | 70° | 6000 | 3500 | 3000 | 1800 |
| 7 | 59000 | 55000 | 52000 | 42000 | 37500 | 31500 | | | | 68° | 5600 | 3400 | 2900 | 1750 |
| 8 | 54000 | 52000 | 48200 | 40500 | 35800 | 31000 | | | | 66° | 5200 | 3300 | 2800 | 1700 |
| 9 | 50000 | 49000 | 45000 | 39000 | 34500 | 29500 | | | | 64° | 4800 | 3200 | 2700 | 1650 |
| 10 | 46000 | 45000 | 42500 | 37000 | 33000 | 28700 | | | | 62° | 4500 | 3100 | 2600 | 1600 |
| 12 | 42000 | 41000 | 40500 | 35500 | 31800 | 27600 | 23500 | | | 60° | 4200 | 3000 | 2500 | 1560 |
| 14 | 36500 | 35500 | 35000 | 32500 | 29500 | 25700 | 22000 | 18500 | | 58° | 3900 | 2950 | 2380 | 1520 |
| 16 | 32000 | 31000 | 30500 | 30000 | 27500 | 24000 | 20800 | 17500 | | 56° | 3450 | 2900 | 2250 | 1490 |

续表

| 工作幅度（m） | 主臂 | | | | | | | | | 主臂仰角 | 主臂＋副臂 | | | |
|---|---|---|---|---|---|---|---|---|---|---|---|---|---|---|
| | 支腿全伸，侧方、后方作业 | | | | | | | | | | 50.4m＋10.8m | | 50.4m＋18.5m | |
| | 13.0 | 17.8 | 22.5 | 27.2 | 31.9 | 36.6 | 41.3 | 46.0 | 50.4 | | 0° | 30° | 0° | 30° |
| 18 | | 27500 | 26500 | 27500 | 25700 | 22600 | 19500 | 16500 | 14000 | 54° | 3000 | 2600 | 2100 | 1460 |
| 20 | | 23500 | 23300 | 24500 | 24000 | 21200 | 18900 | 15900 | 13200 | 52° | 2700 | 2400 | 1950 | 1430 |
| 22 | | 17500 | 17000 | 18500 | 19500 | 18800 | 16900 | 14500 | 12200 | 50° | 2350 | 2200 | 1800 | 1400 |
| 24 | | | 13000 | 14200 | 15000 | 16000 | 15200 | 13200 | 11200 | 45° | 1700 | 1600 | 1200 | 1050 |
| 26 | | | 10000 | 11200 | 12000 | 12600 | 13200 | 12000 | 10200 | 40° | 1150 | 1050 | | |
| 28 | | | | 9000 | 9700 | 10300 | 10900 | 11000 | 9300 | | | | | |
| 30 | | | | 7200 | 7900 | 8500 | 9000 | 9400 | 8700 | | | | | |
| 32 | | | | | 6200 | 7000 | 7600 | 7900 | 8000 | | | | | |
| 34 | | | | | 5000 | 5800 | 6300 | 6500 | 6900 | | | | | |
| 36 | | | | | | 4900 | 5200 | 5600 | 5800 | | | | | |
| 38 | | | | | | 3900 | 4300 | 4800 | 4900 | | | | | |
| 40 | | | | | | 3000 | 3600 | 3900 | 4200 | | | | | |
| 42 | | | | | | | 2800 | 3200 | 3600 | | | | | |
| 44 | | | | | | | 2200 | 2700 | 2900 | | | | | |
| 46 | | | | | | | | 2200 | 2400 | | | | | |
| 48 | | | | | | | | 1800 | 1900 | | | | | |
| 50 | | | | | | | | | 1600 | | | | | |
| 52 | 14 | 11 | 9 | 6 | 6 | 5 | 5 | 3 | 3 | 倍率 | 1 | | | |
| 54 | | | | | | | | | | | | | | |

（3）安装网壳起步段的各安装段

首先，抄平地面后，分别拼装31-32轴线间起步段各安装段的网格，网格拼装完成后进行质量检查，检查螺栓是否拧紧，网格尺寸是否正确，补涂杆件在运输和安装过程中损坏的油漆（图3.3-13）。

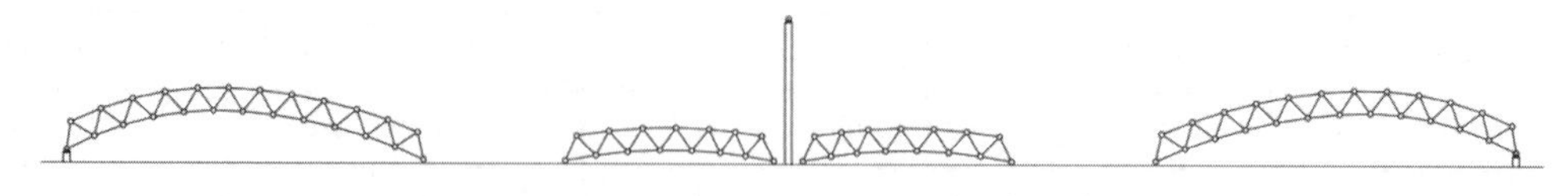

图3.3-13　起步段分段拼装

然后，安装支撑胎架，支撑架用两道缆风绳固定。利用100t汽车起重机分别吊装已拼装完成的起步段网壳安装段，安装段安装完成后检查安装精度，安装过程见图3.3-14（a）～（f）。

(a) 起步段安装顺序一

(b) 起步段安装顺序二

(c) 起步段安装顺序三

(d) 起步段安装顺序四

(e) 起步段安装顺序五

(f) 起步段安装顺序六

图 3.3-14　安装过程

最后，网壳各安装段安装完成后，检查尺寸和位置偏差，螺栓拧紧情况，如一切正常，拆除临时支撑，网壳起步段安装完成。

5）划分施工段

为缩短工期提前完成施工任务，网壳以变形缝为界限划分为施工段一和施工段二两个施工段同时安装（图 3.3-15）。

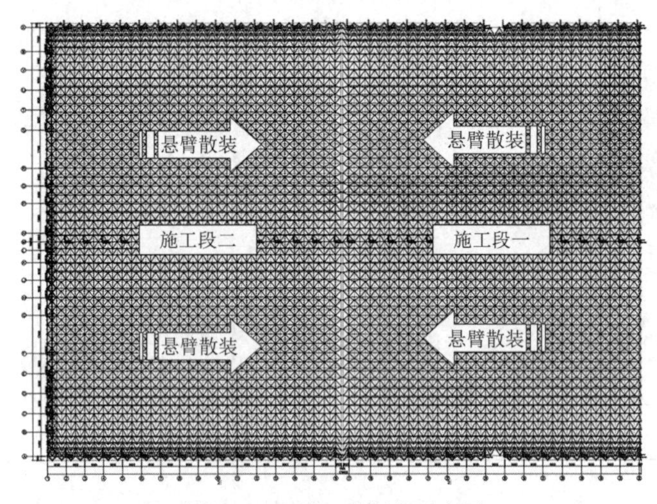


图 3.3-15　施工段划分示意图

6）网壳悬臂散装法安装

以施工段一为例，在已安装好的 31-32 轴间的起步段上，采用悬臂式小单元高空散装法向 17 轴安装，直至 32 轴-17 轴间的网壳安装完成。

安装顺序应使网壳的网格呈阶梯形向前安装，始终保持下部网格多于上部网格，与施工模拟分析确定的顺序一致，保证结构安装过程中稳定（图 3.3-16）。

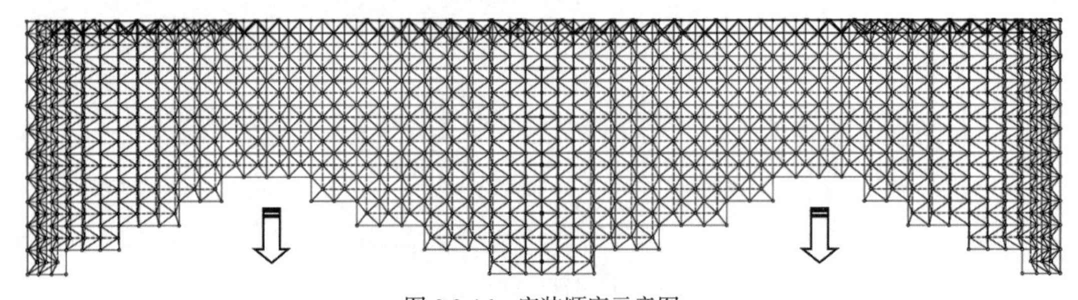

图 3.3-16　安装顺序示意图

7）施工过程监测

采用悬臂式高空散装法安装网壳时，在施工过程中必须定期对网壳的挠度进行监测，避免随着安装进行挠度累加使网壳挠度越来越大。

根据施工模拟分析结果在网壳挠度值最大的一排螺栓球上贴棱镜贴片，每安装一块使用全站仪进行一次测量，如果测量值与施工模拟分析值相近则继续安装，如与施工模拟分析值超过 10mm，应立即停止施工，查明原因进行校正，校正合格后再继续安装（图 3.3-17）。

图 3.3-17　安装过程挠度监测

8）安装马道和爬梯

（1）安装马道

根据马道的结构特点和现场条件，按照确保安全并尽量减少高空作业和高空焊接的原则，确定马道安装方法，以每 4 根槽钢吊杆和吊杆间的马道为安装单元，按单元分别利用卷扬机进行吊装。

根据固定吊杆的螺栓球的位置，在地面将每一单元的 4 根吊杆及其之间的 2 根横梁点焊固定，复核尺寸并符合要求后将吊杆与横梁焊接。在 2 根横梁间组装马道梁和马道栏杆，然后在马道上铺装 4mm 镀锌钢丝网，马道吊装单元组装完成（图 3.3-18），每个吊装单元块重量约 450kg。

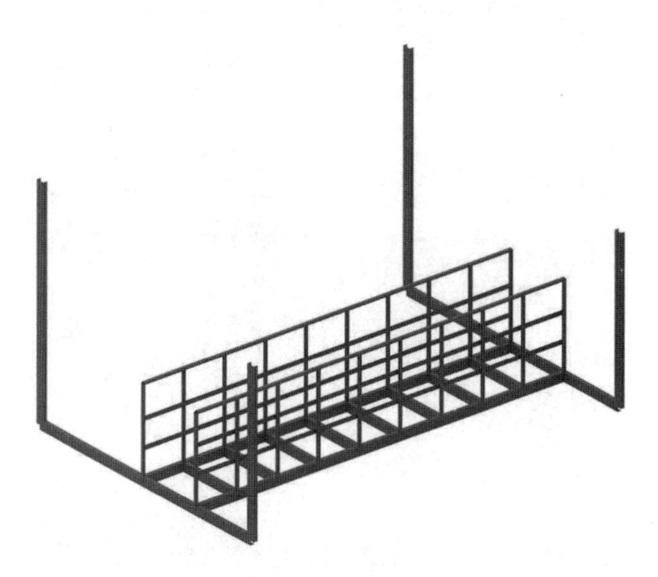

图 3.3-18　马道单元模型

将组装好的马道单元运至安装位置正下方的地面上，在安装位置上方的网壳节点和地面上固定定滑轮，用一台 1t 电动卷扬机提升马道单元进行安装。提升前进行试吊，确保吊件处于平衡位置后进行吊装。在提升至安装位置后，分别将马道单元4根吊杆上端用螺栓与螺栓球上的连接件连接，一个马道单元安装完成，再依次安装下一个单元，直至马道安装完成。

（2）安装爬梯

将相邻下弦的螺栓球之间的爬梯托梁用人工通过滑轮拉至安装位置（两球之间），两端放在相邻的球上，然后用网壳支托通过焊接的连接方式将槽钢两端与螺栓球固定。用卷扬机将爬梯两侧面分别安装在托梁上，并与托梁焊接。再安装爬梯之间的踏步，用螺母固定牢固。

9）安装檩条

安装檩条前应对网壳进行检查，检测网壳整体尺寸、挠度、网格尺寸和螺栓球节点的拧紧情况，检测合格后方可安装檩条。首先安装檩条支托，安装支托的螺栓应与螺栓球拧紧，支托方向应沿屋面弧线的法线方向。

支托安装完成后，根据檩条的规格安装檩条，拧紧固定檩条的螺栓。檩条安装完成后应顺直，同一排檩条应对齐，檩条的挠度小于1/750，且不大于12.0mm，相邻檩条的间距误差为±5mm，檩条两端相对高差或与设计标高偏差不应大于5mm，檩条直线度偏差不大于1/250，且不应大于10mm（图3.3-19）。

图3.3-19　安装檩条

10）安装屋面压型彩钢板

（1）屋面压型彩钢板的存放及保管

压型彩钢板露天堆放时，必须整齐地放置在平整的场地上，下面铺设方木，方木的间距以压型彩钢板不产生明显挠曲为宜，上面加以覆盖保护。

根据现场的实际情况将压型彩钢板放置在安装位置附近，避免二次倒运造成彩钢板损伤。

工人搬运彩压型彩钢板时应轻拿轻放，搬起和放置时应垂直起落，禁止压型彩钢板之间或压型彩钢板与其他物品之间相互拉动，擦伤彩钢板表面涂层。

压型彩钢板上附有保护膜，不宜露天放置时间过长，避免保护膜由于老化而粘结在压型彩钢板上不易清除。

（2）压型彩钢板质量检查

压型金属板成型后，其基板不应有裂纹。涂层、镀层不应有目视可见的裂纹、起皮、剥落和擦痕等缺陷。

压型金属板成型后，板面应平直，无明显翘曲。表面应清洁，无油污、无明显划痕、磕伤等。切口应平直，切面整齐，板边无明显翘角、凹凸与波浪形，且不应有皱褶。

（3）安装压型彩钢板

安装时应找准起始基线，保证压型彩钢板侧边线与结构的横向轴线平行。按照排板图确定的位置和规格，挂线安装网壳端侧的第一块彩钢板，第一块彩钢板固定后，将第二块彩钢板一侧的第一个波峰压在第一块板的一个波峰上，用自攻螺钉固定后依次安装彩钢板。铺设彩钢板时，相邻两块板应按照年最大频率风向进行搭接，避免刮风时冷空气进入室内，同时可防止在安装过程中被风掀起。

对每个屋面安装区域要分段检测，以固定好的压型彩钢板宽度为基准，其顶部与底部各测一次，顶部和底部的误差不得大于10mm，避免屋面板安装成扇形。

在安装压型彩钢板的同时进行配件的安装，安装前应用软布将板面擦拭干净。

压型彩钢板的长度方向连接采用搭接连接时，搭接端设置在檩条上，并应与檩条有可靠连接。当采用螺钉或铆钉固定搭接时，搭接部位应设置防水密封胶带。

11）安全保证措施

（1）安装作业防护措施

所有作业人员必须经过安全培训并取得合格证后方可上岗。进入施工现场的人员佩戴安全帽并系好帽带。所有高空作业人员佩戴项目部统一采购的五点式安全带，人员作业前将安全带挂带系在作业点附近安装好的构件上。安全带须经常检查，发现破损及时更换。

高处作业所使用的工具和零配件等，必须放在工具袋（盒）内，小型工具用绳系好，作业时将一端系在附近可靠的作业点上，严防掉落，严禁高空抛掷。

吊装时作业点通道处及吊装作业面周围设置安全警示线，吊装时作业面下严禁站人，现场设专人监护。

（2）卷扬机使用安全措施

吊装用卷扬机选用正规厂家生产、证件齐全的慢速电动卷扬机。并在使用前进行检查调试，合格后方可使用。

卷扬机四角用M16mm×150mm的膨胀螺栓与仓内混凝土地面固定牢固，并用适量重物压在卷扬机底盘上，防止晃动或翘起。转向定滑轮计划固定在网壳下弦支座球节点处（根据现场实际情况可调整固定位置）。

卷扬机安排持证人员专人操作，作业前检查卷扬机与地面的固定是否牢固，并检查安全装置、防护设施、电气线路、接零或接地线、制动装置和钢丝绳等，全部合格后方可使用。

钢丝绳应与卷筒连接牢固，不得与机架或地面摩擦。在卷扬机制动操作杆的行程范围内，不得有障碍物或阻卡现象。

卷筒上的钢丝绳应排列整齐，当重叠或斜绕时，应停机重新排列，严禁在转动中用手拉脚踩钢丝绳。

作业中，任何人不能跨越正在作业的卷扬钢丝绳。物件提升后，操作人员不得离开卷扬机。

卷扬机使用过程中如发现异响、制动不灵、制动带或轴承等温度剧烈上升等异常情况时，应立即停机检查，排除故障后方可使用。

（3）现场防火措施

构件焊接尽量安排在地面进行，焊接作业前按要求办好动火证。如必须在高空焊接时，尽量错开煤棚内堆煤处，并设置接火盆。

（4）现场用电安全措施

现场用电设备做到“一机一闸一漏保”，并按要求做好设备接地及防护措施。

设备维修时要关闭电源，维修期间配电箱上锁或派专人监护。

焊机等用电设备电源线、二次线等设置按照安全操作规程进行。操作人员佩戴好防护用具。

### 3.3.4 结果状态

为防治扬尘污染，满足环保要求，露天煤场段建设封闭式储煤棚并实行全封闭管理措施。储煤棚采用三心柱面网壳结构，工程施工中采用创新的方法解决了大跨度三心柱面网壳结构安装风险大、施工效率低、施工成本高的难题，在满足安全和质量要求的前提下提前完成了工程施工，受到建设单位的高度评价（图 3.3-20）。

图 3.3-20　煤棚完工后照片

#### 3.3.4.1　质量效果

采用分段吊装和悬臂式小单元高空散装法相结合的安装方法安装大跨度柱面网壳。首先，安装起步段采用传统的分段吊装法进行安装，网壳各安装段在地面拼装，检查合格后再进行分段吊装，检查合格后拆除支撑架，起步段安装质量易于保证。

以起步段为基础采用悬臂式小单元高空散装法顺序安装网壳杆件，安装过程中用全站仪监测螺栓球节点的空间位置和网壳的挠度，保证了网壳的安装精度。本工程在施工过程中，挠度值始终保持在小于 20mm 的范围内，安装精度较好。网壳安装完成后，结构最大竖向挠度 19mm，屋面安装完成后结构最大挠度 58mm，挠跨比 1/1690，远小于规范要求的 1/250 跨度的挠度允许值，网壳造型美观，三心柱面网壳轮廓线与设计要求一致。

3.3.4.2　经济效益

大跨度网壳结构安装方法有分条（块）安装法、满堂支撑架高空散装法、提升法、顶升法和滑移法等多种，不同的安装方法各有特点，对场地的适应性也各不相同。本工程的实践采用起步段分段安装和悬臂式小单元高空散装法相结合的安装方法，措施费用少，施工效率高，施工成本低，占用施工场地小，不影响建设单位正常生产，具有良好的经济效益。

3.3.4.3　技术价值

采用分段吊装法和悬臂式小单元高空散装法相结合的施工方法安装大跨度三心柱面网壳煤棚，满足了建设单位不停产施工的要求，有效降低了施工成本，易于保证施工，可以为类似结构施工提供借鉴作用，具有良好的技术价值。

### 3.3.5　问题和建议

柱面网壳结构的横向杆件、球面网壳的两个方向杆件均为倾斜布置，杆件的轴力可以分解为水平和竖直两个方向，竖直方向的分力有利于保证结构的稳定，减小结构挠度，因此，悬臂式小单元高空散装法适用于网壳结构的施工。网架结构两个方向的杆件均为水平布置，无竖向分力，除非进行施工阶段模拟分析，分析结果证明结构散装过程中稳定可靠，否则不应采用悬臂式小单元高空散装法施工。

悬臂式小单元高空散装法施工中每安装一个网格后应对网壳的挠度进行监测，测量的挠度值与施工模拟分析值进行对比，如挠度超过设定的数值，应立即停止施工，找出挠度超差的原因并采取措施后方可继续施工，有条件时可以对典型杆件的应力进行监测，掌握施工阶段网壳典型杆件的应力值。

# 第4章 屋面防排水工程

# 4.1 云溪九章车库顶板排防水施工创新

## 4.1.1 案例背景

近年来随着城市的快速发展和居民生活水平的提高，汽车的拥有数量成倍地增加，造成在满足人民群众出行方便的同时，给城市停车场地提出了很大的挑战。为有效节约土地资源，建设居住小区时一般在整个规划地块全部开挖后建造地下车库，因此，将地下车库顶板设计成种植屋面，然后栽植各类景观植物，打造小区水系等，使地下车库顶板作为种植、娱乐、交通的平台，从而形成了一种全新环境体系，其目的就是提高小区居民的生活环境质量。

种植屋面水源多，各种植物的浇灌用水、大气降水、水池和喷泉等水体用水使地下车库顶板增加了产生渗漏水的水源，特别是浇灌水和水池底污水中含有植物根叶和泥沙等杂物，会使排水口及管道堵塞，造成地下车库顶板渗漏水，因此，种植屋面的防水构造与普通屋面防水构造具有较大的不同。

造成车库顶板种植屋面渗漏水的主要原因有：

（1）防水系统不够完善或存在缺陷，例如在预留管道、突出顶板的建筑或构件等薄弱环节出现渗漏。

（2）防水材料选择不当，导致植物根系穿透防水层，甚至结构层，从而使整个屋面系统失去作用。

（3）小区绿化施工时破坏了防水层，最终导致防水系统的破坏。

（4）绿化屋面由于浇灌植被、设置水景、储存雨水等因素而增加了产生漏水的水源。

（5）排水口及管道被植物腐叶或泥沙等杂物堵塞，造成积水和漏水。

（6）种植土的干湿度、酸碱度对防水层造成长期破坏。

在了解了种植屋面渗漏水成因后，为解决以上渗漏水难题，施工单位需要在原有设计要求的基础上加以创新和总结，形成一套切实可行的防排水施工技术以保证防水的施工质量与效果。

## 4.1.2 事件过程分析描述

### 4.1.2.1 工程简介

云溪九城住宅小区位于河北省保定市瑞祥大街与隆昌路的交叉口，总建筑面积约169000m$^2$，建筑结构为钢筋混凝土剪力墙结构，分为住宅楼与地下车库两部分。其中住宅楼1～8号楼为地下3层，1、4、5、6号楼为地上32层，2、3号楼为地上33层，7号楼为地上28层，8号楼为地上17层。车库为地下2层，局部地下1层，设计为框架结构，顶板以上设计为种植屋面，覆土将近2m，台地式景观园林，并且还配有人工水系。同时，整个地下车库顶板的防水面积达到40000m$^2$，使用功能以及钢筋混凝土结构耐久性均要求做到保证防水施工质量，不渗不漏，按照原有传统做法，设计要求为车库顶板中心向四周找坡，找坡层最厚部位达到1m，不仅影响种植屋面管道的施工，加大了车库顶板的结构荷载，同时还因排水距离过长，存在积水不能及时排出导致渗漏的风险（图4.1-1）。

图 4.1-1　云溪九城效果图

#### 4.1.2.2　工程特点、难点

（1）车库种植屋面防排水要求高

种植土是植物赖以生存的土壤层，具有自重轻、蓄水后不板结等优点，车库顶屋面因大雨或浇水过多容易形成积水，造成栽植植物烂根或死亡，多年生木本植物根系对防水层穿刺力很强，种植屋面构造层次较多，造成屋面荷载增大，维修困难，因此，防水层构造的选择与防水层的施工质量直接影响整个种植屋面的质量和工期。

（2）车库种植屋面上部结构复杂多样

整个住宅小区的住宅楼与地下车库顶板相交接，同时车库顶板还有众多疏散楼梯、采光井等建筑或构件，造成防水层施工细部节点处理复杂，防水收口质量难以保证，为保证防水施工质量，需针对不同部位制定不同的节点处理方案，过程中严格监督落实。

（3）车库种植屋面施工作业量大，业主要求施工工期短

整个地下车库顶板防水面积为 40000m$^2$，细部节点处理复杂用时长，且各构造层施工质量要求高，但建设单位要求的工期非常紧张，为保证工期和施工质量，需针对车库顶板设置分区，在保证人、材、机各项投入满足的前提之下采取流水施工的办法。

#### 4.1.2.3　针对以上重点、难点采取的创新措施

本工程经过项目部认真研究，并参考类似项目的施工经验，决定依据“导、排、防相结合”的原则，采用改变原有防水层做法、分区域进行找坡、找坡层与保护层相结合、增加渗水检查井等措施规避找坡层过厚加大荷载、各层之间结合不紧密及排水路径过长的弊端，保证了整个种植屋面的施工质量，该工程自 2019 年 12 月竣工验收至今没有发生渗漏水问题。其创新点主要有以下几点：

（1）防水层做法创新

原设计做法：本工程地下停车场种植屋面结构设计自下而上设计为屋面结构层、找平层或找坡层、普通防水层、耐根穿刺防水层、隔离层、C20 细石混凝土保护层、排（蓄）水层、过滤层和种植介质层以及植被层组成。防水构造层次中，钢筋混凝土顶板采用轻质

材料找坡，防水层和顶板之间未形成满粘结状态，防水层一旦出现轻微破坏容易出现大面积窜水，从而使屋面大面积渗漏水，且渗漏水点极难找到。

创新做法：取消原设计做法中的找平层，直接在顶板上粘贴 2.0mm 厚非固化沥青防水涂料＋4mm 厚自粘沥青耐根穿刺防水卷材。不但节省了工程造价，缩短了工期，更重要的是非固化沥青防水涂料能够与结构层形成一道连续、完整、无接缝、有自愈能力的高弹性膜体结构。同时 4mm 厚自粘沥青耐根穿刺防水卷材与非固化涂料防水层复合，既能保证其与防水层很好地结合，又使整个防水体系达到最佳的防窜水、拉伸强度等性能，将找坡层与保护层相结合，放置于防水顶部，进一步加大了保护层厚度，加强了保护层效果，有效降低植被根部对防水层的破坏。防水构造做法如图 4.1-2 所示。

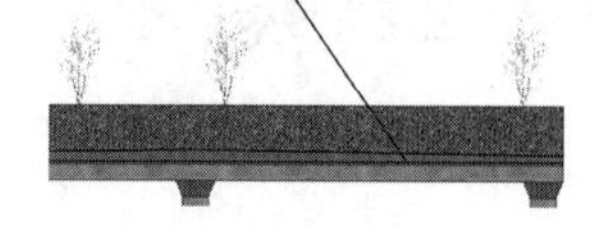


图 4.1-2　防水构造做法图

（2）将找坡层与保护层相结合、设计成有组织排水的创新

原设计车库顶板找坡为自然找坡，由车库顶板最高点向车库四周找坡，找坡距离过大，致使局部找坡层厚度最大达到 1m，不仅影响雨污管网横向位置，造成材料浪费，同时还由于排水路径过大，造成屋面积水不能及时排出，容易在屋面形成浅水层，影响植被正常生长，增加渗漏风险，原设计找坡如图 4.1-3、图 4.1-4 所示。

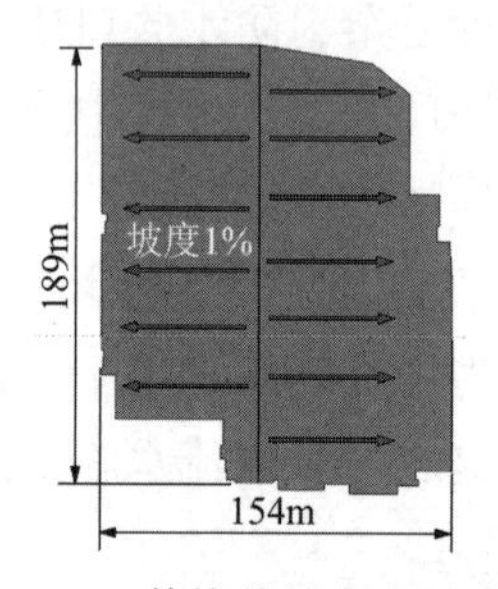


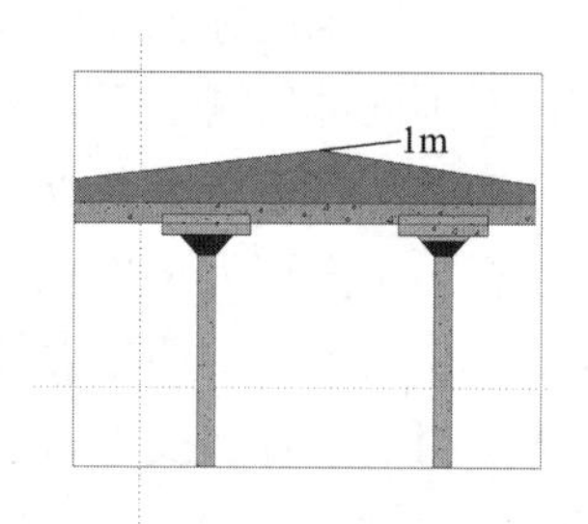


图 4.1-3　传统找坡方向示意图　图 4.1-4　传统找坡高度示意图

创新做法：为解决上述问题，本项目部经过优化，将车库顶板进行分区域有组织排水，在结构施工时根据地下车库集水坑位置及屋面整体面积，每 $1000m^2$ 左右在车库顶板预留排水口，排水路径约为 30m，靠近车库边缘部位 30m 位置可向车库范围以外进行自然找坡排水，车库顶板中间部位，向预留洞找坡并通过管道向车库集水坑进行排水，既降低了找坡层厚度，又缩短了排水路径。

找坡层与保护层相结合，对于找坡层与保护层整体厚度小于 150mm 部位直接采用混凝土找坡。其他整体厚度较大部位，先浇筑泡沫混凝土找坡，上面预留 100mm 混凝土保护层。优化后如图 4.1-5、图 4.1-6 所示。

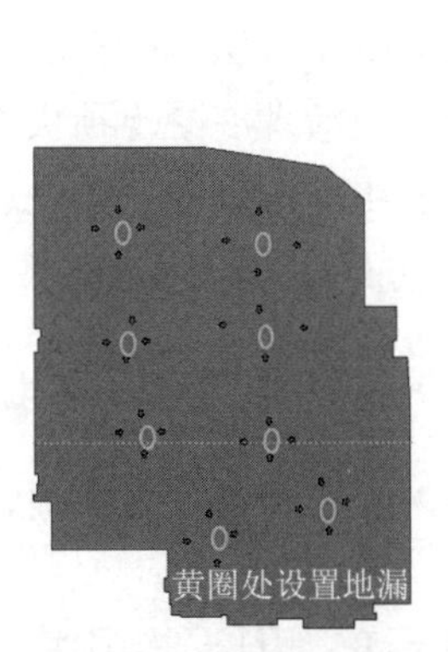


图 4.1-5　分区域排水示意图

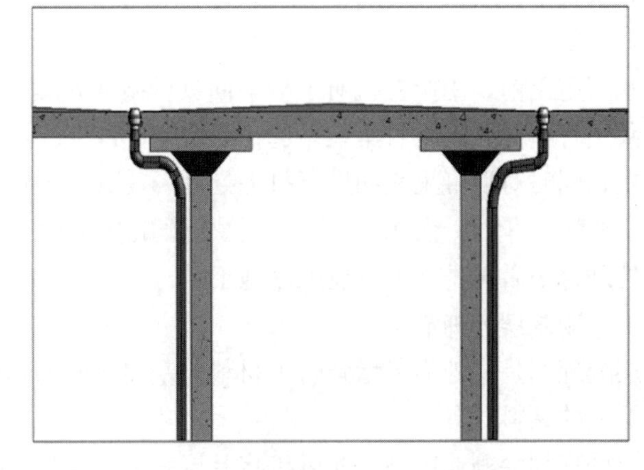

图 4.1-6　分区域排水后找坡厚度示意图

（3）渗水检查井创新

将原设计改为车库顶板进行分区域有组织排水后，容易造成雨水收集位置淤泥堵塞排水口，为解决堵塞后不易维修的难题，项目部经过研究，并与设计院进行沟通，在地下车库顶板雨水收集位置设置渗水检查井（图 4.1-7）。

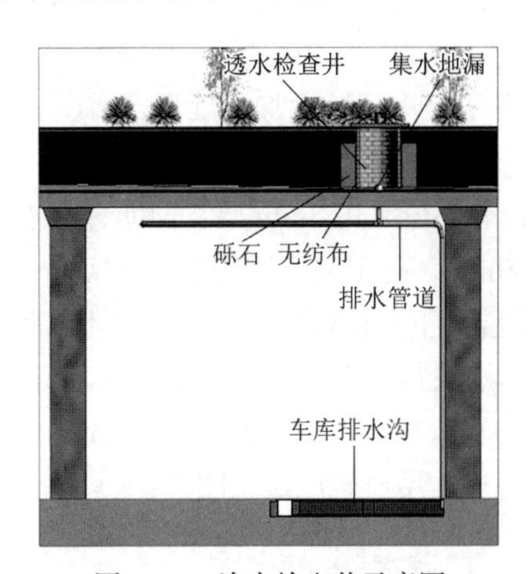


图 4.1-7　渗水检查井示意图

## 4.1.3　关键措施及实施

### 4.1.3.1　关键技术一

防水层材料由原设计变更为 2.0mm 厚非固化沥青防水涂料 + 4mm 厚自粘沥青耐根穿刺防水卷材。

1）施工工艺流程

基层抛丸与验收→基层处理剂→弹线定位→细部节点防水加强层→涂刷非固化沥青涂料→铺设防水层→隐蔽验收进入下一步施工→铺设隔离层。

2）操作要点

（1）基面抛丸与验收

基层清理：基层表面应做到平整、牢固、清洁、无积水；凸出基层的砂浆必须凿除，凹处抹砂浆找平；用扫帚、铁铲等工具将基层表面的灰尘、杂物清理干净，对于不平的部位需修补平整。

防水层施工前，用抛丸机对顶板平面进行抛丸处理，对混凝土基层进行打磨处理，将水泥浮浆层打磨掉并吸附收集在一起，露出坚固的混凝土基层，清理混凝土顶板表面的浮浆、杂质，同时对混凝土表面进行打毛处理，使其形成均匀、粗糙的表面。抛丸后的基面应坚实、平整、清洁、干燥，将阴阳角做成圆弧或45°坡角；基面验收应达到要求，若不符合，应处理合格后再进行下一道工序施工。

（2）涂刷基层处理剂

基层处理剂是一种为了增强防水材料与基层之间的粘结力，在防水层施工前，预先涂刷在基层上的涂料。

基层处理剂涂刷前用高压吹风机将基层表面的浮尘吹扫干净，用长把辊刷涂刷在干净干燥的基层表面，复杂部位用油漆刷刷涂，要求不露白，涂刷均匀。干燥至含水率不超过9%时方可进行下道工序。

（3）弹线定位

定位弹线：根据卷材铺贴方向，以分格的方式进行弹线，确定施工非固化沥青涂料的范围，每个格子的宽度为0.92m，长度为10m，面积为9.2m$^2$，依次类推直至铺设完成。

（4）细部节点防水加强层

防水施工前，需要对细部节点进行防水加强处理，增设一道防水加强层。后浇带、阴阳角等部位采用2mm厚非固化沥青防水涂料与4mm厚自粘沥青防水卷材组成的防水加强层，宽度视节点而定。穿墙管等部位采用3mm厚普通沥青防水卷材作为防水加强层，在管壁和墙面的宽度均不小于250mm，施工完毕后用压辊压实。

①后浇带：在先浇与后浇混凝土交接处设置遇水膨胀止水胶，在“后浇带宽度 + 600mm”处刮涂 2mm 厚非固化沥青防水涂料，上面铺设一层普通 3mm 后 SBS 防水卷材作为加强层，宽度同下边非固化沥青防水涂料，然后再铺设一层 2mm 非固化沥青防水涂料与 4mm 厚自粘沥青防水卷材，施工完毕并用压辊压实（图 4.1-8）。

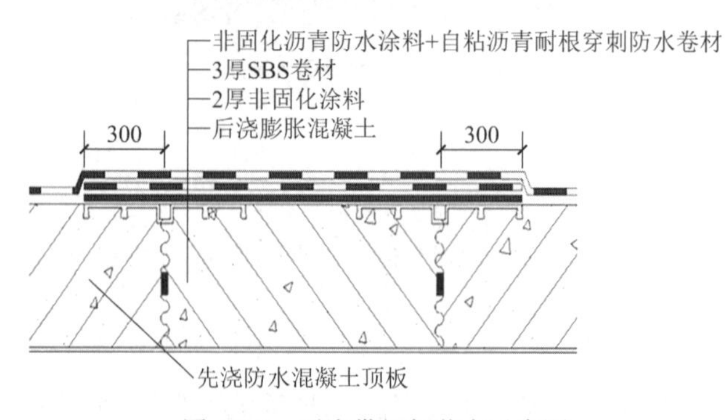


图 4.1-8　后浇带细部节点示意图

②顶板与侧墙防水层搭接处：铺设顶板与侧墙交接处卷材时，顶板边部卷材应横向铺设并向侧墙下翻350mm。对侧墙卷材层进行加温处理，以确保搭接可靠，并在上下层卷材搭接处用密封胶密封处理（图 4.1-9）。

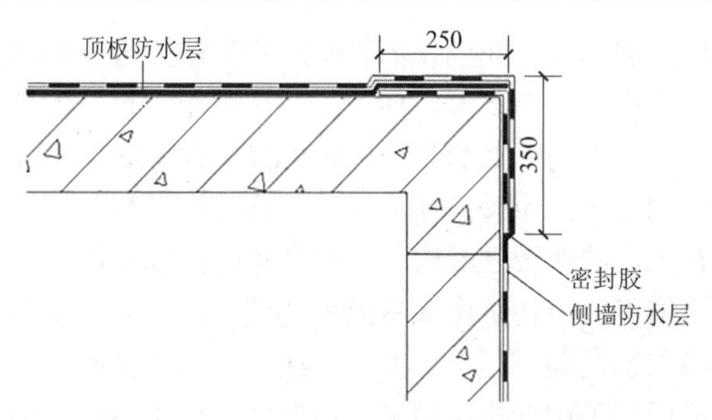


图 4.1-9　顶板与侧墙细部节点示意图

③穿墙管：用普通 SBS 改性沥青防水卷材做加强处理，侧墙和管壁加强层宽度均为 250mm。当非固化沥青防水涂料和 SBS 改性沥青防水卷材施工至管根处，用 SBS 改性沥青防水卷材包裹管道 250mm 长并热熔搭接，墙面从管道边缘延伸 80mm，热熔完成后在收口处用金属管箍固定，并用密封胶密封（图 4.1-10）。

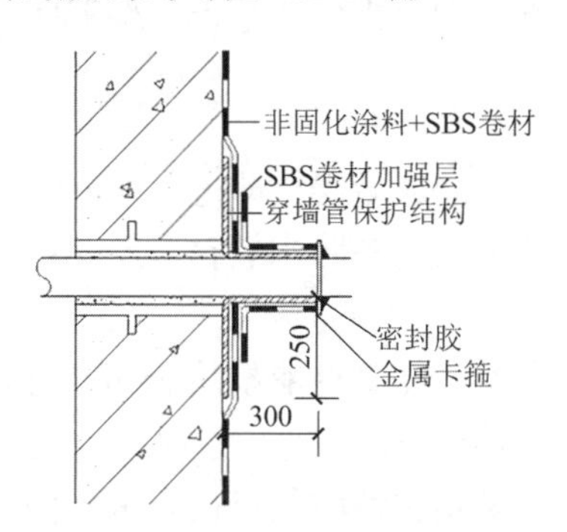


图 4.1-10　穿墙管防水处理示意图

④防水层收口：收口高度应高出地坪 500mm 以上，卷材收口处用收口压条和膨胀螺钉固定，并用密封胶密封，膨胀螺钉固定数量为每米不低于 5 个（图 4.1-11）。

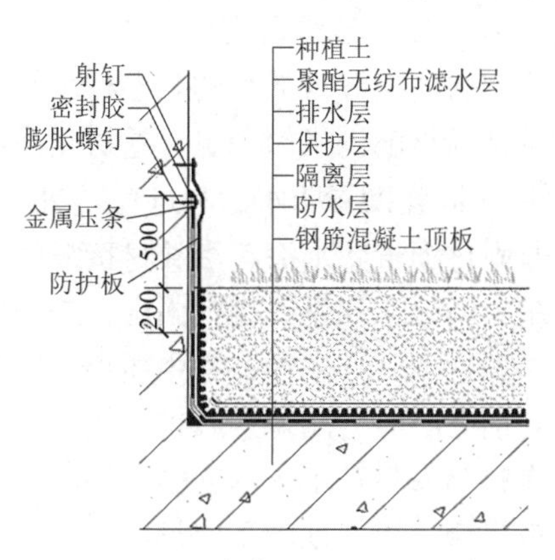


图 4.1-11　防水层收口处理示意

（5）涂刷非固化沥青涂料

①把专用的加热器放入非固化沥青涂料铁桶中进行加热，加热时要时刻关注温度变化，加热温度不得超过 200℃，使非固化沥青涂料完全融化成流态状备用，达到易于喷涂或者涂刮状态即可。

②根据施工结构部位的不同，非固化沥青防水涂料施工可分为喷涂和手工刮涂两种方法。其中，喷涂适用于屋面平立面部位，而手工刮涂适用于狭窄区域及细部节点。对于种植屋面，无论采用喷涂施工或是手工刮涂，非固化沥青的涂布厚度均须达到 2mm，用量在 2.5～2.8kg/m$^2$ 范围内。对于手工刮涂施工，工人在作业时须做好安全防护措施，将防水涂料用涂料专用器皿倒在既定的弹线区域内。工人需用刮板刮涂均匀，保证防水涂料无流淌、鼓包现象。而对于喷涂施工，应在防水涂料温度达到 140℃时，用喷枪将涂料均匀地喷涂在平立面基层上，喷嘴与基层面应呈 90°夹角，保证一次喷涂成膜，并达到既定的喷涂厚度。防水涂料涂布完成后应采用针测法检测涂层厚度，对于不达标的工作区域应进行加强处理。

③非固化沥青防水涂料施工前，需要提前弹涂施工基准线，涂料施工基准线宽度为卷材外 200mm。立面施工时应自上而下进行涂刮、涂刷或喷涂。非固化沥青涂料刮涂或喷涂施工过程中应特别注意，不要将非固化沥青涂料刮涂或喷涂到两层防水卷材搭接面，以免影响防水卷材搭接效果。无论是采用人工刮涂还是机械喷涂，涂层厚度应均匀，不得漏刷并达到设计要求厚度。

（6）铺设防水层

①在非固化沥青防水涂料施工完成后需立即进行 4mm 厚自粘耐根穿刺防水卷材施工。在铺设过程中应沿着定位线滚动铺设自粘防水卷材，使卷材与防水涂料粘结在一起，形成整体，以确保防水效果。

②施工时，因卷材内存在应力，在卷材铺设前 15min 将卷材展开、平铺以便于卷材应力得到释放，确保自粘沥青防水卷材铺设顺直，卷材长、短边搭接宽度不小于 100mm。在铺贴过程中，卷材的搭接要求需满足预铺时的搭接要求，同时搭接缝应顺水流方向，并应减少卷材短边搭接。

③将整幅卷材卷起，在弹线范围内喷涂或刮涂非固化沥青防水涂料，揭除自粘卷材下表面隔离膜和搭接边防污染隔离膜，将卷材粘贴在涂料上，同时进行卷材自粘搭接，并用压辊碾压密实，使卷材与涂料粘贴牢固。压辊后需保证边缘挤出熔融沥青并形成宽 2～5mm 的均质非固化沥青条，从而达到封闭接缝口的目的。卷材水平搭接处密封，采用非固化沥青防水涂料密封。立面铺贴自粘卷材辅助机械固定。卷材立面收口处，先用压条固定，固定件间距不大于 250mm，再用非固化沥青防水涂料进行密封。

④封边完毕后，可采用非固化沥青防水涂料沿卷材接缝处涂刷宽 100mm 以进行加固。针对防水卷材密封收口处需用金属压条和钢钉进行固定，并使用密封膏进行密封。

⑤验收：防水层严禁有渗漏现象。在喷涂过程中质检员应随时监督检查喷涂厚度和均匀性。及时督促卷材层施工。铺卷材时，用螺丝刀检查接口。如果发现搭接接头不牢固，应及时修理。尤其是应注意涂料与卷材在平面与立面、转角与阴阳角交接处的接缝做法是否正确。对施工质量问题严格检查，以保证施工质量。

（7）铺设隔离层

①铺设隔离层的要求

隔离层的材料，其材质应经有资质的检测单位认定，进场后必须经过复试合格方可使用。

铺设前防水卷材表面应坚固、洁净、干燥，铺设前，应涂刷基层处理剂，基层处理剂应采用与卷材性能配套的材料或采用同类涂料的冷底子油。

当采用掺有防水剂的水泥类找平层作为防水隔离层时其掺量和强度等级（或配合比）应复合设计要求。

铺设防水隔离层时，在管道穿过楼板面四周，防水材料应向上铺涂，并超过套管的上口。在靠近墙面处，应高出面层 200～300mm 或按设计要求的高度，铺涂阴阳角和管道穿过楼板面的根部应增加铺涂附加防水隔离层。

防水材料铺设后，必须蓄水检验，蓄水深度应为 20～30mm，24h 内无渗漏为合格，并作记录。屋面隔离层施工质量检验应符合现行国家标准《屋面工程质量验收规范》GB 50207—2012。

②操作工艺

基底清理：把沾在基层上的浮浆、落地灰等用錾子或钢丝刷清理掉，再用扫帚将浮土清扫干净。

涂刷底胶：将聚氨甲、乙两组分和二甲苯按 1∶1.5∶2 的比例（重量比）配比，搅拌均匀，用滚动刷或油漆刷蘸底胶均匀地涂刷在基层表面，不得过薄也不得过厚，涂刷量以 1mm 左右为宜，涂刷后应干燥 4h 以上，才能进行下一工序的操作。

细部附加层：将聚氨酯甲、乙两组分按 1∶1.5 的比例（重量比）配合搅拌均匀，在管根、阴阳角部位做一布二涂的加强层，加强层的宽度宜大于 200mm 实干后，方可进行大面积施工。

保护：应在施工完成后进行拦挡，严禁上人。

冬期施工时，环境温度不得低于 5℃。

③质量标准

防水隔离层严禁渗漏，坡向正确、排水通畅。

隔离层厚度应符合设计要求

隔离层与其下一层粘接牢固，不得有空鼓；防水涂层应平整、均匀，无脱皮起壳、裂缝、鼓泡等缺陷隔离层的表面的允许偏差应符合《建筑地面工程施工质量验收规范》GB 50209—2010 中的规定。

#### 4.1.3.2　关键技术二

找坡层与找平层相结合，分区域有组织排水。

1）找坡层施工

采用泡沫混凝土作为找坡层的材料，由于材料自身整体性能，无需设置排气系统，极大地提高了屋面的整体性，减少了屋面工序，降低了屋面防水风险，提高了整体屋面施工质量。

（1）工艺流程

基层清理→保温层标高弹线→打灰饼、冲筋→安装落水口及出屋面套管→浇筑泡沫混凝土→找坡收面。

（2）基层处理

基层清理：将结构层上表面的松散杂物清扫干净，突出的粘结杂物要铲平，不得影响保温层的有效厚度。

表面无明水，坚硬、无空鼓、无起砂，裂缝凹凸不平等缺陷。

泡沫混凝土保温层施工的做法：根据要求最薄处为30mm，1%找坡，按350kg/m$^3$的密度进行泡沫混凝土配比，并进行分层浇筑。

（3）贴点标高、冲筋

根据屋面坡度要求拉线找坡，在周边墙体及柱面上弹设500mm控制线，并在下方弹设保温厚度控制线，并在分水线处按1～2m贴点标高（贴灰饼）铺抹找平砂浆时，先按流水方向以间距1～2m冲筋。确保面层2%找坡，保证屋面排水应顺畅，防止下雨排水不畅。

（4）浇筑泡沫混凝土

按顺序将配制好的泡沫混凝土泵送至屋面，保证连续泵送，进行分层浇筑，第一遍达到最薄处30mm，待初凝前进行第二次浇筑并找坡，找坡可以分2～3次进行，保证泡沫混凝土的堆积厚度，在堆积完成后用刮杠靠冲筋条刮平，找坡后用抹子搓平，并细致收光。

（5）养护

泡沫混凝土面层找平、收光12h后，进行洒水保湿养护48h，气温低于5℃时可不浇水。

（6）质量控制要点

施工过程中泡沫混凝土表面必须干燥。由于泡沫混凝土使用的复合发泡剂具有一定憎水性，使得成型后的泡沫混凝土吸水率很低，如遇雨或表面受潮，则直接在面层涂刷防水涂料或铺贴防水卷材，在泡沫混凝土表面的水分由于无法形成良好排气通道，水汽多的部位会导致防水涂料或防水卷材鼓包，甚至冲破防水层，未干透的泡沫混凝土对其面层施工的防水涂料或卷材具有较大的危害性。

*2）保护层施工*

找坡层施工完成达到规定强度后进行保护层施工。

（1）施工工艺

工艺流程：基层检查验收→嵌分格条→铺隔离层绑扎钢筋→隐蔽验收→浇筑混凝土→收面压光。

（2）操作要点

基层检查验收：在屋面防水及找坡层完成后应分别进行验收，合格后方可进行面层刚性保护层施工。

嵌分格条：按照屋面图纸在图纸进行试分格，分格应使整体对称或间距基本相等，分格间距为4m，在图纸上画出分格缝位置，检查无误后再据此在屋面女儿墙上实地放样，并弹出控制线，根据控制线嵌设塑料分格条，先点铺坐灰，待分格条安装后再满铺，将分格条嵌固稳定。嵌分格条应拉线，保证顺直平整，表面水平。细石混凝土防水层的分格缝，应设在变形较大、屋面转折处（如屋脊）或防水层与突出屋面结构的交接处，在女儿墙根处离墙20cm处需设一圈分格缝。

铺隔离层：在细石混凝土防水层与基层之间设置隔离层，依据设计采用干铺无纺布，施工时避免钢筋破坏。绑扎钢筋网片：钢筋网片采用直径为4mm冷拔低碳钢丝，以150mm的间距绑扎成双向钢筋网片。钢筋网片应放在防水层上部，绑扎钢丝收口应向下弯，不得露出防水层表面。钢筋的保护层厚度不应小于 10mm，网丝必须调直，钢筋需在分格缝处断开。钢筋绑扎完成后应进行隐藏验收，合格后方可进行下一道工序。

浇筑细石混凝土：混凝土浇筑应按照由远而近，先高后低的原则进行。在每个分格内，混凝土应连续浇筑，不得留施工缝，混凝土要铺平铺匀，用高频平板振动器振捣或用滚筒碾压，保证达到密实程度，振捣或碾压泛浆后，用木抹子拍实抹平。待混凝土收水初凝后，大约 10h，用铁抹子进行第一次抹压，混凝终凝前进行第二次抹压，使混凝土表面平整、光滑、无抹痕。抹压时严禁在表面洒水、加干水泥或水泥浆。细石混凝土终凝后（12～24h）应养护且养护时间不应少于 14d，养护初期禁止上人。养护方法可采用洒水湿润，也可采用喷涂养护剂、覆盖塑料薄膜或锯末等方法，必须保证细石混凝土处于充分的湿润状态。

分格缝、变形缝等细部构造的密封防水处理：屋面保护层与主楼外墙、风井等所有竖向结构管道等突出屋面结构交接处都应断开，留出 20mm 的间隙，并用密封材料嵌填密封，屋面与主楼外、风井墙等处应做成圆弧状，圆弧半径为 150mm。

（3）质量标准

①石混凝土保护层

检查数量：按屋面面积每 100m$^2$ 抽查一处，每处 10m$^2$，每一层面不应少于 3 处。

主控项目：所使用的原材料、外加剂、混凝土配合比防水性能，必须符合设计要求和规程的规定。检验方法：检查产品的出厂合格证、混凝土配合比和试验报告。

钢筋的品种、规格、位置及保护层厚度，必须符合设计要求和规程规定。检验方法：可检查钢筋隐蔽验收记录和观察检查。防水层完工后严禁有渗漏现象。可蓄水 30～100mm 高，持续观察 24h。

一般项目：细石混凝土防水层的坡度，必须符合排水要求，不积水，可用坡度尺检查或浇水观察。细石混凝土防水层的外观质量应厚度一致、表面平整、压实抹光、无裂缝、起壳、起砂等缺陷。

②密封材料

检查数量：按每 50m 检查一处，每处 5m，且不少于 3 处。

主控项目：密封材料的质量必须符合设计要求。

检验方法：可检查产品的合格证、配合比和现场抽样复验报告。

密封材料嵌填必须密实、连续、饱满，粘结牢固，无气泡、开裂、鼓泡、下塌或脱落等缺陷享度符合设计和规程要求。嵌填的密封材料表面应平滑，缝边应顺直，无凹凸不平等现象。

一般项目：密封材料嵌缝的板缝基层应表面平整密实，无松动、露筋、起砂等缺陷，干燥干净，并涂刷基层处理剂。嵌缝后的保护层粘结牢固，覆盖严密，保护层盖过嵌缝两边各不少于 20mm。

实测项目：密封防水接缝宽度的允许偏差为±10%，接缝深度为宽度的 0.5～0.7 倍。

4.1.3.3　关键技术三

在积水点位置设置渗水检查井，方便检修。

本车库顶板采用分区域找坡，在每个区域最低点设置地漏，渗水渗至找坡最低处通过地漏过车库顶板，再由贴顶设置的排水管将渗水导流到附近的车库楼面地漏处，由地漏入地下排水沟，最终至地下集水坑。

1）施工工艺流程

顶板预留地漏→铺设防水板→排水管安装→井底混凝土浇筑固定地漏→井筒砌筑→井盖安装→无纺布滤水层包裹→回填。

2）顶板预留地漏

屋面防水保护层浇筑完成，待混凝土终凝后便可安装首层模块并浇筑底板 C25 钢筋混凝土并固定地漏，需注意固定地漏时防水细部构造的处理，目的就是防止地漏四周的积水渗漏至地下车库顶板。地漏细部构造及安装示意图如图 4.1-12 所示。

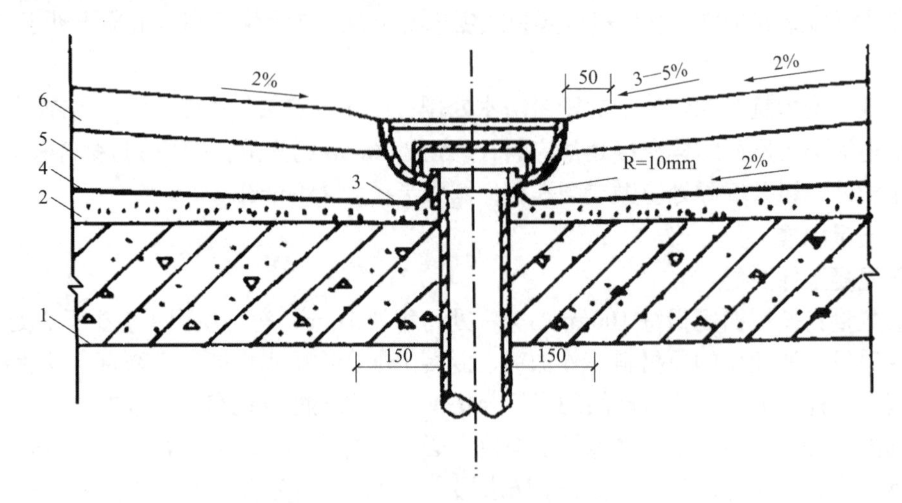


图 4.1-12　地漏安装示意图

1—车库顶板；2—找平层（管根与墙角做半径$R = 10$mm 圆弧）；3—防水附加层（宽 150mm，管根处与标准地面平）；4—防水层；5—防水保护层；6—地面面层

3）铺设排水板

防水保护层验收合格后，在其上方铺设 30mm 厚 HDPE 塑料防护排水板。铺设排水板时，排水板长边方向与排水方向一致，搭接宽度不少于 100mm，采用双缝焊接机焊接。（图 4.1-13）短边采用扣接，宽度以 1～2 个凸台为宜。排水板铺设完后应大面平整，短边搭接处不宜翘曲。

图 4.1-13　排水板长边焊接施工

排水板铺设至顶板边缘时，首先将盲沟底部清理干净，并铲平、夯实，排水板平立面交叉位置断开，并向顶板下方延伸 0.5m。（图 4.1-14）种植土以上用光板做防护，光板高出

防水卷材收头 100mm，采用机械方式固定。

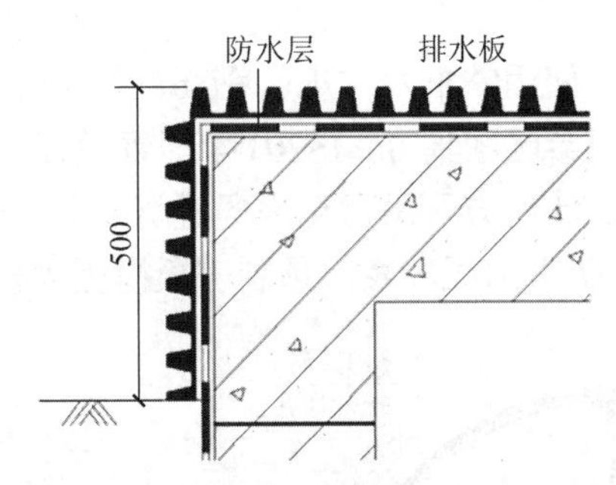


图 4.1-14　顶板边部处排水板铺设示意

（1）铺设排水板宽条

将排水板沿长边方向裁出两个凸台长度作为宽条，设置在排水板长边搭接处，每两幅排水板宽条预留一条用于铺设排水管。（图 4.1-15）排水板宽条铺设至顶板边部，与地下侧墙平齐。

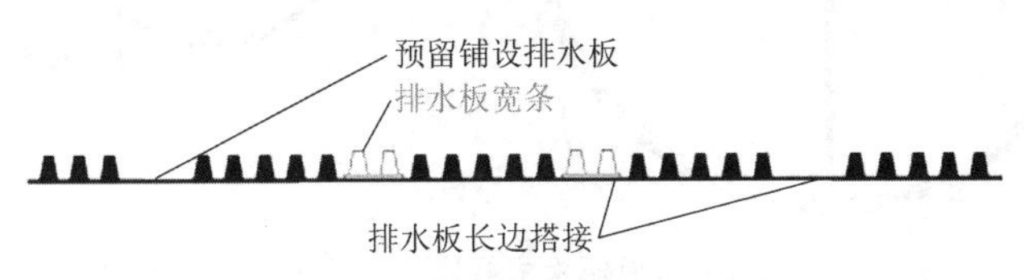


图 4.1-15　顶板上部排水管安装示意

（2）铺贴聚酯无纺布

在排水板上铺设聚酯无纺布，长边铺设方向与排水板一致，采用手提电动缝包机缝合，缝合宽度为 100mm，搭接缝与排水板搭接缝错开不少于 300mm。无纺布铺贴自然、平顺，无褶皱、卷曲、松弛现象。当无纺布铺设至顶板边部时，向外延伸宽度 2.2m，以便后续工序施工。

4）排水管的安装

排水管采用 De40 白色 PVC 管，贴顶及柱子侧壁安装，当排水管靠近车库地面以上高度达 1.8m 时，需将 PVC 管改为同直径的钢管（并在钢管外表面涂刷两道防锈漆以及白色油漆）。

5）井筒砌筑

首层模块的安装需以检查井中心画圆，模块式检查井的单层砌筑模块数量为井直径 100mm，对于直径为 1500mm 的圆形检查井应采用 1500 弧形块进行砌筑，单层安装需 15 块，模块砖的长度 × 高度×宽度为 340mm × 180mm × 240mm。井筒采用承插式安装，砌筑过程中应注意上下层对孔、错缝，严禁在模块砌体上留设孔洞。水平及竖向连接处均空砌，便于四周积水渗入，井筒砌筑示意图如下（图 4.1-16）。

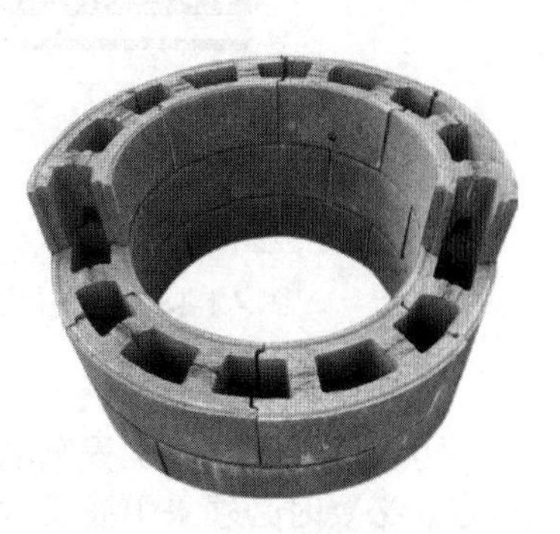

图 4.1-16　井筒安装示意图

为确保井筒顶部的牢固性，在距离井口顶部两层模块高度，采用混凝土实心砖与水泥砂浆将筒芯封闭，上部砖缝采用水泥砂浆随砌筑随勾缝，上部实心砖砌筑前采用细石混凝土灌芯，分层（30～50cm）捣固，连续浇灌，中间不留施工缝。

6）盖板安装、勾缝

盖板为预制场集中预制，使用铁箍及铁皮、钢筋进行定位，以铁皮做模板、铁箍做固定、钢筋进行加固，盖板内部参照图集 06MS201-4 配置盖板内钢筋、吊钩及预留$\phi$700mm孔洞位置。浇筑完成且养护 28d 后方可吊运至现场进行安装，安装前在模块上坐浆并在安装后勾缝，砂浆均采用 1：2 防水水泥砂浆。预制盖板模板大样图见图 4.1-17。

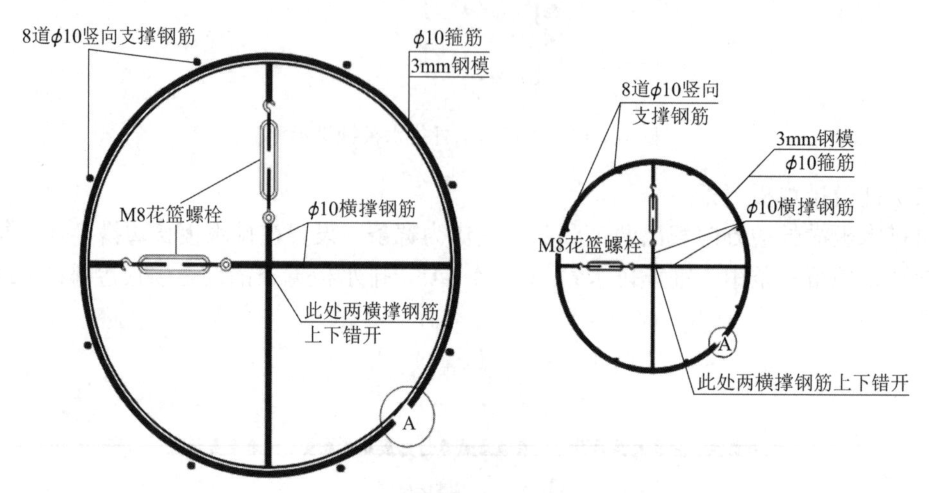


图 4.1-17　预制盖板模板大样图（盖板外模及内模）

井盖安装：井筒砌筑至指定高度后安装井圈及井盖，及时浇筑砂浆并做好养护工作，禁止外来车辆及人员进入施工区域，确保施工过程中人员安全。

7）无纺布滤水层包裹

集水检查井砌筑完成后，采用无纺布包裹，其中反滤层为粒径 10～40mm 的级配碎石，碎石填筑范围为检查井外侧延展 1500mm。土方回填时先填筑井筒四周碎石再进行周围土方填筑（图 4.1-18、图 4.1-19）。

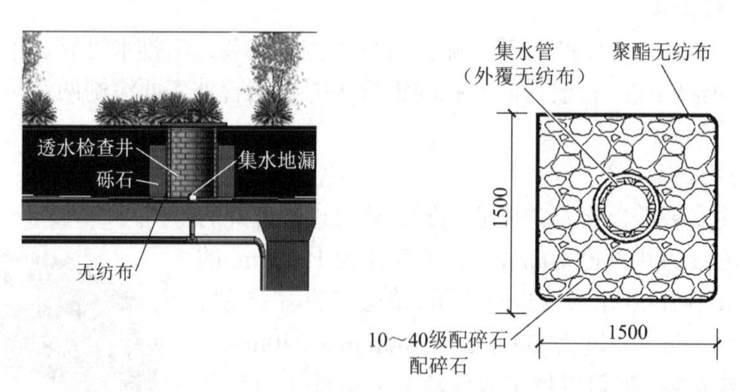


图 4.1-18　检查井回填砾石大样图　　图 4.1-19　检查井回填砾石大样图

8）种植土回填要求

（1）施工时避免工程车辆在排水板上直接行驶，任何车辆不能直接在铺设好的材料上行走。必要时必须采用铺设木板形成通道，以防破坏排水板。

（2）回填土要及时，避免其他工种对排水板、聚酯土工布破坏，随铺随填时施工机械不得直接接触排水板，一定要覆土后 50cm 后才能上设备。

（3）具体回填步骤：

第一层回填要到达 50cm 厚度，采用拉土车与推土机配合，拉土车将土运到车库边缘回填，形成长斜坡后将土倒在土堆上，由推土机将土往前推送并碾压密实。严禁将土直接倾倒在排水板上，以免造成排水板破坏。

第二层回填用土到达回填高度要求，采用运土车与推土机配合，运土车直接将土运到第一层回填土上，推土机将土往前推送并碾压密实。

### 4.1.4 结果状态

本工程在原有设计的基础上进行了防水层、找坡层与有组织排水、增加渗水检查井三项技术创新后，降低了成本，取得了一定的经济效益，并按照业主要求工期提前完成，取得了显著的社会效益。

#### 4.1.4.1 经济效益

取消找平层，节约成本 $20000m^2 \times 12$ 元/$m^2$ = 24 万元。

将找坡层与细石混凝土保护层合并为混凝土找坡，节约混凝土 $2000m^3 \times 400$ 元/$m^3$ = 80 万元。

通过划区找坡以及后期渗漏分区处理，节约工期 10d。节约成本 1200m × 100m/元 = 12 万元。

#### 4.1.4.2 工期效益

该措施优化后减少 3 个施工工序，提高了施工效率，缩短了总工期，比原计划提前 10 天进行土方回填，节约了时间及管理成本。

#### 4.1.4.3 社会效益

本工程自 2019 年 12 月完成竣工验收至今，地下车库未见渗漏水痕迹，车库顶板质量良好。其成果具有很重要的理论意义和工程实用价值，为今后类似工程积累了宝贵的指导经验，有很广阔的应用前景。

（1）该项目成功举办了保定市第一个市级“质量安全暨扬尘治理观摩会”，参加人数 1000 余人。

（2）该项目荣获河北省结构优质工程和河北省建设工程安济杯奖。

（3）通过总结归纳此技术，形成河北省省级工程建设工法一项——“车库顶板防排一体化系统施工工法”。

（4）通过该项目施工，得到了业主的认可，承接了建设单位后续被动式低能耗住宅小区施工，建筑面积达 $187000m^2$。

### 4.1.5 问题和建议

#### 4.1.5.1 车库顶板雨水回收后直接通过排水沟排入地下室集水坑，未考虑雨水回收使用问题。

车库顶板雨水通过有组织地排水，进入地下车库集水坑，随对雨水进行有利收集，但后期雨水利用系统设计并不完善。

建议：雨水收集至地下室后增加中水系统，对雨水进行二次处理后用于小区绿化和保洁。

4.1.5.2　对于顶板范围外侧 30m 范围内的自然排水，没有进行有组织的回收

靠近车库顶板边缘 30m 的范围，采用自然排水。雨水通过排水板直接排入肥槽范围，在此处长期积水，影响了此处的绿植生长，增加了地下室外墙渗漏风险，并容易造成局部塌陷。

建议：在车库顶板四周设置盲沟与收水井，通过盲沟将多余的雨水排至收水井，再进行雨水收集的二次利用。

## 4.2 雄安站金属屋面施工创新

### 4.2.1 案例背景

千年大计，国家大事。京雄城际铁路作为“八纵八横”高铁网——京港大通道的重要组成部分，为进一步完善和优化区域及全国路网布局、疏解北京非首都功能，服务雄安新区“千年大计”，助力京津冀协同发展提供重要支撑和保障。雄安高铁站建成之后，将成为全亚洲最大高铁站房，为新区飞速发展提供强力保障。该线路的正式通车也将进一步加强雄安新区与北京、天津等京津冀中心城市的联系，完善京津冀区域高速铁路网结构，提高雄安新区对全国的辐射能力，成为雄安新区面向世界的窗口，为雄安新区建设发展提供有力支撑。

雄安站房金属屋面工程分为一工区京雄场和二工区津雄场，同时施工。站房屋面系统覆盖范围总面积达到 16 万 $m^2$，其中金属屋面系统约 3.6 万 $m^2$，聚碳酸酯阳光板系统约 5.7 万 $m^2$，玻璃采光项系统约 1.1 万 $m^2$，室内外檐口系统约 3.2 万 $m^2$，不锈钢天沟系统 2.4 万 $m^2$，是为站房主体钢结构工程“穿衣服”的最大附属单项工程，屋面板施工面积为国内同类工程之最，是站房二期工程最难啃下的一块“硬骨头”。

### 4.2.2 事件过程分析描述

4.2.2.1　项目概况

（1）项目总体概况

工程名称：新建北京至雄安城际铁路雄安站、动车所生产生活房屋、客服信息系统工程。

雄安站是集国铁、地铁、市政交通于一体的综合交通枢纽。雄安站位于雄县城区东北部，车站中心里程 JGDK103 + 350（= D2K103 + 350），距雄安新区起步区 20km，京港台高铁、京雄城际、津雄城际三条线路汇聚于此（表 4.2-1）。

工程参建单位信息表　　表 4.2-1

| 建设单位 | 雄安高速铁路有限公司 |
|---|---|
| 设计单位 | 中国铁路设计集团有限公司<br>中国建筑设计研究院有限公司<br>北京市市政工程设计研究总院有限公司 |
| 勘察单位 | 中国铁路设计集团有限公司 |
| 监理单位 | 中咨工程管理咨询有限公司 |
| 总包单位 | 中铁建工集团有限公司、中铁十二局集团有限公司、中建三局集团有限公司 |

（2）建筑概况

京雄场为 7 台 12 线、津雄场为 4 台 7 线、城市轨道交通为 2 台 4 线。国铁车站最高聚集人数为 5000 人，国铁站房为大型铁路旅客车站（图 4.2-1）。

图 4.2-1 雄安高铁站建筑效果图

本工程房屋总建筑面积 47.2 万 $m^2$。金属屋面覆盖范围总面积达到 16 万 $m^2$，其中金属屋面系统约 3.6 万 $m^2$，聚氨酯阳光板系统约 5.7 万 $m^2$，玻璃采光顶系统约 1.1 万 $m^2$，室内外檐口系统约 3.2 万 $m^2$，不锈钢天沟系统约 2.4 万 $m^2$（图 4.2-2）。

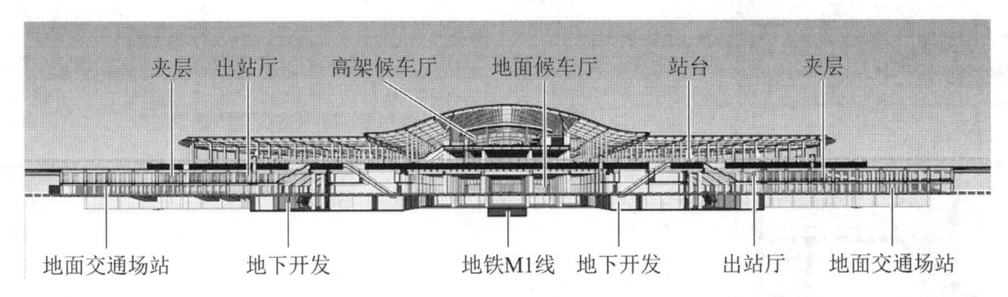


图 4.2-2 雄安高铁站建筑功能剖面图

雄安站共 5 层，其中地上 3 层，地下 2 层（地面候车厅两侧利用地面层和站台层之间的空间设置出站夹层），各楼层建筑功能如下：

地下二层：地铁 M1 线站台层和区间；

地下一层：结合地铁和地面城市通廊设置地下开发空间；

首层：中央为进站与候车厅，两侧为连通城市东西的城市通廊，外侧为配套交通场站；

地面夹层：为出站层，两侧为城市通廊和配套交通场站及商业服务设施；

地上二层：为国铁站台层及城市轨道交通 R1、R2 线站台层；

地上三层：高架候车厅；

屋盖屋面：屋盖采用大跨度钢框架结构，主站房屋面采用铝镁锰金属屋面，西入口采用玻璃采光顶雨棚，南北两侧站台区域采用聚氨酯阳光板系统，整个屋面顶部配有太阳能光伏系统。

承轨层以下南北长 606m，东西宽 355.5m。屋盖椭圆形，南北长 450m，东西宽 360m（图 4.2-3）。

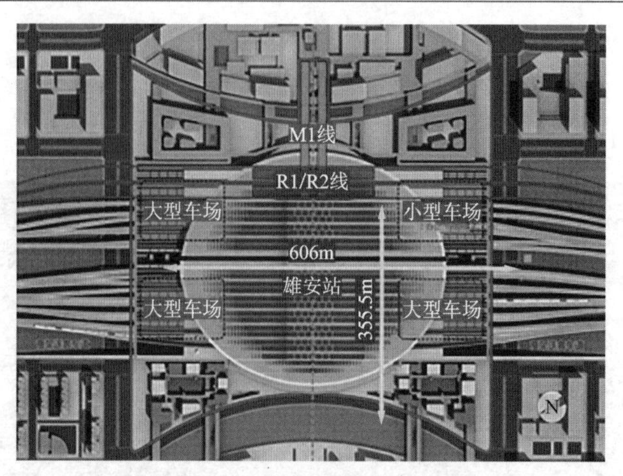


图 4.2-3　雄安站平面尺寸图

建筑总高度 47.2m，为高架候车厅屋面顶部，站台雨棚檐口高度 30.2m（图 4.2-4）。

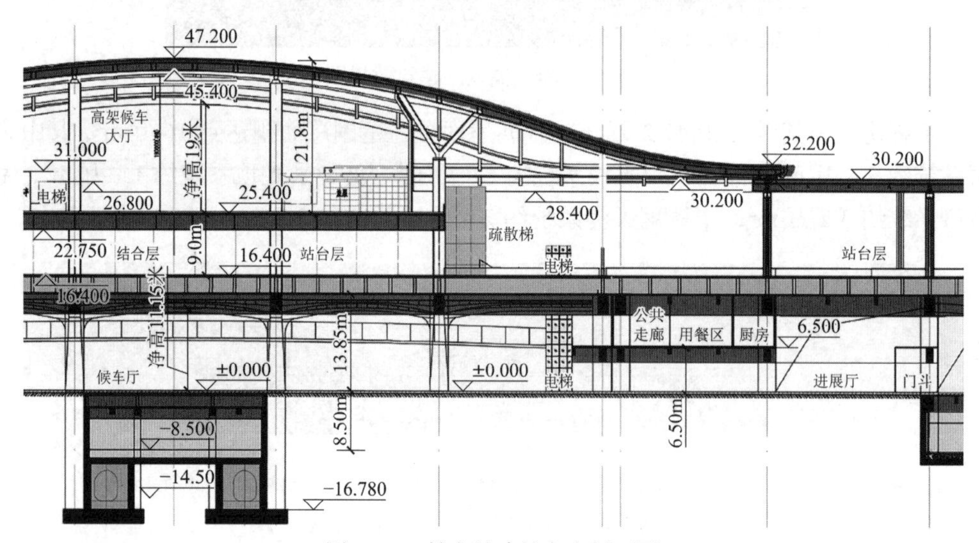


图 4.2-4　雄安站建筑高度剖面图

（3）结构概况

承轨层及以下结构采用型钢混凝土框架结构，承轨层以上采用大跨度钢框架结构（图 4.2-5）。

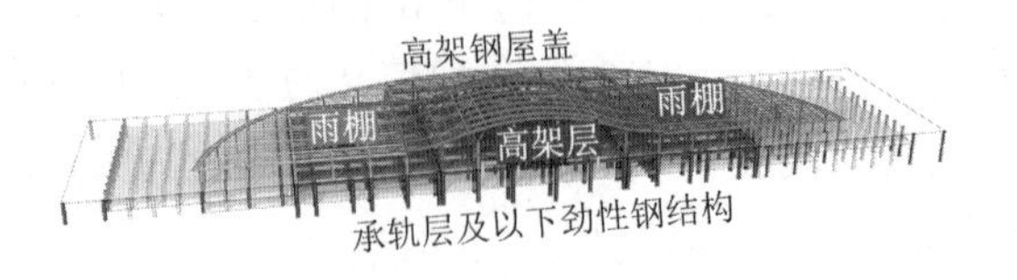


图 4.2-5　雄安高铁站结构示意图

（4）金属屋面工程概况

铝合金直立锁边屋面位于站房顶部及弧形站台的顶部，主要有铝合金直立锁边屋面系统 + 多晶硅太阳能屋面。站台阳光板（聚碳酸酯中空板）屋面主要位于平站台区域，分为两种，一种为阳光板＋多晶硅太阳能屋面，另一种仅为阳光板屋面。检修马道为不锈钢格栅板，水槽分为站房水槽、弧形站台水槽、站台水槽。镀锌钢管龙骨外包 3.0mm 不锈钢板包边，站房及弧形站台为了降噪处理都添加了岩棉吸音，四周檐口采用铝复合板包边，上部的包边材料为铝合金滚涂氟碳，檐口圆边及底部为铝复合金属镜面板吊顶（图 4.2-6～图 4.2-10，表 4.2-2）。

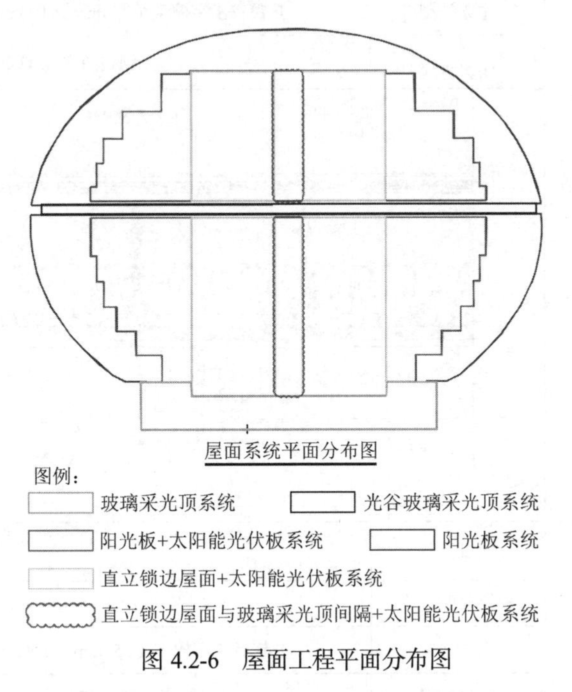


图 4.2-6　屋面工程平面分布图

**金属屋面各系统施工内容介绍表**　　　　表 4.2-2

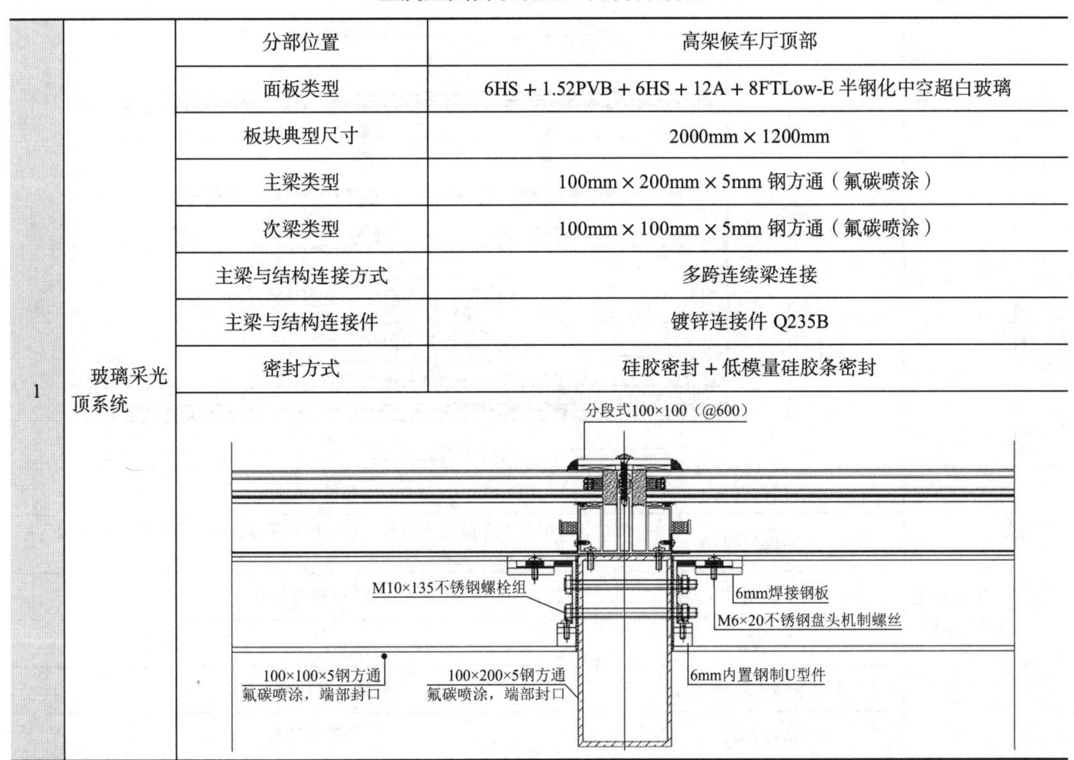

| | | | |
|---|---|---|---|
| 1 | 玻璃采光顶系统 | 分部位置 | 高架候车厅顶部 |
| | | 面板类型 | 6HS＋1.52PVB＋6HS＋12A＋8FTLow-E 半钢化中空超白玻璃 |
| | | 板块典型尺寸 | 2000mm × 1200mm |
| | | 主梁类型 | 100mm × 200mm × 5mm 钢方通（氟碳喷涂） |
| | | 次梁类型 | 100mm × 100mm × 5mm 钢方通（氟碳喷涂） |
| | | 主梁与结构连接方式 | 多跨连续梁连接 |
| | | 主梁与结构连接件 | 镀锌连接件 Q235B |
| | | 密封方式 | 硅胶密封＋低模量硅胶条密封 |
| | | （节点图） | |

续表

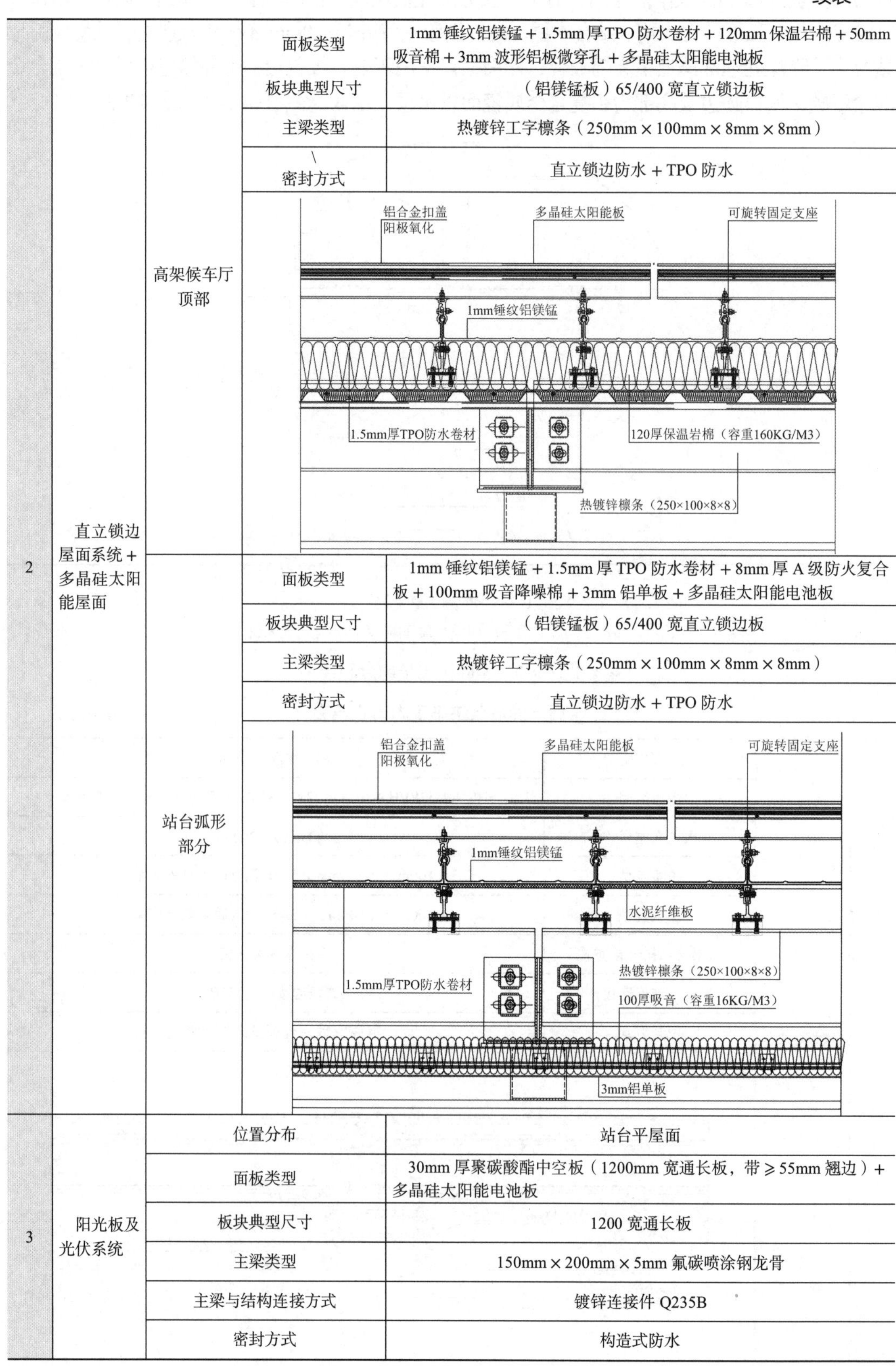

<table>
<tr><td rowspan="10">2</td><td rowspan="10">直立锁边屋面系统＋多晶硅太阳能屋面</td><td rowspan="5">高架候车厅顶部</td><td>面板类型</td><td>1mm 锤纹铝镁锰＋1.5mm 厚 TPO 防水卷材＋120mm 保温岩棉＋50mm 吸音棉＋3mm 波形铝板微穿孔＋多晶硅太阳能电池板</td></tr>
<tr><td>板块典型尺寸</td><td>（铝镁锰板）65/400 宽直立锁边板</td></tr>
<tr><td>主梁类型</td><td>热镀锌工字檩条（250mm × 100mm × 8mm × 8mm）</td></tr>
<tr><td>\ 密封方式</td><td>直立锁边防水＋TPO 防水</td></tr>
<tr><td colspan="2">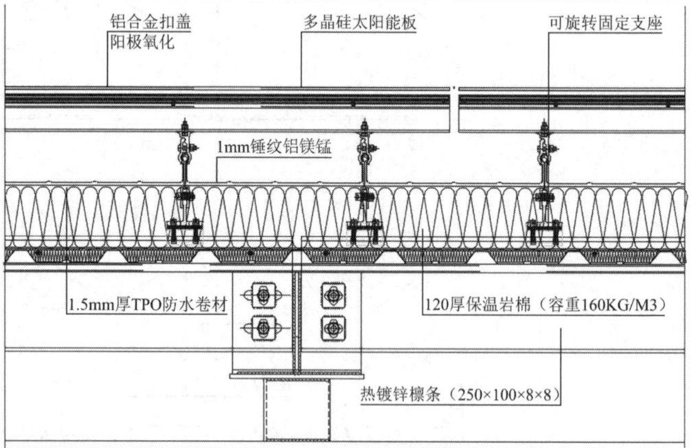
</td></tr>
<tr><td rowspan="5">站台弧形部分</td><td>面板类型</td><td>1mm 锤纹铝镁锰＋1.5mm 厚 TPO 防水卷材＋8mm 厚 A 级防火复合板＋100mm 吸音降噪棉＋3mm 铝单板＋多晶硅太阳能电池板</td></tr>
<tr><td>板块典型尺寸</td><td>（铝镁锰板）65/400 宽直立锁边板</td></tr>
<tr><td>主梁类型</td><td>热镀锌工字檩条（250mm × 100mm × 8mm × 8mm）</td></tr>
<tr><td>密封方式</td><td>直立锁边防水＋TPO 防水</td></tr>
<tr><td colspan="2">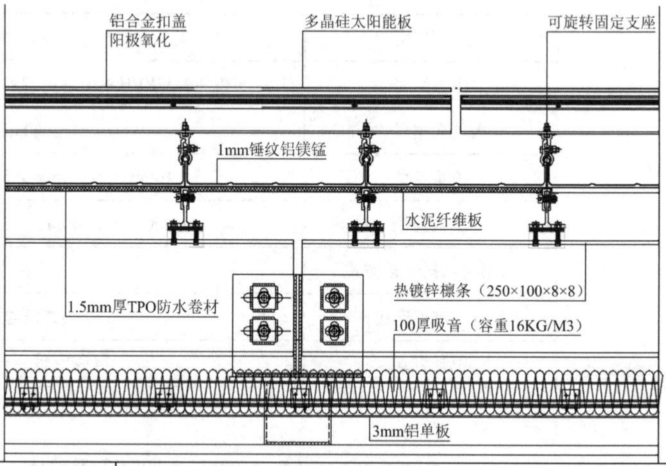
</td></tr>
<tr><td rowspan="6">3</td><td rowspan="6">阳光板及光伏系统</td><td colspan="2">位置分布</td><td>站台平屋面</td></tr>
<tr><td colspan="2">面板类型</td><td>30mm 厚聚碳酸酯中空板（1200mm 宽通长板，带 ≥ 55mm 翘边）＋多晶硅太阳能电池板</td></tr>
<tr><td colspan="2">板块典型尺寸</td><td>1200 宽通长板</td></tr>
<tr><td colspan="2">主梁类型</td><td>150mm × 200mm × 5mm 氟碳喷涂钢龙骨</td></tr>
<tr><td colspan="2">主梁与结构连接方式</td><td>镀锌连接件 Q235B</td></tr>
<tr><td colspan="2">密封方式</td><td>构造式防水</td></tr>
</table>

续表

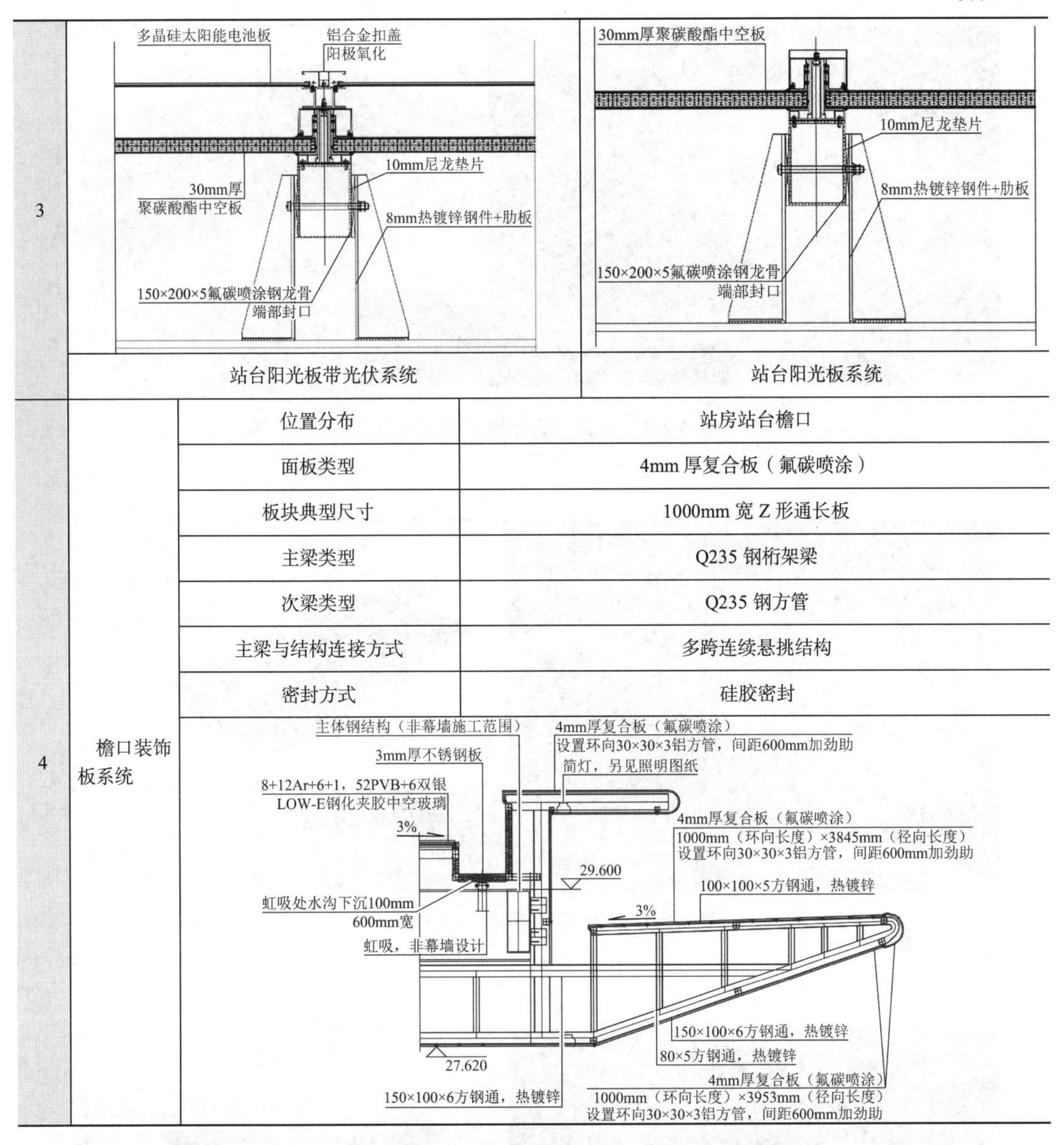


| 3 | 站台阳光板带光伏系统 | | 站台阳光板系统 |
|---|---|---|---|
| 4 | 檐口装饰板系统 | 位置分布 | 站房站台檐口 |
| | | 面板类型 | 4mm 厚复合板（氟碳喷涂） |
| | | 板块典型尺寸 | 1000mm 宽 Z 形通长板 |
| | | 主梁类型 | Q235 钢桁架梁 |
| | | 次梁类型 | Q235 钢方管 |
| | | 主梁与结构连接方式 | 多跨连续悬挑结构 |
| | | 密封方式 | 硅胶密封 |

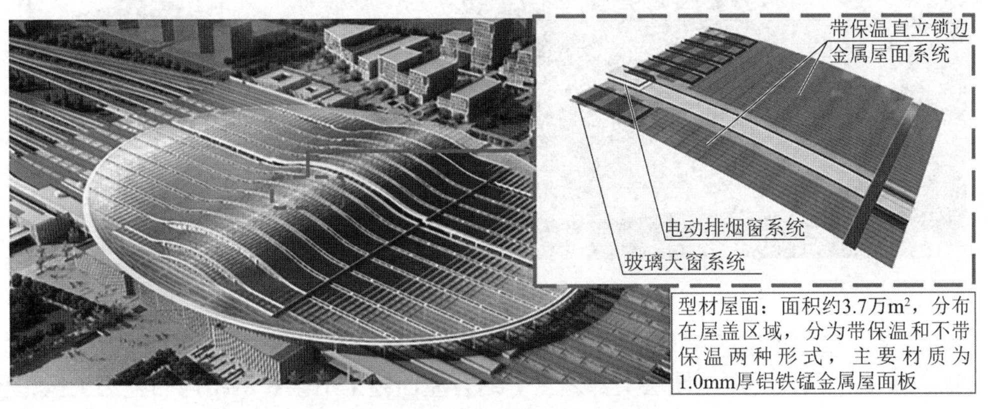


图 4.2-7　金属屋面系统三维示意图一

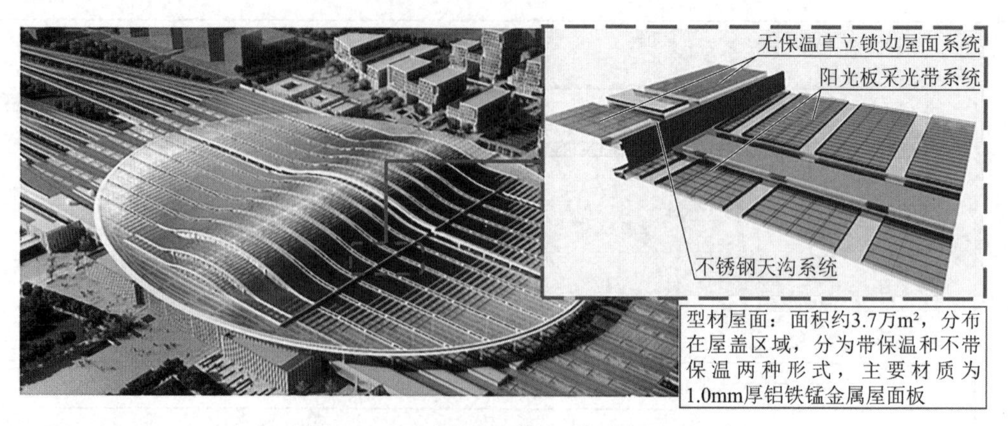


图 4.2-8　金属屋面系统三维示意图二

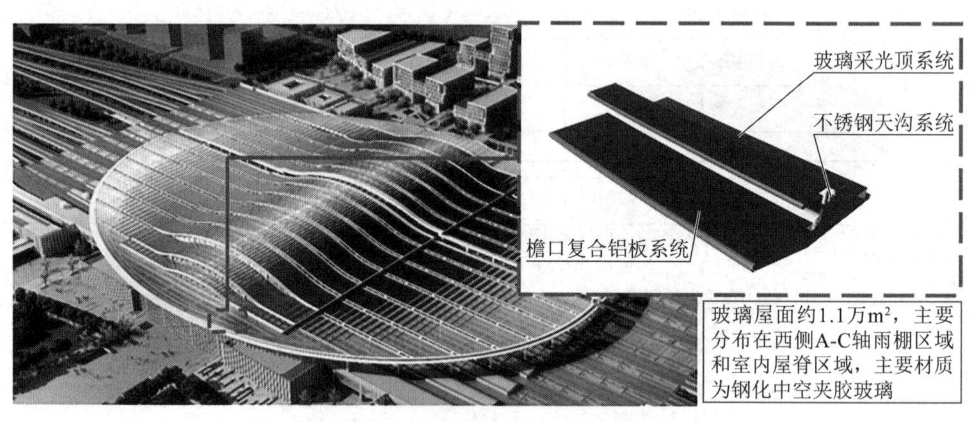


图 4.2-9　金属屋面系统三维示意图三

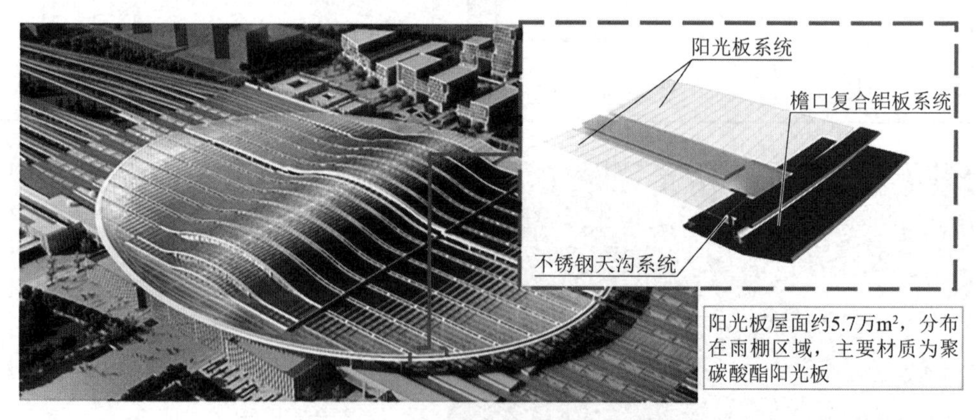


图 4.2-10　金属屋面系统三维示意图四

#### 4.2.2.2　整体施工顺序

整个屋面工程，均在承轨层上部施工。结合屋面施工工区和钢结构的施工工区，屋面上部分为两个大的施工工区。分别为京雄场Ⅰ工区和津雄场Ⅱ工区（图 4.2-11）。

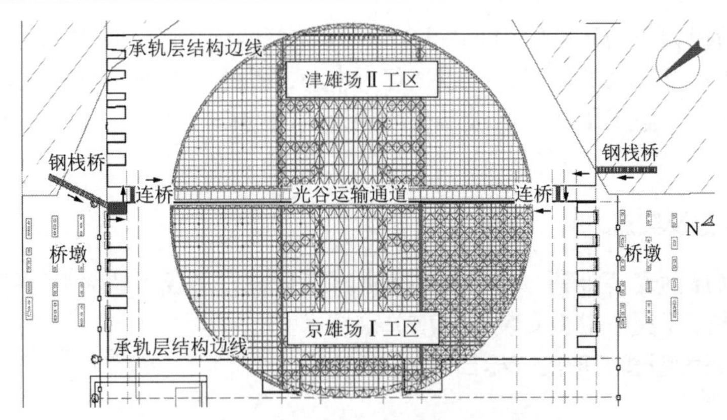


图 4.2-11　雄安站金属屋面工区图

每个大区分 3 个分区，结合室内外界面，分别细化Ⅰ-1 区、Ⅰ-2 区、Ⅰ-3 区和Ⅱ-1 区、Ⅱ-2、Ⅱ-3 区（图 4.2-12）。

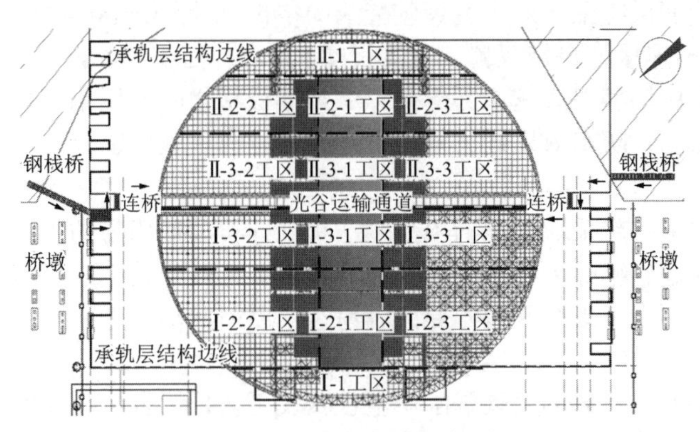


图 4.2-12　Ⅰ-2 区施工分区图

雄安站京雄场共计 7 台 12 线，津雄场共计 4 台 7 线，地方城市轨道场 2 台 4 线。根据整体工期要求，在 7 月 1 日前，5、6 号线股道东西向铺轨通过条件。为此，对应 5、6 号线股道范围的屋面施工应在 6 月 30 日前完成，完成面轴线位置定义为 C～G。

Ⅰ-2 区根据屋面系统类型划分，分为金属屋面施工工区（Ⅰ-2-1）和聚氨酯采光顶施工工区（Ⅰ-2-2、Ⅰ-2-3），综合考虑施工平面位置，选择 3 个对立的施工队伍。结合钢结构的移交时间、材料组织的周期，计划 4 月 15 日插入金属屋面的施工，施工方向以 E～F 中心，向东西两侧进行。室外阳光板由 15 轴、24 轴向两侧施工（图 4.2-13）。

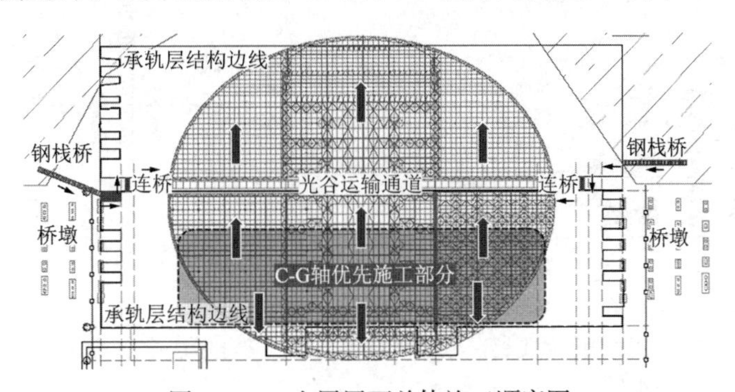


图 4.2-13　金属屋面总体施工顺序图

施工第二阶段，同步施工Ⅰ工区和Ⅱ工区。Ⅰ工区的施工顺序从G轴向光谷方向施工，进行Ⅰ工区合拢；Ⅱ工区的施工方向以光谷为中心，以此向U轴方向施工。

施工第三阶段，施工Ⅰ-1工区玻璃采光顶及周围的檐口部分，整个金属屋面系统合拢收口。

### 4.2.3 关键措施及实施

为解决金属屋面安装难题，项目部多方面开展研究，形成了超大型圆弧形船式檐口结构安装、聚碳酸酯飞翼中空板安装等2项关键技术。

#### 4.2.3.1 超大型圆弧形船式檐口结构安装技术

1）应用背景

建筑屋面采光通常采用玻璃材料，但玻璃自重大、易碎，导致安装不便且容易出现安全隐患，聚碳酸酯中空板在具有足够透光率的情况下，还具有自重轻、强度高的特点，在建筑屋面采光中聚碳酸酯中空板正取代玻璃成为建筑屋面采光的新型材料，应用越来越广。

本工程雨棚屋面系统采用双飞翼聚碳酸酯中空板，板厚30mm，共8层结构，板宽1.2m，板长7～12m，板材连接处自带双翼，飞翼长度55mm，面积约6万$m^2$。聚碳酸酯"飞翼"中空板屋面安装采用铝型材底座作为支撑，中空板板材之间使用铝型材扣盖固定的方式进行安装，施工效率高、防水效果好，值得推广并供相似工程借鉴。

2）技术特点

聚碳酸酯中空板一般采取U形连接做法，板间连接处使用带防水胶条的铝合金扣条作为上部扣盖进行固定，缝隙采用密封胶密封，施工工艺较为繁琐，且密封胶受施工环境因素影响大，因施工不当及破坏开裂等原因容易造成屋面漏雨，进而损害屋面系统的整体防水性能。

本技术使用带有双飞翼的聚碳酸酯中空板安装工艺，铝合金扣盖安装后压实双飞翼形成严密的封闭系统，施工工艺简单，并大大降低了漏雨隐患，施工效率大幅提高。

3）工艺原理

中空板带飞翼，安装扣盖后在节点部位形成封闭系统，即使节点封闭系统失效，由于飞翼阻挡，亦无法漏水（图4.2-14～图4.2-16）。

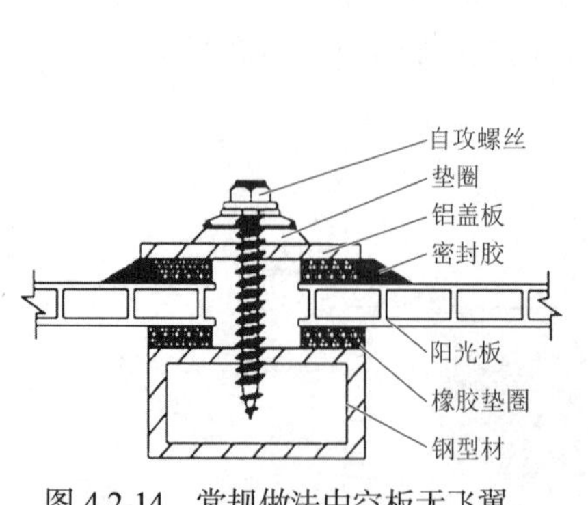


图4.2-14 常规做法中空板无飞翼，不设漏水槽

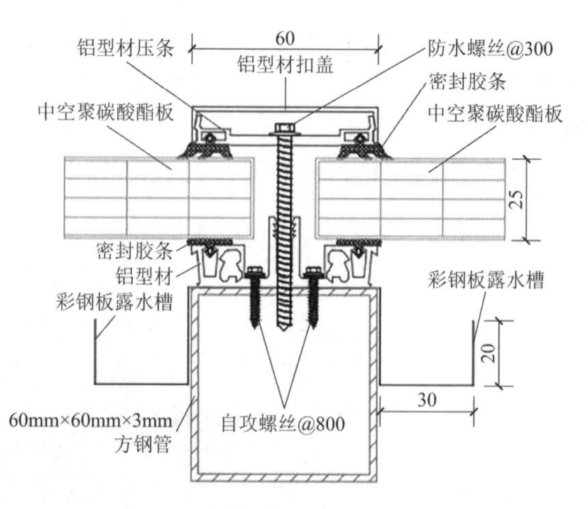


图4.2-15 常规做法中空板无飞翼，设置漏水槽

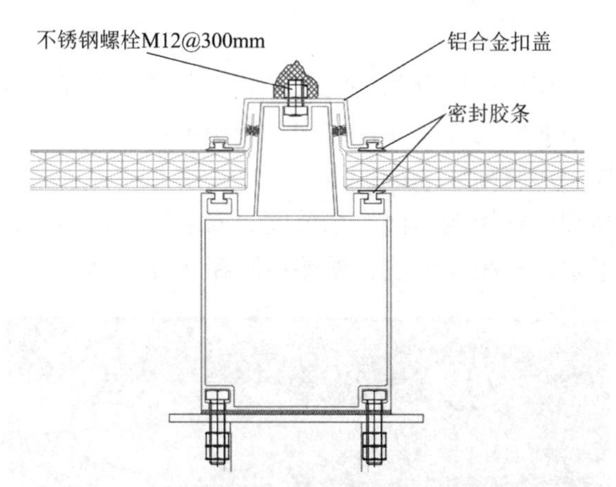


图 4.2-16　本工程做法中空板带飞翼，不设置漏水槽

4）施工工艺流程

测量放线→支撑檩托安装→屋脊龙骨安装→L 形支托安装→铝型材龙骨安装→飞翼中空板安装→扣盖安装→铝合金扣件端盖安装→质量验收。

（1）测量放线

根据提供的建筑物轴线、标高以及轴线基准点、标高水准点复测屋面钢梁轴线及标高。将轴线和标高引测至屋面钢梁顶部，并标记出支撑檩托的位置，误差控制在 1.5mm。

使用全站仪、水准仪、卷尺对龙骨和檩托中线放线，确定龙骨和檩托位置。并复测檩托处钢梁的结构标高，将复测数据反馈给制作厂调整檩托的长度，以此解决钢结构的安装误差，确保屋面安装后符合设计要求的排水坡度，杜绝了屋面局部凹陷凸起的质量问题。

（2）檩托安装

檩托采用 114mm × 5mm 的圆管及 210mm × 210mm × 6mm 的钢板，间距为 1.2m。

首先根据放线位置安装檩托，檩托采用四周角焊缝围焊方式固定在屋面钢梁上，焊脚高度为 5mm，安装后复测檩托标高，误差控制在 2mm 以内。檩托安装应确保间距符合图纸要求，满足受力和美观的要求。

然后在檩托钢板上安装尼龙垫片，防止檩托与铝型材龙骨直接接触发生化学反应，影响屋面结构安装。

檩托上设置长圆孔，便于次龙骨在檩托上安装时调整误差（图 4.2-17）。

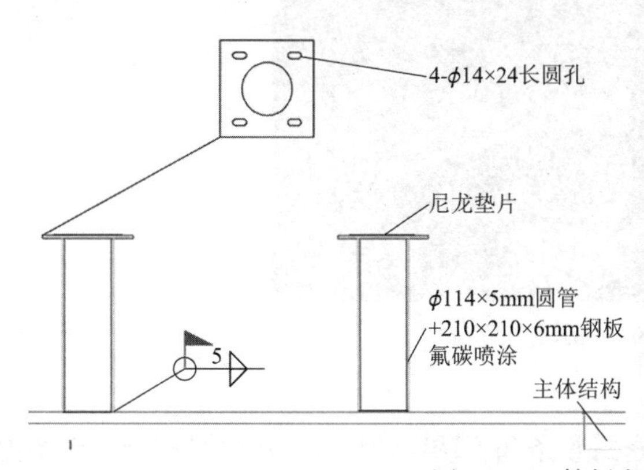

图 4.2-17　檩托安装示意图

（3）主龙骨安装

主龙骨为钢龙骨，在屋面的屋脊和天沟处安装主龙骨，主龙骨通过方管立柱支撑在钢梁上。安装时应控制好主龙骨与方管立柱的中心线相重合，主龙骨、方管立柱、钢梁之间均采用角焊缝四周围焊，焊脚高度 5mm。

主龙骨安装的标高和中线影响屋面排水坡度，安装时拉设通线，使龙骨保持顺直，安装后使用水准仪测控主龙骨标高及中线，误差控制在 2mm 以内（图 4.2-18）。

图 4.2-18　屋脊龙骨安装示意图

（4）L 形支托安装

在主龙骨侧方安装 L 形钢支托，用于支撑次龙骨。L 形支托间距 1.2m，2 件 L 形支托和圆管檩托三点一线，直线坡度为屋面排水坡度，L 形支托与主龙骨采用角焊缝四周围焊，焊脚高度 5mm。安装时应重点控制 L 形支托定位和标高，误差控制在 2mm 内。

支托上设置长圆孔，便于次龙骨在檩托上安装时调整误差（图 4.2-19）。

图 4.2-19　L 形支托安装

（5）次龙骨安装

次龙骨为铝型材龙骨，安装时首先将密封胶条和不锈钢螺栓穿入次龙骨的预留卡槽内，然后将次龙骨安装在两端的 L 形支托上，次龙骨中部支撑在圆管檩托上，最后使用卡槽内不锈钢螺栓将次龙骨与 L 形支托、圆管檩托进行临时固定，使用水准仪精确校正后拧紧螺栓。

卡槽内密封胶条通长布置，上铺中空板，确保中空板安装后节点处为密封腔，避免漏雨隐患（图 4.2-20）。

图 4.2-20 铝型材龙骨安装示意图

（6）焊缝及防腐处理

待主、次龙骨验收合格后，首先进行焊缝清渣和打磨处理，并且对主、次龙骨有锈蚀的地方进行打磨处理，然后进行底漆、中漆和面漆涂刷。涂刷时应控制好涂刷的厚度和表观质量，防止出现流坠现象。

（7）飞翼中空板安装

安装前清除铝型材龙骨安装面上的杂物，检查中空板两侧飞翼是否有损坏、折断、变形等情况。

首先将聚碳酸酯中空板四周的保护膜揭起，防止出现聚碳酸酯板材上所覆保护膜不能与密封条很好地结合，影响防水效果。然后对聚碳酸酯板的安装进行试拼，并将聚碳酸酯板临时固定在龙骨上，检查尺寸是否合格，待检查合格后，再进行正式固定（图 4.2-21）。

图 4.2-21 飞翼中空板安装示意图

（8）扣盖安装

扣盖安装分为飞翼中空板固定扣盖安装及屋脊处封口扣盖安装。

飞翼中空板固定扣盖安装，首先在飞翼上穿入密封胶条，然后使用螺栓将扣盖固定在铝型材龙骨上，扣盖紧密压实中空板两侧飞翼，螺栓柱头使用聚硅氧烷结构耐候密封胶进行封堵（图 4.2-22）。

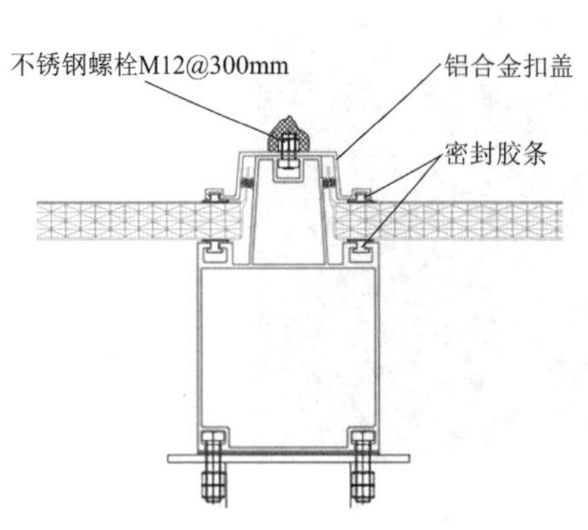

图 4.2-22 阳光板扣盖安装示意图

屋脊处封口扣盖安装，首先使用密封胶条将中空板端头进行封闭，几字形连接片将屋脊两侧中空板端头连接，最后使用铝合金板将屋脊两侧 400mm 范围内进行封闭。铝合金板在屋脊两侧安装防水套件进行密封防水，扣盖连接处搭接 20mm，搭接错缝使用聚硅氧烷结构耐候密封胶进行密封，聚碳酸酯飞翼中空板安装完成（图 4.2-23）。

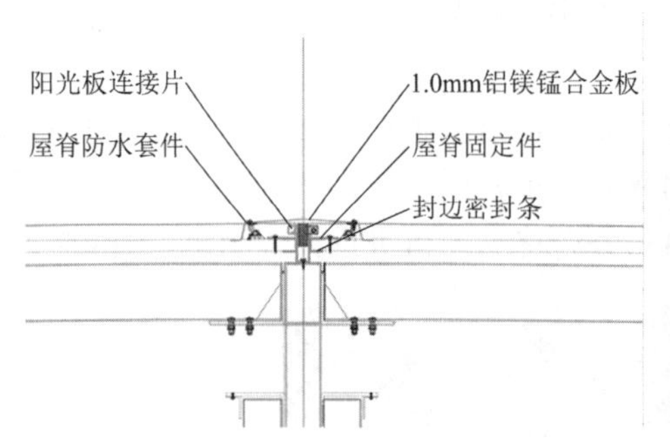

图 4.2-23 屋脊扣盖安装示意图

4.2.3.2 聚碳酸酯飞翼中空板安装关键技术

1）应用背景

雄安高铁站站房屋面系统覆盖范围总面积达到 16 万 $m^2$，其中金属屋面系统约 3.6 万 $m^2$，聚碳酸酯阳光板系统约 5.7 万 $m^2$，玻璃采光项系统约 1.1 万 $m^2$，室内外檐口系统约 3.2 万 $m^2$，不锈钢天沟系统 2.4 万 $m^2$，屋面板施工面积为国内同类工程之最。

本工程为实现建筑设计效果，金属屋面外轮廓采用超大型圆弧形船式外檐口结构，该结构自重大，单片重量约 2000kg，外形尺寸约 9300mm × 9000mm × 3200mm，结构造型特殊。由于金属屋面外檐口悬挑较长，单块外檐口铝板面积大，高铁站台、轨道交错分布不利于机械设备移动，现场拼装倒运、吊装等工序较为困难。

2）技术特点

檐口面积大，沿站房周边，总长度约1300m，平面为圆弧形、立面为船形。根据结构形式，将檐口龙骨分块安装，分块尺寸9300mm×9000mm×3200mm，重量约2t。

高铁站房类工程工期压力紧，屋面系统施工处于工程末期，受股道作业、站台作业及其他单位工序交叉施工等诸多因素影响，施工场地、条件十分严峻，无法原位拼装、吊装外檐口结构。本工程采用集中拼装，通过滑移轨道实现檐口结构在站台间滑移倒运。

檐口龙骨安装完成后，通过自制的可滑移操作平台安装金属屋面外檐口铝板。

3）工艺原理

檐口龙骨集中拼装、分块拼装、焊接完成后，通过滑移轨道、倒运至结构下方、原位吊装。龙骨安装完成后，通过自制的可滑移操作平台安装檐口铝板。

4）施工工艺流程

测量放线→图纸深化→檐口龙骨下料、分块拼装、焊接→龙骨倒运就位→龙骨安装→挂设自制可滑移操作平台→檐口铝板安装→可滑移操作平台拆除→质量验收。

（1）测量放线

测量放线是确保檐口平整度和曲线平滑的重中之重，放线时遵守先整体投放再局部投放的顺序，根据土建单位交付的施工定位图，采用全站仪测放出龙骨轴线、标高控制点，在曲线有变化较大的地方，加密测量的控制点。

（2）图纸深化

将测量数据反馈至图纸深化，结合现场情况，对照实际尺寸进行施工图的深化，以便调整龙骨和铝板尺寸，使檐口安装完成符合设计要求，达到美观效果。

为消除檐口铝板、龙骨加重荷载后会变形，对龙骨预先起拱，采用 MIDAS 有限元计算与样板段实测相结合的办法，确定主龙骨预起拱5mm。

（3）檐口龙骨拼装

檐口龙骨为桁架式，由于场地条件及交叉施工影响，无法原位拼装，因此在固定场地集中拼装。根据深化图纸，将龙骨下料、组立、焊接为9300mm×9000mm×3200mm安装块（图4.2-24、图4.2-25）。

图4.2-24 桁架式龙骨组立

图4.2-25 桁架式龙骨焊接

（4）龙骨倒运就位

受火车股道影响，站台间混凝土结构不连续，且站台与股道结构高差较大，起重及运输设备无法在站台层沿垂直股道方向行走及运输材料。

龙骨安装块焊接完成后，使用20号槽钢、工字钢、方钢管等措施材料在站台股道间搭设滑移轨道，滑移轨道两端搭设在站台层混凝土结构上，轨道中部使用方钢管搭设竖向支撑，将滑移车轮与桁架龙骨安装块临时焊接后放置在滑移轨道槽钢凹面内，人工牵引桁架龙骨安装块沿槽钢移动，实现站台间运输。运输过程中，需有两人在地面操作缆风绳，防止晃动（图4.2-26）。

图4.2-26　桁架龙骨安装块在站台间滑移倒运

（5）龙骨安装

采用电动葫芦作为垂直吊装设备，在钢结构上挂设两个5t电动葫芦，待桁架龙骨安装块运输至待吊装位置正下方后，挂设在电动葫芦上原位吊装。垂直吊装过程中，须有两人在地面操作缆风绳，防止晃动，与钢柱相撞。吊装到位后，复测定位及标高，若有误差，则使用临时挂设的手拉葫芦调整，测量无误后方可进行焊接（图4.2-27）。

图4.2-27　龙骨垂直吊装

（6）挂设自制可滑移操作平台

外檐口悬挑钢桁架安装就位后，在其下方搭设可滑移操作平台。

在主体钢结构上设置定滑轮，在操作平台四角设置提升孔及转换孔，提升时使用尼龙绳通过定滑轮将操作平台提升至滑移轨道钢丝绳位置，操作平台利用悬吊短钢丝绳通过卸扣与滑移轨道钢丝绳连接，滑移平台固定牢固后，拆除提升用尼龙绳。

手动葫芦的一端固定在平台上，另一端固定在上部檐口钢桁架上。当操作平台需沿轨道方向滑移时，通过手动葫芦牵引操作平台使卸扣沿导轨滑移以实现水平移动，如图 4.2-28 所示。滑移轨道端头 2m 处设置锁死装置，防止操作平台滑移至轨道端头出现安全隐患（图 4.2-29）。

图 4.2-28　可滑移操作平台

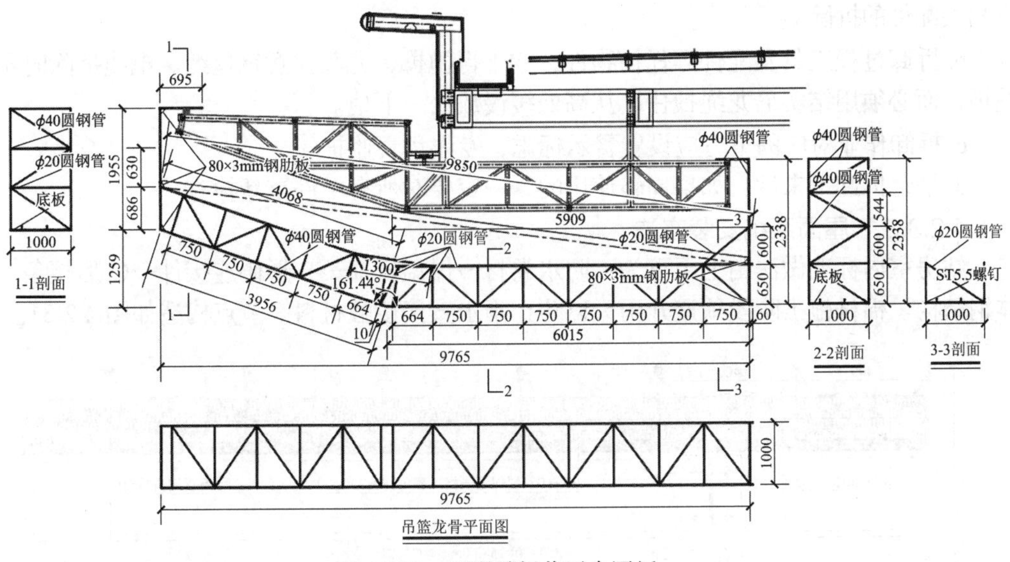


图 4.2-29　可滑移操作平台图纸

（7）檐口铝板安装

铝板采用垂直运输的方式，最先直接吊运至屋面，操作人员要及时搬运，分散到各个施工区域，避免集中堆放。安装时将铝板送至操作平台内，平台内不得堆放过多铝板，最多不得超过 3 块。铝板安装前须对安装位置进行清理，安装铝板并调整至尺寸准确、外观齐整后，用自攻螺丝从铝单板侧面卷边固定在龙骨上。为确保安装效果，须在初定型后进行精细校正（图 4.2-30）。

图 4.2-30 檐口铝板安装

（8）可滑移操作平台拆除

①平台拆卸过程与安装过程正好相反，先装的后拆，后装的先拆。

②平台拆卸的主要流程

降落平台→钢丝绳完全松弛卸载→拆卸钢丝绳→拆卸平。

③拆卸过程注意事项

a. 必须按工作流程进行拆卸，特别注意平台未落地且钢丝绳未完全卸载之前，严禁进行相关配件的拆除。

b. 拆卸过程工具及配件等任何物件，均不得抛掷，尤其注意钢丝绳、电缆拆除时不得抛扔，而必须用结实尼龙绳拽住，从高处缓慢放松、下地。

c. 拆卸作业对应的下方应设置警示标志，专人负责监护。

d. 平台拆卸下来后，如果周转使用的，一定要对所有配件重新检查。

4.2.3.3 屋面系统安装方法

站房室内标准做法由上至下为：防水卷材→保温岩棉→T 形码连接件→C 形檩条→主体钢结构。棉材施工阶段须避开雨天以防止雨水直接接触材料。节点构造如图 4.2-31。

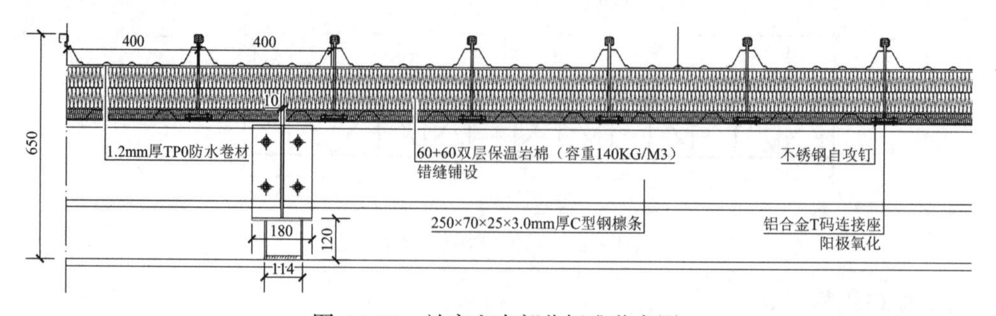


图 4.2-31 站房室内部分标准节点图

（1）檩条系统安装

屋面檩条系统安装流程为：檩托→屋面檩条。檩条与檩托之间为栓接，檩条的开孔方式为竖向长圆孔，檩托开孔方式为水平长圆孔，螺母连接之前，衬4mm厚垫片，调整锁紧后，将垫片与檩托板进行围焊，以保证檩条不受外力变形和沉降（图4.2-32）。

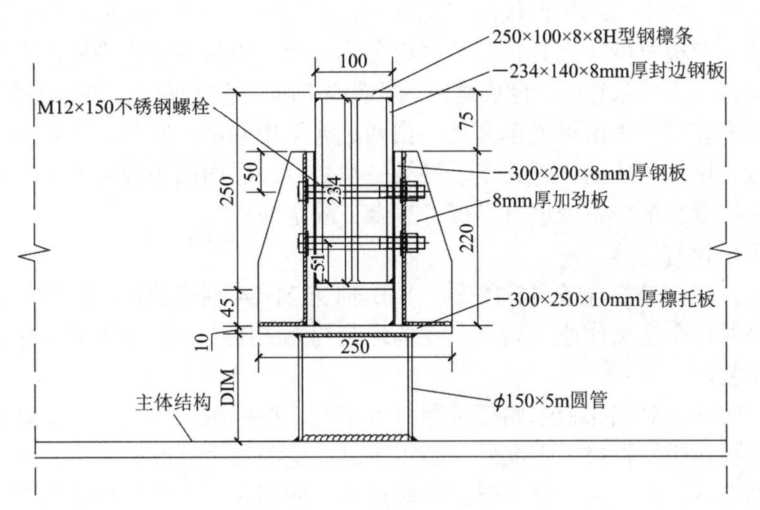


图4.2-32　檩托板安装示意图

本工程屋面檩条采用汽车式起重机或小型可移动式卷扬机进行垂直运输至施工区域。汽车式起重机站位停在施工区域的檐口外侧，工人将檩条抬放到于汽车式起重机旋转半径上进行吊装于卸料平台。檩条吊入落料平台后，由人工水平运输至安装位置。在檩条安装位置的两个端分别安排一名工人对檩条进行安装。对于较重的檩条，汽车式起重机无法完成吊装的部位，使用可移动式卷扬机进行檩条吊装。

檩条吊装前对主钢结构上的支撑节点坐标进行复测，确定檩条连接板位置、安装高度，测量后的实际标高和设计标高进行对比，把两者之间的误差值均匀地分布在上下两层主、次檩条标高中进行调整、消化。檩条通过檩托板与钢支托通过栓接进行连接。安装前应复核檩条上表面的标高是否与理论设计相同，如有不到位可通过檩托板进行调整。

（2）底板安装

本工程的屋面压型底板置于屋面主檩条之上，吊装时将钢底板两端拴牢，板型较长时，中间相应多设吊点，以防止钢底板在提升过程中出现折断、扭曲等变形。为保护压型钢板表面及保证施工人员的安全，必须用干燥和清洁的手套来搬运与安装，不允许在粗糙的表面或钢结构方通上拖拉压型钢板，其他的杂物及工具也不能在压型板上拖行（图4.2-33）。

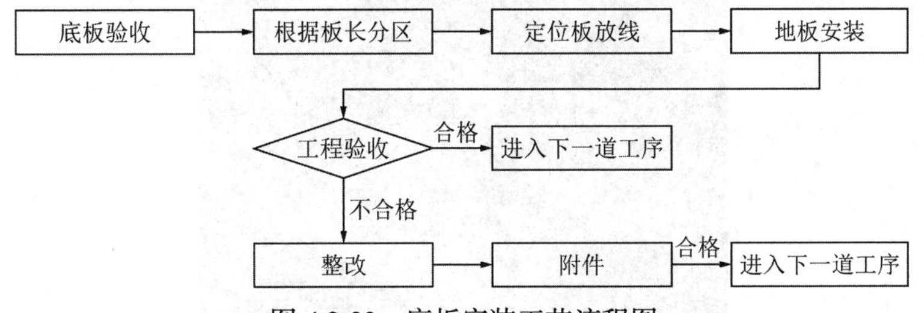


图4.2-33　底板安装工艺流程图

在底板安装前，利用水准仪和经纬仪在安装好的次檩条上先测放出第一列板的安装基准线，以此线为基础，每20块板宽为一组距，在屋面整个安装位置测放出底板的整个安装测控网。测控网测设完成后，安装前将每一组距间每块板的安装位置线测放至屋面檩条之上。此线为标准，以板宽为间距，放出每一块板的安装位置线。

当第一块压型板固定就位后，在板端与板顶各拉一根连续的准线，这两根线和第一块板将成为引导线，便于后续压型板的快速固定，在安装一段区域后要定段检查，方法是测量已固定好的压型板宽度，在其顶部与底部各测一次，以保证不出现移动和扇形。压型底板通过自攻螺钉与主檩条连接，自攻螺钉的间距为横向一波的距离，在波谷处与檩条连接。

钢底板的安装顺序为由低处至高处，由两边缘至中间部位安装，搭接为高处搭低处。因为钢底板是一块扣一块的，因此安装好第一块之后，后面的板即可堆放在第一块板上平行移动到安装位置与第一块板进行搭接、扣合，固定即可。

（3）反吊铝扣板安装

由于本工程屋面 S-B 轴交 15-18 轴、S-B 轴交 21-24 轴安装反吊铝扣板，现阶段屋面下方为轨道交通存在交叉作业，高空车受场地制约无法施工，拟采用单人作业挂篮作业，用于铝扣板安装。

根据技术要求，对铝扣板起始板进行打点定位，按照图纸放线，并作好标记。先将用于安装吊顶底板处所需板材、零配件、施工工具、电源等全部准备到位，再将挂篮挂到屋面次檩条上固定好，8 人为一个小组，依次排开。使用人工将铝扣板从次檩条上方传到安装位置，将小边部位插接到大边扣槽里，使用缝合钉固定，缝合钉间距 400mm，铝扣板固定在屋面次檩条底部。保证接缝密拼，完成面平整，钉子成一条直线，无漏钉。

挂篮制作采用直径 16mm 的圆管，底面尺寸为 750mm × 500mm 的大小，底面连续设置站人圆管，间距 250mm。底面铺一层 0.6mm 厚压型彩钢板自攻钉固定于挂篮底部。在吊篮侧面一圈设置 20cm 高的踢脚板，防止小工具高空坠落。挂篮面总高度不宜超过 1400mm，上端挂钩尺寸为 132mm × 350mm，以便吊挂在次檩条上，此面同时设置 500mm 间距的圆管，可作为人员上下梯。其他三面为 500mm 高平齐，在吊挂面焊接一根斜向圆管作斜拉支撑，以保持整体受力与稳固（图 4.2-34）。

图 4.2-34　反吊铝扣板吊篮示意图

（4）镀锌钢丝网铺设

镀锌钢丝网必须满铺，不得漏铺或少铺。将钢丝网展开铺设在主次檩条上，铺设时考虑保温棉铺设厚度要求，钢丝网中部适当凹陷，固定在檩条上。不锈钢丝网在接缝处要求搭接3～5cm，搭接部位用细铁丝绑扎牢固（图4.2-35）。

图4.2-35 镀锌钢丝网铺设示意图

（5）玻璃棉、岩棉安装

施工时为了防止雨和风的影响，棉材与屋面板安装同步实施，尽量减少玻璃棉暴露时间，并准备防雨苫布防止棉材淋湿。

玻璃棉铺设时注意必须铺设严密，接缝处采用搭接，两块棉之间不能有间隙，相邻两块棉的接口处用铝箔胶带粘牢，并用订书机订好。上下两层错缝铺设，防止形成冷桥。

保温岩棉板运至屋面后，铺设方向沿垂直于压型钢板长边方向铺装严密，直接铺盖在吸音棉上方，要求完全覆盖并贴紧，棉与棉之间铺设不能有缝隙，相邻两块岩棉板的接口处不得有间隙。铺设时应注意错缝搭接，防止冷桥的发生。保温岩棉板的固定采用专用保温钉，保温岩棉板常规尺寸为600mm×1200mm，每平方钉的数量不能低于4个（图4.2-36）。

图4.2-36 岩棉安装示意图

（6）防水卷材安装

卷材安装前应检查基层缝，保证接缝缝隙均匀无错位。卷材的固定采用专用基层胶黏剂固定。黏结卷材时，找平层必须充分干燥。施工前应测试找平层的含水率不超过8%。卷材的铺设方向应垂直于檩条排布方向，平行于屋脊的搭接缝应顺流水方向搭接，垂直于屋脊的搭接缝应顺着最大频率风向搭接。施工前进行精确放样，尽量减少接头，有接头部位，接头应相互错开至少 30cm。当天铺设的卷材当天完成焊接，接口采用胶带等方式进行保护，避免淋雨和受潮（图4.2-37）。

图 4.2-37　防水卷材安装示意图

（7）面板固定座安装

直立锁边屋面系统的锁边板固定座，因其外形类似于一个“T”形码，因此通称为“T”形码，是将屋面荷载传递到檩条的受力构件，其安装质量直接影响到屋面板的抗风性能，固定座安装误差还会影响到铝合金屋面板的纵向自由伸缩及屋面板的外观。

通过全站仪测放出每一段板两端的板端等高线，然后测出设计分区线。在每一分区内，固定座放线时，为了便于施工，可先在屋面弹出一条基准线，作为面板固定座安装的纵向控制线。第一列固定座位置多次复核，后续固定座位置用特殊标尺确定。

面板固定座使用防水自攻螺丝固定，自攻螺丝必须带有抗老化的密封圈，将面板固定座对准其安装位置，使用电钻打入自攻螺丝固定，安装时螺钉与电钻必须垂直于檩条上表面，扳动电动开关，不能中途停止，螺钉到位后迅速停止下钻。这时，面板固定座位置会有一点偏移，必须重新校核其定位位置，方可打入另一侧的自攻螺丝（控制面板固定座水平转角误差）。安装面板固定座时，其下方的隔热垫必须同时安装。固定座安装完成后应及时复测校准（图 4.2-38）。

图 4.2-38　固定座安装示意图

（8）金属屋面板安装

在铝合金固定座安装质量得到严格控制的条件下，只需放设面板端定位线，一般以面板出天沟的距离为控制线，板伸入天沟的长度以略大于设计为宜，以便于剪装。屋面板水平运输方法采用人力抬运。施工人员排成一排，专人指挥协调，保持步调一致，使面板能统一、平行移动，防止面板变形、损坏，保护施工人员不受伤害。

施工人员将板抬到安装位置，就位时先对板端控制线，然后将搭接边用力压入前一块板的搭接边。检查搭接边是否能够紧密接合，如不能，应及时找出问题，尽早处理。面板位置调整好后，安装端部面板下的泡沫塑料封条，然后进行咬边。要求咬过的边连续、平整，不能出现扭曲和裂口。在咬边机前进的过程中，其前方 1m 范围内必须用力使搭接边接合紧密。对本工程而言，咬边的质量关键在于在咬边过程中是否用强力使搭接边紧密接合。当天就位的面板必须完成咬边，保证夜晚来风时板不会被吹坏或刮走。屋面板安装完成后，需对边沿处的板边进行修剪，以保证屋面板边缘整齐、美观。屋面板伸入排水天沟内的长度以不小于 150mm 为宜。

滴水片用铆钉固定，每小肋一颗钢铆钉。滴水片安装时应注意，如果板长不同时，滴水片必须断开，以允许板伸缩不同，在滴水片之间留 5mm 的间隙。

折边的原则为水流入天沟处折边向下，下弯折边应注意先安滴水片，再折弯板头。面板高端（屋脊）折边向上。折边时不可用力过猛，应均匀用力，折边的角度应保持一致，上弯折边后安装屋脊密封件。

打胶前要清理接口处泛水上的灰尘和其他污物及水分，并在要打胶的区域两侧适当位置贴上胶带，对于有夹角的部位，胶打完后用直径适合的圆头物体将胶刮一遍，使胶变得更均匀、密实和美观，最后将胶带撕去。

泛水安装。压在屋面板下面的，称为底泛水。天沟两侧的泛水为底泛水，必须在屋面板安装前安装。底泛水的搭接长度、铆钉数量和位置严格按设计施工。泛水搭接前先用干布擦拭泛水搭接处，目的是除去水和灰尘，保证硅胶的可靠黏接。要求打出的硅胶均匀、连续，厚度合适。压在屋面板上面的，称为面泛水。屋面四周的收边泛水均为面泛水，其施工方法与底泛水相同，但要在面泛水安装的同时安装泡沫塑料封条。要求封条不能歪斜，与屋面板和泛水接合紧密，防止风将雨水吹进板内。

#### 4.2.3.4　天沟系统安装方法

天沟板为不锈钢板折弯件。天沟板材在加工厂加工预制成 1～2m 的单元构件，然后运往施工现场进行安装。首先将天沟的控制点引测到主体结构上，中轴线返到主结构横龙骨上，再根据控制线对天沟底板及侧板定位放线，定位后将各天沟单元构件在支架上安装就位再拼接焊牢。

天沟排水系统安装顺序：天沟骨架的安装→天沟底板的安装→天沟保温层的安装→不锈钢天沟焊接→细部构造处理（图 4.2-39）。

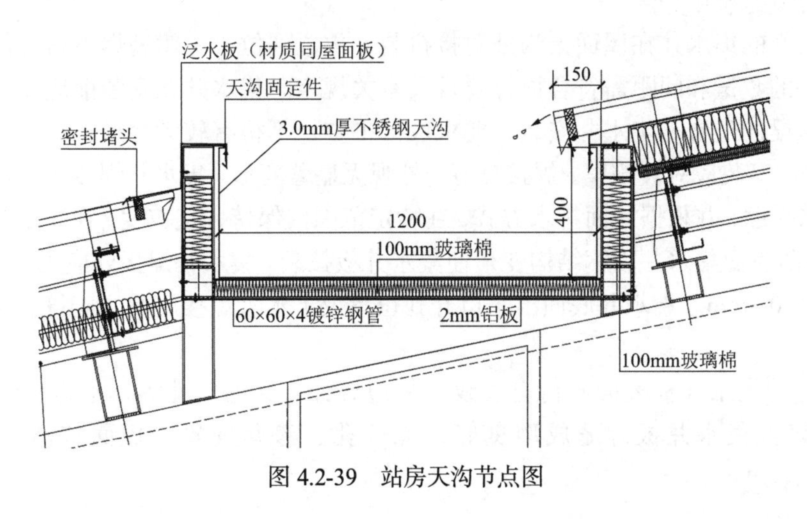


图 4.2-39　站房天沟节点图

（1）天沟龙骨安装

龙骨安装前先检查钢结构是否平直，根据天沟的深度及宽度测量放线，保证天沟在一条直线上。开始点焊天沟的立柱龙骨（即竖直方向龙骨），点焊后确认在同一直线上的条件下进行满焊固定，顺向天沟龙骨以 6m 一段进行点焊，焊一条直线后拉一条线来校正是否在同一直线上，确认无误后进行满焊。焊接过程要保证焊缝均匀，清除多余焊渣后进行防腐处理。

（2）不锈钢天沟安装

本工程天沟采用 3.0mm 厚不锈钢天沟，根据设计要求，大约 9m 长，需设置一道天沟伸缩缝。天沟的制作在工厂内进行时，根据设计详图，确定屋面天沟的展开尺寸，然后在数控大型折弯机上进行成型，以 4.5m 一段的形式，统一包装，运至现场进行安装焊接。将加工好的水槽在屋面天沟处对接拼装，放置到位，一律满焊不得有任何渗漏现象。连接件的数量和间距需符合设计要求及有关规定。现场焊接根据天沟对接形式，采用氩弧焊满焊处理，在对接处打磨处理，保证外观及焊缝的质量。

落水槽在安装前应先预留好雨水口位置。安装时，要求槽底平整，不得有较大变形，尺寸符合设计要求。落水槽的安装应对接规整、焊接良好、外观无显著变形。落水槽焊接时还需注意钢结构底部的水平度，落水槽焊接处应无渗水，槽底积水深度不得超过 0.3mm。落水槽底面出水口开孔位置及下水管焊接质量，应符合设计要求及有关规定。安装好的水槽板表面不得有裂纹、裂边腐蚀、穿通气孔等，不得有轻微的划痕等缺陷。水槽板焊缝成型良好，无气孔、渗漏现象，板面整洁，线条顺直。天沟收口附件板安装，测量定位后，用拉铆钉固定，板面整洁，线条顺直。

（3）天沟伸缩缝安装

根据屋面排水方式，设计要求，大约 9m 长，须设置一道天沟伸缩缝，以防屋面天沟因钢结构变形，导致拉裂。

橡胶伸缩带：橡胶伸缩带是由三元乙丙橡胶跟不锈钢板复合而成。要确保两种完全不同的材料复合在一起，还要确保它们不剥离、不开裂、抗老化，因此其制作工艺、设备要求非常苛刻。本项目采用国外进口橡胶伸缩带，保证工程质量。

（4）天沟集水井安装

将加工好的集水井在屋面天沟处对接拼装，放置到位，一律满焊不得有任何渗漏现象，连接件的数量和间距需符合设计要求及有关规定。集水井在安装前应先预留好雨水口和穿出钢梁的位置。集水井安装，要求底部平整，不得有较大变形，尺寸符合设计要求。集水井的安装应对装规整、焊接良好、外观无显著变形。集水井焊接时还需注意钢结构底部的水平度，并根据屋面排水方式，在特定范围内保持一定坡度。在特定距离内加装伸缩缝，以防屋面集水井因钢结构变形使集水井板拉裂。集水井焊接处应无渗水，积水深度不得超过 0.3mm。集水井底面出水口开孔位置及下水管焊接质量，应符合设计要求及有关规定。

安装好的集水井板表面不得有裂纹、裂边腐蚀、穿通气孔等，不得有轻微的压过划痕等缺陷。集水井板焊缝成型良好，无气孔、渗漏现象，板面整洁，线条顺直（图 4.2-40）。

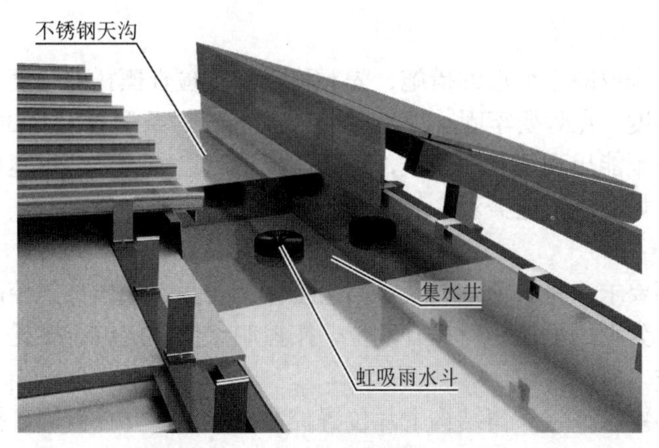

图 4.2-40　天沟集水井安装示意图

### 4.2.3.5　天窗系统安装方法

本天窗工程为屋面之上的独立结构，结构根部与主网架结构上托盘连接，因而可以单独制作、独立安装。只要主网架结构精度正确，天窗位置精度就能保证。安装时，须控制根部的平面坐标位置和标高。

根据结构特点，主安装方法为：结构分上结构片、下结构片、立柱三部分安装，根据主体轴线和现场定位点确定天窗实际位置，按标高安装下片，检验合格后再安装立柱和上片（图 4.2-41）。

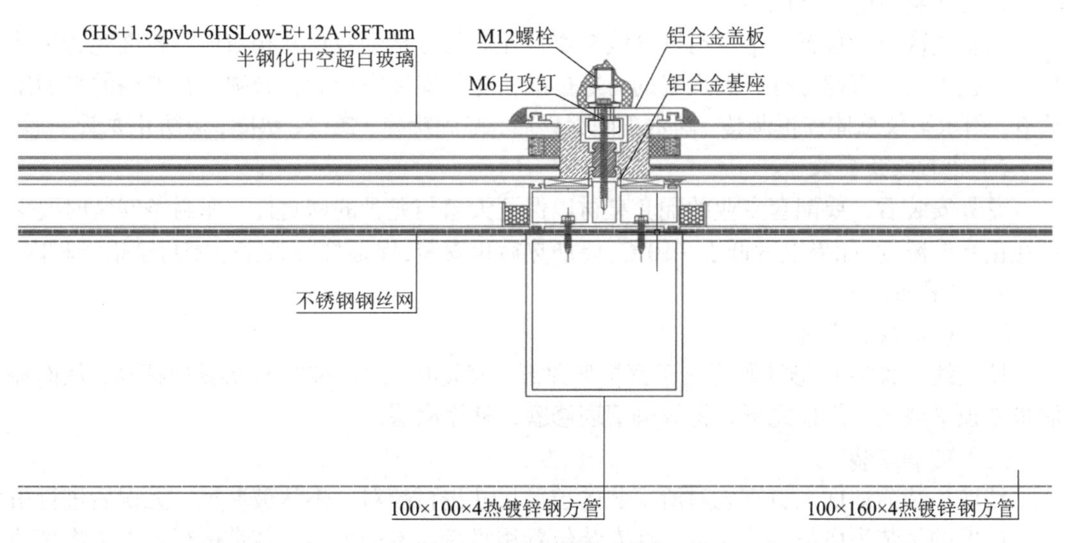

图 4.2-41　玻璃天窗标准节点图

1）天窗龙骨安装

（1）上片固定

按位置和标高要求，将根部范围清理，确保位置标高正确。将天窗轴线引至网架托盘，画出位置控制线。

檩托焊接在网架结构托盘顶面，其安装方法为先放线，检查合格后，焊接檩托。檩托与托盘顶面的角度应为直角，保证檩条安装后顶面在屋面剖面的曲线上，即檩托应在屋面曲线的法线方向上。如下图示，檩托定位后，与结构钢架表面的夹角要保证为 90°±1°，位置偏差在 5mm 内。

焊接过程中要采取减小变形的措施，先对称点焊，检查檩托的角度，合格后再焊接，不合格的要校正角度。点焊要牢固。焊条直径为 4mm，焊条型号为 E4303。焊接时电流要适当，焊缝成形后不能出现气孔和裂纹，也不能出现咬边和焊瘤，焊缝尺寸应达到设计要求，焊波应均匀，焊缝成形应美观。

（2）下片安装

按位置和标高要求，将天窗轴线及标高引至网架托盘，标出位置控制点。将下片运至安装位置，三个角分别用手拉葫芦提升就位，按控制点位置定位于檩托上，并电焊固定。

（3）立柱安装

按位置和标高要求，将天窗结构上片位置控制点标示于立柱侧面。按位置控制点将立柱就位，并电焊点固。将上片运至安装位置，三个角分别用手拉葫芦提升就位，按控制点位置定位于檩托上，并电焊固定。调整整个结构的几何尺寸和安装精度，对于错口等缺陷，现场纠偏后补焊钢板。焊接完成后，修磨清理焊脚，补涂涂层。

（4）龙骨安装

龙骨进场后，根据放线实测尺寸，进行全面核验、校正，进行龙骨初装配。外侧的龙骨为主龙骨，按施工图在主龙骨上安装连接件，在次龙骨两端安装连接件及弹性橡胶垫片。将主龙骨按放线位置在钢架上就位，将次龙骨装在连接件上，调整位置偏差后，按 U 形码的安装孔位在龙骨上打孔，并用螺栓初步固定；在龙骨与 U 形码的接触面上放置防腐绝缘层，以防止金属电解腐蚀。

调整主次龙骨位置，上下与标高线核实，左右与分格轴线尺寸相对应。校准龙骨尺寸后，用扭力扳手将螺母拧紧到规定的力矩标准。龙骨安装完毕后，必须进行严格的平面度检查，用水平仪总体校正调整。确定正确无误后，坚固螺栓、螺母、垫圈，以防止龙骨变形。

2）密封胶条安装

龙骨安装后，要配套专业的配套型材以保证天窗与龙骨的密封性，密封条安装时要保证在正常的温度，如果温度低于 −10℃，要加热后再安装，保证橡胶条完全密封于铝型材内。

3）天窗玻璃安装

（1）U 形铁码安装

按放线位置将 U 形铁码焊接于钢桁架顶部。安装时，严格控制 U 形铁码标高，从而控制采光顶平整度。焊接完毕，将焊脚清理修磨，补涂涂层。

（2）玻璃安装

玻璃吊装前地面人员首先对所安装的玻璃尺寸进行校对，确认玻璃尺寸无误后进行吊装。玻璃的吊装为塔吊多片起重，在安装位置用吸盘与专用玻璃吊装带进行。人工将玻璃就位后，精调位置，用压块将玻璃固定，松开吸盘进行下一块玻璃的安装。

（3）玻璃打胶

对需要密封的位置，用酒精清洁干净，在玻璃及铝合金表面用美纹纸进行防污保护。根据打胶位置的形状，切削胶嘴，以保证打胶连续饱满、无气泡、无流淌等缺陷。

（4）玻璃的清洁

玻璃及铝合金龙骨清洁时，首先用空气压缩机对铝合金龙骨和玻璃表面进行吹洗，用软质抹布粘上 pH 值小于 7 的清洁剂对铝合金龙骨表面进行擦拭，用喷雾器对玻璃表面喷上少量清洁剂，刮除后用干净抹布擦净铝合金梁和玻璃檐口系统安装。

#### 4.2.3.6　檐口铝板安装方法

本工程檐口复合铝板平面分格为 1m，拟采用六块复合板即 6m 为一整体单元体，纵向为 9.41m；每一个单元相隔一块 1m 的分格作为调整分格单独安装，顶部铝复合板待整体吊装就位焊接牢固后，再安装（图 4.2-42）。

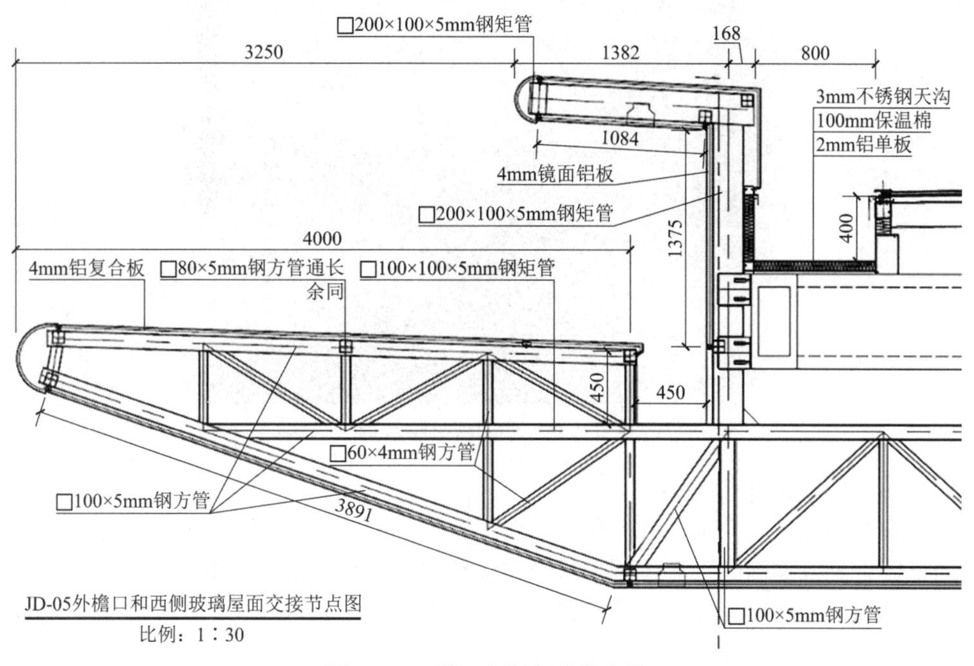


图 4.2-42　檐口铝板标准节点图

由于主体钢结构施工与板块工程施工相比允许误差值较大，不能完全根据理论模型数据打点测量，需对主体钢结构安装精度进行复测，当与理论数据偏差 15mm 时反馈技术部门进行调整，做到与现场结构与模型数据相一致。测量时应控制分配测量误差，不能使误差积累，并将误差在 1m 板分格处进行调整。

（1）复合板整体单元体现场组装

对钢结构单元进行现场组装焊接，每 3 榀桁架组成一个拼装单元，组装后对拼装尺寸复测检查，并检查是否存在漏焊、油漆处理等，组装场地布设全站仪定位测量控制基准点，保证龙骨的加工精度（图 4.2-43）。

图 4.2-43　单元钢龙骨加工组装示意图

复合板的组装，龙骨钢架组装完成后，进行复合板的安装，保证复合板的平整度，缝隙均匀（图 4.2-44）。

图 4.2-44 装饰板组装示意图

（2）外立面铝复合板安装

由于现场场地堆放有限，首先在板块加工厂时，根据现场施工顺序，区域、安装数量、每天加工数量进行准确的计划编制。板块安装前由专人排查安装位置的节点板是否到位，并检查手拉葫芦的布置情况，板块通过吊车送至安装水平位置时，通过手拉葫芦将板块拉至安装位置。

单元板块吊装到位时根据理论坐标利用全站仪测量板块进出、左右、水平位置，确保达到板块安装精准度。测量到位时利用方管临时固定，并安装焊接永久连接件（图 4.2-45）。

图 4.2-45 外立面铝复合板分块安装示意图

檐口大面运用吊车和卷扬机安装完成后，调整复合板分格并采用高空车施工。高空车操作平台的可移动性、施工面积小等特点大大提高了施工人员的安全保障，并在保证工程质量的基础上极大地提高了施工效率，缩短了施工工期，有效降低了工程成本（图 4.2-46）。

图 4.2-46　高空车补空施工复合板示意图

## 4.2.4　结果状态

### 4.2.4.1　经济效益分析

雨棚屋面系统采用聚碳酸酯飞翼中空板，与传统施工方法相比，优化施工步骤、工艺简单、降低屋面漏水的风险。本工程共有约 60000m² 中空板，每 1000m² 中空板施工节约 5 个人工，合计缩短安装周期 12 天，按人工费 200 元/天，节约成本 72 万元，具有良好的经济效益。

相较于常规吊装设备转运桁架及举臂车移动式高空作业或搭设脚手架高空作业，本施工方法采用轨道间滑移及可滑移操作平台，同比工期提前 30 天完成，每天 4 个施工班组共计 25 人，按人均工资 200 元/人计算，劳动力成本减少 15 万元。施工机械节省 2 台 20m 高空举臂车（用于焊接，铝板安装等高空作业）及 1 台 25t 汽车式起重机（站台间钢桁架倒运），按使用时间 3 个月，举臂车月租金市场价 1.1 万元/月，25t 汽车式起重机月租金市场价 3.3 万元/月，机械成本节省 31.5 万元。

### 4.2.4.2　社会效益

在建筑屋面采光中聚碳酸酯中空板正取代玻璃成为建筑屋面采光的新型材料，应用越来越广。本技术在雄安站的应用，保证屋面安装质量，提前完成屋面安装，顺利交付使用，确保了项目按节点顺利通车。为类似聚碳酸酯中空板的施工提供了行之有效的方法，为工程顺利安全地完成提供了保障，具有良好的社会效益。

高铁站房超大型外檐口施工工法解决了施工现场由于工期、站台股道施工等诸多环境因素造成的倒运、安装等难点，在没有原位拼装并吊装的条件下快速将组立好的桁架倒运至各站台指定吊装位，并能够在保证质量的前提下高效完成檐口悬挑钢桁架与外檐口铝板的安装工作，保证了高铁站房开通工期的同时，也节省了大量构件材料周转、安装所使用的机械设备费用与人工费用，为同类金属屋面工程外檐口施工作业提供了借鉴作用。

### 4.2.4.3　节能环保效益

聚碳酸酯阳光板热塑性树脂具有无色、透明、无味、颗粒状结晶、无毒的特点，有更低于普通玻璃和其他塑料的热导率，隔热效果比同等玻璃高 7%～25%，PC 板的隔热最高至 49%。从而使热量损失大大降低，用于有供暖设备的建筑，会有很好的节能环保效益。

## 4.2.5　问题和建议

近年来国家大力发展交通建设、促进经济增长的同时加强文化建设，各地机场、站房、大型场馆设施等建筑不断投入建设，此类建筑多为地标性设计，结构跨度大、建筑造型新颖，金属屋面施工难度不断增加。由于金属屋面维护工序较多，穿插施工较为复杂，为满足工程经济性、安全性、快捷性等建设需要，屋面防排水工程相关领域施工技术推动与发展对行业建设具有重要意义。

另一方面，金属屋面工程由于其工序关系，应通过新材料、新设备、新工艺等方法在项目设计、材料制作、现场转运、工序穿插施工等各环节充分响应国家智慧建造技术的应用要求，推动建筑工程行业自动化、智能化、标准化测量建设。通过积极对接设计单位、业主单位与智慧建造协会等相关行业专家，配合主体工程落实智慧建造推进工作，实现降本增效。

# 第5章

# 地面工程

## 5.1 大型耐磨地面施工创新

### 5.1.1 案例背景

信息化、数字化在各行业的逐渐应用和推广，有效地解决了在电商产业在高速发展中大量碎片化订单对仓储物流行业的困扰，智慧仓储应运而生。同时智慧仓储对厂房的建设质量，尤其是大型地面的施工质量提出了更高的要求，为满足智能设备（机器人）的运行要求，对其平整度、耐磨面层黏结强度、接缝高低差及其他质量通病防治的要求提升到一个更高的水准。

大型耐磨地面混凝土楼地面一次性成形施工技术作为建筑领域施工的新技术，目前在工程中已有适量应用，但在大型高标准地面施工中的应用极为少见，其施工工艺尚不成熟，需进一步加以完善。以往的大型耐磨地面施工通常先完成施工楼地面结构层的建设，再进行 50mm 厚细石混凝土及耐磨面层的施工，极易造成龟裂、砂眼、返砂、起皮、开裂、边角成形效果差等一系列质量缺陷，不能满足智能设备的运行要求。

菜鸟中国智能骨干网（廊坊·固安）智慧仓储厂房项目，分为 4 个两层高标准智慧仓储库，总面积达到 161994.65m$^2$，其中耐磨地面面积为 62016m$^2$。为确保大型地面各项质量指标满足智能设备的运行要求，采用结构层与耐磨层一次成型施工，很大程度上避免了传统大型地面质量通病，取得了显著的质量提升效果。

### 5.1.2 事件过程分析描述

大型混凝土地面通常是指其短边不小于 40m，或面积不小于 1600m$^2$ 的地面。防止温度变化和收缩产生有害裂缝是大型地面施工质量控制的重点和难点。同时，由于其面积大，导致整体平整度控制难度加大。耐磨地面作为大型混凝土地面面层时，其黏结强度、耐磨层厚度控制和均匀程度影响着地面的正常使用功能和美观，这也是耐磨地面在施工过程中控制的要点。

（1）大量的调查与实测研究表明，地面的非荷载裂缝是由变形作用产生的，包括温度变形（水泥的水化热、气温变化、环境生产热）、收缩变形（塑性收缩、干燥收缩、碳化收缩）及地基不均匀沉降（膨胀）变形。由于这些变形受到约束引起的应力超过混凝土的抗拉强度而导致裂缝，统称“变形作用引起的裂缝”。因此，控制大型耐磨地面的裂缝，首先要保证混凝土的性能和养护工艺减少温度变形和收缩变形；其次，基层均匀密实，严格控制因基层的不均匀下沉和冻胀，导致产生的混凝土地面裂缝，同时合理设置耐磨地面的伸缩缝或结构加强等“抗”“放”措施，是避免有害裂缝出现的必要手段。

（2）大型耐磨地面的突出特点是大，由于施工过程中不确定因素较多，其平整度的控制是施工中的难点。采取合理的分仓、利用智能化的找平机具配合精细化的节点施工工艺，才能实现整体平整度满足智慧仓储的要求。

（3）耐磨地面耐磨层的施工质量既是地面功能的保障，又是地面整体美观的保障。在调研过程，耐磨层与结构层因黏结不牢固导致的表层龟裂、空鼓，颜色不均匀，或者耐磨层厚度局部不足等问题，都是耐磨地面常见的质量问题。因此，耐磨层施工的精细化管理程度，决定了耐磨地面的耐久性和颜值。

菜鸟中国智能骨干网（廊坊·固安）智慧仓储厂房项目大型地面按建筑物结构形式布置，伸缩缝将每个厂房的地面分为 4 个区块，首层两个，为 20cm 厚钢筋混凝土承重耐磨地面；二层两个，为井字梁楼板耐磨地面，单块地面面积为 $92m \times 96m = 8832m^2$。其中，首层钢筋混凝土耐磨地面采用切缝式钢筋混凝土结构层与耐磨层一次成型施工。二层楼面采用无缝结构板与耐磨层一次成型施工。通过跳仓施工、红外线整平、研制刮平工具、合理切缝、加强养护等措施，有效地控制了有害裂缝的出现，同时在地面平整度、耐磨层黏结强度、表观色泽均匀性的控制上均取得了较好的效果。

### 5.1.3　关键措施与实施

#### 5.1.3.1　大型耐磨地面的施工设计

大型耐磨地面的施工设计含整体工艺设计、分缝设计、跳仓设计细部节点设计等。

整体工艺设计主要是基础结构、回填土等施工先后顺序的策划，主要矛盾点集中在基础拉梁施工和基础回填之间的工序交叉，合理的施工顺序是保证结构安全和回填土质量的保证。在设计认可的情况下，首次回填土回填至地梁底，然后进行地梁施工，再进行房心回填能够较好地保证回填土的整体质量，减少不均匀沉降的发生。

分缝和跳仓设计应根据厂房的柱网设计、混凝土浇筑及耐磨层施工的功效进行设计，一般地面缩缝（引导缝、施工缝）的间距控制在 3～6m，涨缝间距不大于 30m。

细部节点设计主要包含施工缝、引导缝、涨缝等处理工艺的设计。

#### 5.1.3.2　耐磨地面结构层混凝土配合比控制

混凝土地面结构层混凝土配比控制主要从混凝土水化热、硬化过程中的失水干缩和提高混凝土抗裂强度等方面提高混凝土的抗温度变形和收缩变形能力。同时混凝土配置过程中初凝、终凝时间的控制，是地面找平、耐磨层施工顺利进行的保证。

结构层混凝土试配过程中，首先严格按照相关规范选取质量合格的非碱活性的粗细骨料，粗骨料宜选用 5.0～31.5mm 粒径、连续级配且弹性模量较高的碎石，含泥量不应超过 1%；细骨料宜采用中、粗砂，含泥量不应高于 2%。同时，尽量选取低水化热水泥，严格控制粉煤灰、矿粉质量。混凝土的配合比在设计上除应符合现行行业标准《普通混凝土配合比设计规程》JGJ 55 外，混凝土水胶比应控制在 0.40～0.45，砂率宜控制在 38%～42% 之间，拌合水用量不宜大于 165kg，粉煤灰掺量不宜大于胶凝材料用量的 40%，矿渣粉的掺量不宜大于 50%，粉煤灰和矿渣粉掺合料的总量不宜大于混凝土中胶凝材料用量的 50%。同时合理使用混凝土外加剂，控制到浇筑工作面的混凝土坍落度在 $140mm \pm 20mm$。调节混凝土凝结时间，确保在混凝土初凝前完成摊铺、振捣、整平和提浆，确保初凝和终凝的时间间隔，确保耐磨骨料的撒布、精平和压光工艺所需的时间充足。混凝土不同性状与耐磨地面施工工艺的结合如图 5.1-1 所示。

此外，大量的研究表明，在混凝土拌合过程中，添加均匀分布的、密集的、长径比（纤维的长度与直径的比值）适宜的纤维能有效地增强混凝土的抗拉强度和抗压强度。研究表明，掺加 3%的聚丙烯纤维或 1.2%的钢纤维，能够在最经济的前提下，有效增加混凝土的抗拉强度，提升混凝土地面的抗裂效果。

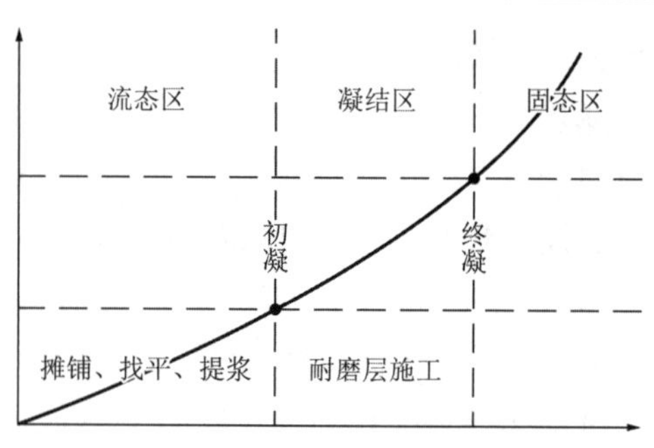

图 5.1-1 混凝土性状与施工工艺示意

5.1.3.3 地面基层控制

地面基层沉降或冻胀、刚度不均匀，是导致混凝土地面出现沉降裂缝的主要原因。

1）室内回填土施工

一般情况下，室内素土或灰土回填，控制回填土的土料质量应符合规范要求。摊铺厚度应控制在 200～300mm，严格控制含水率和压实变数，保证压实系数不小于 0.94，即能满足地面使用要求。但是由于施工现场的复杂性和结构设计的差异性，室内阴阳角、基础拉梁梁底或反开挖过程中形成的窄缝是回填土质量控制的薄弱环节，可采用如下措施，保证回填土的均匀性：

（1）室内阴阳角部位回填，尤其是阴角部位回填，在大面积回填前，做好局部分层回填。回填时根据夯实工具的不同，确定分层厚度，且控制在大面积回填分层厚度的 0.5 或 1 倍。回填区域以与大面积回填形成有效搭接为宜。处置完成后可作为大面积回填厚度分层的控制点。

（2）基础拉梁施工，根据结构设计的意图，不同部位采取不同的施工工艺。一般采用回填土回填至梁底或采用反开挖施工。如设计为框架梁可在梁底铺设 50mm 厚挤塑板，保证框架梁受力状态符合设计要求。混凝土梁浇筑完成达到一定强度后，再进行下一步回填。

（3）对于反开挖施工的构件或设施，完成后的缝隙应采用砂子灌实。

回填土施工完成后，应加强防水、排水措施，防止回填土的含水量过大而引起冬季冻胀，尤其是非供暖厂房，应严格控制室内回填土的含水率，保证越冬不产生冻胀。

2）地面垫层施工

大型地面垫层一般有灰土垫层、砂石垫层等松散材料垫层和混凝土垫层等，对于松散材料垫层，应严格控制均匀度及压实度。混凝土垫层施工时应按照地面面层的缩缝、涨缝的设计留置不同的构造缝和功能缝，上下对应，最大偏差控制在 10mm 以内。

地面垫层施工完成后，地面结构层（含耐磨面层）施工前，宜在垫层上铺设一层不小于 0.2mm 的 PE 膜，防潮的同时，减少地面垫层对钢筋混凝土结构面层的约束，减少因新浇混凝土硬化过程中的温度变形与地面垫层变形不同步而产生裂缝。

5.1.3.4 跳仓法施工

大型地面跳仓法施工是将大型混凝土耐磨地面按一定尺寸分为若干小块体，相邻块体间隔施工，经过短期应力释放，先浇筑混凝土经过收缩变形后，再将地面连接浇筑成一个整体的施工工艺。无论是切缝式地面还是无缝式地面，均是控制有害裂缝的有效措施之一。

1）跳仓间距的确定

跳仓法施工的跳仓间距应在施工前进行设计，并结合柱距、隔墙布置、伸缩缝布置确定，可按《超大面积混凝土地面无缝施工技术规范》GB/T 51025—2016 中的附录 C 进行计算，原则上跳仓间距不超过 40mm×40m。

大空间无隔墙部位，施工缝应留置在柱中或跨中，隔墙部位应设置在墙边，且分仓的施工缝应与后切引导缝、涨缝统一规划。对于结构顶板，分仓施工缝确定还应符合《混凝土结构工程施工规范》GB 50666—2023 的相关要求。

除此之外，跳仓板块的规模应考虑每板块施工的功效，保证混凝土初凝前能够完成摊铺、整平、提浆工作，保证初凝到终凝完成耐磨层撒布、精平、压实和收光等工序。经过大量的施工经验，每分仓板块控制在 900～1200m$^2$，既能发挥每班作业人员和机具的最佳功效，又能保证钢筋混凝土结构层与耐磨层一次施工的成型质量。跳仓法施工浇筑如图 5.1-2 所示。

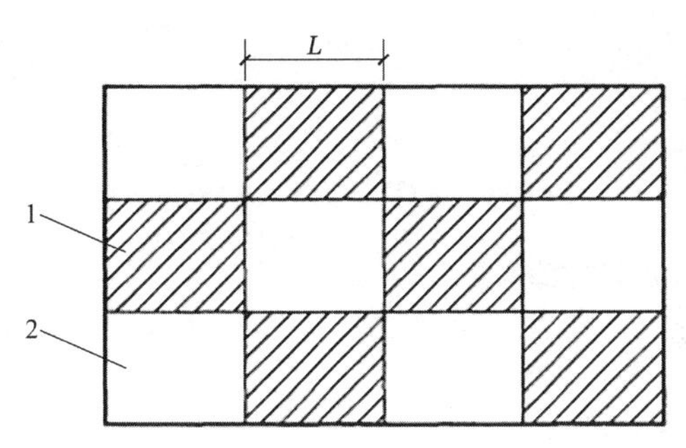


图 5.1-2　跳仓法施工浇筑示意图

1—先期浇筑；2—后期浇筑

2）成品伸缩缝（铠装缝）应用技术

成品施工缝又称地面铠装缝，是一种工厂制作的定型的施工缝施工专用系统，一般由锚固板、传来板、传力板自由伸缩鞘套、易断塑料螺栓等配件组成。

成品伸缩缝一般安装在地面分仓缝或行车专用通道的位置，也可利用成品伸缩缝代替所有后切缝，具有以下优势：①成品施工缝具有模板功能。在施工时，无需额外支设模板，在设计位置安装该系统，进行分割。地面浇筑后无需进行其他处理，施工高效，节省大量人工和时间。②具有混凝土棱角保护功能。棱角保护扁钢，由抗剪栓钉锚固到混凝土中，对混凝土地坪伸缩缝处、脆弱的混凝土边起到保护作用，具有超高的耐久性。在整个建筑设计寿命范围内，后期维护成本几乎为零，大大减少了后期的维护工作。③具有整体传力功能。使用带有鞘套的不连续传力板，在竖向荷载作用下，可以把荷载从伸缩缝的一边传递到另一边。此外，也使得伸缩缝两边的分仓地坪在地基不均匀沉降的情况下，能够始终协同一致保持在同一水平，不会出现伸缩缝两边高低不平的台阶现象。同时，可以制作成 T 形、十字形专用配件和异形柱配件、涨缝配件等（地面铠装缝系统及铠装缝形成示意如图 5.1-3、图 5.1-4 所示）。

（1）成品伸缩缝的定制

成品伸缩缝由专业厂家制作，除按地面承重和功能（缩、胀变形）要求外，还应满足地面配筋的通过要求。订购时应充分考虑垫层的平整度，一般情况下，伸缩缝的高度应小于地面结构层厚度的 10～30mm 为宜（图 5.1-5）。

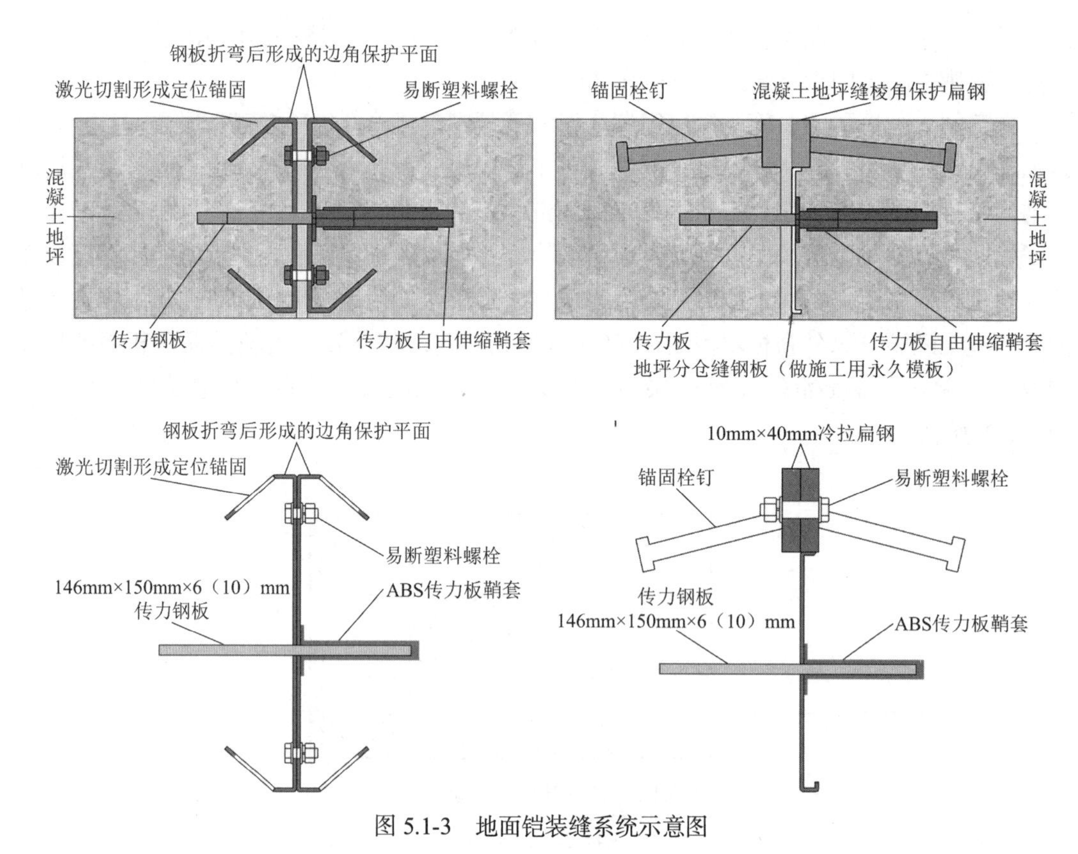


图 5.1-3　地面铠装缝系统示意图

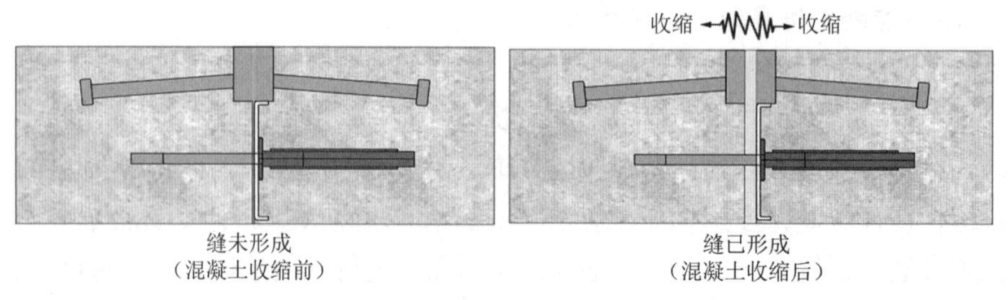


图 5.1-4　铠装缝形成过程示意图

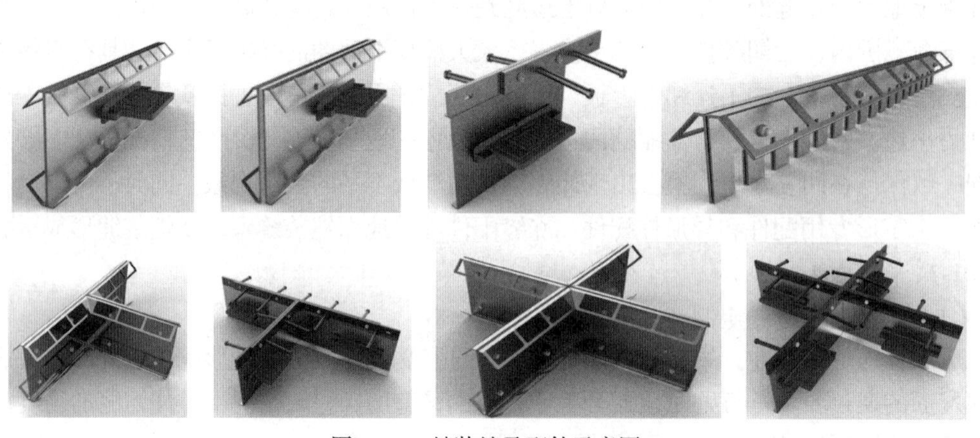

图 5.1-5　铠装缝及配件示意图

（2）地面伸缩缝安装

伸缩缝的位置应根据施工前伸缩缝深化设计图从交叉连接件或者墙、柱边依次进行安装，严格控制其平面位置及标高，确保地面成型厚度、平整度和地面伸缩缝整体通顺（图 5.1-6）。

①安装前应在混凝土垫层上弹出控制线，控制线经验收符合整体伸缩缝布置要求后方可施工；如果地面垫层为松散材料可在参照物上标记伸缩缝位置，验收校准后，用经纬仪或红外线直线仪照射安装。安装高度随时用水准仪配合使用水平尺调整。

②伸缩缝安装前，须按要求在柱、墙位置粘贴 20mm 厚高强度挤塑板，确保地面在变形时自由伸缩，并减少应力集中。

③安装时宜先安装交叉连接件和墙柱边缘伸缩缝，进行伸缩缝定位。定位完成应对其平面位置、标高进行校核，符合要求后接长伸缩缝，并临时固定，直至形成符合设计要求的伸缩缝网格。完成后应进行整体平面位置、标高的再次复核，然后进行加固。

④成品伸缩缝标准长度为 3m，接长时，宜将伸缩缝两片搓搭接，在搭接处使用定位弹簧开口销、易断塑料螺栓和螺母进行固定连接。如平口对接，应在变形中部焊接短钢筋连接，保证接槎平顺。伸缩缝非标准段切割不得采用电气焊切割，切口应平整，连接位置顶部扁钢不能相互接触，应该预留 1～2mm 的间隙，以便能够容许连接件纵向伸缩移动。

⑤伸缩缝既是地面永久留缝，又作为混凝土施工缝模板，加固可用直径 12～16mm 钢筋三角支撑，下部打入基层，顶部与伸缩缝焊接，间距根据混凝土厚度不同进行选择，一般可控制在 500～800mm。平接头位置两层不大于 100mm，应各设一道三角支撑加固。保证伸缩缝在混凝土在浇筑及面层施工过程中有足够的刚度，而不产生变形、位移和下沉。有保温层的地面，可采用混凝土垫块临时固定，复核其顺直度、垂直度及接槎平整度后用现浇混凝土抹成“八”字固定。

⑥伸缩缝安装完成后，用两层密目钢丝网将伸缩缝侧面缝隙堵严，防止混凝土漏浆。

图 5.1-6　伸缩缝安装示意图

（3）浇筑混凝土

地面混凝土浇筑前应检查伸缩缝位置、刚度和稳定性。钢筋保护层应符合设计要求，上部抗裂钢筋保护层宜为 25mm，同时检查所有钢筋绑丝头应朝下，防止混凝土浇筑完成后，铅丝漏出面层，形成锈点。

浇筑时要特别确保传力板周围和鞘套周围的振捣密实，所有传力板和鞘套周围都要十分仔细地进行振捣，以防止出现蜂窝现象。混凝土浇筑过程中应随时检查伸缩缝的状态，如发现位移或沉降随时修复。混凝土要浇筑到与棱角保护扁钢的上表面齐平，浇筑时要特别确保传力板周围和鞘套周围的振捣密实。地面施工完成应及时清理铠装缝表面的浮浆。

3）施工缝定型模板施工施工技术

施工缝定型模板为现场制作的可周转的钢制模板，适用于切缝施工中的施工缝（分仓缝）。对于无缝施工地面的施工缝（分仓缝），当采用一次成型的结构板与耐磨地面工艺时，施工缝的留置应符合《混凝土结构工程施工规范》GB 50666—2023 的要求。

定型模板由顶部角钢、调整螺杆、钢板条组成。角钢可采用 L30mm × 20mm × 3mm 不等边角钢，高度一般不大于钢筋保护层的厚度。调整螺杆直径宜为 12mm，长度应大于或等于混凝土结构层的厚度。模板制作时，整体高度可小于混凝土厚度 1～2mm，钢板间隙稍大于钢筋外轮廓尺寸，便于调整高度和拆装（图 5.1-7）。

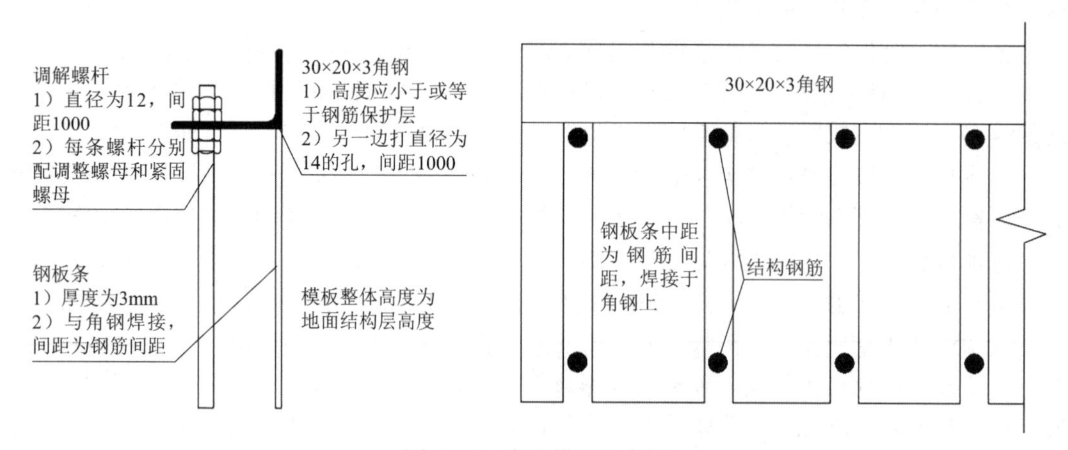


图 5.1-7　定型模板示意图

模板安装应安装在深化设计要求位置以外 2～5mm，首先在施工缝位置绑扎一层密目钢丝网，然后安装定型模板。定型模板利用调解螺杆调平后，螺杆应顶紧模板或基层，进行加固，加固后要检查其抵抗侧向位移和施工机械运行对模板的垂直荷载引起的垂直变形的能力。

耐磨地面施工完成 24h 后，确保混凝土在拆模过程中不破坏耐磨地面的边角，方可拆除。拆除后按照地面分缝位置弹线，并用地面切割机进行切缝找直，切割深度以不损伤结构钢筋为准。

5.1.3.5　无缝地面施工技术

由于厂房功能不同，部分厂房大型耐磨地面要求无缝施工，菜鸟中国智能骨干网（廊坊·固安）智慧仓储厂房项目二层楼面采用结构层——耐磨层一体化无缝施工技术，整体工艺流程的设计原则为“抗”“放”结合的原则。

（1）无缝施工地面应跳仓施工，分仓间距应经计算确定。相邻两块地面浇筑时间不宜少于 7d，一方面减少了成型地面因混凝土温度收缩造成的开裂；另一方面，防止在新浇混凝土及耐磨地面施工时，成型地面接槎位置产生磕楞掉边现象及表层划痕现象。

（2）对于超长超宽的无缝地面，地面结构层设置膨胀加强带，可有效控制温度变形裂缝，一般 30～60m 设置一道，膨胀加强带的位置、宽度、构造加强钢筋的配置、膨胀混凝土的限制膨胀率应由设计确定。长度、宽度小于等于 120m 的可用连续式膨胀加强带，长度、宽度大于 120m 的可采用间歇式膨胀加强带，施工缝（分仓缝）设置在膨胀加强带的一侧。膨胀加强带的构造及混凝土浇筑顺序如图 5.1-8、图 5.1-9 所示。

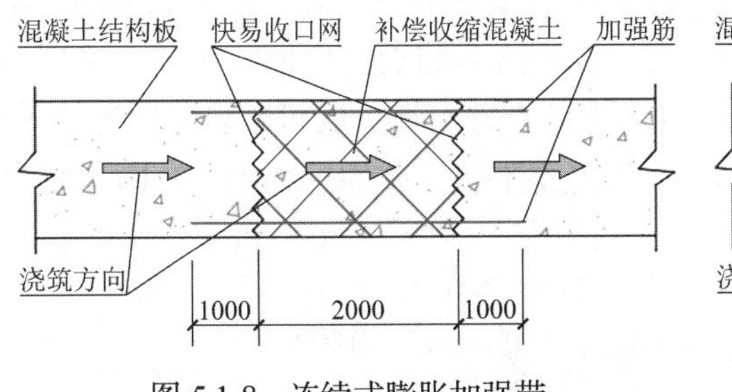


图 5.1-8　连续式膨胀加强带

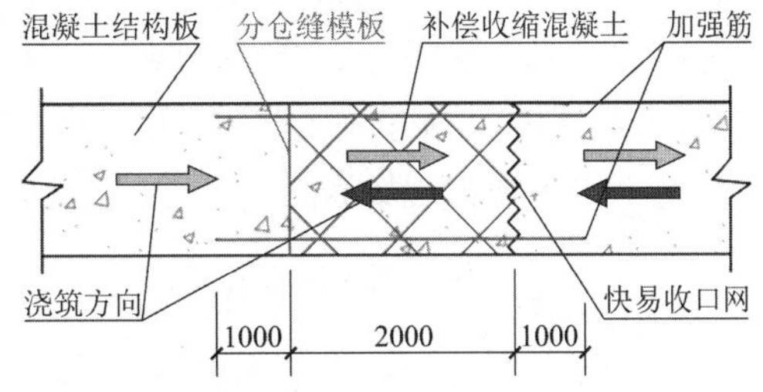


图 5.1-9　间歇式膨胀加强带

膨胀加强带混凝土施工时应在混凝土初凝前依次完成浇筑和找平，膨胀混凝土和普通混凝土应进行有效拦截，防止普通混凝土浇筑到膨胀混凝土区域。间歇式膨胀加强带一侧施工缝应支设模板，混凝土浇筑的间歇周期应满足跳仓施工的要求。

（3）为减小基层（垫层）对地面结构层和耐磨层的约束，在结构层施工前应在基层（垫层）铺设 PE 膜或其他隔离层，防止因基层约束应力大于混凝土抗拉强度而产生混凝土裂缝。

5.1.3.6　结构层混凝土施工

1）施工准备

地面混凝土施工前应对浇筑条件进行全面检查。①首层地面垫层、多层厂房楼面结构板与耐磨层一体化施工的楼面模板标高、平整度应满足要求，保证耐磨地面结构层厚度。②多层厂房模板支撑体系设计应充分考虑机械施工的荷载（整平机具应按实际计算），保证其强度、刚度和稳定性，防止现浇楼板不均匀下沉。同时支撑体系基础应设置混凝土垫层上，基土承载力应满足承载能力要求。③配筋地面上下层钢筋的保护层应符合设计要求，尤其是梁板结构的核心区位置和梁交叉节点，钢筋绑扎应采取技术措施，保证上部钢筋保护层厚度，防止保护层过大或过小造成的混凝土开裂。同时，所有钢筋绑丝的毛刺应向下，防止耐磨层完成后漏出锈蚀，影响耐磨地面观感。④预埋件的位置要准确，标高和平整度与耐磨地面平整度的要求相符。

2）施工缝处理

无缝施工的跳仓缝（施工缝）在新版块混凝土浇筑时在施工缝处用云石机切直，切割深度应小于绑紧保护层厚度。混凝土结合面应足够粗糙，并清除表面浮浆、石子和低强度混凝土，新浇混凝土浇筑前应洒水湿润并涂刷水泥浆 3～5mm。后切缝施工的耐磨地面应在施工缝切直后，粘贴一层与后切缝宽度一致的海绵条，保证切缝整体通顺，协调统一。

3）结构板混凝土激光整平

混凝土浇筑顺序从一侧向另一侧水平推进，顺序摊铺施工，摊铺整平工作面保持规整，保证耐磨层施工的工作面。混凝土浇筑先浇梁及梁柱核心区，振捣密实后浇筑结构板混凝土，结构板混凝土进行粗平后并振捣密实，粗平标高控制在高于设计标高 20mm 左右。然后用带振捣功能激光整平机振捣整平，激光整平机既能对混凝土结构层补充振捣，提高混凝土的密实性，减少内部微裂缝，又能保证整体结构层平整度控制在 2m 靠尺 2mm 以内，全长高低差可控制在 10mm 以内。

激光整平机由激光发射器、数据处理系统、激光接收器、整平动力系统四部分组成。激光发射器连续转动，在空间形成水平激光平面。激光整平机上的激光接收器在收到激光信号后，将数据传达到数据处理系统，数据处理系统再发送信号到激光整平机上的电动推杆，进而使激光整平机上的布料螺旋、刮板、振捣器对标高进行实时调整工作，确保楼地面的水平度。当前市场上有轮式小型激光整平机、履带式激光整平机和伸缩臂激光整平机，在实际施工中可根据现场条件选用不同的机型。激光整平机工作原理如图 5.1-10。

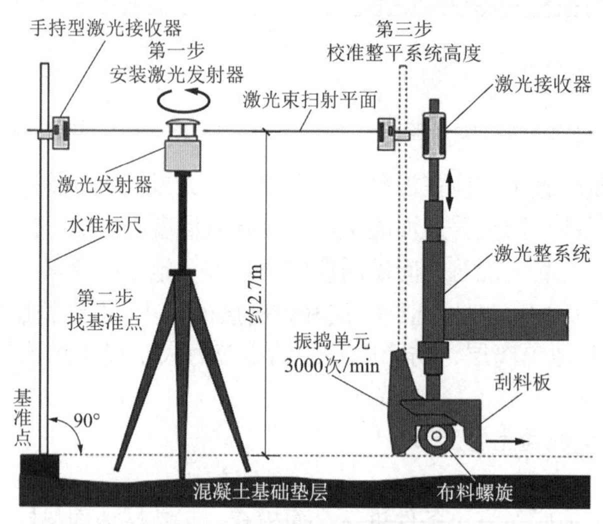

图 5.1-10 激光整平原理图

（1）配筋结构层在混凝土浇筑时，根据整平机的类型选择不同的钢筋保护形式，对于较细的双层网片宜选用伸缩臂式激光整平机，混凝土浇筑前应铺设马道。对于较粗较密（一般指钢筋直径大于 12mm，间距小于 200mm）的双层钢筋配置的结构板，可选用小型激光整平机，钢筋绑扎时加密通长马镫的设置，确保在混凝土激光整平机使用过程双层钢筋不变形、不移位以保证保护层厚度。一般马镫间距不大于 500mm，并在现场进行试验确定（图 5.1-11）。

图 5.1-11 整平机铺设马道示意图

（2）混凝土浇筑前，进行激光整平机设备的安装与调试。激光发射器一般架设在非施工区域，保证激光发射不受遮挡，使得施工区域能顺利接收激光，同时避免施工过程中碰撞、震动引起的误差。基准水准点投测后，导入到激光整平机中，使激光发射器、水准点、激光整平机相对应。

（3）激光整平机整平既是整平过程，又是二次振捣过程，能增加混凝土的密实度，减少裂缝。整平过程中，混凝土面应略高于控制标高，便于激光整平机刮平。刮平过程中，配备人工在整平头处视情况进行减料或补料工作，确保楼地面平整度。对于激光整平仪不能覆盖的墙柱角等特殊部位，应采用不小于 2m 长的刮杠进行人工整平、压实。

（4）为防止出现冷缝，混凝土输送应尽量保证连续、均匀，中间尽量减少停顿和间隔。混凝土浇筑工程中，严禁在混凝土罐车内或浇筑过程中加水。

4）耐磨面层施工

耐磨面层施工是保证地面耐久性和整体美观的关键，施工过程中应保证耐磨骨料的撒布时机、撒布厚度、均匀程度和研磨要求。

（1）混凝土结构层表面提浆

混凝土结构层表面提浆前应用刮杠刮除混凝土表面多余浮浆，尤其是局部泌水积水部位，应清除泌水和浮浆，并进行找平。然后进行提浆作业。提浆作业是耐磨骨料施工的第一步，是耐磨硬化剂材料与混凝土结构层完整结合的基础，也是进一步进行结构层整平、去除局部平整度缺陷的要求。

结构层表面提浆应在混凝土初凝前后，一般上人踩有 1cm 左右脚印时为最佳时机。提浆时需考虑温度和天气，遇高温或空气流动较快时会加速混凝土的凝固，此时应掌握提浆的时间。同时，应注意初凝期的变化，有时混凝土表面的浆料看似没有到初凝期，实际上面层以下的部分已开始固化，而等到面层浆料初凝后再施工已晚，会造成脱层现象。提浆过程中若出现有较大的骨料（石块）浮在表面应拣出，并修补平整。

（2）耐磨骨料撒布

提浆过程中，应随时观察混凝土的状态，把握时机进行耐磨骨料的撒布，当人行走在上面留下足印为 5mm 左右深，表面水分基本蒸发，但仍保持湿润状态时，即可撒料。

耐磨骨料的撒布一般分两次撒布至设计厚度，第一次用料为撒布量是全部用量的 2/3，同时由于模板、墙柱等边角和通风较好的部位混凝土水分消失较快，宜优先撒布施工。耐磨骨料应均匀撒布在混凝土表面（不均匀处用刮板刮匀），待材料吸收混凝土中的水分、表面出现返潮颜色变灰暗后，即开始第一次抹平。采用装圆盘的抹光机碾磨分散，使其与基层混凝土浆结合在一起，注意不要搓抹过度。然后进行第二次撒布，第二次撒布方向应与第一次垂直，撒布量为全部用量的 1/3。撒布后应抹平、抹光。

抹光机作业时应纵横交错进行，运转速度及镘磨角度需根据混凝土地面硬化情况作出一定的调整，直至表面收光为止。

耐磨骨料撒布优先采用机械撒布，也可自制刮平工具，人工撒布，保证耐磨骨料撒布时厚度均匀且符合设计要求。菜鸟中国智能骨干网（廊坊·固安）智慧仓储厂房地面采用自制刮平工具，效果良好。

自制刮平工具由两根双拼 L30 角钢组成轨道，安放在提浆完成面上，人工撒布耐磨骨料后，用刮平板刮平。刮平板由前置 L25 角钢粗平板和后置高度为 27mm × 3mm 钢板精平板组成，两人操作，经两次刮平既保证了耐磨骨料的厚度，又保证了耐磨面层的平整度。过程中耐磨骨料不足的地方应进行补料（图 5.1-12、图 5.1-13）。

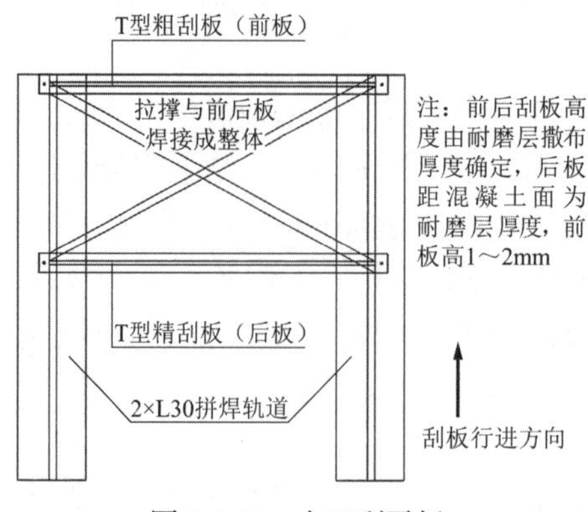

图 5.1-12　人工刮平板

图 5.1-13　机械撒布

（3）研磨抛光

耐磨骨料充分吸收水分后，使用圆盘机镘抹施工，镘抹施工方向应纵横交叉，并且运转的速度可根据混凝土硬化的情况调整。为了保证平整度，同时使用铝合金刮尺检查平整度，如果发现问题，及时修复。

当混凝土上表面具有足够强度后，进行地面抹光作业，抹光次数且在墙边、柱边和门洞口边等位置人工使用铁抹子收光。地面第一次磨光施工后，及时调整机械下侧抹片角度，进行精细研磨作业，当混凝土表面光亮时停止施工。混凝土表面精细研磨施工后的表面应无色差且致密。

机械圆盘抹压完成后，卸掉圆盘，用抹光机叶片对耐磨面层进行收光，根据表面强度上升情况不断调整叶片角度，纵横交叉收光，直至表面光洁、致密、色泽均匀为止。

在研磨收光过程中，应注意模板边、墙柱边、跳仓缝接槎等位置的研磨收光。模板边和跳仓缝新老混凝土接槎部位，由于新施工地面硬度小于模板和老混凝土，在收光时，首先要清除残留在模板顶或老地面上的砂浆等杂物，收光时抹子应放平，并在老混凝土面长度不小于抹子长度的 1/3，对于凸出部位及时清除，并修补局部凹陷，保证接槎部位平整。墙柱边抹压时，抹子应顶紧墙柱边，刮除多余砂浆后压光。

5）地面养护

为防止其表面水分急剧蒸发，表面抹光完成后 2～3h 即可进行养护，由专人负责，终凝后养护时间不得短于 14d，养护期间禁止上任何重荷载。

（1）当平均气温连续 5d 大于 5℃时，采取一层薄膜 + 土工织物 + 洒水养护的养护方式进行养护，并根据气温变化及时调整洒水频率。

（2）当平均气温连续 5d 小于 5℃或最低气温低于−3℃时，采取薄膜 + 土工织物 + 2 层棉毡覆盖养护方式。

（3）如遇耐磨地面在施工时围护结构未进行封闭，地面施工应采用临时防风措施，防止表面水分急剧流失。

6）地面分格缝及分格缝处理

大型耐磨地面分格缝在地面成型后采用切割机后切形成，和分仓缝（施工缝）、地面涨缝、铠装缝等共同组成地面分缝系统，用于减少大型地面有害裂缝的发生。分格缝的设置需进行深化设计，保证地面分格的整体美观协调和实用。面层分格缝应与垫层分格缝（施工缝对应，垫层分格缝留置应满足《建筑地面工程施工质量验收规范》GB 50209—2019 的要求，且与面层分格缝设计一致），分格缝切割时间根据混凝土强度确定，一般控制在 3d 内完成，切缝间距 3～6mm，深度 50mm 或不小于 1/4 地面厚度。

分格缝按柱网沿纵横轴方向设置，轴线位置、1/2 轴距部位、地梁中线位置、地面厚度变化位置或两侧（如排水沟、上表面标高与地面一致的设备基础位置）、地面平面凹凸变化位置等均应设置分格缝，间距控制在小于等于 4m 为宜；柱四周、凸出地面的设备基础四角在 45°角方向设置，并其他分格缝连通。同时，柱、墙、凸出的设备基础四周应设置不 20mm 的涨缝（图 5.1-14）。

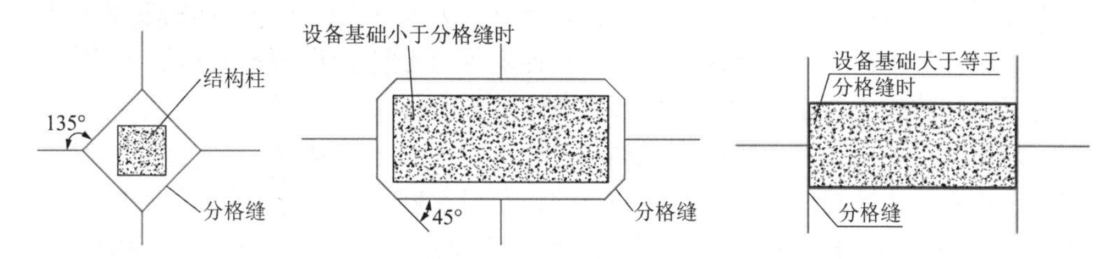


图 5.1-14　柱边及设备基础边分缝示意图

一般情况下，切缝时间越早越好，但若太早，因混凝土强度不足，切出的缝易产生毛边，带出石子等，影响使用寿命及美观。若切得太晚则会增大施工难度且影响进度，同时增加切割片的消耗量。为此，可根据施工现场可根据“经验 + 现场气温 + 混凝土配比”综合判断，也可用参照成熟度法计算强度，强度达到 25%即可进行切割。一般温度下，混凝土地面施工完成后 2～3d 便可进行切缝。相关案例表明，昼夜平均温度 10℃时，切缝时间为 4d，平均温度每增加 5℃，切缝时间减少 1d，平均温度大于 30°时，浇筑完成 12h 内即可切缝。当加掺外加剂时，可依据外加剂的特性、用量等增减切缝时间。

分格缝切割前在设计位置弹线标识，切缝时由于处于初期养护阶段，地面水量较大，同时切割降温用水容易遮挡标识线，用激光多线仪标识切割，可保证切缝位置准确。切出的泥浆随时用吸尘器吸走（图 5.1-15）。

地面分格缝施工完成干燥后，按设计要求嵌缝，可用聚氨酯地坪专用灌缝胶填充，也可用耐候胶嵌缝，嵌缝前应在缝的两侧粘上美纹纸，以免污染地面。

图 5.1-15　激光多线仪标识切割示意

## 5.1.4　结果状态

通过上述的相关措施，大型地面成型效果良好，大大减少了裂缝的产生。

（1）通过激光整平机整平、人工修正和多次磨光机提浆修整，地面 3mm/2m 平整度合格率达 100%，2mm/2m 平整度合格率 90%以上，满足智能设备运行要求。

（2）通过对耐磨骨料撒布的控制，耐磨层厚度均匀，地面颜色一致，整体观感效果良好。

（3）通过综合利用铠装缝、分仓缝、分格缝、涨缝的设置和控制分格缝施工时间，有效地减少了地面有害裂缝的发生。

（4）地面结构层与耐磨面层一体化施工，有效的保证了耐磨层和结构的粘结强度，保证了地面的耐久性。

（5）通过各种措施的综合使用，实现了机械化施工，降低了施工成本。同时地面结构层与耐磨面层一体化施工减少了混凝土用量，有效降低了工程成本。

### 5.1.5 问题和建议

#### 5.1.5.1 主要存在问题

（1）小型激光整平机多为轮式，在配筋混凝土地面施工时，由于轮胎集中荷载，直接在钢筋网上运行，容易破坏钢筋的成型质量，导致保护层过大或过小引起的混凝土开裂，或影响结构板的有效高度而影响结构承载力。伸缩臂激光整平机一般体型较大，用于多层结构板施工整平将增大施工荷载，对模板支撑体系影响较大。

（2）混凝土的初凝和终凝在施工现场一般均由“经验”判定，结构混凝土与耐磨层一体化施工受操作工人的经验和施工气候的影响，在很大程度上影响地面的成型质量。

（3）对于结构板与耐磨地面一体化施工的工程，由于工程后续仍有较大的施工工作量，成型地面的成品保护任务量大。

（4）大型耐磨地面施工过程中，如遇围护结构未完善，地面施工过程中受风力影响大，地面失水快，容易产生地面干缩裂缝。

#### 5.1.5.2 建议

（1）研制和使用带伸缩臂的小型激光整平机，配套使用轻型、高强、可周转的马道，加强施工过程中钢筋的成品保护，提高施工功效。

（2）现场使用便携式的混凝土初凝、终凝测定仪器，科学掌握地面成型过程中各施工节点，保证地面成型质量。

（3）继续优化混凝土配比及地面施工工艺，进一步减少地面裂缝的发生。

## 5.2 大面积石材地面施工创新

### 5.2.1 案例背景

石材是最早被人们发现和利用的天然材料之一，石材具有结构致密，抗压强度高、耐磨、耐久的性能。随着中国现代建筑的发展，建筑物的装饰水平越来越高，大面积石材广泛应用于大型地面、广场等公共场所，由于材质的参差不齐，控制源头质量成为重点控制的工序和关键过程。尤其是大面积石材的整体平整度及顺直度等，仍有技术创新的空间和提升空间。大量工程实践证明，针对大面积石材地面铺贴中的细部做法和精细化管理，达到美观、坚固、耐用的目标，这些都是用户的关注点。控制好整体铺贴质量，从某种程度上是项目管理、施工人员技术水平的体现，能够反映出项目工程的综合质量水平。

因大块石材质地坚硬、加工困难、自重大、开采和运输等较为不方便，且大面积石材地面具有不同的线性延伸率，当室外温度变化时，容易引起大面积石材的开裂、空鼓、翘曲甚至变形，这些典型问题直接影响到使用功能，造成用户的满意度下降，针对这类问题的严重性应提起足够的重视，查找原因，对其进行详细的事先策划、预控，是解决问题的关键和着眼点。

大面积石材地面施工创新技术，对石材地面的原材进场把关、测量控制、平整度、对齐度、接缝顺直度、拱面控制和裂缝、细部节点处理等方面进行了技术创新，在工程应用中质量控制效果较好，取得了明显的经济效益和社会效益。

## 5.2.2　事件过程分析描述

### 5.2.2.1　项目概况

项目名称：河北工程大学体育馆项目室外铺装工程。

项目地点：赵王大街以东、规划路以南、毛遂大街以西、太极路以北。

项目概况：总建筑面积 71202m$^2$，其中地下建筑面积 11726m$^2$（含人防工程 7967m$^2$），地上建筑面积 59476m$^2$，建筑主体南侧 7 层、北侧（裙房）5 层，地下一层，主楼 34.40m，裙房 23.90m（室外地坪至屋面结构标高）。

建筑层数：主楼主体地上七层，局部地下一层，裙房主体地上五层。

建筑层高：地下一层层高 5.55m，首层 4.4m，二层 5.6m、三层 4.8m，四层 4.8m，五层南楼 4.8m、北楼 3.85m，六层 4.8m，七层 4.75m。

建筑高度：主楼 34.4m、裙房 23.90m（室外地坪至屋面结构标高）。

室外广场硬化部位花岗岩铺装 47981m$^2$，广场砖铺装 10100m$^2$，整个广场硬化面积近 60000m$^2$。铺装工作量较大，涉及铺装石材的品种规格较多，设计的颜色有深灰、浅芝麻灰、芝麻灰、芝麻黑、杂黄及中国黑，表面效果有烧毛面、荔枝面、自然面、手打面和机制拉丝面，设计的规格有 300mm × 300mm、300mm × 600mm、600mm × 600mm、600mm × 900mm 及圆弧形石材。

### 5.2.2.2　石材地面设计说明

（1）50mm 厚石材（车行）铺装做法

50mm 厚石材 + 30mm 厚 1：3 水泥砂浆结合层 + 200mm 厚 C20 混凝土垫层 + 300mm 厚级配碎石，压实度 > 95% + 素土夯实（夯实系数 ≥ 93%）（图 5.2-1）。

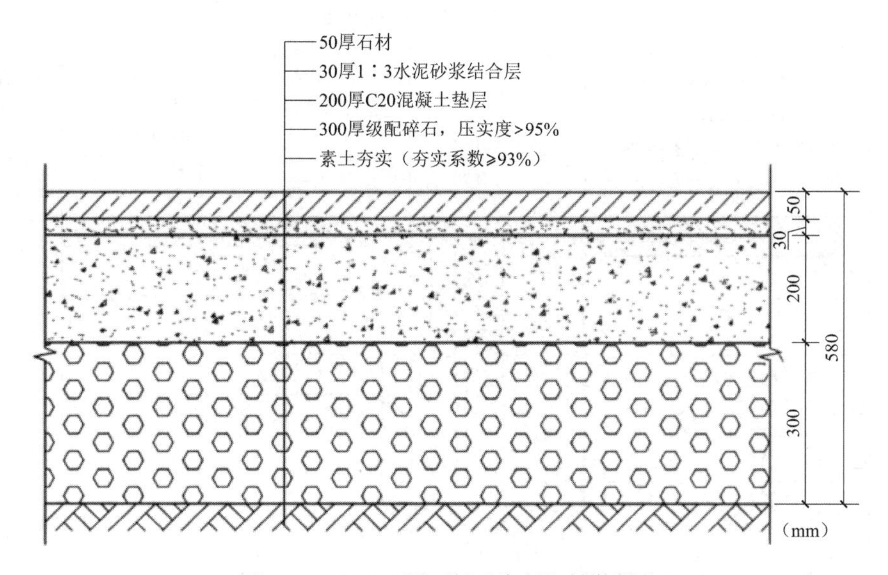


图 5.2-1　50mm 厚石材（车行）铺装做法

（2）50mm 厚石材（车行）+ 平道牙 + 绿地做法

50mm 厚石材铺装做法：50mm 厚花岗石面层 + 30mm 厚 1∶3 水泥砂浆结合层 + 200mm 厚 C20 混凝土垫层 + 300mm 厚级配碎石，压实度 > 95% + 素土夯实，夯实系数 ≥ 0.93。

平道牙石做法：1000mm × 150mm × 200mm 高芝麻灰机切面花岗石平道牙 + 30mm 厚 1∶3 水泥砂浆结合层 + 100mm 厚 C20 混凝土垫层（图 5.2-2）。

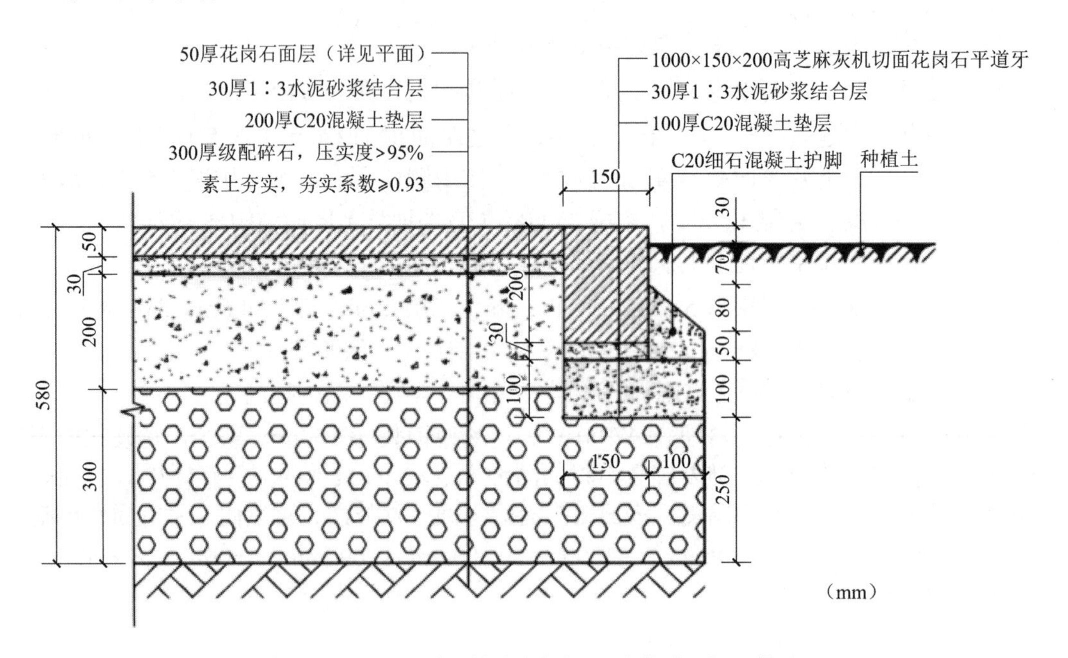


图 5.2-2　50mm 厚石材（车行）+ 平道牙 + 绿地做法

（3）50mm 厚石材（车行）+ 平道牙 + 30mm 厚石材（人行）做法（图 5.2-3）

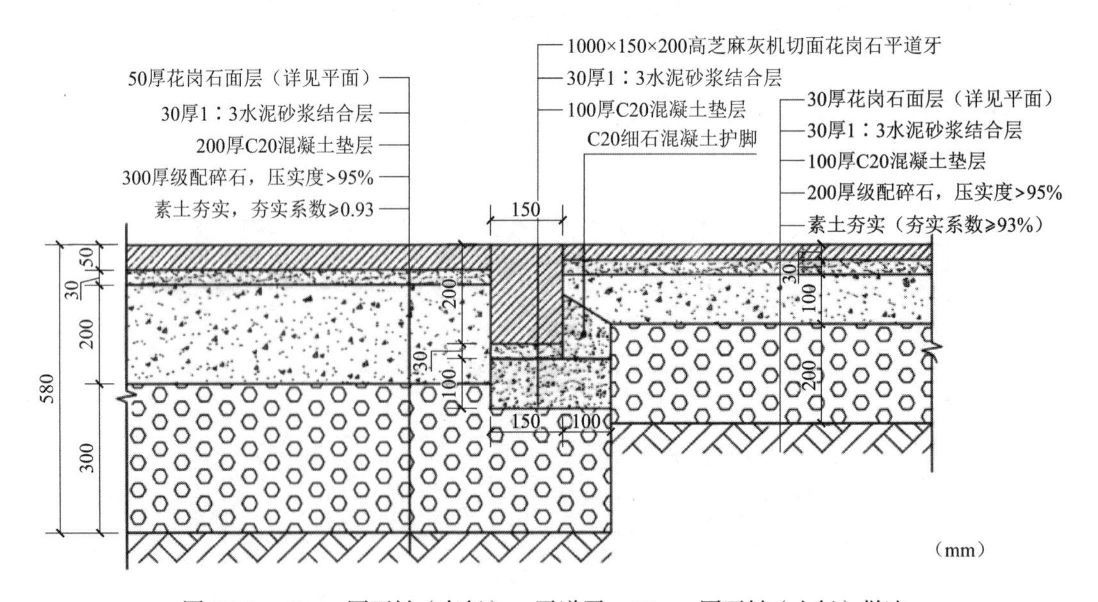


图 5.2-3　50mm 厚石材（车行）+ 平道牙 + 30mm 厚石材（人行）做法

（4）异形石材铺贴（图 5.2-4）

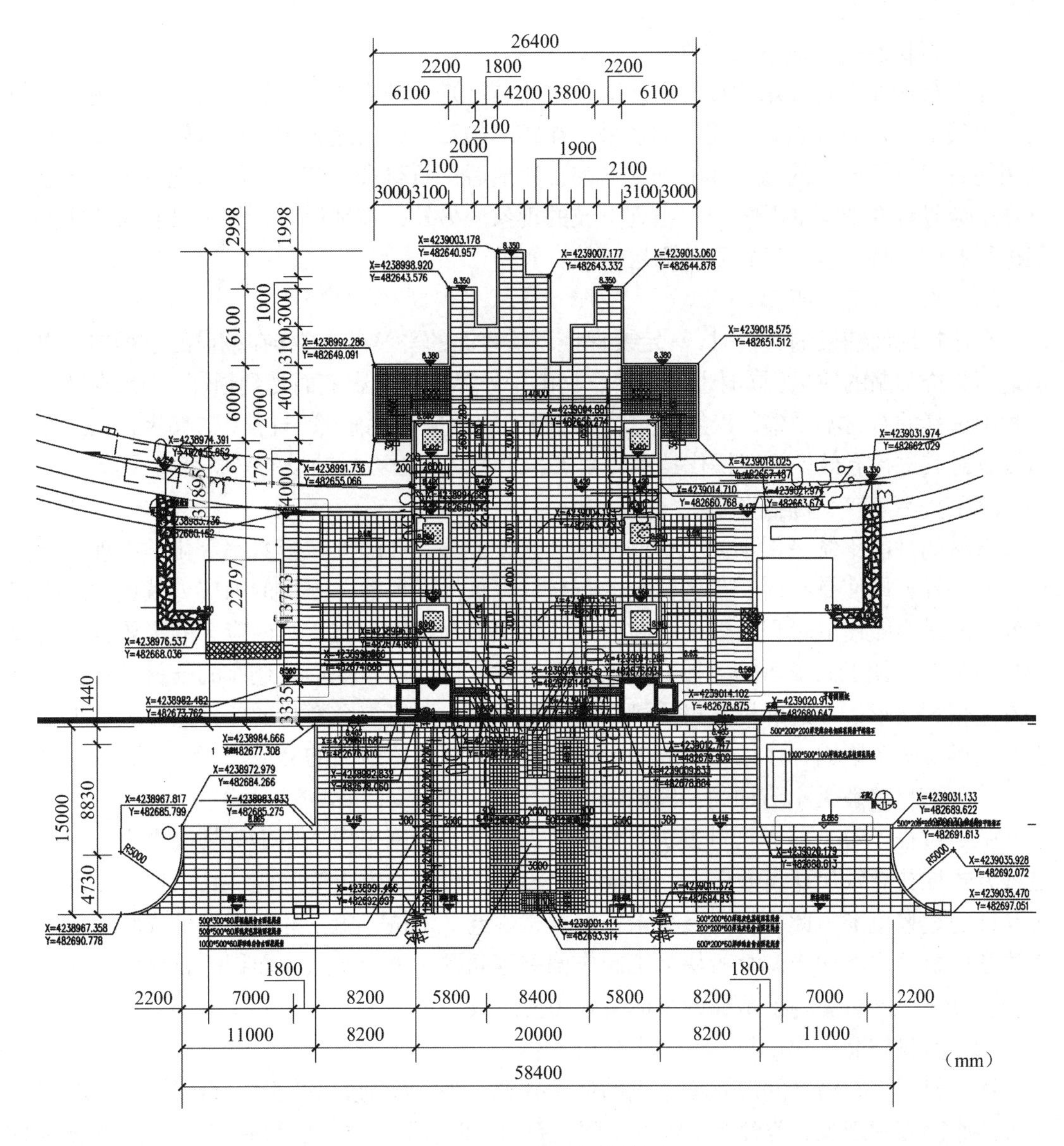


图 5.2-4　异形石材铺贴图

5.2.2.3　本工程的重点、难点

（1）标高、轴线的准确性难以控制

标高、轴线的测量是整个工程施工的先导性工作和基础性工作，它贯穿施工的全过程，直接关系到地面铺装的速度和工程质量。本工程广场占地面积大，石材铺贴的面积大，而且石材铺贴造型较多。由于放线错误造成的位置错误，不能满足使用功能的现象，屡见不鲜，因此标高、轴线的准确性是保证工程质量至关重要的一环。

（2）大面积铺装，石材色差大

本工程石材铺装的种类多，在进行石材铺设时，最重要的一点就是整体简洁、美观。而在进行铺设时，往往会出现色泽深浅不一的现象，出现这种现象的原因主要与石材自身的质量有关。由于石材采购时未能一次性完成选料进场，导致后续需进行二次采购，从而造成石材色差较大。

（3）石材面层出现空鼓现象

在进行地面石材铺贴的过程中，对石材的清洗是非常重要的，这样可以保证施工材料的干净整洁，避免灰尘影响铺设的效果。在实际的石材铺设过程中，许多施工人员没有对使用的石材进行充分的湿润和清理，在铺设完成后，石材会与灰尘之间出现隔离的现象，这样就会导致在地面的石材面层出现空鼓的现象。另外，在铺设时，如果没有对地面的基层进行有效清理，也会导致石材面层空鼓。

（4）石材表面不平整

在选择地面铺设的石材时，一定要保证石材表面的平整度，这样在铺设的过程中可以保证地面装饰铺贴的质量，同时也避免了石材由于外界因素的影响而受到损坏。如果在铺设的过程中选择的石材不平整，就会严重影响到施工的质量。在铺设的过程中，如果相关工作人员没有对其进行有效保护或操作技术失误等，也会对地面石材铺设的平整度造成影响。

（5）接缝不平，高低差过大

石材的性能不统一，不同品种的石材其化学成分、孔隙度、吸水率等化学物理性能有很大的差异，即使是在同一矿区开采的石材，埋藏深度愈深，石材的内应力就愈大。内应力的释放是很缓慢的过程，如果石材开采后很快被加工成板材，则内应力的释放也会引起板材的变形。加工完毕后的大板材在堆放和运输中也会产生变形。还有的石材品种受潮后会发生较大变形，如芝麻黑石材受潮后会变形拱起。所以综合石材的各种差异、吸水受潮引起变形等诸多原因，往往在接缝处形成棱边，影响整体地面的美观。

（6）石材缝隙大小不均匀，纵横缝不顺直

施工过程中对于异形石材板块的处理尤为关键。在施工现场用手提切割机进行加工，这种方式往往导致尺寸偏差较大、板面凹凸不平、板角不方正等问题，且板块尺寸常常超过允许的偏差范围。此外，对石材未作检查、挑选、试拼，施工标线不准确或间隔过大，无法利用板缝宽度适当调整板块加工制作偏差等问题，也会导致大面积的石材地面板缝累积偏差过大，严重影响了地面的整体美观和使用效果。

（7）石材翘曲、起拱

铺石材时，石材之间应预留适当的伸缩缝隙，当温度剧烈变化时，石材、水泥层都会出现热胀冷缩的现象，若没有足够的空间让石材“伸展”，石材就容易拱起，甚至严重时会出现开裂的现象。如果地基未处理好，土中水的冻结和冰体（特别是凸镜状冰体）的增长引起土体膨胀，地表不均匀隆起，造成石材地面面层起拱。

（8）石材表面返碱

天然石材结晶相对较粗，存在许多肉眼看不到的毛细孔，传统的水泥砂浆黏结材料产生碱、盐等成分物质，主要是析出 $Ca(OH)_2$（氢氧化钙）并跟随多余的拌合水，沿石材的毛细孔游离入侵板块，拌合水越多，移动到砂浆表面的 $Ca(OH)_2$ 就越多，水分蒸发后，$Ca(OH)_2$ 就存积在板块里，产生“返碱”现象。返碱现象会导致石材表面光泽暗淡，且长年不褪，影响外观效果。

在进行大面积石材地面铺贴的过程中，对石材地面原材料的控制及铺贴石材的工艺选择是非常重要的。在进行铺设之前一定要做好准备工作，施工过程中选择大面积石材地面施工创新技术来防止石材铺贴的平整度不高、空鼓、起拱、开裂等质量通病，很好地解决了大面积铺贴的难题，保证了地面石材铺设的质量。

### 5.2.3 关键措施及实施

#### 5.2.3.1 工艺原理

采用 BIM 技术对施工图纸细化石材布置的方式，确定不同各区域石材的尺寸大小，通过现场预拼编号控制各区域色差，清理基层地面后，采用干硬性水泥砂浆进行找平层施工，通过测量控制找平层标高，现场选取石材进行试排后进行编号，对石材涂刷保护液，抹高分子益胶泥结合层后，进行粘贴。

#### 5.2.3.2 施工工艺流程

工艺流程：按区域平面、高程测定广场控制中心线及高程→依据图纸设计计算地面石材的规格尺寸→绘制不同图案的铺筑平面布置图→工厂加工→地面基层→测定广场地面方格网线→弹铺装控制点线→大面积石材铺贴→检查验收。

#### 5.2.3.3 操作要点

1）测量放线控制网建立

本工程通过对 GPS-RTK 和全站仪的联合应用，可以有效解决单独一种测量方式的局限性，实现双方的优势互补，有效提升测量的准确性及效率，能够在快速实时测量的同时得到高精度数据，提升工作效率，缩短工作时间，提高工作质量。

（1）求取地方坐标转换参数合理选择控制：图纸中已知的河北省 2000 坐标系以及高程的公共点，求解转换参数，为 RTK 动态测量作好准备。选择转换参数时要选测区四周及中心的控制点，均匀分布，选 3 个以上的点，利用最小二乘法求解转换参数。

（2）基准站选定：在广场石材铺贴范围内设立一个基准点（相近的测区可只设一个），基准点应远离建筑物，并不易被破坏，高度角在 15°以上开阔，无大型遮挡物；无电磁波干扰（200m 内没有微波站、雷达站、手机信号站等，50m 内无高压线）位置比较高。在基准点上架设基准站接收机，对中、整平，连接好 GPS 各连接线。开机后将测量手簿与主机连接。在手簿上建立相应项目名称，设置 RTK 工作的各项参数（项目名、坐标系、投影参数等）。选择主机的工作模式为基准站，添加点名，输入基准站仪器号，采集当前 GPS 单点定位解作为架设基准站的坐标，保存记录。在手簿的导航视图下方，解类型出现“固定坐标”字样，且基准站电台“收/发”每秒一次，则基准站设置成功。断开手簿与主机的连接，在手簿上选择控制点坐标库，添加控制点，输入点名、类型、查看格式、点坐标、高程。求转换参数必须均匀分布在测区范围内的两个或两个以上的已知点。控制点越多，所求得的转换参数可运用的范围越大。

（3）石材铺贴坐标放样：石材铺贴施工过程中需要对石材铺贴部位、地面造型、广场道路等多部位进行坐标、高程的放样，利用 GPS 技术进行场地坐标放样前先在室内通过电脑将所需放样的点名、纵横坐标输入测量手簿中的放样记录点库中，并设点库文件名保存。施工放样时，中直线上每 30m 一个点，曲线上每 5m 一个点，先设置好基准站，将测量手簿与移动站连接，选择点放样工作模式，从放样点库文件夹中找到需放样的点名，选中放样点，这时测量手簿上会根据移动站目前位置及放样点位坐标实时给出需要移动方向及距离，并在导航视图上显示，移动移动站，直至手簿显示的偏移量在允许范围内定点。在离放样点小于 5cm 时，需要多移动测站几次，观测时间稍长一点，等手簿显示稳定后再定点。

测量时，通过移动站对各个测点进行取点采样，测量手簿会自动将采样点坐标记录到点库文件中的记录点库中，设立点库文件名保存。采集完所有数据后，在测量手簿上进行测量成果导出。采集的碎部点坐标以 BLH 格式的文本格式导出。将导出的文件保存在同一项目中的导出文件夹中，将手簿与电脑连接，复制导出文件到电脑中，使用相应的电子成图软件打开导出文件，并进行相应点间连线、地物标注和文字标注等工作。

（4）在 GPS-RTK 定测过后，再使用全站仪进行放样，放样点的方向确定好后，照准部水平方向制动。观测者指挥立镜者在全站仪视线方向移动，当移动到适当的位置时，dHR 为零，将棱镜竖立垂直进行观测，dHD 为立镜点与放样点之间的距离，立镜者要沿着放样方向前进 dHD 米方到达放样点的位置。测量数据显示在负号表示远离测站行走，正号表示朝向测站方向行走。dZ 为立镜点与放样点之间的高程之差，也就是说立镜者要将棱镜抬高 dZ 时方为放样点的位置。负号表示欲放样点比立镜点高，正号表示欲放样点比立镜点低。通过全站仪测定细部的放样坐标点。

2）绘制不同图案的铺筑平面布置图

传统的铺砖施工方式，随意性大，材料损耗和浪费严重，铺装观感差、整体效果不佳。项目部利用 BIM 进行三维铺砖排布，便于技术交底，可以制定标准化排布方案指导施工，大大提高了施工质量，减少了材料损耗，降低了成本，提升了铺装观感。此外，利用 BIM 技术进行限额领料，减少了二次搬运，提高了施工效率。

本工程的地面石材采用的品种规格较多，设计的颜色有深灰、浅芝麻灰、芝麻灰、芝麻黑、杂黄及中国黑，设计的规格有 300mm × 300mm、300mm × 600mm、600mm × 600mm、600mm × 900mm 及圆弧形石材。设计石材的表面效果有烧毛面、荔枝面、自然面、手打面和机制拉丝面材质。应用 Revit 族功能中基于面的公制常规模型建立铺装面砖参数化模型，在工程 Revit 模型中进行地面石材砖排布，策划模型图如下（图 5.2-5）。

（1）具体深化流程

模型建立→地面石材排版→地面石材铺装排布→细部节点→调整与优化。

（2）模型建立

传统的 CAD 设计已经不能满足本工程复杂的地面铺装需要，通过引入 BIM 深化技术，实现了石材地面排砖三维实体模型构建的目的，通过建立结构模型，可以准确发现图纸中的问题，及时与设计进行沟通。为石材地面铺装的深化，奠定了坚实的基础。

（3）石材地面排版

综合设计要求，在场地模型的基础上，对原设计排砖进行重新调整。对于不同颜色、规格的石材排版要求，转角形式为锐角转角、钝角转角和直角转角，对缝方式采用 45°对缝、直角缝或异形板，要求转角处两边斜边、角度和缝口必须对称等分，压顶转角采用整块石材。如有小料石收边，为增强效果可留 8mm 或 10mm 缝。平台、造型波打线需要等分、对缝，保留主饰面材料为标准板，通过调整波打线的尺寸来满足石材等分、对缝的要求。同心圆铺装采用波打线对缝或工字缝，弧形地面铺装主饰面不要求对缝，直线形地面铺装需对缝。石材间收口排版（波打线、压顶）转角交接位置可采用 T 形板。异形板排版形状为弧形时，如规格板不能满足需求，则采用弧形加工（也可用梯形板），弧形尺寸需标注两弧长、半径长。通过这种方法保证大面积石材地面平整，坡向、坡度准确，砖缝的大小、宽窄、深浅均匀一致，色泽明显，勾缝光滑，无空鼓（图 5.2-6）。

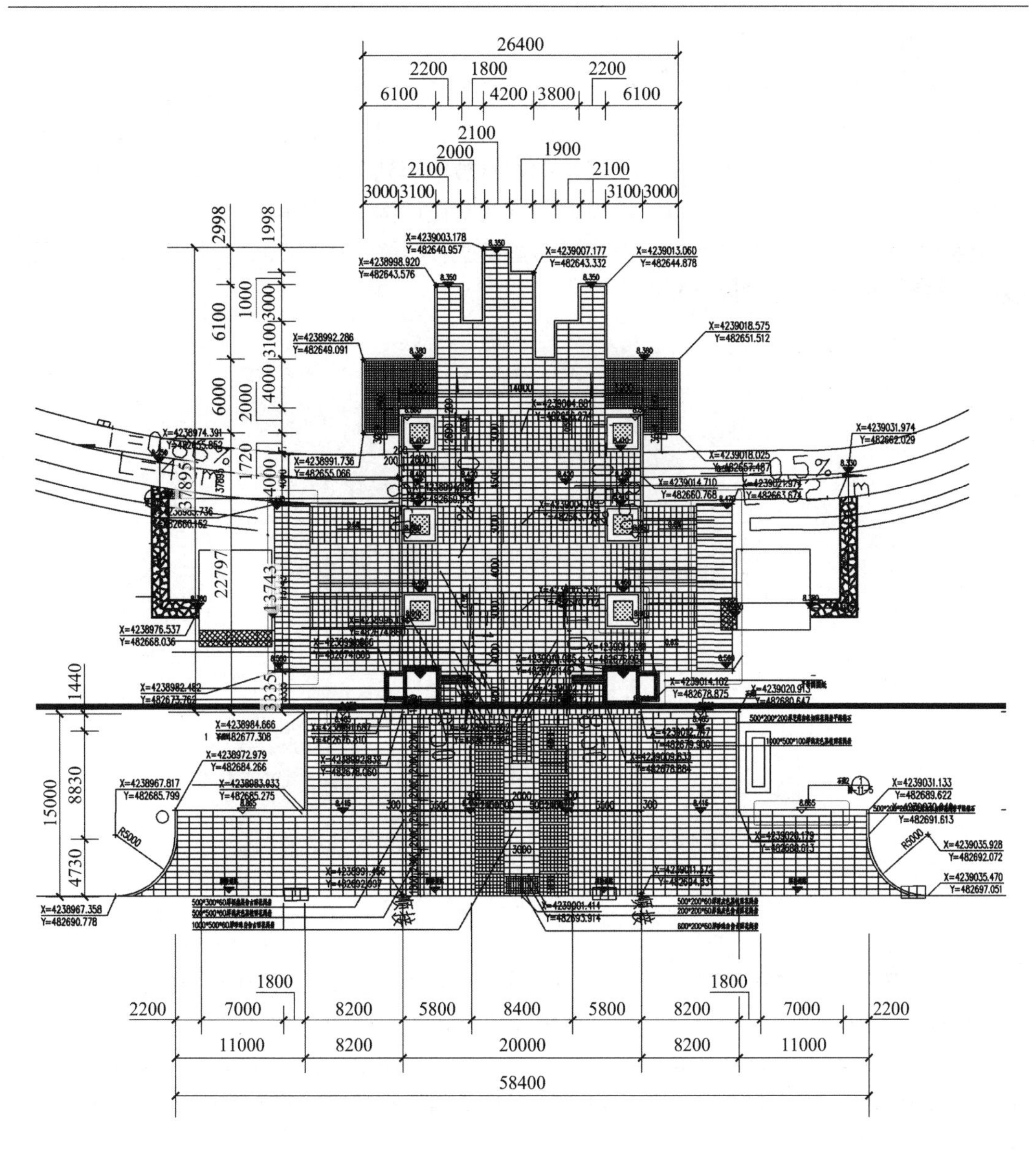

图 5.2-5　广场铺贴平面图

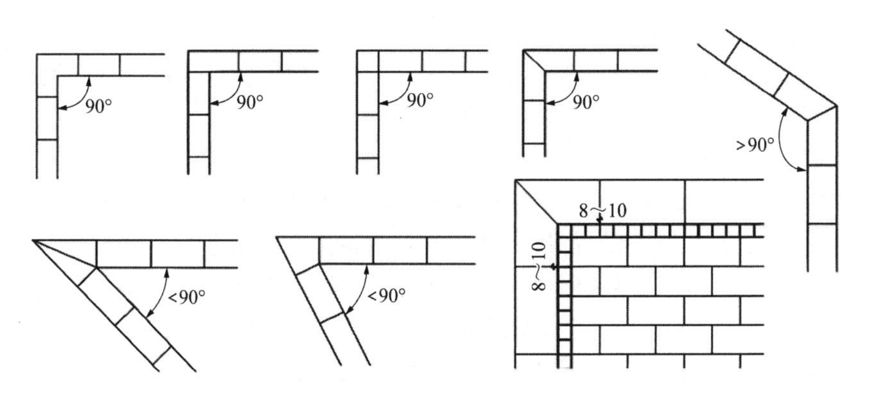


图 5.2-6　石材地面排版图

（4）尺寸调整

广场处花岗石石材的规格尺寸为 300mm × 300mm、300mm × 600mm、600mm × 600mm、600mm × 900mm 及圆弧形石材。为保证建设进度，选取合适规格的尺寸石材进行排布，避免出现小于 1/3 尺寸的石材被应用到项目上，影响铺装的美观，采用密拼的方式展现设计意图，并以三维模型的方式同设计沟通，征得设计同意后，按此方案进行铺装深化。石材变形缝在饰面石材层不留设通长明缝，按照 20mm 错缝留设，保证铺装的完整性（图 5.2-7、图 5.2-8）。

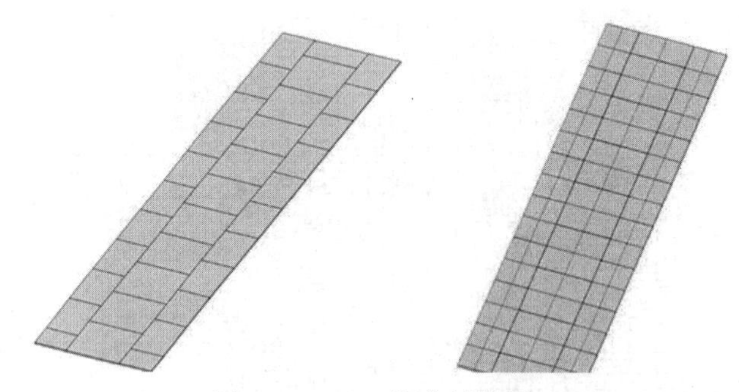

图 5.2-7　BIM 深化铺装图

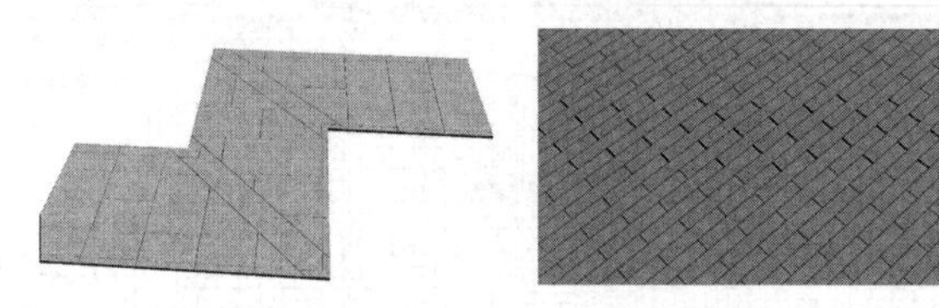

图 5.2-8　BIM 深化铺装图

（5）调整与优化

借助 BIM 建模，将传统的二维图纸转变成三维模型，使施工过程中遇到的问题能够清晰、直观地表现出来，再通过深化设计调整完成后，将建好的三维模型导入 Fuzor 进行渲染，并结合建设单位对铺装石材的要求，以小样的形式向设计方、建设方、监理方进行展示，针对地面铺装中石材色泽、阴阳角、不同材质间的收口方式等问题同设计进行沟通，确定整体铺装方案。

3）石材工厂加工控制要点

（1）石材加工工艺流程

矿山选配荒料→工厂选配荒料→大板锯解→毛板磨抛→切割规格板→排版、编号→磨边、开槽、倒角等→烘干防护→包装、仓储、发货。

（2）主要加工工艺及各品质控制

①本工程要求开采同一矿脉区域，以保证荒料品质的来源；专业采购人员采用六面喷水的方法对所开采的每一块荒料都进行严格的质量验收。具体方法是用专用喷水器将水均匀喷洒在荒料的表面，然后用定压机吹干，在荒料石将干未干之际，可以清楚地检验出荒料的纹路是否正常、有无色差、杂质及其他缺陷，这样更能保证荒料质量。加之开采过程中采用定高程三维标识法开采，更加从根本上保证了原材材质、颜色、花纹的协调一致性。

②工厂选配荒料：荒料进厂后，依工程图纸细致选配荒料，严格保证整个工程的地面

石材选用同一矿山同一矿脉区域的荒料，再通过目测、水浇、打磨荒料样板对比等方法，选定用料。

③荒料锯解：采用意大利进口的 Gaspari Menoti 砂锯完成荒料锯解。此设备采用全自动钢砂分析补给系统，无需人工分析，系统依内部程序按品种自动补偿，有效杜绝了其他型号砂拉锯易产生的入锯和出锯时在板面形成的加工台阶，有效保障了大板的平整度，超大超宽的加工范围，使生产效率是其他型号砂拉锯的 1.5～3 倍。

④毛板磨抛工艺：石材荒料通过砂锯锯解成大板后，转大板磨抛车间由意大利进口的百利通磨自动连续磨抛线完成本道工序。该设备全数控操作，对毛板的平面度偏差有修复作用，磨出的板面平整度偏差小于 0.2mm。

⑤切割规格板工艺：在确定用料计划后，光板转入截板车间，由红外线电子桥切机完成本道工序。该设备采用程序控制自动进行切割，有效解决了因锯片磨损厚度发生变化而使切割尺寸偏差加大，保证切割尺寸偏差小于 0.5mm。工作台旋转 90°，角度自动调整，保证规格板切割长宽垂直，角度偏差小于 0.5mm。

⑥无直射光排版、编号工序：工程板完成切割后，为最大程度地减少由于石材的天然属性而导致不可避免的色差，通过此道工序来进行有效控制。采用的“无直射光照排版理论”和超大规模的室内排版车间，可将单个立面或整个地面石材全部排版调色，能达到色差控制的最理想效果。经过排版调整后对每件规格板进行有序编号，货到工地后能直接按序安装，从而保证工程整体装饰效果（图 5.2-9）。

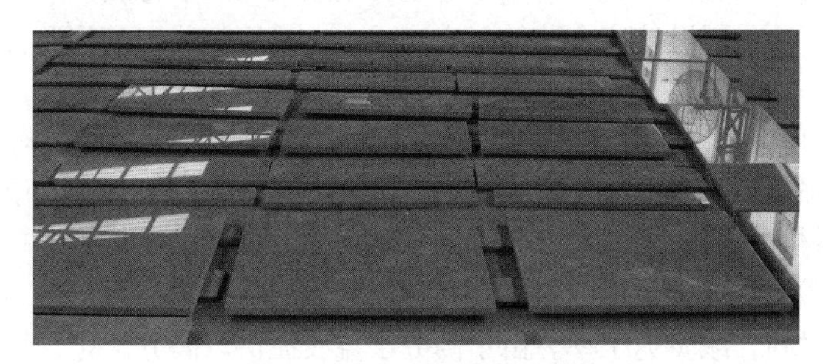

图 5.2-9　石材排版、编号图

⑦磨边、开槽、倒角：采用专用磨边机，对板材进行开槽、磨边（小圆边、半圆边、直边等）、倒角，较一般手工操作精确度和光度得到了最高的保证。

⑧防护工艺：生活中空气、雨水、皆会影响石材的表面质量，为维护石材长久保持亮丽无瑕，延长使用寿命。存放石材不得雨淋、水泡、长期日晒，一般采取板块立放，光面相对，板块的背面应支垫松木条，板块下垫木方，木方与板块间衬垫胶皮，覆盖保护膜。防护对石材能起到极好的防水、防污作用。可抵御自然环境中水蒸气、废气、雨水、紫外线等对石材的侵蚀和破坏。防止石材“水斑不干”“吐黄”“返碱”“生苔”等各种质量通病的出现。

4）大面积石材铺贴

（1）通过改进施工工艺控制质量通病

①精确定位，合理分区

采用 GPS-RTK 与全站仪联合测量进行精确定位放线，通过电脑 BIM 排版及网格分段，修整结构，分段控制铺贴、检查、通线校对改进等措施，将误差进一步缩小，控制在+5mm

以内，没有负误差，提高误差标准。将大面积石材铺贴区域按场区轴线划分成多个独立的小区域，整体区域测量监控，保证石材的对缝和平整度，逐块严格控制接缝宽度和高差，以点带面的形式展开铺贴，有效地解决了大面石材铺贴容易出现的表面不平整、缝隙不平直、接缝高低误差大等质量通病。

②使用高分子益胶泥代替传统水泥砂浆

高分子益胶泥是一种将多种进口高分子材料与一定比例的硅酸盐水泥、粉砂等混合，再添加外加剂均匀共混聚合而成的水硬性水泥基防水黏结材料，与水调和后即具有黏结功能，固化后即具有防水抗渗功能（图 5.2-10）。

图 5.2-10　高分子益胶泥

与传统的水泥砂浆粘贴相比，高分子益胶泥粘贴具有以下特点：

a. 大大提高了石材铺贴速度，节约了人工成本。采用高分子益胶泥石材铺贴，可以大大提高石材地面一次性铺贴成功率，并对石材地面进行快速安装和定位，固化速度比水泥砂浆快 3～4 倍，可以提高工效，节约人工成本。

b. 提高黏结强度，避免空鼓。益胶泥借以高分子化合物作保水剂，使得水泥基料中的水分不易被黏结材料所吸收，从而有足够的水化时间，黏结强度得到提高，高分子益胶泥的黏结力是水泥砂浆的 3 倍，可以避免石材地面大面积空鼓。

c. 延长改正时间，减少返工率。由于高分子益胶泥借以高分子化合物作保水剂，保水性能强，抑制了水分的过快流失，从而使调整时间最长可延长到 20min 左右，可以大大减少返工率。

d. 提高黏结层的防水性能，避免石材出现“返碱”现象。益胶泥能减少水泥基料凝固过程中所产生的毛细管数量并同时产生许多微细的气泡，这些封闭的微细气泡能阻断水泥基料凝固过程中所产生的毛细管，使得其防水抗渗性能提高。

③用晶面处理代替传统打蜡工艺

晶面处理，其原理是利用晶硬剂加上地刷机对石面的摩擦，在化学及物理的双重作用之下，使地面表层形成坚硬致密的晶硬层，使石面不易受损，也不易沾染污渍。晶面处理不能改变石质的结构，也并非涂上一层覆盖物，因此不会改变原石的质感。经过晶面处理之后，石面分子会更致密，可以有效避免石材后期养护造成的色差。

④增加石材防护环节

石材自身应作密封处理，杜绝外界影响。石材在铺贴前用专业防护剂做彻底的六面防护，达到防水效果，避免石材气孔被溶解碱盐的水入侵而被腐蚀。其中，防护剂的使用是一个非常重要的环节，应当认真对待，采用防护剂的石材质量也存在波动变化，易受施工、石材品种、石材含水量等因素的影响。在使用防护剂施工时，除严格按照防护剂使用说明书的要求操作外，施工人员应当细致认真地施工，不出现漏刷或涂刷不均匀等问题，以达到封闭石材气孔的目的（图 5.2-11、图 5.2-12）。

图 5.2-11　麻面石材涂刷防护剂的效果

图 5.2-12　亚光面石材涂刷防护剂的效果

（2）施工工艺流程

基层清理→弹线→找平层→试拼→试排→刮涂益胶泥黏贴层、石材铺贴→灌缝、擦缝→养护→晶面处理→成品保护→清理验收→交工。

①石材铺贴前施工准备石材铺贴各区基准线放线：东西向以广场控制中轴线为准。以上工作须反复进行标高、平面尺寸等方面的核对工作，以确保放样绷线的准确性。各区域石材铺贴基准线以场区轴线为准，轴线为南北和东西向的控制线，水平标高以相对标高标注，相对标高在完成面以上 1m。各区域制作的标准杆上的水准点须反复审核确认无误后方可使用。水准点标记须清晰，用红油漆标注，水准点周围不允许堆放其他材料及物品遮挡水准点视线。

根据本工程 BIM 排版图纸施工顺序及现场情况，整个广场石材铺贴采用“跳仓法”进行施工，根据伸缩缝的设置位置沿南北和东西方向各分为不大于 40m 的区格，沿各自方向分别编号。具体施工顺序是：先铺贴第一批即 1-1～1-6，相隔 7d 后铺贴第二批即 2-1～2-6。在第一批地面石材铺贴的伸缩缝位置一侧各预留 ≥ 4m 宽施工通道，以保证石材及其他材料的水平运输，待第二批石材铺设时将伸缩缝位置的石材一并铺贴完成。通过将大面积石材分为若干小块，各小块变为一整体。解决了石材及结合层自身热胀冷缩引起内力变化，内力变化在伸缩缝处消除，避免石材挤压起拱或拉裂石材。交叉施工不仅缩短了施工工期，而且保证了大面积石材铺贴质量，节约了施工成本（图 5.2-13）。

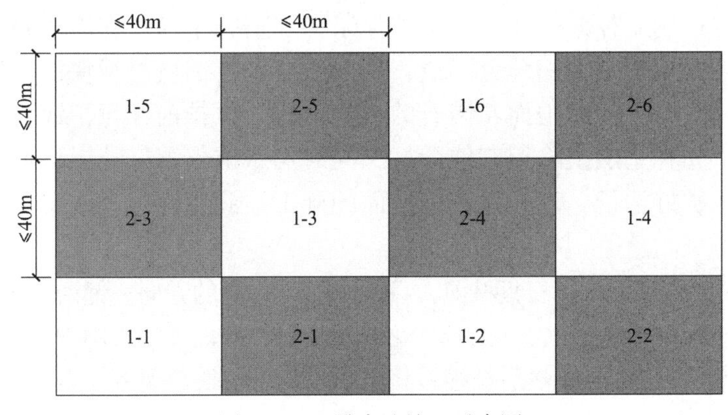

图 5.2-13　跳仓法施工示意图

②基层处理：

地基处理

地基作为广场面层的下承层，在面层施工前必须通过处理，提高地基的密实度，提升地基承力，避免广场在使用过程中出现不均匀沉降。应严格控制回填土的含水量，施工前应进行检验。当土的含水量大于最佳含水量范围时，应采用翻松、晾晒、风干法降低含水率，或采取换土回填、均匀掺入干土或其他吸水材料等措施来降低含水率。若由于含水量过大，夯实时产生橡皮土，应翻松晾干至最佳含水量时再回填夯实。如含水量偏低，可采用预先洒水润湿。回填土应按所选用的土料、压实机械的性能，通过试验确定含水量控制范围、每层铺土厚度及压实遍数，进行水平分层铺土碾压。

碎石垫层

在铺筑碎石垫层前，将标高控制点引测到施工现场，本工程按 5m 间隔设置控制标高的钢筋桩作为标高控制点，并按设计坡度进行放坡。碎石垫层铺筑后，大面积处采用压路机进行压实，局部采用蛙式打夯机多次夯实。

混凝土垫层

按设计标高计算混凝土垫层标高，间隔 5m 设置钢筋桩，施工过程中应尽量一次性成型。本工程采用商品混凝土进行施工，按设计强度等级采购商品混凝土，并且加强对混凝土浇筑质量进行控制，将混凝土振捣密实后用长 2m 以上的直尺将顶面刮平。面层稍干一点，再用混凝土抹光机进行收面，保证面层的平整度。混凝土施工完成后，即时开始养护，养护期应为 7d 以上，本工程采用塑料薄膜覆盖加洒水对混凝土垫层进行养护。为防止因气候影响广场面层产生不规则收缩裂缝，混凝土垫层施工缝的留设位置选择与面层石材伸缩缝一致。

在铺砌花岗石板之前将混凝土垫层清扫干净，然后洒水湿润。基层处理是防止面层空鼓、产生裂纹、平整度差等质量通病的关键工序，因此要求基层必须具有粗糙、洁净和潮湿的表面，基层上的一切浮灰、油质、杂物，必须仔细清理，否则形成一层隔离层，会使结合层与基层结合不牢。表面较滑的基层应进行凿毛，并用清水冲洗干净，冲洗后的基层，最好不要上人。

③弹线：以 BIM 深化图纸为依据，熟悉各部位的尺寸和具体的施工要求，弄清楚各相关部位的相互关系，以及转角阴、阳角之间的相互关系。将地面垫层上的杂物清除干净，用钢丝板刷刷掉黏结在垫层上的浮浆，并清扫干净。在地面弹出互相垂直的控制十字线，再弹出铺贴伸缩缝分隔线，用以检查和控制石材板块的位置以及石材纵向和横向的对缝。为了控制地面花岗石的板块位置，试排前在每个铺设区域，按设计施工图的要求，先在垫层上将控制线弹好，同时用水准仪测好花岗石面层标高，作好标高标记，并保护好标记，以确保花岗石面的施工达到设计标高的要求，同时也确保平整度。

④试排：在正式铺设花岗石板材前，在两个相互垂直的方向，铺两条干砂，其宽度大于板块，厚度不小于 3cm。对每一区域的花岗石板块，按设计施工图中的图案、颜色、纹理进行试拼，试拼后应编号，然后按编号将试拼后的石材摆放整齐，以便检查板块之间的缝隙，核对板块与板块的相对位置（图 5.2-14）。

图 5.2-14　石材铺贴试排

⑤铺设顺序：由于石材本身密度及硬度会随外界因素而发生微小变化的特质，所以加工成型的石材运至施工现场后要静置一周以上，待应力释放完全后，再进行施工，以保证石材质量达到施工要求。开始石材铺装时，首先应根据施工区域的石材铺装控制图，按照控制线以十字形进行单块连续性铺装，起标筋作用，以便控制施工区域的横竖线控制，不会因石材的规格而影响控制线的偏移。一般先从施工区域的中线起往两侧采取退步法铺贴。能有效地控制铺装轴线及施工操作面的展开。大面积施工时，应先分区，后从远离入口的一边开始铺装，从各区域衔接部位按公共十字线开始铺装，按分割依次铺装，逐步退至入口。小面积施工按先里后外的顺序沿控制线进行铺设。

⑥刮涂益胶泥黏粘层、石材铺贴：为有效防止石材表面返碱，石材在铺贴前用水性防护剂做六面防护，分三次涂刷，首先横向涂刷或竖向涂刷，然后晾干后再刷第二遍，与第一遍方向垂直，最后晾干后进行第三次涂刷，采用斜刷方式，然后放置干燥处自然阴干待用。石材铺贴时提前湿润且清除干净地面，将石材置于平架上，均匀的抹上 3～5mm 厚高分子益胶泥。安放时用吸盘吸住石材，四角同时平稳落下，对准纵横缝后，用橡皮锤轻敲振实，用水平尺找平，先横放再竖放，待两方向均水平后才能进行下一块石材施工。铺贴后应注意成品保护，至少 24h 后才能上人。每铺装一块石材除保证水平外，还要用手摸它的四边是否与相邻的石材平整无错台。施工时，随时用 2m 杠尺检查地面的整体平整度，石材之间接缝要严密，随铺随把挤出的胶泥擦干净。

⑦灌缝、擦缝：石材铺贴 1～2 昼夜后进行灌浆擦缝，用浆壶灌入板块之间的缝隙中，并将流出的益胶泥刮向缝隙内，至基本灌满为止，灌浆 1～2h 后，用棉纱团蘸稀益胶泥浆擦缝至与板面擦平。

⑧伸缩缝留设：为避免铺装好的石材受热膨胀带来的质量问题，根据本工程采用的板材尺寸规格不同，热膨胀量在板材缝隙中消耗较多，故在纵横方向每隔 40m 预留一道 1cm 宽的胀缝，留设位置一般选定在不同材质的石材分隔处，并与混凝土垫层胀缝位置对应，混凝土垫层胀缝宽度为 1cm，采用沥青油膏填满，面层石材采用耐候胶进行填实。既满足了使用功能要求又做到了美观。

⑨晶面处理：先将花岗石表面彻底清洗干净，去除原有养护层。将花岗石晶硬粉用水调成糊状涂在石材表面，用红色抛光垫，使用加重机进行研磨，研磨过程中加入适量水分，保持湿磨状态（石板抛磨到半干半湿的微热状态，效果最佳），根据不同花岗石种类及磨损程度，3～5min 反复研磨，花岗石表面出现高光高亮晶面层，用吸水机迅速将残余地面糊状物吸净，用清水刮洗吸干，再用白色抛光垫进行磨光精抛，直到花岗石表面光亮如新。

⑩细部做法

边角部位做法

重要节点铺装排版时，图上放样和实地放样相结合。当无法满足所有板材套用模数时，可在边角等较隐蔽部位出现 45°对拼，大面铺装板材规格应尽量统一，以降低施工难度（图 5.2-15、图 5.2-16）。

图 5.2-15　石材 45°角对拼图

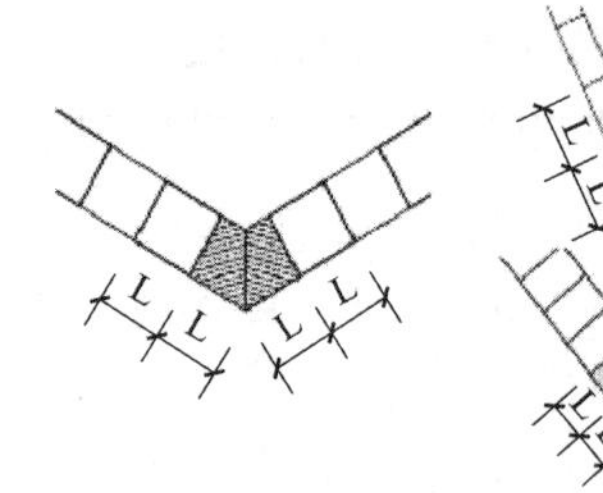


图 5.2-16　排版后，整料道边，边角无碎图

缝宽控制

密封铺装缝隙不应超过 2mm，铺装施工过程中通过十字定位器（图 5.2-17）、小木片、竹片等控制密缝和开缝的宽度，铺贴前需对石材毛边进行扫边处理，以减少尺寸误差。

图 5.2-17　塑料十字定位器

异型石材切割

花岗石在施工过程中的切割工艺相当重要，本工程切割重点主要是明沟周边的切割、树池石材的切割，对于圆弧形石材切割，提前运用 BIM 技术进行排版，现场切割施工时，

采用预先通长弹线，然后再做切割，确保了缝隙的顺直、大小均匀，拼缝严密取得较好的效果（图 5.2-18、图 5.2-19）。

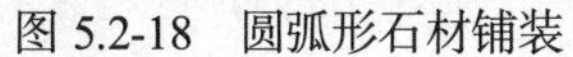

图 5.2-18　圆弧形石材铺装

图 5.2-19　圆形树池石材铺装

5.2.3.4　质量控制措施

1）质量控制标准

本项目遵循《建筑地面工程施工质量验收规范》GB 50209—2019 和《天然花岗石建筑板材》GB/T 18601—2009 的技术标准。

2）质量控制要求

（1）测量精度控制

在测量过程中，原仪器配置中移动站只设置了单独的碳素纤维对中杆，对中时，由于测量人员手扶对中杆时易出现晃动，使得对中精度下降。在移动站上增加了三脚架、调平底座，通过三脚架、底座进行对中、精平，再采点取样。在进行控制网布设时，也采用这种方法进行控制点坐标采集。碎部测量或施工放样时，采用全站仪棱镜下可调支架装设在移动站下，通过伸缩两根支架腿进行对中杆对中、整平、观测。通过增加三脚架、底座及可调支架的方法进行测量，加快了测量速度，提高了测量精度（图 5.2-20）。

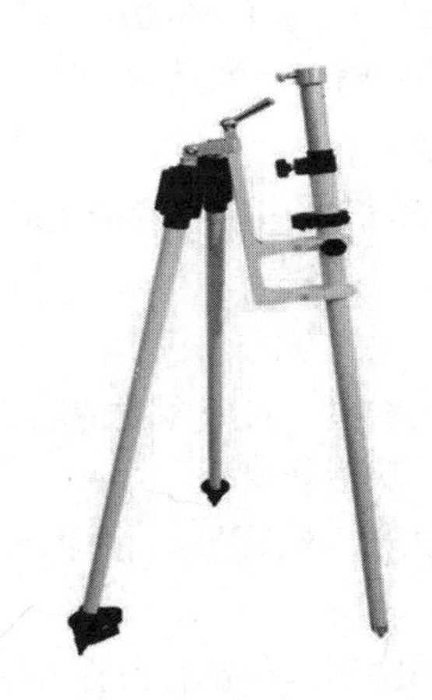

图 5.2-20　GPS-RTK 调平三角支架

（2）石材在包装运输过程中的质量控制

出厂石材应注明出产厂家、标记等，并按要求标明项目名称和图纸编号，包装箱上必须有“向上”“怕湿”“小心轻放”的指示标志。石材包装箱的厚度要保证运输过程中的装卸安全，即在运输和装卸过程中，石材包装箱不会发生箱体变形和木板断裂，内装石材之间和石材与包装箱之间应用无污染的防水材料隔开，以保证石材在运输和储存期间不受污染，禁止使用草绳进行绑扎包装。石板运输过程中应有防雨措施，严禁滚摔、碰撞。石材堆放平衡，一个包装箱中不宜放置过多片板材，以避免重压变形和破裂，包装箱码高度不得超过 2m。

（3）灰浆配制控制

灰浆配制使用时应按照每 100kg 益胶泥干粉加水 25～30kg，不加任何添加剂，用人工或机械搅拌至厚糊状，放置 5～10min 后，随拌随用，拌匀的益胶泥应在 3h 内用完，以免硬化结块造成浪费。

（4）石材色差控制

花岗石色差控制：石材表面应平整、洁净，色泽协调，无变色、返碱、污痕和明显的光泽受损，划伤。

①要求供应商在同一矿山、同一塘口、同一矿层、同一日照方向采料供料，材料编号标识后，放在同一环境下观察其自然变化，接着对石材进行防护处理后做样板试验铺贴观察，而后选定合适的矿料，以此有效地控制铺贴后的色差。

②应根据施工区域划分，分区并编号提交材料计划，要求加工厂按要求加工，并编号。最大程度控制同一分区地面石材的色差，这样能有效地保证铺贴石材颜色相近、密度相符，避免色差。

③石材防护剂涂刷不得少于正面 2 次，侧面、反面各 3 次，每次间隔时间不少于 20min；用干净棉布擦拭残余养护剂，避免残余养护剂硬化。静置保养 8h 效果能达到良好，24h 至一周时效果更佳。

3）质量控制与检查

（1）主控项目

①花岗石必须按设计要求和规范的规定选用，技术等级、光泽度、外观等质量要求必须符合国家标准《天然花岗石建筑板材》GB/T 18601—2009 的规定，花岗石板材表面颜色一致，观感无明显色差，花岗石面层所用板块的品种、规格、质量标准必须符合设计要求。

②面层与下一层结合牢固，无空鼓。

检验方法：用小锤轻击检查，凡单块板边角有局部空鼓，且每区块间不超过总数的 5% 可不计。

（2）一般项目

①花岗石表面应洁净、平整、无磨痕，且应图案清晰、色泽一致、接缝均匀、周边顺直、镶嵌正确、板块无裂纹、掉角、缺楞等缺陷。

②面层表面的坡度应符合设计要求，不倒泛水、无积水，与周边收口结合处严密牢固，无渗漏。

③花岗石的品种、规格、颜色和图案必须符合设计和甲方要求。样品存放于现场，便于管理人员和施工人员对照及施工前检查。

④花岗石表面应平整、洁净，色泽协调，无变色、泛碱、污痕和明显的光泽受损、划伤。

⑤花岗石接缝应填嵌密实、平直、宽窄均匀、颜色一致。板搭接方向正确，非整块使用部位适宜。

⑥花岗石面层的允许偏差须符合表 5.2-1。

天然花岗石面层的允许偏差和检验方法 表5.2-1

| 项次 | 项目 | 允许偏差（mm） | 检验方法 |
|---|---|---|---|
| 1 | 表面平整度 | 1.0 | 用2m靠尺和楔形塞尺检查 |
| 2 | 缝格平直 | 2.0 | 拉5m线并用钢尺检查 |
| 3 | 接缝高低差 | 0.5 | 用钢尺和楔形塞尺检查 |
| 4 | 板块间隙宽度 | 1.0 | 用钢尺检查 |

5.2.3.5 成品保护措施

（1）花岗石板块不得淋雨、水泡、长期日晒。采用板块立放，光面相对。板块的背面支垫木方，木方与板块之间衬垫软胶皮。在施工现场内倒运时，也须如此。

（2）试拼须在平整的区域内进行，调整板块人员须穿干净的软底鞋搬动、调整板块。

（3）新铺砌花岗石板块过程中，操作人员须做到随铺随揩净，揩净花岗石面应该用软毛刷和白色干布。

（4）新铺砌的花岗石板块区域须进行临时封闭。当操作人员和检查人员踩踏新铺砌的花岗石板块时，须穿软底鞋。

5.2.3.6 安全措施

（1）入场施工现场的人员必须戴好安全帽，严禁吸烟。

（2）施工人员严禁酒后上岗、疲劳作业、带病作业。

（3）进入施工现场必须遵守施工现场安全规章制度，不违章指挥、不违章作业。

（4）施工现场的井口必须做好防护，防止高空坠落，临边做好防护措施。

（5）施工用电必须遵守《施工现场临时用电安全制度》。

（6）使用手提电动工具时，要经过试运转合格，操作者必须配戴防护眼镜及绝缘胶手套。

（7）切割石材时应严格遵守操作要求，所有机械必须安排有操作证的专人按相应操作规程进行操作。

5.2.3.7 环保措施

（1）在工程施工过程中严格遵守国家和地方政府下发的有关环境保护的法律、法规和规章，加强对施工燃油、工程材料、设备、废水、生产生活垃圾、弃渣的控制和治理，遵守有防火及废弃物处理的规章制度，随时接受相关单位的监督检查。

（2）将施工场地和作业限制在工程建设允许的范围内，合理布置、规范围挡，做到标牌清楚、齐全，各种标识醒目，施工现场达到文明工地标准。

（3）对施工中可能影响到的各种公共设施制定可靠的防止损坏和移位的实施措施，加强实施中的监测、应对和验证。同时，将相关方案和要求向全体施工人员详细交底。

（4）对施工人员进行环保法律、法规和生态环境建设各项规定的教育，使参建人员牢固树立环保意识，自觉遵守环保规定。

（5）所有建筑垃圾、生活垃圾均集中存放，按当地政府要求至指定地点处理，防止污染水源和环境。

（6）噪声较大的机械，操作人员要配耳塞，同时注意机械保养，降低噪声等级。

（7）尽量避免现场切割，如需切割，采取淋水切割方式，控制扬尘。

（8）石材的放射性检测报告必须符合现行国家标准。

## 5.2.4 结果状态

### 5.2.4.1 应用效果

采用创新工艺流程为施工区域平面、高程采用 GPS-RTK 与全站仪联合测量建立标高轴线控制网，采用 BIM 技术对石材铺贴布置进行深度建模细化，确定区域石材合理布置图，并对石材进行编号，石材加工厂家根据 BIM 深化图纸进行石材的加工、选料并进行编号，特殊部位的石材在石材厂家进行提前加工，现场选石材按照编号进行试排后，抹高分子益胶泥结合层后，进行大面积的石材铺贴。通过在河北工程大学体育馆项目外网工程选取 10000m$^2$ 的区域进行现场检查结果得出大面积石材地面铺贴的表面平整度由国家标准允许偏差的 1.0mm 提高到 0.8mm，缝格平直度由国家标准允许偏差的 2.0mm 提高到 1.0mm，板块间隙宽度由国家标准允许偏差的 1.0mm 提高到 0.8mm。有效地提高了现场石材地面铺贴的质量。

### 5.2.4.2 BIM 技术实施效果

通过 BIM 技术在地面石材铺装深化设计中的应用，保证了铺装工程的顺利实施。与传统的二维平面深化相比，BIM 技术深化体现出其独特的优势及创新管理思路。从深化到施工，石材铺装工作效率约提高了 30%。关键部位及节点的把控更加得心应手，该方式得到了设计方、建设方、监理方的一致认可。主要体现在以下几个方面：

（1）直观与可视化。BIM 技术最为突出的优势在铺装深化中得到了充分的展示，包括整体铺装效果、细部做法和工序、工艺层次关系等，尤其便于对复杂部位进行技术交底，避免了施工过程中问题的突显，提高了铺装效率，从而保证了铺装的精准度。

（2）效率提高明显。通过 BIM 技术的运用，在施工前准确把控深化效果的方向，与传统的二维深化相比，大大提高了深化效率。由整体到局部，再由局部到整体的深化，利用 BIM 软件，可以随时根据设计及建设单位的要求，及时调整铺装石材的颜色等信息。

### 5.2.4.3 经济效益（表 5.2-2）

高分子益胶泥粘贴与其他工艺经济效益分析表　　表 5.2-2

| 性能 | 高分子益胶泥粘贴 | 水泥砂浆粘贴 |
|---|---|---|
| 黏结强度 | ≥11MPa | ≤0.3MPa |
| 耐水性 | ≥90% | ≤50% |
| 防水性能 | ≥0.8MPa | 抗渗指标很低，使用一般聚合物砂浆作防水，需增加 8～12mm 厚防水层 |
| 经济效益 | 用益胶泥铺贴造价为 75.2 元/m$^2$，不需另外增加防水层 | 用水泥砂浆铺贴造价为 76.23 元/m$^2$，加防水层的造价约 35～45 元/m$^2$，总造价约为 116.23 元/m$^2$ |
| 小结 | 通过经济效益分析用高分子益胶泥铺贴的费用比传统水泥砂浆铺贴低。高分子益胶泥铺贴不需要增加防水层施工，黏结强度、耐水性、防水性远远高于传统水泥砂浆铺贴 | |

采用大面积石材地面施工创新铺贴技术，可以有效控制石材铺贴的精度和质量，预防石材质量通病的出现。一道工序就完成防水和粘贴，适合大面积粘贴施工要求；施工配套工艺好、操作简便、黏结强度高，减少了建筑废水造成的污染，加快了施工进度，既解决了石材空鼓，返碱吐白、翘曲起拱、表面不平整等问题，又节省了工程造价，有明显的经济效益，且具有较高的推广应用价值（图 5.2-21）。

图 5.2-21　大面积石材铺贴效果图

#### 5.2.4.4　社会效益

通过采用本施工法进行施工大大缩短了工期，施工材料定尺加工有效降低了损耗，大面积石材施工过程中未发生任何安全质量事故，得到各级部门和专家的高度评价，并被邯郸市列为石材铺贴的样本，对以后石材大面积铺贴项目提供了可靠的施工经验，并在公司内部形成了企业工法并进行全面推广，取得了良好的社会效益。在“大面积石材地面施工创新方法”运用过程中，有效解决了石材地面空鼓、起拱的质量通病，同时有效组织了流水施工作业，减少劳动力的投入，缩短施工周期 1 个多月。

#### 5.2.4.5　环境效益

通过 BIM 技术对石材规格进行精确的数量统计，并且准确地将规格传递至石材厂家，由厂家按要求进行加工，避免因现场切割不当而造成材料浪费的现象，不仅提高了现场铺装效率，而且一定程度减少了现场作业扬尘和噪声的产生。采用高分子益胶泥材料代替水泥砂浆黏结层，减少了现场水泥的用量，节约了资源，降低了能源消耗，同时减少废气、废水、废渣等污染物的产生和排放，以及对生态环境的破坏。

### 5.2.5　问题和建议

大面积石材地面铺装质量控制是一个系统的过程，因石材品种繁多、性能各异，针对不同种类的石材铺砌情况，还需要更多的施工实践来积累经验。为提高大面积石材地面施工创新技术的应用范围，针对易出现问题提出下述改进建议。

（1）现场铺装时，因石材规格多、形状复杂、加工尺寸存在偏差，造成累计偏差较大，提前与石材加工厂家协商，特殊部位的异形石材在其加工厂完成，从而减少石材本身的尺寸偏差。

（2）受时间和环境的影响，GPS-RTK 现场测量时的精度有一定偏差，会导致现场的石材铺贴轮廓放样与 BIM 排版图存在较大的误差。现场施测时，选择天气晴朗和卫星信号比较强的时间段进行测量放样。

（3）施工温度低于 5℃的施工条件下高分子益胶泥的性能会降低。为保证施工质量避免在温度低于 5℃的环境下施工，或者采用保温措施使温度达到 5℃以上。

（4）鼓励项目部总结自己的技术经验，针对粘贴方法的创新点，通过示范块、试验段的推广应用，形成系列企业内部标准，逐步在全省推广、应用。

（5）结合重点项目，培育专业队伍，对优秀技术工人，优先推荐入选技师和建造工匠队伍。创新各种奖励激励机制，保证专业施工人员队伍的稳定性。

# 第6章 装饰工程

# 6.1 关汉卿大剧院幕墙装配式标准化施工创新

## 6.1.1 案例背景

保定市关汉卿大剧院和博物馆工程是保定市的重点项目，位于保定市七一东路，东湖湖畔。是集观演、展览、休闲、娱乐等多功能为一体的综合文化建筑。

设计理念：保定市关汉卿大剧院和博物馆的外立面建筑造型形似云裙水袖（折扇），以舞台塔为中心，沿水岸栩栩展开，与环境融为一体，唯美简约（图 6.1-1）。

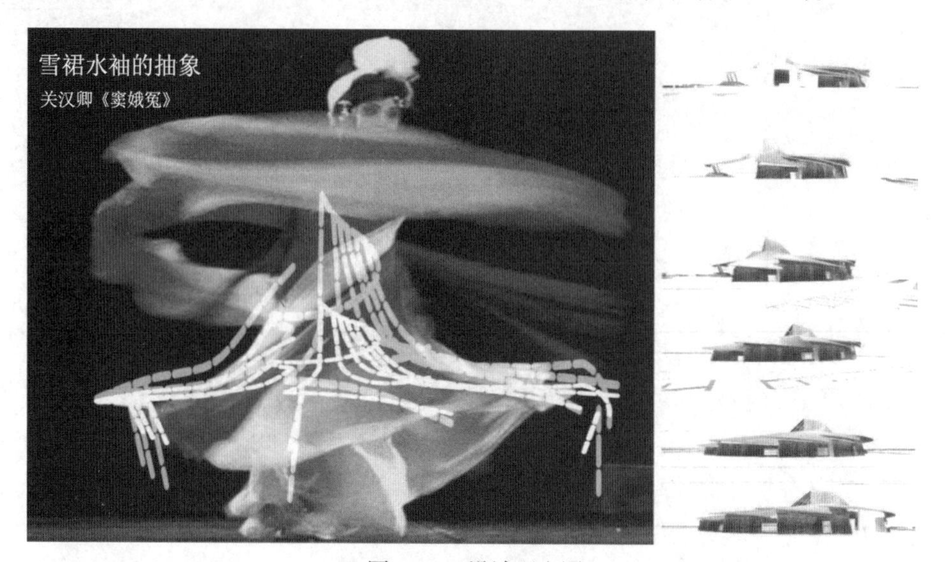


图 6.1-1 设计理念图

工程造型新颖独特。主体结构根据功能的不同，独立分开，屋盖连在一起，形成完整的建筑形体。外立面造型复杂，幕墙系统多为弧形和圆锥形，大跨度悬挑，大角度内倒、螺旋式上升等结构形式（图 6.1-2）。

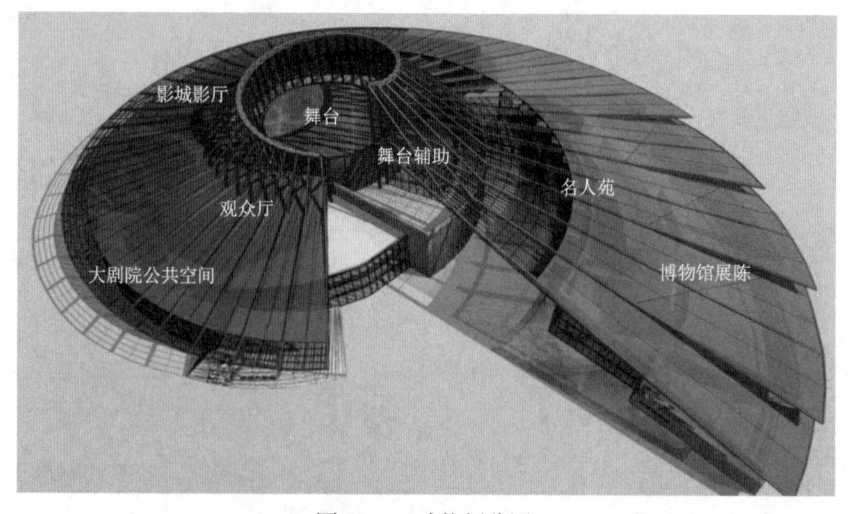


图 6.1-2 功能划分图

本工程总建筑面积为66745m²，建筑高度59.6m，幕墙面积约67000m²。主要施工内容为屋面部分：屋顶玻璃百叶、装饰造型铝格栅、屋面玻璃采光顶、铝镁锰金属屋面、屋面光伏玻璃檐口、吊顶铝格栅；立面部分：隐框幕墙、半隐框幕墙、石材幕墙、石材百叶、金属格栅等（图6.1-3～图6.1-6）。

图6.1-3　南立面完成效果图

图6.1-4　东立面完成效果图

图6.1-5　西立面完成效果图

图 6.1-6　屋面完成效果图

## 6.1.2　事件过程分析描述

### 6.1.2.1　本工程施工重点难点分析

（1）本工程工程量大，施工面广。工期要求实际 180d 完成大部分施工内容，工期紧任务重，如何在保证质量的同时也保证工期是本工程控制的难点。

（2）本工程造型复杂，整体呈“海螺形”，幕墙系统多为弧形及圆锥形。金属屋面系统为扇形且标高逐渐螺旋提升。测量放线、空间定位及加工单提取工作多而复杂是本工程控制的重点。

（3）金属屋面的防止掀翻及防止漏水措施是本工程控制的重点。

（4）本工程幕墙种类多，各立面脚手架样式及构件吊装方式的选用是本工程的重点。

（5）本工程钢结构量大，超重、超长。玻璃板块超大。钢龙骨及玻璃的吊装工艺及控制钢构件吊装变形是本工程的重点。

（6）本工程材料多，而复杂材料的采购供应、质量控制是本工程控制的重点。

（7）本工程以期荣获“鲁班奖”，因此对施工质量要求高，在施工过程中严控质量，层层把控，以保证达到国家优质工程。

（8）本工程多为高空作业，屋面工程施工面积大，安全防护及监督工作是本工程的重点。

### 6.1.2.2　本工程重点、难点控制

1）工期保证

本工程合同工期为 365d，实际历时 7 个月基本完工，达到了甲方的工期要求。相对于合同工期缩短了 4 个多月。对于本工程的规模体量来说达到了项目的既定工期目标。本工程能如期完成既定目标得益于以下几点：

（1）公司领导的关注与支持。

（2）本工程资金回收及时，有强大的资金保障。

（3）公司深化设计团队的配合，从测量放线到加工单的提取得到了技术支持。

（4）将项目“化整为零”，各施工段明确责任人各司其职，各项工作堡垒推进，步步

为营。

（5）前期项目策划比较完善，技术、图纸问题及材料认质、认价问题提前得到了解决。

2）测量放线

本工程工程量大，造型复杂，测量放线是本工程的重点，是提取加工单及时性、准确性的前提条件，也是保证工期的首要工作。为保证测量放线制定了如下措施：

（1）工程开工时，本项目对测量放线工作高度重视，专门成立了施工放线小组，由组长、副组长全面负责现场测量放线工作。

（2）项目部进场后，与土建做好标高及控制线的对接，组织放线小组将土建施放的轴线、轮廓线等经过复测，做好标记。对未完成二次结构部位先将轴线引至室外工作面，防止二次结构砌筑后轴线外引而增加施测难度。

（3）绘制幕墙工程坐标控制系统，由总包单位提供整栋建筑的坐标系统及测量控制点，将幕墙图纸引到坐标系中建立幕墙坐标体系，标注轴线、外轮廓控制线、龙骨中线等坐标点，通过全站仪现场放点施测。

（4）为保证放线的准确性，对于弧形墙面，先确定几个完成面基准点，再通过加工弧管连接基准点，由点转化成弧线来保证弧线的顺滑度，最后由线转化成面（弧管要通过校正方可使用）。

（5）不规则异型幕墙部位采用BIM技术建立模型，在模型内标注控制点的空间点位，全站仪现场测设。

3）材料供应保证措施

本工程主要为石材幕墙、玻璃幕墙、铝单板幕墙、金属屋面、采光顶棚、铝格栅等，材料用量相大，铝单板、石材面的平整度及色差、铝型材及玻璃加工精度是本工程控制的重点，为保证工程材料及时且保质保量地运输到现场，针对下列情况我们将采取不同的措施保证材料供应。

（1）材料要求

工程开工前公司已经确定了本工程的材料供应标准，全部材料、货物和操作工艺都要符合并优于中华人民共和国建筑法规及当地政府的要求，全部材料、货物和操作工艺符合规范和图纸。

（2）材料采购的难点分析及应对措施

①公司与国内很多大型的材料厂家有着良好的合作关系，签订了一系列的长期供货保障合同，在材料的预付款上，公司都是提前支付。公司与材料厂商的供货合同上还增设附加条款，对本工程幕墙工程项目进行优先供货，最大限度地保障本工程的施工周期。

②必要时，可通过提前订购、资金预付等方式保证本工程的材料采购。

③公司将组织有经验、懂材料的专职采购人员负责本工程的材料采购。

④加快设计进程，尽早完成符合业主、设计院要求的施工图，提交材料加工单，并及时下发到材料采购部。

⑤根据施工总进度计划，结合材料定额列出材料供应的需求量，做到大宗材料提前订料和及时采购储备。

⑥根据质量管理体系要求，将质量控制延伸至供货厂商，在必要的时候，我们将派专人常驻材料厂家，检查和督促材料的质量和生产情况，要求材料厂商加快生产进度，保障

我方的生产要求，并保证所供材料的质量。

⑦在满足各方要求的情况下，我们将选用规模大、行业地位高、信誉好、供货能力强、产品质量有保证的材料厂商作为本工程的供应商。

⑧公司将采取“专款专用”原则，保证本工程项目资金得到充分保证。

⑨此外，在材料供应过程中，我们要求供应商及时出具产品合格证、产品质量检测报告、材质单、原产地证明、发货清单等相关资料，以保证材料尽快通过公司验收并及时报监理、业主验收检查。

⑩对进口材料，公司在采购时，会留足备品备件，以防因材料供货原因造成工期延误。

（3）拟用于本工程材料的供应周期的难点分析及解决措施

①本工程材料采购方面（主要指钢材、铝型材、铝单板、石材、玻璃、保温棉、金属屋面板、胶类等）。选择对象为规模大、行业地位高、口碑好的企业，能够为工程开展所需的材料提供强有力的保障，能保证材料的质量、供货周期满足工程需要。

②对本工程使用的主要材料，质检部门要对材料的材质及性能进行详细的检查，对材料的表面质量和尺寸按检验标准进行检验，合格后方可入厂，投入生产。我们还将出具各种材料生产厂家的产品合格证及质量保证书，关键性的材料，如：结构胶、密封胶等，除出具上述证明外，还附有使用年限。提前做好进场材料的复试工作，保证材料合格。严格按照我公司材料采购规程进行采购，避免不合格材料进场。

③铝单板：本工程所有的铝单板进场必须在检验加工尺寸、平整度、对角线、色差之后方可进场使用。如有偏差，则坚决不予安装，杜绝一切隐患，以确保幕墙的施工质量。

④玻璃：本工程所有的玻璃必须在检验平整度之后方可入库。公司利用玻璃幕墙平整度监测仪等设备，在采购时对玻璃板块进行平整度方面的检测，如有偏差，则坚决不予安装，杜绝一切隐患，以确保幕墙施工完毕后保持玻璃表面的整体平整度。

此外，在玻璃安装、加工（安装小边框）前，还要对玻璃划痕进行检测。

⑤石材：本工程对进场的板材从规格尺寸、平面度、角度、平整度、色差外观质量以及包装等方面逐一检查，并随板材进场的质量验收报告、合格证等文字资料，严格控制各项技术指标。

⑥钢材、铝型材：材料进场前要对钢材镀锌层厚度、铝材漆膜厚度、壁厚进行检测。必须随车携带检测报告及质量证明文件。

⑦五金件及其他配件：标准五金件、化学螺栓、填充料及其他工程上所使用的材料必须出具相应的质保书与有关测试报告，并进行严格的检测。

⑧要求材料厂家及时提供质量证明材料，包括材质单、合格证、质量检测报告、发货清单等，以便及时进行材料验收检查。

⑨不合格产品要按规定隔离和弃用。

⑩对于对工程质量、进度有重大影响的材料，必要时候我们将派专员进驻材料供应厂家督促材料生产加工质量及生产进度。

⑪现场材料员应熟悉材料验收和存放标准，对现场材料需求有整体计划安排。

⑫施工过程在材料摆放、搬运、安装过程中须严格遵照招标文件的要求文明施工，并注意材料及成品保护。

4）以“鲁班奖”为目标进行工程质量控制

（1）本工程以争取获得“鲁班奖”为目标，得到了集团及公司的高度重视。开工后项目部对本工程进行了详细的深化设计，力求打造多个亮点。鉴于本项目为中国建筑设计院主导设计，大部分内容需维持原设计，我单位主要对立面分格进行了优化，保证缝隙上下左右对应，并对一些细部节点进行了优化。具体措施如下：

①玻璃幕墙后侧增加铝板包梁，避免从室外侧直接看到混凝土梁、混凝土结构及保温棉等内部构造，增加了观感质量（图 6.1-7、图 6.1-8）。

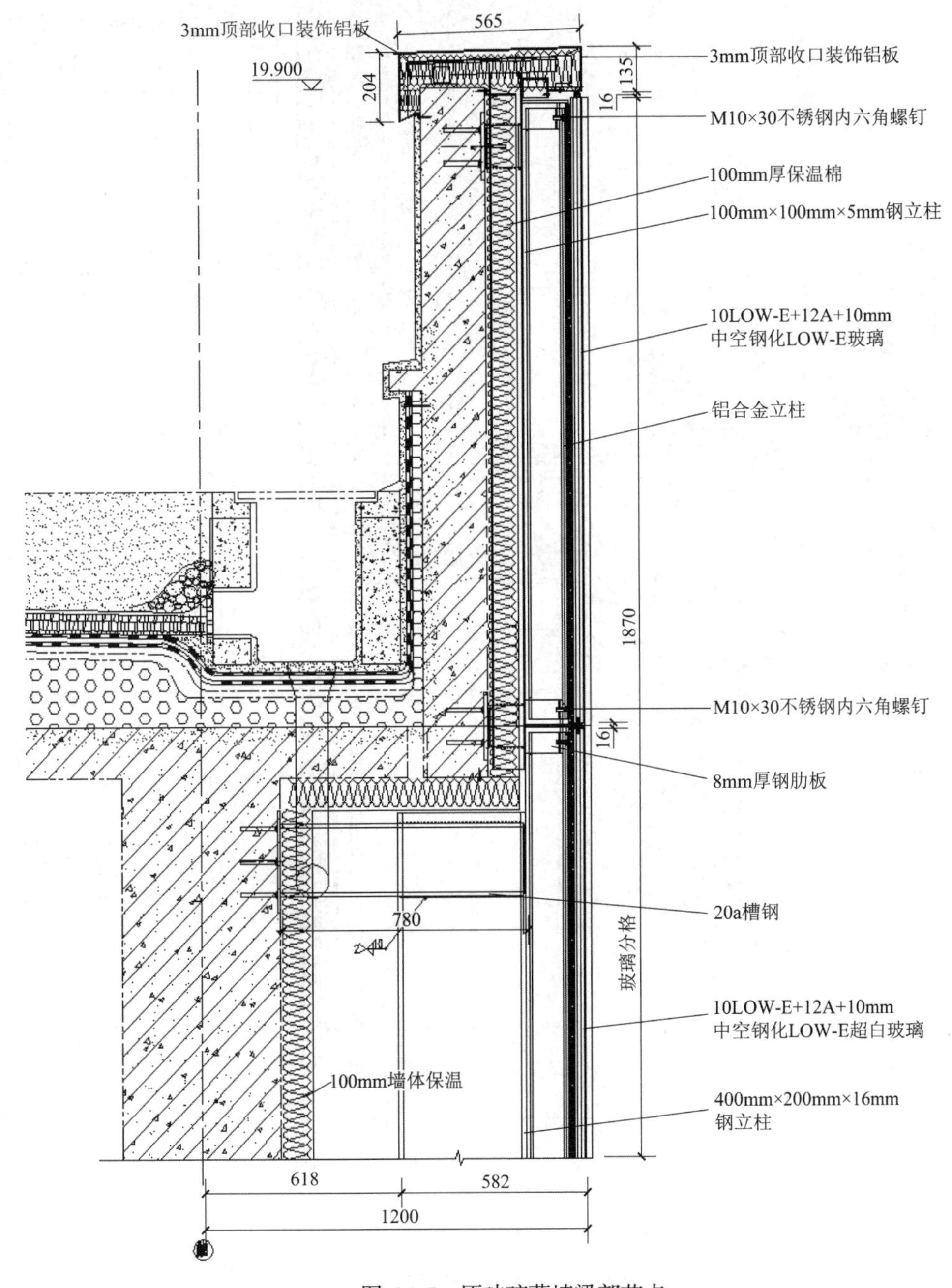


图 6.1-7　原玻璃幕墙梁部节点

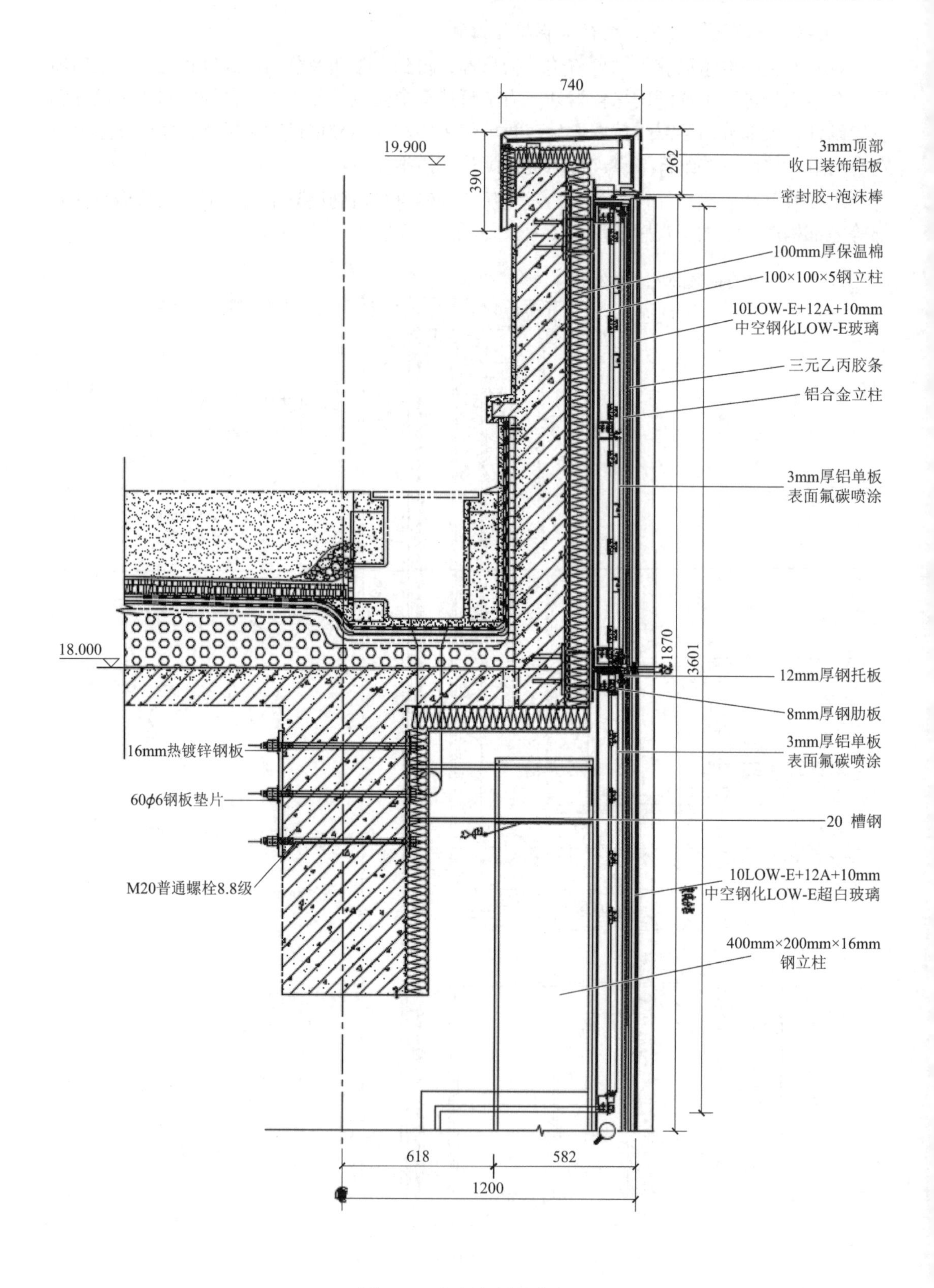


图 6.1-8 铝板包梁后节点

②玻璃幕墙下侧由螺栓连接改为插芯连接，确保外立面更加美观（图 6.1-9、图 6.1-10）。

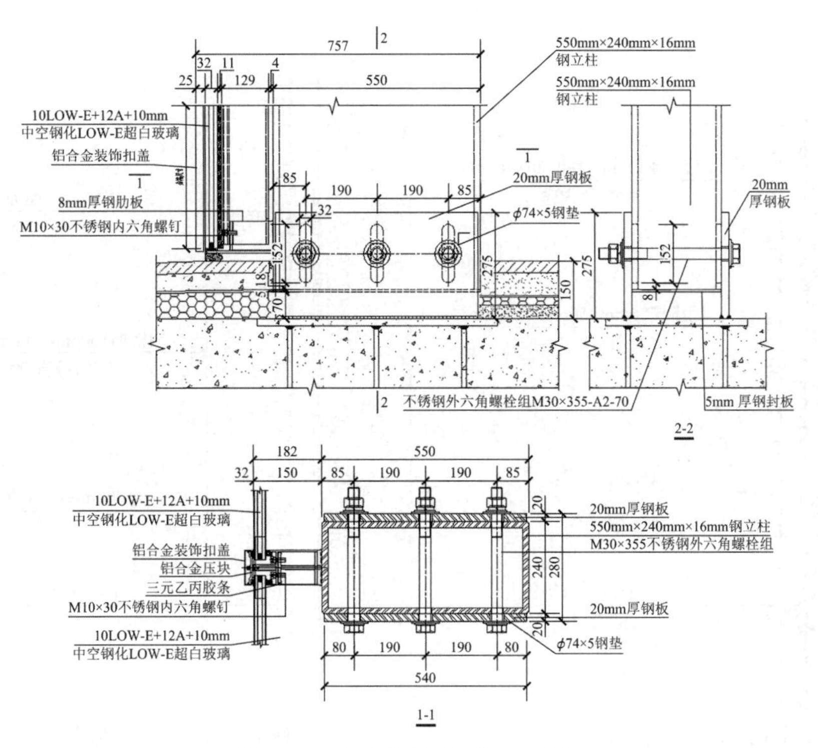


图 6.1-9　原玻璃幕墙下侧固定节点

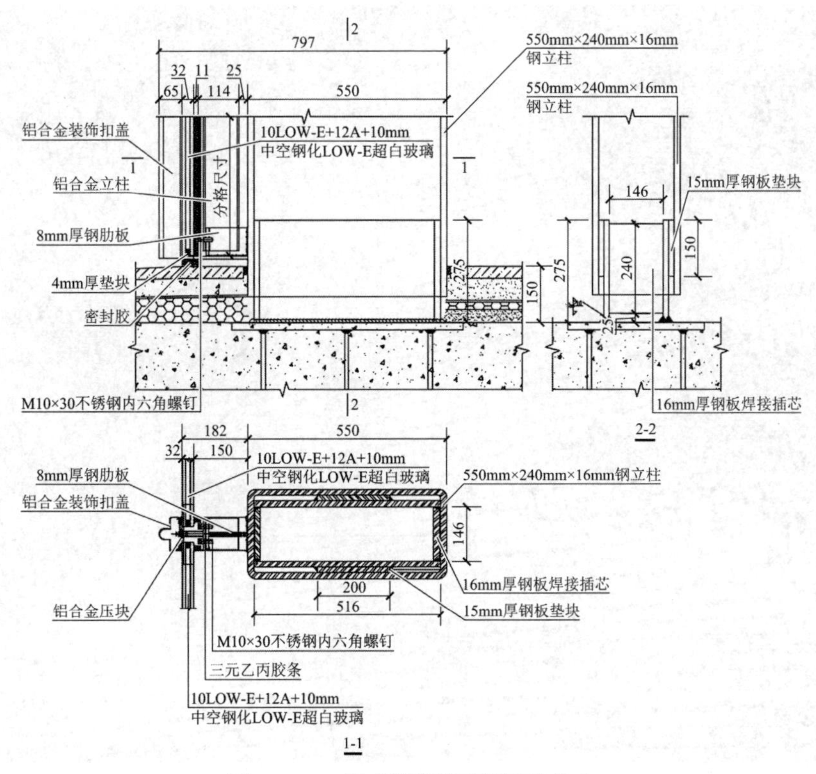


图 6.1-10　现玻璃幕墙下侧固定节点

③通过增加铝格栅幕墙的型材截面尺寸，使其感官效果更加大气（图 6.1-11～图 6.1-13）。

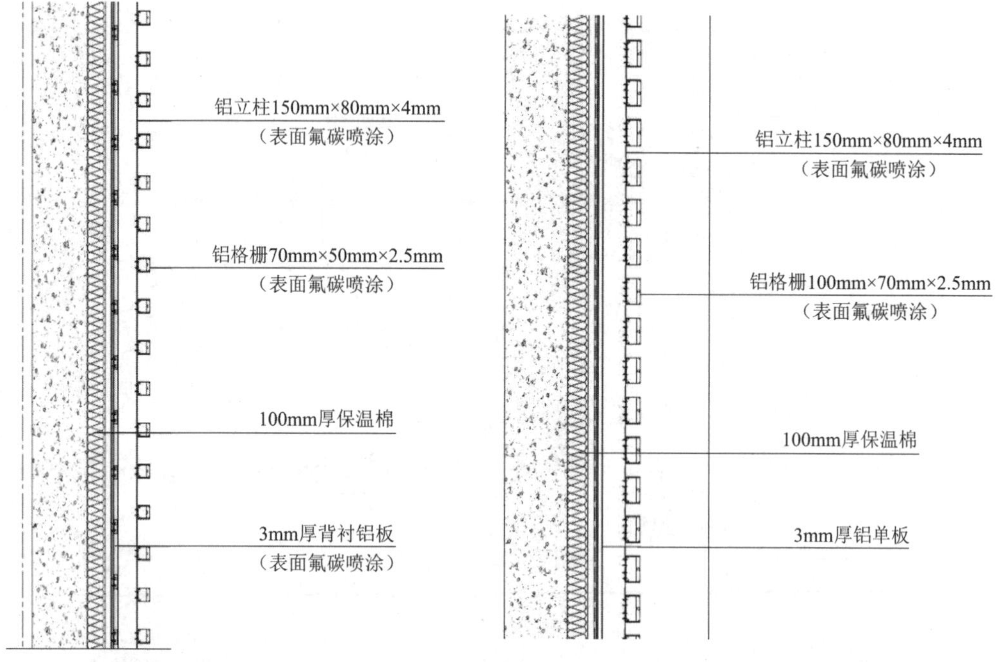


图 6.1-11　原铝格栅节点　　　　图 6.1-12　现铝格栅节点

图 6.1-13　现铝格栅完成后效果

④外挑钢梁檐口增加铝板包梁，并将铝板檐外坡水改为内坡水，防止铝板墙面污染（图 6.1-14～图 6.1-16）。

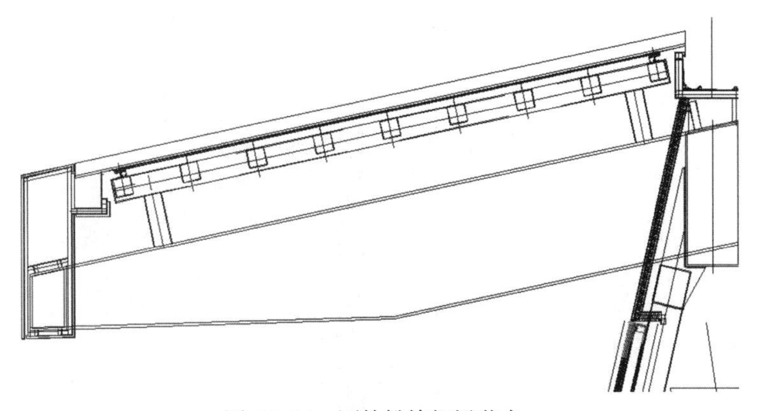

图 6.1-14　原外挑檐钢梁节点

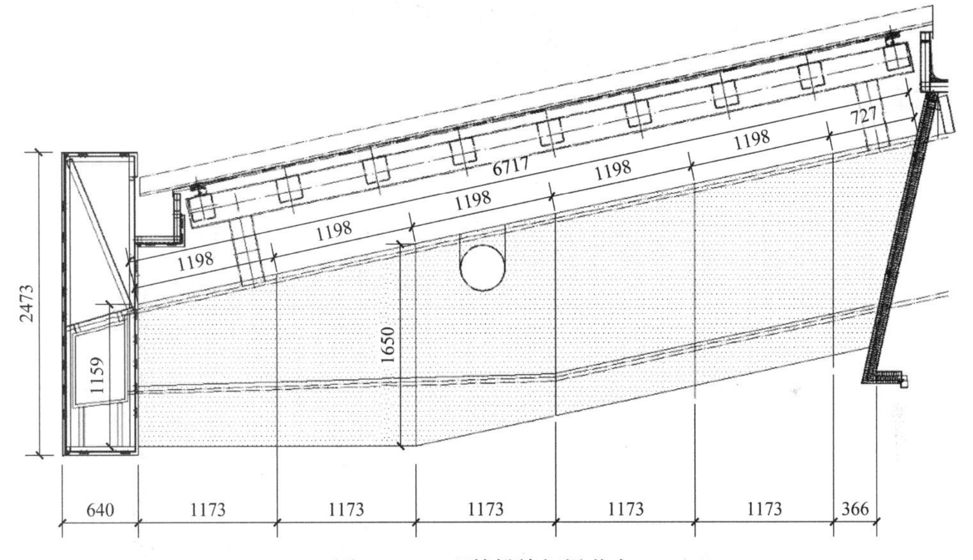


图 6.1-15　现外挑檐钢梁节点

图 6.1-16　外挑檐完成后效果

⑤石材百叶经过深化设计，由原来的方管变为U形槽，减少异形石材量，便于背栓安装（图 6.1-17～图 6.1-18）。

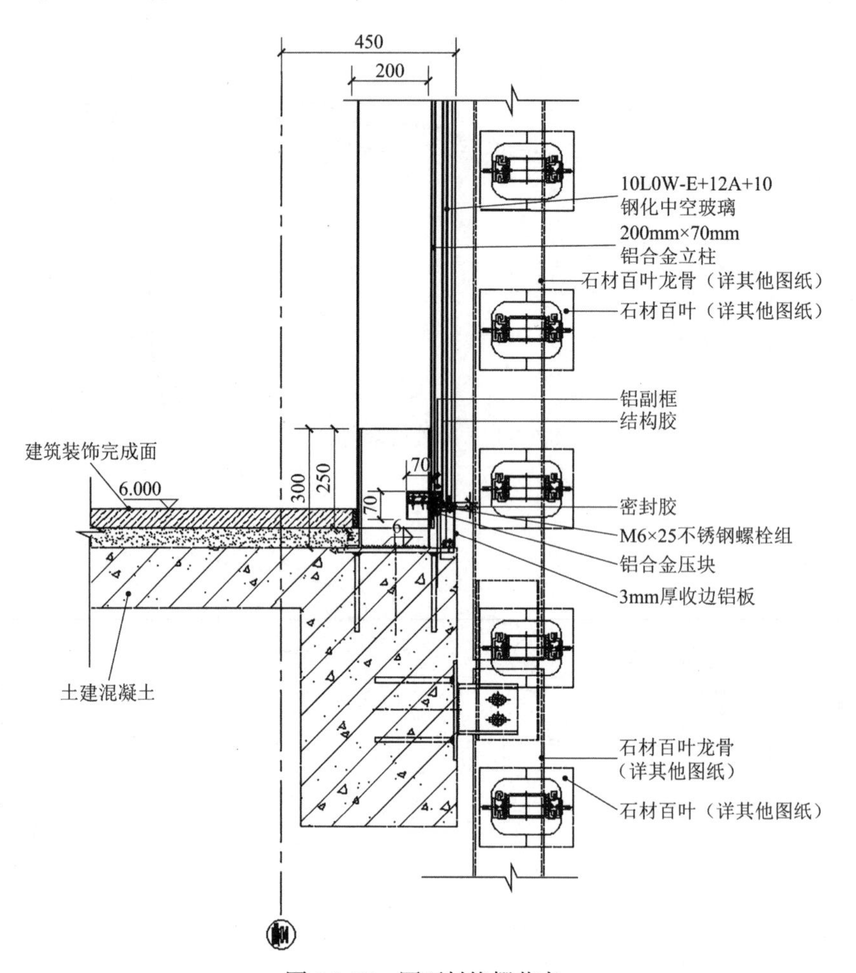


图 6.1-17　原石材格栅节点

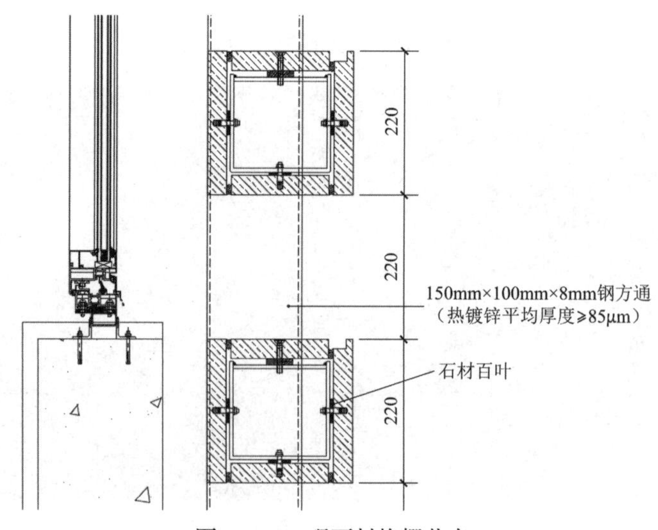


图 6.1-18　现石材格栅节点

⑥SC03 和 SC04 原方案是底部采用吊挂石材，因考虑到安全性和施工的简便化，优化设计成仿石材铝单板，并增加挡水板（图 6.1-19～图 6.1-21）。

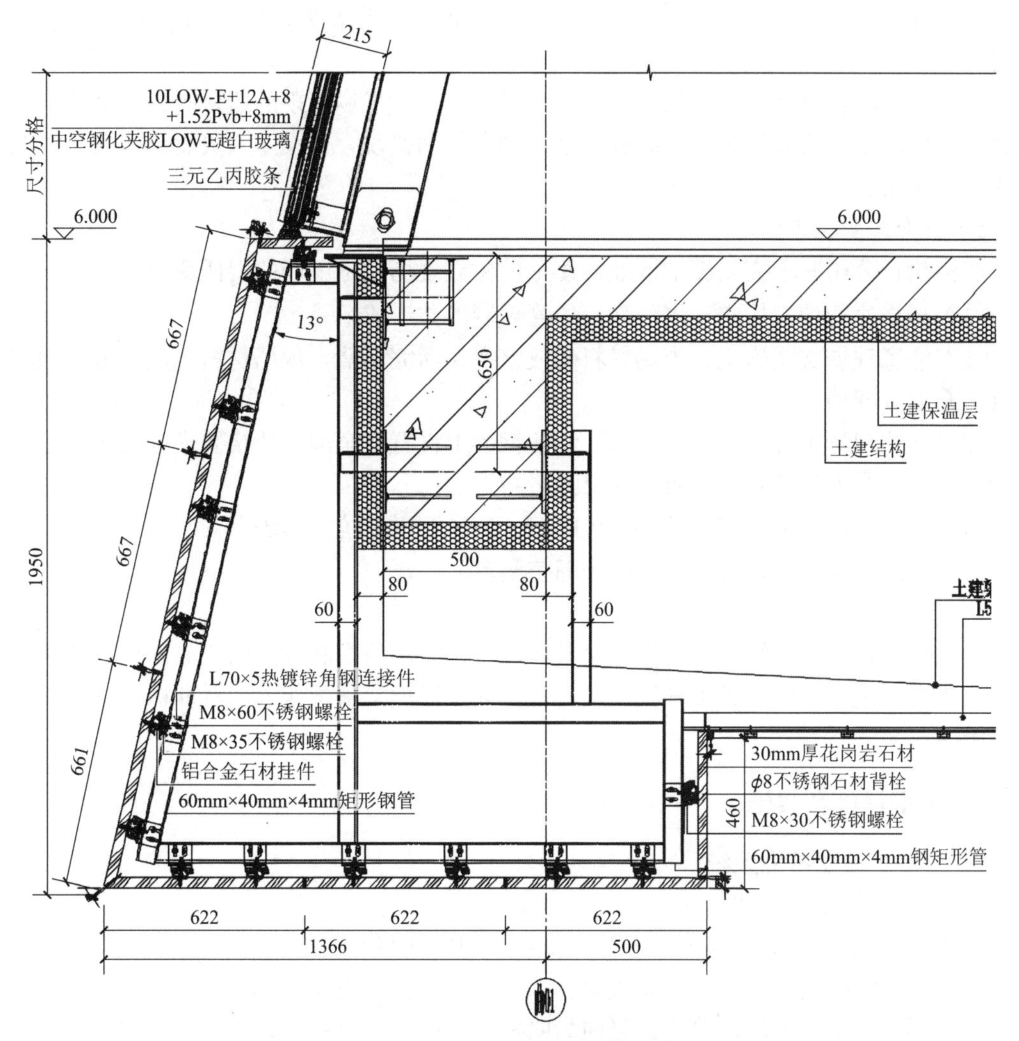


图 6.1-19 原石材吊底节点

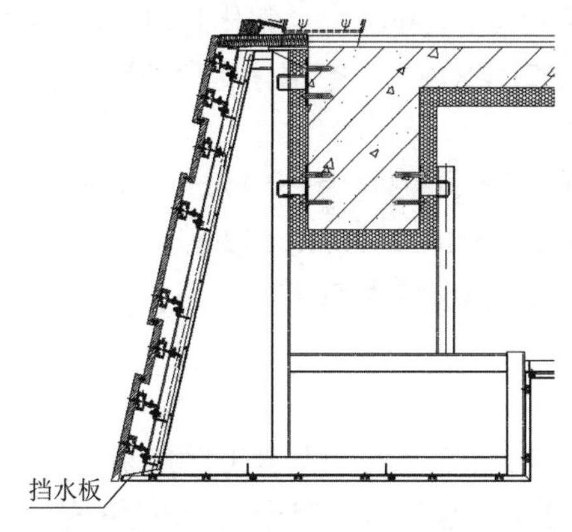


图 6.1-20 现仿石铝板吊底节点

图 6.1-21 完成后吊底仿石铝板效果

（2）在注重优化设计的同时，对工程实体的质量控制才是根本。各项工作开展前要始终贯彻样板引路制度。

（3）加大质量检查力度，形成质量检查记录，注重落实，质量问题未整改坚决不放过。

（4）坚持项目例会制度。每天召开项目部例会，对现场出现的质量问题在会议上通报批评并下发质量整改通知单，班组长签字，勒令限期整改，并设专人负责整改落实情况并每天上会汇报。

5）安全文明施工管理

严格执行公司安全文明施工标准，使全员树立现场就是市场的责任意识。

（1）严格执行周六检查、周一教育的管理制度并形成记录。

（2）注意现场文明施工，现场材料码放整齐，活完场清。现场材料码放区分类须单独设置，并设置围挡。

（3）注重现场施工安全，在屋面上和侧钢梁上设置安全绳，严格要求施工工人必须系好安全带，屋面下满铺安全网防止高空坠落。

（4）注重现场用电，严格按照规范配置，现场配电箱统一编码上锁。

（5）建筑屋面周边设置围栏，防止高空坠落。

6）成品保护

本工程工程量大、涉及工种多、交叉作业多，要严格控制现场的成品保护管理制度，设专人进行管理，并要求各工种施工人员做好成品保护交底工作。项目部认真落实成品保护措施。

### 6.1.3 关键措施及实施

#### 6.1.3.1 玻璃幕墙系统

1）玻璃幕墙系统介绍

本工程玻璃幕墙编号 BLM01～BLM24，其中 BLM01、BLM04、BLM05、BLM06、BLM014、BLM15 为大跨度钢龙骨玻璃幕墙，其他为铝龙骨框架幕墙（图 6.1-22）。

结构形式：框架式玻璃幕墙，竖向为明框，横向无横梁系统，采用钢制玻璃托连接铝合金底座支撑玻璃。

面层规格：垂直立面部位为 10LOW-E + 12A + 10mm 中空钢化超白玻璃，倾斜部位内片采用夹胶玻璃 10LOW-E + 12A + 8mm + 1.52PVB + 8 中空钢化超白玻璃，标准玻璃尺寸为 1800mm × 3000mm。

主要龙骨：根据跨度不同采用的龙骨截面不同主要为 550mm × 300mm × 16mm、400mm × 200mm × 16mm、350mm × 200mm × 12mm，200mm × 120mm × 6mm，钢龙骨采用工厂预制表面氟碳喷涂，最大单根高度为 28m，重量为 5t。

2）技术要点

（1）工艺流程

工艺流程图：测量放线→预埋件调整→连接件安装→钢龙骨工厂预制→钢支托工厂焊接→氟碳喷涂→钢龙骨吊装→铝龙骨安装→玻璃面板安装→竖向压板安装→横缝打胶→扣盖安装→清理验收（图 6.1-23）。

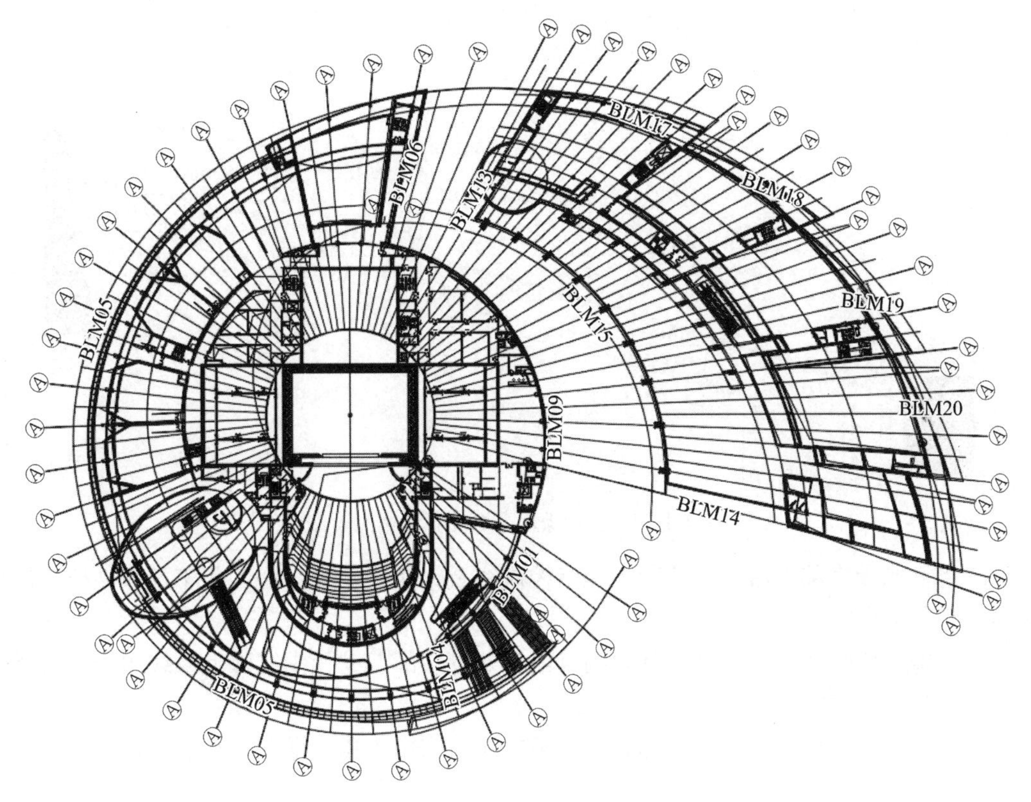


图 6.1-22　各系统玻璃幕墙位置图

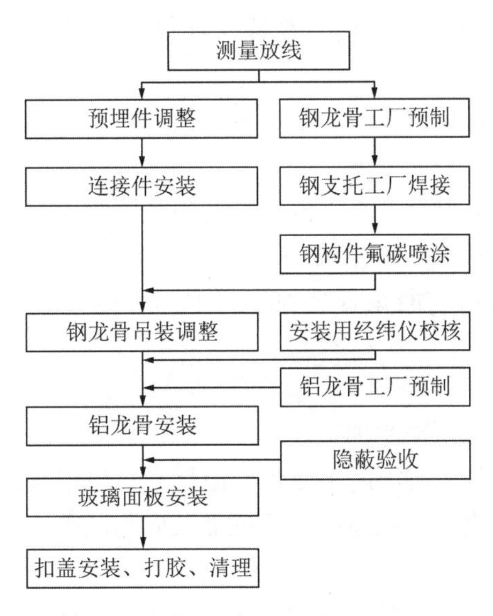


图 6.1-23　玻璃幕墙安装工艺流程

（2）操作要点

①测量放线

a. 根据图纸设计尺寸及分格要求，确定钢龙骨的位置及玻璃完成面控制线，弧形及异形幕墙采用全站仪打点定位（图 6.1-24）。

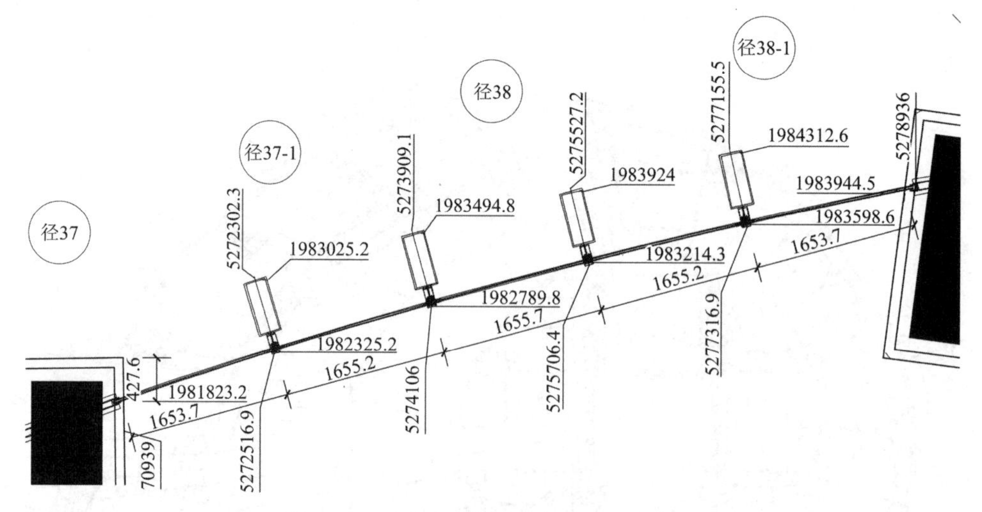


图 6.1-24　弧形玻璃幕墙龙骨坐标点位图

b. 将钢龙骨底部坐落点位置弹上十字控制线及钢龙骨轮廓边线，用于预埋件位置调整及钢龙骨位置控制。

c. 用经纬仪根据地面龙骨控制线测量出钢龙骨顶部，龙骨中线弹上墨线用于龙骨竖向控制及连接件位置的确定。

d. 通过水平仪将连接件位置标高并引至主体结构用于孔子钢龙骨水平位置。

②预埋件调整

a. 根据放线尺寸确定预埋件位置偏差并调整。

b. 对于位置有偏差的预埋件采用后置埋件补强，后置钢板厚度及锚栓大小经过计算确定。

c. 后置锚栓要现场进行拉拔试验合格后方可使用。

③连接件安装

连接件大小要根据计算确定，本工程上侧连接件选用 32C 槽钢作为与主体连接的受力构件，螺栓采用$\phi$120mm 钢棒（45 号钢）定制加工（图 6.1-25）。下侧为钢板焊制插芯，插入龙骨内侧不小于 200mm，钢龙骨与地面间有 70mm 间距保证钢龙骨的伸缩变形量（图 6.1-26）。

④钢龙骨工厂预制

本工程钢龙骨均采用工厂预制加工。

a. 钢龙骨采用圆管压制成所需的钢龙骨截面尺寸，单根长度 12m，钢龙骨需工厂焊接而成。材料进场要进行验收以保证压制钢管截面及四角圆弧半径一致，保证焊接时不出现错槎。不合格不予验收。

b. 龙骨焊接分段设置夹具，并且对称焊接保证龙骨不变形，焊接完毕打磨焊口统一上机器调直，保证加工精度。

⑤钢支托焊接

a. 钢支托（图 6.1-27）专业厂家定制加工，保证了加工精度。

b. 在工厂根据设计尺寸在钢龙骨上放线确定水平及垂直位置弹控制线，钢支托根据控制线与钢龙骨焊接。

c. 钢支托焊接要满焊，保证焊缝高度不得存在断焊及夹渣在现场。

d. 钢支托焊接完毕对焊缝进行打磨，焊缝要圆滑平整，验收合格后方可进行下一道工序（图 6.1-28）。

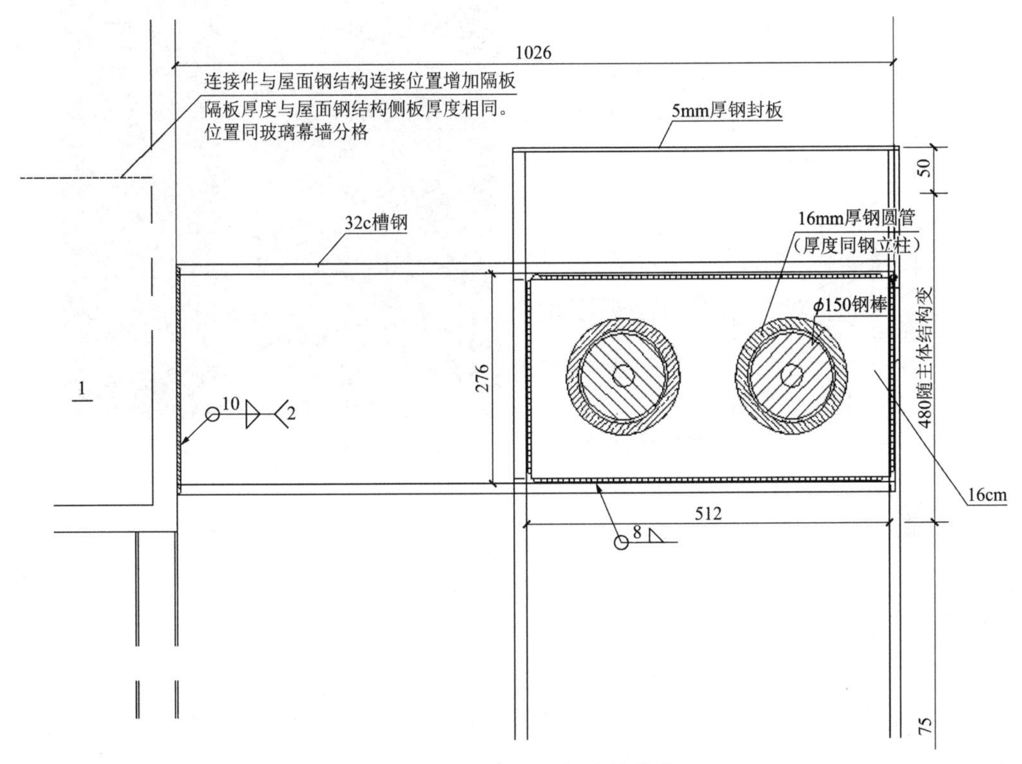


图 6.1-25　钢龙骨上侧连接节点

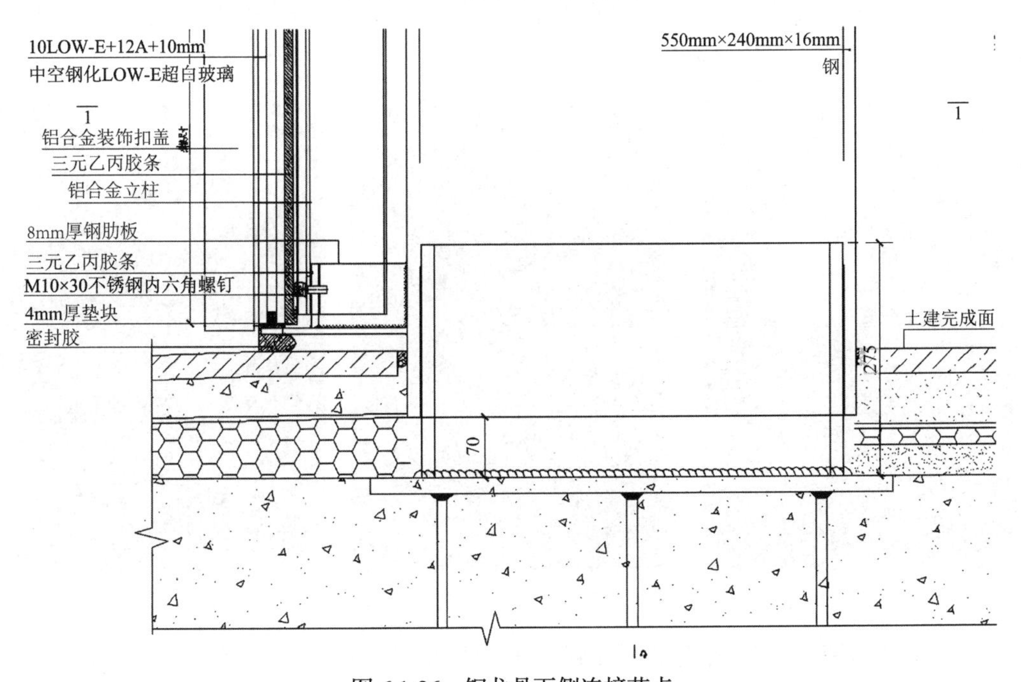


图 6.1-26　钢龙骨下侧连接节点

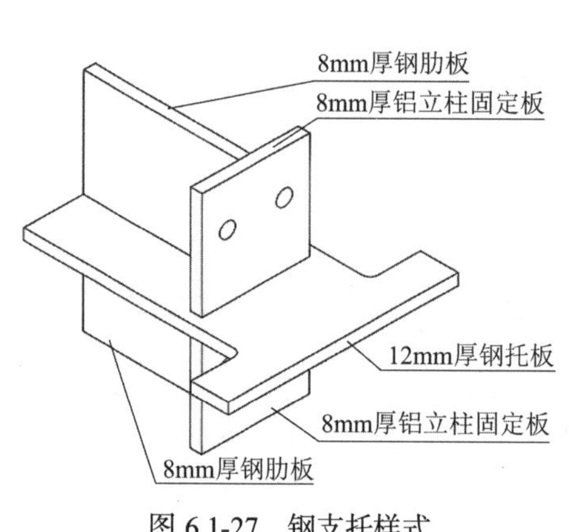

图 6.1-27　钢支托样式

图 6.1-28　钢支托焊接后效果

⑥氟碳喷涂

钢龙骨焊接完毕要进行抛丸除锈处理，环氧富锌漆两道每道 40μm，中间漆一道，氟碳漆两道每道 40μm。验收合格进行包装、成品保护运至现场。

⑦钢龙骨吊装

a. 采用汽车式起重机吊装（图 6.1-29、图 6.1-30），钢丝绳一端与预设耳板连接，另一端与套在钢龙骨 3/4 的位置吊带固定，解决了上侧吊点拆除问题。吊车通过吊带缓慢将钢龙骨吊起，吊装过程中下方禁止站人，等钢立柱直立稳定后，将钢立柱插入预先焊接好的插芯内，上侧安装钢销固定。安装过程中采用经纬仪对龙骨的水平度垂直度进行微调。局部无法进入吊车部位采用卷扬机吊装（图 6.1-31）。

图 6.1-29　BLM14 钢龙骨吊装

图 6.1-30　BLM15 钢龙骨吊装

图 6.1-31　钢龙骨吊装

b. 钢龙骨吊装、焊接措施采用曲臂车配合吊车进行吊装，局部采用自制吊笼焊接（图 6.1-32、图 6.1-33）。

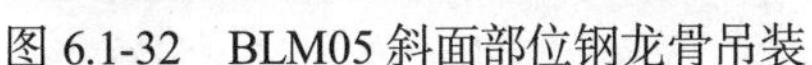

图 6.1-32　BLM05 斜面部位钢龙骨吊装

图 6.1-33　钢龙骨吊装

⑧铝龙骨底座安装

a. 铝龙骨开孔、铣槽及胶条安装预先在工厂根据设计要求加工完毕。

b. 拉通线通过垫片进一步微调竖龙骨的平整度。

c. 铝龙骨安装 BLM14、BLM15 的位置采用自制夹具吊臂吊篮进行安装，BLM05 位置采用曲臂车安装（图 6.1-34～图 6.1-36）。

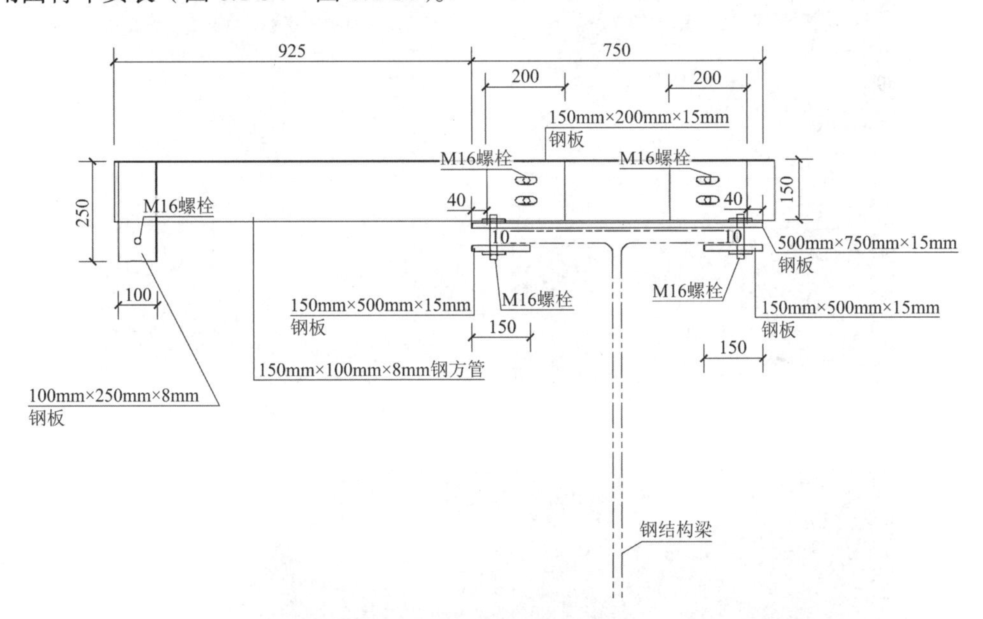


图 6.1-34　自制夹具吊臂节点

图 6.1-35　BLM14 铝底座安装

图 6.1-36　BLM15 铝底座安装

d. 铝龙骨通过不锈钢螺栓组固定在钢支托上，铝龙骨与钢支托之间设置 2mm 厚尼龙板防止静电腐蚀（图 6.1-37）。

⑨玻璃安装

a. 由于玻璃板块较大（玻璃尺寸 2000mm × 3000mm，玻璃样式 10LOW-E + 12A + 10mm 中空钢化超白玻璃），在搬运过程中注意防止磕碰玻璃边角，临时放置位置底下垫好木方。

b. 垂直立面部分（BLM06、BLM14、BLM15）玻璃安装采用电动葫芦吊装，斜面部分（BLM05）采用吊车吊装，曲臂车配合安装。吊装时玻璃要绑扎牢固，绑扎点左右位置要一致，保证玻璃吊起时底边水平，设置 2 道加缆风绳，防止玻璃旋转与钢龙骨碰撞（图 6.1-38、图 6.1-39）。

图 6.1-37　铝合金底座安装后效果

图 6.1-38　采用吊篮进行玻璃安装

图 6.1-39　采用吊车、曲臂车进行玻璃安装

c. 玻璃吊运到指定位置由上向下缓慢放下，工人用手动吸盘调整玻璃位置，使玻璃缓慢准确地坐落在指定位置。玻璃托上垫 4mm 厚 100mm 长的橡胶垫片。节点图见图 6.1-40、图 6.1-41。

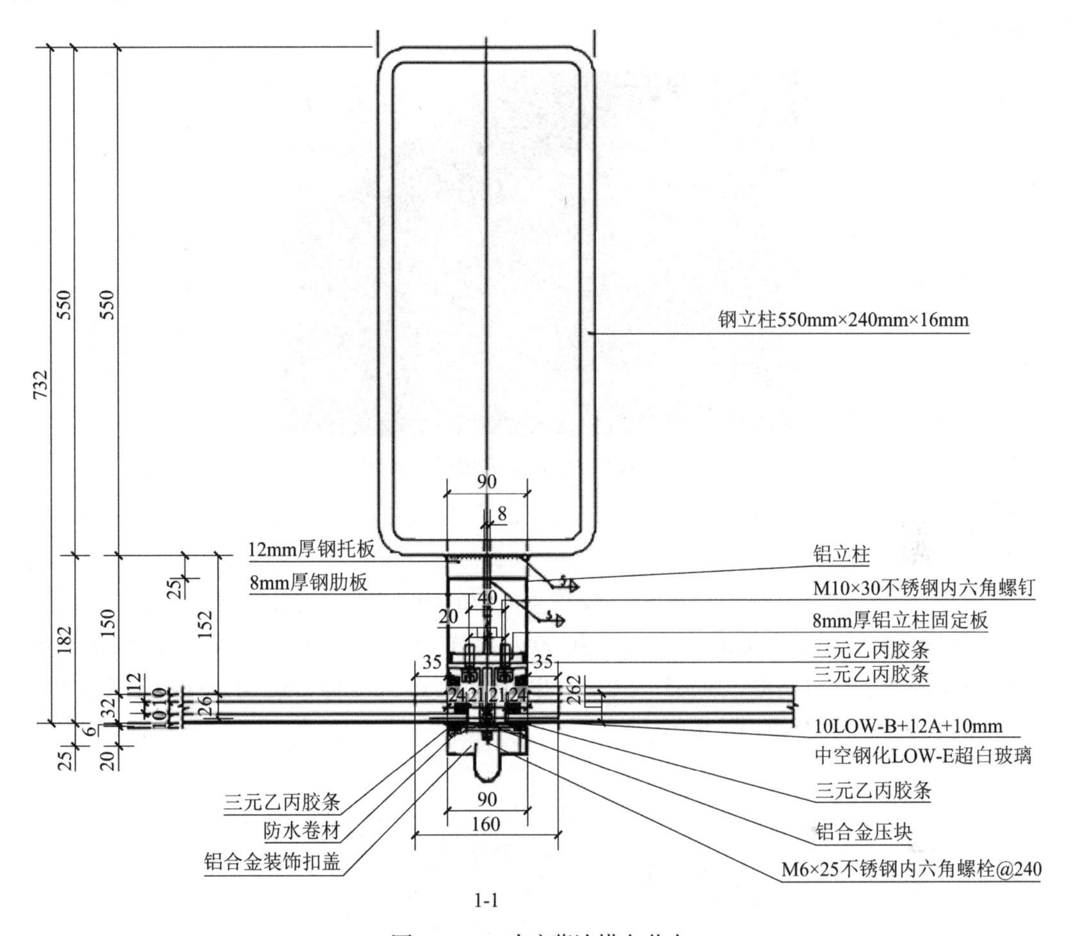


图 6.1-40　玻璃幕墙横向节点

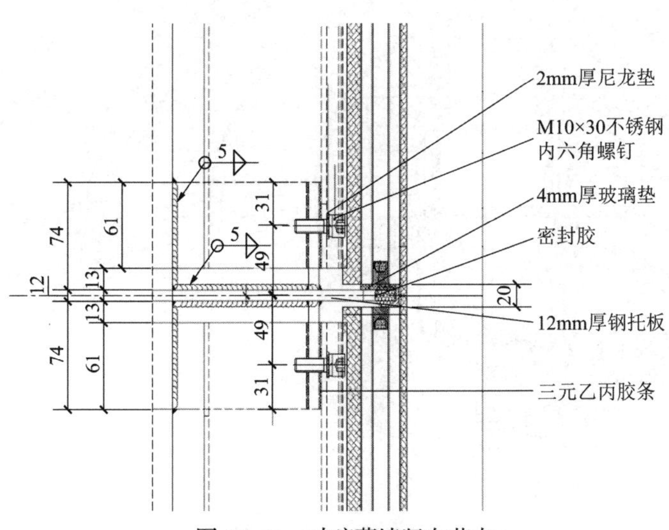


图 6.1-41　玻璃幕墙竖向节点

⑩压板、扣盖安装，横缝打胶

玻璃幕墙横缝采用泡沫棒填塞，双面耐候密封胶封堵，竖向采用通长铝合金压板和三元乙丙胶条固定玻璃，保证玻璃幕墙的抗风压、气密性、水密性和平面内变形性能（图 6.1-42）。

图 6.1-42　BLM14 完成后效果

### 6.1.3.2　石材幕墙系统

*1）石材幕墙系统介绍*

本工程石材幕墙为开缝石材幕墙，编号 SC01-SC19，其中 SC01、SC19 为单曲面石材幕墙、石材格栅，SC02、SC03、SC04、SC09、SC11、SC13、C15、SC17、多功能厅为锥形弧面石材幕墙、石材格栅，SC05、SC07、SC08、SC10、SC12、SC14、SC16、SC18、灰空间立柱为平面石材幕墙（图 6.1-43）。

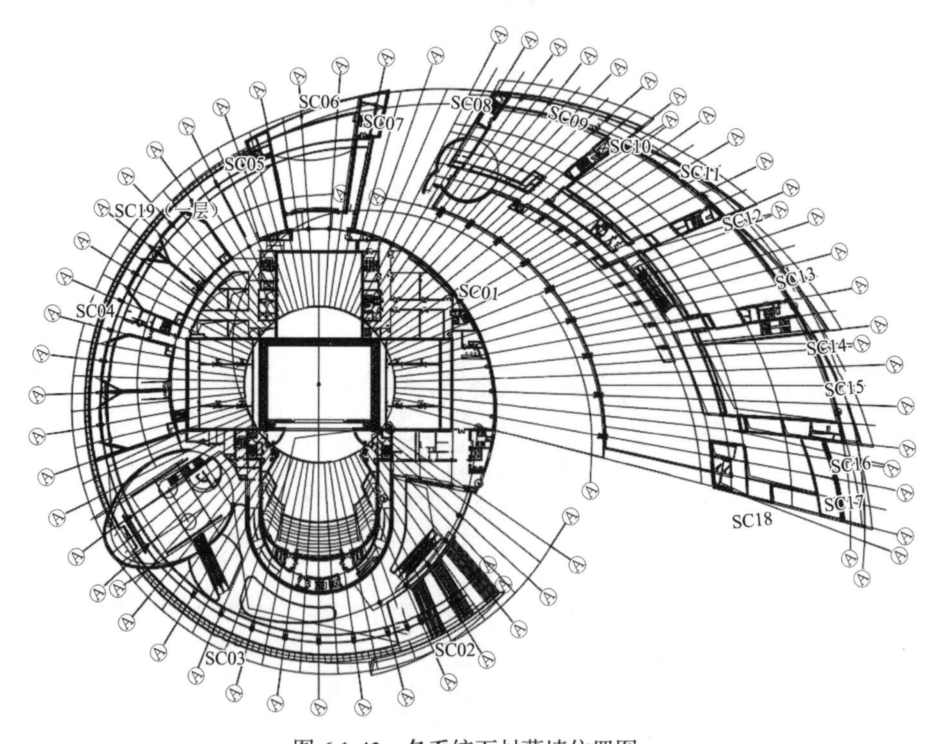


图 6.1-43　各系统石材幕墙位置图

结构形式：开缝式石材幕墙，选用钢龙骨通过背栓铝挂件与石材面层固定，中间设置铝板防水层。

面层规格：30mm 厚黄金麻石材，3mm 厚披水铝单板，2mm 厚室内侧镀锌钢板。

主要龙骨：150mm × 100mm × 8mm 镀锌钢方通、L56mm × 5mm 镀锌角钢。

2）技术要点

（1）工艺流程

BIM 平行施工→三维建模→数据提取→提料/下单→测量放线→预埋件调整→连接件安装→钢龙骨安装→保温施工→防水铝板施工→石材面板安装→清理验收（图 6.1-44）。

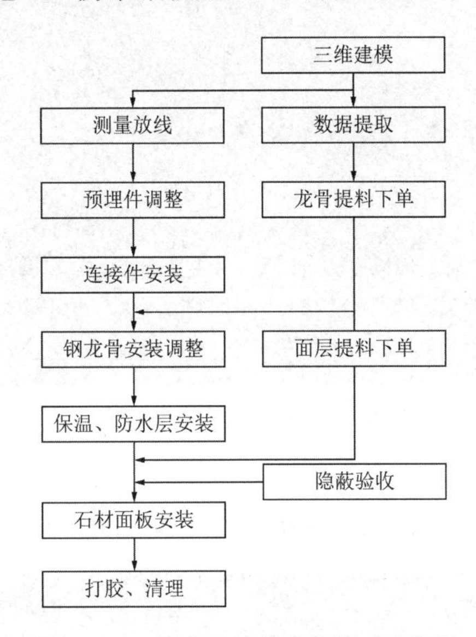


图 6.1-44　异型石材幕墙安装工艺流程

（2）操作要点

①三维建模

本工程幕墙面层多为锥形、倒锥形及不规则空间曲线，面板尺寸每块均不一致。采用犀牛软件对幕墙表皮进行建模找到了所需放线控制点的空间坐标，并根据图纸尺寸对表皮进行分格得到了所需的板块尺寸，进一步深化模型并进行曲率分析，将平面板与双曲面板进行比较发现，采用平板曲率变化不大，故确定石材面板采用平板。

a. 结合建筑图纸中平面图、立面图及剖面图进行三维模型的绘制，建模工作需要做到仔细、认真、精确，将整个幕墙完整精确地在三维空间建立起来（图 6.1-45）。

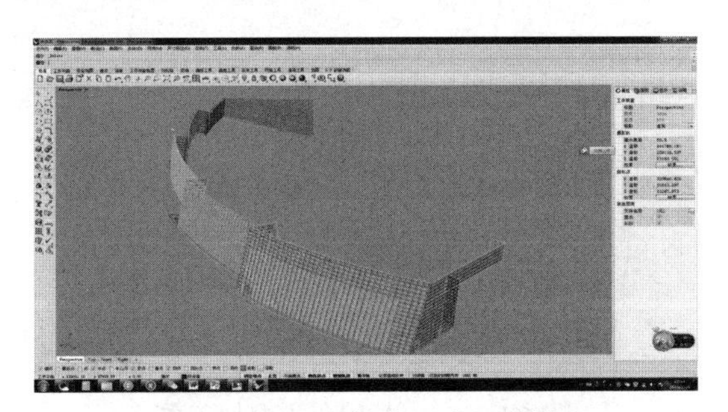

图 6.1-45　犀牛软件生成三维模型

b. 结合现场测量放线的实际情况调整模型，由于建筑主体施工往往偏差较大，需要现场实际测量，从而将主体施工误差对幕墙的影响降到最低。

c. 根据图纸要求进行表皮分格，进一步深化模型将单元分格改为平面石材，观察石材的曲率变化确定选用平面石材或者弧面石材。经测量偏差不大，板块偏差 1.3mm，故选用平面石材（图 6.1-46）。

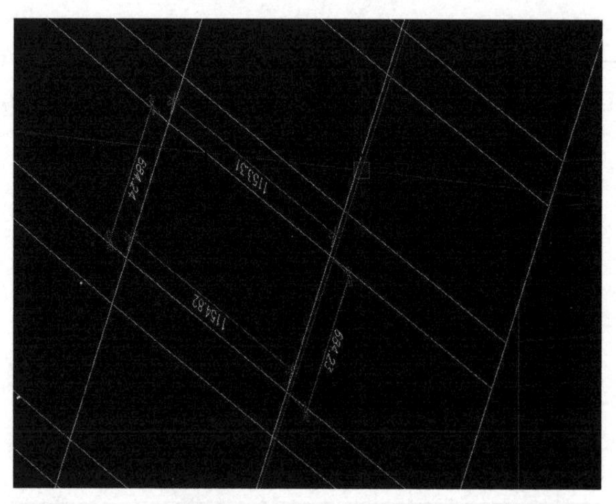

图 6.1-46　空间尺寸测量

②数据的提取

a. 将三维模型精确导入 CAD 软件，将精度调整为 0.1mm（图 6.1-47）。

图 6.1-47　SC08-18 分格三维线模

b. 对需加工的龙骨及面材板块进行编号，标号原则需清晰明了，方便将来的来料统计及现场顺序安装（图 6.1-48）。

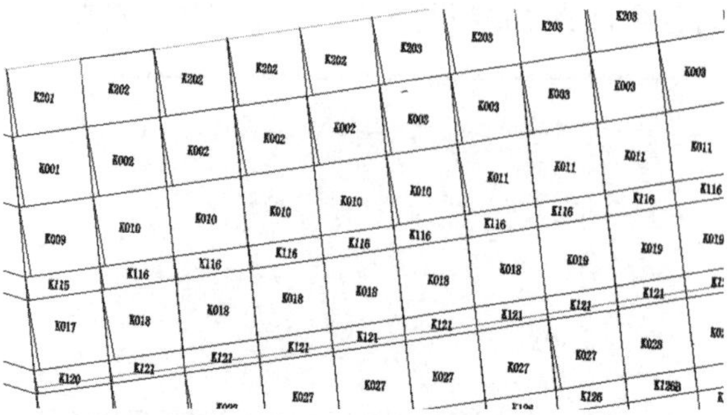

图 6.1-48　石材编码提取加工单

c. 数据提取，编制加工单。将龙骨及面层的尺寸逐一标注，编号整理成加工图、加工单，异形面材板块的加工图、加工单表达要精确、清晰、无歧义，审核完成后移交材料部下单（图 6.1-49、图 6.1-50）。

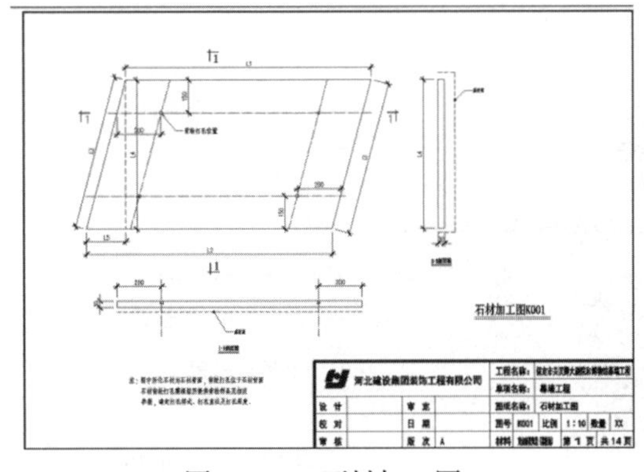


图 6.1-49　石材加工图

材料采购计划

单位：河北建设集团装饰工程有限公司　工程名称：保定关汉卿大剧院与博物馆幕墙工程　石材幕墙大样SC11

| 序号 | 石材编号 | 材料名称 | L1(mm) | L2(mm) | L3(mm) | L4(mm) | L5(mm) | 单位 | 总数量 | 进场时间 | 附图 | 备注 |
|---|---|---|---|---|---|---|---|---|---|---|---|---|
| 1 | K135 | 黄金麻石材(光面) | 1150 | 1151 | 288 | 286 | 37 | 块 | 16 | | 石材加工图K101 | 把石材编号和规格型号标在石材上 |
| 2 | K136 | 黄金麻石材(光面) | 1150 | 1151 | 288 | 286 | 38 | 块 | 17 | | 石材加工图K101 | 把石材编号和规格型号标在石材上 |
| 3 | K137 | 黄金麻石材(光面) | 1152 | 1152 | 288 | 286 | 39 | 块 | 1 | | 石材加工图K101 | 把石材编号和规格型号标在石材上 |
| 4 | K139 | 黄金麻石材(光面) | 1152 | 1155 | 288 | 286 | 37 | 块 | 15 | | 石材加工图K101 | 把石材编号和规格型号标在石材上 |
| 5 | K140 | 黄金麻石材(光面) | 1152 | 1153 | 288 | 286 | 38 | 块 | 16 | | 石材加工图K101 | 把石材编号和规格型号标在石材上 |
| 6 | K141 | 黄金麻石材(光面) | 1153 | 1154 | 288 | 286 | 38 | 块 | 1 | | 石材加工图K101 | 把石材编号和规格型号标在石材上 |
| 7 | K142 | 黄金麻石材(光面) | 1154 | 1154 | 288 | 286 | 37 | 块 | 16 | | 石材加工图K101 | 把石材编号和规格型号标在石材上 |
| 8 | K144 | 黄金麻石材(光面) | 1154 | 1154 | 288 | 286 | 38 | 块 | 19 | | 石材加工图K101 | 把石材编号和规格型号标在石材上 |
| 9 | K145 | 黄金麻石材(光面) | 1155 | 1155 | 288 | 286 | 38 | 块 | 1 | | 石材加工图K101 | 把石材编号和规格型号标在石材上 |
| 10 | K147 | 黄金麻石材(光面) | 1156 | 1156 | 288 | 286 | 37 | 块 | 17 | | 石材加工图K101 | 把石材编号和规格型号标在石材上 |
| 11 | K148 | 黄金麻石材(光面) | 1156 | 1156 | 288 | 286 | 38 | 块 | 14 | | 石材加工图K101 | 把石材编号和规格型号标在石材上 |
| 12 | K149 | 黄金麻石材(光面) | 1156 | 1157 | 288 | 286 | 38 | 块 | 1 | | 石材加工图K101 | 把石材编号和规格型号标在石材上 |
| 13 | K151 | 黄金麻石材(光面) | 1157 | 1158 | 288 | 286 | 37 | 块 | 18 | | 石材加工图K101 | 把石材编号和规格型号标在石材上 |
| 14 | K152 | 黄金麻石材(光面) | 1157 | 1158 | 288 | 286 | 38 | 块 | 13 | | 石材加工图K101 | 把石材编号和规格型号标在石材上 |
| 15 | K153 | 黄金麻石材(光面) | 1158 | 1158 | 288 | 286 | 38 | 块 | 1 | | 石材加工图K101 | 把石材编号和规格型号标在石材上 |

图 6.1-50　石材加工单

③现场龙骨制作安装

a. 现场测量放线，由于异形曲面的建筑造型，一般放线方法无法实现，需根据三维模型提取首层及屋面层对应龙骨的空间坐标点位，通过全站仪逐个测设放点。为减少测设工作量也可减少点位，根据图纸弧度加工压弧方管，对应测设点位围出控制弧线。

b. 放线完毕将尺寸反馈给设计部门校核模型准确度，无误后根据模型尺寸下龙骨加工图、加工单给工厂加工。

c. 竖龙骨安装。龙骨进场后根据编号图逐层安装，首先将竖向龙骨的首层及顶面龙骨外皮中心位置上下拉通线作为控制线，保证龙骨安装的平整度及直线度。采用专业焊工，保证焊接质量。现场龙骨要与图纸中的龙骨位置保持一致（图 6.1-51）。

d. 横龙骨安装。由于石材面是弧面外加双面倾斜，水平位置不能拉通线，横龙骨定位需通过激光水准仪测设龙骨位置线，并自制仪器托架，从不同高度定位测量，水平线每隔 6m 进行高度校核，避免误差（图 6.1-52）。

图 6.1-51　竖龙骨安装图

图 6.1-52　横龙骨安装图

④保温防水层施工

a. 保温防水层在横龙骨内侧（图 6.1-53），为保证保温层岩棉及防水层铝单板安装方便，保证防水打胶质量，在竖龙骨安装完毕后，横龙骨安装前进行保温防水层施工（图 6.1-54）。

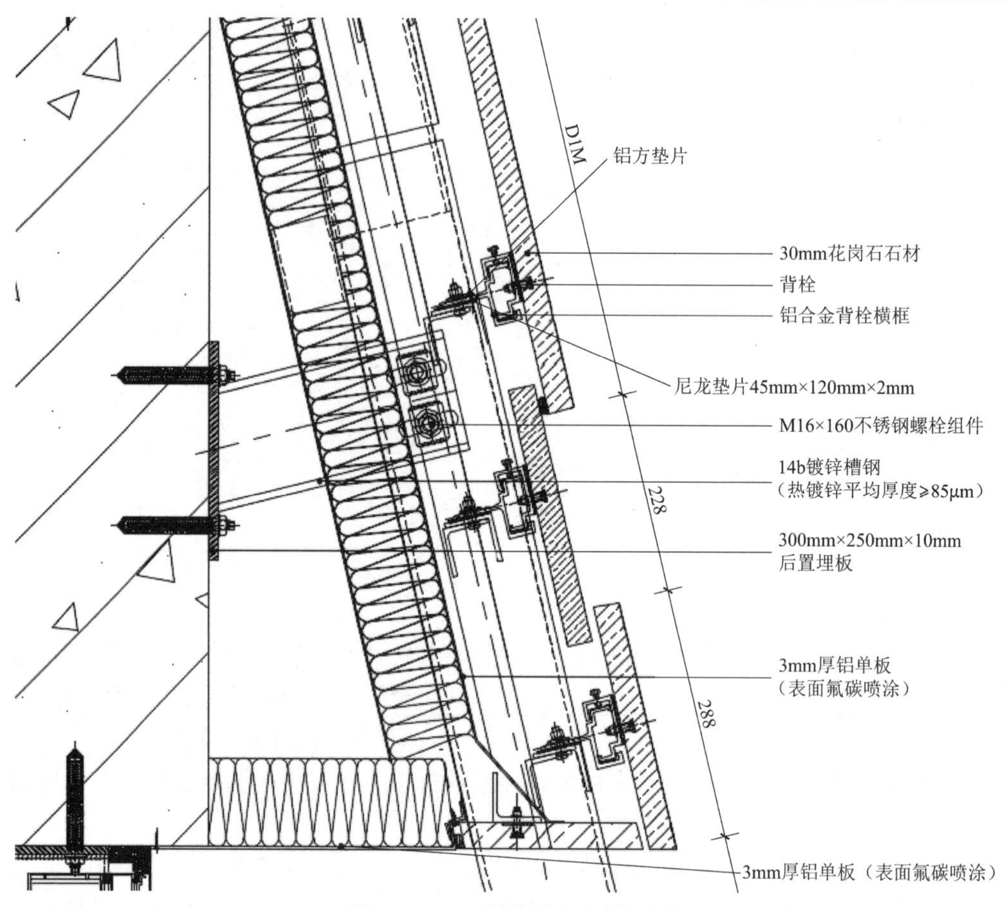


图 6.1-53 石材幕墙竖向剖面图

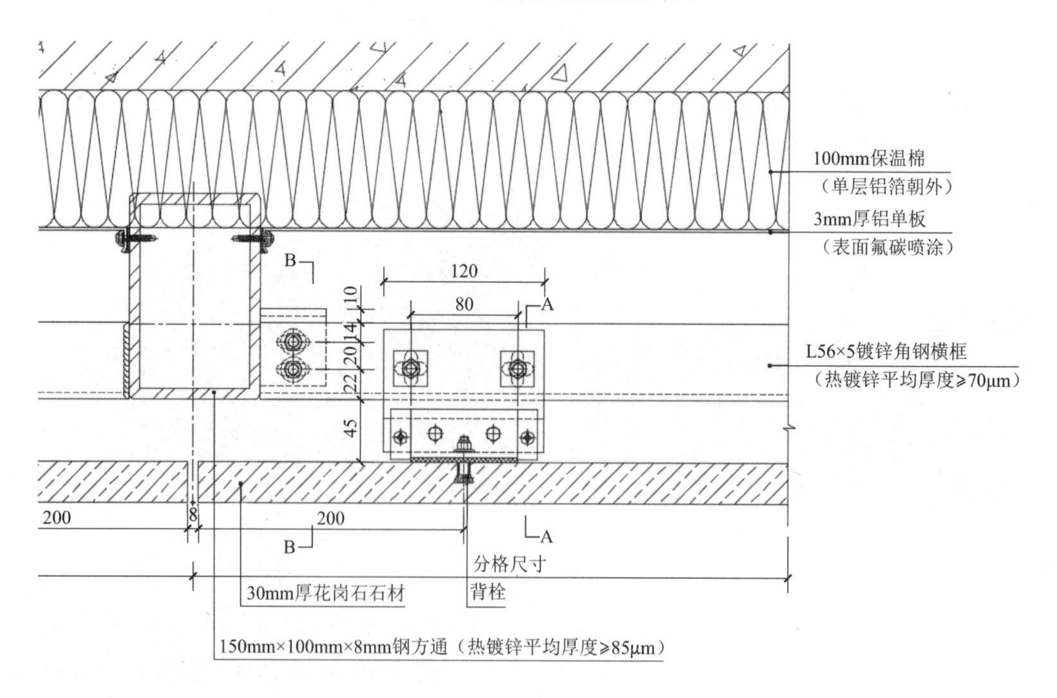


图 6.1-54 石材幕墙横向剖面图

b. 首先安装保温层背衬镀锌板，镀锌板安装要注意搭接方向和搭接长度，为防止漏水采用从上向下、内片压外片的方式施工。安装完毕后进行保温岩棉施工，要求安装牢固密实（图 6.1-55、图 6.1-56）。

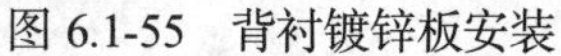
图 6.1-55　背衬镀锌板安装

图 6.1-56　保温棉安装

c. 隐蔽验收完毕后进行防水铝单板的安装，防水铝单板安装在竖龙骨之间，每块铝板尺寸也不相同，加工单需根据模型尺寸提取。防水铝板安装完毕后打胶要密实，尤其注意连接件、窗洞口等薄弱部位，保证封闭密实。打胶完毕后进行淋水试验，不渗漏方可进行下道工序（图 6.1-57）。

图 6.1-57　防水铝单板安装

⑤石材面层安装

a. 石材干挂形式采用子母式铝合金背栓挂件，将背栓和子件安装到石材上，将母件用螺栓安装到钢横龙骨上，然后进行挂装。

b. 由于每块石材的尺寸均不一样，现场石材安装须根据排版图逐一核对石材编号后进行安装。

c. 石材安装时竖缝位置每隔一道挂一条通线，保证缝隙均匀贯通，倾斜角度、弧度顺畅，满足设计要求（图 6.1-58、图 6.1-59）。

图 6.1-58　锥形弧面石材面层安装

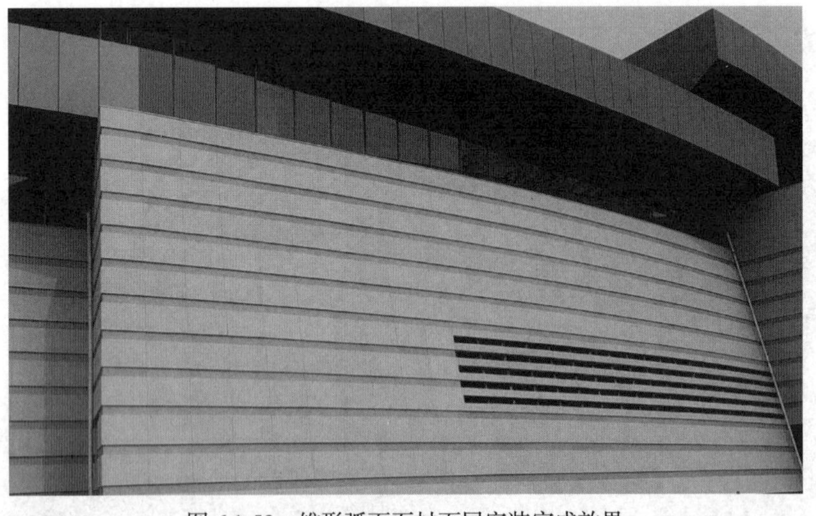

图 6.1-59　锥形弧面石材面层安装完成效果

d. 石材格栅安装。石材百叶经过优化将横梁原来的方管变为 U 形槽，减少了异形石材的用量，采用普通板条，便于石材安装，更加牢固且精度更高，取得了很好的装饰效果（图 6.1-60～图 6.1-63）。

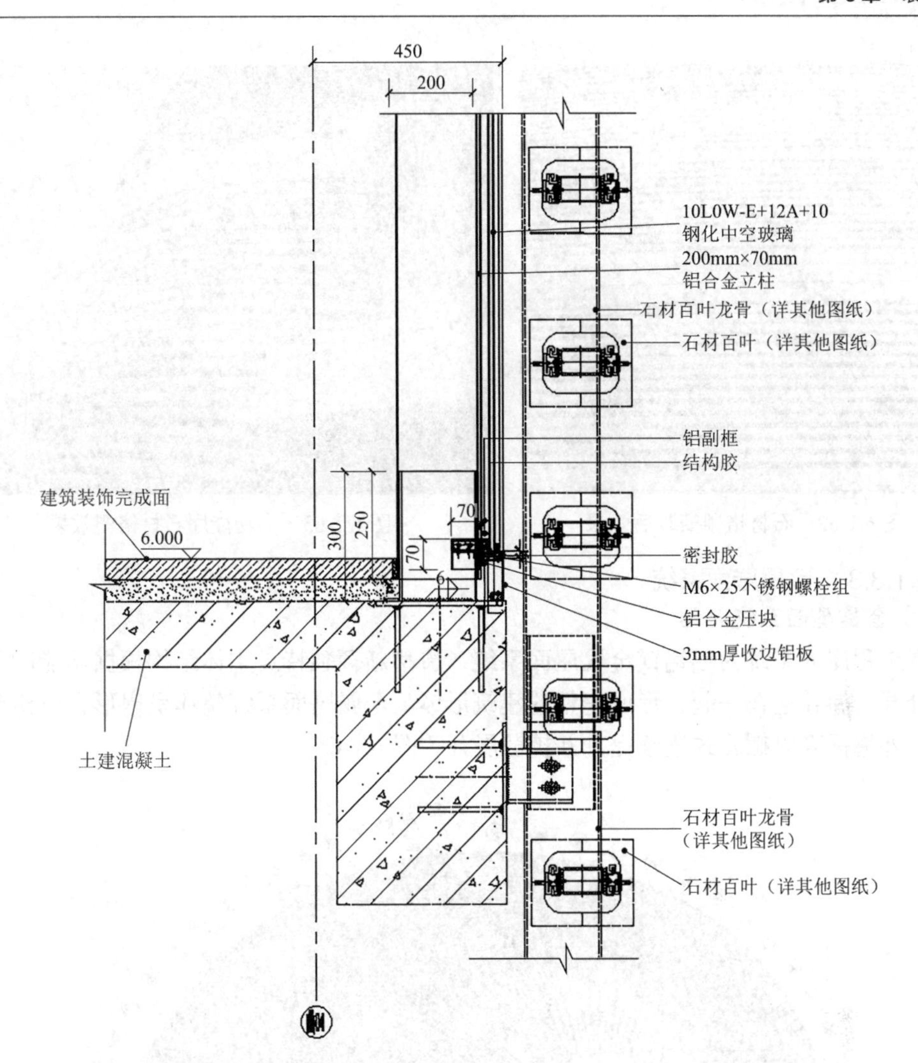


图 6.1-60　原石材格栅方案

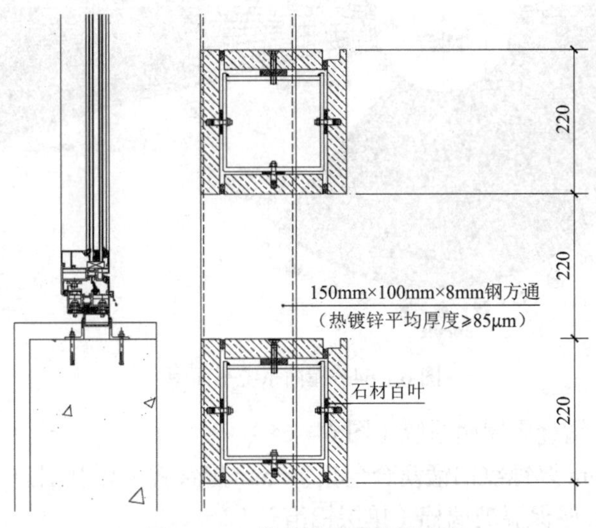


图 6.1-61　优化后石材格栅方案

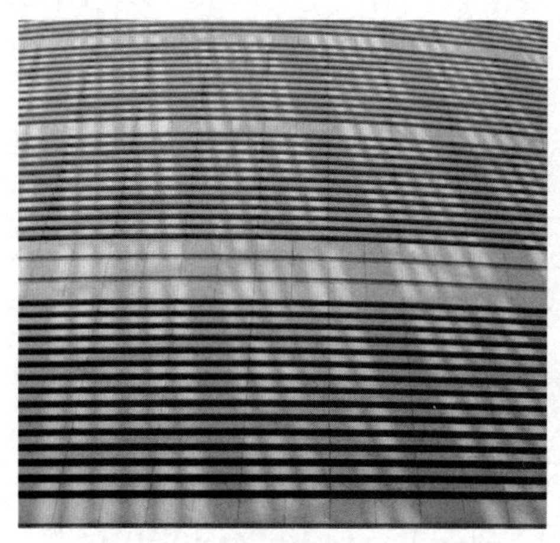

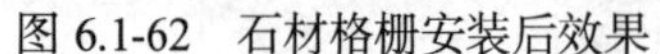

图 6.1-62　石材格栅安装后效果　　　　图 6.1-63　多功能厅石材格栅效果

### 6.1.3.3　金属屋面系统

1）金属屋面系统介绍

本工程屋面系统为铝锰镁金属屋面系统，造型新颖独特。主体结构根据功能的不同，独立分开，屋盖连在一起，形成完整的建筑形体。金属屋面系统整体呈扇形，以舞台塔为中心，外檐标高以螺旋式逐渐提升并扩散展开（图 6.1-64）。

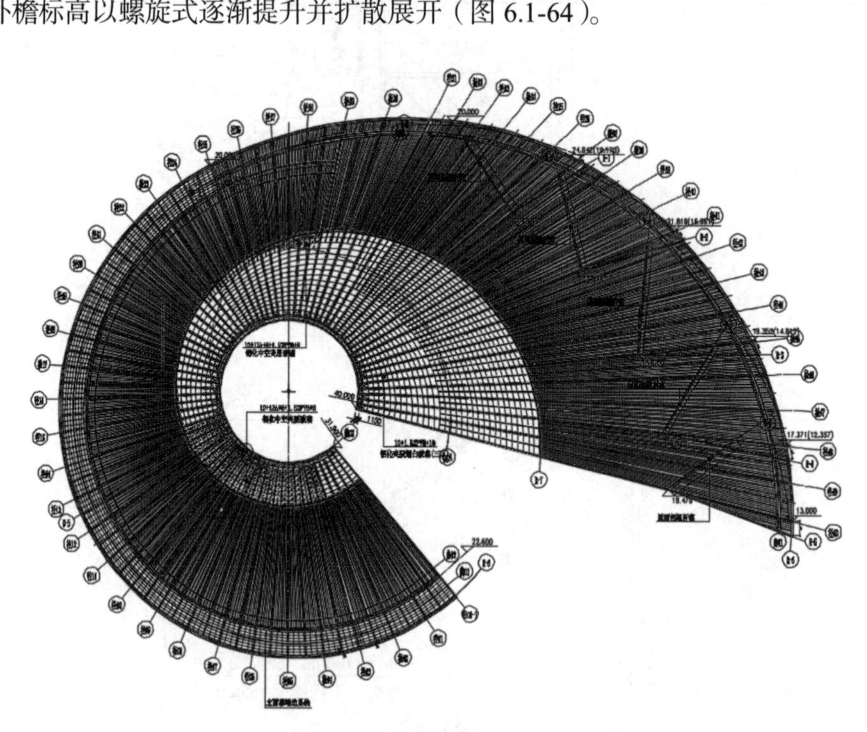

图 6.1-64　屋面系统平面图

结构形式：铝镁锰金属屋面系统（图 6.1-65）。

面层规格：0.9mm 厚锤纹铝锰镁合金板，2mm 厚镀锌钢板基层。

保温层：100mm 厚保温玻璃棉（单层铝箔）。

主要龙骨：200mm × 150mm × 8mm 镀锌钢方通。

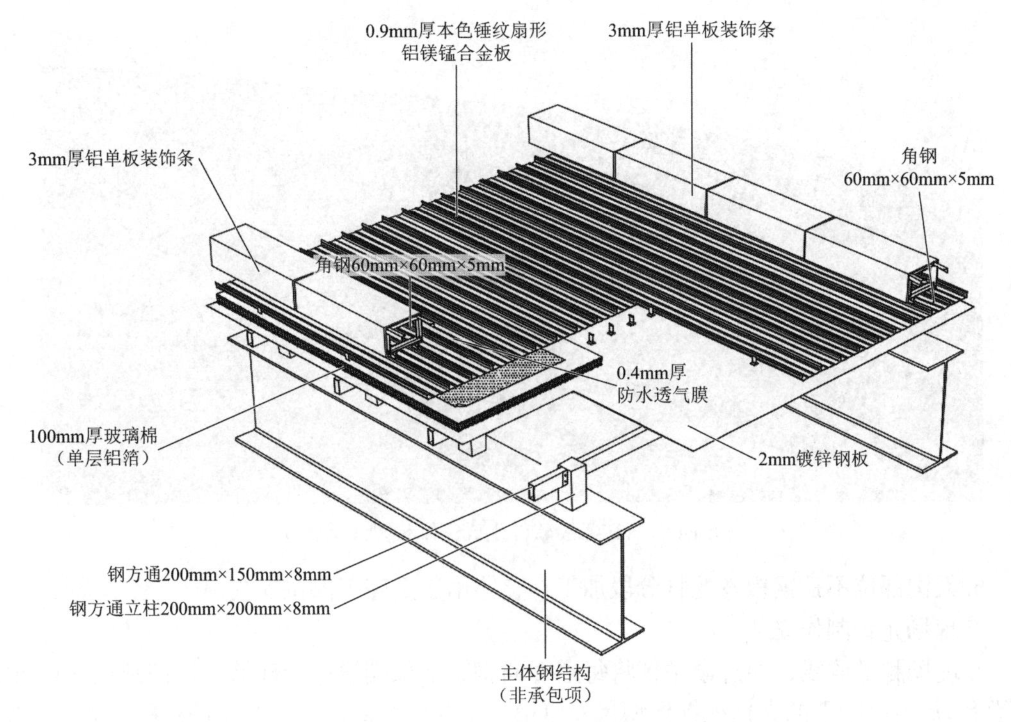


图 6.1-65　金属屋面构造轴测示意图

2）技术要点

（1）工艺流程

测量放线→钢立柱安装→环向钢横梁安装→底层镀锌板安装→T码安装→隔气膜安装→保温层施工→防水透气膜安装→铝锰镁合金板安装→造型铝板夹具安装→造型铝板骨架安装→造型铝板安装→打胶、清理验收。

（2）操作要点

①三维建模

本工程屋面面层及钢龙骨布置方式为扇形布置且标高逐渐增高，钢龙骨尺寸每根均不相同，采用 TEKLA 建模技术对龙骨进行放样得出每根龙骨加工单。大大提高了施工精度，减少了施工测量的工作强度（图 6.1-66～图 6.1-68）。

a. 结合钢结构单位提供结构模型，布置我方金属屋面系统环向钢龙骨，根据模型尺寸提取数据标明每根龙骨的切割角度，开孔尺寸形成加工单送工厂加工。

图 6.1-66　TEKLA 软件生成三维模型

图 6.1-67　TEKLA 软件生成三维模型（局部）

图 6.1-68　TEKLA 软件生成三维模型（天沟）

b. 天沟部位不锈钢板及龙骨分段加工，整体吊装至施工部位安装。

②现场龙骨制作安装

a. 现场测量放线，通过全站仪将每道径向钢梁上顶端第一个起始立柱控制点逐点放到钢梁上。每道钢梁上的立柱根据模型尺寸以第一个立柱为基准逐步测量确定所有立柱点位。

b. 立柱安装时将立柱上的连接件一同焊接完成。

c. 环向龙骨安装，采用塔吊根据龙骨编号逐轴吊装，安装时每跨拉通线控制钢梁平整度，保证镀锌板安装的平整度，焊接完成焊口清理并刷防锈漆，做好隐蔽验收工作（图 6.1-69）。

图 6.1-69　金属屋面环向龙骨吊装

③金属屋面面层安装

a. 2mm 镀锌板根据龙骨间距定尺加工，保证出材率，从下向上逐步铺设，保证搭接长度、压向、自钻螺丝的间距数量。

b. 镀锌钢板安装完毕，根据铝锰镁分格尺寸在镀锌板上弹线作为 T 码安装控制线进行 T 码安装。T 码安装要固定在环向钢龙骨上，并安装牢固（图 6.1-70）。

c. T 码安装完毕后进行隔汽膜铺设，注意搭接长度，接缝采用专用胶带黏接。

d. 保温棉铺设要保证填充密实，安装面层前铺设防水透气膜。

e. 金属屋面为扇形布置，所以铝锰镁板每块加工均为扇形，板块最长 62m。板块根据加工单在现场逐块加工。板块加工完毕后采用塔吊吊至屋面，再根据编号依次逐块安装。板块就位采用专用锁边机将直立锁边与 T 码锁紧（图 6.1-71～图 6.1-73）。

f. 因铝锰镁板超长运输吊装时易造成损伤，自制吊装扁担保证铝锰镁板不发生变形和损伤（图 6.1-73）。

图 6.1-70　金属屋面镀锌板及 T 码安装

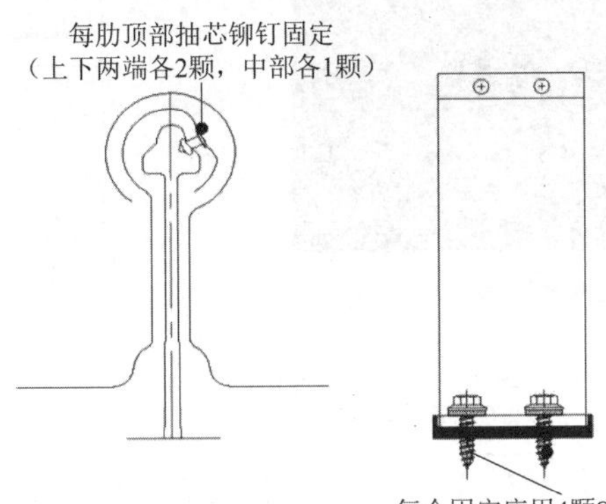


图 6.1-71　直立锁边节点

图 6.1-72　金属屋面面层安装

图 6.1-73　铝锰镁板吊装

④局部节点注意事项

精准分析金属屋面的防风掀翻性能及防止漏水是本工程控制的重点，具体措施如下：

a. 通过深化设计，在檐口、天沟等薄弱环节通过铆钉将 T 形固定座与金属板连接（见图 6.1-71 中的直立锁边节点），并增加安装抗风夹。保证屋面板不被风吹起（图 6.1-74）。

b. 施工质量控制，保证 T 形固定座在同一平面上，避免锁边时发生没有锁上固定座的现象。

c. 屋面工程漏水主要集中在天沟位置，既要保证天沟节点的合理性（天沟斜面上端屋面压天沟，下端天沟压屋面），又要保证雨水口位置的设置在最低点，避免溢水、积水（图 6.1-75～图 6.1-77）。

图 6.1-74　抗风夹安装

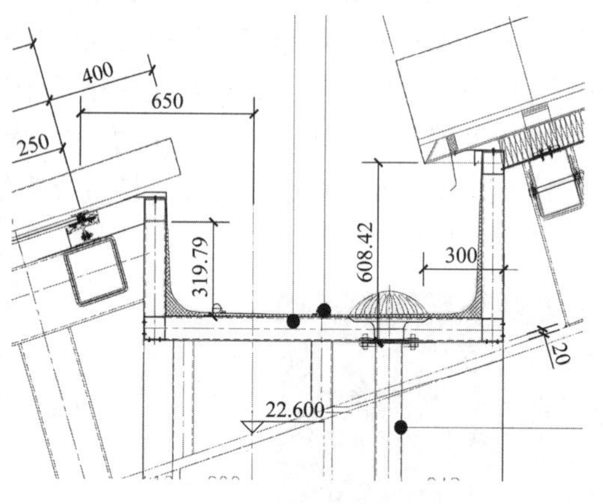


图 6.1-75　天沟节点

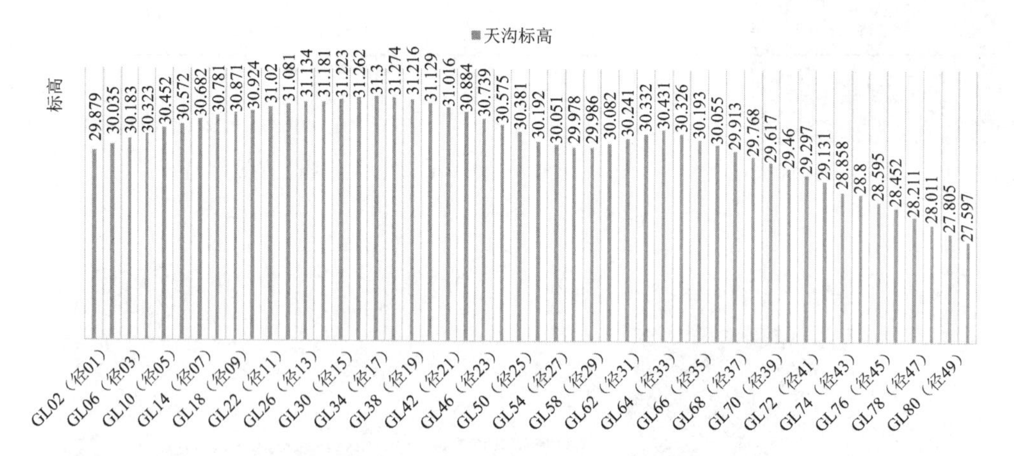


图 6.1-76　天沟标高测量分析

图 6.1-77　金属屋面完成后效果

d. 天沟焊接也是防止漏水的关键控制点。天沟用氩弧焊焊接好后现场进行局部淋水试验，并观察渗漏情况。

#### 6.1.3.4　采光顶系统

（1）采光顶系统介绍

本工程采光顶面积约 5000m²，整体造型与金属屋面一致，由环向天沟将玻璃采光顶与金属屋面隔开（图 6.1-78）。

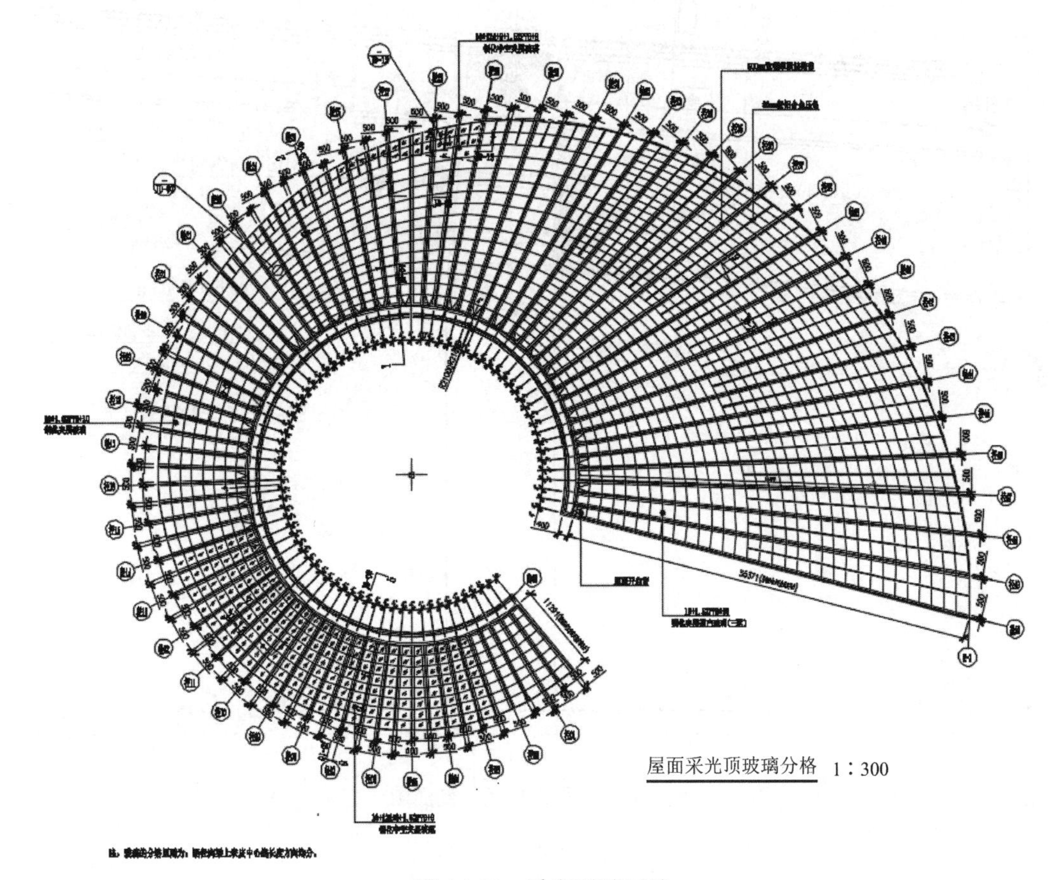


图 6.1-78　采光顶平面图

结构形式：采光顶金属屋面采用钢龙骨作为支撑结构，可双向调节铝合金底座通过钢连接件与钢龙骨安装，玻璃通过铝合金明框压板与铝支座固定（图 6.1-79、图 6.1-80）。

面层规格：10 + 1.52PVB + 10 钢化夹层超白玻璃，10 + 12A + 8 + 1.52PVB + 8 钢化中空超白玻璃。

主要龙骨：200mm × 150mm × 8mm 镀锌钢方通、150mm × 150mm × 6mm 镀锌钢方通。

铝格栅：200mm × 200mm 铝合金方管。

（2）技术要点

①工艺流程

测量放线→钢立柱安装→径向钢龙骨安装→环向钢龙骨安装→铝合金底座安装→玻璃安装→扣盖安装、打胶清理→造型铝板骨架安装→造型铝板安装。

②操作要点

a. 龙骨安装同金属屋面系统，铝合金制作下侧设置长圆孔用于调节铝合金底座的平整度（图 6.1-81）。

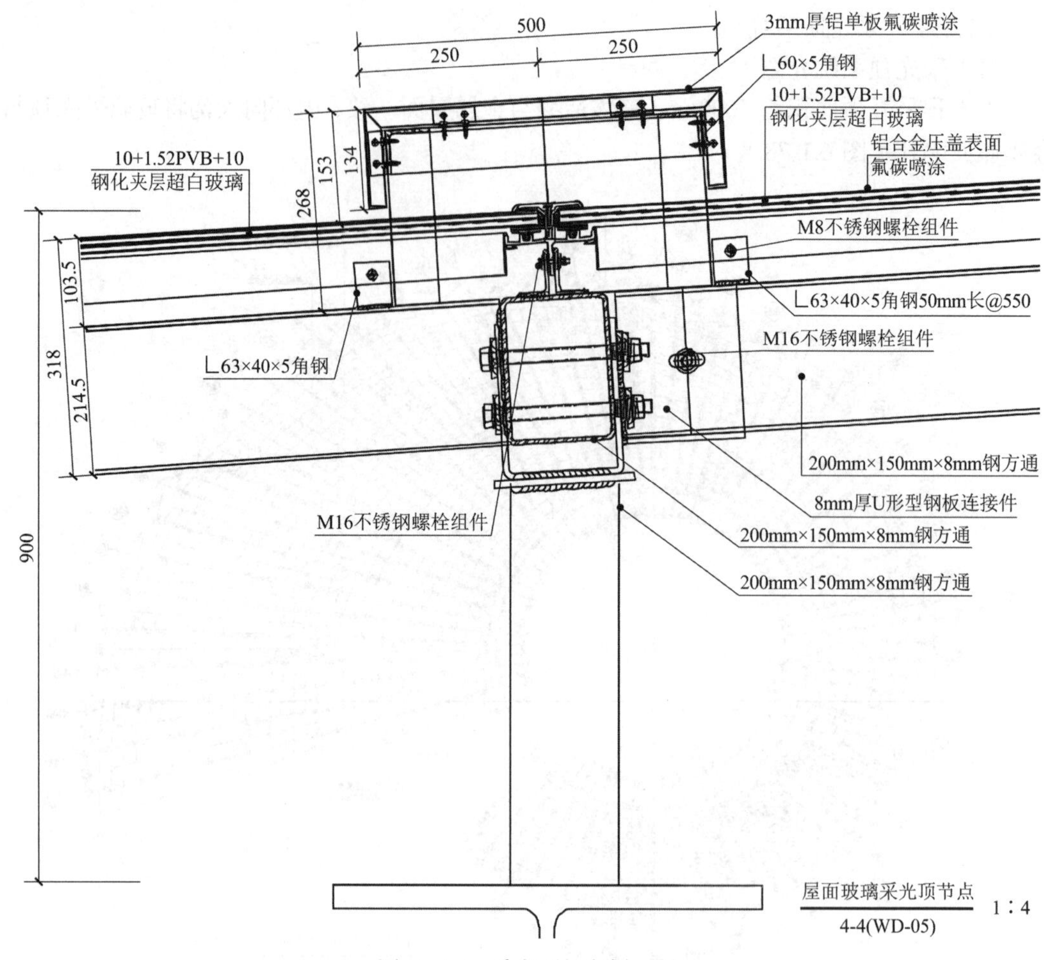


图 6.1-79 采光顶径向剖面图

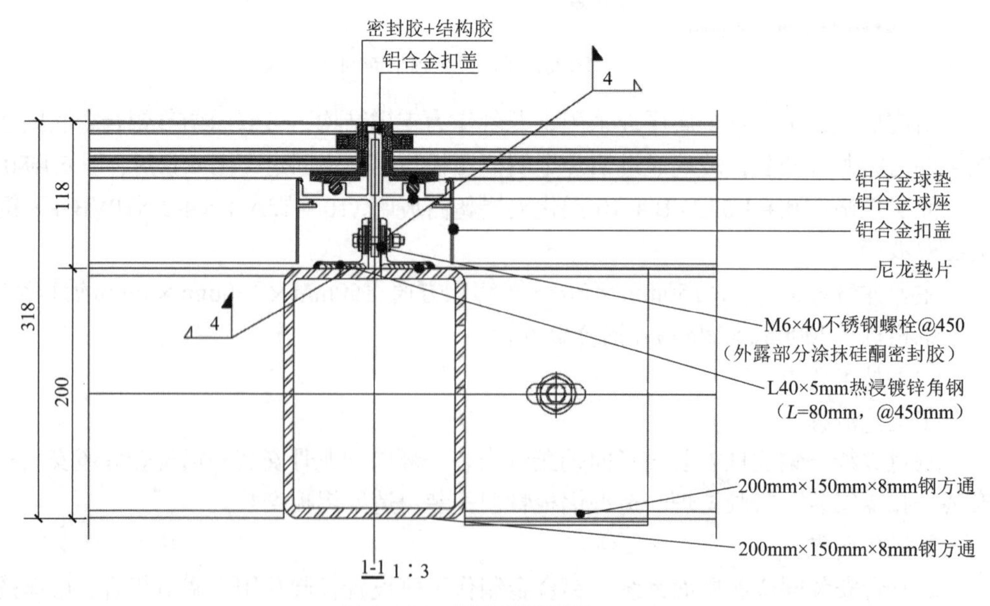


图 6.1-80 采光顶剖面图

图 6.1-81　采光顶骨架安装

b. 环向底座与径向底座交接部位径向面开槽对接，交接部位打胶密封保证流水通畅，不渗漏（图 6.1-82）。

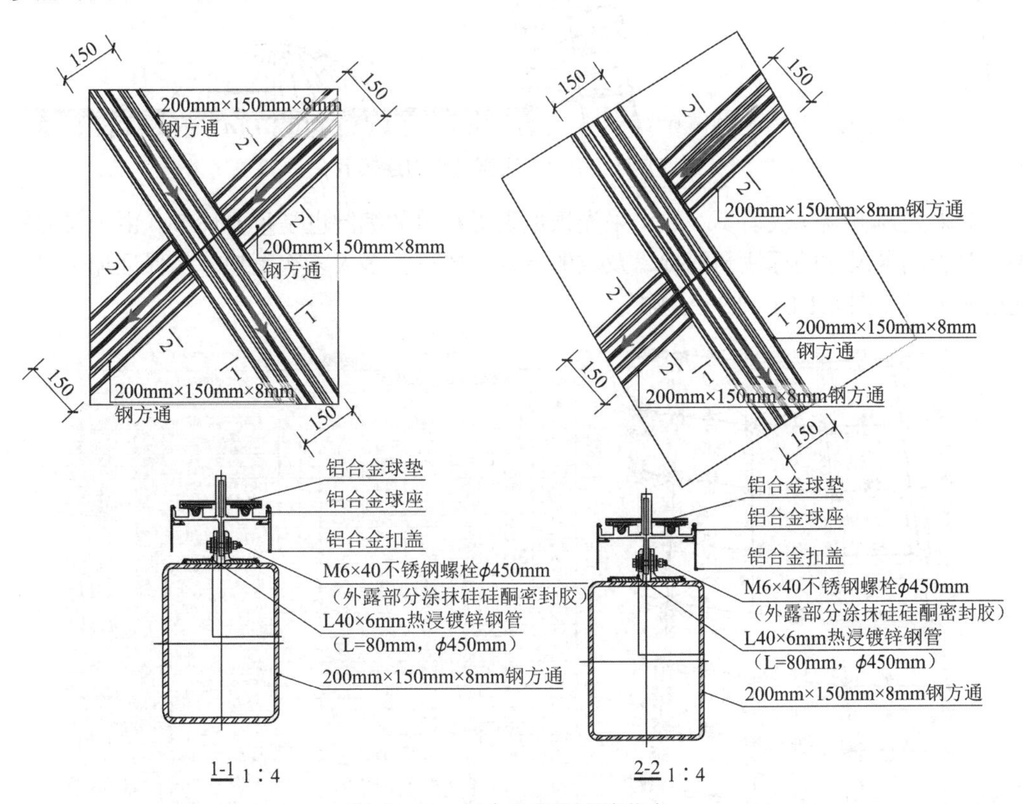


图 6.1-82　铝合金底座连接节点

c. 天沟不锈钢板要放置到径向底座下侧，保证底座留存下来的雨水及冷凝水能流入天沟，不能流入室内侧（图 6.1-83）。

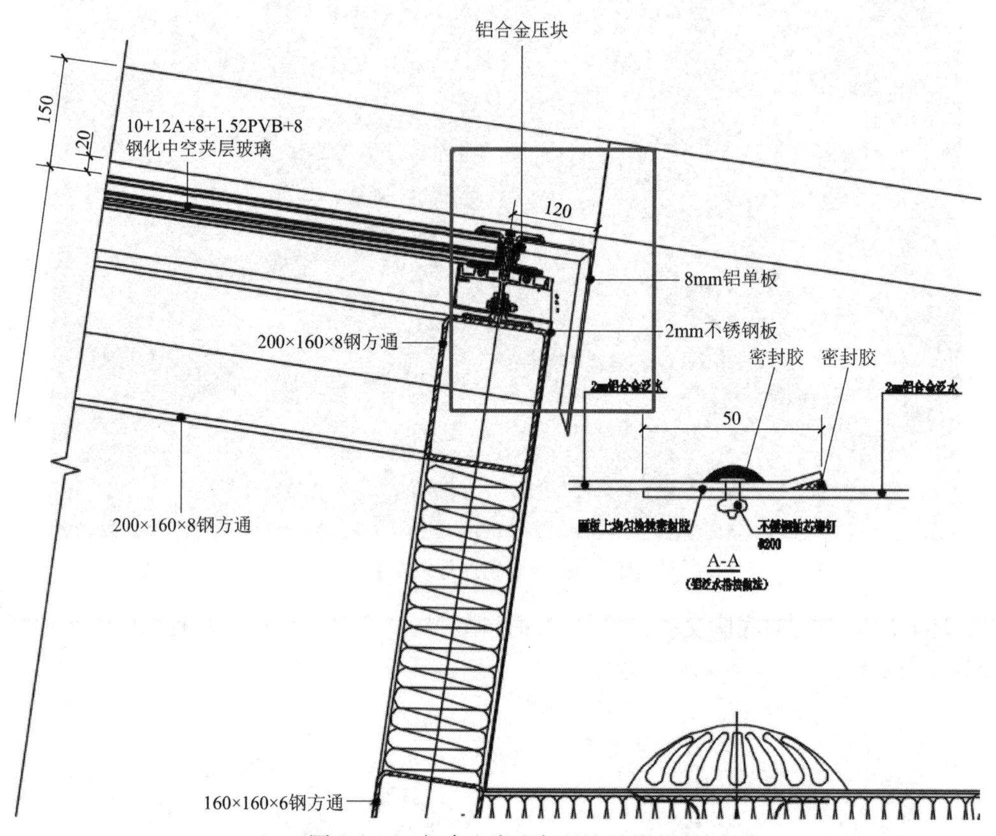


图 6.1-83　铝合金底座与天沟连接节点

d. 采光顶玻璃每块均不一致，采光顶玻璃提料单的编制也是重要环节，由于尺寸标注多，对于测量尺寸的标注与捕捉，及数值录入，要进行多人多次复核才是保证加工尺寸零失误的关键（图 6.1-84、图 6.1-85）。

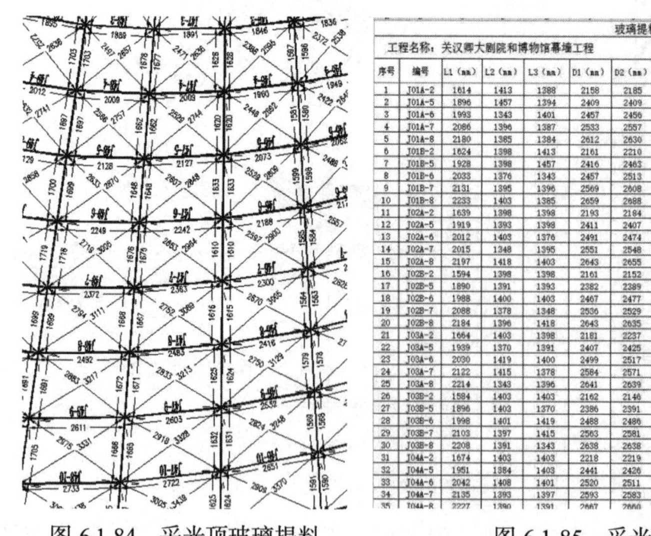

图 6.1-84　采光顶玻璃提料

玻璃提料单

工程名称：关汉卿大剧院和博物馆幕墙工程　　2016年10月04日

| 序号 | 编号 | L1（mm） | L2（mm） | L3（mm） | D1（mm） | D2（mm） | 数量（块） | 规格 | 备注1 |
|---|---|---|---|---|---|---|---|---|---|
| 1 | J01A-2 | 1614 | 1413 | 1388 | 2158 | 2185 | 1 | 10+1.52PVB+10钢化中空夹层玻璃 | 见加工图01 |
| 2 | J01A-5 | 1896 | 1457 | 1394 | 2409 | 2409 | 1 | 10+1.52PVB+10钢化中空夹层玻璃 | 见加工图01 |
| 3 | J01A-6 | 1993 | 1343 | 1401 | 2457 | 2456 | 1 | 10+1.52PVB+10钢化中空夹层玻璃 | 见加工图01 |
| 4 | J01A-7 | 2086 | 1396 | 1387 | 2533 | 2557 | 1 | 10+1.52PVB+10钢化中空夹层玻璃 | 见加工图01 |
| 5 | J01A-8 | 2180 | 1385 | 1384 | 2612 | 2630 | 1 | 10+1.52PVB+10钢化中空夹层玻璃 | 见加工图01 |
| 6 | J01B-2 | 1624 | 1398 | 1413 | 2161 | 2210 | 1 | 10+1.52PVB+10钢化中空夹层玻璃 | 见加工图01 |
| 7 | J01B-5 | 1928 | 1398 | 1457 | 2416 | 2463 | 1 | 10+1.52PVB+10钢化中空夹层玻璃 | 见加工图01 |
| 8 | J01B-6 | 2033 | 1376 | 1343 | 2457 | 2513 | 1 | 10+1.52PVB+10钢化中空夹层玻璃 | 见加工图01 |
| 9 | J01B-7 | 2131 | 1395 | 1396 | 2569 | 2608 | 1 | 10+1.52PVB+10钢化中空夹层玻璃 | 见加工图01 |
| 10 | J01B-8 | 2233 | 1403 | 1385 | 2659 | 2688 | 1 | 10+1.52PVB+10钢化中空夹层玻璃 | 见加工图01 |
| 11 | J02A-2 | 1639 | 1398 | 1398 | 2193 | 2184 | 1 | 10+1.52PVB+10钢化中空夹层玻璃 | 见加工图01 |
| 12 | J02A-5 | 1919 | 1393 | 1398 | 2411 | 2407 | 1 | 10+1.52PVB+10钢化中空夹层玻璃 | 见加工图01 |
| 13 | J02A-6 | 2012 | 1403 | 1376 | 2491 | 2474 | 1 | 10+1.52PVB+10钢化中空夹层玻璃 | 见加工图01 |
| 14 | J02A-7 | 2015 | 1348 | 1395 | 2551 | 2548 | 1 | 10+1.52PVB+10钢化中空夹层玻璃 | 见加工图01 |
| 15 | J02A-8 | 2197 | 1418 | 1403 | 2643 | 2655 | 1 | 10+1.52PVB+10钢化中空夹层玻璃 | 见加工图01 |
| 16 | J02B-2 | 1594 | 1398 | 1398 | 2161 | 2152 | 1 | 10+12A+8+1.52PVB+8钢化中空夹层玻璃 | 见加工图02 |
| 17 | J02B-5 | 1890 | 1391 | 1393 | 2382 | 2389 | 1 | 10+12A+8+1.52PVB+8钢化中空夹层玻璃 | 见加工图02 |
| 18 | J02B-6 | 1988 | 1400 | 1403 | 2467 | 2477 | 1 | 10+12A+8+1.52PVB+8钢化中空夹层玻璃 | 见加工图02 |
| 19 | J02B-7 | 2088 | 1378 | 1348 | 2536 | 2529 | 1 | 10+12A+8+1.52PVB+8钢化中空夹层玻璃 | 见加工图02 |
| 20 | J02B-8 | 2184 | 1396 | 1418 | 2643 | 2635 | 1 | 10+12A+8+1.52PVB+8钢化中空夹层玻璃 | 见加工图02 |
| 21 | J03A-2 | 1664 | 1403 | 1398 | 2181 | 2237 | 1 | 10+12A+8+1.52PVB+8钢化中空夹层玻璃 | 见加工图02 |
| 22 | J03A-5 | 1939 | 1370 | 1391 | 2407 | 2425 | 1 | 10+12A+8+1.52PVB+8钢化中空夹层玻璃 | 见加工图02 |
| 23 | J03A-6 | 2030 | 1419 | 1400 | 2499 | 2517 | 1 | 10+12A+8+1.52PVB+8钢化中空夹层玻璃 | 见加工图02 |
| 24 | J03A-7 | 2122 | 1415 | 1378 | 2584 | 2571 | 1 | 10+12A+8+1.52PVB+8钢化中空夹层玻璃 | 见加工图02 |
| 25 | J03A-8 | 2214 | 1343 | 1396 | 2641 | 2639 | 1 | 10+12A+8+1.52PVB+8钢化中空夹层玻璃 | 见加工图02 |
| 26 | J03B-2 | 1584 | 1403 | 1403 | 2162 | 2146 | 1 | 10+12A+8+1.52PVB+8钢化中空夹层玻璃 | 见加工图02 |
| 27 | J03B-5 | 1896 | 1403 | 1370 | 2386 | 2391 | 1 | 10+12A+8+1.52PVB+8钢化中空夹层玻璃 | 见加工图02 |
| 28 | J03B-6 | 1998 | 1401 | 1419 | 2488 | 2486 | 1 | 10+12A+8+1.52PVB+8钢化中空夹层玻璃 | 见加工图02 |
| 29 | J03B-7 | 2103 | 1397 | 1415 | 2563 | 2581 | 1 | 10+12A+8+1.52PVB+8钢化中空夹层玻璃 | 见加工图02 |
| 30 | J03B-8 | 2208 | 1391 | 1343 | 2638 | 2638 | 1 | 10+12A+8+1.52PVB+8钢化中空夹层玻璃 | 见加工图02 |
| 31 | J04A-2 | 1674 | 1403 | 1403 | 2218 | 2219 | 1 | 10+12A+8+1.52PVB+8钢化中空夹层玻璃 | 见加工图02 |
| 32 | J04A-5 | 1951 | 1384 | 1403 | 2441 | 2426 | 1 | 10+12A+8+1.52PVB+8钢化中空夹层玻璃 | 见加工图02 |
| 33 | J04A-6 | 2042 | 1408 | 1401 | 2520 | 2511 | 1 | 10+12A+8+1.52PVB+8钢化中空夹层玻璃 | 见加工图02 |
| 34 | J04A-7 | 2135 | 1393 | 1397 | 2593 | 2583 | 1 | 10+12A+8+1.52PVB+8钢化中空夹层玻璃 | 见加工图02 |
| 35 | J04A-8 | 2227 | 1390 | 1391 | 2667 | 2660 | 1 | 10+12A+8+1.52PVB+8钢化中空夹层玻璃 | 见加工图02 |

图 6.1-85　采光顶玻璃加工单

e. 玻璃安装环节中，玻璃采用塔吊进行吊装。吊装完毕后须调整玻璃缝隙，加固密封处理以保证玻璃与铝底座间、扣盖与玻璃之间、螺栓与扣盖之间均打胶密封处理（图 6.1-86、图 6.1-87）。

图 6.1-86　采光顶玻璃吊装

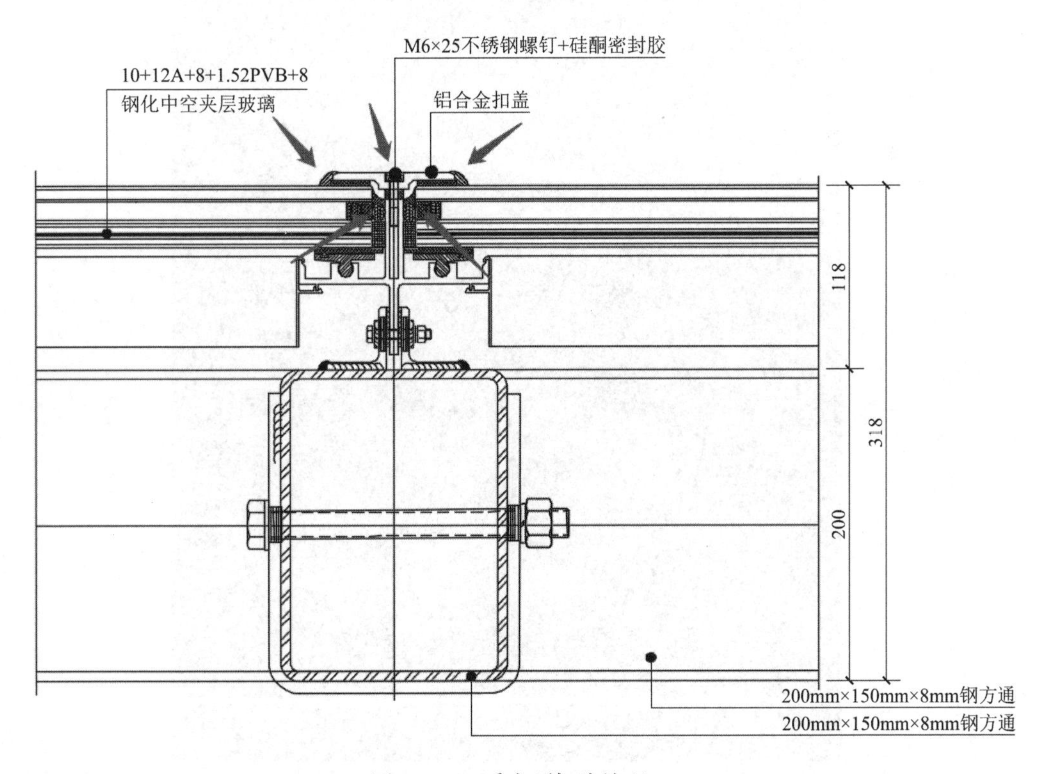


图 6.1-87　采光顶打胶处理

f. 采光顶下格栅安装，采用吊篮施工，根据格栅环向龙骨位置搭设吊篮，进行钢龙骨安装，钢龙骨上钢连接件在加工区预先焊接完成，减少现场焊接量。龙骨安装完毕后铝合金格栅采用铝合金挂件与钢连接件连接，格栅径向连接采用插芯固定保证对缝平整密实，因格栅为木纹转处理，为保证颜色均匀，格栅两头做齐头处理（图 6.1-88～图 6.1-90）。

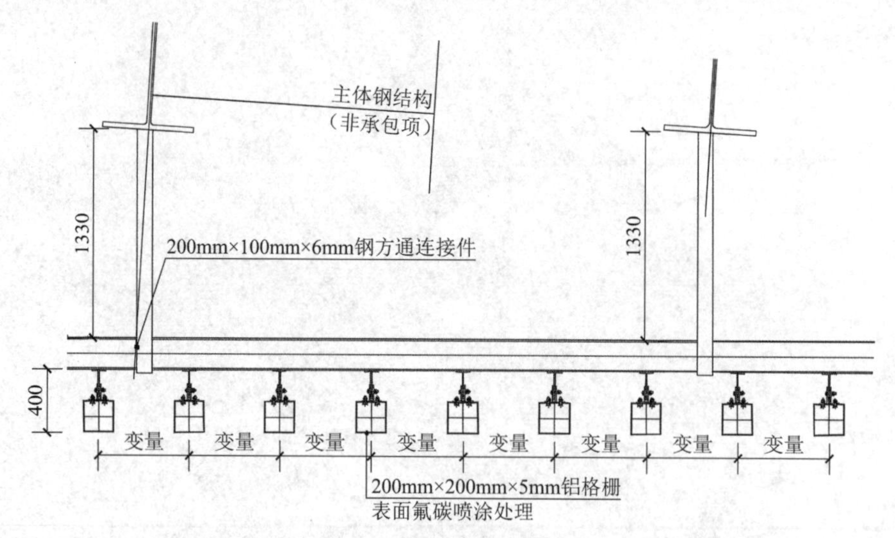


图 6.1-88　格栅吊顶剖面图

图 6.1-89　格栅吊顶施工

图 6.1-90　格栅吊顶完成后效果

### 6.1.3.5　屋面铝格栅系统

1）铝格栅系统介绍

本工程屋面核心塔部分为铝格栅系统，此部分为本工程最高点，径向为钢结构500mm×500mm钢立柱，环向为200mm×200mm铝方管（图6.1-91、图6.1-92）。

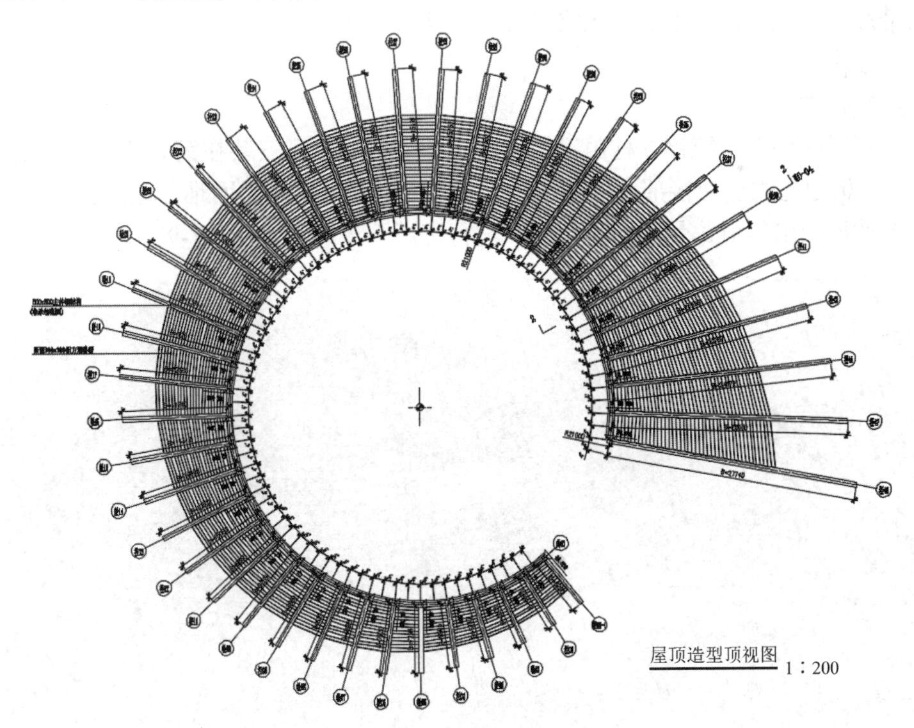


图 6.1-91　屋面铝格栅平面图

结构形式：径向钢龙骨由钢结构单位施工，采用钢连接件与铝格栅连接。

面层规格：200mm×200mm氟碳喷涂铝型材。

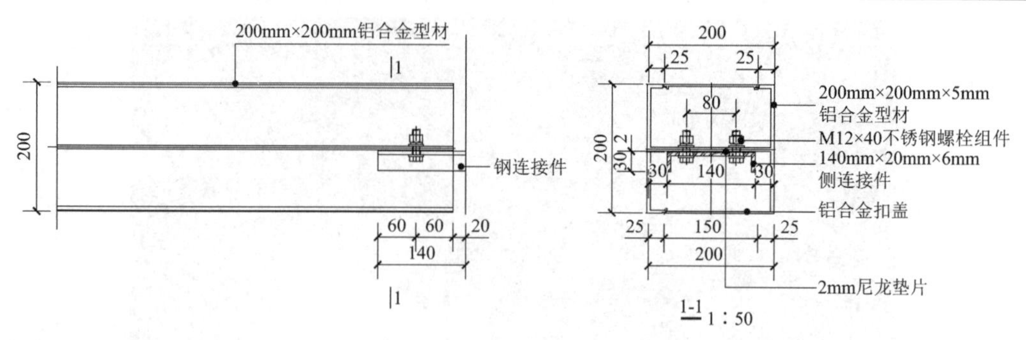


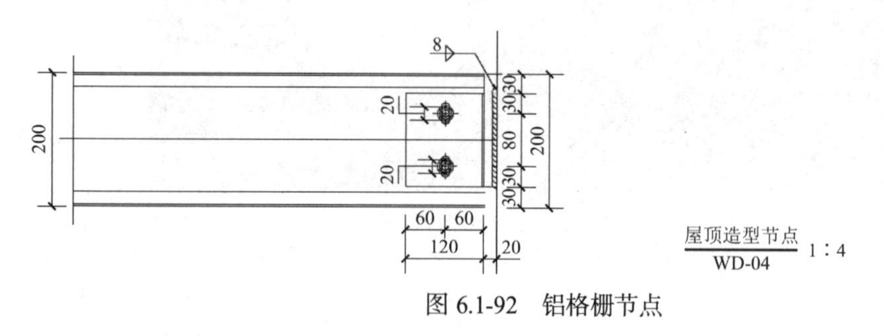


图 6.1-92　铝格栅节点

2）技术要点

（1）工艺流程

测量放线→钢连接件安装→铝格栅安装→清理验收。

（2）操作要点

①三维建模

本工程屋面格栅系统钢立柱由钢结构单位施工，铝格栅安装在钢立柱上，铝格栅环向梯形布置。格栅与立柱交接部位均为不规则切面，切割角度测量困难，通过建立三维模型，在电脑上就可测出每根龙骨的切割角度，进行工厂下单加工（图 6.1-93）。

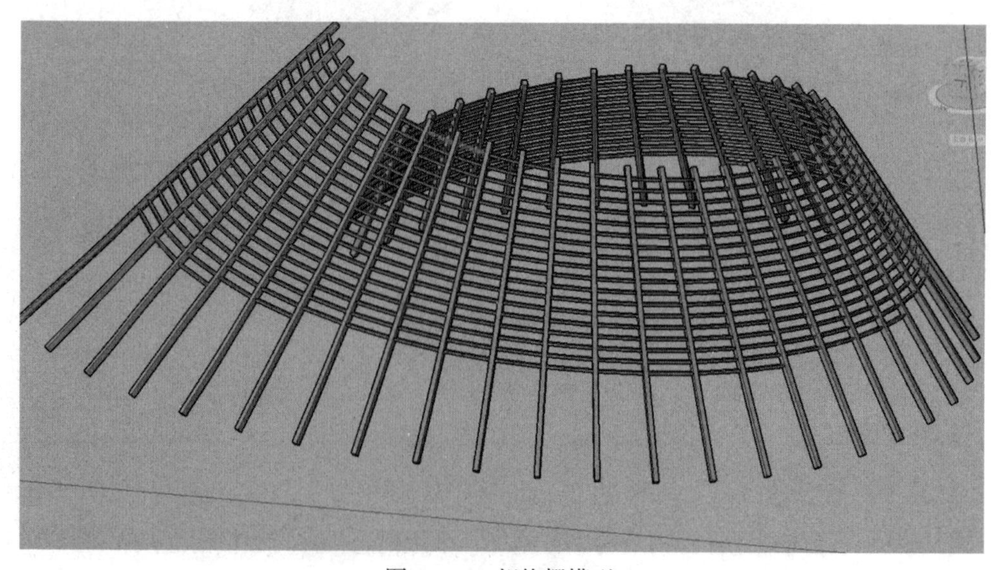

图 6.1-93　铝格栅模型

②屋顶铝格栅施安装在钢结构立柱上，斜柱自身高差 26m，长度 38m，倾斜角度 43°，施工难度大，危险系数高。原计划搭设满堂脚手架，但搭设满堂脚手架影响大面积采光顶施工。为避免交叉作业，加快施工进度，保证施工安全，降低成本，采用脚手架单根环抱斜柱的方式施工满足了上述施工要求（图 6.1-94）。

图 6.1-94　脚手架搭设

③由于横向格栅为环向标高螺旋下降，测量放线时根据标高确定每根立柱上最上批横梁位置线，以最上批格栅为标准从上向下依次测设横梁位置线。

④测量放线完毕进行连接件焊接，焊缝要均匀饱满，防锈漆涂刷要严格控制，因长期暴露在室外不允许出现返锈现象。

⑤连接件安装完毕，进行钢立柱氟碳喷涂，将脚手架进行拆除至最下一批格栅处，修补抱箍部位涂氟碳漆，由下向上以下侧格栅作为操作平台依次安装铝格栅。工人安装时须设安全绳，系好安全带保证施工安全（图 6.1-95）。

图 6.1-95　铝合金格栅安装

6.1.3.6　核心筒铝格栅系统

1）核心筒铝格栅系统介绍

本工程核心筒部分为铝格栅系统，此部分为正圆形，铝格栅系统骨架为定制开模铝型材，外侧开口铝型材拉弧处理，内部防水系统为3mm厚铝单板密封，并用聚硅氧烷耐候密封胶处理（图6.1-96）。

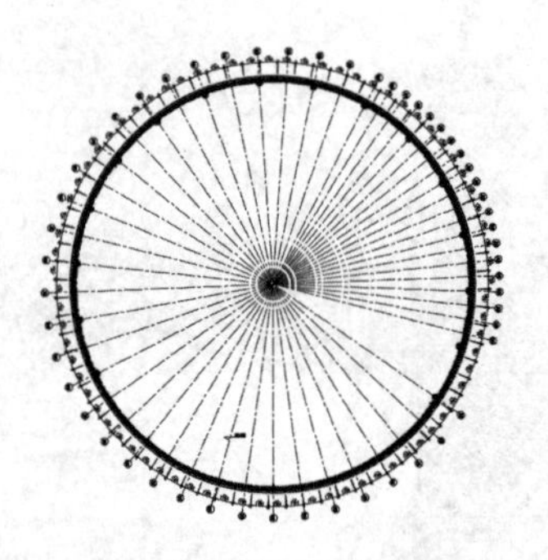

图6.1-96　核心筒铝合金格栅平面图

结构形式：框架幕墙结构，预埋板，通过定制钢连接件与铝合金竖龙骨背侧固定，目的是为铝单板与横向格栅间留有足够的空间。铝单板作为防水层，横向为开口铝型材（图6.1-97、图6.1-98）。

龙骨规格：竖龙骨为120mm×80mm×4mm定制铝合金型材，格栅为70mm×100mm×3.5mm，开口铝型材间距为150mm。

面层规格：3mm厚氟碳喷涂铝单板。

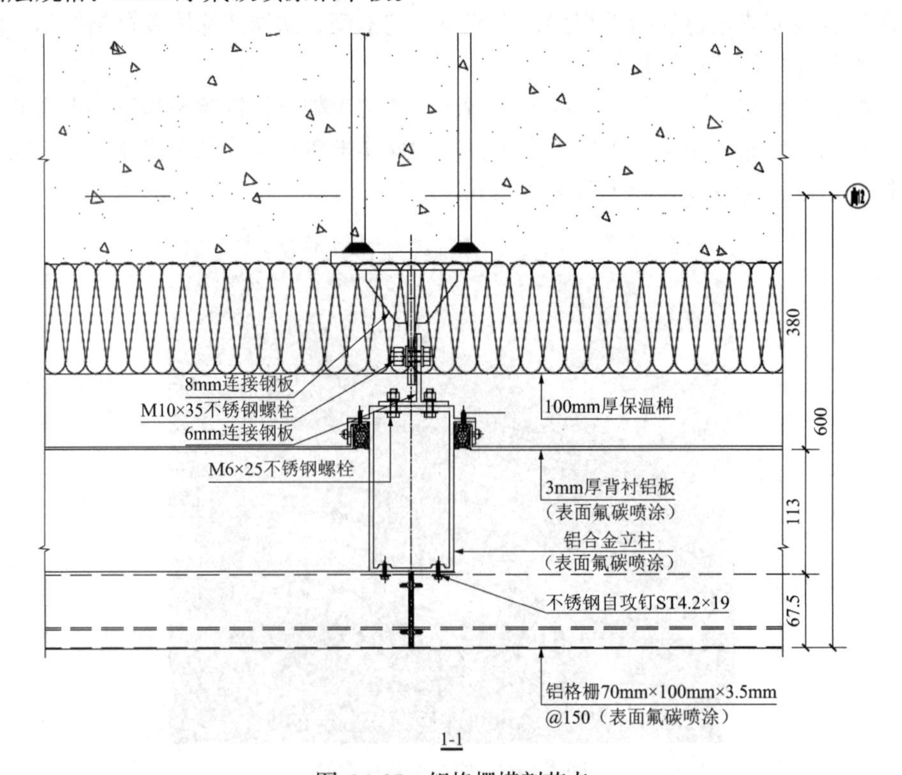


图6.1-97　铝格栅横剖节点

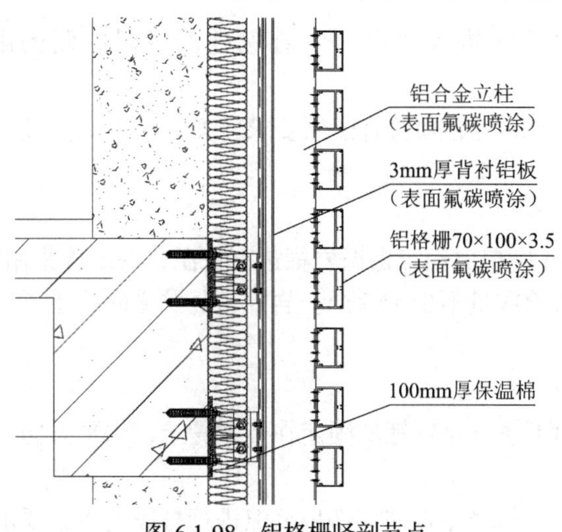


图 6.1-98　铝格栅竖剖节点

2）技术要点

（1）工艺流程

测量放线→钢连接件安装→竖龙骨安装→保温棉安装→防水铝单板安装→横向格栅安装→清理验收。

（2）操作要点

①测量放线

本工程核心筒铝格栅平面为正圆形，顶部为平面，中间与屋面相交部位随屋面系统螺旋上升，主要测量放线为龙骨中线、标高控制线，与屋面交接部位标高线。

a. 水平方向放线：水平方向采用全站仪将每根龙骨中的控制线测设到女儿墙上侧打点。

b. 以圆心与女儿墙上龙骨中控制点拉线确定龙骨中线，将龙骨中线延长线弹至女儿墙上，用于控制竖龙骨安装方向，保证龙骨间的间距一致。

c. 与屋面交接的部位通过在模型上空间测量每根龙骨标高线以下的长度，确定与屋面交接部位的标高线。

②钢连接件安装

a. 根据龙骨位置控制线及标高线将连接件位置线弹射到预埋件上，对于预埋件偏差较大的进行补强处理。

b. 根据控制线焊接连接件 1，连接件 1 焊接要牢固，位置准确。

③竖龙骨安装

a. 预先将连接件 2 固定在竖龙骨上，连接件 2 的安装位置须根据图纸尺寸与连接件 1 预留的孔洞位置对应，以方便螺栓固定。

b. 竖龙骨长度根据图纸测量尺寸工厂加工并编号运至现场，现场施工按编号安装。

c. 竖龙骨层间连接位置加插芯处理，插芯长度 250mm，上下龙骨间留不小于 15mm 缝隙作为伸缩缝，缝隙位置要用耐候胶全部密封做防水处理，防止雨水经过竖龙骨进入格栅内侧。

d. 竖龙骨要在采光顶屋面位置断开，避免雨水顺竖龙骨引入屋面以下的室内侧。

e. 铝格栅与采光顶交接部位采用铝单板将采光顶与室内及室外的格栅断开，墙面结构与采光顶铝板之间做柔性防水处理，以避免进入格栅内侧的雨水顺墙面进入室内（图 6.1-99）。

f. 竖龙骨安装角度和间距必须符合图纸要求，安装过程中要及时复核现场尺寸以避免误差。

④保温棉安装

本工程采用 100mm 厚单面铝箔保温岩棉进行保温，保温棉采用膨胀螺丝与墙面固定，每块岩棉板上的膨胀螺栓数量不少于 5 个。岩棉与竖龙骨间，上下岩棉间缝隙采用铝箔胶带密封。

⑤防水铝单板安装

a. 防水铝单板采用不锈钢自钻螺丝固定在竖龙骨上，水平方向铝单板采用企口构造上下搭接，上侧压下侧。

b. 防水铝板安装完毕与竖龙骨交接部位缝隙进行打胶处理，要求打胶密实不漏水，尤其涉及门窗洞口的部位不能出现漏打现象，打胶完毕须进行淋水试验，试验合格后方可进行下一道工序。

c. 防水铝板安装完毕后应及时清理铝板保护膜，并清理铝板表面。

⑥铝格栅安装

a. 铝格栅根据图纸尺寸及半径在加工厂拉弧完成，切割到加工尺寸运至施工现场（图 6.1-100）。

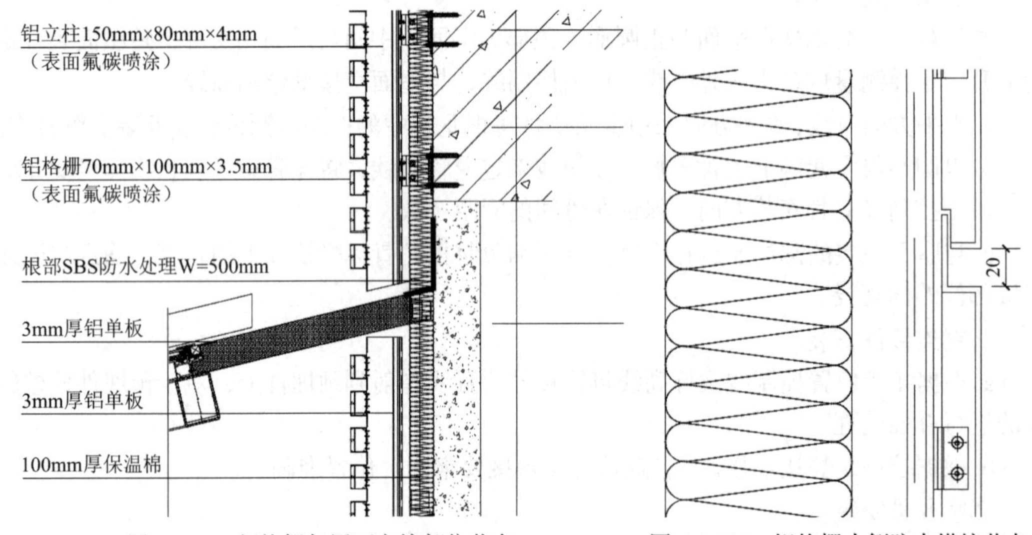


图 6.1-99　铝格栅与屋面交接部位节点　　图 6.1-100　铝格栅内侧防水搭接节点

b. 铝合金格栅型材下单时长度要扩尺，一般 400mm 左右，一般型材经过拉弧后端头部位弧度不符合要求或拉破损，所以要预留加工长度。

c. 铝合金格栅安装时将横向交点设置在竖龙骨中线位置，并预留伸缩缝避免格栅受热膨胀发生弯曲。

d. 横向格栅安装交接部位相邻格栅龙骨要高低、水平、里外三个方向对接准确无误，偏差符合规范要求。

e. 铝格栅与竖龙骨安装螺钉数量符合设计要求，安装牢固。

f. 开口型材安装完成之后进行扣盖安装，扣盖安装与竖龙骨中对齐，尽量不要交接在开口型材的交接位置，避免因型材伸缩开裂。扣盖交接部位甩 2mm 缝隙，并进行打胶处理，扣盖安装时局部打胶处理避免扣盖脱落。

⑦清理验收

铝格栅安装完毕须进行表面清理，清除表面污垢及拼缝位置多余胶渍。

此部位铝格栅在采光顶上侧施工，需提前安排此部位工作，避免后期影响采光顶面层安装，根据现场施工条件，此部位施工采用钢管脚手架施工。采光顶下侧搭设在五层屋面，采光顶上侧搭设在钢结构钢梁上。

6.1.3.7　贵宾厅铝格栅系统

1）贵宾厅铝格栅系统介绍

本工程贵宾厅部分为铝格栅系统，同核心筒部位铝格栅系统，只是外部格栅安装方式不同（图 6.1-101～图 6.1-104）。

图 6.1-101　核心筒铝格栅完成后效果

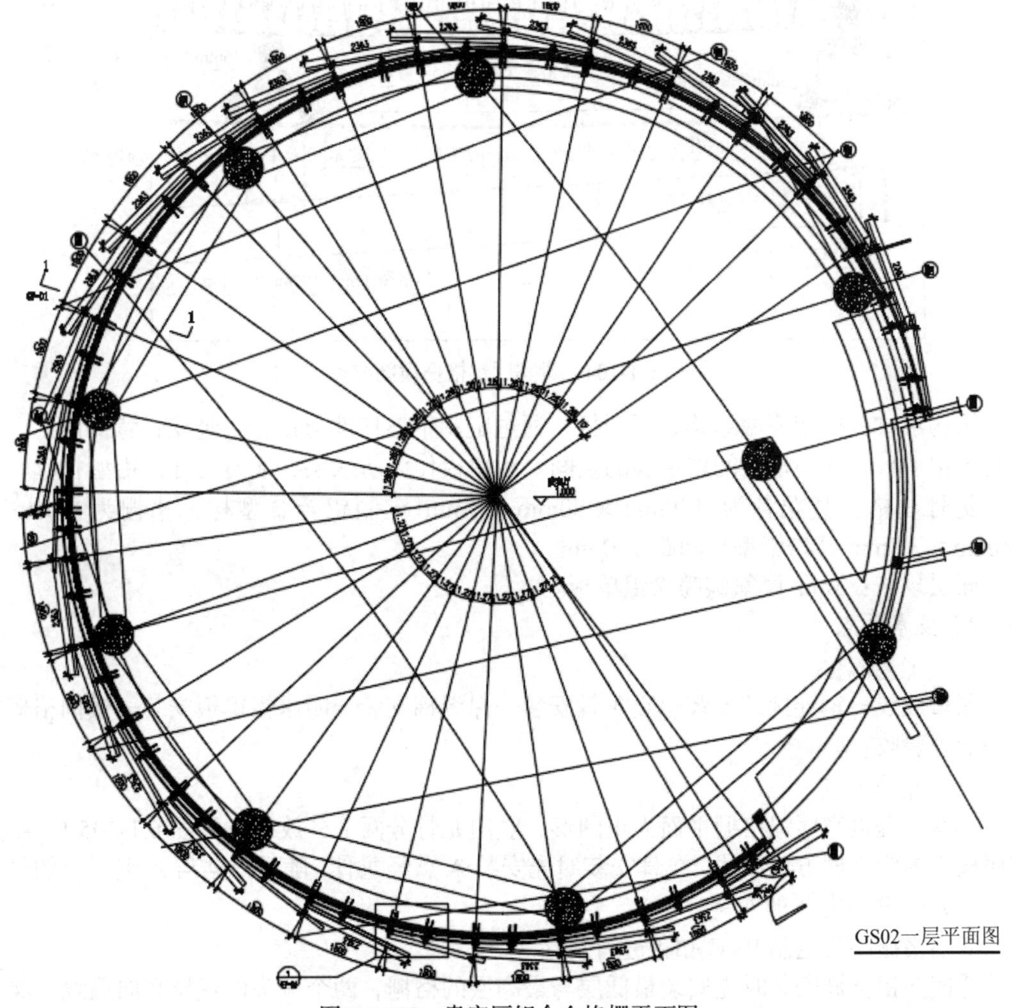


图 6.1-102　贵宾厅铝合金格栅平面图

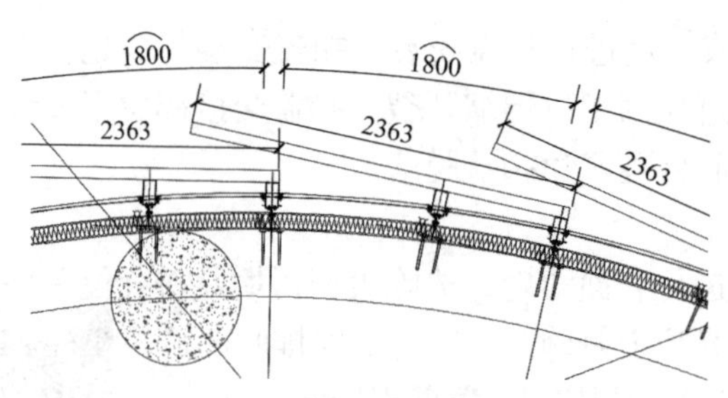


图 6.1-103　贵宾厅铝格栅局部大样

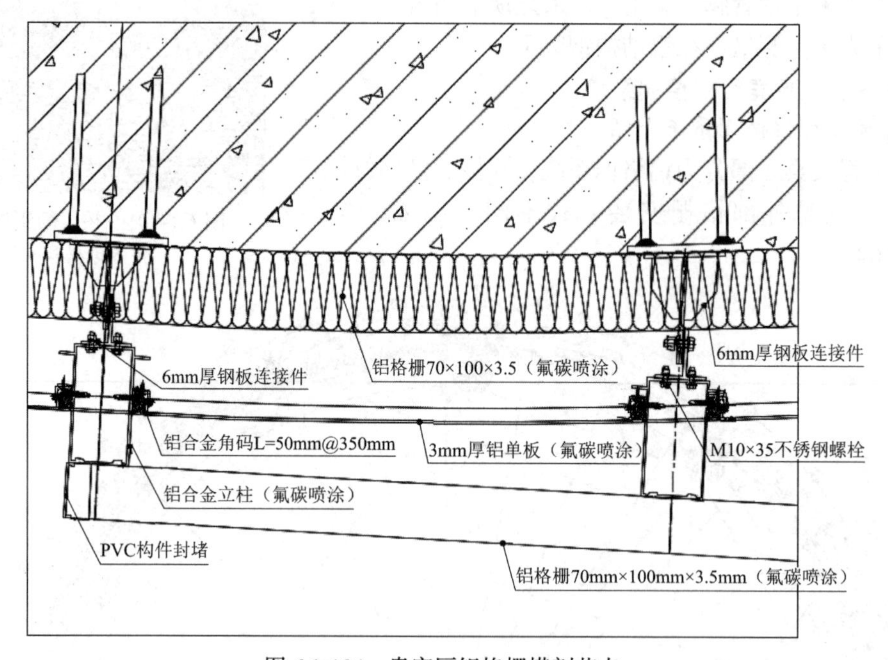


图 6.1-104　贵宾厅铝格栅横剖节点

结构形式：框架幕墙结构，预埋板，通过定制钢连接件与铝合金竖龙骨背侧固定，目的是为铝单板与横向格栅间留足够的空间。铝单板作为防水层，横向为开口铝型材。

龙骨规格：竖龙骨为 120mm × 80mm × 4mm 定制铝合金型材，格栅为 70mm × 100mm × 3.5mm 开口铝型材间距 150mm。

面层规格：3mm 厚氟碳喷涂铝单板。

2）技术要点

（1）工艺流程

测量放线→钢连接件安装→竖龙骨安装→保温棉安装→防水铝单板安装→横向格栅安装→清理验收。

（2）操作要点

①本工程贵宾厅铝格栅平面为正圆形，竖向龙骨分两部分放线，如图 6.1-105 中 A 点按照核心筒铝格栅方式放线，龙骨安装时先安装 A 点竖龙骨，随后依据与 A 点平行的位移尺寸，完成 B 点龙骨的安装。

②铝格栅端头定制 PVC 扣盖进行封堵。

③横向铝格栅安装时先安装最低层与最高层的格栅，两个端头位置拉竖向通线，保证铝格栅端头安装的直线度。

④其他工序需注意要点同核心筒铝格栅（图 6.1-106）。

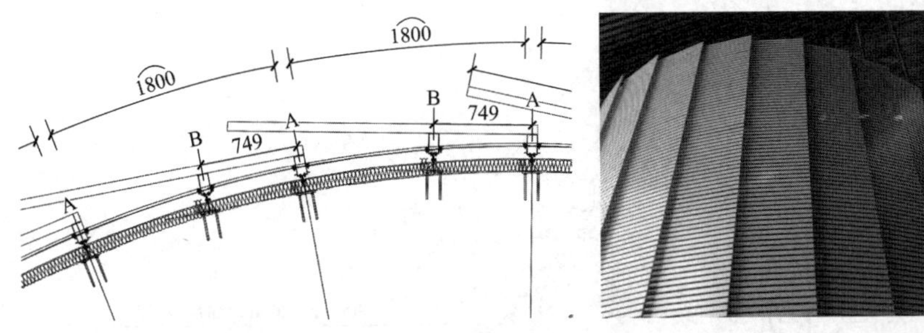


图 6.1-105　贵宾厅铝格栅放线图　　　　图 6.1-106　贵宾厅铝格栅完成

### 6.1.3.8　屋面玻璃百叶系统

*1）屋面玻璃百叶系统介绍*

本工程屋面百叶在屋面核心筒位置，延核心筒圆弧由南向北环向逐步提升标高，由 43.6m 提升至 59.6m，落差 16m。此部位竖向钢结构龙骨由钢结构单位施工，横向龙骨连接件及玻璃安装由我单位完成（图 6.1-107、图 6.1-108）。

结构形式：点式玻璃百叶，局部玻璃采用光伏玻璃，每隔两块玻璃百叶，通常设置一道 150mm × 150mm × 6mm 钢管。在钢结构上焊接 U 形钢连接件，玻璃通过不锈钢驳接爪与连接件固定。

龙骨规格：200mm × 200mm × 8mm 钢管，150mm × 150mm × 6mm 钢管（图 6.1-109、图 6.1-110）。

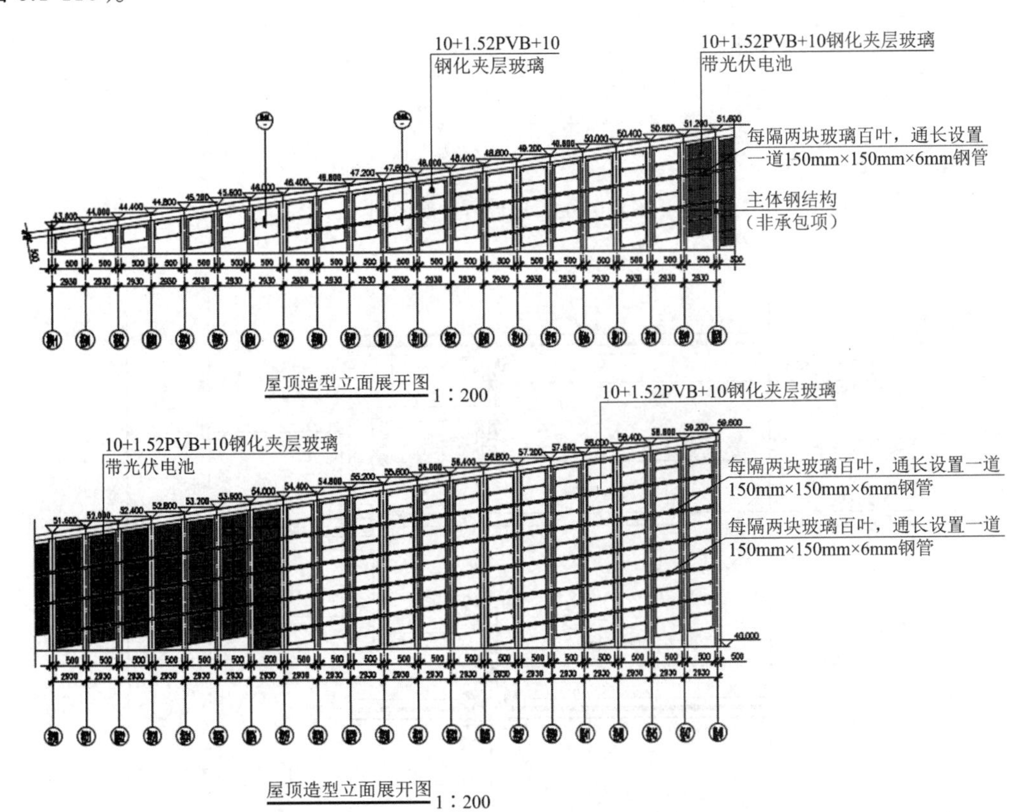


图 6.1-107　玻璃百叶立面展开图

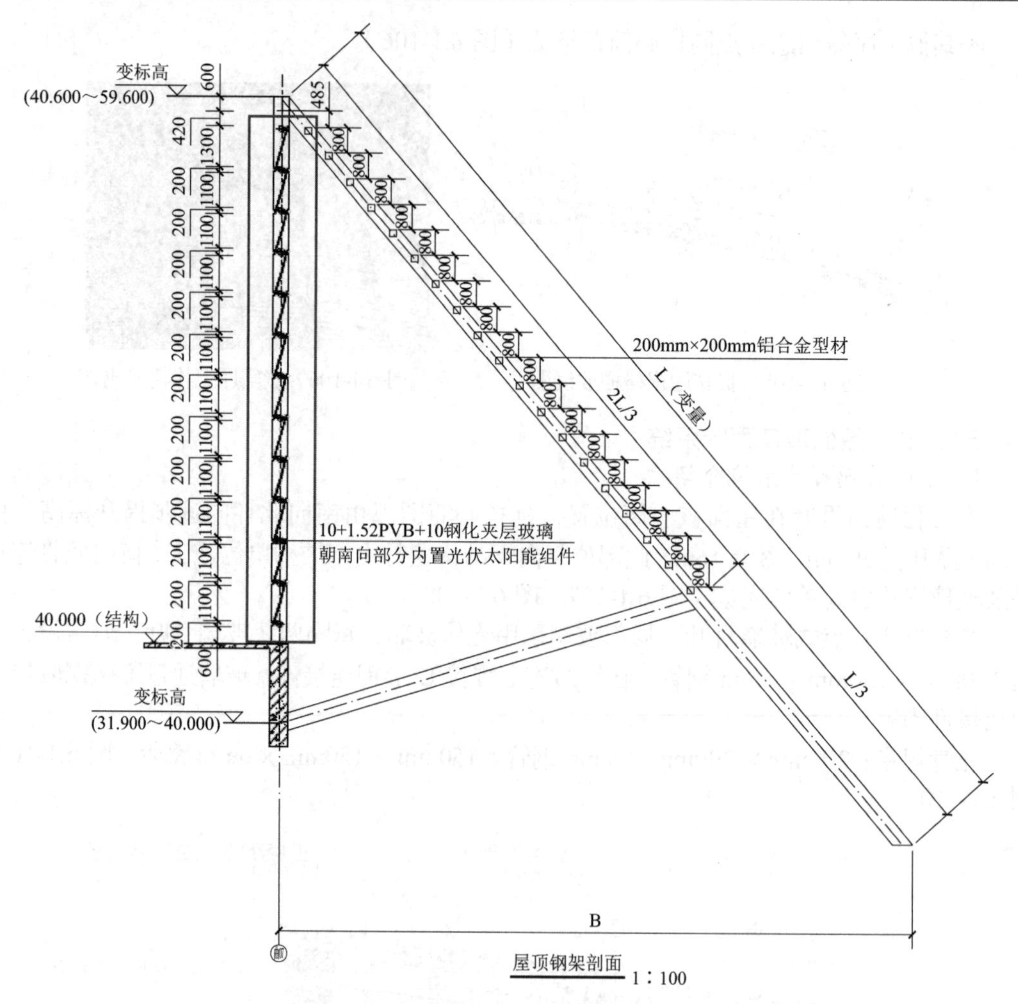


图 6.1-108　玻璃百叶剖面图

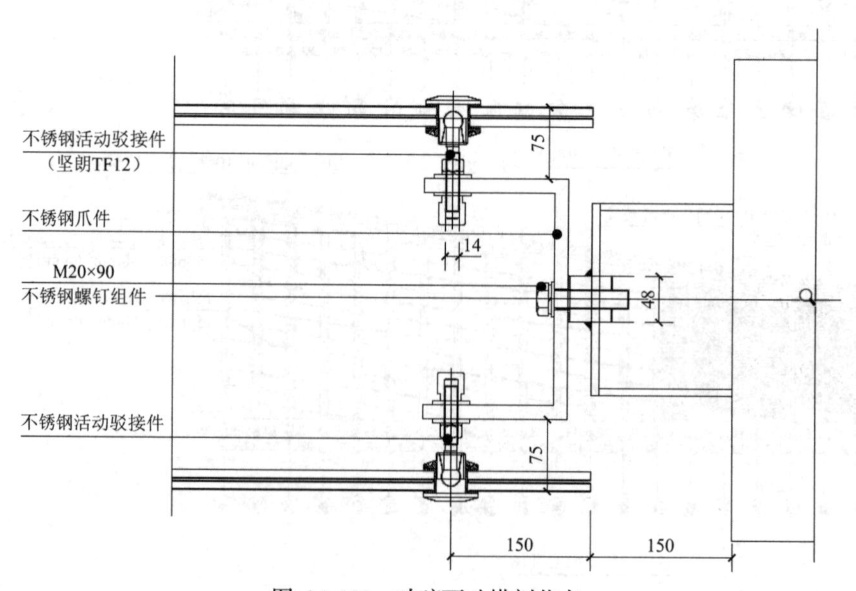


图 6.1-109　玻璃百叶横剖节点

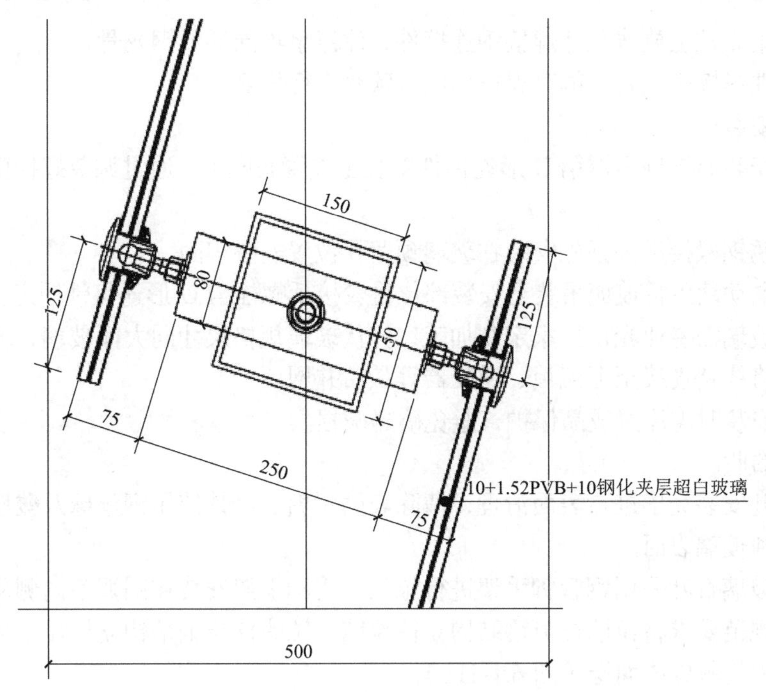


图 6.1-110　玻璃百叶竖剖节点

面层规格：平行四边形 10 + 1.52PVB + 10 钢化夹层超白玻璃

2）技术要点

（1）工艺流程

测量放线→环形钢龙骨安装→钢连接件安装→玻璃安装→清理验收。

（2）操作要点

①测量放线

因玻璃百叶玻璃随钢结构环形提升，所以钢结构间加固钢管及玻璃安装底座的位置也随钢结构逐步提升，为方便施工玻璃百叶主要放线为横向 150mm × 150mm × 6mm 钢管在钢结构立柱的位置线，200mm × 200mm × 8mm 钢管底座在钢结构立柱上的位置线。

a. 首先通过水准仪在屋面层钢结构立柱两侧测设屋面百叶标高控制线，用墨线弹至钢结构两侧。

b. 测设钢结构立柱的垂直度及立柱间间距，经测设符合规范要求，如不满足要求通知钢结构单位调整。

c. 图纸上测量龙骨及玻璃底座的位置并根据标高放线至钢立柱上。竖向位置直接测量距钢结构边的距离即可。

②环向钢龙骨安装

a. 钢龙骨根据图纸倾斜角度均需做切角处理，根据放线尺寸下钢龙骨尺寸并在加工厂切完角度，吊至屋面现场拼装焊接。

b. 要求焊缝饱满无间断，焊缝要逐一验收，验收合格刷环氧富锌底漆、氟碳漆。避免因局部施焊不连续，雨后钢管内部反锈污染钢立柱。

③钢连接件安装

a. 钢连接件需在专业厂家加工制作完成，保证连接件加工尺寸的准确性。

b. 根据钢立柱上放线尺寸焊接钢连接件，注意事项同环形钢龙骨。

c. 连接件焊接完成后整体对焊口部位氟碳漆进行修复。

④玻璃安装

a. 玻璃安装前先将不锈钢 U 形连接件安装至方管底座上，通过调节螺栓微调至图纸要求尺寸。

b. 将不锈钢驳接爪头预先安装在玻璃预留孔位置安装牢固。

c. 采用电动葫芦将玻璃吊装至安装部位将驳接爪螺栓与 U 形连接件固定。

d. 光伏玻璃需专业光伏厂家定制加工，光伏玻璃规格尺寸同大面玻璃，玻璃安装完成后专业厂家将线路连接至汇流箱、逆变器等最后并网。

e. 玻璃安装时需注意成品保护，避免磕碰破损。

⑤清理验收

玻璃百叶安装完毕进行表面清理，清除表面污垢。严禁使用钢丝球及酸性化学原料避免划伤及腐蚀玻璃表面。

此部位玻璃百叶采用钢管脚手架进行施工，将脚手架安装在圆弧室内侧从屋面上开始搭起，根据规范要求将拉墙杆与钢结构立柱拉结，拉墙杆与钢结构立柱拉结部位做好成品保护，避免损伤氟碳漆面层（图 6.1-111）。

图 6.1-111　核心筒铝格栅完成后效果

### 6.1.4　结果状态

保定市关汉卿大剧院和博物馆工程，玻璃幕墙系统的四性试验，金属屋面系统的抗风揭试验均在业主、监理共同见证下一次性通过，完美地达到了建筑师的设计意图，得到了社会各界的认可。

本工程凭借技术创新，成功完成了《石材幕墙中利用 BIM 技术进行锥形弧面异形石材加工安装工法》《超大钢龙骨玻璃幕墙施工工法》两篇省级工法，均获得河北省科技进步奖三等奖。通过技术的创新，整体工期缩短了近四个月，BIM 技术的应用及施工工艺的创新增加了现场施工的精度和准确度，有效地控制了施工质量和施工成本，取得了较好的经济效益。该项目依次通过省优、装饰国优、鲁班奖验收，获得了甲方及社会的高度认可。

### 6.1.5　问题和建议

本工程的完美呈现离不开 BIM 技术的应用，但 BIM 技术应用未得到全面开发，利用率欠缺，部分材料下单仍采用原始提料办法，办公效率、准确度仍有提高的空间。今后我们会加大对 BIM 技术人员的培养，将 BIM 技术应用于施工项目全寿命周期，建立高效、精准的工作体系。

BIM 技术应用具体表现为对施工工艺、施工方案进行动画演示、技术交底，对模型进行曲面的分格以及优化、参数化批量到的导出数据，对曲面面层进行曲率分析以及翘曲度分析，批量生成加工图加工单。运用 BIM 技术与施工现场相互配合，满足异形幕墙空间点位坐标的输出及辅助测量放线。可进行碰撞试验，提前发现问题并提出解决方案，优化施工误差并指导现场施工安装。通过三维模型对工程的重点难点进行反馈，提高了效率，降低了工程成本。BIM 技术的运用必将成为建筑施工的主流趋势，贯穿项目始终。

## 6.2　北京大兴机场塔台幕墙施工创新

### 6.2.1　案例背景

北京新机场东塔台位于北京大兴机场，总建筑面积 3639m$^2$，地上 14 层，地下 1 层，地下建筑面积 489m$^2$，建筑高度（室外地面至屋面面层）73.45m。塔台的结构形式为框架钢筋混凝土核心筒结构，属于一类高耸构筑物。幕墙面积约 5050m$^2$（图 6.2-1）。

图 6.2-1　东塔台效果图

### 6.2.2 事件过程分析

东塔台按施工区域划分为裙摆、塔身、塔冠、明室四部分，各部分技术参数如下：

裙摆（一区）：1～4 层，标高区间 0～23.2m，装修完外部最大直径 32.16m，最小直径 11.5m，外装饰面积 1971m$^2$。2.5～17.2m 标高处玻璃幕墙主次龙骨采用隔热断桥铝合金型材，玻璃采用 6 + 1.14PVB + 6 + 12A + 6low-E 双银中空夹胶钢化玻璃。折线铝单板造型柱采用浅银灰色铝单板，其结构从外向内依次为：3mm 氟碳喷涂铝单板、2mm 粉末喷涂铝单板、保温岩棉填充并外贴防水透气膜、1.5mm 厚热镀锌钢板，内装采用专业水泥压力板封修。裙摆一层局部为陶土板幕墙。

塔身（二区）：5～8 层，标高区间 23.2～44.2m，装修完外部最大直径为 11.5m，外装饰面积 1254m$^2$。在 17.2～44.2m 标高处大面积使用深灰色单曲面铝单板。折线铝单板造型柱则采用浅银灰色铝单板。铝单板幕墙从外向内依次为：3mm 氟碳喷涂铝单板、2mm 粉末喷涂铝单板、保温岩棉填充并外贴防水透气膜、1.5mm 厚热镀锌钢板，内装采用专业水泥压力板封修。

塔冠（三区）：8.5～12 层，标高区间 44.2～64.9m，装修完外部最大直径为 21.6m，最小直径为 11.5m，外装饰面积 1360m$^2$。全隐框玻璃幕墙，玻璃幕墙的主次龙骨采用铝合金型材，表面氟碳喷涂处理。玻璃采用 6 + 1.14PVB + 6 + 12A + 6low-E（双银）中空夹胶钢化玻璃。双曲面铝单板造型采用浅银灰色铝单板。

明室（四区）：13～14 层，标高区间 64.9～74m，装修完外部最大直径为 16m，最小直径为 13m，外装饰面积 485m$^2$，明室夹胶全玻幕墙：玻璃采用 12 + 2.28SGP + 12 + 2.28SGP + 12 半钢化夹胶玻璃。平面铝单板为浅银灰色铝单板。幕墙面积总计 5070m$^2$。

本工程施工时间主要在 2019 年，当时恰逢我国 70 周年国庆，总书记视察大兴机场等国家重点工程，为了给国庆献礼，必须确保在当年 9 月 20 日前完成整体幕墙封闭。作为机场核心区重点工程，机场第一高建筑，务必保证施工安全及施工质量。

### 6.2.3 关键措施及实施

工期紧、任务重，施工进度是本工程控制的重点。施工平台搭设方案的优劣直接影响到工序的衔接及现场组织，施工平台方案的选择、塔冠部分施工平台的搭设工艺及安全控制、塔冠部位的测量放线、加工单的提取、安装的精确性及专业性、大尺寸铝板及玻璃板块的垂直运输、开缝结构幕墙的防水构造设计及施工均是本工程的重点。

结合现场的实际情况，综合考虑与土建结构施工相协调、垂直运输等因素影响，本着“合理组织、精心施工、确保质量、确保进度”的原则，结合土建结构、钢结构的施工计划，安排外幕墙装饰工程施工。

预埋件随土建进度提前预埋（包括挑梁埋件），并预先测量放线检测施工现场施工精度，为深化设计做好准备工作。

幕墙图纸的深化设计工作在年前完成，并得到设计院的认可。根据深化图纸完善 BIM 模型模拟施工。开模型材需提前开模，龙骨型材提料完成订货，造型铝板根据深化图纸编制加工单完成，与厂家沟通做好材料样板及施工样板，甲方确认并做好封样工作。

为确保工期，幕墙在结构未封顶时提前介入施工，于3月5日进场进行施工前期准备工作、施工平台搭设、测量放线及骨架材料进场工作，于4月1日正式开始施工。

工人进场测量放线后根据施工区域不同所有材料要求提前一个月进场，尤其三区面层材料于7月20日前全部进场。

重点控制15层以上部位的施工进度，钢结构专业完成时间节点为7月15日，幕墙工程近一半的工作量要在一个月内完成。计划在7月15日之前完成一、二区的幕墙施工，之后全力突击三、四区（表6.2-1、表6.2-2）。

施工主要进度节点　　表6.2-1

| 序号 | 日期 | 节点工作 | 序号 | 日期 | 节点工作 |
|---|---|---|---|---|---|
| 1 | 2019-3-10 | 施工进场 | 6 | 2019-8-15 | 三区幕墙龙骨安装完毕 |
| 2 | 2019-5-15 | 一区幕墙龙骨安装完毕 | 7 | 2019-8-30 | 三区面层安装完毕、拆除平台 |
| 3 | 2019-6-25 | 一区面层安装完毕 | 8 | 2019-8-20 | 四区幕墙龙骨安装完毕 |
| 4 | 2019-6-15 | 二区幕墙龙骨安装完毕 | 9 | 2019-8-30 | 四区面层安装完毕、拆除脚手架 |
| 5 | 2019-7-15 | 二区面层安装完毕 | 10 | 2019-9-9 | 施工平台部位幕墙安装完毕 |

材料入场时间保障　　表6.2-2

| 序号 | 材料名称 | 使用部位 | 面积（$m^2$） | 时间控制 |
|---|---|---|---|---|
| 1 | 钢材 | 一至四区 | | 3.20-4.01 |
| 2 | 铝合金型材 | 一区、二区 | 40t | 3.25-4.25 |
| 3 | 辅材 | 一区、二区 | | 4.01-4.30 |
| 4 | 镀锌钢板 | 一区、二区 | 2400 | 4.01-4.25 |
| 5 | 保温棉 | 一区、二区 | 2400 | 4.01-4.25 |
| 6 | 2mm厚粉末喷涂铝板 | 一区、二区 | 2300 | 4.20-5.20 |
| 7 | 6＋1.14PVB＋6＋12A＋6Low-E双银中空夹胶钢化玻璃 | 一区裙摆 | 750 | 4.20-5.10 |
| 8 | 3mm厚浅银灰色氟碳喷涂铝单板 | 一区、二区 | 2300 | 5.10-6.15 |
| 9 | 18mm厚陶土板 | 一区 | 95 | 5.10-6.10 |
| 10 | 铝合金型材 | 三区、四区 | 20t | 6.10-7.10 |
| 11 | 辅材 | 三区、四区 | | 7.01-7.30 |
| 12 | 镀锌钢板 | 三区、四区 | 1500 | 7.01-7.20 |
| 13 | 保温棉 | 三区、四区 | 1500 | 7.01-7.20 |
| 14 | 2mm厚粉末喷涂铝板 | 三区、四区 | 1400 | 6.20-7.20 |
| 15 | 15＋2.28SGP＋15＋2.28SGP＋15半钢化夹胶玻璃 | 四区、明室 | 130 | 7.05-7.25 |
| 16 | 6＋1.14PVB＋6＋12A＋6Low-E双银中空夹胶钢化玻璃 | 三区、塔冠 | 350 | 7.10-8.05 |
| 17 | 3mm厚浅银灰色氟碳喷涂铝单板 | 三区、四区 | 1400 | 7.10-8.10 |

本工程按施工区域划分采用不同的平台搭设方案，便于工序衔接及材料垂直运输，具体方案如下：

一区利用室外脚手架及建筑物内侧脚手架配合进行玻璃幕墙及铝板柱龙骨安装，骨架装完毕采用曲臂车、吊车配合进行面板安装，具体见图 6.2-2、图 6.2-3。

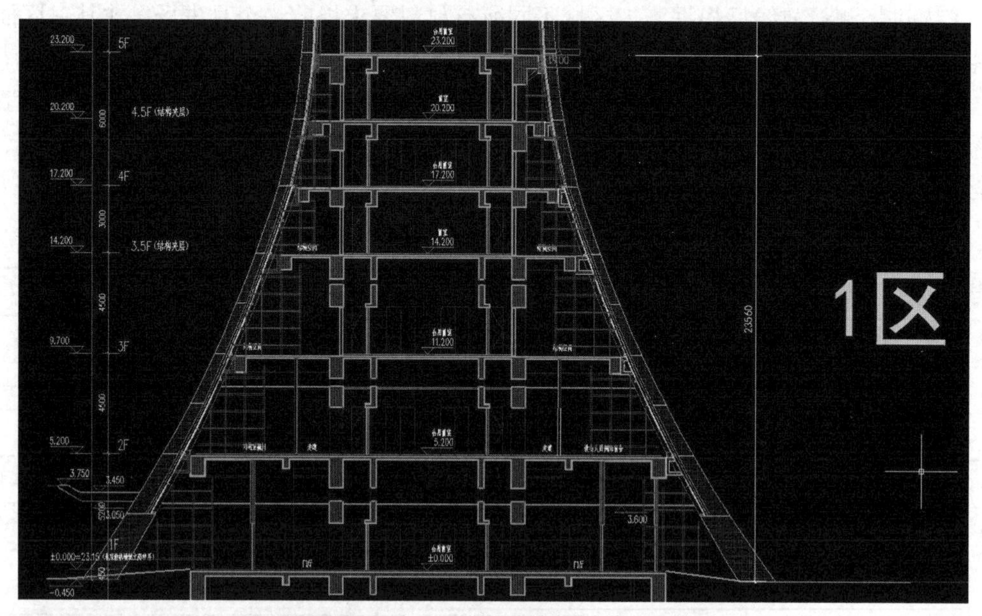


图 6.2-2　一区脚手架搭设措施示意图

图 6.2-3　类似工程曲臂车安装示意图

在二区与三区交界处下层（44.2m 处）搭设钢平台，二区采用吊篮施工，吊篮固定在钢平台上，钢平台顶部满铺钢丝网，二区与三区同时施工，防止物品坠落伤人。钢平台出挑 3.7m，按照外部铝板突出造型分布布置，平台拆除同时安装面层。二区材料采用吊车上料，将物料运至一区与二区之间的物料平台处，具体见图 6.2-4。

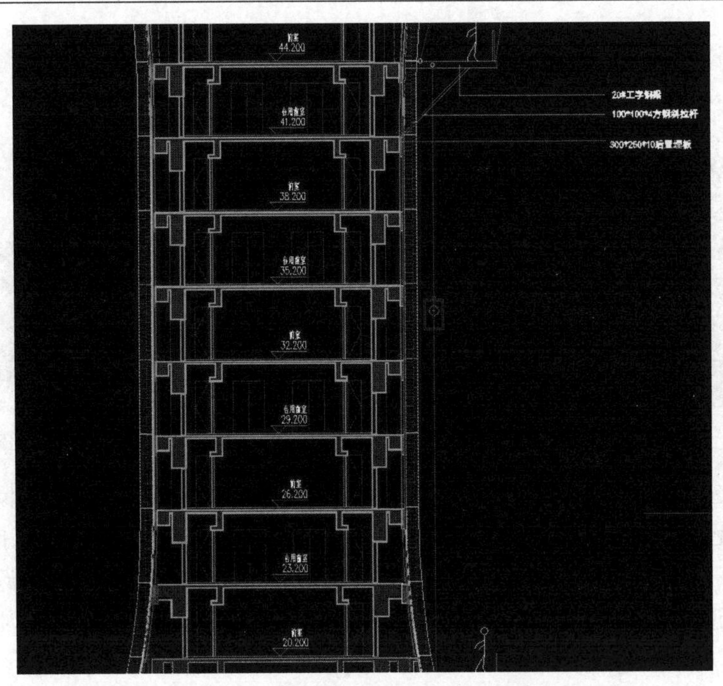


图 6.2-4　二区吊篮搭设措施示意图

三区与二区之间的钢平台作为两个区域的分界线，在明室平台处搭设钢架，架设吊篮，两区同时施工。由于三区为倒锥形，吊篮需要沿幕墙外完成线布置钢缆轨道，吊篮沿钢缆运行且三区下部吊篮需交错行进。明室平台处钢架与二区、三区交界处钢架的外沿封闭防护网，提升安全系数。三区大型物料使用塔式起重机运至明室平台处，之后分运使用，小型物料通过人货电梯直接运至钢平台使用。我们为此平台专门进行了建模模拟，具体见图 6.2-5～图 6.2-7。

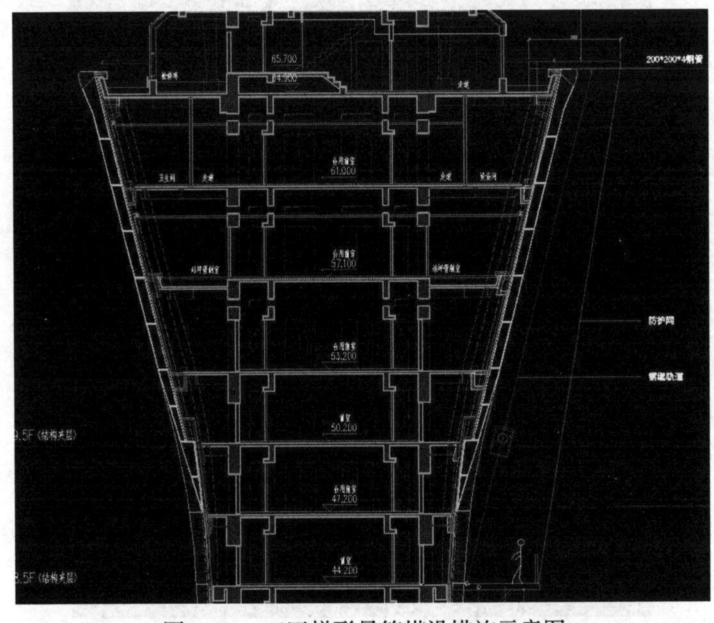


图 6.2-5　三区梯形吊篮搭设措施示意图

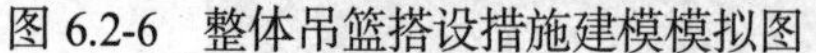

图 6.2-6　整体吊篮搭设措施建模模拟图　　图 6.2-7　二区吊篮搭设措施建模模拟图

明室部位选用双排脚手架，结构施工完毕后先进行明室玻璃幕墙上下卡槽骨架安装，采用总包塔式起重机完成明室玻璃安装，对明室玻璃成品保护完毕后进行双排脚手架搭设，然后开始外侧铝板幕墙施工。由于明室玻璃板块大，需利用塔式起重机将玻璃运至提前设置好的平台平放，之后在明室室内设置提拉机械，利用电吸盘以玻璃底部为轴翻转，进而完成玻璃的竖立就位，具体见图 6.2-8。

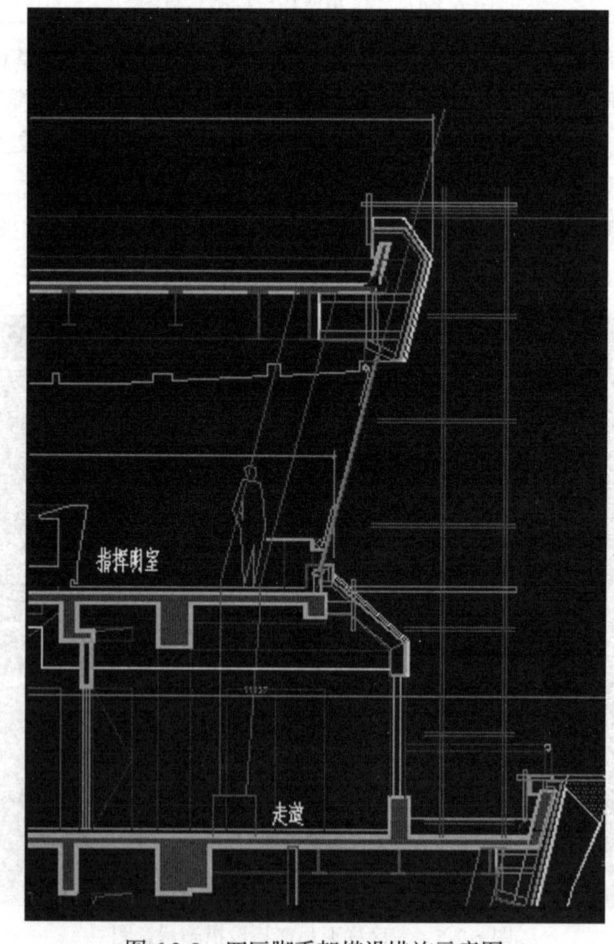


图 6.2-8　四区脚手架搭设措施示意图

经过缜密部署、科学组织，并充分利用三维建模技术模拟，我们的施工方案得以顺利实施，三区倒锥形部位特种施工吊篮运转正常，至 8 月中旬，我们顺利完成了三区和二区龙骨的安装，并开始进行面层安装（图 6.2-9、图 6.2-10）。

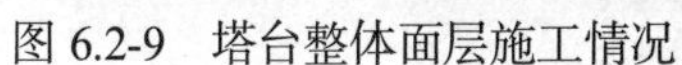

图 6.2-9　塔台整体面层施工情况

图 6.2-10　二区铝板施工情况

6.2.3.1　施工生产管理过程中的亮点

材料提取方面运用三维 CAD 建模，完成东塔台所有目前面层材料的提料工作（图 6.2-11）。型材定尺下料，降低型材损耗。

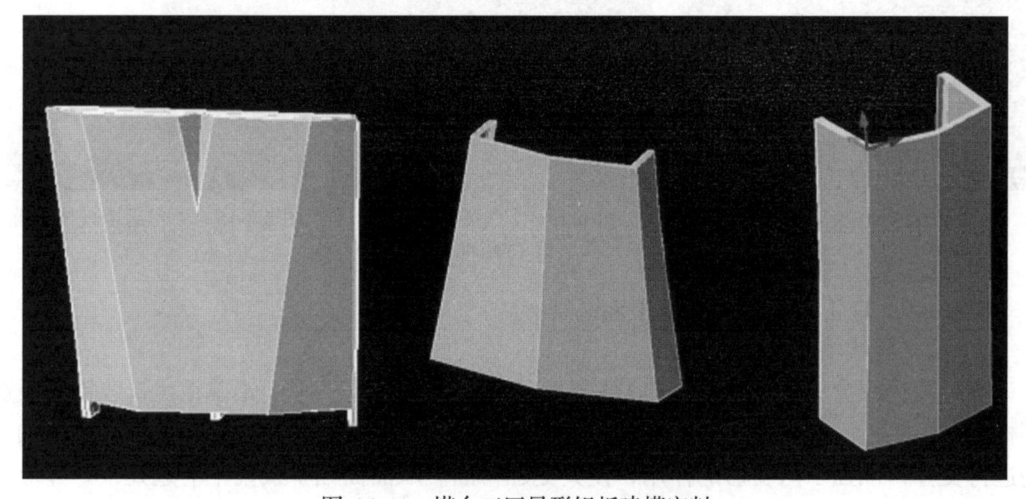

图 6.2-11　塔台三区异形铝板建模定料

施工技术难点方面，一区空间点定位，采用全站仪完成。二区吊篮悬挂采用 1t 轨道车，省时省力，安全可靠。三区倒锥形立面采用倾斜吊导轨吊篮施工，成品保护较好。为保证三区铝板拼接质量，在加工厂完成了样板拼接，保证效果良好后才进行面漆的喷涂（图 6.2-12～图 6.2-14）。

施工组织方面，在最后阶段制定合理有效的抢工计划，公司对项目部给予大力支持，项目部按照既定抢工方案有效执行落实，成功完成了既定目标（图 6.2-15）。

测量放线（方管压弧做控制点）

图 6.2-12　三区异形铝板部位定铝板外轮廓控制点

图 6.2-13　三区异形铝板工厂预拼装

图 6.2-14　三区异形铝板工厂预拼装

图 6.2-15　项目后期现场情况

### 6.2.3.2　施工过程中的关键工艺说明

1）铝单板幕墙施工技术措施

本工程铝板分为折线铝单板造型柱、双曲面铝单板造型、平面铝单板。折线铝单板造型柱为异形铝板，在加工厂加工完成后运输至现场进行安装。在其内部有 T 形的槽铝加强筋进行支撑，加强了防变形的作用，使其更加稳固。双曲面铝单板位于塔冠处，为异形铝单板，同一个面上重叠，即从一个不同的圆心出发，分两个半径画弧。双曲铝单板是根据图纸所设计的双曲做一个模块，然后用模块开铝料，经过焊接、打磨、抛光、清洗、喷漆加工而成。双曲铝单板重量轻、刚性好、强度高、高清洁性、耐候性和耐腐性强、不易褪色、加工性能好，可加工成弧形、球面等各种几何形状，美观高雅、色彩丰富、装饰效果好、喷涂均匀、防水、防污、防火、抗蚀，便于清洁、保养、安装方便快捷，在工厂成型，施工现场不需裁切，直接固定在骨架上即可，维护费用低，使用寿命长，并且环保。

施工现场准备。施工前，首先要对现场管理和安装人员进行全面的技术和质量交底及安全规范教育，备齐防火和安全器材与设施。在构件进场搬运、吊装时，需要加强保护，不得碰撞和损坏。构件应放在通风、干燥、不与酸碱类物质接触的地方，并要严防雨水渗入。构件应按品种、规格、种类和编号堆放在专用架子或垫木上，玻璃构件应稍稍倾斜直立摆放，在室外堆放时，应采取防护措施。构件安装前，均应进行检验与校正。构件应符合设计图纸及相关质量标准的要求，不得有变形、损伤和污染，不合格的构件不得上墙安装。铝板幕墙构件在运输、堆放、吊装过程中有可能会人为地使构件产生变形、损坏等，在安装之前一定要提前对构件进行检验，发现不合格的应及时更换，同时，幕墙施工承包商应根据具体情况和以往施工经验，对易损坏和丢失的构件、配件、铝板、密封材料等，有一定的更换储备数量。构件在现场的辅助加工如钻孔、攻丝、构件偏差的现场修改等，其加工位置、精度、尺寸应符合设计要求。幕墙与主体结构连接的埋件，应按施工设计要求补设。

施工技术准备。熟悉本工程铝板幕墙的特点，其中包括骨架设计的特点，铝板安装的特点及构造方面的特点。然后根据其特点，具体研究施工方案。对照幕墙的骨架设计，复查主体结构的施工质量。因为主体结构的施工质量如何，对骨架的位置影响较大。特别是墙面的垂直度、平整度偏差，将影响整个幕墙的水平位置。所以，放线前，要检查主体结构的施工质量，特别是钢筋混凝土结构，尤其要仔细、严格地复查。另外，对主体结构的预留孔洞及表面的缺陷，应做好检查记录，并及时提请有关单位注意。根据主体结构的施工质量，最后调整主体结构与幕墙之间的间隔距离，以便确保安装工作顺利进行，基本做到准确无误。

测量放线。根据幕墙分格大样图和土建单位给出的标高点、进出口线及轴线位置，采用重锤、钢丝线、测量器具及水平仪等测量工具在主体结构上测出幕墙平面、竖框、横梁、分格及转角基准线，并用经纬仪进行调校、复测。幕墙分格轴线的测量放线应与主体结构测量放线相配合，水平标高要逐层从地面引上，以免误差累积，当误差大于规定的允许偏差时，包括垂直偏差值，应经监理、设计人员同意后，适当调整幕墙的轴线，使其符合幕墙的构造需要。对高层建筑的测量应在风力不大于 4 级的情况下进行，测量应在每天定时进行。质量检验人员应及时对测量放线情况进行检查，并将其查验情况填入记录表；在测量放线的同时，应对埋件的偏差进行检验，其上、下、左、右偏差值不应超过 45mm，超差的埋件必须进行适当处理后方可进行安装施工，并把处理意见上报监理、业主和公司相关部门。质量检验人员应对埋件的偏差情况进行抽样检查，抽检量应为幕墙预埋件总数量的 5%以上且不少于 5 件，所检测点不合格数不超过 10%，可判定为合格。

放线定位。放线是指将骨架的位置线弹到主体结构上。这项工作也是为了确保幕墙位置准确的准备工作。只有准确地将设计要求反映到结构的表面，才能保证设计意图的实现。放线工作应根据土建单位提供的中心线及标高点进行。因为幕墙设计一般是以建筑物的轴线为依据的，幕墙的布置应与轴线取得一定的关系。所以，放线应首先弄清楚建筑物的轴线。对于所有的标高控制点，均应进行复校。对于由横竖杆件组成的幕墙骨架，一般先弹出竖向杆件的位置，然后将竖向杆件的锚固点确定，再将横向杆件线弹到竖向杆件上。放线是幕墙施工中技术难度较大的一项工作，施工人员除了要充分掌握设计要求外，还需具备丰富的工作经验。因为有些细部构造处理，设计图纸有时交代得并不十分明确，而是留给操作人员结合现场情况具体处理。特别是玻璃面积大、层数较多的高层建筑或超高层建筑玻璃幕墙，其放线难度更大一些，对精度的要求也更高一些。

竖框安装。根据放线的具体位置，进行骨架安装。骨架固定，常采用连接件将骨架与主体结构上的埋件相连。连接件通常用型钢加工而成，其形状可因不同的结构类型、不同的骨架形式、不同的安装部位而有所不同。但不论何种形状的连接件，均应固定在结实、坚固的位置上。待埋件复核准确后，可以安装骨架。一般先安装竖向杆件，因为竖框与主体结构相连，竖框就位后，即可安装横梁。应注意骨架（竖框、横梁）本身的处理。对于钢骨架，要做热镀锌处理并应符合设计要求。对于铝合金骨架，要注意骨架氧气膜的保护，在与混凝土直接接触的部位，应对氧化膜进行防腐处理。大面积的幕墙骨架，都存在骨架接长的问题，特别是骨架中的竖框。对于型钢一类的骨架接长，一般比较容易处理。而方管骨架，由于是空腹薄壁构件，其连接不能简单地对接，而是采用连接件，分别穿进上、下杆件的端部，然后再用螺栓拧紧。竖框安装的准确性和质量将影响整个幕墙的安装质量，是幕墙安装施工的关键之一。接头应有一定空隙。采用套筒连接，可适应并消除建筑挠度变形和温度应力变形的影响。连接件与埋件的连接，可采用间隔的铰接和刚接构造，铰接仅抗水平力，而刚接除抗水平力外，还应承担垂直力并传给主体结构。竖框安装前应认真核对竖框的规格、尺寸、数量、编号是否与施工图纸相一致。施工人员必须进行有关高空作业的培训，并取得上岗证，方可进入施工现场施工。施工时严格执行国家有关劳动、卫生法规和现行行业标准《建筑施工高处作业安全技术规范》GB 55034—2022 的有关规定，特别要注意在风力超过 6 级时，不允许进行高空作业。应将竖框先与连接件连接，然后连接件再与立体埋件连接，并进行调整和固定竖框。安装标高偏差不应大于 3mm，轴线前后偏差不应大于 2mm，左右偏差不应大于 3mm。同时注意误差不得积累，且开启窗处为正公差。相邻竖框安装标高偏差不应大于 3mm，同层竖框的最大标高偏差不应大于 3mm，相邻竖框的距离偏差不应大于 2mm。竖框与连接件（支座）接触面之间一定要加防腐隔离垫片。竖框按偏差要求初步定位后，应进行自检，对不合格的应进行调校修正，自检合格后，再报质检人员进行抽检，抽检数量应为竖框总数量的 5%以上，且不少于 5 件。抽检合格后才能将连接件（支座）正式焊接牢固，焊缝位置及要求按设计图纸，焊缝高度大于等于 7mm，焊接质量应符合国家标准《钢结构工程施工及验收规范》GB 50205—2023，焊接好的连接件必须采取可靠的防腐措施。如有特殊要求，须按要求处理。幕墙竖框安装就位、调整后应及时固定，幕墙安装的临时螺栓等在构件安装、就位、调整、固定后应及时拆除。焊工为特殊工种，需经专业安全技术学习和训练，考试合格，获得“特殊工种操作证”后，方可独立工作。焊接场地必须采取防火、防爆安全措施后，方可进行操作。焊件下方应设置接火斗和安排看火人，操作者操作时应戴好防护眼镜和面罩，电焊机接地零线及电焊工作回线必须符合有关安全规定。竖框安装牢固后，必须取掉上下两竖框之间用于定位伸缩缝的标准块，并在伸缩缝处打密封胶。

避雷设施。在安装竖框的同时应按设计要求进行防雷体系的可靠连接，均压环应与主体结构避雷系统相连接，埋件与均压环通过截面积不小于 $48mm^2$ 的圆钢或扁钢连接。圆钢或扁钢与埋件、均压环进行搭接焊接，焊缝长度不小于 75mm，位于均压层的每个竖框与支座之间应用宽度不小于 24mm，厚度不小于 2mm 的铝带条连接，保证其电阻小于 10Ω。在各均压层上连接导线部位需进行必要的电阻检测，接地电阻应小于 10Ω，对幕墙的防雷体系与主体的防雷体系之间的连接情况也要进行电阻检测，接地电阻值小于 10Ω，检测合格后还需要质检人员进行抽检，抽检数量为 10 处，其中一处必须是对幕墙的防雷体系与主体的防雷体系之间连接的电阻检测值。如有特殊要求，须按要求处理。所有避雷材料均应热镀锌处理，避雷体系安装完后应及时提交验收，并将检验结果及时做记录。

板块安装。铝板在安装前板的外面应粘贴保护膜加以保护，交工前再全部揭去。铝板的品种、规格与色彩应与设计要求相符，整幅幕墙的色泽应均匀；若发现颜色有较大出入，应及时向有关部门反映，得到处理后方可安装。用于固定铝板的压块或其他连接件，应严格按设计要求或有关规范执行，严禁少装或不装紧固螺钉。分格拼缝应竖直横平，缝宽均匀，并符合设计及偏差要求。每块铝板初步定位后，应与相邻铝板进行协调，保证拼缝符合要求。对不符合要求的应进行调校修正，自检合格后报质检人员进行抽检，每幅幕墙抽检 5%的分格，且不得小于 5 个分格。允许偏差项目中有 80%抽检实测值合格，其余抽检实测值不影响安全和使用，则可判定为合格。抽检合格后方可进行固定和打耐候聚硅氧烷密封胶。

密封处理。铝板安装完毕后，必须及时用耐候聚硅氧烷密封胶嵌缝，予以密封，保证幕墙的气密性和水密性。幕墙的密封处理常用的是耐候聚硅氧烷密封胶。耐候聚硅氧烷密封胶的施工应符合下述要求：耐候聚硅氧烷密封胶的施工必须严格按工艺规范执行，施工前应对施工区域进行清洁，应保证缝内无水、油渍、铁锈、水泥砂浆、灰尘等杂物，可采用甲苯、丙酮或甲基二乙酮作清洁剂。施工时，应对每一管胶的规格、品种、批号及有效期进行检查，符合要求方可施工，严禁使用过期的密封胶。耐候聚硅氧烷密封胶的施工厚度应大于 3～5mm，施工宽度不应小于施工厚度的 2 倍，注胶后应将胶缝表面刮平，去掉多余的耐候聚硅氧烷密封胶。耐候聚硅氧烷密封胶在缝内应形成相对两面黏结，并不得三面黏结，较深的密封槽口底部应采用聚乙烯发泡材料填塞。为保护铝板不被污染，应在可能导致污染的部位贴纸基胶带，填完胶刮平后立即将纸基胶带除去。幕墙内外表面的接缝或其他缝隙应采用与周围物体色泽相近的密封胶连续密封，接缝应平整、光滑，并保证严密不漏水。

保护和清洁。施工中的幕墙应采用适当的措施加以保护，防止发生碰撞、污染、变形、变色及排水管堵塞等现象。施工中，给幕墙及幕墙构件表面装饰造成影响的粘附物要及时清除，恢复其原状及原貌。幕墙工程安装完成后，应制定清扫方案，防止幕墙表面污染和发生异常，其清扫工具、吊盘以及清扫方法、时间、程序等，应得到专职人员批准。

检查与维修。幕墙安装完毕，质量检验人员应进行总检，指出不合格的部位并督促及时整改，出现较大不合格项或无法整改时，应及时向有关部门反映，待设计等部门出具解决方案。对幕墙进行总检的同时应及时记录检验结果，所有检验记录、评定表格等资料都应归档保存，以备最终工程交工验收时用。总检合格后方可提交监理、业主验收，但最终必须经有关质检部门验收后才算合格。

2）玻璃幕墙施工技术措施

在本次工程中，玻璃幕墙分为明框玻璃幕墙和隐框玻璃幕墙。

明框玻璃施工工艺流程：结构、埋件的检查→主、次龙骨的安装→副框与玻璃面材的安装→打胶→铝合金压板和扣盖安装。

结构、埋件的检查。埋件左右、上下偏差的检查，首先由测量放样人员将支座的定位线弹在结构上，便于施工人员进行检查、记录，检查预埋件中心线与支座的定位线是否一致，通过十字定位线，检查出埋件左右、上下的偏差，若偏差大的报设计出埋件修正方案（图 6.2-16）。

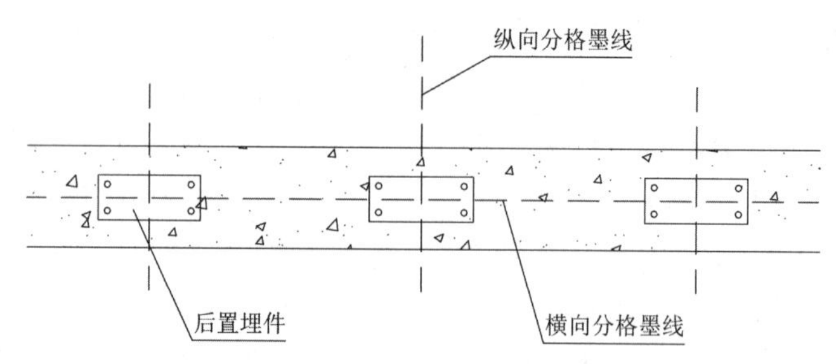


图 6.2-16　埋件安装示意

主、次龙骨的安装。根据设计要求及放线所确定的定位点，将矩形方钢管螺栓连接，并将安装精度控制在允许的范围内。按照钢管上所弹墨线进行定位，焊接钢管次龙骨与主龙骨连接。

副框与玻璃面材的安装。本工程采用 6＋1.14PVB＋6＋12A＋6Low-E 双银中空夹胶钢化玻璃作为幕墙玻璃材料。在施工前要做好充分的准备工作。准备工作包括人员准备、材料准备、施工现场准备。在安排计划时首先根据实际情况及工程进度计划的要求安排好人员，材料准备是要检查玻璃板块是否到场，是否有损坏的玻璃，施工现场准备要在施工段留有足够的场所满足安装需要，同时要对排栅进行清理，并调整排栅以满足安装要求。双层玻璃由下向上，并从一个方向起连续安装，将框内污物清理干净，在下框内塞橡胶定位块，将内侧橡胶条嵌入框格槽内。抬运玻璃前，先将玻璃表面的灰尘、污物擦拭干净。往框内安装时，注意正确判断玻璃的内外面，将玻璃嵌入框槽内，嵌入深度要一致（图 6.2-17）。

打胶。玻璃、铝板安装完毕后，清理板缝，然后进行泡沫条的填塞工作，泡沫条填塞深浅度要一致，不得出现高低不平现象。泡沫条填塞后，进行美纹纸的粘贴，不得有扭曲现象。注胶应连续饱满，刮胶应均匀平滑，不得有跳刀现象。

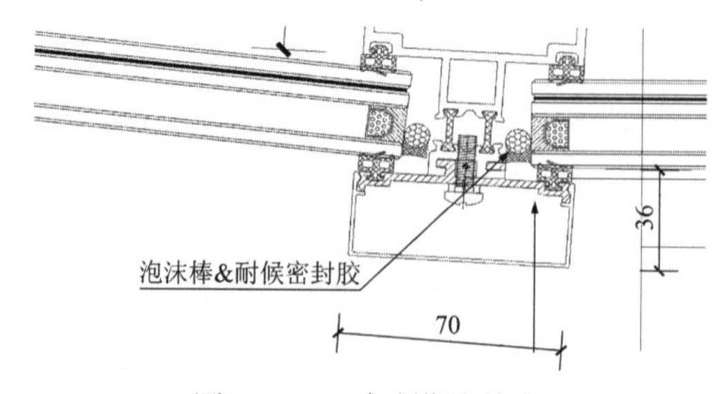


图 6.2-17　玻璃幕墙节点

铝合金压板和扣盖安装。玻璃外侧橡胶条安装完之后，在玻璃与横框、水平框交接处均要进行盖口处理，室外一侧安装外扣板，室内一侧安装压条，其规格形式要符合幕墙设计的要求。

隐框玻璃。隐框玻璃的施工工艺与明框玻璃大致相同，区别在于玻璃副框的加工和安装有所不同，隐框玻璃增加了铝合金封边。

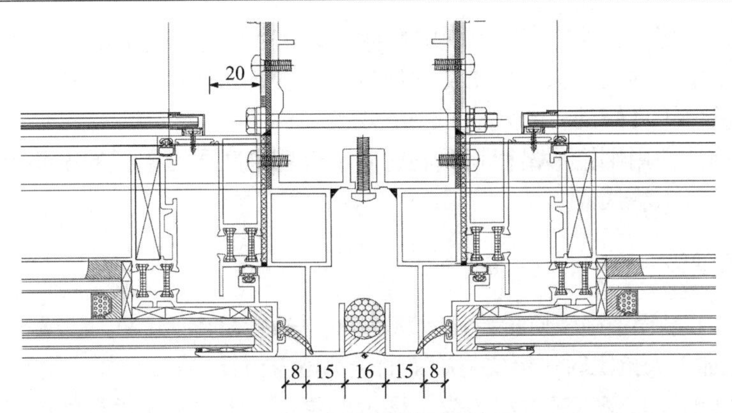


图 6.2-18　玻璃幕墙节点

在安装过程中，没有铝合金压板和铝合金扣盖，在安装后用泡沫条封塞，利用聚硅氧烷耐候胶进行打胶。

3）施工操作的质量控制

（1）建立“样板先行制度”。在每一道工序开始时，第一先做样板，邀请监理公司、业主代表、施工单位技术人员一起进行检查和评定，检查该项工作所有的材料、工艺是否满足要求，通过鉴定后以样板为标准开展大面积施工。

（2）实行班组自检制度和三道工序检查制度。为了检查本道工序，服务下道工序和鉴定上道工序的结果，项目部组织三道工序的班组长进行检查活动，检查结果作书面记录，有问题马上整改。

（3）建立巡查制度。质检员全天候巡视现场，发现问题马上协助本班组长及时解决，并做好笔记。

（4）终检制度。由项目部组织，邀请监理工程师、业主代表对完成的分项、分部工程进行检查和验收。本验收结果作为分项工程的奖罚依据。

（5）实行挂牌施工，质量奖罚制度。采取班组操作区挂牌、质量与经济挂钩的制度。为保证工期、质量和安全，对班组工人操作优秀者给予奖励，对不合格者进行惩罚，重则退场。

（6）质量控制计划。项目经理部合理安排工期及进度，使几个工作面的施工能够同时开展，重点保障吊顶、石材施工、细木制作、金属构配件制作等关键工序能够形成流水作业，并在各个施工段间形成循环，使每个工种都能有充足的作业时间和作业面，不至于由于抢工期导致施工质量粗糙。

（7）完善落实技术交底制度。分部、分项作业前做好逐级技术交底工作，并加强施工机械设备的定期检修，完善施工作业的前期准备工作。

（8）建立质量保障体系。强化施工检验，建立有效的质量管理体系，按图施工，规范施工，强调操作工人认真落实“三检制”工作，同时加强专职质量员的预控预检工作，以确保及时发现问题并得到有效处理。

4）施工应急管理

建筑工程具有施工工期长、人员复杂、潜在风险因素多等特点。为确保工程的顺利进行，制定生产安全事故应急预案，以及疾病、传染病的预防措施及应急预案等。

### 6.2.4　结果状态

本工程的施工组织制定合理有效，公司各级组织上传下达通畅无阻，项目部按照既定抢工方案有效执行落实，成功完成了既定目标。本工程的技术工作扎实有效，避免了返工，为抢工期提供了坚实的技术保障。本工程通过工法创新和技术创新成功解决了工期紧张的难题，为公司赢得了良好的社会效益和经济效益。

本工程开创性使用倒锥形吊篮，顺利解决了现场三区异形铝板的安装问题，关键技术获得了河北省省级工法认证。

### 6.2.5 问题和建议

如何解决抢工过程中施工质量差的问题是本工程最大的痛点。抢工过程中最容易导致施工质量事故，增加工人抢工时一定要将施工面全部覆盖检查，管理力量一定要跟上施工进度。

非万不得已不能改变工序做法（为了展示形象，三区铝板先进行面层安装后再进行内侧铝板安装，留有漏水隐患）。

前期设计工作，对选用开缝幕墙形式一定要慎重，对处于长期强风环境的工程尽量避免采用开缝幕墙的做法。本工程大板块开缝铝板做法，初始设计阶段未充分考虑长时间强风经铝板缝隙进入幕墙体系对整体幕墙锚固系统造成的影响，导致施工过程中出现不同程度的铝板与龙骨脱离现象。后期经过论证，我们对整体外幕墙开缝部位进行了二次打胶施工，成功排除了隐患。

## 6.3 冬奥会非注册 VIP 酒店室内装配式施工创新

### 6.3.1 案例背景

（1）装配式内装是一种新型绿色环保的智能化装修模式，其核心是去手艺、去人工，把人工对产业的影响降到最低，同时提高生产效率，更加注重环保。装配式内装的所有装修部件都是在工厂进行标准化预生产，然后在施工现场进行干法施工，类似像搭积木一样做装修，还可以根据业主需求进行个性化定制，具有系统化、个性化、工期短、更环保、大幅节省材料和人工成本的突出特点。

（2）从《国务院办公厅关于大力发展装配式建筑的指导意见》提出以来，建筑装修行业都对装配式翘首以待。近年装配式建筑发展如火如荼，装配式装修的发展也势不可挡。其实装配式的施工在很早就已经实施，比如以往的隔断屏风，厂家集成了不锈钢及玻璃或硬包，在工厂制作完成成品，现场组装安装固定，也是装配化的体现，现在的装配式更多的理念是高度集成，如一个房间的装配式包括集成水电、暖通、整体卫浴、集成厨房、地暖、集成卫生间、集成吊顶等，形成高度整合集成的装配式和高度工业化的装配式。

（3）整体装配式的优势有以下优势：

①施工作业快

产品工业化定制和套装成品预制构件的制造，让传统装修 80%以上的工作量在工厂内完成，现场只需要简单的装配，即可快速实现装修效果，缩短工期。

②综合成本低

相比传统装修，装配式装修可节约 20%的材料，并节省 70%的工时。在综合成本上，装配式装修远远低于传统装修。另外，装配式装修的单模块可拆卸更换以及回收，方便维修与升级，降低二次改造的成本。

③品质统一有保证

坚持模具与工艺的控制，确保标准统一，让所有同款产品的应用效果和质量标准一致，完美解决质量与形象标准执行的难题，实现高品质装修。

④绿色节能环保

装配式装修现场作业过程中采用全干法施工，减少使用涂料、溶剂、胶黏剂。从而形成无毒家装全材料解决方案，从源头上降低了装修材料中甲醛、苯、DMF 等有害化学物质的危害。纵观国外装配式发展现状，横看国内政策扶持，再加上装配式自身的优点，国内建筑装修行业向装配式转型已成必然趋势。

## 6.3.2　事件过程分析描述

### 6.3.2.1　工程概况

（1）项目名称：冬奥会非注册 VIP 接待中心工程。

（2）项目地点：张家口市长城西大街北侧。

（3）建设单位：张家口兴奥房地产开发有限公司。

（4）设计单位：北京市建筑设计研究院有限公司。

（5）施工单位：河北建设集团股份有限公司。

（6）建筑规模：工程建筑面积为 111405m$^2$，其中地上建筑面积 61597m$^2$，地下建筑面积 49448m$^2$。工程总造价 9.5 亿元，建筑主要功能为会议中心、康体中心、酒店主楼。工程于 2019 年 9 月 18 日开工，2021 年 12 月 15 日竣工并交付使用。

酒店主楼：地下 2 层，地上 9 层；会议中心：地下 2 层，地上 3 层。康体中心：地下 2 层，地上 3 层，局部 4 层；会议中心主要由会议室、宴会厅、多功能厅等组成。康体中心主要由游泳馆、健身、中餐厅、后勤人员客房、活动室组成。

本工程基础形式为独立基础 + 抗水板基础，结构形式为钢筋混凝土框架 + 剪力墙结构。地下室外墙为钢筋混凝土墙，内部为框架柱、梁、剪力墙。地上主体结构部分为框架梁、柱、剪力墙。填充墙为加气混凝土砌块墙和轻钢隔墙。项目部积极应用住房和城乡建设部推广的 10 项新技术中的 8 大项 28 小项，完成自主创新技术 11 项。BIM 技术应用贯穿施工全过程。

本工程在冬奥会期间全力服务于 2022 年冬奥会媒体记者，工期紧，任务重，如何保客房装修一次成优，节约工期至关重要。因此必须在装配式内装施工时进行全方位、全过程、全员性质量控制，严格规范施工。

### 6.3.2.2　装配式内装修说明

装配化装修也叫工业化装修，是将工业化生产的部品、部件通过可靠的装配方式，由产业工人按照标准化程序采用干法施工的装修过程。简单来讲，是先在工厂预制好顶板、墙板、地面基层和面层，并预制所需要的专用组装件，之后将成品运到施工现场，利用干式工法组装完成的一种装修形式（后场加工，进场安装）。包含装配式墙面系统、装配式天花系统、装配式集成配电配水系统、集成式卫浴系统、装配式厨房系统、装配式地坪系统、装配式干式地暖系统。

本工程主要为装配式墙面施工。

### 6.3.2.3　本工程的重点、难点

（1）酒店客房主楼客房区材料种类多，墙面不同材质交接处质量及整体安装质量是重点。

（2）卫生间、淋浴间隔墙采用钢架隔墙作为基层，根据设计要求隔墙总厚度为 100mm，除去面层做法，钢架墙体厚度仅为 41.5mm，且对墙体稳定性及设备安装稳定性要求较高，是本工程的难点。

## 6.3.3 关键措施及实施

### 6.3.3.1 装配式超薄钢架隔墙

1）工艺原理

首先根据施工图纸建立 BIM 模型，进行图纸深化设计，确保水电精确定位，从而减少水电预留预埋工序施工间断，很大程度上缩短了装修工期。其次基层骨架竖向采用 40mm × 40mm × 3mm 镀锌方管保证墙体厚度要求，内侧焊接直径为 12mm（HRB400）的 U 型钢筋，钢筋间距为 300mm，焊接完成后绑扎孔径为 50mm × 50mm × 1mm 金属板网，随后浇筑混凝土养护，使隔墙厚度仅为 4cm 且强度满足现装修及安装工程要求，且墙体无需抹灰、养护，直接进入下一道工序，进一步缩短工期。同时，隔墙厚度降低，钢材使用量减少，较现场安装的钢架隔墙，大大减少了材料用量并降低材料成本，通过工厂预制，降低了人工成本及现场安装的风险成本。

2）工艺流程

课题研究→BIM技术图纸深化→基层钢架焊接安装→水电预留预埋→混凝土浇筑养护→运输至施工现场→放线、验线→校准安装→防锈防腐处理→板拼缝处理→验收。

3）操作要点

（1）BIM 技术图纸深化：根据施工图纸建立 BIM 模型，进行图纸深化设计，确定机电点位、板块大小和安装高度，确定预制构件施工图纸（图 6.3-1）。

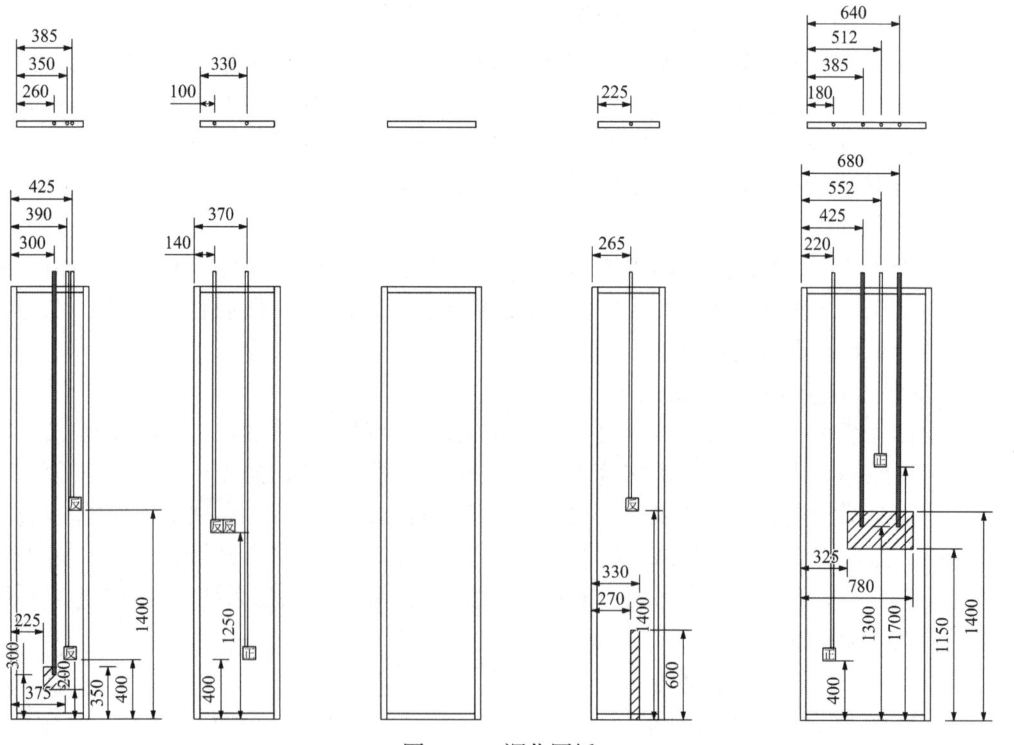


图 6.3-1 深化图纸

（2）基层钢架焊接安装：厂家根据 BIM 深化图纸进行制作，基层骨架竖向采用 40mm × 40mm × 3mm 镀锌方管，内侧焊接直径为 12mm（HRB400）的 U 形钢筋，钢筋间距为 300mm，焊接完成后绑扎孔径为 50mm × 50mm × 1mm 金属板网（图 6.3-2～图 6.3-4）。

图 6.3-2　钢架及 U 形钢筋焊接

图 6.3-3　金属板网绑扎

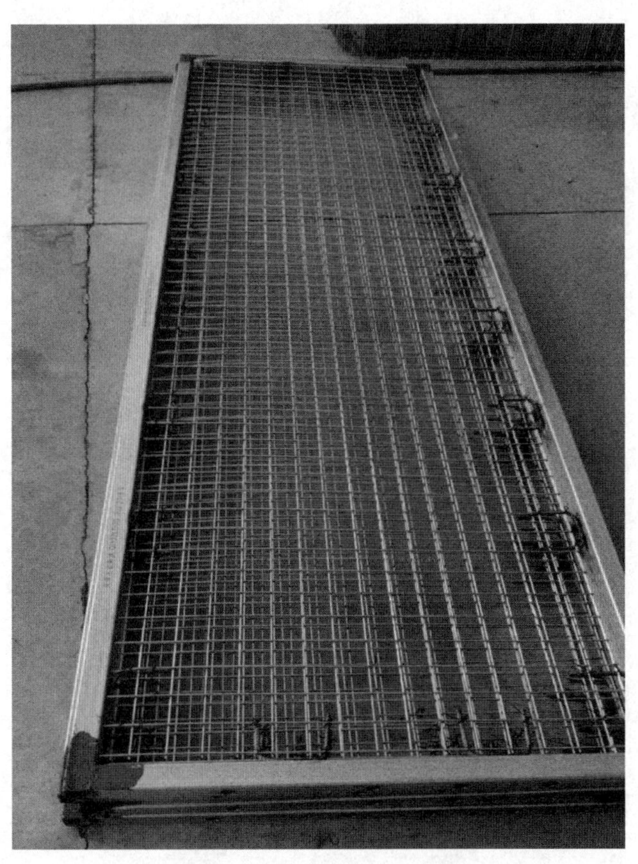

图 6.3-4　焊接绑扎完成效果

（3）水电预留预埋：根据深化图纸对水电预留预埋进行精确定位安装，并在骨架制作完成后放到浇筑平台上（图 6.3-5～图 6.3-7）。

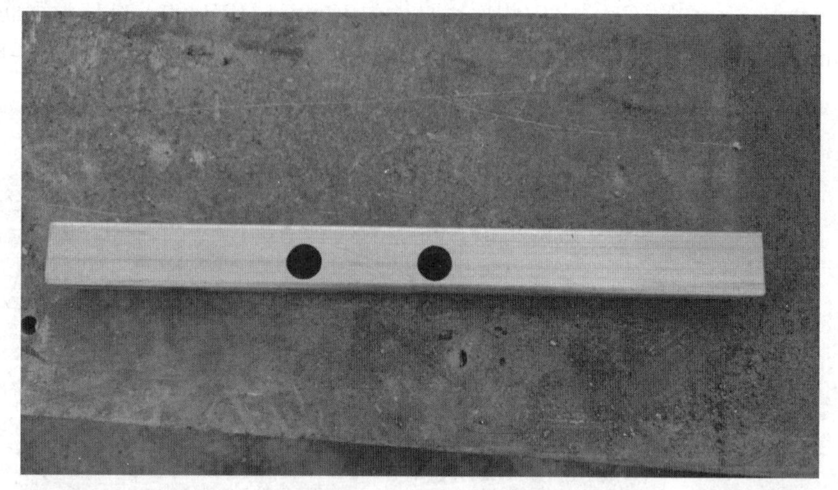

图 6.3-5　方钢预留水电孔洞

图 6.3-6　水电预留预埋施工

图 6.3-7　水电预留预埋完成效果

（4）混凝土浇筑养护：浇筑C25预拌细石混凝土，浇筑完成后收面覆膜后用蒸汽养护（图6.3-8、图6.3-9）。

图6.3-8 混凝土浇筑完成后覆膜

图6.3-9 预制构件蒸压养护

（5）运输至施工现场：根据项目进度，按楼层、户型编号分批进场，到场后根据编号运至相应楼层和房间，板材的运输及堆放应侧立，不得平放（图6.3-10）。

图6.3-10 预制构件编号码放

（6）校准安装：根据排版安装图根据编号进行安装，顶、地焊接 40mm × 40mm 角码下 M8mm × 80mm 胀栓埋件安装固定，相邻隔板进行焊接（每 90cm 一道焊缝，每道焊缝长度不小于 5cm）（图 6.3-11、图 6.3-12）。

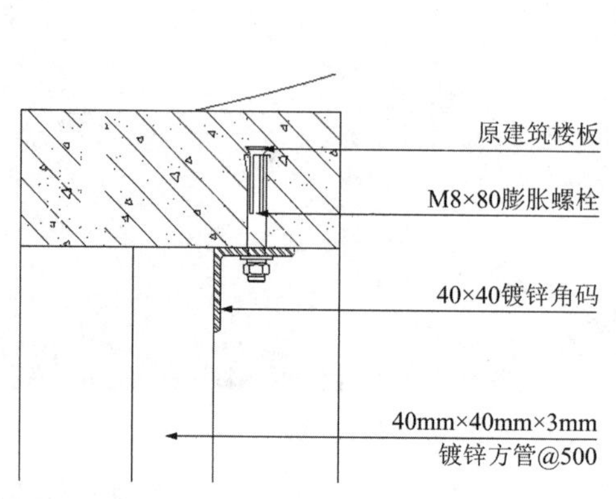


图 6.3-11　预制构件安装节点

图 6.3-12　安装完成后效果

（7）防锈防腐处理：敲除焊渣、进行防锈防腐处理。

4）质量控制措施

（1）质量要求

①墙板安装的质量允许偏差（表 6.3-1）：

**墙板安装的质量允许偏差**　　表 6.3-1

| 项目 | | 指标 |
|---|---|---|
| 面角平直度（mm/m） | | 2 |
| 板面平整度（mm/m） | | 2 |
| 外形缺损（mm） | | 角不大于 50 × 30，边小于 150 |
| 埋件板色标 | | 清晰、准确 |
| 尺寸允许偏差（mm） | 长度 | 0、−20 |
| | 宽度 | 0、−5 |
| | 厚度 | 0、−3 |

②安装后的墙板检验：

表面平整，允许偏差 1mm，用 2m 靠尺和塞尺检查。

立面垂直，允许偏差 1mm，用 2m 托线板和尺检查。

接缝高差，允许偏差 1mm，用直尺和塞尺检查。

阴阳角方正，允许偏差 3mm，用 200mm 方尺和塞尺检查。

门窗洞口，允许偏差 4mm，用直尺检查。

焊缝保证 90cm 一道焊缝，每道焊缝长度不小于 5cm，焊渣清理干净，防锈防腐处理满足要求。

（2）质量保证措施

①施工前对作业班组进行质量技术交底书，施工过程中严格执行“自检、互检、交接检”制度。

②施工过程中主要控制以下几个要点：

a. BIM 排布时需考虑固定位置是否对房间内通风、消防等安装工程有影响。

b. 水电预留预埋时严格按照图纸施工。

c. 安装后立即对隔墙的垂直度、平整度、方正度等进行检查。

d. 因隔墙在卫生间、淋浴间有水房间，需加强对防锈防腐检查。

③坚持质量否决制度及质量分析例会制度，提出工程质量保证措施，并认真落实，对出现的质量问题必须及时提出有效对策，且保证不再发生。

5）成品保护措施

（1）项目部对所有进场施工人员进行成品保护培训和教育，在主观上建立成品保护意识。指定专人专职按工程进度节点负责成品保护工作，建立确实有效的内控奖罚制度。

（2）各相关施工单位分别做好本专业施工的专业性保护措施，完成的成品或半成品应与装修施工单位办理书面交接手续。

（3）装修施工单位应规范使用现场的水、电，避免漏水漏电造成成品破坏。

（4）装修施工单位必须建立运输通道，建立材料堆场和仓库，杜绝材料的现场运输和堆放对成品造成破坏。

（5）如果施工过程中发现其他专业没有进行成品保护或者成品保护受到破坏时，应及时协调，并通知工程管理人员、监理、发包人及相关单位。

（6）严禁在成品、半成品上乱涂乱画，如有必要应在不影响成品完成界面的情况下有组织地标记。

6）安全措施

（1）认真贯彻“安全第一，预防为主，综合治理”的方针，根据国家有关规定、条例，结合施工现场实际情况和工程的具体特点，组成安全生产领导小组，落实安全生产责任制，明确各级人员的职责。

（2）施工现场要具备防火、通风、防触电等安全规定及安全施工要求的条件。

（3）现场严禁吸烟，随时清除现场的易燃等物品。

（4）施工现场的临时用电严格按照《施工现场临时用电安全技术规范》GB/T 50313—2018 的有关规范规定执行。

（5）预制构件卸车后，应按照现场规定，将构件按编号或使用顺序，依次堆放于构件堆放场地，严禁乱摆乱放，避免造成构件倾覆等安全隐患，构件堆放场地应设置合理稳妥的临时固定措施，避免构件堆放时因固定措施不足而存在的可能的安全隐患。

（6）安装作业开始前，应对安装作业区进行维护并树立明显的标识，拉警戒线，并派专人看管，严禁与安装作业无关的人员进入（表 6.3-2）。

（7）安装完成后，未经允许，严禁其他工种对预制隔板进行切割、焊接等施工作业。

人员要求　　表 6.3-2

| 序号 | 所需工种 | 所需数量 | 安全要求 |
|---|---|---|---|
| 1 | 焊工 | 8 | 经过安全教育、签字并按安全交底执行，持证上岗 |
| 2 | 放线工 | 4 | 经过安全教育、签字并按安全交底执行 |
| 3 | 壮工 | 8 | 经过安全教育、签字并按安全交底执行 |

7）环保措施

（1）在工程施工过程中严格遵守国家和地方政府下发的有关环境保护的法律、法规和规章，加强对施工燃油、工程材料、设备、废水、生产生活垃圾、建筑垃圾等废弃物的控制和治理，遵守有防火及废弃物处理的规章制度，认真接受城市交通管理，随时接受相关单位的监督检查。

（2）将施工场地和作业限制在施工的范围内，合理布置、规范围挡，做到标牌清楚、齐全，各种标识醒目，施工场地整洁文明。

（3）施工中采取切实可行的降噪、防尘措施，防止噪声污染及粉尘飞扬。

（4）对施工场地道路进行硬化，并在晴天经常对施工通行道路进行洒水，防止尘土飞扬，污染周围环境。

（5）进入施工现场的各种半成品、原材料、施工工具等，均须按指定位置堆放整齐，不得随意乱放，以保证道路畅通。

6.3.3.2　装配式装饰装修

1）工艺原理

墙面装配化施工，通过现场数据测量，将测量尺寸进行分割排版，厂家根据图纸模数化生产，单元式安装，提高了安装效率，保证了安装质量，减少了材料浪费。

2）工艺流程（图 6.3-13）

图 6.3-13　工艺流程图

3）操作要点

（1）测量与放线：根据现场情况及尺寸对横龙骨、竖龙骨进行 BIM 排版深化，使安装尺寸精细化、统一化。后根据 BIM 深化图纸放出基层龙骨位置线，面层完成面线，确保放线的准确性，高标准放线影响着后期施工的质量（图 6.3-14、图 6.3-15）。

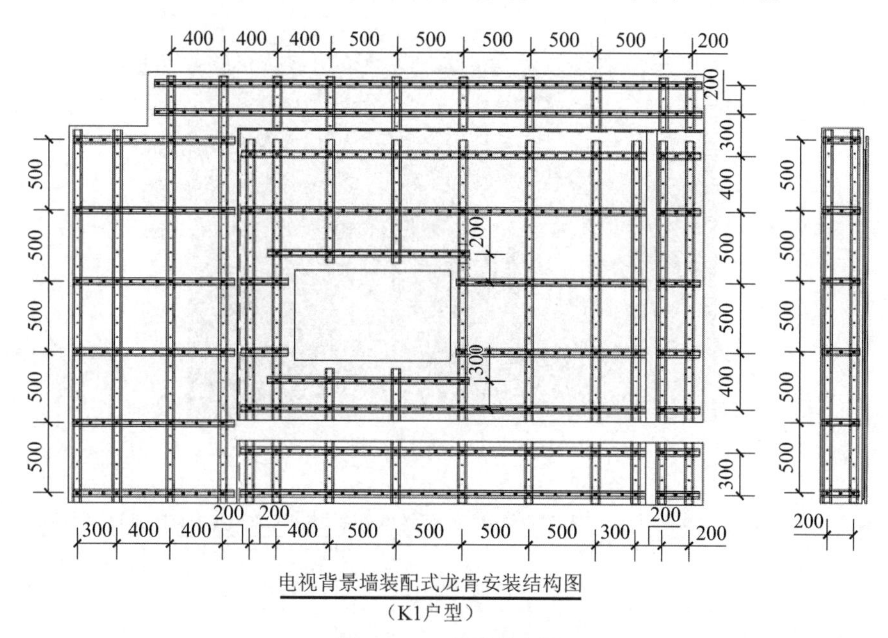


图 6.3-14　龙骨排版图

图 6.3-15　现场放线图

（2）钉基层、安装角码：

①为了使龙骨与墙面更好地拉结，并完全起到力的作用，故采用 80mm × 18mm 阻燃 OSB 板做基层，塑料膨胀螺栓固定，胀栓间距 800mm。

②基层板完成后，进行角码安装，其中角码安装由两种方式为主（具体根据施工现场情况而定），通过角码的安装可以对龙骨水平度、垂直度进行调节，施工方法如图 6.3-16～

图 6.3-19。

图 6.3-16　基层安装

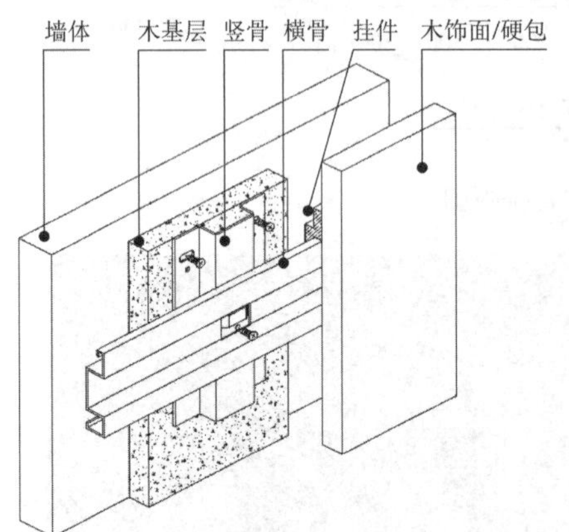


图 6.3-17　第一叠级装配式龙骨大样

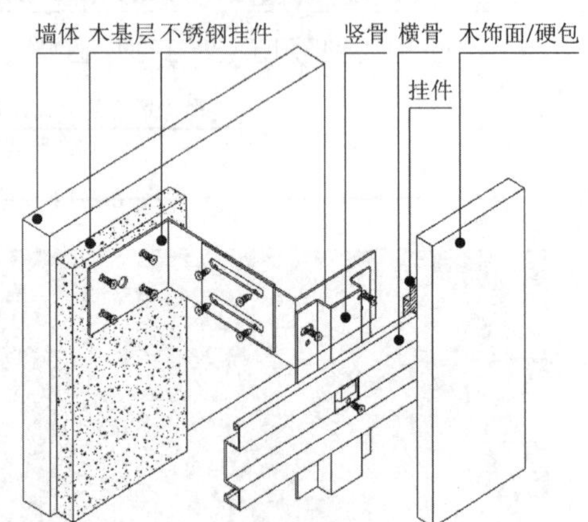


图 6.3-18　第三叠级装配式龙骨大样

图 6.3-19　第三叠级装配式龙骨大样实际效果

（3）安装横竖向龙骨：根据深化完成的龙骨安装结构图和现场已放的完成线，对现场的横竖龙骨进行安装，把控每道龙骨的间距及水平度，并需要控制每道龙骨自由端的长度（图 6.3-20、图 6.3-21）。

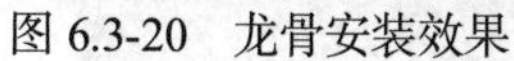

图 6.3-20　龙骨安装效果

图 6.3-21　龙骨安装效果

（4）填充玻璃棉材料，玻璃棉外包无纺布，防止玻璃棉顺装饰面缝隙外漏（图 6.3-22、图 6.3-23）。

图 6.3-22　玻璃棉填充效果

图 6.3-23　玻璃棉填充效果

（5）吸尘、防尘：为防止在室内空间气压的变化下，会产生尘土飞扬的情况，施工流程中增加对已施工完成的玻璃棉、无纺布及各个角落进行清理、吸尘等流程，施工完成后方可安装面层材料（图 6.3-24）。

图 6.3-24　吸尘

（6）面层挂件安装：面层材料到场后，将材料反面放置在操作平台，使用特定挂件模具对面层挂件进行安装，挂件间距需按照龙骨与龙骨之间的间距为准，安装过程中需确保模具、挂件的水平高度在同一高度，并保证材料周边都安装挂件，并确保其牢固性（图 6.3-25、图 6.3-26）。

图 6.3-25　挂件定位　　　图 6.3-26　挂件安装完成

（7）面层安装、调整：面层挂件完成后，首先对面层材料进行预安装，检查面层挂件与龙骨的结合程度，有问题需及时整改，调整完成后对面层材料进行挂装、调整（图 6.3-27～图 6.3-29）。

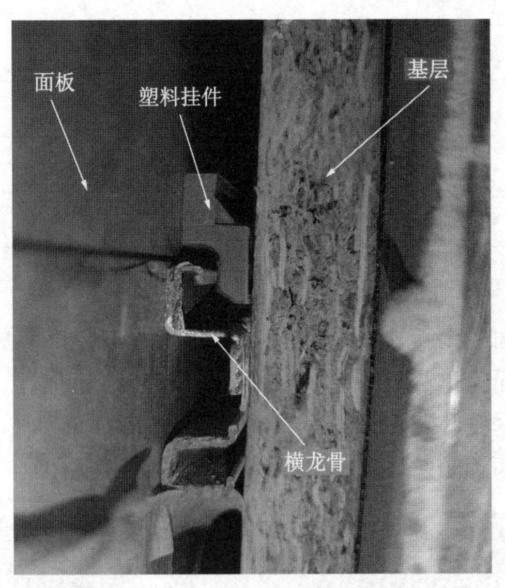


图 6.3-27　安装完成

图 6.3-28　面层安装及调整

图 6.3-29　完成效果

4）质量控制措施

（1）质量标准（表 6.3-3）

质量标准　　表 6.3-3

| 项目序号 | | 检查项目 | 施工规范及标准 |
| --- | --- | --- | --- |
| 主控项目 | 1 | 基层材质及安装 | 材料：70mm × 18mm OSB 板<br>安装方法：38mm 钢钉局部固定，600mm 间距，80mm 尼龙胀塞加固 |
| | 2 | 竖龙骨安装 | 材料：角码、镀锌钢龙骨<br>安装方法：横向间距 500mm，纵向角码间距 400mm，螺丝连接 |
| | 3 | 横龙骨安装 | 材质：镀锌钢龙骨<br>安装方法：纵向间距 500mm，卡扣，螺丝加固 |
| | 4 | 面层安装 | 安装方法：横向间距 400mm，纵向间距 500mm，挂件与面层用螺丝连接，从上往下挂式安装在横向龙骨上 |

续表

| 项目序号 | | 检查项目 | | 施工规范及标准 | | | |
|---|---|---|---|---|---|---|---|
| 一般项目 | 1 | 完成面质量 | | | | | |
| | 2 | 允许偏差 mm | 项目 | 木饰面 | 硬包 | 树脂板 | 不锈钢 |
| | | | 表面平整度 | 3 | 2 | 2 | 2 |
| | | | 接缝直线度 | 3 | 1.5 | 3 | 3 |
| | | | 接缝高低差 | 1 | 1 | 1.5 | 1 |

（2）注意事项

①不同材料与木饰面的衔接因易产生错位要以施工规范标准施工。

②门的高度与木饰面铣槽高度的管控，严格按照图纸施工。

③装饰造型线与不锈钢收口的管控。

④龙骨基层质量通病预防（图 6.3-30～图 6.3-35）。

图 6.3-30　整改前：横龙骨探出竖龙骨过多

图 6.3-31　整改后

图 6.3-32　整改前：电视套横龙骨探出竖龙骨过多

图 6.3-33　整改后

图 6.3-34　整改前：横龙骨不顺直

图 6.3-35　整改后

（3）质量保证措施

①加强现场施工质量检查，明确质检人员的职责，配备专业检查人员，做好检查记录。要严格按图纸施工，特别是设备安装前要详细地阅读说明书和有关资料，掌握设备的有关规范和有关技术要求，按照各项施工要求做出施工方案或施工技术措施，经批准后，才能进行施工。

②施工前专业技术人员和施工班组人员要熟悉施工图纸和施工图纸上技术要求，对图纸应进行审核，要到现场核实条件是否和图纸相吻合，确定无误方可施工。各项施工要做出施工方案或施工技术措施，经批准后，才能进行施工，同时应遵照方案做好书面技术交底，包括施工内容、范围、质量标准、施工程序和方法及施工进度要求等。

③施工过程中要严格按图纸施工，特别是在设备安装前要详细地阅读说明书和有关资料，掌握设备的有关规范和有关技术要求，到场设备要与图纸进行仔细核对，检查各项参数是否符合设计要求。

④加强原材料和设备的质量检查工作，做好记录。所有设备材料做到无合格证及材质单一律不许进场，坚持不合格品不施工的原则。

⑤采用样板引路的办法，施工前做好“样板段”，经业主、监理、设计验收合格后，再统一进行大面积安装施工。对于各类机房、公共区域吊顶内等各专业交叉复杂的部位，预先组织各专业进行图纸综合会审，绘制出综合剖面图后，再进行施工，以免造成安装后再拆改。

⑥凡是隐蔽工程都要经业主、监理、设计三方验收，做好隐蔽工程记录。

⑦专职质检员应经常深入施工现场，对施工工序或成品随时抽检和最终检验，严格处理不合格工序和产品。

a. 采用的木制材料的品种、等级、规格、含水率、和防火、防腐处理必须符合设计要求和《木结构工程施工质量验收规范》GB 50206—2022 规定。燃烧性能等级及有害物质限量应符合设计要求及国家相关标准的规定。造板的甲醛含量应符合国家规定，进场后进行复验。

b. 采用的石材必须符合国家现行行业标准《天然石材产品放射防护分类控制标准》JC 518-93 中有关规定，进场应具有性能检测报告。

c. 采用的玻璃、镜面及辅料的品种、规格尺寸、加工工艺等必须符合设计要求和现行国家有关规范的规定。玻璃、镜面及辅料的固定位置和方法符合设计要求和现行国家有关规范的规定、安装必须牢固无松动。

d. 采用的五金配件制品的品牌、规格尺寸等必须符合设计要求。安装位置正确、对称、牢固、无变形、镀膜光洁无损伤、无污染、护口遮盖严密与墙面靠实无缝隙，外露螺丝卧平，整体美观。

**5）成品保护措施**

（1）对全体施工人员进行成品、半成品保护意识教育，建立成品保护的有关惩罚条例，并对进入室内施工区域的其他施工人员进行宣传，并提供警示。

（2）合理划分各施工区域，对重点区域进行封闭和标识，以防无关人员进入。

（3）公共部分已完成施工的区域，应设立明显的成品保护标志，并设专人看护，同时与相关人员做好沟通工作。

（4）做好临时照明设施的管理工作，禁止在门框上挂照明灯具，以防止门套、门扇等木制品在长时间的烘烤下损坏。

（5）金属制品的成品和半成品保护：金属制品加工及出厂前要有完整的保护胶纸，如因电焊、安装等必须去除胶纸，则必须在施工后立即补上。所有金属制品保护胶纸待交工前再拆除。

（6）工程设备成品保护：设备运抵施工现场后必须进入室内仓库保管。施工时工人必须进行清洁作业，施工后尽量采用封闭管理，如无法封闭，则必须设立醒目标志并安排专人管理。

（7）建立垃圾运输通道，现场具备条件应对垃圾通道进行封闭管理科，严禁乱丢垃圾及高空抛物。

（8）根据现场情况，项目部要求各施工单位应搭建临时卫生间，或在隐蔽部位放置小便桶等临时卫生设施。坚决禁止现场随地大小便。

（9）成品保护应遵循“谁施工谁保护”的原则：装饰承包单位对所施工区域有责任做好成品保护（包括承包范围内已接管的成品，如电梯门、玻璃幕墙等）的后续检查和维护工作，并在必要的情况下做好二次（墙、扪布、易碎、软包、灯具等）保护工作。

（10）成品保护应遵循先检查后保护的原则：所有工序必须施工单位自检、监理验收、项目部专业工程师抽检合格，并做好成品清洁后方可进行保护。

（11）成品保护应遵循持续保护原则：施工中及物业细部检查阶段，装饰承包单位有责任做好成品保护的后续检查和维护工作，对于成品保护措施被损坏、拆除的，必须及时恢复。

（12）成品保护材料拆除后需当天清理，不应在施工现场堆放。

（13）现场要求施工区域每层配备专职清洁工人，垃圾必须在24小时内清运出场至场外指定垃圾场，以保证施工现场达到工完场清要求，整洁有序。

（14）设专人负责成品保护工作，发现有保护设施损坏的，要及时恢复。

（15）工序交接全部采用书面形式由双方签字认可，由下道工序作业人员和成品保护负责人同时签字确认，并保存工序交接书面材料，下道工序作业人员对防止成品的污染、损坏或丢失负直接责任，成品保护专人对成品保护负监督、检查责任。

6）安全措施

（1）非金属壳体的电动机、电器，在存放和使用时应避免受压、受潮，并不得和汽油等溶剂接触。

（2）刀具应刃磨锋利，完好无损，安装正确、牢固。

（3）受潮、变形、裂纹、破碎、磕边、缺口或接触过油类、碱类的砂轮不得使用。受潮的砂轮片，不得自行烘干使用。砂轮与接触盘间软垫应安装稳妥，螺母不得过紧。

（4）进入现场的所有人员必须戴安全帽，高空作业必须系安全带，施工现场设置安全警告牌。

（5）所有机电设备实行专人负责操作，并持证上岗，非专业人员不得动用电器设备，设备要遮盖严实，经常检查，并设置漏电保护器。

7）环保措施

（1）在工地四周的围墙办公室外墙等地方，设置反映企业精神、时代风貌的醒目宣传标语，工地内设置宣传栏等宣传设施，及时反映工地内各类动态。

（2）开展文明教育，施工人员均应遵守现场文明规定。

（3）加强班组建设，有三上岗一讲评的记录，有良好的班容班貌。项目部给施工班组提供一定的活动场所，提高班组整体素质。

（4）配合业主加强工地治安综合治理，做到目标管理、制度落实、责任到人。现场安全防范措施有力，重点要害部位防范设施有效到位。

（5）对施工现场的施工队伍及人员组织应情况明了，并建立档案卡片，要与施工队伍签订协议书，对施工队伍加强法制教育。

（6）施工中工人临时卫生间在业主指定的地点，并安排专人进行清理、打扫，做好卫生清理工作。

（7）生活垃圾及建筑垃圾分别倾倒在指定回收箱内，在每天施工结束后装袋清运。

（8）做好对职工卫生防病的宣传教育工作，针对季节性流行病、传染病等，利用宣传栏等形式向职工介绍防病、治病的知识和方法。管理人员对生活卫生要起监督作用，定期检查现场卫生情况。

（9）施工现场经常保持完整、整洁，做到现场垃圾随做随清，谁做谁清，施工完场地清。

（10）现场原材料、构件、机具设备要按指定区域堆放整齐，保持道路畅通。作业场所要达到落手清。建筑垃圾及时归堆、外运，严禁随意抛掷。做到作业面无积存垃圾、无积存废水、无散落材料。

（11）建筑工程完工后，一律由建设单位组织进行室内环境质量验收，并委托检测单位对室内环境质量进行检测。

（12）在施工过程中，实行污染预防制度，推行清洁施工。项目部将对氡、甲醛、氨、苯及总挥发性有机化合物（TVOC）、游离甲苯二异氰酸酯（TDI，在材料中）等环境污染物进行重点控制。

（13）从源头把住建筑材料关，对于有环保要求的建筑材料进场施工现场，必须查验其检测报告是否符合标准，并按照规定进行苯、氨、甲醛、氡等有害气体复试，否则不准用于施工。

（14）涂料、胶黏剂、处理剂、稀释剂和溶剂使用后及时封闭存放，不但可以减轻有害气体对室内环境的污染，而且可以保证材料的品质。使用剩余的废料须及时清出室内。

## 6.3.4　结果状态

### 6.3.4.1　应用效果

装配式内装已应用在张家口经开区冬奥会非注册 VIP 接待中心工程项目，并取得了良好的效果。通过一段时间观察，装配式内装施工质量满足规范要求，此做法得到了劳务班组、业主、监理及上级公司领导的一致好评，同时也为项目创造了一定经济效益。

6.3.4.2　经济效益

相比传统装修，装配式装修操作简单易行，减少了施工工序，可节约 20%材料，节省 70%工时。在综合成本上，装配式装修远远低于传统装修。另外，装配式装修的单模块可拆卸更换以及回收，方便维修与升级，降低二次改造成本。

6.3.4.3　社会效益

装配式超薄钢架隔墙，降低了施工难度，减少了隔墙的材料使用及污染，降低劳动力使用率，满足节材及环保要求。装配式装饰装修采用卡式镀锌钢龙骨、欧松板基层制作龙骨基层，便于施工，增强了工效。无板材做基层，面层装配化施工，面层可拆卸、调节量大、安装便捷、好维修。面层板安装挂件，后直接挂到卡式龙骨上，利用基层龙骨调节平整度，安装速度快、场后加工，到场安装、可拆卸，易检修。节能环保，减少了板材、胶类的使用。

6.3.4.4　环境效益

装配式装修现场作业过程中采用全干法施工，流水化加工，减少了基层材料，简化了施工工序，可节约 20%材料，节省 70%工时。同时减少了碳排放，降低了建筑粉尘，减少了施工现场污染。材料装配式施工，方便后期拆卸，材料无损，可进行维修及二次利用，减少了因再次装修产生的垃圾。

6.3.4.5　问题与建议

（1）厂家的集成化能力有待提升

目前国内装配式的厂家多为单体制作商转化而来，多由木饰面、家具厂家发展而来，对不锈钢、玻璃、镜子等材料的生产主要以外协为主，非自行生产，故对这些材料的匹配提料下单，生产整合及安装整合，项目的实际安装进度会有一定影响，有待提高。

改进措施：建议可整合公司资源，成立专门的管理团队，针对不锈钢、玻璃镜子等材料，以公司的名义进行整合管理，利用公司多年的材料商资源，给予装配式厂家各种材料加工厂家的支持，达到与项目的匹配。

（2）装配式人员的专业技能

①目前本项目采用的装配式，需要的管理人员的技术管理有别于传统的装饰装修，需要对各材料的性能及安装工艺均需了解，并对项目的深化设计有别于传统的安装工艺，需要有一定的施工经验，并对安装的工艺提出合理高效的优化方案。装配式目前的行业内的管理技术人员多为单项管理人员，缺乏整体协调及技术指导，专业技能有待提高。

②装配式的安装人员，按装配式施工的理念，对装配式施工安装人员进行简单的培训即可满足安装需求，但实际操作过程中发现并非如此，安装的人员仍需要专业的技能人员，对传统安装的人员要求具备一定的精度控制水平，挂件的安装仍需专业木工进行操作。在需要增加人员时针对专业的人员仍有缺口。

改进措施：针对装配式专业人员短缺情况，实际人员缺少的主要原因还是因为装配式的集成高度不够，仍需要专业的技术人员进行组装，对不合适的地方仍需进行改动。针对此类情况，我司的解决措施为工厂集成化，装修工业化，针对本项目的挂件安装尺寸精度控制可在工程对木饰面、硬包进行尺寸标记，对背后的板材如石膏板一样刻上标尺，并制作磨具，统一在工厂制作完成，用更多的时间进行现场的放线工作，并对现场的尺寸进行统一要求，并严格复尺，保证下单的材料与现场高度匹配，同时制作样板间进行反向核对，用 1 间房间对工人进行培训，反复拆装，以满足项目的需求。这样现场只需挂装人员，对材料进行编号标记，方可解决安装人员技能不足，安装速度缓慢的问题（图 6.3-36、图 6.3-37）。

图 6.3-36　现在厂家生产木饰

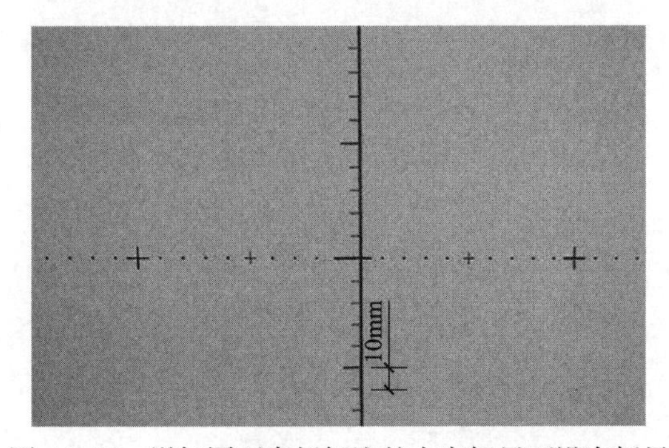


图 6.3-37　增加同石膏板标注的十字标尺面没有标尺

# 第7章

# 建筑（设备）安装与电气工程

# 7.1 河北建设集团商务办公楼工程设备安装优化创新

## 7.1.1 案例背景

（1）在公共建筑工程中机电设备安装工程是一个系统复杂、种类多样、工序繁杂的施工过程，设备安装又是整个工程施工的重要施工部位，现在工程施工既要保证施工质量，同时还要兼顾施工速度，那么装配式施工满足了这个特性，也是国家推广应用的一项新技术。为了创造一个良好的环境，更好地满足工作生活的需求，设备降噪也显得尤为重要。设备机房作为系统运行的绝对“核心”，机房的施工是整个系统施工的重中之重，设备机房种类较多，如弱电机房、消防泵房、空调制冷机房、供水机房等，其中空调制冷机房是所有机房中占地面积较大、设备多、运行复杂的一个机房，我们以河北建设集团商务办公楼空调制冷机房（以下简称本项目）为例来说明装配式技术及减震降噪技术的应用。

随着城市建设高速发展，传统的进料、现场测量加工、安装等流程施工效率低、施工进度慢，造成了人力物力资源的大量浪费。装配式施工技术就是将施工与 BIM 技术相结合，先在 BIM 模型中对整个工程进行模型建立，确定管道弯头、三通、阀门位置及长度尺寸、支吊架位置等，最终整理出一系列完整的数据，然后依据整理好的数据在工厂车间内进行加工制作，将半成品，甚至成品直接运送到现场进行组装的一种先进的施工技术。这种施工工艺大幅提高了施工速度，减少了原材料的浪费，减少了人力的投入。BIM 和装配式技术相结合使得现代机房的施工质量越来越高，施工的速度越来越快，装配式机房的施工质量得到了很大提升。

（2）机房是整个空调系统的心脏，为整栋楼的空调系统运行提供能量，空调机房的施工既是空调系统施工的重点，也是难点。传统空调机房施工采用的是在现场机房内进行切割、组对、焊接的施工工艺，近年来工厂化、模块化施工工艺得到了快速发展，满足了施工速度、质量及绿色施工的要求。

空调系统带来舒适与便利的同时也给我们带来了噪声的困扰，目前在设计中也越来越多地考虑关于消声降噪的问题。噪声可分为低频噪声和高频噪声，那么为解决噪声问题，需从源头及过程中处理控制，然而从我们施工的角度来说，往往对声学、噪声污染等方面的知识比较缺乏，因此，每当遇到这方面的问题时，就要求我们及时总结其中的经验。河北建设集团商务办公楼项目作为鲁班奖工程对噪声控制提出了很高的要求，在施工美观的同时也要有效的减小噪声的产生及传递。在噪声控制方面主要通过选取合格的减震来减少振动在传动过程中产生的噪声，此次主要针对减震设备选型、减震设备基础的安装、减震设备安装就位、通风专业管道等方面降噪技术进行研究。

空调主机及水泵运转时产生较大的振动，设备运行时，会因转动部件的质量中心偏离轴中心而产生振动。该振动传给支撑结构（基层或楼板），并以弹性波的形式从运转设备的基础建筑结构传递到其他部位，再以噪声的形式出现，称为固体噪声。振动噪声会影响人的身体健康及工作效率和产品质量，也会影响到周边环境，危及建筑物的安全，所以针对空调主机及水泵的减震设备的选用尤为重要。

（3）本项目中的噪声控制主要以通过多种减振相结合的方式来达到减少设备震动进而

减少噪声的产生，达到降噪的目的，通过深化模块化泵组使用三重减振，来达到减少水泵在运转过程中震动产生的噪声。

工程位于保定市竞秀区鲁岗路北侧，锦绣街西侧，为公共建筑，面积约 7 万 $m^2$，建筑高度 99.8m，地上 24 层，地下 3 层，设计单位是河北建设集团股份有限公司，监理单位是保定建设工程监理有限公司，勘察单位是保定市建筑设计院有限公司，施工单位是河北建设集团安装工程有限公司、河北建设集团天辰建筑工程有限公司。其中空调设备种类繁多，涉及风机盘管、VRV 空调、新风机组、空调循环泵、冷水机组等，作为一栋综合办公楼，保证空调系统的使用功能十分重要，空调机房是空调系统的“心脏”，针对本项目空调系统，我们从装配式入手的同时也非常重视减振降噪措施，从多方面进行考虑，对项目整体的空调系统的施工工艺及质量进行把控，给大家提供一个良好的办公环境（图 7.1-1）。

图 7.1-1　工程实景照片

## 7.1.2　事件过程分析描述

本项目空调机房管道主要以无缝钢管为主，管径从 DN300mm～DN65mm 不等，主要设备为 4 台冷水机组，12 台循环水泵，4 台分集水器，8 台配电柜，一套软化水装置，2 组加压泵等。本机房前期深化工作的重点及难点是设备种类较多，且设备体积较大，机房面积仅 370$m^2$，在如此狭小的空间内不仅需要保证设备检修空间，也需要保证设备及管线布局的科学、合理、美观。因为要用到装配式及模块化技术，所以需要考虑应用综合支吊架，确保 BIM 模型中管道的长度及管道位置标高的精准性，需要保证厂家提供的各种设备、阀门等阀部件尺寸与 BIM 模型中保持一致，这样才能达到装配式的最终目的。

在模块化泵组深化中，原设计为每台水泵单独的一个块状基础，深化为将三个水泵设为一组，每一组水泵共用一个大的块状基础。每台水泵需要在模块框架中单独拥有一个惰性基础块，水泵与惰性基础块之间的连接采用橡胶减振，惰性基础块和模块框架之间采用空气减振，模块化泵组和大的块状基础之间采用橡胶减振，通过三重减振的方式达到降噪目的。

本项目的空调机房优化分为四个主要步骤。第一步为空调机房管路优化，主要用到了空调机房管路优化技术，优化完成后完成 BIM 模型的搭建；第二步为装配式技术的应用，在 BIM 模型的基础上对管道长度进行详细规划，对泵组排布及泵组模块化进行优化；第三步为机房减震降噪技术的应用，本工程的减震降噪技术应用主要是以双重减振为主，通过选用合适减震器减少振动的传递，进而减少噪声的产生；第四步为机房整体施工，通过对施工流程的详细控制及对施工细节的详细把控，保证施工速度的同时也保证了施工质量。以下是对本机房深化中应用到的各项技术的详细说明。

1）空调机房管路优化技术

（1）随着建设事业迅猛发展，建筑能耗迅速增长，其中采暖空调能耗约占60%～70%，通过空调优化可有效减少建筑能耗，而高效机房管路优化安装施工技术是对空调机房管道安装进行全面研究，通过管道优化降低水阻等措施，可实现最大的节能降噪效果。且空调机房管路优化是实施装配式技术的前提。

（2）高效机房管路优化技术是通过机房设备综合布局，低阻力阀件选型，管路优化降阻，先进管道制作，综合支架排布，预制化加工等手段，提高机房管道的节能降耗效果。该技术主要体现在以下几个方面：

①降低管道阻力，减少管道振动及噪声。

②提高机房空间利用率和整齐度。

③降低泵的能耗，提高机房综合效能。

④提高施工效率，减少施工工期。

（3）空调机房施工流程如下：

①利用BIM模型，测量安装工程中的管件、设备尺寸，在正式安装工作进行之前，对所有可能影响到安装精度的问题提出了详细的解决办法，达到了安全、快速、高质量的目的。

②利用BIM模型创建动态的安装过程，对空调机房整体安装过程进行演示，对工人安装位置，支吊架位置，整体美观性进行预控，力求安装过程的安全，快速，一次成功。

③利用BIM模型，对现场进行技术培训交流，用二维码辅助安装，将BIM模型中管件的安装位置进行精细化，出节点图，让现场安装工人直观，简单的进行安装工作。

2）模块化装配式机房施工技术

（1）模块化装配式机房施工技术是以建筑信息模型（BIM）为基础，科学合理的拆分及组合机电模块单元，采用工厂化生产的方式对模块单元进行工厂化预制加工，结合现代的运输方式，将模块化设备精准的运输及安装至现场。

（2）本工程机房总面积约360m$^2$，共四台制冷机组，12台循环泵，为单级卧式离心泵，重量530kg，流量262m$^3$/h，功率37kW，扬程32m，进出口管径为DN200mm，供回水主管道管径为DN300mm，出口管件有变径管、软接头、蝶阀、止回阀，进口管件有弯头、蝶阀、Y形过滤器。初步设计框架为矩形结构，采用Q235B方管作为框架主要支撑构件，水泵采用橡胶减振＋惰性块空气减振的方式。

（3）根据上一步确定项目基本信息，考虑预制加工成品泵组的运输、就位、安装等限制条件，结合管道材质、管件连接方式，将12台水泵整合为四个装配模块，每三台泵组成一个模块单元，每个模块的进出水主管道装配成组，其余管件阀门与法兰焊接预制后，按顺序装配安装即可。

（4）计算汇总各管段满水重量、阀门附件重量，载荷系数取0.35（工作附加载荷0.3＋垂直载荷0.05），建立受力简图，计算主管路剪力分布、支座支反力，计算框架整体及各杆件受力和形变量，确保最不利杆件依然满足钢材抗拉抗弯强度。复核水泵减振数据，确保振动传递率≤8%，减振效率≥92%（图7.1-2、图7.1-3）。

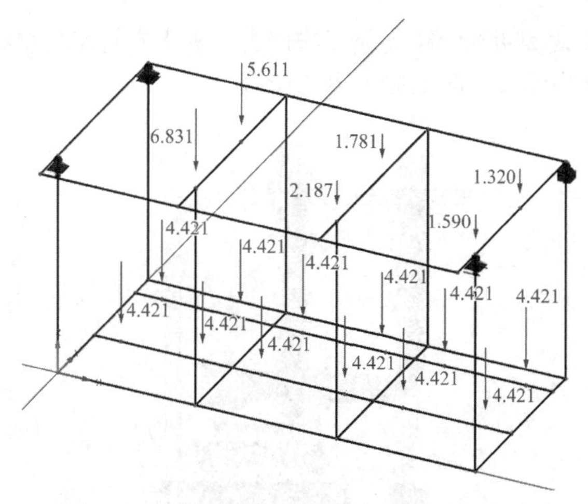


图 7.1-2　计算框架整体及各杆件受力和形变量

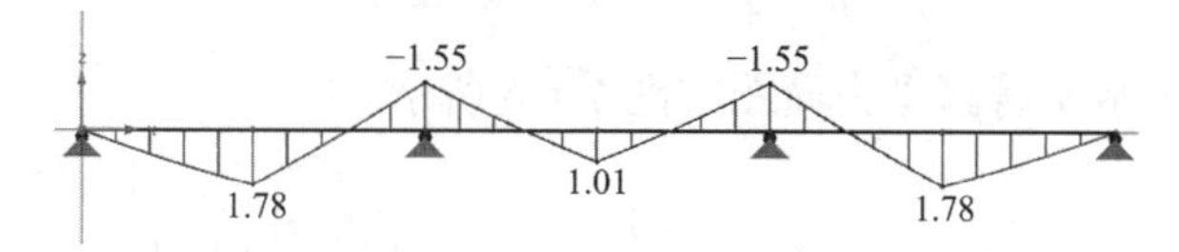


图 7.1-3　支座支反力分析

（5）模块化泵组技术的使用需要经过严密的受力计算，现对单个模块化泵组进行受力分析，装配式循环泵组模块的组成形式如图 7.1-4 所示。

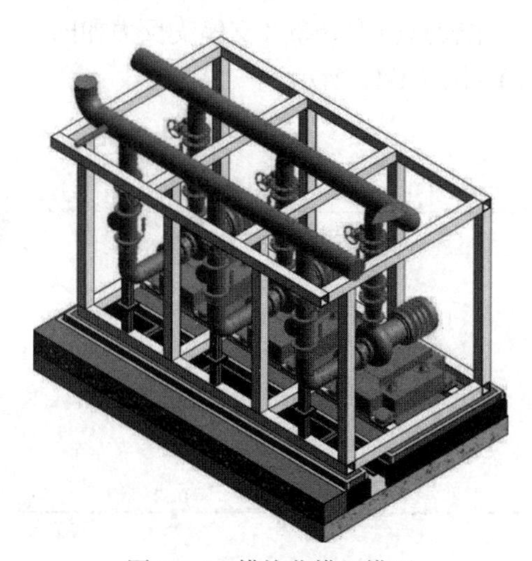

图 7.1-4　模块化模组模型

（6）由下而上分别为混凝土基础、泵组、阀门附件、供回水主管路。选用规格为 140mm × 140mm × 8mm，材质为 Q235b 的方钢制成框架作为支撑。

（7）供回水主管路选用 d325 × 8 无缝钢管，自重 625.4N/m，满水重 1374.9N/m，保温后满水重 1422.4N/m；引入泵组的支管路选用 d273 × 7 无缝钢管，自重 459.2N/m，满水重 985.8N/m，保温后满水重 1026.6N/m。蝶阀、Y 形过滤器、止回阀自重分别为 500N、250N、350N。循环泵自重 5300N。减振台座自重 7800N，下方框架为 140mm × 80mm × 6mm 方钢，两者通过空气减振器相连。

（8）安装时应保证软接两端管路无相互作用力。进水支管路自重约 1570N，出水支管路自重约 1100N。荷载分项系数取 1.35（图 7.1-5）。

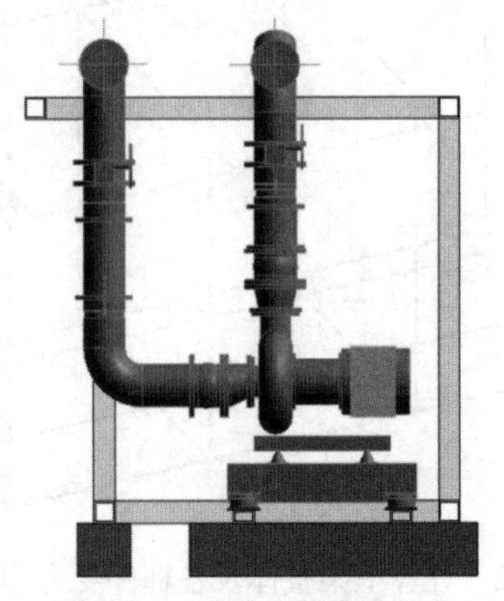

图 7.1-5　单组模块化模型

吊装时上方进出水主管路受力简图如图 7.1-6 所示。

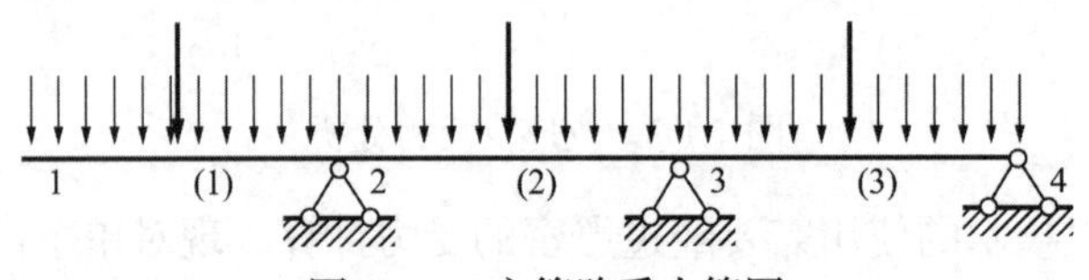


图 7.1-6　主管路受力简图

仅考虑管道自重，进水主管路剪力分布及支座支反力如图 7.1-7～图 7.1-9 所示，出水主管路剪力分布如图 7.1-10 ~ 图 7.1-12 所示。

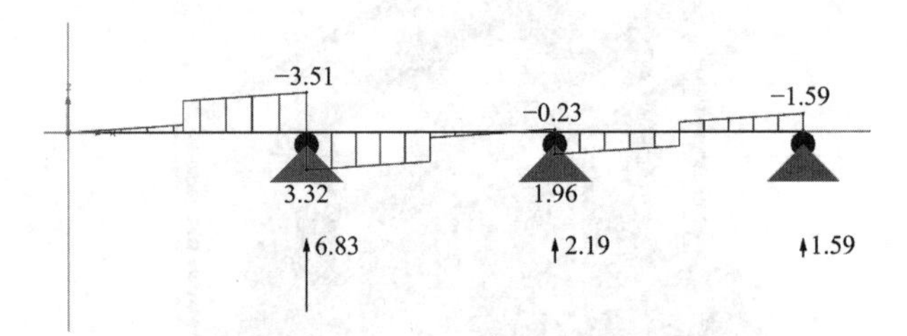


图 7.1-7　剪力分布及支座支反力图

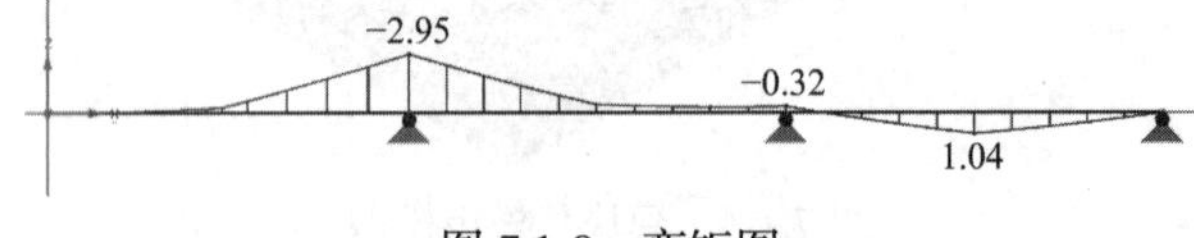


图 7.1-8　弯矩图

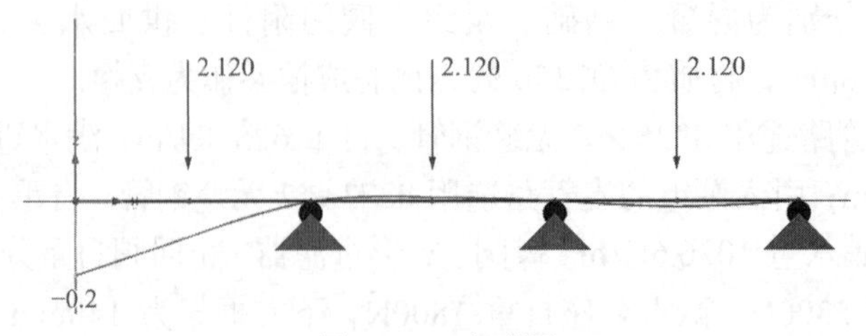


图 7.1-9　变形图

正应力：

$$\sigma_{\max}=\frac{N}{A}+\frac{M}{\gamma W}=0.42\mathrm{MPa}<215\mathrm{MPa}$$

剪应力：

$$\tau_{\max}=2\frac{V}{A}=0.88\mathrm{MPa}<125\mathrm{MPa}$$

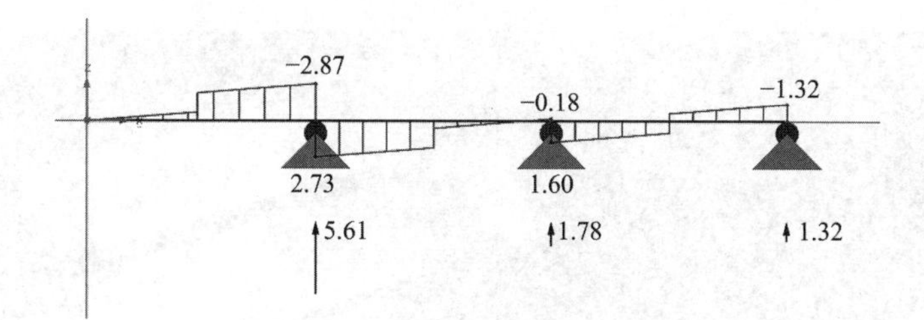


图 7.1-10　出水主管路剪力分布图

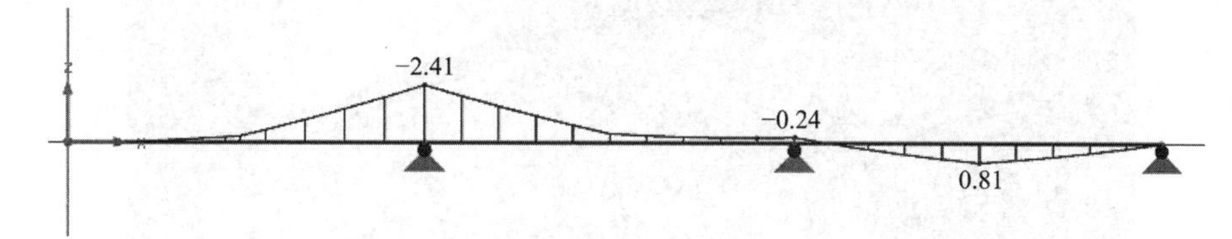


图 7.1-11　弯矩图

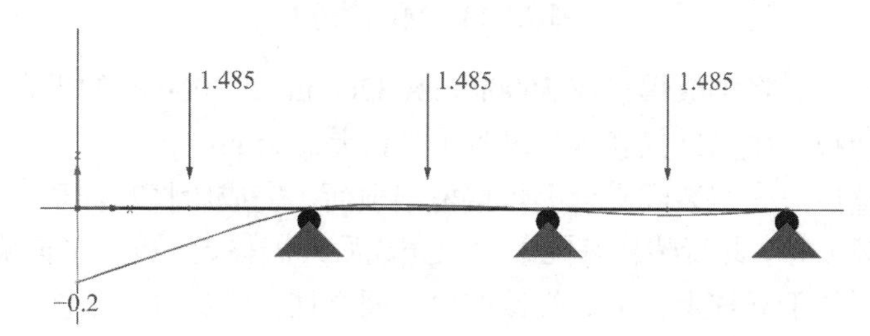


图 7.1-12　变形图

正应力：

$$\sigma_{\max}=\frac{N}{A}+\frac{M}{\gamma W}=0.34\mathrm{MPa}<215\mathrm{MPa}$$

剪应力：

$$\tau_{\max}=2\frac{V}{A}=0.72\mathrm{MPa}<125\mathrm{MPa}$$

（9）建模、计算、选型过程经反复修改校核后，确定泵组的准确实施方案。框架底部、顶部及立柱采用 140mm × 140mm × 5mm 的方管，预计完成后框架重量为 0.8t。循环泵下方的支撑方管规格为 140mm × 70mm × 5mm，与框架底平焊接，与土建基础直接接触，防止框架位移。水泵振动垂直向下，依次经橡胶减振器、惰性基础、空气减振器、支撑方管到达土建基础，对整体框架的振动作用较小。泵组模块尺寸为 5160mm × 2870mm × 2750mm，制作后总重约 5t，工作时总重约 11t。

（10）传统的机房施工更多地依靠在现场临时场地对管道进行加工制作，存在较大安全隐患，并对施工现场环境造成污染，耗费大量人工且效率低下，同时操作工人技术水平和素质良莠不齐，导致加工的管道管件质量随机性大，如果制作过程中尺寸有偏差将导致不必要的返工或者报废。通过机电管线模块式工业化预制加工技术的应用，在工厂进行机械化流水制造，现场进行成品预制构件的组装即可避免上述问题。

①钢材除锈，使用电动手砂轮将钢板、钢管等材料除锈，去除表面氧化皮、铁锈，使其光滑无杂物，达到 St2 级标准（图 7.1-13）。

图 7.1-13　钢材除锈

②制作装配平台。将钢板焊接成 5600mm × 3200mm × 100mm 的平台，底部用方管和角钢焊接支角和肋板，用水准仪和水平尺找平，误差 ≤ 2mm。

③制作框架整体。先在装配平台上焊接框架顶面，完成后将其移至一旁待用，然后焊接框架底面和支撑方管，此步骤在装配平台上完成后无需移走，再焊接框架四根四角立柱，使用天车将顶面平放于立柱上，最后焊接四根中间立柱，完成框架整体焊接（图 7.1-14）。

图 7.1-14　制作框架整体

（11）应用 BIM 建模技术建立设备、管道、管件、支吊架、标识模型，在空调机房深化图纸的基础上建立所需要的模型，过程中发现 BIM 模型中的管件和实际的管件尺寸不符，并且安装位置狭窄的地方，经深化讨论现场测量的管件大小、管道厚度、设备尺寸位等详细数据提供给 BIM 技术员，针对整体模型进行深化，最终得出了精确的管道长度、位置，以及安装流程。

（12）在进行模块化泵组施工过程中，从最开始的整体配重，框架方管型号的选择，到后期减振的选择、惰性基础块的选择，全部都进行了 BIM 模型的搭建，精细到每一个螺丝的位置、每一个法兰的尺寸等，做到 BIM 与实际相符合。

（13）对管道以及设备安装顺序进行排序并且生成二维码，与工厂以及现场安装工人进行沟通交流，确保了整体工程的安装流程以及各个设备的位置。

3）新型减振降噪技术

空调机房减振降噪主要以振动设备（水泵及冷却机组）的减振为主，常用的减振降噪技术有隔声毡降噪、双重减振降噪、消声装置结构优化技术等。本项目主要用到了双重减振降噪技术。

从噪声的产生及传播途径两方面进行考虑，对设备安装过程中严格把控设备装配的每一步精度，确保设备运转过程中不会因为设备安装的误差而产生更大的噪声，在噪声传播途径中，采用双重减振，即惰性块实现上层橡胶减振，下层空气减振的配备来减少振动及噪声的传播。

## 7.1.3　关键措施及实施

### 7.1.3.1　本工程空调机房深化流程

对设备布局进行优化。因为门口在东北角，将西北角的配电柜及控制柜安装在门口附近便于操作，将分集水器安装在西北角位置，使配电柜上方无水管穿过，保证了安全性。因机房面积较小，将原设计中的板换移至换热站内，保证了其余设备检修空间。因制冷机组尺寸及重量较大，将制冷机组放置在吊装口附近，将模块化泵组放置在中间，减少了设备吊装及就位过程中工作量。将软水机组和加压水泵放置在东侧位置，方便检查药剂含量及整体水系统的工作情况。

对管路进行优化。根据设备位置，将每组水泵的供回水管道布置在模块化框架上方，利用了空间的同时也保证了美观。将高低区制冷机组的供回水管道共用一组吊架，使得空间布局更加合理美观。

### 7.1.3.2　使用的具体技术

1）高效机房管路优化技术

（1）管路优化技术工艺流程

机房设备布局→低阻力阀件选型→管路优化降阻→管道制作→综合支架排布→预制化加工→运输到现场安装。

（2）机房设备布局

结合传统制冷机房布置的特点，根据新型设备的外形尺寸及重量设备布置应简洁整齐，便于安装维护，机组与墙之间的静距离不应小于 1.0m，机组之间及其他设备之间的净距不应小于 1.2m。机组上方不应布置水管，且与上方电缆桥架的净距不应小于 1.0m，应留出蒸发器冷凝器的清洗维修距离。水泵之间间距不应小于 0.8m，水泵和墙体之间间距不应小于 0.8m，选择最佳的布置方案，充分利用设备空间（图 7.1-15）。

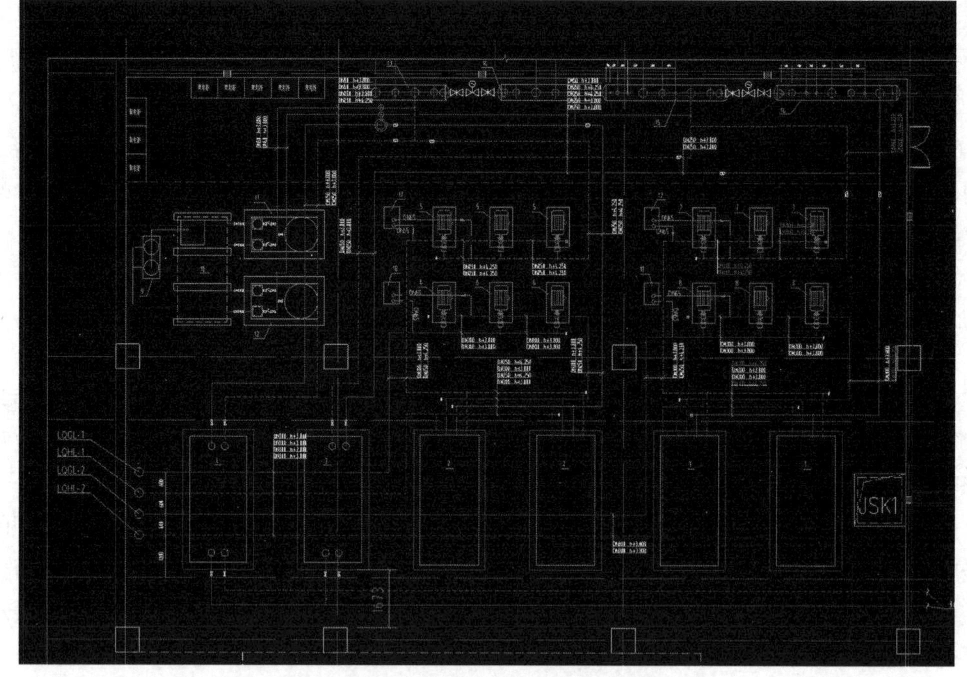


图 7.1-15　原设计图纸空调机房布局

说明：原设计方案中制冷机房设置了两组板换，来达到冬季供暖需求，但板换安装所需空间较大，无法满足板换与制冷机组的检修空间，经过与业主单位及设计单位沟通，将板换移至园区换热站内，对水泵位置进行深化，将 12 台水泵放置一排，软水装置移至东侧，保证了设备的检修空间，且满足美观要求，更有利于管道施工（图 7.1-16）。

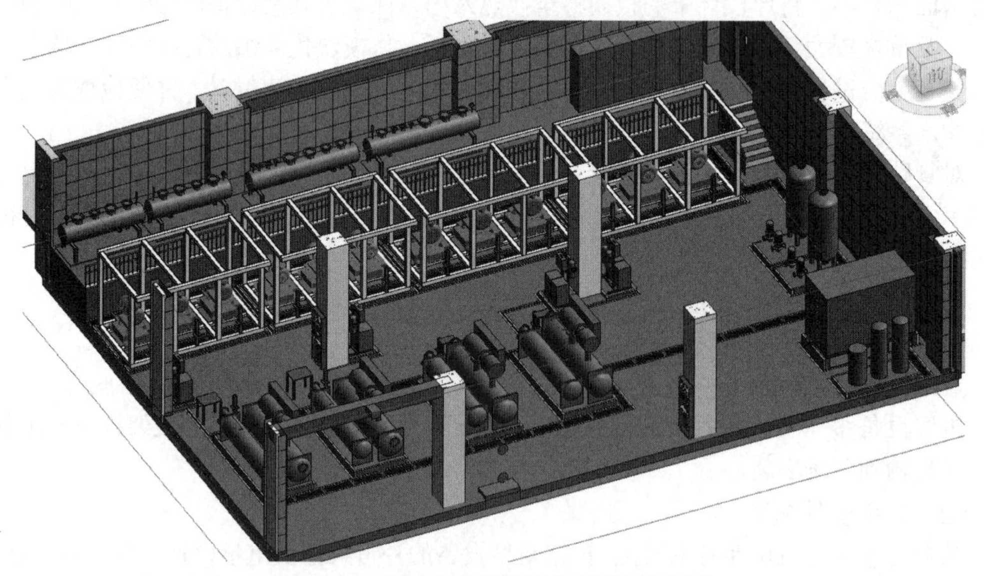

图 7.1-16　制冷机房管路优化后设备布局图

（3）低阻力阀件选型方案

采用直角式过滤器，过滤器的一端和水泵连接，减少了弯头的使用，从而降低阻力。

采用静声止回阀，比其他止回阀更具有降低阻力的效果。

管路降阻优化技术，降低机房内水阻，是优化管路的最终目的，管路布置要尽可能顺平直，避免复杂的不合理的管路出现，尽量减少直角弯头，变径等管件设置，使用顺水弯头或者顺水三通，以达到最优的管线布局，降低设备的能耗。

综合支架排布技术，以槽钢和双拼槽钢相互配合为支架，根据管道的排布，设置相应支架，确保管道固定，无晃动，也可以根据管道的高度自由调整（图7.1-17）。

图7.1-17 循环泵出口管路采用顺水三通

2）模块化装配式机房施工技术

（1）装配式机房施工基于BIM技术，施工人员针对前期图纸进行深化，对设备布局进行合理调整，然后咨询厂家详细的设备尺寸，前期建立精准的设备模型。中期进行BIM模型管道连接，管道需考虑到美观、便于施工、满足功能等要求，管道连接完成后进行支吊架模型的建立。后期进行整个模型的细微调整及管道分段进行基准测量，对模块化泵组进行精准施工。

装配式模块化机房技术具有以下优点：

①缩短机房深化时间：使用标准化模块进行BIM建模，缩短前期设计时间，加快工程进度。

②提高施工质量：标准化模块单元在工厂采用固定流水线生产模块，将模块制作从完全定制变成部分批量生产，有效提高施工质量。

③提高施工效率：采用标准构建进行工厂化加工，现场装配式安装，可以实现快速装配。

（2）装配式工艺流程：图纸深化→图纸审核→模型搭建→模型深化→工厂预制→运送至现场→现场组装。

装配式施工流程：用BIM软件对空调机房进行建立模型，在原有图纸的基础上，加上对管件具体尺寸、设备实际大小对安装工作的影响，以实际环境为参考进行模型的建立，达到模型即为最终效果。主要步骤：测量管件、设备尺寸→根据实际设备尺寸深化图纸→根据深化图纸进行BIM建模→深化模型→在BIM对管道长度，支吊架位置进行数据统计→模拟安装过程→组织工人以及技术员进行现场交底→将材料数据提供给加工厂→现场实际安装→验证安装结果。

①以设备位置深化设计图纸为基础进行BIM建模（图7.1-18）。

②在 BIM 中进行管线走向深化，确保制冷机组、水泵等设备安装满足规范要求（图7.1-19）。

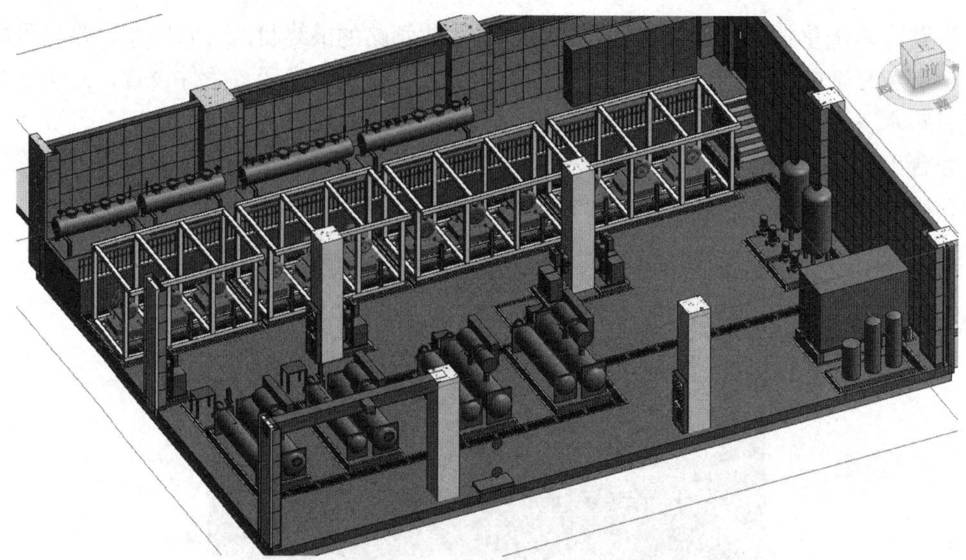

图 7.1-18　制冷机房设备位置

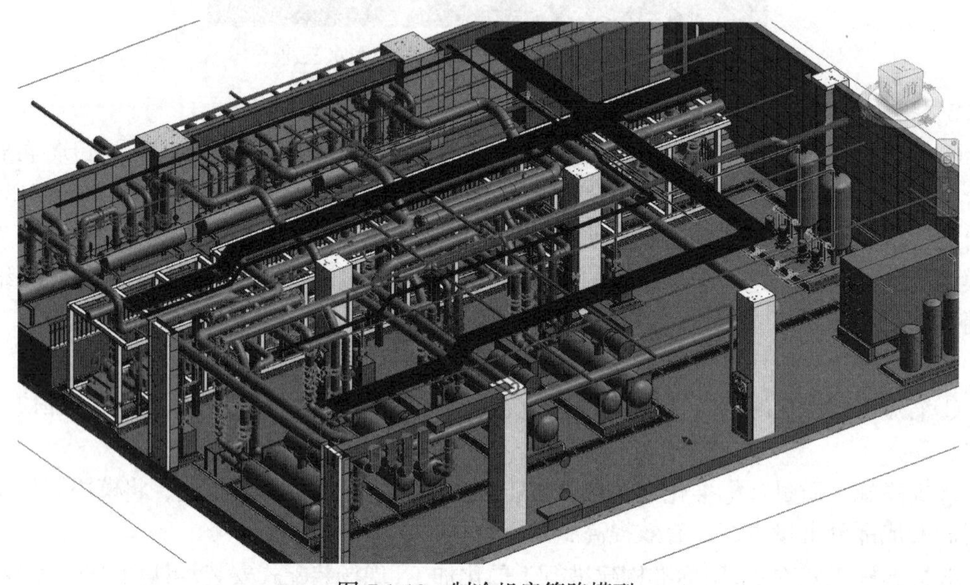

图 7.1-19　制冷机房管路模型

③管道和设备的连接

制冷机组安装后，与机组的重要部位连接的管道，有空调供回水管、冷却塔供回水管等，这些管道与机组连接时需要符合下列要求。

第一部分首先安装冷冻水供水管（编号 L1），从 BIM 模型中单独导出相关数据，然后将数据提供给加工厂，开始预制加工（表 7.1-1、图 7.1-20）。

当工厂加工的管道运送到现场后，按照编号进行法兰组对连接。

第二部分安装冷却水供水管道（编号 L2），同样从 BIM 模型中导出空调供水管道及设备的相关数据，将数据提供给加工厂，工厂加工所需要的管道及管件（图 7.1-21）。

从工厂运输到现场的半成品管道以及管件进行现场组对即可，安装顺序按照图纸法兰编号进行连接。

**管道安装顺序　　表 7.1-1**

| 不同类型管道施工顺序 | | |
|---|---|---|
| 1 | L1 | 冷冻水供水管 |
| 2 | L2 | 冷却水供水管 |
| 3 | L3 | 冷却水回水管 |
| 4 | L4 | 冷冻水回水管 |

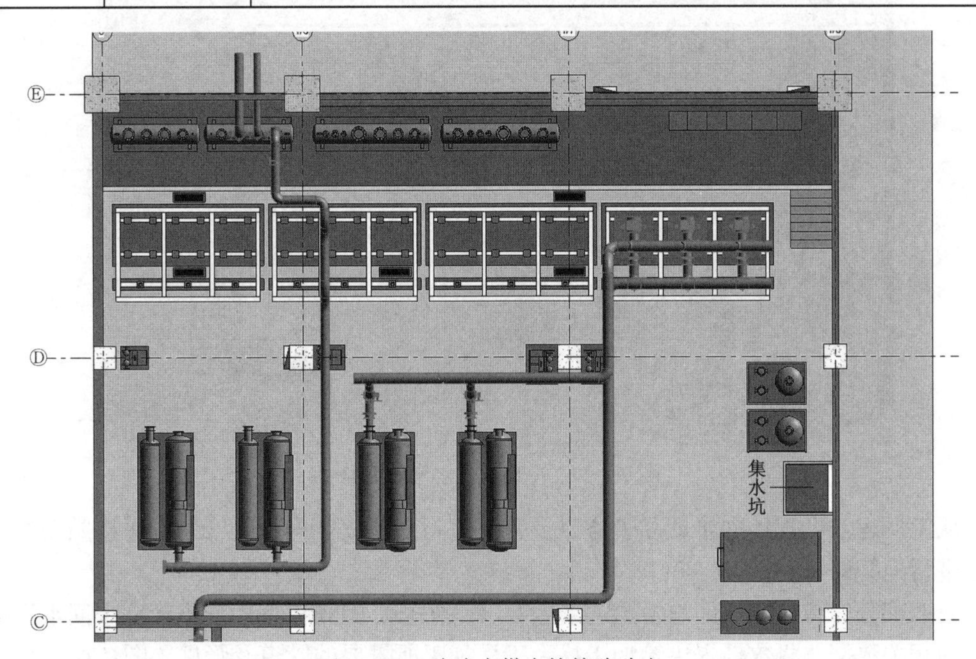


图 7.1-20　冷冻水供水管管路路由

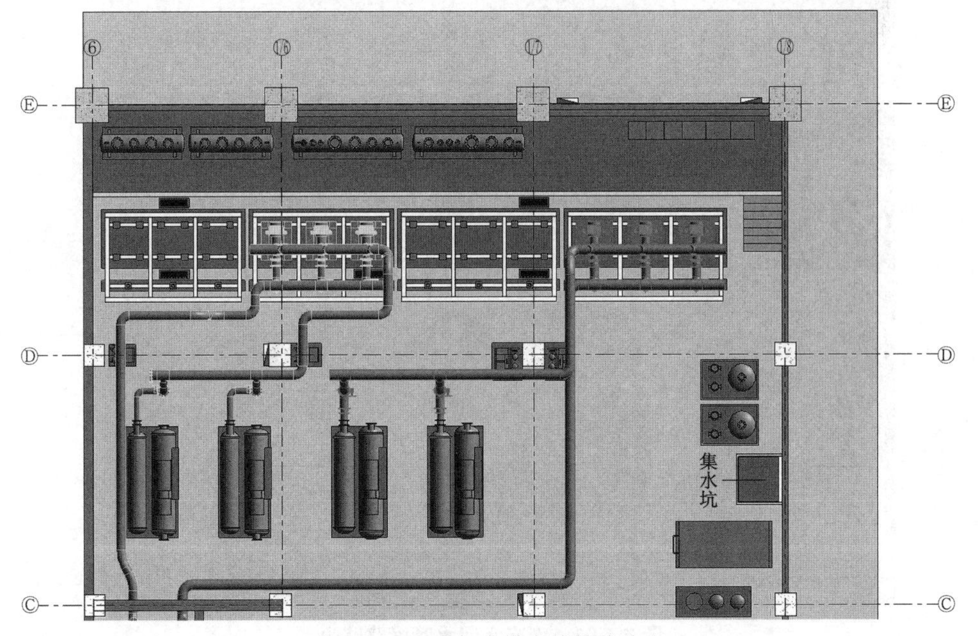


图 7.1-21　冷却水供水管管路路由

第三部分安装冷却水回水管道（编号 L3），同样从 BIM 模型中导出空调回水管道及设备的相关数据，将数据提供给加工厂，工厂加工所需要的管道及管件（图 7.1-22）。

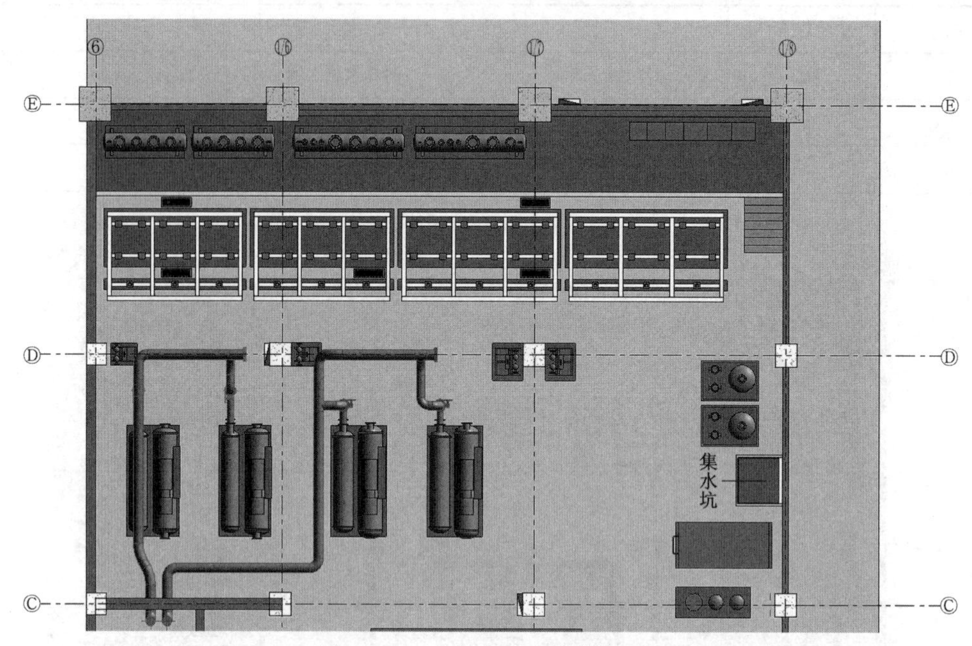


图 7.1-22　冷却水回水管管路路由

从工厂运输到现场的半成品管道以及管件进行现场安装即可，安装顺序按照图纸法兰编号进行连接即可。

第四部分安装冷冻水回水管道（编号 L4），同样从 BIM 模型中导出冷冻水回水管道及设备的相关数据，将数据提供给加工厂，工厂加工所需要的管道及管件（图 7.1-23）。

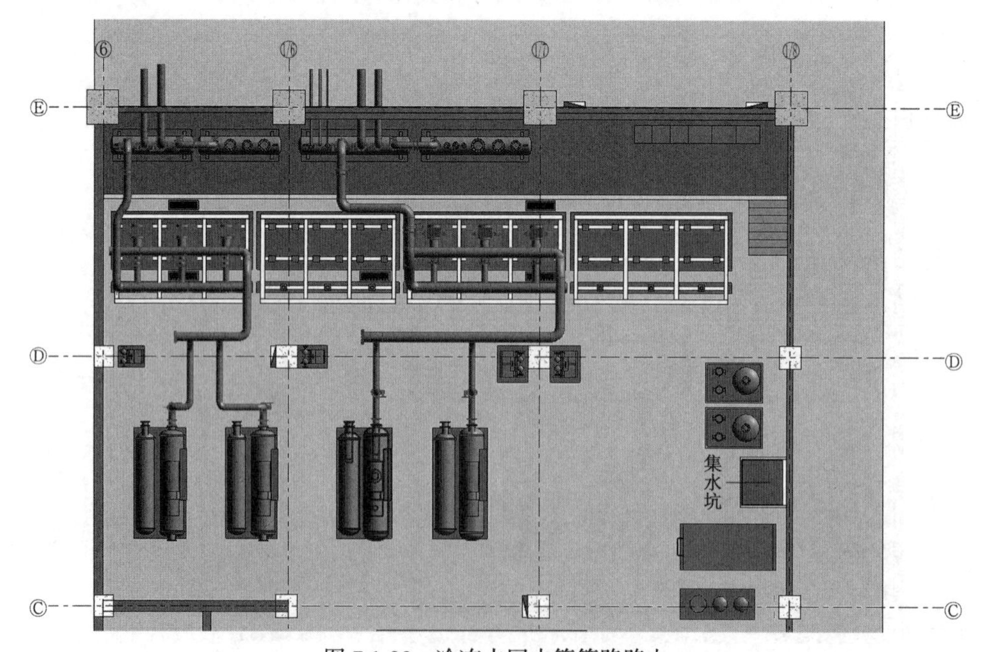


图 7.1-23　冷冻水回水管管路路由

从工厂运输到现场的半成品管道以及管件进行现场安装即可，安装顺序按照图纸法兰编号进行连接即可。

（3）模块化泵组施工

本工程空调机房水泵共 12 台，分为四组，分别为 3 台低区冷冻水循环水泵、3 台低区冷却水循环水泵、3 台高区冷冻水循环水泵、3 台高区冷却水循环水泵，每 3 台同功能水泵为一个模块化泵组，模块化施工分为以下几个步骤：

框架焊接→减振安装→惰性块安装→水泵就位→管道连接→泵组运输→泵组就位。

①首先，根据受力计算结果选择合适的方管进行框架焊接，在工厂进行焊接工作，焊接严格按照焊接要求进行，对焊缝逐一按照焊接工艺规程进行检查，对框架尺寸进行复查，确保框架尺寸的正确性（图 7.1-24）。

②当模块化框架焊接完成后，需要对空气减振及惰性基础块进行安装，首先需要将空气减振定位准确，将空气减振用螺栓和框架连接，能够保证振动有效传递到框架（图 7.1-25）。

图 7.1-24　模块化泵组框架焊接

图 7.1-25　模块化泵组空气减振安装

③将惰性基础块及空气减振安装完成后，将橡胶减振按照图纸定位安装在惰性块上，然后安装定位水泵（图 7.1-26）。

图 7.1-26　惰性基础及水泵安装

④水泵安装完成后，需要进行进出口管道及管件阀门的安装连接，管道及阀部件安装过程中需要保证同心度及垂直度，不让水泵承受额外压力（图 7.1-27）。

⑤经过现场实际勘察，我们按照审批通过的吊装计算书选用了一台 120t 的吊车进行吊装工作，安全人员及项目技术人员全程进行配合，确保吊装工作的顺利进行（图 7.1-28）。

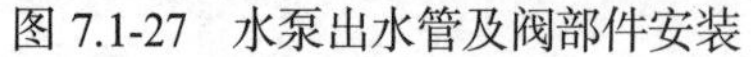

图 7.1-27　水泵出水管及阀部件安装　　　　图 7.1-28　泵组吊装

⑥泵组从吊装口进入机房内，落地时在四角下方垫四个万向搬运坦克轮。在机房内设置多个固定牵引点，使用电动导链将泵组拖拽至基础上（图 7.1-29）。精确调整找正后，将基础上的预埋铁与框架焊接牢固，焊接各管路接口后，即完成安装。

图 7.1-29　泵组就位

结合现场设备吊装口位置及模块化泵组尺寸，将 4 组泵组进行分组，按顺序依次进行安装就位（图 7.1-29），具体顺序如图 7.1-30 所示。

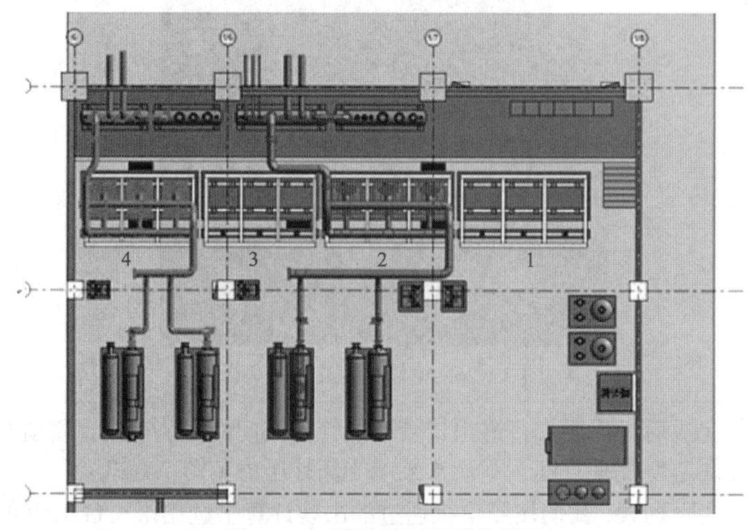


图 7.1-30　模块化泵组就位顺序

3）减振降噪技术

减振降噪技术工艺流程：设备参数核对→惰性台订购→减振器订购→设备就位→制作单元体→检查与调整→设备连接。

（1）本技术在设备机房的安装上进行创新，在设备原有的减振措施下加设惰性基础台和空气减振器。高区冷冻、冷却水泵选用1250mm×1200mm×200mm惰性台。低区冷冻、冷却水泵选用1250mm×1000mm×200mm惰性台，在惰性台四端加设空气减振器（700kg）共4个，惰性台安装好减振器后，再进行水泵的就位。设备就位后通过调整减振器来进行设备标高的调整（图7.1-31、图7.1-32）。

图7.1-31 模块化泵组空气减振

图7.1-32 模块化泵组橡胶减振

（2）项目实施主要内容

①减振器安装

采用ALJ51005空气减振器做水泵的隔振元件，其型号选择根据下列条件：水泵机组型号、规格、转速，机组底座尺寸，水泵、电动机和底座的重量等，卧式水泵隔振器与水泵基础不固定，立式水泵隔振器与水泵基础固定。

减振元件应按水泵机组的中轴线作对称布置。橡胶减振垫的平面布置可按顺时针方向或逆时针方向布置。

当机组减振元件采用六个支承点时，其中四个布置在惰性块或型钢机座四角，另两个应设置在长边线上，并调节其位置，使减振元件的压缩变形量尽可能保持一致。

卧式水泵机组减振安装橡胶减振垫或阻尼弹簧减振器时，一般情况下，橡胶减振垫和阻尼弹簧减振器与地面及与惰性块或型钢机座之间无需粘接或固定。固定用螺栓露出部分宜为3～4扣。

立式水泵机组减振安装使用橡胶减振器时，在水泵机组底座下，宜设置型钢机座并采用锚固式安装；型钢机座与橡胶减振器之间应用螺栓（加设弹簧垫圈）固定。

橡胶减振垫的边线不得超过惰性块的边线；型钢机座的支承面积应不小于减振元件顶部的支承面积。

橡胶减振垫单层布置，频率比不能满足要求时，可采取多层串联布置，但减振垫层数不宜多于五层。串联设置的各层橡胶隔振垫，其型号、块数、面积及橡胶硬度均应完全一致。

垫与钢板应用黏合剂粘接。镀锌钢板的平面尺寸应比橡胶减振垫每个端部大10mm。镀锌钢板上、下层粘接的橡胶减振垫应交错设置。

施工安装前，应及时检查，安装时应使减振元件的静态压缩变形量不得超过最大允许值。

水泵机组安装时，其安装水泵机组的支承面要平整，且应具备足够的承载能力。机组减振元件应避免与酸、碱和有机溶剂等物质相接触。

②型钢基座的安装

水泵与隔振器之间采用钢板（立式泵）或型钢基座（卧式泵），形成类似混凝土减振板的惰性块。型钢基座上面与水泵用螺栓连接，下面与隔振器连接，螺栓上下必须垫平垫与弹簧垫片，安装后调型钢基座水平。

③水泵安装

水泵就位前应做下列复查：基础、型钢基座平面位置和标高应符合设计要求，设备不应有缺件、损坏和锈蚀等情况，水泵进出口管口保护物和封盖良好，盘车应灵活，无阻滞、卡住现象，无异常声音。

用倒链将水泵吊至型钢支架上，将水泵底座与型钢支架用螺栓连接，螺栓下必须垫平垫与弹簧垫片。然后测定水泵的水平度，把水平尺放在水泵轴上，测量轴向水平，或把水平尺放在底座加工面上或出口法兰面上，测量纵向、横向水平，或用吊垂线的方法，测量水泵进口的法兰垂直平面与垂线是否平行，并要测电机与水泵连接处的同心度。调平后对出口及外观进行有效保护，等待配管。

④管道隔振安装

管道隔振是在水泵进、出口上安装可曲挠橡胶接头，由于不锈钢软管及泵补偿器等金属元件具有极好的位移补偿功能，欠缺横向和角度位移功能，因而欠缺隔振功能。在一般情况下优先选用橡胶可曲挠接头，只在水质要求极高的情况下，选择不锈钢软管或泵补偿器，并且需经详细设计。

在水泵进水管上可优先选择可曲挠偏心异径橡胶接头，在水泵出水管上可优先选择可曲挠同心异径橡胶接头。可曲挠橡胶管道配件按接口方式区分有法兰连接和螺纹连接。按结构形式区分有单球体、双球体、多球体、弯球体等。

4）劳动力组织（表 7.1-2）

劳动力组织情况表（每班组）　　表 7.1-2

| 序号 | 工种 | 所需人数 | 备注 |
|---|---|---|---|
| 1 | 管理人员 | 3 | |
| 2 | 技术人员 | 3 | |
| 3 | 材料倒运 | 15 | |
| 4 | 管道及泵组预制 | 20 | |
| 5 | 其他辅助工种 | 10 | |
| | 合计 | 51 | |

5）材料与设备

除自制工装外，无特殊设备，具体设备明细见表 7.1-3（每班组）。

设备明细　　表 7.1-3

| 序号 | 设备名称 | 单位 | 数量 | 用途 |
|---|---|---|---|---|
| 1 | 电焊机 | 台 | 3 | 焊接管道 |
| 2 | 气割 | 台 | 3 | 切割管道 |
| 3 | 磨光机 | 台 | 2 | 打磨管道 |
| 4 | 切割锯 | 个 | 5 | 切割管道 |
| 5 | 气泵、喷枪 | 套 | 2 | 喷漆 |
| 6 | 龙门吊 | 台 | 1 | 吊装材料 |

6）质量控制措施

（1）机组和管道连接前必须经过检测，保证管道的承受压力、管内无异物。

（2）配对法兰要保持和机组法兰平行，高度一致，偏差要符合表 7.1-4 中的规定。

法兰安装要求　　表 7.1-4

| 机组电机转速 r/min | 法兰面平行度 | 径向位移 |
|---|---|---|
| ＜3000 | ≤法兰直径 1/1000 | 全部螺栓顺利穿入 |
| 3000～6000 | ≤0.15 | ≤0.50 |
| ＞6000 | ≤0.10 | ≤0.20 |

（3）配对法兰的两个法兰片之间的距离，应以能够插入垫片的最小距离为好。

7）质量保证措施

（1）组织和制度保证

①对质量有重要影响的特殊工作人员执行持证上岗制度。

②坚持质量一票否决制度，落实各级质量责任制、工程质量奖罚制度。

③施工前进行质量策划，建立施工生产例会制度、质量分析会制度，及时提出和消除质量隐患。

（2）技术保证措施

①必须坚持技术交底（合同交底、图纸交底、变更交底、文件交底）。

②坚持技术复核及隐蔽工程验收。

③用于测量仪器，必须要计量检定合格。

（3）实行全过程的质量控制，合理地设置见证点（W 点)和停工待检点（H 点)，对质量计划中的每项活动都要准确检查记录单，特别注重施工质量通病的防范、处理和控制。

（4）针对本工程的施工特点，根据总结以往施工的经验，对可能出现施工质量的薄弱环节进行分析。通过运用 PDCA 工作法，从“人、机、料、法、环”五个方面入手，深入开展 QC 小组活动，进行技术攻关和技术改进，消除可能出现的质量薄弱点，确保工程质量，提高经济效益。

8）安全措施

（1）认真贯彻“安全第一，预防为主，综合治理”的方针，根据国家有关规定、条例，结合施工单位实际情况和工程的具体特点，组成专职安全员和班组兼职安全员以及工地安全用电负责人参加的安全生产管理网络，执行安全生产责任制，明确各级人员的职责，抓好工程的安全生产。

（2）施工现场按符合防火、防风、防雷、防洪、防触电等安全规定及安全施工要求进行布置，并完善布置各种安全标识。

（3）各类房屋、库房、料场等的消防安全距离做到符合有关规定，室内不堆放易燃品，现场严禁吸烟，随时清除现场的易燃杂物，不在有火种的场所或其近旁堆放生产物资。

（4）氧气瓶与乙炔瓶隔离存放，严格保证氧气瓶不沾染油脂，乙炔发生器有防止回火的安全装置。

（5）施工现场的临时用电严格按照《施工现场临时用电安全技术规范》GB/T 50313—2018 的有关规范规定执行，室内配电柜、配电箱前要有绝缘垫，并安装漏电保护装置。

（6）经常对机械设备进行检查、维护、保养，每天上班试运转后才能进入施工操作，机械设备有漏电保护装置和接零接地，电焊设备使用注意接地。

（7）特殊工种，如电工、焊工，起重工、机械工等必须持证上岗，无证人员不准进行操作。

（8）每天安全员和班组长向班组进行安全讲话，对违章作业及时纠正，对冒险作业坚决制止。若发生安全事故，除积极挽救伤员和上报外，必须按“三不放过”原则，查明原因，明确责任，切实整改。

（9）严禁酒后上班，不准打赤脚、穿拖鞋或硬底鞋上班。不准从高处向下扔物品。

（10）建立完善的施工安全保证体系，加强施工作业中的安全检查，确保作业标准化、规范化。

9）环保措施

（1）成立对应的施工环境卫生管理机构，在工程施工过程中严格遵守国家和地方政府下发的有关环境保护的法律、法规和规章，加强对施工燃油、工程材料、设备、废水、生产生活垃圾、弃渣的控制和治理，遵守有防火及废弃物处理的规章制度，做好交通环境疏导，充分满足便民要求，随时接受相关单位的监督检查。

（2）将施工场地和作业限制在工程建设允许的范围内，合理布置、规范围挡，做到标牌清楚、齐全，各种标识醒目，施工场地整洁文明。

（3）加强现场防火教育，落实消防措施，配备足够的灭火器材。

（4）雨季时要注意保护成品孔，发生落土、倒灌现象要立即采取措施。

（5）防止大气污染，对于容易起灰尘飞扬的时候要采取防尘装置或洒水处理。

（6）优先选用先进的环保机械。采取设立隔音墙、隔音罩等消声措施降低施工噪声到允许值以下，同时尽可能避免夜间施工。

（7）保持施工区和生活区的环境卫生，在施工区和生活区设置足够数量的临时卫生设施，定时清除垃圾，并将其运至指定地点处理。

## 7.1.4 结果状态

### 7.1.4.1 状态成果

（1）本项目获得鲁班奖、安济杯等奖项。

（2）与大多数工程相比较，使用空气减振器比传统弹簧、橡胶减振器共振幅度小，隔振效果好。

（3）设备底座设置惰性基础台，通过结构性地增加设备的底座尺寸和重量，合理地布置设备的重心，增加设备的稳定性，减少设备振动的传递。杜绝对工程完工后因设备运转产生噪声和振动做出的更改及返工。

（4）克服了大型设备运行时，所带来的强烈振动的问题。

（5）降低了冷水机组、水泵等设备运行时产生的噪声。

（6）大大提高了建筑物、设备、管道等的使用寿命。

对于本工程空调机房设备功率大、振动强不仅要求噪声的降低，更需要振动的减弱以满足办公楼对声学的要求。如何采取有效措施达到隔振隔声的效果，降低振动的传播，以减少对实验的影响是设计与施工的一个主要难题。

总的来说，在施工过程中，空调系统的噪声主要从源头、传播途径、末端设备这三个方面来解决。当然，消声降噪的方法还有很多，我们应该在具体案例中具体分析并选择适合自己的系统的方案，本项目中用到的方法只是冰山一角，反思整理本次活动中的不足和缺陷，加强自我学习，为以后科研活动总结经验。

#### 7.1.4.2　成果转化和推广应用的条件及前景

（1）随着我国城市化建设的加快，公共建筑的增多，机电安装行业对施工速度及质量的要求也是越来越高，因此对于现场的成本和进度控制是每个施工人员都应该重视的问题。

（2）基于 BIM 技术的可视性，按照专项施工方案的步骤，进行模拟安装，将可能出现的问题提前发现，提前制定解决方案，能够保证高效安装工作的进行，避免材料的大量浪费，使现场工人对安装流程有一个清晰的认知。与传统的工艺相比，装配式机房的现场施工速度与传统相比，节省工期大约 3/4，大大节省了现场施工时间，且安全性更高，加工厂预制加工已经成为现有施工项目中的重要环节。大量节省了人力物力，为高效、便捷、环保的现代化施工创造了条件。

（3）传统弹簧减振器相比较空气减振器减振效果较差且不美观，一些对环境要求较高的工程不能满足使用要求。杜绝对工程完工后因设备运转产生噪声和振动做出的更改及返工。克服了大型设备运行时，所带来的强烈振动的问题。降低了冷水机组、水泵等设备运行时产生的噪声。大大提高了建筑物、设备、管道等的使用寿命。

### 7.1.5　问题和建议

#### 7.1.5.1　技术特点

工程建筑设备安装采用上述技术可以加快工程进度，保证安装精度提高工程质量，安全性高，设备布局合理，观感效果好，创造安静舒适的环境。

#### 7.1.5.2　问题和建议

（1）成本较高，相较于传统的现场加工制作、安装的施工工艺，装配式模块化技术应用目前存在的主要问题是成本较高，装配式施工方法确实保证了施工质量和施工速度，但是前期进行优化、建模，设备管道的工厂化预制，需投入很大的人力物力，且装配式需要不断去复核，制作精细化模型，对 BIM 操作人员的能力要求较高，加工制作的管道必须与模型精度接近，不然就需要重新制作。所以装配式技术的成本高于现场制作。

（2）减振降噪技术目前存在的主要问题是依托工程设备机房在地下三层为最底层，如果设备机房没有设置在最底层，设备运转时所产生的振动及噪声对建筑物影响更大，因此如遇到这种情况，需在采购设备时采用箱型或管壳型等经过消声措施处理过的，或选用转速振动小，噪声低的设备，并在结构设计上采取必要的减噪措施。

## 7.2 通风空调工程创新

随着我国社会经济水平的快速提高，有效改善生活品质，使得人们对生活条件、居住办公环境的要求也日益得到提高。现阶段的房屋建筑不仅需要满足人们的基本使用需求，同时还需要具有更高的舒适性功能，通风空调工程是房屋建筑中的重要组成部分，它能够有效改善室内的空气质量、温度和湿度，其施工质量的好坏将会直接影响到建筑本身的使用功能能否得到良好的实现。

需要注意的是，伴随复杂建筑结构和功能的需要，通风与空调工程施工过程中经常会出现各种各样的新情况需要解决，比如超大规格尺寸的风管施工，需要采用切实有效的措施来保证建筑物的使用功能及观感效果。

### 7.2.1 案例背景

某大剧院和博物馆工程是集观演、展览、休闲、娱乐等多项功能为一体的综合文化建筑。大剧院为大型甲等剧场，包括一个1403座的观众厅、一个334座的多功能厅和9个放映厅（总座位数为1449座）。博物馆为大型博物馆，建筑为框架—剪力墙结构，屋盖采用钢结构。总建筑面积为66745m$^2$，其中地上建筑面积49320m$^2$，地下建筑面积17425m$^2$。防排烟风管采用镀锌钢板制作，连接方式采用法兰连接。

由于建筑空间大，各种负荷指标要求较高，因此风管截面积很大，本工程中最大风管规格达到4000mm × 3500mm，单边大于2500mm的风管占全部风管的25%。可以说大型风管的制作、安装、检验工作是通风专业必须首要解决的问题。

### 7.2.2 事件过程分析描述

鉴于本项目风管规格尺寸较大，设计采用厚度为1.2mm镀锌钢板制作，并采用角钢法兰连接形式，角钢法兰制作要求精度高、焊接变形小、互换性好、观感质量好。超大规格风管由于截面大、易变形，必须合理设计加固方案，风管内加固节点多，对风管节点处的封堵及漏风率控制要求高，超大规格风管运输、安装难度较大。根据上述分析，为保证超大尺寸风管的施工质量，做好施工策划、确定加工制作方案，是保证其顺利施工的关键。

### 7.2.3 关键措施及实施

根据本项目超大风管的实际特点及难点，采用如下应对措施：

对角钢法兰的制作方法进行创新。采用创新的法兰加工模具，使得风管角钢法兰焊接成品率高、变形小、观感好。

由于大尺寸风管制作运输困难，为提高风管运输效率，采用分步骤制作方案，下料、咬口、折方等工作在加工厂进行，将制作成“L”形状的半成品风管装车运输到现场，在施工现场进行合口工作。

严格控制风管加工质量，提高风管的成品合格率，保证风管严密性。

采用合理的风管加固方法，解决风管变形问题，保证风管使用功能及良好的观感效果。

7.2.3.1　工艺原理

本工艺在镀锌钢板角钢法兰风管制作标准的基础上，对角钢法兰的制作作出创新。具体做法为：选用 10mm 厚度 200mm × 200mm 的矩形钢板，以两条直角边距离为 50mm 打孔，沿钢板直角边两面用角钢制作立面，制作成模具。焊接平台由工作支架和置物平台组成。置物平台采用耐磨铁板制作，置物平台安装在工作支架顶部，平台上均匀布置有固定孔。直角模具放置在置物平台上，下端通过锁紧销或者螺栓插入固定孔进行固定。使用固定直角模具进行角铁法兰焊接时，需要焊接的两根角钢通过大力钳固定在模具立面上，形成 90°角之后进行焊接作业，确保风管法兰的方正与平整。置物平台安装的工作支架底部安装万向刹车轮组，万向刹车轮设有防滑动装置，因此整个焊接平台具有移动性（图 7.2-1、图 7.2-2）。本项目风管为超大风管，为提高风管运输效率并且更好地做到对风管运输过程中的保护，采用将风管下料、咬口、折方工序在加工车间进行，将制作成“L”形状半成品的风管运输至现场进行合口的施工方法。

图 7.2-1　模具实物图

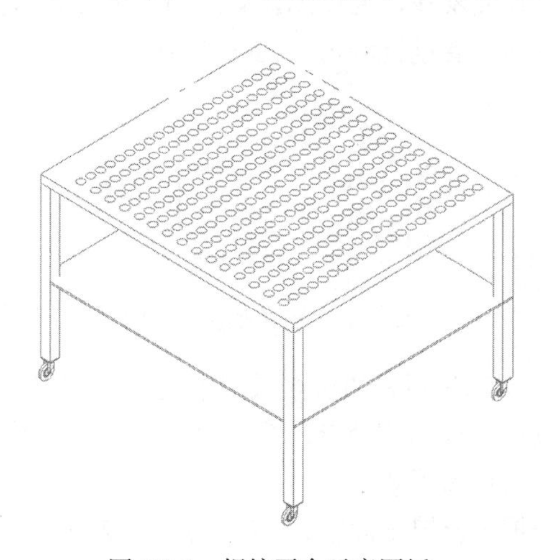

图 7.2-2　焊接平台示意图纸

7.2.3.2　工艺流程及操作要点

风管加工工序如下：

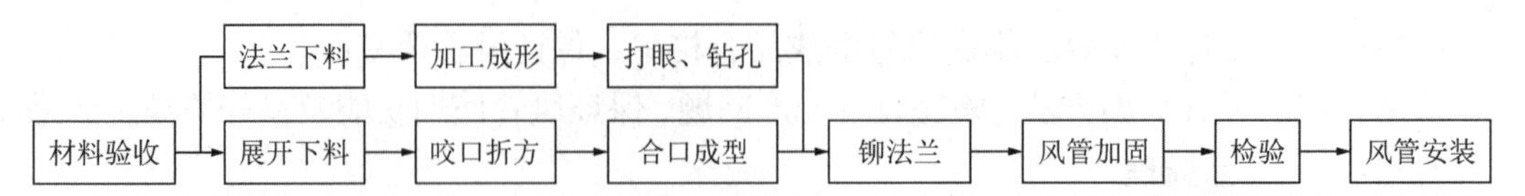


在规范及图集中对于大型风管制作（边长大于 2m）的要求是根据设计要求，针对本系统为高压系统，选择厚度为 1.2mm 的镀锌钢板，并做加筋处理，每节风管需要单独采用角钢加固，镀锌钢板型号选择见表 7.2-1 中钢板风管板材的厚度，制作质量要求应符合通风与空调工程施工质量验收规范（GB 50243—2016）的规定。

**镀锌钢板风管板材厚度** **表 7.2-1**

| 类别 / 风管直径 D 或长边尺寸 b | 圆形风管 | 矩形风管 | | 除尘系统风管 |
|---|---|---|---|---|
| | | 中低压系列 | 高压系列 | |
| D(b) ≤ 320 | 0.5 | 0.5 | 0.75 | 1.5 |
| 320 < D(b) ≤ 450 | 0.6 | 0.6 | 0.75 | 1.5 |
| 450 < D(b) ≤ 630 | 0.75 | 0.6 | 0.75 | 2.0 |
| 630 < D(b) ≤ 1000 | 0.75 | 0.75 | 1.0 | 2.0 |
| 1000 < D(b) ≤ 1250 | 1.0 | 1.0 | 1.0 | 2.0 |
| 1250 < D(b) ≤ 2000 | 1.2 | 1.0 | 1.2 | 按设计 |
| 2000 < D(b) ≤ 4000 | 按设计 | 1.2 | 按设计 | |

风管尺寸的核定：根据设计要求、图纸会审纪要，结合现场实测数据绘制风管加工草图，并标明系统风量、风压、测定孔的位置。

风管展开：依照风管施工图在下料平台上进行放样展开。展开方法有三种，即平行线展开法、放射线展开法和三角形展开法。

板材剪切前必须进行尺寸复核，复核无误后按划线进行剪切。

板材下料后在压口之前，要进行倒角，见图 7.2-3。

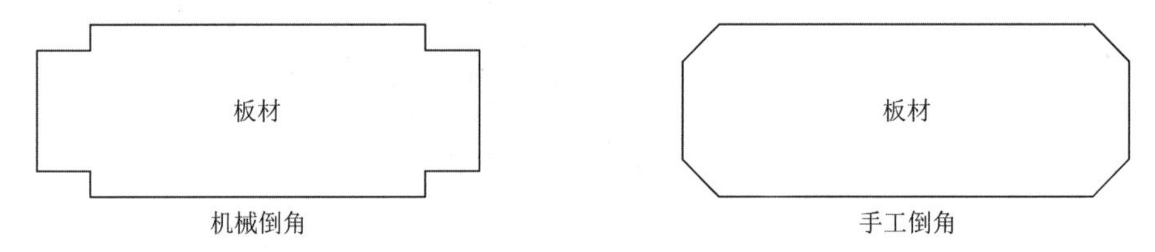


图 7.2-3 倒角形状示意图

咬口形式见图 7.2-4。本工程板材的拼接采用单咬口型式。矩形风管或配件的四角组合采用转角咬口、联合角咬口、按扣式咬口，圆形弯管的组合采用立咬口。合理化的选择不仅提升了工程质量，还大大提高了效率。

咬口宽度和预留量根据板材厚度而定，应符合表 7.2-2 咬口宽度的要求。咬口留量的大小、咬口宽度和重叠层数同使用机械有关。对单平咬口、单立咬口、转角咬口在第一块板上等于咬口宽度，在第二块板上等于三倍咬口宽度。联合角咬口在第一块板上等于咬口宽，在第二块板上等于四倍咬口宽度。

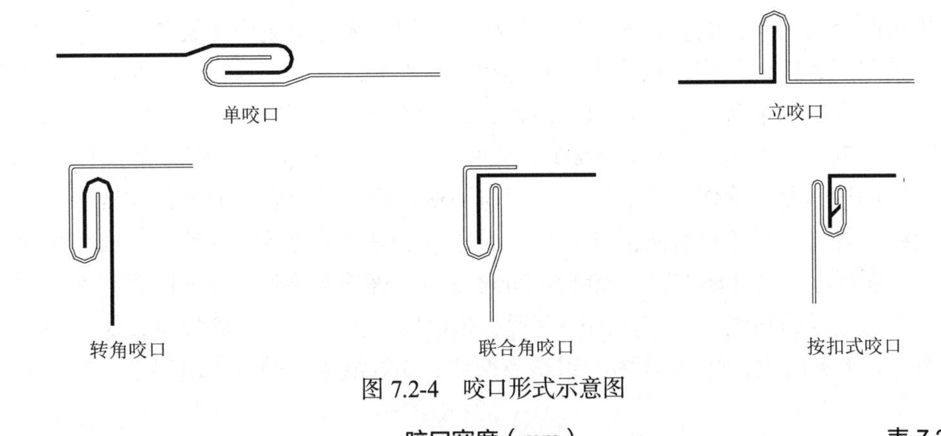


图 7.2-4　咬口形式示意图

**咬口宽度（mm）**　　表 7.2-2

| 咬口形式 | 板厚 | | |
|---|---|---|---|
| | 0.5～0.7 | 0.7～0.9 | 1.0～1.2 |
| 单咬口 | 6～8 | 8～10 | 10～12 |
| 立咬口 | 5～6 | 6～7 | 7～8 |
| 转角咬口 | 6～7 | 7～8 | 8～9 |
| 联合角咬口 | 3～9 | 9～10 | 10～11 |
| 按扣式咬口 | 12 | 12 | 12 |

制作矩形风管时，画好折方线，在折方机上折方。制作圆风管时，将咬口两端拍成圆弧状放在卷圆机上圈圆。操作时，手不得直接推送钢板。

折方或卷圆后的钢板用合缝机或手工进行合缝。操作时，用力要均匀，不宜过重。咬口缝结合应紧密，不得有胀裂和半咬口现象。

法兰加工时法兰用料选择，应满足表 7.2-3 中法兰用料的规格要求。

**法兰用料规格（mm）**　　表 7.2-3

| 钢制法兰 | | | | 不锈钢和铝制圆形、矩形法兰 | | | |
|---|---|---|---|---|---|---|---|
| 圆法兰（$D$） | 规格 | 方法兰（长边$b$） | 规格 | 法兰 | 规格 | | |
| | | | | | 不锈钢 | 铝 | |
| ≤140 | （2）0×4 | $B≤630$ | V25×3 | $D$或$L_{max}≤280$ | （2）5×4 | （3）0×6 | V30×4 |
| 140＜$D$≤280 | （2）5×4 | 630＜$b$≤1500 | V30×3 | $D$或$L_{max}$320～560 | （3）0×4 | （3）5×8 | V35×4 |
| 280＜$D$≤630 | V25×3 | 1500＜$b$≤2500 | V40×4 | $D$或$L_{max}$630～1000 | （3）5×6 | （4）0×10 | |
| 630＜$D$≤1250 | V30×4 | 2500＜$b$≤4000 | V50×5 | $D$或$L_{max}$1120～2000 | （4）0×8 | （4）0×12 | |

矩形风管法兰由四根角钢或扁钢组焊而成，划线下料时应注意使焊成后的法兰内径不能小于风管外径。用切割机切断角钢，下料调直后用台钻加工。中、低压系统的风管法兰的铆钉孔及螺栓孔孔距不应大于 150mm；高压系统风管的法兰的铆钉孔及螺栓孔孔距不应大于 100mm。矩形法兰的四角部位必须设有螺孔。钻孔后的型钢放在焊接平台上进行焊接，焊接时用模具卡紧。选用 200mm × 200mm 直角钢板，以两直角边距离为 50mm 打孔，在

钢板直角边两个面用角钢制作立面，制作成模具。焊接平台由工作支架和置物平台组成。置物平台采用耐磨铁板制作，置物平台安装在工作支架顶部，平台上均匀布置有固定孔。直角模具放置在置物平台上，下端通过锁紧销或者螺栓插入固定孔进行固定，使用固定直角模具进行角钢法兰焊接时，需要焊接的两根角钢通过大力钳固定在模具立面上，形成90°角之后进行焊接作业，确保风管法兰的方正与平整。置物平台安装的工作支架底部安装万向刹车轮组，万向刹车轮设有防滑动装置，因此整个焊接平台具有移动性。成型法兰进行复验，在测量对角线尺寸偏差时，控制在2mm之内，确保互换性，保证风管在安装时能顺利进行。为防止成品角钢法兰在使用中变形，采取以下措施：①打磨焊口，保证角钢法兰外面光滑；②水平放置，每20片为一组整齐摆放；③每组法兰的对角用架管顶丝和角钢进行限制。

风管与法兰连接时，风管与法兰铆接前先进行技术质量复核。将法兰套在风管上，管端留出6～9mm左右的翻边量，管中心线与法兰平面应垂直，然后使用铆钉钳将风管与法兰铆固，并留出四周翻边。

在风管与法兰连接前，根据风管两侧翻边量，计算出风管实际长度，考虑法兰角铁厚度，制作几个工字形支架。风管与法兰连接时，将法兰套在风管上，用工字形支架与角铁法兰组装成一个框架，测量一侧风管翻边量，使用铆钉进行固定。通过支架对角铁法兰进行限位，保证直管风管尺寸一致，风管两侧翻边尺寸相同，减少误差。

铆钉操作时选用钢铆钉，铆钉平头朝内，圆头在外。铆钉规格及铆钉孔尺寸见表7.2-4风管法兰铆钉规格及铆钉孔尺寸。

风管法兰铆钉规格及铆钉孔尺寸（mm）　　表7.2-4

| 类型 | 风管规格 | 铆孔尺寸 | 铆钉规格 |
| --- | --- | --- | --- |
| 方法兰 | 120～630 | $\phi$4.5 | $\phi4\times8$ |
|  | 800～2000 | $\phi$5.5 | $\phi5\times10$ |
| 圆法兰 | 200～500 | $\phi$4.5 | $\phi4\times8$ |
|  | 530～2000 | $\phi$5.5 | $\phi5\times10$ |

风管法兰内侧的铆钉处应涂密封胶，涂胶前应清除铆钉处表面油污。

风管翻边应平整并紧贴法兰，应剪去风管咬口部位多余的咬口层，并保留一层余量。翻边四角不得撕裂，翻拐角边时，应拍打成圆弧形。涂胶时，应适量、均匀，不得有堆积现象。

大型风管加固要求：

现需要对截面尺寸为4000mm×3500mm、长度为1200mm的角钢法兰（高度为50mm）风管进行加固。根据规范要求，对于角钢法兰连接的矩形风管，当长边大于630mm，且管段长度大于1250mm时应采取加固措施。因材料限制风管制作的每节风管管段长度为1200mm，小于1250mm，风管的强度主要取决于角钢法兰的强度。

大型风管的加固除了用角钢外法兰加固外，还可以通过在风管两端的法兰上增加立向角钢支撑进行。

（1）法兰临时固定安装：根据法兰尺寸，风管两侧翻边量制作相应长度的工字形支架作为法兰支架安装的临时约束装置（图 7.2-5），以此保证法兰安装时的稳定性及成品风管段长度尺寸的准确性。临时约束装置角钢进行冲孔应与风管角铁法兰相匹配，通过螺栓连接从而使角钢法兰和临时约束装置保持横向固定。每个面均进行约束，使临时约束装置与角钢法兰组装成一个框架从而保证整体稳定性。装置尺寸的一致性也进一步保证了风管段的外形尺寸，减少误差。

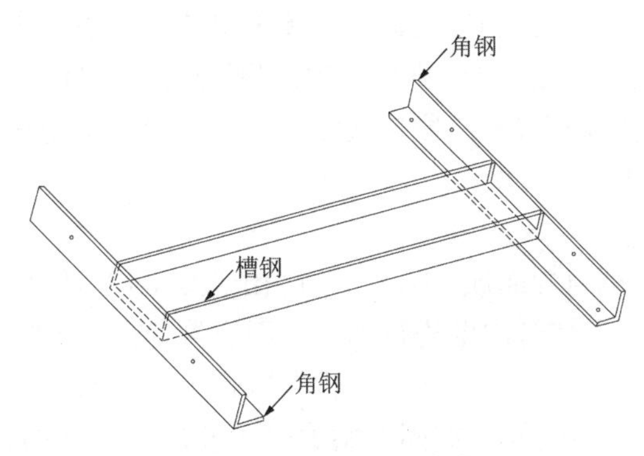


图 7.2-5　临时支架约束装置

（2）预制风管与法兰连接：将预制风管与临时约束好的一组成品法兰相连接，首先将风管与法兰连接处的翻边咬合，然后使用铆钉进行安装固定，铆钉操作时选用钢铆钉，铆钉平头朝内，圆头在外。铆钉规格及铆钉孔尺寸见表 7.2-4。风管法兰内侧的铆钉处应涂密封胶，涂胶前应清除铆钉处表面油污。风管翻边应平整并紧贴法兰，应剪去风管咬口部位多余的咬口层，并保留一层余量。翻边四角不得撕裂，翻拐角边时，应拍打成圆弧形。涂胶时，应适量、均匀，不得有堆积现象。

（3）风管运输与安装，大尺寸风管成品重量比较大，采用液压搬运车进行运输至安装位置后，把密封条粘贴好。采用 4 个爪式液压千斤顶进行抬高到安装标高，使用螺栓将风管管段间的法兰连接固定。上部风管管段连接，使用脚手架工具进行螺栓连接（图 7.2-6）。

图 7.2-6　设备实物图

（4）风管加固，截面尺寸为 4000mm × 3500mm、长度为 1200mm 的角钢法兰进行加固。根据规范要求，对于角钢法兰连接的矩形风管，当长边大于 630mm，且管段长度大于 1250mm 时应采取加固措施。因材料限制风管制作的每节风管管段长度为 1200mm，小于 1250mm，风管的强度主要取决于角钢法兰的强度。风管的加固除了用角钢外法兰加固外，还可以通过在风管两端的法兰上增加立向横向角钢支撑进行。本项目经设计研究决定采用风管内部加固措施（图 7.2-6）。由于此工程风管尺寸大，经设计院审核计算确定加固材料选型及具体方案，加固方案主要由 13 根 5 号角钢组成，包括 10 根沿风管壁纵向角钢和 3 根径向角钢组成。风管外部每 1200mm 处加固角钢与外法兰连接，从而使外部法兰也成为径向支撑，增强稳固性，风管内部加固纵向角钢使用铆钉将角钢与风管铁板连接在一起，并且在风管内每 2.4m 还做了径向的支撑，支撑位置选择在法兰连接处，加固法兰距离为 1200mm，加固法兰朝向与气流方向相同。加固方案通过了监理工程师的验收。

（5）临时约束装置在风管 2～3 段连接完毕及内部加固完成方可后拆除，然后进行下一管连接制作时重复利用。

角钢法兰加固方法：

加固法兰由 13 根角钢组焊而成（图 7.2-7）。由于此工程风管尺寸极大，经过项目部商讨决定依托风管外部法兰在风管内壁进行加固。用 5 号角钢沿风管走向纵向固定，使用铆钉将角钢与风管铁板、法兰连接在一起，并且在风管内每 2.4m 还做了横向以及纵向的支撑，支撑位置选择在法兰连接处，加固方案通过了监理工程师的验收。加固法兰距离为 1200mm，加固法兰朝向与气流方向相同。

图 7.2-7　风管内加固实物图

#### 7.2.3.3　材料机具设备

（1）材料方面

按照镀锌板矩形风管规格尺寸的不同选择镀锌板厚度。

风管制作与安装的板材、型材角钢以及其他主要成品材料，应符合设计及国家相关产品标准的规定，并且具有出厂检验合格证明文件。材料进场均按国家现行有关标准进行验收。

镀锌板的表面应平整光滑，厚度均匀，不得有镀锌层严重损坏的现象，如表层大面积白花，镀锌层粉化等缺陷。

（2）机具设备方面

应用的主要机具设备见表 7.2-5。

主要机具设备　　表 7.2-5

| 序号 | 名称 | 型号 | 电压 | 功率 | 单位 | 数量 | 作用 |
| --- | --- | --- | --- | --- | --- | --- | --- |
| 1 | 联合角咬口机 | YZL-12B | 380V | 1.5kW | 台 | 1 | 成形 |
| 2 | 弯头联合角咬口机 | YWL-12B | 380V | 1.5kW | 台 | 1 | 成形 |

续表

| 序号 | 名称 | 型号 | 电压 | 功率 | 单位 | 数量 | 作用 |
|---|---|---|---|---|---|---|---|
| 3 | 单平口咬口机 | YZD-12B | 380V | 1.5kW | 台 | 1 | 成形 |
| 4 | 开卷机 | KJ-15 | | | 台 | 1 | 成形 |
| 5 | 压筋机 | YJ-1.2 | 380V | 3kW | 台 | 1 | 成形 |
| 6 | 剪板机 | Q11-4 × 2500 | 380V | 4kW | 台 | 1 | 下料 |
| 7 | 手动折弯机 | WS-15 | / | / | 台 | 1 | 成形 |
| 8 | 冲床 | JB23-40t | 380V | 4.5kW | 台 | 1 | 下料成形 |
| 9 | 角钢法兰模具 | / | / | / | 套 | 2 | 下料成形 |

#### 7.2.3.4 质量标准及控制

风管边长大于 630mm，管段长度大于 1250mm 应采取加固措施。风管的加固可采用楞筋、立筋、角钢（内、外加固）、扁钢、加固筋和管内支撑等形式。

角钢、加固筋的加固，应排列整齐、均匀对称，其高度应等于风管的法兰宽度。角钢、加固筋与风管的铆接应牢固、间隔应均匀，不应大于 220mm，两相交处应连接成一体。中压系统薄钢板法兰风管的管段，其长度大于 1250mm 时，还应有加固框补强。风管法兰制作质量通病和预防措施见表 7.2-6。

质量通病和预防措施　　表 7.2-6

| 序号 | 质量通病 | 预防措施 |
|---|---|---|
| 1 | 下好的角钢料料头切口不垂直 | 用切割机下料前，先检查夹料钳口与切割砂轮片是否垂直，方法是用角尺检查，如不垂直调整夹料钳 |
| 2 | 法兰焊接质量差 | 焊工须持证、经考核合格后才准许上岗 |
| 3 | 密封胶不实 | 打胶应均匀 |
| 4 | 法兰不方 | 1）制作胎具时需先在钢板上划出线来，经反复测量无误后再点焊上定位角钢头，组焊第一个法兰经检查无误后才可成批组焊<br>2）法兰焊接时应采用对称焊，不宜采用顺序焊接的方法 |
| 5 | 法兰角度不垂直 | 角钢使用前，检查、调整校正 |
| 6 | 法兰铆钉孔偏离角钢中心 | 用一短角钢固定在台面上，使钻头中心到角钢立面的距离等于要打孔的角钢宽度的二分之一。打孔时把要打孔角钢贴着短角钢立面移动即可 |
| 7 | 法兰铆接铆钉脱铆 | 使用平面垫铁，若使用榔头作垫铁，榔头面要经过磨削成平面才可用。操作时下顶上打动作要协调 |

#### 7.2.3.5 安全控制措施

各种机械设备使用前必须认真检查各部件和电动机的安装是否符合安全规定，安全防护设施是否齐全有效，使用前必须经过试运转合格后方可进行正式操作。

使用电动剪板机送料时不得将手伸进刀口内，以免伤手。

咬口机、共板法兰成型机送料要将板材摆放平正，手要离开咬轮。

折边机送料时手要离开上盖夹口，折边时用力不要过猛。

开动台钻应先进行空车试转，正常后方可操作，工作前检查卡头是否上紧，工件要放平放稳，两人操作时应密切配合。

使用砂轮切割机前要先检查各部件的螺丝和砂轮夹板有无松动，砂轮片是否有裂纹。拆装砂轮片时要切断电源。

### 7.2.4 结果状态

由于本工程规模超大，施工队伍众多，为满足安全文明施工要求，总承包单位要求施工现场不得设置加工场。作为本项目主要垂直运输工具的施工用运输电梯，其口尺寸最大为 2500mm × 2000mm，因此，必须解决超大风管的场外及场内运输问题。通过对现场实际情况的综合分析，决定对单边长度超过 2500mm 的风管进行散件运输，即镀锌钢板在加工厂完成压筋及折边，以“L”形板的形式进场，法兰单独运输至现场，在施工区域进行风管咬口及法兰的安装，节省了运输空间和运输的车辆以及吊装车辆的台班费，经过实践检验，其风管现场的组装质量是完全可以满足要求的。这样一来节省了运料耽误的时间和人工，法兰加工采用创新模板加工工艺，一次成型，能形成流水作业，与传统的角钢法兰相比，节省了角钢法兰的制作时间，降低了劳动强度，提高了劳动效率。采用法兰连接，可降低每平方米制作辅料用量，提高风管制作工时 2～3 倍，经过计算通过这种方法风管运输减少 10d（10 人）。吊车减少 10 个台班，如果每个人工按照 200 元/d，吊车 4000 元/台班，通过制作新型模具大大提高了大尺寸风管法兰制作合格率，粗略计算减少损耗材料费 6 万余元，共节省费用约 12 万元。

### 7.2.5 问题和建议

在该大剧院和博物馆项目的通风工程中，五层风管规格尺寸为 4000mm × 3500mm，在现行规范及图集中对单边大于 2500mm 的风管没有具体说明，包括板材厚度、支架选型、加固形式等都没有具体要求，只是提示须由设计确定。根据本项目具体情况，为了保证现场施工不受影响，项目部利用现有的规范及图集，结合现场实际情况对这类风管的选材及安装进行初步分析，将分析结果进行书面确认，并征求设计单位及监理单位的意见，以最短的时间确认了风管的做法及运输方法等。从而使现场的施工进度得到保证，还节约了施工成本，大大提高了工作效率。

## 7.3 电气安装工程创新

### 7.3.1 案例背景

随着社会的发展以及时代的进步，人们的物质和精神需求越来越高，对生活环境的要求也越来越高，更多的先进技术应用到建筑工程中，安装工程量也相应增加，建筑安装与电气工程在建筑里的重要性也与日俱增。

某党校工程，建筑面积为 52281m$^2$，是集教学、教研、办公、住宿、文体活动于一体的综合性建筑，建筑功能包含 50 人、100 人、200 人的教室，300 人、706 人的报告厅，室内篮球场、羽毛球场、乒乓球场，460 个停车位，以及可同时容纳 1120 人就餐的食堂，地下车库可通行高度为 4.5m 以内。安装工程包含新风系统、锅炉房、变配电室、直饮水机房、消防水泵房、生活水泵房、制冷换热机房、柴油发电机房以及 17 部电梯。此建筑涉及的建筑电气较为复杂，涉及高低压配电系统、照明系统、消防系统、楼宇自控、人防智能化等。在进行建筑电气安装施工过程中，根据部位不同，电气导管敷设分为暗敷和明敷两种方式，在管道敷设过程中需将管道进行煨弯操作。在施工阶段需要结合现场实际情况将管道煨弯到合适的角度，便于后期穿线施工，管道煨弯质量的好坏影响着后续施工进度。

电气安装水平直接影响着建筑工程的质量以及功能的实现，只有保证电气安装的质量，才能保证建筑工程的质量以及安全，提高建筑工程的使用价值。在建筑安装工程的实施过程中会产生一些问题，比如电气安装与其他施工专业施工产生冲突、电气管施工煨弯产生的一些缺陷等，都需要我们在施工过程中采取积极有效的措施去应对。

## 7.3.2　事件过程描述分析

### 7.3.2.1　电气安装创新优化

（1）背景及目的

当前建筑电气施工在建筑行业中的占比越来越高，建筑电气施工的改革和创新推动着建筑行业的发展，传统的电气安装施工已经无法满足建筑行业的需求，BIM 模型应用技术的出现，有效地弥补了传统电气安装施工的不足。

在建筑电气中分为强电、弱电、消防电，BIM 技术有效收集了各种电气设备和电力系统的动力条件，并且就设计情况进行完善检查。在建筑行业普及 BIM 技术后，从设计、建造、安装、运行及维护等五个阶段来看，BIM 技术正逐渐成为建筑业实现可持续发展的重要手段和工具。对建筑电气安装来说，依靠三维模块模型，在设备管线的各个专业以及与土建专业之间进行碰撞检查，优化工程设计方案，可以极大地提高施工效率，避免施工返工情况，降低施工成本。

（2）问题分析

由于建筑面积大，各种系统繁多，设备负荷指标要求较高，尤其设备层各种管线错综复杂，建筑电气对各种设备功能能否实现起着决定性作用。本工程电气工程安装中桥架、管道相对集中，楼层层高较低，施工难度非常大。另外，由于各单体功能不同，吊顶类型、高度不一致，加上后期装饰装修施工人员进行吊顶施工作业时与电气安装专业人员沟通不及时，导致吊顶吊杆施工时将暗埋电气管以及管内线打断，造成二次返工，不仅影响后期的施工进度，还增加了材料损耗和成本投入，所以应用 BIM 技术对桥架及管道进行优化，对暗敷电气管及吊顶吊杆进行优化排布迫在眉睫。

### 7.3.2.2　电气管煨弯机创新

（1）背景及目的

在进行建筑电气安装施工过程中，因设计图纸需要电气管敷设分为暗敷和明敷两种方式，在管道敷设过程中需将管道进行煨弯操作。在施工阶段需要结合现场实际情况将管道煨弯到合适的角度，保证管道煨弯质量，为后续穿线施工创造有利条件，确保整体工程质量。

（2）问题分析

为提高电气工程的施工质量，项目成立电气质量小组，通过现场巡检抽查发现，管道煨弯存在以下问题：①施工人员在煨弯操作时多人操作无法确保管道煨弯处受力均匀，导致管道煨弯处断裂或凹陷。②现有的煨弯机无合适的操作要点来确保施工人员将管道煨弯到适合施工的角度。③施工人员在施工期间因施工地点的变化需将煨弯机移动操作，但是现阶段的煨弯机的体积大且不方便携带，导致在施工时进度缓慢。④现阶段的便携单管煨弯机只适用于单一管径的管道煨弯，无法适用于多种管径的管道进行煨弯操作（图 7.3-1、表 7.3-1）。

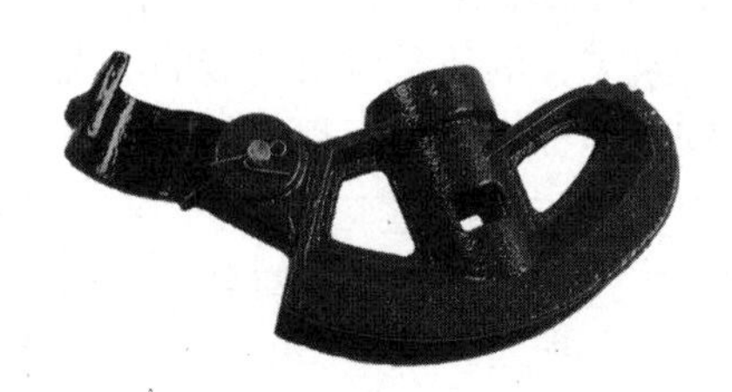

图 7.3-1　旧型单管煨弯器

旧型煨弯机问题分析表　　表 7.3-1

| 序号 | 煨弯问题 | 分析原因 |
|---|---|---|
| 1 | 煨弯角度过大或过小 | 旧型煨弯机无不同管径的煨弯槽，并且无法选择合适的角度进行煨弯操作 |
| 2 | 煨弯弯曲处产生凹陷或者断裂 | 旧型煨弯机无法选择角度进行煨弯，并且无法单人进行煨弯操作，在多人煨弯时用力过大，而导致管道弯曲处产生凹陷或断裂 |
| 3 | 煨弯进度缓慢，煨弯多人操作 | 旧型煨弯机体积大、不方便携带，无法单人便捷移动，无法单人操作煨弯 |
| 4 | 煨弯槽管径单一 | 旧型单管煨弯机只有一种管径的煨弯槽，不适用于多种管径的电气管煨弯 |

## 7.3.3　关键措施及实施

### 7.3.3.1　电气安装创新优化关键措施及实施

在保证建筑机电安装系统功能要求的基础上，结合装修设计的吊顶高度情况，运用 BIM 技术对各专业模型进行整合和优化，同时在进行管道综合排布时要遵循有压管避让无压管、小线管避让大线管、施工简单的避让施工难度大的基本原则，进行桥架、管道和风管的综合调整，既能避免各专业因交流不及时导致的施工冲突，又能控制空间成本。通过对管线的综合排布，确保在有限空间内将各安装专业管道以及吊顶进行合理布置，保证吊顶高度，同时保证了机电各专业的有序施工，有效避免了因施工冲突造成的二次返工。同时，在 BIM 模型中机电各专业所需工程量、施工材料量也能很直观地展现，从而使项目节约了成本，实现良好的经济效益。

针对本项目产生的冲突以及结合 BIM 应用模型技术的优势，本项目决定采用综合支架排布各安装专业管道，合理利用空间布局并通过 BIM 模型应用技术在施工前对管道以及吊顶优化空间的步骤如下：

（1）对电气管道和综合支架进行综合布局

在施工过程中，需要综合考虑电气管道与其他专业管道的综合支架排布问题。在实际施工时，管道支架往往无序排布、排布杂乱、样式不够统一，所以采用综合管道支架。采用综合支架的好处在于：①综合支架采用组合式构件、装配式施工，外观整齐、美观、大方，无需焊接以及钻孔的工作，方便日后进行拆改以及调整，可以重复使用，浪费情况极低。②综合支架可以让各专业协调好，提高室内空间的标高，具有良好的兼容性，各专业可以共用一个，在空间利用上做到了充分，同时又让各专业的管束得到良好的协调。③受力稳定、可靠，以内综合支吊架采用完备的设计方案和施工图集，所有的受力构件都可以实现拼装构件的刚性配合，连接不出现位移的情况，无阶调节，精准定位，具有明显的抗冲击力。

利用 BIM 技术对管道进行综合排布时，需要注意的是：①管道排布应统筹规划，小管让大管、有压管让无压管、低压管让高压管、冷水管让热水管、非保温管让保温管、附件少的让附件多的、造价低的让造价高的、易检修的让不易检修的。②相同专业的管道要尽可能地平行成排布置，便于单专业做支吊架，在进行有保温的管道排布时应事先预留出保温的空间，同时在排布时也要预留出管道维修的空间。

对电气线管进行暗装时，对钢管以及 PVC 管厚度加以严格规定，钢管厚度必须超过 2.5mm，而 PVC 管的厚度需超过 1.6mm。在钢管进场之前，技术资料人员、管理人员以及监理人员对管道材料进行审查。同时要求专业施工人员对管道线路进行检查，防止管道在主体浇筑时被堵塞。在实际施工期间，应该对预埋管道进行加固，避免在主体浇筑过程中导致管道位置偏移。

在进行 BIM 技术优化设计时要将管道明确标注，将线路管道的基本信息录入到模型中，这样才能使得项目工作人员在施工作业的过程中对图纸有较为清晰的认识和理解。在本案例中桥架、给排水管道、消防喷淋管道排布在综合支架上，BIM 优化设计的过程中也要考虑到综合支架的宽度以及固定的各种管道，对各种专业管道进行综合的位置排布布局（图 7.3-2～图 7.3-5）。

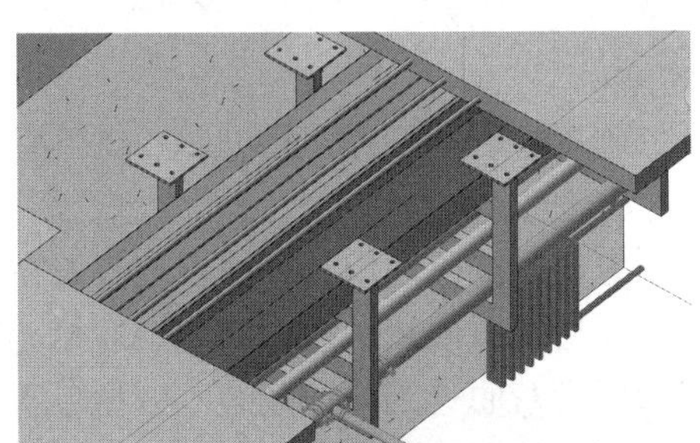

图 7.3-2　管线综合排布图

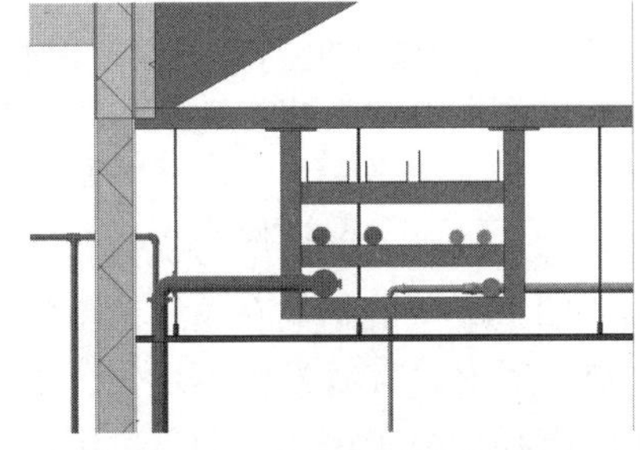

图 7.3-3　综合支架排布图

图 7.3-4　现场效果实际图

图 7.3-5　现场效果实际图

通过 BIM 建模应用技术建立电气管道、综合支架、消防管道、桥架、暖气管道的模型，在建筑走廊综合支架以及吊顶板深化的基础上建立所需要的模型，在建立该模型的过程中，对 BIM 模型中综合支架以及电气线路敷设的桥架在 BIM 模型中测量尺寸并结合现场实际空间大小最终确定实际尺寸，并且对综合支架的空间布置要预留人员操作的空间以及各个专业管道维修的空间，确定综合支架以及桥架的尺寸后交由加工厂进行生产。

（2）吊顶以及吊杆排布优化技术

在此次案例事件中，由于各单体功能不同，吊顶类型、高度不一致，施工难度大大增加，通过 BIM 技术，可以将装饰装修专业全过程模拟化，通过立体三维视角展示优化布置，使模拟吊顶效果更加直观地展现，从而改善吊顶的施工质量。在传统的装饰装修吊顶过程中，工人在施工时往往会因为误差需要对吊顶进行调整，在一定程度上增加了时间和成本。而 BIM 技术可以将暗敷电气管线进行调整，确保管线最优敷设路线，同时利用三维模型对吊顶排布进行模拟，对吊杆位置进行优化，以确保在进行吊杆安装时不会将暗埋线管以及管内穿线打断。运用 BIM 技术能提前发现问题，并提出解决方案，可有效减少施工误差，提高施工效率和质量（图 7.3-6、图 7.3-7）。

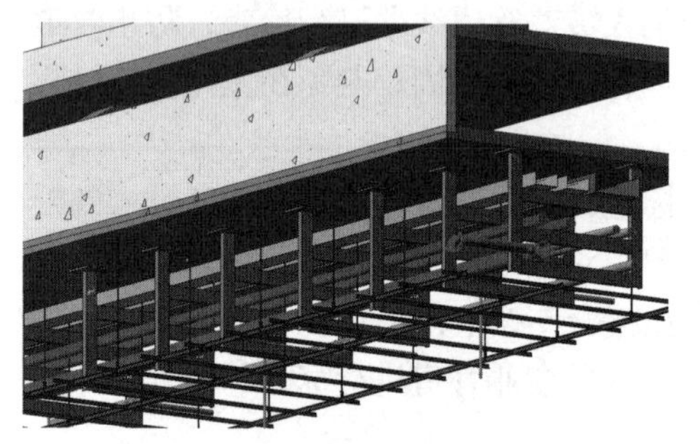

图 7.3-6　吊杆龙骨排布图

图 7.3-7　吊杆龙骨排布图

7.3.3.2　电气管煨弯机创新关键措施及实施

通过分析发现旧型煨弯机在建筑电气安装的施工过程中存在诸多问题：电气管道弯头两边尺寸在煨弯时不容易掌握。当电气管道需要套丝时，如果事先套完丝再进行煨弯操作，会导致管道尺寸不准确。旧型煨弯机体积大、不方便拆卸移动组装操作。电气管在煨弯操作过程中由于旧型煨弯机不具有角度调节的功能无法选择煨弯角度。旧型煨弯机无法单人操作煨弯，施工时对电气管发力不均匀，电气管煨弯弯曲处凹陷或断裂。旧型单管煨弯机只适用于单一管径的煨弯操作，却不适用于多种管径的煨弯操作。

针对以上问题，项目决定采用新型煨弯机进行施工，确保管道煨弯质量。新型煨弯机结构简单，便于携带，适用于环境复杂的施工现场，能够根据需求得到不同角度的煨弯管并且在使用时只需一人便可完成煨弯操作，操作简单方便（表 7.3-2）。

旧型煨弯机问题及解决措施　　表 7.3-2

| 序号 | 煨弯问题 | 解决措施 |
| --- | --- | --- |
| 1 | 煨弯角度过大或过小 | 设计新型煨弯器，具有调节煨弯角度的功能，通过煨弯机调节板的限制来确保煨弯角度的精准 |
| 2 | 煨弯弯曲处产生凹陷或者断裂 | 设计新型煨弯器，确保在进行煨弯操作时施工人员发力均匀 |

续表

| 序号 | 煨弯问题 | 解决措施 |
| --- | --- | --- |
| 3 | 煨弯进度缓慢，煨弯多人操作 | 设计新型煨弯机，缩小了煨弯机体积，设置手柄方便拆卸携带移动，并且可单人固定管道进行煨弯操作，轻松便捷 |
| 4 | 煨弯槽管径单一 | 设计新型煨弯机，具有多种管径的煨弯槽，可以确保适用于不同管道的需求 |

（1）设计原理

新型煨弯机采用可拆卸的结构进行组合操作，方便携带，体积缩小方便在施工情况复杂的现场进行操作。在施工现场需要进行煨弯操作时，将新煨弯机的主杆放置在地面上，主杆和支杆形成十字形的支撑，能够使煨弯机稳定地位于地面上。根据需求调节煨弯调节板的角度，使其绕转轴转动到预定位置，然后旋紧紧固螺栓，通过紧固螺栓将两个侧板夹紧，从而使两个侧板将煨弯调节板夹紧，将煨弯调节板的位置固定。将需要煨弯的镀锌管插入固定槽内，人工将镀锌管向煨弯调节板一侧弯曲，在煨弯调节板的限制下，镀锌管形成所需的角度。

（2）操作要点

新型煨弯机设置有主杆和支杆，并且相互垂直且位于同一平面，形成了一个十字结构，在主杆前端还设有竖杆，竖杆垂直于主杆。在竖杆的顶端设置了煨弯机构，煨弯机构内含有两个侧板，且侧板相互平行以确保煨弯时管道煨弯角度的精确，在侧板前端穿接有转轴以便将调节板轴接在侧板之间，因此调节板可以围绕着转轴转动。

在调节板的顶部设置有不同管径的煨弯槽，确保了适用于多种管径的煨弯操作。在其中一个侧板前端设有固定槽，保证了在煨弯时可将管道固定住，防止管道倾斜导致煨弯失败，同时在侧板后部穿接有紧固螺栓，通过紧固螺栓来调节侧板之间的距离，从而来夹紧或放松煨弯调节板。将调节板围绕转轴转动到合适角度后将紧固螺栓旋紧，从而将煨弯调节板位置固定。在煨弯调节板的两侧设有与侧板接触的限位板，限位板直接与侧板接触，在将紧固螺栓旋紧后增大了侧板与限位板之间的摩擦力，因而将煨弯调节板固定。

新型煨弯机需要注意的是竖杆处于主杆与支杆的交接处，在煨弯操作时受力易发生弯曲，因此在竖杆和主杆之间设立了斜支撑，通过斜支撑利用三角不易变形的原则将竖杆固定防止弯曲变形。在支杆上采用了防滑条以防止因路面情况导致煨弯机滑动造成操作失误。考虑到旧型煨弯机体积大且不方便携带的因素，将煨弯机缩小后且在主杆上设置手柄方便移动操作，而且新型煨弯机方便拆卸和携带（图 7.3-8～图 7.3-10）。

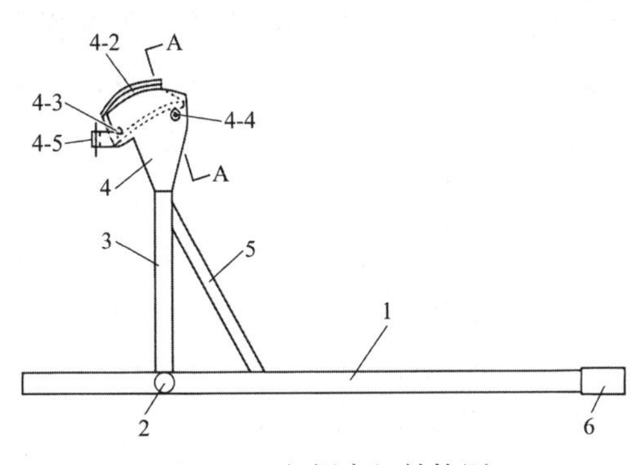

图 7.3-8　新煨弯机结构图

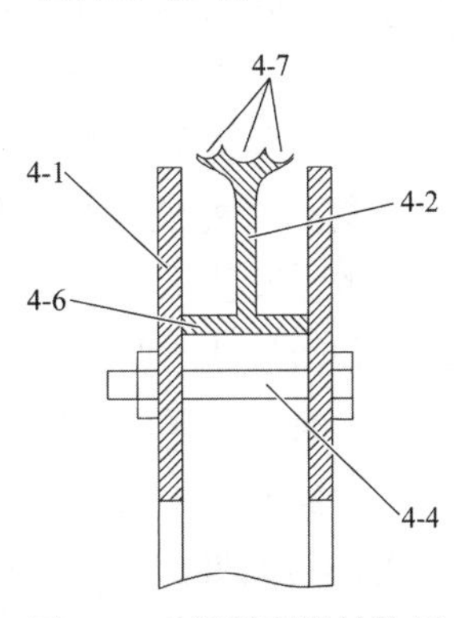

图 7.3-9　新煨弯机结构图

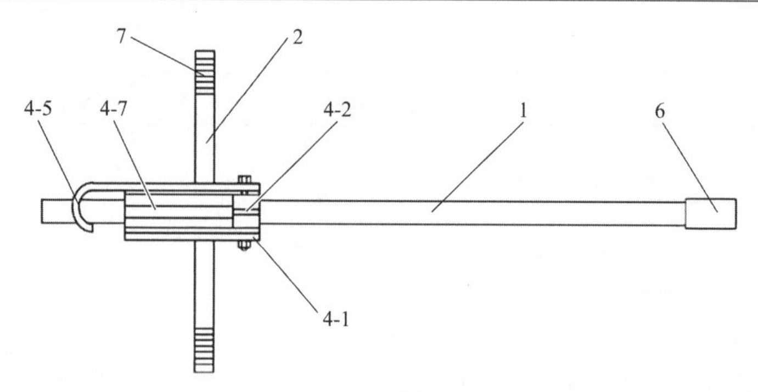


图 7.3-10　新煨弯机俯视图

新型煨弯机结构：1—主杆；2—支杆；3—竖杆；4-1—侧板；4-2—调节板；4-3—转轴；
4-4—紧固螺栓；4-5—固定槽；4-6—限位板；4-7—煨弯槽；5—斜支撑；6—手柄

（3）创新要点

现阶段的煨弯机无法在施工复杂的情况下使用导致煨弯进度缓慢，新型煨弯机在施工现场需要进行煨弯操作时，可将新型煨弯机主杆放置在地面上，主杆和支杆形成十字形的支撑，能够使新型煨弯机稳定置于地面上，不会受到复杂地面的影响而导致无法施工。

新型煨弯机采用了增加煨弯槽的设计，增加了不同直径的煨弯槽适用于不同直径的线管。新型煨弯机在进行操作时可以根据施工情况来选择线管的煨弯角度。

新煨弯机在主杆上设有手柄，方便携带，也采用了防滑条，防止了在施工时机器滑动导致管道角度错误的情况发生。

考虑到节省人力以及时间，我们决定缩小煨弯机的体积，占地面积小适用于情况复杂的施工地面，并且在施工过程中一人便可进行施工，大大减少了人力消耗，节约时间。

（4）注意事项

当电气管道暗敷时应该沿最近的路线进行敷设，并且应该减少弯曲。埋入建筑物、构建物墙面内的电气管道应与建筑物墙面的距离不小于 15mm。在进行煨弯操作时需要结合图纸以及现场距离，遇到这几个情况时，中间应该增加接线盒，便于进行管内穿线。管道长度超过 30m 无弯曲，管道长度超过 20m 有一个弯曲，管道超过 15m 有两个弯曲。

电气管暗敷时配合土建施工将电气管道固定在建筑钢筋上，确定接线盒（开关）位置并将接线盒固定在建筑钢筋上，确保在浇筑时接线盒（开关盒）不会被移动。电气管道敷设过程中及时将管道和线盒进行封堵处理，防止在浇筑时将管道口以及线盒进入混凝土将管道堵塞。当管道穿越密闭或防护密闭隔墙时，应该设置预埋套管，预埋套管的制作安装应该符合设计要求，套管两端伸出墙面的长度在 30～50mm，管道穿越密闭穿墙套管的两侧应该设置过线盒，并做好封堵以防异物堵塞（图 7.3-11、图 7.3-12）。

电气管道的敷设安装应按照规范要求进行，包括管道的固定、支撑、连接等步骤，确保管道的稳定性和密封性。明配管管道的弯曲半径不应小于管外径的 3 倍，当两个接线盒之间只有一处弯头时，其弯曲程度半径不宜小于管道外径的 4 倍，在不能拆卸的场所使用时，管道的弯曲半径不应小于管外径的 6 倍，在预埋时管道的弯曲半径不应小于管外径的 10 倍。电气管道的弯曲处，不应该有折皱、凹陷以及裂缝，并且弯扁程度不应该大于管外径的 10%。电缆导管的弯曲半径不应小于电缆最小允许弯曲半径（表 7.3-3）。

图 7.3-11　暗配线管

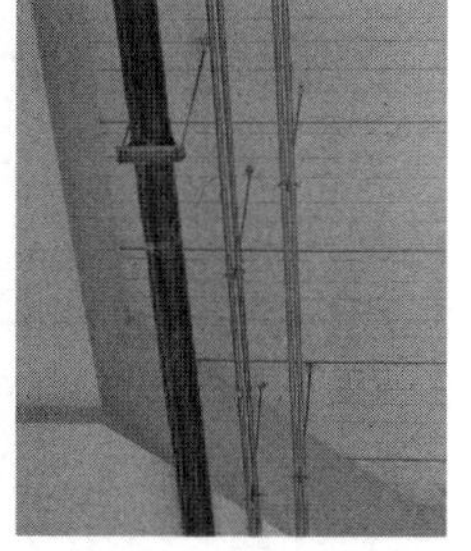

图 7.3-12　明配线管

**电缆最小允许弯曲半径**　　　　表 7.3-3

| 电缆形式 | | 电缆外径（mm） | 多芯电缆 | 单芯电缆 |
|---|---|---|---|---|
| 塑料绝缘电缆 | 无铠装 | — | 15D | 20D |
| | 有铠装 | — | 12D | 15D |
| 橡皮绝缘电缆 | | — | 10D | |
| 控制电缆 | 非铠装、屏蔽型软电缆 | — | 6D | — |
| | 铠装型、铜屏蔽型 | — | 12D | — |
| | 其他 | — | 10D | — |
| 铝合金导体电力电缆 | | — | 7D | |
| 氧化镁绝缘刚性矿物绝缘电缆 | | <7 | 2D | |
| | | ≥7，且<12 | 3D | |
| | | ≥12，且<15 | 4D | |
| | | ≥15 | 6D | |
| 其他矿物绝缘电缆 | | — | 15D | |

弯曲半径：在管道布置和安装过程中，应注意管道的弯曲半径要求，避免超过管材允许的最小弯曲半径，以防止管道破裂或损坏。

密封性要求：电气管道的连接点应采用合适的密封材料和方法，确保管道系统的密封性，避免漏水或渗漏现象。

防护措施：对于埋地或暴露在恶劣环境中的电气管道，应采取适当的防护措施，如防腐涂层、防腐包裹等，延长管道的使用寿命。

标识清晰：电气管应按规定间距设置识别标记，标记上应注明管线名称、管径、埋深等信息。

电气管道材料应符合国家要求，并且应该在材料进场时符合验收标准（图 7.3-13～图 7.3-16）。

| 公称直径 | 壁厚（mm） |
|---|---|
| Φ20 | 1.8 |
| Φ25 | 1.9 |
| Φ32 | 2.2 |
| Φ40 | 2.6 |
| Φ50 | 3.2 |

图 7.3-13　PVC 管材料规格

| 公称直径 | 壁厚（mm） |
| --- | --- |
| Φ15 | 1.5 |
| Φ20 | 1.6 |
| Φ25 | 1.6 |
| Φ32 | 1.6 |
| Φ40 | 1.6 |
| Φ50 | 1.6 |

图 7.3-14　JDG 管材料规格

| 公称直径 | 外径（mm） | 壁厚（mm） |
| --- | --- | --- |
| DN15 (SC15) | 21.3 | 2.8 |
| DN20 (SC20) | 26.9 | 2.8 |
| DN25 (SC25) | 33.7 | 3.2 |
| DN32 (SC32) | 42.4 | 3.5 |
| DN40 (SC40) | 48.3 | 3.5 |

图 7.3-15　SC 管、DN 管材料规格

| DN50 (SC50) | 60.3 | 3.8 |
| --- | --- | --- |
| DN65 (SC65) | 76.1 | 4.0 |
| DN80 (SC80) | 88.9 | 4.0 |
| DN100 (SC100) | 114.3 | 4.0 |
| DN125 (SC125) | 139.7 | 4.0 |
| DN150 (SC150) | 168.3 | 4.5 |

图 7.3-16　SC 管、DN 管材料规格

## 7.3.4　结果状态

### 7.3.4.1　电气安装创新优化结果状态

通过 BIM 技术对设备层桥架、管道和风管等进行综合排布，确保在有限的空间内将各专业管道以及吊顶进行合理布置，保证吊顶高度的同时，也保证了机电各专业的有序施工，有效避免了因施工冲突造成的二次返工，同时也缩短施工周期，协调解决了机电与土建、装饰装修专业的施工冲突。此外，运用 BIM 技术也可以对材料的使用进行预估计算，从而优化管道线路。

### 7.3.4.2　电气管煨弯机创新结果状态

通过质量小组的抽检发现，采用新型煨弯机进行操作解决了之前所发生的问题，确保了电气管符合施工需要，确保了电气管的标准要求达标。新型煨弯机增加了不同管径的煨弯槽后可以适用于不同管径的管道，增加了施工的多样性。新型煨弯机在进行操作时可以根据施工情况来选择管道的煨弯角度。新型煨弯机在主杆上设有手柄，方便携带，也采用了防滑条，防止了在施工时机器滑动导致管道角度错误的情况发生。新煨弯机考虑到节省人力以及时间情况，决定缩小煨弯机的体积，占地面积小适用于情况复杂的施工地面，并且在施工过程中一人便可进行施工，大大减少了人力消耗，节约了时间。由此可见新型煨弯机对建筑电气安装的重要性，不仅节约了施工时间、确保了施工质量，而且对煨弯管道角度有一定要求的施工内容也可轻易完成。

经过电气质量巡检小组的确认以及结合现场实际情况，采用新型煨弯机具有可靠性和通用性。

## 7.3.5 问题和建议

### 7.3.5.1 电气安装创新优化问题和建议

由于建筑面积大，各种系统繁多，设备负荷指标要求较高，尤其设备层各种管线错综复杂，建筑电气对各种设备功能能否实现起着决定性作用。本工程电气工程安装中桥架、管道相对集中，楼层间距较低，施工难度非常大。另外，由于各单体功能不同，吊顶类型、高度不一致，加上后期装饰装修的施工人员进行吊顶施工作业时与电气安装专业人员沟通不及时，导致吊顶施工时吊杆将暗埋电气管以及管内线打断，造成二次返工，不仅影响了后期的施工进度，还增加了材料损耗和成本投入。建筑电气管道施工是一项难度极高的工程，涉及各个专业，因此要求各个专业施工要具有协调性，但是工作量大、任务多、专业性强，导致各项施工作业之间沟通难度大，施工时会产生一定的矛盾。在BIM技术优化设计方案中，又与现场具体的施工情况不相符合，很难明确标明管道施工所需要的空间与结构，使得施工条件增加了一定的难度，也会使得各个专业施工难度增加，矛盾增加，难以深入交流，现场返工情况增加。在管道施工与建筑装饰装修吊杆作业时结合现场情况进行施工作业，管道施工作业的复杂性以及专业性受到现场实际施工情况的影响。

BIM技术对建筑电气安装具有重大意义,它能帮助解决建筑电气中的设计和施工问题，提高工程建设效率和质量。在建筑施工过程中各个专业需要相互配合、相互沟通，在施工前仔细查阅图纸并积极地与相应的专业沟通,要擅长使用并将BIM技术的优势展现在建筑施工的过程中。BIM技术在建筑业可以更好地将各个专业协同起来，通过数据参数对设计方案进行分析,为管理工作的开展提供了不可缺少的帮助，提高了施工作业的效率和质量。

### 7.3.5.2 电气管煨弯机创新问题与建议

在电气安装时，管道煨弯操作需要综合施工现场的情况进行实地操作，结合设计图纸选择合适的煨弯角度对电气管道进行作业。对于建筑电气安装过程中由于建筑内部结构不同的主体需要不同角度的电气管道，现阶段的煨弯机无法精准地将合适角度的电气管道制作出来，往往不适合进行电气安装施工，无法满足施工要求。电气管道弯头两边尺寸在煨弯时不容易掌握。当电气管道需要套丝时，如果事先套完丝再进行煨弯操作，尺寸会导致不准确。在本案例中，该建筑内部电气管道敷设由于主体结构的影响，需要将电气管道煨弯操作，现阶段的煨弯机由于体积大、不方便携带，在施工现场地面情况复杂的条件下对电气管道煨弯操作的影响较大，不同施工地点需要进行煨弯操作时由于煨弯机不方便携带操作，导致耗费人力进行搬运，增加施工消耗，施工进度缓慢。对于建筑内部结构不同的主体需要不同角度的电气管道，现阶段的煨弯机无法精准地将合适角度的电气管道制作出来，往往不适合进行电气安装施工，无法满足施工要求。

在考虑到现阶段旧型煨弯机由于体积大、不方便携带和操作，以及旧型煨弯机对煨弯精准度把握不准确导致管道煨弯处钢管凹陷，对管内穿线造成一定影响，可能会导致二次返工以及材料损耗。因此我们需要结合现场实际情况不断创新适合现场施工的工具，不断创新优化施工方案，使得企业节约成本，提高施工效率。

# 第8章 市政园林工程

## 8.1 综合管廊与地下轨道交通合并施工创新

### 8.1.1 案例背景

目前我国正处在城镇化快速发展时期，自 2015 年国务院办公厅发布《国务院办公厅关于推进城市地下综合管廊建设的指导意见》之后，很多城市开始建设地下综合管廊。地下综合管廊系统不仅能解决城市交通拥堵问题，还能极大地方便电力、通信、燃气、给排水等市政设施的维护和检修，避免由于敷设和维修地下管线频繁挖掘道路而对交通和居民出行造成影响和干扰，保持路容完整和美观，节约城市用地。同样，随着大中城市发展越来越快，人口及人均汽车持有量持续增长，城市交通问题亟需地下轨道交通工程来缓解。在规划过程中，综合管廊与轨道交通不可避免地存在大量的共线段，给设计、施工带来诸多挑战，如何处理综合管廊与轨道交通的合建成为不可回避的问题。

2019 年 4 月，河北建工集团有限责任公司作为 EPC 工程总承包的牵头单位，承接了石家庄市中央商务区北区地下公共空间工程，该工程是集商业、超市、餐饮、人防、车库、地下轨道交通、综合管廊等多项工程为一体的大型地下综合体，施工质量目标为国家优质工程，工程为地下三层，总建筑面积约 13.7 万 $m^2$，其中地下轨道交通工程（车站）和综合管廊工程位于负三层，与地下空间其他部分一体开挖，采用明挖整体实施。车站为地下三层明挖岛式站，6A 编组，车站建筑面积 24470$m^2$，南北向长 593.8m，标准段总宽 24.8m。综合管廊分为南北向主管廊（560m）、北侧支管廊（110m）、东侧支管廊（90m）以及西侧支管廊（140m）。管廊位置对应着解放西街、宁安路、兴凯路、北后街，总长度约 1020m。综合管廊主要入廊管线包括电力、热力管道、供水管道、再生水管道、通信线缆、区域供冷管道，采用两舱布局，10kV 电力、供冷及再生水管线为一舱，供热、供水及通信线缆为一舱。车站工程南北向长 593.8m，标准段总宽 24.8m。主管廊全长 560m，标准断面宽 9.525m。两者均位于地下空间的负三层，各自埋深为 24m、18m，两者的层顶标高基本一致，通过共用的一道侧墙南北向并行 560m，衔序施工技术是一大难题。为了保证两者混凝土结构施工的整体性，降低作业面反复交叉带来的降效，控制施工质量和成本，我们决定成立课题小组加以攻关。

国内外类似结构的施工方法，均是先施工竖向结构，再施工水平结构，最后施工竖向结构，由低到高分次衔接，先施工的单位工程为后施工的单位工程留设施工缝并预设插筋。这种施工方法会出现诸多施工缝，而且需要增加钢板止水带等构造措施，在留设插筋方面也难以保证精确的排布定位，混凝土成型平整度在施工缝接槎处往往伴随着二次打磨，施工成本高、工序多、工期长，同时也不利于结构的整体质量和抗渗性能。

地铁和管廊的顶板作为上层车库的基础，该施工作业面的开展决定地下公共空间整体的施工进度，因此，我们需要研究策划出更加符合本工程地下轨道交通与管廊合并施工的技术方案。我们报请集团公司批准，成立了《地下轨道交通与综合管廊合并施工技术研究》课题小组，准备开创一种新型技术方案，在保证结构施工质量的基础上，减少工期，降低成本，创新创效。

## 8.1.2　事件过程分析描述

### 8.1.2.1　实践过程

为确定具体的施工方案，课题小组根据现场情况及技术特点召开了论证会，论证的主要内容包括：

（1）地下轨道交通桩＋锚索基坑支护方案。

（2）地下轨道交通侧墙抗浮及防水工艺。

（3）地下轨道交通 7m 高地铁侧墙单侧支模方案。

（4）地下轨道交通站厅超限高大模板支撑体系方案的设计。

（5）组合式带肋塑料模板施工方法和工艺。

（6）耐久混凝土配合比设计及验证。

（7）地下轨道交通与综合管廊连接处的工艺流程和节点方法。

### 8.1.2.2　分析描述

以石家庄市中央商务区北区地下公共空间工程为例，该项目地下轨道交通工程南北向长度为 593.8m，东西向宽度约为 25.6m。地下综合管廊南北向长度 573.5m，宽度为 11.2m。地下轨道交通工程、地下综合管廊工程位于地下公共空间的底层，采用明挖施作，两者顶板标高基本相同，且通过一道共用的墙体分隔，故采取合并施工技术进行主体结构钢筋绑扎和混凝土浇筑。根据本工程特点主要做好以下几个方面研究：

（1）地下轨道交通工程采用桩＋锚索基坑支护方案（图 8.1-1），相较于传统放坡开挖不会因基坑开挖占用综合管廊的施工位置，从而为两者合并施工创造条件。

（2）由于地下轨道交通及综合管廊均埋深较深，分别为 21.6m 和 17.4m，地下轨道交通侧墙采用 HDPE 高分子预铺反粘防水卷材。考虑到结构自重可能不足以抵抗地下水的上浮力，导致建筑底板破坏、梁柱节点开裂等问题，地下轨道交通侧墙结构设计了抗浮梁（图 8.1-2）。

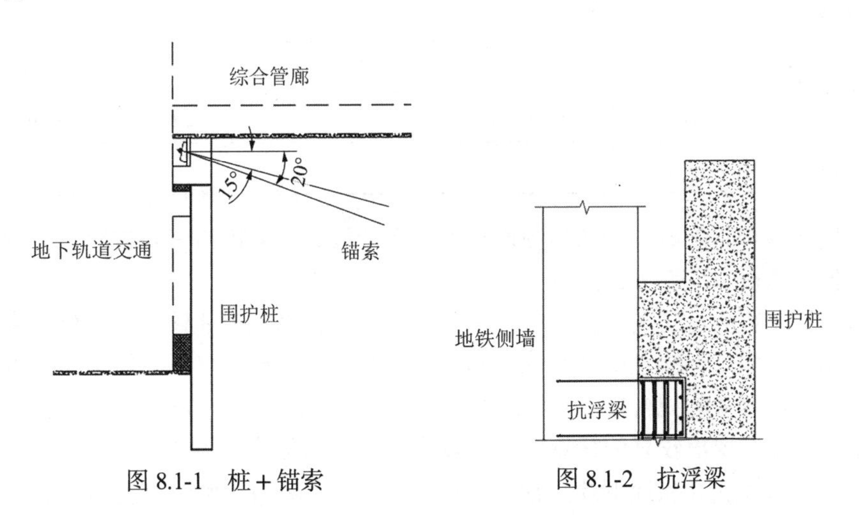


图 8.1-1　桩＋锚索　　图 8.1-2　抗浮梁

（3）车站侧墙 900mm 厚（1400mm 厚），共计 1250 延米，半数以上的墙高在 7m 以上，需要单侧支模完成。常规的做法是采用汽车式起重机进行就位，但地铁两岸均是民建工程的施工面，由于汽车式起重机站位受限，现场结合塔吊力矩，选定钢木组合单面支模技术

（图 8.1-3）（次龙骨为 200mm × 80mm 的木工字梁，模板为 18mm 厚覆面胶合板），通过减轻模板自重（$70kg/m^2$）与塔式起重机协同接力的方法吊装和周转。

图 8.1-3 单侧支模

（4）地下轨道交通车站梁板支撑体系（层高 10.51m，顶板厚度为 500mm），采用盘扣式钢管脚手架支撑体系，各项参数见表 8.1-1。

支撑体系参数 表 8.1-1

| 新浇混凝土板板厚（mm） | 500 | 模板支架高度 H（m） | 10.51 |
|---|---|---|---|
| 模板支架纵向长度 L（m） | 50 | 模板支架横向长度 B（m） | 23 |
| 主梁布置方向 | 垂直立杆纵向方向 | 模板及支架计算依据 | 《建筑施工承插型盘扣式钢管支架安全技术规程》JGJ 231—2010 |
| 立杆纵向间距（mm） | 900 | 立杆横向间距（mm） | 900 |
| 水平杆步距（mm） | 1500 | 顶层水平杆步距（mm） | 1000 |
| 可调托座内主梁根数 | 2 | 板底支撑主梁材料 | 矩形钢管 80mm × 40mm × 2mm |
| 面板材质 | 覆面木胶合板 13mm 厚 | 板底支撑小梁材料 | 矩形钢管 55mm × 50mm × 2mm |
| 可调托座内主梁根数 | 1 | | |

（5）地下综合管廊结构中的横断面尺寸一致性较高，采用组合式带肋塑料模板进行施工，具有低碳减排、节能环保的意义。

（6）地铁工程为百年大计，为保证工程实体质量，本工程地铁区域混凝土采用耐久混凝土，根据该工程中混凝土所处环境不同，通过对其混凝土原材料，如水泥、砂、石、外加剂等选用及依据我国现行规范《混凝土结构耐久性设计规范》GB/T 50476 进行研究，根据混凝土早期强度要求较高的特点，经过多次试配研究总结出最佳配比。

（7）地下轨道交通和地下综合管廊的合并施工，主要减少侧墙施工时管廊底板钢筋插筋预留，减少混凝土建筑施工缝，减少百年耐久工程渗漏风险，其次在地铁侧墙钢筋施工完成后，我们可以立即进行地铁侧墙模板及施工管廊底板钢筋的施工，加快了施工速度，缩短了工程周期。

### 8.1.3　关键措施及实施

8.1.3.1　地下轨道交通 7m 高地铁侧墙单侧支模方案

因地下轨道交通位于地下公共空间的底层，其上方有广阔的地下人防层和商业层，因此施工时轨道基坑两侧无汽车起重机的工作面，垂直运输更依赖塔式起重机，塔式起重机的单次吊运能力不足以吊运 7m 层高的轨道工程侧墙的钢制模板，故地下轨道交通工程采用钢木组合单侧模板的技术降低自重解决垂直运输问题，即：18mm 胶合板＋H20 木工字梁组成模板面板，定型三角桁架为支承体系（图 8.1-4）。

图 8.1-4　施工现场场地情况

1）方案设计

本工程地铁计划分 3 个起点施工，共 11 个流水段，单侧支模面积约 6000m$^2$。墙体配置大模板 55.7m 周转使用。

墙体单侧模板配置高度为 6.98m 高（0.08m 为端头木方），模板由 2.5m＋2.4m＋2m 组成使用，当墙体高度大于 5m 时，模板由 2.5m＋2.4m＋2m 组成 6.98m 使用（面板拼装到 6.88m，木梁悬挑 100mm 使用），单侧架体由 3.6m＋1.8m＋1.8m＝7.2m 组成，满足施工需要。当墙体高度小于 5m 时，模板由 2.5m＋2.4m 组成 4.98m 使用，单侧架体由 3.6m＋1.8m＝5.4m 组成，满足施工需要。当墙体高度小于 2.5m 时，模板由 2.5m 组成 2.58m，或 2.4m 组成 2.48m 使用，单侧架体由 3.6m 组成。

2）模板的组成

面板采用 18mm 厚多层板，竖肋为 200mm × 80mm × 40mm 木工字梁，横肋采用双 12 号槽钢，木工字梁水平间距为 300mm。在单块模板中，多层板与竖肋（木工字梁）采用自攻钉子连接，竖肋与横肋（双槽钢背楞）采用连接爪连接，在竖肋上两侧对称设置吊钩。两块模板之间采用芯带连接，用芯带销插紧，保证模板的整体性，确保模板受力合理、可靠（图 8.1-5）。

模板拼装流程：放置背楞→木梁组装→多层板上弹线下料→铺面板→弹线铺木梁竖肋上槽钢背楞和吊钩→钉端头木方→模板吊升靠在堆放架上。

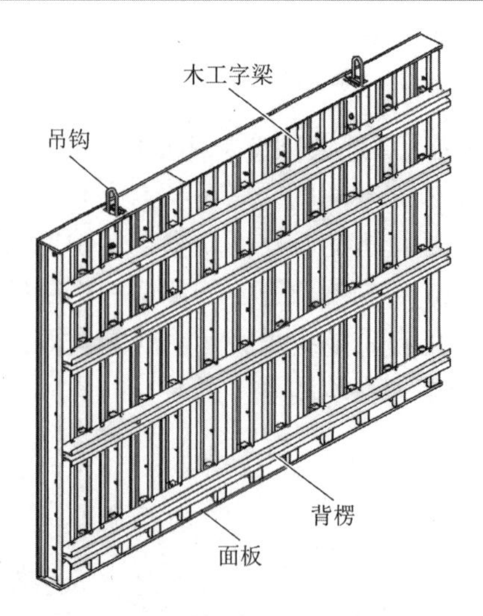


图 8.1-5 模板的组成

3）单侧支架

单侧支架由埋件系统和架体两部分组成，其中埋件系统部分包括：地脚螺栓、连接螺母、外连杆、连接螺母和压梁。

本工程选择支架高度为：$h=3600$mm，$h=$1800mm+，$h=$1800mm+ +，三种标准支架，及一种三脚架加高节$h=500$mm。

为了架体受力合理，用钢管及扣件把几榀架体连成整体，如图 8.1-6 所示。

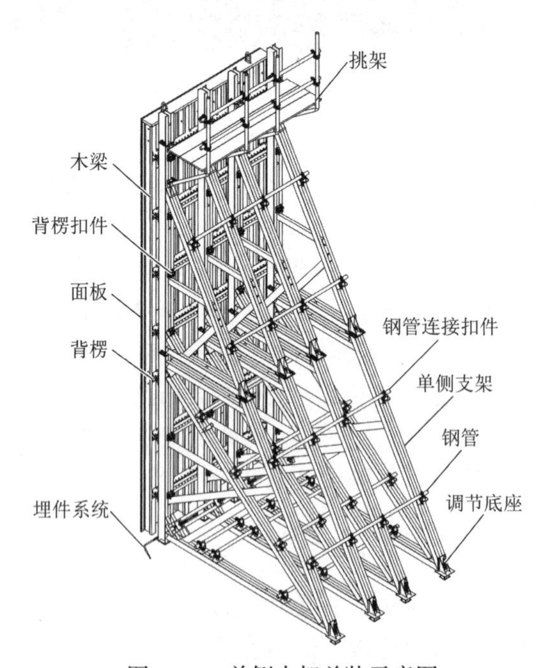


图 8.1-6 单侧支架总装示意图

单侧支架是用槽钢和连接件制作的一个三角形支架，它通过三角形的直角平面抵制模板。当混凝土接触到模板面板时，侧压力也作用于模板。模板受到向后推力。而三角形架体平面在压制着模板，因架体下端直角部位有埋件系统固定使架体不能后移，主要受力点为埋入底板混凝土 45°角的埋件系统。混凝土的侧压力及模板的向上力均由埋件系统抵消，三脚架后侧支顶钢管以防止模板及架体产生微小变形和涨模。

4）模板及支架安装

（1）单侧支架之间的间距为 600mm（支模高度小于 7m 时，间距为 800mm）。

（2）安放流程：钢筋绑扎并验收→弹出外墙边线→合外墙模板单侧支架吊装到位→安装单侧支架→安装加强钢管→安装压梁槽钢→安装预埋件系统→调节支架垂直度→安装上操作平台→再次紧固检查一次埋件系统→验收合格后进行混凝土浇筑（图 8.1-7）。

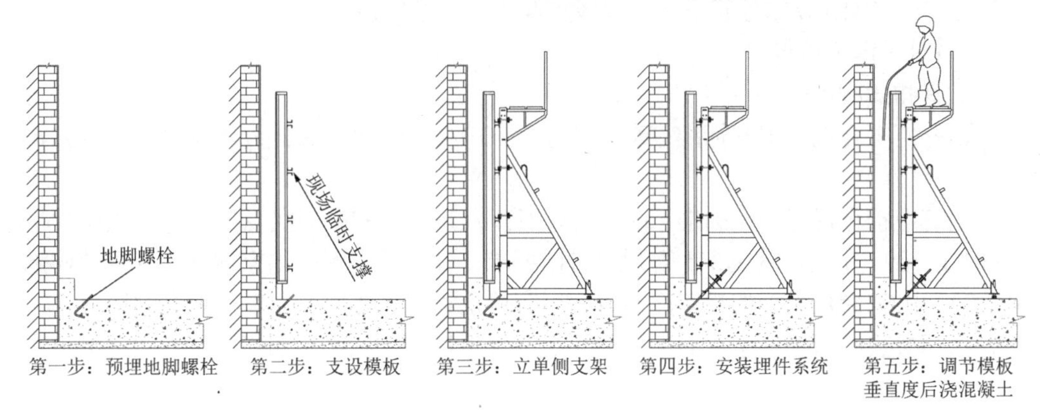


图 8.1-7　安放流程图

（3）合墙体模板时，模板下口与预先弹好的墙边线对齐，然后安装钢管背楞，临时用钢管将墙体模板撑住。

（4）吊装单侧支架，将单侧支架由堆放场地吊至现场，单侧支架在吊装时应轻放轻起，多榀支架堆放在一起时，应在平整场地上相互叠放整齐，以免支架变形。

（5）需有标准节和加高节组装的单侧支架，应预先在材料堆放场地拼装好，然后由塔吊吊至现场。

（6）在直墙体段，每安装 6～8 榀单侧支架后，穿插埋件系统的压梁槽钢，支架安装完后，安装埋件系统，用钩头螺栓将模板背楞与单侧支架部分连成一个整体，调节单侧支架后座，直至模板面板上口向墙体内侧倾约 40mm（当支模高度降低时倾倒量适当减小）这样将保证在混凝土浇筑过程中模板侧向受力位移适中，使墙面达到垂直。

（7）最后再一次进行紧固检查一次埋件受力系统，确保混凝土浇筑时模板下口不会漏浆。

5）模板及支架拆除

（1）外墙混凝土浇筑完成 24h 后，先松动支架后支座，后松动埋件部分。

（2）彻底拆除埋件部分，并分类码放保存好。

（3）吊起单侧支架，模板继续贴靠在墙面上，临时用钢管撑上。

（4）混凝土浇筑完 48h 后，拆模板。

（5）混凝土拆模后应加强保温保湿措施。

6）质量保证措施

（1）混凝土浇筑前应逐一检查压梁处蝶形螺母是否松动，松动处用锤子逐一敲紧，并逐一检查，保证三脚架背侧钢管连接（支顶钢管撑顶）牢固。

（2）混凝土浇筑过程中应派专人 2～3 名看模，严格控制模板的位移和稳定性，一旦产生移位应及时调整，加固支撑。对变形及损坏的模板及配件，应按规范要求及时修理校正，维修质量不合格的模板和配件不得发放使用。

（3）所有模板拼缝梁处均用海绵胶带贴缝，以确保混凝土不漏浆。

（4）模板安装应严格控制轴线平面位置、标高、断面尺寸、垂直度和平整度。

（5）所有竖向结构的阴阳角均须加设橡胶海绵条于拼缝中，拼缝要牢固。

（6）阴阳角模必须严格按照模板设计图进行加固处理。

#### 8.1.3.2 24m 高站厅超限高大模板支撑体系方案的设计

1）材料与设备选用

（1）盘扣式脚手架

①钢材应符合现行国家标准《碳素结构钢》GB/T 700 和《低合金高强度结构钢》GB/T 1591 的规定。

②钢管应符合现行国家标准《直缝电焊钢管》GB/T 13793 或《低压流体输送用焊接钢管》GB/T 3091 中规定的 Q345 普通钢管的要求，并应符合现行国家标准《碳素结构钢》GB/T 700 中 Q355B 级钢的规定。不得使用有严重锈蚀、弯曲、压扁及裂纹的钢管。

③盘扣节点应由焊接于立杆上的连接盘、水平杆杆端扣接头和斜杆杆端扣接头组成，如图 8.1-8。

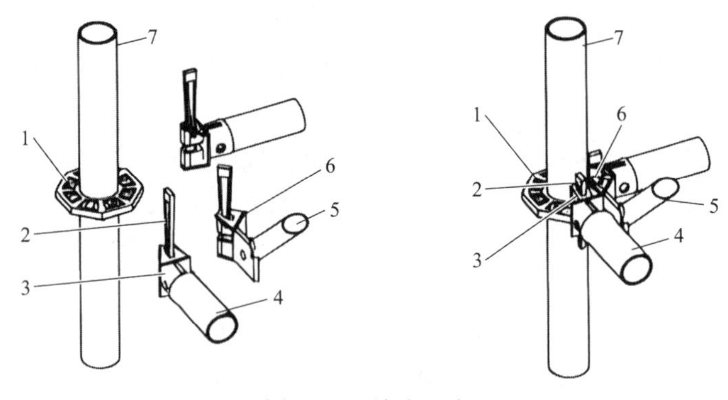


图 8.1-8 接头组成

1—连接盘；2—插销；3—水平杆杆端扣接头；4—水平杆；5—斜杆；6—斜杆杆端扣接头；7—立杆

④连接盘、扣接头、插销已经可调螺母的调节手柄采用碳素铸钢制造时，其材料机械性能不得低于现行国家标准《一般工程用铸造碳钢件》GB/T 11352 中牌号为 ZG230-450 的屈服强度、抗拉强度、延伸率的要求。

（2）木材的选用

①模板结构或构件的树种应根据各地区实际情况选择质量好的材料，不得使用有腐朽、霉变、虫蛀、折裂、枯节的木材。

②模板结构应根据受力种类或用途选用相应的木材材质等级。木材材质标准应符合现行国家标准《木结构设计标准》GB 50005 的规定。

③用于模板体系的原木、方木和板材要符合现行国家标准《木结构设计标准》GB 50005 的规定，不得以商品材料的等级标准替代。

④主要承重构件应选用针叶材，重要的木质连接件应采用细密、直纹、无节和无其他

缺陷的耐腐蚀的硬质阔叶材。

⑤当采用不常用的树种作为承重结构或构件时，可按现行国家标准《木结构设计标准》GB 50005 的要求进行设计。对速生林材，应进行防腐、防虫处理。

⑥当需要对模板结构或木材的强度进行测试验证时，应按现行国家标准《木结构设计标准》GB 50005 的标准进行。

⑦施工现场制作的木构件，其木材含水率应符合下列规定：

制作的原木、方木结构不应大于 15%，板材和规格材不应大于 20%，受拉构件的连接板不应大于 18%，连接件不应大于 15%。

（3）竹、木胶合模板板材的选用

①胶合模板板材表面应平整光滑，具有防水、耐磨、耐酸碱的保护膜，并应有保温性良好、易脱模和可两面使用等特点。板材厚度不应小于 13mm，并应符合现行国家标准《混凝土模板用胶合板》GB/T 17656 的规定。

②各层板的原材含水率不应大于 15%，且同一胶合模板各层原材间的含水率差别不应大于 5%。

③胶合模板应采用耐水胶，其胶合强度不应低于木材或竹材顺纹抗剪和横纹抗拉的强度，并应符合环境保护的要求。

④进场的胶合模板除应具有出厂质量合格证外，还应保证外观尺寸合格。

（4）施工工艺技术

24m 层高站厅超限高大模板支撑体系，地铁站厅区域为三层通高，由地铁基础顶直接上升至站厅顶板，垂直距离约为 24m，顶板厚度 600mm，梁 800mm × 2000mm 属超危大工程，在此部分施工时支撑体系采用$\phi$48mm × 3.2mm 盘扣式脚手架，搭设方式为满堂式模板支架，搭设体系为梁板共用体系。立杆间距不大于 1.2m × 1.2m，水平步距为 1.5m。

①技术参数（表 8.1-2）

技术参数表　　表 8.1-2

| 新浇混凝土板板厚（mm） | 600 | 模板支架高度$h$（m） | 21 |
|---|---|---|---|
| 模板支架纵向长度$l$（m） | 110 | 模板支架横向宽度$b$（m） | 23 |
| 主梁布置方向 | 垂直立杆纵向方向 | 模板及支架计算依据 | 《建筑施工承插型盘扣式钢管支架安全技术规程》JGJ 231—2010 |
| 立杆纵向间距（mm） | 900 | 立杆横向间距（mm） | 900 |
| 水平杆步距（mm） | 1500 | 顶层水平杆步距（mm） | 1000 |
| 可调托座内主梁根数 | 2 | 板底支撑主梁材料（mm） | 矩形钢管 80 × 40 × 2 |
| 面板材质 | 覆面木胶合板 13mm 厚 | 板底支撑小梁材料（mm） | 矩形钢管 55 × 50 × 2 |

②工艺流程

弹出板轴线并复核→搭支模架→调整托撑→摆主梁→调整楼板模标高及起拱→铺模板→清理、刷隔离剂→检查模板标高、平整度、支撑牢固情况。

③施工方法

a. 模板搭设完毕经验收合格后，先浇捣柱混凝土，然后再绑扎梁板钢筋，梁板支模架与浇筑好并有足够强度的柱和原已做好的主体结构拉结牢固。经有关部门对钢筋和模板支架验收合格后方可浇捣梁板混凝土。

b. 浇筑时按梁中间向两端对称推进浇捣，由标高低的地方向标高高的地方推进。事先根据浇捣混凝土的时间间隔和混凝土供应情况设计施工缝的留设位置。搭设本方案提及的架子开始至混凝土施工完毕具备要求的强度前，该施工层下 2 层支顶不允许拆除。

c. 根据本公司当前模板工程的工艺水平，结合设计要求和现场条件，决定采用承插型轮扣式模板支架作为本模板工程的支撑体系。

2）操作要求

（1）应根据模板支架图纸进行定位放线。

（2）模板支架在搭设时要求地面必须平整，当地面平整度较差时，应采取找平措施，确保水平杆与立杆可靠连接，且水平杆在同一水平面上。

（3）垫板应平整、无翘曲，不得采用已开裂垫板，木垫板厚度应一致且不得小于 50mm，宽度不小于 200mm，长度不小于 2 跨。

（4）多层模板搭设模板支架时，上层模板支架的立杆宜与下层模板支架立杆对齐。

（5）模板支架搭设应按先立杆后水平杆的顺序搭设，形成基本的架体单元，并以此扩展搭设整体支架体系。

（6）水平杆端插头插入立杆的轮扣盘后，采用不小于 0.5kg 的手锤锤击水平杆端部，使直插头卡紧，保证轮扣节点水平杆的抗拔力不小于 1.2kN。

（7）采用不小于$\phi$4mm 的插销插入端插头下端的插销孔，防止端插头拔出。

（8）每搭完一步支架后，应及时校正水平杆步距，立杆的纵距、横距，立杆的垂直偏差和水平杆的水平偏差，以及立杆的垂直偏差不应大于模板支撑架总高度的 1.5‰。

（9）混凝土浇筑前，应按规定组织相关人员对搭设的支架进行验收，并应确认符合专项施工方案要求后方可浇筑混凝土。

（10）严禁将模板支撑架与起重机械、施工脚手架等相连接。

3）模板及支撑体系拆除

（1）模板支撑架拆除应符合现行国家标准《混凝土结构工程施工质量验收规范》GB 50204、《混凝土结构工程施工规范》GB 50666 中混凝土强度的有关规定。

（2）预应力混凝土结构应在预应力张拉后拆除支撑架，下层支撑架拆除前不得进行上层混凝土浇筑。

（3）支撑架拆除前应先行清理支撑架上的材料、施工机具及其他多余的杂物，应在支撑架周边划出安全区域，设置警示标志，并派专人警戒，严禁非操作人员进入作业范围。

（4）架体拆除时应按专项施工方案设计的顺序进行。专项施工方案中应完善支撑架的拆除顺序和措施，特别是分段拆除时，应合理确定分界位置，并保证分段拆除后模板支撑架的稳定性。

（5）支撑架的拆除顺序、工艺应符合专项施工方案的要求。当专项施工方案无明确规定时，应符合以下规定：

采用先搭设后拆、后搭设先拆的拆除原则。

拆除必须自上而下逐层进行，严禁上下层同时拆除作业，分段拆除的高度不应大于两层。

梁下架体的拆除，应从跨中开始，对称地向两端拆除，悬臂构件下架体的拆除，应从悬臂端向固定端拆除。

设有连墙（柱）件的支撑架，连墙（柱）件必须随模板支撑架逐层拆除，严禁先将连墙（柱）件全部或数层拆除后再拆除支撑架。

（6）拆模板前先进行针对性的安全技术交底，并做好记录，交底双方履行签字手续。模板拆除前必须办理拆除模板审批手续，经技术负责人、监理审批签字后方可拆除。

（7）支拆模板时，2m 以上高处作业设置可靠的立足点，并有相应的安全防护措施。拆模顺序应遵循先支后拆、后支先拆、从上往下的原则。

（8）模板拆除前必须有混凝土强度报告，强度达到规定要求后方可拆模。

#### 8.1.3.3 组合式带肋塑料模板施工方法和工艺

介于管廊结构中的横断面尺寸一致性较高，故采用组合式带肋塑料模板进行施工，其具有低碳排减、节能环保的意义。地下综合管廊横断面如图 8.1-9。

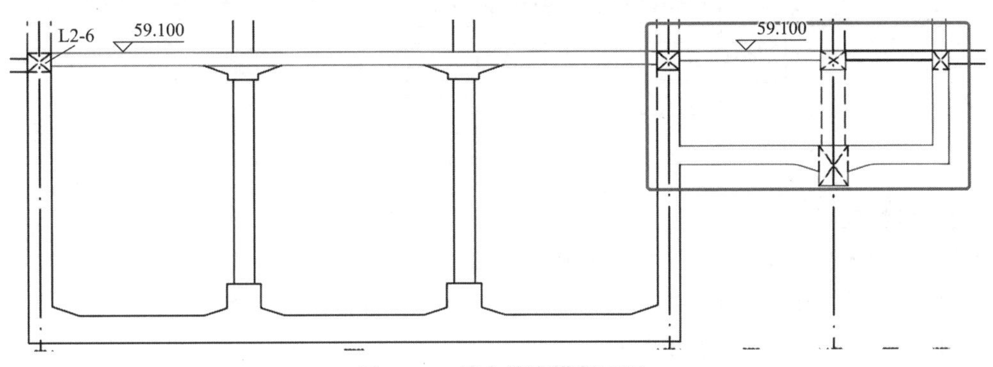


图 8.1-9 综合管廊横断面图

地下综合管廊中侧墙、楼板及梁采用塑料模板的形式。塑料模板由模板系统、连接系统、支撑系统、紧固系统四部分组成，模板系统由 U 形塑背楞与塑板组成，模板之间通过销子固定，构成混凝土结构施工所需的封闭面，保证混凝土浇灌时结构成型。连接系统为模板的连接构件，使单件模板连接成系统，组成整体。支撑系统在混凝土结构施工过程中起支撑作用，保证楼面、梁底及悬挑结构的支撑稳固。采用带有早拆头的可调支撑作为立杆，实现了新型塑模板的早拆。紧固系统保证模板成型的结构截面尺寸，在混凝土浇筑过程中，模板不出现胀模、爆模现象。

1）模板码放及预拼装准备

本工程模板及加固与支撑体系需配备 3 个施工段以应对施工工程量。根据现场施工计划，进行模板配模设计。本方案预先搭设货架，置物架高度为 2500mm，模板堆放高度不高于 2200mm，保证 RL 模板分类码放，在模板的边肋上均由相应的型号标识，有利于检索。货架搭设示意图如图 8.1-10。

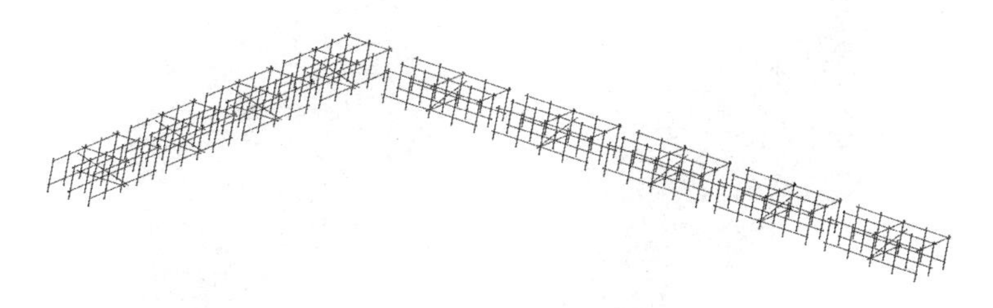

图 8.1-10 货架搭设示意图

2）施工方法

（1）工艺流程（图 8.1-11）

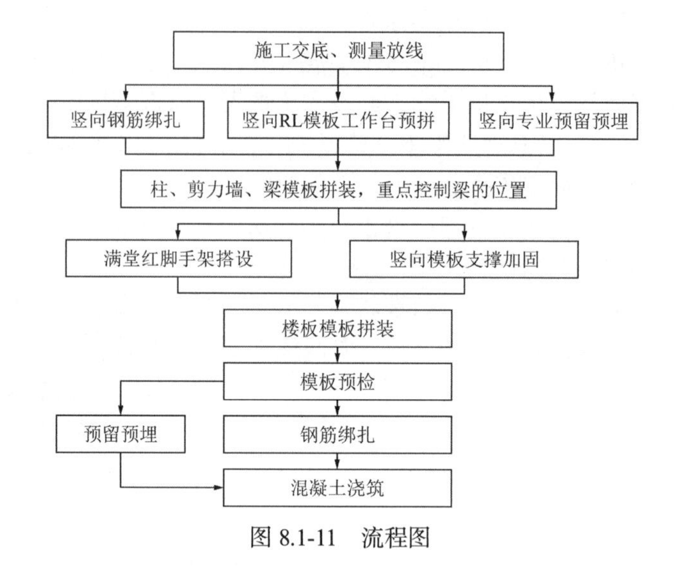


图 8.1-11　流程图

（2）材料选择

模板：主体结构均采用 RL 模板及相关配件。

模板龙骨：选用 45mm × 55mm 方木及$\phi$48mm × 3.5mm 脚手架钢管。

对拉螺栓：选用 M12 对拉螺栓。

支撑架：选用 Q235B 级碳素结构钢$\phi$48mm × 3.5mm 扣件式脚手架。

（3）墙体模板安装

①单侧模装配可全部完成，另一侧模可按配模单元进行装配。

②安装该模板单元时，将模顶和套管同步完成。

③套管和模顶配合，形成模腔内的结构尺寸，无需顶模棍，混凝土浇筑完成后，模顶可拆除重复利用。

④配模单元按顺序完成拼装。

⑤墙体拼装过程中的螺栓连接：区别于木模的装配方式，模板装配需要按照顺序进行，穿墙螺栓的工艺与木模区别较大，模顶、套管与模板工程形成定模系统，保证模板的定位尺寸，此种拼装方式下模板拼装就位与穿墙螺栓预固定同步进行，模板拼装完成时加固工作已经完成了大部分（图 8.1-12）。

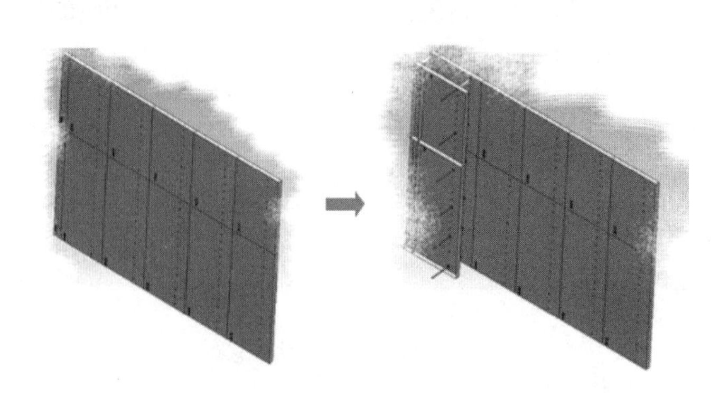

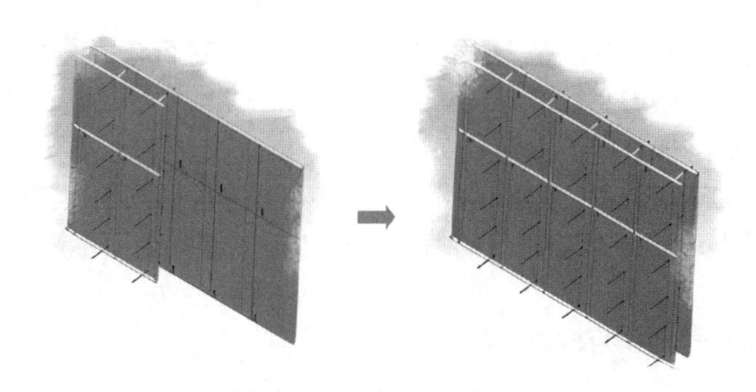

图 8.1-12　墙体模板安装示意图

实体效果如图 8.1-13。

图 8.1-13　墙体模板

（4）梁模板安装

根据配模清单，将整条梁装配完成，包括梁底、梁帮等，实际应用时按照整体构件进行吊装。

（5）板模板安装

楼板模板支持预拼装及吊装尺寸调整，便于直接吊装就位（图 8.1-14）。

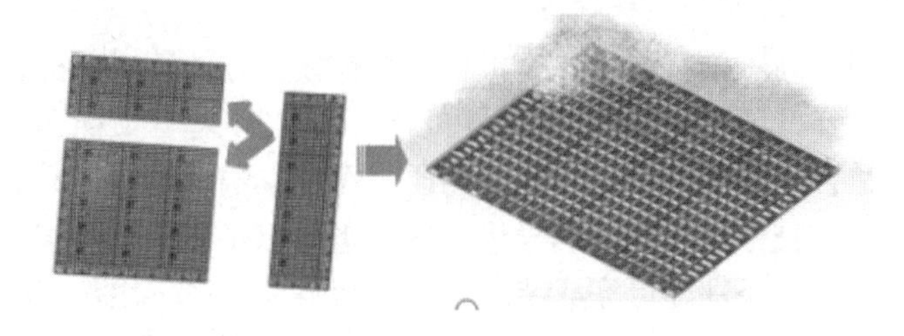

图 8.1-14　板模板安装示意图

3）质量控制要点

（1）配模板缝和接口严密性检查：确保板缝之间接口严密，混凝土浇筑过程不出现漏浆的情况。

（2）连接体系的检查：连接体系的检查作为重点项，进行全数检查，连接体系的完备性直接影响到模板体系的力学性能，除大面检查连接点的间距不应超过200mm外，在节点处的小板之间连接必须保证四个边均有连接。

（3）由于塑料的缺口强度比较低，检查过程中发现主肋破损的模板时必须进行更换。

（4）检查模板下口是否存在漏浆的情况，若楼板的混凝土面不平整，应用砂浆进行填塞。

（5）模板安装允许偏差与检查方法（表8.1-3）。

模板安装允许偏差与检查方法　表8.1-3

| 检查项目 | | 允许偏差（mm） | 检查方法 |
|---|---|---|---|
| 轴线位置 | | 5 | 钢尺检查 |
| 底模上表面标高 | | ±5 | 水准仪或拉线、钢尺检查 |
| 截面内部尺寸 | 柱、墙、梁 | +4、−5 | 钢尺检查 |
| 层高垂直度 | 全高不大于5m | 6 | 经纬仪或吊线、钢尺检查 |
| | 全高大于5m | 8 | |
| 相邻两板表面高低差 | | 2 | 钢尺检查 |
| 表面平整度 | | 5 | 2m靠尺或塞尺检查 |
| 预留孔中心线位置 | | 3 | 钢尺检查 |

4）模板拆除

（1）模板及其支撑的拆除必须符合现行国家规范《混凝土结构工程施工质量验收规范》GB 50204及其他有关规定，严格控制拆模时间，拆模前必须有拆模申请及经审批。

（2）使用RL模板专用工具进行拆除作业，严禁使用撬棍进行野蛮施工，本模板利用专用工具翘起7mm即可轻松拆除模板。

（3）按照拼装单元进行单元性拆除，无需进行最小化分解，尤其是转角节点处，整体拆除的技术难度远远低于单块拆除，因此提倡整拼整拆。

（4）拆除后的模板体系迅速转入新的工作面的相应部位立即使用，直至工程完成。不需要的或者破损的板及时运至货架处进行修整或者报废。

5）地下综合管廊采用塑料模板优点

塑料模板连接强度高于模板强度，模板可对缝拼接，方便整拼整拆，复杂节点组装成大部件后不再拆卸，降低劳动强度，连接后可自锁，等同螺丝，又能迅速拆装。借助专用工具，连接方便，适合于整个模板。塑料模板通用性强，塑料模板的标准件的通用化率可达99%以上，通过相应技术措施在平面异形结构上也可以拼装。在建筑物横向、竖向转换中装配灵活，无需高技术条件即可完成装配工作。塑料模板可不用任何脱模剂，能够顺利脱模，接缝严密，如果增加密封措施能够保证混凝土完全不漏浆。

8.1.3.4　耐久混凝土配合比设计及验证

地铁工程为百年大计，为保证工程实体质量，本工程地铁区域混凝土采用耐久混凝土，通过对其混凝土原材料，如水泥、砂、石、外加剂等选用及依据现行国家规范《混凝土结构耐久性设计规范》GB/T 50476进行研究，进行了混凝土配合比的计算、试配、调整与确定。最终通过优良的高性能减水剂、较高活性的掺合料的引入，改变了混凝土内部结构，改善了混凝土内部孔道结构，激发了部分材料潜在活性，从而提高了混凝土的耐久性。

1）耐久性混凝土原理

（1）耐久性混凝土属于高性能混凝土的一种。普通混凝土由于水化热大，容易引起混凝土体积变化导致开裂。用水量大导致混凝土不密实，抗侵入性差，水泥用量大，高耗能导致环境恶化。耐久性混凝土通过使用优质掺合料，高效减水剂和引气剂的方式来改善普通混凝土的上述缺陷。

（2）粉煤灰和粒化高炉矿渣是两种常用的替代水泥的掺合料，低钙粉煤灰不仅体积稳定性好，能增加混凝土的和易性，而且还能替代水泥，降低水泥用量，降低水化热，提高混凝土的耐久性。同时如果能使用矿渣粉，不仅能替代水泥，降低水泥用量，而且还能弥补混凝土早期强度不高的缺点。

（3）以往混凝土的工作性是通过增加用水量而增加水泥，由此导致的混凝土内部孔隙将成为混凝土寿命的重大危害。随着时间推移，混凝土内的钢筋得不到有效保护，从而导致钢筋锈蚀、混凝土结构损坏。通过使用高效减水剂和粉煤灰，有效降低了混凝土的用水量，减少了内部孔隙，增加了混凝土的密实性，提高混凝土的寿命。

2）配合比设计

（1）本工程地下轨道交通框架柱混凝土强度等级为C50耐久混凝土，在混凝土配合比参数中，“水胶比”越低，混凝土中游离水分越少，混凝土在外加剂的作用下越显黏稠。而胶凝材料用量在一般情况下，与混凝土强度成正比，但胶凝材料量越大，混凝土的体积稳定性越差，抗裂性越差，耐久性越差。

（2）粉煤灰是一种优良的混凝土掺合料，目前在建材行业应用前景广阔。它不仅在后期提高混凝土的强度，而且其球形颗粒结构还可以提高混凝土的耐久性。掺加粉煤灰后，不仅能改善混凝土的活易性，还能节约混凝土成本，降低工程造价。

（3）根据该工程中混凝土所处环境不同，粉煤灰的掺量也各有不同。由于该基础工程地下水位较高，按照有关要求，粉煤灰的掺量可以考虑大些，但根据混凝土早期强度又要求较高的特点，这就要求粉煤灰的掺量要相对低些，经过多次试配研究，总结出配合比如下：

水泥采用石家庄曲寨水泥P.O42.5，粉煤灰采用河北冀能环保新材料F类Ⅱ级，矿渣粉为石家庄曲寨建材 S95，中砂为石家庄灵寿砂场，碎石为石家庄曲寨建材，外加剂采用河北大新建材RCMG-5G聚羧酸高性能减水剂，掺量2.5%。配合比为水：砂：石：水泥：粉煤灰：矿粉：外加剂对应0.34：1.48：2.34：0.82：0.08：0.10：0.023。从而达到百年工程的品质。

3）耐久混凝土应用及推广价值

目前，高性能混凝土作为一种新型建筑材料，其耐久性为普通混凝土耐久性的两倍以上，可增加混凝土的安全使用寿命，减少造成修补或拆除的浪费和建筑垃圾。可大量利用工业副产品和废弃物，尽量减少自然资源和能源的消耗，减少对环境的污染。收缩率变小，适合建造高效预应力结构。高性能混凝土在国内已在长江大桥、高层建筑、道路桥梁和地下轨道交通等工程中得到了应用。其他用于特殊用途的智能高性能混凝土更有着其独特的、其他混凝土难以替代的优势。因而其社会效益价值将远大于其自身的经济效益价值。

8.1.3.5　地下轨道交通与综合管廊连接处的施工方法和工艺

该工程轨道交通和管廊位于最底层，即 B3 层（图 8.1-15），各自埋深为 24m、18m，两者顶标高基本一致，通过共用的一道侧墙分隔空间。国内外类似工程的工法，均是先施工竖向结构，再施工水平结构，再施工竖向结构，由低到高循环往复，先施工的单位工程为后施工的单位工程留设施工缝并预设插筋。本工程为减少混凝土分次浇筑形成的施工缝，加强单位工程之间的锚固整合，创新选用一体化施工方案。

图 8.1-15　地铁与管廊示意图

轨道交通采用桩 + 锚索的基坑支护，后砌 500mm 厚砖砌体作防水基层并形成抗浮梁空间。砖砌体在 L 形冠梁上砌筑倒角砖模（图 8.1-16），形成共用墙与管廊底板交叉处的下腋角基面。

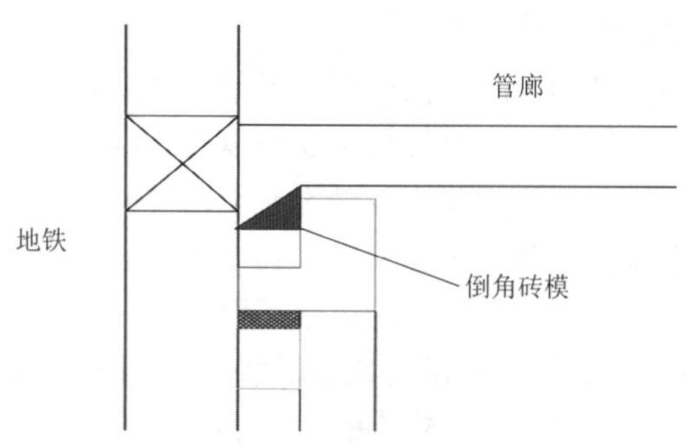


图 8.1-16　倒角砖模示意图

轨道交通工程侧墙的防水材料为 HDPE 预铺反粘卷材，现场为砖砌清水墙，卷材长边应采用自粘边搭接，搭接宽度 ≥ 80mm，短边应采用 160mm 宽的对拼胶带对接，背后附 160mm 宽的自粘胶带，即搭接缝两侧各黏接 80mm。

立面施工时，在长边搭接处距离卷材边缘 10～20mm 内，应每隔 600mm 进行机械固定，先射钉、后搭接覆盖钉眼，确保固定位置被卷材覆盖。也可在大面的短边方向适当位置酌情增加机械固定点并用专用胶膏封闭，用以防止高幅卷材坠落。

1）地铁侧墙 HDPE 预铺反粘卷材主要施工工艺

（1）HDPE 预铺反粘卷材工艺流程

施工准备→基层清理→安装立面操作架→基层弹线→铺设 HDPE 预铺反粘卷材（自粘胶膜面朝向结构）→卷材立面机械固定→卷材搭接→细部节点处理→卷材修补→自检、验收→成品保护→绑扎钢筋，浇筑混凝土。

（2）施工要点

①卷材可以直接铺在未完全固化的混凝土或没有积水的潮湿基面上，但基面应平整坚固、无明水。现场为砖砌清水墙，凹槽内为：混凝土护面上喷涂 1.2mm 厚的聚氨酯涂膜。

②卷材长边应采用自粘边搭接，搭接宽度 ≥ 80mm；短边应采用 160mm 宽的对拼胶带对接、背后附 160 宽的自粘胶带，即搭接缝两侧各黏接 80mm。

③立面施工时，在长边搭接处距离卷材边缘 10～20mm 内，应每隔 600mm 进行机械固定，先射钉、后搭接覆盖钉眼，确保固定位置被卷材覆盖，也可在大面的短边方向适当位置酌情增加机械固定点并用专用胶膏封闭，用以防止高幅卷材坠落。

④高分子自粘胶膜与底防（含下底和上底）的 SBS 卷材通过搭接 100mm 来合成，搭接处放置专用搭接胶带（双面粘丁基胶带）。

⑤最大限度的避免流淌，聚氨酯不得调稀，且应多遍、分层喷涂，以形成涂膜厚度。

⑥落实防水层施工前的基层清理，尤其对孔洞、斜刺钢筋、松散土石层。

⑦因材质偏硬偏重，在抗浮托架凹槽内不贴实而下坠的情况在所难免，但要保证卷材高度上的展开尺寸大于结构表面的展开尺寸，同样要保证卷材宽度上的展开尺寸大于结构表面的展开尺寸。如凹槽内搭接缝开口，应进行再次粘贴，且应在混凝土临浇筑前再次检查、按实。

⑧钢筋直接安放在卷材上面，不需要任何保护，但应注意不得损伤防水层（损伤后立即用配套丁基胶带补丁），必要时对有穿刺威胁的钢筋用角钢进行垫隔。混凝土应在卷材安装结束后 40d 内浇筑完成。

2）管廊底板 SBS 改性沥青防水卷材主要施工工艺

（1）SBS 改性沥青防水卷材工艺流程

砌筑防水保护墙——垫层施工——基层清理——验收——涂刷冷底子油——铺贴附加层——平铺卷材——热熔封边——验收——细石混凝土防水保护层。

（2）注意事项

①涂刷冷底子油前，应仔细将基层表面的垃圾、尘土等清除干净，必要时可采用喷灯局部喷烤，但喷烤时间不宜过长，防止爆裂、起砂。报监理验收合格后，方可进行下一道工序。

②基层含水率不超过 9%，（检验含水率简便方法：剪一块 200mm × 200mm 见方的卷材平铺于基层表面，压紧，保持 2h，然后揭开卷材观察其下方基层面，如有明显的水珠，则表明含水率过大，不宜施工，如仅有潮气则可满足施工条件）在基层表面满刷一道冷底子油，涂刷要均匀、不透底、遮盖率 100%。

③阴阳角部位加铺一层同质卷材附加层，将卷材裁成相应的形状进行热熔满贴，宽度 50cm。附加层施工必须粘贴牢固。

④确定铺贴方向、弹基准线冷底子油涂刷完毕 6h 后，手摸感觉不黏即可根据卷材的宽度和搭接的规定，在冷底子油上进行弹线。

按照卷材铺贴的一般原则：弹线由排水较集中的部位开始，遵照由低到高、先平面后立面的顺序弹基准线。针对现场实际，弹线由电梯基坑、集水坑开始，弹线方向为南北方向，同时，根据选用卷材幅宽及长边搭接长度要求，确定弹线间距。

⑤大面积铺贴卷材铺贴方向为东西方向。铺贴顺序是由下翻梁开始，向各方向顺序铺贴。卷材铺贴时要减少阴阳角和大面积的接头，卷材根据墙面尺寸配制，从边沿开始，弹出标准线。

将改性沥青防水卷材按铺贴长度和弹线尺寸裁剪并卷好备用，操作时将已卷好的卷材，用1500mm长、直径为30mm的管穿入卷心，卷材端头比齐开始铺的起点，按照弹好的线，手扶管心两端缓缓滚动向前铺设，使卷材平铺于基层上，要求用力均匀、不窝气，掌握好铺设压边宽度。

然后点燃汽油喷灯，掀开卷材，加热基层与卷材交接处，喷灯与加热面保持300mm左右的距离，往返喷烤，观察当卷材的沥青刚刚熔化时，压合至边缘挤出沥青粘牢。

对平面与立面相连的卷材，先铺贴平面，然后由下向上满粘，并使卷材紧贴阴、阳角。在永久保护墙上满贴卷材，粘贴牢固，防水卷材甩头上砌两皮砖作为临时保护层。

3）倒角砖模处施工工艺

HDPE预铺反粘卷材施工时同时铺设管廊底板SBS改性沥青防水卷材，施工步骤如下：

（1）首先铺设地铁侧墙HDPE预铺反粘卷材，在长边搭接处距离卷材边缘10～20mm内，每隔600mm进行机械固定，先射钉、后搭接覆盖钉眼，确保固定位置被卷材覆盖，固定牢靠，铺设至倒角砖模位置时，HDPE预铺反粘卷材向管廊底板部分延伸不少于20cm，留出足够的富余量，以保证和管廊底板SBS防水卷材的有效搭接。

（2）地铁侧墙HDPE预铺反粘卷材铺设时同时铺设管廊底板SBS改性沥青防水卷材的防水附加层，只要是倒角砖模处，管廊下翻梁阴阳角及管廊东侧砖胎膜阴阳角。

（3）管廊底板防水附加层铺设完成后铺设防水层，对平面与立面相连的卷材，先铺贴平面，然后由下向上满粘，并使卷材紧贴阴、阳角。

（4）管廊底板防水卷材铺贴完成后，由地铁侧墙HDPE预铺反粘卷材向管廊底板部分延伸搭接到管廊底板SBS改性沥青防水卷材上，通过双面胶丁基胶带搭接在下腋角上沿处，实现防线闭合。

（5）管廊底板防水保护层浇筑时一并浇筑倒角砖模两种防水卷材搭接区，既能够起到固定HDPE预铺反粘卷材作用，保证地铁侧墙防水施工质量，又能防止地铁侧墙与管廊分期施工使接槎处防水材料长期暴露影响材料质量的问题。

4）钢筋工程合并施工

主体结构施工时，地下轨道交通工程900mm厚侧墙和综合管廊700mm厚底板一体化施工，消除竖向施工缝和预留插筋。地下轨道交通工程500mm厚顶板和综合管廊500mm厚顶板与共用墙、管廊侧墙与中隔墙一体化施工，消减3道水平施工缝、1道竖向施工缝及其预留插筋。

（1）地铁侧墙与综合管廊合并施工施工顺序

①地铁侧墙第一步钢筋绑扎→抗浮梁就位→模板支设→混凝土浇筑。

②地铁侧墙第二步钢筋绑扎→管廊底板倒角砖模处腋角插筋施工→管廊底板钢筋绑扎→管廊侧墙及中隔墙插筋施工→侧墙与管廊底板同标高处第一次混凝土浇筑。

③地铁及管廊顶板钢筋绑扎→地铁及管廊顶板混凝土建筑。

（2）施工要点

①地铁侧墙钢筋绑扎完成后，开始施工管廊底板钢筋，待到管廊底板钢筋完成后开始

浇筑第一步混凝土，与两者分开施工相比较减少了腋角插筋及底板钢筋插筋，减小了施工难度，同时减少了两者连接处的竖向施工缝，以及渗水风险（图 8.1-17）。

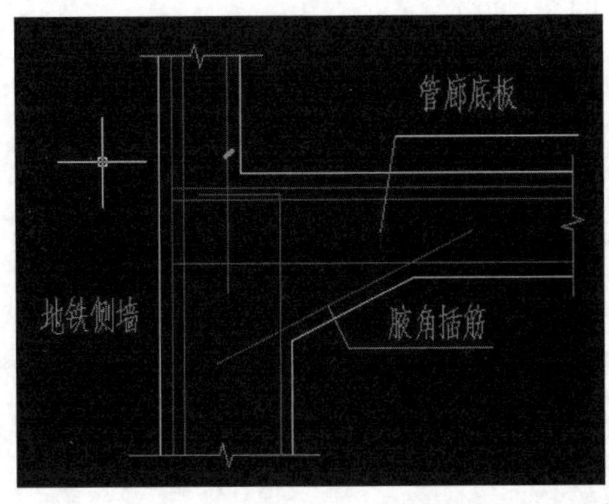

图 8.1-17　腋角钢筋示意图

②地铁侧墙为单面支模，墙体的背面是截面尺寸为 500mm（宽）× 900mm（高）的抗浮托架，托架钢筋没有绑扎工作面，无法采用常规方式施工。现场施工时采用预制钢筋组件，吊装就位与墙筋整合（图 8.1-18）。

图 8.1-18　抗浮梁示意图

③针对车站、管廊的施工中，截面尺寸 1100mm × 1500mm 以上的基础梁达到 600 延米，1300mm × 2200mm 以上的基础梁达到 1000 延米，因为自重大、截面宽，尤其下反地梁无工作面，绑扎成型和下放就位难。采取的措施是钢管支撑架挑高和替换（组装式）葫芦架下放（图 8.1-19）。

图 8.1-19　基础梁施工示意图

④混凝土的浇筑。地铁与管廊合并施工浇筑混凝土时要严格按照图纸设计浇筑混凝土。地铁侧墙混凝土为 C40P10 耐久混凝土，地铁顶板混凝土为 C40P8 耐久混凝土；管廊底板侧墙为 C40P8 混凝土，楼板为 C40 混凝土（图 8.1-20）。

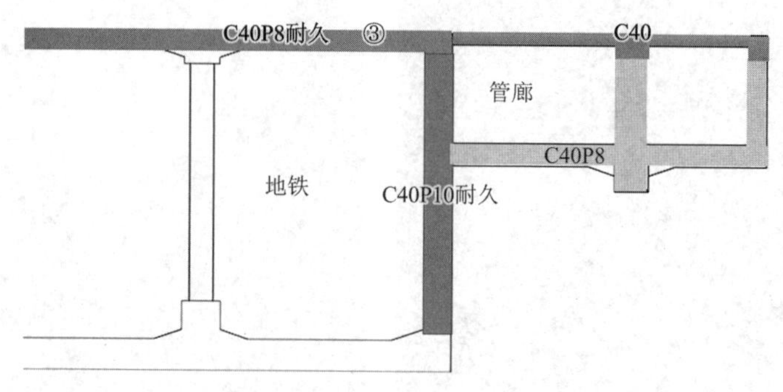


图 8.1-20　混凝土强度等级示意图

### 8.1.4　结果状态

实践证明，本工艺在创新创效和降低成本方面均取得了良好的效果，提升了结构的整体性及抗渗性能。成功应用了长螺旋钻孔压灌桩、高耐久性混凝土、高强钢筋及直螺纹连接、销键型脚手架及支撑架、组合式带肋塑料模板、防水卷材机械固定、预铺反粘防水、预备注浆系统、钢木组合单面支模施工等多项建筑业新技术，在节能环保方面效益显著。本课题的研究过程科学、合理，实施效果成功，达到了预期的目标。

### 8.1.5　问题分析和建议

当前，地铁与综合管廊的结合建设在我国主要集中在部分经济繁荣的城市和新兴区域，且实际案例中的结合应用多局限于部分区间，地铁全地下线与综合管廊结合在国内尚无工程应用。利用地铁全地下线建设综合管廊、敷设市政管线受到越来越多的关注，具有广阔的发展前景。

管廊与地铁地下车站及区间一体化建设，相比管廊与地铁独立施工，可节省部分管廊围护、主体结构费用，降低投资。二者一体化实施，可减少对地铁的特殊保护措施，安全性相对好。两者同期开挖，可减少对道路交通的影响。采光、通风、人员通行可统筹化考虑。施工方便并减少总工期，地下空间达到集约化利用。因此，认清形势、抓住机遇，通过先期的整体规划，确定地铁、管线路线及隧道断面，借助先进的技术，分析可纳入管线的类型，建立良好的管理、运营和维护体制，实行产权统一的方法避免后期管理混乱，大力发展综合管廊，推动资源节约型、环境友好型城市建设。

## 8.2　园林工程施工创新

### 8.2.1　案例背景

雄安郊野公园位于河北省雄安新区北部，总面积 2.62 万亩，是着力打造雄安新区“一淀、三带、九片、多廊”的生态格局、举全省之力建设的重点工程。以“生态雄安”为主题，集中体现大型林地的生态屏障、水源涵养功能，突出自然野趣、休闲游憩，强调生态、自然及人文特色。公园内设有 14 个展园，分别由河北省的 11 个地级市及雄安、定州、辛集三个区域根据自身特色精心打造。这 14 个展园共同构成了一个“林为体、水为脉、文为魂”的郊野公园。

保定展园总占地面积达 22 亩，总建筑面积为 4080m$^2$，其中地上面积为 2080m$^2$，地下面积为 2000m$^2$，共建有四栋主体建筑，分别为以国学教育、展示为主的学古堂、得一堂，以电子书籍阅览为主的万卷楼和以餐饮、住宿为主的草堂客栈。整个项目建设以莲池书院为原型，融入古莲池清代皇家园林建筑特色，叠山堆石，打造了莲池书院独特的建筑风貌。在景观建设上充分遵循中国古代北方园林的设计手法，以中轴线贯穿整个展园的同时，采用 1100 多 m$^2$ 各具特色的古典中式园路，串联起 12 座景观建筑及构筑物。

本案例结合施工过程中采用创新的施工方法解决现场重难点施工问题，即：假山堆置山体减荷技术、盐碱性园林种植土改良技术，以及植物根系病害防治技术。

## 8.2.2　事件过程分析描述

### 8.2.2.1　假山堆置山体减荷施工技术

（1）选题的背景、目的及意义

随着社会经济的发展，人们对环境的需求已不再仅仅追求简单的绿化效果，在景观工程的造园、造景过程中更多关注起山石搭配用以提高整体观赏性。传统园林工程中假山造景往往采用山石直接堆筑或土石结合的方式，即采用大块平整山石层层满铺堆砌，或使用土方层层夯实后堆筑出山体雏形，再采用山石堆置覆盖造山。采用该方法堆置的假山对大块山石或土方的需求量较大，大量的平整山石作为基础堆筑在假山底部，白白浪费了资源，与当前我国自然资源保护的矛盾日益冲突。而采用堆土筑山对地形整理以及土工夯实的要求较高，不仅增加了施工难度和施工成本，在多雨地区或周边有水域的区域采用此方案筑山，极易因基础沉降导致山体变形，并出现安全隐患。

（2）问题分析

本项目设计的假山位于酒店地下室顶板上方，设计采用山石共计 3300t，采用传统假山叠石方法极易影响地下室顶板的结构安全，且山石用量较大造成资源浪费，因此需要降低山石、土方的用量，降低施工中的基础荷载，保证结构及人员安全，同时减少机械使用成本，缩短施工工期。

（3）确定研究技术内容

在明确了需要解决的问题之后，项目部成立了课题小组，针对假山堆置山体减荷施工技术工艺原理，研究论证假山构造及材料的荷载力计算，对比论证地下室顶板减荷层施工材料（挤塑聚苯乙烯泡沫、山石）的性能，最终进行实验验证，确定采用挤塑聚苯乙烯泡沫代替传统山石。

（4）技术方案的研究过程及成果

本技术选择对假山基础、假山单侧外轮廓叠石砌筑、挤塑聚苯乙烯泡沫砌筑三个方向分阶段研究。项目部通过多次实验，结合挤塑聚苯乙烯泡沫板的工艺特点、地下室顶板减荷层施工材料，研究制定出一套使用承压挤塑聚苯乙烯泡沫填充假山山体作为减荷层的施工技术，并在该项目施工中大量用于酒店地下室顶板上方的假山堆置，不仅取得了与传统叠石造山同样气势磅礴的景观效果，还大大降低了地下室顶板荷载以及施工成本，缩短工期，有效减少了山石资源的使用量。

8.2.2.2　雄安地区盐碱性园林种植土改良技术

（1）选题的背景、目的及意义

雄安地区土壤多由褐土和黄土组成，褐土呈褐色至棕黄色显现中性至碱性反应，且肥力较低，黄土土质疏松保持水土的能力差。当前雄安大多数园林工程采用的改良方法是在原土上拌入草炭土，但效果并不是太理想。因此通过研究添加经济有效的改良物质是改变原状土的理化性质，进而达到植物最适合生长的土壤环境，使植物达到最佳景观效果的必要措施之一。

土壤改良的核心目标在于改良土壤结构，提高土壤保土、保肥、保水能力，给植物提供一个良好的生长环境，使植物的生长效果长久保持，对园林行业有一定的增产功能，并已在草场、花卉生产等方面得到广泛应用。尤其近年来对天然—合成共聚物土壤改良方法的研究应用越来越多，这类土壤改良方法克服了人工合成改良物质的成本高和天然改良物质持续期短的缺点，如凹凸棒和聚丙烯酰胺制成的无机—有机复合体对土壤理化性能有明显的改良效果，其综合性能优于单一聚丙烯酰胺。但是添加天然—合成共聚物在内的很多土壤改良方法由于成本较高并不适用于园林工程施工。

（2）问题分析

本项目在绿化栽植施工前进行了土壤检测，发现绿化施工区域种植土 pH 值在 7.1～9.5 之间，大部分为轻度盐碱地或中度盐碱地，肥力较低且水土保持的能力差。主要含有较多的水溶性盐或碱性物质。由于盐分多、碱性大，使土壤腐殖质遭到淋失，土壤结构受到破坏，表现为湿时黏，干时硬。盐碱土壤理化性质差，表面常有白色盐分积淀，通气、透水不良，pH 值过高，有机质含量低，土壤氮磷钾等营养元素含量少，如何改良施工区域盐碱地理化形状，使植物达到最适合生长的土壤环境是本次工程的重点难点。

（3）确定研究技术内容

针对此项问题本项目成立课题组并申请河北省住房和城乡建设厅立项省级研究计划项目《雄安地区盐碱性园林种植土改良技术研究》，开展具体技术研究。河北省《园林工程施工质量验收规程》〔DB13(J)62—2006〕中规定的适合河北省城市园林绿化生长的最佳土壤质量指标主要为：总孔隙度、pH 值、含氮量、含磷量、含钾量、有机质含量和含盐量。通过研究种植土的理化性状、研究种植土改良施工技术方法、研究改良前后种植土理化指标及分析方法、研究种植土改良前后植物形态指标，确定土壤改良物质的最终配比。

（4）技术方案的研究过程及成果

选定六个区域的种植土作为试验区，通过对比试验区种植土的各项指标与标准值之差，确定试验区种植土需改良的指标，进行大量资料的查询，针对每一项指标，对比不同土壤改良物质的特点、功能以及市场价格，筛选出合适的土壤改良物质，针对改良物质的添加用量，选定多种配比方案，进行试验。在经过改良试验后，对土壤再进行一次指标检测。对比两次各试验处理的数据，确定采用的土壤改良物质及配比，即：草炭土＋脱硫石膏＋火山灰＋牛粪（草炭土：10kg/$m^3$；牛粪：10kg/$m^3$；火山灰：250g/$m^3$；脱硫石膏：1.5kg/$m^3$），改良效果达到植物生长的最适合土壤环境。

#### 8.2.2.3　木霉菌对园林植物根系病害防治技术

（1）选题的背景、目的及意义

当前，在园林工程中针对苗木根系病害防治的方法还停留在大量喷洒农药进行病害防治的阶段，但是近年来随着园林工程中化学农药使用的越来越多，造成了巨大的环境问题，如农药残留，以及土壤、水体环境污染等。随着园林绿色发展新思想的提出，人们更加迫切地寻求安全有效、环境友好型植物病害防治措施，其中行业公认的有效防治措施就是生物防治。生物防治主要是通过有益生物及其产物对植物中有害生物进行牵制，从而达到防治植物病虫害的目的，能够有效减少化肥农药的施用，以减小因此带来的环境影响。

（2）问题分析

本项目由于要重现莲池风貌，所采用的树种均为异形树种，且场地内存在有四棵乡愁古树，要保证作为“乡愁保护”树木不允许被损坏，因此对新栽植物的根系病害防治尤为重要。新区环保要求高，传统农药易造成农药残留，项目部决定采用生物防治。

（3）确定研究技术内容

项目在查询生物防治案例中发现在农业生产中多用木霉菌进行生物防治，但由于农作物与园林苗木的差异性，因此木霉菌在园林行业中的植物根系病害防治未有应用案例。木霉菌是土壤微生物的重要组成部分，富含有机质的土壤、腐烂的木材、植物根际等均是其良好的栖息场所，木霉菌及其代谢产物具有促进植物生长，增加营养物质的吸收利用率，对植物根系真菌产生拮抗等作用，对农作物根系及园林植物根系防治病害作用机理相同，针对此项问题，本项目成立课题组并申请河北省住房和城乡建设厅立项省级研究计划项目《木霉菌对园林植物根系病害防治的研究》，开展具体技术研究。通过研究木霉菌的特征性质和作用、研究木霉菌施量和施用方法及以往根系病害防治方法、试验前后研究植物根部附近土壤的细菌含量、研究木霉菌对植物氮磷钾元素吸收的作用和苗木生长状态，确定木霉菌肥的最终配比。

（4）技术方案的研究过程及成果

通过查询大量的资料，研究木霉菌的特征、性质和作用，拟利用木霉菌对真菌病原体的作用，取得抑制有害菌的效果，从而达到根系病害防治的目的。研究木霉菌施用量和施用方法，对木霉菌的施用方法选定多种配比方案，依据以往根系的病害防治方法，准备进行各处理的对比试验。研究试验地域内土壤的菌群含量和营养元素的含量。确定试验方案，进行试验。每隔一段时间，再进行土壤的菌群和营养元素含量的测定。通过每次测定数据的对比，确定木霉菌的最佳施用方法。为了进一步验证木霉菌生物防治效果，在各试验处理中利用苗木作为试验载体，经过一段时间的生长后，观察各试验处理中苗木的形态指标，确定木霉菌的最佳施用方法。

最终测定根系周边的有害菌的菌群数量、氮离子值含量、磷离子值含量、钾离子值含量，对比指标要求确定对土壤真菌群落减少有显著影响且合适的木霉菌肥配比。即，每立方米种植土施用 150g 木霉菌肥料 + 10L 水 + 1kg 红糖 + 10kg 牛粪。

### 8.2.3　关键措施及实施

#### 8.2.3.1　假山堆置山体减荷关键技术措施及实施

1）主要技术原理及特征

本技术通过计算假山顶部山石重量，经不同材料的承压荷载计算，以试验方式比选出适合的假山内部填充材料，并严格依据规范要求进行砌筑连接，使内部填充材料成为一个整体，使之作为假山顶部山石的基础，用以替代传统假山石整体堆筑的山体构造，以达到减轻假山整体荷载的作用，实现生态环保与经济效益、工期进度的提升。

2）主要实施内容

（1）研究论证假山构造及材料的荷载力计算

依据《园林绿化工程施工及验收规范》CJJ/T 82—2012 中，5.2.5 第一条规范要求“假山地基基础承载力应大于山石总荷载的 1.5 倍”，主要将假山顶部观赏山石作为对象，具体研究顶部山石以下的隐蔽部位，通过将隐蔽部位作为一个整体基础考虑，计算不同材料的强度负荷以筛选出最优结构材料。

以同体积比的方式进行试验，计算不同材料在单位体积下，其理论重量及承压重量，并实际用于试验以进行观测对比。

首先通过计算 1m$^3$ 假山用石的基础数据可知，通常作为假山材料的千层石其主要组成成分为白云石，密度为 2.86～3.20g/cm$^3$，通过质量计算公式$m=\rho V$可知其质量为 2860～3200kg，选取千层岩平均质量 3030kg，通过重力换算公式$G=mg$可知：1m$^3$ 千层岩的重力为 29.694kN，依据规范要求可知，其底部基础面荷载承重最低值为 44.541kN。

（2）选定试验材料和试验方案

经以上数据分析，以 1m$^3$ 千层石作为试验参照对象，以相应规范、材料特性和市场供应能力为选取依据，选定出黄土堆筑、砌筑加气混凝土砌块和砌筑聚苯乙烯承压挤塑泡沫三种方式进行试验，用来筛选最优材料（表 8.2-1）。

各区域实验方案表　　表 8.2-1

| 区域 | 试验材料 |
|---|---|
| 区域一 | 土试验 |
| 区域二 | 加气混凝土砌块试验 |
| 区域三 | 聚苯乙烯承压挤塑泡沫试验 |

①黄土：黄土是指原生的、成厚层连续分布，常含有古土壤层及钙质结核层，垂直节理发育，常形成陡壁的黄色沉积物。本试验以最优含水量的粉质黄土为试验材料，其干密度一般为 1.4～1.7g/cm$^3$，选取中间值即 1.55g/cm$^3$，通过面荷载计算可知，面荷载 = 密度 × 厚度即，1m$^3$ 干土的面荷载为：密度 1550kg/m$^3$ × 1m 厚 = 1550kN/m$^2$。即在标准计算公式下，1m$^3$ 干土层，单位面积最大可承受重力为 1550kN，单位体积重量为 1550kg。

②加气混凝土砌块：俗称“蒸压加气混凝土砌块”，根据我国现行规范《蒸压加气混凝土砌块》GB/T 11968 的标准，本试验选取 B05 级砌块干密度为 500kg/m$^3$，通过面荷载计算可知，面荷载 = 密度 × 厚度即，1m$^3$ 干土的面荷载为：容重 500kg/m$^3$ × 1m 厚 = 500kN/m$^2$，即在标准计算公式下，1m$^3$ 加气混凝土砌块，单位面积最大可承受重力为 500kN，单位体积重量为 3200kg。

③聚苯乙烯承压挤塑泡沫：挤塑聚苯乙烯泡沫是由含有挥发性液体发泡剂的可发性聚苯乙烯珠粒，经加热预发后在模具中加热连续挤压成型的白色物体，其有微细闭孔的结构特点。根据我国行业标准《土工用挤塑聚苯乙烯泡沫塑料（XPS）》QB/T 5167—2017，计

算挤塑板的容重，结合面荷载 = 密度 × 厚度的计算公式可知，$1m^3$ 挤塑聚苯乙烯泡沫块面荷载为：密度 $30kg/m^3 \times 1m$ 厚 = $30kN/m^2$。即在标准计算公式下，$1m^3$ 挤塑聚苯乙烯泡沫填充层，单位面积最大可承受重力为 30kN，单位体积重量为 30kg。

经过以上对比可知：在单位体积下黄土所能承受的面荷载最大，为 $1550kN/m^2$；而聚苯乙烯承压挤塑泡沫的重量最轻，为 30kg，其对下方从基础的压力最小。

（3）试验过程

建立健全的人员配置，包括管理人员、技术人员和辅助工人等，从而使施工有序进行。试验过程如下：

①材料准备

首先对试验材料进行挑选，主要为千层石、黄土、加气混凝土砌块和聚苯乙烯承压挤塑泡沫等，其中千层石选取质地平整、外轮廓均匀整石，选取重量分别为 0.2t、0.5t、3t、6t、10t、20t 各几组备用；黄土选用最优含水量的粉质细土；加气块选用 B05 级蒸压加气块；聚苯乙烯承压挤塑泡沫选用 B2 级挤塑泡沫，尺寸定制成 600mm × 600mm × 600mm 立方体；砌筑砂浆选用 M7.5 成品砌筑用水泥砂浆。因为根据压力转换公式$P$（压强）= $F$（压力）/$S$（面积）可知，单位面积内水泥砂浆的承压在达到 30kN 时其立方体抗压强度为 0.03MPa，砂浆强度达到 M7.5 表明其可承受的压强为 7.5MPa，远大于 $1m^3$ 千层岩施加的压强，且亦符合《河北省园林工程施工质量验收规程》DB13(J)/T 8336—2020 中对假山砌筑要求的砂浆强度。

②选取场地

对三个试验区域进行场地选择，主要为平整开阔区域，便于堆放景石、停放吊车。

③现场准备

首先对试验场地进行平整清理，确保场地空旷，且不受周边施工干扰，划定三个试验区，其中土试验区进行素土夯实，采用 25cm 一层进行人工回填夯实，回填厚度 1m，压实系数参照道路地基承载力设计不小于 0.93，回填压实后在压实区按 1m × 1m 撒出白灰线后将多余土方挖除，保留完整的 $1m^3$ 素土试验区。

区域二、区域三清理出场地后，分别采用 M7.5 砂浆砌筑 $1m^3$ 加气混凝土砌块和聚苯乙烯承压挤塑泡沫试验区，并现场喷水养护。

④静压试验

参照《建筑基桩检测技术规范》JGJ 106—2014 中单桩竖向抗压静载试验，试验方法为采用快速维持荷载法逐级加荷。试验中使用千层石对不同试验材料逐级加荷，每级荷载为预估极限荷载的 1/10 左右并选取整数加荷，第一级可按 2 倍分级荷载加荷，当试验体顶部荷载达到相对稳定后加下一级荷载直至达到设定荷载时停止并分级卸载。

具体如下：

对区域一土体试验对象，首先使用 20t 千层石居中静置于土体上方，千层石与土完全接触，观测土体顶部与千层石接触面沉降稳定，遂进行下一级 10t 千层石加荷，并逐级按此记录、加荷，直至完成并分级卸载测读数据记录。

对区域二加气混凝土砌块试验对象，首先使用 6t 千层石居中静置于砌体上方，千层石与砌体表面完全接触，观测砌体顶部与千层石接触面沉降稳定，遂进行下一级 3t 千层石加荷，并逐级按此记录、加荷，直至完成并分级卸载测读数据记录。

对区域三聚苯乙烯承压挤塑泡沫试验对象，首先使用 0.5t 千层石居中静置于砌体上方，千层石与砌体表面完全接触，观测砌体顶部与千层石接触面沉降稳定，遂进行下一级 0.2t 千层石加荷，并逐级按此记录、加荷，直至完成并分级卸载测读数据记录。

⑤观测记录

重点针对试验体表面的静载沉降进行观测。试验中每级加荷后按间隔 5min、10min、15min、15min、15min 分别进行 5 组顶部沉降观测，累计 1h 后将测出的 5 组数据进行记录并对比，当沉降不超过 0.1mm，且连续出现两次时，认为已达到相对稳定进行下一级加荷。

卸载时，每级荷载维持 1h，分别按 15min、30min、60min 测读沉降量后进行下一级卸载，完全卸载后测读顶部残余沉降量，测读间隔时间为 15min、30min、30min、30min、30min、30min、30min。

观测方法：

a. 设置观测点

观测点位于试验体表面与千层石接触面的侧面，且便于读取测量数据的部位。

b. 施测

采用二级水准测量，使用 2 台 DS1 型精密水准仪和因瓦条码标尺对施测部位进行读测，施测距离为 25m，基准点、首期及其他各期施测方法均采用单程双测站方式读测。

c. 记录数据

现场施测时，分别施测读数，及时记录数据信息并分析整理，整理后的读测数据借鉴“单桩竖向抗压静载试验记录表”进行填写记录。

d. 整理记录及数据分析

完成读测记录后，计算不同实验体的沉降量和总体沉降量，绘制竖向荷载—沉降曲线和沉降—时间对数曲线，分析实验体的承载力是否满足要求，并形成最终结论。

（4）结果与分析

通过计算三种实验体的不同加荷、卸载数据，对比验证出三种实验体均可达到假山地基承载力要求，且通过前期理论数据计算可知，在同等条件下，聚苯乙烯承压挤塑泡沫作为基础，其承载力数值接近并低于假山千层石的重力荷载，因此用于同样单位体积假山山体下部，作为填充替代材料时，其体积大于另外两种试验材料，可更大程度减少材料用量，实现资源优化利用。对比结果如下：

①不同材料重量分析（表 8.2-2）

单位体积下，$1m^3$ 不同材料的重量均小于同体积千层石的重量，其中聚苯乙烯承压挤塑泡沫最轻，仅为 0.03t；黄土重量最大，为 1.6t。

不同材料单位体积重量对比　　表 8.2-2

| 序号 | 材料名称 | 密度（$g/cm^3$） | 体积（$m^3$） | 质量（kg） | 重量（t） |
|---|---|---|---|---|---|
| 1 | 千层石 | 3.03 | 1 | 3030 | 3 |
| 2 | 黄土 | 1.55 | 1 | 1550 | 1.6 |
| 3 | 加气混凝土砌块 | 0.5 | 1 | 500 | 0.5 |
| 4 | 聚苯乙烯承压挤塑泡沫 | 0.03 | 1 | 30 | 0.03 |

②不同材料竖向抗压时体积对比（表 8.2-3）

同等体积压力荷载条件下，三种实验材料承压时所需要增加的体积不一样。其中，黄土与加气混凝土砌块体积为 1m$^3$，与传统千层石假山体积比为 1 : 1，且承压能力富余不能发挥增大体积替代千层石的优势；只有聚苯乙烯承压挤塑泡沫体积变为 1.5m$^3$，与传统千层石假山体积比为 1 : 1.5，实现了增大体积的优势。

不同材料单位承压下体积比　　表 8.2-3

| 序号 | 材料名称 | 面荷载要求（kN/m$^2$） | 单位面积承重（t） | 体积比 |
|---|---|---|---|---|
| 1 | 千层石 | 3030 | 204 | 1 : 0.01 |
| 2 | 黄土 | 1550 | 105 | 1 : 0.03 |
| 3 | 加气混凝土砌块 | 500 | 33 | 1 : 0.09 |
| 4 | 聚苯乙烯承压挤塑泡沫 | 30 | 2 | 1 : 1.5 |

（5）结论

通过对比分析，各类材料均满足降低假山荷载要求，且符合承压、耐久性能，但在经济性、资源利用率和压力荷载上，只有聚苯乙烯承压挤塑泡沫可实现大体积、轻量化和节约的要求，因此结论是聚苯乙烯承压挤塑泡沫优于黄土与加气混凝土砌块，更适合用于假山山体减荷处理。

3）主要技术质量标准

（1）施工质量标准

①进场材料需符合我国行业标准《土工用挤塑聚苯乙烯泡沫塑料》QB/T 5167—2017 中 4.3 物理力学性能指标，现场需进行抽样复检。

②基础处理。地基基础必须平整，压实度、灰土或级配碎石拌和均匀、回填夯实且满足《建筑地基基础工程施工质量验收标准》GB 50202—2018 的验收要求；混凝土垫层厚度达标，振捣充分，伸缩缝留置合理。

③管线敷设。引流管埋设于垫层下部，深入素土基础以下。管件连接牢固、管沟回填压实。引流槽深度、坡度合格。

④填充层砌筑参照山石砌筑标准，两者需同时满足《砌体结构工程施工质量验收规范》GB 50203—2011 中的有关要求。砂浆留置试块进行强度复检，现场砌筑砂浆饱满度不小于 80%，填充层紧密牢固无松动。

⑤山体外观自然优美，细部处理无漏洞。

⑥基础施工前和完工后对顶部进行平板静载试验，依据《建筑地基基础工程施工质量验收标准》GB 50202—2018 要求，预压地基压板面积不小于 1m$^2$。

（2）质量控制措施

①施工前做好深化设计，对假山各区域轮廓进行放样调整，施工前做好工人的交底工作，每道工序开展前均进行样板引路。

②过程中严格进行材料送检和报验，对涉及质量安全的地基基础、垫层施工、砂浆砌筑等重点工序质检员进行旁站监督。

③检查水泥质量、山石外观进行抽查，将存在开裂的山石剔除掉，防止施工中和施工

后的质量隐患。

④检查挤塑聚苯乙烯泡沫黏接密度，确保每块挤塑聚苯乙烯泡沫均黏接牢固、紧密贴合。山石与填充层间缝隙填充密实。

⑤山石缝隙采用小块碎石紧密填缝，砂浆全部涂抹到位，勾缝均匀。

⑥引流管回填前检查排水坡度、管件黏接强度，回填时采用蛙式打夯机按照“一夯压半夯”的方法压实。

⑦基层回填以不超过 25cm 一层分层回填、夯实。

**4）关键技术措施**

（1）采用砌筑挤塑聚苯乙烯泡沫替代传统山石技术

在施工中选用优质承压的 B2 级土工用挤塑聚苯乙烯泡沫，以总方量大于顶部千层石方量对假山内部进行填充以替换自然山石，填充层外部采用叠石方式组成假山外部框架结构，使整体形态上具备假山的景观效果，并在承重上降低假山对地基基础的荷载（图 8.2-1、图 8.2-2）。

图 8.2-1　采用砌筑挤塑聚苯乙烯泡沫填充假山内部核心

图 8.2-2　外部采用叠石方式组成假山外部框架结构

（2）引流槽与引流管的设置

敷设引流管要在施工放样后，依据划分的填充区位置将引流管埋设进填充区位置，管材可选用 PVC 排水管，管径 DN110，采用直角弯头连接一端伸入填充区，管顶高度保持在低于混凝土垫层完成面 50mm 左右，管口顶部四周在混凝土面初凝后抹成地漏状找坡。引流管另一端延伸出假山山体并与周边排水管网连接；间距依据垫层面积而定，最大间距不超过 5 米，可防止假山底部长期积水。

#### 8.2.3.2　雄安地区盐碱性园林种植土改良关键技术措施及实施

1）主要技术原理及特征

本技术改善盐碱土壤所添加的改良物质有：脱硫石膏、火山灰、牛粪和草炭土。其原理在于利用添加的改良物质可以有效地改良土壤的各项理化指标。通过利用脱硫石膏、火山灰、草炭土和牛粪这四种物质对盐碱性土壤的改良作用和四种物质配合施用方法改善盐碱土壤的理化性状。

2）主要实施内容

（1）对原始土壤的指标检测

为达到植物生长最适的土壤理化性状指标，依据河北省《园林工程施工质量验收规程》〔DB13(J)62—2006〕的要求，适合河北省城市园林绿化生长的最佳土壤质量指标分别为：①总孔隙度>10%；②pH 值 6.5～8.5；③含氮量 > 1.0g/kg；④含磷量 > 0.6g/kg；⑤含钾量 > 17g/kg；⑥有机质含量 > 10g/kg。⑦含盐量 0.12%～0.3%（当前含盐量数值多用 EC 值表示，正常的 EC 值范围在 1～4mmhos/cm 之间）。

本研究首先对试验区域进行了土壤指标的检测：在试验区域内随机抽取 10 个地点，每个地点随机取 0.5～1kg 土样（取样深度在距地表 50cm 左右）。本课题的样品指标数据送往专业实验室测得。得出的平均数据为：土壤总孔隙度为 8.42%；pH 值为 8.65；土壤 EC 值为 4.53mmhos/cm；有机质含量为 5.28g/kg；含氮量为 0.4g/kg；含磷量为 0.16g/kg；含钾量为 9.17g/kg。由 pH 值和 EC 值可得试验区域的土壤明显为盐碱土壤，由其他指标数据可得试验区域的土壤通气透水性差之外，养分含量也偏低。

（2）选定试验材料和土壤改良物质配比方案

针对试验区域的盐碱土壤性状，以功能、特点以及市场价格为依据筛选土壤改良物质，最终确定使用脱硫石膏、火山灰、牛粪和草炭土四种改良物质，这四种物质的主要功能分别为：

①脱硫石膏

脱硫石膏为浅灰色（图 8.2-3），性质稳定。其中含有大量的硫酸钙（$CaSO_4$）及少量亚硫酸钙（$CaSO_3$），硫酸钙主要成分为 90%的二水硫酸钙（$CaSO_4 \cdot 2H_2O$），10%的水。并且脱硫石膏还含有飞灰、碳酸钙等。脱硫石膏溶解产生 $Ca^{2+}$离子置换土壤胶体中的 $Na^{+}$离子，在水的作用下将被置换的钠盐从土壤中淋洗，从而降低了 pH 值、土壤含盐量，并改善土壤理化性质。

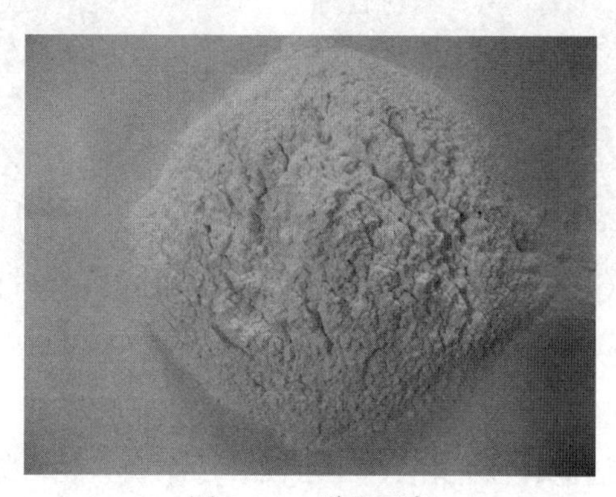

图 8.2-3　脱硫石膏

同时脱硫石膏可增强土壤的离子吸附能力，提高土壤持水性。脱硫石膏含有在燃煤脱硫过程中的飞灰，其中部分杂质及一些微量元素，对缺乏微量元素的土壤具有一定的改良作用。脱硫石膏会吸附土壤中的重金属离子（汞离子、锰离子、铅离子等），通过对重金属离子的吸附或沉淀作用，改变金属离子的存在状态，减少植物所吸收的重金属，降低其危害性。

脱硫石膏直接或间接地影响土壤中的微生物活动及植物的生长。脱硫石膏施用于土壤中，会分解出钙离子和硫离子。对植物来说，钙可以稳定细胞壁、可以稳定细胞膜结构、可以促进细胞伸长和细胞分裂、可以参与第二信使传递以及具有调节渗透作用和酶促作用。硫元素参与植物光合作用，形成铁氧还蛋白的铁硫中心，参与暗反应。此外硫元素还参与抗逆过程和蛋白质的合成。这两种元素对植物的生长过程起很大作用，是植物发育生长不可或缺的两种元素。

②火山灰

火山灰土体含有大量的氧化钙（CaO）、氧化镁（MgO），火山爆发遗留下来火山灰还蕴含着丰富的氮、磷、钾、铜、铁、镁、钙、微量元素以及矿物质。

火山灰土壤密度小，孔隙度与持水能力高，毛管持水量接近饱和水含量。呈微酸至中性，钙离子及全磷（即磷的总贮量，包括有机磷和无机磷两大类）、全钾（全钾反映了土壤钾素的总储量）含量高（磷在植物体内是细胞原生质的组分，对细胞的生长和增殖起重要作用；钾能维持植物细胞的正常含水量、减少水分的蒸腾损失和提高植物的含糖量）。

在盐碱性土壤中加入火山灰用于提高土壤的保水性和阳离子交换率，让土壤更好地保有水分和养料，而且还能很好地使水分持续地传递到植物根系中（图 8.2-4）。

③草炭土

草炭土中主要含有纤维素、半纤维素、木质素和腐殖酸等。其中腐殖酸含量常为 10%～30%，甚至最高可达 70%以上。草炭土在形成过程中，经过长期的淋溶以及自身分解，本身所含的养分少，但含有大量的纤维和腐殖酸，吸收肥料和保水的能力较强。施用在盐碱性土地里，由于其重量较轻，吸水性、通气性好，可以增加土壤的总孔隙度（图 8.2-5）。

图 8.2-4　火山灰

图 8.2-5　草炭土

④牛粪

牛粪中含有大量的有机质、腐殖酸、粗蛋白、粗脂肪、粗纤维，因此具有很高的有机养分。此外还含有植物所需的大量和微量元素，比如全氮含 3.2～41.3g/kg、全磷 2.2～

87.4g/kg，全钾 2.1～33.1g/kg、锌含量 31.3～634.7mg/kg、铜含量 8.9～437.2mg/kg 等。施用到盐碱性土壤中能有效地增加土壤有机养分，蓬松土壤，改善土地板结情况（图 8.2-6）。

图 8.2-6　牛粪

针对改良物质的添加用量，课题组选定多种配比方案，并进行试验。

在检测原始土壤指标的试验区域中，再分 6 个小试验区域，每个区域有 10 个试验点（种植穴），采用随机定测试点的方式进行（表 8.2-4）。

各处理土壤改良物质添加材料及配比　　表 8.2-4

| 区组 | 添加材料 | 配比 |
| --- | --- | --- |
| 区域一 | 草炭土 + 牛粪 | 草炭土：10kg/m³；牛粪：10kg/m³ |
| 区域二 | 脱硫石膏 + 牛粪 | 牛粪：10kg/m³；脱硫石膏：1.5kg/m³ |
| 区域三 | 火山灰 + 牛粪 | 牛粪：10kg/m³；火山灰：250g/m³ |
| 区域四 | 草炭土 + 脱硫石膏 + 牛粪 | 草炭土：10kg/m³；牛粪：10kg/m³；脱硫石膏：1.5kg/m³ |
| 区域五 | 草炭土 + 火山灰 + 牛粪 | 草炭土：10kg/m³；牛粪：10kg/m³；火山灰：250g/m³ |
| 区域六 | 草炭土 + 脱硫石膏 + 火山灰 + 牛粪 | 草炭土：10kg/m³；牛粪：10kg/m³；火山灰：250g/m³；脱硫石膏：1.5kg/m³ |

为了进一步验证土壤改良效果，我们在每个试验点（种植穴）中种入元宝枫作为实验树种。

试验苗木最终决定采用为胸径 12～14cm 的元宝枫。种植完毕后取每个处理胸径的平均值，分别是处理一：13.05cm；处理二：13.04cm；处理三：13.04cm；处理四：13.06cm；处理五：13.05cm；处理六：13.03cm。

（3）试验过程

建立健全的人员配置，包括管理人员、技术人员和辅助工人等，从而使施工有序进行。

试验过程如下：

①各实验点取土样及试验检测

4 月份在添加土壤改良物质和种植苗木之前，在每个试验点（种植穴）随机取 0.5～1kg 土样（取样深度在距地表 50cm 左右）。样品指标数据送往专业实验室测得，并计算出各处理区域数据的平均数。此后每隔 3 个月再按以上方法测一次数据，最后一次测数据由于验收时间原因，只隔 1 个月。

②试验场地清理和各处理种植穴定点放线

选定的试验场地有许多杂草、生活垃圾及建筑垃圾，为了确保研究试验的准确性，必须对试验场地进行彻底的清理。

试验场地宽阔，用网格法确定苗木定植点位置，然后用白灰或标桩在场地上标示出中心位置。

③各处理种植穴开挖和回填土备用

为了提高土壤改良的效果，本研究精准投放土壤改良物质，改变传统土壤改良物质大面积撒施的方式，采用种植穴穴施的方法。

种植穴在施用土壤改良物质和种植苗木前挖好，树穴挖掘的同时做好回填种植土的准备，回填种植土是种植穴挖掘的底土与土壤改良物质的掺拌物。

④土壤改良物质的进场验收

脱硫石膏、火山灰、牛粪和草炭土进场后进行质量验收工作：检查相关产品合格证及有关检验报告，脱硫石膏呈灰白色粉末状；火山灰呈砖红色粉末状；牛粪检查是否腐熟，即没有粪臭味和颜色呈黑色，并且是松散状态（有的牛粪过于干燥，使用时在其表面稍微洒水使其整体湿润即可）；草炭土呈深灰或黑色，能看到未完全分解的植物结构（图 8.2-7）。

⑤各处理底土与改良物质均匀搅拌制备成种植土

为了充分的搅拌，搅拌时使用滚筒搅拌机。先将底土放入搅拌机内，然后依照各处理要求添加的改良物质进行依次搅拌。添加脱硫石膏和火山灰的处理，搅拌过程中不得掺入水，否则脱硫石膏和火山灰易凝结成块，不好均匀散开。

每个处理的材料搅拌 30min。搅拌机搅拌完成后再进行人工的精细翻拌，检查无黏土、砂土、碴砾土即可。

⑥种植穴底部添加制备好的种植土

为了使植物根部充分接触改良物质，苗木种植前，把制备好的种植土均匀撒在种植穴底部，撒至总深度的 1/5。

⑦苗木栽植

元宝枫进场之后进行质量验收，查看苗木是否生长健壮，土球是否完整。验收合格后当天种植完毕，栽植前先剪去在运输中不慎造成的断枝、断根。树木入穴后，尽量拆除草绳、蒲包等包扎材料。

⑧种植土浇水溶解改良物质

苗木定植后，在距种植穴外沿 15～20cm 位置用细土筑成高 15～20cm 的围堰，人工踏实或用铁锹拍实，做到不跑水、不漏水。

在土球四周均匀注水并控制水流速度，严禁急流冲毁围堰，不可直冲土球或苗木根部，发现跑漏水时，应及时进行封堵。

灌水后认真检查每个处理的土球是否灌透，检查方法：用钢钎或竹棍在土球上扎眼，如下面松软说明已灌透水，若下面土球坚硬说明水未灌透，未灌透的应及时补灌。

⑨每天对各处理实验点土壤及苗木进行养护

添加完土壤改良物质及苗木种植完毕后，安排专人，每天检查实验点土壤中是否有垃圾应清除，同时定期检查苗木长势、水分及支撑情况，水分不足须及时安排浇水，支撑松动的须加固，并做好基础养护工作。

做好病虫害的防治工作，发现病虫害及时防治。及时拔除或铲除树盘杂草，大雨后或多次浇水出现土壤表层板结时应及时进行松土。

⑩土壤改良后对土壤进行各项指标测定，对元宝枫的胸径进行测量。

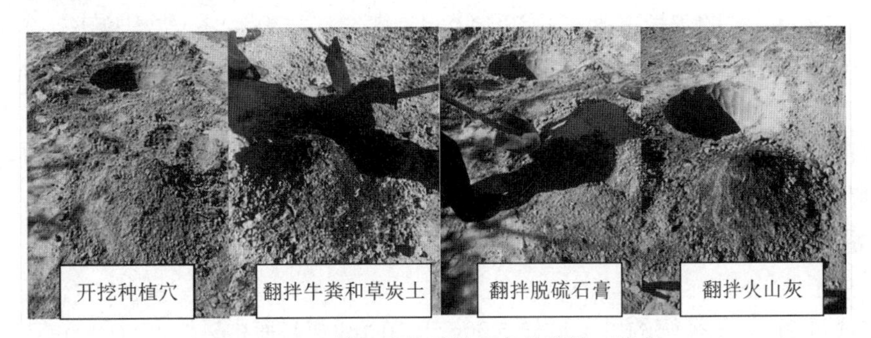


图 8.2-7 土壤改良物质施用各阶段施工流程

（4）试验结果

改良完成后在 6 个试验区域（种植穴）各取 10 份土样（取样深度在距地表 50cm 左右）用于测定改良后土壤的 7 项指标范围。除土壤孔隙度指标用环刀法测定外，其余土样风干后测定样品指标数据。各指标测定方法如下：

①土壤孔隙度用环刀法进行测定：

a. 采用环刀法取种植穴中土壤，在刮平过程中有植物根系时，一定要先用剪刀将根系剪断，然后再用刀片刮平。如果在刮平过程中不小心环刀内的土壤被根系带出，应该重新取样。刮平后在环刀上加盖滤纸和顶盖。

b. 用土壤铲将加盖滤纸和顶盖的环刀从土壤中挖出，使环刀底面朝上，用土壤刀轻轻刮去多余土壤，使环刀中的土壤面与环刀下沿平齐后，加盖滤纸、底网和底盖。用宽胶带包裹环刀，以防环刀盖脱落。取样过程中切忌左右晃动环刀或用重物将环刀砸入土中。

c. 将称重后的环刀去掉上盖和底盖（一定要保留底网），并将其放在平底塑料盆或其他容器内，在容器内加水至环刀上沿（水面一定不能超过环刀上沿），并注意加水以保持水位，放置数小时，环刀内土壤充分吸水直至饱和后，将环刀从容器内拿出，迅速擦干环刀外面的水分后加盖顶盖和底盖，称饱和重$W1$。

d. 称重后将环刀顶盖和底盖打开，放入 105℃烘箱中烘干至恒重，干燥后待烘箱中的温度降到室温时。打开烘箱，拿出环刀，加盖顶盖和底盖后称干重$W2$。

设环刀的体积为$V$，则土壤孔隙度用下面公式计算：

土壤总孔隙度 $= (W1 - W2)/V \times 100\%$

②土壤 pH 值测定

将风干后的土壤过 1mm 的筛孔后，从中称取 10g 放置 25ml 烧杯中，加入 10ml 蒸馏水摇匀（土水比 1∶1），静置 30min，用 pH 计测定悬液悬液上部清液中的 pH 值。

③氮离子值的测定

称取通过 2mm 孔径筛的风干试样 2g 土样于扩散皿外圈中，加入 2ml 硼酸指示剂于内圈，然后加入 10ml 浓度为 1mol/L 的氢氧化钠溶液于外圈，涂上甘油，盖上毛薄片，捆上橡皮筋后放置 24h 后用空白溶液（以 10.00ml 碳酸氢钠浸提剂代替土壤浸提液，同上处理）

为参比，用1cm光径比色皿在波长700nm处比色，测量吸光度。

④磷离子值的测定

称取通过2mm孔径筛的风干试样2.50g，置于200ml塑料瓶中，加入约1g无磷活性炭，加入25℃±1℃的碳酸氢钠浸提剂50.0ml，摇匀，在25℃±1℃温度下，于振荡器上用180r/min±20r/min的频率振荡30±1min，立即用无磷滤纸过滤于干燥的150ml三角瓶中。吸取滤液10.00ml于25ml比色皿中，加入显色剂5.00ml，慢慢摇动，排出$CO_2$后加水定容至刻度，充分摇匀。在室温高于20℃处放置30min，用空白溶液（以10.00ml碳酸氢钠浸提剂代替土壤浸提液，同上处理）为参比，用1cm光径比色皿在波长700nm处比色，测量吸光度。

⑤钾离子值的测定

称取通过2mm孔径筛的风干试样5.00g于200ml塑料瓶中，加入50.00ml乙酸铵溶液（土液比为1∶10），盖紧瓶塞，摇匀，在15℃～25℃下，于振荡器上用150r/min～180r/min振荡 30min，干过滤。滤液直接在火焰光度计上测定或经适当稀释后用原子吸收分光光度计测定。

⑥有机质含量的测定

准确称取通过60号筛的风干土样0.1～0.5g，放入干燥硬质试管中，用移液管准确加入0.1333mol/L重铬酸钾溶液5ml，再用量筒加入浓硫酸5ml，小心摇动。将试管插入铁丝笼内，放入预先加热至185℃～190℃间的油浴锅中，此时温度控制在170℃～180℃之间，自试管内大量出现气泡时开始计时，保持溶液沸腾5min，取出铁丝笼，待试管稍冷却后，用草纸擦拭干净试管外部油液，放凉。经冷却后，将试管内容物洗入250ml的三角瓶中，使溶液的总体积达60～80ml，酸度为2～3mol/L，加入邻啡罗啉指示剂3～5滴摇匀。用标准的硫酸亚铁溶液滴定，溶液颜色由橙色（或黄绿色）经绿色、灰绿色变到棕红色即为终点。在滴定样品的同时，必须做两个空白试验。取其平均值，空白试验用石英砂或灼烧的土代替土样，其余操作相同。

$$\text{有机质含量} = c\frac{(V_0-V)\times 0.003\times 10724\times 1.1}{\text{风干样重}\times\text{水分系数}}\times 100\%$$

式中：$c$——表示硫酸亚铁消耗摩尔浓度（mol/L）；

$V_0$——空白试验消耗得硫酸亚铁溶液的体积（ml）；

$V$——滴定待测土样消耗的硫酸亚铁的体积（ml）；

0.003——1/4mmol碳的克数；

10724——由土壤有机碳换算成有机质的换算系数；

1.1——校正系数（用此法氧化率为90%）。

⑦土壤EC值的测定

EC值是用来测量溶液中可溶性盐浓度的。风干后的土壤过1mm的筛孔后，从中称取10g放置25ml烧杯中，加入10ml蒸馏水摇匀（土水比1∶1），振荡5min后用滤纸过滤。用EC计测定滤出液的EC值。

⑧胸径的测量于4月试验开始时到10月试验结束时，每隔3个月在距离地表1.3m处进行测量。

（5）结果与分析

从 2021 年 4 月份开始，每隔 3 个月对各处理的实验区域土壤进行取样测定各理化指标，算出平均值。

①不同土壤改良物质对各处理土壤孔隙度的影响

由图可知，每种土壤改良物质对各处理的土壤孔隙度都起到了改良的作用，其中处理六土壤孔隙度增长最大，而且在 2021 年 10 月份达到峰值并在以后几个月内增幅趋于平稳，峰值时期土壤孔隙度为 12.06%（图 8.2-8）。

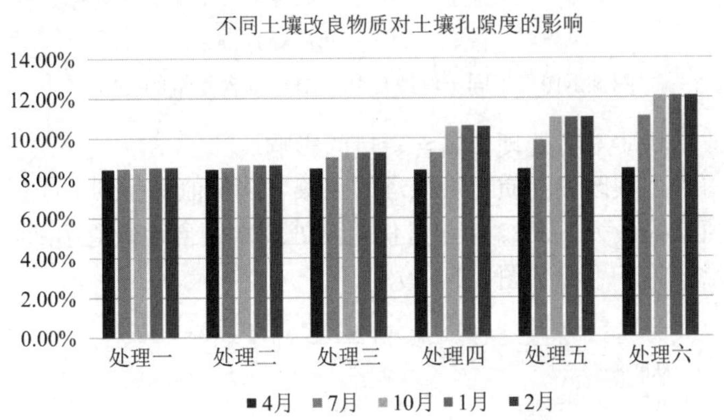


图 8.2-8　不同土壤改良物质对土壤孔隙度的影响

②不同土壤改良物质对各处理土壤 pH 值的影响

由图可知，每种土壤改良物质对各处理的土壤 pH 值都起到了积极中和的作用，其中处理六 pH 值降幅最大，而且在 2021 年 10 月份达到谷值并在以后几个月内降幅趋于平稳，谷值时 pH 值为 7.50（图 8.2-9）。

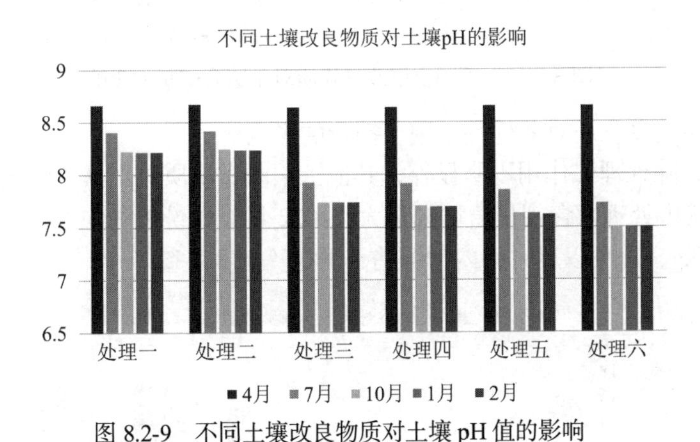


图 8.2-9　不同土壤改良物质对土壤 pH 值的影响

③不同土壤改良物质对各处理土壤含氮量的影响

由图可知，每种土壤改良物质对各处理的土壤含氮量值都起到了积极的改善作用，其中处理六含氮量值增幅最大，而且 2021 年 10 月份检测中各处理的含氮量值，处理五、处理六的含氮量均达到规范要求，处理五和处理六的增长幅度均在 2022 年 1 月份达到峰值并在以后时间内增幅趋于平稳，其中处理五峰值为 1.11g/kg，处理六峰值为 1.15g/kg（图 8.2-10）。

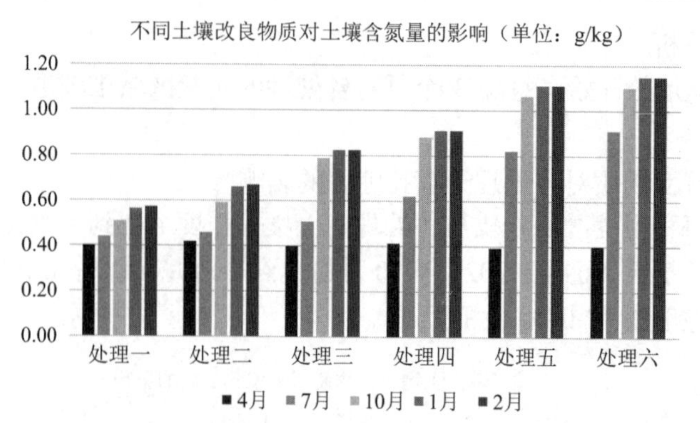


图 8.2-10　不同土壤改良物质对土壤含氮量的影响

④不同土壤改良物质对各处理土壤含磷量的影响

由图可知，每种土壤改良物质对各处理的土壤含磷量值都起到了积极的改善作用，其中处理六含磷量值增幅最大，2022 年 1 月份检测处理六的含磷量值达到峰值为 0.73g/kg，并在以后时间内增幅趋于平稳（图 8.2-11）。

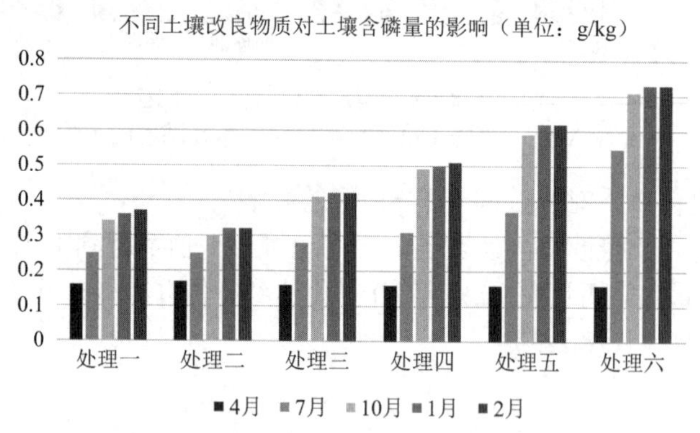


图 8.2-11　不同土壤改良物质对土壤含磷量的影响

⑤不同土壤改良物质对各处理土壤含钾量的影响

由图可知，除处理二作用不明显外，其他土壤改良物质对土壤含钾量值都起到了积极的改善作用，其中处理六含钾量值增幅最大，2022 年 1 月份检测中处理六的含钾量值达到峰值为 17.56g/kg，并在以后时间内增幅趋于平稳（图 8.2-12）。

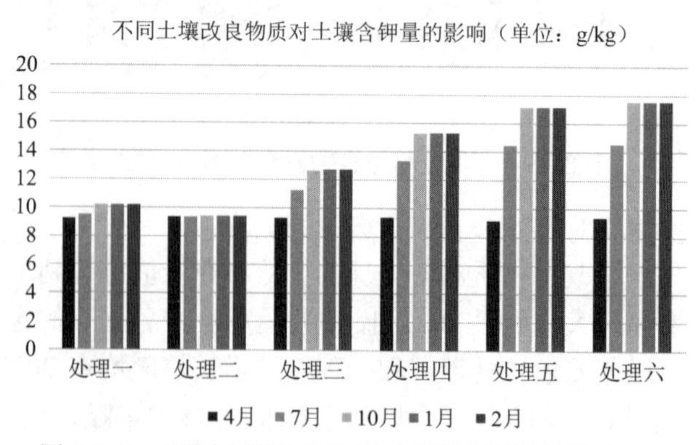


图 8.2-12　不同土壤改良物质对土壤含钾量的影响

⑥不同土壤改良物质对各处理土壤有机质含量的影响

由图可知，除处理一和处理二外，其他土壤改良物质对各处理的土壤有机质含量都起到了改善作用，其中处理六有机质含量增幅最大且在 2021 年 10 月份达到峰值为 10.21g/kg，并在以后几个月内增幅趋于平稳（图 8.2-13）。

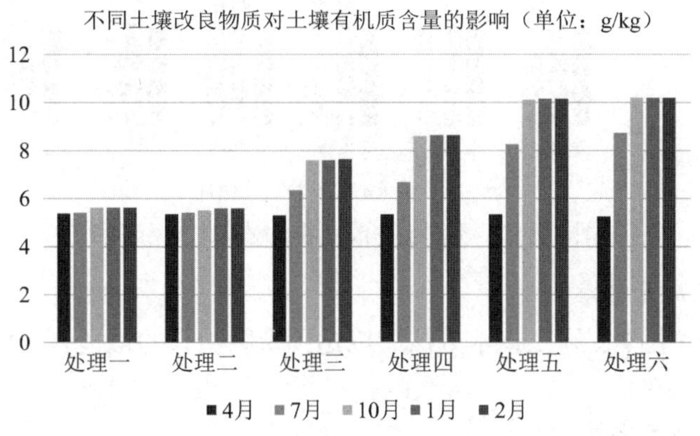


图 8.2-13　不同土壤改良物质对土壤有机质含量的影响

⑦不同土壤改良物质对各处理土壤 EC 值的影响

由图可知，每种土壤改良物质对各处理的土壤 EC 值都起到了积极的改善作用，其中处理六土壤 EC 值降幅最大。2021 年 10 月份检测中处理六的土壤 EC 值达到谷值为 2.82mmhos/cm，并在以后几个月降幅趋于平稳（图 8.2-14）。

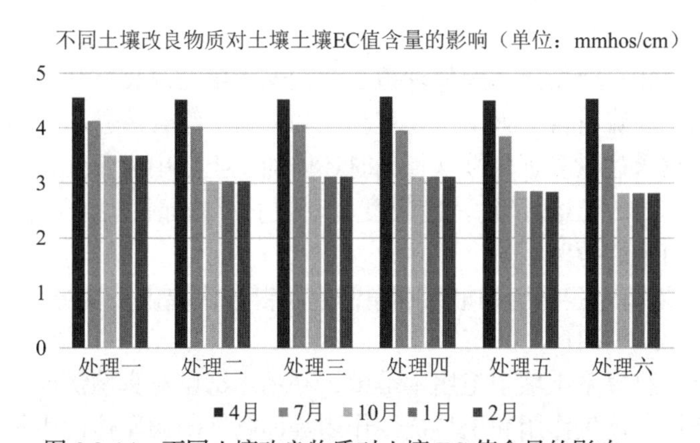


图 8.2-14　不同土壤改良物质对土壤 EC 值含量的影响

⑧不同土壤改良物质对各处理试验苗木胸径的影响

由图可知，每种土壤改良物质对各处理的胸径增长都起到了积极的促进作用，其中处理六的苗木胸径增幅最大。2021 年 10 月份测量各处理的苗木胸径，处理六的胸径值的最大，为 14.8cm（图 8.2-15）。

（6）结论

不同处理的土壤改良物质均对盐碱性土壤的理化性状起到改善作用。其中处理六，即草炭土 + 脱硫石膏 + 火山灰 + 牛粪（草炭土：10kg/m$^3$；牛粪：10kg/m$^3$；火山灰：250g/m$^3$；脱硫石膏：1.5kg/m$^3$）配比成的土壤改良物质对土壤理化性状改良效果最好，同时对苗木生长也起到了积极的作用。

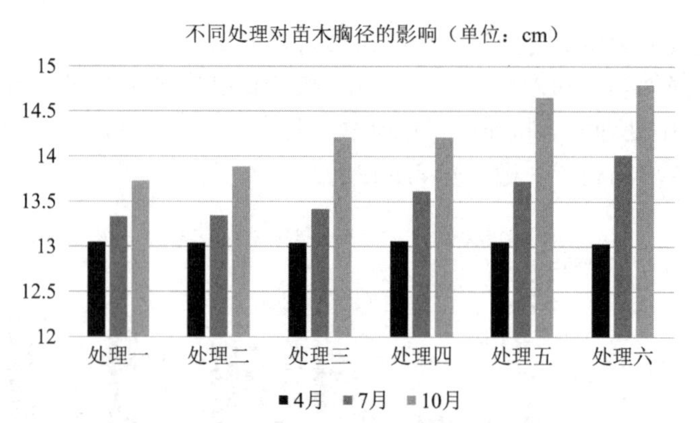


图 8.2-15 不同土壤改良物质对苗木胸径的影响

3）主要技术质量标准

通过研究种植土改良施工技术方法，以达到植物生长的最适合土壤环境。

总孔隙度：＞10%；

pH 值：6.5～8.5 之间；

含氮量：＞1.0g/kg；

含磷量：＞0.6g/kg；

含钾量：＞17g/kg；

有机质含量：＞10g/kg；

EC 值：2～3mmhos/cm。

4）关键技术措施

本技术通过对比农业用土及园林种植土和盐碱土壤的改良方法，采用添加经济有效的盐碱土改良物质（脱硫石膏、火山灰、草炭土和牛粪）综合改善了盐碱土的土壤孔隙率、土壤 pH 值、土壤含盐量等理化性状，同时还增加了土壤中大量元素和有机质含量，进而达到植物最适合生长的土壤环境。一定程度上改变了园林行业盐碱土壤改良方法的单一性，有效地降低了种植土的盐碱性。

8.2.3.3 木霉菌对园林植物根系病害防治关键技术措施及实施

1）主要技术原理及特征

通过在园林植物根系土壤中施用木霉菌，利用木霉菌对真菌病原体的竞争作用、重寄生作用、拮抗作用、抗生作用和诱导抗性作用等抑制真菌病原体的生长，从而达到抑制真菌的效果。

木霉菌属于真菌门，半知菌亚门，丝孢纲，丝孢目，丛梗孢科，木霉属。具有适应性广、生存能力强等特点，在自然界中十分广泛分布。木霉菌能分泌多种水解酶通过与植物形成共生体分泌生长素、次生代谢产物等方式来提高植物抗病性并促进植物生长。木霉菌还能提高植物抗病性的相关蛋白，可提高植物体内活性氧的积累，同时诱导相关抗病基因的表达，提高植物对病原菌的抗病性。

木霉菌通过竞争作用、重寄生作用、抗生作用、诱导抗性作用和促生作用等抑制真菌病原体的生长。

木霉菌的竞争作用：木霉菌对营养和空间具有很强的竞争能力，能够有效抑制植物病原菌生长。木霉菌对环境有着很强的适应性，通过自身的快速生长、繁殖来夺取植物根际附近的养分和空间，消耗空气中的氧气，从而削弱植物病原菌的生长。木霉菌的生长速度远远大于植物病原菌的生长速度，因此，能够有效抑制植物病原菌生长。

木霉菌的重寄生作用：重寄生作用是木霉菌生物防治中重要机制之一。木霉菌能够侵入核盘菌菌丝内部，依附、缠绕在病原菌菌丝上，最终使核盘菌菌丝体断裂，直至解体。

木霉菌的抗生作用：木霉菌通过分泌拮抗性物质来抑制植物病原菌的生长。木霉菌可产生上百种抗菌次生代谢产物，包括木霉素、胶霉素、绿木霉素、抗菌肽等。这些次生代谢产物能够起到抗菌、促进植物生长的作用。

木霉菌的诱导抗性作用：一是通过调节激发子或效应因子达到调节植物抗病反应的作用；二是通过木霉菌产生的细胞壁降解酶，让细胞壁释放具有诱导植物抗性作用的寡糖类物质。

木霉菌的促生作用：能够产生促进植物生长的物质、提高土壤中营养物质的溶解性、改善植物根际微生态，从而促进植物吸收与生长（图 8.2-16）。

图 8.2-16　木霉菌粉剂

2）主要实施内容

（1）首先确定各指标的测定方案

①菌落群的测定：

制备土壤稀释液，准确称取 1g 土样，放入盛有 99ml 无菌水的锥形瓶（250ml，放有小玻璃珠）中，用手或摇床振荡 20min，即制成 102 倍的稀释液。用 1mL 无菌移液管，吸取 102 倍稀释液 0.5mL，移入装有 4.5ml 无菌水的试管中，配制成 103 倍稀释液。移液时，要将移液管插入液面，吹吸 3 次，每次吸上的液面要高于前一次，让菌液混合均匀并减少稀释中的误差。每配一个稀释度要换用一支移液管。

取样及倒平板将无菌培养皿编号，依次为 1、2、3、4、5，每一号码设置 5 个重复。用无菌移液管三支，分别吸取土壤稀释液各 0.2ml，注入相应编号的培养皿中。将已灭菌牛肉膏蛋白胨琼脂培养基溶化，待冷却至 45℃～50℃左右，倾入到无菌培养皿中，每皿约 15ml，轻轻转动培养皿，使土壤稀释液与培养基混合均匀。

培养将上述接种好的平板培养基冷却后，倒置放入 28℃～30℃的恒温培养箱中培养 24～36h，直至长出菌落为止。

观察记录实验中得到的菌落数。

②氮离子值的测定

称取通过 2mm 孔径筛的风干试样 2g 土样于扩散皿外圈中，加入 2ml 硼酸指示剂于内圈，然后加入 10ml 浓度为 1mol/L 的氢氧化钠溶液于外圈（用针筒吸取，不需准确，过量即可），涂上甘油，盖上毛薄片，困上橡皮筋后放置 24h 后用空白溶液（以 10.00ml 碳酸氢钠浸提剂代替土壤浸提液，同上处理）为参比，用 1cm 光径比色皿在波长 700nm 处比色，测量吸光度。

③磷离子值的测定

称取通过 2mm 孔径筛的风干试样 2.50g，置于 200ml 塑料瓶中，加入约 1g 无磷活性炭，加入 25℃ ± 1℃的碳酸氢钠浸提剂 50.0ml，摇匀，在 25℃ ± 1℃温度下，于振荡器上用 180r/min ± 20r/min 的频率振荡 30 ± 1min，立即用无磷滤纸过滤于干燥的 150ml 三角瓶中。

吸取滤液 10.00ml 于 25ml 比色皿中，加入显色剂 5.00ml，慢慢摇动，排出 $CO_2$ 后加水定容至刻度，充分摇匀。在室温高于 20℃处放置 30min，用空白溶液（以 10.00ml 碳酸氢钠浸提剂代替土壤浸提液，同上处理）为参比，用 1cm 光径比色皿在波长 700nm 处比色，测量吸光度。

④钾离子值的测定

称取通过 2mm 孔径筛的风干试样 5.00g 于 200ml 塑料瓶中，加入 50.00ml 乙酸铵溶液（土液比为 1∶10），盖紧瓶塞，摇匀，在 15℃～25℃下，于振荡器上用 150r/min～180r/min 振荡 30min，干过滤。滤液直接在火焰光度计上测定或经适当稀释后用原子吸收分光光度计测定。

⑤栾树胸径的测量于 7 月试验开始时和 10 月在距离地表 1.3m 处进行测量，算出各处理的胸径平均数。

⑥对原始土壤的检测

课题开始之后对试验区域进行了土壤真菌群落及氮磷钾元素的检测：在试验区域内选取 1 个地点取 0.5～1kg 土样（取样深度在距地表 50cm 左右）。本课题的样品指标数据送往专业实验室测得。得到的实验结果如图 8.2-17。

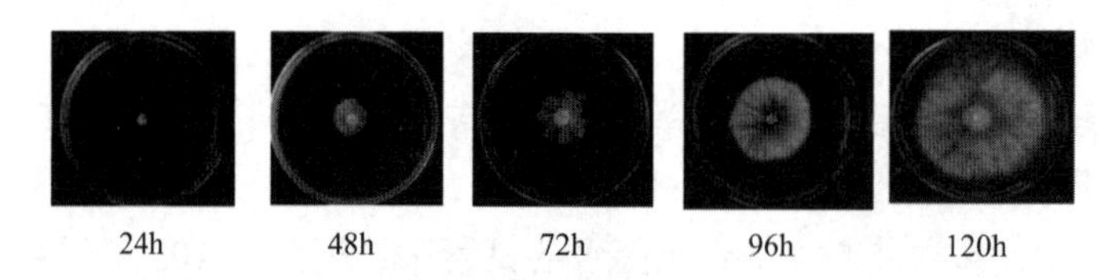


图 8.2-17　原始土壤真菌群落 120h 内繁殖情况

上图分别是土壤样品在培养箱中加入琼脂后 24h、48h、72h、96h、120h 的生长状态，由此可得原始土壤中真菌生命力强，生长速度快。

并且原始土壤含氮量为 0.31g/kg，含磷量为 0.2g/kg，含钾量为 8.27g/kg。依据河北省《园林工程施工质量验收规程》〔DB13(J)62—2006〕的要求，适合河北省城市园林绿化生长的氮磷钾指标分别为：含氮量 > 1.0g/kg，含磷量 > 0.6g/kg，含钾量 > 17g/kg。所以原始土壤营养元素贫瘠，需要进行病害防治及土壤改良。本课题研究过程中严格遵照河北省《园林工程施工质量验收规程》〔DB13(J)62—2006〕，保证工程质量与后期进行试验数据分析研究的准确性。

（2）选定试验材料和木霉菌配比添加方案

由以上情况，对木霉菌的施用方法选定多种配比方案，并进行试验。并且为了与以往的植物根系真菌病害治理效果比较，试验中还同时施用恶霉灵。

本试验中共分 5 个处理，每个处理有 8 个试验点，采用随机定测试点的方式进行（表 8.2-5）。

此试验分为 5 个处理：处理一：不做任何处理，为空白对照；处理二：恶霉灵可溶液剂对水稀释为 200～300 倍液；处理三：150g 木霉菌肥料加 10L 水灌根；处理四：150g 木霉菌肥料加 15L 水灌根；处理五：150g 木霉菌肥料加 10L 水和 1kg 红糖灌根及牛粪（10kg/$m^3$）。每种处理采用随机区组，每组分别为 5 个测试点。三个月期间每月施用木霉菌肥和恶霉灵一次。

木霉菌肥生物防治试验对照处理　　表 8.2-5

| 区组 | 添加材料 | 备注 |
| --- | --- | --- |
| 处理一（空白对照） | 种植土 | 种植土 |
| 处理二 | 种植土＋恶霉灵 | 恶霉灵可溶液剂对水稀释为 200～300 倍液 |
| 处理三 | 种植土＋木霉菌肥 | 150g 木霉菌肥料＋10L 水 |
| 处理四 | 种植土＋木霉菌肥 | 150g 木霉菌肥料＋15L 水 |
| 处理五 | 种植土＋木霉菌肥＋红糖＋牛粪 | 150g 木霉菌肥料＋10L 水＋1kg 红糖＋牛粪（10kg/$m^3$） |

为了进一步验证各处理的试验效果，预在每个试验点中种入栾树（经过资料调查，栾树根部易受真菌感染，病害严重）。

试验苗木最终决定采用为胸径 11～12cm 的栾树。种植完毕后取每个处理胸径的平均值，分别是处理一：11.03cm；处理二：11.07cm；处理三：11.04cm；处理四：11.05cm；处理五：11.05cm。

（3）试验过程

试验过程如下：

①试验场地清理和各处理种植穴定点放线

为了确保课题试验准确性，必须对试验场地进行彻底的清理。本试验场地宽阔，定点放线采用坐标方格网法，定点时先在设计图上量好树木对其方格的纵横坐标距离，再按比例定出现场相应方格的位置，用钉木桩或撒灰线标明。

②各处理种植穴开挖及回填土与牛粪均匀搅拌成种植土

使用挖掘机挖掘树穴，挖掘前必须用白灰标出树穴范围。处理五中由于加入牛粪，所以在树穴开挖后将底土与牛粪均匀搅拌成种植土，将底土先放入滚筒搅拌机内开始搅拌，然后放入牛粪。每立方米掺入 10kg 的牛粪。搅拌 30min。搅拌机搅拌完成后再进行人工的精细翻拌，检查无黏土、砂土、碴砾土即可。

③栾树栽植

栾树进场之后进行验收，查看苗木是否生长健壮，土球是否完整。验收合格后当天种植完毕，栽植前先剪去在运输中不慎造成的断枝、断根。

④木霉菌肥及恶霉灵施用

依据制定的施用方案各处理进行木霉菌和恶霉灵的施用。处理一：不作任何处理，为空白对照；处理二：150g 木霉菌肥料加 10L 水灌根；处理三：150g 木霉菌肥料加 15L 水灌根；处理四：恶霉灵可溶液剂对水稀释为 200～300 倍液；处理五：150g 木霉菌肥料加 10L 水和 1kg 红糖灌根及牛粪（$10kg/m^3$）。

为了最大限度地靠近植物根系，让其与植物根系最大限度地接触，也使木霉菌在根系周围充分繁殖，选用灌根的方式施用。

木霉菌肥施用时的注意事项：

a. 调控好土壤的地温：首先木霉菌肥施入到土壤中要调控好地温。一般木霉菌肥中的微生物菌生命体活动最为活跃温度是在 19℃～26℃，低于 10℃或高于 40℃，施用效果较差。因此想要木霉菌肥快速繁殖生长见效果，在早上或是傍晚施用木霉菌肥。

b. 调控好土壤的湿度：木霉菌肥最适合快速繁殖的土壤湿度是 60%～75%左右，土壤含水量不足不利于木霉菌的繁殖和生长，但如果土壤浇水量过大会导致土壤透气性不良，含氧量较少的情况下也不利于木霉菌的繁殖和生长，一般在土壤见干见湿时木霉菌的生命活动力最为活跃。因此，除调控好施用地地温外，土壤的湿度也是一个重要因素。一般情况下，每次浇水应选在时隔 24～48h 后进行，在隔天的晴天上午进行浇水，在这段时间内浇水有利于地温的恢复。浇水时注意要浇小水，切勿大水漫灌，浇水后应及时划锄，以增加土壤透气性，促进木霉菌的生命活动。

c. 控制好土壤的 pH 值：土壤偏碱或偏酸都不利于木霉菌的生长繁殖。一般情况下土壤 pH 值在 6.5～7.5 之间时最适合木霉菌的繁殖。

d. 为木霉菌提供充足的养分：木霉菌肥是一种含菌量较高的生物肥，施用于土壤后需要 2～3 个星期才能发挥肥效，在氮元素的作用下繁殖和生长的效果更好，所以在施用木霉菌肥时要适量地配合施用少量的氮肥，一般情况下亩施复合肥 30～40kg 即可。如与有机肥料配合施用，一般情况下亩施有机肥 150～400kg，这可以加快改善土壤的理化性状，增加土壤有机质的含量，提高木霉菌的活性。

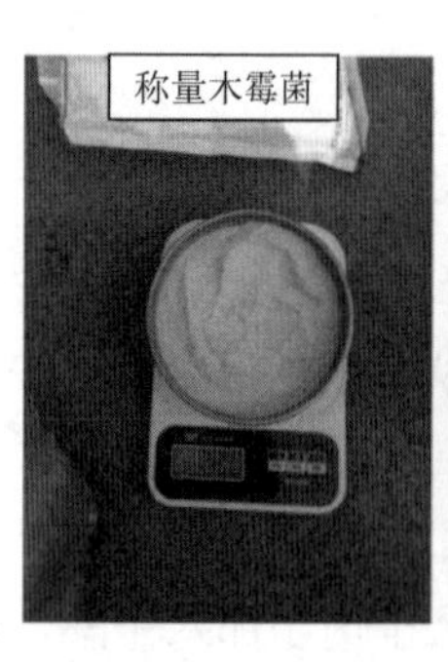

图 8.2-18　木霉菌肥施用各阶段施工流程

e. 尽量避免与大量化肥同时施用：大量地冲施化肥对土壤中木霉菌的伤害很大。因此，对于施用木霉菌肥的土地，应少施大量元素水溶肥等化学肥料，或是大量施用化肥一个星期后再施用木霉菌肥（图 8.2-18）。

⑤定期对各处理实验点土壤及苗木进行养护

安排专人，定期检查实验点土壤中是否有垃圾应清除，同时定期检查苗木长势、水分及支撑情况，水分不足须及时安排浇水，支撑松动的须加固，并做好基础养护工作。

做好病虫害的防治工作，发现病虫害及时防治。及时拔除或铲除树盘杂草，大雨后或多次浇水后出现土壤表层板结时应及时进行松土。

⑥对各处理土壤取样及栾树胸径的测量

（4）试验结果与分析

①各处理菌落群对比

分别对各处理的实验点土壤进行取样测定菌落群生长状态，比较各处理的菌落群状态。同时对各处理栾树的胸径按计划测量，算出平均数，判断各处理对苗木的影响。对比结果如图 8.2-19。

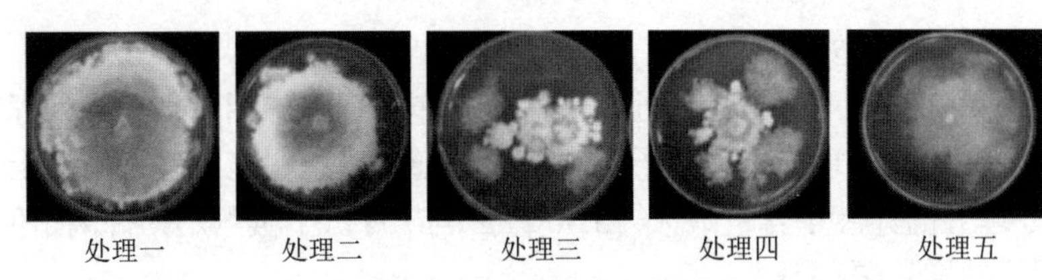


图 8.2-19　各处理菌落群加入琼脂在培养箱培养 7d 后的生长状态

由上图可知，处理三、四、五明显比处理一、二的真菌生长状态弱，说明施用木霉菌肥对土壤真菌的抑制作用是明显有效的，并且作用明显高于施用恶霉灵。

处理五明显比处理三、四的真菌生长状态弱，说明施用木霉菌的方案中处理五是最有效的，即 150g 木霉菌肥料 + 10L 水 + 1kg 红糖 + 牛粪（10kg/$m^3$）。

②各处理氮离子值的对比

由图 8.2-20 可知，施用木霉菌的处理明显比不作处理和施用恶霉灵的处理对土壤氮离子的增加作用要好，并且处理五的氮离子含量最大时（0.75g/kg）与 7 月份土壤测定的氮离子值（0.31g/kg）相比较，处理五的增长幅度最大。

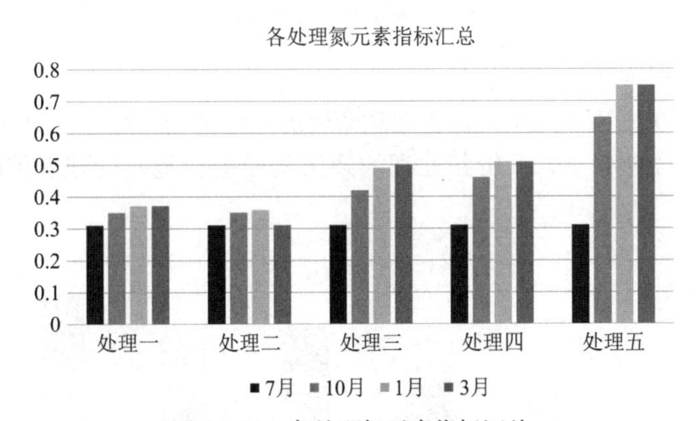


图 8.2-20　各处理氮元素指标汇总

③各处理磷离子值的对比

由图 8.2-21 可知，施用木霉菌的处理明显比不作处理和施用恶霉灵的处理对土壤磷离子的增加作用要好，并且处理五的磷离子含量最大时（0.47g/kg）与 7 月份土壤测定的磷离子值（0.2g/kg）相比较，处理五的增长幅度最大。

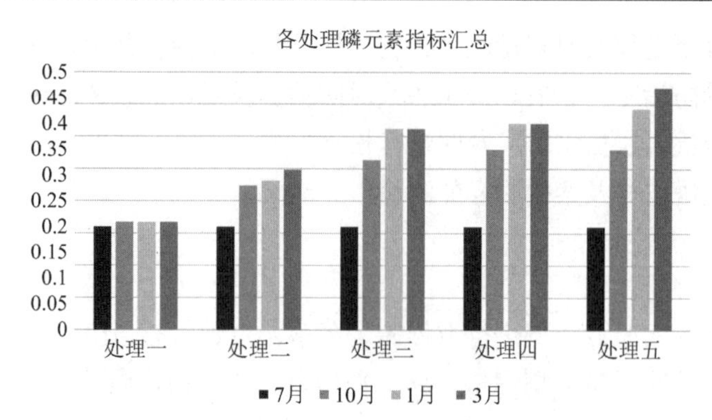


图 8.2-21　各处理磷元素指标汇总

④各处理钾离子值的对比

由图 8.2-22 可知，施用木霉菌的处理明显比不作处理和施用恶霉灵的处理对土壤钾离子增加作用要好，并且处理二的钾离子没有明显的增长，说明施用恶霉灵对土壤钾离子增长没有作用。处理五的钾离子含量最大(13.56g/kg)与7月份土壤测定的钾离子值(8.27g/kg)相比较，处理五的增长幅度最大。

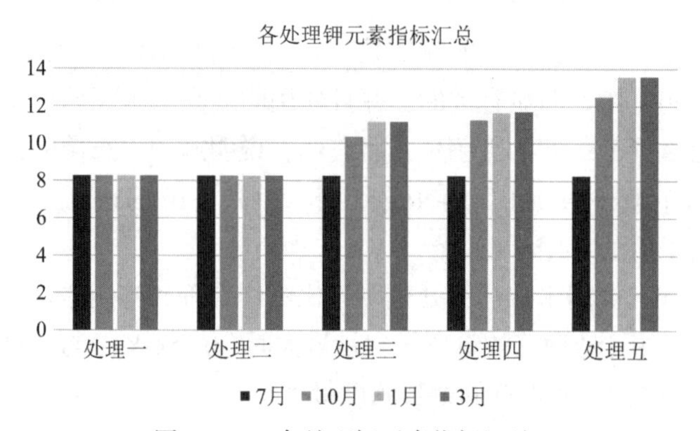


图 8.2-22　各处理钾元素指标汇总

⑤各处理对栾树胸径的影响及对比

由图 8.2-23 可知，对比 10 月份各处理栾树的平均胸径，处理五的胸径明显要大于其他处理。对比 7 月份和 10 月份各处理的栾树胸径生长量，处理五的胸径生长量最大(0.24cm)。

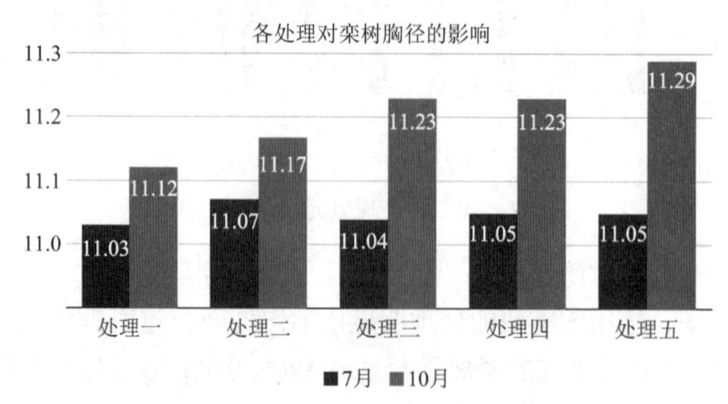


图 8.2-23　各处理对栾树胸径的影响

（5）结论

施用木霉菌对土壤真菌群落减少有显著影响，同时增加土壤中氮磷钾元素，对苗木生长也起到了积极的作用。施用木霉菌相比于常见的植物根系真菌防治方法，如施用恶霉灵等，无论是真菌防治，还是促进土壤营养元素及苗木的生长，其效果都明显要好。在施用木霉菌的方案中，处理五［150g 木霉菌肥料 + 10L 水 + 1kg 红糖 + 牛粪（10kg/$m^3$）］对真菌防治和促进土壤营养元素及苗木生长的作用最好。

3）关键技术措施

本技术通过分析农业上木霉菌防治植物病害的作用机理，采用合适的木霉菌肥配比及使用方法降低了园林植物根系有害菌的菌群数量，一定程度上预防了植物根系病害的发生。本技术采用生物防治，改变了传统植物根系病害发生后再用化学农药治理的方式，并且不会产生任何环境污染。

### 8.2.4　结果状态

#### 8.2.4.1　假山堆置山体减荷施工技术

本技术为中、小体量假山堆置工作的施工提供了指导性的技术参照，立足于解决工程实际问题，丰富了园林行业内在假山内使用填充物技术方面的空白，为未来假山堆置施工提供总结性技术依据，采用本方法堆置的假山对基层荷载低、成本低、施工速度快，对行业中假山堆置工作有一定指导意义。适用于公园、广场、地下车库顶板上方等各种场景，具有广阔的应用前景（图 8.2-24、图 8.2-25）。

本技术经河北省住房和城乡建设厅组成的验收委员会验收鉴定，研究成果达到国内领先水平。

图 8.2-24　假山完成效果

图 8.2-25　车库顶假山完成效果

#### 8.2.4.2　雄安地区盐碱性园林种植土改良技术

国内同类技术对盐碱性土壤的改良方法是在种植土内拌入草炭土，但效果并不十分理想，草炭土改良性能单一，改良效果较差，仅能部分增加土壤孔隙率，少量补充部分土壤养分。本技术与同类技术相比，放弃了只添加草炭土的传统方式改为采用多种土壤改良物质混合使用，有效地提升了土壤的各项指标及微量元素。本研究形成的关键技术对以后施工过程中的土壤改良具有指导性意义（图 8.2-26、图 8.2-27）。

以本技术立项的省级研究计划项目已顺利通过验收，研究成果经专家评定达到国内先进水平。

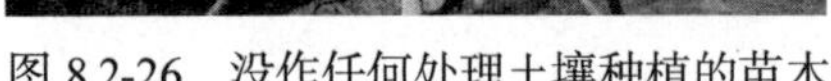

图 8.2-26　没作任何处理土壤种植的苗木

图 8.2-27　改良后土壤种植的苗木

#### 8.2.4.3　木霉菌对园林植物根系病害防治技术

本技术采用木霉菌肥，不但解决了传统化学农药防治苗木根系真菌病害容易造成的环境污染和农药残留的问题，还提升了土壤中氮、磷、钾的含量，促进了苗木的生长，大大缩减了后期苗木养护成本，为施工单位和建设单位创造了良好的经济效益与社会效益，具有很好的推广前景（图 8.2-28、图 8.2-29）。

以本技术立项的省级研究计划项目已顺利通过验收，研究成果经专家评定达到省内领先水平。

图 8.2-28　未施用木霉菌肥的苗木

图 8.2-29　施用木霉菌的苗木

#### 8.2.4.4　河北雄安郊野公园保定展园项目

本项目揽获河北省绿化委员会、河北雄安绿博园建设筹建工作领导小组三项大奖，其中特等奖一项，金奖一项。保定展园荣获“最佳施工质量奖”、“城市展园建设奖”、“安全文明施工金奖”。其中展园中的“宛虹桥”荣获“最美桥梁奖”，“庭院花镜”荣获“最美花坛特等奖”，“假山车库”荣获“最美建筑金奖”。

### 8.2.5　问题和建议

#### 8.2.5.1　假山堆置山体减荷施工技术

此次研究仅针对中小型假山堆置施工工艺研究且只对地上假山置石进行了研究，下一步我们将对水环境中假山堆置、大体量假山堆置挤塑聚苯乙烯泡沫施工技术两方面进行研究。

#### 8.2.5.2　雄安地区盐碱性园林种植土改良技术

存在的主要问题：现在施用土壤改良物质主要还是小面积穴施，大面积撒施效果没有穴施好。

改进意见：能否研究大面积撒施效果好的土壤改良物质。

改进建议及进一步深入研究的设想：在此土壤改良物质的配比的基础上再添加其他功能的物质，做到无论是小面积穴施还是大面积撒施，土壤改良均有良好的效果。

#### 8.2.5.3　木霉菌对园林植物根系病害防治技术

存在的主要问题：木霉菌主要对真菌具有抑制作用，但对细菌和病毒的抑制作用较差。

改进建议及进一步深入研究的设想：在施用木霉菌时添加对细菌和病毒有抑制作用的物质，增加植物根系病害的防治效果。

# 第9章 交通运输工程

# 9.1 机场道面混凝土机械化摊铺施工创新

## 9.1.1 案例背景

目前国家大力发展民航空中交通，国内机场建设方兴未艾。机场道面必须具有足够的强度和刚度，防止道面出现断裂、错台、拱起等不平整现象；满足道面表面抗滑性要求，保证飞机起飞和着陆安全；满足道面平整度要求，使飞机滑跑稳定、乘客舒适；具有耐久性，道面能在设计使用寿命年限内正常使用等高标准要求。干硬性水泥混凝土道面以其强度高、耐久性好、抗滑性能好、维护费用低而被广泛用于机场的停机坪、联络道、跑道等道面工程。

2014 年 12 月我公司中标北京新机场飞行区场道工程（FXQ-CD-011）标段，工程总造价 5.12 亿，包括土石方工程、地基处理工程、水泥稳定碎石基层、水泥混凝土道面等。水泥混凝土道面主要是滑行道和停机坪，总面积 30 万 $m^2$，总方量约 10 万 $m^3$。其中滑行道道面厚度 42cm，道面板尺寸为 5m × 5m，停机坪道面厚度 38cm，道面板尺寸为 5m × 5m。面对工期紧、质量要求高、劳动力供应紧张的条件，项目结合工程的特殊性项目部积极探索提高水泥混凝土道面施工效率及质量的方法。

目前干硬性混凝土施工还处在传统业的以人工作业为主的阶段，效率低下，工人作业强度高，作业环境恶劣，经济效益不高，质量通病没办法根治，同时国内劳动力越来越紧张，环保绿色施工要求越来越高，为此干硬性混凝土的施工方法亟待改善。

## 9.1.2 事件过程分析描述

### 9.1.2.1 传统机场场道干硬性水泥混凝土施工技术分析

（1）混凝土振捣不均匀，振动频率低：采用自行式排式高频振捣器振捣，一排可安装 9～10 根振捣棒，排棒振捣过后，距离两侧模板 1m 范围内需人工采用插入式振捣棒二次辅助振捣密实。

（2）混凝土搓平质量受人为因素影响大，对模板稳定性产生影响：采用自治平板振捣梁人工牵制搓平，牵制速度及对称性不易控制；振捣梁直接架设在两侧模板上，在振捣力及摩擦力的作用下易对模板稳定性产生影响。

（3）混凝土提浆质量受人为因素影响大，面层砂浆厚度、密实度、均匀度不宜控制：采用钢滚筒进行人工牵制提浆，提浆效果仅靠经验判定，无可靠依据。

（4）混凝土做面平整度差，表面砂浆厚度、密实度、均匀度不宜控制：采用一道木抹、一道塑料抹、最后一道钢抹，工序多且全部为人工作业，施工质量不宜控制。

（5）混凝土施工速度慢：平均每台班可施工 504$m^3$ 混凝土。

（6）混凝土施工人力大：每个班组需要作业人员 50 人。

### 9.1.2.2 新工艺探索

1）研究工作的组织与管理

研究过程中，我们与公司技术部成立了课题研究小组，制定了切实可行的研究、过程控制方案。研究方案主要包括：

（1）成立课题研究小组，明确小组成员的职责和任务。

（2）确定研究课题各项资源的配备情况。

（3）确定研究所依据的标准。

（4）确定控制项目、控制方法。

（5）制定控制项目的技术要求和精度要求。

（6）数据的记录、整理、分析。

2）考察调研

针对当前面临的问题，我们走访了国内正在应用滑模摊铺机施工的郑州新郑国际机场，实地考察了摊铺机的摊铺作业成效，了解了摊铺机的购买途径、使用方法、主要技术原理。通过水泥混凝土滑模摊铺机的使用，把水泥混凝土面层施工布料整平、振捣、压实提浆精平、揉浆抹面主要四大工序整合到一起，进行全自动机械化作业，优化了施工工艺，提高了施工效率，大量节省了人工用量，降低了工人施工强度。同时，机械作业自动程度高，标准化高，可有效减少或消除人为因素造成的质量通病。

水泥混凝土摊铺机动力大，振捣棒频率高，为进一步改良水泥混凝土的配合比提供了空间，可适当降低配合比水灰比，减小水泥用量，提高干硬性混凝土的密实度和强度，从而减少或消除混凝土裂缝，改善工人作业环境，减少工人露天作业，缩短工序时间间隔，提前完成做面，减小不良天气影响。

3）试验段开展

经过了对滑模摊铺机的考察调研，公司决定采购滑模摊铺机在北京新机场飞行区场道工程 11 标段滑行道段进行试验段施工，以确定摊铺机的操作参数，确定适用于摊铺机的配合比，通过试验段施工确定混凝土配合比，如表 9.1-1。

混凝土配合比　　表 9.1-1

| | |
|---|---|
| P.Ⅱ42.5 水泥 | 330（kg） |
| 19～31.5 碎石 | 801（kg） |
| 4.75～19 碎石 | 534（kg） |
| 砂子 | 694（kg） |
| 水 | 112（kg） |
| 外加剂 | 4.5（kg） |

通过上述配合比拌制水泥混凝土用于滑模摊铺施工，现场对水泥混凝土性能指标进行检测。坍落度在 0～1 之间，维勃值在 12～18s 之间，高频振动后砂浆厚在 2～3mm 之间。

## 9.1.3　关键措施及实施

### 9.1.3.1　主要机械配置

搅拌站：HS1500 搅拌站 2 台，搅拌机为双卧轴强制性拌合机，日产量不低于 1200 方。

混凝土运输车：混凝土运输采用 5 辆 30 吨自卸汽车。

挖掘机：采用一台 70 小挖机用于混凝土粗平。

水泥混凝土摊铺机：采用一台德国维特根 SP500 型水泥混凝土摊铺机（图 9.1-1）。

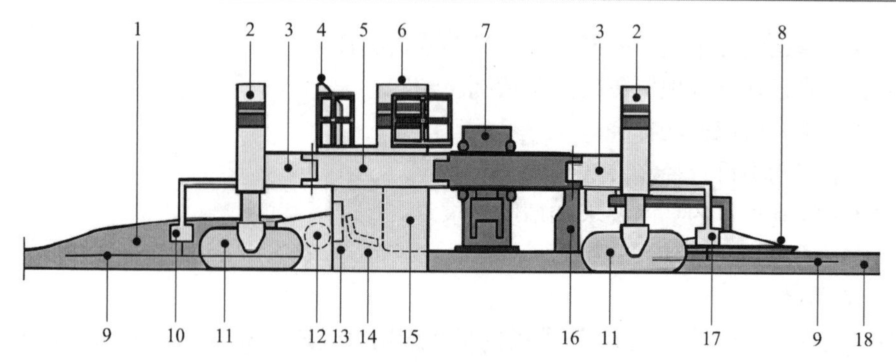


图 9.1-1　摊铺机配置组成操作表

1—待铺混凝土；2—调平油缸；3—旋转支腿；4—操作平台；5—主机架；6—动力装置；7—传力杆插入器（DBI）；8—超级抹平器；9—基准线；10—前调平和转向传感器；11—履带行走装置总成；12—布料器；13—虚方控制板；14—振捣棒；15—挤压成型底板；16—搓平梁；17—后调平和转向传感器；18—铺筑好的混凝土道面

### 9.1.3.2　主要材料配置

1）水泥

（1）采用旋窑生产的道路硅酸盐水泥、硅酸盐水泥或普通硅酸盐水泥，不宜选用早强型水泥，宜选用低碱水泥，水泥强度不低于 42.5MPa，所选水泥的各项技术指标应符合国家现行标准。

（2）水泥混凝土设计强度不小于 5.0MPa 时，所选水泥实测 28d 抗折强度宜大于 8.0MPa。

（3）水泥混凝土面层所用水泥的化学成分和物理指标应符合表 9.1-2 的规定。

水泥技术指标　　表 9.1-2

| 类别 | 项次 | 化学成分或物理指标 | 技术指标：水泥混凝土设计强度 ≥5.0MPa | 技术指标：水泥混凝土设计强度 4.5MPa | 试验方法 |
|---|---|---|---|---|---|
| 化学成分 | 1 | 铝酸三钙（%） | ≤9.0，宜≤7.0 | ≤9.0 | GB/T 176—2017 |
| | 2 | 铁铝酸四钙（%） | ≥10.0，宜≥12.0 | ≥10.0 | |
| | 3 | 游离氧化钙（%） | ≤1.0 | ≤1.8 | |
| | 4 | 氧化镁（%） | ≤5.0 | ≤5.0 | |
| | 5 | 三氧化硫（%） | ≤3.5 | ≤3.5 | |
| | 6 | 含碱量（%） | ≤0.6 | 集料有潜在碱活性时不大于 0.6；集料无潜在碱活性时不大于 1.0 | |
| | 7 | 氯离子含量（%） | ≤0.06 | ≤0.06 | |
| | 8 | 混合材种类及掺量 | 不应掺窑灰、煤矸石、火山灰、烧黏土、煤渣，有抗盐冻要求不应掺石灰岩石粉 | | 水泥厂提供 |
| | 9 | 安定性 | 雷氏夹和蒸煮法检验合格 | 蒸煮法检验合格 | JTG E30 T0505 |
| 物料指标 | 10 | 凝结时间 初凝时间（h） | ≥1.5 | ≥1.5 | |
| | | 凝结时间 终凝时间（h） | ≤10 | ≤10 | |
| | 11 | 标准稠度需水量（%） | ≤28.0 | ≤30.0 | |
| | 12 | 比表面积（$m^2/kg$） | 300～400 | 300～400 | JTG E30 T0504 |

续表

| 类别 | 项次 | 化学成分或物理指标 | 技术指标 | | 试验方法 |
|---|---|---|---|---|---|
| | | | 水泥混凝土设计强度 ≥5.0MPa | 水泥混凝土设计强度 4.5MPa | |
| 物料指标 | 13 | 细度（80μm 筛余）(%) | 1.0～10.0 | 1.0～10.0 | JTG E30 T0502 |
| | 14 | 28d 干缩率（%） | ≤0.09 | ≤0.10 | JTG E30 T0511 |
| | 15 | 耐磨性（$kg/m^2$） | ≤2.5 | ≤3.0 | JTG E30 T0510 |

2）细集料

（1）细集料宜采用细度模数为 2.6～3.2 的中粗砂，同一配合比用砂的细度模数变化范围不应超过 0.3。

（2）细集料应耐久、洁净、质地坚硬，宜采用天然砂，在设计文件许可的部位也可采用机制砂，机制砂应采用制砂机生产。细集料应符合表 9.1-3 规定的技术指标。

细集料的技术指标　　表 9.1-3

| 项次 | 项目 | 技术指标 | 试验方法 |
|---|---|---|---|
| 1 | 机制砂母岩抗压强度（MPa） | ≥60.0 | JTG E41 T0221 |
| 2 | 机制砂母岩磨光值 | ≥35.0 | JTG E42 T0321 |
| 3 | 机制砂单粒级最大压碎值（%） | ≤25.0 | JTG E42 T0350 |
| 4 | 机制砂石粉含量（%） | ≤7.0 | JTG E42 T0333 |
| 5 | 机制砂 MB 值 | ≤1.4 | JTG E42 T0349 |
| 6 | 机制砂吸水率（%） | ≤2.0 | JTG E42 T0330 |
| 7 | 氯离子含量（按质量计）(%) | ≤0.02 | GB/T 14684 |
| 8 | 坚固性（按质量损失计）(%) | ≤8.0 | JTG E42 T0340 |
| 9 | 云母与轻物质含量（按质量计）(%) | ≤1.0 | JTG E42 T0337 |
| 10 | 含泥量（按质量计）(%) | ≤2.0 | JTG E42 T0333 |
| 11 | 泥块含量（按质量计）(%) | ≤0.5 | JTG E42 T0335 |
| 12 | 硫化物及硫酸盐（按 $SO_3$ 质量计）(%) | ≤0.5 | JTG E42 T0341 |
| 13 | 有机物含量（比色法） | 合格 | JTG E42 T0336 |
| 14 | 其他杂物 | 不应混有石灰、煤渣、草根、贝壳等杂物 | |
| 15 | 表观密度（$kg/m^3$） | ≥2500 | JTG E42 T0328 |
| 16 | 松散堆积密度（$kg/m^3$） | ≥1400 | JTG E42 T0331 |
| 17 | 空隙率（%） | ≤45 | JTG E42 T0331 |
| 18 | 碱活性 | 不应有碱活性反应，当岩相法判断疑似碱活性时，以砂浆棒法为准 | JTG E42 T0324/T0325 |
| 19 | 1. 机制砂母岩抗压强度、氯离子含量、硫化物及硫酸盐、碱活性在细集料使用前应至少检验一次；<br>2. 表中注明机制砂的指标仅为机制砂检验指标，未注明机制砂的指标为天然砂与机制砂通用指标 | | |

3）粗集料

粗集料应采用碎石或破碎卵石，应质地坚硬、耐久、耐磨、洁净，并符合规定的级配。碎石和破碎卵石均应符合表 9.1-4 规定的技术指标。

粗集料技术指标　　表 9.1-4

| 项次 | 项目 | | 技术指标 | 试验方法 |
|---|---|---|---|---|
| 1 | 压碎值（%） | | ≤21.0 | JTG E42 T0316 |
| 2 | 坚固性（按质量损失计）（%） | | ≤5.0（年最低月平均气温不低于 0℃时） | JTG E42 T0314 |
| | | | ≤3.0（年最低月平均气温低于 0℃时） | |
| 3 | 针片状颗粒含量（按质量计）（%） | | ≤12.0 | JTG E42 T0311 |
| 4 | 含泥量（按质量计）（%） | | ≤0.5 | JTG E42 T0310 |
| 5 | 泥块含量（按质量计）（%） | | ≤0.2 | JTG E42 T0310 |
| 6 | 吸水率（按质量计）（%） | | ≤2.0 | JTG E42 T0307 |
| 7 | 硫化物及硫酸盐（按 $SO_3$ 质量计）（%） | | ≤1.0 | GB/T 14685 |
| 8 | 有机物含量（比色法） | | 合格 | JTG E42 T0313 |
| 9 | 氯化物含量（按氯离子质量计）（%） | | ≤0.02 | GB/T 14685 |
| 10 | 碎石红白皮含量（%） | | ≤10.0 | JTG E42 T0311 |
| 11 | 岩石抗压强度（MPa） | 岩浆岩 | ≥100 | JTG E41 T0221 |
| | | 变质岩 | ≥80 | |
| | | 沉积岩 | ≥60 | |
| 12 | 表观密度（$kg/m^3$） | | ≥2500 | JTG E42 T0308 |
| 13 | 松散堆积密度（$kg/m^3$） | | ≥1350 | JTG E42 T0309 |
| 14 | 空隙率（%） | | ≤45 | JTG E42 T0309 |
| 15 | 洛杉矶磨耗损失（%） | | ≤30 | JTG E42 T0317 |
| 16 | 碱活性 | | 不应有碱活性反应，当岩相法判断疑似碱活性反应时，以砂浆棒法为准 | JTG E42 T0324<br>JTG E42 T0325 |
| 17 | 硫化物及硫酸盐含量、碱活性反应、岩石抗压强度在粗集料使用前应至少检验一次 | | | |

4）外加剂

（1）外加剂的现场适应性检验应采用工程实际使用的胶凝材料、集料和拌合用水进行试配，并确定合理掺量。

（2）不宜选用含钾、钠离子的外加剂。

（3）有抗冻要求时，混凝土中应使用引气剂，引气剂应选用表面张力值大、引入水泥浆体中气泡多而微小、泡沫稳定时间长的产品。

（4）水泥混凝土外加剂的品种及含量应根据施工条件和使用要求，并通过水泥混凝土配合比试验选用。外加剂除应符合国家现行相关标准外，应符合表 9.1-5 规定的技术指标。

外加剂技术指标　表 9.1-5

| 项目 | | 普通减水剂 | 高效减水剂 | 引气减水剂 | 引气高效减水剂 | 缓凝减水剂 | 缓凝高效减水剂 | 引气缓凝高效减水剂 |
|---|---|---|---|---|---|---|---|---|
| 减水率（%） | | ⩾8 | ⩾14 | ⩾10 | ⩾18 | ⩾8 | ⩾14 | ⩾18 |
| 泌水率比（%） | | ⩽100 | ⩽90 | ⩽70 | ⩽70 | ⩽100 | ⩽100 | ⩽70 |
| 含气量（%） | | ⩽3.0 | ⩽3.0 | ⩾3.0 | ⩾3.0 | ⩽3.0 | ⩽3.0 | ⩾3.0 |
| 凝结时间差（min） | 初凝 | −90～+120 | −90～+120 | −90～+120 | −60～+90 | ＞+90 | ＞+90 | ＞+90 |
| | 终凝 | | | | | | | |
| 抗压强度比（%） | 1d | — | ⩾140 | — | — | — | — | — |
| | 3d | ⩾115 | ⩾130 | ⩾115 | ⩾120 | — | — | — |
| | 7d | ⩾115 | ⩾125 | ⩾110 | ⩾115 | ⩾115 | ⩾125 | ⩾120 |
| | 28d | ⩾110 | ⩾120 | ⩾100 | ⩾105 | ⩾110 | ⩾120 | ⩾115 |
| 弯拉强度比（%） | 1d | — | — | — | — | — | — | — |
| | 3d | — | ⩾125 | — | ⩾120 | — | — | — |
| | 28d | ⩾105 | ⩾115 | ⩾110 | ⩾115 | ⩾105 | ⩾115 | ⩾110 |
| 收缩率比（%） | 28d | ⩽125 | ⩽125 | ⩽120 | ⩽120 | ⩽125 | ⩽125 | ⩽120 |
| 磨耗量（$kg/m^3$） | | ⩽2.5 | ⩽2.0 | ⩽2.5 | ⩽2.0 | ⩽2.5 | ⩽2.5 | ⩽2.5 |

5）水

（1）符合我国现行国家标准《生活饮用水卫生标准》（GB 5749）的饮用水可作为拌合水泥混凝土、冲洗集料及养生用水。

（2）水泥混凝土拌合用水采用非饮用水时，应与饮用水进行水泥凝结时间与水泥胶砂强度的对比试验，对比试验的水泥初凝时间差与终凝时间差均不应大于 30min；被检验水样配制的水泥胶砂 3d 和 28d 强度不应低于应用水配制的水泥胶砂相应龄期强度的 90%。

9.1.3.3　混凝土配合比确定（表 9.1-6）

混凝土配合比　表 9.1-6

| P.Ⅱ42.5 水泥 | 330（kg） |
|---|---|
| 19～31.5 碎石 | 801（kg） |
| 4.75～19 碎石 | 534（kg） |
| 砂子 | 694（kg） |
| 水 | 112（kg） |
| 外加剂 | 4.5（kg） |

通过上述配合比拌制水泥混凝土用于滑模摊铺施工，现场对水泥混凝土性能指标进行检测。坍落度在 0～1 之间，维勃值在 12～18s 之间，高频振动后砂浆厚在 2～3mm 之间。

滑模摊铺机行走速度为 0.9～1m/min，现场测试含气量在 2.6～3.0 之间。

9.1.3.4　施工工艺流程

施工准备→测量放线→钢模板安装→混凝土拌合→混凝土运输→混凝土初步布料→摊铺机施工（布料整平、振捣、压实提浆精平、揉浆抹面）→人工铁抹收面→人工拉毛→养护。

9.1.3.5　混凝土摊铺施工

1）施工准备

水泥混凝土面层施工前应铺筑试验段，试验段宜在次要部位铺筑，通过试验段验证混凝土拌合工艺、混凝土运输、混凝土铺筑、混凝土强度增长、配合比合理性、人员及机械配置情况等，并写出实验总结，经监理工程师批准后方可进行正式铺筑施工。

2）测量放线

分仓线的平面定位及高程定位测量应使用检定合格的全站仪、水准仪，施工平面定位测量按照我国现行规范《工程测量规范》（GB 50026）中二级导线测量精度要求施测，施工高程定位测量按照我国现行规范《工程测量规范》（GB 50026）中三等水准测量精度要求施测（图 9.1-2、图 9.1-3）。

图 9.1-2　分仓线平面定位测量

图 9.1-3　分仓线高程定位测量

3）模板安装

边模板采用钢制企口模板，企口为阴企口，尺寸按设计图纸要求制作。每块模板长4997mm，高度按照道面板厚度设计，其尺寸偏差符合《民用机场水泥混凝土面层施工技术规范》MH 5006—2015 的要求，模板采用可调式$\phi$18mm 螺栓拉杆支撑固定。

封头模板应采用带传力杆托架的模板，以保证传力杆的伸出长度及水平度。

按照分仓定位墨线进行支设模板，根据道面设计高程调整每块模板支设标高，调整完成后进行支撑固定，立模精度符合《民用机场水泥混凝土面层施工技术规范》MH 5006—2015 的要求。模板与模板连接接缝处采用薄油毡封堵，模板与水稳层之间的缝隙采用 M10 水泥砂浆勾缝，防止混凝土振捣时漏浆（图 9.1-4～图 9.1-11）。

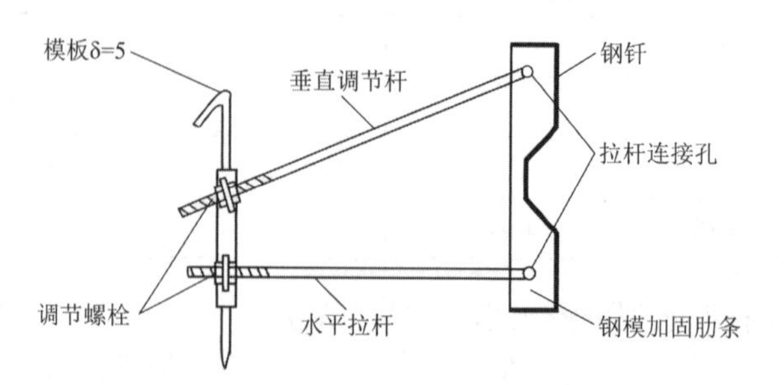


图 9.1-4　边模板支撑固定示意图

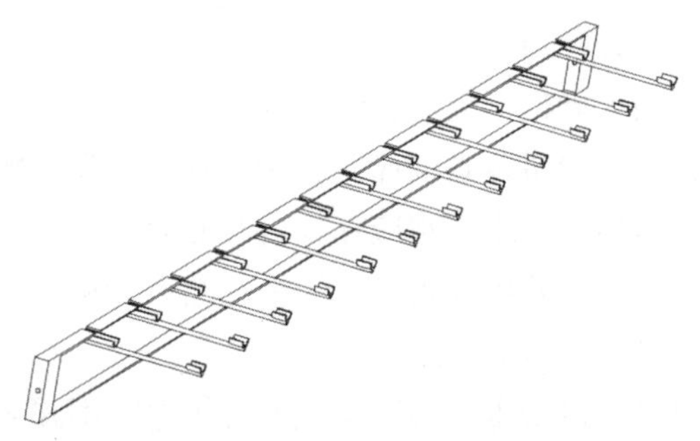

图 9.1-5　封头模板示意图

图 9.1-6　挂线安装边模板

图 9.1-7　模板高程调整

图 9.1-8　模板支撑固定

图 9.1-9　模板拼缝处及底部封堵

图 9.1-10　安装完成效果

图 9.1-11　安装完成效果

4）混凝土拌合、运输及布料

机场道面混凝土采用干硬性混凝土，一般为自建拌合站，混凝土拌合物应采用双卧轴强制式搅拌机进行拌合，搅拌机装料顺序宜为细集料、水泥、粗集料，或粗集料、水泥、细集料。进料后边拌合边均匀加水，水应在拌合开始后 15s 内全部进入搅拌机鼓筒。外加剂溶液应在 1/3 用水量投入后开始投料，并于搅拌结束 30s 之前应全部投入搅拌机。拌合物出料温度宜控制在 15℃～30℃之间。

运输混凝土宜采用自卸机动车，运输车应清洗干净、不漏浆，运料前应洒水润湿车厢内壁，停运后应将车厢内壁冲洗干净。混凝土从搅拌机出料直到卸放在铺筑现场的时间，不宜超过 30min，期间应减少水分蒸发，必要时应覆盖。不应用额外加水或其他方法改变混凝土的工作性。混凝土搅拌机出料口的高度以及铺筑时自卸车卸料高度均应不超过 1.5m，以防止混凝土离析。

混凝土初步布料采用一台 70 小挖掘机进行，根据试验段确定的虚铺厚度对仓内混凝土进行粗平，一般可按混凝土板厚的 10%～15%预留（图 9.1-12～图 9.1-14）。

图 9.1-12　自建拌合站

图 9.1-13　混凝土运输

图 9.1-14　混凝土布料

5）混凝土摊铺机施工

（1）摊铺机布料犁布料整平

摊铺机开启后机械的刮平布料犁对混凝土进行自动整平布料，根据粗平程度可调整刮平器的运动速度，以确保混凝土平整和拌合物的均匀性（图 9.1-15、图 9.1-16）。

图 9.1-15　摊铺机布料犁

图 9.1-16　布料犁布料

（2）摊铺机超高频振捣棒振捣

摊铺机配有 16 根液压驱动式超高频振捣棒，频率为 8000～12000r/min 可调，干硬性混凝土振捣建议调至 12000r/min。当混凝土铺筑 3～4m 工作面后，开启振捣装置，慢慢地将振动棒插入混凝土并行走（图 9.1-17、图 9.1-18）。

摊铺机行驶速度控制在 0.9～1m 之间。由于机械振捣装置功率大、频率高，机械开启后混凝土迅速自然流动，使混凝土表面基本平整。

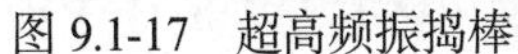

图 9.1-17　超高频振捣棒

图 9.1-18　振捣棒振捣

（3）摊铺机搓平梁搓平、揉浆

经摊铺机振捣棒振捣密实的混凝土表面还有微小气泡，水泥浆膜也不均匀，表面平整度还不达标，为此需要对混凝土进一步搓平、揉浆。此摊铺机装配为一个振捣搓平钢梁，沿混凝土横断面通长布置，上下震动，低振幅高频率，起到进一步搓平、揉浆的作用。

经过进一步搓平、揉浆，确保了水泥混凝土面层平整度、表面水泥浆膜均匀性和厚度，厚度均匀地控制在 3～5mm（图 9.1-19、图 9.1-20）。

图 9.1-19　搓平梁作业

图 9.1-20　搓平梁作业

（4）摊铺机超级抹平器抹平、收面

混凝土经过上述搓平、揉浆后，进入抹面环节，摊铺机后方配有一套超级抹平器，反复（8～12 遍）对混凝土表面进行抹平，使水泥浆均匀分布在表面，稠度一致，厚度一致，使混凝土表面更加平整。超级抹平器完成后，立即跟着进行一道人工铁抹子压光，目的就是消除机械抹痕，使混凝土表面更光滑。抹面完成后混凝土表面应平整、密实、无砂眼、抹痕、气泡、龟裂等现象（图 9.1-21、图 9.1-22）。

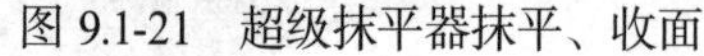

图 9.1-21 超级抹平器抹平、收面

图 9.1-22 人工铁抹子收面

6）人工拉毛

抹面工序完成后，应按照设计对平均纹理深度的要求，适时对混凝土表面拉毛，拉毛的纹理应垂直飞机滑行的方向，必要时可采用槽毛结合法以达到要求的平均纹理深度。

拉毛工具为特制拉毛刷，毛刷采用$\phi$2.5mm 或$\phi$3mm 塑料棒制作，分上下两层，长120mm。间距 2～3mm。跑道及快速出口滑行道应采用先拉毛后刻槽或拉槽毛等方法制作表面纹理，表面纹理深度不应小于 0.8mm，使用$\phi$3mm 粗毛刷。其他滑行道以及机坪应采用拉毛的方法制作表面纹理，其平均纹理深度应不小于 0.4mm，使用$\phi$2.5mm 毛刷即可。道面表面纹理深度采用填砂法测量。

拉毛完成后，先用钢丝刷和用毛刷及时清除粘在两侧模板或混凝土板面（填仓时）上的水泥浆。在大风和炎热季节拉毛，要及时盖上防晒棚，避免混凝土道面产生龟裂（图 9.1-23～图 9.1-25）。

图 9.1-23 拉毛刷

图 9.1-24 拉毛作业

图 9.1-25 拉毛效果

7）混凝土养护、拆模

水泥混凝土养护是控制道面早期裂缝的关键工序之一，应引起高度重视。当混凝土表面有一定硬度，用手指轻压表面不显痕迹时，应及时覆盖养生材料，保证混凝土表面处于湿润状态。混凝土养护可采用养生剂、节水保湿养生膜、土工布、养生复合土工膜，具体方案可根据现场实际情况选择。养生时间应根据混凝土强度增长情况确定，不宜小于水泥混凝土达到 90%设计强度的时间，且应不少于 14d。养护期间防止混凝土表面露白，不应有车辆在其上通行。

拆模时间根据施工现场具体条件确定，原则是拆模时不应损坏混凝土面层的边、角及企口缝等，保证混凝土面层的完整性。拆模后，侧面应及时均匀涂刷沥青。

8）混凝土作业时间控制

混凝土拌合物从搅拌机出料后，运至铺筑地点进行摊铺、振捣、抹面允许的最长时间，应由工地试验室根据混凝土初凝时间及施工时的现场气温确定，并宜符合表 9.1-7 的规定。

混凝土作业时间限制　　表 9.1-7

| 施工现场气温（℃） | 出料至抹面允许的最长时间（min） |
| --- | --- |
| 5～10（不含 10） | 120 |
| 10～20（不含 20） | 90 |
| 20～30（不含 30） | 75 |

混凝土填仓浇筑的时间，自两侧混凝土面层最晚铺筑的时间起算，应不早于表 9.1-8 规定的时间。

铺筑填仓混凝土的最早时间　　表 9.1-8

| 现场气温（℃） | 混凝土填仓浇筑的最早时间（d） |
| --- | --- |
| 5～10（不含 10） | 6 |
| 10～15（不含 15） | 5 |
| 15～20（不含 20） | 4 |
| ⩾20 | 3 |

9.1.3.6　质量控制

（1）管理措施

水泥混凝土面层施工应建立有效的施工质量保证体系，对施工全过程进行全面的质量控制。

应对各施工工序的质量及时进行检测，并根据检测结果对施工质量进行动态控制，确保施工质量的稳定性。

水泥混凝土面层施工过程中出现质量缺陷时，应加大检测频率，查找原因并提出处置对策，必要时应停工整顿。

与施工有关的原始记录、试验检测、计算数据及汇总表格等，应如实记录和保存。施工关键工序宜拍摄照片或录像，作为现场记录保存。

（2）检验方法

跑道、滑行道和机坪水泥混凝土面层施工质量控制指标、检验频率与检验方法，应符合表 9.1-9 的规定。

道面水泥混凝土面层施工质量控制指标和检验方法　　表 9.1-9

| 检查项目 | 质量指标或允许偏差 | 检验频率 | 检验方法 |
| --- | --- | --- | --- |
| 弯拉强度 | 不小于混凝土设计强度 | 每 500m³ 成型 1 组 28d 试件；每 3000m³ 增做不少于 1 组试件，供竣工验收时进行试验；每 20000m² 钻芯一处进行劈裂强度试验，每标段不少于 3 个芯样 | 现场成型室内标养小梁弯拉强度试验；钻芯劈裂强度试验，劈裂强度折算为弯拉强度 |
| 混凝土抗冻等级 | 有抗冻要求时：⩾250 | 在摊铺现场未振捣前留样制件，每 20000m² 留 1 组，每标段不少于 3 组 | JTG E30 T0565 |

续表

| 检查项目 | 质量指标或允许偏差 | 检验频率 | 检验方法 |
| --- | --- | --- | --- |
| 板厚度 | 与设计厚度偏差不超过：-5mm | 抽查分块总数的 10% | 拆模后用尺量 |
| | | 每一个钻芯试件 | 对钻芯试件用尺量 |
| 平整度 | ≤3mm（合格率≥90%）≤5mm（极值） | 分块总数的 20% | 用 3m 长直尺和塞尺测定，一块板量 3 次，纵、横、斜各测 1 次，取其中最大值 |
| | 跑道 IRI≤2.2m/km | 跑道主要轮迹带 | 车载平整度检测仪检测 |
| 表面平均纹理深度 | 符合设计要求（合格率≥90%）与设计值偏差不超过：-0.1mm（极值） | 用铺砂法、检查分块总数的 10% | 每块抽查 3 点，布置在板的任一对角线的两端附近和中间 |
| 跑道摩擦系数 | ≥0.55 | 跑道主要轮迹带 | 摩擦系数测试车检测 |
| 刻槽质量 | 符合规范要求 | 每 5000m² 抽测一处 | 用游标卡尺及尺量 |
| 高程 | ±5mm（合格率≥85%）±8mm（极值） | 不大于 10m 间距测一横断面，相邻测点间距不大于两块板宽 | 用水准仪测量板角表面高程 |
| 相邻板高差 | ≤2mm（合格率≥85%）≤4mm（极值） | 分块总数的 20% | 纵、横缝，用塞尺量 |
| 纵、横缝直线性 | ≤10mm（合格率≥85%） | 抽查接缝总长度 10% | 用 20m 长直线拉直检查 |
| 长度偏差 | 跑道、平行滑行道：≤1/7000 | 验收时沿中线测量全长 | 按一级导线测量规定精度检查 |
| 宽度偏差 | 跑道、滑行道、机坪：≤1/2000 | 每 100m 测量 1 处 | 用钢尺自中线向两侧测量 |
| 预埋件预留孔位置中心偏差 | ≤10mm（合格率≥85%） | 抽查总数的 20% | 纵、横两个方向用钢尺量 |
| 外观 | 1. 不应有以下严重缺陷：断板，严重裂缝，错台，边角断裂，大面积不均匀沉陷、起皮、剥落、露石等。<br>2. 不宜有以下一般缺陷：局部较小面积的剥落、起皮、露石、粘浆、印痕、积瘤、发丝裂纹、蜂窝、麻面、灌缝不良等。<br>3. 面层表面纹理应均匀一致。<br>4. 填缝料饱满，黏结牢固，无开裂、脱落、气泡，缝缘清洁整齐 | | |
| 抗折强度 | ≥28d 设计要求 | 每 400m³ 成型 1 组 28d 试件；每 1000m³ 增做一组 90d 试件；留一定数量试件供竣工验收检验。10000m² 钻一圆柱体 | 1. 现场成型室内标样小量抗折试件；<br>2. 现场随机取样钻圆柱体试件进行劈裂试验作校核 |
| 平整度 | ≤3mm（最大间隙） | 分块总数的 20% | 用 3m 长直尺和塞尺测定，一块板量三次，纵、横、斜随机取样，取一尺最大值 |
| 相邻板偏差 | ±2mm | 块总数的 20% | 纵、横缝，用尺量 |
| 表面平均纹理深度 | 符合设计要求 | 用填砂方，检查分块总数的 10% | 每块抽查三点，布置在板的任一对角线的两端附近和中间 |
| 纵、横缝直线性 | ≤10mm | 抽查接缝总数总长度 10% | 用 20m 长直线拉直检查 |
| 板厚度 | 设计厚度-5mm | 抽查分块总数的 10% | 拆模后用尺量 |
| | | 每 10000m² 抽查一处 | 随即钻孔去芯后尺量 |
| 长度 | 跑道 1/7000 | 验收时沿中线测量全长 | 按三级导线测量规定精度检查 |
| 宽度 | 跑道 1/2000 | 每 100m 测量一处 | 用钢尺自中线向两侧丈量 |
| 道面高程 | ±5mm | 每 10m 长测一横断面，测处间距不大于两块板 | 用水准仪测量 |

续表

| 检查项目 | 质量指标或允许偏差 | 检验频率 | 检验方法 |
|---|---|---|---|
| 外观 | 1. 不应有以下严重缺陷：断板、裂缝、错台、板角断裂、露石、脱皮起壳、大面积不均匀沉降，接缝缺边掉角。<br>2. 不应有以下一般缺陷：小面积剥落、起皮、露石、粘浆，凹坑、足迹、积瘤、蜂窝、麻面等现象。<br>3. 应纹理均匀一致，嵌缝料饱满，黏结牢靠，缝缘清洁整齐 | | |

## 9.1.4 结果状态

### 9.1.4.1 质量效益

抗折强度是机场水泥混凝土道面最为重要的技术指标，设计抗折强度为28d龄期5.0MPa，用混凝土钻芯机在滑模摊铺机摊铺段、传统工艺摊铺段分别取样进行试验数据对比分析。

（1）首先对两组芯样外观进行检查，所取芯样均为无裂缝、分层、麻面或离析等情况；其次测量芯样的平均直径和平均高度；在进行试验时试件的温度为20℃，湿度为63%。对2组芯样进行劈裂试验，并且将试验结果换算成小梁抗折强度，试验结果如表9.1-10、表9.1-11所示。

滑模摊铺段道面芯样劈裂试验结果　　表 9.1-10

| 试件编号 | 试件直径（mm） | 试件高度（mm） | 龄期（d） | 破坏荷载（kN） | 劈裂抗拉极限强度（MPa） | 平均强度（MPa） | 换算强度（MPa） |
|---|---|---|---|---|---|---|---|
| 1 | 150 | 300 | 28 | 278.96 | 3.95 | 3.89 | 6.1 |
| 2 | 150 | 300 | | 270.58 | 3.83 | | |
| 3 | 150 | 300 | | 274.43 | 3.88 | | |

传统工艺摊铺段道面芯样劈裂试验结果　　表 9.1-11

| 试件编号 | 试件直径（mm） | 试件高度（mm） | 龄期（d） | 破坏荷载（kN） | 劈裂抗拉极限强度（MPa） | 平均强度（MPa） | 换算强度（MPa） |
|---|---|---|---|---|---|---|---|
| 1 | 150 | 300 | 28 | 257.47 | 3.64 | 3.67 | 5.76 |
| 2 | 150 | 300 | | 259.13 | 3.67 | | |
| 3 | 150 | 300 | | 261.58 | 3.70 | | |

（2）在滑模摊铺施工过程中，从拌合站取料，室内成型，制作标准抗折试件，养护28d龄期后进行小梁抗折试验，试验结果如表9.1-12所示。

小梁抗折试验结果　　表 9.1-12

| 试件编号 | 试件尺寸（mm） | 龄期（d） | 破坏荷载（kN） | 抗折强度（MPa） | 平均强度（MPa） |
|---|---|---|---|---|---|
| 1 | 150 × 150 × 550 | 28 | 46.27 | 6.17 | 6.16 |
| 2 | | | 46.59 | 6.21 | |
| 3 | | | 45.69 | 6.09 | |

通过上表可知，劈裂强度的试验结果离散性不大，因此用劈裂强度推算的小梁抗折强度可以作为混凝土道面的强度评判标准，且试验换算抗折强度为 6.1MPa > 5.0MPa，满足设计要求。

通过上表对两种不同试件的试验结果进行比较，工地实际的施工质量控制与实验室配合比的试验情况相符。

通过上表可知，滑模摊铺施工工艺所取芯样抗折强度高于传统施工工艺所取芯样的抗折强度。

（3）采用快冻法（快速冻融 200 次）对混凝土抗冻性进行检测，试验结果如表 9.1-13 所示。

混凝土抗冻性检测　　表 9.1-13

| 检测项目 | | 检测结果 | 标准要求 |
|---|---|---|---|
| 抗冻试验（快冻法） | 相对动弹性模量 | 86% | ≥60% |
| | | 82% | |
| | 重量损失率 | 0.40% | ≤5% |
| | | 0.80% | |

试验结果表明，混凝土抗冻性良好，可适用于高寒地区。

（4）检测道面板厚度、平整度、抗滑构造深度、相邻板高差、道面宽度、纵向高程、横坡等指标均符合规范要求。

综上，采用滑模摊铺工艺提高了道面混凝土表面的密实和均匀度，平整度得到大幅度提高，抗冻融能力显著增强。

9.1.4.2　经济效益

（1）提高工作效率，节约工期成本

以 5m × 5m × 40cm 道面为例，按传统工艺施工，平均施工效率为 504m$^3$/台班（8 小时）。采用滑模摊铺工艺，摊铺机行驶速度为 1m/min，平均施工效率为 960m$^3$/台班（8 小时），提高施工效率 1.9 倍。

（2）减少人工用量，降低人工成本

采用传统工艺施工，每个班组需要作业人员 50 人，而使用摊铺机施工，每个班组作业人员降至 21 人，以人工费每人每天平均 400 元计算，每个台班可节省人工费 29 × 400 = 11600 元。

（3）综合经济效益

滑模摊铺相比传统工艺可节省人工费 30.95 元/m$^3$，施工效率提升节省费用 32.5 元/m$^3$，滑模摊铺机使用费 30 元/m$^3$，综合效益可节约 33.45 元/m$^3$。

（4）社会效益

经过对传统干硬性水泥混凝土大面积施工的作业方法的改进，采用以摊铺机为主配合机械搅拌，汽车运输，挖机初平等机械化施工，提高了生产效率，降低了工人作业强度，改善了工人作业环境，减少或消除人工作业产生的质量通病，提高了企业竞争力。

## 9.1.5　问题和建议

9.1.5.1　存在的问题

（1）滑模摊铺机尚未实现国产，机械及配件全部为进口，购置成本较高、维修周期较长，以维特根 SP500 为例，价格约 640 万元/台。

（2）当前国内应用滑模摊铺机进行机场道面混凝土施工多以跨膜、填仓工艺为主，因道面纵缝存在企口、拉杆及易出现溜肩、塌边现象，滑模施工工艺在机场道面混凝土施工中应用尚不成熟。

（3）滑模摊铺机不太适用于钢筋网片补强较多的机坪、板块尺寸无规律的道面，会降低摊铺效率。

#### 9.1.5.2　建议

（1）解决溜肩和塌边现象。技术上一种是采用边超铺角的回落来解决，另一种是靠加长侧向滑模板长度，以提混凝土边角的自稳性来解决，还有一种就是在滑模后用边板支护，这也是施工中常用的方法。施工上可从以下几方面进行：合理设计混凝土施工配合比，提高混凝土料在振捣后骨料间的嵌合稳定性；提高混凝土料的拌合精度，最大限度地减小混凝土坍落度的波动；滑模施工宜用阴槽模板，提高边角的自稳性；加强边角部分的振捣，但也不能过振；机场道面混凝土施工，使用跨模、填仓施工工艺。

（2）解决欠振和气泡排不尽的现象。一是调整混凝土配合比的配制指标，引入振动黏度系数；二是调整振动棒的排列方式。

（3）解决混凝土面大量欠料或产生沟槽现象。究其原因，一是混凝土料太干，造成振动出浆困难，表面振动不密实；二是振动仓内料位太低，造成振动仓内补料不足；三是振动棒位置偏移。

（4）抹平后表面呈波浪状经过超级抹平器的作用，有时表面产生波浪状，严重影响了表面平整度。应调整抹平板的挤压力，同时还要根据板块的宽度调整干抹平板的工作速度。

（5）振动棒故障摊铺机振动棒分为液压驱动和直电驱动两种方式。直电驱动其振动力的强弱，靠调整供电电流来实现。注意防止振动棒卡在钢筋网或大石料处，注意振动棒接线处的保护防止磨穿，在满足密实性的前提下尽量不用全振动力。

（6）导线的保护摊铺机的直线与水平高程，主要是靠导线来实现，导线又设在两外侧，易受外部因素的干扰和破坏，施工中应重视导线的保护，注意不要脱落，两端处不易被运输车辆撞坏。

（7）铺机的清洗每班结束后，应用高压水枪彻底清洗摊铺机所有接触混凝土的部位，防止混凝土凝结后卡死各运动部件。

## 9.2　铁尾矿碎石在路面基层中的应用创新

国道 G102 线秦皇岛市区段改建工程地处河北省秦皇岛市北部，西起抚宁区袁庄村西，东至山海关区边墙子，是国家干线公路网的重要组成部分，也是秦皇岛市规划“一环、六纵、七横、五联”普通干线公路网的组成部分，是连接东北、沟通华北的重要通道，也是秦皇岛市政府立足新发展阶段、贯彻新发展理念、构建新发展格局，深入落实“京津冀一体化”高质量发展国家战略，助推交通强市的重要攻坚成果。

国道 G102 线秦皇岛市区段改建工程 C 合同段全长 12.70km，采用双向四车道一级公路标准，路基宽 25.5m，路面宽 2mm × 11m，其中水泥稳定碎石基层约 35.8 万 t。伴随着我国基础建设的快速发展，碎石的应用范围不断扩大，需求数量日趋增长，天然资源的短缺使得供求矛盾日益严峻。国家逐步加强环保战略，打击无序开发，加大保护青山绿水的政策力度，碎石供应对公路建设的影响也日趋凸显，销售商以次充好，严重时影响工程质量及造价，从而导致工期延期。

本科研项目——铁尾矿碎石在路面基层中的应用研究，将为重资源地区更为合理地利用现有资源、响应国家环保战略布局、展现我公司科技及环保的施工理念、缓解碎石供应紧张的问题等找到一条新途径。

## 9.2.1 案例背景

我国是钢铁出口大国，在新冠病毒肆虐全球的 2021 年，仅在 1～5 月份粗钢、生铁产量为 4.73 亿吨和 3.8 亿吨，占全球产量的 56.2%，其固废物铁尾矿石堆弃量达十几亿吨，而尾矿综合利用率仅为 15.7%，绝大多数尾矿尚未被综合利用，尾矿的排放和堆积不仅耗费大量的人力、物力和财力，还占用大量农田，造成环境污染，存在极大的溃坝风险，严重危及人民生命和财产安全。随着科学技术的不断发展和自然资源的紧缺，尾矿石作为重要的二次矿物资源在国内备受关注。因此，面对国内铁尾矿的排放及影响的严峻情况，有必要利用铁尾矿开发出大比例高附加值的新技术和新产品，以达到提高铁尾矿的综合利用率、减小环境影响的目的，铁尾矿的有效利用已成为全社会关注的问题。

水泥稳定碎石是目前应用最为广泛的结构，综合性能优良应用于各种等级路面基层，其原材碎石多为岩石、卵石开采破碎，对环境造成了不可估量的破坏，还为后期修复埋下了伏笔。随着我国城镇化建设和基础设施建设的高速发展，对碎石原材的需求量日益加大，然而在自然资源日益枯竭和环境污染日益严重的情况下，有效利用工业废弃物，实现可持续发展的绿色新型建筑材料是必然选择。

在公路建设中，需要消耗大量碎石、砂砾等原材料，使得自然筑路资源日趋紧张，尤其在现今环保形势的大背景下，工程用料来源紧张，主要通过开采山体获取，对自然环境生态造成了不可逆的损坏，随着环保政策的收紧，矿石开采受限，供需矛盾日益突出，碎石、砂等材料价格飙升。对秦皇岛近十年来的碎石价格调研发现，除 2008 年部分地区碎石生产停止导致价格上涨，在 2009～2016 年碎石价格稳定在 35 元/m$^3$ 左右，仅 2017～2020 年 4 年时间，碎石价格翻倍。而在新冠病毒蔓延的 2021 年 1 月，秦皇岛地区的碎石价格已突破 87 元/m$^3$，且出现供不应求的现象（图 9.2-1）。

图 9.2-1　碎石年单价曲线

9.2.1.1　课题的目的及意义

本课题主要针对铁尾矿碎石在公路工程中的应用研究，通过试验研究其原材料组成及各项工程性能指标。铁尾矿碎石能够成功应用于公路工程路面基层中，可以大量消耗铁尾矿，减少堆存量，缓解铁尾矿大量堆积对环境造成的影响，也在一定程度上缓解了国内目前铁尾矿得不到有效处理的现状。进而减少天然砂石的开采量，缓解对土地和环境的破坏。

结合铁尾矿的资源利用，试采用铁尾矿碎石代替常规岩石、卵石开采破碎碎石，可减少对常规碎石的依赖，避免因常规碎石供应紧张带来的工期和成本影响，同时还可达到保护青山绿水的战略目标，解决铁尾矿渣占地、污染等社会问题。铁尾矿的妥善处置，应用于公路和市政道路的建设，具有消耗量大、经济效益好、环保意义显著等优势，为高附加值绿色应用。

### 9.2.2　事件过程分析

9.2.2.1　案例概述

国道 G102 线秦皇岛市区段改建工程路面基层施工过程中，为推广新型材料和解决岩石破碎碎石供应紧张、价格上扬问题，试采用距离约 80km 青龙满族自治县马圈子镇张杖子村铁尾矿碎石，进行水泥稳定碎石基层铺筑研究。项目采用一级公路双向四车道标准，设计时速为 80km/h，路基设计洪水频率为 1/100，路基顶宽 25.5m，下基层单幅铺筑宽为 11.97m，路面结构层施工图如图 9.2-2。

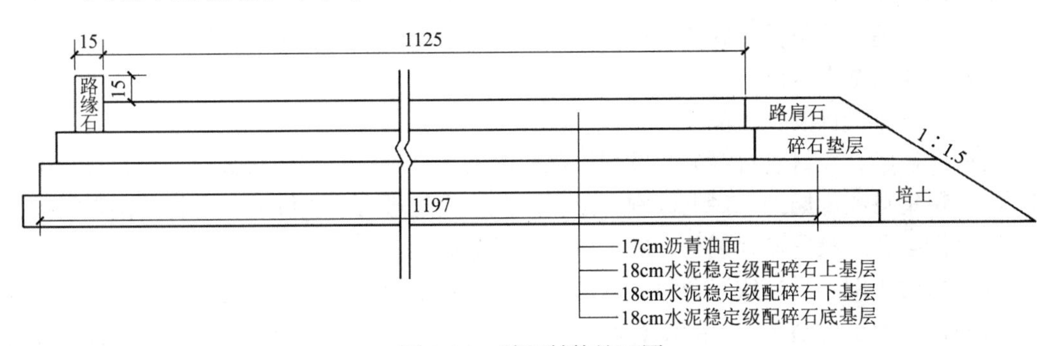


图 9.2-2　路面结构施工图

9.2.2.2　研究方向及技术路线

1）研究方向

为响应国家环保要求，提高对新型建材的使用研究。面对国道 G102 线秦皇岛市区段改建工程路面基层碎石供应紧张的问题，提出选用铁尾矿石替换原水泥稳定基层中的石灰岩碎石方案，组织人员对其性能进行探讨研究，并通过施工实践对研究结果加以证明，将分四步进行铁尾矿碎石的路用性能的研究：

（1）铁尾矿碎石材料性能分析

对铁尾矿碎石物理化学性质进行分析。物理性质分析主要包括压碎值、最大公称粒径、坚固性、表观密度等。化学性质主要包括化学成分组成、杂质和有害成分等。

（2）混合料配合比设计及其性能

通过冻融试验、劈裂强度试验等相关力学性能检测试验对不同级配的铁尾矿碎石试件的性能进行分析，确定铁尾矿碎石材料使用于公路路面基层的级配范围。

（3）试验段实施及质量验证

通过分析试验路段概况，研究其施工工艺及相关试验，对试验路段的质量进行观测并作出相应评价。

2）技术路线

根据《公路路面基层施工技术细则》JTG/T F20—2015 中规定压碎值比较大的玄武岩类、石灰岩类和花岗石类碎石的路用指标，由于经过长时间应用验证不存在其他化合物对水稳产生不利的影响，但铁尾矿石需要从基本路用指标着手，根据我国现行标准《建设用卵石、碎石》GB/T 14685—2011 对各项指标进行验证。

（1）铁尾矿石的基本性能

对铁尾矿碎石基本性能研究包括：化学成分、矿物组成、有害成分和基本物理性能。

①矿物组成和化学成分有助于我们对矿石有充分的了解，为预防其活性成分诱发后期道路病害提供科学数据依据。

②有害成分含量的检测主要包括：粉尘含量、泥块含量、泥土含量、硫化物以及硫酸盐含量、针片状颗粒含量。其中粉尘含量会影响到水泥稳定土的抗裂性能，含泥量对混合料的和易性、水稳强度、抗裂性能造成影响。硫化物及硫酸盐的含量将会腐蚀混凝土，降低混凝土的强度及耐久性。扁平、薄片、细长状颗粒含量较多时，集料的孔隙率将会增加、降低集料的强度和和易性。这些是物质含量直接影响到混合料性能，混合料性能结果提供更为科学的数据支持。

③基本物理性能包括压碎值、最大公称粒径、碱集料反应、坚固性以及密度。这些是满足水稳性能的基本指标。

（2）配合比设计及其性能

对铁尾矿碎石原材进行筛分，发现铁尾矿碎石大小不一，细集料数量偏小，接近范围的下限，粗集料数量偏大，接近范围上限。因此决定先进行震动筛分，再将不同粒径规格的进行比例组合，最后筛分试验，确定最佳的级配比例。

混合料的比例不同导致混合料的结构差异，影响混合料的路用性能。而路面基层水泥的计量通常为 5%，故将采用水泥含量为 4%、4.5%、5%、5.5%，6%混合料做成标准试件进行养护，测定性能确定最终混合料的配合比。

对五种混合料的路用性能的测定包括：无侧限抗压强度、劈裂强度、抗压回弹模量、抗冻性能、抗冲刷性能、干缩性能、疲劳性能。通过五种混合料的路用性能的测定，分析水泥含量的变化对混合料的影响。

## 9.2.3 关键措施及实施

### 9.2.3.1 铁尾矿碎石来源

为最终解决施工问题，就原材运距、原材外观质量、原材储量、陈伏期等关键性问题对秦皇岛附近的铁尾矿石进行相关调研。

铁尾矿虽是贫铁弃用矿，但铁含量相对其他元素依旧很高。为减少矿物中活化物后期膨胀引发道路病害，故采用陈伏期超过三年的铁尾矿进行实验研究。

调研相距项目部约 80km 的秦皇岛市青龙满族自治县马圈子镇张杖子村铁尾矿碎石，了解矿物组成、化学成分、有害物质含量等性能，避免后期路面病害的发生，同时取道路基层常用玄武岩碎石作数据参考。

9.2.3.2　铁尾矿碎石基本性能研究

为铁尾矿碎石后期各种指标提供科学数据依据，我们将从其化学成分、矿物组成、杂质及有害物质和物理性能方面对铁尾矿的成分进行采样分析。

（1）化学成分组成

铁尾矿石虽是贫铁弃用矿，但相对于其他元素所占比重仍旧很大且具有一定活性。为避免后期尾矿石氧化膨胀对路面造成一定的伤害和尽可能的提高工程质量，决定选用陈伏期超过三年的铁尾矿石进行相关的试验研究。为充分考虑其他活性成分诱发的道路病害，分析其化学成分如表 9.2-1。

铁尾矿碎石化学成分分析表　　表 9.2-1

| 化学成分 | 质量分数（%） |
|---|---|
| $Fe_2O_3$ | 8 |
| $SiO_2$ | 56 |
| $Al_2O_3$ | 17 |
| CaO | 5 |
| MgO | 5 |
| $Na_2O$ | 2 |
| 其他 | 7 |

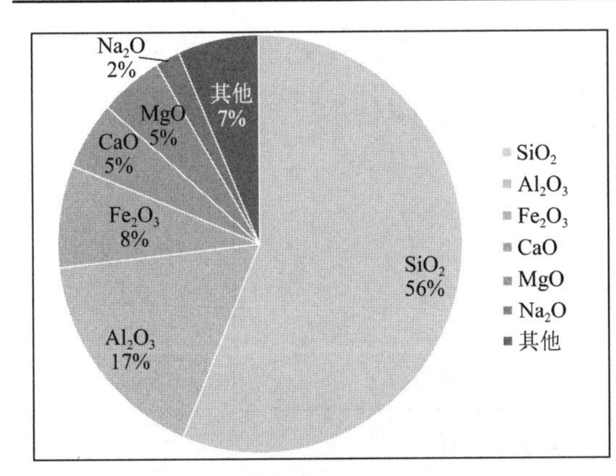


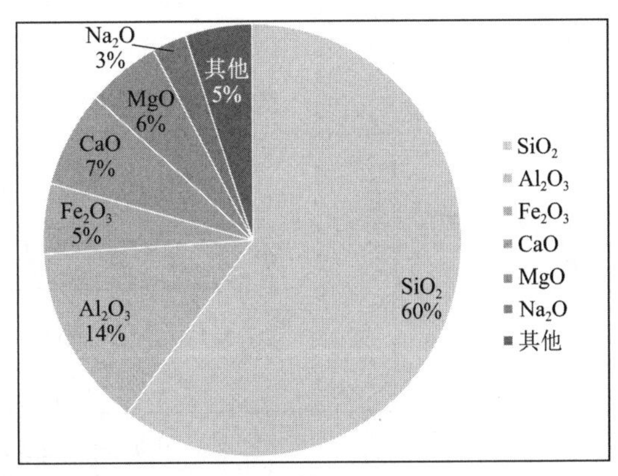


图 9.2-3　铁尾矿碎石与玄武岩碎石化学成分对比图

由图 9.2-3 可明显看出其化学成分主要是由酸性氧化物 $SiO_2$、碱性氧化物 $Fe_2O_3$、CaO、MgO、$Na_2O$ 和中性氧化物 $Al_2O_3$ 构成，且碱性系数$M_0 = 0.357$，是一种活性较低的稳定路用碎石原材。铁尾矿中 Si 和 Al 两种元素所占比例较大，这与传统道路碎石玄武岩成分相近，其中 $SiO_2$ 含量均在 50%以上，属于高硅型碎石，碎石中 $SiO_2$ 含量高，碎石硬度大，抗压强度较高，会极大提高基层混凝土的支撑作用。

（2）矿物组成

根据选用的铁尾矿石原材，采用偏反两用光学显微镜对其矿物质含量进行研究分析：主要有石英、赤铁矿、方解石和长石等复合型矿质原材料，其中石英和长石的含量占到了 80%，属于常规路用碎石种类，颗粒自然形状近乎圆形和方形，表面粗糙，具有较好的黏聚性。

（3）杂质、有害成分

按我国现行国家标准《建设用卵石、碎石》标准 GB/T 14685 规定的方法测试矿石中的杂质及有害性物质的成分。主要对石粉、泥块含量、含泥量、硫化物及硫酸盐含量、针片状颗粒进行了检测。

其中粉尘含量会影响到水泥稳定土的抗裂性能，泥块含量、含泥量对混合料的和易性、水稳强度、抗裂性也会造成影响，应参照我国现行国家标准《建设用卵石、碎石》GB/T 14685 中的 7.4、7.5 试验步骤采用淘洗方式测定。硫化物及硫酸盐的含量将会腐蚀混凝土，降低混凝土的强度及耐久性，降低混凝土的强度及耐久性，应参照上述标准中的 7.8 试验步骤，采用氯化钡、硝酸银反应测定。扁平、薄片、细长状颗粒含量较多时，集料的孔隙率将会增加、降低集料的强度和和易性，参照上述标准中的 7.6 试验步骤，采用针状规准仪、片状规准仪进行测定。检测结果如表 9.2-2。

铁尾矿石有害成分　　表 9.2-2

| 类别 | 粉尘 | 泥块含量 | 含泥量 | 硫化物及硫酸盐 | 针片状颗粒 |
|---|---|---|---|---|---|
| 铁尾矿（%） | 0.74 | 0.15 | 0.83 | 0.49 | 13.7 |
| 玄武岩（%） | 0.69 | 0.09 | 0.41 | 0.37 | 10.3 |
| 标准（%） | ≤1.2 | ≤0.2 | ≤1.0 | ≤1.0 | ≤18 |

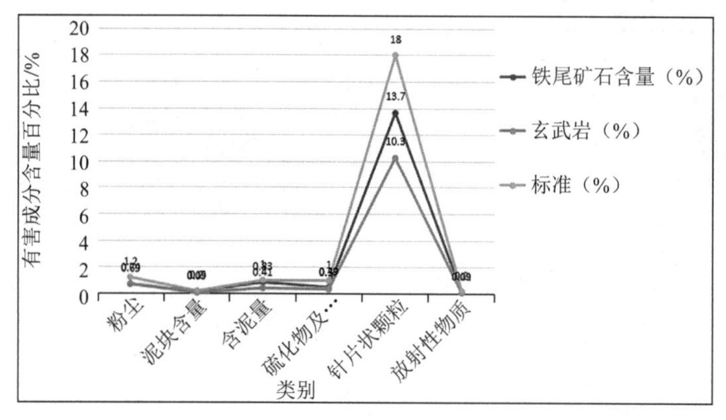


图 9.2-4　有害物质含量对比图

由图 9.2-4 结果可明显看出，原铁尾矿碎石的各项指标较常规玄武岩碎石质量较差，但均满足使用标准，其中泥块含量及含泥量指标相对较高，所以在集料装运及运输过程中应该避免泥土的混入。

（4）铁尾矿碎石的基本物理性能

针对铁尾矿石的最大公称粒径、压碎值、坚固性、碱集料反应进行相关的试验。坚固性是代表铁尾矿碎石在自然风化和其他外界物力化学因素作用下抵抗破裂的能力，充分的体现了混合料的后期抗风化能力和耐久性，参照我国现行国家标准《建设用卵石、碎石》GB/T 14685 中的 7.9 试验步骤采用氯化钡、硫酸钠溶液进行测定；碱集料反应是指水泥、外加剂等混凝土组成物及环境中的碱集料与集料中的碱活性物质在潮湿环境下缓慢发生并导致混凝土开裂破坏的膨胀反应，参照上述标准中的 7.15 试验步骤采用碱—硅酸反应方式进行鉴定。石质坚硬、吸水性小的集料耐磨、耐久性较好。试验的结果如表 9.2-3。

铁尾矿石物理性能检测表　　　　表 9.2-3

| 类别 | 压碎值 | 最大公称粒径 | 碱集料反应 | 坚固性 | 表观密度 |
|---|---|---|---|---|---|
| 铁尾矿石 | 17.5% | 26.5mm | 0.07% | 5% | 2840kg/m$^3$ |
| 玄武岩 | 11.3% | 26.5mm | 0.06% | 4.2% | 2915kg/m$^3$ |
| 标准 | ≤26% | ≤26.5mm | ≤0.1% | ≤8% | ≥2600kg/m$^3$ |

从上述的试验结果及数据分析可明确得出，除压碎值较玄武岩差距较大外，其余各项指标差距不大，铁尾矿碎石满足作为水泥稳定碎石中碎石原材的基本要求。后续将进行混合料的配比试验及性能检测。

9.2.3.3　混合料的配合比设计及性能试验

混合料的配合比设计分三步进行：

（1）先对铁尾矿碎石的级配进行研究，得到合适的级配。

（2）再对不同水泥含量的铁尾矿石进行设计配合比。

（3）最后对所有水泥含量不同的试件进行性能试验，总结规律选择最合适的配合比。

1）铁尾矿石的级配设计

铁尾矿石大小不一细集料偏少，接近规范容许值的下限，粗集料偏多，接近规范的上限。集料级配与密实度和内膜阻力有直接关系，对承载力有极大的影响，其级配明显不符合路用材料要求，最终研究决定采用振动筛进行二次筛分加工，将其级配混乱的铁尾矿筛分成符合《公路工程集料试验规程》JTG E42—2005 的规格。对筛分后的铁尾矿碎石检验合格后方可使用。

由于对于铁尾矿碎石代替破碎岩石碎石这方面没有成熟的经验及规范规定，对铁尾矿石的级配试验依照相资料及《公路工程集料试验规程》JTG E42—2005 进行。选取十组混合料进行试验，其粒径筛分如表 9.2-4。

铁尾矿石粒径范围　　　　表 9.2-4

| 筛孔尺寸/mm | 26.5 | 19 | 9.5 | 4.75 | 2.36 | 0.6 | 0.075 |
|---|---|---|---|---|---|---|---|
| 规范标准/% | 100 | 86-68 | 58-38 | 32-22 | 28-16 | 15-8 | 0-3 |
| 1 | 100 | 84.4 | 42.8 | 31.9 | 27.1 | 14.7 | 1.4 |
| 2 | 100 | 87.9 | 56.4 | 28.4 | 19.4 | 12.5 | 0.6 |
| 3 | 100 | 83.1 | 47.1 | 30.7 | 23.4 | 13.5 | 2.9 |
| 4 | 100 | 77.3 | 50.4 | 21.3 | 20.3 | 10.4 | 2.6 |
| 5 | 100 | 69.4 | 52.7 | 29.6 | 27.3 | 14.2 | 1.6 |
| 6 | 100 | 70.5 | 48.2 | 25.3 | 25.4 | 9.9 | 1.3 |
| 7 | 100 | 74.1 | 42.9 | 30.4 | 24.8 | 12.9 | 2.4 |
| 8 | 100 | 82.8 | 40.7 | 27.9 | 23.9 | 14.9 | 1.6 |
| 9 | 100 | 80.6 | 54.9 | 25.3 | 26.1 | 9.2 | 0.7 |
| 10 | 100 | 81.4 | 46.8 | 30.1 | 20.7 | 10.9 | 1.3 |

对上述十组铁尾矿碎石进行采用4.5%水泥含量进行试验，根据其最大无侧限抗压强度进行选择。试验结果如表9.2-5。

十组混合料抗压强度结果 表9.2-5

| 组号 | 1 | 2 | 3 | 4 | 5 | 6 | 7 | 8 | 9 | 10 |
|---|---|---|---|---|---|---|---|---|---|---|
| 抗压强度（MPa） | 3.7 | 3.9 | 4.0 | 4.1 | 3.9 | 3.6 | 3.5 | 3.8 | 3.5 | 4.0 |

综合以上10种不同级配铁尾矿碎石的无侧限抗压强度试验结果，分析可得铁尾矿石的颗粒组成主要存在0～26.5mm范围之内，且粒径组成的比例满足《公路路面基层施工技术细则》JTG/T F20—2015的要求。其中严格控制0.075mm的粒径，它含量过高则影响水稳的收缩性能，引起水稳开裂，含量也不宜为0，影响其抗疲劳性能，第四组无侧限抗压强度最大，最终确定碎石级配比例为0～5mm：5～10mm：10～20mm：10～30mm＝31：17：28：24。

2）铁尾矿石混合料配合比设计

混合料的配合比直接影响到混合料的路用性能，不同比例的组成导致混合料结构差异。根据以往经验，水泥的剂量通常为5%，当水泥稳定中、粗粒土做基层时，控制水泥含量不大于6%。以铁尾矿碎石代替石灰岩碎石，按照以下不同水泥含量掺配比例进行试验数据分析，结果如表9.2-6。

混合料配合比数据 表9.2-6

| 编号 | 水泥含量 | 最大干密度 g/cm$^3$ | 最佳含水率/% |
|---|---|---|---|
| 1 | 4% | 2.460 | 5.1 |
| 2 | 4.5% | 2.466 | 5.2 |
| 3 | 5% | 2.476 | 5.0 |
| 4 | 5.5% | 2.476 | 5.0 |
| 5 | 6% | 2.488 | 5.2 |

（1）铁尾矿碎石混合料的物理性能研究

我们对其进行了无侧限抗压强度、劈裂强度及抗压回弹模量、抗冻性能、抗冲刷能力、干缩性能、疲劳性能等进行了相关侧试验。

①铁尾矿碎石混合料无侧限抗压强度

依据《公路工程无机结合料稳定材料试验规程》JTG E51—2009要求，按98%压实标准进行无侧限试件成型，并测定不同龄期试件的无侧限抗压强度。按照《公路工程无机结合料稳定材料试验规程》JTG E51—2009，成型试件在恒温标准养护室养护，浸水1d后，按照T0805试验步骤对5种混合料的无侧限抗压强度（图9.2-5）进行了相关的试验，分别取7d、28d混合料的试件采用万能试验机进行了相关的试验，试验结果如表9.2-7。

混合料的无侧限抗压强度 表9.2-7

| 水泥含量/% | | 4 | 4.5 | 5 | 5.5 | 6 |
|---|---|---|---|---|---|---|
| 无侧限抗压强度/MPa | 7d | 3.6 | 4.1 | 4.8 | 5.4 | 6.3 |
| | 28d | 4.5 | 5.1 | 5.9 | 6.7 | 7.9 |

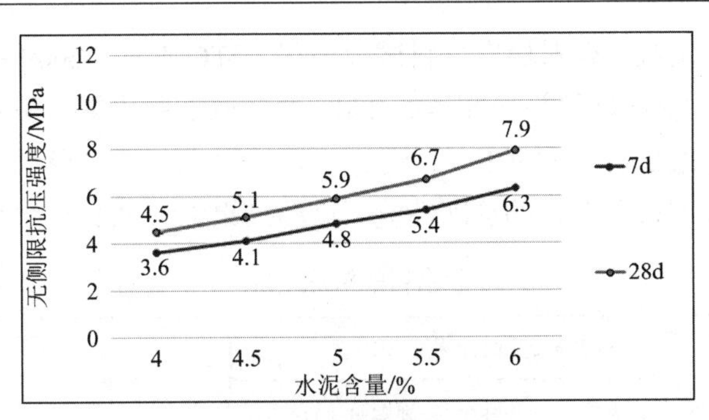


图 9.2-5　无侧限抗压强度

根据各龄期无侧限抗压强度数据分析可得，水泥稳定碎石试件抗压强度随着水泥含量的增加而增加，在考虑经济成本以及充分利用铁尾矿碎石的前提下，结合设计图纸中的设计标准 7d 无侧限抗压强度≥4.0MPa，采用 4.5%含量的水泥即可合格。

②铁尾矿碎石混合料劈裂强度及抗压回弹模量

按照《公路工程无机结合料稳定材料试验规程》JTG E51—2009 中 T0806、T0808 试验步骤对 5 种不同水泥含量的试件采用万能试验机进行劈裂试验以及抗压回弹模量（图 9.2-6）的试验，其试验结果如表 9.2-8。

劈裂强度及抗压回弹模量数值　　表 9.2-8

| 水泥含量/% | 4 | 4.5 | 5 | 5.5 | 6 |
|---|---|---|---|---|---|
| 劈裂强度/MPa | 0.307 | 0.359 | 0.418 | 0.493 | 0.542 |
| 抗压回弹值/MPa | 1201 | 1432 | 1674 | 1756 | 1803 |

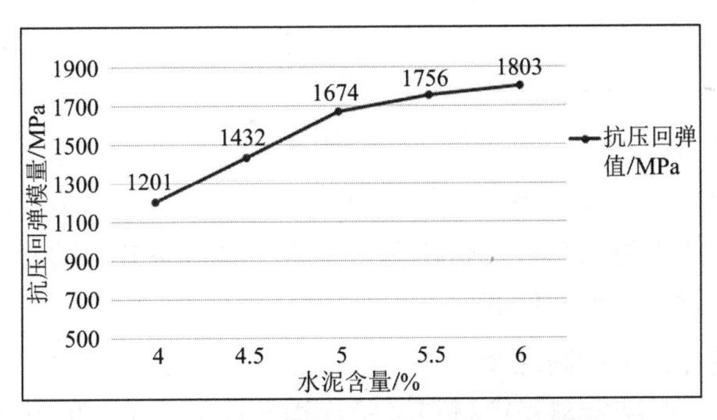


图 9.2-6　铁尾矿碎石混合料抗压回弹模量

综合以上 5 种不同水泥含量的劈裂强度值，其抗压回弹模量和劈裂强度随水泥含量的增加而增加，结合沥青路面柔性基层和半刚性基层模量理论研究得出抗压回弹模量的取值范围为 1500～2000MPa。水泥含量到达 5%时，即可满足要求，且随着水泥含量的增加增长缓慢，可以得出铁尾矿碎石试件具有较高的劈裂强度，能够满足道路基层对材料劈裂强度的要求。

③铁尾矿碎石混合料冻融试验

气候环境尤其是冬季低温循环冻融对无机结合料稳定类材料会产生不利的影响，而水泥稳定碎石基层抗冻性是基层材料耐久性的重要指标，路面基层材料在冻融循环的反复作用下，其强度可能会逐渐下降，产生薄弱面，甚至在薄弱面发生开裂破坏。

按照《公路工程无机结合料稳定材料试验规程》JTG E51—2009 中“无机结合料稳定材料冻融试验方法”，制备试件并标准养护 28d。并按照试验步骤，采用万能试验机对龄期为 28d 的试件进行冻融试验（图 9.2-7），经过 5 次冻融循环后的浸水无侧限抗压强度与冻前（BDR）相比较来评价混合料的抗冻性能。试验结果如表 9.2-9。

混合料的抗冻性能　　表 9.2-9

| 水泥含量/% | 浸水无侧限抗压强度/MPa | | BDR/% | 备注 |
|---|---|---|---|---|
| | 冻融前 | 冻融循环后 | | |
| 4 | 4.5 | 3.43 | 76.2 | 5 次冻融循环后 |
| 4.5 | 5.1 | 3.87 | 75.9 | |
| 5 | 5.9 | 4.62 | 78.2 | |
| 5.5 | 6.7 | 5.16 | 77.1 | |
| 6 | 7.9 | 6.18 | 78.3 | |

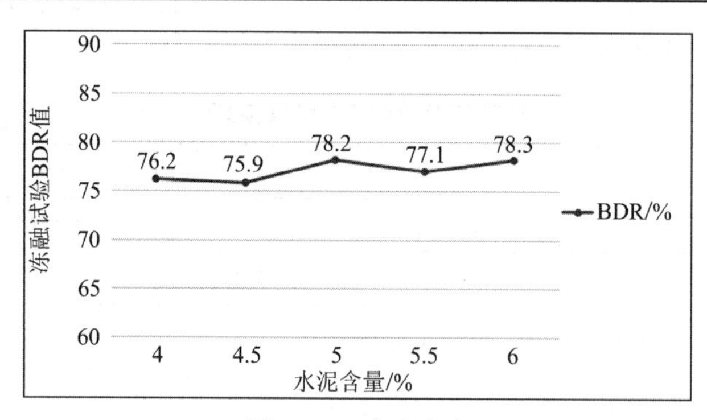


图 9.2-7　冻融试验

通过对各不同配合比的冻融循环试验下进行强度测试，在经历 5 次冻融循环后，可明显看出其损失量都在常用值 75%以上，均满足要求，其效果并不随着水泥含量的增加而出现趋势性变化，在此数据上可取任意值。

④铁尾矿碎石混合料抗冲刷性能

参照《公路工程无机结合料稳定材料试验规程》JTG E51—2009 中 T0860 试验步骤采用冲刷试验机对 4%、4.5%、5%、5.5%、6%剂量的水泥稳定铁尾矿石试件，98%压实度振动压实且标养 28d，浸水 1d 进行冲刷试验并检测其冲刷性能，试验数据如表 9.2-10。

冲刷损失量　　表 9.2-10

| 水泥含量/% | 4 | 4.5 | 5 | 5.5 | 6 |
|---|---|---|---|---|---|
| 冲刷损失量/% | 0.431 | 0.302 | 0.194 | 0.168 | 0.146 |

随着水泥剂量的增加，混合料的抗冲刷能力增强，冲刷质量损失逐渐减小。常用的水泥损失量一般小于 0.25，随着水泥剂量的增加，冲刷损失量递增量减小。在满足设计要求的前提下，取性价比最高水泥含量（图 9.2-8）。

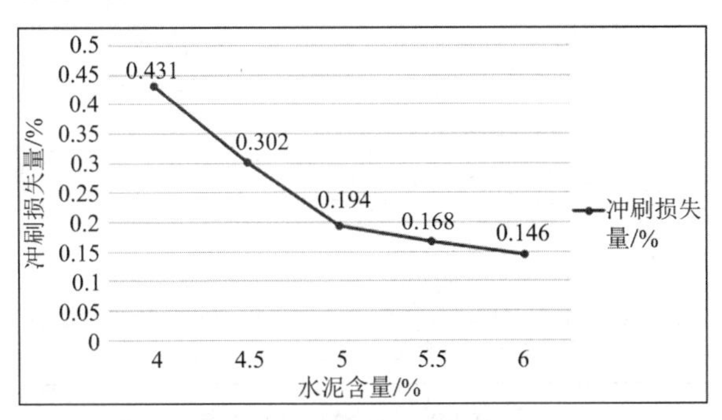


图 9.2-8　水稳混合料冲刷损失量

⑤铁尾矿碎石混合料干缩性能

半刚性基层在湿度或温度变化作用下容易产生开裂，由混合料含水量减少导致收缩的称为干缩，由温度降低导致的收缩称为温缩，半刚性基层在二者的共同作用下将引起基层开裂破坏甚至影射至面层裂缝。

半刚性基层的干缩裂缝是由于基层材料内部含水量变化而引起的体积收缩现象，其基本原理是由于水分蒸发而发生的毛细管张力作用、吸附水及分子间力作用、干燥收缩层间水作用而引起的整体宏观体积变化。

在标准条件温度 20℃ ± 2℃、相对湿度大于 95%下养生 6d 并浸水 24h 后，将其安装在干缩仪上，同时两端放置千分表，将整体放入温度 20℃ ± 1℃，相对湿度 60% ± 5%条件下的干缩养护箱内，同时放入另一组试件，每 24h 记录干缩仪上的收缩量，直至收缩量基本不再发生变化，数据处理如下：

失水率：$w=\frac{(M_0-M_t)\times(1+0.01w)}{M_0}\times 100\%$

干缩应变：$\varepsilon_t=\frac{(\delta_{l_0}-\delta_{i_1})+(\delta_{\gamma_0}-\delta_{\gamma_t})}{L_0}$

平均干缩系数：$\alpha_1=\frac{\varepsilon_t}{w}$

通过对 3d、7d、14d、28d 试块进行试验，其干缩系数试验结果如表 9.2-11。

**混合料干缩系数**　　表 9.2-11

| 水泥含量/% | | 4 | 4.5 | 5 | 5.5 | 6 |
|---|---|---|---|---|---|---|
| 试件养护天数（d） | 3 | 14 | 16 | 20 | 23 | 25 |
| | 7 | 23 | 29 | 33 | 39 | 42 |
| | 14 | 36 | 44 | 49 | 59 | 65 |
| | 28 | 47 | 52 | 60 | 74 | 89 |

由图 9.2-9 可明显看出，在干缩系数随着混凝土含量增加而增加，对混凝土的破坏越来越大。在试验的前三天增长幅度最大，前七天变化特别明显，随着时间的增加干缩系数明显在减小。因此，在施工前期注重对混合料的施工养护，减小干缩系数，避免混凝土的干缩裂缝。

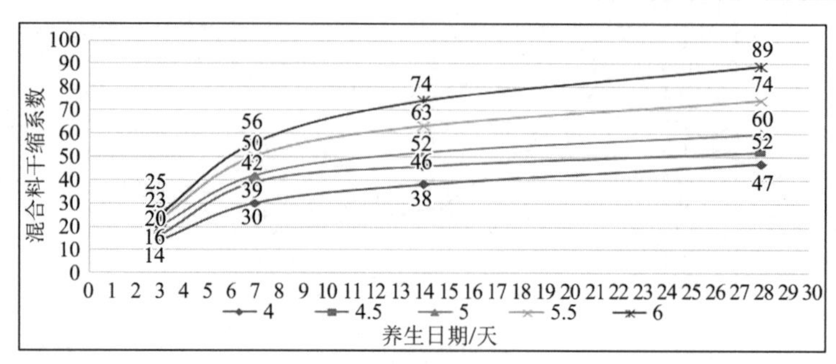


图 9.2-9　混合料干缩性能

同时在上述图表中可明显看出干缩系数随着水泥含量增加而增大，加剧水稳干缩裂缝的形成。因此，在满足如上要求的前提下选择水泥含量较小的，将有助于减少水泥稳定碎石干缩裂缝的产生。

⑥铁尾矿碎石混合料温缩性能

在标准条件温度 20℃ ± 2℃、相对湿度大于 95%下养生 6d，并浸水 24h 后，将试件放入 105℃烘箱至 12h。待试件冷却后，将其安装在干缩仪上，同时两端放置千分表，将整体放入高低温试验箱内进行试验，试验温度设置从 30℃～−30℃，每级温差为 10℃，保温时间为 4h，试验从高温开始至保温结束，记录千分表中的数据。

通过数据检测，温缩量、温缩应变以及温缩系数数据如表 9.2-12、表 9.2-13。

铁尾矿碎石混合料温缩量汇总　　表 9.2-12

| 温度区间 | 温缩量（mm） | | | | |
|---|---|---|---|---|---|
| | 水泥含量 4% | 水泥含量 4.5% | 水泥含量 5% | 水泥含量 5.5% | 水泥含量 6% |
| 20℃～30℃ | 0.055 | 0.075 | 0.045 | 0.072 | 0.073 |
| 10℃～20℃ | 0.051 | 0.072 | 0.041 | 0.063 | 0.071 |
| 0℃～10℃ | 0.028 | 0.042 | 0.030 | 0.035 | 0.038 |
| −10℃～0℃ | 0.057 | 0.099 | 0.025 | 0.077 | 0.091 |
| −20℃～−10℃ | 0.056 | 0.096 | 0.023 | 0.075 | 0.087 |
| −30℃～−20℃ | 0.061 | 0.097 | 0.024 | 0.077 | 0.088 |

铁尾矿碎石混合料温缩应变汇总　　表 9.2-13

| 温度区间 | 温缩应变（$10^{-6}$） | | | | |
|---|---|---|---|---|---|
| | 水泥含量 4% | 水泥含量 4.5% | 水泥含量 5% | 水泥含量 5.5% | 水泥含量 6% |
| 20℃～30℃ | 137.5 | 190 | 111.25 | 180 | 182.5 |
| 10℃～20℃ | 127.5 | 180 | 101.25 | 170 | 176.25 |
| 0℃～10℃ | 68.75 | 103.72 | 73.73 | 88.75 | 95 |
| −10℃～0℃ | 141.25 | 246.25 | 61.25 | 192.5 | 226.25 |
| −20℃～−10℃ | 140 | 240 | 57.5 | 186.25 | 217.5 |
| −30℃～−20℃ | 151.25 | 242.5 | 60 | 192.5 | 220 |

对上述试验数据进行分析，表明 5%水泥含量的铁尾矿碎石混合料温缩性能更优，在进行工程实体施工时应注重早期洒水养生以及尽快撒布下封层对铁尾矿碎石混合料的收缩抗裂性能（表 9.2-14）。

铁尾矿碎石混合料温缩系数汇总　　表 9.2-14

| 温度区间 | 温缩系数 | | | | |
| --- | --- | --- | --- | --- | --- |
| | 水泥含量 4% | 水泥含量 4.5% | 水泥含量 5% | 水泥含量 5.5% | 水泥含量 6% |
| 20℃～30℃ | 13.75 | 19 | 11.125 | 18 | 18.25 |
| 10℃～20℃ | 12.75 | 18 | 10.125 | 17 | 17.625 |
| 0℃～10℃ | 6.875 | 10.375 | 7.375 | 8.875 | 9.5 |
| −10℃～0℃ | 14.125 | 24.625 | 6.125 | 19.25 | 22.625 |
| −20℃～−10℃ | 14 | 24 | 5.75 | 18.625 | 21.75 |
| −30℃～−20℃ | 15.125 | 24.25 | 6 | 19.25 | 22 |

### 9.2.3.4 试验段工程现场研究

试验路段基层采用铁尾矿稳定碎石材料组成如表 9.2-15。

水泥：碎石＝5.0：100，每方粗集料用量如下表：31%、17%、28%、24%。

铁尾矿碎石混合料配合比　　表 9.2-15

| 规格 | 石粉 0～5mm | 5～10mm | 10～20mm | 10～30mm |
| --- | --- | --- | --- | --- |
| 用量百分比 | 31 | 17 | 28 | 24 |

为保证试验路段的工程质量及施工的顺利进行，施工前对试验段所用铁尾矿碎石进行标准击实试验和无侧限抗压强度试验，以确定其相应强度指标满足工程质量要求。

1）标准击实试验

采用试验路段铁尾矿稳定碎石材料，按照不同含水率进行标准击实试验，试验结果如表 9.2-16。

铁尾矿碎石混合料标准击实试验数据　　表 9.2-16

| 材料种类 | 含水率（%） | 干密度（g/cm$^3$） | 最佳含水率（%） | 最大干密度（g/cm$^3$） |
| --- | --- | --- | --- | --- |
| 水泥：碎石＝5.0：100 | 4.1 | 2.385 | 5.0 | 2.476 |
| | 5.0 | 2.413 | | |
| | 6.2 | 2.454 | | |
| | 7.0 | 2.437 | | |

2）无侧限抗压强度试验

根据上述标准击实试验确定的最佳含水率和最大干密度，按要求压实度（98%）采用静压法成型无侧限抗压强度试件，在标养条件下养护完成后进行试验，试验结果如表 9.2-17：

铁尾矿碎石混合料试件抗压强度试验数据 表 9.2-17

| 材料种类 | 最大破坏荷载（N） | 试件截面积（$mm^2$） | 无侧限抗压前度（MPa） | 平均值（MPa） | 代表值（MPa） |
|---|---|---|---|---|---|
| 水泥：碎石 = 5.0：100 | 77720 | 17671.5 | 4.86 | 4.82 | 4.8 |
| | 72470 | 17671.5 | 4.62 | | |
| | 79820 | 17671.5 | 4.95 | | |
| | 82130 | 17671.5 | 4.83 | | |
| | 77050 | 17671.5 | 4.78 | | |
| | 86530 | 17671.5 | 4.88 | | |

试验结果表明，水泥稳定铁尾矿碎石基层试验段的无侧限抗压强度为 4.80MPa，满足设计及规范要求。

3）施工过程质量控制

试验段工艺流程：选取试验摊铺路段→混合料的拌合→混合料的运输→混合料的摊铺→底基层的碾压→过程质量控制→养生→质量检测与验证。

①摊铺路段准备

在基层试验段摊铺前应选取摊铺的路段无过干、过湿现象，表面平整、无积水、无松散现象，表面应平整、坚实，各项指标应符合《公路工程质量检验评定标准》JTG F80/1—2017 的规定。

②混合料拌合

拌合前，对拌合设备反复检试调整，检测材料各项指标，监测水泥剂量、含水量和各种集料的配比，加强前后场沟通并作好记录。保证搅拌时间，含水量可根据温度及现场摊铺情况进行略微调整。

开机后，对混合料进行取样检测含水量、混合料级配、水泥剂量，并按试验规程制作了 7d 无侧限抗压强度试件。

拌合过程中对混合料外观进行目测，并结合试验来验证混合料的含水量及水泥剂量，发现问题及时进行调整，确保满足施工质量需求。

拌合站装车时车辆前后中移动，分 3 次装料，避免混合料离析，设门铃及专人指挥装车。

③混合料运输

在试验段开工前，由运输负责人和各料车司机检验料车的完好情况，装料前将车厢内的废料杂物等清理干净，装车后立即加盖篷布，篷布需使用防水篷布，保证车内混合料的水分不过快蒸发，以减少拌合料水分散失，并尽快运到铺筑现场。

料车进入摊铺现场后不得过早揭篷布，前一车摊铺一半混合料时，后一车才开始揭开篷布，摊铺机前除正在铺料的料车外只有一台料车揭开篷布，以备摊铺，避免料车料堆顶部混合料水分散失。

运输车辆驶入摊铺现场后，在指挥人员的指挥下有序停放，料车卸料时在摊铺机前 10～30cm 处停车挂空挡，卸料过程中运料车靠摊铺机推动前进。料车在卸料过程中，分 3～5 次将混合料卸入摊铺机料斗中，避免混合料溢出摊铺机料斗。

施工期间运输车内混合料均在初凝时间内运到工地进行摊铺压实。

④混合料摊铺

采用两台摊铺机梯队摊铺，摊铺前先检查两台摊铺机各部分运转情况，在摊铺机起步位置熨平板下垫厚度为 22.5cm（虚铺厚度）的方木。起步时先采用较低速度摊铺，调整摊铺机使螺旋布料器均匀转动且有 2/3 部分埋入混合料中，待横坡度等指标满足设计要求后，再按正常速度 1.5m/min 连续摊铺。

两台摊铺机拼装宽度分别为 6.5m 和 5.5m，摊铺时靠近路肩侧摊铺机在前，外侧采用钢丝进行高程控制，中间铺倒梁进行控制，靠近中央分隔带侧在后，后摊铺机右侧以前一台虚铺面，左侧以钢丝为基准，摊铺机熨平板、夯锤开振均为 4.0，两摊铺机间距离为 5～10m，两摊铺机有 10～20cm 左右的摊铺层重叠，保证缓慢、均匀、连续不断地按 1.5m/min 的速度摊铺水稳混合料。

根据松铺系数计算出松铺厚度，本次试验段按照压实 18cm、虚铺 22.3cm 进行控制，将混合料按铺筑厚度摊铺均匀，表面平整。摊铺机运行速度控制在 2～4m/min。如果供料不及时，摊铺机采用低速摊铺，以减少摊铺机待料的情况。

施工现场具体摊铺速度随时与拌合能力进行协调，摊铺现场和拌合站之间建立快捷有效的通信联络，及时进行调度和指挥，禁止摊铺机停机待料，确保成型路面的平整度。

⑤混合料碾压

摊铺后，在混合料处于最佳含水量时，立即在全宽范围内进行碾压，压路机第一次碾压长度为 30m，各碾压段落设置了明显的分界标志，设专门碾压负责人。碾压遵循由低到高、先慢后快的原则，碾压时后轮重叠 1/2 轮宽。碾压组合方式和遍数遵循先稳压、后轻压、再重压的原则。

试验路段碾压遵循的程序与工艺

稳压充分，振压不起浪、不推移。碾压过程中，采用灌砂法跟踪检测压实度。本次试铺段采用了表 9.2-18 中的碾压组合方式。

**铁尾矿碎石混合料基层试验段碾压组合方式　　　　表 9.2-18**

| 碾压组合 | 阶段 | 压路机类型/碾压遍数 | 速度 |
|---|---|---|---|
| K38＋600-K38＋940 | 初压 | 胶轮压路机碾压 2 遍 | 1.6km/h |
| | 复压 | 22t 单钢轮压路机强振碾压，3 遍以后每遍检测压实度（压实度结果无明显变化为止） | 2.2km/h |
| | 终压 | 单钢轮压路机静碾压光 | 2.2km/h |

碾压注意事项：

碾压遵循由低到高、先慢后快的原则，碾压时后轮重叠 1/2 轮宽，碾压组合方式和遍数遵循先稳压、后轻压、再重压的原则。

压路机启动、停止时要减速缓行，稳压要充分，振动不起浪、不推移。压路机在第一遍初步稳压后，倒车时按原路返回；检查平整度时压路机宜停在已压好的段落上；压路机禁止急停、急转弯。

严格控制碾压含水量，在最佳含水量±1%时及时碾压。碾压过程中始终保持表面湿润，若因高温、大风等天气使水分蒸发过快，及时喷洒少量水，洒水时向上喷洒，使水成雾状自由落到底基层表面。

在碾压过程中对高程、平整度的及时进行跟踪检测，平整度采用 6m 铝合金杠跟进检查，对平整度大于 12mm 的部分，及时进行修整。

碾压在水泥终凝前完成，并达到要求的压实度，同时没有明显的轮迹。

⑥养护及交通管制

碾压完成并经压实度检测合格后，立即在水稳表面覆盖土工布，土工布搭接宽度为 15～30cm。覆盖 2h 后洒水车倒车行驶入水稳下底基层进行洒水，洒水车的喷头采用喷雾式，洒水时向上喷洒，使水成雾状自由下落到底基层表面。

水稳底基层覆盖保湿养生期不少于 7d，养生期内，始终保持底基层表面处于湿润状态，每天洒水次数视天气而定。养生期内封闭交通，除洒水车外禁止其他车辆通行。养生段落有专门人负责并设置养生标牌。

4）试验段质量检测

（1）现场试验检测结果

①压实度

试验段按碾压组合进行施工：

a. 胶轮压路机静压 2 遍，单钢轮压路机重振 3 遍，实测压实度为 96.4%。

b. 胶轮压路机静压 2 遍，单钢轮压路机重振 4 遍，实测压实度为 97.5%。

c. 胶轮压路机静压 2 遍，单钢轮压路机重振 5 遍，实测压实度为 97.7%。

d. 碾压至第四遍后压实度无明显增长。

②表面平整度

采用 3m 直尺对试铺段路面平整度进行检测，经检测最大间隙为 6.4mm，满足《公路工程质量检验评定标准》JTG F80/1—2017 不大于 12mm 的要求。具体检测数据如表 9.2-19。

基层试验段表面平整度检测数据　　表 9.2-19

| 桩号/距离（m） | 1m | 5m | 11m |
|---|---|---|---|
| K38＋910 | 5.2 | 2.1 | 6.4 |
| K38＋850 | 3.6 | 5.4 | 5.4 |
| K38＋770 | 3.5 | 6.0 | 5.2 |
| K38＋690 | 4.2 | 4.6 | 4.2 |

③取芯情况

在基层正常养护 7d 后，对试验路段进行取芯检测，经检查芯样完整，无松散剥落情况，取芯情况如表 9.2-20。

试验段 7d 取芯情况表　　表 9.2-20

| 序号 | 桩号 | 位置 | 层位 | 芯样描述 |
|---|---|---|---|---|
| 1 | K38＋610 | 距中桩 1.0m | 底基层 | 芯样完整、密实 |
| 2 | K38＋720 | 距中桩 5.4m | 底基层 | 芯样完整、密实 |
| 3 | K38＋800 | 距中桩 2.8m | 底基层 | 芯样完整、密实 |
| 4 | K38＋900 | 距中桩 5.8m | 底基层 | 芯样完整、密实 |

④芯样无侧限抗压强度检测

对试验段所取芯样进行无侧限抗压强度检测，检测结果如表 9.2-21。

**试验段芯样无侧限抗压强度检测结果表**　　**表 9.2-21**

| 序号 | 桩号 | 位置 | 层位 | 强度（MPa） | 设计值（MPa） |
|---|---|---|---|---|---|
| 1 | K38 + 610 | 距中桩 1.0m | 底基层 | 4.67 | 不小于 4.0 |
| 2 | K38 + 650 | 距中桩 5.4m | 底基层 | 4.51 | |
| 3 | K38 + 700 | 距中桩 2.8m | 底基层 | 4.30 | |

根据表中所示试验段所取芯样无侧限抗压强度检测结果，可得出铁尾矿碎石基层能够满足规范对于无侧限抗压强度的技术要求，同时也能满足试验段工程设计文件技术要求。

9.2.3.5　试验总结

7d 后对试验段工程质量进行检测，压实度采用灌砂法检测，平整度 3m 直尺检测，纵断高程水准仪检测，宽度采用钢尺检测，厚度钻心取样检测，强度检测取芯压件，试验结果情况如表 9.2-22。

**试验段质量检测评定表**　　**表 9.2-22**

| 项次 | 检查项目 | 标准 | 频率 | 实测 | | | | | 结论 |
|---|---|---|---|---|---|---|---|---|---|
| 1 | 压实度% | ⩾98 | 4 | 98.3 | 98.6 | 98.9 | 98.7 | | 100% |
| 2 | 平整度（mm） | ⩽8 | 10 | 4 | 3 | 5 | 2 | 4 | 100% |
| | | | | 5 | 3 | 7 | 2 | 4 | |
| 3 | 纵断高程（mm） | （+5，−10） | 6 | −6 | −1 | −5 | | | 100% |
| | | | | +3 | −3 | −5 | | | |
| 4 | 宽度（mm） | 11970 | 4 | 11995 | 12020 | 12055 | 12035 | | 100% |
| 5 | 厚度（mm） | 180 | 2 | 183 | 185 | | | | 100% |
| 6 | 横坡（%） | ±0.3 | 2 | 0.19 | 0.14 | | | | 100% |
| 7 | 强度（MPa） | ⩾4.0 | 2 | 4.5 | 4.4 | | | | 100% |

表面无松散、无坑洼、无碾压轮迹的现象，取芯试件完整无松散现象。

通过上述试验研究发现，试验各项指标均满足要求，其铁尾矿碎石可作为水泥稳定碎石原材（图 9.2-10～图 9.2-21）。

图 9.2-10　铁尾矿碎石筛分试验

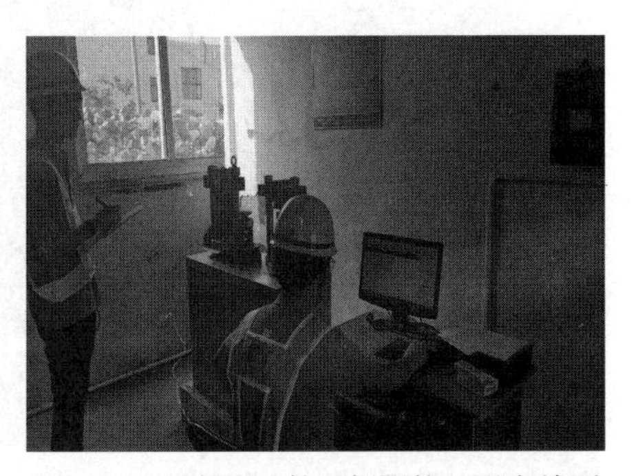

图 9.2-11　水稳试件无侧限抗压强度检测

图 9.2-12　铁尾矿碎石混合料装车顺序

图 9.2-13　铁尾矿碎石基层试验段摊铺

图 9.2-14　铁尾矿碎石混合料试验段碾压

图 9.2-15　铁尾矿碎石基层松铺厚度检测

图 9.2-16　灌砂法压实度检测

图 9.2-17　试验段养生

图 9.2-18　7d 压实度检测

图 9.2-19　铁尾矿碎石基层取芯

图 9.2-20　试验段芯样检测

图 9.2-21　试验段芯样检测

## 9.2.4　结果与状态

### 9.2.4.1　案例结果

本案例主要介绍了采用铁尾矿碎石作为道路基层在工程中的实例应用，主要包括试验段工程现场研究、施工过程质量控制、试验段质量检测，主要得到以下成果：

（1）开展了铁尾矿碎石作为路面基层材料的工程应用实例，通过对要求，为铁尾矿碎石材料在公路工程建设中的应用起到了良好的示范作用。

（2）通过试验路段施工过程中现场试验和试验段 7d 无侧限抗压强度以及取芯成型完整性检测，铁尾矿碎石水稳基层混合料配合比满足水稳基层施工，得出试验路段各项指标均满足设计文件及规范的技术要求，验证了铁尾矿碎石应用于路面基层的技术可靠性。

（3）通过效益分析，相较于常规碎石，采用铁尾矿碎石混合料作为路面基层的铺筑材料，既节约了施工成本，又解决废弃旧料堆存污染，从而达到绿色环保工程的目标。

### 9.2.4.2　效益分析

（1）经济效益

通过选取铁尾矿碎石代替水泥稳定碎石中的粗集料，极大缓解了工程进度严重制约于原材料供货紧张的被动局面，避免了高价购入本区域稀缺资源和远赴外地购置基层材料，为项目节约了 258 万元。

我项目在路面基层施工中共需要 37.6 万 t 水稳，其中：

水泥用量为 1.8 万 t，费用无变化。

碎石用量为 24.7 万 t，每吨可节省 8.21 元，共计节省费用约 203 万元。

石粉用量为 11.1 万 t，每吨可节省 5.00 元，共计节省费用约 55 万元。

通过成本分析，通过选取铁尾矿碎石代替水泥稳定碎石中的粗集料作为道路基层中的铺筑材料，可节约成本 15%左右，经济效益可观。

（2）社会效益

由河北建设集团股份有限公司承建的国道 G102 线秦皇岛市区段改建工程 C 合同段成功应用了铁尾矿碎石在路面基层中应用研究技术，此项技术的应用解决了常规碎石供应困难、价格高昂等问题，在满足质量、工期要求、降低施工成本的同时，将研究成果推广至全线进行应用。经过一个冬雨季的沉淀，路面质量完美，当地其他工程施工过程中结合我们的应用经验，将铁尾矿碎石进行了应用，成功带动了秦皇岛当地铁尾矿碎石的消耗。

（3）环境效益

在河北省自然资源厅关于尾矿调查研究报告中指出，我省主要分布于三大铁矿产区：冀东铁矿区，包括唐山、承德和秦皇岛；邯邢铁矿区，包括邯郸和邢台；张家口铁矿区。多数矿山企业对铁矿尾矿的利用处理，只重视价值较高的、成本相对较低的有价金属的回收，往往造成的固体废弃物污染和环境、生态问题。

铁尾矿的回收利用不仅能解决大量堆积造成的环境污染和土地资源浪费等问题，而且还挖掘了其潜在的利用价值，变废为宝，进而减少自然岩石、卵石的开采破碎，响应国家“绿水青山就是金山银山”的战略布局，达到保护青山绿水，提高固废物利用，解决铁尾矿堆弃、污染的社会问题，展现了环保施工和为环保科技贡献力量的决心。

9.2.4.3　成果转化和推广应用情况

1）成果转化

（1）完成《铁尾矿碎石路用可行性研究》论文 1 篇，获集团公司企业级论文一等奖。

（2）《铁尾矿碎石在路面基层中的应用研究》荣获 2022 年度河北省建筑业协会总工程师委员会创新创效大赛一等奖。

2）应用推广

由河北建设集团承建的秦皇岛市国道 G102 线改扩建工程 C 合同段路面基层施工成功的采用上述科研技术，解决了由于常规碎石供应不足、价格上涨、质量下降导致的工期紧张、产能下降、成本增高等一系列问题，在保证施工质量的前提下满足了工期要求，降低了施工成本，得到监理、业主的一致认可和好评。

3）案例推广价值

铁尾矿碎石的合理开发利用，不但节省大量材料资金、解决废弃旧料污染，而且就地取材，在公路建设中提高资源利用效率、实现资源的永续利用，选取技术可靠、经济合理的筑路材料成为公路施工的新方向。

铁尾矿碎石在路面基层中的应用研究项目将为重资源地区更为合理地利用现有资源、响应国家环保战略布局、展现科技、环保的施工理念，为缓解碎石供应紧张问题找到一种新途径。

### 9.2.5　问题与建议

本次研究以铁尾矿碎石的路用性能为基础，通过对燕山地区铁尾矿碎石的化学成分及物理性能分析，通过无侧限抗压试验、劈裂试验、干缩试验等室内试验研究，多方位验证了燕山地区铁尾矿碎石应用于路面基层的可行性，实现了固废利用，有效解决了常规路用碎石资源受限的问题，降低了材料成本，减少了环境污染，但仍存在一些问题需要进一步研究，主要包括：

（1）本次研究主要从无侧限抗压强度、冻融性能等几个方面研究铁尾矿碎石的路用性能，后续可针对铁尾矿碎石在桥梁结构混凝土中应用的可行性进行研究。

（2）本次研究对象主要为秦皇岛周边地区铁尾矿碎石，为了有效推进铁尾矿在公路工程中的应用，后期可更广泛地对唐山、保定、邯郸等不同地区的铁尾矿进行路用性能的研究。

（3）由于新建国道 G102 线刚通车半年，铁尾矿碎石基层还未经受重载车辆及寒暑期的考验，实用性能还未能充分验证，科研组将对已完工路面的刚度、稳定性等指标进行持续跟踪观测。

## 9.3 高速公路互通桥梁施工创新

### 9.3.1 案例背景

京德高速是雄安新区“四纵三横”区域高速公路网中的纵四线；是大兴国际机场对外联系的主要集疏运通道，是交通强国建设河北雄安新区（先行区）试点之一。本项目的建设对提升雄安新区路网服务水平，落实京津冀地区协同发展及带动沿线经济发展具有重要意义。建设过程中，按照“世界眼光、国际标准、中国特色、高点定位”和创造“雄安质量”的要求，坚持新发展理念，将本项目打造成便捷、安全、绿色、经济、智能的新时代高速公路。

知子营互通左幅主线桥中心桩号为 ZK14 + 830.581，起点桩号为 ZK14 + 255.581，终点桩号为 ZK15 + 405.581，设计角度 80°，桥梁全长 1150.0m。

全桥共 12 联：4 跨 × 30m/跨 + 13m +（31m + 34.8m + 34.8m + 31m）+ 13 跨 × 30m/跨 +（32m + 34.4m + 32m）+ 13 跨 × 30m/跨，上部结构第 2、3、8 联采用预应力混凝土现浇连续箱梁，其余联采用预应力混凝土（后张）小箱梁，先简支后连续；下部结构采用柱式墩，墩台采用桩基础。

平面位于 R = 2300m 的左偏圆曲线上，桥面横坡为单向–3%，纵断面位于 R = 29000m 的竖曲线上。

知子营互通右幅主线桥中心桩号为 YK14 + 832.731，起点桩号为 YK14 + 256.431，终点桩号为 YK15 + 409.031，设计角度 80°，桥梁全长 1152.6m。

全桥共 12 联：4 跨 × 30m/跨 + 13m +（31m + 35m + 35m + 31m）+ 2 跨 × 30m/跨 +（30m + 31.6m + 30m）+ 8 跨 × 30m/跨 +（32m + 35m + 32m）+ 13 跨 × 30m/跨，上部结构第 2、3、5、8 联采用预应力混凝土现浇连续箱梁，其余联采用预应力混凝土（后张）小箱梁，先简支后连续；下部结构采用柱式墩，墩台采用桩基础。

平面位于 R = 2300m 的左偏圆曲线上，桥面横坡为单向–3%，纵断面位于 R = 29000m 的竖曲线上。

### 9.3.2 事件过程分析描述

在大型桥梁的施工中，上部结构的施工控制是重点。以京德高速 ZT2 标段的知子营互通主线桥施工为例，我们深入剖析并提炼了大型桥梁预应力混凝土小箱梁及预应力混凝土现浇连续箱梁施工的关键控制点。

京德高速 ZT2 标段的知子营互通区主线桥有 354 片预制箱梁，该桥全长 1150m，位于 R = 2300m 的左偏圆曲线上，桥面横坡为单面–3%，预制箱梁边缘弧度控制，成为重中之重。业主提出，354 片箱梁需在 30d 内完成，根据项目梁场面积、底胎数量，及流水作业规律，每片箱梁预制周期需由传统的 13d 缩短为 10d。同时，业主提出的“雄安标准”要求预制箱梁钢筋保护层合格率 ≥ 95%、边缘弧线偏差 ≤ 2mm。

针对预制箱梁施工，通过以下 3 项技术控制，实现了业主提出的相关要求，塑造了京德高速的“雄安标准”。

（1）改进模板制作方法，将预制箱梁模板由传统钢模板优化为不锈钢模板，曲线位置处进行分段设计，尽量减少不同梁板施工时模板调换数量，达到减小边缘弧线偏差、加快模板调换效率的目的。

（2）研制一种钢筋绑扎专用平台及一种横隔板钢筋定位装置，增强钢筋骨架尺寸控制，在保证钢筋保护层合格的前提下，还能提高钢筋绑扎效率。

（3）在夏季引进蒸汽养生，改进养生施工工艺，缩短养生周期。

现浇箱梁施工重点是支架的施工，支架搭设的稳定性及过程中的稳定性，是现浇箱梁完成施工的关键。

针对现浇箱梁支架施工，利用多软件结合的方式快速对架体和支架门洞工字钢进行计算，对支架进行最终调整，同时通过检测设备与京德高速智慧建造平台进行链接，进行实时监测。主要包括以下 2 项技术措施：

（1）选择品茗建筑安全计算软件对支架不同搭设快速计算，检查是否符合要求。

（2）利用迈达斯 civil 快速对架体门洞的四层工字钢受力进行分析。

### 9.3.3 关键措施及实施

#### 9.3.3.1 大型桥梁预应力混凝土小箱梁施工

1）概述

京德高速 ZT2 标段的知子营互通区主线桥有 354 片预制箱梁，该桥全长 1150m，位于半径为 2300m 的左偏圆曲线上，桥面横坡为单面–3%，预制箱梁边缘弧度控制，成为重中之重。业主提出，354 片箱梁需在 30d 内完成，根据项目梁场面积、底胎数量，及流水作业规律，每片箱梁预制周期需由传统的 13d 缩短为 10d。同时，业主提出的“雄安标准”要求预制箱梁钢筋保护层合格率 ≥ 95%、边缘弧线偏差 ≤ 2mm。

2）技术路线

本施工案例主要技术路线为通过对施工中模板、工艺等的改进，缩短梁板预制期间占用台座时长，为剩余梁板的预制提供场地，从而加快梁板预制施工进度。通过模板的改进来保证曲线段梁板预制过程中边梁弧度及尺寸，防止梁板吊装后边板衔接时出现明显的折角，影响桥梁外观效果，具体主要有以下几方面内容：

（1）改进模板制作方法，将预制箱梁模板由传统钢模板优化为不锈钢模板，曲线位置处进行分段设计，尽量减少不同梁板施工时模板调换数量，达到减小边缘弧线偏差、加快模板调换效率的目的。

（2）研制一种钢筋绑扎专用平台及一种横隔板钢筋定位装置，增强钢筋骨架尺寸控制，在保证钢筋保护层合格的前提下，还能加快钢筋绑扎效率。

（3）在夏季引进蒸汽养生，改进养生施工工艺，缩短养生周期。

3）提出了一种预制箱梁弧线位置处模板制作方法

为保证施工完成的箱梁混凝土表面光泽度及平整度，模板制作时改变往常全部采用钢板制作的做法，采用 6mm 厚复合板（5mm 钢板 + 1mm 不锈钢板）作为箱梁模板面板，通过列式计算，对模板支撑体系、刚度、挠度、稳定性等指标进行验算，确保模板符合设计要求。将预制箱梁翼板模板曲线位置处进行分段设计，尽量减少不同梁板施工时模板调换数量，加快模板调换效率。因箱梁边板外侧翼缘板处于曲线上，如按一般做法将边板模板做成直线，梁板吊装后两箱梁连接处将形成折角，影响桥梁外观质量及桥面宽度。为解决这一问题，在进行箱梁边梁模板制作时，改变以往齿板采用固定尺寸的做法，在翼板处采用可调节式齿板，梁板模板每隔 1/8L 设置一个调节点，施工前计算出每个调节点处的一般宽度，各调节点翼板宽度根据计算数据进行调整，将边板外侧齿板调节成圆滑的曲线，有效地保证了每片边梁外侧的曲线，保证梁板连接处平滑，曲线优美，无明显折角，减小边缘弧线偏差。

（1）调节原理

将边梁翼缘板模板加工宽度按照曲线设计参数最大宽度考虑，再配上可调式翼缘板活动挡块，通过对翼缘板宽度的计算，确定活动挡块调节值，预制出曲线边梁，从而达到曲线桥线型美观的效果。

（2）翼缘板调弧值的确定

建立桥梁平面坐标系，无论桥梁平面位置如何布置，都需要用平面坐标系的形式控制桥梁施工放样。为了计算简单，我们采用局部坐标系统，可以使数据概念更明确。由于预制箱梁在台座上预制生产，建立局部坐标系统，即假设预制箱梁位于以(0,0)点为圆心，半径为 2300m 的圆弧上，并且垂直于 Y 轴，布置参见图 9.3-1。预制箱梁以直线形式布置，通过调节边梁翼缘板宽度使得预制箱梁总体线形适应设计线形。

（3）调弧值公式推导

曲线桥一般是一条缓和曲线和圆曲线组合的平面曲线，通过图 9.3-1 显示，翼板调节后桥梁边梁边线与半径为 2300m 的圆弧线重合，引起预制梁箱梁翼板边线所需调节值各不相同。结合现场实际情况，因为是圆弧线，我们不可能对边梁翼板外边线所对应的各个点逐一进行调节。但是我们可以通过以下公式计算任意一点的调弧值$C$，以指导施工。

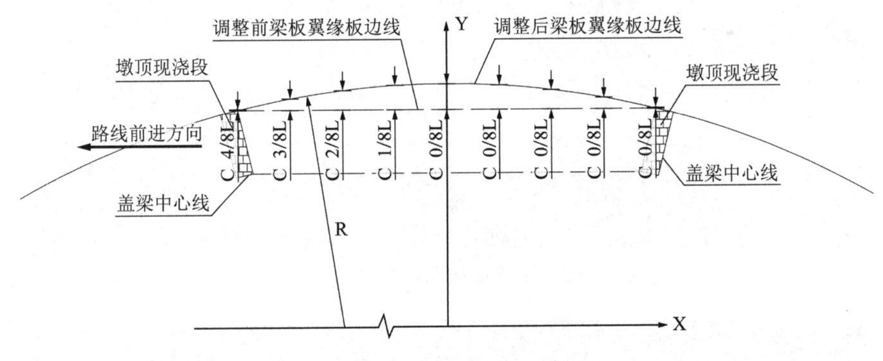


图 9.3-1 外边梁弦弧差 C 值布置图

①$A=\sqrt{R^2-\frac{L^2}{2}}$

②$B=\sqrt{R^2-X^2}$

③$C=B-A$

$R$：表示平面圆曲线或缓和曲线半径，单位 cm。

$A$：为固定值，表示梁中心$L/2$ 在坐标系中$X=0$ 位置处所对应的Y方向的值，单位 cm。

$B$：为圆曲线上任意点所对应的y方向的值，单位 cm。

梁体沿Y轴方向垂直对称布置，x表示调弧前梁体翼板外边缘上任意一点距Y轴长度，其取值范围为$-L/2 \leqslant X \leqslant L/2$，$L$为梁长。

$C$：为预制箱翼缘板调弧值，单位 cm。

通过①、②、③式子计算出预制梁翼缘板调弧值。

（4）调弧值计算

我标段承建的京德高速 ZT2 标段的知子营互通主线桥，全长 1150m，共有 354 片预制箱梁，预制箱梁长 30m，位于半径为 2300m 左偏圆曲线上。为径向式墩台布置的曲线梁桥，除边梁的翼缘板悬臂长度不同外，其余梁的预制尺寸均相同，只需调节两侧边梁的翼缘板悬臂长度，其悬臂长度变化可采用“分段直线”方式来实现。分段长度一般取 1m，通过调整梁体翼缘板悬臂宽度以适应线型变化。该桥位于$X^2 + Y^2 = R^2$的圆曲线上，$R = 2300$m，相应预制箱梁$L = 30$m 位于该圆上且垂于y轴上半轴。如图 9.3-1 所示，分别确定C对应 4/8L、3/8L、2/8L、1/8L、0/8L梁长处所需调整的弧差值为 0cm、2.1cm、3.7cm、4.6cm、4.9cm（图 9.3-2～图 9.3-6，表 9.3-1）。

图 9.3-2　不锈钢模板

图 9.3-3　翼缘板模板

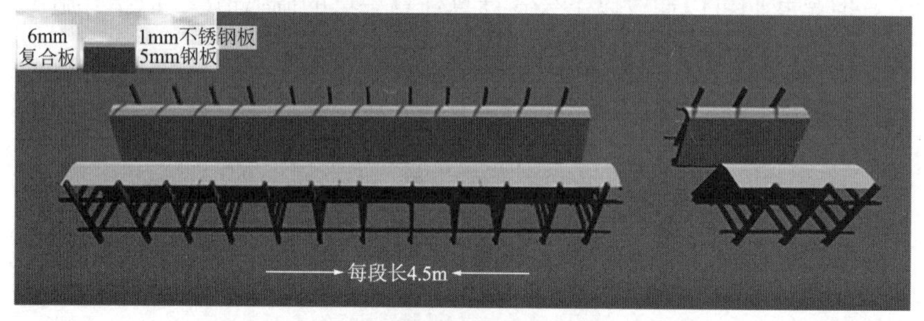


图 9.3-4　预制箱梁模板曲线位置进行分段设计

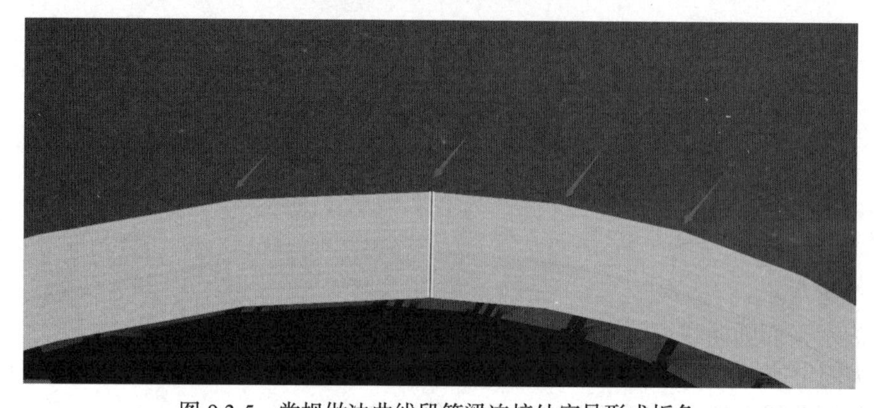

图 9.3-5　常规做法曲线段箱梁连接处容易形成折角

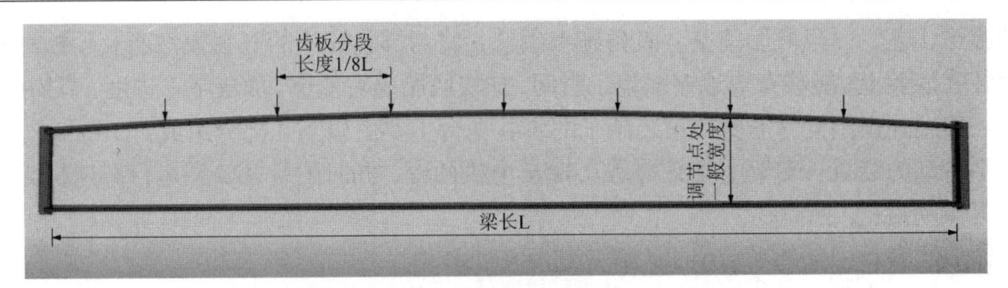


图 9.3-6　在箱梁翼板处设置可调节式齿板

京德高速 ZT2 标段梁板预制模板与传统模板对比　　表 9.3-1

| 序号 | 工作内容 | 京德高速 ZT2 标模板效果 | 传统模板效果 |
|---|---|---|---|
| 1 | 模板打磨 | 2 人 4h | 3 人 5h |
| 2 | 模板安装 | 5 人 5h | 5 人 5h |
| 3 | 拆模时间 | 5 人 3h | 5 人 4h |
| 4 | 拆模效果 | 混凝土表面有光泽，很少发生缺棱掉角现象 | 易发生缺棱掉角现象 |
| 5 | 弧线偏差 | 2mm | 5mm |

（5）梁板模板各项指标验算

为保证箱梁模板各项指标满足使用需求，通过 MIDAS 和 BIM 软件建模并计算，验证了模板的支撑体系、刚度、挠度、稳定性等指标符合使用要求（图 9.3-7）。

图 9.3-7　箱梁模板建模示意图

4）研制一种钢筋绑扎专用平台及一种横隔板钢筋定位装置

（1）钢筋绑扎专用平台

当前预制梁板钢筋绑扎多在底胎上进行绑扎，绑扎挖成后安装侧模及芯模，再进行顶板刚进的绑扎，此工艺按照流水施工的作业程序施工，造成整个预制箱梁钢筋绑扎及模板安装过程全部在底胎上进行，占用底胎时间过长，无形中延长了梁板预制时间，降低了底胎周转效率，变相造成了工期的延长及相关施工成本的增加。同时由于踩踏已有钢筋骨架，极易造成钢筋骨架变形，从而影响钢筋保护层厚度，影响工程质量。

为解决此问题，我项目采用箱梁底腹板钢筋及顶板钢筋分别在专用台架上提前进行绑扎的施工工艺，一旦底胎清空，具备施工条件，将与绑扎完成的底腹板钢筋及顶板钢筋直接吊装在底胎上，能够有效地缩短施工时间，加快底胎周转效率，加快施工进度，节约成本。

a. 移动式预制梁钢筋整体吊装施工的绑扎平台主要由以下几部分组成：

平台动力装置：支架上搭载的是 0.4kW 电机两台，同时配备 723 型运行减速机为操作平台提供动力。

作业平台：中部的平台供工人踩踏进行施工作业。

电缆卷筒：装配自动电线收集系统，便于平台在移动过程中通电线的整理。

电器箱：平台动力装置总开关，通过遥控接收器，控制两个接触器。通过电路系统实现对两侧驱动电机的同步操控。

运行轨道：分段拼接组成，安装拆卸方便，同时能够确保平台移动时的移动轨迹。

平台遥控开关：用于操控平台的移动。

本操作平台能够有效地实现不踩踏钢筋进行梁板顶板钢筋绑扎，从而有效地保证了钢筋的绑扎质量，保证了顶板的保护层厚度。

本装置运行稳定，便于操作，作业平台平整牢固有效地防止工人在施工时由于脚底踩踏不稳而出现的安全事故，大大提高了施工的便利性和安全性（图 9.3-8～图 9.3-11）。

b. 技术关键点

两侧动力装置沿轨道同步前进后退，通电线路的自动收集整理，钢筋顶板的不踩压施工。

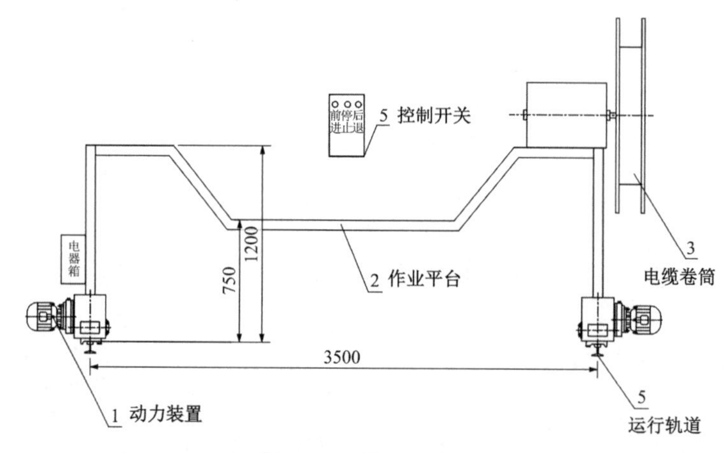


图 9.3-8　装置示意图

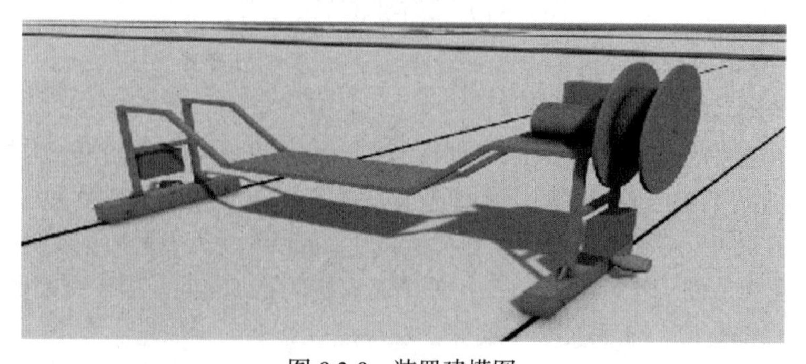

图 9.3-9　装置建模图

图 9.3-10　装置实物图

图 9.3-11　钢筋绑扎平台应用

（2）横隔板钢筋定位装置

横隔板钢筋准确定位装置由三脚架底托、立杆、横杆三部分组成，立杆与底托通过套筒连接，横杆与立杆通过手拧固定套件连接。施工时，横隔板钢筋可以搭在横杆上，实现横隔板钢筋的定位（图 9.3-12、图 9.3-13）。

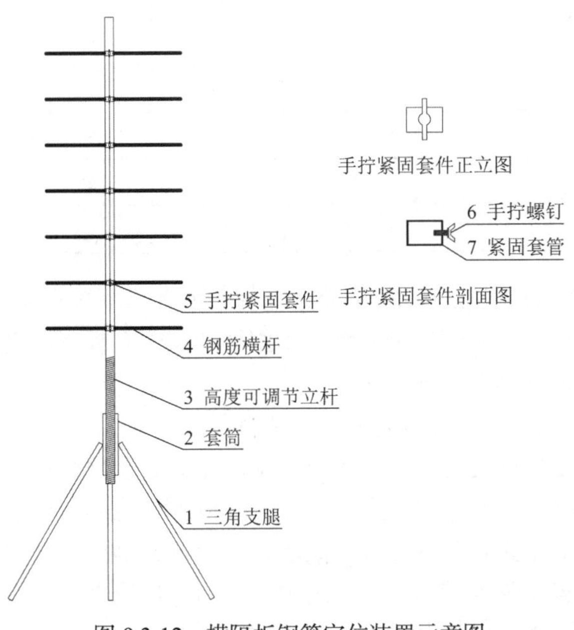


图 9.3-12　横隔板钢筋定位装置示意图

图 9.3-13　横隔板钢筋定位装置

该装置结构更加优化、简便，可根据横隔板钢筋设计高度和间距自由调节、固定立杆和横杆的位置，从而保证横隔板钢筋的准确定位，提高预制梁的标准化施工，提高桥梁建设质量和进度。

通过该装置施工的箱梁，现场吊装完成后，同一跨之间横隔板钢筋定位精准，线型顺直，提高了工程外观质量，得到了业主、监理单位、社会各界的一致好评。

使用了钢筋绑扎专用平台和横隔板钢筋定位装置后，预制箱梁钢筋保护层合格率有了明显提高，通过调查 30 片梁板钢筋保护层合格率后，数据如表 9.3-2 所示。

梁板保护层合格率统计表　　表 9.3-2

| 梁板编号 | 1 | 2 | 3 | 4 | 5 | 6 |
|---|---|---|---|---|---|---|
| 钢筋保护层合格率（%） | 95 | 96 | 95 | 97 | 96 | 97 |
| 梁板编号 | 7 | 8 | 9 | 10 | 11 | 12 |
| 钢筋保护层合格率（%） | 95 | 97 | 95 | 97 | 95 | 97 |
| 梁板编号 | 13 | 14 | 15 | 16 | 17 | 18 |
| 钢筋保护层合格率（%） | 98 | 97 | 95 | 97 | 98 | 97 |
| 梁板编号 | 19 | 20 | 21 | 22 | 23 | 24 |
| 钢筋保护层合格率（%） | 96 | 97 | 95 | 95 | 97 | 97 |
| 梁板编号 | 25 | 26 | 27 | 28 | 29 | 30 |
| 钢筋保护层合格率（%） | 96 | 97 | 98 | 95 | 96 | 97 |

根据表 9.3-2 中的数据，制作预制箱梁钢筋保护层合格率排列如图 9.3-14。

通过排列图可看出：通过使用钢筋绑扎专用平台和横隔板钢筋定位装置后，预制箱梁钢筋保护层合格率均能达到 ≥ 95%。

5）引进蒸汽养生施工工艺（在夏天同样使用蒸汽养生）

制约箱梁预制施工进度的另一因素为箱梁预制完成后至预制箱梁张拉、压浆间的时间间隔，因图纸要求张拉、压浆前，预制箱梁混凝土强度需达到设计强度的 100%，自预制箱梁混凝土浇筑完成至满足张拉条件这段时间较长，影响着梁板预制的施工进度。为解决这一问题，同时保证混凝土强度满足要求，我项目预制梁板混凝土浇筑后采用蒸汽养生施工工艺，加快梁板混凝土强度的提升，缩短施工时间（图 9.3-15），具体内容如下：

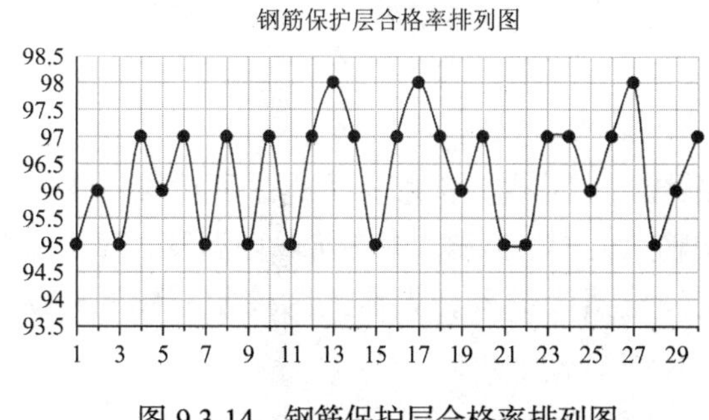


图 9.3-14　钢筋保护层合格率排列图

图 9.3-15　梁板吊装后效果

（1）施工原理

经过大量试验数据研究，预制梁板所用的 C50 高性能混凝土，在 30℃～35℃的环境下，强度增长最快。预制梁板蒸汽养生施工工艺，可通过智能养生设备，将预制梁板养生环境恒温控制在 30℃～35℃，实现预制梁板混凝土强度快速增长，缩短养生周期，加快施工进度。

（2）施工流程（图 9.3-16）

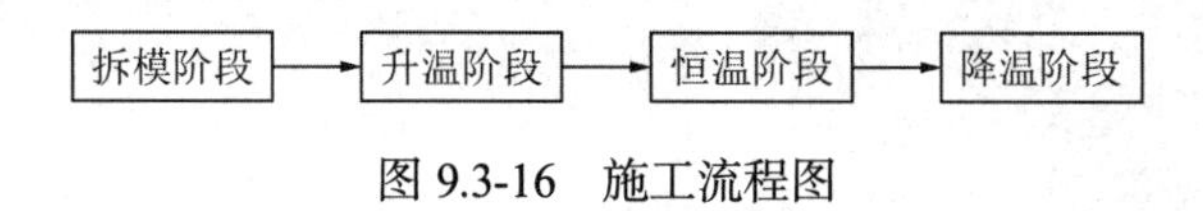


图 9.3-16　施工流程图

（3）拆模阶段（预养期）

箱梁混凝土浇筑完毕拆除模板过程中应不断洒水养生，保证梁体混凝土始终处在湿润状态，防止初期强度形成过程中产生的巨大水化热使混凝土表面开裂。模板拆除过程在 10h 左右，期间同条件养生的混凝土抗压试件应放置在梁顶，同时进行洒水养生。

（4）升温阶段

模板全部拆除完毕后，将抗压试件放置在箱梁内部同时梁体内外洒水一遍，立即用养生帆布将箱梁覆盖并保证四周基本密封，然后将安放在梁两端的蒸汽发生器接通水电源后开始向棚内通入蒸汽。为使梁体内外尽可能均匀受到蒸汽养护，每端蒸汽输送管通入 40m 养生棚内的长度应达到 10m 为宜，并且出气口离混凝土表面距离大于 30cm，防止高温蒸汽对混凝土强度造成不利影响。

在升温阶段，开始向蒸汽棚内通入蒸汽升温，一般以 5℃/h 的速度连续、均匀升温，直至蒸汽棚内的温度达到 30℃～35℃，在升温期内一定要控制升温速度。

（5）恒温阶段

恒温期控制在 30℃～35℃之间，恒温阶段根据梁内及梁两侧蒸汽充斥情况不断变换出气口位置，保证棚内蒸汽完全充满，期间要记录好棚内温度、湿度上升和最高情况。同条件养生的试件每 12h 试验一组，掌握强度增长情况。

（6）降温阶段

当试件抗压强度达到设计强度 95%后停止蒸汽养生，拆除蒸汽发生器的电源、水源，将设备内剩余水排除干净后放置在指定位置或直接转至另外一片箱梁处继续养生。刚结束养生的箱梁不得立即拆除养生棚，待棚内温度自行冷却后方可拆除。

在降温期内，一定要控制降温温度，降温速度不大于 3℃/h，直至棚内外温差不大于5℃时，方可掀棚。

（7）温控养生系统

智能化养生全过程中，采用温控养生系统进行养生，能够保证养生环境维持在一个相对稳定的环境下。只要在温控养生系统中输入升温、恒温、降温阶段内温度，智能温控系统便能根据温度情况，自动输入蒸汽或停止蒸汽输入，无需人为控制（图 9.3-17、图 9.3-18）。

图 9.3-17　蒸汽养生棚

图 9.3-18　预制梁板蒸汽养生设施

（8）对比实验：

为了比较蒸汽养生及洒水养生的养生效果，两种养生方式分别选取 5 片梁板进行对比实验，通过控制梁板的原材、浇筑时间、拆模板时间、脱模剂等因素一致，保留单一变量为养生方式。实验过程中每间隔 12h 由同一试验员使用回弹仪检测不同梁板同一位置的回弹强度，将数据整理如下：

a. 蒸汽养生（表 9.3-3、图 9.3-19）

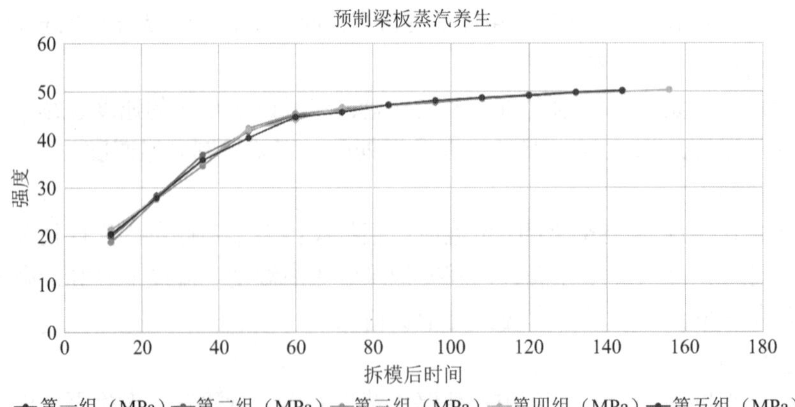


图 9.3-19　预制梁板蒸汽养生强度增长图

预制梁板蒸汽养生强度增长表　　表 9.3-3

| 拆模后时间/h | 12 | 24 | 36 | 48 | 60 | 72 | 84 | 96 | 108 | 120 | 132 | 144 | 156 | 168 |
|---|---|---|---|---|---|---|---|---|---|---|---|---|---|---|
| 第一组（MPa） | 19.8 | 28.4 | 35.6 | 41.8 | 45.1 | 46.3 | 47.2 | 47.9 | 48.5 | 49.0 | 49.6 | 50.2 | | |
| 第二组（MPa） | 19.8 | 28.1 | 36.9 | 41.7 | 45.4 | 46.2 | 47.1 | 47.7 | 48.6 | 49.3 | 49.8 | 50.2 | | |
| 第三组（MPa） | 18.7 | 27.6 | 34.5 | 42.4 | 45.4 | 46.1 | 47.1 | 47.9 | 48.7 | 49.1 | 49.7 | 50.2 | | |
| 第四组（MPa） | 21.3 | 27.9 | 35.6 | 42.1 | 44.2 | 46.7 | 47.1 | 48.1 | 48.7 | 49.0 | 49.6 | 49.9 | 50.3 | |
| 第五组（MPa） | 20.4 | 27.9 | 35.8 | 40.4 | 44.7 | 45.7 | 47.2 | 48.1 | 48.7 | 49.1 | 49.8 | 50.1 | | |

b. 洒水养生（表 9.3-4、图 9.3-20）

预制梁板洒水养生强度增长表　　表 9.3-4

| 拆模后时间/h | 12 | 24 | 36 | 48 | 60 | 72 | 84 | 96 | 108 | 120 | 132 | 144 | 156 | 168 |
|---|---|---|---|---|---|---|---|---|---|---|---|---|---|---|
| 第一组（MPa） | 17.2 | 25.2 | 32.5 | 37.6 | 41.7 | 43.6 | 45.1 | 46.2 | 47.3 | 48.2 | 48.8 | 49.4 | 49.8 | 50.2 |
| 第二组（MPa） | 18.2 | 26.2 | 33.5 | 38.3 | 41.4 | 43.5 | 45.4 | 46 | 47.2 | 48 | 49.0 | 49.6 | 49.7 | 50.1 |
| 第三组（MPa） | 17.4 | 25.5 | 32.2 | 36.8 | 42.1 | 43.4 | 44.7 | 45.9 | 47.3 | 48.1 | 49.0 | 49.2 | 50.0 | |
| 第四组（MPa） | 16.7 | 25.1 | 31.4 | 37.5 | 41.0 | 43.6 | 44.7 | 45.9 | 47.4 | 48.3 | 48.9 | 49.6 | 49.9 | 50.4 |
| 第五组（MPa） | 18.2 | 26.1 | 32.2 | 37.5 | 41.0 | 43.7 | 45.0 | 46.4 | 47.3 | 48.2 | 48.6 | 49.5 | 49.9 | 50.2 |

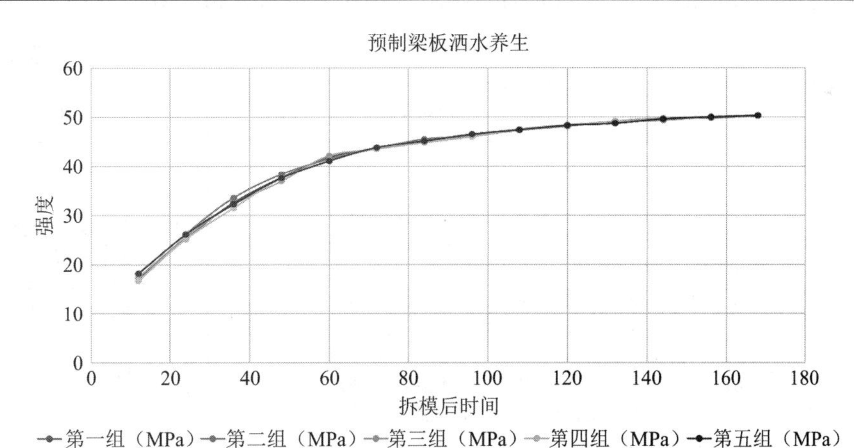


图 9.3-20　预制梁板洒水养生强度增长图

从上图表中看出：

蒸汽养生拆模后 60h 内强度增长较快，60h 可达到 45MPa 左右，洒水养生拆模后 84h 内强度增长较快，84h 可达到 45MPa。

采用蒸汽养生拆模后 144h（6d）可达到 100%强度（50MPa），而洒水养生则需要 168h（7d）才能达到 100%强度（50MPa）。

结论：采用蒸汽养生初期强度增长较快，后期强度增长曲线更加平缓，不同梁板相同养生时间内的强度差较小，梁板质量更加可靠。蒸汽养生较传统的洒水养生能够减小养生时间约 24h，具有较好的推广意义。

9.3.3.2 大型桥梁预应力混凝土现浇箱梁施工

现浇箱梁施工重点是支架的施工，支架搭设的稳定性及过程中的稳定性，是现浇箱梁完成施工的关键。

（1）知子营互通现浇段支架施工重难点

知子营互通中现浇段大部分位于曲线上并且跨度不一、截面变化不一导致计算量大，但是准备时间短，传统手算方法在时间上无法满足此次支架稳定性计算要求。

如何保证在施工过程中对支架的沉降及倾斜度进行检测，防止架体的沉降及倾斜超出设计要求。

（2）支架计算思路

利用多软件结合的方式快速对架体和支架门洞工字钢进行计算，架体设计人员对支架进行最终调整，同时通过检测设备与京德高速智慧建造平台进行链接，进行实时监测。

（3）支架计算软件选择

通过对软件功能分析，根据本项目实际情况进行结合。

根据支架搭设的重难点，如支架在迈达斯 civil 中进行建模需要花费时间严重超出设计时间的安排，故排除迈达斯 civil 进行架体的建模分析。

由于 RBCCE 进行盘扣支架计算智能使用桁架支撑，故选择品茗建筑安全计算软件对支架不同搭设快速计算，检查是否符合要求。

利用迈达斯 civil 快速对架体门洞的四层工字钢受力进行分析（表 9.3-5）。

软件功能分析 表 9.3-5

| | 迈达斯 civil | 品茗建筑安全计算软件 | RBCCE |
|---|---|---|---|
| 软件功能对比 | 优点：<br>1. 建模方便、快捷<br>2. 可自由添加各种荷载，对各种工况进行组合受力计算<br>3. 进行弯矩、位移、剪力等受力分析，生成受力分析图并找出受力薄弱环节<br>缺点：<br>1. 结构复杂、不规则的情况下，建模消耗时间多，无法整体更改模型<br>2. 无法生成计算过程 | 优点：<br>1. 支架数据设置便捷<br>2. 可进行桁架支撑与钢管脚手架支撑<br>3. 可进行一键出施工方案、技术交底、应急预案、节点详图等<br>不足：<br>1. 不能进行建模<br>2. 只能计算标准段 | 优点：<br>1. 支架数据设置便捷<br>2. 可进行一键出支架计算书<br>3. 可进行支架工程量的统计<br>4. 可进行结构受力计算<br>不足：<br>1. 只能进行桁架支撑脚手架的计算 |

（4）品茗建筑安全计算软件

通过输入箱室类型、支架布置方式、材料性能、荷载条件输入后快速完成相应截面的支架稳定计算，查看是否满足架体稳定性规范要求。在满足规范要求后由设计人员进行细部调整完成最后的支架搭设设计，并根据软件一键导出的计算书与施工方案等进行修改并出具计算书与施工方案（图 9.3-21、图 9.3-22）。

品茗建筑安全计算软件可以依据输入的各项数据快速完成架体稳定性计算查看是否满足规范要求（图 9.3-23～图 9.3-25）。

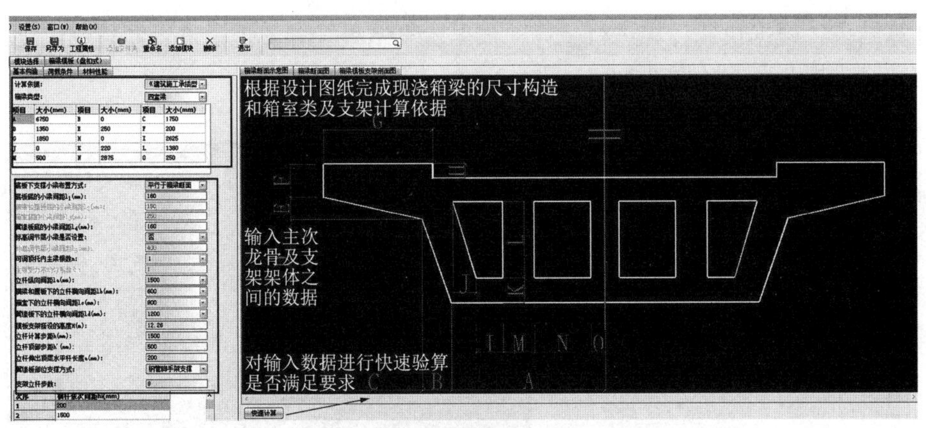


图 9.3-21　品茗建筑安全计算软件“基本构造”界面图

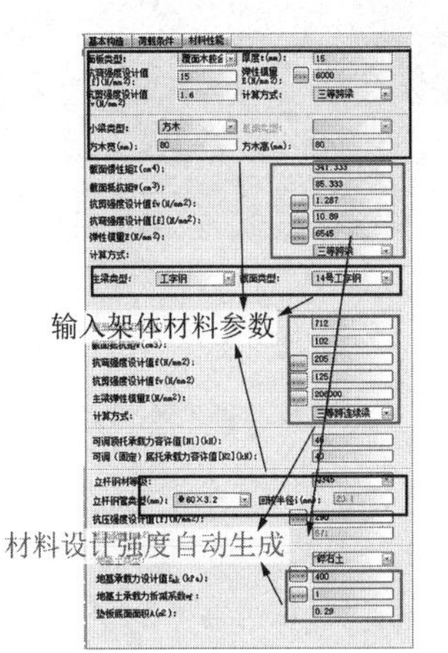


图 9.3-22　品茗建筑安全计算软件“材料性能”界面图

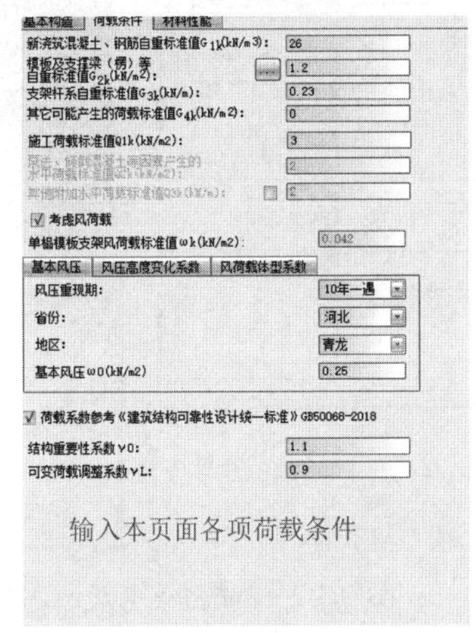


图 9.3-23　品茗建筑安全计算软件“荷载条件”界面图

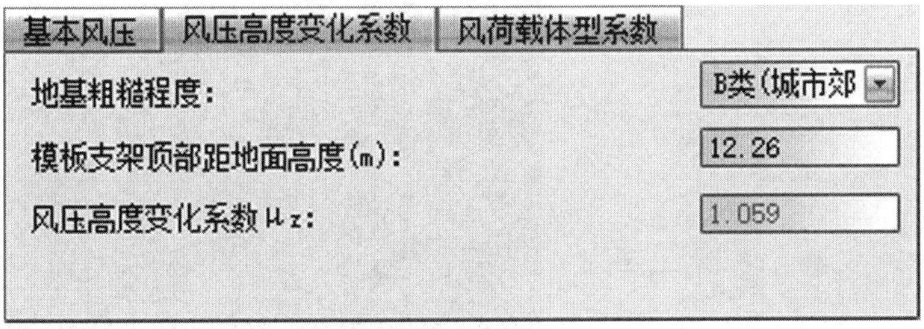

| 基本风压 | 风压高度变化系数 | 风荷载体型系数 |
|---|---|---|
| 地基粗糙程度: | | B类(城市郊 |
| 模板支架顶部距地面高度(m): | | 12.26 |
| 风压高度变化系数μz: | | 1.059 |

图 9.3-24　品茗建筑安全计算软件“风压高度变化系数”界面图

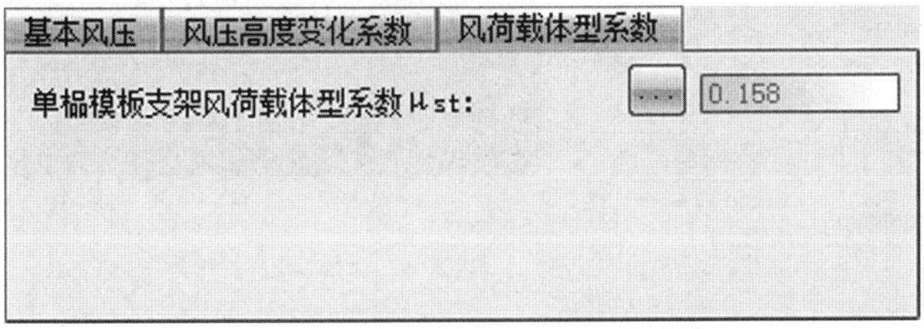

| 基本风压 | 风压高度变化系数 | 风荷载体型系数 |
|---|---|---|
| 单榀模板支架风荷载体型系数μst: | ... | 0.158 |

图 9.3-25　品茗建筑安全计算软件“风荷载体型系数”界面图

计算结果：根据快速计算进行验算，根据验算结果及调整提示进行调整完成支架的调整，使其满足规范要求（图 9.3-26～图 9.3-28）。

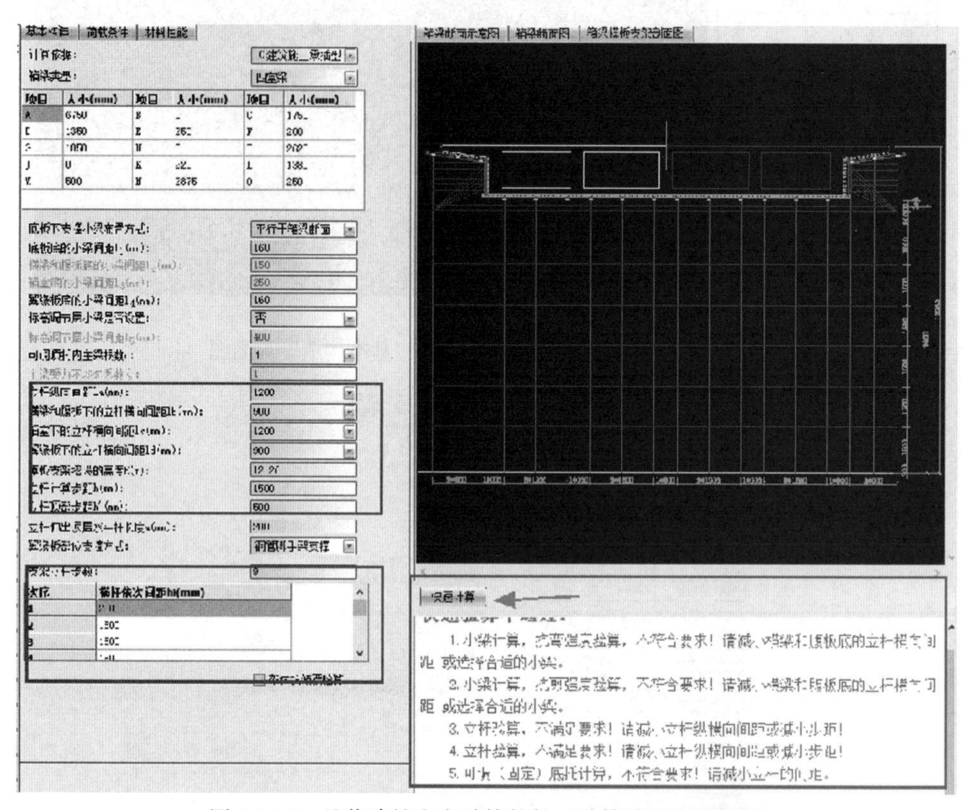


图 9.3-26　品茗建筑安全计算软件“计算结果”界面图

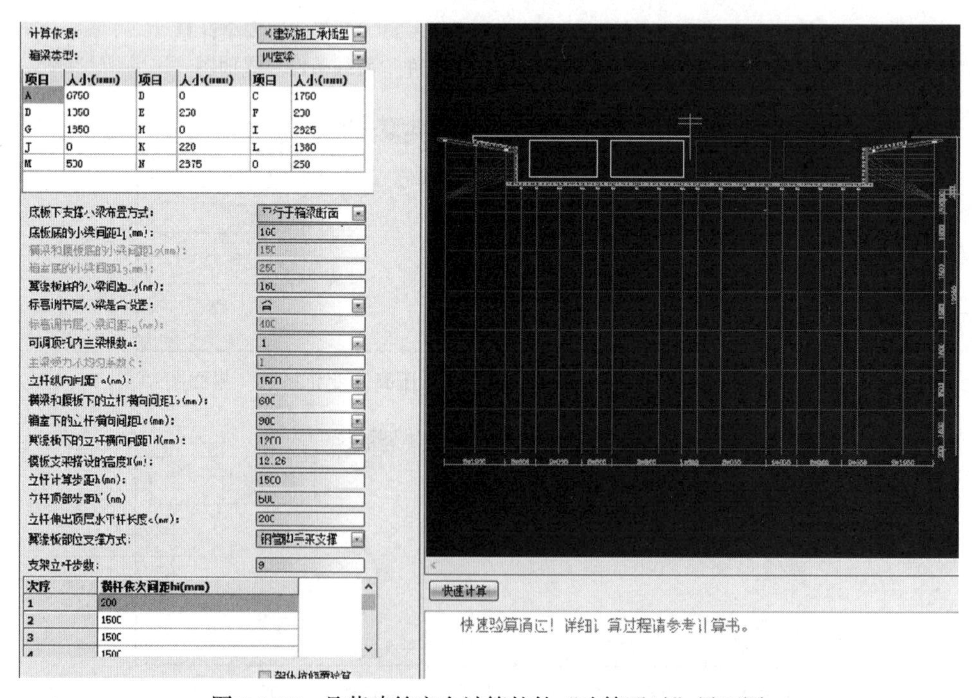


图 9.3-27　品茗建筑安全计算软件“验算通过”界面图

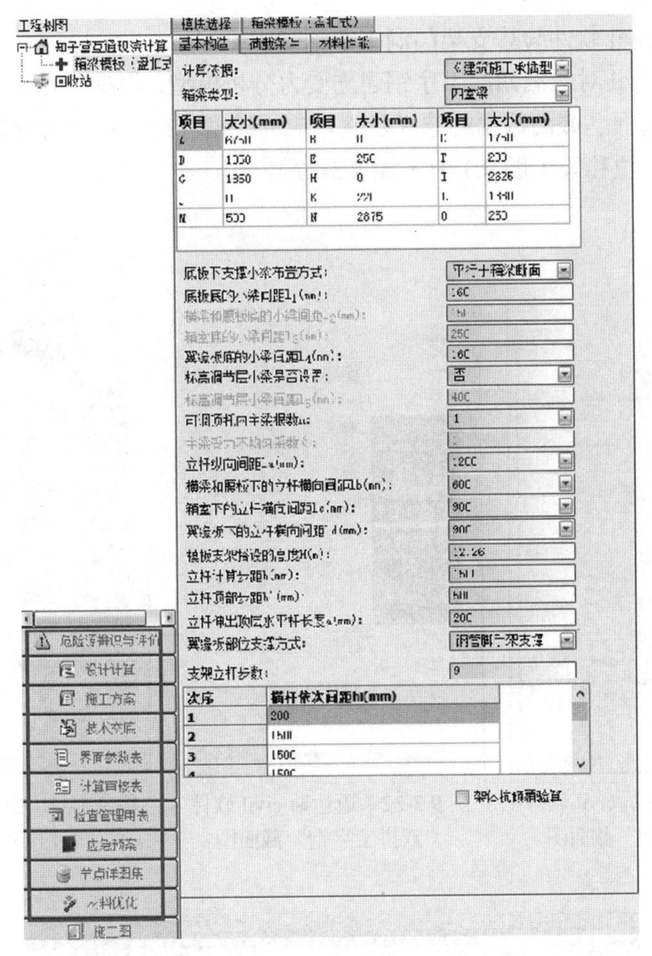


图 9.3-28　品茗建筑安全计算软件“工程树图”界面图

利用品茗建筑安全计算软件导出施工方案、技术交底等功能，快速完成现浇箱梁方案的编制（图 9.3-29、图 9.3-30）。

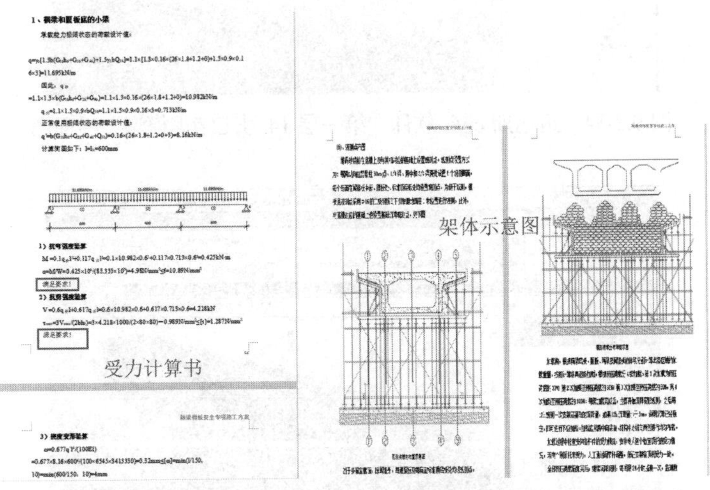


图 9.3-29　品茗建筑安全计算软件导出“受力计算书”

图 9.3-30　品茗建筑安全计算软件导出“架体示意图”

（5）迈达斯 civil 软件验算支架门洞工字钢受力

通过迈达斯 civil 对门洞四层工字钢建立受力分析模型，根据节点荷载位置、支撑的位置、材料数据的选择、截面数据的选择建立相应的模型进行分析受力分析，主要计算工字钢的弯矩、挠度、位移等（图 9.3-31～图 9.3-37）。

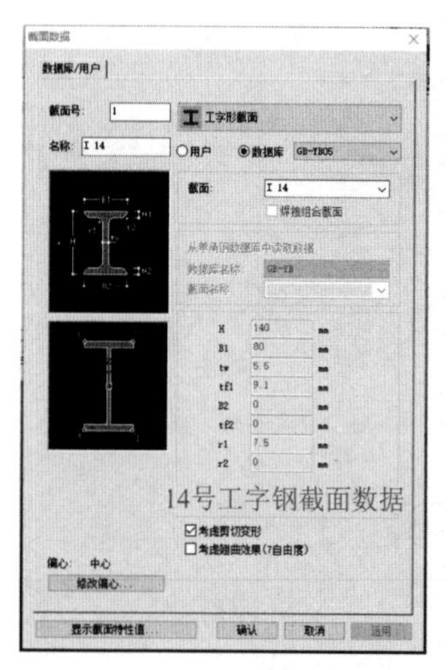


图 9.3-31　迈达斯 civil 软件“14 号工字钢”截面图

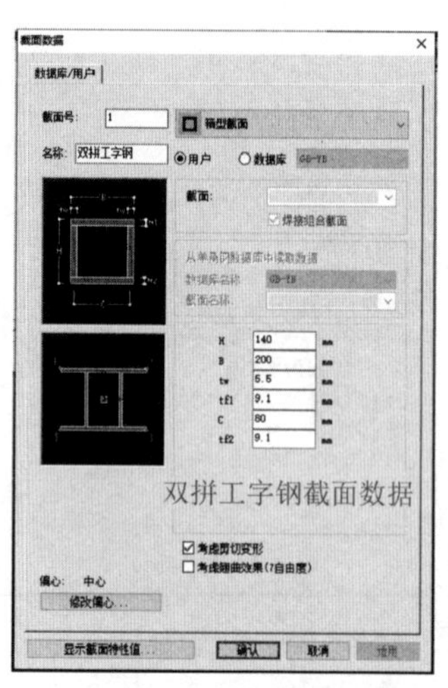


图 9.3-32　迈达斯 civil 软件“双拼工字钢”截面图

图 9.3-33　迈达斯 civil 软件“工字钢”界面图

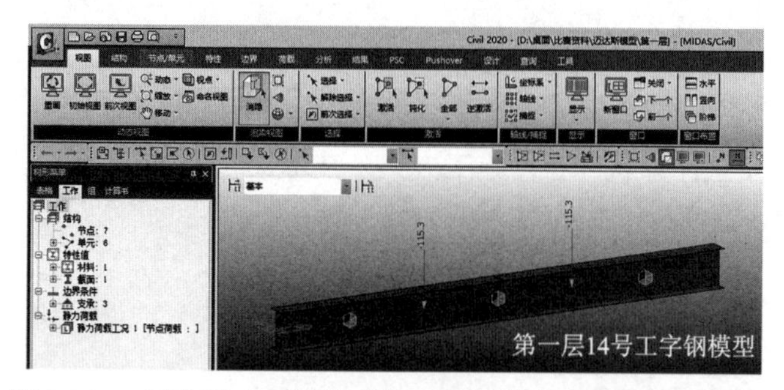


图 9.3-34　迈达斯 civil 软件“第一层 14 号工字钢模型”界面图

图 9.3-35　迈达斯 civil 软件“第二层双拼工字钢模型”界面图

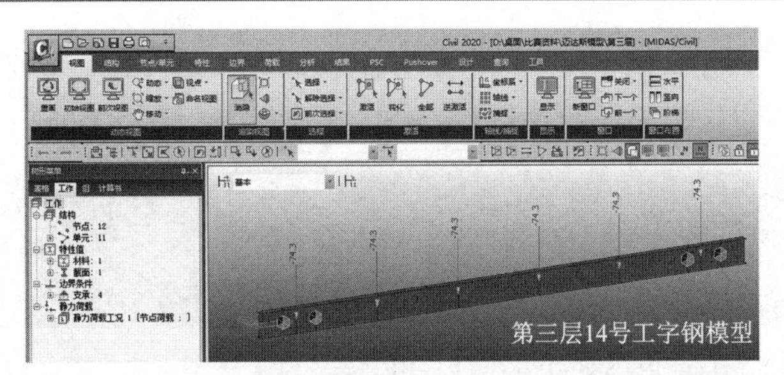


图 9.3-36　迈达斯 civil 软件“第三层 14 号工字钢模型”界面图

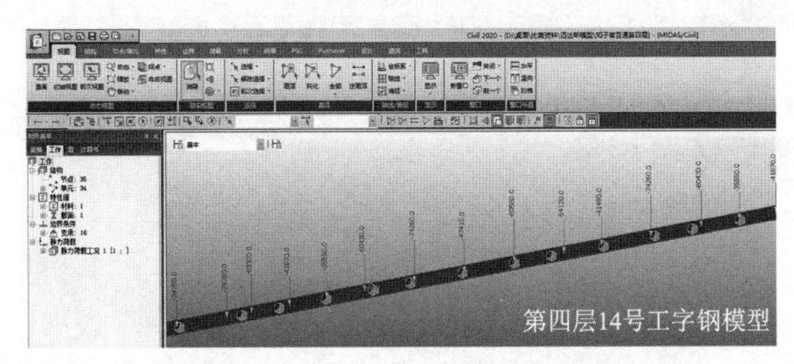


图 9.3-37　迈达斯 civil 软件“第四层 14 号工字钢模型”界面图

通过对工字钢模型进行受力分析，与规范设计强度值进行对比，如未超过设计强度则门洞设计满足规范要求（图 9.3-38～图 9.3-43）。

图 9.3-38　迈达斯 civil 软件“第一层 14 号工字钢弯矩受力分析”

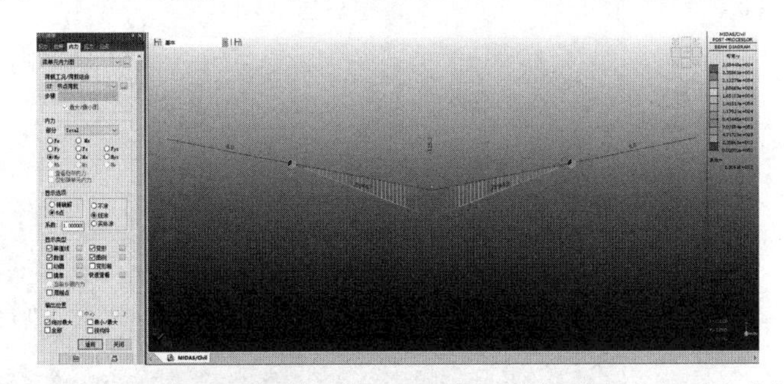

图 9.3-39　迈达斯 civil 软件“第二层双拼 14 号工字钢弯矩受力分析”

图 9.3-40　迈达斯 civil 软件“第三层 45a 工字钢弯矩受力分析”

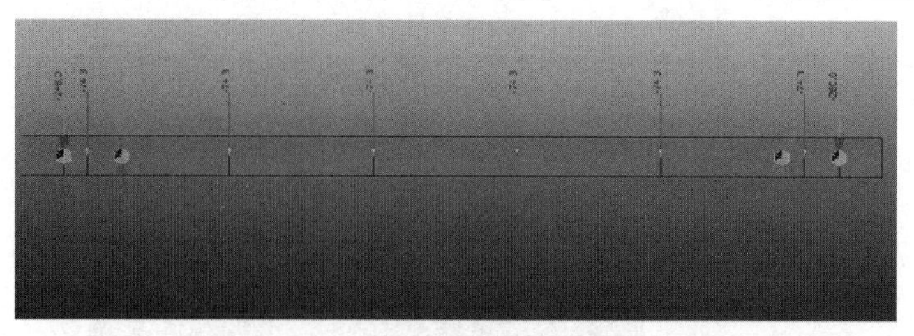

图 9.3-41　迈达斯 civil 软件“第三层 45a 工字钢支座反力分析”

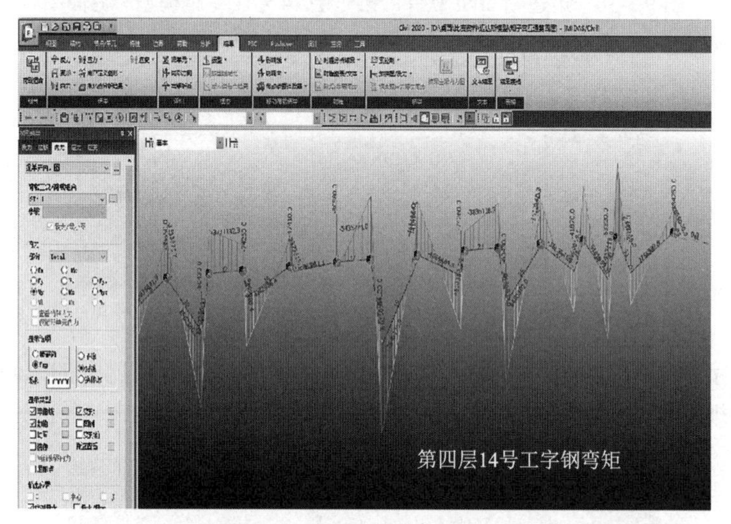


图 9.3-42　迈达斯 civil 软件“第四层 14 号工字钢弯矩”

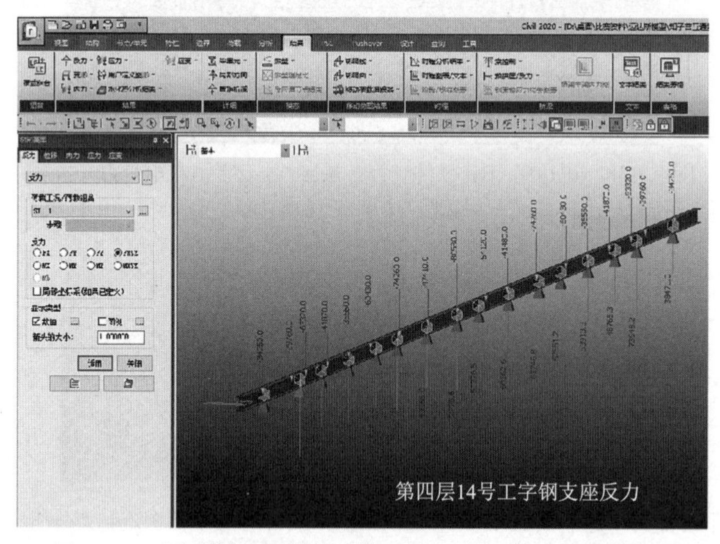


图 9.3-43　迈达斯 civil 软件“第四层 14 号工字钢支座反力”

通过多软件结合的方式进行支架稳定性计算满足施工要求，并通过专家论证，方可进行下一步施工。

（6）监测安装

为确保支架在现浇箱梁架体的倾斜度、位移、沉降满足设计要求，在架体搭设过程中安装检测设备对架体进行时刻检测（图 9.3-44～图 9.3-49）。

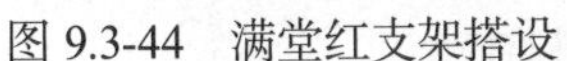

图 9.3-44　满堂红支架搭设

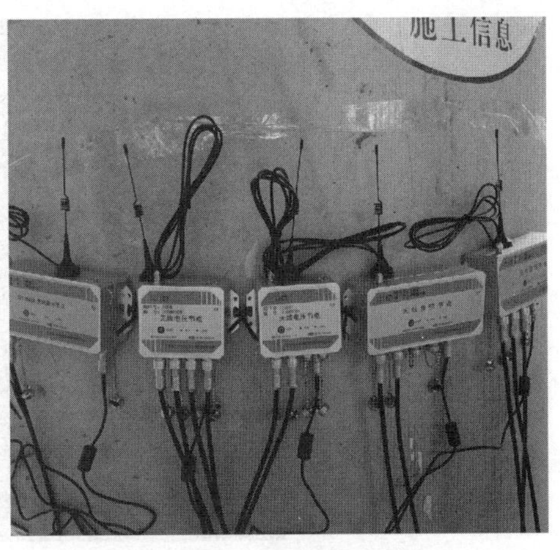

图 9.3-45　监测数据收集

根据雄安新区《物联网导则》及《智慧工地导则》通过监测设备京德高速智慧建造平台对支架的倾斜、位移、沉降等进行监测，防止安全事故发生。

图 9.3-46　京德高速智慧平台

当监测设备与京德高速智慧建造平台物联后，在对架体进行实时监测时，还可以对以往数据进行查看，达到对架体数据的回溯。

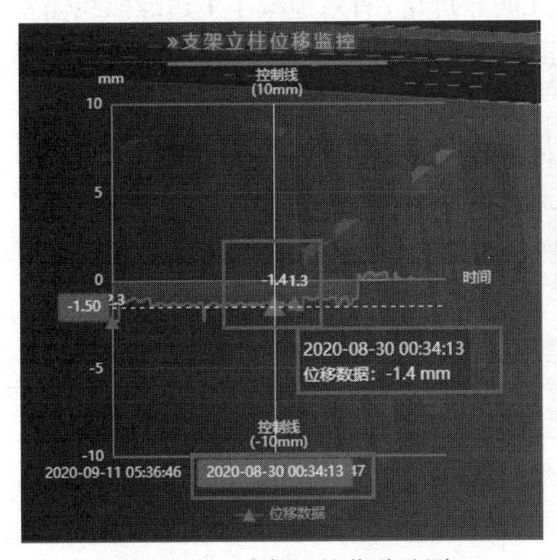


图 9.3-47　支架立柱位移监测

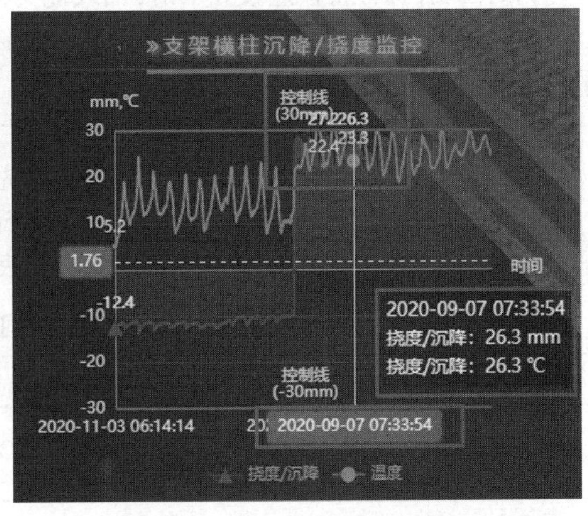


图 9.3-48　支架横柱沉降/挠度监控

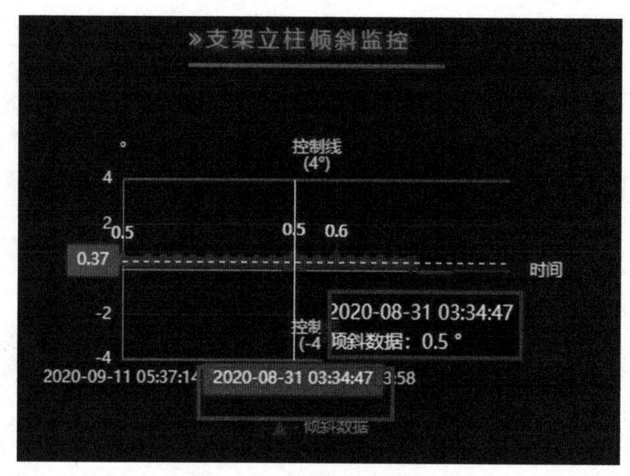

图 9.3-49　支架立柱倾斜监控

## 9.3.4　结果状态

在大型桥梁施工中，桥梁上部结构是施工质量控制的重点。

在预制箱梁方面，京德高速 ZT2 标段的知子营互通主线桥通过改进模板制作方法、优化模板制作材料、研发一种钢筋绑扎专用标准台架、研发一种顶板钢筋绑扎平台、研发一种横隔板钢筋定位装置、在夏天引进蒸汽养生等技术，大大缩短了单片梁板的预制周期，保证了梁板钢筋保护层合格率≥95%，梁板吊装完成后曲线位置弧线偏差≤2mm。

在连续现浇箱梁方面，支架搭设是关键。京德高速 ZT2 标段的知子营互通主线桥满堂支架虽然结构简单，但是受到多种外力的作用时，手动计算虽然方法简单，但计算量大，不容易保证准确性。相比而言，有限元分析方法借助计算机，计算精度高，且能保证准确性。另外，有限元法分析结构时，建模简单，施加应力和约束也相对容易，能分析结构应力状况的具体分布、最大变形量等优势明显，也可以为后续的施工监测点及监测方案提供参考。

### 9.3.4.1　预制箱梁施工结果状态

（1）施工效果

通过改进模板制作方法，在箱梁模板翼板处采用可调节式齿板，有效地保证了每片边梁外侧的曲线，保证梁板连接处平滑，曲线优美，无明显折角，有效地减小了边缘弧线偏差。

通过使用箱梁钢筋绑扎专用标准台架，能够有效地缩短施工时间，加快底胎周转效率，平均每片梁板能节约 1d 的施工时间。

引进蒸汽养生，改进养生施工工艺，缩短养生周期，平均每片梁板能节约 1d 的养生时间。

（2）施工主要技术指标与国内外同类技术先进水平的比较

以北京新机场至德州高速公路京冀界至津石高速段 ZT2 标段的预制梁板为例，比较本施工技术与同类施工技术的技术、经济指标如表 9.3-6。

施工主要技术指标与国内外同类技术先进水平的比较　　表 9.3-6

| 技术、经济指标 | 同类施工技术 | 本施工技术 |
|---|---|---|
| 施工工艺简述 | 采用普通钢模板，在底胎上进行钢筋绑扎，混凝土浇筑完成后，采用洒水覆盖方式养生 | 采用不锈钢模板，在标准台架进行钢筋绑扎，研制了钢筋绑扎及横隔板钢筋定位装置，混凝土浇筑完成后，采用蒸养养生 |
| 施工成本 | 111403 元/片 | 110963 元/片 |

续表

| 技术、经济指标 | 同类施工技术 | 本施工技术 |
| --- | --- | --- |
| 施工工期 | 13d | 10d |
| 施工质量 | 钢筋保护层合格率在 70%～80%之间，曲线桥弧线偏差 ≤ 5mm | 钢筋保护层合格率均 ≥ 95%，曲线桥弧线偏差 ≤ 2mm |
| 安全隐患 | 工人踩在顶板钢筋上进行钢筋绑扎作业，极易绊倒 | 提供了一种钢筋绑扎作业平台，无安全隐患 |

（3）获实用新型专利 1 件：一种移动式预制梁顶板钢筋绑扎平台。

9.3.4.2　京德高速 ZT2 标段的知子营互通主线桥结果状态（图 9.3-50、图 9.3-51）

图 9.3-50　知子营互通主线桥施工完成效果图

图 9.3-51　知子营互通主线桥施工完成效果图

## 9.3.5　问题和建议

### 9.3.5.1　问题

施工过程中发现，梁板安装完成后相邻梁板横向间存在一定高差，主要是由于箱梁钢模板横坡控制不精确造成的。

### 9.3.5.2　建议

箱梁钢模板横坡控制不精确，主要是因为模板太过沉重，用吊车或龙门吊进行吊装时，不容易实现微调。计划研制一种预制梁板调坡装置，利用千斤顶原理，每片箱梁模板安装时，进行横坡精确调整。

# 第10章 工业安装工程

## 10.1 管道工厂化预制技术应用创新

经济的衰退、萎缩的建筑业市场，带来更残酷的竞争。要想在竞争中获得生存的权利，就要有比其他同行更多的生存路径和优势，传统的技术、成熟的工艺是大家共有的，谈不上优势。只有发掘新技术，领先同行才能创造优势，基于BIM技术的管道工厂化预制技术给了我们这个机会。通过BIM深化设计，提前发现图纸问题并精准定位，进行管道工厂化预制，可以很好地解决管道露天作业和环境问题带来的影响，节约工程建造成本，缩短工期，提高投标的竞争力。谁最先掌握应用，谁就能比别人先跨出一步，领先行业，管道工厂化预制生产线已成为石化及化工项目管道施工的首选。在某些工程项目，业主也要求施工单位进行管道工厂化预制，以减少现场预制的场地占用。因此管道工厂化预制是未来管道专业施工的发展方向。管道工厂化预制生产线的使用，将全面提升管道施工的机械化和自动化程度。配合BIM技术的精准下料，从管道切割、坡口加工、组对、焊接，实现自动化作业，施工的精度和质量均较手工作业高。采用工厂化预制技术可以很好地推进管道施工技术改进，实现产业优化升级。

本节所选案例为河北省安装工程有限公司针对管道工厂化预制技术的应用及创新。管道工厂化预制较传统施工工艺相比，在质量提升、缩短工期、安全保障、成本降低、环境保护等方面取得了显著成效。为推动公司管道工厂化预制进程，河北省安装工程有限公司于2020年10月成立管道专业公司，先后投入1000余万元采购、升级自动化、半自动化焊接、切割设备，经过实践，形成了一整套涵盖组织模式、设备应用、BIM建模等工厂化预制技术。从人员配备到流程标准化，从软件研究到实物应用，从初步构思到建成落地等各方面做了大量创新工作。管道公司现有工厂化预制设备100余台，满足同时进行3个10万寸口工程量项目的管道工厂化预制工作。管道公司有了自己的宗旨和发展理念，施工效率稳步提升，自动化程度显著提高。在人员配备、流程标准化、软硬件配备等方面有了很大进步。管道预制率提升至60%，降低现场安装作业量，减少高空作业频率，实现了文明施工与安全生产。管道公司以实体工程为依托，创新方向从工程实际出发，以降本增效为主要目的进行发展方案修正，实现经济效益5000余万元。在优化管道工厂化预制生产模式及设备升级优化的过程中，产生了多项专利、工法、科技成果，创造了一定的经济效益和社会效益。

### 10.1.1 案例背景

机电安装工程正朝着工厂化预制和装配化安装相结合的方向发展，管道工程作为机电工程的重要组成部分，提高预制率和装配率能有效的提高工效和工程质量。管道被称作工业工程的“血脉”，是安装工程的重点和难点，本身存在施工工期长、施工工艺复杂，与其他专业交叉多、对施工人员技术水平要求高等难点。大厚壁高压管、低温钢管，耐热钢管及不锈钢管等管材施工工艺方法是现场进行制作安装，施工工艺效率低，对现场环境要求苛刻，受天气影响大，越来越不适应目前建筑安装行业要求。采用工厂化预制技术，在车间内集中预制，管道施工工作量大部分在室内进行，有效减弱了施工环境的影响，标准化的作业方式与地面作业，更有利于提高产品的质量，缩短工期。

管道工厂化预制技术利用先进的智能化软件进行设计优化和模拟施工、利用自动化设备进行工厂化加工，从而实现深化设计、工厂化预制、机械化作业、模块化施工、信息化管理，改变了传统的施工模式和承包模式。公司在“十四五”规划中提出坚持科技创新和科技进步，加强前瞻性和超前性技术开发的发展方针。明确了以市场为导向，以自主研发为主导，以项目为依托，加大科技投入，增加技术装备，提升创新能力，加快成果转化的基本思想。管道工厂化是“十四五”规划中技术革新的重要一环，也是省科技厅在我公司立项的“河北省装配式机电安装工程技术创新中心”的主要组成部分。

### 10.1.2 事件过程分析描述

为推动管道工厂化预制进程，河北省安装工程有限公司管道公司投入百余人的管理骨干和技术工人进行探索试验，旨在通过管道工厂化预制技术的深入研究，提升管道施工质量、降低成本、提高效率、加强追溯性。

经过内蒙建元、山东恒信、山西禹王、山西梗阳、宁夏宝丰等项目的实践，完善了BIM建模，优化了预制流程，改进了工艺参数，提高了工作效率，保证了质量安全。现阶段管道预制率由初始阶段的30%，提升至60%左右，焊口无损检测合格率在98%以上。

在施工图纸深化方面，采用BIM建模后检测管线间碰撞，导出单线图同时导出材料表及下料表，由管理人员、班组长共同完成预制管段划分。焊接完成后，对管段导入二维码，实现成品管道构件堆放位置跟踪、构件运输、安装信息查询，构件安装位置定位等功能，预制与安装工序无缝衔接。

在预制方案优化方面，首先组织模式及预制场规模根据不同类型、不同体量工程制定配套设施方案；其次，发展过程中针对下料、组对、焊接制定专项改进方案，并逐步实现了设备的升级改造；最后，针对各工程管道特点，制定焊接工艺标准，逐步实现焊接工艺标准化、参数化。

在成果转化方面，通过各分公司间交流学习、取长补短，管道公司发展迅速，在优化管道工厂化预制生产模式及设备使用情况的过程中，产生了多项专利、工法、科技成果，并在公司范围内推广应用。由公司牵头组织管道工厂化预制现场观摩会三次，将管道工厂化预制及管道公司发展成果向全公司推广。

### 10.1.3 关键措施及实施

通过应用BIM建模进行图纸转化并完成设计优化，利用三维模型进行现场条件模拟分析，最大限度提高管道工厂化预制比例，减少现场交叉施工影响。管道工厂化预制实施阶段，采用自动化设备进行下料、焊接，提高焊接质量及施工效率。通过实施管道工厂化预制、现场集成式安装，达到降本增效的目的。利用BIM技术进行管道预制的再次深化设计，首先要熟悉管道图纸、工艺流程及设计说明；其次确定管道施工规范和材料、阀门、管件等材料标准；最后确定各管线组件的尺寸，将设计的平面、二维图纸，割裂转化成单件、立体组成图，依据各单组件尺寸建立三维立体模型。BIM设计基于原图纸管线，增加了相关干扰项，如两端设备、管道支架（通廊）、建构筑物、预留端口、预留埋件、其他相关专业施工内容等。将各专业图纸间的不匹配完全展示，施工前完成变更，确保各专业的匹配完美。

采用BIM技术结合现场测绘，根据设计院提供的图纸和现场相关设备的位置及位置偏差，进行建模，技术上要确保给出的尺寸真正便于施工，并和现场匹配，包括焊缝的收缩量及管道各组件的尺寸准确，现场安装焊缝的位置准确。将现场管线拆分为各组件，制作好精确的下料图。预制加工图以单线图或轴测图为基础绘制。图上注明需要探伤的焊口，以便及时进行探伤，不合格焊口应及时返修。热处理时需做好与安装单位的沟通和处理。以方便运输和安装尺寸调整为原则，进行工厂化预制设计，确定预制单元和深度、现场施工焊缝位置、管道自由端管道的长度等，按照设计分单元进行工厂化预制，对预制管段编号进行管线号标识。采用BIM技术建立三维立体模型，技术结合现场测量，提出材料计划并出具班组下料图。管道工厂预制完成的单体可进一步组装成单元体，最大限度地减少现场高空的作业量。管道焊接完成后，再进行管件组装，大幅提升预制深度，大大减少固定的安装量。与设备连接的管道，要在设备安装定位后，进行误差复核，对于BIM技术设计的管道设计图纸的尺寸进行调整后再进行预制。管道焊接施工时，焊接量大，焊工劳动强度大，焊接质量难控制。在多年的管道施工中大多采用焊条电弧焊技术，本项目技术是采用半自动及自动焊焊接设备对管道进行焊接作业，从而实现焊接过程由手工操作转化为自动化操作。从根本上解决焊工劳动强度及焊接效率问题，以及控制变形等缺陷的有效措施，以便提高焊接质量，达到管道施工质量和性能要求。大部分管道焊缝的无损检测在地面进行，检测和返修方便、效率高，现场安装时合理预留调整段，施工方便。

10.1.3.1 基础设施创新

现场篷式厂房的建立，将传统施工从室外作业改到了室内作业，不再受天气影响，避免了雨雪天窝工的损失，也大大缓解了露天作业因严寒、高温、大风等不利因素造成的施工降效及质量问题，同时改善了施工人员的工作环境，相比固定厂房式加工，具有避免材料、半成品二次倒运的优势。篷式厂房如图10.1-1。每个预制场设置4～6台定制龙门吊，可自由出入厂房，提高机动性的同时降低了机械费用。龙门吊如图10.1-2。

图10.1-1 篷式厂房

图10.1-2 龙门吊

10.1.3.2 设备优化升级

管道公司工厂化预制模式经过禹王二期、禹王三期、山西美锦、梗阳甲醇等项目的实践，逐步进行设备升级改造。管道公司现有工厂化预制设备100余台（套），总计投入1000余万元。在工程实际应用中，通过实际需求制定设备升级方案，不断进行设备升级改造，以提高设备实用性及工作效率。通过对等离子切割、气体保护自动焊、管道焊接支架等设备进行升级改造，增强了工作效率、实用性及自动化程度。

（1）管道切割设备

管道切割设备以自动等离子切割为主，管径较小的采用机械切割，内部洁净度要求较高的采用法兰式切断坡口一体机。等离子切割设备为我单位自行组装改造，单套设备较市场同类产品节省约 10 万元，并通过试验对自行组装设备进行升级改造。2022 年在榧阳甲醇项目中，合金管道、厚壁管道比例高，且机械切割耗时较长。针对上述问题，增加 LGK-400HD 等离子切割机 2 台，可实现 40mm 厚管道高品质坡口加工，对比上一代切割设备优点显著。以$\phi$508mm × 12mm 管道为例，每道坡口切割时间约为 3～4min；同等条件下，坡口机切断加坡口加工时间约为 30～40min，等离子切割速度远远优于机械切割。切割设备如图 10.1-3。

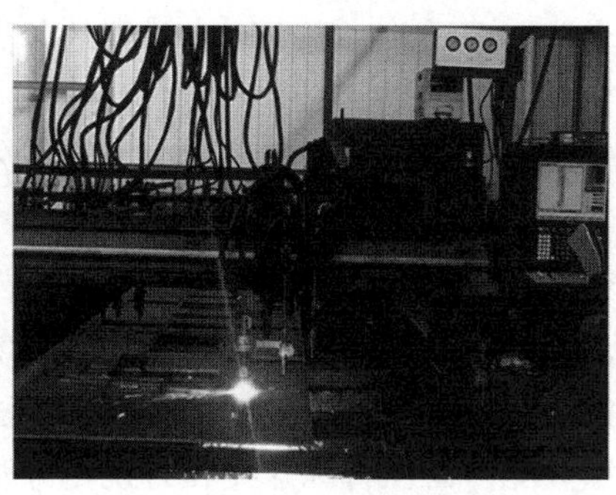

图 10.1-3　切割设备

（2）管道焊接设备

相比于切割设备，焊接设备是管道工厂化预制技术的核心，自管道公司成立以来对焊接设备不断进行升级改造。2021 年与设备厂家合作完成了操作手柄的集成，由多工序调节集成到一个手柄进行调节，简化操作流程。同时在 2021 年完成气保焊“双工位”焊接模式的改造，由 2 台焊接架配合同一台压紧装置，减少了实芯焊丝打底与药芯焊丝填充盖面间的吊装流程。2022 年将“双工位”模式升级为“双机头”模式，即一台焊机配两个送丝机，只需要进行信号线切换，即可完成实芯焊丝打底与药芯焊丝填充盖面的转换，相比“双工位”模式进一步提升了焊机利用率。通过不断尝试与实际施工总结，管道公司确定以气保焊和埋弧焊为核心的焊接工艺，以变位机或压紧装置配合焊接十字架为主进行 1G 位置焊缝焊接，辅以全位置焊机焊接固定焊缝。针对管道的规格、材质划分焊接工艺并确定焊接参数。同时，通过升级改造提高了设备集成度，从而提高设备利用率及施工效率并降低施工成本。焊接设备如图 10.1-4。

图 10.1-4　焊接设备

10.1.3.3　BIM 技术的深入应用

BIM（建筑信息模型）技术在管道工厂化预制中发挥着重要的作用，是管道工厂化预制大规模应用的技术基础。目前工业金属管道项目，除施工图纸外，越来越多的设计院提供三维模型。设计院使用的三维设计软件，一般只能满足设计单位的出图需求，交付给施工单位的三维模型基本无法修改，仅有可视化功能。施工单位为满足生产需要，需自行建立 BIM 模型并开展应用。

河北安装工程有限公司着眼于提升施工领域的技术水平和项目执行效率，为在数字化建造领域进一步发展和创新，成立了 BIM 中心。BIM 中心致力于研究 BIM 技术在施工领域的应用，管道工厂化预制技术是其中重要的研究方向。管道公司成立初期，公司 BIM 中心与管道公司技术人员深入交流，记录并梳理生产中碰到的各类问题。经过不断研究与反复测试，BIM 中心建立基于 Revit 软件工业管道专业嵌套族库、建模样板，并使用 Dynamo 开发相关脚本，确立了管道建模流程与审核标准。解决了管道公司的难题，为管道工厂化预制技术的推广奠定了技术基础。BIM 技术在管道工厂化预制中主要应用内容如下：

1）Revit 嵌套族库的开发

Revit 软件建立管道模型，受制于软件自身限制，在图元参数化计算之后，管件族会出现随机消失的现象，且该现象随机发生，造成模型的准确性无法得到保证，使得材料与工程量无法精确统计，此类模型只能停留在管综深化和可视化等基础性应用，无法为管道公司提供符合要求的技术支持。

Revit 嵌套族库，是利用 Revit 嵌套族功能，将管件族嵌套在管道附件族中，解决管件族随机消失现象，确保模型的准确性。嵌套族更是有效提高建模速度，例如三通、弯头等管件嵌套族，焊缝族随管件自动生成减少了手动添加过程，另外手动创建 1 个阀门嵌套族，可在模型中生成 2 个焊缝、2 个垫片、2 片法兰、1 个阀门，建模效率提升 7 倍以上。为了进一步提高建模速度，应对不同工业金属管道项目，BIM 中心优化嵌套族功能，可以通过勾选控制特定嵌套图元生成，快速创建各类阀门组合，并将不变的族信息通过编辑公式自动填写，有效降低信息添加工作量，减少信息添加错误，缩短模型审核时间。

2）Dynamo 各类脚本开发

Dynamo 脚本是通过可视化编程方式创建的程序，用于自动化和优化 BIM 工作流程，可增强模型的功能和交互性。为满足管道公司预制需要，BIM 中心开发多个自动化任务脚本。设计院模型所导出单线图，不能体现超出单支管道长度的管段和焊缝，不能满足施工单位需要。BIM 中心创建直管焊缝脚本，可针对不同管径、不同材质、不同标准的管道，依据到货管道长度，自动切割管道，生成焊缝，减少手动添加焊缝工作量，防止遗漏现象出现，保证模型的准确性。使用自动化出图脚本，可快速自动生成符合要求的管道预制图，降低出图所用时间，保证管道公司生产需求。Dynamo 出图如图 10.1-5。

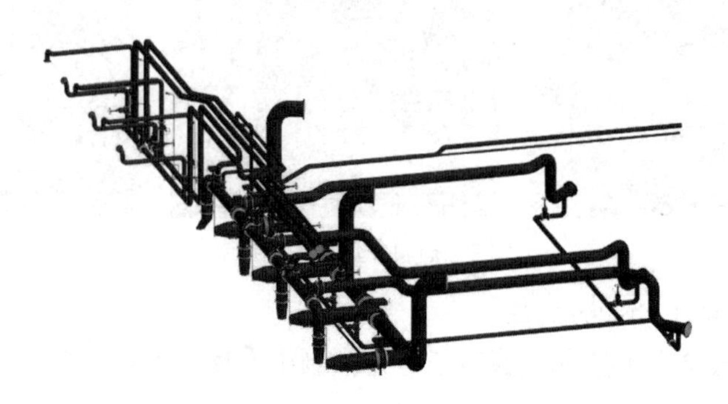

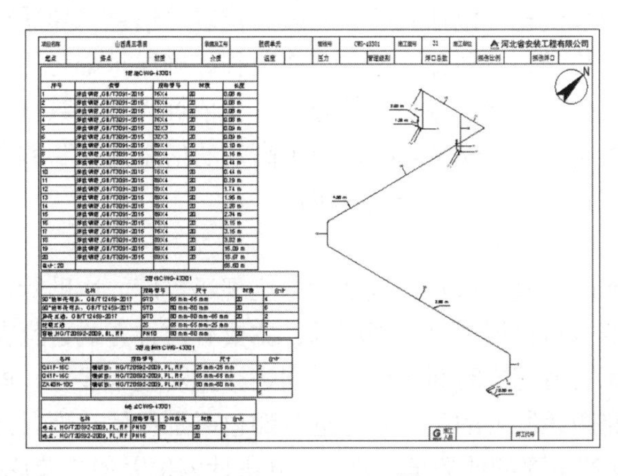
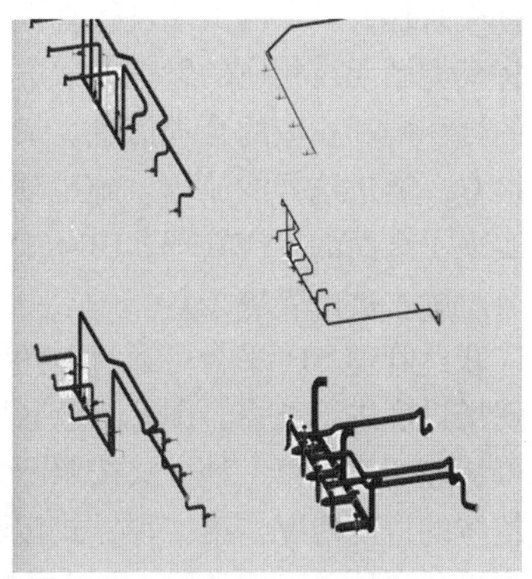

图 10.1-5 Dynamo 出图

3）施工图纸深化设计

BIM 深化施工图纸是通过 BIM 软件对设计图纸进一步细化和优化，以满足施工和安装的要求。首先，在 BIM 软件中，依据设计图纸和国家材料规范，对管道系统进行详细的三维建模。BIM 建模成果如图 10.1-6。这包括精确建模管道、阀门、管件、支撑、支架等组件，确保它们之间的连接关系准确无误。随后，利用 BIM 模型对管道系统的布置进行优化，确保管道路径的合理性和最优化，同时利用碰撞检测功能，避免与其他建筑元素的冲突。通过 BIM 模型，还可以提前计算所需的材料数量和工程量，从而优化材料采购和进度控制管理。最后，基于 BIM 模型，自动生成符合管道工厂化预制要求的图纸，确保施工过程的高效性和准确性。这样的深化施工图纸过程将为管道工程提供全面而可靠的施工依据，提高工程质量和施工效率。

图 10.1-6 BIM 建模成果

4）广联达 BIM5D 平台与 BIM 模型融合应用

广联达 BIM5D 是广联达公司开发的 BIM 软件应用，它结合了 BIM 技术与 5D 施工管理的理念，为建筑项目的全生命周期提供了全方位的数字化解决方案。在此项目中为规范模块化预制流程，准确把控整体进度，管道公司将 BIM 模型与 5D 施工管理相结合，为项目管理提供了全新的手段。

广联达 BIM5D 对项目管理是通过互相独立但又相互关联的三个平台与模型关联实现

的。首先管理人员在网页端进行管理参数设置，包括人员、时间、位置等信息，随后在客户端将模型图元与相应的管理参数进行关联，并划分工序的工作流程，确保每个构件都有唯一的标识码和相应的管理信息。最后在手机端，各工序的施工人员依据管理参数进行填写和检查。通过这样的流程，施工现场与 BIM 模型之间建立了高效的信息传递和数据交互，实现了全面的生产管理。BIM5D 应用主要有以下 5 个方面：

（1）施工进度管理

广联达管理 5D 平台可通过对图元颜色进行区别，以展示施工现场进度，协助管理人员对现场进度进行把控。图元颜色区别显示根据项目管理需求，主要有两种方式，且在平台上可快速切换。第一种方式按照图元安装完成时间与计划时间进行比对结果显示，展示项目整体的进度情况，第二种方式按照图元所处的工序状态进行颜色区别显示。项目部不仅可直接观察项目整体进度，也可根据各工序的任务量与进度，分析计划偏差的主要原因，制定行之有效的针对性措施。

（2）焊缝数据库建立

使用广联达管理 5D 平台，建立焊缝生产工序，设置工序人员权限，并将添加材质、规格、公称直径、寸口、单线图号扩展列与模型参数相挂接，做到三者相互挂接数据互通，可自动生成准确的焊缝数据库。如果模型中有遗漏的焊缝，可新建自定义构件并添加信息，但是需要注意的是该自定义构件不与模型项目挂接，需要手动填写项目信息，后期更新模型后再挂接处理。

（3）焊缝跟踪管理

使用广联达管理 5D 平台对焊缝进行跟踪管理中，各工序人员在手机端录入使用焊接材料、方式、焊接人员信息、焊接时间、检测方法、检测结果、工序等相关管理信息，并完成各自工序流程推送，软件能自动汇总信息更新焊缝数据库。管理人员通过数据检查，有助于监控焊接质量，及时发现和纠正焊接工艺和质量问题，并准确把握焊接进度，有效进行项目计划和调度，避免进度滞后。BIM5D 应用及焊缝跟踪如图 10.1-7。

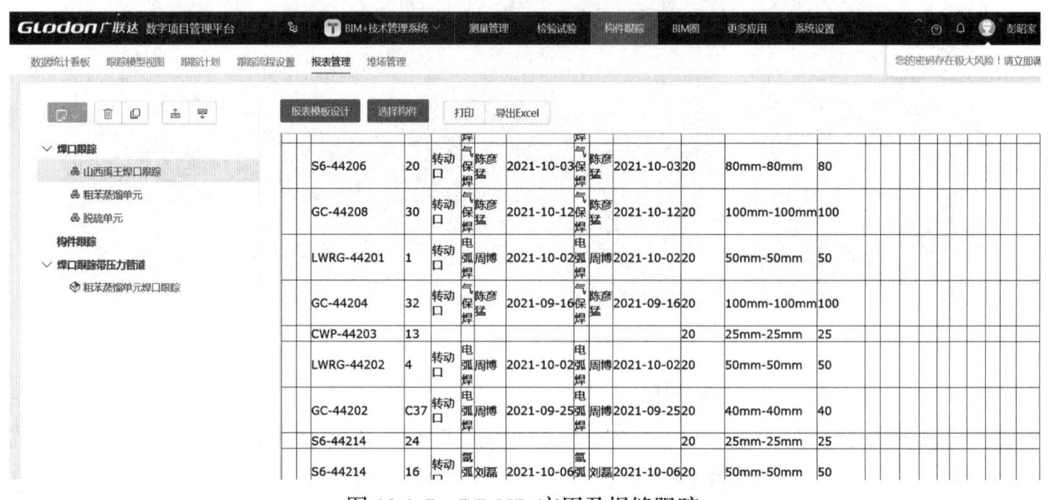

图 10.1-7　BIM5D 应用及焊缝跟踪

（4）构件追踪与二维码定位应用

使用广联达管理 5D 平台生成构件二维码，并将二维码贴在预制构件上。构件制作阶段，生产人员手机扫描二维码录入构件加工信息。构件运输阶段，运输人员扫描二维码，可清晰明确构件摆放位置与后续的使用工段。安装阶段，安装人员扫描二维码可快速定位构件在模型中的位置，指导现场安装。各工序人员通过扫描录入工序信息，使项目管理人员能对成品管道构件制作、构件堆放位置、构件运输、构件安装情况进行全方位管理。二维码应用如图 10.1-8。

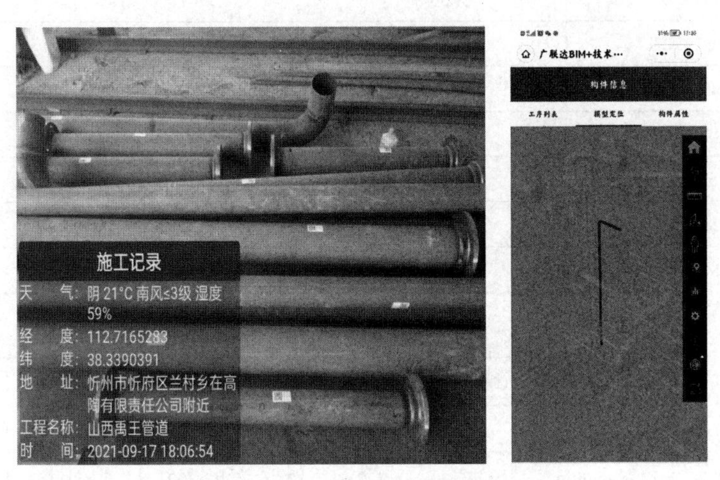


图 10.1-8　二维码应用及扫码结果

（5）三维技术交底

在基于 5D 平台的三维技术交底中，管理人员可以通过 BIM 模型来展示项目的设计图纸、施工流程、材料规格、进度计划以及成本数据等信息。这样的交底方式具有直观、信息完整性、数据及时性、高效率等优势，并可协助管理人员进行可视化决策，优化施工流程和资源配置。三维技术交底如图 10.1-9。

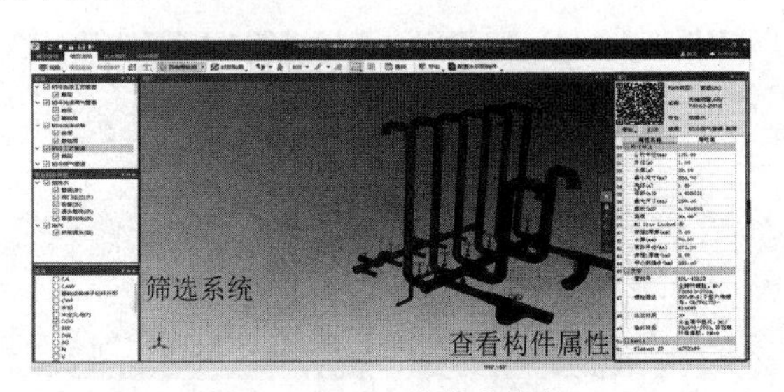


图 10.1-9　三维技术交底

#### 10.1.3.4　焊接工艺研究

管道公司成立以来，焊接工艺作为工作中心进行深入研究。针对不同材质、不同规格的管线，在焊接方式、焊材选用、焊接参数、坡口形式等方面，通过大量试验数据总结，采用正交实验法，确定最佳的焊接工艺参数，经无损检测、力学实验、化学试验合格后，通过在实际工程中应用对比工作效率、施工成本，总结出标准化焊接工艺。标准化焊接工艺推广至全公司，提高了焊接效率、焊接质量，同时降低施工成本。焊接工艺参数见表 10.1-1、表 10.1-2，焊缝外观见图 10.1-10。根据工程需求、焊接质量、成本控制等需求，逐步引进自动氩弧焊机、全位置焊机等应用于固定焊缝焊接，同时，开发气保焊丝打底焊接及半自动焊接工艺，取得显著成效。全位置焊机如图 10.1-11。

焊材选用标准　　表 10.1-1

| 序号 | 材质 | 氩弧焊 | 手工焊 | 气保焊 |
|---|---|---|---|---|
| 1 | 20# | ER50-6 | J427 | ER50-6 |
| 2 | Q235A | ER50-6 | J427 | ER50-6 |
| 3 | Q345D | ER50-6 | J507 | ER50-6 |
| 4 | Q345E | ER55-Ni1 | J507RH | / |
| 5 | 15CrMo(G) | ER55-B2 | R307 | ER55-B2 |
| 6 | S30408 | ER308L | A102 | WFS-308L |
| 7 | S31609 | ER316L | A022 | ER316L |
| 8 | S32168 | ER321 | A132 | E347-16 |
| 9 | 10MoWVNb | TG-S2CW | J507MOW | / |

焊接参数选用规范　　表 10.1-2

| 焊接方式 | 管道壁厚 | 管道材质 | 焊接方式 | 填充电流 | 填充摆宽 | 焊接速度 |
|---|---|---|---|---|---|---|
| 气保焊药芯焊丝填充 | 6～28mm | 20# | 填充第 1 遍 | 190～205 | 3～6mm | 172～261mm/min |
| 气保焊药芯焊丝填充 | 6～28mm | 20# | 填充 2～N 遍 | 230～245 | 4～11mm | |
| 气保焊药芯焊丝填充 | 6～15mm | 15CrMoG | 填充 1 遍 | 240～255 | 3～6mm | 225～348mm/min |
| 气保焊药芯焊丝填充 | 6～15mm | 15CrMoG | 填充 2～N 遍 | 265～310 | 4～11mm | |
| 气保焊实芯焊丝打底 | 6～28mm | 20# | 打底 | 135～150 | 3～4mm | 110～130mm/min |
| 手工氩弧焊打底 | 6～28mm | 20# | 打底 | 100～120 | 3～4mm | 40～65mm/min |
| 手工氩弧焊打底 | 6～15mm | 15CrMoG | 打底 | 100～120 | 3～4mm | 38～60mm/min |

图 10.1-10　气保焊及埋弧焊焊缝外观

图 10.1-11　全位置焊机

氩电联焊是管道工程施工中氩弧焊加手工电弧焊的一种简称，指的是采用氩弧焊打底操作，手工电弧焊进行填充和盖面焊接。在惰性气体的保护下，利用钨极与焊件之间的电弧热，熔化母材和填充焊丝进行焊接的方法，称为钨极惰性气体保护焊，简称氩弧焊。氩弧焊焊接接头质量良好，能够实现单面焊双面成形，保证管道根部焊接质量符合技术标准的要求。手工电弧焊相对于氩弧焊，具有较高熔敷效率，操作手法简单，常用于管道填充及盖面焊接。熔化极气体保护焊是利用焊丝与工件间产生的电弧作热源将金属熔化的焊接方法。

工业管道施工过程中，常用氩电联焊方法进行焊接作业，焊接效率低、人为因素影响大。由于焊接方法特点，焊缝质量受焊工技能水平及情绪等人为因素影响较大，焊接接头一般容易存在夹钨、夹渣、气孔、裂纹等缺陷。施工过程中，焊工必须持证上岗，并且上岗前进行相应材质管道的入场考试，保证焊缝质量满足相关技术标准要求。按照相关要求操作后，对现场采用氩电联焊的固定焊口进行无损检测，合格率不超过90%。在预制场，使用自动焊设备对管件进行坡口加工、组对焊接，管件坡口钝边、角度能够严格按技术文件要求加工，避免组对时出现错边等质量问题。焊接接头打底、填充及盖面均采用熔化极气体保护焊，保护气体采用混合气体，焊接过程基本没有飞溅。熔化极气体保护焊普遍存在坡口、层间未熔合等缺陷，在管道正式焊接作业前，进行了相应焊接工艺试验，编制焊接工艺评定报告，并制定了不同材质、规格管件的焊接作业指导书。由于焊接热输入适当，经焊缝探伤检测，现场实际自动焊焊缝不存在未熔合等缺陷。相比之下，在管道工厂化预制中，使用自动熔化极气体保护焊焊接管件更容易控制和操作，并且能提高探伤合格率，保证焊接接头高质量完成。预制场采用自动熔化极气体保护焊，具有质量可重复性、焊接速度快、焊接效率高、人为因素影响小、焊缝外观成型美观等特点。为提高管道工厂化预制的深度，提高劳动生产率，确保管道的焊接质量，工程项目采用自动焊技术对直管、弯头、法兰等管件进行组对焊接。预制设备包括数控带锯切割、物流运输、数控坡口机和自动焊工作室等部分组成，可以进行 DN100 以上管道的埋弧自动焊、熔化极气体自保焊的焊接。

10.1.3.5 阀组单元体组装台组对技术

直管与法兰、弯头、三通的快速组对、点焊，提高了管子与法兰、弯头、三通的组对效率和质量，降低了对组对工人的素质要求，减轻了焊接工人的劳动强度。对于阀组组对，采用组对平台，固定阀组和接管，自动调整对中。能确保组对的中心，避免放置错边、错位等组对缺陷，提高预制单元的各组件同心度，确保施工质量。

预制完的管道单元分区放置，注明所属区域—管线—分段号等。不同材质的管道要分别放置。按照现场施工进度计划的要求先后摆放，注意成品保护，做到有序堆放，管端要进行封闭，保持成品两端清洁。放置时要考虑避免成品之间因碰撞而产生变形，等待安装单位的验收。采用阀组单元体组装台组对技术，将调节阀组等典型的管道单元采用工厂化预制，其一可避免与现场多工种安装交叉。同时采用组装台自动调整对中，可以更好地保证施工质量，提高生产效率。

### 10.1.4 结果状态

管道公司成立几年多的时间里，通过管道工厂化预制技术的深入研究，摸索出相对成熟的生产流程，形成以BIM建模为基础，通过自动化设备进行下料、焊接，以智能软件进行施工过程跟踪追溯的生产模式。管道工厂化预制的研究形成机械化施工、数字化管理、模块化安装生产模式，同时在经济效益、社会效益等方面取得良好效果。管道公司已经初具规模，有了自己的宗旨和发展理念，施工效率稳步提升，自动化程度显著提高。在人员配备、流程标准化、软硬件配备等方面有了很大进步，管道工厂化预制技术实现了1.0～3.0版本质的飞跃。管道预制率提升至60%，降低现场安装作业量，减少高空作业频率，实现了文明施工与安全生产。管道公司以实体工程为依托，创新方向从工程实际出发，以降本增效为主要目的进行发展方案修正，实现经济效益5000余万元。在优化管道工厂化预制生产模式及设备升级优化的过程中，产生了多项专利、工法、科技成果，并在公司范围内推广应用。

10.1.4.1 经济效益

采用先进的施工工艺和施工设备，机械化施工提高了劳动效率。采用混合气自动焊接设备对管道进行焊接作业，从而实现行焊接过程的由手工操作转化为自动化。从根本上解决焊工劳动强度及焊接效率问题，对控制变形等缺陷采取了有效措施，以便提高焊接质量，达到管道施工质量和性能要求。管道的预制采用工厂预制化技术，减少了现场的固定焊口，有效保证焊接质量，且能进行连续施工，提高了工效，使得大部分管道焊缝的无损检测在地面进行，检测和返修方便、效率高。采用全自动焊接技术，减少了氩气和焊材的浪费，焊材更加节约，降低了施工成本。

管道公司发展过程以公司实体工程为依托，创新方向从工程实际出发，以质量提升、降本增效为主要目的进行研究方案修正，成立至今完成工程11项，完成工程量100余万寸口，实现经济效益近5000余万元。施工项目及完成工程量及经济效益见表10.1-3。

管道公司成立至今完成工程量统计　　表10.1-3

| 序号 | 工程名称 | 完成寸口数 | 产生经济效益（元） |
|---|---|---|---|
| 1 | 唐山佳华焦化 | 67000 | 3200000 |
| 2 | 内蒙建元5#、6#焦炉 | 98300 | 4102000 |
| 3 | 山东恒信焦油深加工 | 113800 | 5130000 |
| 4 | 河南顺利甲醇 | 150200 | 9000000 |
| 5 | 山西禹王二期焦化 | 76800 | 3216000 |
| 6 | 山西禹王三期焦化 | 42200 | 1423000 |
| 7 | 山西美锦焦化 | 48700 | 2037000 |
| 8 | 山西梗阳甲醇 | 114200 | 6520000 |
| 9 | 张宣高科还原铁 | 98200 | 5920000 |
| 10 | 宁夏西泰焦油深加工 | 36300 | 2010000 |
| 11 | 宁夏宝丰针状焦 | 99000 | 5840000 |
| 12 | 汇总 | 944700 | 48398000 |

10.1.4.2 质量和安全的提升

管道工厂化预制技术将室外的施工移到室内，减少了冰霜雪雨对施工的影响。从下料焊接到预制组对单元，天气的变化对管道的影响变小。将高空作业转移到地面作业，减少了高空作业，增加了安全施工保证。室内施工，改善了施工环境，施工质量得到提高。

管道工厂预制完成的单体可进一步与组装成单元体，例如最常见的装置内的阀组，可以在工厂预制组装完成，最大限度地减少现场高空的作业量。将管道焊接完成后，再进行阀组的组装，大幅提升预制深度，大大减少了固定的安装量。与传统施工方法相比，管道工厂化预制技术的深入应用，在施工质量及安全提升上作用突出，总结如下：

（1）与人工焊接比较，自动焊机焊接性能更加稳定，受人员硬性因素小，自动焊接成型的焊缝外观好（图 10.1-10）。经统计，自动焊焊接各材质管道焊缝无损检测合格率均控制在 98%以上，熟练焊工合格率达 100%。

（2）管道工厂化预制大幅提升管道预制比例，由传统施工方法的 30%提升至 55%～60%。管道公司截至目前单个装置区最高预制比例为 74%，现场安装准确率 100%，未出现任何一道焊缝切割。管道工厂化预制比例如图 10.1-12，BIM 模型与安装效果对比如图 10.1-13。

（3）管道工厂化预制技术的应用在安全管理方面也有极大提升。预制场内施工改善施工人员工作环境、降低工作强度、降低职业病发病概率。同时减少了现场安装作业量，减少了高空作业频率，通过三维模型辅助在合理位置预留固定焊缝位置避免高空作业，使安全也得到保障。

图 10.1-12　管道工厂化预制比例图

图 10.1-13　BIM 模型与安装效果对比

#### 10.1.4.3 缩短工期

管道工厂化预制对项目工期影响主要在于设计优化、提前介入、较少交叉施工以及工作效率提高等方面。

（1）通过三维模型对图纸进行二次优化，提高管道预制精度，从而减少施工过程中的修改，达到缩短施工周期、节约成本的效果。

（2）传统施工方法需要现场具备条件后开始进场施工，通过管道工厂化技术的应用，提前进行预制，现场具备施工条件时已完成近60%焊接，极大地节省了施工周期。

（3）管道工厂化预制将施工前期工作重点放在预制场，减少与现场设备、结构交叉施工，从而提高设备、结构专业的施工效率。同时，通过给其他专业让出工作面，减少管道施工过程中与其他专业交叉。

（4）管道工厂化预制从下料、焊接两个工序推广自动化设备，节省人力投入，同时极大地提高了工作效率。根据实际工程测算，数控切割与自动焊接设备焊接效率，相较传统手工及半自动设备施工，每天单台设备生产能力提升了2.5～3倍，厚壁管道施工自动焊接相较手工焊接效率提升了4倍。

10.1.4.4 转化及推广应用情况

随着现代技术发展，建筑机电安装正朝着工厂化和装配化方向发展，管道工厂化预制技术顺应技术潮流，将全部施工分为预制和装配两个部分，这将是今后管道施工推广和发展的方向。该成果广泛用于化工、石油、医药等行业的管道施工，推广应用前景广阔。该技术成果具有一定的先进性和务实性，经实践证明，该技术成果具有显著的经济效益和社会效益。

管道公司对近年管道工厂化预制研究成果分别就组织模式、设备应用、BIM建模、管道工厂化预制流程等进行总结，并将创新成果及组织模式推广至全公司。截至2022年底，公司先后组织3次以管道工厂化预制技术为主题的现场会议，推进全公司管道工厂化预制发展进程，目前各分公司已组建管道专业队4支（图10.1-14）。

图10.1-14 管道工厂化预制现场推进会

管道工厂化预制的应用在各工程中产生品牌效应，助力公司经营开发。在山西禹王陆续承接二期焦化、三期焦化及四期甲醇项目，在山东恒信陆续承接焦油深加工及煤基制乙醇项目。

得益于管道工厂化预制的启发，全公司推广管道施工集中下料、净料出库，提高管道施工效率，同时为建设单位减少了主材损耗、节约了成本，提高了现场的文明施工水平。

## 10.1.5 问题及建议

管道工厂化预制技术优点多多，但也存在一些推进过程的问题。其一，BIM图纸转化本身也是一个再设计的过程，BIM 设计要作为施工组织设计的一部分进行策划，这需要图纸先到，“三边”施工推进有难度。其二，BIM 设计需要既熟悉 BIM 专业技术，也要与现场、规范结合，动态管理，才能更好地应用。其三，BIM 建模标准化，保证了建成的模型尺寸一致，便于后期合成。其四，发现错误，及时提出并反馈图纸中的问题。有些管道的阀门与标准给定的几何尺寸不一致，是设计转化的一大难题，尤其是进口设备，与国产的标准存在差异，管道的工厂化预制最讲究的就是精确、精准，一旦出现小的误差，预制的优势将大大弱化，因此要在管道与之前完成与实际相结合的各管件的几何尺寸，需要提前向业主索要说明书，必要时可进行实际测量，确保 BIM 设计的各环节的准确度。与设备连接的管道，要在设备安装定位后，进行误差复核，对于 BIM 技术设计的管道设计图纸的尺寸进行调整后才进行预制。下一步在推进管道工厂化预制技术在项目上应用的前提下，继续改进主要工序的工艺操作，在细部上进行改善，更好地完善该技术，也使得该技术能更快、更好地应用到项目。

10.1.5.1 设备引进及工艺改进建议

引进先进的自动化设备：目前，管道自动测量、切割、坡口加工、组对等工序，还停留在半自动化、半人工的水平，效率有待提高，要加快先进设备的考察和引进。全位置焊机的应用是一项重要工作，也是管道工厂化发展的需要，全位置焊接设备尚未应用，管道预制自动焊大多停留在焊接一两个法兰、弯头的水平上，预制深度亟待提高。加强工装工具的研制：为节约成本，加强各工序所需工装工具的自我研制、研发，各分公司要加强沟通，互通有无。

引进先进的测量设备、测绘技术：加强管道空间测绘管理，提高预制精度及预制深度。现场设备安装精度和管道的位置、标高偏差过大都会使分段不能精确化，深度预制对分段预制的尺寸精度就提出了更高的要求，因此下一步需要考虑，用更好的测量方法和更先进测绘设备减小测量误差。对设备进行规范化管理：随着自动化设备的增加，对专业设备的管理要求也随之提升，管道专业公司的设备管理规范及相关设备管理，要建立保养和维护制度，明确责任人员。

10.1.5.2 软件引进及深化应用建议

加强工厂化预制安装应用管理平台的研究：提高工程量实时统计、扫码定位、焊口追踪、资料归档、过程监检、管控自动化水平，拓展 BIM5D 应用深度。

提升应用网络信号：现场应用网络信号的强弱直接关系手机端二维码的扫描、录入、推送，直接关系操作人员的效率和体验，也是关系到管道数据化的重要环节，所以应加强探索现场应用网络信号、探索 5G 基站、现场 Wi-Fi 的应用。

加深 BIM + 智慧化研究：提高模块化设计装配能力和模型分解出图水平，加快模型创建、信息添加速度；优化调整模型，发掘、掌握现场快速、精确的测量方法。基于管道预制的管理模式优化，如通过推送功能、异地预制、多地预制，争取早日实现订单式预制和快递式运输。

10.1.5.3 材料管理建议

建立管道公司材料管理制度：随着管道专业化公司的发展，要建立制度，对管道专业公司的材料和辅材领用、验收、发放进行管理，明确相关责任人。

探索半成品（预制管段）堆放和运输方法：预制管段的堆放、运输易造成混乱，要研究半成品的对堆放原则和堆放方式方法，中小管径的管道尝试用钢带打成捆并进行标识，也可探索用型钢等制作周转箱存放、运输，建议分系统打包、运输，提高现场查找管段的效率。

10.1.5.4 工序流程管理

加强预制流程更新改进：合理匹配预制设备、预制人员，提高预制效率，降低预制成本。

探讨分段原则：集中公司内有相当经验的老管道工长、班组长，进行管道分段的科学性、合理性探索，组织研讨，形成管道分段原则，由技术员分段，减少现在的分段工序，更具科学性。

解决和改进组对工艺：加强管道组对环节管理，提升自动化水平，提高熟练程度，以保证能供应自动焊机焊接，从工序管理上提高焊接效率。

提高管道支架吊架预制标准化程度：管道支架、管托是管道的重要组成部分，形式多样，各项目、各班组的做法比较随意，不能统一，单个制作费时、费料，成本较高，管道公司要研究管道支吊架的标准化做法，运用自动化设备批量生产，既节约成本，又能提升工程整体形象。

## 10.2 烧结机降尘管系统施工创新

### 10.2.1 案例背景

国家对钢铁工业的环保要求日趋严格，烧结工艺是其重要污染源工序，烧结机系统运行过程中，产生大量的烟气，烧结降尘管系统具有集气、降尘的作用，其工作温度为150℃，管道焊接质量要求高，烧结机降尘管系统的施工质量对于环境保护的作用至关重要。以连云港兴鑫钢铁有限公司320$m^2$烧结机为例，烧结机降尘管系统主要由大烟道、大烟道灰斗（48个）、降尘管（76个）、天圆地方构件（160个）组成。其中，大烟道是整个降尘管系统安装的核心，位于多层混凝土框架结构的烧结机主厂房内，标高为8.6～16.8m之间的一层平台上，进深180m。按管径不同分为四种：$\phi6800\times12$（长34.8m×2段 单段重量约70t）、$\phi5800\times12$（长24m×2段 单段重量约42t）、$\phi5200\times12$（长23.6m×2段 单段重量约37t）、$\phi4800\times12$（长15m×1段 单段重量约22t），烟道加强筋为型号WH150×150×7×10H型钢，每节烟道中间均设有膨胀节及变径，烟道上部为降尘管（规格$\phi1044\times12$），烟道下部为灰斗。天圆地方结构件数量多、制作难度大、效率低，降尘管系统的大烟道管道焊接质量要求高；大烟道构件体积大，安装空间受限，安装就位施工难度大。

### 10.2.2 事件过程分析与优化方案

当前，国内在降尘管系统的制作与安装过程中面临一些挑战。降尘管系统结构复杂，单个放样制作量大，工效较低，对降尘管系统大烟道等构件及内衬焊接加热主要采用乙炔火焰加热，加热不均匀，影响焊接质量。大烟道安装方面，在烧结机降尘管系统安装位置的侧面，先利用吊车将烟道短节吊至平台，再利用多个手拉葫芦就位组装，安全风险较高。针对上述问题，我们主要从以下方面进行了方案优化。

10.2.2.1 制作方面

研制电动液压天圆地方压制装置，天圆地方构件现场标准化分类制作，尺寸准确、提高工效。运用焊接技术方法研制具有防风功能的焊缝加热装置，优化烧结机降尘管系统的大烟道焊接环境、焊接参数，保证焊接所需温度条件，提升焊接质量。

10.2.2.2 安装方面

优化降尘管系统大烟道安装方法，高处狭窄空间利用可升降高空运输小车安装管道。根据管道的工艺走向，用可升降高空运输小车将烟道运输到安装位置，自行升降、对口、安装，达到安全、高效、降低成本的效果。

### 10.2.3 关键措施及实施

以连云港兴鑫钢铁 $320m^2$ 烧结机工程为例，烧结机降尘管系统主要包括降尘管系统的大烟道、大烟道灰斗、降尘管、众多的天圆地方结构，大烟道制作安装是整个降尘管系统的核心。

10.2.3.1 研制电动液压天圆地方压制装置及天圆地方构件现场标准化分类制作

（1）电动液压天圆地方压制装置

电动液压天圆地方压制装置（图 10.2-1、图 10.2-3）由承托台（图 10.2-2）、驱动单元、压头、成型槽及附件组成。承托台用于放置待压制的金属板，并设有直线形的成型缝，成型缝的宽度自一端向另一端逐渐增大。压制前按照天圆地方的规格分类制作 12 种“由若干条直线标记待压弯处的”弧板，压头设于成型缝的上方，通过电动液压千斤顶控制，压头尖端部与弧板直线标记、成型缝的中线上下对正，将金属板压入成型缝，使金属板产生弯折并形成褶印，实现天圆地方工厂化、标准化制作。

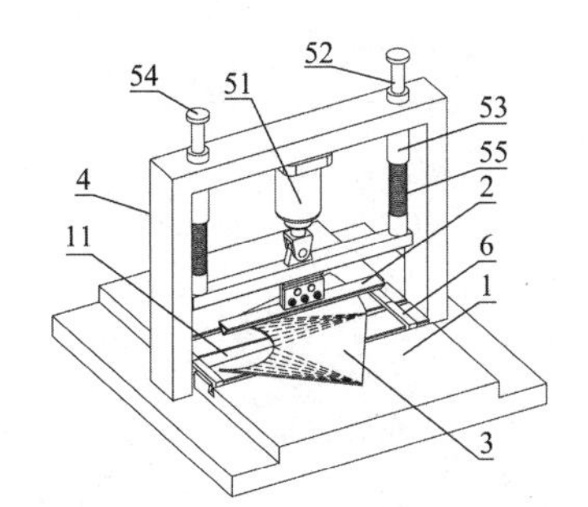


图 10.2-1　电动液压天圆地方压制装置

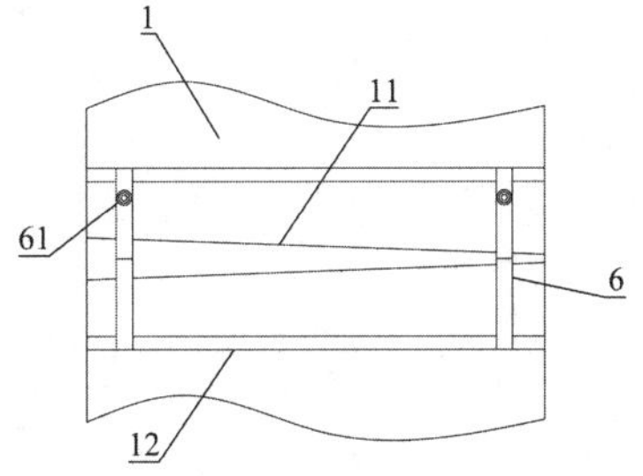


图 10.2-2　承托台

图中：1—承托台；2—压头；3—金属板；4—门形架；6—挡块；11—成型缝；12—滑槽；51—驱动单元；52—导向柱；53—导向套；54—限位块；55—复位弹簧；61—第二锁紧螺栓

图 10.2-3　天圆地方压制装置

（2）天圆地方构件压制

天圆地方构件制作允许偏差见表 10.2-1。

天圆地方构件制作允许偏差　　表 10.2-1

| 项目 | 允许偏差（mm） |
|---|---|
| 边长长度 | ±1.0 |
| 接管和天圆地方高度 | 0～（−0.5） |
| 圆角半径 | 0.5 |
| 组对错口 | 0.5 |
| 组对总高度 | ±0.5 |
| 各构件组对错边 | 0.5 |

压制时按照相应的弧板（图 10.2-5）的折线，利用尖端部将金属板压入成型缝，使金属板产生弯折并形成褶印，顺次在所有直线标记处进行压弯后，待压制的金属板即可形成预设的形状，然后将两块或多块金属板进行拼焊即可制成天圆地方的管件（图 10.2-4）。成型缝设有大端和小端，并且宽度逐渐变化能够使褶印的弯折程度逐渐变化，一端弯折半径小，弯折程度大，另一端弯折半径大，弯折程度小，并且弯折半径由一端至另一端逐渐变化。天圆地方批量制作（图 10.2-6）。

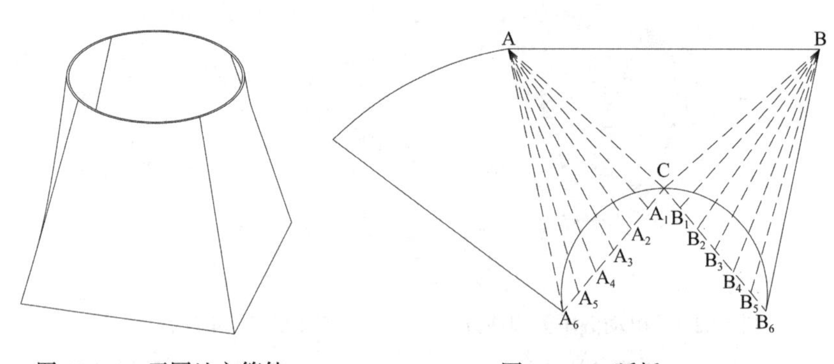


图 10.2-4　天圆地方管件　　图 10.2-5　弧板

图 10.2-6　天圆地方批量制作

### 10.2.3.2 运用焊接技术方法优化烧结机降尘管系统大烟道焊接环境、焊接参数，提升焊接质量

（1）焊接材料、焊接工艺及焊接参数优化

手工电弧焊：材质为Q235，焊条E4303（J422）直径$\phi$3.2～4.0mm，焊接电压24～26V，焊接电流$\phi$3.2mm为100～120A、$\phi$4mm为160～170A；

$CO_2$气体保护焊焊丝：材质为Q235，ER50-6，直径$\phi$1.2mm，焊接电压22～26V，焊接电流150～190A。

手工电弧焊采用直流反接法（当使用碱性焊条时）。立焊时，焊接电流应比平焊小约10%。$CO_2$气体保护焊采用直流反接，飞溅小，电弧稳定，成型好。

（2）研发具有防风功能的焊缝加热装置，优化焊接环境

研发直焊缝、环焊缝加热装置，装置由管道、喷火头、气源软管等组成，具有防风功能（图10.2-7）。

焊前预热，安装焊缝加热装置，以100℃/h的速度加热到120℃～150℃，停止加热。

焊中伴热，焊前预热合格后开始施焊，焊缝层间温度保持在250℃～300℃。

焊后保温，焊接完成后加热1h，可实现焊接工艺卡要求的焊前预热、焊中伴热、焊后保温以保证焊接所需的环境，确保焊接质量（图10.2-8、图10.2-9）。

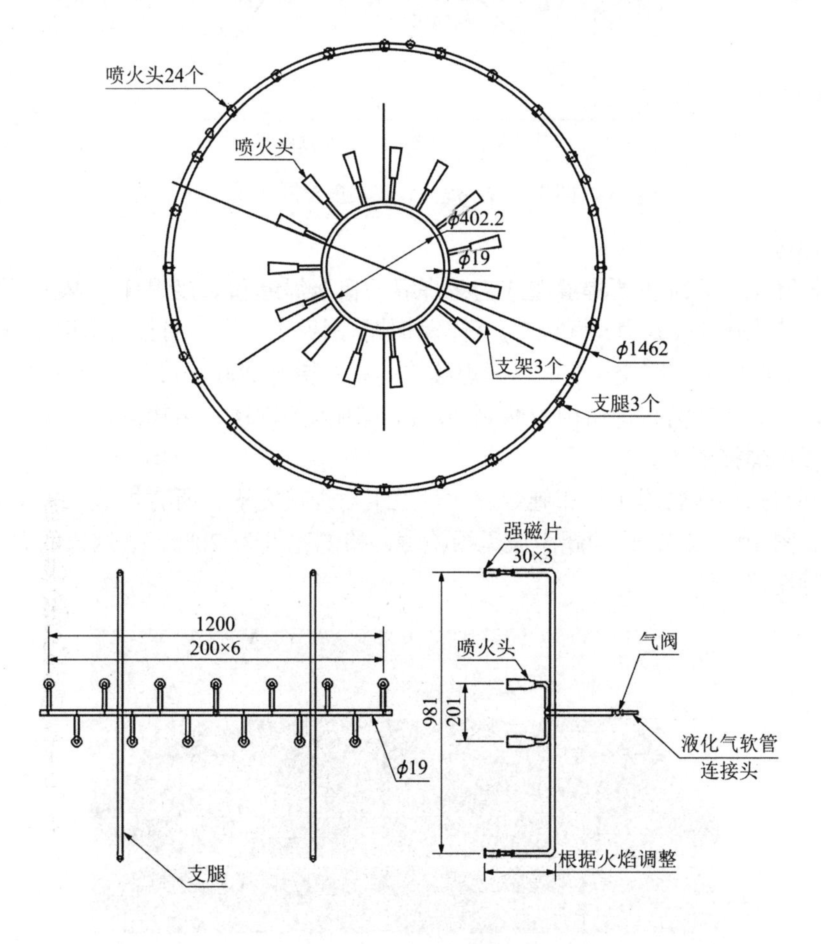


图10.2-7 焊缝加热装置

图 10.2-8 烟道焊前预热、焊后保温

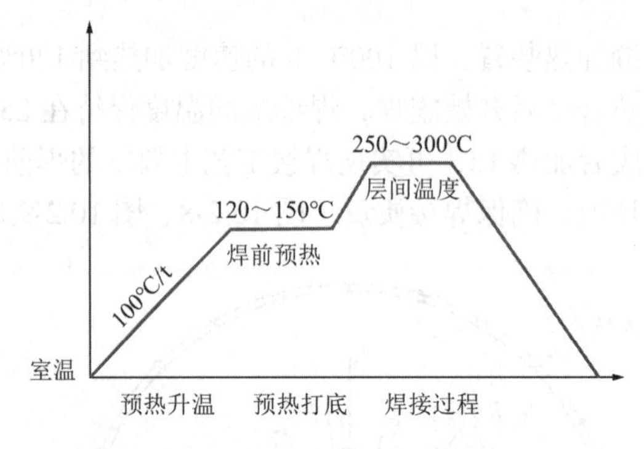


图 10.2-9 焊前预热温度控制曲线

（3）焊接

烧结机降尘管系统主要焊缝型式为角焊缝、搭接焊缝和对接焊缝，焊缝等级二级。主要的焊接工艺采用手工电弧焊和 $CO_2$ 气体保护焊。钢板之间进行对接拼焊时应采用引弧板，必须焊透，不得出现十字交叉缝，纵向焊缝之间相互错开 200mm 以上，对接焊口错边量应小于 0.1mm，焊接前需将焊口内及两侧 20mm 范围内的铁锈及杂物清理干净并两面点焊槽钢加固以减小焊接变形。

焊接环口采用多名焊工均布施焊。大烟道组对焊接完毕，所有焊缝除采用煤油渗透进行检验外（图 10.2-10），还须超声波无损检测，检测比例为 20%。大烟道的焊接焊缝表面光滑，成型良好。

图 10.2-10 煤油渗透试验

10.2.3.3 烧结机降尘管大烟道安装

（1）烧结降尘烟道安装系统。设置悬挑平台、可升降运输小车等工装组成安装工装系统，与由卷扬机、千斤顶组成的牵引升降系统形成完整的烧结降尘烟道安装系统，实现烧结降尘烟道安装。

根据现场条件和大烟道分段长度，确定悬挑平台探出烧结室横梁尺寸，根据大烟道重量及工艺走向在悬挑平台上方贯通搭设 2 根 H 型钢轨道。

可升降高空运输小车（图 10.2-11、图 10.2-12）分为主要的两个部分：一是行走轮组合，主要包括 4 组车轮、1 套车架组成的车轮组、4 组千斤顶和连接柱销；二是升降车架，由纵向钢梁、横向钢梁和管托组成。行走轮组合的连接柱销插入升降车架的柱销孔，使行走轮组合与升降车架形成一个整体，同时升降车架能够通过柱销孔上下升降滑动。

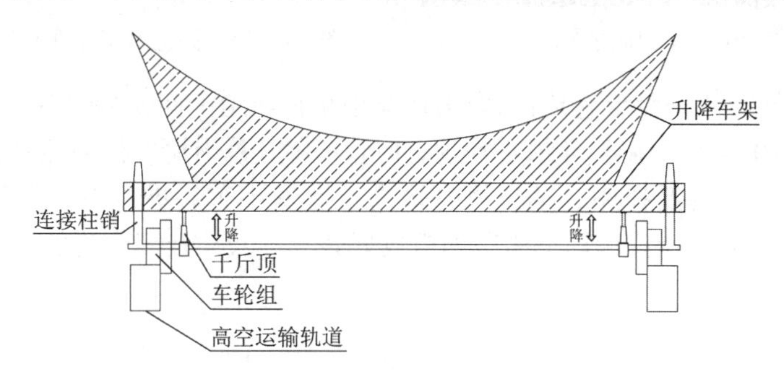


图 10.2-11　高空运输小车结构图

图 10.2-12　高空运输小车图

（2）大烟道安装。在混凝土梁上安装道轨并固定（图 10.2-13），道轨选材为 38kg/m 道轨，横向间距约 3.6m，且道轨在主厂房机头处要挑出至少 10m，并搭设临时平台（图 10.2-14），平台立柱采用$\phi$108 焊管，平台梁采用 H 型钢 250mm × 250mm × 9mm × 14mm。

①吊车将运输小车吊装在运输轨道上，将待安装管段吊装到升降车架的管托上，顶起千斤顶，使管段略高于管道的安装标高（图 10.2-15）。

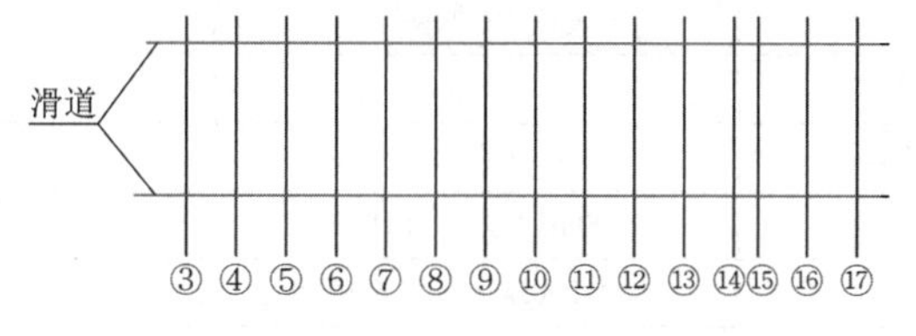


图 10.2-13　滑道示意图

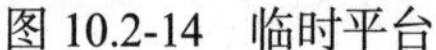

图 10.2-14　临时平台

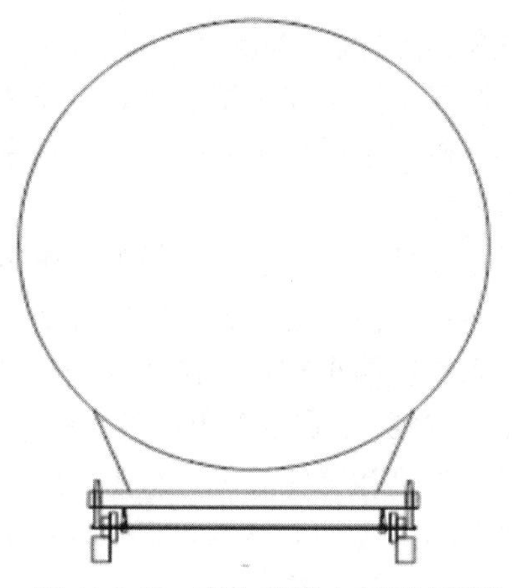

图 10.2-15　高空升降小车运输管道

②烧结机尾处安装一台5t卷扬机，牵引运输小车在轨道上向安装位置行走（图 10.2-17），烟道就位后（图 10.2-18），调整 4 组千斤顶，使管道随托座升降，标高达到预定高度后将管道对口、固定。然后降低托座，抽出可升降高空运输小车，进行下一段管道的运输安装（图 10.2-16）。每段烟道就位后均与前段烟道点焊并复核灰斗及降尘管的位置。

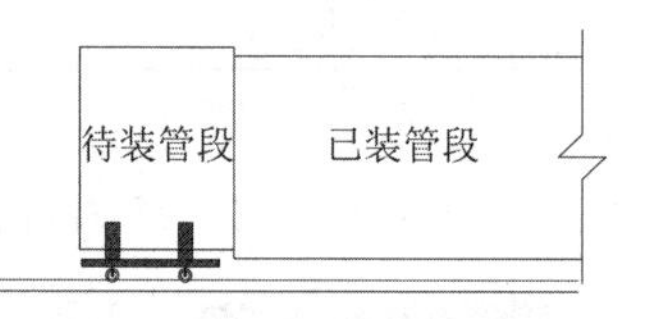


图 10.2-16　管道运输、就位对口示意图

图 10.2-17　大烟道进深 180m 安装空间狭小

图 10.2-18　大烟道安装就位

本烧结机降尘系统安装方法，技术先进，操作简单，安全可靠。安装质量优于规范要求，见表 10.2-2。

**烧结机降尘系统安装质量**　　表 10.2-2

| 序号 | 项目 | 现状允许偏差 | 实际最大偏差 | 备注 |
|---|---|---|---|---|
| 1 | 大烟道中心极限偏差 | ±3mm | +2mm | |
| 2 | 大烟道标高极限偏差 | ±3mm | −2mm | |
| 3 | 筒体直线度 | 1/1000H 但不大于 15mm | 8mm | |
| 4 | 筒体椭圆度 | 1/1000D D-壳体直径 | 3mm | |
| 5 | 降尘管、灰斗中心线极限偏差 | ±5mm | +2mm | |

## 10.2.4 结果状态

烧结机降尘管系统施工技术在连云港兴鑫 320m² 烧结安装工程、天钢 360m² 烧结安装工程等 5 个工程中得到了成功应用，大烟道安装工期比传统方法提前 7～11d，安装质量优良，设备运行良好。连云港兴鑫 320m² 烧结安装工程烟道安装工期比传统方法提前 7d，节约人工费 160200 元，机械费降低 15000 元，措施费增加 25000 元，每吨烟道安装成本降低 300 元/t，使用天圆地方压制技术节约 3.4 万元，使用烧结机降尘管技术总计节约成本 184000 元，对比分析如表 10.2-3、表 10.2-4 所示。

可升降运输小车安装烟道经济效益 表 10.2-3

| 施工方法 | | 烟道重量 | 施工工期 | 人员数量 | 人工费平均 300 元/工日 | 措施材料费（元） | 机械费（元） | 综合单价 |
|---|---|---|---|---|---|---|---|---|
| 连云港兴鑫 320m² 烧结工程 | 人机配合就位 | 500t | 30d | 50 | 450000 | 90000 | 100000 | 1280 元/t |
| | 本施工技术方法安装 | 500t | 23d | 42 | 289800 | 115000 | 85000 | 979.6 元/t |

天圆地方压制技术经济效益 表 10.2-4

| 施工方法 | 单价 | 数量 | 合计 | 节约 |
|---|---|---|---|---|
| 手工制作 | 1900 元/t | 22.8t | 4.33 万元 | |
| 压制技术 | 60 元/个 | 160 个 | 0.96 万元 | 3.4 万元 |

烧结机降尘管施工技术创新和应用创造了良好施工安全条件，施工工效高、质量可靠。适用于高处狭窄空间大直径长距离管道安装、天圆地方等非标管件压制及焊缝预热、保温等焊接作业，具有较好的推广应用前景。

烧结机降尘系统创新，锻炼了技术队伍，培养了人才，激发了员工学习技术创新的主动性，不断在工程实践中开发、总结形成更多的创新技术、方法，推动公司技术进步，为公司发展壮大注入新的活力。

10.2.4.1 获奖情况

（1）烧结机降尘管系统施工技术形成企业工法，被河北省土木建筑学会认定为河北省省级工程建设工法，获得河北省建设行业科技进步奖二等奖。

（2）获得专利授权两项：

加热装置（专利号：ZL 2020 2 1551361.2），

天圆地方结构压制装置（专利号：ZL 2020 2 1244626.4）。

## 10.2.5 问题和建议

10.2.5.1 对可升降高空运输小车节点连接方式的改进建议

进一步深入研究烧结机降尘管系统施工技术，改进可升降高空运输小车节点的连接方式，方便快捷拆卸、重复使用。

10.2.5.2 从组织层面对本施工技术方案的持续改进建议

加大对本施工技术的改进优化力度，鼓励技术人员和班组对本施工技术方案持续创新并优化升级。

开展施工队伍和项目技术骨干联合研发工作，促进研发工作向深度和广度发展，提高一线职工和技术人员的持续创新能力，对于项目提出的研发建议公司给与技术、资金、协调帮助，营造崇尚创新的企业文化。给科技创新人员一定的自主权，释放人才创新创造活力，强化建设不同层次的技术创新团队，对研发人员的内部绩效奖励分配予以倾斜，充分调动研发人员的积极性。

# 第11章 特殊工艺工程

# 11.1 高耸构筑物筒仓工程施工创新

## 11.1.1 案例背景

钢筋混凝土筒仓工程作为大型贮存粉粒料的设施，广泛应用于建材、煤炭、矿业、粮食储存及加工、港口储运等行业。根据筒仓工程的使用功能，其内部仓底板、架空层以及屋盖等附属构件的结构形式也各不相同。本案例结合化肥生产行业造粒塔工程和粮食领域储粮仓工程的结构特征和施工重难点，开展施工方法创新。

某造粒塔工程，核心建筑为钢筋混凝土圆筒塔体和方塔的组合结构，结构总高度 115.000m（图 11.1-1）。圆塔结构内径 18.000m，自 89.000m 层以上为 5 层高空架空造粒装置和工艺管道设备间和操作间，型钢混凝土梁、板架空结构（图 11.1-2）。楼梯间方塔为多层钢筋混凝土剪力墙结构，结构总高度 115.000m。

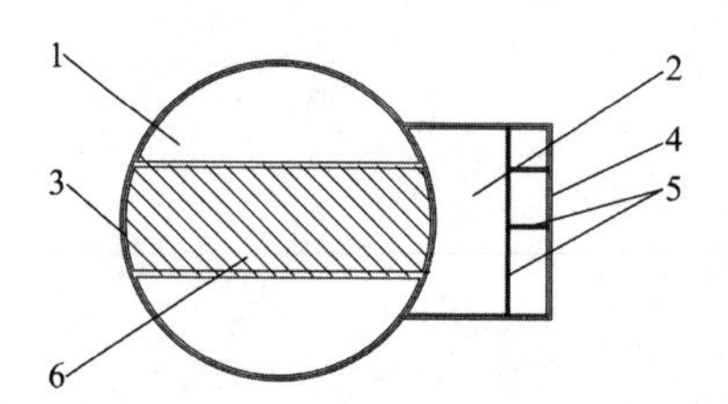


图 11.1-1　某造粒塔组合结构示意图

1—筒体圆塔；2—楼梯间方塔；3—筒体剪力墙；4—外围剪力墙；5—内部剪力墙；6—钢混凝土架空层

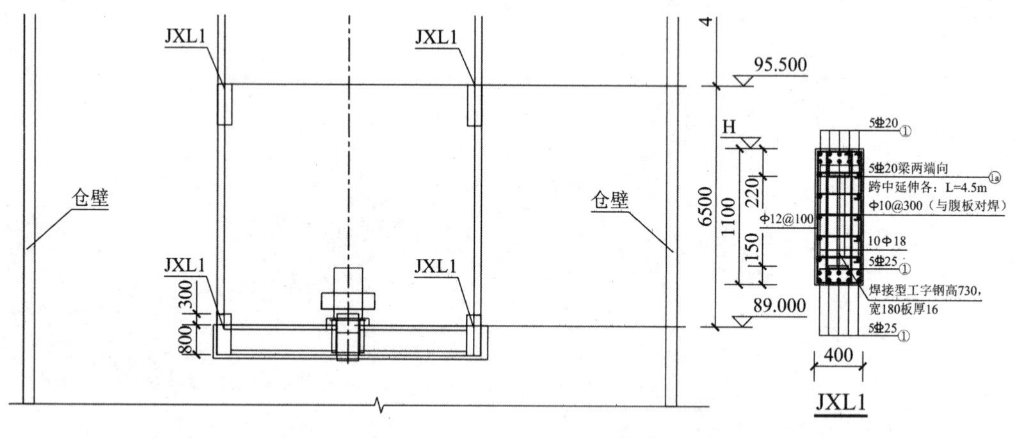


图 11.1-2　架空结构层剖面图

某储粮仓项目，包含 20 座筒仓，筒仓内直径 23.0m，仓壁厚度 250mm，现浇钢筋混凝土双层自呼吸隔热屋盖（46.0～50.5m），建筑高度为 50.8m。仓下结构库底板标高 8.970m，库底板设倒锥形漏斗（8.970～16.000m），锥形漏斗绕筒仓内壁一周，坡面呈 50°。双层自呼吸隔热屋盖下层为现浇钢筋混凝土壳体结构，壳体厚度为 150～200m，上层为现浇钢筋混凝土梁板式结构，板厚 100mm，混凝土强度等级为 C30（图 11.1-3）。粮食储存设计仓房的密闭性应能达到其内部压力从 500Pa 降至 250Pa 所需的时间（即半衰期）不少于 300s 的指标要求。

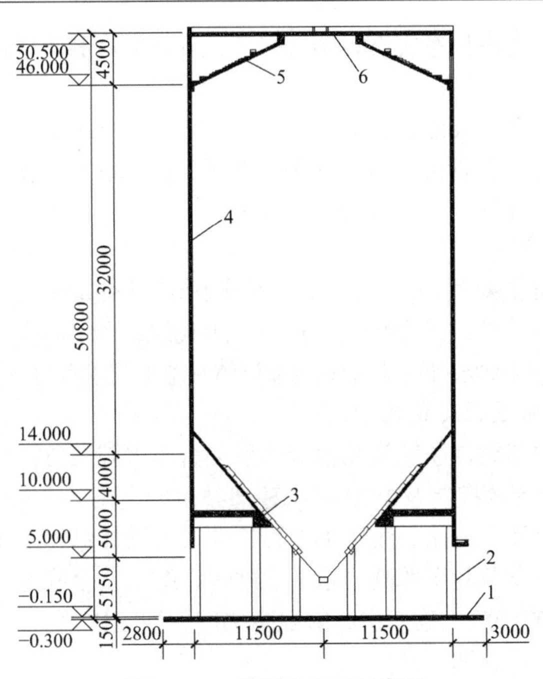


图 11.1-3 浅圆仓剖面示意图

1—基础；2—仓下结构；3—仓下结构底板；4—仓壁；5—现浇钢筋混凝土锥顶；6—仓顶板

结合筒仓工程仓壁滑模、仓底板及倒锥形漏斗填充、型钢混凝土架空层、仓顶盖结构施工过程中采用的创新施工方法解决现场重难点施工问题，即 100m 以上超高造粒塔施工技术、现浇钢筋混凝土双层自呼吸式隔热屋盖施工技术、仓底板及倒锥形漏斗填充层施工技术、超高造粒塔建筑架空层施工技术。

## 11.1.2 事件过程分析描述

### 11.1.2.1 100m 以上超高造粒塔施工技术

1）选题的背景、目的及意义

在化肥、水泥、骨料、焦化等工业项目以及粮食储存领域内，造粒塔、水泥储存仓、骨料储存仓、矿粉仓、储粮仓、群方仓等高耸构筑物应用广泛，筒仓施工工艺包含：倒模施工工艺、滑模施工工艺、爬模施工工艺等。倒模施工工艺适用范围广，但需要大量的周转工具，速度慢，高空作业多，水平向构件施工应用架体量大，且架体过高，安全风险较大。滑模施工工艺应用更为广泛，滑动模板连接固定方式有刚性连接、柔性连接，两类滑模体系各有优缺点，多数情况下是单独使用一种固定连接方式，在同一单位工程内同步使用两种固定连接方式的情况较少。

2）问题分析

本项目高耸构造粒塔结构为钢筋混凝土圆筒塔体和方塔的组合结构，结构总高度为 115.00m，结构形式较复杂。针对这种比较复杂的结构形式，采用倒模工艺、刚性连接滑动模板体系滑模工艺、柔性连接滑动模板体系滑模工艺的任何一种单一的工艺进行施工都会造成不适合结构形式、周转工具使用量大、工期延误、安全风险大等一种或多种问题，因此需要选择适合的施工方法，达到以下目标：

（1）采用一种新的滑模系统，减少滑模系统自重，缩短滑模系统组装时间。

（2）将方塔和圆塔的滑模系统有机结合起来，确保方塔和圆塔部分能够整体同步进行滑升。

（3）方塔内部模板系统要能够有效保证模板系统的刚度和稳定性。

（4）优化水平构件和垂直构件施工顺序，形成工期、成本优化方案。

（5）为同类工程建设提供可借鉴的施工方法。

3）确定研究技术内容

在明确了需要达到的目标后，项目部成立了课题小组，针对高耸构筑物造粒塔滑模施工的各种方法，研究了各种施工方法的适用性、特点、优点及构筑物的结构特点等内容后，最终确定了施工方案，确定采用柔性和刚性混合联结结构滑模体系施工技术作为造粒塔的滑模施工方法。

4）技术方案的研究过程及成果

本技术通过对刚性和柔性联结滑动模板体系混合布置施工方法的研究，结合滑模垂直度、水平度及轴线位置等的控制及 BIM 虚拟建造技术的应用，研究出一种适合复杂结构形式的高耸构筑物的滑模施工方法，用于本项目造粒塔的塔体结构的施工，从而实现了施工方法合理、质量可靠、设备利用率高、施工速度快、施工安全隐患低、成本合理的目标。

11.1.2.2 现浇钢筋混凝土双层自呼吸式隔热屋盖施工技术

（1）选题的背景、目的和意义

在粮食行业，浅圆仓的仓顶多为单层结构，在隔热性能方面有一定的缺陷，使用中仓温、粮温普遍较高，容易造成储粮品质劣变、生虫，对安全储粮极为不利，为保证粮食质量不得不经常进行机械通风，然而，这种做法不符合国家倡导的绿色储粮理念。近年来，一种双层自呼吸隔热浅圆仓，通过仓顶上方设置的斜向空气间层，使得空气从下端进入并从上端排出，从而带走空气间层内的热量，利用烟囱效应，大大降低了仓顶表面的温度，进而降低浅圆仓内的温度。仓顶盖结构的改变有效促进了储粮仓使用性能的提升，但同时也给结构施工带来了较大的困难，两层结构如何在保证安全、质量的前提下实现快速、经济的施工，对于各施工企业有着重要意义。

（2）问题分析

双层自呼吸隔热屋盖结构，顶盖是加设在仓顶上的机构，因此对顶盖的牢固性有着很大的要求。双层结构施工如何设定工艺流程、施工顺序，以实现安全、可靠、高效、经济、绿色的施工目标问题。仓顶盖采用架空支撑工艺施工时，实现滑模提升系统与架空支撑系统的有机结合，对架空支撑系统设施的设计及优化问题。二层顶盖结构施工阶段，如何保证下部壳体不会发生变形破坏问题，是工程施工需要解决的重难点。

（3）确定研究技术内容

项目部成立课题组，针对现浇钢筋混凝土双层自呼吸式隔热屋盖施工技术，开展了筒仓斜锥壳顶模板及支撑设计计算、斜锥壳浇筑过程中钢桁架支撑平台主要构件受力性能分析、钢桁架支撑平台主要构件在滑升过程及混凝土浇筑过程中受力有限元分析、钢桁架支撑平台主要构件受力性能监测、监测和有限元结果对比分析。

（4）技术方案的研究过程及成果

以项目浅圆仓 C 为依托，在对类似屋盖结构施工方法的调研、分析后，优化设计出一种轻型伞状支撑平台与滑模系统装置一体化的技术方案，通过对技术方案的设计优化和计算建模、分析、有限元仿真分析、实践验证、工程监测，研究总结出一套现浇钢筋混凝土双层自呼吸式隔热屋盖施工技术，从而实现了双层自呼吸隔热屋盖施工应用装置的装配化、轻量化，工艺技术的安全可靠、经济、环保的目标。

11.1.2.3　倒锥形漏斗填充层施工技术

（1）选题的背景、目的及意义

常见的筒仓工程其卸料口处一般设计为倒锥形构件，多采用混凝土面层做耐磨保护，但是较陡坡面无法提供混凝土浇筑作业人员站立空间，造成此部位施工具有一定难度。

（2）问题分析

本项目倒锥形漏斗填充层呈斜锥形绕筒仓一周，坡面呈 50°，垂直高度 9m，坡面为钢筋网片 + 混凝土面层的设计，后背填充砌体 + 发泡混凝土。若采用落地脚手架做操作架，存在架体高度高、工期长、成本高等问题。若现场制作作业人员操作平台，沿库底填充层呈环向布置安装的话，操作相对简单，但存在作业人员操作场地局限、人员上下不方便、高空作业危险等问题。

（3）确定研究技术内容

在明确需要解决的难题后，项目成立了课题组，针对如何确保锥斗填充层工程质量，如何在有限空间内完成施工两大难点展开工作。通过调查研究，确定将整个坡面分 6 层从下而上逐步施工，同时利用自行曲臂式升降机作为操作平台，实现在仓内的有限空间里，对锥面混凝土的喷射角度、距离进行有效把控，达到工程质量一次成优的目的。

（4）技术方案的研究过程及成果

本技术是研究混凝土筒仓结构倒锥形漏斗填充层的施工技术，此技术通过对混凝土面层施工喷射的压力、操作距离、喷射角度、混凝土厚度等参数进行控制，确定了施工方法，有效地解决了较陡坡面有限空间无作业面的难题，最大程度保证了施工安全，优化了工期效益。

11.1.2.4　超高造粒塔建筑架空层施工技术

（1）选题的背景、目的及意义

造粒塔结构由于生产工艺原因，多于靠近塔顶上部设置操作层，操作层结构为架空结构，架空层多为型钢混凝土梁承重结构，距离地面高度较高，施工难度较大，危险性较高。传统的架空结构层施工采用落地式满堂支撑法，工期长、周转工具使用量大、安全隐患多、费用高。随着滑动模板技术的推广，造粒塔架空层以下采用滑模施工，架空层以上塔体和内部结构层采用附着式脚手架和满堂支撑架施工。该方法使用周转工具多，施工周期长，安全隐患多，操作工艺复杂。随着滑模技术的进一步完善，造粒塔主体采用滑模到顶，再将刚性操作平台与滑模体系分离并下降到架空层高度，作为施工操作平台，该方法的滑模体系普遍采用刚性桁架平台，平台搭设、分离下降和拆除都比较复杂，多层架空结构施工周期较长，施工难度较大。

（2）问题分析

本项目在接近造粒塔顶上部标高 89m 以上有 5 层架空结构层，均为型钢混凝土梁承重结构，89m 架空结构层距离地面高度极高，利用已有的几种施工方法，都会造成施工周期长、周转工具或钢材投入量大、高空作业多、机械利用率低、成本高等问题，因此需要找到一种新的施工方法，为以后类似工程的施工提供一种安全性高、施工速度快、平面化、质量可靠、设备综合利用效果高、成本合理的架空层施工方法。

（3）确定研究技术内容

在明确了需要解决的问题和实现的目标后，项目部成立了课题研究小组，针对架空结构层的结构特点和架空层已有的施工方法的受力原理，借鉴各种施工方法的优点，最终确定架空结构层的施工采用型钢混凝土梁型钢骨架自承重、模块化吊挂模板架空层施工。

（4）技术方案的研究过程及成果

本技术通过对型钢混凝土型钢骨架结构自承重模板体系的结构、构造节点、构造措施的设计，吊挂模板模块化设计、施工，施工方法和施工顺序的优化等几个方面进行设计和研究，并通过BIM技术进行施工方案的模拟，研究出一种高空架空结构层施工的新方法，用于本项目标高89m架空结构层的施工，实现了缩短施工周期、减少高空作业时间、降低施工难度、减少施工成本的预定目标。

### 11.1.3 关键措施及实施

#### 11.1.3.1 100m以上超高造粒塔施工技术关键措施及实施

1）主要技术原理及特征

本技术通过对工程特性的分析研究，对传统造粒塔滑模施工体系进行创新改进，在圆方组合结构的构筑物采用柔性联结滑模的布置和构造措施。圆塔采用中心盘柔性联结滑模布置，方塔内模板体系进行改进直接采用5mm厚钢板自制内筒整体模板，用[8槽钢做围檩，围檩间用[8槽钢做横梁进行加固。通过圆塔和方塔滑模模板的合理布置和固结构造措施，实现了将圆塔和方塔结构有机地结合成一个整体滑模系统。通过对滑模施工过程中人员、机械、材料、方法、环境影响进行详细配置策划，保证造粒塔整体滑模施工的顺利实施。

2）主要实施内容

（1）造粒塔滑模体系采用柔性和刚性混合联结结构布置方案

圆塔部分采用无内平台可调拉杆滑模体系，即滑模系统采用光圆钢筋作为径向可调拉杆组成中心拉接盘，提升“门”字架通过中心盘辐射形水平拉杆连接，即柔性连接。方塔采用整体内筒模刚性平台，即方塔内部立面模板采用钢板和槽钢现场自制整体内筒模板系统，提升“门”字架通过内筒整体模板系统刚性固结在一起，即刚性连接。操作台平台采用挑架式操作平台，安装在“门”字架两侧。圆塔柔性滑模系统和方塔刚性滑模系统通过围檩刚性固结组合，实现圆塔和方塔结构一体化滑升施工（图11.1-4）。

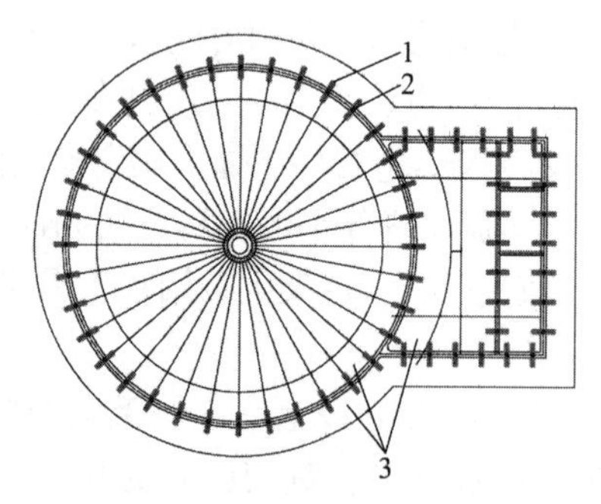


图11.1-4 造粒塔滑模系统布置图

1—提升门字架；2—千斤顶及支撑杆；3—操作平台

（2）模板系统

模板系统主要由提升架、围圈和模板组成。

①提升架：提升架采用“门”字架，主要由横梁和立柱组成，立柱、横梁采用槽钢，提升架立柱上设置调整内外模板间距的调节装置；门字架通过千斤顶带动滑模体系整体滑升，直接承受模板、围圈和操作平台的全部垂直荷载和混凝土对模板的侧压力。

②围圈：围圈又称围梁，分为提升架围圈和模板围圈。提升架围圈采用槽钢，设置在提升架立柱上，上下各设一道封闭成环，竖向与模板围圈在同一水平面，增加模板系统整体刚度，提高滑模系统整体稳定性。模板围圈采用槽钢，每侧模板的背后设上下两道环型闭合围圈，围圈的弧度及走向根据塔体外形进行调整，围圈的接头采用对接焊接的形式，造粒塔腋角处围圈必须用整根槽钢煨制而成，不允许出现对焊接头（图 11.1-5）。

③模板：模板采用钢板制作，外侧板边采用角钢作为加强肋，内部按照短方向设置竖向角钢加强肋，加强肋上设置围圈压紧装置，组装好的模板应上口小，下口大，单面倾斜度控制在 1‰～3‰（图 11.1-6）。

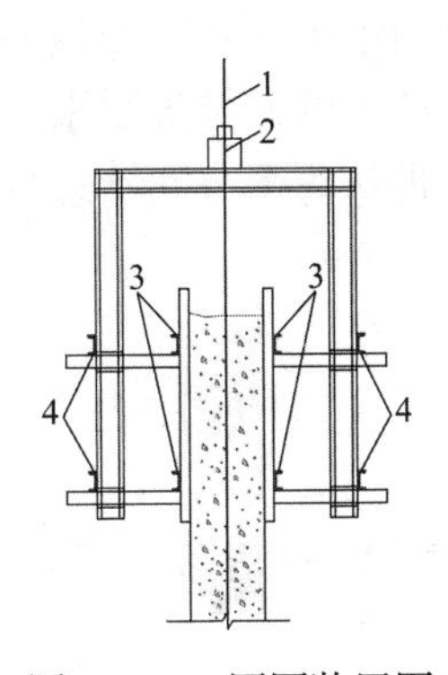


图 11.1-5 围圈装置图

1—支撑杆；2—千斤顶；
3—模板围圈；4—提升架围圈

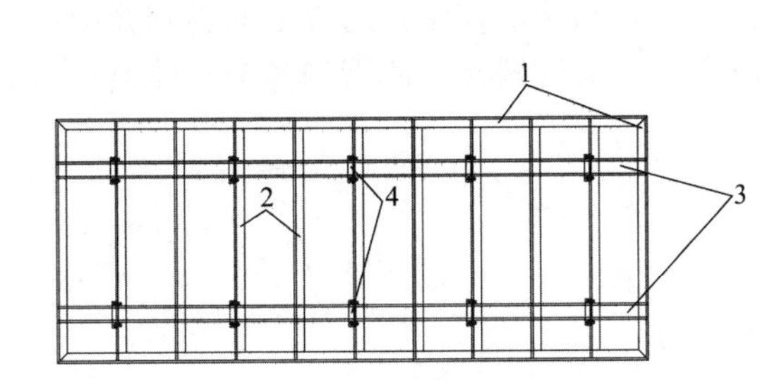


图 11.1-6 模板构造

1—模板封边肋；2—模板肋；3—围圈；4—围圈压紧装置

（3）操作平台系统：

操作平台由操作平台、料台和吊架等组成。

①操作平台：操作平台兼做料台，方塔滑模部分操作台采用外挑架式操作平台和内筒模刚性整体平台。即外操作平台采用挑架式操作平台，内平台梁焊接在两侧模板系统的门架立柱上，同时在梁底增加槽钢做斜撑，提高平台的抗变形能力。方塔操作平台通过共用门字架肩部槽钢形成刚性连接，与圆塔操作平台连接成一个整体平台。圆塔内外操作平台均采用挑架式操作平台（图 11.1-7、图 11.1-8）。

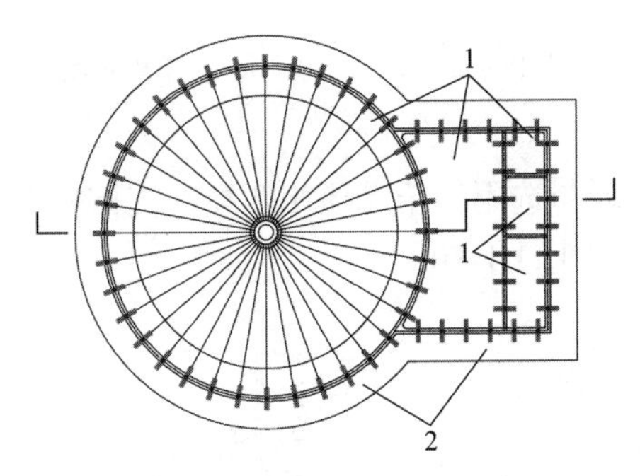


图 11.1-7 操作平台布置示意图

1—内平台；2—外平台

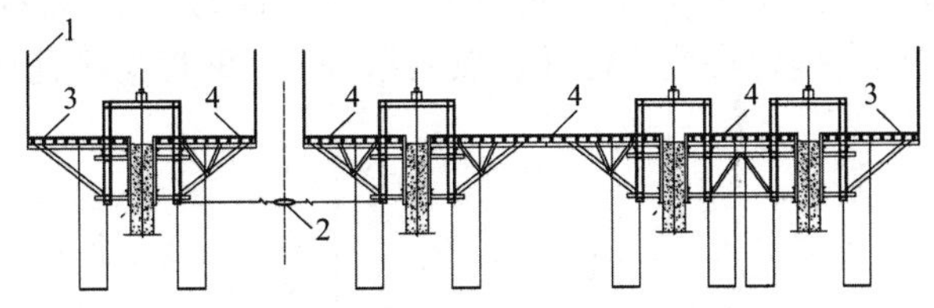


图 11.1-8 操作平台剖面图

1—护栏；2—中心拉盘；3—外平台；4—内平台

②吊架：吊架由吊杆和铺板构成。吊杆选用$\phi$16mm 的圆钢制成，吊架的一端悬挂在提升架立柱底部开设的安装孔内，另一端悬挂在三角挑架的斜杆上。吊架上铺设并排的木脚手板，两块脚手板之间必须用木板连接钉牢，吊架与吊架之间用钢筋进行串连，作为护栏，

护栏与吊架用铁丝进行捆绑。吊架用大眼网由下向上铺设，大眼网连接处严禁在吊架下方，最后在护栏外侧用安全网封闭严密，用以筒壁表面处理、抹光、养护等施工作业。

（4）提升系统

提升系统为滑模体系的整体上升提供动力，是整个滑模系统的动力部分，包括液压千斤顶、液压控制台和油路等。

①液压千斤顶：采用穿心式液压千斤顶。

②液压控制台：主要由电动机、油箱、分油器、齿轮油泵、溢流阀、换向阀等组成。液压控制台内油泵的额定压力与选用的液压千斤顶的额定工作油压相适应。

③油路：由油管、分油器、管接头和截止阀等组成。为了保证各千斤顶的同步性，采用一台液压控制台进行控制，同时要考虑油路的不同长度产生的差异等因素，布置采用分级并联的方式：油液从液压控制台通过主油管到分油器，再从每个分油器经分油管到支分油器，最后从每个支分油器经支油管到各个千斤顶（图 11.1-9）。

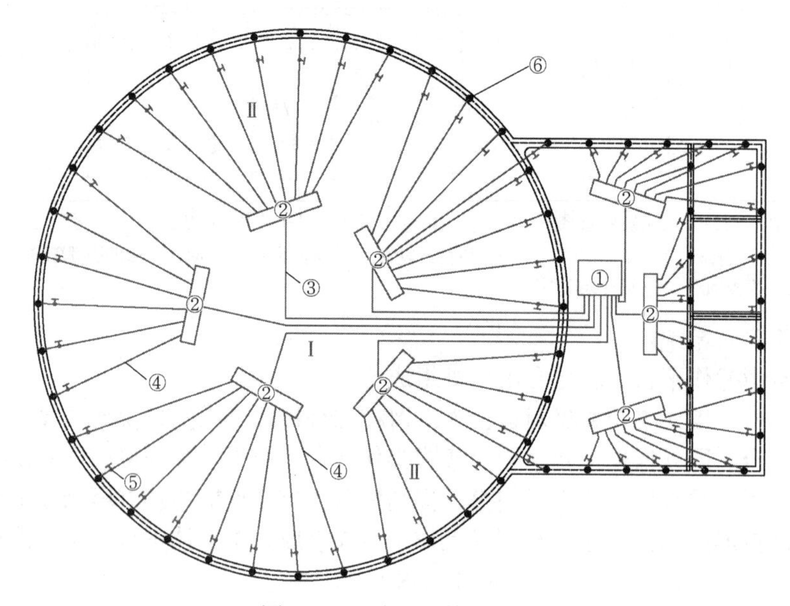


图 11.1-9　液压油管布置图

①HY-56 型液压台；②分油器；③主油管；④分油管；⑤高压针型阀；⑥液压千斤顶及支撑杆；Ⅰ为Ⅰ级油路；Ⅱ为Ⅱ级油路

（5）支撑系统

支撑系统采用支承杆形式，支承杆的规格和直径要与选用的千斤顶相匹配，支撑杆设置依次排列将接头错开，然后用 6m 长钢管连接到顶（图 11.1-10）。

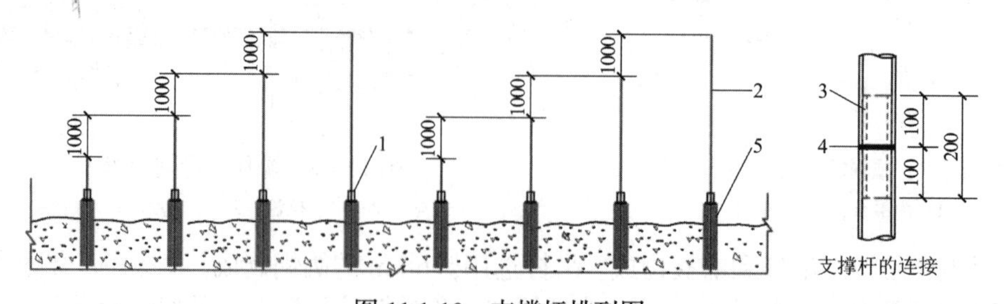


图 11.1-10　支撑杆排列图

1—千斤顶；2—支撑杆；3—内衬管；4—焊接连接；5—门字架

（6）滑升观测与纠偏

造粒塔滑升过程中精确控制整体结构水平度、轴线偏差、垂直度和扭转偏差等关键参数，做到精密检查测量，及时纠偏纠扭。

①整体结构水平度观测

采用激光扫线仪进行观测调平。在某个门字架支撑杆内侧方向超过千斤顶顶部位置设置一个小平台用于放置激光扫线仪，通过激光扫线仪进行滑升平台的水平度控制。每一个提升高度进行一次观测调平，通过激光扫线仪的控制使滑模平台水平度始终保持在可控范围内。水平度观测要坚持"勤观测，勤纠正"的原则，若发现操作平台水平度发生较大偏差，要及时进行纠偏并减少调平高度，增加调平次数，直至系统稳定为止。

②轴线位置和垂直度观测

轴线位置和垂直度是造粒塔控制的关键参数，对滑模施工至关重要。采用垂球法，在滑模吊架上设置控制点，控制点处悬挂吊锤。控制点设置采用将圆塔十字轴线，方塔轴线引测到墙壁承台上，在离墙壁外侧 500mm 的轴线上设控制点，同时在圆塔和方塔相交腋角处找圆塔和方塔外侧 500mm 控制线的交点做控制点。通过观测圆塔十字轴线的偏差校核圆塔中心的位置，方塔的轴线位置可以直接进行观测，通过测量与库壁的距离来检查塔体的垂直度。为了保证建筑的精确度，每提升一次，测量一次，随测随纠（图 11.1-11）。

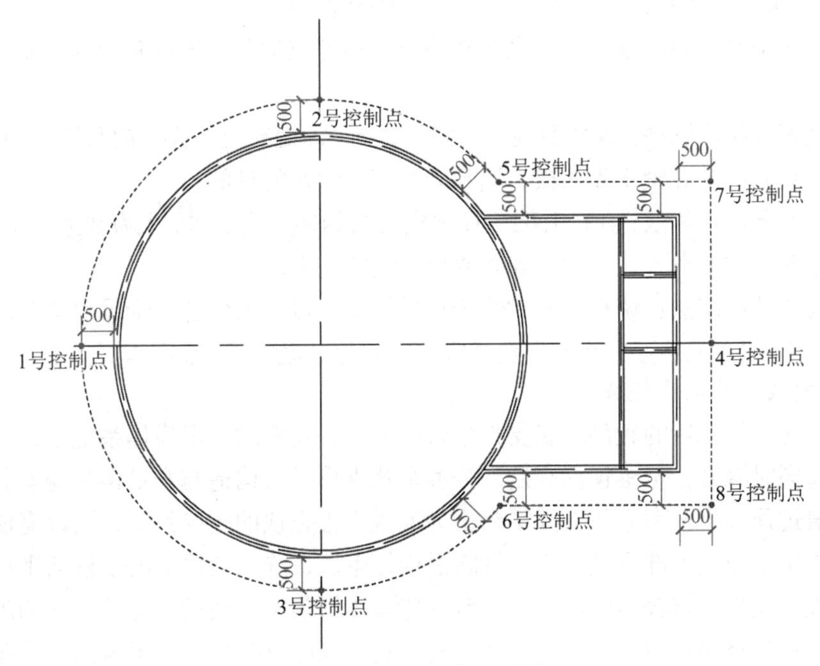


图 11.1-11　观测点布置图

③扭转度观测

扭转偏差观测采用经纬仪，在造粒塔外壁的地面上方用红漆标志三角形轴线，在平台对应位置的外侧放置专用观测标尺，经纬仪对准轴线标志，往上抬起望远镜，从操作平台外侧的扭转观测标尺上直接读出扭转的数值。每个轴线上均设置观测点，早中晚各观测一次，并对观测结果进行分析。

④纠偏措施

造粒塔在滑升过程中控制好操作平台，使其在任一水平位置不出现倾斜、扭转，保证混凝土浇筑速度均衡是滑升控制的关键。为预防造粒塔出现倾斜、扭转，采取如下预防措施：

使用激光扫线仪进行观测，每滑升一步（0.2～0.4m）检测一次，使各个千斤顶滑升保持同步，确保操作平台的水平度；

在库壁外的八个控制点上挂 25kg 重的吊锤，结合经纬仪观测，控制轴线位置、垂直度和扭转偏差。利用测量仪器每天早中晚三次对库壁轴线位置、垂直度、扭转度进行校核。发现问题及时进行纠偏调整；

平台上材料、机具摆放要均衡，不要造成偏压；

施工过程中由专业人员进行巡回检查，及时更换不符合要求及损坏的千斤顶，确保各千斤顶同步。对于滑模工程，采取“防偏为主，纠偏为辅”的办法。倘若发生扭转偏移，认真分析原因，采取相应措施。

⑤纠偏方法

主要采用操作平台倾斜纠偏、调整操作平台荷载纠偏及支撑杆导向纠偏，纠偏时几种方法往往结合使用。如出现上述情况，可采用以下方法纠偏，纠偏过程应徐缓进行。

操作平台倾斜纠偏法：将平台调整斜度（与偏差的方向相反），逐层纠正，使平台的斜度不超过 1/100，一次抬高量不大于 2 个千斤顶行程；

调整操作平台荷载纠偏法：在爬升较快千斤顶部位加荷，压低其行程，使其平台逐渐恢复原位；

调整浇筑混凝土顺序：改变混凝土的浇筑方向，即混凝土入模方向与原方向相反进行，或与偏移相对方向的混凝土先入模，达到既纠偏又纠扭的目的；

支承杆准导向纠偏法：在提升架千斤顶横梁的偏移一侧加垫，人为地造成千斤顶倾斜。使平台有意向反方向滑升，把垂直偏差或扭转调整过来；

针形阀供油控制法：调整爬升过快千斤顶的供油量，确保各个千斤顶爬升同步。

11.1.3.2 现浇钢筋混凝土双层自呼吸隔热屋盖关键技术措施及实施

1）主要技术原理及特征

本技术通过优化后的轻型伞状支撑平台构造，在仓壁刚性滑模体系上拖带轻型伞状支撑平台构造同时滑升，至锥顶标高后，轻型伞状支撑平台构造与仓壁钢牛腿安装就位，滑模体系空滑过顶，将轻型伞状支撑平台作为混凝土锥壳顶的支撑系统，用以完成锥壳顶浇筑。然后施工锥壳顶上部仓壁滑模，拆除滑模体系后，施工二层混凝土框架平顶结构。待平顶结构施工完毕，将轻型伞状支撑平台构造整体卸落至库底板，分解拆除的施工技术，实现了双层自呼吸隔热屋盖可靠施工，从而解决了双层自呼吸隔热屋盖高空作业难题。

2）主要实施内容

（1）滑模装置及构造体系

滑模装置包括刚性滑模体系构造、轻型伞状支撑平台构造两部分。

滑模体系构造主要包括提升系统、平台系统、模板系统、电气油路系统、运输系统、测量监视等。轻型伞状支撑平台构造，主要包括模块化中心构件、无缝钢管桁架、$\phi$25mm 圆钢可调节连接杆等。构造图如图 11.1-12、图 11.1-13。

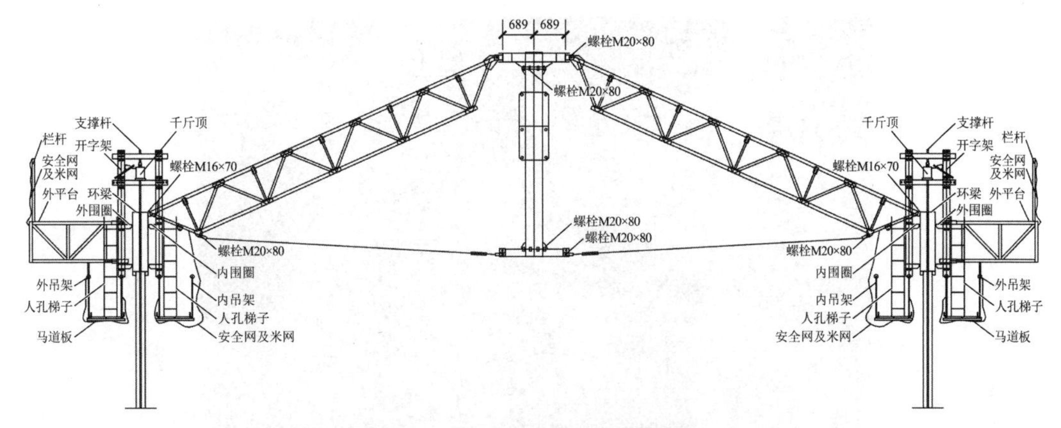


图 11.1-12　筒仓滑模装置构造图

图 11.1-13　滑模托带轻型伞状支撑平台图

（2）轻型伞状支撑装置优化设计

轻型伞状支撑平台其组成如下：模块化中心构件、无缝钢管桁架、$\phi$25mm 圆钢可调节连接杆采用螺栓连接制作伞状支撑平台，并将平台与滑模系统的围圈（[ 14 型钢）进行螺栓连接，连接点为 28 个，均匀分布，以充分发挥小直径圆筒受压能力强、重量轻、便于拆装和运输的特性（图 11.1-14、图 11.1-15）。

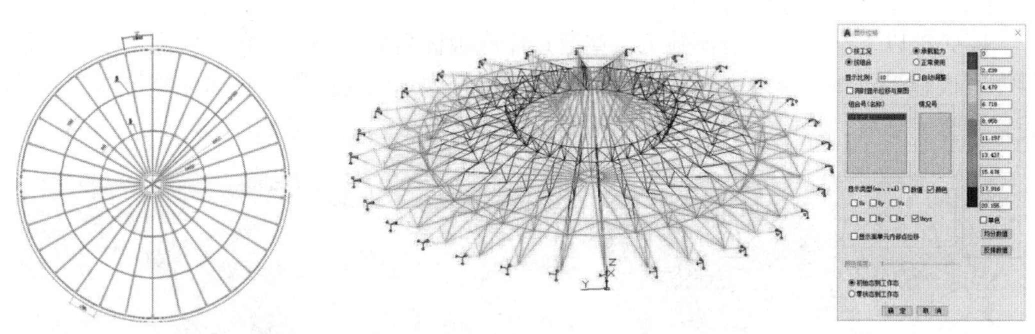

图 11.1-14　组合结构支撑平台示意图

图 11.1-15　组合位移云图

轻型伞状支撑平台上部设置 28 榀钢管桁架，每榀桁架之间采用可拆卸固定件将 2 道 X 形定型垂直支撑单元对桁架进行加固，伞状支撑平台下部使用$\phi$25mm 圆钢可调节连接杆将模块化中心构件和钢桁架进行连接，可有效保证平台整体的稳定性（图 11.1-16）。

图 11.1-16　桁架安装及 X 定型垂直支撑单元实例

通过对支撑系统整体刚度验算，得出支撑系统最大形变位于桁架跨中部位，整体刚度满足施工要求的结论。同时，通过应力比考核，所有单元均满足要求（图 11.1-17）。

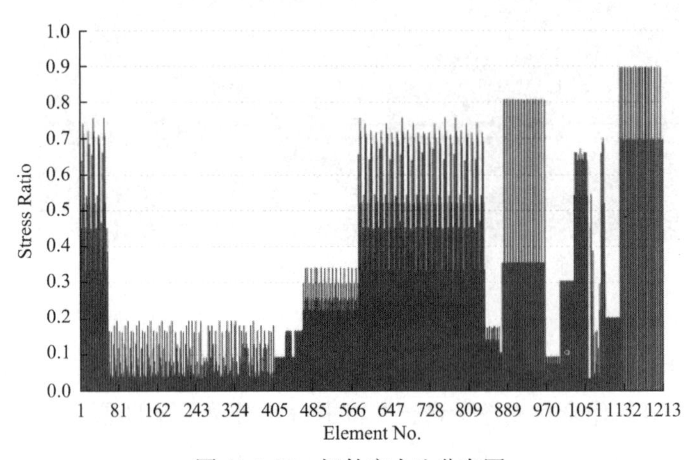


图 11.1-17　杆件应力比分布图

（3）轻型伞状支撑装置安装

库底板以下仓壁采用滑模施工，空滑过库底板标高后，采用落地式脚手架支撑体系进行库底板施工。库底板以上仓壁采用滑模体系与轻型伞状支撑装置一体化拖带滑升。滑模装置调整完毕后，将桁架横梁与滑模围圈采用螺栓连接起来（图 11.1-18）。

图 11.1-18　轻型伞状支撑装置与滑模体系连接图

同时应完成轻型伞状支撑平台与滑模系统连接的搭载设计，经对滑模系统总的受力荷载分析计算，此施工方法满足滑模施工安全性能要求（图 11.1-19）。

图 11.1-19　轻型伞状支撑装置平台安装

根据筒仓仓顶支撑架及相关计算，在仓壁等间距布置 28 块埋件，通过受力分析，仓壁埋件为弯剪预埋件，即，同时受剪力及弯矩共同作用，根据本工程实际情况及类似工程经验，选用上承式钢托架，埋板高度为 300mm，锚固连接安全等级为二级，按照图集《钢筋混凝土结构预埋件》16G362 中的相关要求进行埋件选择，伞状支撑装置提升就位与埋件进行焊接连接就位（图 11.1-20、图 11.1-21）。

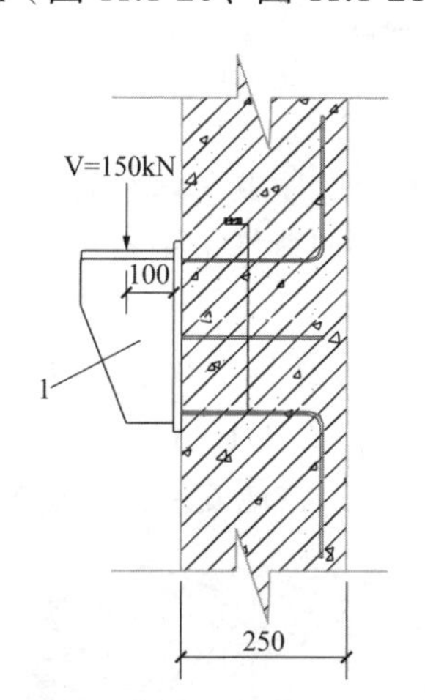

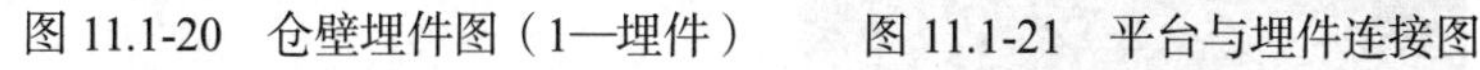

图 11.1-20　仓壁埋件图（1—埋件）　　图 11.1-21　平台与埋件连接图

（4）锥壳顶钢筋、模板安装及混凝土浇筑

①锥壳顶模板支架搭设

轻型伞状支撑装置平台在钢桁架顶部搭设扣件式钢管脚手架作为锥壳顶板混凝土支撑架，立杆在钢管及钢桁架上径向间距 1.0m，环向间距 ≤ 1.0m，呈放射状分布，间距大于 1.0m 的外半环区域，加密一根径向 6m 长水平钢管，并设置 3 或 4 根立柱钢管，与下部环圈钢管扣件连接，再采用人字斜撑加固水平钢管。实际施工中采用的搭设方法如图 11.1-22、图 11.1-23 所示。

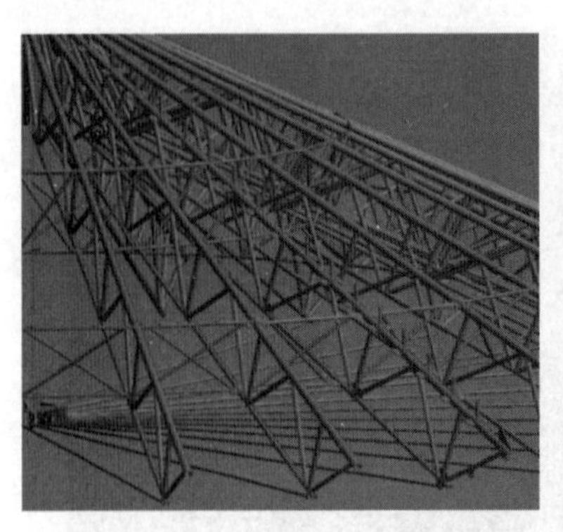

图 11.1-22　扣件脚手架固定件

图 11.1-23　支撑架搭设图

②锥壳顶模板钢筋安装

本工程选择 915mm × 1830mm 黑色覆面多层板模板，厚度 12mm，背楞为 40mm × 70mm 截面木方，径向辐射状布置，间距不大于 200mm，环向背楞采用$\phi$25mm 钢筋间距不大于 500mm 布置。

模板施工中，创新采用分块设计施工方法，根据模板型号及锥壳顶展开面积，划分为扇形模板单元，环向划分为三圈，对模块编号，最外圈按 1-1、1-2、1-3、……，中间圈按 2-1、2-2、2-3、……，最内圈按 3-1、3-2、3-3、……，方便安装，配模图如图 11.1-24。

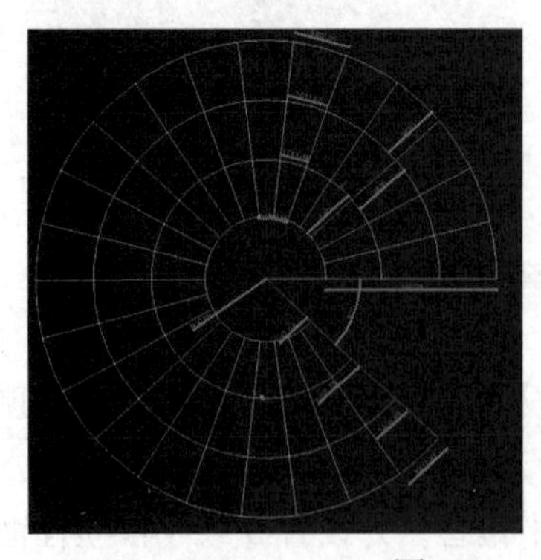
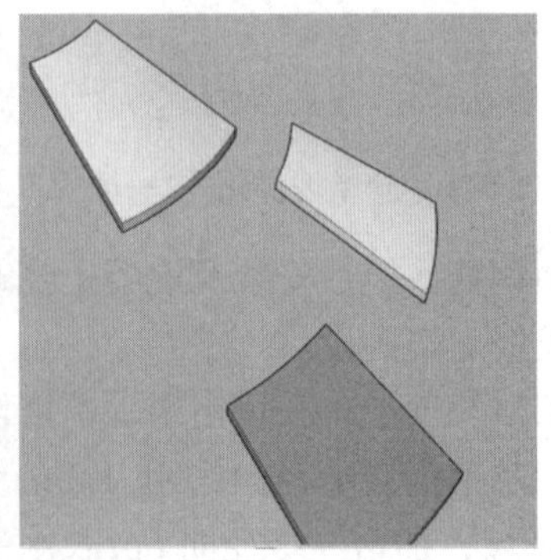

图 11.1-24　配模图

在加工区将模板按配模图预拼装成扇形单元，40mm × 70mm 木方背楞与模板钉牢，木方采用径向辐射状布置，两块模板拼缝处增设木方一道，拼缝上部粘贴透明胶带并编号，按编号采用汽车吊逐块吊装至锥顶，两名操作人员手扶模板块至安装位置后，与架体上环向钢筋固定牢固。然后进行下一个模块的安装，直至全部安装就位，并进行钢筋工程施工，如图 11.1-25。

图 11.1-25　模板钢筋验收图

③锥壳混凝土浇筑

筒仓斜锥壳顶混凝土浇捣时采用泵车施工，每个仓顶板需整体浇筑、不留施工缝。浇筑过程中前 13h 先对斜锥壳的环梁进行浇筑，然后对锥壳的顶板自下而上环向对称式浇捣，共分 5 圈浇筑，每圈浇筑宽度分别为 600mm、3300mm、3300mm、1650mm、1650mm，每圈之间的间隔时间以不超过混凝土初凝时间为准，振捣棒插入间距 300mm，振捣时间为 20～30s，以混凝土表面呈水平，不再显著下沉，不再出现气泡，表面泛浆为准（图 11.1-26、表 11.1-1）。

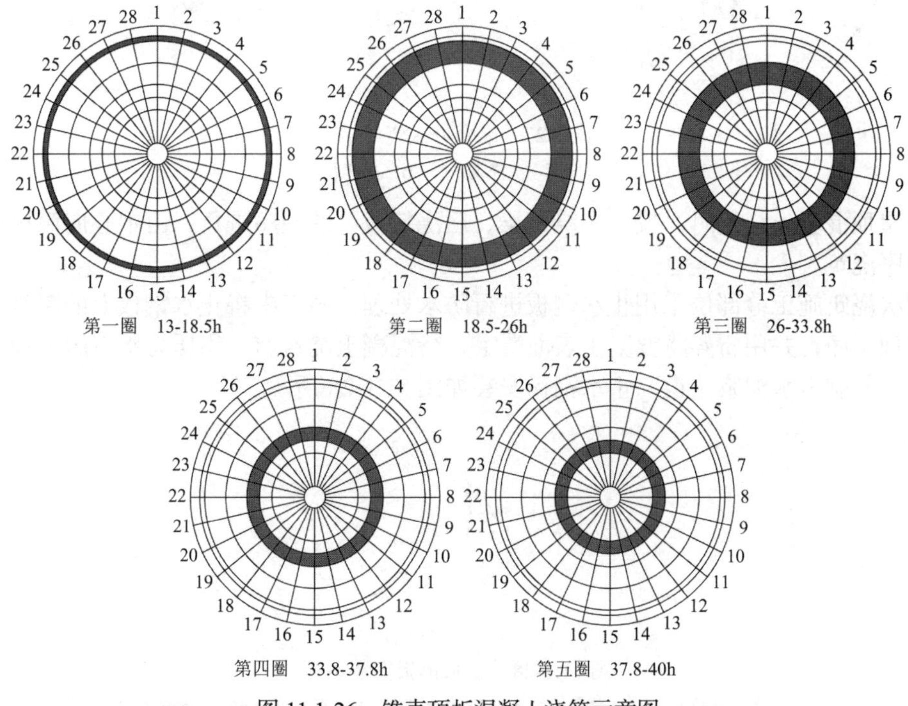


图 11.1-26　锥壳顶板混凝土浇筑示意图

混凝土浇筑时间统计表　　表 11.1-1

| 浇筑位置 | 浇筑时间（h） | 每圈浇筑时间（h） | 浇筑宽度（m） |
| --- | --- | --- | --- |
| 环梁 | 0～13 | 13.0 | 0.2 |
| 第 1 圈 | 13～18.5 | 5.5 | 0.6 |
| 第 2 圈 | 18.5～26 | 7.5 | 3.3 |
| 第 3 圈 | 26～33.8 | 7.5 | 3.3 |
| 第 4 圈 | 33.8～37.8 | 4.0 | 1.65 |
| 第 5 圈 | 37.8～40 | 2.2 | 1.65 |

混凝土的养护：混凝土浇筑完后 12h 内进行浇水养护，养护由专人负责，每天浇水的次数应能保持混凝土处于湿润状态，混凝土养护用水应与拌制用水相同，养护期不得少于 7d。

（5）二层平屋顶结构施工

锥壳结构施工完成并达到混凝土设计强度后，进行二层框架平屋顶施工。平屋顶采用钢管扣件支撑架体、黑色镜面模板，架体搭设要求与锥壳支撑架体搭设相同。

双层自呼吸隔热屋盖结构分两步进行混凝土浇筑，如图 11.1-27 所示，第一次浇筑为下环梁、斜锥壳顶板、上环梁浇筑 1/2 处；第二次浇筑为上环梁浇筑剩余 1/2、平屋顶。两次浇筑间隔 28d，浇筑时采用泵车施工，不留施工缝。浇筑时振捣棒插入间距 300mm，振捣时间为 20～30s，以混凝土表面呈水平，不再显著下沉，不再出现气泡，表面泛浆为准。

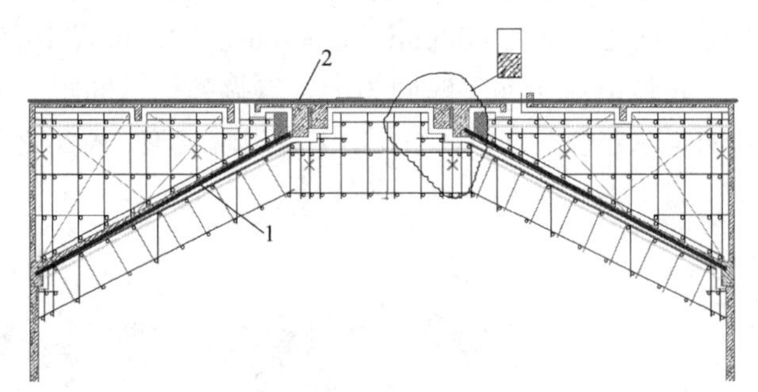


图 11.1-27　锥壳分次浇筑示意图

1—第一次浇筑；2—第二次浇筑

平屋顶混凝土浇筑时，按“先浇筑梁、后浇筑板”的顺序进行，由中心向筒边扩展，依次顺序浇筑。

两次浇筑施工缝部位采用止水钢板进行防水处理，施工中将止水钢板上的混凝土渣等污渍清理干净，并用斩斧将混凝土表面凿毛，待混凝土浇筑前，用压力水将施工缝表面清洗干净，并刷素水泥浆一道。止水钢板安装如图 11.1-28 所示。

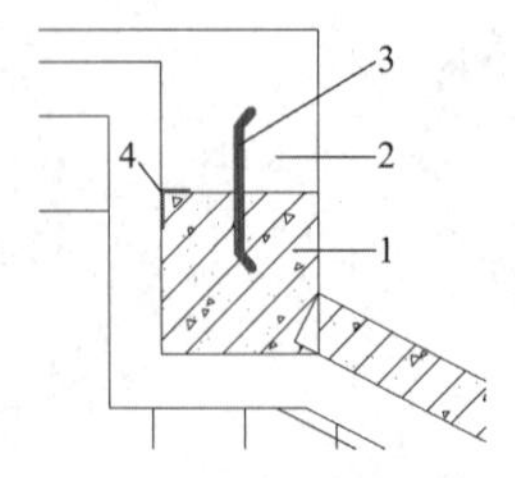


图 11.1-28　止水钢板安装示意

1—已浇筑混凝土；2—未浇筑混凝土；3—止水钢板；4—直径 12mm@300mm 附加筋

（6）模板及支架平台卸落拆除

①锥壳结构模板及支架拆除

当二层框架平顶结构混凝土强度达到设计强度的 80%后，方可拆除轻型伞状支撑装置平台。

锥壳结构模板及支架拆除后，将拆下的材料临时固结，并随同轻型伞状支撑装置平台一同卸降至库底板上。

②轻型伞状支撑装置平台卸落

轻型伞状平台拆除时，在二层框架结构顶面预留通风孔处，搭设牢固的钢梁，用 10 个 10t 的电动葫芦一端挂在钢梁上，另一端挂在轻型伞状支撑装置上，将仓顶钢平台与钢牛腿的连接拆除，人员撤离后，进行降落，装置平台下降至离地面 2m 时，停止下降，拆除可移动吊篮，继续下降至库底板面上，进行拆除解体。

（7）施工过程监控监测

为监测混凝土浇筑过程中的应力变化过程，共在轻型伞状支撑装置平台上布置 3 个测区，测区位置如图 11.1-29、图 11.1-30 所示。

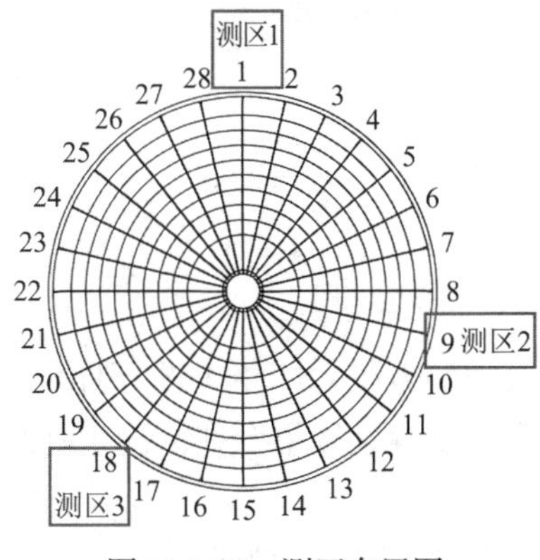


图 11.1-29　测区布置图

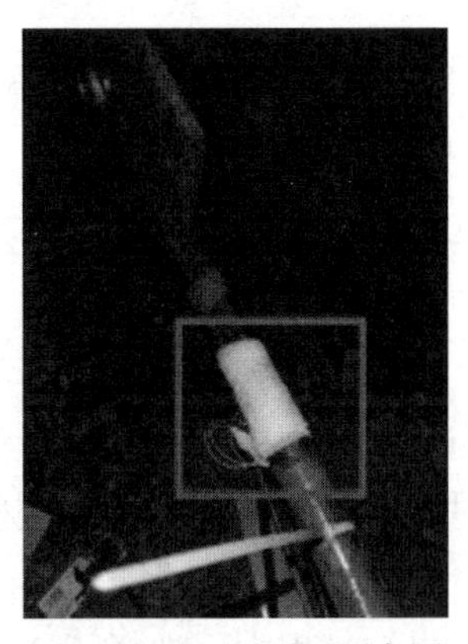

图 11.1-30　测区 3 测点图

选择 3 根立杆进行轴压力的监测，压力传感器布置如图 11.1-31、图 11.1-32。在监测过程中，随时注意支撑架体立杆的受力情况，尤其是当检测到的数据有异常变化的时候及时查看原因并对施工单位提出预警。

采用 DH3819 无线静态应变测试系统监测轻型伞状支撑装置平台在斜锥壳混凝土浇筑过程中的应力变化。应变片开始监测的零时刻为开始浇筑前 5min，采样间隔为 1s，开始采样后一直持续到浇筑完成之后结束，监测数据如图 11.1-33。

图 11.1-31　压力传感器立面布置图

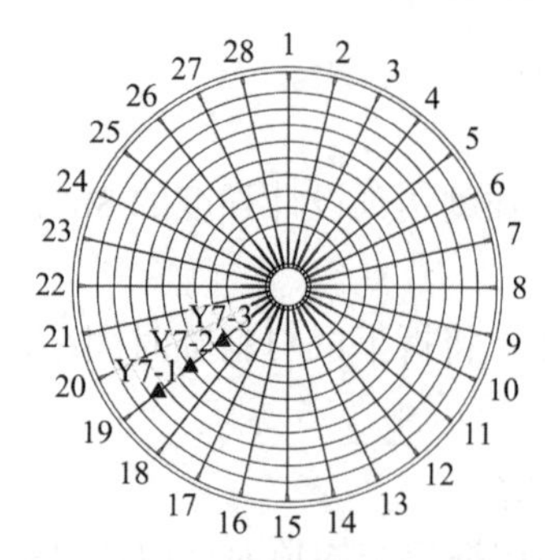


图 11.1-32　压力传感器平面布置图

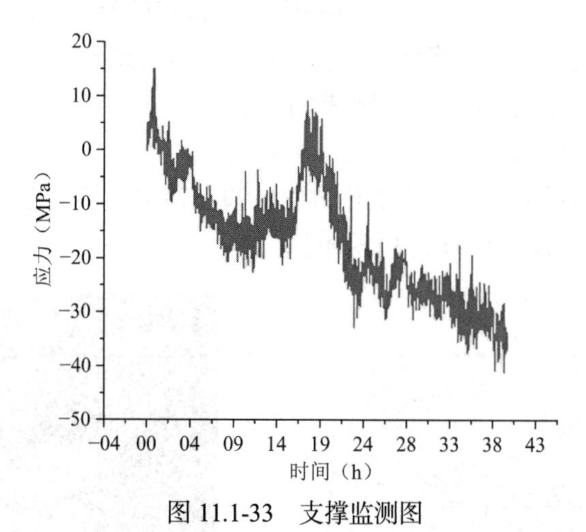


图 11.1-33　支撑监测图

混凝土锥壳施工过程中，对轻型伞状支撑装置平台的相应进行监测，得到其主要构件的应力变化，对其进行分析，可知，轻型伞状支撑装置平台在混凝土浇筑程中具有可靠的安全性。

锥壳混凝土浇筑过程中，选择了 3 根立杆进行轴压力的监测，浇筑过程中的压力变化值如图 11.1-34 所示。

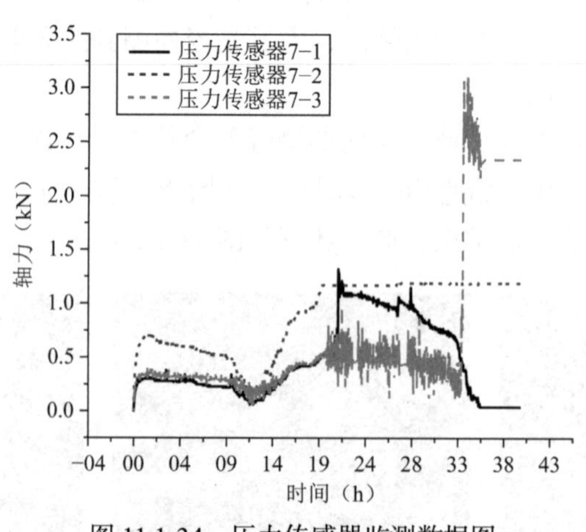


图 11.1-34　压力传感器监测数据图

经检测，立杆的实测压力值明显低于稳定承载力，实测结果满足安全使用要求。

混凝土锥壳屋顶施工过程中，对轻型伞状支撑装置平台位移进行了监测，位移监测点共四个，如图 11.1-35、图 11.1-36 所示。

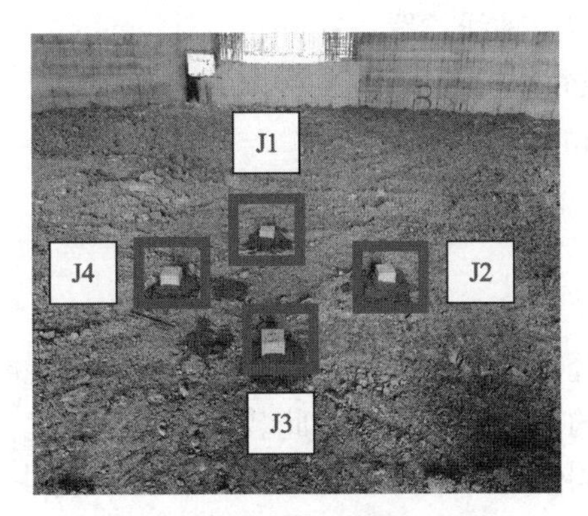


图 11.1-35　激光测距基点图

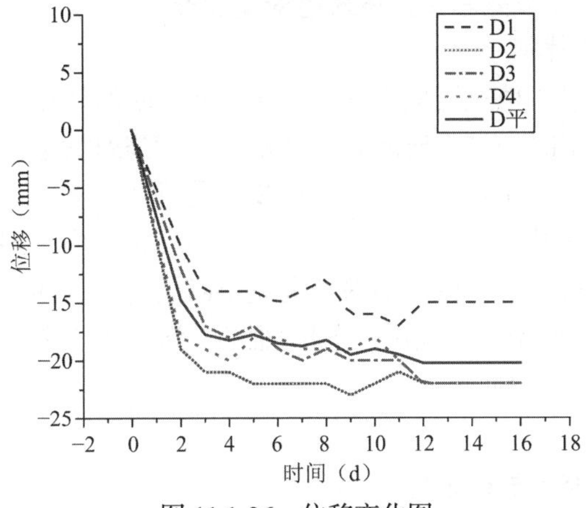


图 11.1-36　位移变化图

通过得到轻型伞状支撑装置平台在施工过程中的跨中位移变化值，由最大实测位移可知，支撑平台挠度值远小于规范混凝土挠度，满足要求。

（8）结论

双层自呼吸隔热屋盖施工在传统伞状钢桁架基础上，进行轻量化优化组合，创新提出一种轻型伞状支撑平台装置（图 11.1-37），与滑模体系一体化滑升就位，用于仓顶混凝土锥壳施工支撑，以提高屋顶结构的施工速度，减少投入的周转工具量，降低施工费用，提高施工的安全性。

图 11.1-37　轻型伞状支撑平台装置图

3）主要技术质量标准

伞状支撑平台装置安装允许偏差如下所述：

模板结构轴线与相应结构轴线位置：3mm；

支承杆垂直偏差：2/1000mm；

桁架位置及标高：5mm；

模块化中心构件位置：5mm；

混凝土挠度：1/400。

4）关键技术措施

本技术通过优化后的轻型伞状支撑平台装置，作为仓顶混凝土锥壳施工支撑体系，解决了穹形仓顶混凝土结构的空中施工难题，此装置具有轻量化、装配化特点，对提高混凝土结构的施工速度、加快周转、降低费用起到不可估量的作用。同时穹顶伞状支撑平台与刚性滑模系统一体化拖带提升，更加先进、实用，为同类型工程提供了宝贵经验和技术支持。

11.1.3.3 倒锥形漏斗填充层关键技术措施及实施

1）主要技术原理及特征

本技术针对倒锥形漏斗填充层坡度陡、作业空间受限的特点，采用“砖胎膜＋发泡混凝土”的设计方式，施工时先砌筑砖胎膜，在锥斗后背浇筑发泡混凝土，且整个坡面分 6 层施工，既确保了锥斗角度又确保了库底板逐步承受荷载。

同时利用自行曲臂式升降机作为操作平台，可实现在仓内有限空间里，对于锥面混凝土的喷射角度、距离进行有效把控，确保了混凝土面层的工程质量，给作业人员提供了安全的作业环境，解决了较陡锥面无站立空间的难题，满足了工程质量、工期、安全、经济效益的最大化要求。

2）主要实施内容

（1）倒锥形漏斗填充层放样定位

利用 BIM 技术，针对填充层进行模型搭建。本项目填充层垂直高度约 9m，分六次施工，单次施工高度 1～1.5m。以混凝土库壁为参照立面，将模型水平分成 6 层，模型内坡面采用砖胎模砌筑，结合锥斗坡度，每皮砌体向内缩进 15cm，按层施工。

施工时，根据分层高度，在混凝土库壁上标记分层标高。

砖胎模砌筑时，沿圆心环向，每 15cm 绘制一条缩进线，同时在每一圈缩进线上均匀设置四根钢筋，钢筋底部可采用膨胀丝或植筋胶固定在混凝土库底板上，钢筋位置以紧贴砖胎模内侧为宜，第一层填充层施工前，将平面上所有定位钢筋安装完成，第一层定位钢筋安装时，不宜过高，大于第一层浇筑高度 20cm 即可，填充层浇筑完毕后，对最内侧钢筋头进行处理。第二层定位钢筋采用绑扎或焊接的方式向上接筋，高度大于第二层浇筑高度 20cm 即可，依次施工，直到最后一层填充层浇筑完成。

（2）填充层施工

本技术将锥斗填充层分六步施工完成，每步高约 1～1.5m 左右，下部稍低，上部可适当增高。

施工流程：砌体进场→砖胎膜砌筑→锥斗后背浇筑发泡混凝土。

砌体选用 600mm × 200mm × 200mm 加气混凝土砌块。砖胎模砌筑前将库底板上杂物清理干净，首皮加气块外边缘距库底板外侧不大于 15cm，沿库底板边缘砌筑第一皮，第二皮加气块缩进 15cm，第三皮……依次类推，直至第六皮完成。

砖胎膜砌筑完成后，验收通过方可浇筑锥斗后背发泡混凝土（图 11.1-38）。混凝土浇筑顺序以“十字轴”顺时针方向同时浇筑。混凝土浇筑完成后及时养护，养护期不得少于 3d，方可进行下一层施工。

图 11.1-38　发泡混凝土浇筑图

（3）钢筋网安装

锥斗靠背完成后，即可安装钢筋网片（图 11.1-39），网片采用$\phi$10mm@200mm × 200mm，安装时，将网片与砌体上的立筋绑扎牢固，将自行曲臂式升降机作为操作平台。

图 11.1-39　钢筋安装图

（4）混凝土施工

混凝土采用预拌混凝土，强度等级为 C25，由混凝土喷射机输送管道送至升降机上。整个锥面长约 9m，分为三个区域，从下至上依次施工，具体流程见图 11.1-40、图 11.1-41。

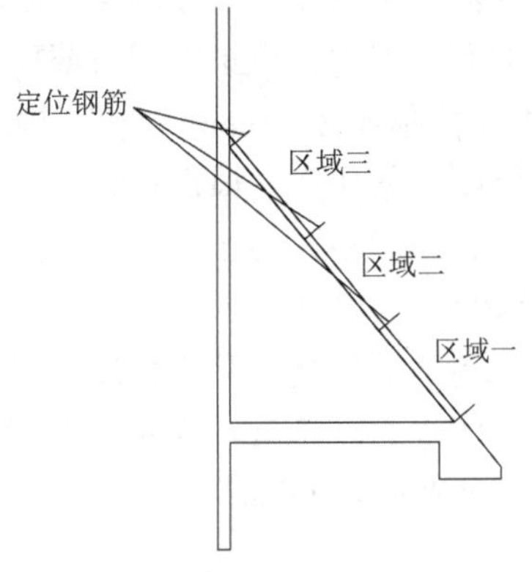


图 11.1-40　喷射区域示意图

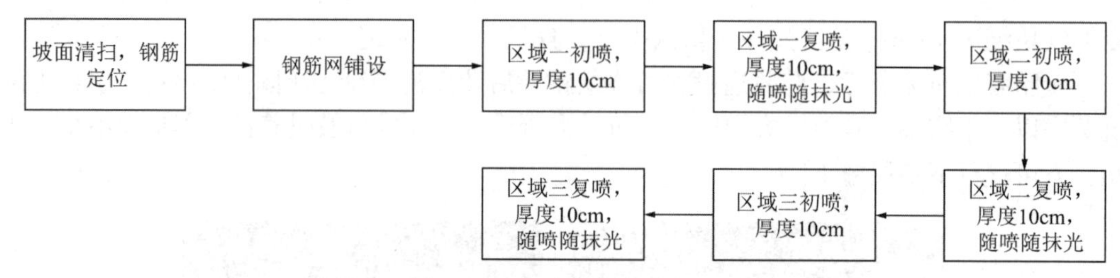


图 11.1-41　喷射流程示意图

①喷射前准备

喷射前应对坡面进行清扫，清除表面混凝土渣、垃圾、杂物等，确认喷射前表面干净，无杂物，并在洞口防护栏杆增设挡板防止混凝土浆液飞溅。

采用“定位钢筋”作为控制喷射混凝土厚度的标志，将钢筋插在各区域分界点处，在钢筋上做好喷射厚度控制标志。悬挂钢筋网片，钢筋网片需与“定位钢筋”绑扎牢固，防止钢筋网片脱落、错位。

检查升降机吊篮防护栏杆，作业人员安全带及防坠器的可靠性。

检查机具设备、输送管道、水、电灯管线等就位情况，并试运行。

②混凝土输送要求

喷射用的商品混凝土应符合下列要求：

混凝土粗骨料粒径不得超过 15mm。喷射混凝土水泥用量不宜小于 400kg/m$^3$；

混凝土坍落度宜为 80～130mm；

混凝土到场停放时间不得大于 30min。

③喷射作业

喷射操作程序应为：打开速凝剂辅助风→缓慢打开主风阀→启动速凝剂计量泵、主电机、振动器→向料斗加混凝土。

喷射混凝土作业应采用分段、分片、分层依次进行，喷射顺序应自下而上，分区域喷射。喷射时先将低洼处大致喷平再自下而上顺序分层、往复喷射。

喷射混凝土分段施工时，上次喷混凝土应在分隔处断开。

分片喷射要自下而上进行喷射。

分层喷射时，后一层喷射应在前一层混凝土初凝后进行，若初凝 1h 后再进行喷射时，应先用水清洗喷层表面。一次喷混凝土的厚度以喷混凝土不滑移不坠落为度，既不能因厚度太大而影响喷混凝土的黏结力和凝聚力，也不能因太薄而增加回弹量。边角一次喷射混凝土厚度控制在 10～13cm，中部控制在 8～10cm，并保持喷层厚度均匀。

喷射速度要适当，以利于混凝土的压实。风压过大，喷射速度增大，回弹增加；风压过小，喷射速度过小，压实力小，影响喷混凝土强度。因此在开机后要注意观察风压，起始风压达到后 0.5MPa，才能开始操作，并据喷嘴出料情况调整风压。

喷射时使喷嘴与受喷面间保持适当距离，喷射角度尽可能接近 90°，以获得最大压实和最小回弹。喷嘴与受喷面间距宜为 1.5～2.0m，喷嘴应连续、缓慢横向环形移动，一圈压半圈，喷射手所画的环形圈，横向在 40～60cm，高 15～20cm。

④养护

喷射混凝土终凝 2h 后，应进行养护。养护时间不小于 14d。当气温低于±5℃时，不得洒水养护。

⑤收面处理

混凝土喷射完成后，采用木抹进行第一遍抹平，保证表面平整。混凝土终凝前，采用木抹子进行第二次抹平，随即采用铁抹子压光。铺塑料薄膜进行覆盖，保湿养护。

（5）验收

细石混凝土表面应密实光洁，无裂纹、脱皮、麻面和起砂等现象。

（6）结论

本技术在筒仓倒锥形漏斗填充层施工时，通过合理划分作业区段，采用自下而上的施工顺序，并调整混凝土的配合比，优化材料参数，利用自行曲臂式升降机作为操作平台，可实现在仓内的有限空间里，对于锥面混凝土的喷射角度、距离进行有效地把控，确保了混凝土面层的工程质量，给作业人员创造了安全的作业环境，解决了较陡锥面无站立空间的难题，满足了工程质量、工期、安全、经济效益的最大化要求。

3）主要技术质量标准

喷射混凝土作业应采用分段、分片、分层依次进行，喷射顺序应自下而上，分段长度不宜大于 6m。

分层喷射时，后一层喷射应在前一层混凝土初凝后进行，若初凝 1h 后再进行喷射时，应先用水清洗喷层表面。一次喷混凝土的厚度以喷混凝土不滑移不坠落为度。边角一次喷射混凝土厚度控制在 10～13cm，中部控制在 8～10cm，并保持喷层厚度均匀。

喷射时使喷嘴与受喷面间保持适当距离，喷射角度尽可能接近 90°，以获得最大压实和最小回弹。

喷嘴与受喷面间距宜为 1.5～2.0m，喷嘴应连续、缓慢横向环形移动，一圈压半圈，喷射手所画的环形圈，横向在 40～60cm，高 15～20cm。

4）关键技术

本技术针对垂直高度 9m、坡度 50°的锥斗面，从下而上分 3 个区域，优化喷射混凝土的施工顺序，且通过对混凝土原材料参数的调整、锥斗面层利用钢筋棍控制厚度、混凝土初凝前完成二次收面等措施，保证了锥斗面层工程质量的同时，利用自行曲臂式升降机作为操作平台，解决了有限空间内的施工难题。

11.1.3.4　超高型钢混凝土架空层施工技术关键技术措施及实施

1）主要技术原理及特征

本技术通过对型钢混凝土钢骨架及吊挂模板系统进行无限元分析，并通过 BIM 技术进行施工模拟，形成了一种以型钢混凝土钢骨架作为支承结构，吊挂模板体系在地面制作成多个方便安拆的工具式模块，利用塔吊将模块吊装至架空层位置进行组装，为防止底模挠度过大，增设若干构造拉节点拉结于底部模板的新型的架空层施工方法，实现了高空架空层施工无高空竖向支撑，制作安装方便、安全风险可控、成本经济的目标。

2）主要实施内容

（1）高空架空层模板体系构造

吊模体系主龙骨采用槽钢，次龙骨采用槽钢和角钢。下层吊模体系龙骨上铺 4mm 厚不锈钢板，形成支模操作平台（图 11.1-42～图 11.1-47）。

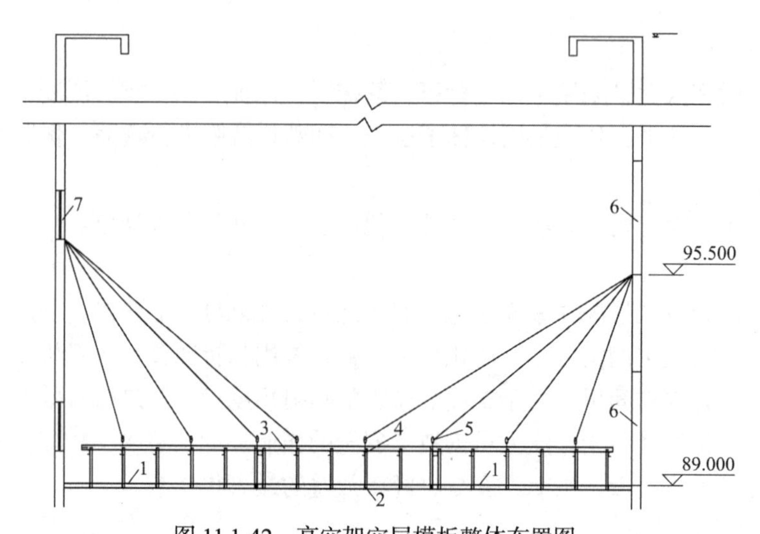


图 11.1-42　高空架空层模板整体布置图

1—槽钢副龙骨；2—槽钢主龙骨；3—通长连系龙骨；4—上部吊挂龙骨；5—构造拉结点；6—门洞口；7—窗口

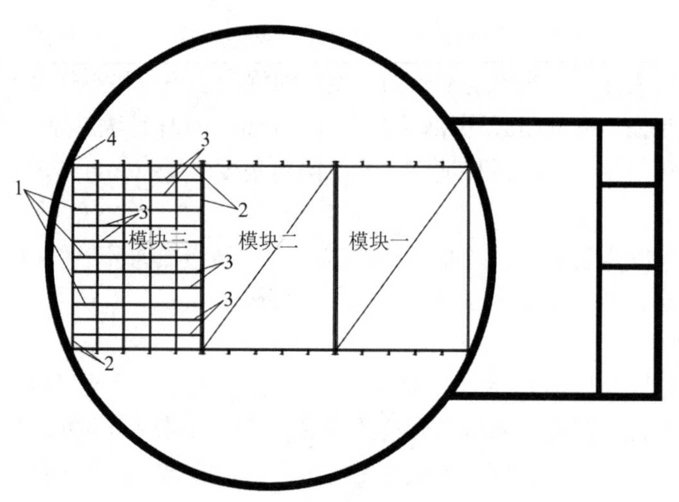


图 11.1-43　高空架空层模板模块划分平面图

1—槽钢副龙骨；2—槽钢主龙骨；3—角钢副龙骨；4—槽钢立柱

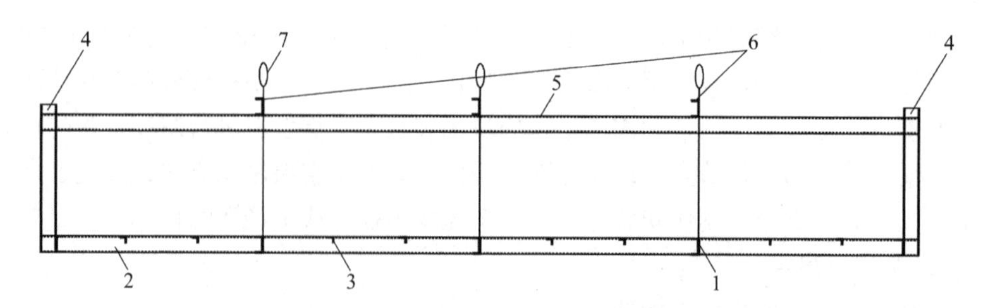


图 11.1-44　高空架空层模板横剖切图

1—槽钢副龙骨；2—槽钢主龙骨；3—角钢副龙骨；4—槽钢立柱；5—上部吊挂龙骨；6—通长连系龙骨；7—构造拉结点

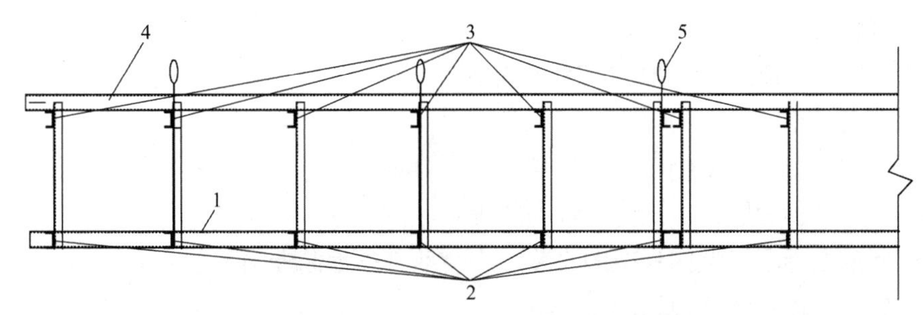


图 11.1-45　高空架空层模板纵剖切图

1—槽钢副龙骨；2—槽钢主龙骨；3—上部吊挂龙骨；4—通长连系龙骨；5—构造拉结点

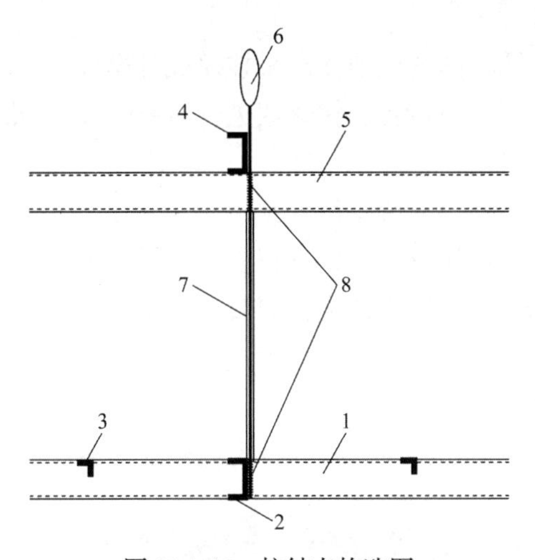


图 11.1-46　拉结点构造图

1—主龙骨；2—副龙骨；3—次龙骨；4—连系龙骨；5—吊挂龙骨；
6—拉结点吊环（通过花篮螺丝和固定于仓壁的钢丝绳连接）；
7—PVC 管；8—焊缝（与主龙骨和吊挂龙骨相交位置进行焊接）

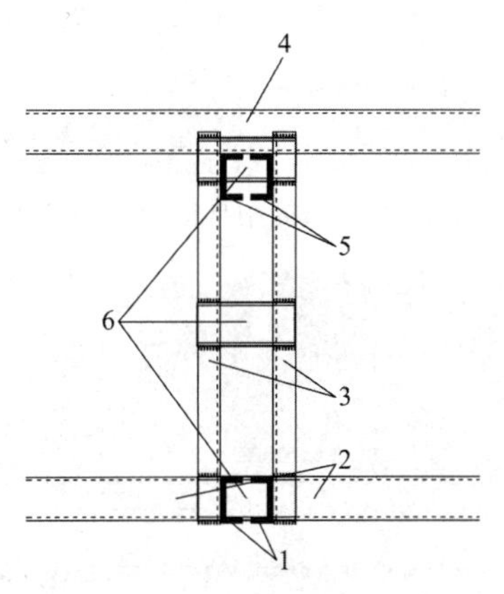


图 11.1-47　相邻模块竖向龙骨连接构造图

1—主龙骨；2—副龙骨；3—侧面竖向龙骨；4—连系龙骨；
5—吊挂龙骨；6—侧向连接龙骨

（2）型钢混凝土梁型钢骨架制作与安装

①对型钢混凝土梁型钢骨架制作所需钢材进行检验及复试，符合要求后方可用于型钢

混凝土梁型钢骨架的制作。

②根据施工设计图纸进行型钢混凝土梁型钢骨架的下料，并进行校对，无误后才可以进行型钢混凝土梁型钢骨架的焊接。

③焊接型钢混凝土梁型钢骨架，焊接完毕后对钢骨尺寸、焊缝质量等进行检验。进行焊接操作的人员必须为取得考试合格证书的焊工。

④进行型钢混凝土梁型钢骨架的安装，安装前必须编制专项吊装方案。

（3）整体吊挂模板体系模块制作

①复测架空结构层所在位置结构尺寸，依据图纸及整体吊挂模板施工方案，绘制吊挂模板各模块施工图，并进行编号。

②依据吊挂模板施工图在圆塔内地面对吊挂模板各模块进行制作、焊接。

③对焊接制作完毕的吊挂模板各模块骨架进行质量验收，合格后在骨架上铺设 4mm 厚不锈钢底模，形成操作平台。

（4）整体吊挂模板体系模块分段整体安装

①按照顺序对制作好的模块分块整体进行安装。模块吊至架空结构层后，初步校核标高及轴线位置后先将两侧位置吊挂构件进行焊接（图 11.1-48）。

②两侧吊挂构件焊接完成后，校核每个吊挂构件位置处标高及位置，校核无误后进行中间部位吊挂构件的焊接。

③在吊挂构件上部焊接通长槽钢吊挂件及吊挂模板体系连成整体（图 11.1-49）。

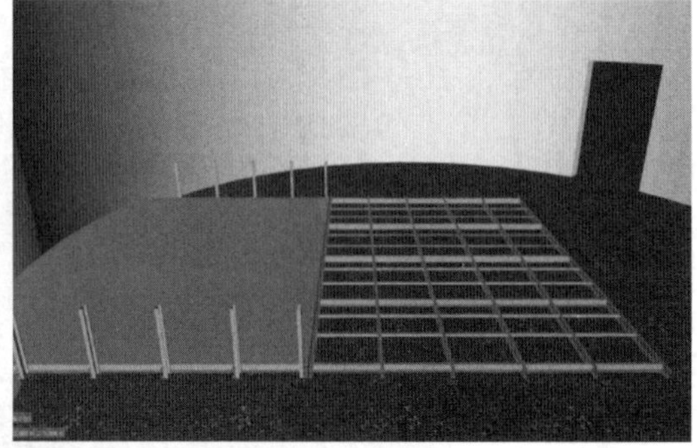

图 11.1-48　整体吊挂模板模块制作

图 11.1-49　吊挂模板分模块安装

④在钢板梅花形增设锚筋，锚筋间距 250mm（图 11.1-50）。

图 11.1-50　不锈钢底模焊接锚筋

（5）构造拉结点安装

底模标高位置校核无误后安装构造拉结点，拉结点由光圆钢筋制作，与底部吊挂模板主龙骨及上部吊挂构架焊接连接，顶部留设成环形用于钢丝绳牵引加固。拉结点钢筋浇筑混凝土前穿 PVC 管进行保护，以免影响模板拆除（图 11.1-51）。

图 11.1-51　拉结点安装

（6）底板及梁钢筋绑扎

绑扎 89m 架空结构层劲性梁、底板及上翻梁钢筋，绑扎完毕后，对钢筋及模板进行验收。

（7）底板混凝土浇筑

进行底板混凝土浇筑，浇筑标高至板上皮（图 11.1-52）。

图 11.1-52　混凝土浇筑

（8）梁及上层板支模、钢筋绑扎

支设梁及上层板模板，绑扎上层板钢筋，对梁的位置的底板混凝土表面进行凿毛处理。钢筋绑扎完毕后，埋设上部架空结构层施工用悬挑脚手架钢筋锚环。

（9）浇筑梁及上层板混凝土

浇筑梁及上层板混凝土，浇筑前必须对梁内凿毛表面进行浇水湿润，并将碎渣清理干净。浇筑上层混凝土前，下层板混凝土强度不得低于设计强度的 60%，以避免上层混凝土浇筑破坏底板混凝土结构。浇筑完成后，及时对混凝土进行养护，养护时间不得少于 7d。

（10）整体吊挂模板分段整体拆除下放至地面

①吊挂模板的拆除采用先安装的后拆除，后安装的先拆除模式，依次拆除。

②骨架拆除时采用南侧用塔吊吊住，北侧用倒链连接住，全部切割完成后倒链一面慢慢下放钢骨架至垂直，然后塔吊整体把钢骨架下放至地面，在地面进行骨架的解体。

3）主要技术质量标准

（1）吊模模块质量标准

钢材的品种、规格、性能应符合国家现行标准和设计要求，其外形尺寸、厚度的允许偏差应符合相应产品标准的规定。

当钢材表面有锈蚀、麻点或划痕缺陷时，其深度不应大于该钢材厚度负偏差值的 1/2。

钢材边缘或断口处不应有分层、夹渣等缺陷。

型钢的规格尺寸及允许偏差符合其产品标准的要求。

钢材弯曲、飘曲、扭转、翼缘倾斜、腹板翘曲、型钢缺棱、厚度不均等外观缺陷，应矫正或废弃不用。

焊接材料与母材的匹配应符合设计要求和《建筑钢结构焊接技术规程》JGJ81 的规定。使用前应按产品质量证明文件进行烘焙及存放。

焊缝表面不得有裂纹、焊瘤等缺陷。一、二级焊缝不得有表面气孔、夹渣、弧坑、裂纹、电弧擦伤等缺陷。

焊缝感观应达到外形均匀、成型较好的标准，焊道与焊道、焊道与基本金属间过渡较平滑，焊渣和飞溅物基本清除干净。

（2）模板工程质量标准

模板应接缝严密，模板内不应有杂物、积水，模板与混凝土的接触面应平整、清洁。

模板的起拱应符合现行国家标准《混凝土结构工程施工规范》GB 50204 的规定，并应符合设计及施工方案的要求。

固定在模板上的预埋件和预留孔洞不得遗漏，且应安装牢固。

现浇结构模板安装的尺寸偏差及检验方法见表 11.1-2。

现浇结构模板安装的允许偏差和检验方法 表 11.1-2

| 项目 | 允许偏差（mm） | 检验方法 |
|---|---|---|
| 轴线位置 | 5 | 尺量检查 |
| 底模上表面标高 | ±5 | 水准仪或拉线、尺量 |
| 模板内部尺寸 | ±5 | 尺量 |
| 相邻两块模板表面高差 | 2 | 尺量 |
| 表面平整度 | 5 | 2m 靠尺和塞尺量测 |

4）关键技术措施

（1）采用型钢混凝土梁型钢骨架作为支承结构代替传统的落地式脚手架支撑系统技术

在施工中将型钢混凝土梁型钢骨架作为吊挂模板系统的支承结构，采用吊挂形式代替传功的落地式支撑结构，既满足了架空结构层施工的要求，又减少了大量的落地式脚手架搭设使用的周转材料和人工，极大地缩短了施工时间。

（2）吊模体系模块化制作，整体安装技术

吊模体系分成多个模块在地面进行制作，然后各模块整体吊装到设计位置进行安装，将大量的高空作业改为地面作业，降低了施工难度，减少了安全隐患，提高了安全程度。

### 11.1.4 结果状态

11.1.4.1 100m 以上超高造粒塔施工技术

本施工技术针对超高圆筒和方塔仓组合结构同步施工难题，从工程实际出发，创新应用了柔性和刚性混合联结结构滑模施工技术，实现安全施工，施工质量和工期满足了建设单位的需求，该技术的应用也取得了良好的经济效益和社会效益。

本技术通过河北省住房和城乡建设厅组成的验收委员会验收，研究成果经专家评定达到了国内领先水平，获得河北省建设行业科学技术进步奖一等奖，获评河北省省级工程建设工法一项。

11.1.4.2 现浇钢筋混凝土双层自呼吸式隔热屋盖施工技术

本技术针对双层自呼吸式隔热屋盖高空施工难题，从实际出发，将轻型伞状支撑平台与刚性滑模系统进行整合优化设计，通过对刚性滑模系统总的受力荷载分析计算和实践验证，此施工方法满足了滑模施工安全性能要求，对行业中类似工程的施工具有一定的指导意义，应用前景广阔。

本技术通过河北省住房和城乡建设厅组成的验收委员会验收，研究成果经专家评定达到国内领先水平，获得河北省建设行业科学技术进步奖一等奖，获评河北省省级工程建设工法两项。

11.1.4.3 仓底板及倒锥形漏斗施工技术

本技术针对倒锥形漏斗填充层坡度陡、落差大的特点，利用自行曲臂式升降机作为操作平台，通过合理划分作业区段，采用自下而上的施工顺序，并调整混凝土的配合比，确保了仓内有限空间里喷射混凝土的工程质量。

本技术取得实用新型专利两项。

11.1.4.4 超高造粒塔建筑架空层施工技术

本技术从工程实际出发，利用型钢梁结构自身刚度和预制定型钢模板与高空悬吊技术，解决了超高空建筑架空结构模板支设的难题，有效化解了高空作业风险，施工质量达到了优良标准。创新技术极大地减少了周转工具的使用量和施工周期，并取得良好的经济效益和社会效益，为同类工程提供技术支撑。

本技术通过河北省住房和城乡建设厅组成的验收委员会验收鉴定，研究成果经专家评定达到了国内先进水平，获得河北省建设行业科学技术进步奖二等奖，获评河北省省级工程建设工法一项，获得发明专利和实用新型专利各一项。

### 11.1.5 问题和建议

11.1.5.1 100m 以上超高造粒塔施工技术

案例中对于滑模平台的水平度、垂直度、扭转、轴线偏差等的监测虽已采用较为先进的设备进行观测记录，但容易因人员的因素出现误差，对于判断滑模系统施工过程中的状态正确与否产生影响从而作出错误判断。结合各种传感器及激光测量设备，通过配备足够的传感器及接收器，结合信息化、数字化技术，实现滑模系统装置的数控滑升、智能监测、模块化自动养护等，是我们下一步的研究方向。

11.1.5.2 现浇钢筋混凝土双层自呼吸式隔热屋盖施工技术

通过支撑体系构件受力监测结果分析，在构件应力、挠度以及其上的脚手架立杆的受力均满足要求，支撑体系具有很大的安全储备，在装置的轻量化方面仍具有很大的优化空间，因此，架空支撑体系的优化设计仍是下一步的研究方向。

11.1.5.3 仓底板及倒锥形漏斗施工技术

本研究仅针对倒锥形漏斗填充层有限空间内施工受限进行了技术创新。下一步我们将对倒锥形漏斗填充层材料选用进行比对，以达到最大限度地降低施工成本的目的。

11.1.5.4 超高造粒塔建筑架空层施工技术

高空架空层劲性骨架自承重吊挂模板施工方法节省了大量的周转工具，同时减少了大量的高空作业，缩短了施工周期，提高了机械的利用率，对于类似工程施工有很好的借鉴作用。

## 11.2 石家庄财贸宾馆整体顶升施工创新

### 11.2.1 案例背景

11.2.1.1 市场背景

建筑物顶升作业较多应用于桥梁工程，随着社会的发展及技术的创新，越来越多的民用建筑也出现了结构顶升的应用前景。当既有建筑物与城市规划、厂区规划出现矛盾时，一般采用拆除重建办法或修改规划。目前我国有 600 多个大中型城市，近 3000 个小型城市或城镇，每年大量具有保存价值和使用价值的建筑物被拆除，造成巨大的经济损失，其中包括许多文物建筑，损失难以估量。而且拆除重建严重影响人民群众生活，并造成资源浪费。建筑物整体顶升技术的发展对于我国的城市建设、城市改造和建筑物改造具有重要意义，推广应用将产生巨大的经济效益和社会效益。在建设科技进步的同时，同步顶升技术越来越向智能化、精细化、数字化方向发展。实施城市更新行动是党的十九届五中全会作出的重要决策部署，是国家“十四五”规划纲要明确的重大工程项目。实施城市更新行动，严格控制大规模拆除。除违法建筑和被鉴定为危房的建筑物外，不大规模、成片集中拆除现状建筑，鼓励小规模、渐进式的有机更新和微改造，提倡分类审慎处置既有建筑。既有建筑应以保留、修缮、加固为主，改善设施设备，充分利用存量资源。由于近些年建筑市场存量关系，以及国家提倡的城市更新发展战略，未来民用建筑的顶升工程将会大面积普及和应用。

11.2.1.2　整体顶升技术应用原理

同步顶升体系设计分为五个部分，包括液压泵站、PLC 计算机控制系统、液压传动系统、位移监测与人机界面操作系统。其核心是在框架结构受力分析与施工技术总结的基础上，根据建筑物结构特性设计计算机 PLC 信号处理与液压系统，输入外部监控设施的位移信号，输出液压系统油量控制信号，利用终端多组千斤顶来达到平衡、安全与高效的框架结构顶升的目的。整体顶升系统原理如图 11.2-1。

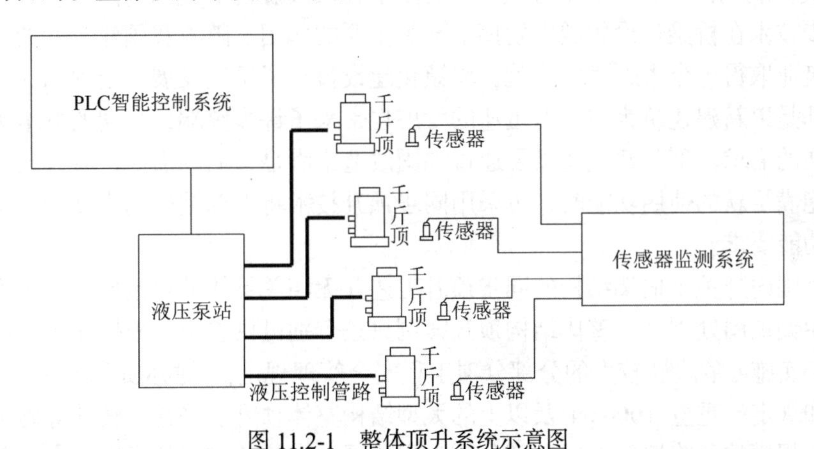


图 11.2-1　整体顶升系统示意图

该系统具备以下特点：

（1）多点灵活布置

建筑物一般体积庞大，要对其进行顶升，需要在泵站的总油路末端根据需求进行扩展，可达到多点布置的特点。人工制作各类满足千斤顶放置条件的顶升位是灵活性的体现。

（2）集中操作

分散布置的顶升点过多时，实现对每一个点位的设备进行直接控制，从人力和数据同步上是很难实现的，操作人员通过智能操作系统对顶升设备进行总体预控，并在顶升过程实时收集各个顶升设备的工作参数进行相应调整。

（3）同步升降

由于建筑物质量分布不均，分散布置的顶升点受力也不同，该系统做到保证各个顶升点受力不均的情况下完成同步升降，避免建筑物在施工过程中出现过大变形而开裂。

（4）实时监控

通过集中控制系统及监测系统要对各个顶升设备压力、顶升点的位移、整体建筑物的变形等参数进行实时监控，并形成历史记录。同时还要对泵站的工作状态进行实时监控，便于故障的排除。

（5）智能管理

该系统通用性强，能够在不改变硬件系统的基础上满足任意千斤顶的分组布置，分组同步，以及千斤顶和位移传感器的任意关联。同时，该系统既能满足千斤顶的同步传动，也能满足千斤顶的单独动作，操作人员只需要通过电脑与智能控制系统进行数据初设便可完成后续传动操作，极大地节省了人力。

顶升系统包括千斤顶控制系统和行程限位系统。其工作原理是利用同步千斤顶控制系统在限位系统上顶升所需要的行程。PLC 同步顶升系统利用电脑控制台控制多台千斤顶同时顶升，克服了不同步导致的顶升建筑的倾斜现象。千斤顶上配有保压装置，在顶升到设计行程时启用保压装置，以永久支撑替换临时支撑。

11.2.1.3 框架结构同步顶升的优势

国内运用同步顶升技术起步较晚，早期液压同步顶升系统被广泛应用在公路桥梁的移设、加固和改造中，该系统结合了液动力技术、计算机辅助算法和机械先进制造理论。在 2002 年，美国利用同步顶升和电控技术，对坐落在四级震区的美国金门大桥进行稳定和加固，即同步技术在桥梁建设领域也发挥了至关重要的作用。随着我国建筑业的迅速崛起及发展，建筑业取得了令人瞩目的成就，城镇化建设得到了迅速发展，新中国成立以后的建筑物几乎都是以新建建筑为主。但迅速的发展也带来了许多弊端，早期的城市规划难以满足城市发展的需求，部分建筑物需要通过加固改造来满足人们的需求，既有建筑物的原设计层高不能满足新的使用功能时，可采用同步顶升技术将上部结构同步顶升一定高度，以满足使用功能要求。

目前，国内外关于框架结构的同步顶升工艺并无相关具体的规范要求，国内除少量建筑物进行纠偏加固处理外，整体结构顶升案例只是个别可供参考。根据住房和城乡建设部办公厅关于实施《危险性较大的分部分项工程安全管理规定》（建办质〔2018〕31 号）有关问题的通知规定，重量 1000kN 及以上的大型结构整体顶升、平移、转体等施工工艺均属于超过一定规模的危险性较大的分部分项工程范围，在该项施工技术应用实施前均应通过河北省住房和城乡建设厅危险性较大的分部分项工程论证专家进行会议论证。公司自主研发并确定了《框架结构整体同步顶升施工技术应用研究》的专项任务，公司将部分任务分解至企业下设的科研中心和专业技术公司。

以既有建筑项目改造工程为例，结合实际工程在研究框架结构整体同步顶升施工过程中重点解决结构改造问题，保证结构稳定性。通过对原结构的临时支撑、构件切割、稳步顶升、加固修复等设计，配合合理的施工作业工艺和方法，实现框架结构层整层的同步顶升施工，同时充分对顶升系统精细设计，利用 PLC 集成控制系统、同步监测系统、支撑稳定系统，并通过理论分析计算，确定顶升行程和顶升速率。通过全过程监测及分析，总结得出了框架顶升施工对原结构无无明显应力改变的结论。在石家庄财贸宾馆改造项目的施工过程中，通过技术研究和应用，达到了安全性高、质量稳定、缩短工期、降低成本等目的，为同类工程施工提供了技术经验支持。综合过往工程实例及现有技术条件，本工程整体顶升技术在先进性、合理性、经济性上目前均属于最优选项，可极大地推动社会发展及科技进步。同时对施工难点要点进行了归纳总结，可以作为此类工程的通用性指导文件。

11.2.1.4　工程概况

石家庄财贸宾馆改造项目位于石家庄市建设南大街，结构形式为地上 5 层、地下 1 层，为钢筋混凝土框架结构，基础形式为独立基础，建筑高度为 22.35m，建筑面积为 10025m$^2$，该工程施工时间为 1997～1998 年。现因建设单位要做业态调整，使用功能进行改变，通过加固措施使原来的结构承重能力进行提高，以满足后续业态调整的功能及结构安全需要，本次改造完成后续使用年限为 30 年（图 11.2-2）。

图 11.2-2　财贸宾馆改造顶升楼层示意图

## 11.2.2　事件过程分析描述

11.2.2.1　建立项目实施组织

在石家庄财贸宾馆改造项目施工前，针对《框架结构整体同步顶升施工技术应用研究》的专项任务，结合本工程的结构特点，首先成立项目实施组织机构，明确项目人员分工。项目小组人员进行职责分工如表 11.2-1。

项目管理和施工小组分工　　表 11.2-1

| 岗位 | 职责 |
|---|---|
| 项目经理 | 协调各方关系，保证技术措施有效实施 |
| 项目工程师 | 技术资料收集，组织措施论证，开展技术研究，制定施工方案，监督方案落实，对技术方案进行方案交底 |
| 生产经理 | 资源调配、施工组织，落实技术方案，对工期和进度优化实施管控 |
| 施工员 | 参与方案的研讨，负责技术措施落实 |
| 作业队 | 接受技术交底、参加培训，按技术和管理措施开展施工作业，技术工人和骨干参与方法措施的研究和评估 |
| 质量员 | 负责质量检查及技术落实情况监督，信息反馈 |
| 项目实施小组 | 技术研究，信息收集与研究，实施成果总结和评估 |

11.2.2.2　明确各阶段任务

依托实施项目情况和合同条款内容，划分了项目实施阶段，明确了各阶段任务分工。

2021年7月～2021年8月，进行前期调研、技术初步方案研讨，确定工程项目实施的阶段目标，明确整体顶升技术的实施安排，同时进行项目实体的前期检测；

2021年8月～2021年9月，设计阶段结构建模及受力数据计算分析；

2021年9月～2021年10月，制定整体顶升实施方案及优化顶升设计，顶升方案组织专家论证，并根据论证意见进行修改完善方案；

2021年10月～2021年11月，施工方案现场实施及工程施工过程检测；

2021年11月～2021年12月，施工数据总结分析，技术理论研究。

11.2.2.3 整体顶升创新总结分析

工程完工后，整体顶升技术通过实体的应用实践，对比框架结构整体同步顶升施工技术应用研究进行分析，总结经验和创新之处，确定下一步的技术创新发展目标。

在石家庄财贸宾馆改造项目的施工过程中，通过技术研究和应用，达到了安全性高、质量稳定、缩短工期、降低成本等目的，为同类工程施工提供了技术经验支持。评估常规改扩建工程，减少拆除过程产生大量建筑垃圾和粉尘，工期施工较长，使用的人员数量多，发生的人工劳务费高。同时需用的模板、脚手架量大，周转效率低，成本高和材料浪费严重等现象。

结合设计方案，部分柱体需要进行顶升前的临时加固，采用型钢斜支撑以增加结构柱的侧向位移校正强度，减少施工过程位移风险。通过对整体框架柱切割后同步顶升，对结构顶升过程受力监测，利用传感器实时传送压力值，进行顶升工艺改进研究，为框架整体顶升的安全、质量与经济性提供了有力的数据支持，为后期其他类型结构整体顶升或纠偏奠定了基础。综合过往工程实例及现有技术条件，目前本工程整体顶升技术在先进性、合理性、经济性上均属于最优选项，可极大地推动社会发展及科技进步。框架结构整体同步顶升施工技术主要创新包括：PLC同步顶升系统对整体设计及施工流程进行了系统性完善，对框架结构同步顶升过程中涉及的节点连接工艺、工程难点、技术要点进行了针对性的归纳和总结，同时还细化了同步顶升系统的设备参数及材料要求，综合分析该技术具有创新性，实用性强，应用前景良好，达国内领先水平，可以作为此类工程的通用性指导文件。

### 11.2.3 关键措施及实施

11.2.3.1 整体顶升关键措施

（1）结构截断位置的安全确定；

（2）托换构件的类型确定和设置原则；

（3）限位装置及柱间连接的设计及布置；

（4）千斤顶的选择和布置；

（5）预顶升及顶升过程的参数设置及过程调控；

（6）顶升后切断节点连接方式和补强措施；

（7）监控系统的数据分析。

11.2.3.2 实施

1）整体顶升方案对比分析

在技术研判阶段与常规改扩建工程的拆建方式进行对比分析。一般情况下拆除过程会产生大量建筑垃圾和粉尘，施工工期较长，通常需用大量的模板、脚手架，周转效率低，造成工期长、成本高、材料浪费严重、对周边环境影响大等现象。采用整体顶升技术同拆除重建相比具有以下优点：

（1）节省资金。建筑物整体顶升工程调查表明，整体顶升费用与拆除重建费用的比例在 1∶6～1∶2 之间；

（2）采用建筑物整体顶升技术对周边群众的生活影响较小；

（3）节省工期，整体顶升工程的工期一般只有 3～6 个月，拆除重建则至少需要 1～2年；

（4）保护环境，节省资源，拆除建筑物产生大量建筑垃圾，重建又需要消耗大量的建筑材料，耗能、耗电；

（5）有利于城市、厂区规划改造的实施和土地的合理应用。

2）前期实体检测

通过对改造工程项目结构进行实测实量，获得检测结果如表 11.2-2～表 11.2-5 所示，为后续该工程项目结构设计提供数据支持。

**上部结构混凝土抗压强度检测结果表**　　　　表 11.2-2

| 检测部位 | 龄期修正后混凝土抗压强度换算值 MPa | | | 混凝土抗压强度推定值（MPa） | 设计强度等级 |
|---|---|---|---|---|---|
| | 平均值 | 标准差 | 最小值 | | |
| 三层柱 | 33.9 | 4.20 | 21.7 | 27.0 | C30 |
| 三层梁板 | 42.6 | 4.47 | 32.8 | 35.2 | C30 |
| 四层柱 | 37.5 | 3.00 | 31.7 | 32.6 | C30 |

**单构件混凝土抗压强度检测结果表**　　　　表 11.2-3

| 检测部位 | 龄期修正后混凝土抗压强度换算值 MPa | | | 混凝土抗压强度推定值（MPa） | 设计强度等级 |
|---|---|---|---|---|---|
| | 平均值 | 标准差 | 最小值 | | |
| 四层梁 1/6-E-F | 27.5 | 2.35 | 25.9 | 23.6 | C30 |
| 四层梁 1-2-E | 29.3 | 3.30 | 24.9 | 23.9 | C30 |
| 四层梁 1-F-G | 39.8 | 2.02 | 36.4 | 36.5 | C30 |
| 四层梁 2-3-E | 38.6 | 0.69 | 38.2 | 37.5 | C30 |
| 四层梁 2-E-F | 26.0 | 1.84 | 24.2 | 23.0 | C30 |
| 四层梁 3-1/D-E | 39.6 | 1.39 | 38.4 | 37.3 | C30 |
| 四层梁 3-4-E | 37.6 | 0.52 | 37.4 | 36.8 | C30 |
| 四层梁 6-7-E | 35.5 | 2.39 | 33.6 | 31.6 | C30 |
| 四层梁 6-7-F | 39.1 | 4.02 | 34.5 | 32.5 | C30 |
| 四层梁 6-7-G | 43.4 | 2.27 | 40.3 | 39.7 | C30 |
| 四层梁 6-E-F | 40.8 | 2.90 | 37.2 | 36.1 | C30 |
| 四层梁 7-E-F | 34.4 | 0.75 | 33.5 | 33.2 | C30 |
| 四层梁 7-F-G | 39.8 | 1.77 | 38.1 | 36.9 | C30 |

柱截面尺寸检测结果统计表　　表 11.2-4

| 楼层 | 轴线位置 | 设计值（mm） | 实测值（mm） |
| --- | --- | --- | --- |
| 三层 | 6-F | 550×550 | 553×559 |
| 三层 | 7-F | 550×550 | 560×562 |
| 三层 | 6-G | 550×550 | 558×563 |
| 三层 | 5-H | 550×550 | 555×562 |
| 三层 | 6-H | 550×550 | 565×560 |
| 四层 | 7-E | 550×550 | 553×560 |
| 四层 | 7-F | 550×550 | 550×560 |
| 四层 | 7-G | 550×550 | 550×553 |
| 四层 | 7-H | 550×550 | 558×560 |
| 四层 | 5-J | 550×550 | 560×560 |

梁截面尺寸检测结果统计表　　表 11.2-5

| 楼层 | 轴线位置 | 设计值（mm） | 实测值（mm） |
| --- | --- | --- | --- |
| 三层 | 7-E-F | 300（梁宽）×650（梁腹高） | 300（梁宽）×650（梁腹高） |
| 三层 | 7-8-1/E | 250（梁宽）×550（梁腹高） | 260（梁宽）×550（梁腹高） |
| 三层 | 6-F-G | 300（梁宽）×650（梁腹高） | 300（梁宽）×650（梁腹高） |
| 三层 | 6-7-G | 300（梁宽）×600（梁腹高） | 300（梁宽）×600（梁腹高） |
| 三层 | 1/2-3-1/E | 250（梁宽）×550（梁腹高） | 265（梁宽）×550（梁腹高） |
| 四层 | 6-E-F | 300（梁宽）×650（梁腹高） | 300（梁宽）×653（梁腹高） |
| 四层 | 6-7-E | 300（梁宽）×600（梁腹高） | 300（梁宽）×600（梁腹高） |
| 四层 | 1/6-E-F | 250（梁宽）×550（梁腹高） | 250（梁宽）×570（梁腹高） |
| 四层 | 7-F-G | 300（梁宽）×650（梁腹高） | 310（梁宽）×660（梁腹高） |
| 四层 | 6-7-G | 300（梁宽）×600（梁腹高） | 300（梁宽）×600（梁腹高） |

3）结构模拟分析

（1）计算模型

千斤顶受力时 midas 三维计算模型如图 11.2-3。

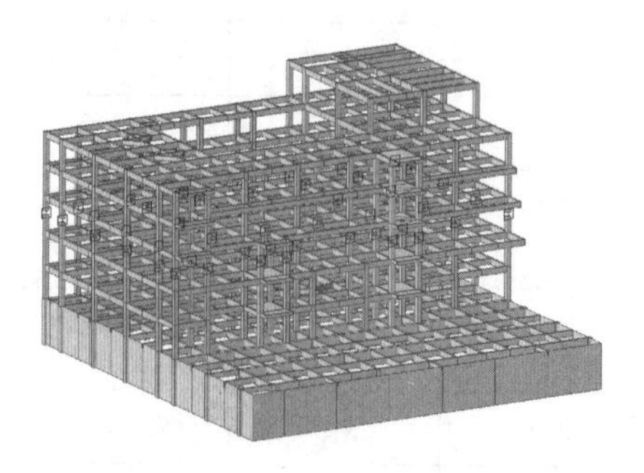

图 11.2-3　顶升部位节点模型图

顶升结构计算采用 MIDAS 有限元软件进行设计计算与分析，计算参数设置如下。

恒载：结构自重、屋面等；

活载：不考虑活荷载；

地震作用：结合施工周期不考虑地震作用；

风荷载：考虑 30 年一遇风荷载；

施工前，对楼面、屋面堆载进行清理，拆除墙体及楼面面层；施工过程中，楼面不应上人或放置其他物体。

（2）柱底轴力计算

恒荷载标准值作用下千斤顶受力时柱底轴力（kN）如图 11.2-4。

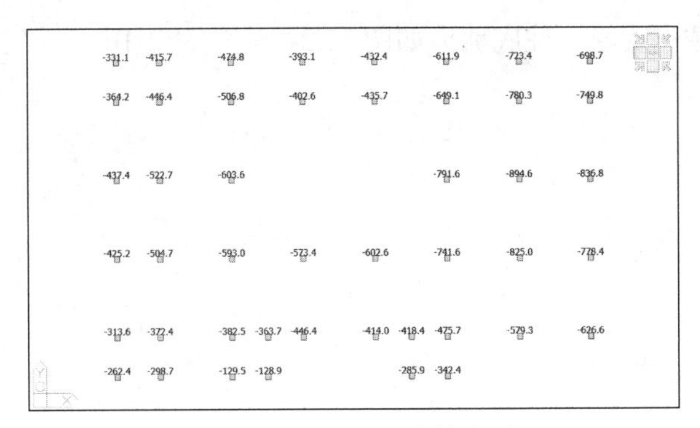


图 11.2-4　顶升柱底轴力图

（3）风荷载计算

计算模型采用 MIDAS 有限元软件，考虑 30 年一遇风荷载对建筑顶升过程进行数值模拟，截断柱处采用弹性连接，采用刚度相等原则，模拟竖向位移差，计算结果如图 11.2-5。

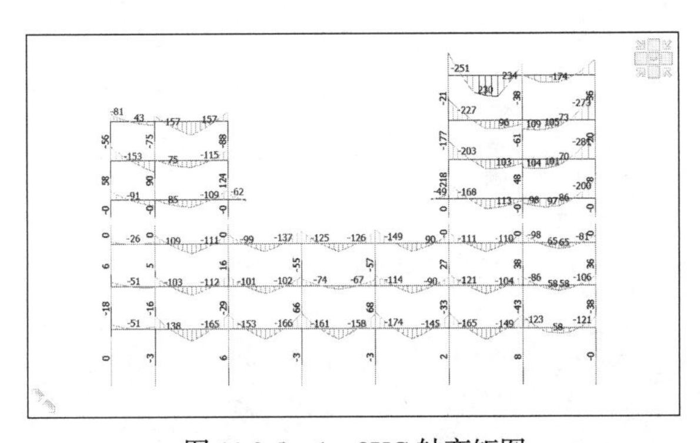

图 11.2-5　1～8XG 轴弯矩图

经验算，建筑存在 20mm 竖向位移差时，该建筑物承载力满足规范要求。

（4）托换构件验算

型钢托换节点主要是受剪力，因此需对节点竖向剪力进行计算。

根据计算公式$V=1.2(2nf_{sv}A_{sv1}+0.3f_{cv}A_{cv}+0.9f_{c}al_{c})$

式中：$f_{sv}$——螺杆的抗剪强度；

$A_{sv1}$——单根螺杆的截面面积，因有 2 个抗剪面，故公式中乘以 2；

$n$——螺栓根数；

$f_{cv}$——填充混凝土界面的剪切强度；

$A_{cv}$——新旧混凝土结合面面积；

$f_c$——混凝土抗压强度；

$a$——型钢翼缘卡入柱保护层平均深度；

$l_c$——柱截面周长。

本次托换混凝土强度C30，螺杆采用PSB1080精轧螺纹钢筋。

经计算V = 2667kN，由于单柱最大荷载为1700kN，因此型钢托换托架节点满足顶升托换要求。

（5）限位装置验算

30年一遇风荷载作用时，柱底剪力如图11.2-6～图11.2-10。

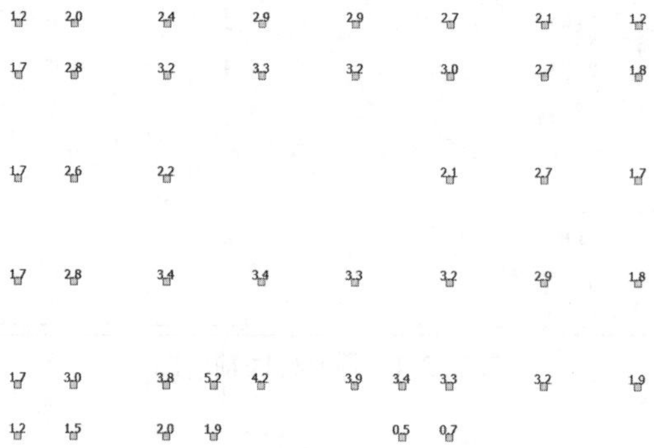

1.2 2.0 2.4 2.9 2.9 2.7 2.1 1.2
1.7 2.8 3.2 3.3 3.2 3.0 2.7 1.8
1.7 2.6 2.2 2.1 2.7 1.7
1.7 2.8 3.4 3.4 3.3 3.2 2.9 1.8
1.7 3.0 3.8 5.2 4.2 3.9 3.4 3.3 3.2 1.9
1.2 1.5 2.0 1.9 0.5 0.7

图11.2-6　水平向总剪力（kN）

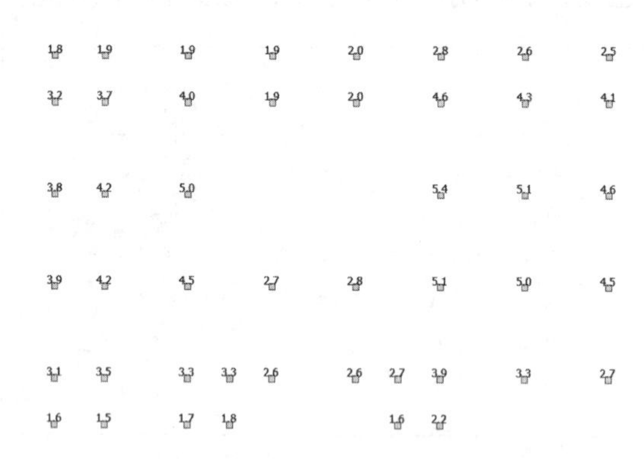

1.8 1.9 1.9 1.9 2.0 2.8 2.6 2.5
3.2 3.7 4.0 1.9 2.0 4.6 4.3 4.1
3.8 4.2 5.0 5.4 5.1 4.6
3.9 4.2 4.5 2.7 2.8 5.1 5.0 4.5
3.1 3.5 3.3 3.3 2.6 2.6 2.7 3.9 3.3 2.7
1.6 1.5 1.7 1.8 1.6 2.2

图11.2-7　竖直向总剪力（kN）

2300
1
普[20a-0
2
普[20a-0
2300

图11.2-8　支架立面图

10

图11.2-9　活载图

0.05(54)
0.04
0.11(147)
0.01(41)
0.03
0.01(109)

图11.2-10　配筋包络和钢结构应力比图

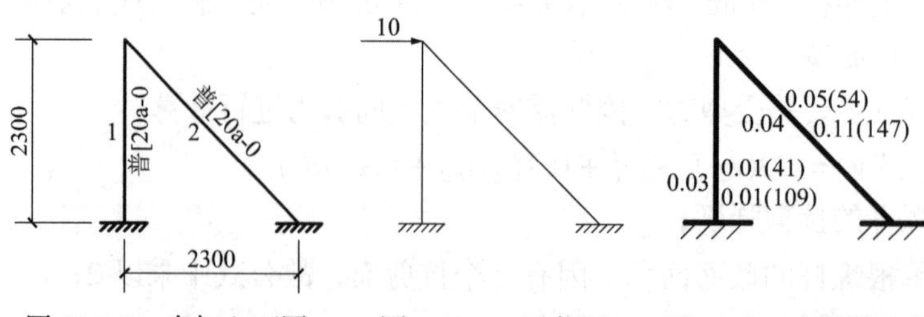

柱左：强度计算应力比；

右上：平面内稳定应力比（对应长细比）；

右下：面外稳定应力比（对应长细比）。

经计算，限位装置承载力满足顶升要求。接柱剔凿过程中采用全站仪检测柱是否倾斜，采用目测法检查柱混凝土是否有裂缝，若有倾斜应纠正，后方可接柱施工，若有裂缝应采用修补裂缝方式使柱身完整。

4）方案确定

综合工程实体情况，对整个项目的结构加固、结构补强和结构顶升等施工确定实施方案。地基基础采用加大截面、新增条基，地下室到 5 层梁柱进行局部加大截面处理，地下室到 5 层柱进行局部加大或包钢加固，地面采用粘碳纤维布、钢板加固后增加叠合层施工的做法，3 层（8.300m～12.250m）、4 层（12.250m～16.150m）每层净高增加 900mm，采用整体顶升方法施工实现增加楼层净高。

顶升工程采用断柱分级同步顶升技术进行整体加高改造，即以钢混结构顶升平台做顶升过程中千斤顶顶升转换的支承平台，用电动液压千斤顶做顶升动力，以螺旋千斤顶做顶升转换安全保护的支承。采用分级同步顶升技术来保证顶升过程中上部结构的整体稳定，并避免由于顶升偏移而使结构产生附加应力甚至造成裂缝破坏。在做好安全储备保护、全过程变形监测等控制措施的前提下，先将所有柱完全截断，同步分级顶升达到预定高度后再对钢筋混凝土柱进行修复，以此完成建筑物整体加高改造的施工（图 11.2-11）。

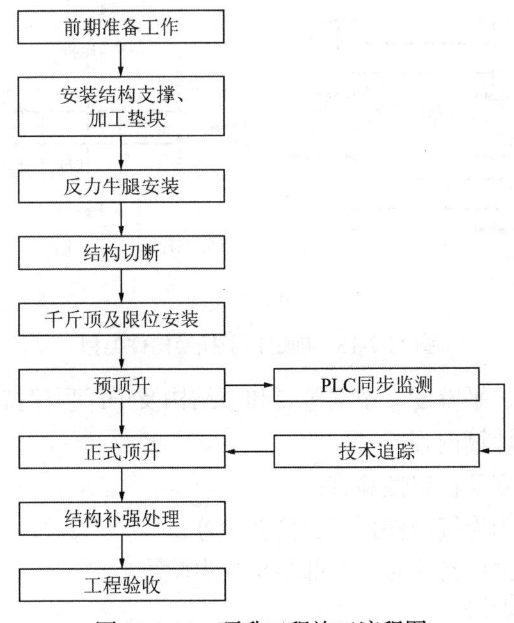


图 11.2-11　顶升工程施工流程图

5）顶升施工操作步骤

（1）整体顶升结构柱截断位置选取

为满足千斤顶的布置及操作方便，应在框架柱拟安装反力体系与托顶体系 500mm 之间的位置切断（切断后上下所分离柱体的钢筋恢复应满足搭接长度）（图 11.2-12）。

图 11.2-12　确定柱子切割位置

（2）托换构件的类型及设置原则

首先，确定托换构件的类型，本工程采用型钢托架支撑作为托换构件（图 11.2-13）。

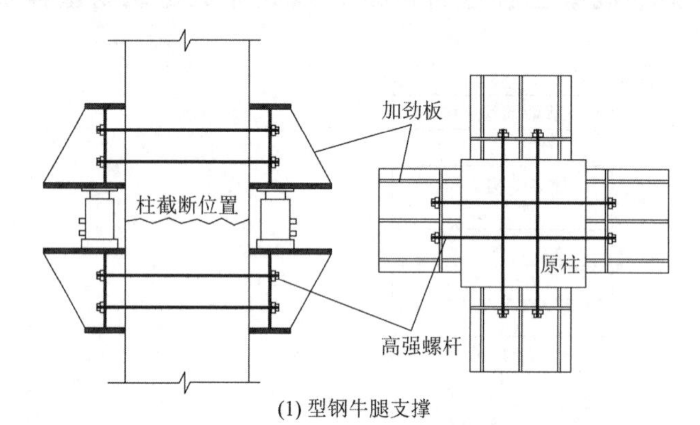


(1) 型钢牛腿支撑

图 11.2-13　确定柱子托换构件类型

托换结构的垂直度、平整度、中线等要和原结构及千斤顶保持一致，并要求进行受力计算，至少应包含以下计算内容：

①托换结构自身强度及稳定性验算；

②托换结构与原结构连接构件强度及抗剪验算；

③托换结构采用型钢柱支撑时，下部结构受力验算。

型钢托架托换节点做法：

①剥除混凝土柱保护层；

②钻孔取芯对穿高强螺栓与封闭型钢，螺栓采用抗剪棒 2 根直径 40mm 螺纹钢制成，支座选用 H390mm × 30mm 型钢制作，内部间隔 100mm 增设肋板；

③安装型钢，与对穿型钢封闭焊接（图 11.2-14）；

④浇筑 C40 高强灌浆料（图 11.2-15）。

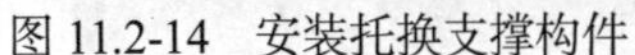

图 11.2-14　安装托换支撑构件

图 11.2-15　浇筑高强灌浆料

（3）限位装置布置

为了保证建筑物的整体稳定性，在设置顶升设备的柱四边设置限位装置。一般采用垂直限位装置，利用型钢拼装成具有稳定结构的架体，在设定的位置内限制被顶升构件只能做上下垂直运动，不能产生水平位移。

建筑物在顶升时处于垂直方向的动平衡状态，这是一种理想的状态。而在实际操作中，考虑千斤顶安装的垂直误差、同步系统的误差、顶升建筑的荷载不均和一些外部环境的影响等，顶升时可能会出现微小的水平位移，从而造成重大隐患。因此设置横向支撑，以起到限位的作用。本工程选用 20 号槽钢制作垂直限位装置的立柱及斜撑杆件，安装型钢装置是为防止建筑物在整体顶升过程中发生水平位移采取的预防措施。限位型钢在需要限位的结构柱四周安装斜向型钢，地面打出支撑钢板，钢板与柱距离根据现场确定，将限位型钢一头焊接在定位钢板上，另一端与槽钢焊接贴合在框架柱的托架处，保证框架柱不发生位移（图 11.2-16～图 11.2-18）。

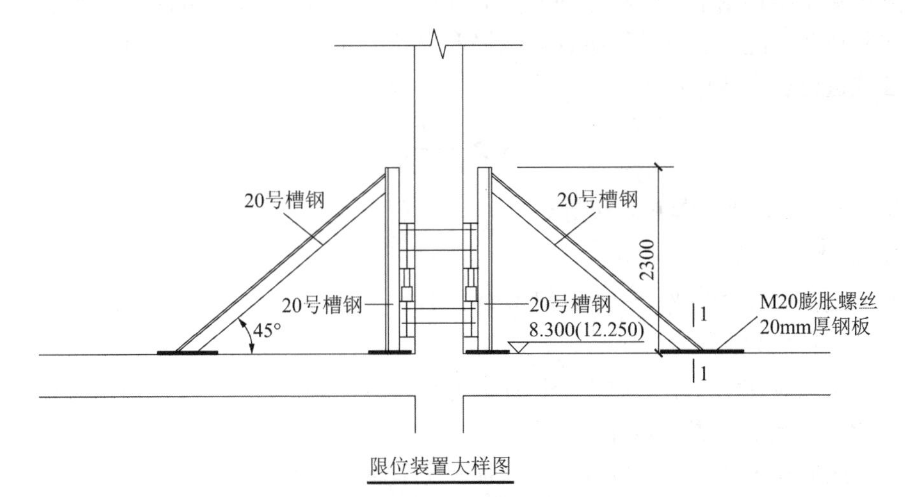


图 11.2-16　型钢限位示意图

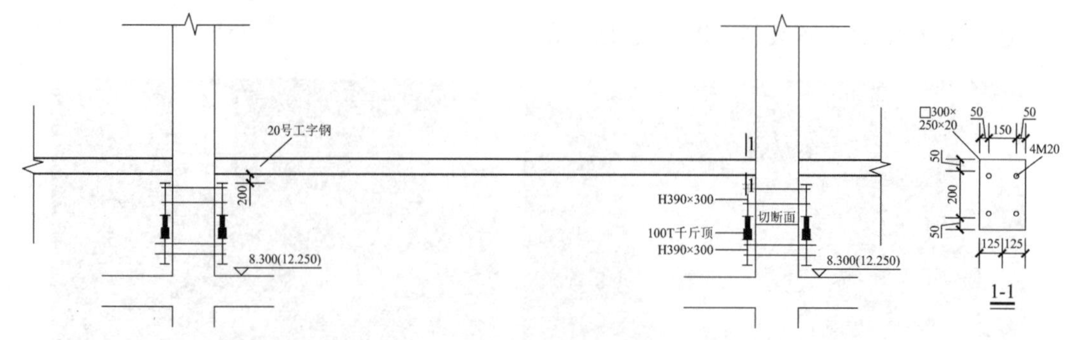


图 11.2-17　型钢限位示意图

图 11.2-18　型钢限位示意图

（4）千斤顶的选择和布置

依据原建筑结构图纸，恒载分项系数取 1.0，楼面活荷载取 2.0kN/m$^2$。计算施工前根据建筑实际荷载情况，通过计算机计算，提取出各提升点的提升荷载。柱下千斤顶数量根据以下公式进行初步估算：

$$N \geqslant \frac{Fn}{K \cdot Qt}$$

式中：$N$——千斤顶理论数量，单位：台；

$Fn$——柱上荷载；

$k$——顶升安全系数，一般取值不小于 2；

$Qt$——千斤顶顶升力。

本工程采用位移同步千斤顶，千斤顶额定总顶力安全系数大于 2。依据计算，采用额定顶力 100t 的千斤顶，共 156 个。

千斤顶应放在上托梁中心位置，千斤顶一个节点应放置 2～4 个，并使其平整，对称梁、柱中线，保持垂直。千斤顶按照纵向轴线联系在一起，计划设置 6 条主轴线压力带，

6 条带上千斤顶主要是双作用千斤顶，用高压油泵启动（图 11.2-19～图 11.2-21）。

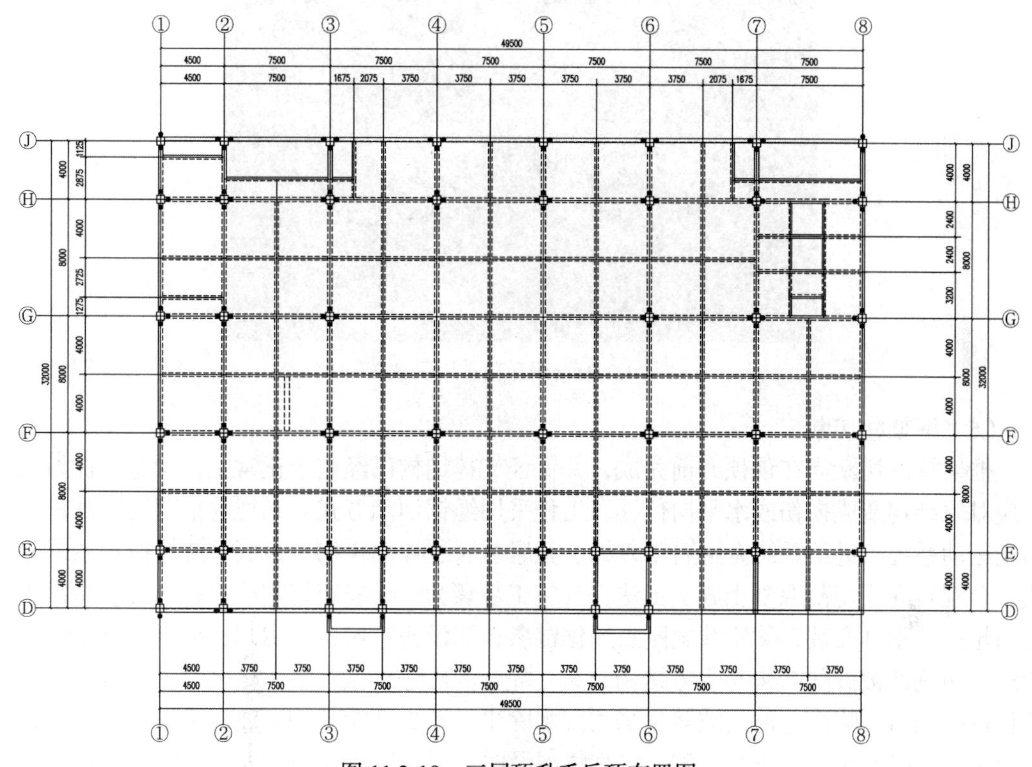


图 11.2-19　三层顶升千斤顶布置图

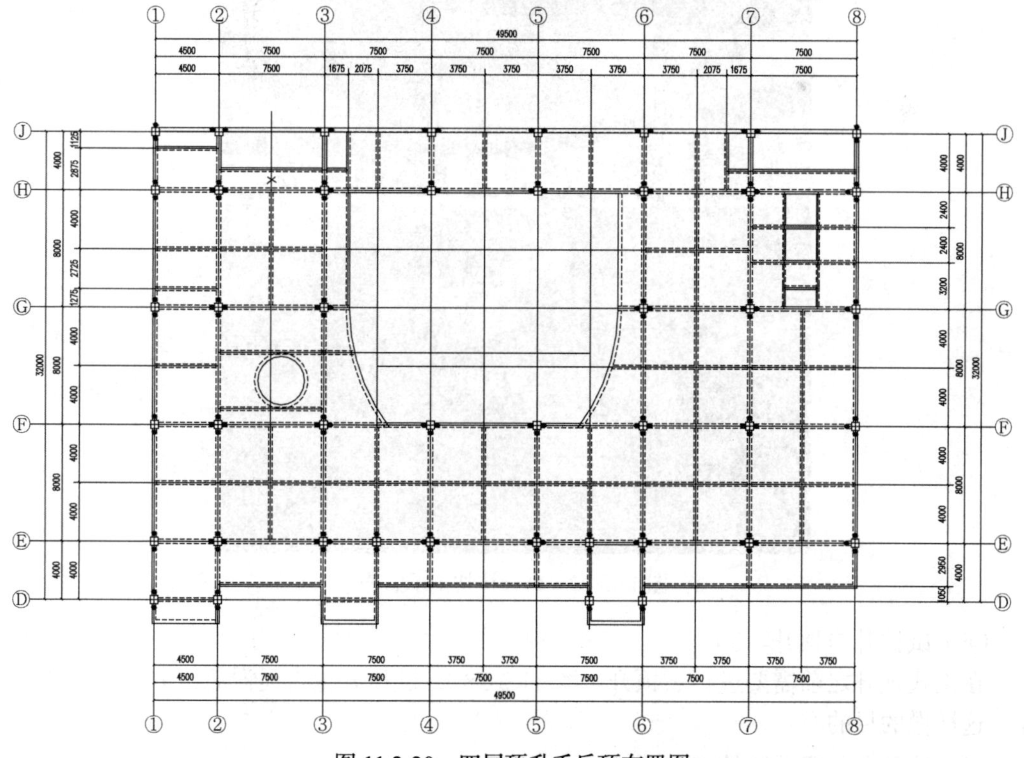


图 11.2-20　四层顶升千斤顶布置图

图 11.2-21　千斤顶选用示意图

（5）框架柱切断

框架柱的切断需在预顶升前完成，并保证支撑结构已经处于正常工作状态。柱切断时不应对原结构造成损伤或水平向位移，工程采用绳锯切割方式。采用的金刚石绳锯机主要由主运动系统、进给系统金刚石串珠绳、张紧装置、导向机构、控制系统、冷却系统等组成。金刚石绳锯切割混凝土施工工法，其施工步骤为：①确定切割位置；②安装绳锯机及导向轮；③索具安装；④安装金刚石绳锯链条；⑤设备连接；⑥切割。拆除混凝土结构采用绳锯切割使被拆除结构与主体结构分离，配合液压锤机械及空压机风镐拆除破碎施工。严格控制飞石、响声、冲击波等。采用湿水除尘，减少声响及冲击波，确保不扰民。拆除混凝土结构时安排专人进行监测，发现情况及时汇报，以确保施工安全（图 11.2-22）。

图 11.2-22　框架柱切割示意图

（6）试顶升与顶升

在正式顶升之前需要进行试顶升（图 11.2-23），试顶升正常无误后，方可进行顶升工作，这样做的目的有：

①检验顶升装置系统的工作性能；

②检查各个千斤顶的工作性能；

③确定每级顶升完成的距离和所需时间；

④协调各个操作小组的统一行动等操作细节。

进行试顶升，一般可以顶升 100～150mm 的行程再进行观测。这时我们就需要启动监测系统，使用的仪器有经纬仪、测距仪、钢尺等。监测内容包括：

①顶升建筑的垂直度、水平高度。当垂直度偏差大于 5mm 时，应找出原因，及时进行纠偏；

②顶升建筑梁集中应力处是否产生了斜裂缝。因为上部结构的最大变形应力往往在梁的中间，若梁没有足够的刚度而产生了弯曲，则上部结构将会产生向中间的挤压变形，对原结构的危害是较大的；

③同步液压顶升系统。该系统由多个千斤顶组和计算机同步控制系统、信息反馈系统构成，简单来说，是用现代化的技术同时控制多个液压千斤顶，千斤顶受到的顶升压力再及时地反馈给电脑。一般情况下当千斤顶顶升力误差大于 5%时，应该找出原因进行纠偏。

图 11.2-23　试顶升示意图

正式顶升过程中每轮顶升的行程高度应略高于垫块，使得垫块满足安装需求。临时垫块需要保证垂直度，垫块的连接节点不宜过多，保证千斤顶在回液时能够有效地支撑上部结构。

每个顶升循环的高度理论上是一致的，当有细微的误差或顶升循环不足一个行程时，就要求顶升前必须配备足够数量的以毫米为单位的各种厚度的钢垫板。为了能方便地组合出各种厚度，钢板的厚度宜设置为 1mm、2mm、5mm、10mm。顶升专用临时钢垫块填塞在千斤顶和支撑之间。每个临时支撑顶部均配备足够数量的薄厚不一的钢板，以满足不同顶升高度的要求。钢垫块共有 4 种类型，这些钢垫块满足了顶升行程，最常见的钢垫块的高度为 100mm、200mm。当顶升高度过高时，如全部用钢垫块，连接节点过多很容易造成失误，这时我们可以采用型钢支撑用以替换临时垫块，以增强支撑稳定性。支撑结构之间连接必须牢固，包括各个临时垫块之间连接的牢固性，支撑与支撑平台的牢固性。

在正式顶升之前应确认顶升装置的工作性能、检查千斤顶的工作状况、确定每级顶升完成的距离和所需时间、熟悉顶升千斤顶的同步操作、协调各个操作小组的统一行动等操作细节，确保顶升万无一失。正式顶升前要根据预顶升的监测结果重新确定每级预顶升的距离和顶升时间，并根据应力应变和其他变形监测数据来判断预顶升的工艺是否合理，顶升的操作是否安全，如发现预顶升的工艺有缺陷则采用信息化施工手段来改进顶升工艺，同时也要根据预顶升过程同步操作的执行情况重新规定或改进同步操作的细节，重新对各参与人员进行技术安全交底。真正做到顶升过程的每级能同步推进，顶升过程中要对建筑的应力、相对应变、变形、千斤顶行程等监测数据进行无间断的监测，如发现有超过安全控制标准的情况时，必须马上向技术负责人报告，这时应马上停止加载，再对监测数据进行综合分析，找出原因，采取有效措施后方可再继续顶升。顶升期间分别按千斤顶点位制作好行程表及 PLC 控制系统行程表、压力数据表，每一级顶升过程及到位后对千斤顶的行程及压力具体数据进行记录，顶升完过程及每个行程结束后对千斤顶的行程进行比较，如建筑的其他监测项目表明建筑尚处于安全状态，但各千斤顶行程有差别，也必须在下一级顶升时对千斤顶行程进行调整并消除差别，不能让顶升的千斤顶行程误差出现逐级累加，以免造成建筑损伤。每级顶升完成后楔紧固定锚具，回缩千斤顶行程，使千斤顶重新具备继续顶进的能力，正式顶升的同步操作、千斤顶和垫块的安装方法和质量要求详见试抬的相关内容，在整个顶升过程中要对建筑进行全方位的监测，并通过信息化施工手段，改进顶升工艺，确保顶升安全。

在实际施工中，建筑物的总顶升高度一般会大于千斤顶的行程，鉴于这种情况，顶升过程一般采用分步顶升法，即整个顶升过程分为几段，每次顶升一段高度，比如每次顶升高度为千斤顶行程的 80%左右。通过试验发现，千斤顶接近最大行程时的变化非线性。比如，建筑物需同步顶升 900mm，千斤顶的行程为 200mm，每段顶升的高度可控制在 160mm 左右，每级顶升高度最大宜为 50mm，计划整体顶升 18 级完成顶升过程。每次顶升后对构件进行测控，控制变形。千斤顶应采用位移同步液压顶升系统，每次顶升完成后要复核行程，如有误差应及时调整。顶升过程要及时用钢板楔紧断柱之间因结构升高而出现的空隙以确保房屋结构的安全，并应密切注意结构情况，尤其是构件上新裂缝的产生。达到顶升所需高度后，应立即对整栋楼的垂直度、水平度进行测量，同时允许根据现场情况对个别顶升柱位进行调整直至确定垂直度、水平度均符合有关规范要求（图 11.2-24、图 11.2-25）。

图 11.2-24　顶升示意图 1

图 11.2-25　顶升示意图 2

（7）框架柱连接

顶升完成后，框架柱的连接应满足图纸设计要求，并符合相关国家标准。对原柱断头钢筋应采用后补钢筋进行连接，新钢筋规格型号不小于原钢筋，接头形式可选用焊接或套筒连接、冷压连接。连接段采用比原结构提高一个标号的混凝土或高强无收缩灌浆料进行浇筑。设计无特殊说明时，新浇筑部分的混凝土强度达到设计强度的 75%前，严禁拆除或扰动支撑结构。

钢筋施工对用于纵向受力的钢筋，其钢筋在满足有关国家标准的基础上，还应满足我国现行规范《混凝土结构工程施工及验收规范》GB 50204 及《钢筋焊接及验收规范》JGJ 18 关于抗震结构的力学性能要求。钢筋进场时质量证明书必须齐全，钢筋进场后，应按规范要求会同监理工程师一起见证取样，按批进行检查和验收。本工程钢筋连接主要采用搭接焊，设置在同一构件内的接头宜相互错开，错开距离不小于 500mm，且不小于 35d。钢筋连接应符合《钢筋焊接及验收规程》JGJ 18—2012。

结构柱顶升到位后要对节点加强连接，将柱子断开钢筋采用同一级别钢筋搭接焊接，并保证焊缝长度及质量满足有关规范要求，在柱子断开部位重新设置加密箍，钢筋制安应按有关规范执行，根据构件尺寸进行柱断开部位模板制安，三面模板垂直设置，一面模板设置斜三角浇捣口，同时应注意模板的密封性以防止浇捣混灌浆料水泥浆外漏影响混凝土强度质量。采用 C40 灌浆料浇筑密实将断柱连接完好，浇筑完成后养护不少于 3d（图 11.2-26、图 11.2-27）。

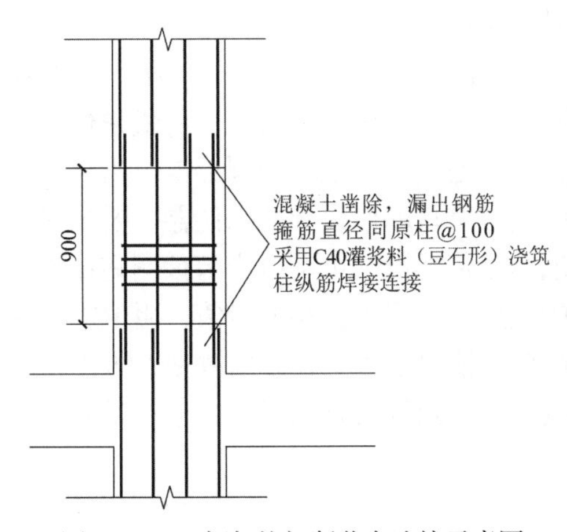


图 11.2-26　框架柱切断节点连接示意图

图 11.2-27　框架柱切断节点浇筑示意图

（8）监测实施要求

第一，顶升工作开始前编制监测方案，内容应包含以下几个方面：

①顶升前建筑物现有尺寸及结构构件完好情况勘察；

②电子监测点位布置方案；

③人工复核监测点位布置方案；

④建筑物竖向、水平向、垂直度等变形监测内容及控制标准；

⑤监测频率周期、开始时间、结束时间、完工后后续复测方案；

⑥预警设置及紧急预案。

第二，监测系统是建筑物进行顶升时对建筑的位移、裂缝、变形、应力等进行监测的装置。为了及时了解各种作用的大小和对整个建筑物（包括承重结构和装修）的影响，并进行有效的控制，需要对顶升施工中的各个关键环节进行系统科学的实时监测，从而保证顶升工程的顺利进行。监测内容包括顶升工程中的静态、动态实时监测两部分（表 11.2-6）：

①顶升前期的关键参数的测试试验项目

所有房屋的结构构件和非结构构件完好情况勘察；

柱切断时托换结构的沉降差测试。

②房屋顶升过程中的实时监测内容

切断部位上部结构沉降差的监测；

顶升速度和行程监测；

房屋倾角监测；

关键部位的裂缝调查。

监测项目及监测限值表　　表 11.2-6

| 监测项目 | 限值 |
|---|---|
| 整体姿态 | 倾斜 ≤ 2‰倾斜率增量 ≤ 1‰侧移速率 ≤ 2mm/d |
| 竖向不均匀变形 | 相邻柱 ≤ 15mm，整体 ≤ 20mm |

第三，PLC 拉线传感系统的安装

①PLC 控制系统是在传统的顺序控制器的基础上引入微电子计算机技术，自动控制技术和通信技术而形成的新型工业控制装置，是用来取代继电器、执行逻辑、计数等顺序控制功能，具有通用性强、使用方便、适应面广、性能好、抗干扰能力强、编程简单等特点。

②PLC 拉线或位移传感器电位器或位移传感器，它通过电位器元件将机械位移转换成与之成线性或任意函数关系的电阻式电压输出。普通直线电位器和圆形电位器都可分别用作直线位移和角位移传感器。但是，为实现测量位移目的而设计的电位器，要求在位移变化和电阻变化之间有一个确定关系。电位器或位移传感器的可动电刷与被测物体相连，物的位移引起电位器移动端的电阻变化。阻值的变化量体现了位移的量值，阻值的增大还是减小，则表明了位移的方向。此装置的结构简单，输出信号大，使用方便，价格偏低。

第四，顶升过程实际上就是控制建筑物按照既定路线转移的过程，监控是非常重要且关键的

①动态监测

顶升过程中关键部位的顶升量监控。采用位移传感进行位移监控，整个建筑物分四条纵轴监测线，每轴线布设 4 个点，总共 16 个监测点。

托换结构顶面标高监控。监测在顶升过程中托换结构标高，并且修正顶升过程中的位移监测结果，或者在位移出现故障时能够及时发现问题。

②静态监测

静态监测主要是阶段性测量建筑物的形态参数，如倾斜率、关键部位裂缝观测等。在确定采用顶升时，测定建筑物的倾斜率、结构性与非结构性裂缝，在顶升过程中测定一次，在顶升结束后测定一次，最后由建设单位等联合确认监测一次。

第五，具体监测方法

①房屋所有的结构构件和非结构构件完好情况勘察：

柱切割前，技术员、质检员及安全员结合项目总工程师通过目测及工具（盒尺，裂缝测宽仪等设备）测量对现场结构构件进行逐个排查，对完好构件及破损构件（按类别梁、

板、柱）进行记录并统计，将现场统计好的构件情况与设计人员及时沟通并由设计人员出具破损构件的加固处理措施。在柱切割顶升前完成破损构件的加固；

②上部结构和柱切断时托换结构的沉降差测试：以楼面为基点采用钢尺测量；

③柱切断部位上部结构沉降差的监测：采用 PLC 显示器、钢尺及红外线多方面监测；

④顶升速度和行程监测：通过 PLC 显示器读数结合钢尺及红外线测量；

⑤房屋倾角监测：

安装好顶升托架后柱截面切割前，在顶升楼层中空部位布置临时经纬仪观测点采用钉50 型钢钉进行标记，安装好 DJD2 经纬仪，调试好设备后进行本楼层周边柱及楼上柱垂直度的观测，并将观测数据进行记录。同时在楼顶女儿墙设置垂直度监测吊线并记录好吊线与结构间距的原始数据。柱截面切割完成后再次对本楼层周边柱及楼上柱垂直度进行测量并进行记录。顶升每个行程结束后及时观测本楼层周边柱及楼上柱、女儿墙吊线垂直度进行测量记录并与原始数据进行对比，对比每个行程结构垂直度的偏差，并及时反馈给操作人员进行调压纠正，确保楼梯顶升过程中倾斜度在预警范围内；

⑥位移观测：在顶升的断面设置观测点，分别观测顶升时的位移，这样的好处是在观测行程位移时，通过数据的对比验证建筑的整体姿态是否平衡；

⑦裂缝、变形监测：需要运用到精密的仪器（图 11.2-28）；

⑧应力监测：在顶升梁的底部，特别是梁的底部检测梁的应力。

图 11.2-28　电子传感监测图

11.2.3.3　检测与验收

（1）框架结构的外观质量不应有严重缺陷。如果出现的严重缺陷，应由施工单位提出技术处理方案，并经监理单位认可后进行处理。对裂缝或连接部位的严重缺陷及其他影响结构安全的严重缺陷，技术处理方案尚应经设计单位的认可。对经处理的部位应重新验收。

（2）建筑结构不应有影响结构性能或使用功能的尺寸偏差，并应满足表 11.2-7 中的偏差要求。

现浇结构位置和尺寸允许偏差及检验方法　　表 11.2-7

| 项目 | | | 允许偏差（mm） | 检验方法 |
|---|---|---|---|---|
| 轴线位置 | 整体基础 | | 15 | 经纬仪及尺量 |
| | 独立基础 | | 10 | 经纬仪及尺量 |
| | 墙、柱、梁 | | 8 | 尺量 |
| 垂直度 | 层高 | ≤6m | 10 | 经纬仪或吊线、尺量 |
| | | >6m | 12 | 经纬仪或吊线、尺量 |
| | 全高（H）≤300m | | H/30000+20 | 经纬仪、尺量 |
| | 全高（H）>300m | | H/10000 且≤80 | 经纬仪、尺量 |
| 标高 | 层高 | | ±10 | 水准仪或拉线、尺量 |
| | 全高 | | ±30 | 水准仪或拉线、尺量 |
| 截面尺寸 | 基础 | | +15，−10 | 尺量 |
| | 柱、梁、板、墙 | | +10，−5 | 尺量 |
| | 楼梯相邻踏步高差 | | 6 | 尺量 |
| 表面平整度 | | | 8 | 2m 靠尺和塞尺量测 |
| 预埋中心位置 | 预埋板 | | 10 | 尺量 |
| | 预埋螺栓 | | 5 | 尺量 |
| | 预埋管 | | 5 | 尺量 |
| | 其他 | | 10 | 尺量 |
| 预留洞、孔中心线位置 | | | 15 | 尺量 |

注：1. 检查柱轴线、中心线位置时，沿纵、横两个方向测量，并取其中偏差的较大值。
2. H 为全高，单位为 mm。

结构实体位置与尺寸偏差检验项目及检验方法：对柱截面尺寸检验时要选取柱的一边量测柱中部、下部及其他部位，取 3 点平均值；在对柱垂直度检验时要沿两个方向分别量测，取较大值；在对层高进行检验时要与板厚测点相同，量测板顶至上层楼板板底净高，层高量测值为净高与板厚之和，取 3 点平均值。

（3）实际检验结果须满足规范和设计要求。

本工程整体结构第三层、第四层顶升增高后，进行了层高检验、结构柱垂直度检验、框架柱断柱后的连接柱截面尺寸检验，以及整幢建筑物的主体倾斜观测，检验检测结果均符合规范要求，整体结构在施工阶段的位移值变化平稳且没有发生突变。

11.2.3.4 应急处置措施

（1）一旦液压泵站由于断电等原因不能正常提供动力时，千斤顶具有自锁功能，可以自动关闭液控单向阀，千斤顶的顶升力保持不变。

（2）千斤顶不能正常提供压力时，事先在现场多储备千斤顶和垫块，可先用垫块支撑，然后由液压操作工程师维修或者更换千斤顶。

（3）千斤顶压力异常时，部署专人看管液压系统压力部分，发现问题，立即报告主控人员，由主控操作人员决定是否关闭截止阀，如果问题严重，应停止整个系统，解决具体事宜后，再行开机调试。

（4）出现结构变形或者细微裂缝时，立即暂停或者停止施工，组织有关人员对出现的异常情况进行评价分析，查找原因，根据评价结论采取相应的处理措施，同时加强监测。

（5）遭遇大风、暴雨或者雷电时，立即停止施工。

（6）顶升过程突遇现场大风时，由应急小组采取临时加固措施，将千斤顶锁死，保证其不会产生水平位移。

11.2.3.5　主要技术经济指标

项目顶升主要指标见表 11.2-8。

项目顶升主要指标分析　　表 11.2-8

| 序号 | 项目 | 单位 | 数量 |
| --- | --- | --- | --- |
| 1 | 楼层建筑面积 | $m^2$ | 3168 |
| 2 | 原结构层高度 | m | 3.9 |
| 3 | 顶长后结构层高 | m | 4.8 |
| 4 | 整体顶升高度 | m | 1.8 |
| 5 | 液压千斤顶 | 台 | 156 |
| 6 | 分路控制阀组 | 组 | 16 |
| 7 | 液压线路管线 | m | 1200 |
| 8 | 总控制油泵 | 台 | 2 |
| 9 | 结构柱下永久支撑型钢和铁板的制作 | 组 | 300 |
| 10 | 临时支撑型钢及垫块的制作 | 组 | 160 |
| 11 | 单层顶升行程 | mm | 900 |
| 12 | 分段行程 | mm | 50 |
| 13 | 日顶升量合计 | m | 500 |
| 14 | 千斤顶液压油损耗 | % | 20% |
| 15 | 顶升施工天数 | 天 | 6 |

## 11.2.4　结果状态

PLC 同步顶升系统由液压控制系统、液压泵站、传感器、油管、分油阀、液压千斤顶组成。系统一般选用多个液压控制单元，通过控制总线联系到一起，由一台主控制器控制，实现多台千斤顶的同步工作。液压控制系统通过采集力与位移信号，实现对建筑物在顶升过程中的控制。建筑物顶升过程中，可以采用力控制或位移控制。力控制是根据建筑物各部位的计算内力确定液压千斤顶的顶升力，建筑物顶升时，位移传感器反馈建筑物顶升高度。当采用位移控制时，千斤顶的顶升量由设定位移值控制，压力传感器反馈建筑物顶升过程中的顶升力。各顶升部位之间应设定位移差限值，当两相邻位移传感器反馈的位移差超出设定限值时，控制系统报警，控制人员及时调整对应位置千斤顶的荷载，缩小相邻顶升部位位移差至限值以内，防止因两相邻构件高差过大，产生较大的附加内力，避免构件的开裂破损。

11.2.4.1 案例实施情况

框架结构整体同步顶升施工技术，结合财贸宾馆整体顶升工程实例对顶升技术进行了探讨和实践。从顶升技术方案的选择、PLC 控制系统设计、托换结构设计、顶升次数及每次顶升量的确定、施工组织、施工工艺以及建筑物顶升纠倾就位后的质量控制进行了应用研究，并取得了较好的成效，达到了预期目的，节约了投资，确保了安全。通过计算分析和工程实践，总结得出以下结论：

（1）选择的截断位置施工方便，就位连接做法简单有效。

（2）顶升过程，支承装置对结构传力路径影响小，最大限度避免了顶升施工对主体结构的损伤。

（3）采用的顶升千斤顶系统技术先进、可靠，可保证顶升过程的平稳，防止系统故障造成事故。

（4）结构承载力基本满足施工需求。

（5）监控内容完善，可及时发现施工异常进行预警。

（6）限位装置安全有效，配合监控系统可保证施工过程中上部结构的稳定。

在顶升过程中，严格控制顶升速率和顶升量，做到人工操作与计算机系统有力配合，保证了整个顶升过程的完整性，达到了预期目标，完成了顶升。完工后施工质量符合设计要求，满足规范标准，与原结构连接良好。通过顶升技术的成功运用，实现了建筑升高，提升了空间使用需求，大大节省了工程改造费用，并节约了建筑材料，减少了建筑垃圾的产生，保护了环境。总体分析表明，本工程顶升设计及实施方案是可行的。

11.2.4.2 技术应用情况

石家庄市财贸宾馆改造项目需将使用功能进行改变，将原楼电梯、楼梯位置作相应调整。原结构三层（8.300～12.250m）及四层（12.250～16.150m）各需要层高增加 900mm；将原球形网架屋顶拆除进行封堵等。2021 年 8 月采用“框架结构整体同步顶升施工技术”依照改造设计图纸进行了施工。采用 PLC 同步顶升控制体系，利用 156 台 100t 千斤顶在混凝土柱距根部约 500mm 处切割分离并进行顶升。为确保建筑物在顶升过程中稳定，在顶升之前先将建筑物临时支撑起来，上反力托架加固完成后，在托架和地面之间安装千斤顶，并使其平整、对称、垂直；调节千斤顶对柱施加顶升力，确保所有千斤顶顶紧后，在距楼面 500mm 处切断柱；继续对千斤顶施加顶升力，使结构整体同步平稳上升，分级顶升，直至达到设计顶升高度，达到要求范围内然后临时锁死顶升千斤顶，开始接柱施工。接柱施工前，应将柱脚混凝土钢筋剥离使柱纵向主筋暴露出来，采用与原柱相同的纵筋与原柱主筋单面焊接连接，箍筋焊接好后，采用 C40 灌浆料进行灌注切割部位的混凝土，然后逐个撤除千斤顶，采用增大截面法加固接好的柱子。通过案例实践该项技术应用具有一定的先进性、合理性，可大幅降低施工人工费、材料费，从而降低工程投资，实现了空间改造再利用，同时在使用时间上延长了原建筑物的使用寿命，满足了工期控制目标，确保了施工过程安全，产生了一定的经济效益和社会效益。石家庄财贸改造项目顶升施工时间为 2021 年 8 月～2021 年 10 月，将采用的整体顶升方案进行全过程费用分析，与传统的拆除重建方案对比，分析两种方案的实施效果。本项技术应用直接费合计 1460 万元，常规施工费用测算约 2036 万元，工期对比本项技术应用工期 60d，对比分析，直接费降本率为 39.4%，工期提前 120d，创造经济效益分别为 576 万元。由此可见，无论是在费用和工期上，结构整体同步顶升施工均有明显的经济优势。

近些年来，随着城市更新步伐的加快，既有建筑物的改造越来越多。既有建筑物的改造，不仅在空间上实现了空间改造再利用，同时在使用时间上延长了原建筑物的使用寿命，而且节省了各项资源，实现了可持续发展，符合国家提倡的“四节一环保”的绿色建造要求。采用整体液压同步顶升技术对结构体进行顶升，安全并且可靠地使结构各顶升点平稳上升，从而达到设计效果，能使得原框架结构在满足使用功能的前提下，兼顾其安全性与经济性。对于以后既有建筑物层高的优化及空间功能改造具有很大的指导和借鉴意义，具有良好的社会效益和推广应用价值。

### 11.2.5 问题和建议

整体顶升技术在不断的实践中反复总结进行创新提高，石家庄市财贸宾馆改造项目作为框架结构整体同步顶升施工技术的典型应用案例，在技术应用上有其成功的一面同时也存在技术应用的局限性。通过多个工程实践，整体同步顶升实现了建筑物的纠倾和建筑结构空间的增大，最大限度地兼顾了原建筑顶升工程的整体性、经济性和安全性。整体同步顶升技术成熟度高，应用空间广，在工业与民用建筑领域既有建筑的改造、纠偏方面具有较大的应用场景。该项整体顶升技术成果转换效果良好，可以解决既有建筑物层高不足的问题，顶升或迫降问题，也可以解决既有建筑物倾斜的问题，还可以解决既有建筑物整体的位移需求。

#### 11.2.5.1 整体顶升技术实施面临的问题

（1）顶升需要断开上部与下部结构的连接，截断位置的选择非常重要，需要考虑技术经济与使用功能。

（2）顶升期间上部结构与下部结构断开，应重点考虑整体建筑的稳定性与不可抗力因素影响程度。

（3）建筑物顶升完成后结构连接的强度和可靠程度。

（4）顶升工艺与监控手段的可靠性分析。

#### 11.2.5.2 整体顶升技术总结和建议

在既有框架结构工程的改造顶升中，必须注意原结构是否发生平移、扭转、倾斜，如不控制和及时纠正这些问题，则可导致灾难性后果的出现，故采用了人工、仪器、电脑相结合的做法，在每柱设 1 贴尺，由各柱施工人员对每级顶升量、支撑垂直度和形态、整个顶升体系、托换承台情况进行监测，在结构四周及结构内部设置足够的水准观测点，对每根柱的升降情况和基础情况进行监测，在结构体四周设置经纬仪，对结构的位移、倾斜情况进行监测，并将所有仪器的监测输入电脑，通过电脑的汇总、分析与人工观测结果进行比较，作为继续顶升的决策依据，及时发现问题，采取相应措施进行纠正，确保安全和工程的顺利进行，并随时进行被顶升楼层裂缝情况的监测。

为使被顶升屋面层能作为一个平面一起升高，每柱顶升量必须相同，相邻两柱的顶升量差值不能大于 1‰。采取顶升量和顶升压力双控制的措施（每级顶升量和千斤顶最大、最小压力值的限制），将每柱顶升量差距减至最小，从而确保了上部结构不产生过大的次应力，结构不受破坏。在屋顶顶升过程中必须实时监测顶升量与各柱的偏差量，发现问题及时处理。采用贴尺监测有效地补偿了监测数据，保证了整个顶升过程的完整性。此项目实现了 PLC 同步顶升系统在顶升过程中的安全性与可靠度。

11.2.5.3 整体顶升技术改进方向

框架结构整体同步顶升施工技术目前侧重于框架结构的整体同步顶升，连接节点的具体设计是针对框架结构的结点受力特性来开展，因剪力墙结构、砖混结构等均为线受力结构，该技术设计目前缺乏对其他结构形式的兼容性，存在一定的科技局限性，在应用推广的基础之上应拓展其他结构形式整体同步顶升的研究。同时，在顶升过程中临时支撑的加固措施、过程监测点的数据同步性分析，以及突发状况下的应急处置需要进一步提高和完善。

# 第12章 单位工程综合创新创效

## 12.1 太湖实验厅工程综合创新

### 12.1.1 案例背景

《国家中长期科学和技术发展规划纲要》明确提出要把发展能源、水资源和环境保护技术放在优先位置，水体污染与控制列为国家科技重大专项，水资源优化配置与综合开发利用、综合节水和海水淡化被列为水与矿产优先领域优先主题，洪水与险坝等灾害防御问题被列入公共安全领域重大自然灾害监测与防御重点研究内容。

我国河湖众多，$1km^2$ 以上的湖泊有 3100 多个。由于不合理的开发利用方式等原因，许多河湖严重污染甚至处于生态恶化的境地。太湖流域水环境和水生态系统存在的问题在我国河湖生态体系中具有典型性、代表性，是全国流域生态治理特别是“三河三湖”综合治理的重中之重。太湖流域水环境综合治理起步早，开展综合治理的经济社会条件较好，完全有必要也有可能建设成为全国水环境综合治理的标志性工程，为全国河湖水环境综合治理提供有益经验。河湖治理研究基地的建设可以有效地支撑太湖流域水环境治理和防洪减灾技术研发能力，优化流域水资源配置方案，促进太湖流域水环境水生态恢复，协调区域防洪、航运、水环境与水生态、供水安全等多方面，有助于区域社会稳定和经济可持续发展，其社会效益十分显著。河湖治理研究基地的建设也将推动湖泊治理技术和方法创新，为其他湖泊的治理积累经验，太湖试验厅建设可以用于其他湖泊水动力及水环境模拟研究，并逐步建成我国湖泊水动力和水环境模拟理论和技术的研究中心。

因此建设河湖治理研究基地是国家有效治理太湖，促进该地区经济社会可持续性发展的需要。河湖治理研究基地位于太湖之滨，将成为展示太湖流域防洪减灾和水环境治理成果的一个平台，也是湖泊治理科普场所，对于大众了解和理解湖泊治理技术具有良好的效果，这也是河湖治理研究基地建设的社会效益。

根据内部实验功能和空间效果的要求，太湖试验厅采用基底面积为 150m × 150m 的空间壳体结构，结合太湖试验厅实验模型、工作平台搭设和模型风场罩安装高度要求，拱顶最高点定位为 30m，在 140m × 140m 范围内最低高度不小于 3.5m，四周通道的最低高度不小于 2.8m。最终选定太湖试验厅“贝壳”造型，外轮廓 166mm × 150m（双向跨度均为 150m），中间没有一根立柱，可以轻松容纳两个标准足球场，或并排放置两架空客 A380 客机，堪称世界单跨最大建筑物之一，建筑面积为 $24005.45m^2$。本工程为国内首次实现平面管桁架 72°角单跨 150m。在施工过程中我们采用了多种新工艺，达到了缩短工期及节约造价的目标，具有较大的推广价值，对其他类似工程具有一定的参考意义。

### 12.1.2 事件过程分析描述

12.1.2.1 项目基本信息

项目名称：河湖治理研究基地项目——太湖试验厅工程。

项目地点：无锡市滨湖区太湖新城华庄农场内。

建设单位：水利部、交通运输部、国家能源局南京水利科学研究院。

设计单位：上海江欢成建筑设计有限公司。

勘察单位：无锡水文工程地质勘察院。

监理单位：南京普兰宁建设工程咨询有限公司。

施工单位：河北建设集团股份有限公司。

钢构件生产单位：浙江精工钢结构有限公司。

12.1.2.2 项目概况

河湖治理研究基地项目——太湖试验厅工程，工程性质：科研实验建筑，建筑面积 $24005.45m^2$，平面尺寸为 150m×150m，层数地上一层，局部地下一层，层高（最高点 29.372m），结构形式为单层大跨度空间桁架钢结构，主桁架单跨 150m，本工程主结构共设置 8 榀门字形主桁架，跨度均为 150m。主桁架均倾斜布置，ZHJ1～ZHJ3 倾斜角度为 72°，ZHJ4 倾斜角度为 62°，顶部标高在 22.363～28.098m。次结构由次桁架、屋面梁、马道、主檩条、6 道预应力拱肩拉索及 4 道基础拉索构成。外围护系统为 0.9mm 铝镁锰金属屋、墙面围护系统。

12.1.2.3 项目特点及难点

1）主结构基础承台结构复杂

（1）本工程基础预应力拉索锚具设计为叉耳式并锚固在基础承台埋件耳板之上，因耳板埋件承受索力较大故设计尺寸较为庞大，埋件埋设后形成将承台二步柱墩贯通，并将其一分为二的情况，柱墩钢筋被全部截断，对基础受力及结构安全极为不利。

（2）由于主承台钢结构埋件自重较大、埋件锚筋间距较密且与主承台主筋间距模数不一致，造成埋件安装过程中极易与承台主筋位置冲突导致无法就位。

（3）由于钢结构主承台、柱墩需一次浇筑成形，承台主筋网片间距较密、箱型衬板钢筋网片网眼较小影响了混凝土的流动性，拉索预留套管下方的钢筋网片区域由于空间限无法振捣。在这些不利因素的综合作用下，混凝土极易出现漏振、蜂窝麻面等质量缺陷。

2）主体钢结构节点形式复杂

（1）钢结构桁架原设计相贯节点采用加劲板补强，但复杂节点处多道加劲板无法实现全部双面角焊缝，且管径较小的节点焊工没有足够空间进行操作，导致节点处焊接加劲板补强方案无法实现。

（2）采用有限元分析软件进行钢结构拱肩拉索张拉至 100%状态下应力模拟验算，应力集中最大值出现在拱肩节点位置且接近该节点可承受应力临界值，由于此节点焊缝较多，削弱了此节点的整体刚度，不利于节点受力。

3）超大跨度空间结构变形预控难

由于本工程为单层大跨度空间钢结构，主桁架跨度达 150m，且带有倾斜角，大跨度钢结构在自身重量和荷载作用下的下挠，导致钢结构制作与安装尺寸有所变化，在深化设计、加工及安装时应充分考虑，制定相应调整措施。

4）预应力张拉施工过程中的结构应力及索力数据校对难

预应力张拉前须进行主桁架轴力计算分析、各施工步骤下拱肩拉索变形分析、主桁架应力分析、各榀主桁架竖向位移分析及支座反力分析，获取计算数据作为钢结构安装及预应力张拉全过程施工指导依据。应力张拉施工过程中，须精确控制拉索索力，并实现预应力张拉各阶段索力动态监测。

5）本工程原始地貌为填湖造地，所以现有场地的地质条件极差，具有低强度、高含水率且表面土层多为黏性土。太湖试验厅设计需在 150m × 150m 的地面上建立太湖模型对地面的平整度要求极高，施工中 150m × 150m 的地面下没有一根桩和梁，如何保证地基处理成了一个难题。

### 12.1.3 关键措施及实施

#### 12.1.3.1 基础拉索埋件及拉索锚具

随着建筑技术的不断发展，建筑结构的高度、跨度也越来越大，钢结构与预应力技术也更多地应用到工程当中。超高、超大跨度钢结构工程的预应力尤为重要，那么连接预应力拉索与基础结构的中间桥梁拉索埋件就更为重要了，大型钢结构预应力的埋件往往都比较复杂且外形较大，在安装过程中往往可能会影响基础的受力。

对于以上情况需要一种更行之有效的方法解决，以减少基础拉索埋件及拉索锚具的安装难度（图 12.1-1、图 12.1-2）。

本工程基础预应力拉索锚具设计为叉耳式并锚固在基础承台埋件耳板之上，因耳板埋件承受索力较大故设计尺寸较为庞大，埋件埋设后形成将承台二步柱墩贯通并将其一分为二的情况，柱墩钢筋被全部截断，对基础受力及结构安全极为不利。

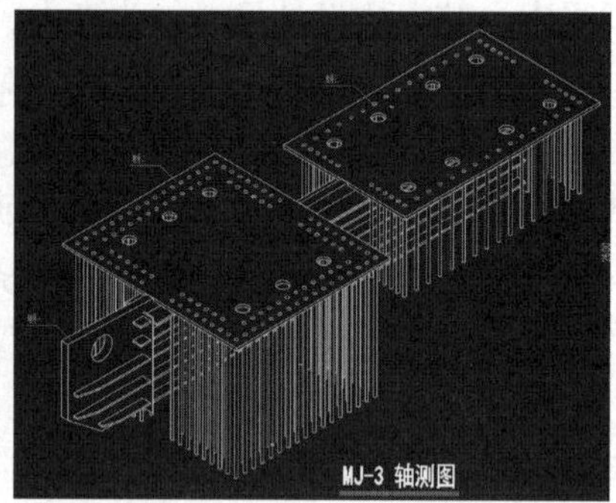


图 12.1-1　基础埋件

为解决埋件的安装对基础受力及结构的影响，项目部与设计单位多次沟通拿出方案，最终确定基础拉索锚具由叉耳式调整为冷铸后锚式。在基础柱墩内埋设钢套管供基础拉索穿过并在柱墩外侧锚固，针对柱墩外侧锚固局部承压应力分散情况，在锚具与柱墩间增设箱型衬板。

图 12.1-2　锚具安装

12.1.3.2　大型钢结构拱脚复杂埋件安装防碰撞

随着建筑技术的不断发展，建筑结构的高度，跨度也越来越大，钢结构与预应力技术也更多地应用到工程当中。超高、超大跨度钢结构工程的基础尤为重要，它负责支撑着整个上部结构重量，因此这类工程的基础往往体积大、钢筋密集、预埋件多，承台钢筋与预埋件之间碰撞也多，对施工造成了一定困难。经常因为一个预埋件无法顺利就位而反复调整，导致安装精度无法保证且耽误工期。

对于以上情况需要一种更行之有效的方法解决，以减少大型钢结构复杂埋件的安装困难。

由于主承台钢结构埋件自重较大、埋件锚筋间距较密且与主承台主筋间距模数不一致，造成埋件安装过程中极易与承台主筋位置冲突导致无法就位（图 12.1-3）。

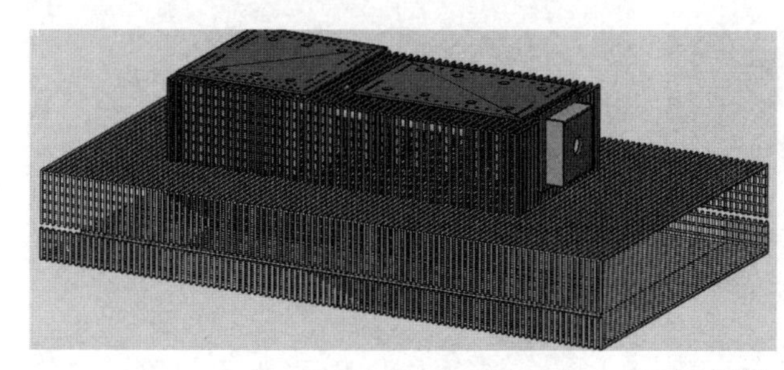

图 12.1-3　主承台埋件

为保证预埋件安装位置准确，锚筋不与承台钢筋冲突，采用 CAD 排布主承台钢筋，提前预排柱墩主筋间距，保证锚筋正好落入承台钢筋空隙。同时制作 1∶1 定型埋件防碰撞模具，进行实际位置试装，待试装完毕后安装预埋件，保证埋件一次性安装就位。

1）工艺流程

CAD 排布承台钢筋位置→依照位置绑扎承台钢筋→制作预埋件模型→放线定位预埋件位置→安装模型→核对模型锚筋孔与主筋之间关系→有冲突的调整主筋位置→拆除模型→吊装预埋件就位→将预埋件焊接固定。

2）操作要点

（1）施工前准备

现场施工前，检查施工材料的质量及仪器设备的规格型号，熟悉图纸。

（2）利用 BIM 对承台进行整体放样，使用 CAD 排布钢筋位置

①使用 BIM 技术做出承台整体模型，使二维图纸转为三维立体，对工程的整体情况进行检查、把控（图 12.1-4）。

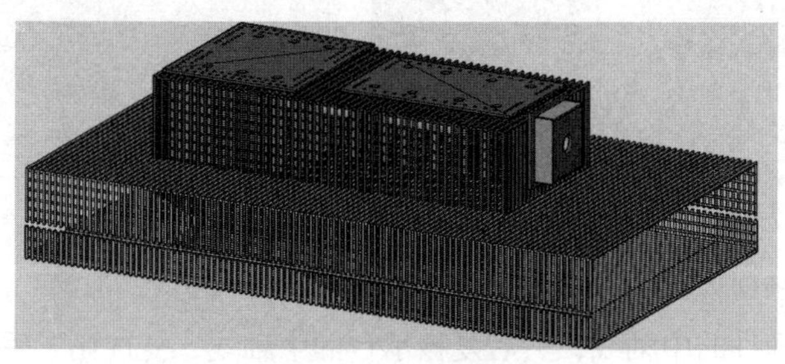

图 12.1-4　三维模型

②利用电脑 CAD 将承台配筋图做出来，钢筋间距标准好，将预埋件图与做好承台配筋图对比，查看承台钢筋与预埋件锚固钢筋之间有无冲突，将有冲突的承台钢筋适当调整，原则是钢筋间距不要过大，能错过锚固钢筋即可。

③现场绑扎承台钢筋严格按照事先排布好的钢筋定位图绑扎。由于之后可能会调整钢筋间距，所以绑扎时只是做临时固定（图 12.1-5）。

（3）加工制作预埋件模型

利用 40mm × 40mm 的方管和钢板制作埋件模型。方管作为边框，钢板对应锚筋的位置打孔作为观察孔（图 12.1-6）。

图 12.1-5　钢筋绑扎

图 12.1-6　埋件

（4）现场定位测量

①预埋件的位置是承台中轴线，所以利用 CAD 找出中轴线在承台两个点的坐标。使用全站仪将中轴线投到承台上。

②量出模型中心，将模型中心与承台中轴线对正就位（图 12.1-7）。

（5）从模型的观测孔上对应查看主承台钢筋，如果有钢筋从孔下穿过，表示有钢筋与锚筋冲突，调整承台钢筋（图 12.1-8）。

图 12.1-7　中轴线对正

图 12.1-8　调整承台钢筋

（6）现场安装预埋件

①首先测出预埋件的中轴线，然后复核承台的中轴线，复核完毕后，将预埋件的四个角点用钢筋头在承台上作出定位（图 12.1-9）。

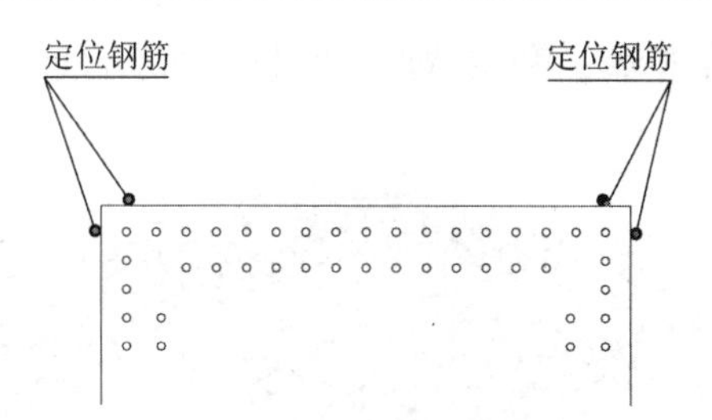


图 12.1-9　定位预埋件

②预埋件标高利用槽钢支撑控制。用 8 号槽钢焊接一个门式架子，这个架子既可支撑拉索套管用，也可支撑上部预埋件（图 12.1-10、图 12.1-11）。

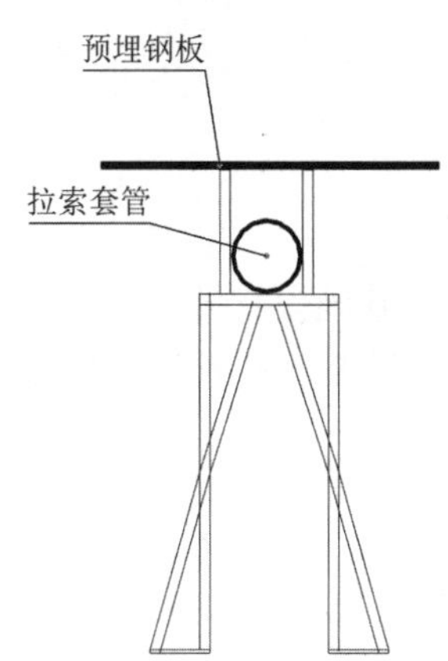


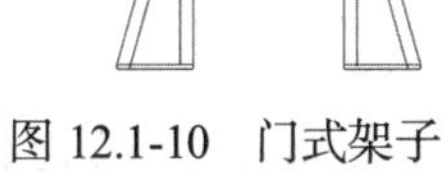

图 12.1-10　门式架子

图 12.1-11　门式架子现场照片

支撑预埋件的立杆控制好长度，使其标高符合安装要求。

③安装预埋件就位。就位完成后复核预埋件位置、标高，符合要求施工完毕（图 12.1-12、图 12.1-13）。

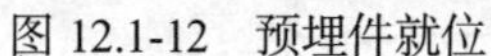

图 12.1-12　预埋件就位

图 12.1-13　就位完毕

12.1.3.3　基础主承台混凝土施工

河湖治理研究基地项目——太湖试验厅工程，由一栋一层试验厅和四座地下水池水泵房组成。总建筑面积约 23954.9m$^2$。主要结构类型为单层大跨空间钢结构，平面尺寸为 150m × 150m，试验厅层高 29.372m。

整个钢结构为平面拱形桁架，利用球形支座与基础承台连接（图 12.1-14）。

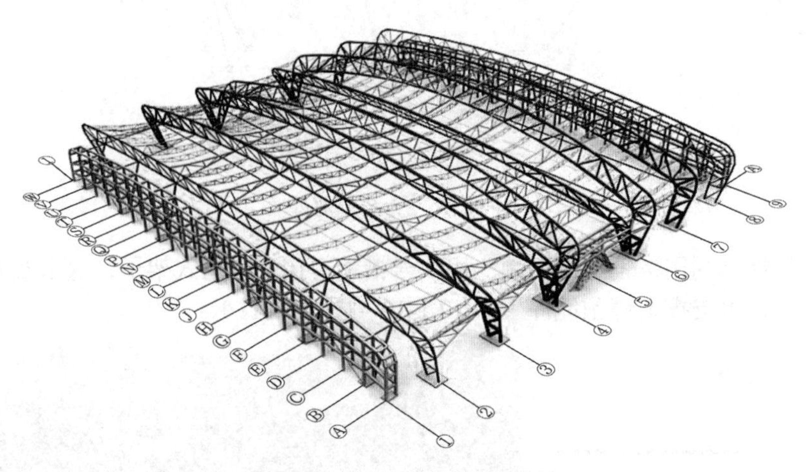

图 12.1-14　太湖试验厅钢结构

混凝土承台基础，是支撑上部钢结构的主要受力构件，基础设有预应力拉索，拉索穿过基础锚固在承台后方，承台不仅承受上部主桁架的压力，还将承担预应力张拉之后的拉力，为压剪组合受力的基础承台。

本工程中涉及的承台有（单位 mm）：

CT12a：5600 × 5600 × 1500 + 2000 × 5200 × 1320

CT12b：5600 × 7700 × 1500 + 2500 × 6070 × 1320

CT15：5600 × 9800 × 1500 + 2900 × 6135 × 1320

承台混凝土强度等级为 C40，钢筋均为三级钢，第一步承台为上下两层钢筋网，直径分别为 32mm 和 25mm，间距 100mm，第二步承台主筋为三级直径 32mm，间距 125mm，环形箍筋三级直径 12mm，间距 150mm（图 12.1-15）。

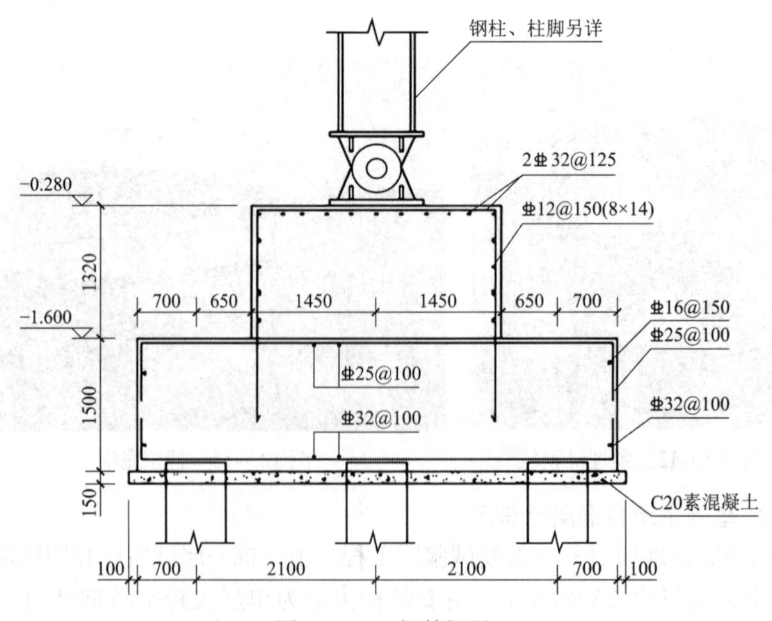


图 12.1-15　钢筋概况

其中 CT12b、CT15 由于是基础预应力拉索锚固承台，承台后有基础拉索索箱型埋板，规格为 1200mm × 1200mm，钢板厚度 50mm，锚固钢筋直径为 20mm，长度 650mm，预应力拉索套管内径，CT15 为 380mm，CT12b 为 300mm，均为钢管，壁厚 22mm（图 12.1-16）。

图 12.1-16　预应力拉索套管

箱型埋板后有钢筋网片加强区，三级钢，直径 10mm，间距 125mm，范围从箱型埋板开始的 1200mm 范围内加强，网片长宽 1200mm × 1200mm，每片间距 80mm（图 12.1-17）。

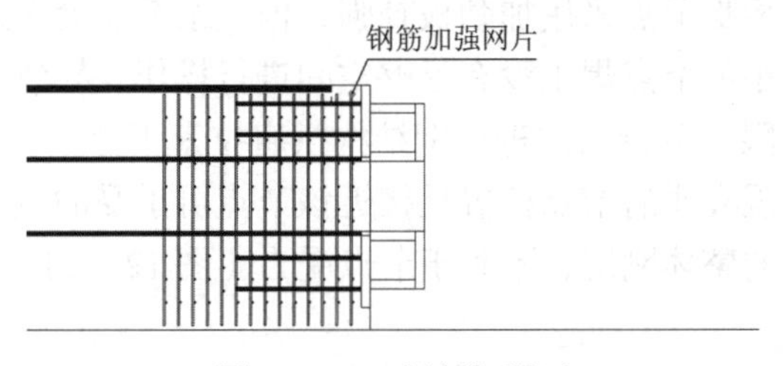


图 12.1-17　埋板加强区

在承台顶部设有连接上部钢结构支座的预埋件，件规格最大为 2900mm × 1800mm × 36mm，锚固钢筋为三级钢，直径 36mm，最大长度 1700mm。锚固钢筋密集，净距仅为 100mm 左右，且数量多（图 12.1-18）。

所有基础施工中主承台预埋件的安装就位是工程中的难点和重点，主承台钢筋净距小，仅为 65mm，预埋件多且均为大规格，锚筋密集，净距仅为 100mm，混凝土浇筑时极易造成孔洞。

针对基础施工方案组织专家论证会，并采购特殊级配粗骨料，骨料级配由常规的 5～31.5mm 调整为 5～20mm，多次进行配合比试验，委托第三方进行混凝土工作性能检测，确定最优配合比，保证混凝土的和易性、扩展度和空隙通过率（图 12.1-19）。

图 12.1-18　承台预埋件

图 12.1-19　混凝土适配

### 12.1.3.4 主体钢结构节点形式复杂

钢结构主框架由 8 榀主桁架、垂直主桁架的次桁架、鱼腹式屋面梁、端部格构柱框架、空间桁架、挡风柱、屋面钢梁、屋墙面拉杆、系杆、上人马道屋面檩条及入口雨棚组成（图 12.1-20）。

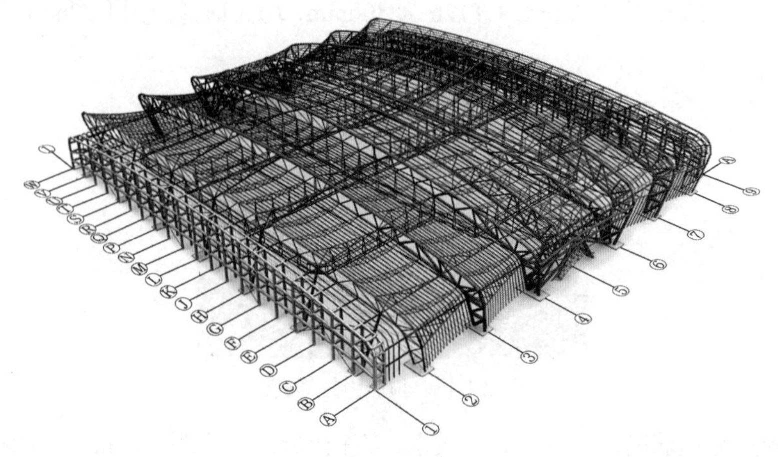

图 12.1-20　试验厅模型

钢结构桁架原设计相贯节点采用加劲板补强，但复杂节点处多道加劲板无法实现全部双面角焊缝，且管径较小的节点焊工没有足够空间进行操作，导致节点处焊接加劲板补强方案无法实现。采用有限元分析软件进行钢结构拱肩拉索张拉至 100%状态下应力模拟验算，应力集中最大值出现在拱肩节点位置且接近该节点可承受的应力临界值，且此节点焊缝较多，削弱了此节点的整体刚度，不利于节点受力（图 12.1-21）。

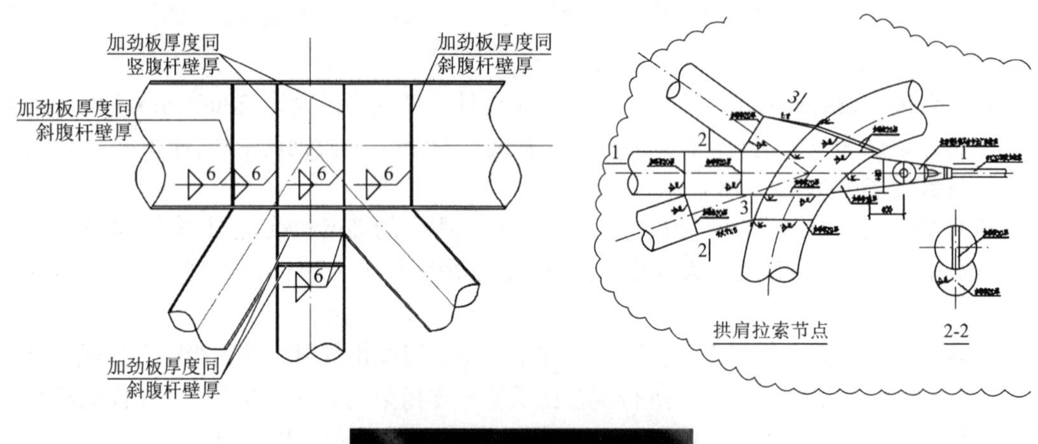


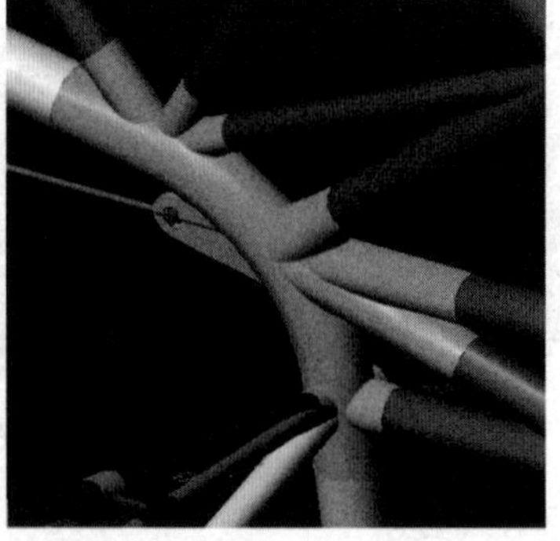

图 12.1-21　桁架管

项目部对节点补强方案进行调整，加劲板变更为环式加劲板，并将钢管管径 ≤ 600mm 的桁架节点处改为增设套管加强措施（图 12.1-22）。

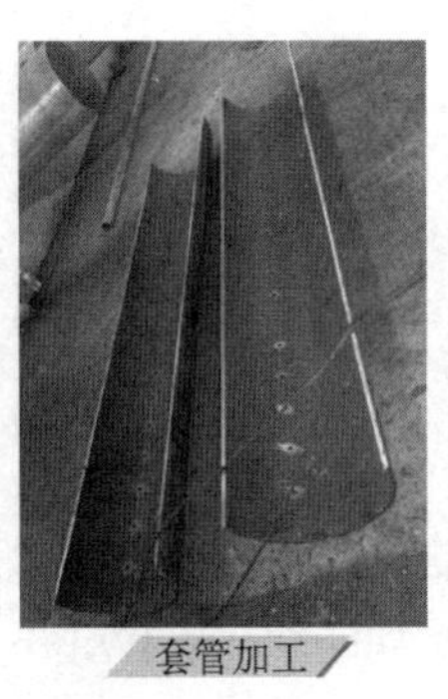

图 12.1-22　桁架管补强

拱肩节点采用整体铸钢件进行节点加强，铸钢件采购严格甄选铸造工厂并进行实地考察，执行工厂驻厂监造及进场验收程序，保证重要构件材料质量，确保结构安全（图 12.1-23）。

图 12.1-23　铸钢件制造

12.1.3.5　超大跨度空间结构变形预控

（1）超大跨度空间结构

由于本工程为单层大跨度空间钢结构，主桁架跨度达 150m，且带有倾斜角，大跨度钢结构在自身重量和荷载作用下的下挠，导致钢结构制作与安装尺寸有所变化（图 12.1-24）。

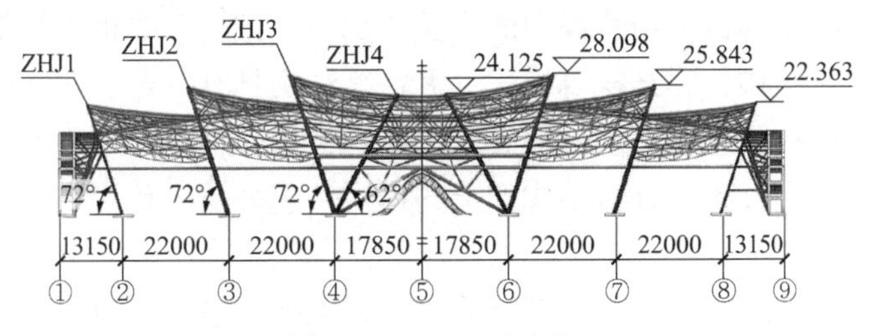


图 12.1-24　立面示意

（2）超大跨度空间结构变形控制

项目部应用 BIM 技术及有限元分析计算软件，确定结构在自重 + 预应力作用下的变形规律，对竖向变形较大的主桁架在施工安装阶段进行预起拱，结构吊装就位过程中利用全站仪进行空间精确定位（图 12.1-25）。

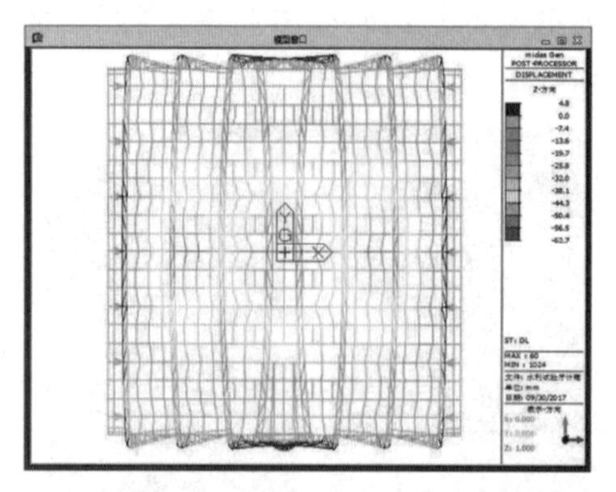

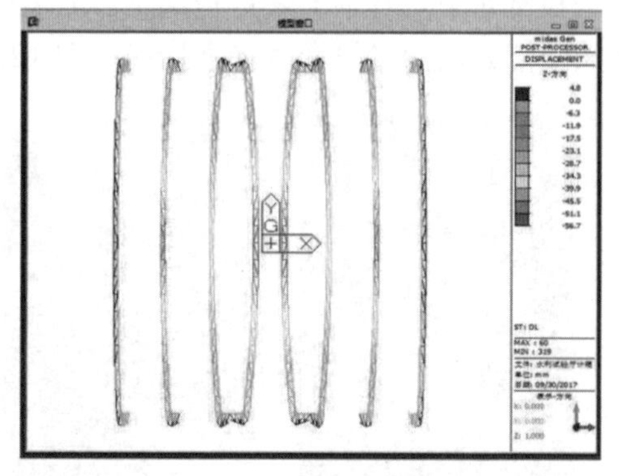

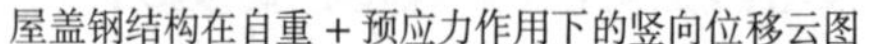

屋盖钢结构在自重＋预应力作用下的竖向位移云图　屋盖主桁架结构在自重＋预应力作用下的竖向位移云图

图 12.1-25　位移云图

现场拼装时，防止构件在拼装的过程中由于胎架的不均匀沉降而导致拼装的误差，现场拼装场地全部混凝土硬化，在拼装过程中随时观测拼装平台的沉降。为减少现场焊接应力和变形的影响，拼装焊接采用从中间向两边的方式进行。现场拼装全过程采用全站仪进行测量定位和校核（图 12.1-26）。

图 12.1-26　现场测量

考虑到主桁架的分段长度较大，最长为 60.739m，脱胎起吊采用四点起吊，并在主桁架落位后，在主桁架吊机不松钩的情况下，将次桁架进行安装就位。同时为了控制主桁架的平面外变形，在次桁架上增加临时斜撑，同时拉设缆风绳。

#### 12.1.3.6 大跨度钢结构预应力张拉索力动态监测

随着大跨度空间结构在城市建设中的广泛应用，其结构形式也由早期的网架网壳结构发展为钢管桁架、索结构、膜结构等形式，大跨度结构具有一定的非线性特征，结构的实体初始状态与设计模拟状态在诸多外部效应的影响下势必存在一定程度的偏差，故在大跨度结构施工及后期使用过程中针对结构安全的钢构件应力及有预应力张拉索力动态监测就显得尤为重要。

以河湖治理研究基地项目——太湖试验厅工程大跨度空间预应力拉索钢结构为背景，通过磁通量法索力测试对结构索体索力进行测量及动态监测，指导现场预应力张拉施工，并与预应力拉索有限元模拟索力进行对比分析，复核有限元模拟和实测索力偏差是否在可控范围内，对索力进行安全复核和预应力损失复核。

磁通量法索力测试是一种新型的导磁性索体索力无损监测方法，该方法精度高、不损伤索体，信号传输干扰小、耐久性强、稳定性好，适合长期在线监测。

磁通量法是基于铁磁性材料的磁弹效应原理，磁通量传感器由初级和次级线圈组成，当初级线圈通入交流电流时，在磁线圈中产生交变磁场，铁芯材料发生磁化，并在次要线圈中产生感应电压，磁芯在不同应力条件下所产生的电压积分值也发生变化，通过测量电压积分值的变化值来测定构件的内力值（图 12.1-27）。

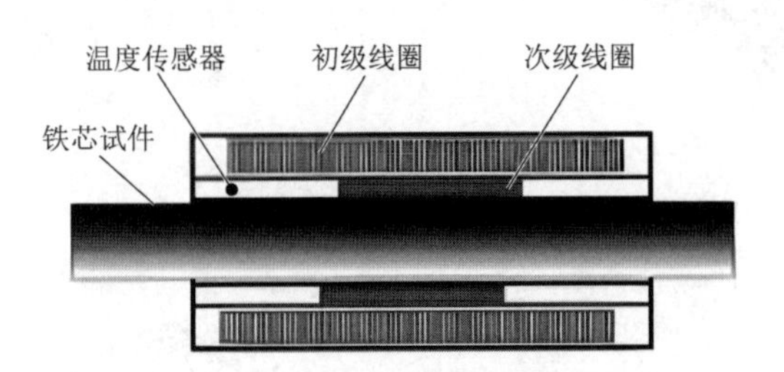


图 12.1-27　索力监测的磁通量工作原理示意

1）工艺原理

工艺原理为采用磁通量索力监测系统（监测系统主要由定制系列磁通量传感器、磁弹仪及自动化监测系统三部分组成），建立索力数据监测系统，形成一种可实时采集、拟合计算、传输、处理索力数据的系统装置，进行大跨度钢结构预应力张拉索力动态监测。

（1）磁通量传感器在预应力拉索制索过程中，未安装锚具之前安装于索体之上形成永久监测点。

（2）利用预应力拉索出厂前超张拉工艺对各监测点磁通量传感器逐一进行标定，分级加载，拟合不同标准力值与电压积分值及温度值之间的率定关系，得出各监测点磁通量传感器的对应索力拟合系数、温度修正系数、初始电压积分值和初始温度值。

（3）现场索力监测通过磁通量传感器与磁弹仪相联，采集监测点传感器所测的感应输出电压积分值及索体温度参数，数据传输代入计算机监测系统平台运算得出实际索力应力。

（4）自动化监测系统由数据采集系统、数据传输系统（有线、无线或以太网传输）和数据处理系统三大模块组成，系统联合运行进行索力数据定期自动采集，索力远程实时在线监测及数据处理异常预警。

2）工艺流程及操作要点

（1）工艺流程

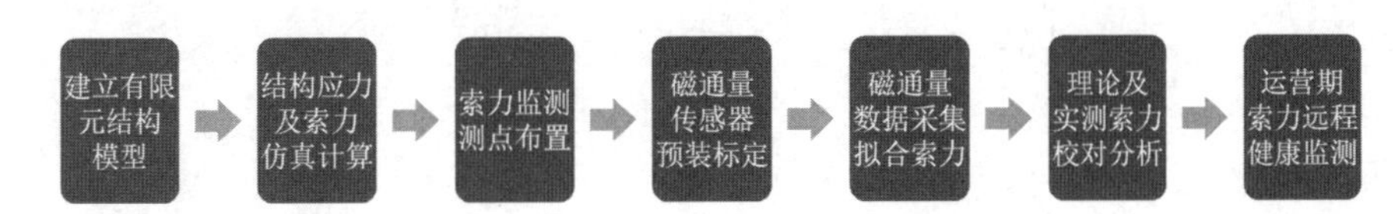


（2）有限元模拟计算分析

①建立计算模型

根据太湖试验厅钢结构大跨度空间管桁架结构特点，结构整体计算分析选用了大型通用有限元分析软件，建立完整的结构计算模型。

②施工仿真模拟计算

a. 通过结构整体计算模型对钢结构预应力张拉施工全过程进行有限元仿真模拟，分别进行主桁架轴力计算分析、各施工步骤下拱肩拉索变形分析、主桁架应力分析、各榀主桁架竖向位移分析及支座反力分析，分析所得计算数据作为钢结构安装及预应力张拉全过程施工的指导依据（图 12.1-28）。

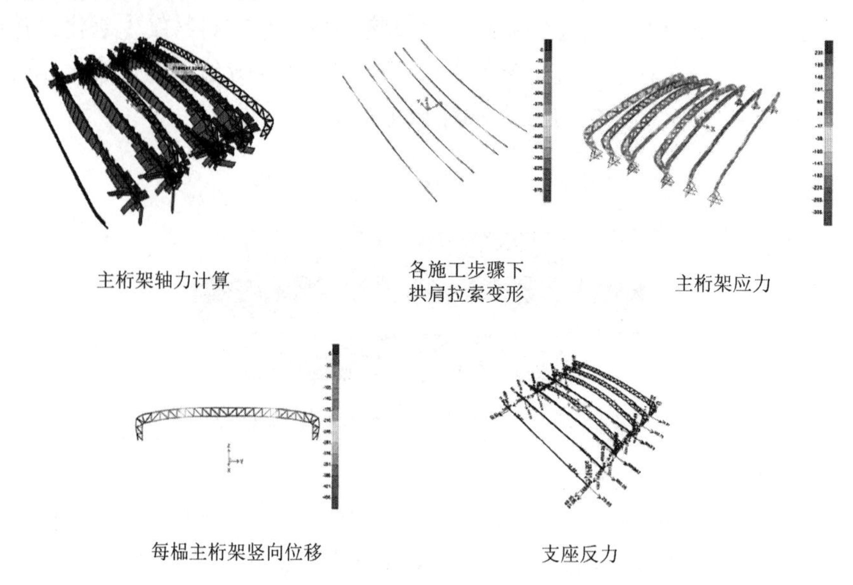

主桁架轴力计算　各施工步骤下拱肩拉索变形　主桁架应力

每榀主桁架竖向位移　支座反力

图 12.1-28　施工全过程有限元仿真模拟

b. 由于本工程张弦梁结构拉索在张拉过程中存在结构位移和拉索松弛，索力值采用几何非线性有限元法进行各施工步下拱肩拉索变形计算（图 12.1-29）。

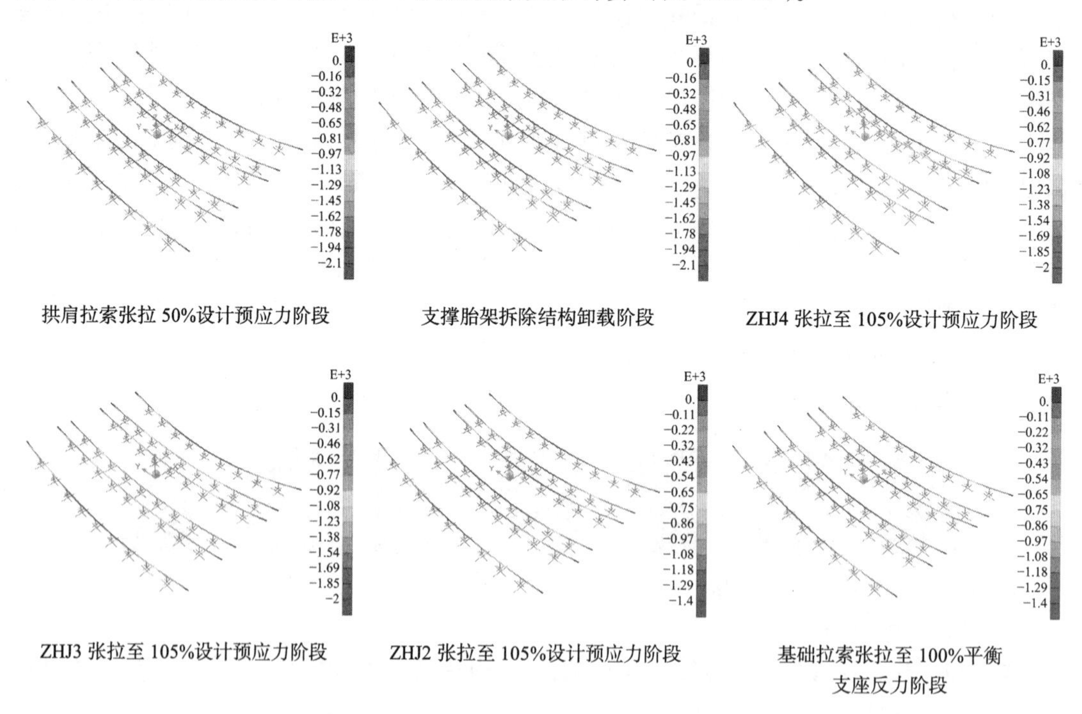

拱肩拉索张拉 50%设计预应力阶段　支撑胎架拆除结构卸载阶段　ZHJ4 张拉至 105%设计预应力阶段

ZHJ3 张拉至 105%设计预应力阶段　ZHJ2 张拉至 105%设计预应力阶段　基础拉索张拉至 100%平衡支座反力阶段

图 12.1-29　结构各施工步骤下拱肩拉索变形模拟

（3）索力监测测点布置

①拱肩拉索索力测点布置

根据理论分析结果，选择索力较大点和变化较大点进行监测。每根拱肩拉索的一端锚具附近布置 1 个测点，通过监测锚具附近的索力，评估在施工阶段锚具附近的受力状态。拱肩拉索测点布置如图 12.1-30，测点个数为 6 个。

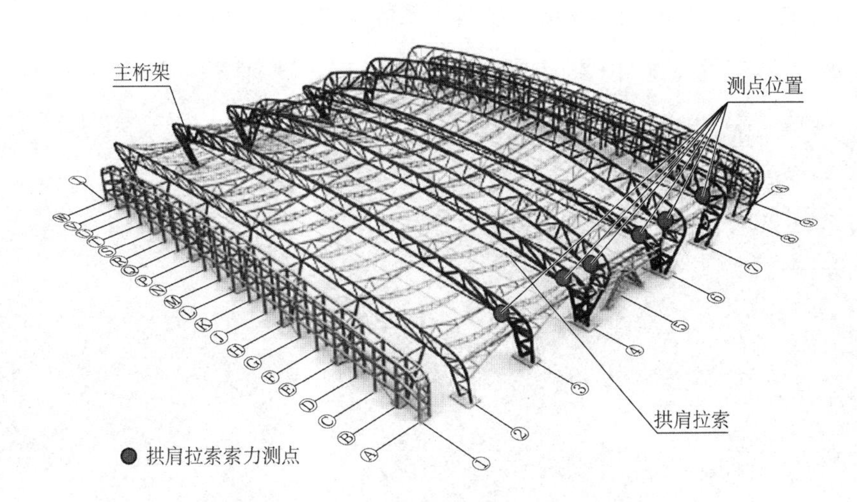


图 12.1-30　拱肩拉索索力测点位置示意图

②基础拉索索力测点布置

每根基础拉索一端的锚具附近布置一个索力测点。基础拉索测点布置如图 12.1-31，基础拉索测点个数为 4 个（3、4、6、7 轴上）。

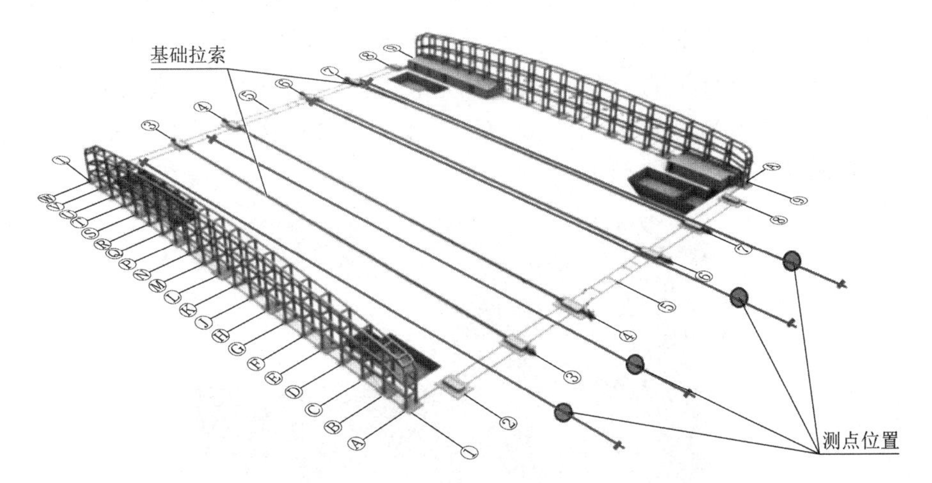


图 12.1-31　基础拉索索力测点位置示意图

（4）磁通量传感器预装标定

①磁通量传感器在预应力拉索制索过程中，未安装锚具之前安装于索体之上形成永久监测点。

②力值标定

利用预应力拉索出厂前超张拉工艺对各监测点磁通量传感器逐一进行标定，根据设计索力值确定测量上限并分级匀速施加荷载，测量各级荷载下的电压积分值（磁通量值），拟合不同标准力值与电压积分值及温度值之间的率定关系，得出各监测点磁通量传感器的对应索力拟合系数、零点积分值和零点温度值。

③温度标定

磁通量传感器内含测温构件，温度标定时让索体自由，在相差 5℃以上的两个温度点，测量电压积分值，由此计算出索体的温度修正系数（图 12.1-32）。

图 12.1-32　磁通量传感器预装标定

（5）监测系统标定操作

进入自动化监测系统，在参数框中输入待测索参数和标定参数，参照工程预应力拉索设计索力设定加载范围，加载级数，输入被测索径、索长、索体材质等信息后点击“开始标定”。标定框会自动根据填写的标定参数，分级进行加载。填写完毕后，点击“测试按钮”，自动监测系统会开始进行测试。直至分级加载完毕。此时标定框中会根据参数框中的内容，自动生成标定过程及所测传感器的 A、B、C、D 索力拟合系数、温度修正系数、初始电压积分值、初始温度值（图 12.1-33）。

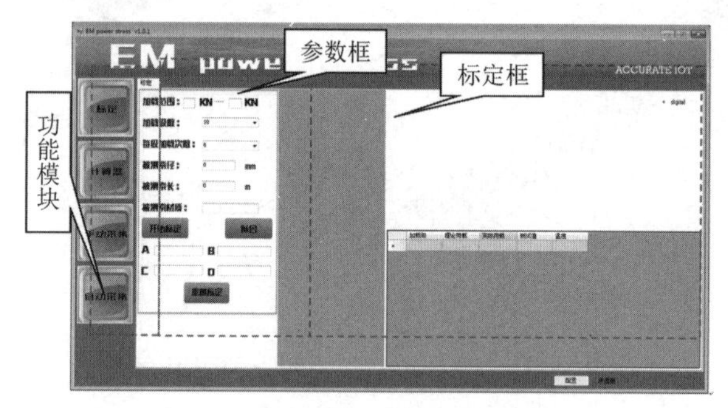


图 12.1-33　监测系统标定操作

（6）磁通量数据采集拟合索力

①现场索力监测通过磁通量传感器与磁弹仪相联，采集监测点传感器所测的感应输出电压积分值及索体温度参数，数据传输代入计算机监测系统平台运算得出实际索力应力。

②监测系统采集操作

a. 手动采集模式

点击最左侧一列功能模块中的“手动采集”功能模块，在左侧 A、B、C、D 四个系数框内填入待测传感器标定的索力拟合系数（图 12.1-34）。

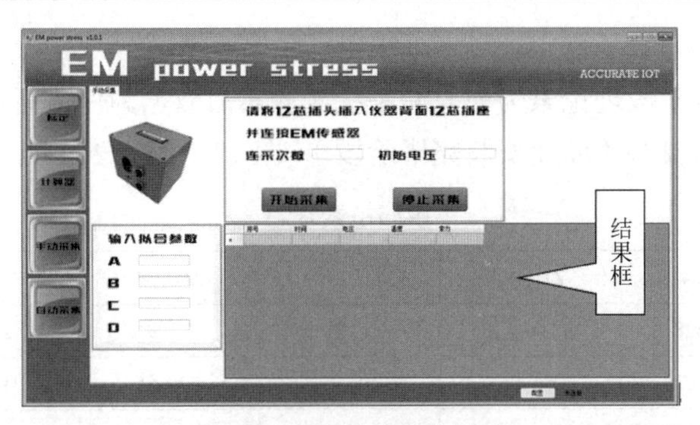


图 12.1-34　手动采集模式

在右侧“连采次数”后方输入框中输入要连续采集的次数，并且在“初始电压”输入框中输入标定初始电压积分值。输入完毕后，点击“开始采集”按钮，则开始采集，采集数据显示在下方的结果框中。

b. 自动采集模式

点击最左侧一列功能模块中的“自动采集”功能模块，点击左下方“配置参数”区域的“通道 1”，弹出“通道 1”的系数配置弹出窗框，在弹出框中输入“通道 1”所连接传感器的标定拟合系数 A、B、C、D 及初始电压积分值（图 12.1-35）。

点击确定，则“通道 1”的系数配置完成。逐一配置 8 个通道的传感器系数。完成后点击右侧“开始采集”按钮，则仪器开始自动采集各个通道的索力值。点击“停止采集”则仪器停止采集。

③索力拟合

点击最左侧一列功能模块中的“计算器”功能模块，在左侧输入所测传感器的标定拟合参数 A、B、C、D。在右侧“初始电压”后的输入框内输入标定初始电压积分值，在“测量电压”后的输入框内输入被测索的测量电压积分值。点击“索力求解”按钮，按钮下方的输出框则显示出被测拉索的索力数据（图 12.1-36）。

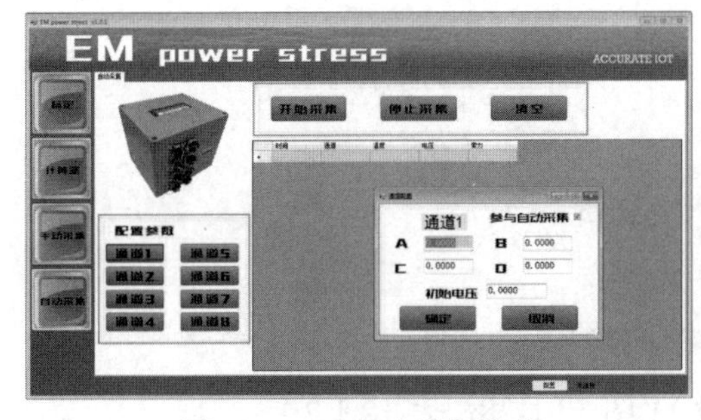


图 12.1-35　自动采集模式

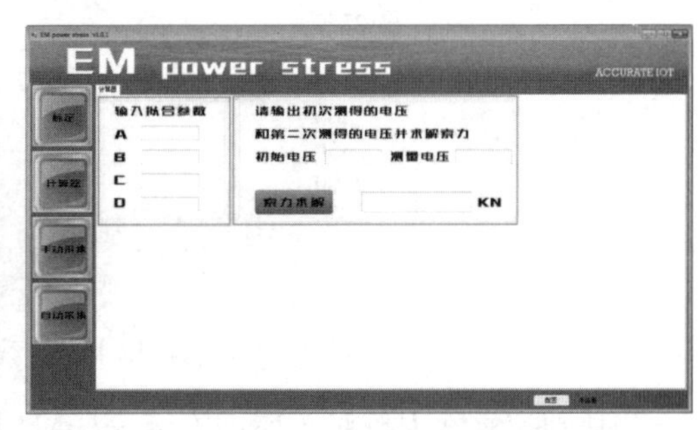


图 12.1-36　索力拟合

（7）理论及实测索力校对分析

根据有限元仿真分析计算所得钢结构各施工阶段下的拉索模拟理论索力（如拱肩拉索张拉至 50%阶段、支撑胎架卸载阶段、拱肩拉索张拉至 100%阶段、基础拉索张拉 100%阶段、屋面安装完毕阶段等），与各阶段磁通量监测系统实测索力值进行校对，复核有限元模拟和实测索力偏差是否在可控范围内，对索力进行安全复核和预应力损失复核。

如索力偏差超出可控范围，则应立即停止预应力张拉施工，找出原因采取相应措施后方可进行后续施工。

以屋面安装完毕阶段理论索力与监测系统实测索力数据为例进行校对：

①拱肩拉索索力校对（屋面安装完毕阶段）（图 12.1-37、表 12.1-1）

拱肩拉索索力　　表 12.1-1

| 索号 | ZHJ4-1 | ZHJ4-2 | ZHJ3-1 | ZHJ3-2 | ZHJ2-1 | ZHJ2-2 |
|---|---|---|---|---|---|---|
| 理论索力 | 2428 | 2428 | 2599 | 2599 | 2708 | 2708 |
| 实测 EM 电压 | 199.76 | 199.06 | 200.42 | 200.41 | 198.33 | 198.75 |
| 实测索力 | 2431.5 | 2422.44 | 2592.92 | 2605.3 | 2714.2 | 2720.3 |
| 误差百分比% | 0.14% | −0.23% | −0.23% | 0.24% | 0.23% | 0.45% |

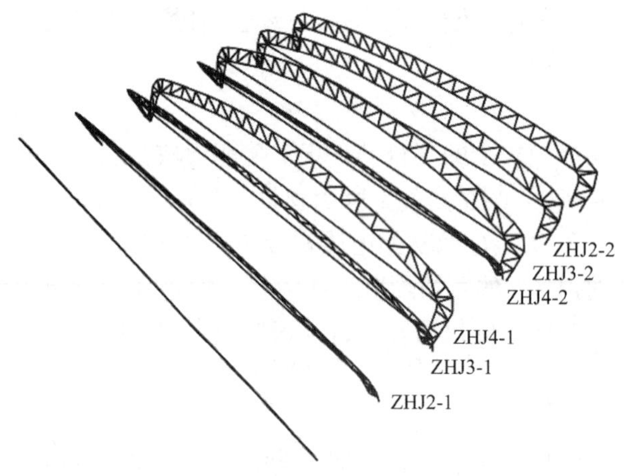


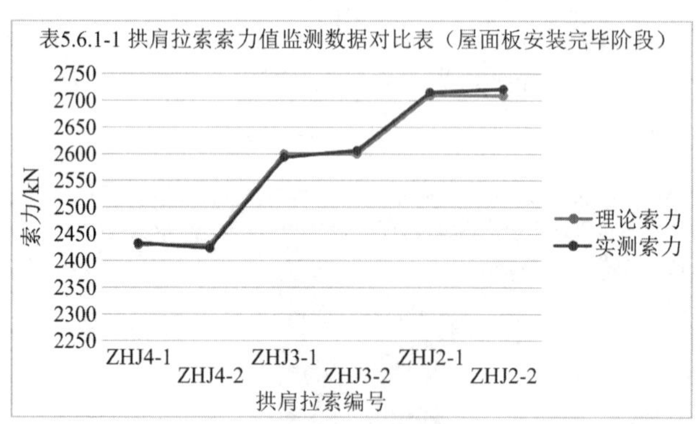


图 12.1-37　拱肩拉索索力

②基础拉索索力校对（屋面安装完毕阶段）（图 12.1-38、表 12.1-2）

基础拉索索力　　表 12.1-2

| 索号 | DS2-1 | DS2-2 | DS3-1 | DS3-2 |
|---|---|---|---|---|
| 理论索力 | 3343 | 3343 | 5285 | 5285 |
| 实测 EM 电压 | 229.25 | 229.09 | 311.31 | 312.01 |
| 实测索力 | 3357.7 | 3356.66 | 5282.47 | 5318.28 |
| 误差百分比% | 0.44% | 0.41% | −0.05% | 0.63% |

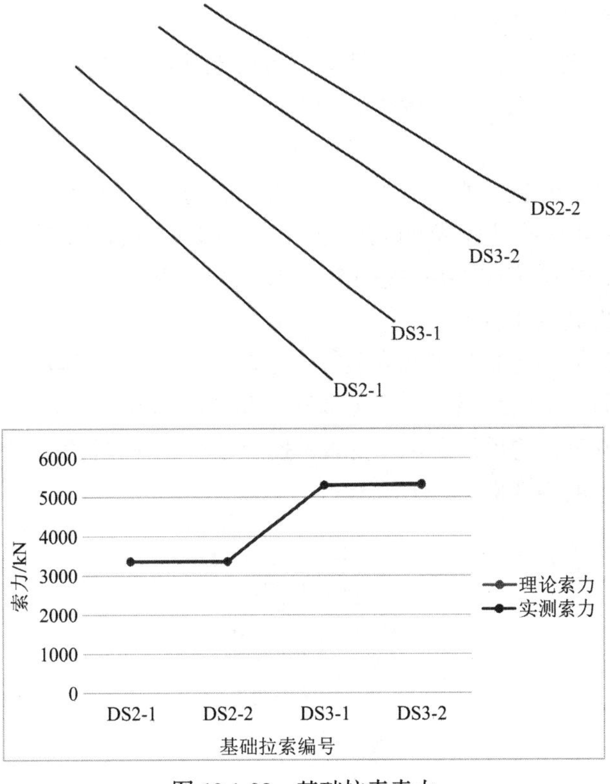


图 12.1-38 基础拉索索力

（8）运营期索力远程健康监测

由磁通量传感器、磁弹仪、数据采集箱等组成的数据采集系统根据自主设定的采集时间、频率对监测点索力自动测量后，监测数据通过有线、无线或以太网进行远程实时传输至监控中心客户端，监控中心通过数据处理系统对采集数据进行拟合计算及数据结果分析，一旦发现索力异常情况数据处理系统将进行预警，监控中心对问题索体数据结果进行分析，为查明问题根源及制定相应处理方案提供数据依据，保证建筑物及桥梁结构安全。

12.1.3.7 水气分离集成管井降水强夯

1）工艺原理

水气分离集成管井降水强夯工艺综合利用传统深井降水强夯法水力释重降水原理和轻型井点降水抽真空降水原理，真空泵抽真空，集成管井内形成真空压力，根据集成管井内水气混合情况，通过调节阀调节集成管井内的真空压力，使真空泵抽真空效果可以调控，建立水气分离平衡，既能够排出土体经动力加固后产生的超静孔隙水，又能够快速消散土体经动力加固后产生的超静孔隙压力，达到地基加固处理的目的。

2）工艺流程及操作要点

（1）施工前准备

现场施工前，检查施工材料的质量及仪器设备的规格型号。本工程采用直径 250mm 的高强度 PVC 波纹管，入土深度 10m，0.75kW 潜水泵，专利设备水气分离平衡控制端，真空泵及管井网络连接管。

（2）测量定位

精确测量定位降水管井位置、夯点位置和检测观测点位置。

（3）水气分离集成管井布置

设置井管滤孔：设置滤孔过程中，要充分考虑地基加固区域地下水及土质分层条件，集成管井滤孔设置在渗透系数较小的土层中，本工程降水集成管井的井管从距顶端 1.5m 的位置开始向下布置滤孔。

水气分离集成管井布置：水气分离集成管井的设置及布置网格应根据地勘报告表明地质条件确定，本工程集成管井设置外围集成管井和内层集成管井，外围集成管井井距 10m，加固区域周边布置，内层集成管井井距 15m，加固区域内布置，井内均悬空吊置一个潜水泵，水气分离平衡控制端布置。

水气分离平衡控制端包括控制端安装管，控制端顶部安装盖板，盖板上设置上下贯通的排水管、抽真空管、电缆线潜水泵固定绳穿管及真空调节管，水气分离调节管上设置有调节阀，水气分离调节管的顶部设置真空表，控制端安装管的长度为 500mm，排水管深入控制端安装管内的长度为 300m（图 12.1-39）。

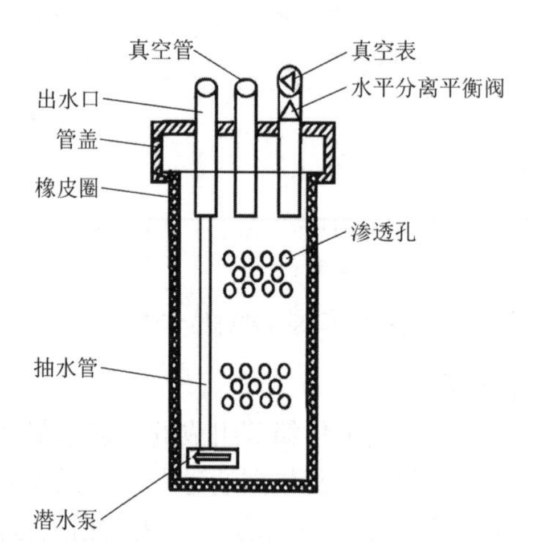


图 12.1-39　水气分离集成井示意图

水气分离集成管井网络连接：集成管井的控制端安装完成后，真空管上端连接一根抽真空总管，抽真空总管通过外置的真空泵抽真空，一般一台真空泵通过抽真空总管连接 5～8 个集成管井去。抽真空总管采用 50mm 的 PVC 管，真空泵功率为 15kW 以上，最适宜的是采用往复式真空泵。

抽真空总管连接真空泵与集成管井时，则可将借助抽真空总管对集成管井上部定位，用铁丝绑在集成管井的端口，以确保集成管井垂直。

试运行：集成管井网络连接完成后，则可启动真空泵，检查管接口及连接处密封完好后进行抽水试验，在实际施工时，根据真空表显示以及潜水泵排水情况，及时进行调试，要求真空度达到 0.4～0.6MPa，潜水泵正常出水，以确保集成管井的运行正常。

（4）水气分离降水

集成管井正常运行后，约 1～2 日地下水位即能降至地表以下 5～7m，此时土体内自由水被管井内负压吸引而急剧下降，经真空泵间隙抽真空后，土体内部分结合水被吸出土体附着在管井内壁上而成自由水被排出，水土分离降水压力达到 0.4～0.6MPa。而真空井点降水一般需 7～10 日才能降至地表 2m 以下。

（5）动力加固后水气分离降水

土体经过动力加固夯击、振动压实时，土体产生超静孔隙压力，其压力值随动力所施加的能量（夯击能）成正比增加。土体内结合水在夯击作用下形成超静孔隙水，两者（超静孔隙水以及超静孔隙压力）混合成超静孔隙水压力，通过本步骤排出土体内压力水（超静孔隙水）和压力气（超静孔隙压力）。

孔隙水压力的消散时间根据不同的土质，其消散时间也不同，大量的施工实践证明，渗透系数越大的土质其消散时间越短，其中尤以中粗砂消散时间最快，一般仅需 48h，其夯后的超静孔隙水压力即完全消散，可进行下一步的动力加固。而渗透系数较小的土质，如淤泥质粉质黏土、粉质黏土等即使采用真空井点辅以超静孔隙水压力消散，经过一个月的抽真空，也无法达到消散要求，如强行继续动力加固，其结果是出现“弹簧土”而造成土体结构破坏，以失败告终。

而水气分离集成管井，综合利用水力释重原理及真空井点抽真空增设水气分离平衡过程中的水气平衡原理，不仅能快速降低地下水，而且能平衡土体经夯后产生的孔隙水和孔隙压力，使井内孔隙压力（正压）上升并被真空泵抽出土体，而土体内的孔隙水则经平衡后流入管井内，被内置的潜水泵排出土体，不同的土质经动力加固后所产生的超静孔隙水压力不同，水气分离集成管井则通过水气分离平衡调节，使之满足不同土体动力加固后所产生的超静孔隙水压力的快速消散。水气分离降水真空压力根据土质条件确定，一般为 0.4～0.6MPa。

第一遍点夯后进行第二遍水气分离降水。

水气分离管井降水 2～3 日左右，且地下水位下降至地表以下 4～6m 时，进行第一遍强夯。

第一遍强夯采用的夯锤质量以满足夯击能为主，底面积直径为 2.1～2.5m。夯点间距为 5.0m × 5.0m，正方形布点。第一遍夯击能量为 1200～1600kN · m，每点夯击数根据试夯情况确定，且满足收锤标准要求。

第一遍夯后，推平夯坑，进行水气分离管井降水，此时应注意真空泵正常运转，因为土体经第一遍 1200～1600kN · m 夯击后，土体内大量的水气混合液转化为超静孔隙水压力，该遍降水是关系到后续点夯提高夯击能的关键。水气分离群井降水时间一般为 2～3 日，在孔隙水压力消散至 90%时，地下水位在地表以下 4～6m 条件下，则可进行第二遍点夯。

第二遍点夯后进行第三遍水气分离降水。

第二遍夯点间距为 5.0m × 5.0m，夯点布置在第一遍中间；第二遍夯击能量为 1800～2200kN · m，每点夯击数根据试夯情况确定，且满足收锤标准要求。

第二遍夯后，推平夯坑，继续进行群井降水；至孔隙水压力消散至 90%时，地下水位保持在 4～6m，则可根据夯后场地，进行质量自检，通过静力触探的方式，根据 PS 曲线计算夯后的加固深度、承载力效果。

第三遍点夯后进行第四遍水气分离降水。

第三遍夯点设置在第一遍夯点上，夯击能量为 2200～2500kN · m，每点夯击数根据试夯情况确定，且满足收锤标准要求。

利用土体中水气混合状态所产生的超静孔隙水压力（正压），通过在集成管井端口上设置的控制端连接真空泵抽真空，由调节阀进行水气分离平衡控制，可根据动力加固后土体所产生的超静孔隙水压力的压强，利用调节阀根据需加固区域的土质条件调节真空度，不同的土质其真空度也不同，使流入集成管井内的水气混合液通过调节阀调节真空压力后，水往下，气往上，真空泵抽气不抽水，减轻了真空泵的负载压力。检查真空泵与集成管井的密封连接，在确认无误的情况下，开启真空泵进行水气分离抽真空降水。一般采取间隙抽真空的方法，经 2～3 日后，土体超静孔隙水压力消散至 90%以上，地下水位下降至地表 5～7m。

（6）回填管井

拔出控制端，取出集成管井内置潜水泵，利用集成管井周边的软土填入集成管井内，在此环节下回填集成管井的同时，采用振捣棒边回填边振实，直到回填至场地平整，并在集成管井处作好标记，以便在满夯时采取补夯措施。

（7）满夯施工

集成管井回填实后，即可进行满夯施工，满夯夯击能一般采取 1000kN · m，满夯施工时，夯印搭接 1/4，每点 1～2 击，在实施本方法时遇集成管井标注点，则采取对管井标注点用 1000kN · m 的夯击能点击 5～6 击，对集成管井点进行补夯，确保管井点的密实度。

（8）地基检测

满夯结束后场地平整，等孔压消散后进行最终检测。

### 12.1.4 结果状态

#### 12.1.4.1 基础拉索埋件及拉索锚具优化成果

通过对设计方案的优化创新，使设计更加具备可实施性，提高结构安全性，获得了建设单位及设计单位的认可。

通过对拉索锚具形式的变更，使得基础拉索综合单价满足了合同约定的调价条件，可追加造价约 40 万元。

#### 12.1.4.2 承台埋件安装优化成果

通过方案优化，基础承台施工极大简化了预埋件安装复杂性，使预埋件基本可以达到一次到位，无需过大调整，安装精度完全满足要求，比预计安装工期缩短了 6d，此技术形成了《大型钢结构拱脚复杂埋件安装防碰撞施工工法》。

#### 12.1.4.3 基础主承台混凝土施工优化成果

通过项目部的管控管理，拆模后混凝土表观无裂缝、漏振。使用放射性同位素检查，承台混凝土内部无空洞漏振（图 12.1-40、图 12.1-41）。

通过调整混凝土粗骨料粒径，形成混凝土原材变更，追加主承台混凝土材差约 15 万元。

图 12.1-40 同位素设备

图 12.1-41 同位素检测

12.1.4.4　钢结构构件节点优化成果

通过对构件节点加劲板进行变更，大大降低了工厂材料的加工难度，加快了加工进度，节约钢构件加工费约30万元。

通过拱肩薄弱区域节点变更为整体铸钢节点，加强了钢结构整体刚度及稳定性，确保索力有效传递至拱脚及基础结构，提高了结构安全性。

通过整体铸钢节点变更，以构件重量及材料单价变动申请变更增加材料价差约300万元。

12.1.4.5　超大跨度空间结构变形控制优化成果

项目部通过加强过程控制，控制拼装及吊装精度，加强工厂及现场加工及焊接质量管理，钢结构安装各阶段结构实测变形数据与有限元模拟分析计算所得变形数据均在允许范围之内，结构卸载后下挠量与模拟数值偏差控制在10mm以内。

《太湖水利实验厅带索倾斜平面桁架结构施工关键技术研究》一文已在核心期刊《施工技术》发表。

12.1.4.6　预应力张拉索力监测优化成果

磁通量传感器技术从结构和工作原理上，较好地解决了传统索力监测方法的长期监测精度低、损坏无法更换、监测成本高等问题，实现了动态、长效、无损、高精度索力测量，其应用领域广泛，可用于大跨度张弦梁钢结构预应力拉索、斜拉桥斜拉索、悬索桥缆线、系杆拱桥吊杆和系杆、预应力混凝土结构中体外索和预应力筋等索力监测，尤其对大跨度预应力钢结构及大跨径连续钢构混凝土桥梁在施工及运营期的结构安全提供重要保障。以它为基础构建的索力监控系统，在国内外的工程实践中得到大量应用，极大地丰富了索力监测的手段，并推动结构安全健康监测技术的发展。此技术形成了《大跨度钢结构预应力拉索索力动态监测施工工法》。

12.1.4.7　水气分离集成管井降水强夯施工优化成果

通过对地下水位的观测及孔隙水压力消散情况的观测，与常规真空井点降水强夯工艺相比水气分离集成井降水强夯法降水深度可达地表以下5～6m，突破了深层加固因降水深度限制的瓶颈，在夯击过程中使夯击能对土体的加固深度、效果明显提高。

从表面沉降检测结果看，常规真空井点降水强夯工艺的加固效果虽然能达到设计所需的各项技术指标，但是工后沉降还是比水气分离集成井降水强夯工艺要大。

与常规真空井点降水工艺相比，采用水气分离集成井降水技术夯后孔隙水压力的消散仅为1～2日，时间明显少于前者，而且由于工艺简单、投入设备及人力较少，可以大大加快软弱地基的处理速度，极大地节约了成本。

现场检测试验结果对比表明，采用水气分离集成井降水强夯工艺对软土地基进行加固，在加固深度、土体强度和地基承载力方面均有较大幅度的提升，其中第二层粉质黏土标贯击数由原来的最低 2 击提高到了最低 8 击，平板荷载试验地基承载力特征值最小值达到165kPa，地基加固效果明显。

水气分离降水通过真空泵将土体中的超静孔隙水吸出土体后，收集到真空泵内，输送到现场循环水利用系统中，实现了水资源的循环利用，保证本工程实现绿色文明施工的目标。

水气分离集成管井降水工艺通过缩短超静孔隙水压力的消散时间，将超静孔隙水压力消散时间由传统深层管井降水消散超静孔隙水压力至 90%所需的几个月时间缩短到 1～2 日，极大地缩短了施工工期，同时，水气分离集成管井降水施工所采用的专利设备较真空井点降水施工所采用的设备成本低，为本工程创造了良好的经济效益。

### 12.1.5 问题及建议

要想高质量、高效益、高速度的完成一项工程，必须依靠科学技术的手段，开发并大力推广新技术、新工艺、新材料，不断地推陈出新，充分提高企业产品的科技含量。对于科技开发和新技术推广应用工作，首先领导要重视，成立科技推广实施小组，充分调动施工人员的积极性，及时组织施工应用技术的各项资料，在变化的施工过程中总结新技术的应用推广经验。施工过程中，集团公司领导多次组织专家、质检站、安监站等单位的专家进行各种方案的论证及现场指导，直接为工程的顺利、安全实施奠定了坚实的基础。

创新创效推广不仅仅是技术人员的工作，还涉及业主、设计、监理，施工中要主动与各方作好沟通，争取他们对新技术推广工作的支持，对积极推广新技术工作的人员应给予奖励，加大科技示范工程在人、财、物方面的投入，对优秀推广项目要及时组织经验交流，使建筑业科技工作更上一个台阶。

## 12.2 华北铝业新材料科技有限公司新能源电池箔工程综合创新

### 12.2.1 案件背景

华北铝业新材料科技有限公司新能源电池箔项目是华北铝业有限公司贯彻落实习近平总书记提出的新发展理念，坚持高质量发展按照“总体布局、重点突破、自我平衡”和“边产边迁”的总原则，通过整体项目搬迁实现产品转型和装备升级，而建设成“国内领先、世界一流”的中高端电池箔生产基地。

项目主要包括生产设施、辅助生产设施、公用设施、仓储设施及行政生活设施共计 5 个设施，总建筑面积 84250m$^2$。主要生产设施为冷轧车间、铝箔车间。共计三条扎线。分别为冷轧车间新建一条 1850mm 冷轧生产线、铝箔车间新建一条 1850mm 铝箔生产线、搬迁并改造升级一条 1850mm 铝箔生产线。设计年产铝箔及铝带 6.5 万吨（图 12.2-1）。

图 12.2-1 项目鸟瞰图

华北铝业新材料科技有限公司新能源电池箔项目总投资 19 亿元，总占地面积 368 亩，总建筑面积 106568.19m$^2$。

本工程项目建筑形式丰富、结构形式多样。其主厂房为大型铝加工钢结构厂房，辅跨部分为钢框架结构。办公楼、宿舍、研发中心等单体为钢筋混凝土框架结构，宿舍、循环水泵房等单体为砌体结构。同时，项目建成的设备基础体积较大，且形式复杂，多处涉及高支模、深基坑等超危工程。具有结构形式多、施工面积大、工期时间紧、生产任务重、质量要求高的特点。

### 12.2.2 事件过程分析描述

华北铝业新能源电池箔项目为典型的“三边工程”，建设单位与我单位签订了固定总价合同，合同额依据项目初步设计编制，为避免项目亏损，特开展“设计深化、方案优化、成果转化”活动，在设计阶段便进行参与，优化施工方案，同时积极开展科技创新工作，采取科技引领未来的理念，降低项目施工成本，在公司的带领下，项目团队充分发挥积极性、能动性，最大限度开展创新创效工作。主要工作由以下几个方面进行，见表 12.2-1。

创新工作要点表　　表 12.2-1

| 序号 | 创新要点 |
|---|---|
| 1 | BIM 技术应用 |
| 2 | 专利推广应用与研发 |
| 3 | 科技研发与应用 |
| 4 | “双优化”实施 |

### 12.2.3 关键措施及实施

为推动项目建设过程中的科技研发工作，在施工过程中科研团队为项目创新创效工作提供了技术支持，确保项目创新创效工作有效推进。按照公司的统一部署，华北铝业新能源电池箔项目成立以公司总工程师为分管领导，依托公司二级专家的技术支持，项目技术管理部具体实施的科技研发技术小组，实施本项目的科技研发及应用工作。

12.2.3.1 编制创新创效策划方案

为进一步加强创新创效工作扎实推进，项目成立之初即编制了创新创效策划方案，明确科技研发实施计划，对中国二十二冶集团有限公司的专利进行整理分析，整理出适用于本项目的专利，并根据项目实际情况，初步确定设计、方案优化内容，为日后创新创效工作指明方向。

12.2.3.2 四大创新要点的具体实施

1）BIM 技术应用

（1）基于 BIM + GIS 的大型场地布置规划

基于 BIM + GIS 技术，应用无人机对施工现场进行倾斜摄影，建立地理信息模型及 BIM 模型。根据实际现场情况合理规划布局，对现场临建、道路、材料加工区、设备等进行场地区域划分，采用 BIM 模型与地理信息模型相结合的方式，对既有构筑物及设施进行干扰分析，找出合理施工方案，排除干扰，避免场地存在干扰情况下影响施工。合理快速地规划施工场地、临时办公区及施工便道等方案，为后期主体工程施工奠定基础（图 12.2-2）。

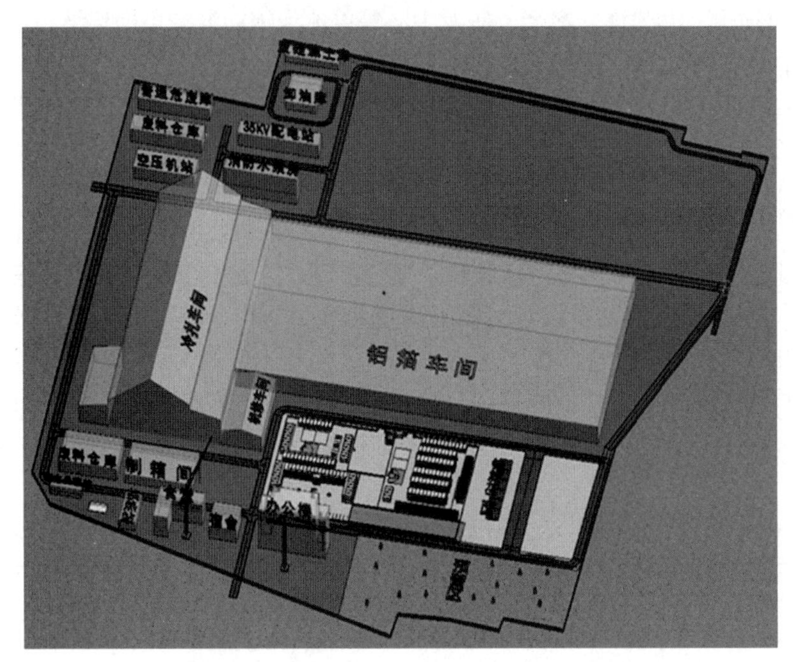


图 12.2-2　BIM + GIS 技术设计图

（2）基于 BIM 技术进行钢结构图纸深化设计

采用 BIM 技术与传统钢结构设计软件结合方式形成大型钢结构信息化、参数化节点 BIM 模型，再结合各自专业，施工特点及现场情况，对建立的模型进行调整优化，提升深化后模型的专业合理性、准确性和可校核性。

通过施工模型获得所需的设备与材料信息，包括已完工程消耗的设备与材料信息，以及下一阶段工程施工所需的设备与材料信息，实现施工过程中设备、材料的有效控制（图 12.2-3）。

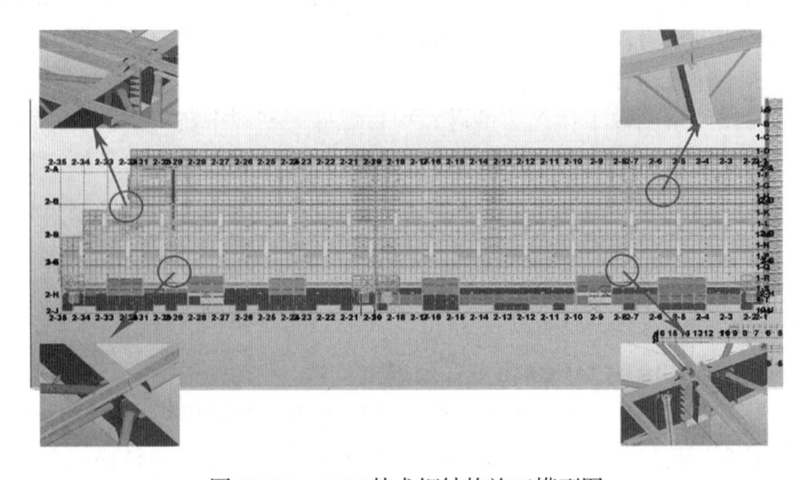

图 12.2-3　BIM 技术钢结构施工模型图

（3）基于 BIM 模型进行设计审核

BIM 建模人员在模型创建过程中，查找图纸问题，并及时与设计沟通，形成图纸会审文件或设计变更文件，能够提前发现图纸问题，避免施工隐患，降低施工成本。BIM 小组建模人员分专业按照预先设计的图纸问题记录模板进行问题整理记录，并交由项目技术人员形成图纸会审文件（图 12.2-4）。

图 12.2-4　对 BIM 建模的会议探讨

（4）基于 BIM 技术的方案模拟优化

根据施工方案的文件和资料，在技术、管理等方面定义施工过程附加信息并添加到施工图设计模型或深化设计模型中，创建施工过程演示模型。该演示模型应表示工程实体和现场施工环境、施工机械的运行方式、施工方法和顺序、所需临时及永久设施安装的位置等。

结合工程项目的施工工艺流程，对施工过程演示模型进行施工模拟、优化，选择最优施工方案，生产模拟演示视频并提交工程部审核（图 12.2-5、图 12.2-6）。

图 12.2-5　施工模拟图

图 12.2-6　施工模拟图

（5）基于 BIM 的管线综合技术

采用 BIM 技术将真实管线的真实走向进行定位，从而进行准确建模，进一步实现智能化、可视化的设计流程。建筑信息模型的建立，利用整体设计理念，从建筑物的大局观出发，有效合理地处理给排水、暖通和电气各系统的综合排布，与建筑物模型相关联，为工程师提高更好的视觉效果，从而进行更加深入化、人性化的决策。通过建筑信息模型，工程师可以对建筑设备及管道系统进行深化设计，对建筑性能进行深入分析，充分发挥 BIM 的竞争优势，促进可持续性设计（图 12.2-7）。

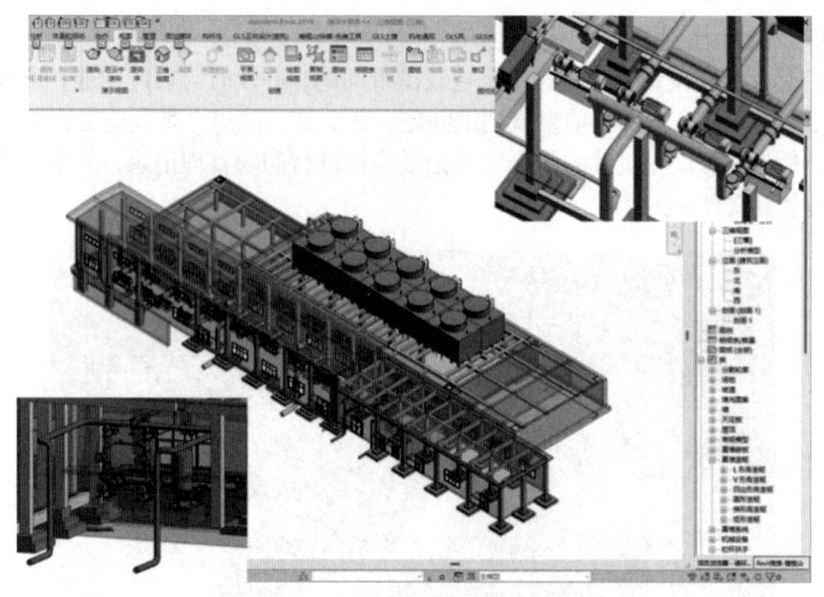

图 12.2-7　BIM 软件精准建模图

2）专利推广应用与研发

（1）专利推广应用

项目建设伊始便对中国二十二冶集团有限公司的专利进行整理分析，整理出好的专利，在华北铝业新能源电池箔项目进行推广应用，通过推广使用高推广价值专利成果，达到降本增效目的（表 12.2-2）。

专利汇总表　　表 12.2-2

| 序号 | 专利名称 | 专利号 |
|---|---|---|
| 1 | 管道麻丝清理工具 | 201821012883.8 |
| 2 | 屋架吊装方便拆卸吊具 | 201820757795.4 |
| 3 | 成品钢筋存放架 | 201520359793.6 |
| 4 | 设备基础预埋螺栓固定架 | 201721296867.1 |
| 5 | 适用于杯口基础柱子安装的定位装置 | 201511011624.4 |
| 6 | 装配式围墙 | 202021786198.8 |
| 7 | 便携围挡 | 201821783671.X |
| 8 | 快睡拆卸安装围挡 | 202121292820.4 |

①应用典型之一：装配式围墙专利

通过本工艺的实施，我们有效解决了现场周期长、不连续浇筑作业面广的问题，并大幅减少了支设模板的人工浪费。此外，该工艺还显著降低了季节和天气对施工的影响，避免了因购置混凝土和钢筋而增加的不必要费用，且本次工程完成后其他工地还可继续应用该工艺。具体来说，本项专利技术的应用，每 100m 围墙可节约成本 21813.4 元，本项目厂区围墙总长度为 2500m，共节约成本 54.5335 万元。山东临沂优特钢项目厂区围墙总长度为 20000m，共节约成本 432.7 万元，总计节约费用约 500 万元（图 12.2-8）。

图 12.2-8　装配式围墙施工

②应用典型之二：地脚螺栓埋件预埋质量控的施工方法

利用角钢这种强度较高的材料，将角钢焊接形成固定架和线架，根据规范要求分层浇筑混凝土结构，在浇筑下层混凝土时，将角钢固定架和线架埋入，牢固后在按照图纸位置将预埋螺栓与固定架连接牢固。因角钢固定架和线架已在下层混凝土浇筑时埋入，所以在上层混凝土浇筑过程中，不会引起固定架和线架的移动，从而保证螺栓的轴线和标高不会偏移，此专利同样适用于预埋螺栓套管，华北铝业新能源电池箔项目建设轧机基础预埋螺栓套筒及预留螺栓孔数量可达 2430 个，其中预埋螺栓孔占有很大比例，同时相互交错布置在不同的标高位置，施工精度要求非常高，施工难度大。采用此施工方法对预埋套管进行固定，可以最大程度上对预埋套筒位置进行控制，经现场实际检查发现，将螺栓套筒轴线控制合格率由 85%提升至 95%以上，成功解决了螺栓套筒浇筑过程中的位移偏差问题（图 12.2-9）。

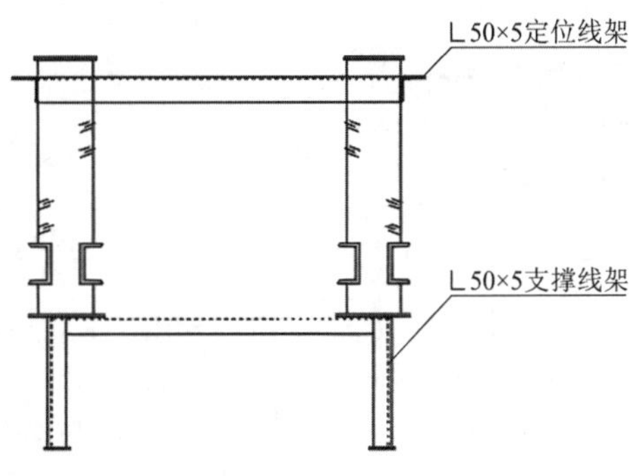


图 12.2-9　地脚螺栓埋件预埋施工方法

（2）专利研发

专利研发汇总明细见表 12.2-3。

专利研发汇总表　　表 12.2-3

| 现已完成编制专利四项，均处于申报阶段 | | |
|---|---|---|
| 序号 | 专利名称 | 发明人 |
| 1 | 《一种安装工程基准线放线装置》 | 孟庆永、郑博、黑金程 |
| 2 | 《一种可移动式大型设备底部灌浆工具》 | 孟庆永、李帅、郑博 |
| 3 | 《一种可移动式设备底部灌浆设备》 | 孟庆永、李帅 |
| 4 | 《一种轨道预埋螺栓精准定位装置及施工方法》 | 李可心、王宏菲、杨兆辉 |

3）科技研发与应用

项目开工后大力推广科技研发工作，编制科技创新策划书，并已完成科技研发立项四项，分别为“设备基础预埋螺栓孔施工方法研究”“大跨度实腹钢梁屋面体系施工技术研究”“直埋保温管道管道施工技术的研究”“全自动数控振捣找平仪在工业厂房混凝土地面施工的应用”四大课题，研发费用投入 970.23 万元，研发费用归集比例达 4.93%。超额完成研发费用归集指标。

4）“双优化”实施

（1）方案优化

①土方工程：华北铝业新能源电池箔项目地处华北平原地区，地下水位较低（−18m），土质为粉质黏土、黏土，基坑抗滑移计算，土方开挖采取自然放坡的方式，放坡比例为 1∶0.7，H 轴范围内基础标高变化大，整体复杂，采用 BIM 技术建立土方开挖模型，指导现场土方开挖测量放线，满足现场实际施工（图 12.2-10）。

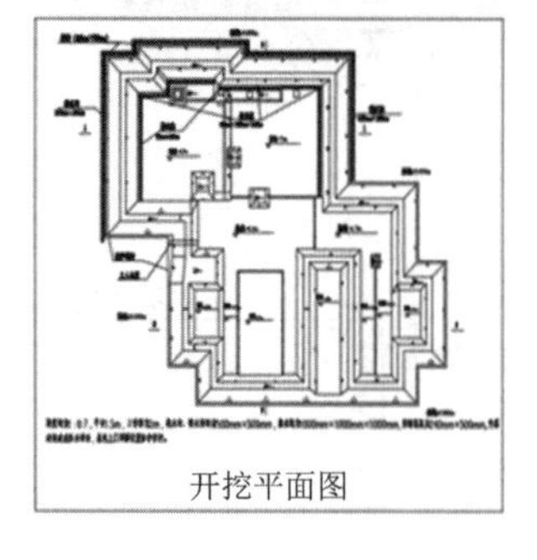

开挖平面图

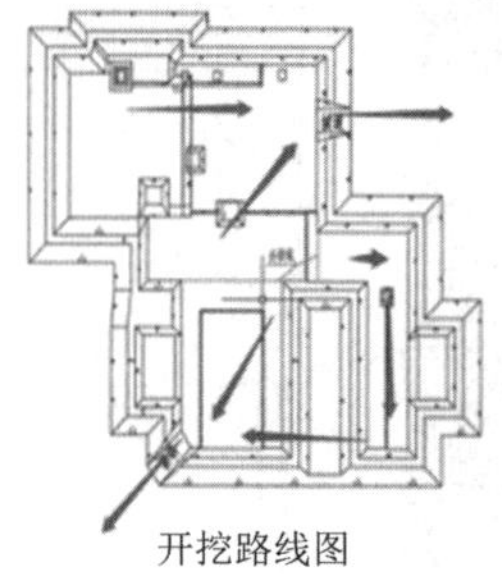

开挖路线图

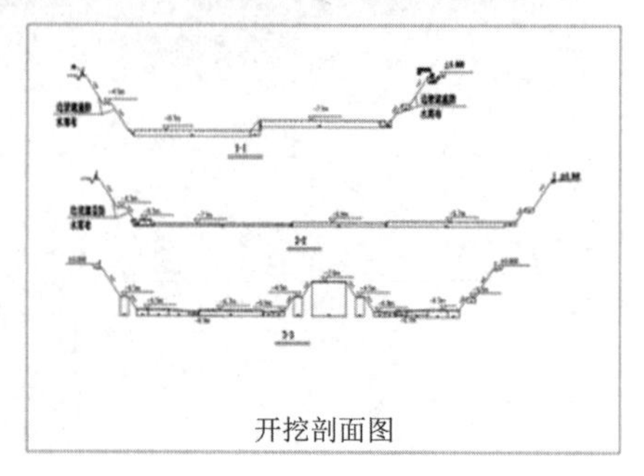

开挖剖面图

图 12.2-10　土方工程施工图

②轧机设备基础工程：铝箔车间共计设置铝箔轧机 9 台，每台铝箔轧机基础混凝土量约为 2000m$^3$，属于大体积混凝土，地埋螺栓、螺栓孔数量多精度高。铝箔轧机基础混凝土采用分段浇筑方式进行，共计分为四段，减少混凝土浇筑量，同时保证各标高平台及预埋螺栓的预埋精度。预埋螺栓孔引进成品金属波纹套管，免除模板拆除工作，预埋螺栓孔安装均制作专用线架，保证现场施工精度（图 12.2-11）。

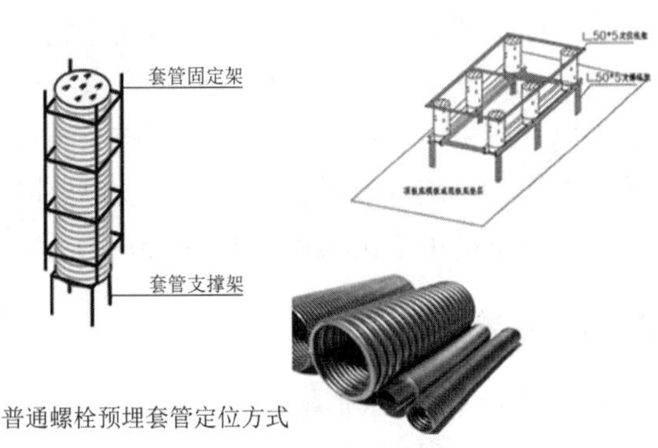


图 12.2-11　轧机设备基础施工图

③钢结构厂房施工：项目主厂房主要采用实腹钢柱、钢梁框架钢结构工程，施工前采用 tekla 软件建立模型，合理优化，钢梁单跨跨度为 36m，重量达 9t，施工期间采用双机抬吊的方式进行吊装作业，屋面单坡跨度最大为 89m，引进高空压瓦机，直接输送到位（图 12.2-12）。

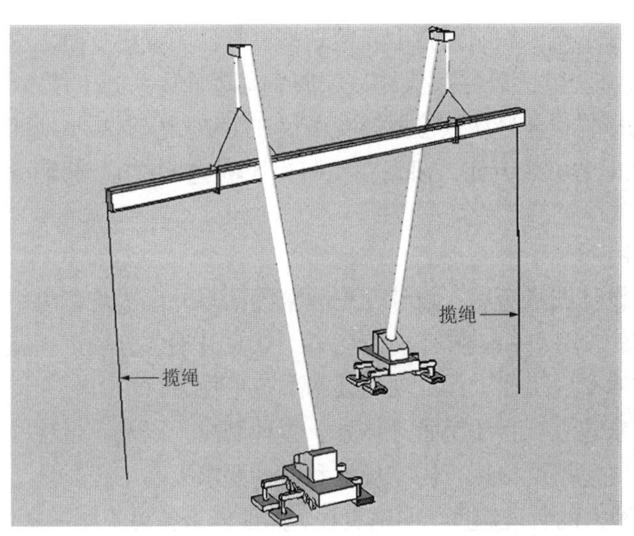

图 12.2-12　钢结构厂房施工图

（2）设计优化

本项目为“三边工程”，施工过程中图纸变更频繁，施工范围广，牵扯施工作业内容多，开工至今累计收到变更及图纸升级 182 份。

项目团队充分发挥积极性、能动性，多次组织开展“双优化”会议，在满足工程单体使用功能、规范要求的前提下，节约项目成本。目前已取得的 24 项设计优化成果，累计创效 2021.4077 万元。

①地下防水施工做法：我单位在进行华北铝业铝箔车间 1～9 号轧机基础图纸审图时发现图纸新增地下防水施工做法，综合考虑拟建场地地质情况、地下水位高程与轧机基础高差关系以及以往轧机基础施工经验、后期工作人员使用情况后，建设单位及设计单位同意取消该防水做法，并与我方签订工程洽商记录表。经我方测算，该举措可节约项目成本 283.5 万元。

②屋面及墙面材质：主厂房铝箔及冷轧车间为钢结构厂房，屋面及墙面均采用双层彩板封闭，原图纸设计压型钢板（品牌要求不低于宝钢）经我方多次测算，查阅各类资料后验证得出，彩板厚度可适当减少，同样能满足厂房功能性需求。经项目多次与建设单位及设计单位协调，调查取样，最终使建设单位同意接受我方方案，并签订工作联系。单经我方测算，该举措可节余项目成本 261.03 万元。

### 12.2.4 结果状态

#### 12.2.4.1 科技创新情况

（1）BIM、数字化技术应用

项目坚持科技引领创新驱动，加强 BIM 等数字化技术应用，坚持“智慧建造 + 开放式工地”推进工程建设，将 BIM 三维模型与现场实际相结合、应用成果获得中冶集团 BIM 应用大赛一等奖、中国二十二冶集团 BIM 应用大赛二等奖、中施企协 BIM 应用大赛三类成果等荣誉。

（2）科技研发立项

项目开工后大力推广科技研发工作，编制科技创新策划书，并已完成科技研发立项四项，分别为“设备基础预埋螺栓孔施工方法研究”“大跨度实腹钢梁屋面体系施工技术研究”“直埋保温管道管道施工技术的研究”“全自动数控振捣找平仪在工业厂房混凝土地面施工的应用”四大课题，研发费用投入 970.23 万元，研发费用归集比例达 4.93%。超额完成研发费用归集指标。

#### 12.2.4.2 技术质量管理情况

自项目正式开工以来克服了设计图纸滞后，设计变更频繁等诸多外部困难，组织编写重大施工方案 2 篇、较大施工方案 3 篇、一般施工方案 18 篇，认真开展各分项工程施工前的方案交底、技术交底、安全技术交底工作，保证现场技术系统平稳运行。

根据集团公司三层次文件要求建立项目质量管理体系、管理制度，以及质量检验计划工作，并做到严格落实实施。始终坚持严格执行国家规范和设计要求控制工程质量。加强过程质量控制，制定了质量落实到人的管理制度，明确责任，保证施工各道工序质量合格，同时创建了“新型独立基础杯口模板卡箍的应用”的 QC 小组开展一系列质量活动，提高质量管理意识，把控现场施工质量。

同时项目开工之初便制定“国家优质工程”的创奖目标，为保证项目创奖工作稳步推进，项目逐层分解，明确创奖责任人，现已完成“保定市结构优质工程”“河北省结构优质工程”创奖计划的申报工作。

#### 12.2.4.3 二三次经营情况

编辑整理签证、洽商索赔等所需资料，施工前及时报建设单位确认，并做好书面往来记录。目前已编制完成 41 份，其中 23 份已取得建设单位确认，其余部分在审批中。在后续零星工程施工前，均采取事前签认、先确认费用否则不予施工等措施，保证创造项目效益。

12.2.4.4 图纸优化情况

图纸优化方面，与建设单位与设计单位分别洽谈，积极维护工作关系。对于影响设计责任方面的优化措施（取消轧机地下防水、取消基础地下碎石换填等举措）优先获得建设单位认可，并通过工作联系单等途径确认。对于不影响设计责任方面的优化措施（辅助用房外墙彩板双层改为单层、道路图纸优先出图，便于永临结合节约费用等举措）优先协调设计单位，采取出图前修改图纸做法、图纸会审、设计变更联系单等途径确认，并取得建设单位盖章确认。

取得成效见表 12.2-4、表 12.2-5。

设计优化详表（一）　　表 12.2-4

| 一标段优化 | | | | | | | | | |
|---|---|---|---|---|---|---|---|---|---|
| 1 | 部分道路永临结合，与业主沟通提前铺设部分厂区道路 | m² | 3500.00 | 50.00 | 175000.00 | 0.00 | 0.00 | 0.00 | 175000.00 |
| 2 | 取消部分钢构件面漆做法 | t | 3200.00 | 100.00 | 320000.00 | 0.00 | 0.00 | 0.00 | 320000.00 |
| 3 | 取消 1-9 号轧机基础部分碎石换填做法 | m³ | 1800.00 | 200.00 | 360000.00 | 0.00 | | 0.00 | 360000.00 |
| 4 | 取消部分地下构件防腐做法 | m² | 8600.00 | 35.00 | 301000.00 | 0.00 | | 0.00 | 301000.00 |
| 5 | 取消 1-9 号铝箔轧机地下防水做法 | m² | 31500.00 | 90.00 | 2835000.00 | 0.00 | | 0.00 | 2835000.00 |
| 6 | 取消循环水泵房地下防水做法 | m² | 420.00 | 90.00 | 37800.00 | 0.00 | | 0.00 | 37800.00 |
| 7 | 电动排烟窗改为通风气楼与排烟风机 | m² | 1500.00 | 1400.00 | 2100000.00 | 1500.00 | 850.00 | 1275000.00 | 825000.00 |
| 8 | 厂区砌筑红砖改为青砖 | m³ | 2800.00 | 254.40 | 712320.00 | 2800.00 | 212.00 | 593600.00 | 118720.00 |
| 9 | 屋面采光带架高改为与屋面平齐 | m² | 2650.00 | 220.00 | 583000.00 | 0.00 | | 0.00 | 583000.00 |
| 10 | 取消铝箔车间与辅助用房连接部分外墙彩钢板 | m² | 210.00 | 220.00 | 46200.00 | 0.00 | | 0.00 | 46200.00 |
| 11 | 彩板厚度及镀锌量调整 | m² | 74000.00 | 25.00 | 1850000.00 | 0.00 | | 0.00 | 1850000.00 |
| 12 | 取消冷轧轧机地下防水 | m² | 3626.00 | 90.00 | 326340.00 | 0.00 | | 0.00 | 326340.00 |
| 13 | 生产辅房彩板由双层改为单层 | m² | 1972.00 | 220.00 | 433840.00 | 1972.00 | 120.00 | 236640.00 | 197200.00 |
| | 小计 | 元 | | | 10080500.00 | | | 2105240.00 | 7975260.00 |

设计优化详表（二） 表 12.2-5

| 二标段优化 | | | | | | | | | |
|---|---|---|---|---|---|---|---|---|---|
| 1 | 综合管网土方开挖 | $m^3$ | 200000.00 | 9.06 | 1812462.20 | 112000.00 | 9.06 | 1014978.83 | 797483.37 |
| 2 | 综合管网土方回填 | $m^3$ | 168000.00 | 15.00 | 2519830.01 | 84000.00 | 15.00 | 1260000.00 | 1259830.01 |
| 3 | 综合管网余方弃置 | $m^3$ | 32650.18 | 9.70 | 316623.40 | | 9.70 | 0.00 | 316623.40 |
| 4 | 综合管网回填砂 | $m^3$ | 16413.97 | 255.52 | 4194072.34 | 0.00 | | 0.00 | 4194072.34 |
| 5 | 综合管网材料品牌调整 | 项 | 1.00 | 3500000 | 3500000.00 | 0.00 | | 0.00 | 3500000.00 |
| 6 | 部分桥架铁件删除 | 项 | 1.00 | 403378.24 | 403378.24 | 0.00 | 0.00 | 0.00 | 403378.24 |
| 7 | 内墙丙烯酸涂料全部改为合成树脂乳液涂料 | $m^2$ | 17536.00 | 75.00 | 1315200.00 | 17536.00 | 35.00 | 613760.00 | 701440.00 |
| 8 | 取消铝箔车间房中房分切机配电室主体结构及装修 | 项 | 1.00 | 423000.00 | 423000.00 | 0.00 | | 0.00 | 423000.00 |
| 9 | 取消全油电控室、加热间地面防水做法 | $m^2$ | 236.00 | 45.00 | 10620.00 | 0.00 | | 0.00 | 10620.00 |
| 10 | 取消铝箔辅跨变压器室、风机房、油雾风机房、在线分析室外墙均外墙保温做法 | $m^2$ | 1698.00 | 125.00 | 212250.00 | 0.00 | | 0.00 | 212250.00 |
| 11 | 顶棚做法 24B 改为 26B | $m^2$ | 9336.00 | 125.00 | 1167000.00 | 9336.00 | 80.00 | 746880.00 | 420120.00 |
| | 小计 | 元 | | | 15874436.18 | | | 3635618.83 | 12238817.35 |

12.2.4.5 社会效益

华北铝业新材料科技有限公司新能源电池箔项目为中冶集团重点项目，同时也为二十二冶集团重点项目，项目开工后各级领导高度重视，多次对项目建设进行现场调研，并对项目建设员工给予亲切的慰问，得到各级领导的高度评价。涿州市政府多次将华北铝业新能源电池箔项目作为标杆项目，组织各级领导进行对标及考察工作，项目得到政府各部门的一致好评。项目多次作为涿州市政府“大力优化营商环境，精准服务助力企业发展”的典型项目进行宣传报道，项目取得良好的社会效益。

12.2.4.6 经济效益

1）经测算，运用 BIM 技术创效 1650 万元

（1）4～9 号铝箔轧机基础比计划提前 14d、铝箔车间主厂房钢结构提前 20d 封顶，节省人工费 448.8 万。提前完成节点，业主奖励 80 万，总计节约 528.8 万。

（2）利用管道排布及二次结构排布，提前预留开孔位置，减少孔洞 800 个，人工费、原建筑材料费节约 147.2 万。

（3）BIM 技术辅助临时设施管理，减少维护人员，提高响应时间。估计减少 8 人，节约费用约 120 万。减少水资源浪费约 10000$m^3$，费用约 6.6 万。总计约减少 126.6 万。

（4）利用钢结构三维模型，减少加工与安装错误，节约资金约 450 万。

①应用科技研发与专利推广累计创效 1650 万元。

②“三化”成果转化累计创效：2242.16 万元。

总计效益 5362.39 万元。

### 12.2.5　问题分析和建议

华北铝业新材料科技有限公司新能源电池箔项目为典型的“三边”工程，项目建设初期便参与图纸设计，进行图纸优化、图纸瘦身，同时大力开展科技创新，并取得了不俗的成效，建立 BIM 模型，开展专利研发，大大降低了项目的建设成本，在当下建筑行业利润低下的背景下，使项目扭亏为盈，为项目建设打下坚实的基础。

12.2.5.1　BIM 技术应用

华北铝业新材料科技有限公司新能源电池箔项目规范建模，为工程量核算奠定基础，同时，BIM 结构模型直接承接结构专业计算模型，在其基础上进行修改、使用，提高建模效率及精准度，优化结构设计，同时利用 BIM 三维可视化设计，规避碰撞，提高了设计质量，控制净空高度，合理排布管线。大大提高了施工效率，保证项目安全、质量、进度、经济等多项指标。

12.2.5.2　专利应用与研发

华北铝业新材料科技有限公司新能源电池箔项目隶属于冶金有色建筑工程，项目建设的一台大型冷轧机、九台铝箔轧机，其设备基础平面几何尺寸都比较大，同时其形状复杂，基础顶面标高较多，轧机基础预埋螺栓套筒及预留螺栓孔数量达 2430 个，通过《地脚螺栓埋件预埋质量控的施工方法》的专利应用，保证了预埋安装精度，同时将安装效率提高一倍之多，保证了施工进度，同时又总结研发《轨道预埋螺栓精准定位装置及施工方法》与《安装工程基准线定位装置》等技术成果。

项目在“三化”活动实施过程中虽然取得了不俗的成绩，但在过程中仍存在些许问题，具体如下：

（1）由于项目施工技术人员多侧重与土建施工工序，对工业厂房的工艺流程了解不多，在设计优化过程中考虑不全面，未能全面结合施工工艺进行使用功能的调整。

建议：加大对土木工程行业技术人员对各产业链的基本工艺流程的培训，充分了解各产业链的工艺流程，对症下药，充分进行优化设计。

（2）由于项目施工范围的原因，BIM 应用涉及的厂房机电管道安装、设备安装等内容较少。缺少系统性的对比，过多侧重于土建模型的构建与应用，未能将项目工艺全部融会贯通，存在些许的局限性。

（3）建议：联合建设、设计单位成立专项 BIM 中心，依托建设单位工艺流程，设计单位的设计成果，进行全方位的模型建立，使项目各个专业完美融合，将 BIM 应用工作得到有效的推进，避免传统单一模型应用的弊端，通盘考虑，实现 BIM 应用“一体化”。

## 12.3　北京民海生物工程综合创新

### 12.3.1　案例背景

2020 年随着新冠病毒的暴发，全国 14 亿人口急需注射新冠疫苗，为打好这场攻坚战，北京民海生物项目作为重要的疫苗生产机构，肩负着重大的疫苗生产责任，同时国家及社会对疫苗生产的质量及速度尤为重视，本项目在保证质量及使用功能的前提下如期履约完成，工期较为紧张，质量要求严格，在此背景下，我司针对疫苗生产基地项目工程特点，制定详细的施工进度计划及时间节点，项目对整体施工策划进行编制，并多次组织内部评审，报公司进行审核，最终确定对项目深化设计、方案优化两个方面进行改进，分别是后浇带设计深化、无缝地坪方案优化，通过以上两种措施，合理部署，一定程度上节约了施工工期，降低了资源的投入，从而保证项目按要求如期交付使用。

## 12.3.2 事件过程分析描述

### 12.3.2.1 项目基本信息

（1）项目名称：民海生物新型疫苗国际化产业基地建设项目。

（2）项目地点：北京市大兴区生物医药产业基地。

（3）建设单位：北京民海生物科技有限公司。

（4）设计单位：中国航空规划设计研究总院有限公司。

（5）监理单位：建研凯勃建设工程咨询有限公司。

（6）施工单位：中建三局集团有限公司。

### 12.3.2.2 项目概况

本项目建设用地面积 90013.218m$^2$，总建筑面积 189820.11m$^2$，其中地上建筑面积为 132546.12m$^2$，地下建筑面积为 57273.99m$^2$，地下 1 层，地上 1～8 层。主要包含的建设内容有 1 号研发中试车间、2 号研发技术车间、3 号综合楼、4 号实验动物房、5 号危废及危险品库、6 号污水处理站、7 号锅炉房、8 号疫苗生产楼、9 号包装及仓储楼、10 号菌苗生产楼、13 号门房及车棚、14 号门房、15 号门房以及 12 号地下车库。

### 12.3.2.3 项目特点及难点

（1）后浇带封闭较长，工期压力较大

项目原设计中均有沉降后浇带和温度后浇带合计约 7500m，在原本紧张的工期压力下，又增加了施工难度并对抢工状态下后浇带的质量提出更高要求。

项目技术部根据项目施工条件及特点，组织内部策划评审会，报公司技术中心进行审核，在审核通过后，并与设计院进行沟通，项目部策划将部分后浇带深化为膨胀加强带，以实现膨胀加强带同主体结构同时浇筑，利用此工艺来减少过程中的施工难度，减少后期封闭后浇带的人工费和材料费的投入，并缩短项目总工期。

（2）地坪平整度要求严格

项目主要生产人体注射疫苗，对工程洁净度要求等级较为严格，项目需通过 GMP 认证才能获批生产疫苗。项目为北京民海生物科技有限公司二期工程，一期工程在使用过程中出现各类缝（分仓缝、切割缝、沉降缝、结构缝等）边缘破损、表层脱落、鼓泡等质量问题，且此类问题传统修补治标不治本，一直困扰建设方。原地下室图纸设计做法为传统混凝土耐磨地坪。

项目部策划采用激光整平机控制浇筑的平整度，避免地坪出现传统的质量缺陷。计划采用预应力地坪系统，利用此工艺来保证项目的房间洁净度，减少后期维护成本，以及减少对后期正常生产的影响。

### 12.3.3　关键措施及实施

#### 12.3.3.1　后浇带深化设计

1）重在交底

项目部与设计院沟通，在不影响结构安全性的前提下，对项目的结构后浇带进行深化，方案深化后共有后浇式膨胀加强带、间歇式膨胀加强带、连续式膨胀加强带三种形式，后形成设计变更，施工前期项目部进行图纸交底，并编制针对性施工方案，详细对后浇带施工工艺进行交底，讲述施工时需要注意的细节，对劳动力、材料机械等进行测算，交底过程中要求生产人员、质量人员、劳务人员等主要部门进行旁站，并留下影像资料及施工日志，浇筑后对后浇带及时进行养护，防止出现裂缝等质量问题。

2）原材控制

项目部提前与商混站沟通，制定混凝土详细的进场计划，对混凝土罐车站位及排班作好安排，并对后浇带所使用的混凝土强度等级等关键指标进行严格控制，材料部对所有混凝土进场进行抽样检查，并加强对搅拌站的监督，定期抽查混凝土搅拌站外加剂的使用情况并对外加剂抽样做复试，同时对混凝土试验数据进行记录，目的是保障混凝土源头的质量，从而保证后浇带浇筑后的质量。

3）现场监督

由于加强带混凝土强度及外加剂参量和两侧结构不同，施工时需设专人监督膨胀加强带的材料使用情况进行旁站，混凝土从生产、运输、泵送等各个环节进行监督，杜绝不合格混凝土，浇筑过程中，项目管理人员对过程施工进行监督旁站，记录浇筑体积及部位，后浇带浇筑前，对后浇带的独立支撑进行逐一检查，对松动的支撑进行加固，保证后浇带支撑体系的稳定性，其次对后浇带浇筑前做好混凝土坍落度等相关数据的检测，并做好文字记录，从而有据可依，对整个施工过程进行记录。

4）实施过程

（1）提出概念

项目前期对后浇带整体施工作好施工策划，提出后浇带施工的重难点，编制针对性的施工方案，对后浇带支设、浇筑顺序及位置进行确定，并组织专项交底会，在项目专项交底会中，介绍传统后浇带后期封闭过程中存在的质量隐患及渗漏隐患，分析传统技术带来的弊病，分析原因，提出新的施工方法，提出膨胀加强带概念及优势，并在成本、工期等方面展开分析，形成可行性分析报告，并报公司进行审核。

（2）项目考察

参考公司内部以及已实施项目的案例，考察后期该项技术施工后期是否存在质量问题，项目部联合设计、甲方、监理对已施工项目进行调研，收集相关技术参数，分析项目施工过程中相比传统施工，是否具有相对优势，同时对后浇带整体浇筑是否会出现质量问题进行交流，询问后浇带整体施工中需要注意哪些事项及问题，另外相比传统施工，是否具有明显的施工优势，结合本项目自身特点，施工工序中需要注意哪些细节问题。

（3）专家论证

公司邀请行业内权威专家、专家组共计 5 人，设立组长 1 人、组员 4 人，对整个后浇带从设计、施工、养护全周期进行施工推演，项目部对该项技术进行详细的方案编制，着重对施工工艺、后期养护等方面进行编制，本技术通过使用外加剂实现膨胀加强带的问题进行专家论证，论证该方案是否具有可行性，施工过程中需要注意的细节，对以上问题进行汇报及讨论，专家论证完毕后方可进行施工。

（4）获得认可调整阶段

本项目后浇带施工较为复杂，原设计后浇带长度较长，项目技术部根据施工部署，对后浇带进行优化，形成可行性方案，内部组织评审，对后浇带施工顺序进行讨论，邀请公司内部专家对方案的可行性进行讨论研究，确定施工思路，后期项目部与设计院、甲方等单位沟通，最终深化设计后后浇带长度共计 720m，比原来设计减少 6780m，极大地减少了后浇带的浇筑长度，进而减少了施工工期，为后期项目抢工提供了有利条件。

12.3.3.2 无缝地坪方案优化

1）分块部署

前期对整体施工地坪进行面积进行统计，项目部根据地坪使用功能及设计要求进行合理划分，因地坪平面面积较大，考虑到流水施工等问题，项目部对地坪施工进行合理化分块部署，尽量保证每次浇筑面积大于 2000m$^2$。分块面积较大对整体观感不利。

2）工艺原理

地坪采用高强度的预应力筋(即钢绞线)，通过后张法张拉预应力筋，锚固好的预应力筋能对混凝土地坪板形成均匀的反向作用力，然后通过注浆管对预应力预设的孔道间隙以高压注入水泥浆，使预应力筋与混凝土地坪板复合成一个整体受力构件——此构件体内存在长期有效的预压应力，整个构件全寿命期在全受压状态下工作，从而增强地面结构的抗裂性能，并减少伸缩缝的间距。运用后张预应力技术，可杜绝混凝土的切割缝，解决地面开裂问题，延长地坪使用寿命。

3）工艺流程及操作要点

（1）工艺流程（图 12.3-1）

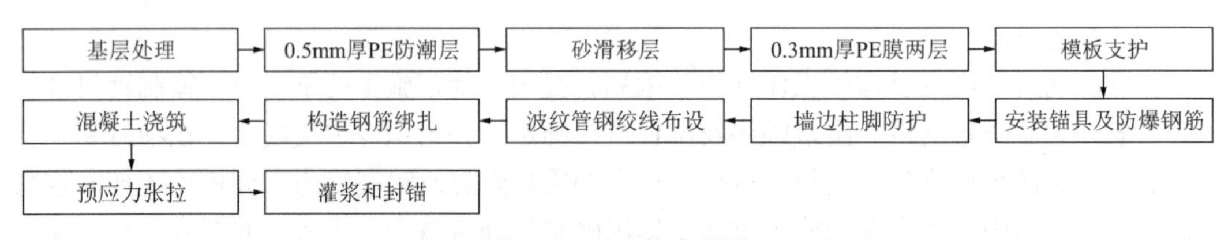


图 12.3-1 工艺流程图

（2）操作要点

①基层处理

基层定位测量，做好标高及地面浇筑厚度的测量和记录，确保基层处理质量符合要求后，验收交接。

②0.5mm 厚 PE 防潮层

0.5mm 厚 PE 防潮膜铺设搭接不小于 60mm，热熔焊接，确保无遗漏及破损（图 12.3-2）。

③砂滑移层

砂滑移层采用中砂铺设均匀，砂内无杂块，四面找坡，保持面层平整，顶标高符合设计要求（图 12.3-3）。

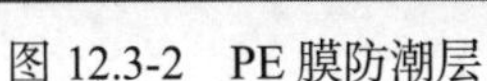

图 12.3-2　PE 膜防潮层

图 12.3-3　砂滑移层铺设

④0.3mm 厚 PE 膜两层

0.3mm 厚 PE 防潮膜铺设搭接不小于 60mm，热熔焊接，柱墙或基础边上翻至设计地面顶标高，纵横铺设两道，确保无遗漏和破损。

⑤模板支护

模板采用高强度木质多层板，便于切裁张拉锚具孔的安装。使用高精度光学水准仪，按全场统一标高支模，侧边设置三角支撑，使模板平直、稳固，然后在底部进行间隙堵漏处理，防止混凝土浆外泄。按照设计图纸张拉锚端间距，测量锚座位置、划线开孔。

⑥安装锚具及防爆钢筋

本技术使用的钢塑复合双锚座自由板锚系统，即双材质、双锚座，通过采用后张法有黏接预应力技术，能有效解决大面积净化厂房的地坪开裂、错台等缺陷（图 12.3-4）。

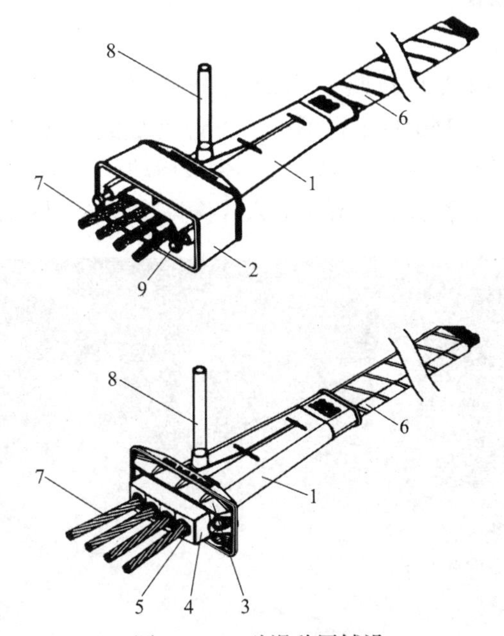


图 12.3-4　砂滑移层铺设

1—第一锚座；2—模盒；3—第二锚座；4—锚环；5—夹片；6—波纹管；7—钢绞线；8—注浆管；9—固定螺丝

安装时，先在 PE 膜上铺设钢绞线 7，钢绞线 7 穿入波纹管 6 中。

第一锚座 1 的前端设有容腔，第二锚座 3 的后端为扇形面，第二锚座 3 的后端面置入容腔内并与容腔内壁贴合，钢制的锚环 4 设于第二锚座 3 的前端内。第一锚座 1、第二锚座 3 设于模盒 2 内，模盒 2 的外壁通过固定螺丝 9 固定于地坪内，注浆管 8 接通第一锚座 1 的内部。

第一锚座 1、第二锚座 3 设于模盒 2 内，模盒 2 的外壁通过固定螺丝 9 固定于地坪内，注浆管 8 接通第一锚座 1 的内部。

钢绞线 7 自地坪内的波纹管 6 中穿出而进入第一锚座 1 的后端，第一锚座 1 的后端还设有长管，钢绞线 7 在长管内通过钢制的锚环 4 中的斜锥孔自后向前散开。锚环 4 的斜锥孔内分别设有钢制的夹片 5，夹片 5 为圆环形，钢绞线 7 自其中穿过并为其所固定（图 12.3-5）。

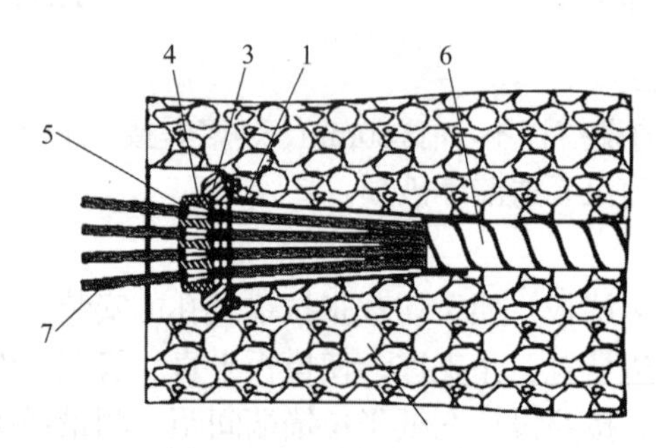

图 12.3-5　砂滑移层铺设

1—第一锚座；3—第二锚座；4—锚环；5—夹片；6—波纹管；7—钢绞线

⑦墙边柱脚防护

墙柱边清理粘贴挤塑板，挤塑板厚度不小于 15mm。

⑧波纹管钢绞线布设

穿索后的波纹管（钢绞线），按照施工图纸要求间距均匀摆放，布设钢绞线碰遇构件障碍时绕行，绕行角度不小于 160°且半径不小于 2m。完成波纹管（钢绞线）铺设后，注意要固定波纹管（钢绞线），确保在混凝土浇筑时不会被移动；浇筑混凝土的过程中，采取必要措施防止波纹管（钢绞线）管道被混凝土插入式振捣棒破坏（图 12.3-6）。

图 12.3-6　波纹管铺设

⑨构造钢筋绑扎

地坪施工周边、柱边、阴阳角等处布设加强筋，确保钢塑复合双锚座自由板锚系统张拉的稳固性和安全性。

⑩混凝土浇筑

混凝土运输、浇筑及间歇的全部时间不应超过混凝土的初凝时间。同一施工段的混凝土应连续浇筑，并应在底层混凝土初凝之前将上一层混凝土浇筑完毕。

混凝土浇筑完毕后，应在浇筑完毕后的12h以内对混凝土加以覆盖并保湿养护。采用塑料布覆盖养护的混凝土，其敞露的全部表面应覆盖严密，并应保持塑料布内有凝结水。混凝土强度达到1.2N/mm$^2$前，不得在其上踩踏或安装模板及支架。

⑪激光整平

架设激光发射器。在混凝土浇筑之前将标高设定在结构柱上，并将准确的标高引到激光扫平仪控制系统，根据设置的地面水平基准点和施工的位置布设激光发射器的位置。

调整激光整平机。根据信号发射器发射的信号调整混凝土扫平机工作头的水平及高度，确保其高度处于混凝土地面的表面水准，由机械操作人员对通过激光扫平仪控制下的混凝土表面进行精准整平，以保证整平面的精准度。

专业人员找平。待混凝土浇筑面泌水完成时，用激光扫平仪复测水洼处，对积水处用混凝土填平，用3m宽铝镁合金收光尺对面层360°旋转刮平，用激光扫平仪反复检测达到要求为止。

单盘抹光机抹平提浆。在混凝土初凝时，便利用单盘抹光机和镘抹圆盘，进行交叉破浆镘抹，以保证机械运行过程的平整度控制。

铝合金刮尺再次提浆。用3m宽铝合金收光尺对面层再次精确刮平。

双盘磨光机压光。采用双盘磨光机进行最终收光，双盘抹光机可同时安装两只抹盘，进行快速提浆，对地面有更好的压实效果。

⑫预应力张拉

预应力张拉分初级、终级等多级张拉，混凝土强度值初张在25%内、超过75%时可适时实施终张拉。

在混凝土浇筑收光完成15h左右，拆除模板，取出预埋的塑料盒。以备预应力钢绞线张拉。在混凝土强度达到约20%后安装锚环、夹片，施加25%的预应力，进行首次张拉，控制早期混凝土的收缩裂纹。

地坪预应力筋张拉时混凝土强度为30MPa。

张拉控制应力值采用钢绞线极限强度标准值的80%。

预应力张拉施工中，采用双控的方法进行质量控制，以张拉力控制为主，测量张拉伸长值作校核。张拉时预应力筋的理论伸长值与实际伸长值的允许误差为±6%。如超出范围，须查明原因后采取措施。

切割剩余钢绞线：张拉工作完成后，张拉结果得以认可，采用砂轮锯或其他机械方法切断超长部分的预应力筋，严禁采用电弧切断。

⑬灌浆和封锚

对张拉工序完成后的所有预应力筋实施灌浆，从一端注入，另一端（固定端）安放排气管排气，直至管道内浆体饱满，没有气泡残留，水泥浆从出浆端流出且稠度与压浆端基本相同为止。

浆体应满足无收缩性且 28d 强度为 40MPa 的设计要求。浆体要进行流动性测试和强度测试。灌浆料固化后，切除多余的注浆管。使用混凝土砂浆封堵锚具位置至平齐。

4）成品保护

（1）激光整平机施工完成后及时收光，养护过程中全程盯守，设置专职质量员对施工质量进行监督。

（2）面层施工时候，重点关注成品保护质量，及时进行养护，并保证技术各时间段的施工质量。

5）实施过程

（1）立项：对此项方案进行编制，寻找专业地坪供应商，为施工前做准备。

（2）商讨方案：与专业供应商，由专业供应商进行整体规划，对原设计进行优化，出具整体方案。

（3）专题汇报：针对预应力地坪和激光整体机综合应用向建设方做专题汇报，说明此地坪系统的优势。

（4）实施：实现共赢，实施落地。

### 12.3.4 结果状态

#### 12.3.4.1 后浇带深化设计

（1）经济效益

此技术主要为膨胀加强带随主体一起浇筑，规避了后期浇筑带来的施工质量问题，缩短了施工工期，一定程度上节省了劳动力的投入和材料的使用，另外后浇带的优化，使得后期工序施工更加地紧凑，整体施工工期得到了压缩，保证了项目如期进行交付。

（2）质量安全

项目前期通过策划，对后浇带进行优化，最终确定膨胀加强带同主体同时浇筑，通过该项优化，后浇带封闭质量效果良好，优化了施工工序，传统施工中，往往伴随着止水钢板出现漏焊等原因，导致后浇带封闭后出现渗漏的情况，极大地增加了施工安全隐患，结构整体性不强，钢筋容易出现锈蚀现象，随着不断的侵蚀，结构会出现一定开裂现象，同时施工质量也明显出现纰漏，后浇带整体浇筑降低了后浇带接缝处的渗漏隐患及后期的维修风险，同时后浇带整体浇筑，减少了施工工序，避免了后期二次浇筑，且成型质量效果较好，具有一定的安全性，同时也降低了关于后浇带的施工投入。

（3）整体工期

民海项目作为疫苗生产基地，需尽快投入生产，所以施工工期较为紧张，项目开工至竣工，各项分部分项工程工序排列较为紧凑，同时考虑冬季施工、雨期施工、政府环保治理等因素，另外在京项目基本无夜间施工条件，使得施工作业时间更加紧迫，该项目使用此项技术，后浇带随主体一起浇筑，相比传统施工，不需要进行后期二次浇筑，避免后期架体搭设和支设模板，从整体工期分析，该项目通过后浇带的整体浇筑优化，极大地避免了后期搭架子、浇筑、焊接止水钢板等工序，这样通过合理优化施工工序，使得项目实现总工期提前了 20d，此项优化为后期流水施工作好了铺垫，使得后期施工工序有效地进行衔接，项目整体工期得到了极大的缩减。

（4）社会效益

本项技术减少了模板的投入、止水钢板的投入，在建筑行业中，绝大多数技术手段为后浇带二次浇筑，但常常会出现渗漏现象，此项技术的成功应用，为行业提供了成功案例，证明此项技术应用较为成熟，其次减少了模板等材料的投入，一定程度上节约资源，同时为同类施工提供了经验，后浇带整体进行浇筑，对该项目的整体工期进行了合理的压缩，降低了后浇带后期会出现渗漏的风险，避免了因浇筑不到位出现钢筋锈蚀的现象，一定意义上，保证了后浇带的施工质量，减少了后期维修成本，降低了后浇带的渗漏隐患。

12.3.4.2　无缝地坪方案优化

（1）经济效益

本技术的使用，避免了地坪钢筋及相关劳动力的投入，传统施工中，地坪钢筋网片的投入较大，此项技术的应用，大大节约了钢筋的使用，经测算单位平方米内含钢量节约超过 80%。同时，地坪成型后不需要切缝、打胶等，不需要投入切缝工人及机械的投入，本技术成型效果好，地面平整度较高，开裂风险小，一定程度上减少了后期维护费用。

（2）质量安全

由于采用激光整平机及预应力技术，通过张拉锚索，对地坪施加反向预应力，抵消了由于混凝土硬化膨胀力，采用激光整平机对地坪进行精细化的打磨，地坪整体平整度有了极大的提高，同时也降低了地坪开裂的风险。

（3）整体工期

该项技术不需要设置分隔缝及钢筋网片的铺设，简化了施工工艺，节约了钢筋绑扎等不必要的施工工期，针对单块浇筑面积大的地坪，该技术在抢工期及突击地面的时候有较大优势，另外无缝地坪技术，针对大型厂房、公共建筑等，能够合理地优化工期，避免了传统施工所带来的工期紧张、工序繁琐的现象。

12.3.4.3　问题及建议

现如今，建设单位对工程质量的要求越来越高，施工企业作为工程的建设者，要在保证质量的前提下，合理化节约工期，摆脱传统施工工艺的束缚，进行工艺优化，同时需要与外部单位进行合作，开发行业前沿性技术，有效提高了企业创新能力。

高新技术发展的最终方向为项目应用，施工单位需要与建设单位、设计单位联合开展推广应用，并及时总结核心技术。

设定专项奖励资金，鼓励公司员工开展技术创新，提高员工科技创新的积极性，并适时组织技术交流会，分享施工经验，充分调动员工科技创新的积极性，提高企业的创新活力。

## 12.4　北京大学第三医院秦皇岛医院建设工程综合创新

### 12.4.1　案例背景

12.4.1.1　项目背景介绍

本项目是党中央、国务院着眼于深化医疗卫生供给侧结构性改革，进一步完善优质医疗资源布局，解决群众异地就医问题而作出的重要决策部署。河北省委、省政府高度重视，确定在秦皇岛兴建北京大学第三医院秦皇岛医院，建成后将成为国内一流、国际知名的高水平现代化区域医疗中心，立足于河北，服务华北、东北地区。

12.4.1.2 项目概况

本项目为北京大学第三医院秦皇岛医院建设工程，项目占地 20.01hm$^2$，总建筑面积 252500m$^2$，其中 1 号楼（综合医院楼）为一期项目，二期项目包括 2 号楼（体检中心）、3 号楼（生殖中心、美容中心、康复中心）、4 号楼（感染科）、5 号楼（行政中心、科研中心）、6 号楼（倒班宿舍）、7 号楼（餐厅）、8 号楼（会议中心）、9 号楼（动力中心）以及门卫、连廊、场区管网、绿化景观等。本工程承包模式为 EPC 交钥匙项目，合同总造价约 28.3 亿元（图 12.4-1）。

本项目位于河北省秦皇岛市经济技术开发区核心区域，距北戴河高铁站仅 10min 车程，地理位置优越，自然生态绝佳，周边路网完备通达，交通快捷便利。本项目由秦皇岛市政府投资项目代建中心进行代建管理，设计单位为清华大学建筑设计研究院有限公司、河北建筑设计研究院有限责任公司，监理单位为京兴国际工程管理有限公司、秦皇岛秦星工程项目管理有限公司，施工单位为秦皇岛海三建设工程集团股份有限公司、秦皇岛市政建设集团有限公司，开工时间为 2020 年 9 月 29 日，计划竣工时间为 2024 年 2 月 26 日。

图 12.4-1 项目鸟瞰图

## 12.4.2 事件过程分析描述

本项目属于国家重点项目，公司将本工程列为重点项目进行管理，并明确本工程的质量目标为“鲁班奖”工程，安全目标为施工安全生产标准化示范工地。

为确保质量目标和安全目标的实现，我公司选派具有丰富施工经验、优秀管理业绩的管理人员组成项目经理部，参建人员多次获得过河北省优质结构工程和“安济杯”工程及国家结构优质工程奖，全权组织协调本工程的生产、技术、质量、安全等管理工作。

项目部成立后立即对本项目实际情况进行分析研究，并在施工过程中积极进行“设计深化、方案优化”实施，在质量提升、工期缩短、安全保障、成本降低、环境保护等方面获得了较好的成效。

12.4.2.1　地基处理

本工程占地面积大，管网密集并且众多，建筑物和管网均坐落在原地貌的鱼塘、河道、农田等回填土上，回填土及现存地质情况复杂，地基承载力低且不均匀。地基土和回填土处理情况复杂，难度大。

12.4.2.2　钢结构地脚螺栓预埋与自密实混凝土浇筑

本工程主体结构形式为钢结构，钢结构地脚螺栓预埋施工进度和质量控制是本工程基础钢结构施工的重点之一。

为保证钢结构方柱底部刚度，每根钢柱内设计要求灌注 C30 自密实混凝土，钢柱浇筑孔都设置在钢柱侧面且距地面较高，浇筑混凝土时难度大，因此钢柱自密实混凝土浇筑是本工程基础钢结构施工的控制重点之二。

12.4.2.3　钢结构设计深化

本项目地上主体结构全部为钢结构，钢结构施工进度及质量控制是本项目控制重点。

12.4.2.4　室内房心回填土施工

2022 年春节假期前为迎接上级现场调研，现场紧急完成 2 号楼体检中心 –4.5m～–0.8m 的室内房心回填土施工。为此，在不返工的情况下如何保证快速、有效地弥补一次性回填 3.7m 厚土的施工质量，我们进行了深入的研究并予以实施。

12.4.2.5　地下室外墙水平施工缝注浆施工

项目部在 9 号楼污水处理站施工中研究了一种新型的地下室外墙水平施工缝注浆施工方法代替预埋止水钢板的施工方法，研究成功并予以实施。

12.4.2.6　大体积混凝土自动温控循环冷却水施工

本项目 1 号楼（综合医院楼）地下一层放射科设有两台直线加速器，直加机房混凝土构件最大厚度达 4.2m。针对大体积混凝土的特性和项目自身特点，项目部研究一种大体积混凝土自动温控循环冷却水的施工方法并得到有效实施，确保了直线加速器机房主体结构无有害裂缝。

### 12.4.3　关键措施及实施

12.4.3.1　地基处理及场区处理

本项目位于河北省秦皇岛经济技术开发区，南临秦抚快速路，东临拟建南漪湖路，北临拟建御河道，西临拟建千岛湖路。项目占地面积 20.01hm$^2$，场区内分布有鱼塘、河道、农田等多种地貌，高低起伏较大，最大高差 8m 多，部分楼栋坐落在鱼塘、河道等部位，最深填土厚度达到 7m，整个场区需按照设计室外地坪标高进行平整回填，楼栋地基和管网基土必须经过地基处理才能保证楼栋结构的安全稳定性和各种管网的安全运行。

为全面保证施工的质量，针对本项目原始地形的复杂地质情况，在 EPC 总承包的模式下，施工单位前期介入，进行实地现场踏勘，并召开场区地基处理研究讨论会，从而制定以下两种处理方案。

方案一：回填土填至室外场地标高略高 10cm，全方位进行强夯处理。根据回填土层的厚度选用不同等级的强夯冲击能。对于坐落在鱼塘、河道位置的 3 号楼、7 号楼、

8 号楼回填土层较厚的部位先布置高能量的点夯一遍，然后再进行满夯二遍。针对回填土层较薄（1.5m 以下）的部位进行满夯二遍，强夯完成后检测基土的承载力和压缩模量参数。

方案二：鱼塘位置的 7 号楼、8 号楼和河道位置的 3 号楼挖除淤泥质土，采用换填级配碎石类分层碾压，并检测地基承载力和压缩模量等。

依据地基处理的两种方案，对其经济性进行对比。

选用方案一详细面积组成和费用见表 12.4-1。

**方案一费用明细表** 表 12.4-1

| 楼号 | 建筑面积（$m^2$） | 占地轮廓外扩 2m 面积（$m^2$） | 面积小计（$m^2$） | 强夯单价（元/$m^2$） | 小计（万元） | 合计（万元） |
|---|---|---|---|---|---|---|
| 3 | 13650 | 4179.44 | 10752 | 15 | 16.13 | |
| 7 | 1900 | 2190.24 | | | | |
| 8 | 3030 | 4381.8 | | | | |

选用方案二详细计算见表 12.4-2。

**方案二费用明细表** 表 12.4-2

| 楼号 | 建筑面积（$m^2$） | 占地轮廓外扩 3m 面积（$m^2$） | 平均挖土厚度（m） | 挖土量（万 $m^3$） | 备注 |
|---|---|---|---|---|---|
| 3 | 13650 | 4905 | 5.46 | 2.68 | |
| 7 | 1900 | 2381 | 5.46 | 1.30 | |
| 8 | 3030 | 4605 | 5.46 | 2.51 | |
| | 合计 | 11891 | | 6.49 | |

①挖土及外运 10km 费用 6.49 万 $m^3 \times 30$ 元/$m^3 = 194.7$ 万元。

②现场倒运填筑及碾压碎石类土方仅施工费用即为 6.49 万 $m^3 \times 38$ 元/$m^3 = 246.62$ 万元，若外购碎石类土，还需要增加购买土方和运输的费用。

①＋②费用总计 441.32 万元。

经过与建设单位、设计单位、地基处理单位、总公司技术处、分公司技术科共同对本工程地貌进行实际踏勘，从地基安全稳定、管网安全、成本、环境保护、施工进度等多方面进行分析对比，最终决定采用第一种方案（图 12.4-2～图 12.4-6）。

图 12.4-2 进场前航拍图

图 12.4-3 场地地形地貌

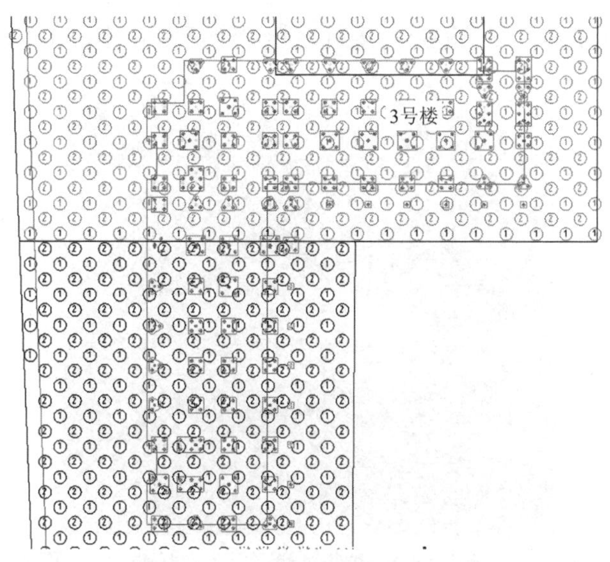


图 12.4-4　3 号楼周边强夯布点图

图 12.4-5　强夯处理

图 12.4-6　二次动力触探检测

12.4.3.2　钢结构地脚螺栓预埋与自密实混凝土浇筑

（1）钢结构地脚螺栓预埋

本工程钢结构柱底部与基础连接采用 Q235B 地脚螺栓，地脚螺栓规格分为 M24、M30 两种，地脚螺栓总数量达 3946 根。地脚螺栓位置偏差规范要求为 3mm，项目部决定研究一套行之有效的施工方法，在提高工效的同时使地脚螺栓偏差 ≤ 2mm。

项目部成立了提高地脚螺栓的预埋精度 QC 小组，通过对现状调查、原因分析、确定主要原因、制定对策、实施对策、检查效果、制定巩固措施、总结并进行下一步打算等步骤开展 QC 活动。小组成员在活动中集思广益，对 8 条主要原因进行头脑风暴式的分析讨论，最终找到测量放线方法不当和加固措施不当 2 条末端原因。针对末端原因，小组成员遵循“5W1H”原则制定如下措施。

措施一：使用全站仪在基础开挖范围之外找出轴线准确位置，在地上钉入钢筋，周边浇筑混凝土作为保护，以此作为控制轴线的半永久点，定 X、Y 向轴线控制点（图 12.4-7）。

措施二：使用直径 1mm 聚乙烯塑料绳在施工区域拉贯通轴线，将虚拟轴线转为实线。

措施三：在地脚螺栓上部加装一块定位板，使用螺母将定位板夹紧，起限位作用，下部使用单螺母，作支撑、调平用。利用贯通轴线通过线坠控制定位板安装，确保定位板位置准确。安装后再次复核，复核通过后进行地脚螺栓安装（图 12.4-8、图 12.4-9）。

图 12.4-7　控制轴线半永久控制点

图 12.4-8　钢板定位图

图 12.4-9　地脚螺栓上增加定位钢板图

措施四：采用新型支撑形式，预先通过 BIM 技术模拟，使用直径 12～16mm 钢筋废料伸至承台（短柱）下部垫层混凝土面内预埋短钢筋处，弹线后焊接形成钢筋支架，从而保证地脚螺栓支撑体系独立于模板（图 12.4-10、图 12.4-11）。

措施五：在可施焊的空间内，使用直径 10～12 钢筋废料将基础内地脚螺栓下部和钢筋支架采用 E43 焊条点焊连接，使之形成整体（图 12.4-12、图 12.4-13）。

经过以上措施有效地实施，本工程 3946 根地脚螺栓均一次成活，且位置偏差均 ≤ 2mm。

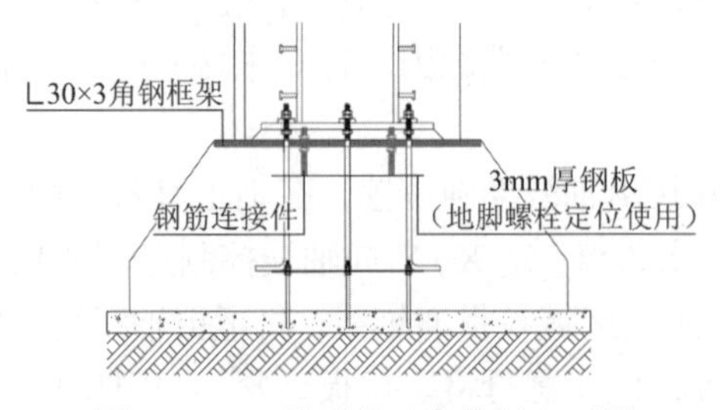


图 12.4-10　坡形基础定位框立面图

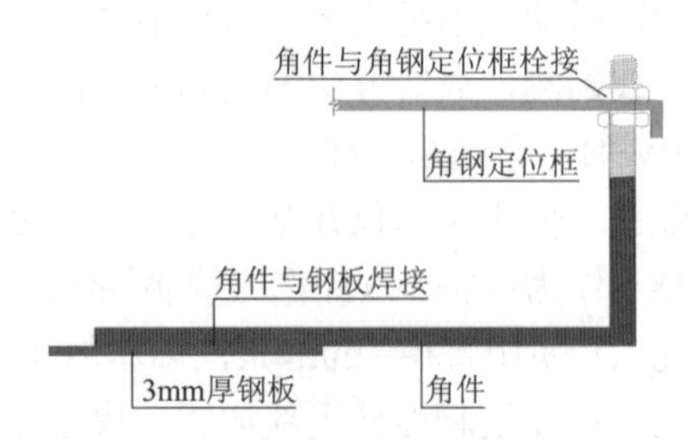


图 12.4-11　独立基础定位框连接件节点图

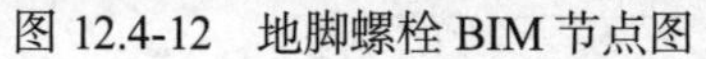

图 12.4-12　地脚螺栓 BIM 节点图

图 12.4-13　地脚螺栓独立支撑图

（2）钢柱自密实混凝土浇筑

本工程钢柱在侧面设置浇筑孔，混凝土泵管需牵引到钢管侧面浇筑孔内，向下直接泵入混凝土进行浇筑。因自密实混凝土坍落度大，泵送流速较快、冲击加速度较大，施工不易控制且柱混凝土内容易产生冲击气泡，造成混凝土和钢柱内结合不理想，影响结构安全。

项目部针对钢柱内混凝土浇筑的要求，集思广益讨论研究制定了以下对策。

措施一：研制一种钢柱基础混凝土浇筑辅助装置——导流器。导流器包括一个框架，框架内侧贴于钢柱侧壁，框架外侧焊接漏斗，该漏斗由左右两侧挡板、底部的斜挡板和后部的直挡板组成。直挡板与框架焊接，直挡板底部设有导入管，导入管伸入钢柱浇筑孔中。

措施二：利用 BIM 技术对钢柱内混凝土浇筑施工情况进行模拟，确认可行后现场实施（图 12.4-14）。

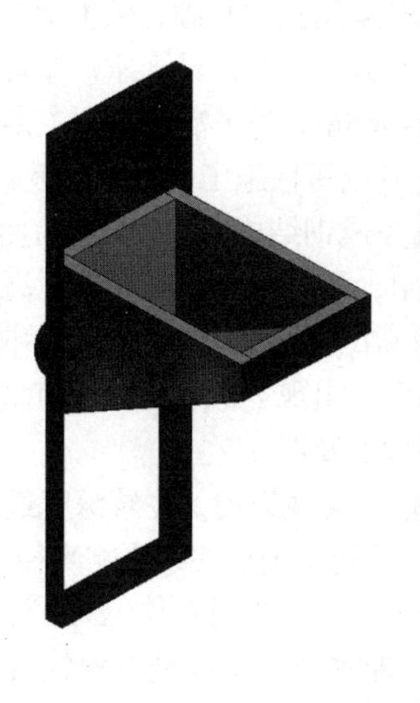

图 12.4-14　利用 BIM 软件制作钢柱基础混凝土浇筑装置模型图

浇筑时先将混凝土泵入导流器漏斗内，混凝土通过导入管缓慢地流入钢柱。使用此装置进行基础混凝土浇筑，不需要设置浇筑平台，减少了泵管长度，提高了浇筑施工效率。

本项目地上结构全部为钢结构，为了更好地管控钢结构施工，满足施工及创优要求，项目部在深化设计阶段，利用 tekla 软件进行钢结构构件及节点深化，同时在满足深化图纸要求的基础上，完成现场钢结构模型、复杂钢结构节点模型的创建，如：钢结构梁柱节点、楼梯节点等，指导现场钢结构设计落地施工（图 12.4-15）。

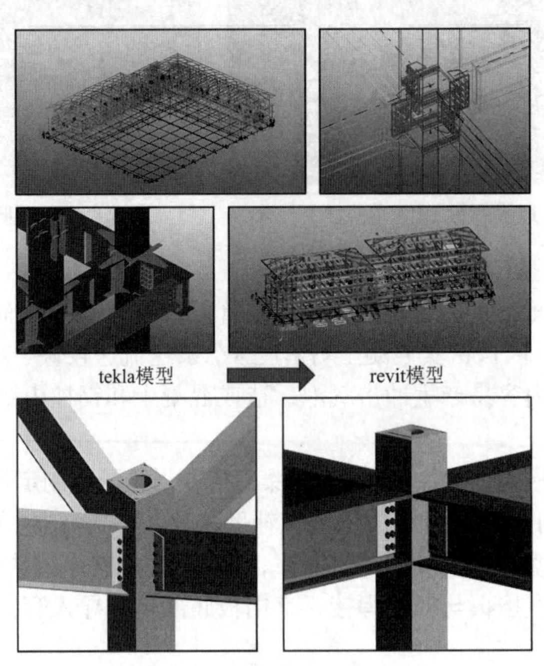


图 12.4-15　钢结构梁柱节点模型

12.4.3.3 室内房心回填土施工

2 号楼体检中心基础设计等级为乙级，基础采用独立基础，依据地勘报告本项目持力层为 2 层含粉质黏土 fak = 120kPa，天然地基承载力满足设计要求。基础构成由下至上为独立基础、基础短柱和基础拉梁，基底标高为−4.5m。为了满足主体工期要求，本工程于 2021 年底冬季土方冻结前，完成了独立基础、基础短柱施工，随后上级领导来工地调研，甲方要求在 2d 内完成基础回填土，并在春节前完成钢结构主体安装。为此项目部只能先暂时直接回填，回填土选用基础挖方的粉质黏性土，一次性回填到−0.8 标高。2022 年春节后针对室内 3.7m 深的回填土未分层压实，挖除重新回填又成本过高的实际情况，为确保室内回填土的密实和稳固，防止后期首层地面或隔墙等出现下沉、开裂等质量缺陷。项目部进行了多方案比对和大量试验研究对回填土方进行了处理。

方案一：拟采用注浆处理加固，范围为外墙轮廓线以内，注浆深度最大为 5.0m（基础底面算起）。本工程回填土为粉质黏土，根据经验初步确定注浆影响半径为 0.5m，孔径为 50mm。综合考虑实取孔间距 1.6m，以保证处理后土体连成一体。为使浆液均匀渗透，现场均匀布置注浆孔。浆液配置采用混合浆液，即水泥、水玻璃双液快凝浆液，水泥采用 P.O32.5 普通硅酸水泥，水灰比为 0.6（考虑加固粉质黏土，土体含水量大，水灰比相应调低），加水泥量 2%的水玻璃，浆液初凝时间为 1～2h，注浆孔布置如图 12.4-16。

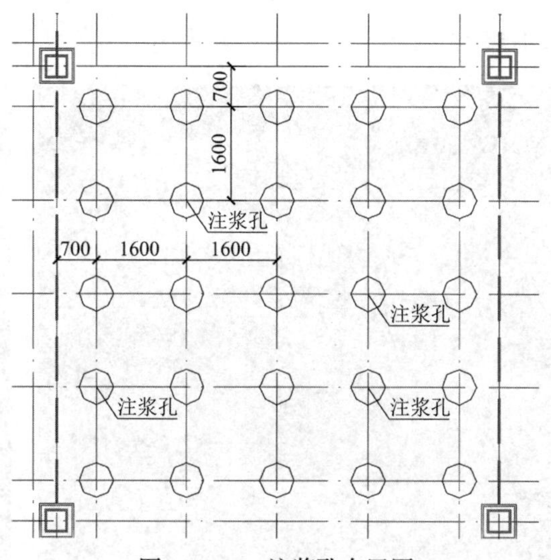


图 12.4-16　注浆孔布置图

方案二：选择高压旋喷桩处理，即利用钻机把带有特殊喷嘴的注浆管钻进至土层的预留位置后，用高压泵将水泥浆通过钻杆下端的喷射装置，向四周以高速水平喷入土体，钻杆一面旋转一面低速提升，使土体与水泥浆充分搅拌混合，胶结硬化后形成直径比较均匀、具有一定强度的圆柱体，从而使回填土得到加固。旋喷桩深度最大为5.0m(基础底面算起)。回填土为粉质黏土，根据经验初步确定旋喷桩的桩径为0.6m，综合考虑实取旋喷桩梅花形布置，如图12.4-17。

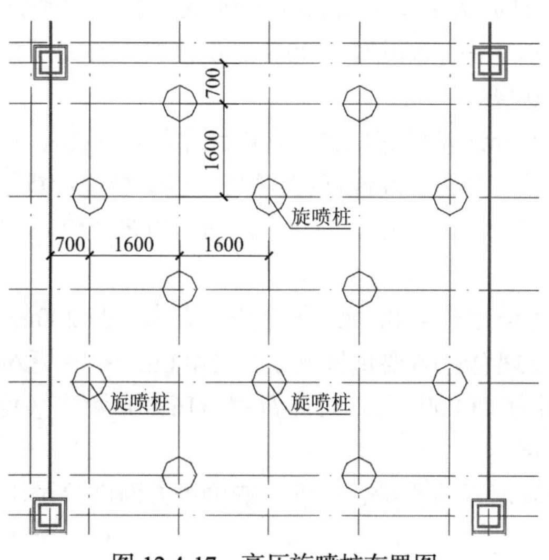


图 12.4-17　高压旋喷桩布置图

方案三：采用炮锤液压振动夯实处理，即采用300LC-5型履带液压炮锤，将锤头加装夯击钢板，钢板厚度 50mm。采用炮锤液压振动夯实处理，夯击第一遍时，在夯击板边距离梁边0.2m位置开始锤击振动夯击，夯击能量控制在35kJ左右，每点夯击时间不少于30s。锤击夯实一板压一板，夯击板重叠不少于板宽的1/2。通过炮锤挖掘机的大臂转动及行走，连续夯击。若重叠不足，再二次进行补夯击，确保整个平面均经过振动夯击。此方案的原理是通过锤击夯实来挤密土体，提高整体土方的密实度和承载能力，满足后续设备基础、地面的稳定要求（图 12.4-18）。

图 12.4-18　炮锤液压振动夯实图

根据 2 号楼室内回填土情况按照上述三种方案进行实验，并进行方案比对。

方案一：项目选取一个柱距网格进行试验，网格面积为 60m$^2$。采用注浆法处理方案费用明细如下：人工专业注浆工 5 工日，每工日 500 元，计 2500 元；机械使用挖掘机（C60）配合注浆共计 2 个台班，每台班 1000 元，计 2000 元；材料使用水泥 50 袋，加水玻璃计 1000 元，合计人工费 + 机械费 + 材料费共计 5500 元，折合每平方米费用为 91.6 元。

方案二：2 号楼的房心平面面积为 2400m$^2$，旋喷桩中心间距按照 1.6m × 1.6m 梅花形布置，需设置旋喷桩 470 根。

旋喷桩长度为 4.0～5.0m（基础有放脚，放脚台阶高度多数在 300/500mm），每根桩平均深度按照 4.8m 计算，每根直径为 600mm 的旋喷桩定额综合单价费用为 395 元/m，共计费用为 470 根 × 4.8m/根 × 395 元/m = 891120 元，平均每平方米造价 891120 元 ÷ 2400m$^2$ = 371.3 元/m$^2$。

方案三：采用炮锤每个台班 4000 元，每台班可夯击一遍 200m$^2$，夯击两遍费用即为 40 元/m$^2$。按照此种方法处理总计需要炮锤台班费 2400m$^2$ × 40 元/m$^2$ = 96000 元，焊制夯击头的材料和人工费用为 20000 元，共计费用 116000 元，平均每平方米造价 116000 元 ÷ 2400m$^2$ = 48.33 元/m$^2$。

通过以上三组试验数据，从质量、进度、造价等方面进行对比，项目部最终确定采用方案三进行施工。

12.4.3.4　地下室外墙水平施工缝注浆施工

传统地下室外墙水平施工缝处的施工方法为在浇筑底板混凝土时在导墙 300～500mm 高处预埋止水钢板或止水带，一次性与底板混凝土进行浇筑。但是在预埋止水钢板的过程中需要切断柱内箍筋，只能采用焊接的方式与止水钢板进行连接，影响结构安全。安装固定止水钢板也比较浪费时间和人工，耽误工期。底板混凝土浇筑完成后还需要对止水钢板上污染的混凝土灰浆进行清理，浪费人工。

本工法是采用后注浆法对地下室外墙水平施工缝进行处理，利用卡钉直接把注浆管安装固定在地下室外墙根部的中间位置，通过导管、三通、弯头、堵头配合提前进行预埋。浇筑完成外墙混凝土后在墙体根部使用嵌缝砂浆进行封堵，封堵完成进行注浆施工（注浆压力控制在 0.6MPa），最终完成水平施工缝处的施工，本施工方法已被公司评审为企业级工法（图 12.4-19、图 12.4-20）。

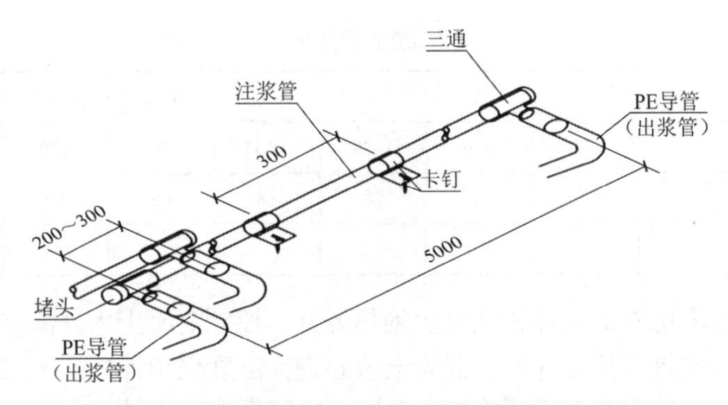


图 12.4-19　注浆管搭接示意图

图 12.4-20　注浆管预埋施工图

我们对传统止水钢板做法及后注浆法两种做法进行了经济性对比，采用后注浆法施工造价更优，具体对比如表 12.4-3。

费用明细对比表　　表 12.4-3

| 做法 | 预埋止水钢板做法 | 后注浆做法 | 备注 |
|---|---|---|---|
| 人工费单价 | 14 元/m（注：2 大工 1 小工，每日施工 40m。） | 6.6 元/m（注：1 大工 1 小工，每日施工 40m。） | 污水处理站内外墙长度共计 234.6m |
| 材料费 | 30 元/m | 3 元/m | |
| 辅助材料 | 每个 20 元（共 26 个） | 注浆料费用 2000 元/t，234.6m 注浆管需用 1.5t | |
| 共计 | 44 元/m × 234.6m + 20 元/个 × 26 个 = 10842.4 元 | 9.6 元/m × 234.6m + 2000 元/t × 1.5t = 5252.16 元 | |

#### 12.4.3.5　大体积混凝土自动温控循环冷却水施工

本项目 1 号楼（综合医院楼）地下一层放射科设有两台直线加速器，直加机房底板混凝土最大厚度 4.2m，强度等级为 C40P8。因机房射线防护要求，机房内混凝土浇筑要求一次性浇筑完成，不能出现施工冷缝，更不能出现裂缝。

经过与专家研究讨论需要调整混凝土配合比如下：水胶比控制在 0.4～0.45，单方用水量控制在 170kg/m$^3$ 以内，骨料选用多级配骨料（表 12.4-4）。

混凝土配合比 表 12.4-4

| 材料名称 | 水泥 | 水 | 砂 | 石 | PCA-I | 矿粉 | 粉煤灰 | 膨胀剂 | 防水剂 |
|---|---|---|---|---|---|---|---|---|---|
| 单方用量(kg/m$^3$) | 227 | 170 | 646 | 1099 | 11.37 | 109 | 100 | 38 | 14.16 |
| 温度(℃) | 60 | 20 | 20 | 20 | 18 | 45 | 45 | 35 | 18 |
| 含水率(%) | | | 5.0 | | | | | | |

本配合比着重考虑降低大体积混凝土绝热温升，控制混凝土内外温差。浇筑前对优化调整的混凝土配合比进行热工计算，混凝土核心最大温度仍预计达到 81.2℃。为此直线加速器大体积混凝土浇筑需布置循环冷却水系统，以降低混凝土核心温度。

传统循环冷却水系统，需单独设置风冷空调制冷机组进行制冷。经项目部研究讨论，结合本项目正处在基础施工阶段，正在进行基坑降水作业的优势，计划使用地下水作为冷却水源（对地下水进行测温，地下水温为 16℃）。经过对搅拌站提供的混凝土配合比进行热工计算，确认冷却水系统采用内径 DN40 无缝钢管（壁厚≥4mm）布设，冷却水管间距 1m 按"之"字形布置，水泵选用两台 3kW 水泵，水泵扬程 32m。通过调节循环水流量控制水温与混凝土最高温度温差小于 25℃，进出水温差在 3℃～6℃，混凝土核心最高温度＜80℃。冷却水系统平面布置和竖向布置图如图 12.4-21、图 12.4-22。

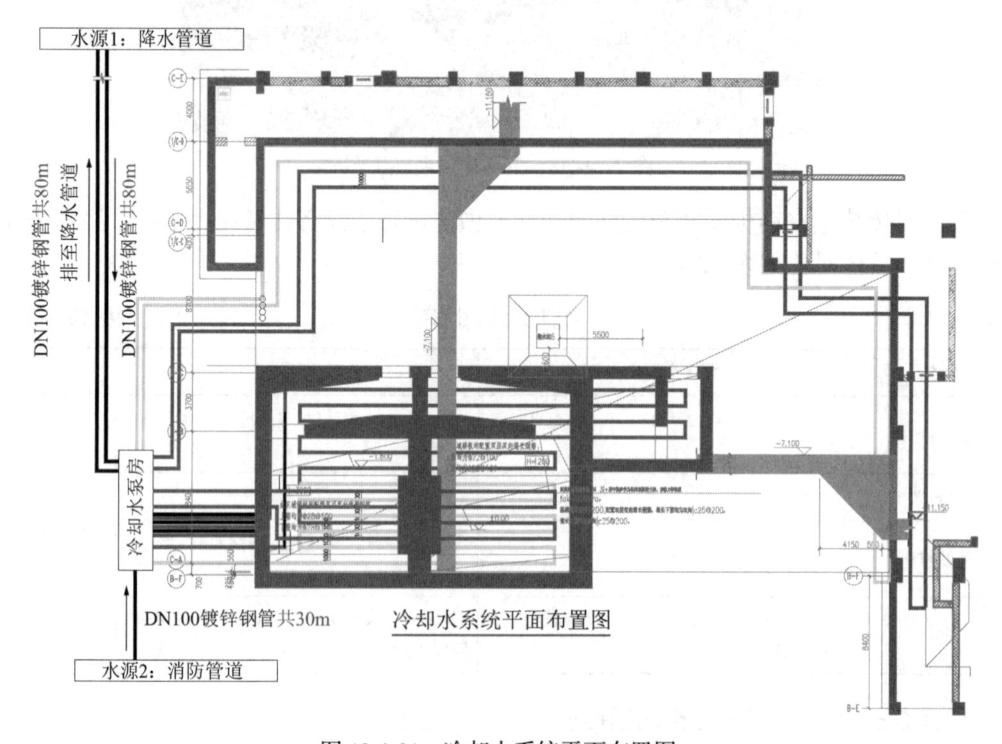


图 12.4-21 冷却水系统平面布置图

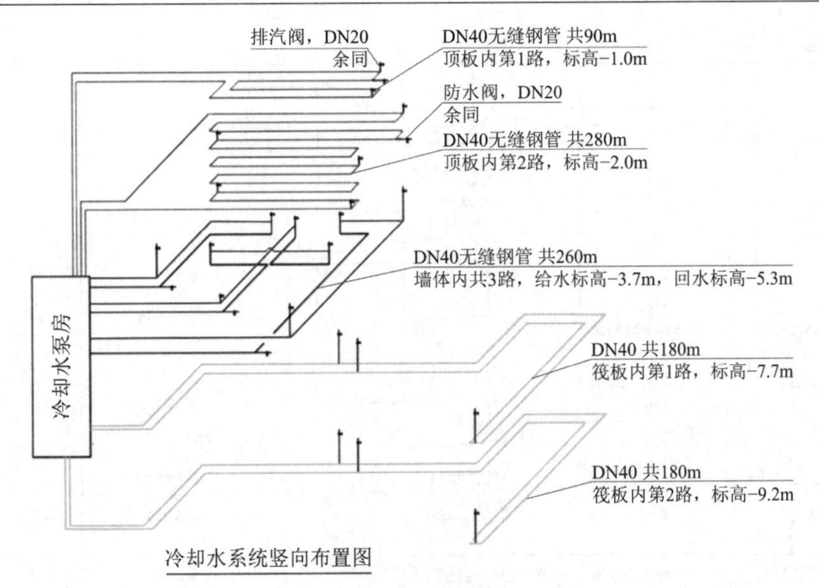


图 12.4-22　冷却水系统竖向布置图

混凝土浇筑开始时，循环水系统即开机运转开始内循环，此时冷却水在泵房内水箱和混凝土内预埋的冷却水管内持续循环，以达到降低混凝土内部温度的目的。本底板共布设 9 个测温点，每个测温点安装上中下三个测温传感器，以测量表面、核心和底部混凝土温度。当水温升高与混凝土温差小于 20℃时，开启外循环电磁阀关闭内循环电磁阀，自动排出热水至降水干管，补充冷水至水箱，此时循环冷却水在降水井干管和冷却水管间进行外循环，降低混凝土温度并降低水温。当水温降低至与混凝土的温差大于 25℃时，关闭外循环电磁阀并开启内循环电磁阀，恢复内循环。冷却水系统持续循环降低混凝土温度，直至混凝土核心温度与环境温度温差降低至 20℃，再停止冷却水系统。通过安装布设温度传感器及电磁阀等，实现循环水温自动控制（图 12.4-23～图 12.4-25）。

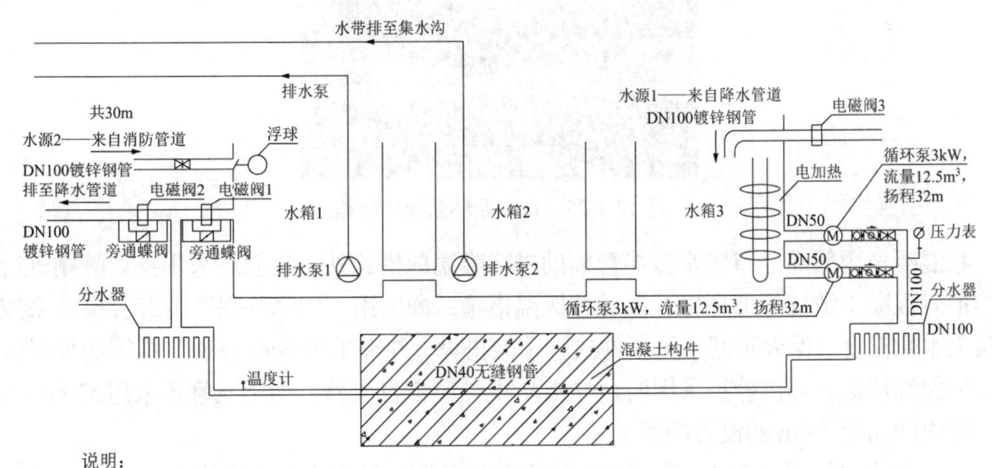


图 12.4-23　冷却水自动温度控制循环水系统图

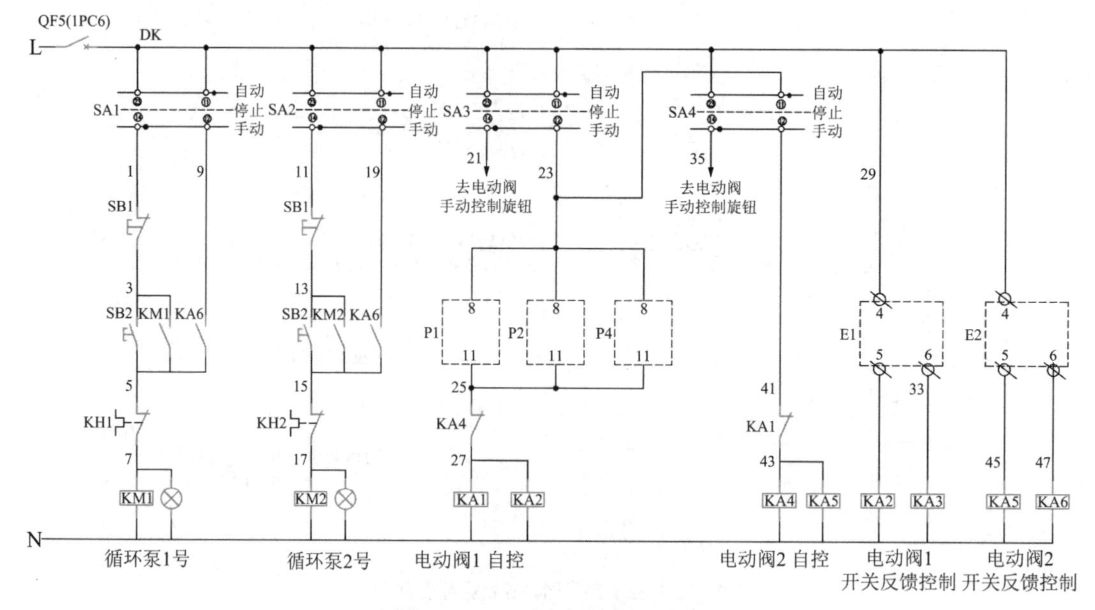


图 12.4-24　电磁阀控制回路图

图 12.4-25　自动循环系统控制箱

除混凝土内部通过布置水冷却管辅助进行降温的措施外，我们还采用搭设暖棚进行蒸汽养护对混凝土结构外部环境升温的外保温措施，即采用“内降外保”的综合措施来控制混凝土水化温度。保温暖棚采用扣件式脚手架搭设，外部采用 5cm 厚矿物纤维防火保温棉被作为保温覆盖。蒸汽养护采用两台 75kW 电热蒸汽发生器，通蒸汽管道采用$\phi$20mmPPR 管，棚内间隔为 1.0m 的设置喷嘴。

浇筑及养护共历时 21d，单日循环水量约 1500m$^3$，进出水温差平均为 12℃。通过利用地下冷媒水源的冷却水自动温控循环水系统，有效控制了大体积混凝土的内外温差，混凝土未出现开裂。此技术经总结整理后已被确认为企业级工法。

本工程 1 号楼（综合医院楼）直线加速器机房大体积混凝土浇筑温度控制如采用传统的空调制冷机组对循环水进行降温需配备两台 40kW 的风冷冷水机组，经过我项目部研究试验利用大体积混凝土自动温控循环冷却水施工技术，取消了制冷机组，极大地节省了能源消耗。节约冷水机组设备采购及安装费用约 100000 元，节约电费 44352 元，节约看护人员人工费 18900 元，合计 163252 元，减少了水资源的浪费，取得了良好的经济效益和社会效益。

### 12.4.4　结果状态

#### 12.4.4.1　地基及场区处理

整个场地经强夯处理后，土壤平整密实，经检测，场地土承载力 120kPa，达到了设计要求，满足了后续的工程建设条件。

#### 12.4.4.2　钢结构地脚螺栓预埋与自密实混凝土浇筑

按照传统施工工艺本工程施工地脚螺栓时间应为 42d，通过本 QC 小组的成功活动，实际 28d 预埋完成，且浇筑完成坡形基础混凝土后对全部 3946 根地脚螺栓进行检查，100% 合格，活动共计节省工期 14d，节省费用 2.8 万元。

通过本次提高地脚螺栓安装一次验收合格率小组活动，小组成员进一步提高了自身技术水平，积累了丰富的钢结构地脚螺栓安装经验，总结整理后，编制了《钢结构地脚螺栓安装施工作业指导书》，经过总公司技术处审批盖章后进行推广，为后续类似工程提供技术指导。最终本 QC 小组获得河北省工程建设质量管理小组竞赛活动 I 类成果，在 2022 年中国建筑业协会组织的工程建设质量管理小组活动成果大赛中获得三等奖的好成绩。

经过项目管理人员根据实际施工情况研究攻关，最终研发出了钢柱内混凝土浇筑辅助装置，并申报了实用新型专利，有效地解决了自密实混凝土流速过快易形成气泡不密实的问题，达到了施工可控并大大提高了浇筑效率，每日浇筑钢柱数量增加了一倍。2～8 号楼共计 495 根钢柱，使用混凝土浇筑装置后由每日浇筑 20 根提高到每日浇筑 40 根，共计节省工期 12.5d，节省人工费 2 人 × 240 元/天 × 12.5d = 6000 元。

#### 12.4.4.3　钢结构深化优化

通过利用 tekla 软件进行钢结构构件及节点深化优化，提前形成了现场钢结构模型、复杂钢结构节点模型，将图纸问题提前解决，大大提高了钢结构加工效率，使钢结构各构件在工厂一次加工成型，助力了整个钢结构工程的如期完成和一次成优，助力本项目主体结构获得了全国最高奖——钢结构金奖（图 12.4-26）。

图 12.4-26　5 号楼行政、科研中心主体施工照片

12.4.4.4 室内房心回填土施工

经过造价测算，方案三造价最低。项目部按照方案三进行施工，施工完成后对采用炮锤液压振动夯实处理后的土方进行环刀取样，取样结果均合格（图 12.4-27）。

图 12.4-27　夯实处理后分层取样

经过以上策划和实施，最终研究出独立基础拉梁网格房心回填土夯实装置并形成发明专利，有效地解决了方格网状基础拉梁间回填土施工问题。

12.4.4.5 地下室外墙水平施工缝施工

本项目 9 号楼地下室外墙施工缝通过采用后注浆法施工，共计节省 5590.24 元，提前工期 3d，至今未发现地下室外墙渗漏现象。后注浆法代替传统的预埋止水钢板的做法，不仅施工更加便捷，且对底部混凝土进行了填充密实，施工效果更好。

12.4.4.6 大体积混凝土自动温控循环冷却水施工

本项目 1 号楼（医院综合楼）直加机房底板混凝土通过采用大体积混凝土自动温控循环冷却水的施工方法，共计节省 163252 元，达到了机房射线防护的要求，做到了机房内混凝土一次性浇筑完成，未出现施工冷缝和裂缝现象。通过采用大体积混凝土自动温控循环冷却水施工代替传统的风冷空调制冷机组进行冷却施工，不仅节省了能源和人工成本，而且使施工更加便捷，温度控制更加精准，施工效果更好，至今未发现机房基础和墙体出现开裂现象（图 12.4-28）。

图 12.4-28　机房内墙体混凝土成形效果

#### 12.4.4.7　社会效益

该项目作为河北省秦皇岛市的重点民生项目，自开工至今，受到各级领导的高度重视，多次对项目进行参观、考察和指导。项目多次举行秦皇岛市建筑施工安全质量观摩会，参会人员对集团安全质量管理方面所采用的措施及优秀做法给予一致认可和高度评价（图 12.4-29）。

我们以“设计深化、方案优化”为主题积极开展了各项工作，经过实施后，项目在质量提升、工期缩短、安全保障、成本降低、环境保护等方面获得了突出的成效。今后我们将继续大力推广此类活动，继续提升我们的实力和企业形象。

图 12.4-29　北医三院 5～8 号楼、3 号楼美容大厅效果图

### 12.4.5　问题和建议

本工程在“设计深化、方案优化、成果转化”的实施过程中，也遇到了一些问题。例如，在方案优化阶段中，由于项目管理团队中年轻成员占比较高，尽管提出的优化方案很多，但是切实可行的很少，经验方面略显不足。在选用新材料和新工艺方面，项目管理人员还是有些束手束脚，对新材料和新工艺的应用还不能达到运用自如的水平。在总公司和分公司的帮助下，项目部全体人员共同研究分析、攻坚克难，最终成功地将遇到的问题逐一化解。

# 参考文献


[1] 邢岚英. 反粒度生物滤池处理污染原水及优化运行研究[D]. 杭州: 浙江工业大学, 2016.

[2] 高志勇. 浅谈水厂V形滤池[J]. 建筑界, 2013(23): 217.

[3] 蔡宙. V形滤池的研究与设计探讨[J]. 科技信息, 2010(20): 686.

[4] 任正义. 供水工程V形滤池施工方法探究[J]. 建筑工程技术与设计, 2014(11): 44-46.

[5] 郑洪领, 王龙, 张芹芹, 袁波. 混凝土V形滤池的施工[J]. 水科学与工程技术, 2010(3): 81-84.

[6] 杨雨. 超长钢筋混凝土水池的结构设计[J]. 山西建筑, 2017(7): 31-32.

[7] 郭敬华, 陈斌, 赵欣, 李宁, 李涛. V形滤池气动闸板阀安装质量控制[J]. 中国给水排水, 2013(24): 106-108.

[8] 张世伟, 刘健. 某项目地下底板、侧墙及种植顶板防水做法优化探讨[J]. 中国建筑防水, 2021(08): 47-49.

[9] 王铁梦. 工程结构裂缝控制[M]. 北京: 中国建筑工业出版社, 1997.

[10] 张涛. 混凝土早期开裂敏感性影响因素研究[D]. 北京: 清华大学, 2006.

[11] 上海瑞鹏化工材料科技有限公司. 一种大型假山岩石的制造技术: CN1830687A[P]. 2006-09-13.

[12] 山东胜伟园林科技有限公司. 一种配合滴灌使用的脱硫石膏土壤改良剂的使用方法: CN106258050A[P]. 2017-01-04.

[13] 王占斌. 木霉拮抗菌在植物病害生物防治上的应用[J]. 防护林科技, 2007(4): 104-107.

[14] 赵天亮，邓飞，段玉茹. 自动熔化极气体保护焊与氩电联焊在管道工厂化预制应用中的综合对比分析:[J]安装, 2021(7): 63-65.

[15] 陈雪松. BIM 技术在建筑工程管理中的应用[J]. 住宅与房地产, 2021(18): 171-172.

[16] 冯敏. BIM 技术在土木工程应用中的具体措施实践[J]. 中国建筑金属结构, 2021(06): 22-23.

[17] 郭晨. BIM 技术在建筑工程项目中的应用价值探讨[J]. 居舍, 2021(17): 49-50.

[18] 沈祖炎，罗金辉，李元齐. 以钢结构建筑为抓手推动建筑行业绿色化、工业化、信息化协调发展[J]. 建筑钢结构进展, 2016, 18(02): 1-6+25.

[19] 张爱林. 工业化装配式多高层钢结构住宅产业化关键问题和发展趋势[J]. 住宅产业, 2016(01): 10-14.

[20] 曹杨，陈沸镔，龙也. 装配式钢结构建筑的深化设计探讨[J]. 钢结构, 2016, 31(02): 72-76.

[21] 刘学春，浦双辉，徐阿新，倪真，张爱林，杨志炜. 模块化装配式多高层钢结构全螺栓连接节点静力及抗震性能试验研究[J]. 建筑结构学报, 2015, 36(12): 43-51.

[22] 陈国松. 浅析 BIM 技术在绿色建筑中的应用[J]. 智能建筑与智慧城市, 2022(09): 127-129.

[23] 杜文刚. 绿色建筑施工标准探讨[J]. 大众标准化, 2022(16): 25-27.

[24] 谭湘民. 绿色建筑施工技术探析[J]. 中华建设, 2022(09): 157-158.